★ 불법복사는 지적재산을 훔치는 범죄행위입니다.
저작권법 제97조의 5(권리의 침해죄)에 따라 위반자는 5년 이하의 징역 또는 5천만원 이하의 벌금에 처하거나 이를 병과할 수 있습니다.

• PREFACE

자동차정비 • 기능장필기

이 책을 펴내며…

2010년 들어서면서,
자동차정비 기능장 필기 책을 업데이트 시켜야겠다고 마음을 먹었다.
거의 정리가 끝난 11월 말.
수개월 동안 과년도 문제를 수집하고 한글 워드로 타이핑을 하고 ……
먼저 출판했던 책은 과년도 10년 정도의 문제를 분석하여 집필한 것으로 약간은 미비한 부분이 있었다.
특히, 5문제가 각각 출제되는 차체수리 및 도장, 공업경영 등의 내용이 적어 출제경향을 충분히 이해하는데 조금 부족했었다.
그러나 이 책은 20년 정도의 과년도 문제를 분석하였으므로, 독자께 **「자동차 정비기능장」** 필기에 대한 합격 자신감을 갖는데 충분하리라 믿는다.

이 책의 구성은

- 과년도 문제를 바탕으로 자동차**기관**, 자동차**섀시**, 자동차**전기**, **차체수리 및 도장**, **공업경영** 등 5편으로 나누어 핵심 요점정리와 핵심 문제, 해설로 구성하였다.
- 현재 새롭게 추가된 **고전원 전기장치** 관련 요점정리와 문제를 추가하였다.
- 각 편은 장치나 내용별로 각 chapter를 구분하였으며,
- 각 chapter는 관계되는 내용을 쉽고 **기초가 되는 문제를 먼저 설명**하고, 어렵고 **응용해야 되는 문제를 나중에 설명**하여 일관성 있게 나열하였다.

이 책을 읽는 독자 분들 모두 **"기능장"** 이 되길 진심으로 기원하며, 잘못된 부분이 있으면 많은 지도를 부탁드린다.
출판에 애써주신 출판 관계자님께 감사를 드리며, 수개월 동안 아픈 어깨를 안마해준 아내(基玟)에게, 허리와 등을 밟아주고 풀어준 아들(亨玨)과 딸(知孝)에게 이 책을 바친다.

서 영 달

IMFORMATION

자동차정비기능장 • 출제기준-필기

시험과목	주요항목	세부항목	세세항목
• 자동차공학 • 자동차 전기전자정비 • 자동차섀시정비 • 자동차엔진정비 • 자동차차체정비 • 공업경영에 관한 사항	1. 자동차 엔진	1. 엔진의 성능 및 효율	1. 엔진의 정의 및 분류 2. 엔진의 성능 3. 엔진의 효율 4. 엔진의 연료 5. 연소 및 배출가스 6. 엔진의 주요부 설계 및 계산
		2. 엔진 본체	1. 실린더헤드와 실린더블록 및 캠축구동장치 2. 피스톤 및 크랭크축
		3. 윤활 및 냉각장치	1. 윤활장치 2. 냉각장치
		4. 연료장치	1. 가솔린 연료장치 2. 디젤 연료장치 3. LPG 연료장치 4. CNG연료장치
		5. 흡배기 장치	1. 흡기 및 배기장치 2. 과급장치 3. 배출가스 저감장치
		6. 전자제어장치	1. 엔진 제어장치 2. 센서 점검 3. 액추에이터 등 4. 기타 제어장치
	2. 자동차 섀시	1. 동력전달장치	1. 클러치 2. 수동변속기 3. 자동변속기 유압 및 제어장치 4. 무단변속기 유압 및 제어장치 5. 드라이브라인 및 동력배분장치 6. 기타 동력전달장치
		2. 현가 및 조향장치	1. 일반 현가장치 2. 전자제어 현가장치 3. 일반 조향장치 4. 전자제어 조향장치 5. 휠 얼라인먼트
		3. 제동장치	1. 유압식 제동장치 2. 기계식 및 공압식 제동장치 3. 전자제어 제동장치 4. 기타 제동장치

시험과목	주요항목	세부항목	세세항목

• 자동차공학
• 자동차
  전기전자정비
• 자동차섀시정비
• 자동차엔진정비
• 자동차차체정비
• 공업경영에 관한
  사항
	3. 시험 및 검사	1. 자동차검사	1. 자동차규칙 2. 자동차검사실무

		2. 안전 및 성능시험	1. 자동차의 안전장치 2. 자동차의 구동력 및 주행성능
	4. 자동차 전기전자	1. 전기전자	1. 전기전자 일반 2. 자동차 제어장치 3. 통신장치
		2. 시동, 점화 및 충전장치	1. 배터리 2. 시동장치 3. 점화장치 4. 충전장치 5. 하이브리드장치
		3. 계기 및 보안장치	1. 계기 및 보안장치 2. 전기회로 3. 등화장치
		4. 안전 및 편의장치	1. 주행안전 보조장치 2. 편의장치
		5. 공기조화장치	1. 냉방장치 2. 난방장치 3. 공조장치
		6. 고전원 전기장치	1. 구동축전지 2. 전력변환장치 3. 구동전동기 4. 연료전지 5. 고전압 위험성 인지 및 안전장비
	5. 차체 수리 및 도장	1. 자동차 차체수리	1. 자동차차체 구조 2. 힘의 전달 및 차체강도 3. 차체손상진단 및 분석 4. 판금 및 용접 5. 차체교정 및 수리 6. 친환경 재료
		2. 자동차 보수도장	1. 자동차 도료 2. 조색 3. 보수도장 4. 도장의 결함 및 대책 5. 친환경 도료
	6. 안전관리	1. 산업안전일반	1. 안전기준 및 재해 2. 안전조치
		2. 기계 및 기기에 대한 안전	1. 엔진취급 2. 섀시취급 3. 전장품취급 4. 기계 및 기기 취급
		3. 공구에 대한 안전	1. 전동 및 에어공구 2. 수공구
		4. 작업상의 안전	1. 일반 및 운반기계 2. 기타 작업상의 안전
	7. 공업경영	1. 품질관리	1. 통계적 방법의 기초 2. 샘플링 검사 3. 관리도
		2. 생산관리	1. 생산계획 2. 생산통제
		3. 작업관리	1. 작업방법 연구 2. 작업시간 연구
		4. 기타 공업경영에 관한 사항	

자동차정비기능장 • 출제기준 – 실기

● 복합형 [필답형(15~20문제), 작업형]

실기과목명	주요항목	세부항목
• 자동차 정비 실무	1. 자동차 일반 사항	1. 자동차정비 안전 및 장비관련사항 이해하기
	2. 자동차 실무에 관한 사항	1. 엔진 실무에 관한사항 이해하기
		2. 섀시 실무에 관한사항 이해하기
		3. 전기전자장치 실무에 관한사항 이해하기
		4. 차체수리 및 보수도장 실무에 관한사항 이해하기
	3. 엔진정비작업	1. 엔진 정비·검사하기
		2. 연료장치 정비·검사하기
		3. 배출가스장치 및 전자제어장치 정비·검사하기
		4. 엔진 부수장치 정비하기
	4. 섀시정비작업	1. 동력전달장치 정비·검사하기
		2. 조향 및 현가장치 정비·검사하기
		3. 제동 및 주행장치 정비하기
	5. 전기전자장치 정비작업	1. 엔진관련 전기전자장치 정비·검사하기
		2. 차체관련 전기전자장치 정비·검사하기
		3. 친환경자동차 정비하기

CONTENTS

I 자동차기관

1. 자동차기관의 개요	10
2. 기관의 본체	20
3. 윤활 및 냉각장치	25
4. 흡·배기장치	27
5. 가솔린기관 연료와 연소	28
6. 디젤기관의 연료장치와 연소	32
7. 배출가스와 제어	37
8. 가솔린 전자제어 연료분사 시스템	39

← 출제예상문제　　　　　　　　　　44 ~ 146

II 자동차섀시

1. 안전/검사 기준	148
2. 동력전달장치	148
3. 현가장치	156
4. 조향장치	158
5. 제동장치	161

← 출제예상문제　　　　　　　　　　165 ~ 244

III 자동차전기

1. 전기전자의 기초	246
2. 축전지	249
3. 시동장치	250
4. 점화장치	251
5. 충전장치	253
6. 냉난방장치	255
7. 등화/계기/기타 전기장치	257
8. 하이브리드 고전압 장치 정비	260
9. 전기자동차 정비	275
10. 수소 연료 전지차 정비 및 그 밖의 친환경자동차	292

← 출제예상문제　　　　　　　　　　309 ~ 370

IV 차체수리 및 도장

1. 차체수리 … 370
2. 자동차 보수도장 … 374

← 출제예상문제 … 379 ~ 402

V 공업경영

1. 생산계획 … 404
2. 생산통제(공정관리) … 406
3. 작업관리 … 407
4. 품질관리 … 409
5. 기타 공업경영에 관한 사항 … 413

← 출제예상문제 … 414 ~ 440

VI 과년도 기출문제

2010년 시행	442
2011년 시행	460
2012년 시행	478
2013년 시행	496
2014년 시행	515
2015년 시행	533
2016년 시행	552
2017년 시행	570
2022년 복원기출문제(제1회)	588
2022년 복원기출문제(제2회)	597

I
자동차기관

1. 자동차기관의 개요
2. 기관의 본체
3. 윤활 및 냉각장치
4. 흡배기장치
5. 가솔린기관 연료와 연소
6. 디젤기관의 연료장치와 연소
7. 배출가스와 제어
8. 가솔린 전자제어 연료분사 시스템

part 01 자동차기관

Section 1. 자동차기관의 개요

1 동력의 발생원리

① 일 = 힘 × 거리

② 동력 $N_b(kW) = T \times \omega = T \times \dfrac{2N\pi}{102 \times 60}$

$N_b(PS) = T \times \omega = T \times \dfrac{2N\pi}{75 \times 60}$

토크 = 암의 길이 × 동력계 하중 ($T = F \times r$)

③ 열 = 일 $1\text{kcal} = 427\text{kg} \cdot \text{m}$

2 열기관의 기초

① 압력

$760\text{mmHg} = 1.0332\text{kgf}/\text{cm}^2$ 이고

절대압력 = 게이지 압력 + 대기압

② P-V선도의 면적(넓이)은 $P \times V$를 뜻하므로,

$P \times V$를 단위로 표현하면 $P(\text{kgf}/\text{m}^2) \times V(\text{m}^3) = (\text{kgf} - \text{m})$이다.

③ 이상기체
- 이상기체의 상태방정식은 $PV = mRT$ 혹은 $PV = GRT$
- 보일의 법칙 – 온도가 일정할 때 이상기체의 압력은 체적에 반비례한다.
- 샤를의 법칙 – 압력(체적)이 일정하면 이상기체의 체적(압력)은 절대온도에 비례한다.

④ **열역학법칙**
- 열역학 제1법칙 : 밀폐계가 임의의 사이클을 이룰 때 열전달의 총합은 이루어진 일의 총합과 같다.
- 열역학 제2법칙 : 과정의 방향성을 언급한 것으로 역방향의 과정에서는 어떠한 외부의 작용(힘)이 필요하다.

3 내연기관의 사이클과 효율

(1) 오토사이클(정적사이클)

오토사이클의 열효율은 $n_{tho} = 1 - \dfrac{1}{\epsilon^{k-1}} = 1 - \dfrac{T_4 - T_1}{T_3 - T_2}$

압축비$(\epsilon) = \dfrac{실린더체적}{연소실체적} = \dfrac{행정체적 + 연소실체적}{연소실체적}$

배기량(행정체적) $= \dfrac{\pi D^2}{4} \times L \times Z$ (Z는 기통수)

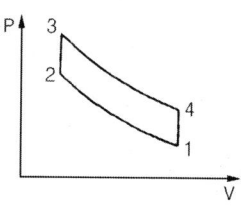

(2) 디젤사이클(정압사이클)

압축비는 ϵ이고, 단절비를 σ라 하면

$n_d = 1 - \left(\dfrac{1}{\epsilon}\right)^{k-1} \dfrac{\sigma^k - 1}{k(\sigma - 1)}$ 이다.

(3) 고속디젤사이클(사바테사이클)

$n_{ths} = 1 - \left(\dfrac{1}{\epsilon}\right)^{k-1} \dfrac{\rho\sigma^k - 1}{(\rho - 1) + k\rho(\sigma - 1)}$

$\rho = \dfrac{P_3{'}}{P_2}$ 압력 상승비 혹은 폭발비

- 복합 사이클의 열효율에서 압력상승비(ρ)가 1에 가깝게 하면 정압 사이클에 가까워지고, 분사 단절비(σ)가 1에 가깝게 하면 정적 사이클에 가까워짐을 알 수 있다.

(4) 사이클 비교

- 최고압력과 가열량이 일정할 때 열효율 : $\eta_{tho} < \eta_{ths} < \eta_{thd}$
- 압축비와 가열량이 일정할 때 열효율 : $\eta_{tho} > \eta_{ths} > \eta_{thd}$

(5) 가솔린기관과 디젤기관의 비교 중 가솔린기관의 특징

① **가솔린 기관의 장점**
- 압축비가 낮으므로 냉시동성이 좋다.
- 동일체적의 실린더에서 디젤기관보다 출력이 크다.
- 폭발압력이 낮아 소음과 진동이 적다.
- 실린더내의 압축압력, 연소압력이 디젤기관보다 적으므로 출력당 무게, 부피가 작다.
- 디젤기관보다 부하시 완전연소에 가깝고 배기에 흑연이 많지 않으며 윤활유의 오염이 적다.
- 기관의 회전속도와 부하의 변화에 민감한 연료분사장치가 필요없다.
- 평균유효압력이 디젤기관보다 높아 폭발압력이 낮아도 된다.

② **가솔린 기관의 단점**
- 압축비가 낮아 열효율이 낮고 연료소비량이 크다.
- 저질연료를 사용할 수 없고, 또 사용할 수 있는 연료의 범위가 좁아 연료비가 비싸다.
- 최고회전력 및 최고출력을 얻기 위해 기관 회전속도가 디젤기관보다 높아야 한다.
- 점화장치, 기화장치 때문에 돌발적인 고장이 많다.
- 배기가스가 디젤기관보다 유독성이 많다.
- 연료경제면에서 대형, 대출력 기관으로는 불리하다.

가솔린기관과 디젤기관의 비교

구분	가솔린	디젤
기관의 크기	출력당 중량이 적다	출력당 중력이 무겁다
연소실 형상	단단	복잡
사용연료	가솔린(화재 위험, 비싸다)	경유(위험 적고 싸다)
연료공급법	혼합하여 실린더로 흡입	공기만 흡입, 노즐로 연료분사
연료연소법	전기점화	자연착화(압축착화)
저속성능	저속회전에서 회전력이 적음	저속에서 성능이 좋고, 회전력 큼
고속성능	4000~5000rpm(회전이 큼)	3000rpm(회전이 낮음)
기관의 진동	연소압력이 낮아 진동 적음	고온고압하 연소, 진동 큼
소음	적음	큼
연료소비량	연료소비량 큼, 연료소비율 큼	연료소비량 적음, 연료소비율 적음
고장	점화장치 고장 많음	고장적음
가격	싸다	정밀도를 요하므로 고가, 정비보수 비쌈

4 열효율과 출력

(1) 압축비

$$\text{압축비}(\epsilon) = \frac{\text{실린더체적}}{\text{연소실체적}} = \frac{\text{행정체적} + \text{연소실체적}}{\text{연소실체적}}$$

(2) 배기량

$$\text{총배기량} = \frac{\pi D^2}{4} \times L \times Z \quad (\text{여기서 Z는 기통수})$$

(3) 기계효율

식으로 표현하면 기계효율(η_m) = 제동일 / 도시일 = W_b / W_i
= 제동열효율 / 도시열효율이다.

$$\eta_m = \frac{BHP}{IHP} \times 100, \quad \eta_m : \text{기계효율}, \; BHP : \text{제동마력(PS)}, \; IHP : \text{도시마력(PS)}$$

기계효율이 1보다 작은 이유는
- 피스톤과 실린더 벽과의 마찰손실
- 크랭크축의 각 저널부의 마찰손실
- 점화장치, 오일펌프, 워터펌프, 연료공급장치 등 운전상 필요한 보조기구 등의 구동을 위한 손실 등이다. 또한 엔진에서 직접 측정하여 얻은 도시(지시)마력에서 앞의 마찰손실을 뺀 값이 제동마력이 된다. 이것을 식으로 정리하면 다음과 같이 나타낼 수 있다.
- 100%의 전체출력 = 냉각손실 + 배기와 복사 손실 + 도시(지시)마력
- 도시마력 = 각부의 마찰손실 + 보조기 구동손실 + 제동(축)마력

(4) 도시(지시)마력

$$N_i = \frac{W_i}{75} = \frac{P_{mi} V_s R Z}{75 \times 60 \times 100} = \frac{P_{mi} A l R Z}{75 \times 60 \times 100} = \frac{P_{mi} V R}{75 \times 60 \times 100}$$

여기서 Ni : 지시마력이고, 분모의 100은 단위환산(센티미터를 미터로)위해서 사용하였고,
P_{mi} : 도시평균유효압력(kg/cm²), Vs : 행정체적(cm³), 총행정체적(총배기량 : V) : Vs × Z,
Z : 실린더수 R : 회전수(rpm)로 4행정사이클은 R/2, 2행정사이클은 R 그대로 대입
A : 실린더 직경으로 이루어진 면적(cm²), d : 실린더 직경(cm), l : 행정(cm)을 나타낸다.

(5) 축(제동)마력

$$N_b = T \times \omega = T \times \frac{2 N \pi}{75 \times 60} = \frac{P_{mb} V_s R Z}{75 \times 60 \times 100}$$

(6) 연료마력

$$N_f(\text{연료마력}: Ps) = \frac{\text{저위발열량}(\text{kcal/kg}) \times \text{시간당연료소비량}(\text{kg/h})}{632.3}$$

$$N_f(\text{연료마력}: kW) = \frac{\text{저위발열량}(\text{kcal/kg}) \times \text{시간당연료소비량}(\text{kg/h})}{860(\text{kcal/h})}$$

$$\text{제동연료소비율} = \frac{\text{제동연료소비량}(\text{kg/h})}{\text{제동마력}(\text{kW})}$$

(7) 제동열효율

$$\text{제동열효율} = \frac{\text{제동마력}(\text{Ps}) \times 632.3(\text{kcal/h})}{\text{저위발열량}(\text{kcal/kg}) \times \text{연료소비량}(\text{kg/h})}$$

$$\text{제동열효율} = \frac{632.3(\text{kcal/h})}{\text{저위발열량}(\text{kcal/kg}) \times \text{제동연료소비율}(\text{kg/Ps-h})}$$

$$\text{제동열효율} = \frac{\text{제동마력}(\text{kW}) \times 860(\text{kcal/h})}{\text{저위발열량}(\text{kcal/kg}) \times \text{연료소비량}(\text{kg/h})}$$

(8) SAE마력

- 실린더 직경(M)이 mm인 경우(N : 실린더 수)

$$SAE\text{마력} = \frac{(M^2 \times N)}{1613}$$

- 실린더 직경(D)이 인치인 경우(N : 실린더 수)

$$SAE\text{마력} = \frac{(D^2 \times N)}{2.5}$$

5 기관 성능

(1) 성능곡선

성능곡선이란 기관의 출력, 토크, 회전수 등 여러가지 성능의 관계를 나타낸 것인데 보통 가로축을 회전수, 세로축을 여러 가지 성능으로 나타낸다. 성능곡선은 기관운전조건에 따라 여러 가지로 나누어지지만, 전부하 상태에서 설명한다. 전부하 상태란 스로틀 밸브를 완전 개방한 상태로 운전함을 말한다.

그림은 자동차 기관의 전부하 성능곡선을 나타낸 것으로 일반적인 성능 특성은 다음과 같다.

① 출력은 회전수에 거의 비례한다. 이것은 토크의 변화가 회전수에 비례하지 않고 거의 일정하기 때문이라 할 수 있다.

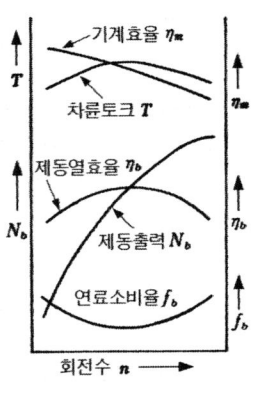

▲ 성능곡선

② 최대 토크일 때의 회전수는 회전수 변화의 중간 부분이다. 이는 저회전에서 가스 누설 손실, 냉각손실의 증가, 체적효율의 감소에 의한 토크의 저하이다. 고회전에서 가스 변환으로 펌프손실의 증가, 마찰손실증가, 체적효율 감소 등으로 토크의 감소이다.
③ 연료소비율은 최대 토크의 회전수 부근에서 최소가 된다. 이는 최대 토크 부근에서 회전수가 가장 효율이 좋고 경제회전속도라 한다.
④ 기계효율은 회전수의 증가와 함께 마찰손실의 증가로 인해 감소한다.
⑤ 제동열효율은 연료소비율과 완전한 반대 선도를 그린다.

(2) 성능향상방법

내연기관의 출력을 증가시키기 위한 방법
- 회전수를 높인다.
- 평균유효압력을 높인다.
- 실린더 안지름을 크게 한다.

6 기관 작동

(1) 4행정 사이클

4사이클의 가솔린엔진은 최대 폭발압력을 피스톤이 상사점 후 10~15°에서 생기도록 점화시기를 조절해야 한다. 보통 상사점 전 5~8° 정도 진각을 시킨다.

(2) 2행정 사이클

2사이클 디젤엔진의 소기방식 : 횡단 소기(cross scavenging), 루프 소기(loop scavenging) 및 단류 소기(uniflow scavenging)로 구분된다.

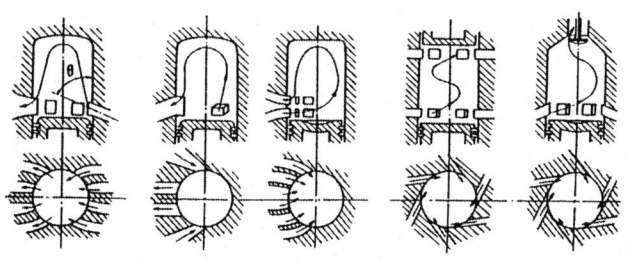

▲ 소기 방식

① **횡단소기법** : 이 소기법은 새로운 공기가 실린더를 우로 횡단하는 형식인데, 새로운 공기가 바로 배기구멍 쪽으로 빠져나가지 않고, 실린더 윗 부분을 통과하도록 디플렉터를 사용한다. 그리고 실린더 윗 부분에 남은 잔류 연소가스를 효과적으로 보내기 위하여 소기구멍을 상향으로 경사(35~50°)지게 한다. 횡단 소기에 있어서 가장 효율적인 방법은

실린더 윗 부분의 먼 곳까지 새로운 공기를 공급한 다음 새로운 공기가 실린더 상부에 머물도록 하는 일이다.

② **루프소기법** : 이 소기법은 새로운 공기가 루프를 그리면서 유동하는 데서 이름한 명칭으로 일반적으로 횡단 소기에 비하면 실린더 상부의 소기가 좋다. 그러나 소기 및 압축시 흡입된 신선한 공기가 배기 연소가스와 더불어 배기구멍으로 통과할 확률이 높아 체적효율이 감소한다.

③ **단류소기법** : 이 소기법은 새로운 공기가 아래에서 위로 단류인 형식으로 소기 효율면에서 이상적인 방법이다. 소기와 배기류의 혼란이 없으므로 소기 효율이 높고, 소기구멍의 닫침을 늦추어서 과급 또는 후과급을 할 수 있는 특징이 있다. 보통의 2사이클 엔진에서는 배기구멍이 소기구멍보다 늦게 닫쳐지게 되어 과급이 불가능하지만, 이 순서를 바꾸어서 배기구멍이 먼저 닫치고 이어서 소기공이 닫치게 하기 위하여 소기구멍 앞에 과급 밸브를 설치할 수 있다. 이렇게 하면 배기구멍이 닫치고 나서 소기구멍이이 닫힐 때까지의 그 사이에 과급을 할 수 있다.

(3) 4사이클과 2사이클 비교

1) 가솔린 4행정엔진과 2행정엔진의 비교

① 4행정 사이클 엔진의 장단점
- 각 행정이 완전히 구분되어 있어서 행정이 정확하다.
- 저속 및 고속까지 넓은 범위의 속도변화가 가능하다.
- 흡기를 위한 충분한 시간이 있고 2행정엔진 보다 블로바이가스가 적어 체적효율과 연료소비율이 좋다.
- 기동이 쉽고 저속운전이 원활하며, 2행정사이클과 같이 소기의 불완전에 원인하는 실화가 없다.
- 밸브기구가 복잡하여 부품수가 많고 충격소음, 기계소음이 많다.
- 폭발하는 동력행정 횟수가 적으므로 실린더수가 적은 경우에는 운전이 원활하지 않을 수 있다.

② 2행정 사이클 엔진의 장단점
- 크랭크축이 1회전마다 동력행정이 있어 토크의 변화가 적다. 즉 실린더수가 적어도 운전이 원활하다.
- 밸브에 따른 부품수가 적고 고장도 적다.
- 크랭크케이스의 구조가 간단하고 마력당 중량이 작고 값이 싸며 취급이 편하다.
- 배기가 불완전하게 되기 쉽고 유효행정의 길이가 짧다.
- 배기구멍과 흡기구멍이 동시에 열려있는 시간이 길므로 새 혼합기의 손실이 많고 평균

유효압력이나 효율을 높이기 어렵다.
- 저속운전이 어렵고 역화할 우려가 있다.
- 실린더의 벽에 구멍이 있으므로 피스톤이나 링의 소손, 마멸이 일어나기 쉽고, 유막이 잘 제거되므로 기름방울이 튀기 쉽고, 윤활유의 소비가 많아진다.

2) 디젤 4행정엔진과 2행정엔진의 비교

요즘 대체로 대형엔진에는 2사이클식을, 중형과 소형에는 4사이클식을 사용하는 경향이 있는데 이는 2사이클 디젤엔진의 장단점을 이해하면 알 수 있다.

① 2사이클 디젤엔진의 장점
- 크랭크축이 1회전하여 동력행정이 한번 있으므로, 4사이클 보다 회전력의 변화가 없이 균일하다.
- 회전속도와 제동평균유효압이 같다고 가정하면 동일 배기량의 엔진에서 이론적으로 4사이클엔진에 비해 2배의 출력이 나온다. 실제는 1.7배 정도이다.
- 4사이클에 비해 실린더 수가 적어도 되므로 보조기구도 적고, 중량도 가벼워지고, 제작비도 싸다.
- 소형엔진에는 흡배기 밸브를 없앨 수 있으므로 구조가 간단하고 제작비도 싸게 든다.
- 취급하기가 쉽고, 고장율도 적다.

② 2사이클 디젤엔진의 단점
- 4사이클 보다 배기작용이 불완전하여 출력이 감소된다.
- 압축초기 새 공기가 배기구멍으로 나가기 쉬우므로 체적효율이 감소하고, 압축압력이 감소되고 평균유효압력도 저하할 수 있다.
- 폭발회수가 단위시간당 4사이클보다 많으므로 엔진의 과열이 우려되므로 냉각장치의 용량이 비교적 크게 된다.
- 위의 결점을 없애기 위해 대형에는 소기 펌프를 두는데, 이 때문에 엔진은 구조가 복잡해지고 고장의 원인이 되기도 한다.

(4) 로터리 엔진이 피스톤 왕복 기관과 비교

① 동일한 출력의 피스톤 기관에 비하여 소형이고 경량이다.
② 왕복운동하는 엔진은 로터리 엔진이 특징인 콤팩트한 사이즈와 경향, 높은 파워밀도를 살렸고, 공시에 부분 및 밸브기구가 없으므로 진동과 소음이 적다.
③ 캠에 의한 밸브의 개폐기구를 사용하지 않으므로 고속회전시 출력저하가 적다.
④ 부품의 수가 적고 또 부품의 구조가 간단하다.
⑤ 윤활계통은 주로 베어링류 윤활과 가스실류를 윤활하는 2계통으로 되어 있다.

7 노킹과 조기점화

(1) 가솔린 노킹

- 가솔린 엔진의 노킹은 혼합기의 자연발화에 의해서 일어난다. 실린더의 혼합기는 점화 플러그에 의해 점화되면 화염면이 생기고 이 화염면이 미연가스 부분으로 점차로 이동되어 연소를 완료하며, 미연가스 부분은 화염면이 진행됨에 따라 고온 고압이 된다. 화염면 전방의 미연 가스는 이 고온고압에 의해 자연발화를 일으킨다. 최초의 점화는 어떤 일부분 혹은 여러 개소에서 동시에 일어나 미연가스 전부가 연소한다. 미연가스의 자연발화에 의해 국부적 압력상승이나 진동이 생긴다. 이와 같이 기관을 두드리는 것과 같은 금속성 음을 내며, 운전이 원활하지 못하게 되는 현상을 노킹이라 한다.

(2) 조기점화

조기점화란 점화플러그, 밸브, 피스톤의 헤드 등에서의 국부적인 열점에 의해 플러그의 점화전에 신기가 연소하는 현상을 말한다. 노킹이 일어나면 엔진이 과열이 되고, 이는 열점을 생성하므로 조기점화를 가져올 수 있다.

(3) 앤티노크첨가제

가솔린 기관의 앤티노크 첨가제로는 4에틸납이 있는데 납중독의 위험이 있어 사용되지 않고 있으며, 현재는 자동차배기가스에 의한 납중독을 방지하기 위해 무연휘발유(납이 첨가되지 않은 휘발유)를 사용하게 되어 있다.

(4) 가솔린 노킹대책

가솔린 기관의 노킹은 말단가스(end gas)가 자연 발화하는 현상이므로 대책으로는 크게 연료, 연소실의 형상, 운전조건 등을 개량하면 된다.

① **연료**
- 분자구조가 조밀, 탄소수가 많으며 체인이 긴 연료가 안티 노크성이 좋다.
- 프로판이나 부탄과 같은 LPG나 방향족계가 노킹이 어렵다.
- 연료에 안티노크제를 첨가한다. 안티노크제는 착화지연이 길어지게 한다.

② **연소실의 형상**
- 점화플러그에서 먼 곳을 줄이도록 밀집한 형태로 한다.
- 연소실의 중앙에 점화플러그를 두어 화염 전파거리를 단축한다.
- 오버헤드 밸브식이 사이드 밸브식보다 좋으며 모양은 반구형이 좋다.
- 혼합가스가 압축행정에서 심한 유동(와류)을 줄 수 있도록 한다.
- 말단가스가 형성되는 부분에 협소한 틈을 주어 말단가스를 냉각한다.

③ 운전조건
- 점화시기가 빨라지면 상사점전의 연소의 진행이 빨라 연소 최고온도와 압력이 생겨 노킹이 일어나므로 점화를 지연시켜야 한다.
- 기화를 위해 흡기를 가열하면 노킹이 일어나므로 과급하기가 어렵다.
- 희박혼합가스는 연소속도가 느리고 배기온도가 높아 노킹이 일어난다.
- 고속에서는 가스의 와류가 심해 노킹이 어렵다.

(5) 디젤 노킹

① 디젤 노킹은 착화지연기간 중에 다량의 분사된 연료가 화염전파기간 중에 일시적으로 연소하여 실린더 내의 압력이 급격히 상승하여 생긴다. 또한 디젤 노킹은 최고압력의 대소보다는 압력의 상승도에 따라 달라지므로 상승도를 낮게 해야 노킹을 완화할 수 있다.
② 디젤기관의 안티노크 발화 첨가제로는 초산에틸, 아초산아밀, 초산아밀 등이 사용된다.
③ 노킹의 방지책은 다음과 같다.
- **연소실의 형식** : 착화지연 기간이 짧고, 압력상승이 급격하지 않는 형상이 바람직하고, 와류가 잘 일어나게 해야 한다.
- **압축비** : 압축비를 크게 하면 압축온도, 압축압력이 커져서 노킹을 방지할 수 있다.
- **연료의 분사시기** : 분사시기는 착화시간에 따른 한계가 있다. 엔진의 온도가 낮거나 회전속도가 낮을 때는 압축온도가 저하하므로 착화지연 기간이 길어져 노킹을 일으킨다.
- **분무의 상태** : 입자가 작고 연소실에 고르게 분포
- **회전속도** : 저속이 좋다.
- **엔진의 부하** : 과부하에 오래 운행하면 노킹을 일으킨다.
- **분사량** : 분사개시시의 연료분사량을 적게, 착화 후에 연료분사량을 많이 하면 노킹을 방지할 수 있다.
- **냉각장치** : 적당한 온도를 유지해야 한다.
- **연료의 종류** : 착화 지연이 짧은 것(착화성이 좋은 연료)을 사용한다.

(6) 가솔린과 디젤의 노킹 비교

노킹방지책의 비교

구분	착화점	착화지연	압축비	흡입온도	흡입압력	실린더벽 온도	실린더 체적	회전수	와류
가솔린	높게	길게	낮게	낮게	낮게	낮게	작게	높게	많이
디젤	낮게	짧게	높게	높게	높게	높게	크게	낮게	많이

Section 2 기관의 본체

1 실린더 헤드

(1) 헤드

① **실린더 헤드의 구비조건**
- 고온에서 강도가 커야 한다.
- 열전도가 좋아야 한다.
- 주조나 가공이 쉬워야 한다.
- 온도에 따른 열팽창이 작은 재료로 만들어야 한다.

② **실린더헤드의 변형원인**은 엔진의 이상연소(노킹, 조기점화)에 의한 비정상적인 압력상승과 엔진과열, 헤드볼트의 조임토크 불량, 냉각수 동결에 의한 수축 등이 있다.

③ **알루미늄 헤드의 특징**
- 열전도 특성이 좋아서 조기점화의 원인이 되는 열점이 잘 생기지 않는다.
- 열팽창 계수가 크기 때문에 열변형이 생기기 쉽고, 강도가 작은 단점이 있다.
- 압축비를 높일 수 있다.
- 내식성과 내구성이 적다.

(2) 헤드가스킷

① **실린더 헤드 개스킷의 파손 시 일어나는 현상**
- 기포가 발생한다.
- 카본이 퇴적된다.
- 실린더간의 압력차이로 인해 시동이 잘 걸리지 않는다.
- 냉각수에 기름이 뜬다.

2 실린더 블록

(1) 실린더

① **실린더 호닝**(Cylinder horning) **작업** - 보링 작업을 한 후 다듬기 작업이다.

② **블로다운 현상**이란 연소가스의 폭발압력에 의해 배기가스를 배기밸브로 보내는 것을 말하며, 베이퍼록 현상이란 유체가 기화되는 현상을 말한다.

③ **슬랩현상**은 실린더와 피스톤과의 틈새가 커서 폭발연소시 피스톤이 실린더를 때리게 되

는 것을 말한다.

④ **블로백**은 밸브와 밸브 시트 사이에서 가스가 누출되는 현상.

⑤ **블로바이** : 압축(폭발)행정시 피스톤과 실린더 사이에서 혼합기(연소가스)가 누출되는 현상이다.

⑥ **오버스퀘어 엔진(단행정기관)** : 단행정 기관의 장점은 피스톤의 평균 속도를 높이지 않고 기관의 회전 속도를 높일 수 있어 출력을 크게 할 수 있으며, 흡·배기 밸브의 지름을 크게 할 수 있으므로 체적 효율을 높일 수 있고, 또 기관의 높이를 낮게 할 수 있다는 점이다. 단행정 기관의 단점으로 실린더의 지름이 커져서 피스톤이 과열되기 쉽고, 베어링의 하중이 증가되며, 기관의 길이가 길어진다. 또한 회전수가 커지면 관성력의 불평형으로 회전부의 진동이 커지는 등의 문제점이 있다.

⑦ **압축압력시험**은 실린더에서 발생하는 압축압력이 어느 정도인지를 무부하 엔진 상태, 크랭킹시에 점화플러그 자리에서 측정하는 엔진분해정비를 판정하는 시험법이다. 이를 통해 밸브부나 피스톤부의 마멸, 점화시기, 가스킷 불량 등을 파악할 수 있다. 압축압력시험은 2단계로 이루어지는데 1단계는 건식 측정으로 점화플러그 뺀 자리로 오일을 넣지 않은 상태의 원래상태에서 측정하는 것을 말하며, 2단계는 습식 측정으로 점화플러그 뺀 자리로 오일을 넣어 측정하는 방법을 말한다. 위 문제에서 2단계 측정시 정상이었다면 실린더에 오일을 부어서 측정하였으므로 오일이 실린더와 피스톤사이에서 밀폐작용을 하여서 일어난 결과일 것이다.

⑧ **허용응력**(σ) $= \dfrac{수직힘}{2 \times 두께 \times 행정길이} = \dfrac{수직힘}{2 \times t \times L}$

수직힘 = 폭발압력 × 행정면적 = 폭발압력 × ($L \times D$)

여기서 L은 행정길이, D는 직경을 뜻한다.

⑨ **플러터 현상**은 오버초크시 많은 연료에 의해 시동이 꺼지는 현상

(2) 실린더라이너

① 실린더에 라이너를 사용하였을 때의 이점
- 엔진 효율이 증대된다.
- 피스톤 슬랩이 감소한다.
- 실린더벽 마멸시 보링작업을 하지 않아도 된다.

3 피스톤 어셈블리

(1) 피스톤

① **피스톤이 구비하여야할 조건**
- 내열, 내압성이 우수하고 내구력이 큰 재질일 것
- 열전도가 좋고 그의 팽창계수는 실린더 재질에 가까울 것
- 관성의 영향을 적게 하기 위하여 중량이 가벼울 것
- 고온·고압에 견딜 수 있는 충분한 강도를 가지고 있어야 하며
- 피스톤과 실린더의 열팽창 특성에 알맞게 설계되어 항상 알맞은 틈새를 유지해야 하며
- 윤활유의 유막 형성과 내마멸성이 양호해야 하고,
- 마찰 손실이 적고 무게가 가벼워야 한다.
- 또한, 열전도가 잘되고 열팽창이 적어야 한다.

② Y합금은 알루미늄(90% 이상), 구리(4%), 니켈(2%), 마그네슘(1.5%) 정도의 주물용 경합금으로 열전도성이 뛰어나고, 내열성이 큰 장점이 있으며 비중과 팽창계수가 로엑스 보다 크다.
  피스톤의 재질로는 Y 합금, 로-엑스 합금, 특수주철을 사용한다.

③ **피스톤 재료를 알루미늄 합금으로 하는 이유**
- 중량을 가볍게 하기 위해
- 열전도성이 좋아 고온, 고부하에 잘 견디게 하기 위해
- 운동 관성을 적게 하여 회전속도를 높이기 위해
- 알루미늄 합금은 비중이 작고 열전도성이 좋아 헤드의 온도를 낮게 할 수 있으므로, 압축비를 높일 수 있고, 고속, 고압축의 엔진에 적합하여 출력의 증대를 도모할 수 있다. 그러나 열팽창 계수가 크고 강도가 약간 낮은 결점이 있으며 현재는 이런 결점들이 보완되어 대부분 이 금속을 사용한다.

(2) 피스톤 속도

$$\text{피스톤의 속도} = \frac{(2NL)}{60} = \frac{(NL)}{30}$$

(3) 피스톤링

① **피스톤 링의 3대 작용**
- 실린더 내의 압축 가스 및 팽창 가스의 기밀을 유지하는 기밀 작용을 한다.
- 실린더 벽에 뿌려진 윤활유를 긁어내리고, 윤활유가 연소실로 들어가지 못하게 하는 윤활유 제어 작용을 한다.

- 피스톤 헤드가 받는 열을 실린더 벽으로 전달하는 작용을 한다.

② **피스톤링**
- 총마찰력(kg) = 피스톤링 1개의 마찰력 × 실린더당 피스톤링 수 × 실린더수
- 마찰마력(ps) = 마찰력 × 피스톤속도 이므로

  마찰마력(ps) = $\dfrac{마찰력 \times 피스톤의\ 속도}{75}$ 로 나타낼 수 있다.

(4) 커넥팅로드

피스톤 핀의 고정 방법에는 고정식, 반부동식, 전부동식 등이 있다.

① **고정식** : 피스톤 핀을 피스톤 보스에 고정하고, 피스톤 핀의 바깥 둘레에 구리 합금의 부시를 끼워서 커넥팅 로드의 소단부가 움직이도록 하는 방식이다.

② **반부동식** : 피스톤 핀이 커넥팅 로드의 소단부에 고정되는 형식이다. 이 경우에는 핀과 커넥팅 로드가 일체로 되고, 핀은 피스톤 양쪽의 보스에 의하여 지지되면서 움직이게 된다.

③ **전부동식** : 피스톤 핀이 피스톤 보스나 커넥팅 로드 소단부의 어느 쪽에도 고정되지 않고 자유로이 회전하게 되어 있는 방식이다. 그러므로 전부동식은 기관이 회전할 때에 핀이 빠져 나오지 않도록 핀 구멍의 양쪽 끝에 홈을 파고 스냅 링(snap ring)을 끼우도록 되어 있다.

4 크랭크축

(1) 저널베어링

① 엔진의 베어링으로는 배빗메탈, 켈밋합금, 알루미늄합금, 연청동혹은 인청동을 사용한다. 배빗 메탈은 주석(Sn), 납(Pb)을 주성분으로 하고, 안티몬(Sb), 아연(Zn) 등을 포함한 백색의 베어링용 합금이다. 배빗메탈은 화이트메탈이라 한다.

배빗메탈은 내식성이 강하고, 재질이 연하여 가공하기 쉬우며, 저널에 흠을 내지 않는 등의 이점이 있으나, 기계적 강도 특히 고온 강도가 낮고, 피고 강도, 열 전도성이 좋지 않으므로 고속 고하중, 기관에는 점차로 사용되지 않고 있다. 켈밋 합금은 구리(Cu)를 주성분으로 하고, 납(Pb)을 23~42% 함유하는 합금이며, 배빗메탈에 비하여 기계적 성질이 강하고, 고속, 고온, 고하중에 잘 견딘다. 또, 구리가 주성분으로 되어 있어 융착을 일으키지 않으며, 열전도성이 좋다. 그러나 경도가 크기 때문에 축과의 붙임성, 길들임성 등이 나쁘고 내식성이 작은 결점이 있다.

② 크랭크축의 오일간극을 측정하는 방법에는 2가지가 있다. 첫 번째는 플라스틱게이지를 사용하는 방법이 있고, 두 번째로는 크랭크축의 저널을 넣지 않고 베어링캡 볼트를 조립

한 다음, 그 내경을 마이크로미터(내측)나 버니어캘리퍼스로 측정한 후 크랭크축의 저널 직경을 마이크로미터(외측)나 버니어캘리퍼스로 측정한 값을 뺀 값을 오일간극 측정값으로 할 수 있다.

(2) 크랭크축과 점화순서

점화순서를 실린더 배열순서로 하지 않는 이유 : 발생동력의 맥동(크고 작음의 변화)을 줄여주고, 회전하는데 무리가 없도록 고른 회전력을 발휘하도록 한다. 또한, 발생열을 분산하여 기관의 열집중을 막는다.

5 밸브기구

(1) 밸브와 캠축

① OHC는 흡기밸브, 배기 밸브, 캠축이 모두 실린더 헤드에 조립된 것으로서, 캠축의 캠이 직접 로커 암을 작동시켜 밸브를 개폐하는 방식이다. 이것은 캠축이 1개인 것과, 흡기밸브용과 배기 밸브용의 2개인 것이 있다. 캠축이 직접 실린더 헤드에 설치되어 있어서 **오버헤드 캠축식(OHC)**식이라 하고, 캠축이 1개인 것을 **싱글 오버헤드 캠축식**(single overhead camshaft type, SOHC), 2개인 것을 **더블 오버헤드 캠축식**(double overhead camshaft type, DOHC)이라고 한다.

② 구동벨트에 의해 작동하는 부품은 냉각수펌프, 조향펌프, 컴프레서, 발전기 등이다. 구동벨트의 장력이 약하면, 이 구성품의 작동이 비정상적으로 된다.

(2) 밸브스프링

① **밸브스프링의 점검**에는 지유고(밸브를 분해한 상태에서 버니어캘리퍼스로 밸브의 길이 측정), 장력(장력시험기로 밸브가 설치된 길이만큼 눌렀을 때의 힘 측정), 직각도(직각자로서 밸브스프링의 굽음을 측정)가 있다.

② **서징**이란 코일 스프링의 고유 진동수와 급격한 고속 회전의 밸브개폐로 인한 강제 진동이 같든지 혹은 정수배로 공진하여 캠의 작동과는 상관없이 스프링의 위아래로 오르내리는 현상이다. 서징이 발생하면 밸브는 캠의 작동과는 무관한 불규칙한 운동을 하게 되고, 스프링 일부에 큰 압축 힘이나 변형이 생겨 스프링이 절손되기도 한다. 또한, 밸브 타이밍이 틀려지고, 기관 회전의 부조를 가져온다.

서징을 방지하려면 첫째, 부동피치의 스프링을 사용하고, 둘째 고유진동수가 다른 스프링을 안쪽과 바깥쪽으로 된 이중스프링을 사용한다. 셋째, 부동피치의 원뿔형 스프링을 사용한다.

(3) 밸브개폐시기선도

① **밸브의 타이밍이 맞지 않을 때** : 20~40cmHg사이에서 정지.
② **밸브가이드 마멸** : 35cmHg사이를 빨리 움직임.
③ **밸브스프링 장력약화** : 25~55cmHg사이에서 흔들리며 엔진의 회전속도와 함께 격렬해짐.
④ **흡기계통에서 누설** : 공전 운전에서 진공계의 바늘이 보통 8~15cmHg사이에 움직임
⑤ **밸브 겹침**(Valve over lap) : 흡입공기나 배기가스의 관성효과를 이용하여 더 큰 체적효율을 얻기 위해서 흡기밸브를 상사점 조금 전에서 열고, 배기밸브를 상사점 지나 조금 후에 닫는 구간으로 흡기밸브와 배기밸브가 동시에 열린 구간을 말한다.

6 플라이휠

플라이휠의 무게는 회전속도 높거나 실린더의 수가 많을수록 작아도 된다. 플라이휠은 밸브의 개폐시기와 기관의 회전속도와는 상관이 없으며, 구조는 중심이 얇고 둘레가 두꺼워 원심력을 극대화하였다.

Section 3 윤활 및 냉각장치

1 윤활장치

(1) 윤활유

① **윤활장치**(lubricating system)는 피스톤과 실린더 사이, 각 운동부와 베어링에 윤활유를 공급하여 마찰과 마멸을 저감, 냉각, 충격흡수, 소음의 완화, 방청 작용, 청정 작용을 하여 기관의 기계 효율을 높여 준다.
② **윤활유의 구비조건** : 점도가 적당할 것, 청정력이 클 것, 열과 산에 대하여 안정성이 있을 것, 비중이 적당할 것, 카본 생성이 적을 것, 인화점과 발화점이 높을 것, 응고점이 낮을 것, 기포 발생이 적을 것

(2) 윤활 및 여과 방식

① **엔진 유압이 낮은 원인**은 엔진오일의 부족, 오일펌프의 흡입구 즉 오일스트레이너의 막힘이나 오일펌프의 고장, 윤활부의 간극이 과다, 윤활통로의 파손에 의한 누설, 유압조절밸브의 불량, 오일의 점도 저하 등이 있다.
② **유압이 상승하는 원인**은 윤활부의 간극이 작거나 이물질이 끼어 있을 경우, 윤활통로의

막힘, 점도의 높음, 유압조정밸브 스프링의 조정불량 등이 있다.
③ **여과방식** : 전류식은 모든 윤활유를 여과기를 거쳐서 베어링 윤활, 분류식은 일부는 베어링윤활하고 일부는 여과기로 여과해서 오일팬으로 리턴, 샨트식은 일부는 여과기를 통하고 일부는 여과기를 통하지 않고 그대로 통해서 베어링 윤활 한다.

2 냉각장치

(1) 냉각장치 개요
수냉식의 냉각순서는 라디에이터(방열기)의 아래탱크, 물펌프, 물재킷, 수온조절기(서모스탯), 라디에이터의 윗탱크, 라디에이터의 코어, 라디에이터의 아래탱크로 순환한다.

(2) 코어 막힘율
$$막힘율 = \frac{신품용량 - 사용품용량}{신품용량} \times 100$$

(3) 냉각장치 구성과 작용
① 방열기 캡의 압력밸브는 냉각장치 내의 압력을 높여 냉각수의 비점을 112℃로 높여 냉각성능을 향상시키고 냉각수의 증발을 방지하는 역할을 하며, 저온시 부압(진공)밸브가 작동하여 냉각수의 수축에 의한 실린더 블록의 파손을 막도록 리저버 탱크의 냉각수나 공기를 넣어 진공을 해제한다.
② 벨로우즈형은 벨로우즈 내에 에텔이나 알코올을 봉입하여 냉각수 온도에 따라 팽창과 수축하여 밸브를 개폐한다. 현재, 이 형식은 휘발성이 크고, 팽창력이 작아 사용하지 않는다. 펠릿형은 케이스에 왁스나 합성고무를 봉입하여 냉각수 온도에 의해 왁스가 팽창과 수축하여 밸브를 개폐한다.

(4) 고장과 수리
① 냉각수의 온도가 비정상적으로 오르는 원인은 수온조절기(서모스탯)의 불량, 물펌프의 고장이나 벨트의 헐거움, 냉각팬 작동불량, 냉각수의 부족 등이다.

(5) 부동액
기관의 부동액은 메탄올, 글리세린, 에틸렌글리콜이 있는데, 보통 에틸렌글리콜을 많이 사용한다. 에틸렌글리콜은 분자량 62.07, 녹는점 -12.6℃, 끓는점은 197.7℃, 비중이 1.1131로서 무색액체로 습기를 잘 흡수한다.

Section 4 흡·배기장치

1 흡배기장치

(1) 흡기장치
① **흡기다기관의 필요조건**
- 혼합기의 균일화
- 연료기화성의 향상
- 체적효율의 향상

② **스월**(swirl)이란 소용돌이(와류)로 실린더의 원주방향으로 회전하는 흐름을 말한다. SCV는 Swirl Control Valve로 스월을 조절하는 밸브이다.

(2) 배기장치
배압이란 배기가스의 압력으로 보통 측정은 산소센서를 빼고 그 자리에 배압테스터를 설치하여 측정한다. 배압의 증가는 배기장치의 구성품이 막혀 있어서이다. 배압이 높으면 신기의 량이 줄므로 출력이 저하한다.

(3) 체적효율
체적효율은 실제대기의 상태에서 실제로 흡입되는 신기의 중량과 실제대기 상태에서 이론행정체적을 채운 신기의 중량의 비를 말하는 데 기호로는 η_v라 한다. 이를 식으로 나타내면 아래와 같다.

$$\eta_v = \frac{(Pb, Tb)\text{하에 실제 흡입한 신기의중량}}{(Pb, T)\text{하에서 행정체적을 차지하는 신기의중량}}$$

여기서 Pb는 실제 흡기관의 압력, Tb는 실제 흡기관의 온도, T는 실흡기온도를 나타낸다.

또한, 흡입한공기와 이론체적의 공기 비중이 같다고 가정하면

$$\text{체적효율} = \frac{\text{흡입공기량}}{\text{이론체적}} \text{으로 간략화 할 수 있다.}$$

2 과급기

① 터보차저는 배기가스의 배출압력을 이용하여 배기쪽 터빈을 구동하고, 터빈은 흡입공기를 압축하는 임펠러와 일체로 되어 구동하므로, 흡기의 양을 증가시켜 체적효율 상승과 연료소비율을 낮추고, 이에 따라 열효율과 출력을 증대시키는 장치이다.

② 슈퍼차저란 터보챠저와 구동방식이 다른데, 슈퍼차저는 배기가스를 이용하는 것이 아니라 흡입공기를 압축하는 임펠러를 전기모터에 의해 구동하거나 크랭크축에 의해 벨트로 구동하게 한 것이다.
③ 과급기는 속도에너지를 압력에너지로 바꾸어 주는 장치로 압력이 상승하는 만큼 체적은 같지만 공기의 무게가 높아져서 출력을 향상시킨다. 그렇지만, 압축에 의한 공기의 온도가 상승함을 동반하므로 가솔린에서는 노킹의 원인이 될 수 있을 뿐 아니라, 공기의 밀도가 낮아지므로 인터쿨러를 사용하여 공기의 온도를 낮추어 주는 것이 좋다.
④ VGT는 부하가 가해질 경우(짐을 실었을 경우) 즉, 차량의 속도가 느려졌지만 액셀러레이터를 열었을 경우에 작동하여 저속 토크를 증가시키는 장치이다.

Section 5 가솔린기관 연료와 연소

1 가솔린기관의 연료장치와 연소

(1) 가솔린기관 연료

① 지방족에는 파라핀계와 올레핀계로 나뉘는데, 원소기호로 나타내면 파라핀계($CnH2n+2$), 나프텐계(포화, $CnH2n$), 올레핀계(불포화, $CnH2n$), 방향족계($CnH2n-6$)으로 표시된다.
② 가솔린은 원소기호로 C_8H_{18}로 표기된다. 즉, 탄소와 수소의 화합물이다. 이 가솔린이 연소하면 산소와 반응하여 완전 연소시 이산화탄소와 물(수증기)이 배출되어야 하지만, 완전연소를 못해서 유해배출가스를 배출하게 된다.
③ 옥탄가(%) = $\dfrac{\text{이소옥탄}}{\text{이소옥탄} - \text{정햅탄}} \times 100$
④ 가솔린 기관용 연료로서 가솔린이 갖추어야 할 성질은 휘발성(volatility)이 적당할 것, 앤티노크성이 클 것, 퇴적물의 생성이 적어야 한다. 발열량이란 연료가 연소해서 발생시키는 열량이므로 커야 한다. **내부식성**이란 부식시키지 않는 성질이므로, 값이 적을수록 좋다. 가솔린은 휘발성이 너무 낮으면 윤활유를 희석시키기 쉽고, 휘발성이 좋으면 기온이 낮을 때의 시동 및 가속성은 좋으나 베이퍼록(vapor lock ; 증기폐색)을 일으키기 쉽다.
⑤ **인화점** : 가연성 증기에 화염을 가까이 했을 때 순간적으로 불꽃에 의하여 불이 붙는 최저온도

(2) 가솔린 연소(공연비/혼합비)

① **최적의 공연비**란 완전 연소할 수 있는 이론공연비를 말하는데 보통 14.7~15.1 : 1정도의 범위를 말한다. 경제공연비는 이 보다 약간 희박한 16 : 1 정도이다.

② **공연비**란 완전 연소할 때의 흡입공기량의 무게를 연료의 무게로 나눈 값을 말한다.

③ 옥탄의 완전연소 반응을 나타내면

$2C_8H_{18} + 25O_2 = 16CO_2 + 8H_2O$ 이므로 옥탄 228g은 산소 800g이 있어야 완전 연소할 수 있다. 즉 228 : 800=1 : X (X : 산소량)로 식을 세울 수 있으므로 산소는 3.5087kg이 필요하다. 지구상의 공기는 중량비로 산소 : 공기=0.231 : 1로 되어 있으므로 3.5078/0.231=15.12kg의 공기가 필요하게 된다.

④ 공기과잉률을 람다(λ)로 표시하며, 이론혼합비에 대한 실제혼합비를 말하는 것으로, 람다가 1.1이란 말은 실제혼합비가 이론혼합비에 1.1배라는 말로 흡입공기가 이론흡입공기량보다 많다는 말이다. 또한, 공기과잉률이 높으면 체적효율이 높고 이는 연소효율을 높인다.

⑤ 기동과 저속 및 공전에서는 진한 혼합비를 필요로 한다. 그 이유는 기동 및 저속에서 가솔린 연료가 기화하는데 흡입공기의 유동이 느려 기화율이 떨어지기 때문이다. 희박한 혼합기의 연소는 고속 평탄한 주행에서는 잘 일어나지만, 그 외의 조건에서는 연소가 느려 동력감소를 가져올 뿐만 아니라 엔진온도의 상승을 초래한다.

(3) 가솔린기관 연료장치(전자제어 제외)

① 대시포트는 피드백 기화기의 스로틀밸브 축에 진공댐퍼 형식으로 장착되어 있는 것으로 가속하다가 액셀러레이터를 놓고 감속하면 스로틀밸브가 갑자기 닫힘과 동시에 공전 및 저속회로에서 연료가 분출되어 너무 농후한 혼합비가 이루어져 시동이 꺼진다. 이를 방지하기 위해서 급감속시 스로틀 밸브를 서서히 닫아 과농한 혼합비가 되지 않도록 하게 한다.

② 기화기의 뜨개실이 넘치는 현상을 **오버 플로워 현상**이라 하고, 이런 현상은 니들밸브의 고장이나 뜨개의 파손에 의해 발생한다.

③ **희박 연소 시스템의 특징**
- 열해리의 저하와 배기 손실이 감소된다.
- 연료의 희박 연소로 연소실의 온도가 낮아 실린더 벽 등으로부터 열 손실이 감소된다.
- 많은 공기 흡입으로 펌프 손실이 감소된다.
- 연료소비율이 향상되고 공전상태도 안정된다.
- 질소산화물의 배출이 감소된다.
- 22 : 1의 공연비 상태에서도 운전이 가능하다.

2 LPG기관 연료장치

(1) LPG연료

LPG중에서 자동차 연료로는 여름철은 부탄 100%의 것, 겨울철은 부탄에 프로판을 30~40% 혼합한 것이 많이 쓰인다. 다음은 LPG의 주성분인 프로판과 부탄의 혼합물을 가솔린과 비교한 특징을 기술한 것이다.

① 장점
- 기관의 내부의 오염이 적다. 특히 연소실의 오염이 적다.
- 기관윤활유가 가솔린에 의한 희석이 없다. 그러므로 실린더의 마모도 적고 윤활유를 오래 동안 사용이 가능하다.
- 옥탄가가 가솔린 보다 높으므로 압축비를 높게 할 수 있다.
- 배기가스의 유독 성분이 적다. 가솔린에 비하여 CO나 HC가 훨씬 적다. 특히, 무부하와 경부하의 경우에는 현저한 차이가 나다.
- 가솔린에 비해 가격이 싸다

② 단점
- 혼합기의 단위질량당 발열량이 가솔린 보다 낮기 때문에 가솔린에 비하여 출력이 떨어진다. 그러나 압축비를 높여서 보완을 어느 정도 할 수 있다.
- 연료의 보급장소가 제한되어 있으므로 차의 운행범위가 제한된다.
- 배기가스의 냄새가 특이하다.
- 연료저장용의 고압탱크를 필요로 한다. 즉 봄베라고 하는데 이것이 차의 중량을 무겁게 한다.
- 가스가 누출되어 폭발할 위험성이 있다.

③ LPG의 구비조건
- 적당한 증기압을 가져야 한다.
- 올리핀계 탄화수소를 함유하지 않아야 한다.
- 불순물이 함유되지 않아야 한다.
- 엔티 노크성이 있을 것.
- 유황분이 적을 것.
- 타르 등 불순물이 혼입되지 않아야 한다.

(2) LPG 기관구성

① 액상과 기상 출구 밸브는 엔진의 워밍업 상태를 ECU가 판단하여 연료의 상태를 액상과 기상으로 선택할 수 있는 밸브이다. 안전밸브는 충전용기에 장착되어 있으며 압력이 규

정압력 이상으로 되면 자동적으로 열린다.

② 베이퍼라이저는 2개의 막판식 감압장치로 구성되어 있으며, 전자밸브를 통한 고압의 연료를 1차실에서 $0.3kg/cm^2$ 으로 감압시키고, 다시 2차실을 통가하면서 대기압정도로 감압을 시키는 역할을 한다. 베이퍼라이저에서 LPG가 감압되어 기화할 때에 베어퍼라이저가 기화잠열로 냉각되므로 감압실 주위에 기관의 온도로 가열된 냉각수가 공급되어 연료의 기화를 촉진시킨다.

③ 긴급차단 솔레노이드 밸브는 주행하다 사고시(엔진정지시) 유출되는 LPG를 막기 위해서 작동이 off된다.

3 기타 기관

(1) 로터리 기관

① **로터리 기관의 특징**
- 회전 운동을 하므로 진동이 적다.
- 동일 배기량당 출력이 왕복형 기관보다 크다.
- 크랭크 기구가 없어 기계적 손실이 적다.
- 회전력의 변동 및 소음이 적다.
- 출력당 중량 및 체적이 적다.
- 고속 회전이 용이하다.
- 연소실 온도가 낮아 NOx 발생이 적다.

(2) 소구기관

① 소구기관은 석유보다 더 질이 낮은 연료를 사용함으로써 연료를 가열하지 않으면 기화되지 않기 때문에 소구(hot bulb)를 고온의 열 면에 설치하여 흡입 공기의 압축말기에 연료를 소구 열 면에 분사하고 기화시켜 점화하는 기관이다. 소구기관의 특징은 다음과 같다.
- 연료의 사용 범위가 넓다.
- 구조가 간단하고 제작이 용이하다.
- 단위 출력당 중량이 크다.
- 소형 화물선 등에 주로 사용된다.
- 연료 소비율이 높다.
- 표면 점화방식이다.

Section 6. 디젤기관의 연료장치와 연소

1 디젤기관의 연료장치와 연소

(1) 디젤 연료

① 세탄값은 가변 압축비 시험 기관(CFR엔진)에 의하여 시험되며, 착화성이 우수한 세탄의 세탄값을 100으로 하고, 착화성이 나쁜 α-메틸라프탈린의 세탄값을 0으로 정한 다음, 이들을 각각 적당한 혼합비로 혼합하여 세탄의 체적 백분율로 세탄값을 나타낸다. 이와 같이 혼합된 연료를 표준 연료로 하고, 시험하고자 하는 연료가 같은 세기의 노크를 발생할 때 표준 연료의 세탄값이 구하고자 하는 연료의 세탄값이 된다.

$$세탄가 = \frac{세탄}{세탄 + \alpha메틸나프탈렌} \times 100(\%)$$

② 착화를 지연시키는 내폭제(가솔린 노킹 방지제)로 벤젠, 알코올, 4에틸납이 사용되며, 착화를 촉진시키는 촉진제(디젤 착화(노킹방지) 촉진제)로는 초산에틸, 초산아밀, 아닐린 등이 사용된다.

(2) 연소과정 및 연소실

1) 연소과정

① **착화늦음기간(연소준비기간)** : 연료가 연소실 내로 분사되어 연소를 일으키기 전까지의 기간을 말한다. 이 때의 연료 입자는 압축공기로부터 열을 흡수하여 착화 온도에 가까워지며 0.001~0.004초 정도의 기간이다. 이 기간의 온도나 압력은 거의 상승이 없다. 그림에서 AB구간을 말한다.

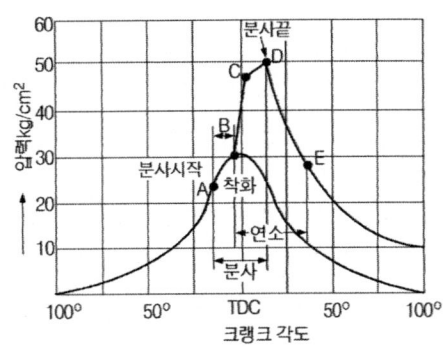

▲ 디젤엔진의 압력-크랭크각 선도

② **화염전파기간(정적연소기간, 폭발연소기간)** : 이 기간은 연료가 착화되어 폭발적으로 연소하는 기간이다. 즉, B점에서 착화되면 분사된 연료가 거의 전부 동시에 연소하면서 실린더 내의 온도와 압력이 C점으로 급상승한다. 이 연소는 실린더 내의 공기와류, 연료의 성질, 혼합상태 등에 따라 달라지는 데 앞 조건이 좋을수록 화염전파가 빨라지고 압력상승도 빠르다.

③ **직접연소기간(정압연소기간, 제어연소기간)** : 연료가 분사되면서 동시에 연소되는 기간으로, C점을 지나도 연료가 계속분사 되는데 화염전파기간에서 생긴 화염으로 분사와 거

의 동시에 연소한다. 따라서 CD사이에서 압력변화는 연료의 분사량을 조정하여 어느 정도 조정을 할 수 있다.

④ **후기연소기간(후연소기간)** : 직접연소기간에서 연소하지 못한 연료가 연소하면서 팽창하는 기간이다. D점에서 연소가 모두 끝이 나야 되나 D점까지 연소가 완전히 못된 연료는 DE의 팽창기간에 연소를 한다.

2) 직접분사식

① **장점**
- 구조가 간단하여 열효율이 높다.
- 연료소비량이 적다.
- 실린더의 헤드 구조가 간단하여 연변형이 적다.
- 연소실 체적에 비해 표면적이 작기 때문에 냉각에 의한 손실이 적다.
- 기동이 쉬워 어떤 특별장치(예열플러그)도 필요없다.

② **단점**
- 연료와 공기의 혼합을 위해 분사압을 높여야 하므로 분사펌프나 노즐의 수명이 짧아진다.
- 다공식의 노즐을 사용하므로 가격이 비싸다.
- 분사노즐의 상태가 조금 달라도 엔진의 성능에 크게 달라진다.
- 사용하는 연료의 변화에 민감하다.
- 노킹을 일으키기 쉽다.
- 엔진의 회전속도와 부하의 변화에 민감하다.

3) 예연소실식

예연소실식은 주연소실 외에 실린더 헤드에 예연소실을 가지고 있는 연소실로서, 한랭시의 시동을 용이하게 하기 위하여 실린더 헤드에 예열 플러그를 설치한다.

① **장점**
- 연료분사압이 낮아도 되므로 연료장치의 고장이 적고 수명이 길다.
- 사용하는 연료의 변화에 민감하지 않아 선택범위가 넓다.
- 운전이 정숙하고 노킹이 적다.
- 제작이 쉽다.

② **단점**
- 연소실의 체적에 대한 표면적의 비가 크므로 냉각손실이 크다.
- 기동을 위한 예열플러그를 필요로 한다.
- 압축비를 크게 하므로 큰 출력의 기동전동기가 필요하다.

- 연료소비율이 직접분사식 보다 높다.
- 연소실의 구조가 복잡하다.

4) 와류실식

와류실식은 직접분사식과 예연소실식의 중간성격으로 예연소실식의 조임 작용에 중점을 두지 않고 와류실 내에 생기는 와류를 이용하여 와류실내에서 대부분의 연료를 완전하게 연소시키는 것을 목적으로 한다.

① **장점**
- 강한 와류에 의해 회전속도와 평균유효압력을 높일 수 있다.
- 분사압력이 낮아도 된다.
- 기관의 사용회전 속도의 범위가 넓고 운전이 원활하다.
- 연료소비율이 예연소실식 보다 우수하다.

② **단점**
- 실린더헤드(연소실)의 구조가 복잡하다.
- 연소실의 체적에 대한 표면적의 비가 크므로 직접분사식보다 열효율이 떨어진다.
- 저속에서 노킹이 일어나기 쉽다.
- 기동을 위해 예열플러그가 필요하다

5) 공기실식

예연소실식과 와류실식은 연소실이나 와류실에 연료를 분사하나 공기실식은 주연소실에 분사한다. 압축행정의 끝 부근에서 공기실에 강한 와류가 발생하면 연료가 주연소실을 향해 분사되면 주연소시에서 연소가 일어나고 일부가 공기실 내에 돌입 및 착화하여 공기실의 압력을 높인다. 피스톤이 하강하면 공기실의 공기가 주연소시로 분출되며 주연소실내의 연소를 돕는다.

① **장점**
- 연소가 완만하게 진행되므로 압력상승이 낮도 작동이 조용하다.
- 기동이 쉽고 예열플러그가 필요 없다.
- 분사압력이 가장 낮다.

② **단점**
- 연료의 분사시기가 엔진의 작동에 크게 영향을 끼친다.
- 후적에 의한 연소가 일기 쉽고 배기온도가 높다.
- 연료소비율이 높다.

(3) 예열플러그

① **실드형 예열플러그**는 발광하는 코일이 금속에 의해 감싸여져 있는 형식으로 구조상 적

열까지의 시간이 코일형에 비해 조금 길지만, 하나당의 발열량이 크고, 열용량이 크기 때문에 기동성이 향상된다. 또한 히트 코일이 연소열에 의한 영향을 덜 받게 되어 플러그의 내구성이 향상되고, 병렬 회로를 가지므로 하나가 단선이 되더라도 다른 것은 작동된다.

② **예열플러그 저항기**는 코일형 예열플러그를 사용하는 경우 예열플러그의 전류를 정격값으로 규제하기 위해 예열회로 내에 삽입하는 저항기다. 즉 코일형 예열플러그에 필요한 전압은 0.9~1.4V인데 배터리의 12V를 직접 가할 수 없으므로 이를 가능하게 한 것이다.

2 디젤기관 연료분사장치

(1) 조속기

① 조속기(거버너)는 엔진의 회전속도나 부하변동에 따라 자동적으로 제어래크를 움직여 분사량을 가감한다. 즉 최고회전속도를 제어하고 동시에 전속운전을 안정시키는 일을 행한다.

② 조속기는 기구별, 기능별로 구분할 수 있다. 먼저 기구별로는 공기식과 기계식(원심식)이 있는데 공기식으로는 MZ형, MN형, 기계식으로는 R형, RQ형, RSV형, RSVD형이 있다. 이를 기능별로 구분하면 최고 최저속도 조속기 R형, RQ형, RSVD형이 있고, 전속도 조속기로 MZ형, MN형, RSV형으로 구분된다.

③ 조속기의 속도처짐율(%) = $\dfrac{\text{무부하속도} - \text{전부하시속도}}{\text{전부하시속도}} \times 100$

(2) 분사펌프

① **태핏간극**이란 플런저가 캠에 의해 최고 위치까지 밀러 올려졌을 때 플런저 헤드부와 배럴 위 면과의 간극을 말한다. 다른 말로 톱(top)간극이라 한다.

② **독립형 연료펌프의 분사량**은 제어슬리브와 피니언의 위치에 의해 플런저의 행정을 조절할 수 있어 조정을 하고, 분배형 연료펌프의 분사량은 조정이 불가능하다. 억지로 조정을 한다면 컷오프 배럴을 움직이면 된다.

③ **정리드**는 연료 송출(분사)의 시작이 일정하고 끝은 변화된다. **역리드**는 연료분사의 시작은 변하고 끝은 일정하다. 양리드는 아래위의 리드가 파져 있어 분사개시와 끝이 모두 변화한다.

④ **독립형 분사펌프의 분사시기**는 타이머에 의해서 펌프와 타이밍기어 캠이 만나는 시기를 조절한다. 분배형 분사펌프의 분사시기는 자동분사시기 조정기의 피스톤에 의해서 조절이 된다.

⑤ **딜리버리 밸브**는 규정압력이 되면 열리고, 압력이 급격히 낮아지면 스프링에 의해 닫혀

연료가 역류하는 것을 방지하고, 잔압을 유지시킨다. 또한 급격한 연료압의 저하와 함께 신속히 닫혀서 후적(분사 후 노즐에 연료방울이 맺히는 현상)을 방지한다.

⑥ **불균율** : ±3%이내

- 평균분사량 = $\dfrac{\text{각 분사량 합}}{\text{실린더 수}}$
- (+)불균율 = $\dfrac{\text{최대분사량} - \text{평균분사량}}{\text{평균분사량}} \times 100$
- (−)불균율 = $\dfrac{\text{평균분사량} - \text{최소분사량}}{\text{평균분사량}} \times 100$

(3) 분사노즐

1) 연료분사의 요건

① **무화** : 연료의 기화와 연소는 연료 입자가 작아질수록 신속하게 이루어지므로, 연료 입자를 미세한 입자로 만들어 주는 것이 좋다. 무화란 분사 노즐에서 분사되는 분무의 연료 입자를 미세하게 깨뜨리는 것을 말한다. 너무 미세하면 오히려 관통도가 낮아짐을 고려해야 한다.

② **관통도** : 연소실 내로 분사되는 연료의 미립자가 가능한 연소실의 먼 곳까지 관통하여 도달할 수 있는 힘이 있어야 한다. 이와 같이 연료 분무 입자가 압축된 공기 중을 관통하여 도달하는 능력을 관통력이라고 한다. 연료 입자가 지나치게 미세하면 압축 공기 속을 관통할 수 없어 노즐 주위에 연료 입자들이 모여 불완전 연소나 디젤 노킹을 일으킬 수 있다.

③ **분포** : 분사된 연료의 입자가 연소실 내의 구석까지 고르고 균일하게 분포되어 공기와 알맞게 혼합되어야 한다.

④ **분산도(중량분포)** : 분사된 연료가 균일하게 연소실에 분포하였더라도 분사범위의 각 장소에서의 분무 중량 분포가 알맞지 않으면 완전한 혼합가스가 되지 못하여 연소가 불안정하고 열손실이 증대될 수 있다.

⑤ **분사율** : 분사노즐로부터 시시때때로 분사되는 연료의 분사량을 분사율이라 하는데 이것은 착화늦음이나 연소의 원활과 관계가 깊다.

2) 연료분사(노즐)에 요구되는 조건

① 연료를 미세한 안개 모양으로 쉽게 착화하게 해야 한다.
② 분무를 연소실의 구석구석까지 뿌려지게 해야 한다.
③ 연료 분사가 끝난 다음 완전히 차단되어 후적이 일어나지 않아야 한다.
④ 고온고압의 가혹한 조건에서도 장시간 사용이 가능해야 한다.

Section 7 배출가스와 제어

1 배출가스

(1) 유해 배기가스의 생성

① **일산화탄소(CO)** : 일산화탄소(CO)는 이론공연비 보다 희박할 때(공기과잉율이 1과 같거나 클 때)에 생성되지 않고 농후할 때 대부분 생성이 된다. 일산화탄소의 생성은 공연비에 의해서만 정해지는 것으로 생각해도 좋은데 공기과잉율이 1보다 같거나 클 때도 약간은 배출이 된다. 그 이유로는 국부적으로 공기과잉율이 1보다 큰 부분이 존재하거나 배기행정 중 불완전 연소하여 생성되기 때문이다.

② **탄화수소(HC)** : 미연소의 연료성분인 탄화수소는 기관의 공연비에 대해서는 좀 둔감하고 어떤 운전조건에서도 배출된다. 탄화수소의 생성은 연소실내의 혼합기가 불완전연소와 완전연소의 경우에도 가능하다. 불완전연소에 의해 탄화수소가 배출될 경우는 가속상태에서 잔류가스가 많은 경우나 희박공연비인 경우에 실화나 부분연소가 생길 때이다. 완전연소인데도 불구하고 탄화수소가 배출될 때는 연소실벽면 가까이에 있는(소염층에 있는) 혼합기, 피스톤의 톱랜드의 틈새, 피스톤의 가장 상부에 있는 톱링 둘레의 틈새 등에 존재하는 혼합기에 의해 생성된다.

③ **질소산화물(NOx)** : 기관의 연소실에서 생성되는 질소산화물 중에서 대부분은 NO이다. NO는 연소에 의해 연소실의 상태가 고온이고, 고압일 때 N_2와 O_2가 반응하여 생성된다.

(2) 배기가스의 인체에 대한 영향

① **일산화탄소(CO)** : 일산화탄소는 배출가스 중에서 가장 유해하다. 일산화탄소는 호흡에 의해 몸속으로 들어가면 혈액 속의 헤모글로빈과 결합하여(산소의 결합력보다 일산화탄소의 결합력이 세므로) 산소의 운반작용을 저해하므로 일산화탄소-헤모글로빈 결합이 20%가 되면 두통, 현기증 등의 중독현상을 일으킨다. 60%에 달하면 사망할 수도 있다.

② **탄화수소(HC)** : 탄화수소가 유해물질이 되는 것은 질소산화물과 더불어 대기 중에서 광화학반응을 일으켜 스모그 현상을 일으키기 때문이다. 인체에는 수백 ppm 정도가 되어야 영향(시계를 악화시키며 점막을 자극하거나 미각의 기능을 저하)을 주지만, 오히려 식물에게는 큰 피해를 준다.

③ **질소산화물(NOx)** : 질소산화물은 눈에 자극이 없다는 것을 제외하고는 기관지염, 폐기종, 폐염, 폐암 등을 유발할 수 있다. 질소산화물 중에서 가장 해로운 것이 이산화질소인데 이는 NO의 5배 이상으로 인체의 호흡기에 나쁜 영향을 미치며 또한 광화학반응을 일

으킨다.

광화학 스모그는 이산화질소가 태양에너지에 의하여 활성의 NO와 O로 분해하여 산소(O_2)를 산화하여 오존(O_3)으로 되기도 하고 탄화수소와 조합하여 알데히드, PAN, NO_3, 오존 등의 오시던트를 포함한 스모그를 만든다. 이 스모그는 목을 자극하며 식물에 피해를 준다.

2 배출가스 제어

① 배출가스 제어장치
- 촉매 변환장치
- 배기가스 재 순환장치
- 2차 공기 공급장치
- 증발가스 제어 장치
- 블로바이 가스 순환장치

(1) 배기재순환장치

① EGR장치는 연소시의 생성억제나 후처리 모두에 관련이 있다. 배출되는 가스의 일부를 흡기로 재순환하여 신기와 혼합하여 연소온도를 저하시킴으로 질소산화물을 감소시키는 방법이다. 연소 그 자체를 변화시킨다는 점에서 연소시의 생성억제라고 하지만, 배출가스를 재순환한다는 점에서 후처리라 할 수 있다. EGR장치를 사용하므로 연비가 좋아지는 이유는 동일한 회전력을 발생하기 위해 배출가스 도입만큼의 흡기를 위한 스로틀링 손실과 펌핑손실이 줄어서이다.

(2) 삼원촉매장치

① 적당한 촉매를 사용하여 일산화탄소, 탄화수소의 산화작용과 질소산화물의 환원작용을 동시에 달성하는 즉 3성분을 동시에 정화할 수 있는 촉매를 3원촉매라 부른다. 3원촉매로는 백금과 파라듐의 펠릿형(산화작용를 도움)을 사용하거나 백금과 로듐의 펠릿형(환원작용을 도움)을 사용한다.

② 3원촉매는 CO, HC, NOx의 3가지 성분을 동시에 정화하려면 항상 혼합가가 이론 공연비에 가까워야 한다. CO, HC, NOx의 3가지 성분을 하나의 촉매로 정화를 할 때 산소가 충분한 희박한 혼합기이면 CO와 HC는 충분한 산소와 반응하여 이산화탄소와 물로 배출되지만 질소산화물 NOx는 그대로 배출되어 정화가 불가능하고, 산소가 불충분한 농후한 혼합기에서는 CO와 HC는 불완전연소로 그대로 배출되어 정화가 불가능하다. 그러므로 3원촉매장치는 이론공연비에서 연소한 배기가스의 정화율이 가장 높으므로 산소센서를 통해 항상 산소의 농도를 측정하여 피드백하여 줌으로서 이론공연비에 가깝게 유지

하도록 제어한다.

(3) 증발가스제어장치

캐니스터는 연료탱크나 기화기에서 연료가 증발하는 가스를 모아두는 곳이다. PCSV(퍼지 컨트롤 솔레노이드 밸브)는 캐니스터에 채집된 연료 증발가스를 ECU의 제어신호에 따라 작동하여 스로틀 보디로 넣어준다.

(4) OBD 시스템

OBD-Ⅱ 시스템의 주요 감시기능: 촉매감시, 엔진실화 감시, 산소센서 감시, EGR 감시, 증발가스 감시, 연료공급시스템 감시 등 6가지 감시체계가 있다.

Section 8 가솔린 전자제어 연료분사 시스템

1 가솔린 전자제어 연료분사 개요

(1) 전자제어 가솔린 연료분사장치의 종류

① 기계식 연료분사장치를 K-제트로닉이라 하고, 전자식 연료분사장치에는 L-Jetronic과 D-Jetronic이 있다. L-Jetronic는 흡입 공기량을 직접 검출하는 형식으로 메이저플레닝식, 칼만와류식, 핫필름식이나 핫와이어식 등이 있고, D-Jetronic은 흡입부압을 검출함으로서 간접적으로 흡입공기량을 측정하는 것으로 MAP센서 타입이 있다.

② 전자제어 연료분사장치의 구성으로 기본적인 계통으로는 연료 계통, 흡기 계통, 제어 계통으로 구성된다. 연료 계통의 주요 기능은 연료를 연료 펌프로부터 압축하여 인젝터로 보내고, 연료 압력 조정기로 연료압력을 항상 일정하게 유지하여 정밀한 분사를 하는 계통이다. 흡기 계통의 주요 기능은 스로틀 밸브나 공기 밸브의 개폐에 알맞은 공기를 실린더에 공급하는 계통으로 흡입 공기량 검출 장치, 스로틀 보디, 서지 탱크 등의 구성품이 있다. 제어 계통의 주요기능은 흡입 공기량, 기관 회전속도, 스로틀 밸브 개도량 등을 검출하여 그 전기 신호를 전자 제어 유닛(electronic control unit, ECU)으로 보내고 냉각수 온도, 흡기 온도, 에어컨스위치 등 여러 가지 센서의 신호에 따라서 공회전속도, 분사 시기, 분사량 등을 제어하는 계통이다.

(2) 전자제어 가솔린 분사 엔진의 장단점(기화기식과 비교)

① 인젝터를 제어하여 기관의 부하와 속도에 알맞은 연료량을 정밀하게 조절할 수 있다.
② 각 실린더의 운전 조건에 알맞은 공연비로 조정할 수 있다. 따라서 실린더별 혼합기의

불균일에 의한 HC, CO의 배출량을 감소시킬 수 있다.
③ 연료 공급 및 분사를 흡기 포트에 분사하므로 흡기관 설계의 자유도를 높일 수 있다.
④ 연료의 응답성이 좋다.
- GDI란 Gasoline Directer Injection의 약자로 실린더에 직접 인젝터를 설치하여 분사하는 장치이다. 그러므로 연료를 아낄 수 있다.

2 흡기계통

① **흡기 흐름 순서** : 에어클리너 → 에어플로센서 → 스로틀보디 → 흡기매니폴드 → 에어플로센서 → 에어클리너 → 흡기매니폴드 → 스로틀보디
② 희박연소엔진에서 실린더내 의 스월(일종의 와류)의 증가를 목적으로 설치한 밸브로 스월밸브 혹은 매니폴드 스로틀 밸브(MTV)라고 한다. 이를 위해서 반드시 나선형으로 된 흡기다기관이 필요하다.

(1) 대기압센서

대기압센서는 대기압을 감지하여 분사량을 보정하는데 사용된다. 피에조센서는 어느 결정에 압력 또는 장력이 가해지면 결정이 순식간에 변형되어 정전하가 발생하는 피에조 압전효과를 이용한 센서이다.

(2) 공기유량센서

흡기관의 흐름량을 메이저링 플레이트(베인식)의 베인 밸브 열림을 포텐시오 미터가 측정, 흡기다기관 부압에 의한 MAP센서 측정, 회전속도에 의한 열 방열을 측정하는 핫와이어식이나 핫필름식, 공기흐름을 와류의 생성에 의해 측정하는 칼만 와류식 등이 있다.

3 연료계통

- **연료의 공급경로** : 연료펌프 → 고압연료필터 → 연료분배파이프 → 연료압력조절기 → 연료탱크

(1) 연료공급펌프

① 체크밸브는 펌프가 정지한 후 스프링에 의해 닫히고, 연료라인 내의 잔압을 갖게 한다. 이 잔압으로 인하여 시동시 연료펌프가 구동되어 연료압력이 상승하는 구간을 짧게 하여 재시동성을 향상 시킨다. 또한 이 잔압은 엔진이 정지한 직후 연료 라인의 온도 상승에 의한 베이퍼록을 방지할 수 있다. 그리고 역류를 방지한다.
② 릴리프 밸브는 연료라인이나 펌프의 토출 부분에 막힘이 있어 압력이 비정상적으로 높아지면 펌프의 고장이나 연료라인의 파손 등이 발생하므로 이것을 방지하기 위해서 설

치되었다.

(2) 연료압력조절기
- 연료압력조절기의 끝을 보면, 공기챔버가 있고, 이 공기챔버의 끝은 흡기다기관과 연결되어 있다. 즉, 흡기다기관의 압력에 따라 연료의 압력을 일정하게 조절한다.

(3) 인젝터
- 인젝터의 연료분사 방법에는 동시 분사, 그룹 분사, 독립 분사가 있다. 동시 분사(simultaneous fuel injection)는 기관이 1회전하는 사이에 모든 실린더가 동시에 분사하는 방식이고, 그룹 분사(group fuel injection)는 각 실린더를 2개의 그룹으로 나누어 기관 1회전에 1회로 각 그룹별로 분사하는 방식이다. 독립 분사(sequential fuel injection)는 각 실린더마다 기관 2회전에 1회로 점화 순서에 따라 최적의 분사시기에 연료를 분사하는 방식이다.

4 제어계통

입력신호는 기관의 현 상태를 감지하는 센서 혹은 스위치들의 신호이고, 출력신호는 입력신호에 의해 결정된 조절량(출력값)을 말하며, 출력신호에 의해 작동하는 밸브나 모터 등을 액추에이터라 한다. 액추에이터에는 인젝터, 공전속도조절기, 파워TR, PCSV 등이 있다.

(1) 연료분사량제어

연료 분사량 제어는 다음과 같다.

전자제어 유닛(ECU)은 각종 센서로부터 기관의 사용 상태, 운전 상태를 검출하여 그 신호에 따라 연료의 분사량을 조절한다. 연료 분사량은 공회전속도와 각 행정 중 흡입되는 흡입공기량에 상응하는 인젝터 작동 시간에 의해 결정된다.

- **연료 기본 분사량** : 인젝터의 구동시간(연료 분사량)은 공기유량센서 및 크랭크각 센서의 출력을 근거로 전자제어 유닛(ECU)에서 계산하여 제어한다. 분사회수는 크랭크각 센서의 신호 및 공기유 센서 신호에 비례한다.
- **기관 크랭킹시 분사량** : 시동성 향상을 위해 크랭킹 신호(점화스위치 ST, 크랭크각 센서, 점화코일 1차)와 냉각수온 센서의 신호에 의해 연료분사량을 증가시킨다.
- **기관 시동 직후 분사량** : 공회전을 안정시키기 위해 시동 후 일정한 시간 동안 연료를 증가시킨다.
- **냉각수온에 따른 분사량** : 저온시 냉각수온에 따라 수온 센서로부터 신호를 받아 분사량을 증대시켜 기관의 시동성을 좋게 하고, 워밍업 시간을 단축시키고 운전을 원활하게 한다.

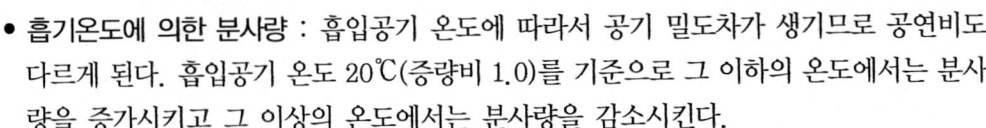

- **흡기온도에 의한 분사량** : 흡입공기 온도에 따라서 공기 밀도차가 생기므로 공연비도 다르게 된다. 흡입공기 온도 20℃(증량비 1.0)를 기준으로 그 이하의 온도에서는 분사량을 증가시키고 그 이상의 온도에서는 분사량을 감소시킨다.
- 배터리 전압이 낮아지면 인젝터의 기계적 작동 지연이 생기므로 분사시간이 짧아지게 되어 분사량이 변화하므로 변하지 않도록 제어한다.
- 가속시에는 가속하는 순간에 최대의 증량비가 얻어지고 시간이 경과함에 따라 증량비는 저하한다. 가속시에 연료분사량은 응답성을 향상시키기 위해 기본 분사량과 관계없이 동시 분사를 1회한다.
- **감속시 연료차단** : 스로틀 밸브가 닫혀 아이들 스위치가 ON이 되면 기관 회전수가 규정일 때 연료분사를 일시 정지한다. 이것은 연료의 절약과 HC 과다 발생 및 촉매의 과열을 방지한다.

(2) 공전속도제어

① 엔진의 회전수와 크랭크의 회전각을 측정하는 센서는 크랭크 각 센서이고, 점화순서를 위해서 1번 실린더의 상사점을 찾아주는 센서가 1번 TDC센서이다. 그러므로 회전수는 크랭크 각 센서에 의해서도 알 수 있고, 1차파형의 단속수를 파악해서 알 수 있다. 클러스터(계기판)에 표시되는 엔진의 회전수 1차점화회로의 개폐를 파악하여 나타내고 있다.

② **듀티비** : 규칙적인 on-off 하나의 구간을 주기라 하고, 한 주기에서 on되는 구간의 비율을 듀티율이라 한다.

식으로 표현하면 다음과 같다.

$$\text{듀티율} = \frac{\text{on되는 구간}}{\text{한주기}} = \frac{\text{on되는 구간}}{\text{on되는 구간} + \text{off되는 구간}}$$

5 산소센서

(1) 산소센서 개요

① 산소센서는 배기가스 중의 산소와 대기 중의 산소 농도 차에 따라 이론공연비를 중심으로 출력전압이 급격히 변화되는 것을 이용하여 피드백제어의 기준신호를 공급해주는 역할을 한다. 즉 산소센서는 일종의 작은 배터리이다. 산소센서의 출력전압은 농후하면 1V에 가깝게, 희박하면 0.1V에 가깝게 나타난다.

② 산소센서를 설치하는 목적은 이론공연비를 제어하기 위해서다. 이론 공연비로 제어하면 삼원촉매가 최고의 정화률로 배기가스를 정화시킨다.

(2) 피드백 제어

① **피드백**이란 뒤의 상태를 센서로 파악하여 그 값을 가지고 앞의 상태를 먼저 개선시켜 입력함을 말한다. 삼원촉매의 이론혼합비에서 최대 정화율을 발휘하므로 산소센서를 사용하여 피드백하여 이론혼합비를 항상 맞춘다.

② **지르코니아 산소 센서**는 산화지르코니아(ZrO_2)에 소량의 이트륨(Y_2O_3)을 혼합하여 시험관 모양으로 만들어 소자의 양면에 백금을 도금한 센서로 안쪽은 대기, 바깥쪽은 배기가스가 접촉되도록 되어 있다. 지르코니아 산소센서는 저온에서 매우 저항이 크고 전류는 흐르지 않으나 고온에서 내측과 외측의 농도차가 크면 산소 이온만 통과하여 기전력을 발생시키는 특성을 이용한 센서이다.

③ **산소센서 사용시 주의사항**
- 출력전압 측정시 일반 아날로그 테스터로 측정하지 말아야 한다.
- 산소센서의 배부저항을 절대 측정하지 않는다.
- 전압측정시 오실로스코프나 디지털 미터를 사용한다.
- 무연가솔을 사용한다.
- 출력전압을 쇼트시키지 말아야 한다.

PART.1 기관

기관의 개요

1. 동력의 발생원리

일과 에너지

01 • 95년도

1500kg의 호이스트로 어떤 물체를 10m 들어 올렸을 때의 일량은 얼마인가?

① 15kg·m ② 150kg·m
③ 1500kg·m ④ 15000kg·m

해설: 일= 힘×거리이므로 $W = F \times S$
$W = 1000kg \times 15m = 15000kg \cdot m$ 이다. 여기에서 힘 이라는 것은 이동거리에 대한 수평힘을 말한다.

동 력

02 • 96년도

엔진의 출력이 60kW이고 회전수가 1500rpm 이라면 이 기관의 전달토크는?

① 28.56kg-m ② 31.56kg-m
③ 38.96kg-m ④ 48.96kg-m

해설: $N_b(kW) = T \times \omega = T \times \dfrac{2N\pi}{102 \times 60}$ 에서
$T = \dfrac{N_b \times 102 \times 60}{2N\pi} = 38.96 kg-m$

---

03 • 96년도

4사이클 가솔린 엔진을 동력계로 시험하였더니 2,000rpm에서 회전력이 14.3kg-m였다면 이 엔진의 축마력은 얼마인가?

① 20PS ② 40PS
③ 60PS ④ 80PS

해설: 동력은 회전력(토크)과 각속도의 곱이다.
$N_b = T \times \omega = T \times \dfrac{2N\pi}{75 \times 60}$
$= 14.3 \times \dfrac{2 \times 2000 \times \pi}{75 \times 60} = 39.93 Ps$

---

04 • 95년도

어느 엔진의 토크가 20kg·m, 회전수가 2000rpm일 때 제동출력은 몇 PS인가?

① 45.87 ② 55.87
③ 65.87 ④ 104.3

해설: 동력은 회전력(토크)과 각속도의 곱이다.
$N_b = T \times \omega = T \times \dfrac{2N\pi}{75 \times 60}$
$= 20 \times \dfrac{2 \times 2000 \times \pi}{75 \times 60} = 55.85 Ps$

---

05 • 98년도

프로니 동력계를 사용하여 어느 엔진의 동력을 시험할 때 암의 길이가 2m, 회전속도가 3000rpm, 이때 동력계의 하중이 7kg이라고 하면 이 엔진의 제동마력은?

① 34.78PS ② 42.59PS
③ 58.66PS ④ 70.34PS

해설: 토크= 암의 길이 × 동력계 하중 이므로
$T = F \times r = 7kgf \times 2m = 14 kgf-m$
$N_b = T \times \omega = T \times \dfrac{2N\pi}{75 \times 60}$
$= 14 \times \dfrac{2 \times 3000 \times \pi}{75 \times 60} = 58.64 Ps$

ANSWER 1.④ 2.③ 3.② 4.② 5.③

06 • 98년도

어느 엔진을 엔진 동력계에 의하여 출력을 시험할 때 동력계 암의 길이가 0.55m, 동력계 하중이 35kg일 때 회전수가 2200rpm이었다. 이 엔진의 출력은 몇 kW인가?

① 23.54　　　② 34.67
③ 41.23　　　④ 43.53

해설: 토크=암의 길이 × 동력계 하중 이므로
$T = F \times r = 35\text{kgf} \times 0.55\text{m} = 19.25\text{kgf}-\text{m}$
$N_b(kW) = T \times \omega = T \times \dfrac{2N\pi}{102 \times 60}$
$= 19.25 \times \dfrac{2 \times 2200 \times \pi}{102 \times 60} = 43.48 kW$

07 • 94년도

프로니 브레이크에서 엔진출력을 측정한 결과 회전수 2000rpm에서 동력계 하중이 35kg이였다. 브레이크 암의 길이가 0.55m라면 축마력은 몇 kW인가?

① 53.76 kW　　　② 49.69 kW
③ 45.22 kW　　　④ 39.58 kW

해설: $T = F \times r = 35\text{kgf} \times 0.55\text{m} = 19.25\text{kgf}-\text{m}$
$N_b(kW) = T \times \omega = T \times \dfrac{2N\pi}{102 \times 60}$
$= 19.25 \times \dfrac{2 \times 2000 \times \pi}{102 \times 60} = 39.52 kW$

08 • 2007.7.15

프로니 브레이크로 기관의 출력을 측정할 때 동력계의 하중이 2200rpm에서 36kgf 이었다. 브레이크암의 길이가 0.55m라면 축마력을 몇 kW인가?

① 44.7　　　② 50.3
③ 62.4　　　④ 72.5

해설: $T = F \times r = 36\text{kgf} \times 0.55\text{m} = 19.8\text{kgf}-\text{m}$
$N_b(kW) = T \times \omega = T \times \dfrac{2N\pi}{102 \times 60}$
$= 19.8 \times \dfrac{2 \times 2200 \times \pi}{102 \times 60} = 44.72 kW$

09 • 2006.4.2

어떤 동력계에 디젤기관을 직결하여 제동을 걸었다. 이때 비틀림 모멘트가 100kgf-m이며 회전수가 500rpm이었다. 이때 디젤기관의 발생동력(ps)은?

① 57.7　　　② 64.7
③ 69.8　　　④ 75.4

해설: 동력은 회전력(토크)과 각속도의 곱이다.
$N_b = T \times \omega = T \times \dfrac{2N\pi}{75 \times 60}$
$= 100 \times \dfrac{2 \times 500 \times \pi}{75 \times 60} = 69.8 Ps$

10 • 2008.7.13

암의 길이가 713cm인 프로니 동력계에 제동 하중이 17kgf이었다. 측정 축의 회전수가 1500rpm일 경우 기관의 제동마력은 몇 PS인가?

① 138　　　② 200
③ 237　　　④ 254

해설: $T = F \times r = 17\text{kgf} \times 7.13\text{m} = 121.21\text{kgf}-\text{m}$
$N_b = T \times \omega = T \times \dfrac{2N\pi}{75 \times 60}$
$= 121.21 \times \dfrac{2 \times 1500 \times \pi}{75 \times 60} = 253.86 Ps$

11 • 2007.4.4

수동력계의 암의 길이가 772mm, 기관의 회전수가 2200rpm, 동력계 하중이 15kgf 일 경우 제동마력은 몇 ps인가?

① 18.4　　　② 24.5
③ 25.3　　　④ 35.57

해설: $T = F \times r = 15\text{kgf} \times 0.772\text{m} = 11.58\text{kgf}-\text{m}$
$N_b = T \times \omega = T \times \dfrac{2N\pi}{75 \times 60}$
$= 11.58 \times \dfrac{2 \times 2200 \times \pi}{75 \times 60} = 35.57 Ps$

Answer　6.④　7.④　8.①　9.③　10.④　11.④

열과 일

12

열의 일 상당량을 나타낸 것으로 옳은 것은?

① $\frac{1}{427}$ kcal/kg-m ② $\frac{1}{427}$ kg-m/kcal

③ 427kcal/kg-m ④ 427kg-m/kcal

해설: 1kcal = 427kg·m이다. 이 공식은 열량과 일의 환산값이므로 중요하다.

13 • 98년도

1.4 kcal은 몇 kg·m인가?

① 365.8 ② 487.3
③ 597.8 ④ 637.4

해설: 1kcal = 427kg·m이므로
1.4kcal = 1.4×427 = 597.8kg·m

2. 열기관의 기초

압력

01 • 95년도

게이지 압력이 10kg/cm², 대기압이 710 mmHg일 때 절대압력은 몇 kg/cm²인가?

① 9.03 ② 10.03
③ 11.57 ④ 10.97

해설: 760mmHg = 1.0332kgf/cm²이고
절대압력 = 게이지 압력 + 대기압 이므로
$P = P_g + P_a$
$= 10\text{kgf/cm}^2 + 1.0332 \times \frac{710}{760}\text{kgf/cm}^2$
$= 10.965\text{kgf/cm}^2$

P-V선도

02 • 97.2.2

지압 선도(P-V선도)에 나타난 사이클 내부의 면적은 무엇인가?

① 열량 ② 압력
③ 일   ④ 체적

해설: P-V선도의 면적(넓이)은 P×V를 뜻하므로, $P \times V$를 단위로 표현하면
$P(\text{kgf/m}^2) \times V(\text{m}^3) = (\text{kgf}-\text{m})$이다. 즉 이 결과의 단위를 보면 일이 나왔음을 알 수 있다.

03 • 00.3.26

PV 선도에서 표시되는 넓이는 무엇을 표시하는가?

① 압력 ② 배기량
③ 일   ④ 힘

해설: 위 문제와 같이 $P \times V$를 단위로 표현하면
$P(\text{kgf/m}^2) \times V(\text{m}^3) = (\text{kgf}-\text{m})$이므로 결과가 일임을 알 수 있다.

이상기체

04 • 97.10.12

일과 열 사이의 에너지 불변의 원리를 표현하고 있는 것은 다음 중 어느 것인가?

① 보일-샤를의 법칙
② 열역학 제3법칙
③ 열역학 제2법칙
④ 열역학 제1법칙

해설: 보일의 법칙-온도가 일정할 때 이상기체의 압력은 체적에 반비례한다. 샤를의 법칙- 압력(체적)이 일정하면 이상기체의 체적(압력)은 절대온도에 비례한다. 열역학 제1법칙-밀폐계가 임의의 사이클을 이룰 때 열전달의 총합은 이루어진 일의 총합과 같다. 열역학 제2법칙-과정의 방향성을 언급한 것으로 역방향의 과정에서는 어떠한 외부의 작용(힘)이 필요하다.

ANSWER 12.④ 13.③ / 1.④ 2.③ 3.③ 4.④

05 • 93년도

열역학 제1법칙에 어긋나는 사항은?

① 수열량에서 외부에 한 일을 빼면 내부 에너지 증가량이 된다.
② 열은 고온체에서 저온체로 흐른다.
③ 계가 한 유효일은 계가 받은 열량과 같다.
④ 에너지 보존의 법칙이다.

해설: 열역학 제1법칙은 열=일로서 에너지 보존의 법칙이 성립한다. 열이 고온체에서 저온체로 흐르는 방향성은 열역학 제2법칙을 나타낸다.

06 • 97.2.2

공기 1kg의 압력 1bar하에서 체적이 0.85m³이면 공기의 온도는 몇 ℃인가?

① 25 ② 17
③ 31 ④ 23

해설: 이상기체의 상태방정식은 $PV=mRT$ 이고, 1bar=$10^5 P_a = 10^5 N/m^2$ 이고, 공기의 기체상수 R = 29.27(kgf-m/kg°K) = 287(J/kg°K)이므로
$10^5 N/m^2 \times 0.85 m^3$
$= 1kg \times 287 (N-m)/(kg°K) \times \Delta T$
$\Delta T = \dfrac{10^5 \times 0.85}{1 \times 287} = 296°K$
1℃ = 273°K 이므로 296°K = 23℃

07 • 97.2.2

자동차의 타이어에 온도 15℃, 압력 2kg/cm²의 공기가 1.25m³ 들어 있다. 이 공기의 온도를 56℃로 올리면 압력은 얼마로 되는가?(단, 공기의 기체상수 R = 29.27kg·m/kg°K이며 타이어의 팽창은 없는 것으로 한다.)

① 0.22kg/cm² ② 0.24kg/cm²
③ 0.26kg/cm² ④ 0.28kg/cm²

해설: 이 문제의 타이어 내 공기는 이상기체라고 생각한다. 이상기체 상태방정식은 $P_1 V_1 = GRT_1$ 이므로 그대로 대입하면
$G = \dfrac{RT_1}{P_1 V_1} = \dfrac{29.27 \times (273+15)}{20000 \times 1.25} = 0.337 kgf$ 이다.

$P_2 V_2 = GRT_2$ 이므로
$P_2 = \dfrac{GRT_2}{V_2} = \dfrac{0.337 \times 29.27 \times (273+56)}{1.25}$
$= 2596.2 kgf/m^2$
그러므로 이 값을 단위 환산하면 $0.2596 kgf/cm^2$ 이 된다.

3. 내연기관의 사이클과 효율

오토사이클(정적사이클)

01 • 2005.7.17 • 2008전반

다음 중 정적 사이클에 속하는 기관은?

① 디젤기관 ② 가솔린기관
③ 소구기관 ④ 복합기관

해설: 정적사이클은 다른 말로 오토사이클을 말한다. 정적사이클은 가솔린기관의 이상기체사이클이다.

02 • 94년도

다음 그림에서 오토 사이클의 단열압축 과정은 어디인가?

① 1 → 2과정
② 2 → 3과정
③ 3 → 4과정
④ 4 → 1과정

해설: 1 → 2과정은 단열압축과정, 2 → 3과정은 정적연소과정, 3 → 4과정은 단열팽창과정, 4 → 1과정은 정적배출과정을 나타낸 것이다.

Answer 5.② 6.④ 7.③ / 1.② 2.①

03 • 94년도

오토사이클에서 각 점의 온도가 그림과 같다면 이 사이클의 열효율은 얼마인가?

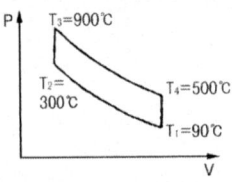

① 51.98% ② 45.54%
③ 37.22% ④ 31.67%

해설 오토사이클의 열효율은
$n_{tho} = 1 - \dfrac{1}{\epsilon^{k-1}} = 1 - \dfrac{T_4 - T_1}{T_3 - T_2}$ 이다.

$n_{tho} = 1 - \dfrac{T_4 - T_1}{T_3 - T_2} = 1 - \dfrac{(273+500)-(273+90)}{(273+900)-(273+300)}$

$= 0.3167$ 그러므로 31.67%

04 • 93년도 • 2006.4.2

실린더 간극 체적이 행정체적의 20%인 오토사이클 기관의 열효율은?(단, 비열비 k=1.4이다.)

① 42% ② 45%
③ 51% ④ 59%

해설 간극체적(연소실체적)이 20%이므로 실린더의 체적은 행정체적+연소실체적이므로 120% 이다. 그러므로

압축비$(\epsilon) = \dfrac{\text{실린더체적}}{\text{연소실체적}} = \dfrac{\text{행정체적}+\text{연소실체적}}{\text{연소실체적}}$

$= \dfrac{120}{20} = 6$

$n_{tho} = 1 - \dfrac{1}{\epsilon^{k-1}} = 1 - \dfrac{1}{6^{k-1}} = 0.5115$

∴ 51.16%

05 • 00.3.26

어느 가솔린 기관의 실린더 간극체적이 행정체적의 15%일 때 오토 사이클의 열효율은 몇 %인가? (단, 비열비 k=1.4)

① 39.23% ② 46.23%
③ 51.73% ④ 55.73%

해설 간극체적(연소실체적)이 15%이므로 실린더의 체적은 행정체적+연소실체적이므로 115%이다. 그러므로

압축비$(\epsilon) = \dfrac{\text{실린더체적}}{\text{연소실체적}} = \dfrac{\text{행정체적}+\text{연소실체적}}{\text{연소실체적}}$

$= \dfrac{115}{15} = 7.67$

$n_{tho} = 1 - \dfrac{1}{\epsilon^{k-1}} = 1 - \dfrac{1}{7.67^{k-1}} = 0.5573$

∴ 55.73%

06 • 98년도 • 02.7.21 • 2007.7.15

압축비가 7인 가솔린 기관에서 이론 열효율은?(단, 동작 가스의 단열 지수는 1.4이다.)

① 38.6% ② 54.1%
③ 62.4% ④ 67.6%

해설 $n_{tho} = 1 - \dfrac{1}{\epsilon^{k-1}} = 1 - \dfrac{1}{7^{(1.4-1)}} = 0.5408$

∴ 54.08%

07 • 97.2.2

압축비가 8이고 비열비가 1.3인 오토사이클의 열효율은?

① 39.6% ② 41.3%
③ 46.4% ④ 50.3%

해설 $n_{tho} = 1 - \dfrac{1}{\epsilon^{k-1}} = 1 - \dfrac{1}{8^{(1.3-1)}} = 0.4641$

∴ 46.41%

08 • 2008.7.13

압축비가 8.2 : 1인 가솔린 기관의 이론 열효율은?(단, 작동유체의 비열비는 1.35이다)

① 48.2% ② 52.1%
③ 54.6% ④ 56.5%

해설
$n_{tho} = 1 - \dfrac{1}{\epsilon^{k-1}} = 1 - \dfrac{1}{8.2^{(1.35-1)}} = 0.521187$이므로 52.12%이다.

Answer 3.④ 4.③ 5.④ 6.② 7.③ 8.③

09 • 2006.7.16

압축비가 9 : 1인 오토사이클 기관의 열효율은 몇 %인가?(단, $k=1.4$이다)

① 35 ② 45
③ 58 ④ 66

해설 $\eta_{otho} = 1 - \dfrac{1}{\epsilon^{k-1}}$

$\eta_{otho} = 1 - \dfrac{1}{9^{1.4-1}} = 0.58$ 따라서 58%이다.

10 • 2003.7.20

가솔린 기관의 제원이 실린더 내경 d=55mm, 행정 S=70mm, 연소실적 Vc=21cm³인 기관이 이론 공기 표준 사이클인 오토사이클로서 운전될 경우의 열효율은 약 몇 % 인가?(단, 비열비 $k=1.4$ 이다.)

① 58.3 ② 61.2
③ 62.7 ④ 63.2

해설 압축비(ϵ) = $\dfrac{실린더체적}{연소실적} = \dfrac{행정체적 + 연소실적}{연소실적}$

이고, 오토사이클의 열효율은 $n_{tho} = 1 - \dfrac{1}{\epsilon^{k-1}}$ 이므로, 먼저 행정체적을 구한다.

배기량(행정체적) = $\dfrac{\pi D^2}{4} \times L = \dfrac{\pi 5.5^2}{4} \times 7 = 166.3 cc$

(여기서 1cm³=1cc)

압축비(ϵ) = $\dfrac{166.3 + 21}{21} = 8.87$ 이므로,

열효율 $n_{tho} = 1 - \dfrac{1}{8.87^{1.4-1}} = 0.58177$이므로 58.17%이다.

11 • 97.2.2 • 99.10.10

오토 사이클에서 열효율을 높이는 방법은 어느 것인가?

① 압축비를 낮춘다.
② 압축비를 높인다.
③ 단절비를 낮춘다.
④ 체절비를 높인다.

해설 가솔린 기관의 제동열효율을 향상시키기 위해서는 도시열효율을 향상시키거나 기계효율을 향상시키면 된다.
① 도시열효율 향상
- 연소실을 개량하거나 고옥탄의 연료를 사용하여 압축비를 증대한다.
- 표면적과 체적의 비(S/V)가 작은 연소실을 사용하여 냉각손실을 저감한다.
- 급속연소를 일으키게 하거나 출력과 열효율이 최대가 되는 점화시기로 조정하여 시간손실을 저감한다.
- 흡기와 배기의 공기저항을 감소시킨다.
② 기계효율의 향상
- 기관 본체의 여러 마찰부분의 손실을 저감한다.
- 보조 구동 기구의 손실을 저감한다.

디젤사이클(정압사이클)

12 • 96년도

다음의 디젤 사이클 선도에서 3-4과정은 어떤 과정인가?

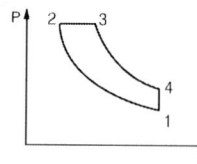

① 단열 압축 ② 등압 가열
③ 단열 팽창 ④ 정적 방열

해설 1 → 2과정 : 단열압축과정, 2 → 3과정 : 정압연소과정, 3 → 4과정 : 단열팽창과정, 4 → 1과정 : 정적배출과정

13 • 2005전반

압축비 16.5, 단절비 1.5인 디젤기관의 이론 열효율은 몇 %인가?(단, 비열비는 1.3이다)

① 51 ② 54
③ 58 ④ 63

해설 압축비는 ϵ이고, 단절비를 σ라 하면

$n_d = 1 - \left(\dfrac{1}{\epsilon}\right)^{k-1} \dfrac{\sigma^k - 1}{k(\sigma-1)}$

$= 1 - \left(\dfrac{1}{16.5}\right)^{1.3-1} \dfrac{1.5^{1.3}-1}{1.3(1.5-1)} = 0.5395$

Answer 9.③ 10.① 11.② 12.③ 13.②

고속디젤사이클(사바테사이클)

14. • 2010후반

고속디젤기관에 가장 적합한 사이클은?
① 사바테 사이클   ② 정압사이클
③ 정적사이클   ④ 디젤사이클

해설: 고속디젤기관의 이상사이클은 복합사이클 혹은 사바테사이클이라고 한다.

15. • 96년도

압축비 ε=16, 체절비 σ=2.0, 압력비 ρ=1.2 인 사바테 사이클의 열효율은 얼마인가?
① 62%   ② 60%
③ 58%   ④ 56%

해설:
$$n_{ths} = 1 - \left(\frac{1}{\epsilon}\right)^{k-1} \frac{\rho\sigma^k - 1}{(\rho-1) + k\rho(\sigma-1)}$$
$$= 1 - \left(\frac{1}{16}\right)^{1.4-1} \frac{1.2 \times 2^{1.4} - 1}{(1.2-1) + 1.4 \times 1.2(2-1)}$$
$$= 0.6198$$
즉 61.98%이다.

사이클 비교

16. • 95년도

사바테 사이클의 열효율에서 단절비를 1이라고 하면 다음 중 무슨 사이클의 열효율과 같은가?
① 디젤 사이클   ② 브레이톤 사이클
③ 오토사이클   ④ 에릭슨 사이클

해설: $\rho = \frac{P_3'}{P_2}$ 로 정적상태에서의 압력상승율을 뜻하며 압력 상승비 혹은 폭발비라 하면 고속디젤 사이틀의 이론 열효율은
$$n_{ths} = 1 - \left(\frac{1}{\epsilon}\right)^{k-1} \frac{\rho\sigma^k - 1}{(\rho-1) + k\rho(\sigma-1)}$$ 그리고, 복합 사이클의 열효율에서 압력상승비(ρ)가 1에 가깝게 하면 정압 사이클에 가까워지고, 분사 단절비(σ)가 1에 가깝게 하면 정적 사이클에 가까워짐을 알 수 있다.

17. • 95년도

내연기관의 사이클에서 열효율과 가장 관계가 깊은 것은?
① 압축비의 크기   ② 단절비의 크기
③ 차단비의 크기   ④ 압력비의 크기

해설: 열효율은 효율의 공식에서도 확인할 수 있는 것처럼 압축비가 클수록 커진다. 즉 공식의 분모가 커지므로 작은 값이 되고 결과적으로 1에다 적은 값을 빼므로 가장 큰 값(효율)을 얻는다.

18. • 93년도

최고압력과 가열량이 일정할 때 열효율이 가장 좋은 사이클은?
① 오토 사이클   ② 사바테 사이클
③ 브레이톤 사이클 ④ 디젤 사이클

해설: 아래그림을 참조하여 P-V선도상에서 최고압력이 일정하며 T-S선도에서 공급열량이 모두 동일함을 볼 수 있다. 그러나 방출열량이 각기 달라서 공급열량과 압축비가 일정할 때와 반대가 되었다. 바로 $\eta_{tho} < \eta_{ths} < \eta_{thd}$로 나타남을 알 수 있다.

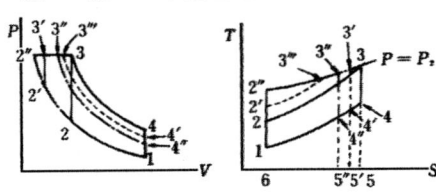

▲ 공급열량과 압축비 일정시 비교

19. • 97.10.12

최고온도와 최고압력이 일정할 때 열효율관계는?(단, η_O : 오토사이클, η_S : 사바테 사이클, η_D : 디젤사이클이다.)
① $\eta_S < \eta_O < \eta_D$ ② $\eta_D < \eta_S < \eta_O$
③ $\eta_S < \eta_D < \eta_O$ ④ $\eta_O < \eta_S < \eta_D$

해설: 문제 18의 해설을 참조한다. 같은 문제이다.

ANSWER 14.① 15.① 16.③ 17.① 18.④ 19.④

20 • 96년도

압축비와 가열량이 일정할 때 열효율이 가장 좋은 사이클은?

① 오토 사이클　② 디젤 사이클
③ 사바테사이클　④ 랭킨 사이클

해설 아래 그림을 참조하여 P-V와 T-S선도에서 정적 사이클은 1-2-3-4, 복합사이클은 1-2-2′-3′-4′, 정압 사이클은 1-2-3″-4″의 폐곡선을 그린다. 이들 사이클은 같은 초온, 초압, 체적의 점 1에서 시작하여 압축은 동일한 1-2의 단열변화하고 있다. 공급열량은 T-S선도에서 면적 Q=6-2-3-5=6-2-2′-3′-5′=6-2-3″-5″는 모두 같다. 그러나 방출열량은 1-4, 1-4′,1-4″의 정적선과 S축과의 사이 서로 다르다. 방출열량이 크면 이론효율의 일이 적게 되어 $\eta_{tho} > \eta_{ths} > \eta_{thd}$ 으로 나타난다.

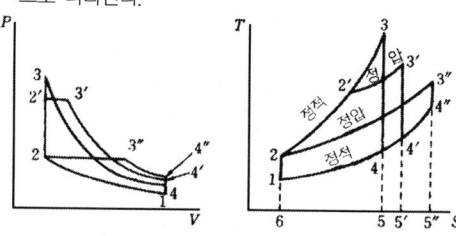

▲ 공급열량과 압축비 일정시 비교

21 • 97.2.2

초온, 초압, 압축비, 가열량이 일정할 때 각 열효율간에는 어떤 관계가 있는가?(단, η_o : 오토사이클, η_d : 디젤 사이클, η_s : 사바테 사이클이다.)

① $\eta_d > \eta_s > \eta_o$
② $\eta_o > \eta_s > \eta_d$
③ $\eta_d > \eta_o > \eta_s$
④ $\eta_s > \eta_o > \eta_d$

해설 문제 20의 해설을 참조한다. 같은 문제이다.

22 • 2009.7.12

내연기관의 기본 사이클 중 압축비가 일정하다고 가정할 경우 열효율을 비교한 것 중 옳은 것은?

① 열효율은 정적(otto) 사이클이 가장 좋다.
② 열효율은 정압(diesel) 사이클이 가장 좋다.
③ 열효율은 합성(sabathe) 사이클이 가장 좋다.
④ 압축비가 같으므로 열효율도 같다.

해설 문제20의 해설을 참조한다. 같은 문제이다.

23 • 2003.7.20

가솔린기관과 디젤기관의 비교 중 가솔린기관의 특징이 아닌 것은?

① 점화장치가 필요하다.
② 디젤기관보다 시동 전동기의 힘이 커야 한다.
③ 기화기가 필요하다.
④ 디젤기관보다 마력당 무게가 작다.

해설 가솔린 기관과 디젤기관의 장단점은 서로 상반되므로 여기서는 가솔린 기관의 장단점을 기술한다.

1) 가솔린 기관의 장점
 • 압축비가 낮으므로 냉시동성이 좋다.
 • 동일체적의 실린더에서 디젤기관보다 출력이 크다.
 • 폭발압력이 낮아 소음과 진동이 적다.
 • 실린더내의 압축압력, 연소압력이 디젤기관보다 적으므로 출력당 무게, 부피가 작다.
 • 디젤기관보다 부하시 완전연소에 가깝고 배기에 흑연이 많지 않으며 윤활유의 오염이 적다.
 • 기관의 회전속도와 부하의 변화에 민감한 연료분사 장치가 필요없다.
 • 평균유효압력이 디젤기관보다 높아 폭발압력이 낮아도 된다.

2) 가솔린 기관의 단점
 • 압축비가 낮아 열효율이 낮고 연료소비량이 크다.
 • 저질연료를 사용할 수 없고, 또 사용할 수 있는 연료의 범위가 좁아 연료비가 비싸다.
 • 최고회전력 및 최고출력을 얻기 위해 기관 회전속도가 디젤기관보다 높아야 한다.
 • 점화장치, 기화장치 때문에 돌발적인 고장이 많다.
 • 배기가스가 디젤기관보다 유독성이 많다.
 • 연료경제면에서 대형, 대출력 기관으로는 불리하다.

ANSWER　20.①　21.②　22.①　23.②

▼ 가솔린기관과 디젤기관의 비교

구분	가솔린	디젤
기관의 크기	출력당 중량이 적다	출력당 중력이 무겁다
연소실 형상	단단	복잡
사용 연료	가솔린 (화재위험, 비싸다)	경유(위험 적고 싸다)
연료 공급법	혼합하여 실린더로 흡입	공기만 흡입, 노즐로 연료분사
연료 연소법	전기점화	자연착화(압축착화)
저속 성능	저속회전에서 회전력이 적음	저속에서 성능이 좋고, 회전력 큼
고속 성능	4000 ~ 5000rpm (회전이 큼)	3000rpm(회전이 낮음)
기관의 진동	연소압력이 낮아 진동 적음	고온고압하 연소, 진동 큼
소음	적음	큼
연료 소비량	연료소비량 큼, 연료소비율 큼	연료소비량 적음, 연료소비율 적음
고장	점화장치 고장 많음	고장적음
가격	싸다	정밀도를 요하므로 고가, 정비보수 비쌈

① 6.5 : 1
② 7.5 : 1
③ 8.5 : 1
④ 9.5 : 1

해설 압축비$(\epsilon) = \dfrac{실린더체적}{연소실체적} = \dfrac{1500+200}{200} = 8.5$

02 • 2005.7.17

총배기량 1,600cc 이고, 실린더수가 4개, 연소실 체적이 50cc 일 때 이 기관의 압축비는?

① 7　　② 8
③ 9　　④ 10

해설 총배기량이 1600cc 이므로, 한기통의 행정체적은 400cc 이다.
압축비$(\epsilon) = \dfrac{행정체적+연소실체적}{연소실체적} = \dfrac{400+50}{50} = 9$

03 • 94년도

엔진의 총배기량이 1800cc이고, 연소실체적이 200cc인 이 엔진의 압축비는 얼마인가?

① 7　　② 8
③ 9　　④ 10

해설 압축비$(\epsilon) = \dfrac{실린더체적}{연소실체적} = \dfrac{1800+200}{200} = 10$

4. 열효율과 출력

04 • 2003.3.30

1기통의 배기량이 416cc, 연소실 체적은 52cc인 기관의 압축비는?

① 7　　② 8
③ 9　　④ 10

해설 여기서 행정체적은 배기량이라 할 수 있다.
압축비$(\epsilon) = \dfrac{실린더체적}{연소실체적} = \dfrac{행정체적+연소실체적}{연소실체적}$
$= \dfrac{416+52}{52} = 9$

압축비

01 • 2004.4.4

실린더 총 배기량이 1500cm³, 연소실 체적이 200cm³인 단기통 기관의 압축비는 얼마인가?

ANSWER　1.③　2.③　3.④　4.③

05 • 97.2.2

실린더 간극체적이 전체체적의 15%인 4사이클 엔진의 압축비는 얼마인가?

① 5.6   ② 6.0
③ 6.6   ④ 7.7

해설 실린더 체적(전체체적)을 x라 하면, 간극체적(연소실체적)은 전체체적의 15%이므로 $0.15x$이다. 그러므로

$$압축비(\epsilon) = \frac{실린더체적}{연소실체적} = \frac{x}{0.15x} = \frac{1}{0.15} = 6.67$$

06 • 2009.3.29

실린더 간극체적(clearance volume)이 실린더 체적의 10%인 기관의 압축비는?

① 10 : 1   ② 8 : 1
③ 6 : 1   ④ 4 : 1

해설 실린더 체적(전체체적)을 x라 하면, 간극체적(연소실체적)은 전체체적의 10%이므로 $0.10x$이다. 그러므로

$$압축비(\epsilon) = \frac{실린더체적}{연소실체적} = \frac{x}{0.1x} = \frac{1}{0.1} = 10$$

07 • 2008.7.13

실린더 체적이 450cm³, 압축비가 8인 기관의 연소실체적은?

① 60cm³   ② 64cm³
③ 70cm³   ④ 82cm³

해설 $압축비(\epsilon) = \frac{실린더체적}{연소실체적} = 8 = \frac{450}{연소실체적}$

$연소실체적 = \frac{450}{8-1} = 64cc$로 계산된다.

08 • 95년도

실린더 내경 75.00mm, 피스톤 행정이 72.00mm인 4사이클 4실린더 엔진의 압축비가 9 : 1이면 연소실 체적은 얼마인가?

① 38.8cc   ② 42.3cc
③ 45.3cc   ④ 49.2cc

해설

$$압축비(\epsilon) = \frac{실린더체적}{연소실체적} = \frac{행정체적 + 연소실체적}{연소실체적}$$

$1기통의 배기량(행정체적) = \frac{\pi D^2}{4} \times L$

(여기서 D는 실린더 직경, L은 행정)이므로

1기통의 배기량(행정체적)

$= \frac{\pi D^2}{4} \times L = \frac{\pi 7.5^2}{4} \times 7.2 = 318cc$

(여기서 1cm³ = 1cc)

위 공식에 대입하면

$$압축비(\epsilon) = \frac{행정체적 + 연소실체적}{연소실체적}$$

$$= \frac{318 + x}{x} = 9$$

$8x = 318$ 그러므로 x는 39.8이다.

09 • 2009.7.12

지름이 100mm, 행정이 95mm인 가솔린기관에서 압축비가 13 : 1일 때 연소실체적은?

① 약 58cc   ② 약 62cc
③ 약 67cc   ④ 약 86cc

해설

$$압축비(\epsilon) = \frac{실린더체적}{연소실체적} = \frac{행정체적 + 연소실체적}{연소실체적}$$

$1기통의 배기량(행정체적) = \frac{\pi D^2}{4} \times L$

(여기서 D는 실린더 직경, L은 행정)이므로

1기통의 배기량(행정체적)

$= \frac{\pi D^2}{4} \times L = \frac{\pi 10^2}{4} \times 9.5 = 746.13cc$

(여기서 1cm³ = 1cc)

위 공식에 대입하면

$$압축비(\epsilon) = \frac{행정체적 + 연소실체적}{연소실체적}$$

$$= \frac{746.13 + x}{x} = 13$$

$12x = 746.13$ 그러므로 x는 62.177이다.

Answer 5.③ 6.① 7.② 8.① 9.②

10 • 2010전반

연소실 체적이 45cm³, 압축비가 7.3일 때, 이 기관의 행정체적은 몇 cm³ 인가?

① 283.5   ② 293.5
③ 328.5   ④ 338.5

해설
압축비(ϵ) = $\dfrac{\text{행정체적} + \text{연소실체적}}{\text{연소실체적}} = \dfrac{x+45}{45} = 7.3$

$x = 7.3 \times 45 - 45 = 283.5 cm^3$이다.

11 • 2003.3.30 • 2010전반

다음 중 압축비가 가장 높은 기관은?

① 디젤기관   ② 소구기관
③ 가솔린기관 ④ LPG기관

해설 보통 가솔린 기관의 압축비는 8~10정도, 디젤기관의 압축비는 15~22정도로 상당히 높다. 그 이유는 디젤기관이 압축한 공기의 온도상승과 고압에 의해 착화하는 압축착화 기관이기 때문이다. 소구기관은 열전구에 의한 흡기가열에 의해 착화하는 기관이므로 디젤기관 보다는 압축비가 낮아도 된다.

12 • 95년도

가솔린 기관에서 압축비를 높였을 때 발생되지 않는 현상은 어느 것인가?

① 열효율 저하   ② 조기점화
③ 노킹   ④ 이상 폭발

해설 압축비를 높이면 효율식 $n_{tho} = 1 - \dfrac{1}{\epsilon^{k-1}}$에서 보는 바와 같이 효율이 증가한다. 그러나 가솔린 기관에서 압축비를 너무 증가시키면 실린더내의 온도상승으로 인하여 이상폭발현상 즉 조기점화와 노킹을 가져온다. 즉, 가솔린 기관에서 압축비 상승은 열효율의 상승을 가져오지만 이상폭발을 초래하므로 적당한 압축비가 필요하다.

배기량

13 • 96년도

실린더 지름이 75mm, 피스톤행정이 80mm인 4사이클 4실린더 엔진의 총배기량을 구하시오.

① 1234cc   ② 1287cc
③ 1413cc   ④ 2345cc

해설 실린더 1개의 행정체적 × 실린더수 = 총배기량 이므로

총배기량 = $\dfrac{\pi D^2}{4} \times L \times Z$ (여기서 Z는 기통수)

총배기량 = $\dfrac{\pi 7.5^2}{4} \times 8 \times 4 = 1413.7cc$

14 • 97.2.2

어느 4사이클 엔진의 압축비가 10 : 1, 연소실 체적이 90cc일 때 이 엔진의 배기량은 얼마인가?

① 710cc   ② 810cc
③ 910cc   ④ 1100cc

해설
압축비(ϵ) = $\dfrac{\text{실린더체적}}{\text{연소실체적}} = \dfrac{\text{행정체적} + \text{연소실체적}}{\text{연소실체적}}$

압축비(ϵ) = $10 = \dfrac{x+90}{90}$이므로,

$900 - 90 = x$ 그러므로 x는 810cc이다.

기계효율

15 • 94년도

내연기관의 열손실을 측정하였더니 냉각손실이 32%, 배기 및 복사에 의한 손실이 28%였다. 기계효율이 85%이라면 정미효율은 얼마인가?

① 24%   ② 28%

Answer 10.① 11.① 12.① 13.③ 14.② 15.④

③ 32%　　　　　　④ 34%

해설 식으로 표현하면
기계효율(η_m) = 제동일 / 도시일 = Wb / Wi
= 제동열효율(정미효율) / 도시열효율 이다.
- 100%의 전체출력 = 냉각손실 + 배기와 복사 손실 + 도시(지시)마력
- 도시마력 = 각부의 마찰손실 + 보조기 구동손실 + 제동(축)마력
그러므로 위 문제에서 도시효율 = 100 - 32 - 28 = 40%이 된다.
기계효율 = $\frac{제동효율}{도시효율}$, $0.85 = \frac{x}{0.4}$, $x = 0.34$
즉 34%의 제동효율이 나온다.

16 · 2006.7.16

제동마력이 125PS, 기계효율 η_m = 0.85일 때 도시마력은 몇 PS인가?

① 126　　　　② 137
③ 142　　　　④ 147

해설
$\eta_m = \frac{BHP}{IHP} \times 100$, η_m : 기계효율, BHP : 제동마력(PS), IHP : 도시마력(PS)
$IHP = \frac{BHP}{\eta_m} = \frac{125}{0.85} = 147 PS$로 계산된다.

17 · 2010전반

기계효율이 20%, 도시마력이 250PS일 때, 제동마력은?

① 25PS　　　　② 50PS
③ 75PS　　　　④ 150PS

해설 $\eta_m = \frac{BHP}{IHP} \times 100$,
η_m : 기계효율, BHP : 제동마력(PS),
IHP : 도시마력(PS)
$0.20 = \frac{BHP}{250}$, $BHP = 0.2 \times 250 = 50 Ps$로 계산된다.

18 · 2006.4.2

내연기관의 기계효율 향상을 위한 대책이 아닌 것은?

① 베어링 면적이 작은 베어링 사용
② 피스톤 측압 발생 증대
③ 운동부분 중량 감소
④ 배기저항 감소

해설 위 문제15를 참고하면 기계효율을 향상시키기 위해 마찰을 감소, 구동기 구동을 감소해야 한다. 보기 ②에서 측압이 크게 발생되면 실린더의 마찰동력이 증가하므로, 실제동마력은 작아지게 되어 기계효율이 감소하게 된다.

19 · 00.3.26

기계 효율을 증가시키는 요인으로 알맞은 것은?

① 접촉면이 큰 베어링을 사용한다.
② 마찰 계수가 큰 금속을 사용한다.
③ 섭동면의 가공 정도를 낮춘다.
④ 실린더 수를 감소시킨다.

해설 위 문제15와 18의 해설을 참조하면 마찰손실이나 보조기 구동손실을 줄이면 제동효율이 증가하므로 기계효율을 증가할 수 있음을 알 수 있다. 보기 ①의 접촉면이 큰 베어링을 사용하면 마찰면을 넓고 고르게 하여 마찰에 의한 손실을 줄일 수 있다.(주의: 너무 크게 마찰면적을 만들면 그 면적 자체가 저항이 되어 손실을 오히려 크게 할 수 있다.)

20 · 2005.7.17

기관의 기계효율에 직접적인 영향을 미치는 요소가 아닌 것은?

① 실린더의 크기　　② 연료의 완전연소
③ 각종 펌프 압력　　④ 기관 회전수

해설 위 문제 15, 18, 19를 참고하면 기계효율을 향상시키기 위해 마찰을 감소, 구동기 구동을 감소해야 한다. 실린더 크기가 크면 압축비 증가 경향이 생기거나 기관의 회전수가 증가하면 기계효율이 증가한다. 각종 펌프압력이 높으면 구동마력이 커지게 되어 실 제동마력이 작아져서 기계효율이 감소한다.

Answer 16.④　17.②　18.②　19.①　20.②

도시(지시)마력

21 • 2006.4.2

4행정 사이클기관의 총배기량 3670cc, 회전수 3600rpm, 도시평균유효압력이 9.2kgf/cm²일 때 기관의 도시마력은 몇 PS인가?

① 135   ② 141
③ 147   ④ 152

해설: $N_i = \dfrac{W_i}{75} = \dfrac{P_{mi} V_s R Z}{75 \times 60 \times 100}$
$= \dfrac{P_{mi} A l R Z}{75 \times 60 \times 100} = \dfrac{P_{mi} V R}{75 \times 60 \times 100}$

N_i : 지시마력이고, 분모의 100은 단위환산(센티미터를 미터로)위해서 사용하였고,
P_{mi} : 도시평균유효압력(kg/cm²),
V_s : 행정체적(cm³),
총행정체적(총배기량 : V) : $V_s \times Z$,
Z : 실린더수 R : 회전수(rpm)로 4행정사이클은 R/2, 2행정사이클은 R 그대로 대입
A : 실린더 직경으로 이루어진 면적(cm²),
d : 실린더 직경(cm), l : 행정(cm)을 나타낸다.

위의 값을 그대로 식에 대입하면

$N_i = \dfrac{9.2 \times 3670 \times \dfrac{3600}{2}}{75 \times 60 \times 100} = 135 PS$ 으로 계산된다.

22 • 2005전반

2행정 1사이클 기관의 도시평균유효압력이 10kgf/cm², 총배기량 4000cc, 회전수 3375rpm 일 경우 도시마력은?

① 200ps   ② 250ps
③ 300ps   ④ 350ps

해설: $N_i = \dfrac{W_i}{75} = \dfrac{P_{mi} V_s R Z}{75 \times 60 \times 100}$
$= \dfrac{P_{mi} A l R Z}{75 \times 60 \times 100} = \dfrac{P_{mi} V R}{75 \times 60 \times 100}$

위의 값을 그대로 식에 대입하면
$N_i = \dfrac{10 \times 4000 \times 3375}{75 \times 60 \times 100} = 300 PS$ 으로 계산된다.

23 • 96년도

지시마력이 75PS, 배기량이 2,000cc, 회전속도가 3,500rpm인 4사이클 엔진의 지시평균유효압력은?

① 9.11kgf/cm²   ② 9.64kgf/cm²
③ 13.54kgf/cm² ④ 12.87kgf/cm²

해설: $N_i = \dfrac{W_i}{75} = \dfrac{P_{mi} V_s R Z}{75 \times 60 \times 100}$
$= \dfrac{P_{mi} A l R Z}{75 \times 60 \times 100} = \dfrac{P_{mi} V R}{75 \times 60 \times 100}$

위의 값을 그대로 식에 대입하면

$75 = \dfrac{P_{mi} \times 2000 \times \dfrac{3500}{2}}{75 \times 60 \times 100}$

그러므로
$P_{mi} = \dfrac{75 \times 75 \times 60 \times 100 \times 2}{2000 \times 3500} = 9.643 kgf/cm^2$

24 • 2004.7.18

4행정 사이클 디젤기관의 지시평균 유효압력이 7kgf/cm², 실린더 직경이 100mm, 행정이 100mm인 4기통 기관이 1200rpm으로 회전할 때 지시마력은?

① 14.7ps   ② 29.3ps
③ 58.6ps   ④ 117.2ps

해설: $N_i = \dfrac{W_i}{75} = \dfrac{P_{mi} V_s R Z}{75 \times 60 \times 100}$
$= \dfrac{P_{mi} A l R Z}{75 \times 60 \times 100} = \dfrac{P_{mi} (\pi d^2/4) l R Z}{75 \times 60 \times 100}$

위의 값을 그대로 식에 대입하면

$N_i = \dfrac{W_i}{75} = \dfrac{P_{mi} A l R Z}{75 \times 60 \times 100} = \dfrac{P_{mi} (\pi d^2/4) l R Z}{75 \times 60 \times 100}$

$= \dfrac{7 \times (\pi 10^2/4) 10 \times (1200/2) \times 4}{75 \times 60 \times 100} =$
29.32PS로 계산된다.

ANSWER 21.① 22.③ 23.② 24.②

축(제동)마력

25 • 2003.3.30

4행정 사이클 기관에서 행정체적이 5000 cm³, 회전수 2000rpm, 도시평균 유효압력 9.5kgf/cm² 인 경우 제동마력은 몇 PS인가? (단, 기계효율은 82%이다.)

① 84.56   ② 86.56
③ 88.56   ④ 105.56

해설 기계효율(η_m)=제동일 / 도시일 =Wb / Wi
=제동열효율 / 도시열효율
=제동평균유효압력/도시(지시)평균유효압력 이므로,
제동평균유효압력=도시(지시)평균유효압력×기계효율
= $9.5 \times 0.82 = 7.79 kgf/cm^2$ 이다.

$N_b = T \times \omega = T \times \dfrac{2N\pi}{75 \times 60} = \dfrac{P_{mb} \, VsRZ}{75 \times 60 \times 100}$ 에서

$N_b = \dfrac{P_{mb} \, VsRZ}{75 \times 60 \times 100} = \dfrac{7.79 \times 5000 \times \dfrac{2000}{2}}{75 \times 60 \times 100}$
$= 86.555 kgf/cm^2$

여기서 회전수 R이고, 4사이클 기관이므로 1/2를 대입하였다.

26 • 99.4.18

4행정 사이클 기관이 총배기량 1,000cc, 축마력 44PS, 회전수 3,600rpm일 때 제동평균유효압력 kg/cm²은?

① 10   ② 11
③ 12   ④ 13

해설 $N_b = \dfrac{W_b}{75} = \dfrac{P_{mb} \, VsRZ}{75 \times 60 \times 100}$

$= \dfrac{P_{mb} AlRZ}{75 \times 60 \times 100} = \dfrac{P_{mb}(\pi d^2/4)lRZ}{75 \times 60 \times 100}$

N_i : 지시마력이고, 분모의 100은 단위환산(센티미터를 미터로)위해서 사용하였고,
P_{mi} : 도시평균유효압력(kg/cm²),
V_s : 행정체적(cm³),
총행정체적(총배기량 : V) : $V_s \times Z$,
Z : 실린더수 R : 회전수(rpm)로 4행정사이클은 R/2, 2행정사이클은 R 그대로 대입

A : 실린더 직경으로 이루어진 면적(cm²),
d : 실린더 직경(cm), l : 행정(cm)을 나타낸다.
그대로 대입하면
$N_b = \dfrac{W_b}{75} = \dfrac{P_{mb} \, VsRZ}{75 \times 60 \times 100}$ 그러므로
$44 = \dfrac{P_{mb} \times 1000 \times 3600 \times 1/2}{75 \times 60 \times 100}$
$P_{mb} = \dfrac{44 \times 2 \times 75 \times 60 \times 100}{1000 \times 3600} = 11 kgf/cm^2$

27 • 99.4.18

4행정기관의 발생토크 2.5kg·m, 총배기량 340cc일 때 제동평균유효압력은 몇 kg/cm²인가?

① 0.735   ② 8.47
③ 9.24   ④ 10.16

해설 제동마력은 $N_b = T \times \omega = T \dfrac{2N\pi}{75 \times 60}$,

$N_b = \dfrac{P_{mb} \, VsRZ}{75 \times 60 \times 100}$ 과 같이 표현되므로,

$N_b = T \times \omega = T \times \dfrac{2N\pi}{75 \times 60} = \dfrac{P_{mb} \, VsRZ}{75 \times 60 \times 100}$ 라 할 수 있다.

회전수는 N=R이므로 대입하면

$2.5 \times \dfrac{2 \times N \times \pi}{75 \times 60} = \dfrac{P_{mb} \times 340 \times \dfrac{R}{2}}{75 \times 60 \times 100}$

(여기서 1/2는 4행정 사이클임)

$P_{mb} = \dfrac{2.5 \times 2 \times 100 \times \pi \times 2}{340} = 9.24 kgf/cm^2$

28 • 99.4.18

4행정 사이클 기관의 압축비가 8.5, 연소실 용적이 60cm³, 기관 회전이 4,500rpm인 경우 기관의 회전력은 얼마인가?(단, 제동 평균유효 압력은 8.5kg/cm²이다.)

① 3.04(m-kg)   ② 5.03(m-kg)
③ 6.07(m-kg)   ④ 7.02(m-kg)

해설 압축비(ϵ) = $8.5 = \dfrac{x + 65}{65}$ 이므로

$8.5 \times 65 - 65 = x$ 그러므로 x는 487.5cc 이다.

$N_b = T \times \omega = T \times \dfrac{2N\pi}{75 \times 60} = \dfrac{P_{mb} \, VsRZ}{75 \times 60 \times 100}$ 의

ANSWER 25.②   26.②   27.③   28.①

공식을 이용하면(N=R),

$$T \times \frac{2 \times N \times \pi}{75 \times 60} = \frac{8.5 \times 487.5 \times \frac{R}{2}}{75 \times 60 \times 100}$$

여기서 1/2는 4행정 사이클임

$$T = \frac{8.5 \times 487.5 \times \frac{1}{2}}{100 \times 2 \times \pi} = 3.297 \text{kgf} - m$$

29 • 93년도

실린더 안지름이 80mm, 행정이 95mm인 2사이클 2실린더 엔진이 3500rpm의 속도로 회전하고 있다면 이 엔진의 크랭크축에 발생하는 회전력은 얼마인가?(단, 지시평균 유효압력은 6kg/cm², 기계효율 η_m은 85%이다.)

① 6.22kg·m   ② 6.075kg·m
③ 7.105kg·m   ④ 7.745kg·m

해설 기계효율(η_m)=제동일 / 도시일 =Wb / Wi
= 제동열효율 / 도시열효율
= 제동평균유효압력/도시(지시)평균유효압력 이므로, 제동평균유효압력=도시(지시)평균유효압력×기계효율
= 6×0.85 = 5.1kgf/cm²이다.

$$N_b = T \times \omega = T \times \frac{2N\pi}{75 \times 60}$$
$$= \frac{P_{mb} VsRZ}{75 \times 60 \times 100} = \frac{P_{mb}(\pi d^2/4)lRZ}{75 \times 60 \times 100}$$
$$T \times \frac{2N\pi}{75 \times 60} = \frac{P_{mb}(\pi d^2/4)lRZ}{75 \times 60 \times 100}$$

여기서 회전수 N=R이므로, 대입하면

$$T \times \frac{2N\pi}{75 \times 60} = \frac{5.1 \times (\pi 8^2/4) \times 9.5 \times R \times 2}{75 \times 60 \times 100}$$

(여기서 2사이클 기관이므로 1/2를 곱하지 않음)

$$T = \frac{5.1 \times (8^2/4) \times 9.5}{100} = 7.752 \text{kgf} - m$$

30 • 2009.7.12

내경 80mm, 행정 100mm, 2행정사이클 2실린더 기관이 3200rpm으로 회전할 때 축에 발생하는 회전력은?(단, 지시평균유효압력은 6.5kg/cm², 기계효율은 90%이다.)

① 약 9.94kgf·m   ② 약 9.55kgf·m
③ 약 9.36kgf·m   ④ 약 8.95kgf·m

해설 기계효율(η_m)=제동일 / 도시일 =Wb / Wi
=제동열효율 / 도시열효율
=제동평균유효압력/도시(지시)평균유효압력 이므로, 제동평균유효압력= 도시(지시)평균유효압력×기계효율
= 6.5×0.9 = 5.85kgf/cm²이다.

$$N_b = T \times \omega = T \times \frac{2N\pi}{75 \times 60}$$
$$= \frac{P_{mb} VsRZ}{75 \times 60 \times 100} = \frac{P_{mb}(\pi d^2/4)lRZ}{75 \times 60 \times 100}$$
$$T \times \frac{2N\pi}{75 \times 60} = \frac{P_{mb}(\pi d^2/4)lRZ}{75 \times 60 \times 100}$$

여기서 회전수 N=R이므로, 대입하면

$$T \times \frac{2N\pi}{75 \times 60} = \frac{5.85 \times (\pi 8^2/4) \times 10 \times R \times 2}{75 \times 60 \times 100}$$

(여기서 2사이클 기관이므로 1/2를 곱하지 않음)

$$T = \frac{5.85 \times (8^2/4) \times 10}{100} = 9.36 \text{kgf} - m$$

31 • 95년도

실린더 내경이 80mm, 행정이 90mm인 4사이클 4실린더 엔진이 5500rpm으로 회전하고 있다. 이 엔진의 제동마력이 95PS라면 기계효율은 얼마인가?(단, 지시평균유효압력은 11 kg/cm²이다.)

① η_m=62%   ② η_m=78%
③ η_m=81%   ④ η_m=88%

해설 그대로 대입하면

$$N_b = \frac{P_{mb} VsRZ}{75 \times 60 \times 100} = \frac{P_{mb}\left(\frac{\pi d^2}{4}\right)lRZ}{75 \times 60 \times 100}$$ 이므로

$$95 = \frac{P_{mb} \times (\frac{\pi \times 8^2}{4}) \times 9 \times \frac{5500}{2} \times 4}{75 \times 60 \times 100}$$

$$P_{mb} = \frac{95 \times 75 \times 60 \times 100 \times 2}{(\pi \times 8^2 \times 9 \times 5500)} = 8.59 kgf/cm^2$$

그러므로 기계효율=제동평균유효압력/도시(지시)평균유효압력=8.59/11=0.7809이므로 78.09%이다.

ANSWER 29.④ 30.③ 31.②

32 • 2010전반

제동마력이 52.7PS, 실린더의 지름이 80mm, 행정이 96mm, 도시평균 유효압력이 10kg/cm² 인 4행정 4실린더 가솔린 기관이 3000rpm으로 회전할 경우 기계효율은?

① 약 62.7% ② 약 74.3%
③ 약 81.9% ④ 약 84.2%

해설 그대로 대입하면

$$N_b = \frac{P_{mb}\,V_s RZ}{75 \times 60 \times 100} = \frac{P_{mb}\left(\frac{\pi d^2}{4}\right)lRZ}{75 \times 60 \times 100}$$ 이므로

$$52.7 = \frac{P_{mb} \times \left(\frac{\pi \times 8^2}{4}\right) \times 9.6 \times \frac{3000}{2} \times 4}{75 \times 60 \times 100}$$

$$P_{mb} = \frac{52.7 \times 75 \times 60 \times 100 \times 2}{(\pi \times 8^2 \times 9.6 \times 3000)} = 8.19 \text{kgf/cm}^2$$

그러므로 기계효율=제동평균유효압력/도시(지시)평균유효압력=8.19/10=0.819이므로 81.9%이다.

33 • 2007.4.4

4행정 사이클 기관에서 행정 체적 Vs = 1600cm³, 제동마력 Ne=70PS, 회전수 n=4500rpm일 경우 제동평균 유효압력 P_{mb}는 몇 kgf/cm² 인가?

① 7.75 ② 8.75
③ 9.75 ④ 10.75

해설

$$N_i = \frac{W_i}{75} = \frac{P_{mb}\,V_s RZ}{75 \times 60 \times 100}$$

$$= \frac{P_{mb}\,AlRZ}{75 \times 60 \times 100} = \frac{P_{mb}\,VR}{75 \times 60 \times 100}$$

$$70 = \frac{P_{mb} \times 1600 \times \frac{4500}{2}}{75 \times 60 \times 100},$$

그러므로

$$P_{mb} = \frac{70 \times 75 \times 60 \times 100 \times 2}{1600 \times 4500} = 8.75 kgf/cm^2$$

로 계산된다.

연료마력

34 • 96년도

연료의 저위발열량이 10,500kcal/kg인 이 연료를 1시간동안 25kg을 소비하였다면 이 기관에서 얻을 수 있는 연료마력은 얼마인가?

① 278PS ② 326PS
③ 296PS ④ 416PS

해설 N_f(연료마력 : Ps) =

$$= \frac{\text{저위발열량(kcal/kg)} \times \text{시간당연료소비량(kg/h)}}{632.3}$$

이므로, 그대로 대입하면,

N_f(연료마력 : Ps) =

$$\frac{10500(\text{kcal/kg}) \times 25(\text{kg/h})}{632.3} = 415.15 Ps$$

35 • 99.10.10

어떤 연료 1kgf의 저위 발열량이 7000kcal 이고 1 시간당 40kgf 의 연료를 소비하여 완전 연소시켜 모두 일로 전환한다면 발생 동력은 몇 KW 인가?

① 278 ② 321
③ 326 ④ 449

해설 연료가 모두 일로 전환했다는 말은 열효율이 100%이므로, 제동마력=연료마력이 된다.

N_f(연료마력 : kW) = N_b(제동마력)

$$= \frac{\text{저위발열량(kcal/kg)} \times \text{시간당연료소비량(kg/h)}}{860}$$

N_f(연료마력 : kW) = N_b(제동마력)

$$= \frac{7000(\text{kcal/kg}) \times 40(\text{kg/h})}{860} = 325.58 kW$$

Answer 32.③ 33.② 34.④ 35.③

36 • 2008전반

발열량 7000kcal/kg인 연료를 시간당 40kg 연소시킬 때 발생되는 열을 동력으로 환산하면 약 몇 kW인가?(단, 연소효율은 100%로 가정한다.)

① 278kW ② 301kW
③ 326kW ④ 443kW

해설 위 문제2와 같은 문제이다.

37 • 2010후반

기관의 제동연료 소비율이 400g/kWh, 기관의 제동마력이 70kW, 연료의 저위발열량이 46200kJ/kg, 기관의 냉각손실이 30%일 때 냉각손실 열량은?

① 388080kJ/h ② 488080kJ/h
③ 588080kJ/h ④ 688280kJ/h

해설 제동연료소비율 = $\dfrac{제동연료소비량(kg/h)}{제동마력(kW)}$

제동연료소비율(kg/h)=제동마력×제동연료소비율
  =70kW × 0.4(kg/kW-h) = 28kg/h
연료마력=저위발열량×연료소비량이므로,
$N_f = 46200(kJ/kg) \times 28(kg/h) = 1293600 kJ/h$이고,
냉각손실량=연료마력×냉각손실율이므로,
냉각손실량$(kJ/h) = 1293600 \times 0.3 = 388080 kJ/h$로 계산된다.

제동연료소비율

38 • 96년도

60PS의 엔진이 350 L의 연료를 24시간 동안 소비하였다면 이 엔진의 연료소비율은 얼마인가?(단, 이 연료의 비중은 0.9이다.)

① 203g/PS-h ② 219g/PS-h
③ 227g/PS-h ④ 274g/PS-h

해설 연료소비율은 시간당연료소비량/제동마력이다.
비중이 나와 있으므로,
24시간연료소비량=비중량×체적
  $= 0.9(kgf/l) \times 350l = 315 kgf$이다.

비중이 1이라는 말은
$1 \times 10^3 (kgf/m^3) = 1 \times (kgf/l)$ $(1m^3 = 10^3 l$이다.$)$
그러므로 시간당 연료소비량은
$315/24 = 13.125 (kgf/h)$이다.
연료소비율 = $\dfrac{시간당연료소비량}{제동마력} = \dfrac{13.125(kgf/h)}{60Ps}$
  $= \dfrac{13125(g/h)}{60Ps} = 218.75(g/Ps-h)$

39 • 94년도

엔진의 성능 시험을 하였더니 120PS에서 1분 동안 400g의 가솔린을 소비하였다. 연료소비율은 g/PS-h인가?

① 100 ② 200
③ 300 ④ 400

해설 시간당 연료소비량은 $400(g) \times 60 = 24000(g)$이다. 즉 연료소비량=$24(kgf/h)$이다.
연료소비율 = $\dfrac{시간당연료소비량}{제동마력} = \dfrac{24(kgf/h)}{120Ps}$
  $= \dfrac{24000(g/h)}{120Ps} = 200(g/Ps-h)$

40 • 93년도

120PS의 출력을 내는 어느 디젤엔진이 650 L의 연료를 24시간에 소비하였다면 이 엔진의 연료소비율은 얼마인가?(단, 이 연료의 비중은 0.9이다.)

① 203g/PS-h ② 215g/PS-h
③ 251g/PS-h ④ 304g/PS-h

해설 비중이 나와 있으므로,
24시간연료소비량=비중량×체적
  $= 0.9(kgf/l) \times 650l = 585 kgf$이다.
그러므로 시간당 연료소비량은
$585/24 = 24.375(kgf/h)$이다.
연료소비율 = $\dfrac{시간당연료소비량}{제동마력}$
  $= \dfrac{24.375(kgf/h)}{120Ps}$
  $= \dfrac{24375(g/h)}{120Ps} = 203.125(g/Ps-h)$

Answer 36.③ 37.① 38.② 39.② 40.①

41 • 99.4.18

기관을 성능시험 하였더니 120PS에서 1분간에 160g의 가솔린을 소비하였다. 연료의 소비율(g/PS-h)은?

① 66 ② 80
③ 120 ④ 150

해설: 시간당 연료소비량은 160(g)×60=9600(g)이다.
즉 연료소비량=9.6(kgf/h)이다.

연료소비율 = $\frac{\text{시간당연료소비량}}{\text{제동마력}}$ = $\frac{9.6(kgf/h)}{120Ps}$
= $\frac{9600(g/h)}{120Ps}$ = 80($g/Ps-h$)

제동열효율

42 • 00.3.26

어느 가솔린 엔진의 출력이 95PS이고 제동 연료 소비량이 6570g/h이다. 제동 열효율은 몇 %인가?(단, 연료의 저위 발열량이 10,500 kcal/kgf이다)

① 67% ② 77%
③ 87% ④ 97%

해설: 제동열효율
= $\frac{\text{제동마력}(Ps) \times 632.3(kcal/h)}{\text{저위발열량}(kcal/kg) \times \text{연료소비량}(kg/h)}$

으로 대입하면,
제동열효율 = $\frac{95(Ps) \times 632.3(kcal/h)}{10500(kcal/kg) \times 6.57(kg/h)}$ = 0.8707
그러므로 87.07%이다.

43 • 02.7.21

연료의 저위발열량이 10500kcal/kg. 제동마력이 95PS. 제동열효율이 28%인 기관의 연료 소비량은 몇 kg/h 인가?

① 18.4 ② 19.4
③ 20.4 ④ 21.4

해설: 제동열효율
= $\frac{\text{제동마력}(Ps) \times 632.3(kcal/h)}{\text{저위발열량}(kcal/kg) \times \text{연료소비량}(kg/h)}$

연료소비량(kg/h) = $\frac{\text{제동마력}(Ps) \times 632.3(kcal/h)}{\text{저위발열량}(kcal/kg) \times \text{제동열효율}}$

그대로 대입하면,
연료소비량(kg/h) = $\frac{95(Ps) \times 632.3(kcal/h)}{10500(kcal/kg) \times 0.28}$
= 20.43(kg/h)

44 • 2005.7.17

흡기밸브를 통해서 흐르는 최대 공기량이 312kg/h, 열효율이 28%, 공연비가 14.7 : 1, 저위발열량이 10,830kcal/kg인 기관의 최대 제동마력은 약 얼마인가?

① 95PS ② 110PS
③ 97PS ④ 102PS

해설: 공연비가 14.7:1이고, 공기량이 312kg/h 이므로, 공연비=공기량/연료량에서

연료소비량 = $\frac{\text{공기량}}{\text{공연비}}$ = $\frac{312(kg/h)}{14.7}$ = 21.2245kg/h

제동열효율
= $\frac{\text{제동마력}(Ps) \times 632.3(kcal/h)}{\text{저위발열량}(kcal/kg) \times \text{연료소비량}(kg/h)}$

제동마력(Ps) = $\frac{\text{제동열효율} \times \text{저위발열량}(kcal/kg) \times \text{연료소비량}(kg/h)}{632.3(kcal/h)}$

그대로 대입하면
제동마력(Ps) = $\frac{0.28 \times 10830(kcal/kg) \times 21.2245(kg/h)}{632.3(kcal/h)}$
= 101.7889Ps

로 계산된다.

45 • 93년도

제동 열효율이 28%인 디젤기관을 운전하였을 때 연료소비율이 215g / PS-h이다. 이 기관에 사용된 연료의 저위발열량은 얼마인가?

① 10,100kcal/kg
② 10,325kcal/kg
③ 10,530kcal/kg
④ 10809kcal/kg

Answer 41.② 42.③ 43.③ 44.④ 45.③

해설 제동열효율
$$= \frac{제동마력(Ps) \times 632.3(kcal/h)}{저위발열량(kcal/kg) \times 연료소비량(kg/h)}$$

$$= \frac{632.3(kcal/h)}{저위발열량(kcal/kg) \times \left(\frac{연료소비량(kg/h)}{제동마력(Ps)}\right)}$$

여기에서 $\frac{연료소비량(kg/h)}{제동마력(Ps)}$ = 제동연료소비율이므로

위 식을 다시 나타내면

제동열효율 =
$$\frac{632.3(kcal/h)}{저위발열량(kcal/kg) \times 제동연료소비율(kg/Ps-h)}$$

이 된다. 위 문제의 값을 그대로 대입하면

$$0.28 = \frac{632.3(kcal/h)}{저위발열량(kcal/kg) \times 0.215(kg/Ps-h)}$$

이므로

저위발열량$(kcal/kg) = \frac{632.3(kcal/h)}{0.28 \times 0.215(kg/Ps-h)}$
$= 1,503.3 kcal/kg$

46 • 94년도

연료소비율이 210g/PS-h이고, 연료의 저위 발열량이 10,000kcal/kg인 기관의 제동열효율은 얼마인가?

① 27.2% ② 30.1%
③ 35.4% ④ 40.9%

해설 제동열효율=
$$\frac{632.3(kcal/h)}{저위발열량(kcal/kg) \times 제동연료소비율(kg/Ps-h)}$$

제동열효율 = $\frac{632.3(kcal/h)}{10000(kcal/kg) \times 0.21(kg/Ps-h)} = 0.3010$

그러므로 30.1%이다.

47 • 2008전반

제동연료소비율이 230g/PS-h이고, 사용연료의 저위발열량이 10500kcal/kg인 가솔린 기관의 제동열효율은 약 몇 %인가?

① 19% ② 26%
③ 30% ④ 33%

해설 제동열효율=
$$\frac{632.3(kcal/h)}{저위발열량(kcal/kg) \times 제동연료소비율(kg/Ps-h)}$$

이므로

제동열효율 = $\frac{632.3(kcal/h)}{10500(kcal/kg) \times 0.23(kg/Ps-h)} = 0.2618$

이다.
그러므로 26.18%이다.

48 • 94년도

시간당 연료소비율이 180g/PS-h로 운전되는 디젤기관의 열효율은 얼마인가?(단, 사용연료의 저위 발열량은 10,500kcal/kg의 경유이다.)

① 25.52% ② 30.02%
③ 33.46% ④ 48.24%

해설 제동열효율=
$$\frac{632.3(kcal/h)}{저위발열량(kcal/kg) \times 제동연료소비율(kg/Ps-h)}$$

이므로

제동열효율 = $\frac{632.3(kcal/h)}{10500(kcal/kg) \times 0.18(kg/Ps-h)} = 0.3345$

이다.
그러므로 33.45%이다.

49 • 95년도 • 2009.3.29

연료소비율이 250g / PS-h이고, 저위 발열량이 10,500kcal / kg일 때 이 엔진의 열효율은?

① 20% ② 22%
③ 24% ④ 26%

해설 제동열효율=
$$\frac{632.3(kcal/h)}{저위발열량(kcal/kg) \times 제동연료소비율(kg/Ps-h)}$$

제동열효율 = $\frac{632.3(kcal/h)}{10500(kcal/kg) \times 0.25(kg/Ps-h)} = 0.2408$

그러므로 24.08%이다.

ANSWER 46.② 47.② 48.③ 49.③

50 • 97.10.12

연료의 저위 발열량이 10500kcal/kg의 액체 연료를 사용하여 연료 소비율이 165g/PS-h인 기관의 열효율은 몇 %인가?

① 44.27% ② 28.55%
③ 30.11% ④ 36.5%

해설 제동열효율=
$$\frac{632.3(\text{kcal/h})}{\text{저위발열량}(\text{kcal/kg})\times\text{제동연료소비율}(\text{kg/Ps}-\text{h})}$$
이므로

제동열효율 = $\frac{632.3(\text{kcal/h})}{10500(\text{kcal/kg})\times 0.165(\text{kg/Ps}-\text{h})}$ = 0.3649 이다.

그러므로 36.49이다.

51 • 93년도

디젤기관에서 시간당 연료소비량이 150kgf이며, 연료의 저위 발열량이 10,000kcal/kgf일 때 열효율이 35%라면 이 엔진은 몇 kW를 발생하는가?

① 580kW ② 610kW
③ 652kW ④ 710kW

해설 N_f(연료마력 : kW) =
$$= \frac{\text{저위발열량}(\text{kcal/kg})\times\text{시간당연료소비량}(\text{kg/h})}{860(\text{kcal/h})}$$
이므로

제동열효율 = $\frac{\text{제동마력}(\text{kW})\times 860(\text{kcal/h})}{\text{저위발열량}(\text{kcal/kg})\times\text{연료소비량}(\text{kg/h})}$

그대로 대입하면

$0.35 = \frac{\text{제동마력}(\text{kW})\times 860(\text{kcal/h})}{10000(\text{kcal/kg})\times 150(\text{kg/h})}$

제동마력(kW) = $\frac{10000(\text{kcal/kg})\times 150(\text{kg/h})\times 0.35}{860(\text{kcal/h})}$
= 610.46 kW

52 • 99.4.18

저위발열량이 10,400kcal/kg인 연료를 사용하는 디젤기관의 연료소비율이 175g/psh이면 이 엔진의 열효율은 얼마인가?

① 31.2% ② 34.7%
③ 38.3% ④ 41.3%

해설 제동열효율=
$$\frac{632.3(\text{kcal/h})}{\text{저위발열량}(\text{kcal/kg})\times\text{제동연료소비율}(\text{kg/Ps}-\text{h})}$$
이므로

제동열효율 = $\frac{632.3(\text{kcal/h})}{10400(\text{kcal/kg})\times 0.175(\text{kg/Ps}-\text{h})}$ 이다.

= 0.3474

그러므로 34.74%이다.

53 • 02.4.7

디젤기관에서 사용하는 연료의 저위발열량 10000kcal/kg제동 열효율이 35%일 경우 연료소비율은 몇 g/ps-h인가?

① 160.25 ② 45
③ 180.57 ④ 36

해설 제동열효율=
$$\frac{632.3(\text{kcal/h})}{\text{저위발열량}(\text{kcal/kg})\times\text{제동연료소비율}(\text{kg/Ps}-\text{h})}$$

이므로
제동연료소비율(kg/Ps-h)
$$= \frac{632.3(kcal/h)}{\text{저위발열량}(kcal/kg)\times\text{제동열효율}}$$

로 변형된다. 그대로 대입하면

제동연료소비율(kg/Ps-h) = $\frac{632.3(\text{kcal/h})}{10000(\text{kcal/kg})\times 0.35}$
= 0.180657(kg/Ps-h)

그러므로 단위를 변형하면 180.657($g/Ps-h$)이 된다.

Answer 50.④ 51.② 52.② 53.③

SAE마력

54 • 97.2.2

실린더 안지름이 84mm, 행정이 81mm인 엔진의 회전속도가 3000rpm일 때 4사이클 4실린더 엔진의 SAE마력은 얼마인가?

① 17.5PS ② 18.5PS
③ 19.5PS ④ 20.5PS

해설 SAE마력은 공칭마력이라고도 하며, 도시마력의 식을 간단하게 표시한 것으로 실린더의 직경과 실린더의 수로 표시된다. SAE마력은 엔진 동력계에서 측정한 값보다 작은 데 그 이유는 피스톤의 속도를 5m/s, 도시평균유효압력을 6.33kg/cm², 기계효율을 75%로 가정해서 계산하였기 때문이다. 보통 엔진의 피스톤 속도는 10~12m/s정도이다. 계산방법은 다음과 같다.
- 실린더 직경(M)이 mm인 경우(N : 실린더 수)
$$SAE마력 = \frac{(M^2 \times N)}{1613}$$
- 실린더 직경(D)이 인치인 경우(N : 실린더수)
$$SAE마력 = \frac{(D^2 \times N)}{2.5}$$
이 문제에서는 직경이 mm이므로, 대입하면
$$SAE마력 = \frac{(M^2 \times N)}{1613} = \frac{(84^2 \times 4)}{1613} = 17.5마력$$

55 • 97.10.12

실린더 내경이 85mm, 행정이 90mm인 4실린더 엔진의 SAE마력은?

① 17.9PS ② 18.9PS
③ 19.9PS ④ 20.9PS

해설 이 문제에서는 직경이 mm이므로, 대입하면
$$SAE마력 = \frac{(M^2 \times N)}{1613} = \frac{(85^2 \times 4)}{1613} = 17.91PS$$

56 • 99.4.18 • 2003.7.20

허가면허 및 관청에서 과세를 할 경우 자격, 가격 등의 결정을 위해서 간단한 방법으로 환산하여 쓰는 마력을 공칭마력(Royal automobile club)이라 한다. 이것을 옳게 표시한 것은?(단, D : 실린더 보어, Z : 실린더수 임)

① $SAE = DZ^2/2.5$ (inch sys.)
② $SAE = D^2Z/5.2$ (inch sys.)
③ $SAE = DZ^2/1613$ (metric sys.)
④ $SAE = D^2Z/1613$ (metric sys.)

해설 위 문제1의 해설을 참조한다. 이 문제의 실린더 보어라는 말은 실린더의 내경을 의미한다.

5. 기관성능

성능곡선

01 • 94년도 • 99.10.10

엔진의 성능 곡선에 표시되는 사항이 아닌 것은?

① 축 출력 ② 회전속도
③ 연료 소비율 ④ 차량속도

해설 성능곡선이란 기관의 출력, 토크, 회전수 등 여러 가지 성능의 관계를 나타낸 것인데 보통 가로축을 회전수, 세로축을 여러 가지 성능으로 나타낸다. 성능곡선은 기관운전조건에 따라 여러 가지로 나누어지지만, 전부하 상태에서 설명한다. 전부하 상태란 스로틀 밸브를 완전 개방한 상태로 운전함을 말한다.

02 • 2004.4.4

기관이 고속에서 회전력의 저하를 가져오는 이유는?

① 관성에 의해서 점화시기가 너무 진각되기 때문이다.
② 충전 효율이 너무 높기 때문이다.
③ 체적효율이 낮아지기 때문이다.
④ 혼합비가 너무 농후하기 때문이다.

ANSWER 54.① 55.① 56.④ / 1.④ 2.③

해설 기관이 고속에서 회전력의 저하를 초래하는 이유는 고속에서 흡기의 유속이 지나치게 커지는 경우 유속이 음속에 달하여 흡기량이 증가되지 않는 초킹 현상의 발생 등으로 체적효율이 떨어지기 때문이다.

③ 총 행정체적을 증가시키는 방법
④ 체적효율을 증가시키는 방법

해설 문제4의 해설을 참고한다. 출력을 높이려면 효율을 높여야 한다. 즉 열효율이나 체적효율의 상승을 가져오면 출력이 증가한다. 압축비를 상승시켜 열효율을 증가시키는 방법이고, 과급기를 달아 흡기량을 증가시켜 체적효율을 증가시키는 방법이 이에 해당된다.

성능향상방법

03 • 93년도

내연기관의 평균유효압력의 산출방법으로 적당한 것은?

① 1사이클의 일을 행정체적으로 나눈 값
② 1사이클의 일을 간극체적으로 나눈 값
③ 1사이클의 일을 압축비로 나눈 값
④ 1사이클의 일을 압력으로 나눈 값

해설 내연기관의 일(W)=평균유효압력(P)×행정체적(V)로 나타내어진다. 이를 그래프로 표현한 것이 P-V 선도이다. 평균유효압력을 증가하는 방법은 흡기밸브 직전의 부스터 압력 증대, 흡기관 온도 저하, 배압의 감소, 압축비의 증가, 공기과잉율의 증가로 가능하다.

06 • 94년도

다음 중 자동차의 구동력을 크게 하기 위한 방법이 아닌 것은?

① 동력전달효율을 높여준다.
② 엔진의 출력을 높인다.
③ 구동바퀴의 반경을 크게 한다.
④ 최종 감속비를 크게 한다.

해설 구동력이 타이어가 자동차를 굴려 가는 힘을 말한다. 그러기 위해선 먼저 엔진의 출력이 커야하고, 타이어까지의 동력전달효율이 높아야 한다. 또한 감속비를 크게 해서 구동력을 증가시킨다. 보기의 ③는 구동축의 회전력(토크)가 일정할 경우 타이어의 반경이 작을수록 큰 구동력을 발휘할 수 있으므로 잘못되었다.

04 • 96년도 • 99.10.10

내연기관의 출력을 증가시키기 위한 방법으로 옳지 않은 것은?

① 회전수를 높인다.
② 플라이휠을 크게 한다.
③ 평균유효압력을 높인다.
④ 실린더 안지름을 크게 한다.

해설 내연기관의 출력은 $N_b = \dfrac{W_b}{75} = \dfrac{P_{mb} V s R Z}{75 \times 60 \times 100}$에서 볼 수 있듯이 평균유효압력, 행정체적, 회전수, 기통수에 비례함을 볼 수 있다. 또한 행정체적은 실린더직경과 행정의 함수임으로 이에 따라 비례한다.

07 • 99.4.18

흡기다기관 진공도 측정시 바늘이 45~50cmHg 사이에서 정지하거나 조용히 움직일 경우의 판정은?

① 밸브가이드 마멸
② 밸브스프링 장력약화
③ 흡기계통에서 누설
④ 정상이다.

해설 ① 밸브가이드 마멸 : 35~50㎝Hg 사이를 빨리 움직임, ② 밸브스프링 장력약화 : 25~55㎝Hg사이에서 흔들리며 엔진의 회전속도와 함께 격렬해짐, ③ 흡기계통에서 누설 : 공전 운전에서 진공계의 바늘이 보통 8~15㎝Hg사이에 움직인다.

05 • 99.4.18

출력을 증가시키기 위한 구체적 방법이 못되는 것은?

① 평균유효압력을 증가시키는 방법
② 압축비를 낮추어 기관을 제작하는 방법

ANSWER 3.① 4.② 5.② 6.③ 7.④

제1편 자동차기관 **65**

6. 기관작동

4행정 사이클

01 • 98년도

4사이클 가솔린 엔진에서 최대 압력이 발생되는 시기는?
① 배기행정의 끝
② 피스톤의 TDC전 10~15°에서
③ 동력에서에서 TDC부근
④ 동력행정에서 TDC후 10~15°에서

해설: 4사이클의 가솔린엔진은 최대 폭발압력을 피스톤이 상사점 후 10~15° 에서 생기도록 점화시기를 조절해야 한다. 보통 상사점 전 5~8° 정도 진각을 시킨다.

2행정 사이클

02 • 96년도

2사이클 디젤엔진의 소기방식에 속하지 않는 것은?
① 횡단소기식   ② 단류소기식
③ 복류소기식   ④ 루프소기식

해설: 횡단 소기(cross scavenging), 루프 소기(loop scavenging) 및 단류 소기(uniflow scavenging)로 구분된다.

4사이클과 2사이클 비교

03 • 95년도

4행정 기관(2행정 기관과 비교)의 단점은?
① 기관이 과열되지 않는다.
② 작동이 확실하고 연료 소비율이 적다.
③ 시동이 용이하다.
④ 실린더 수가 적을 때에는 원활한 운전이 어렵다.

해설: 2행정 기관의 경우 크랭크축 1바퀴 마다 1번 폭발을 하므로, 실린더수가 적어도 원활한 운전이 되지만, 4행정기관은 실린더구가 적으면 운전이 어렵다.

04 • 2007.4.4

2행정 사이클 기관과 4행정 사이클 기관의 비교이다. 이들 중 2행정 사이클 기관의 장점은?
① 연료 소비량이 적다.
② 흡·배기 작용이 완전히 구분되어 있다.
③ 저속 운전에 적합하다.
④ 마력당 중량이 적다.

해설: ①,②,③의 경우 4행정 사이클의 장점이고, 2행정 사이클은 마력당 중량 적다.

05 • 97.10.12

4실린더 4사이클 기관과 2사이클 기관의 사이클 위상차는 각각 몇 도인가?
① 90°, 45°
② 180°, 90°
③ 360°, 180°
④ 720°, 360°

해설: 4사이클 기관은 흡입, 압축, 폭발, 배기의 한 사이클을 마치는데 크랭크축이 2바퀴 회전하니까 720° 이고, 2사이클 기관은 흡입, 압축, 폭발, 배기의 한 사이클을 마치는데 크랭크축이 1바퀴 회전하니까 360° 이다.

ANSWER 1.④ 2.③ 3.④ 4.④ 5.④

06 • 02.4.7

회전형 기관(rotary engine)을 왕복운동 피스톤식 기관과 비교하여 그 특징을 열거한 것 중 틀린 것은?

① 회전운동을 하므로 진동이 있고 고속회전이 용이하다.
② 회전력 변동과 소음이 적으며 Nox 발생이 적다.
③ 중량 및 체적이 적으며 기계적 손실이 적다.
④ 연소실 온도가 낮아 연료의 옥탄가가 높아야 한다.

해설 : 로터리 엔진이 피스톤 왕복 기관과 비교하여 가지고 있는 특징을 살펴보면
① 동일한 출력의 피스톤 기관에 비하여 소형이고 경량이다.
② 왕복운동하는 엔진은 로터리 엔진이 특징인 콤팩트한 사이즈와 경향, 높은 파워밀도를 살렸고, 공시에 부분 및 밸브기구가 없으므로 진동과 소음이 적다.
③ 캠에 의한 밸브의 개폐기구를 사용하지 않으므로 고속회전시 출력저하가 적다.
④ 부품의 수가 적고 또 부품의 구조가 간단하다.
⑤ 윤활계통은 주로 베어링류 윤활과 가스실류를 윤활하는 2계통으로 되어 있다.

7. 노킹과 조기점화

가솔린 노킹

01 • 99.4.18

다음의 노킹(knocking)과 조기점화(pre ignition)에 관한 것 중 옳지 않은 것은?

① 조기점화는 연료의 종류로 억제한다.
② 디젤노크는 연료의 착화지연 기간이 긴 경우 나타난다.
③ 혼합기가 점화플러그 이외의 방법에 의해 점화되는 것을 조기점화라고 부른다.
④ 노킹과 조기점화는 서로 관계는 있으나, 현상은 서로 다르다.

해설 : 가솔린 엔진의 노킹은 혼합기의 자연발화에 의해서 일어난다. 실린더의 혼합기는 점화플러그에 의해 점화되면 화염면이 생기고 이 화염면이 미연가스 부분으로 점차로 이동되어 연소를 완료하며, 미연가스 부분은 화염면이 진행됨에 따라 고온 고압이 된다. 화염면 전방의 미연 가스는 이 고온고압에 의해 자연발화를 일으킨다. 최초의 점화는 어떤 일부분 혹은 여러 개소에서 동시에 일어나 미연가스 전부가 연소한다. 미연가스의 자연발화에 의해 국부적 압력상승이나 진동이 생긴다. 이와 같이 기관을 두드리는 것과 같은 금속성 음을 내며, 운전이 원활하지 못하게 되는 현상을 노킹이라 한다. 조기점화란 점화플러그, 밸브, 피스톤의 헤드 등에서의 국부적인 열점에 의해 플러그의 점화전에 신기가 연소하는 현상을 말한다. 노킹이 일어나면 엔진이 과열이 되고, 이는 열점을 생성하므로 조기점화를 가져올 수 있다.

02 • 97.10.12

노킹과 조기점화에 관한 설명이다. 아닌 것은?

① 노킹과 조기점화는 별개의 현상이 발생한다.
② 디젤은 화염전파시간이 길 때 노크가 발생한다.
③ 조기점화는 점화 플러그에서 불꽃이 일어나기 전에 점화되는 것이다.
④ 노킹이 발생하면 착화지연기간을 길게 하여야 한다.

해설 : 위 문제 1의 해설을 참고한다. 보기 ①에서 노킹과 조기점화는 별개의 현상이지만 서로 연관이 있다. 보기 ④의 착화지연은 디젤에서 많이 사용하므로, 착화지연기간이 짧아야 노킹을 방지한다. 한편, 가솔린 기관의 입장에서 바라보면 보기 ④는 착화지연기간이 길면 노킹이 방지된다.

Answer 6.④ / 1.① 2.④

03 • 2010전반

내연기관에서 노킹과 조기점화에 대한 설명으로 틀린 것은?

① 가솔린노크는 점화시기가 빠른 경우 나타난다.
② 디젤노크는 연료 착화지연기간이 긴 경우에 나타난다.
③ 실린더 내의 적열점 등에 의해서 점화 시기보다 빠르게 점화되는 현상을 조기점화라고 부른다.
④ 노킹과 조기점화는 서로 관계가 없고 현상도 다르다.

해설 위 문제1의 해설을 참고한다. 또한, 디젤의 노킹은 착화지연기간이 길어서 분사된 연료가 모여있다가 갑자기 착화연소하여 압력상승하는 것을 말한다.

04 • 99.10.10

가솔린 엔진의 노킹 방지와 관계없는 것은?

① 압축비를 낮게 한다.
② 냉각수 온도를 낮춘다.
③ 화염 전파거리를 짧게 한다.
④ 흡기 온도를 높인다.

해설 가솔린 기관의 노킹은 말단가스(end gas)가 자연발화하는 현상이므로 대책으로는 크게 연료, 연소실의 형상, 운전조건 등을 개량하면 된다.
① 연료
- 분자구조가 조밀, 탄소수가 많으며 체인이 긴 연료가 안티 노크성이 좋다.
- 프로판이나 부탄과 같은 LPG나 방향족계가 노킹이 어렵다.
- 연료에 안티노크제를 첨가한다. 안티노크제는 착화지연이 길어지게 한다.
② 연소실의 형상
- 점화플러그에서 먼 곳을 줄이도록 밀집한 형태로 한다.
- 연소실의 중앙에 점화플러그를 두어 화염 전파거리를 단축한다.
- 오버헤드 밸브식이 사이드 밸브식보다 좋으며 모양은 반구형이 좋다.
- 혼합가스가 압축행정에서 심한 유동(와류)을 줄 수 있도록 한다.
- 말단가스가 형성되는 부분에 협소한 틈을 주어 말단가스를 냉각한다.
③ 운전조건
- 점화시기가 빨라지면 상사점전의 연소의 진행이 빨라 연소 최고온도와 압력이 생겨 노킹이 일어나므로 점화를 지연시켜야 한다.
- 기화를 위해 흡기를 가열하면 노킹이 일어나므로 과급하기가 어렵다.
- 희박혼합가스는 연소속도가 느리고 배기온도가 높아 노킹이 일어난다.
- 고속에서는 가스의 와류가 심해 노킹이 어렵다.

05 • 96년도

다음 중 가솔린 엔진의 노킹발생 원인에 속하지 않는 것은?

① 혼합기가 농후하다.
② 점화시기가 빠르다.
③ 엔진의 온도가 높다.
④ 옥탄가가 낮다.

해설 노킹의 원인으로는 점화시기가 부정확할(빠를) 때, 압축비가 너무 높을 때, 흡기의 온도와 압력이 높을 때, 실린더 피스톤이 과열되었을 때, 과부하로 기관을 운전하였을 때, 나쁜 연료(옥탄가가 낮은 연료)를 사용하였을 때 등이다.

06 • 2008.7.13

가솔린 기관의 노크 발생 원인이 아닌 것은?

① 제동 평균 유효압력이 높을 때
② 실린더의 온도가 높거나 배기밸브에 열점이 존재할 때
③ 화염전파가 늦어질 때
④ 점화시기가 늦어질 때

해설 평균유효압력이 높으면 압축온도가 올라가면서 실린더의 온도를 높여 가솔린노크를 가져올 수 있다. 또한 화염전파가 느리면 타다가 남아서 다음에 연소할 때 노킹을 일으킨다. 점화시기는 빠를수록 노킹이 일어날 수 있다.

ANSWER 3.④ 4.④ 5.① 6.④

07 • 02.4.7

가솔린기관의 노크를 방지하는 대책과 거리가 먼 것은?

① 옥탄가가 높은 연료를 사용한다.
② 화염전파거리를 길게 한다.
③ 냉각수 온도를 저하시킨다.
④ 연소실 내의 카본을 제거한다.

해설 위 문제 4의 해설을 참고한다.

디젤 노킹

08 • 94년도

다음 중 디젤기관의 노킹방지 대책과 관계가 없는 것은?

① 착화성이 좋은 연료를 사용한다.
② 압축비를 높여 압축압력 및 압축온도를 높게 한다.
③ 기관의 온도를 높인다.
④ 분사개시 때 분사량을 증가시킨다.

해설 디젤노킹은 주로 저속운전에서 많이 나타난다. 디젤 노킹은 착화지연기간 중에 다량의 분사된 연료가 화염전파기간 중에 일시적으로 연소하여 실린더 내의 압력이 급격히 상승하여 생긴다. 또한 디젤 노킹은 최고압력의 대소보다는 압력의 상승도에 따라 달라지므로 상승도를 낮게 해야 노킹을 완화할 수 있다. 노킹의 방지책은 다음과 같다.
① 연소실의 형식 : 착화지연 기간이 짧고, 압력상승이 급격하지 않는 형상이 바람직하고, 와류가 잘 일어나게 해야 한다.
② 압축비 : 압축비를 크게 하면 압축온도, 압축압력이 커져서 노킹을 방지할 수 있다.
③ 연료의 분사시기: 분사시기는 착화시간에 따른 한계가 있다. 엔진의 온도가 낮거나 회전속도가 낮을 때는 압축온도가 저하하므로 착화지연 기간이 길어져 노킹을 일으킨다.
④ 분무의 상태 : 입자가 작고 연소실에 고르게 분포
⑤ 회전속도 : 저속이 좋다.
⑥ 엔진의 부하 : 과부하에 오래 운행하면 노킹을 일으킨다.
⑦ 분사량 : 분사개시시의 연료분사량을 적게, 착화 후에 연료분사량을 많이 하면 노킹을 방지할 수 있다.
⑧ 냉각장치 : 적당한 온도를 유지해야 한다.
⑨ 연료의 종류 : 착화 지연이 짧은 것(착화성이 좋은 연료)을 사용한다.

09 • 2005.7.17

디젤기관의 노크 방지법 중 가장 알맞은 방법은 어느 것인가?

① 옥탄가를 높인다.
② 착화지연 기간을 짧게 한다.
③ 제어연소기간을 길게 한다.
④ 폭발연소 기간의 최고압력을 높인다.

해설 위 문제의 해설8을 참고한다. 보기 '①'는 가솔린의 노크방지법이다.

10 • 95년도

디젤엔진의 노크 방지책에 대한 설명으로 틀린 것은?

① 압축비를 높인다.
② 착화지연기간을 길게 한다.
③ 세탄가가 높은 연료를 사용한다.
④ 분사개시 때 분사량을 적게 한다.

해설 위 문제 8의 해설을 참고한다.

11 • 00.3.26

다음 중 디젤 노크가 발생하는 원인은?

① 착화 지연시간이 길다.
② 착화성이 좋은 연료를 사용한다.
③ 압축비가 크다.
④ 흡기 온도가 높다.

해설 위 문제 8의 해설을 참고한다.

ANSWER 7.② 8.④ 9.② 10.② 11.①

12 • 99.4.18 • 2006.4.2

다음 물질 중에서 디젤기관의 연료에 첨가하는 항노크성 발화촉진제가 아닌 것은?

① 초산에틸   ② 아초산아밀
③ 사에틸납   ④ 초산아밀

해설: 가솔린 기관의 앤티노크 첨가제로는 4에틸납이 있는데 납중독의 위험이 있어 사용되지 않고 있으며, 현재는 자동차배기가스에 의한 납중독을 방지하기 위해 무연휘발유(납이 첨가되지 않은 휘발유)을 사용하게 되어 있다. 디젤기관의 안티노크 발화 첨가제로는 초산에틸, 아초산아밀, 초산아밀 등이 사용된다.

가솔린과 디젤의 노킹 비교

13 • 99.4.18

다음 각 기관의 노크 현상을 설명한 것 중 틀린 것은?

① 디젤노크는 혼합기가 일시에 폭발적으로 연소하여 압력이 급상승하는 현상이다.
② 가솔린 노크는 말단가스가 국부적으로 급격히 연소하여 발생하는 현상이다.
③ 디젤노크 및 가솔린 노크는 모두 착화지연이 짧기 때문에 발생하는 현상이다.
④ 디젤노크는 국부적인 압력상승보다는 광범위한 폭발현상이다.

해설: 가솔린 기관의 노킹은 화염전파 후기에 모여진 미연가스의 자연착화로 발생하며, 연소가 폭발적으로 진행하는 현상을 말하지만, 디젤 노킹은 연소과정의 초기에 착화지연기간 길어진 연료가 다음 과정에서 일시적으로 폭발연소를 이룩하여 압력이 급격히 상승하는 현상을 말한다. 두 기간 모두 자연발화에 의해 노킹이 일어나지만, 가솔린 기관은 압축시 자연발화가 전혀 없어야 하며 디젤기관은 압축시 자연발화가 있으면 있을수록 좋다. 다음은 노킹을 경감시키는 방법을 비교하였는데 공통적인 사항은 와류가 있어야 한다는 점이다.

▼ 노킹방지책의 비교

구분	가솔린	디젤
착화점	높게	낮게
착화지연	길게	짧게
압축비	낮게	높게
흡입온도	낮게	높게
흡입압력	낮게	높게
실린더벽 온도	낮게	높게
실린더 체적	작게	크게
회전수	높게	낮게
와류	많이	많이

회전수의 높고 낮음이 노킹에 미치는 영향은 가솔린 기관에서는 농후도가 회전수의 증가와 함께 크게 되어 화염속도가 빨라져 노킹이 적어진다. 디젤기관에서는 연료분사량이 회전수에 따라 제어되므로 회전수의 증가와 함께 연료도 많이 공급되어 압력상승도가 커져 노킹이 일어날 경향이 있다.

ANSWER 12.③ 13.③

PART.1 기관 — 기관의 본체

1. 실린더 헤드

헤 드

01 • 2008전반

실린더 헤드의 구비조건이 아닌 것은?
① 고온에서 강도가 커야 한다.
② 고온에서 열팽창이 커야 한다.
③ 열전도가 좋아야 한다.
④ 주조나 가공이 쉬워야 한다.

해설: 보기 '②'의 고온에서 열팽창이 커다는 말은 온도가 높아지면 열에 의해서 헤드가 늘어난다(변형된다)는 말이다. 실린더 헤드의 경우 약 2000℃의 연소온도를 받을 수도 있으므로 온도에 따른 열팽창이 작은 재료로 만들어야 한다.

02 • 94년도

다음 중 실린더 헤드의 변형원인이 아닌 것은?
① 헤드 볼트의 조임 과대
② 냉각수의 동결
③ 오일순환 불량
④ 엔진의 과열

해설: 실린더헤드의 변형원인은 엔진의 이상연소(노킹, 조기점화)에 의한 비정상적인 압력상승과 엔진과열, 헤드볼트의 조임토크 불량, 냉각수 동결에 의한 수축 등이 있다. 오일 순환이 불량하면 마찰부(밸브가이드와 스템, 피스톤링과 실린더, 캠축과 크랭크축의 베어링)의 이상을 가져온다.

03 • 93년도

실린더 헤드의 재질 중 알루미늄 헤드의 특징이 아닌 것은?
① 열전도 특성이 좋아서 조기점화의 원인이 되는 열점이 잘 생기지 않는다.
② 열팽창이 작아 변형이 생기지 않는다.
③ 압축비를 높일 수 있다.
④ 내식성과 내구성이 적다.

해설: 알루미늄 합금은 주철에 비하여 열전도성이 양호하여 연소실의 온도를 낮게 할 수 있어 조기 점화(preignition)의 원인이 되는 열점(heat spot)의 발생을 적게 할 수 있고, 압축비를 높게 만들 수 있는 장점이 있다. 그러나 열팽창 계수가 크기 때문에 열변형이 생기기 쉽고, 강도가 작은 단점이 있다.

04 • 99.10.10

실린더 헤드 및 블록의 변형도 측정에서 측정할 필요가 없는 곳은 어느 곳인가?

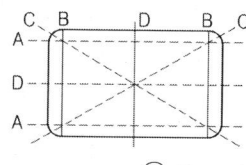

① A   ② B
③ C   ④ D

해설: 실린더 헤드나 블록의 변형도는 곧은자와 틈새게이지로 측정을 한다. 그림을 보면 D부분은 A,B,C에 의해 중복이 되므로 측정을 하지 않아도 된다.(주의 : 현재의 정비지침서를 참고하면 그림의 가로방향 D의 측정은 하지 않지만, 세로방향의 D의 측정을 한다. 즉 7군데를 측정한다.)

ANSWER 1.② 2.③ 3.② 4.④

05 • 2004.4.4

실린더 블럭이나 헤드의 변형도 측정기구는?
① 마이크로미터
② 버어니어캘리퍼스
③ 다이얼 게이지
④ 직각자와 필러 게이지

> **해설** 실린더블록 윗면과 헤드의 아랫면의 변형도를 측정할 때는 직각자(혹은 곧은자)를 블록이나 헤드의 평면에 대고 직각자와 평면의 사이를 필러게이지(틈새게이지)로 측정한다.

06 • 99.10.10 • 2003.3.30

알루미늄 합금 실린더 헤드의 균열 부분을 용접할 때 가장 적절한 용접 방법은?
① 피복 전기 용접
② 불활성 가스 용접
③ 산소-아세틸렌 용접
④ LPG 용접

> **해설** 헤드 균열의 수리는 저온용접이나 용사 등에 의한다. 저온용접은 합금으로 된 용접봉을 사용하여 저온에서 용접하는 것을 말하며, 용사는 여러 종류의 금속선을 전기아크 또는 가스 불꽃으로 용융시키고 동시에 압축공기로 공상물에 불어서 붙여 임의의 두께의 금속 피막을 형성하는 것을 말한다.

헤드개스킷

07 • 94년도

실린더 헤드 개스킷의 파손 시 일어나는 현상으로 틀린 것은?
① 기포가 발생한다.
② 카본이 퇴적되지 않는다.
③ 실린더간의 압력차이로 인해 시동이 잘 걸리지 않는다.
④ 냉각수에 기름이 뜬다.

> **해설** 헤드개스킷은 블록과 헤드 면에 끼워져서 기밀을 유지시키고, 냉각수나 엔진 오일이 새는 것을 방지하는 역할을 한다. 파손시에 냉각수에 기포나 기름이 혼입되고, 연소 불순물이 생기고, 압축압력의 누출이 생긴다.

08 • 02.4.7 • 2005.7.17

헤드 개스킷 파손될 때 일어나는 현상 중 해당되지 않는 것은?
① 냉각수에 기포가 생긴다.
② 방열기의 상부에 기름이 뜬다.
③ 압축압력이 저하되어 시동이 잘 안된다.
④ 연소실에 카본이 잘 부착되지 않는다.

> **해설** 위의 문제 7의 해설을 참조한다.

연소실

09 • 99.4.18

가솔린 기관의 연소실에서 화염의 전파거리를 단축하여 연소기간을 짧게 하기 위한 방법으로 틀린 것은?
① 컴팩트한 연소실
② 연소실 중심에서 점화
③ 다점 점화
④ 행정을 짧게

> **해설** 화염의 전파거리를 짧게 하기 위해서는 연소실을 작게 만들든지, 점화플러그를 연소실의 중앙에 설치하거나 2개 이상을 설치하면 된다.

ANSWER 5.④ 6.② 7.② 8.④ 9.④

2. 실린더블록

실린더

01 • 93년도

실린더 마멸의 원인에 대한 설명으로 **틀린** 것은?

① 실린더와 피스톤 링의 접촉에 의한 마멸
② 흡입공기 중에 포함된 먼지 및 이물질에 의한 마멸
③ 피스톤 랜드부와 실린더 접촉에 의한 마멸
④ 연소생성물에 의한 부식 또는 침식에 의한 마멸

해설   피스톤의 랜드부란 피스톤링이 장착되는 홈과 홈 사이를 말하므로 랜드부가 마멸되려면 피스톤링이 마멸된 후에나 가능하다.

02 • 00.3.26

실린더 호닝(Cylinder horning) 작업은?

① 보링 작업을 다른 말로 바꾼 것이다.
② 보링 작업을 하기 위한 준비 작업이다.
③ 보링 작업을 한 후 다듬기 작업이다.
④ 보링 작업과 전혀 관련 없다

해설   실린더가 마멸에 의해 직경이 커지면 폭발가스가 새어 큰 출력을 얻을 수 없으므로, 이를 보완하기 위해서 실린더 직경을 넓히는데 그 작업을 보링이라 하고, 보링시에는 실린더 벽에 바이트 자국이 남게 되는데 이를 없애주는 가공 작업이 호닝이다.

03 • 2010후반

실린더 연마가공 작업시 호닝 가공이란?

① 실린더와 피스톤의 용착을 방지하기 위한 연마가공이다.
② 보링 작업시 편차를 없애는 가공이다.
③ 보링 작업에서 생긴 바이트 자국을 제거하는 연삭가공이다.
④ 실린더 테이퍼를 수정하는 가공이다.

해설   위 문제2의 해설을 참고한다.

04 • 95년도

압축 및 폭발행정시 실린더벽과 피스톤 사이로 연소가스가 새어 나오는 것을 무엇이라고 하는가?

① 블로다운현상
② 블로바이현상
③ 베이퍼록 현상
④ 피스톤 슬랩현상

해설   블로다운 현상이란 연소가스의 폭발압력에 의해 배기가스를 배기밸브로 보내는 것을 말하며, 베이퍼록 현상이란 유체가 기화되는 현상을 말한다. 슬랩현상은 실린더와 피스톤과의 틈새가 커서 폭발연소시 피스톤이 실린더를 때리게 되는 것을 말한다.

05 • 2004.4.4

압축 또는 폭발 행정시 가스가 피스톤과 실린더 사이에서 누출되는 현상은?

① 블로우 백(blow back)
② 블로우 다운(blow down)
③ 블로우 바이(blow by)
④ 베이퍼 록(vapour lock)

해설   블로백은 밸브와 밸브 시트 사이에서 가스가 누출되는 현상.
• 블로다운 : 배기행정 초기에 배기밸브가 열려 배기가스 자체의 압력에 의하여 배기가스가 배출되는 현상.
• 블로바이 : 압축(폭발)행정시 피스톤과 실린더 사이에서 혼합기(연소가스)가 누출되는 현상.
• 베이퍼록 : 액체를 사용하는 계통에서 열에 의해 액체가 증기로 되어 어떤 부분이 폐쇄되므로 2계통의 기능이 상실되는 현상

ANSWER   1.③   2.③   3.③   4.②   5.③

06 • 00.3.26

오버스퀘어 엔진의 장점이 아닌 것은?
① 피스톤 평균속도를 높이지 않고 엔진 회전속도를 높일 수 있다.
② 직렬형 엔진에서 높이를 낮출 수 있다.
③ 흡·배기 구멍을 크게 할 수 있어 흡입효율을 높일 수 있다.
④ 피스톤 과열의 염려가 없다.

해설 실린더의 크기는 실린더 안지름과 피스톤의 행정에 따라 달라진다. 실린더 행정-안지름비는 행정과 안지름의 비(=행정/안지름)로 표시하며, 이 값이 1.0 보다 큰 기관을 장행정 기관(long stroke engine), 1.0보다 작은 기관을 단행정 기관(short stroke engine, 오버스퀘어)이라고 한다. 최근의 자동차용 가솔린 기관에는 행정-안지름비가 1.0 또는 그 이하의 것이 많이 사용되고 있다. 단행정 기관의 장점은 피스톤의 평균 속도를 높이지 않고 기관의 회전 속도를 높일 수 있어 출력을 크게 할 수 있으며, 흡배기 밸브의 지름을 크게 할 수 있으므로 체적 효율을 높일 수 있고, 또 기관의 높이를 낮게 할 수 있다는 점이다. 단행정 기관의 단점으로 실린더의 지름이 커져서 피스톤이 과열되기 쉽고, 베어링의 하중이 증가되며, 기관의 길이가 길어진다. 또한 회전수가 커지면 관성력의 불평형으로 회전부의 진동이 커지는 등의 문제점이 있다.

07 • 2007.7.15 • 2009.3.29

오버스퀘어 엔진의 장점이 아닌 것은?
① 피스톤 평균속도를 올리지 않고 회전속도를 높일 수 있다.
② 흡·배기의 지름을 크게 할 수 있어 단위 실린더체적당 흡입효율을 높일 수 있다
③ 엔진의 높이를 낮게 할 수 있다
④ 엔진의 길이가 짧고 진동이 작다

해설 위 문제6의 해설을 참조한다.

08 • 96년도

회전수가 비교적 작고, 측압을 적게 받으면서 회전력을 크게 할 수 있는 엔진은 다음 중 어느 것인가?
① 장행정엔진   ② 단행정 엔진
③ 2행정엔진   ④ 정방형엔진

해설 문제6의 해설을 참조한다.

09 • 98년도

측압이 적고 저속에서 토크의 발생이 큰 기관은?
① 장행정 기관   ② 단행정 기관
③ 정방형 기관   ④ 2사이클 기관

해설 장행정기관의 장점은 행정이 길므로 폭발압력에 대한 측압을 작게 받을 수 있어서 회전속도는 느리지만 큰 회전력(토크)를 발휘할 수 있다.

10 • 97.10.12

엔진 압축압력 시험 후 압력이 낮을 때 엔진오일을 주입한 후 압축압력을 측정하였더니 정상으로 나타났다. 이때 무엇의 결함인가?
① 헤드 개스킷 불량 ② 피스톤 링 마모
③ 밸브간극 과다   ④ 밸브간극 과소

해설 압축압력시험은 실린더에서 발생하는 압축압력이 어느 정도인지를 무부하 엔진 상태, 크랭킹시에 점화플러그 자리에서 측정하는 엔진분해정비를 판정하는 시험법이다. 이를 통해 밸브부나 피스톤부의 마멸, 점화시기, 가스킷 불량 등을 파악할 수 있다. 압축압력시험은 2단계로 이루어지는데 1단계는 건식 측정으로 점화플러그 뺀 자리로 오일을 넣지 않은 상태의 원래 상태에서 측정하는 것을 말하며, 2단계는 습식 측정으로 점화플러그 뺀 자리로 오일을 넣어 측정하는 방법을 말한다. 위 문제에서 2단계 측정시 정상이었다면 실린더에 오일을 부어서 측정하였으므로 오일이 실린더와 피스톤사이에서 밀폐작용을 하여서 일어난 결과일 것이다.

11 • 99.10.10

엔진의 해체 정비시기는 규정 압축압력의 몇 % 이하에서 실시하는가?
① 70%   ② 60%
③ 50%   ④ 80%

해설 기관의 분해정비시기는 압축압력이 규저압력의 70%이하이거나 각 실린더압력차가 10%이상일 때, 연료소비율이 표준소비율의 60%이상일 때, 윤활유의 소비율이 표준소비율의 50%이상일 때 등에 행한다.

ANSWER 6.④ 7.④ 8.① 9.① 10.② 11.①

12 • 94년도

실린더 내경이 80mm이고, 실린더벽의 두께가 5mm이다. 이 때 실린더 벽의 허용응력이 230 kg/cm²이라면 실린더 내의 폭발압력은 얼마인가?

① 14.4kg/cm² ② 22.5kg/cm²
③ 28.8kg/cm² ④ 31.9kg/cm²

해설:
허용응력$(\sigma) = \dfrac{수직힘}{2 \times 두께 \times 행정길이} = \dfrac{수직힘}{2 \times t \times L}$,
수직힘 = 폭발압력 × 행정면적 = 폭발압력 × $(L \times D)$, 여기서 L은 행정길이, D는 직경을 뜻한다. 수직힘을 위 식에 대입하여 정리하면
허용응력$(\sigma) = \dfrac{폭발압력 \times (L \times D)}{2 \times t \times L} = \dfrac{폭발압력 \times D}{2 \times t}$
폭발압력 $= \sigma \times \dfrac{2 \times t}{D} = 230 \times \dfrac{2 \times 0.5}{8} = 28.75 kgf/cm^2$

13 • 96년도

실린더 지름이 75㎜, 실린더 벽 두께가 4.5㎜이고, 실린더 내의 폭발압력이 25kg/cm²이라면 실린더 벽의 허용 응력은 몇 kgf/cm²인가?

① 188.3 ② 195.3
③ 253.3 ④ 208.3

해설: 위의 문제12의 해설을 참고하여
허용응력$(\sigma) = \dfrac{폭발압력 \times (L \times D)}{2 \times t \times L} = \dfrac{폭발압력 \times D}{2 \times t}$
허용응력$(\sigma) = \dfrac{25 kgf/cm^2 \times 7.5}{2 \times 0.45} = 208.33 kgf/cm^2$

14 • 2003.3.30 • 2006.4.2

기관 실린더 벽의 유막이 끊어져 피스톤이나 실린더 벽에 상처를 일으키는 현상을 무엇이라고 하는가?

① 플러터(flutter)현상
② 스틱(stuck)현상
③ 프리 이그니션(preignition)현상
④ 스커프(scuf)현상

해설: 플러터 현상은 오버초크시 많은 연료에 의해 시동이 꺼지는 현상을 말하고, 스턱현상은 열에 의한 고착현상을 말한다. 프리그니션은 조기점화라는 말로 압축가스가 점화플러그의 점화보다 열점에 의해 먼저 점화됨을 말한다.

15 • 2004.7.18

압축압력 측정시 규정값이 나오지 않아 오일을 넣고 측정 하니 규정값이 나왔다. 그 원인은?

① 밸브 틈새 과다 ② 피스톤링 마모
③ 연소실 카본 누적 ④ 밸브 틈새 과소

해설: 압축압력 측정시 규정값이 나오지 않아 엔진오일을 넣어 규정압력이 나왔다는 뜻은 실린더와 피스톤링 사이의 간극이 있다는 뜻이다. 이런 측정방식이 습식측정이다.

16 • 2005전반

실린더 내 압력 파형으로부터 얻어지는 정보가 아닌 것은?

① 최고압력 ② 착화지연
③ 압축압력 및 온도 ④ 배출가스 성분

해설: 실린더압력과 체적을 그래프로 나타낸 것은 P-V 선도라 한다. 이 압력선도를 보면, 최고압력, 압력 및 온도 등을 알 수 있으나, 배출가스 성분은 배출가스 시험기로 측정을 해야 한다.

실린더라이너

17 • 97.2.2

실린더에 라이너를 사용하였을 때의 이점은?

① 엔진 효율이 증대된다.
② 피스톤 슬랩이 감소한다.
③ 실린더벽 마멸시 보링작업을 하지 않아도 된다.
④ 블로바이 가스가 감소한다.

해설: 실린더 라이너는 피스톤이 왕복 직선 운동하는 실린더 부분에 끼워지는 슬리브(sleeve)이다. 실린더의 마멸이 생기면 보링을 하지 않고, 이 라이너를 교환하면 된다. 습식라이너는 직접 물재킷부와 접촉을 하고, 건식라이너는 그렇지 않다.

Answer 12.③ 13.④ 14.④ 15.② 16.④ 17.③

18 • 93년도

실린더 라이너가 마멸되었을 때 일어나는 현상이 아닌 것은?

① 연료 소비량이 증가한다.
② 엔진의 출력이 감소한다.
③ 압축압력이 높아져 연소에 충분한 착화온도를 얻을 수 없다.
④ 엔진에 불완전 연소가 발생한다.

해설: 라이너가 마멸되었다는 것은 실린더의 직경이 규정보다 커지게 된 것을 말하므로, 압축압력이 새고, 윤활유의 연소가 일어나고 출력이 떨어지게 된다.

3. 피스톤 어셈블리

피스톤

01 • 96년도

피스톤이 구비하여야할 조건이 아닌 것은?

① 실린더와 피스톤 사이의 간격을 최대한으로 유지할 것
② 내열, 내압성이 우수하고 내구력이 큰 재질일 것
③ 열전도가 좋고 그의 팽창계수는 실린더 재질에 가까울 것
④ 관성의 영향을 적게 하기 위하여 중량이 가벼울 것

해설: 피스톤은 헤드부가 1500~2000℃의 폭발연소 가스에 접하고, 폭발시 높은 압력을 받으면서 실린더 내를 원활하게 왕복 운동하여야 하므로 다음과 같은 조건을 구비해야 한다.
• 고온·고압에 견딜 수 있는 충분한 강도를 가지고 있어야 하며
• 피스톤과 실린더의 열팽창 특성에 알맞게 설계되어 항상 알맞은 틈새를 유지해야 하며
• 윤활유의 유막 형성과 내마멸성이 양호해야 하고,
• 마찰 손실이 적고 무게가 가벼워야 한다.
• 또한, 열전도가 잘되고 열팽창이 적어야 한다.

02 • 2003.7.20

피스톤용 합금은 내연기관의 피스톤 재료로서 많이 사용된다. 다음 성질 중 피스톤 재료로서 필요한 성질이 아닌 것은?

① 팽창계수가 클 것
② 열 전도가 클 것
③ 내마멸성이 클 것
④ 고온에서 강도와 경도가 크고 마찰계수가 적을 것

해설: 위 문제1의 해설을 참조한다.

03 • 2004.7.18

피스톤 재료의 특성이 아닌 것은?

① 열팽창계수가 작아야 한다.
② 열전달이 양호해야 한다.
③ 비중량이 커야 한다.
④ 내마모성이 커야 한다.

해설: 비중량이란 체적당 무게를 말하므로, 피스톤의 무게가 무거우면 관성이 크게 작동하여 원활한 회전력을 얻기가 힘들다.

04 • 2007.4.4

기관에서 피스톤의 구비조건으로 맞지 않는 것은?

① 열전도율이 커서 방열작용이 좋으며, 열팽창이 적어야 한다.
② 관성의 영향을 크게 하기 위하여 되도록 무거워야 한다.
③ 헤드 부분은 폭발압력에 견딜 수 있도록 충분한 강성을 가져야 한다.
④ 실린더의 마멸이 적으며 가스 누출을 막기

ANSWER 18.③ / 1.① 2.① 3.③ 4.②

위한 기밀장치가 있어야 한다.

해설: 위 문제3과 같다. 위 문제의 1과 3의 해설을 참고로 한다.

05 • 94년도

다음 중 피스톤의 측압과 밀접한 관계가 있는 것은?

① 피스톤의 무게와 실린더 수
② 혼합비와 실린더 수
③ 커넥팅로드의 길이와 행정
④ 실린더 지름과 배기량

해설: 측압이란 폭발압력에 의해서 피스톤 보스방향(축방향)에 대한 직각방향인 장경방향으로 피스톤을 실린더로 밀어붙이는 압력을 말한다. 피스톤헤드는 보스방향으로는 거의 움직일 수 없으나 장경방향으로는 피스톤 핀 저널을 중심으로 회전할 수 있다. 그래서 피스톤이 장경방향으로 기울어져 실린더를 치게 되는 현상이 생길 수도 있다. 이 측압을 줄이기 위해선 행정의 길이를 길게 한 장행정 기관을 사용하거나 커넥팅로드를 길게 하면 된다.

06 • 94년도

실린더 헤드 및 피스톤의 재료로 많이 이용되는 Y합금의 성분은 무엇인가?

① Al-Cu-Mg-Ni
② Al-Cu-Mn-Ni
③ Al-Sn-Mn-Ni
④ Al-Cu-Ni-Si

해설: Y합금은 알루미늄(90%이상), 구리(4%), 니켈(2%), 마그네슘(1.5%) 정도의 주물용 경합금으로 열전도성이 뛰어나고, 내열성이 큰 장점이 있으며 비중과 팽창계수가 로엑스 보다 크다.

07 • 2010전반

피스톤 재질로서 가장 거리가 먼 것은?

① 화이트메탈
② 구리계의 Y합금
③ 특수 주철
④ 규소계의 Lo-Ex합금

해설: 피스톤의 재질로는 Y 합금, 로-엑스 합금, 특수 주철을 사용한다. 화이트메탈은 베어링메탈이다.

08 • 96년도

피스톤 재료를 알루미늄 합금으로 하는 이유가 아닌 것은?

① 중량을 가볍게 하기 위해
② 열팽창률을 크게 하기 위해
③ 열전도성이 좋아 고온, 고부하에 잘 견디게 하기 위해
④ 운동 관성을 적게 하여 회전속도를 높이기 위해

해설: 알루미늄 합금은 비중이 작고 열전도성이 좋아 헤드의 온도를 낮게 할 수 있으므로, 압축비를 높일 수 있고, 고속, 고압축의 엔진에 적합하여 출력의 증대를 도모할 수 있다. 그러나 열팽창 계수가 크고 강도가 약간 낮은 결점이 있으며 현재는 이런 결점들이 보완되어 대부분 이 금속을 사용한다.

09 • 98년도

피스톤에 옵셋을 두는 이유가 아닌 것은?

① 회전원활
② 진동방지
③ 편마모방지
④ 가속원활

해설: 피스톤의 옵셋을 두는 이유는 피스톤과 실린더사이의 간극이 크면 생기는 슬랩(실린더벽을 치는 현상)을 방지할 수 있기 때문이다. 그러므로 진동이나 편마모를 감소시키고 회전을 원활하게 한다.

10 • 2008전반

피스톤의 열팽창에 대한 설명 중 틀린 것은?

① 기관의 정상적인 온도로 운전할 때에는 피스톤이 전원상태이다.
② 피스톤의 스커트부는 길이가 길 때 구조가 단순하고 전열량이 많으므로 열팽창이 크다.
③ 피스톤이 얻은 열의 일부는 피스톤 핀을 통해 커넥팅 로드에 전달된다.
④ 피스톤의 핀 방향은 열이 머물기 쉬워 열팽창이 크다.

해설: 스커트부의 길이가 길면 피스톤의 길이가 길어지는 것으로 구조가 단순하다고 할 수 없다.

ANSWER 5.③ 6.① 7.① 8.② 9.④ 10.②

11 • 2008.7.13

가솔린 엔진의 피스톤과 피스톤 링에 대한 설명 중 틀린 것은?

① 피스톤의 위쪽에 설치되는 2개의 피스톤 링은 연소가스의 누출을 방지하는 압축링이다.
② 피스톤의 톱랜드(top land)는 가스의 누설을 방지하기 위해 세컨드 랜드보다 지름이 크다.
③ 윤활을 하는 오일 링은 피스톤의 가장 아래쪽에 설치한다.
④ 피스톤의 스커트부는 피스톤 자세를 안정시키는 역할을 한다.

해설: 톱랜드나 세컨드랜드의 지름 크기는 같다. 가스의 누설을 방지하기 위해서 피스톤링의 이음 부분을 측압방향을 피해서 120~180도로 돌려놓는다.

피스톤속도

12 • 99.10.10 • 02.4.7

행정이 150mm인 가솔린 엔진에서 피스톤 평균 속도가 5m/sec 라면 크랭크축은 매분 몇 rpm 인가?

① 500 ② 1000
③ 1500 ④ 200

해설: 피스톤의속도 = $\frac{(2NL)}{60} = \frac{(NL)}{30}$ 이다.
여기서 N은 rpm이고, L은 행정을 이른다.
피스톤의 속도(v) = $5(m/s) = \frac{N}{30} \times \frac{150}{1000}$
그러므로 $N = \frac{5 \times 30 \times 1000}{150} = 1000(rpm)$이 된다.

13 • 2006.7.16

기관의 피스톤 행정이 300mm이고 피스톤의 평균속도가 5m/s일 때 이 기관의 회전수는 몇 rpm인가?

① 500 ② 1000
③ 1500 ④ 2000

해설: 피스톤의 속도 = $\frac{(2NL)}{60} = \frac{(NL)}{30}$ 이다.
여기서 N은 rpm이고, L은 행정을 이른다.
피스톤의 속도(v) = $5(m/s) = \frac{N}{30} \times \frac{300}{1000}$
그러므로 $N = \frac{5 \times 30 \times 1000}{300} = 500(rpm)$이 된다.

피스톤링

14 • 02.7.21

피스톤 링의 3대 작용이 아닌 것은?

① 기밀작용 ② 오일 제거작용
③ 열전도작용 ④ 윤활작용

해설: 피스톤링의 3대 작용 ㉠ 실린더 내의 압축가스 및 팽창 가스의 기밀을 유지하는 기밀 작용을 한다. ㉡ 실린더 벽에 뿌려진 윤활유를 긁어내리고, 윤활유가 연소실로 들어가지 못하게 하는 윤활유 제어 작용을 한다. ㉢ 피스톤 헤드가 받는 열을 실린더 벽으로 전달하는 작용을 한다.

15 • 96년도 • 2006.4.2

두께는 일정하나 폭은 절개부 쪽이 좁고 그 반대방향의 폭이 넓어서 실린더 벽에 면압을 고루 가할 수 있는 피스톤 링은?

① 동심형링 ② 편심형링
③ 원심형링 ④ 오일링

해설: 피스톤링은 그 형상에 따라 아래 그림과 같이 동심형과 편심형으로 나눈다. 동심형은 실린더벽에 대한 압력이 전체 둘레에 걸쳐 일정하지가 않다. 이를 보완하기 위해 만든 것이 편심형이다. 그러나 이 편심형은 제작상의 문제로 그다지 사용이 되지 않고 있으며 동심형을 주로 사용한다.

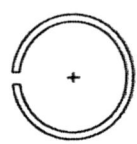
(a) 동심형 링

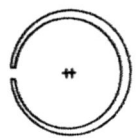
(b) 편심형 링

▲ 피스톤링의 모양

ANSWER 11.② 12.② 13.① 14.④ 15.②

16 • 97.2.2

기관을 분해하여 피스톤 링의 장력을 측정하고자 한다. 피스톤 링의 장력은 얼마가 좋은가?

① 0.2~0.4kg/cm²
② 0.5~0.9kg/cm²
③ 0.1~0.2kg/cm²
④ 1.3~1.5kg/cm²

해설 피스톤링의 장력 측정은 피스톤링 이음부의 한쪽 끝을 가는 줄로 묶어 고리를 만들어 스프링 저울을 걸어 고정하고, 다른 한쪽 끝을 가는 줄로 묶어 고리를 만들어 한방향으로만 회전하는 래칫에 건다. 래칫을 돌려 링 이음의 간극이 실린더에 끼워졌을 때와 같은 상태가 되었을 때의 스프링저울 값을 읽는다.

17 • 2003.7.20

피스톤 1개당 4개의 피스톤링이 설치되어 있다. 피스톤링 1개당 실린더 내에서의 마찰력은 0.25Kg이라고 할 때 6실린더에서 피스톤링의 총마찰 마력은 얼마인가? (단, 피스톤 평균속도 V=15m/sec 이다.)

① 0.9ps
② 1.2ps
③ 1.9ps
④ 2.1ps

해설 총마찰력(kg)=피스톤1개의 마찰력×실린더당 피스톤링 수×실린더 수이고,
마찰마력(ps)=마찰력×피스톤속도 이므로
마찰마력(ps)= $\dfrac{마찰력 \times 피스톤의\ 속도}{75}$ 이므로
그대로 대입을 한다.
총마찰력=0.25×4×6=6kg, 피스톤의 속도=15m/s 이므로,
마찰마력(ps)= $\dfrac{6 \times 15}{75} = 1.2ps$ 이다.

커넥팅로드

18 • 02.4.7 • 2010후반

피스톤과 커넥팅로드를 연결하는 피스톤 핀의 고정방법이 아닌 것은?

① 고정식
② 반 부동식
③ 3/4부동식
④ 전 부동식

해설 피스톤과 커넥팅 로드를 연결하는 피스톤 핀의 고정 방법에는 고정식, 반부동식, 전부동식 등이 있다.
㉠ **고정식**은 피스톤 핀을 피스톤 보스에 고정하고, 피스톤 핀의 바깥 둘레에 구리 합금의 부시를 끼워서 커넥팅 로드의 소단부가 움직이도록 하는 방식이다.
㉡ **반부동식**은 피스톤 핀이 커넥팅 로드의 소단부에 고정되는 형식이다. 이 경우에는 핀과 커넥팅 로드가 일체로 되고, 핀은 피스톤 양쪽의 보스에 의하여 지지되면서 움직이게 된다.
㉢ **전부동식**은 피스톤 핀이 피스톤 보스나 커넥팅 로드 소단부의 어느 쪽에도 고정되지 않고 자유로이 회전하게 되어 있는 방식이다. 그러므로 전부동식은 기관이 회전할 때에 핀이 빠져 나오지 않도록 핀 구멍의 양쪽 끝에 홈을 파고 스냅 링(snap ring)을 끼우도록 되어 있다.

4. 크랭크축

저널 베어링

01 • 98년도

엔진에 사용되는 베어링의 종류에 속하지 <u>않는</u> 것은?

① 배빗메탈
② 켈밋합금
③ 인청동
④ 듀랄루민

해설 엔진의 베어링으로는 배빗메탈, 켈밋합금, 알루

미늄합금, 연청동 혹은 인청동을 사용한다. 배빗 메탈은 주석(Sn), 납(Pb)을 주성분으로 하고, 안티몬(Sb), 아연(Zn) 등을 포함한 백색의 베어링용 합금이다. 배빗메탈은 화이트메탈이라 한다. 배빗메탈은 내식성이 강하고, 재질이 연하여 가공하기 쉬우며, 저널에 흠을 내지 않는 등의 이점이 있으나, 기계적 강도 특히 고온강도가 낮고, 피고 강도, 열 전도성이 좋지 않으므로 고속 고하중, 기관에는 점차로 사용되지 않고 있다. 켈밋 합금은 구리(Cu)를 주성분으로 하고, 납(Pb)을 23~42% 함유하는 합금이며, 배빗메탈에 비하여 기계적 성질이 강하고, 고속, 고온, 고하중에 잘 견딘다. 또, 구리가 주성분으로 되어 있어 융착을 일으키지 않으며, 열전도성이 좋다. 그러나 경도가 크기 때문에 축과의 붙임성, 길들임성 등이 나쁘고 내식성이 작은 결점이 있다.

02 • 94년도

켈밋 합금은 주로 어느 곳에서 사용하는가?
① 전기저항합금 ② 실린더 블록
③ 베어링 합금   ④ 피스톤 합금

해설 문제1의 해설을 참조한다.

03 • 2008전반

내연기관의 크랭크축 평면 베어링 재료로 사용할 수 없는 금속은?
① 화이트메탈   ② 두랄루민
③ 배빗 메탈   ④ 켈밋메탈

해설 위 문제1의 해설을 참조한다.

04 • 97.2.2

엔진에서 크랭크축 저널 베어링의 오일간극 측정은 무엇으로 하는가?
① 다이얼게이지
② 필러게이지
③ 시크니스게이지
④ 플라스틱게이지

해설 크랭크축의 저널 베어링 오일간극을 측정하는 방법에는 2가지가 있다. 간단한 방법으로는 플라스틱게이지를 사용하는 방법이 있고, 다른 방법으로 마이크로 미나 보어게이지를 사용하여 베어링을 장착한 직경에 크랭크축의 직경이 오일간극으로 한다.

05 • 2006.7.16

플라스틱 게이지를 이용하여 크랭크축 베어링 오일 간극을 측정하는 방법으로 잘못된 것은?
① 크랭크축과 베어링에 윤활유를 절대로 바르지 않는다.
② 플라스틱 게이지 조각을 크랭크 저널에 크랭크축 회전방향으로 평행하게 설치한다.
③ 캡 볼트는 규정 토크로 조인 후 크랭크축은 절대 회전시키지 않는다.
④ 눌려 있는 플라스틱 게이지 폭을 게이지 봉투에 표시된 눈금으로 측정한다.

해설 플라스틱 게이지의 조각은 크랭크 저널에 오일 구멍을 피하여 크랭크축 방향으로 평행하게 설치하고, 규정토크로 저널 캡 볼트를 조인다음, 캡 볼트를 탈거한 후에 측정한다.

06 • 2009.7.12

크랭크축 베어링과 저널간극의 측정에 쓰이는 게이지로 가장 적합한 것은?
① 필러게이지
② 다이얼게이지
③ 플라스틱게이지
④ V 블록

해설 크랭크축의 오일간극을 측정하는 방법에는 2가지가 있다. 첫 번째는 플라스틱게이지를 사용하는 방법이 있고, 두 번째로는 크랭크축의 저널을 넣지 않고 베어링 캡볼트를 조립한 다음, 그 내경을 마이크로미터(내측)나 버니어캘리퍼스로 측정한 후 크랭크축의 저널 직경을 마이크로미터(외측)나 버니어캘리퍼스로 측정한 값을 뺀 값을 오일간극 측정값으로 할 수 있다.

ANSWER 2.③ 3.② 4.④ 5.② 6.③

크랭크축과 점화순서

07 • 94년도

4사이클 기관에서 크랭크축이 4회전할 때 캠축은 몇 회전하는가?

① 1회전 ② 2회전
③ 4회전 ④ 서로 무관하다.

해설: 4행정 사이클 엔진은 4행정을 하면 크랭크축이 2회전하고 캠축은 1회전한다. 그러므로 크랭크축이 4회전하면 캠축은 2회전한다.

08 • 2004.4.4

직렬 4행정 1사이클 8기통 엔진은 몇 도마다 폭발행정이 일어나는가?

① 90° ② 120°
③ 180° ④ 360°

해설: 4행정 1사이클 4기통 엔진의 경우 180°, 6기통 엔진의 경우 120°, 8기통 엔진의 경우 90°마다 폭발행정이 이루어진다. 8기통이 각각 한번씩 폭발하는데 걸리는 각도는(2바퀴) 720°이므로 720/8=90°이다.

09 • 97.10.12

실린더의 점화순서가 1-3-4-2일 때 3번이 배기행정이면 1번은 다음 중 무슨 행정인가?

① 흡입행정 ② 압축행정
③ 동력행정 ④ 배기행정

해설: 다음 그림을 참조하면 1번은 흡입행정이 된다.

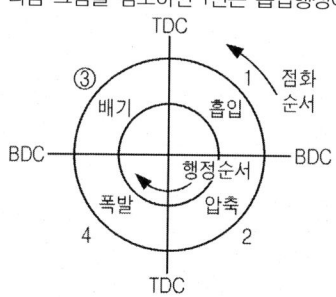

▲ 4기통 점화순서(47페이지 위 그림)

10 • 95년도

1-6-2-5-8-3-7-4의 직렬형 8실린더 점화순서에서 제8번 실린더가 배기행정초에 있을 때 제4번 실린더는 무슨 행정을 하는가?

① 흡입행정초 ② 압축행정말
③ 동력행정초 ④ 배기행정말

해설: 다음 그림을 참조하면 4번실린더는 압축행정 중을 지난 압축 말을 향하고 있다.

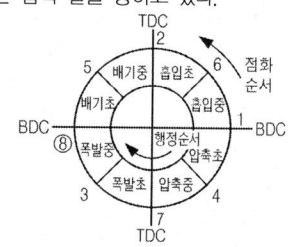

▲ 8기통 점화순서

11 • 2007.7.15

크랭크축이 정적 및 동적으로 평형이 잡혀있어야 하는 이유는?

① 큰 부하가 작용되기 때문이다
② 윤활이 잘되게 하기 위해서이다
③ 고속회전을 하기 때문이다
④ 평면 베어링을 사용하기 때문이다

해설: 크랭크축의 정적 및 동적 평형이 잡혀있지 않으면 고속회전 구간에서 진동이 생긴다. 이 진동은 결국 엔진의 고장을 초래한다.

12 • 2003.3.30

4기통 기관의 점화순서를 실린더 배열순서로 하지 않는 이유 중 틀린 것은?

① 기관의 발생 동력을 크게 한다.
② 기관의 발생 동력을 균등하게 한다.
③ 크랭크축 회전에 무리가 없도록 한다.
④ 원활한 회전력을 발생한다.

해설: 점화순서를 실린더 배열순서로 하지 않는 이유는 발생동력의 맥동(크고 작음의 변화)를 줄여주고, 회전하는데 무리가 없도록 고른 회전력을 발휘하도록 한다. 또한, 발생열을 분산하여 기관의 열집중을 막는다.

Answer 7.② 8.① 9.① 10.② 11.③ 12.①

5. 밸브기구

밸브와 캠축

01 • 93년도

배기행정 초기에 배기밸브가 열려 배기가스 자체의 압력에 의하여 배기가스가 배출되는 현상을 무엇이라고 하는가?
① 블로 백   ② 블로 바이
③ 블로 다운   ④ 블로 업

해설 블로바이란 연소되거나 미연소된 가스가 실린더와 피스톤링 사이를 통과하여 크랭크케이스로 빠져나가는 현상이다.

02 • 99.4.18

오버헤드 캠축(OHC)의 형식에 관한 것 중 옳은 것은?
① 캠이 푸시로드를 움직여 밸브를 개폐한다.
② 캠축을 실린더 블록에 설치한다.
③ 밸브의 가속도를 크게 할 수 있어 고속성능이 향상된다.
④ 왕복운동 부분의 관성력이 커진다.

해설 OHC는 흡기밸브, 배기 밸브, 캠축이 모두 실린더 헤드에 조립된 것으로서, 캠축의 캠이 직접 로커 암을 작동시켜 밸브를 개폐하는 방식이다. 이것은 캠축이 1개인 것과, 흡기 밸브용과 배기 밸브용의 2개인 것이 있다. 캠축이 직접 실린더 헤드에 설치되어 있어서 오버헤드 캠축식(OHC)식이라 하고, 캠축이 1개인 것을 싱글 오버헤드 캠축식(single overhead camshaft type, SOHC), 2개인 것을 더블 오버헤드 캠축식(double overhead camshaft type, DOHC)이라고 한다.

03 • 2005전반

구동벨트의 장력이 규정치보다 헐거울 경우 기관에 미치는 영향으로 가장 거리가 먼 것은?
① 기관이 과열되기 쉽다.
② 발전기의 출력이 저하된다.
③ 소음이 발생하여 구동벨트의 손상이 촉진된다.
④ 흡배기밸브의 개폐시기가 변하여 기관 출력이 감소한다.

해설 구동벨트에 의해 작동하는 부품은 냉각수펌프, 조향펌프, 컴프레서, 발전기 등이다. 구동벨트의 장력이 약하면, 이 구성품의 작동이 비정상적으로 된다. 보기 '④'의 밸브개폐시기는 타이밍벨트에 의해 작동하므로, 구동벨트와 상관없다.

04 • 2007.7.15

4행정 사이클기관에서의 배기밸브는 크랭크축이 몇 회전하는 동안 한번 개폐하는가?
① 1   ② 2
③ 3   ④ 4

해설 4행정사이클은 크랭크축 2바퀴에 1번 작동한다.

05 • 2008전반

4행정 사이클 엔진이 6실린더로 이루어져 있으며 3840rpm 으로 회전한다면 1번 기통의 흡입밸브는 1초에 몇 번 열리는가?
① 12   ② 22
③ 32   ④ 42

해설 4행정사이클은 크랭크축 2바퀴에 1번 작동하므로, $3840rpm = \frac{3840}{60sec} = \frac{64}{sec}$ 에서 1/2만큼 흡입밸브가 작동하니까 32/sec로 계산된다.

ANSWER 1.③ 2.③ 3.④ 4.② 5.③

06 (2010전반)

가솔린 기관에서 밸브기구 중에 유압태핏 방식의 밸브간극 조정은?

① 운전할 때마다 조정한다.
② 정기 점검시 한다.
③ 다른 일반형과 같이 한다.
④ 자동으로 조정된다.

해설: 가솔린 기관의 유압태핏을 살펴보면 윤활유(오일)이 들어가는 작은 구멍이 있다. 이를 통한 윤활유(오일)압력에 의해 자동으로 밸브의 간극이 조정된다.

밸브스프링

07 • 98년도

밸브 스프링의 점검항목에 속하지 않는 것은?

① 직각도　　② 코일 수
③ 장력　　　④ 자유고

해설: 밸브스프링의 점검에는 자유고(밸브를 분해한 상태에서 버니어캘리퍼스로 밸브의 길이 측정), 장력(장력시험기로 밸브가 설치된 길이만큼 눌렀을 때의 힘 측정), 직각도(직각자로서 밸브스프링의 휘어짐을 측정)가 있다.

08 • 99.10.10

다음은 밸브 스프링 서징에 대한 설명이다. 맞지 않는 것은?

① 밸브 스프링 고유 진동수 현상이다.
② 피치를 작게 한다.
③ 이중 스프링을 사용한다.
④ 부등 피치 스프링을 사용한다.

해설: 서징이란 코일 스프링의 고유 진동수와 급격한 고속 회전의 밸브개폐로 인한 강제 진동이 같든지 혹은 정수배로 공진하여 캠의 작동과는 상관없이 스프링이 위아래로 오르내리는 현상이다. 서징이 발생하면 밸브는 캠의 작동과는 무관한 불규칙한 운동을 하게 되고, 스프링 일부에 큰 압축힘이나 변형이 생겨 스프링이 절손되기도 한다. 또한, 밸브 타이밍이 틀려지고, 기관 회전의 부조를 가져온다. 서징을 방지하려면 첫째, 부등피치의 스프링을 사용하고, 둘째 고유진동수가 다른 스프링을 안쪽과 바깥쪽으로 된 이중스프링을 사용한다. 셋째, 부등피치의 원뿔형 스프링을 사용한다.

09 • 2006.7.16

밸브 스프링의 서징 현상을 방지하는 방법 중 틀린 것은?

① 피치가 작은 스프링을 사용한다.
② 부등피치 스프링을 사용한다.
③ 원추형 스프링을 사용한다.
④ 피치가 서로 다른 2중 스프링을 사용한다.

해설: 위 문제8의 해설을 참조한다.

10 • 2007.7.15

밸브스프링의 서징현상을 방지하는 방법으로 틀린 것은?

① 피치가 작은 스프링을 사용한다.
② 피치가 서로 다른 이중스프링을 사용한다.
③ 원추형 스프링을 사용한다.
④ 스프링의 고유진동수를 높인다.

해설: 위 문제8의 해설을 참조한다.

밸브개폐시기선도

11 • 95년도

밸브틈새와 개폐시기가 맞지 않으면 진공계 지침은 어떻게 움직이는가?(단, 엔진 공회전 상태에서)

① 20~38cmHg사이에서 일정하게 머뭇거린다.
② 13~42cmHg사이에서 일정하게 움직인다.
③ 36~40cmHg사이에서 급히 왕복한다.
④ 36~50cmHg사이에서 조용히 움직인다.

해설: 밸브의 타이밍이 맞지 않을 때 : 20~40cmHg사이에서 정지, 밸브가이드 마멸: 35사이를 빨리 움직임, 밸브스프링 장력약화: 25~55cmHg사이에서 흔들리며 엔진의 회전속도와 함께 격렬해짐, 흡기계통에서 누설 : 공전 운전에서 진공계의 바늘이 보통 8~15cmHg 사이에 움직임

ANSWER 6.④　7.②　8.②　9.①　10.①　11.①

제1편 자동차기관　**83**

12 • 97.2.2

밸브 겹침(Valve over lap)의 가장 큰 목적은 무엇인가?

① 밸브를 보호하기 위해
② 체적효율을 증가하기 위해
③ 연료 소비량을 적게 하기 위해
④ 압축비를 높이기 위해

해설: 밸브겹침은 흡입공기나 배기가스의 관성효과를 이용하여 더 큰 체적효율을 얻기 위해서 흡기밸브를 상사점 조금 전에서 열고, 배기밸브를 상사점 지나 조금 후에 닫는 구간으로 흡기밸브와 배기밸브가 동시에 열린구간을 말한다.

13 • 97.10.12

4행정 사이클 엔진의 밸브 개폐시기가 다음과 같을 때 밸브 오버 랩은 몇 도인가?

> 흡기밸브 열림 : TDC전 12°
> 배기밸브 열림 : BDC전 50°
> 흡기밸브 닫힘 : BDC후 55°
> 배기밸브 닫힘 : TDC후 20°

① 12°　　② 32°
③ 43°　　④ 72°

해설: 밸브 오버 랩이란 흡기밸브와 배기밸브가 동시에 열린구간을 말하므로 흡기밸브 열림(12°) + 배기밸브 닫힘(20°)=32도가 된다.

6. 플라이 휠

01 • 2005.7.17

플라이휠에 관한 설명 중 옳은 것은?

① 플라이휠의 무게는 회전속도와 크랭크축의 길이와 밀접한 관계가 있다.
② 플라이휠은 밸브의 개폐시기와 기관의 회전속도를 증가시킨다.
③ 폭발행정 때 에너지를 저장하여 다른 행정 때 회전을 원활하게 바꾸어 준다.
④ 플라이휠의 구조는 중심부는 두껍게 하고 외부는 얇게 하여 전체적으로 가볍게 만든다.

해설: 플라이휠의 무게는 회전속도 높거나 실린더의 수가 많을수록 작아도 된다. 플라이휠은 밸브의 개폐시기와 기관의 회전속도와는 상관이 없으며, 구조는 중심이 얇고 둘레가 두꺼워 원심력을 극대화하였다.

02 • 2009.3.29

플라이휠의 무게와 가장 관계가 깊은 것은?

① 진동댐퍼
② 회전수와 실린더 수
③ 압축비
④ 기동모터의 출력

해설: 플라이휠의 무게는 엔진의 회전수가 빠를수록 실린더수가 많을수록 가벼워도 된다.

ANSWER　12.②　13.②　/　1.③　2.②

PART.1 기관 — 윤활 및 냉각장치

1. 윤활장치

윤활유

01 • 96년도

다음 중 윤활유의 주기능이 아닌 것은?

① 청정작용   ② 밀봉작용
③ 냉각작용   ④ 산화작용

해설: 윤활장치(lubricating system)는 피스톤과 실린더 사이, 각 운동부와 베어링에 윤활유를 공급하여 마찰과 마멸을 저감, 냉각, 충격흡수, 소음의 완화, 방청 작용, 청정 작용을 하여 기관의 기계 효율을 높여 준다.

02 • 02.4.7

자동차용 기관오일의 기본적인 역할을 설명한 것 중 틀린 것은?

① 마찰을 감소시켜 동력손실을 줄인다.
② 연소가스의 blow-down 현상을 방지한다.
③ 마찰 운동부의 냉각작용을 한다.
④ 접촉부의 녹이나 부식을 방지한다.

해설: 위 문제의 해설을 참조하고, 블루다운 현상은 폭발압력을 이용한 배기가스의 배출을 말한다.

03 2003.7.20

자동차 기관에서 오일에 의한 윤활작용에 대한 설명 중 틀린 것은?

① 접동부의 소착방지 및 마찰, 마모방지
② 마찰열의 냉각 및 고온부분의 냉각
③ 부식의 발생방지 및 엔진의 신뢰성, 내구성 유지
④ 응력을 집중시켜 엔진효율 증대

해설: 윤활유는 응력을 분산시켜서 충격부분의 진동을 감소시켜서 부품이 파손되거나 이상마모가 일어남을 감소시켜준다.

04 2004.4.4

윤활유의 구비조건으로 맞지 않는 것은?

① 알맞은 점성을 가질 것
② 카본 생성이 적을 것
③ 열에 대한 저항력이 없을 것
④ 부식성이 없을 것

해설: 윤활유의 구비조건은 점도가 적당할 것, 청정력이 클 것, 열과 산에 대하여 안정성이 있을 것, 비중이 적당할 것, 카본 생성이 적을 것, 인화점과 발화점이 높을 것, 응고점이 낮을 것, 기포 발생이 적을 것 등이다.

05 • 2008.7.13

윤활유의 특징을 열거한 것 중 옳은 것은?

① 윤활유는 온도가 오르면 점도가 높아진다.
② 윤활유 점도가 크면 동력 손실이 증대된다.
③ 윤활유의 점도가 높을수록 유막은 약하다.
④ 그리스 윤활은 오일 윤활에 비하여 마찰 저항이 적다.

해설: 윤활유의 온도가 낮을수록 점도가 높아지고, 점도가 높아지면 유막이 강하게 되어 동력손실을 초래한다.

ANSWER 1.④ 2.② 3.④ 4.③ 5.②

06. • 2010전반

내연기관에서 실린더의 불완전 윤활의 원인으로 틀린 것은?

① 상사점 및 하사점에서 속도가 0이 되므로 연소실 압력이 낮아져 유막이 파괴된다.
② 고온가스에 의한 점도저하로 유막이 파괴된다.
③ 링 플러터(ring flutter)에 의한 가스누설, 열화증발 및 연소 등에 의하여 유막이 파괴된다.
④ 연소에 의한 카본발생으로 링이 고착되면 블로바이가스 때문에 유막이 파괴된다.

해설 상사점 및 하사점에서는 피스톤의 속도가 0이 된다. 그러나 연소실의 압력은 피스톤이 상사점에서 높아지고 하사점에서는 낮다는 말이 틀린 부분이다.

07. • 2005전반

경계윤활 영역에서 접촉면 중앙의 최고압력 부분에서 경계층이 항복을 일으켜서 마찰계수가 급격히 증가하는 상태에 달하는 단계는?

① 제 1영역   ② 천이영역
③ 부분적 접촉   ④ 완전접촉 융착

해설 층류는 흐름방향에 수직인 속도성분이 거의 없고 유선이 일직선이며 규칙적으로 운동하고 있는 흐름을 말하며, 난류는 관성력에 비해서 점성력이 약할 경우 유체입자가 불규칙한 경로를 따라 흐르게 되는 흐름을 말한다. 층류와 난류가 혼합된 상태를 천이영역이라 한다.

08. • 2007.7.15

API 분류에서 고부하 및 가혹한 조건의 디젤기관에서 쓰는 윤활유는?

① DL   ② DM
③ DC   ④ DS

해설 DL은 디젤에 없으며, DG는 일반적인 연료에, DM은 좀 가혹적인 조건의 연료에 DS는 고온, 고부하의 아주 가혹한 조건의 연료를 사용할 때 필요하다.

09. • 2010후반

자동차용 윤활유에 물리적 또는 화학적 성질을 강화하여 윤활성을 향상시키기 위해 사용하는 첨가제가 갖추어야 할 조건으로 틀린 것은?

① 윤활유에 대한 첨가제의 용해도가 충분할 것
② 휘발성이 낮을 것
③ 물에 대한 안정성이 우수할 것
④ 첨가제 상호간 빠른 반응으로 침전될 것

해설 윤활유에 첨가제를 넣을 경우 침전물이 생기면, 이 침전물이 오일 통로를 막는다든지, 마찰부분에 끼어들게 될 경우에 윤활부가 흠집이 생기거나 이상이 생길 수 있다.

10. • 2006.7.16

중합 옵페핀, 부틸 중합물, 섬유에스텔 등을 윤활유에 첨가하여 온도 변화에 따른 영향을 적게 하는 첨가제는?

① 점도지수 향상제
② 유성 향상제
③ 유동점 강하제
④ 소포제

해설 유성향상제는 오일의 유성을 향상, 유동점강하제는 저온에서 유동성을 유지, 소포제는 유해한 기포의 발생을 억제한다.

ANSWER 6.① 7.② 8.④ 9.④ 10.①

윤활 및 여과 방식

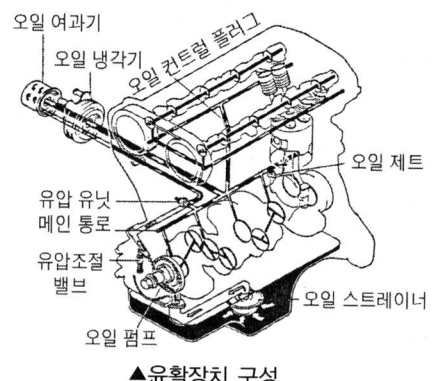
▲ 윤활장치 구성

11 • 94년도
엔진의 유압이 낮은 원인 중 틀린 것은?
① 유압조정밸브 접촉면 불량
② 오일펌프 흡입구의 막힘
③ 오일필터 막힘
④ 엔진오일 부족

해설 엔진 유압이 낮은 원인은 엔진오일의 부족, 오일펌프의 흡입구 즉 오일스트레이너의 막힘이나 오일펌프의 고장, 윤활부의 간극이 과다, 윤활통로의 파손에 의한 누설, 유압조절밸브의 불량, 오일의 점도 저하 등이 있다. (주의: 현재 사용되고 있는 자동차의 윤활방식은 전류식으로 오일필터를 거쳐 윤활부로 이송이 되므로, 보통 유압이라 함은 오일필터를 거친 다음의 유압을 말하게 된다. 즉 이 문제에서 유압이 오일필터를 거친 다음의 유압이라면 정답이 없게 됨을 주의해야 한다.)

12 • 96년도
윤활유의 유압계통에서 유압이 저하하는 원인이 아닌 것은?
① 윤활유 송출량 과대
② 윤활 부분의 마멸량 과다
③ 윤활유 저장량의 부족
④ 윤활유 통로의 파손

해설 위 문제11의 해설을 참조한다.

13 • 02.7.21
유압이 규정보다 낮은 원인이 아닌 것은?
① 오일팬의 오일량이 부족시
② 오일점도 과대
③ 유압조절 밸브 스프링 장력 약화
④ 오일펌프의 마모

해설 위 문제11의 해설을 참조한다.

14 • 98년도
다음 중 윤활장치에서 유압이 상승하는 원인으로 알맞은 것은?
① 유압조정밸브 접촉면의 불량
② 오일의 점도가 낮다.
③ 축과 베어링의 간극이 넓을 때
④ 오일 여과기 막힘

해설 유압이 상승하는 원인은 윤활부의 간극이 작거나 이물질이 끼어 있을 경우, 윤활통로의 막힘, 점도의 높음, 유압조정밸브 스프링의 조정불량 등이 있다.
∴ 주의 : 위에서도 언급을 했지만 유압이 오일필터 후의 압력을 말한다면 오일필터의 막힘은 유압을 감소시킨다.)

15 • 2009.3.29
기관오일에 유압이 높을 때의 원인과 관계없는 것은?
① 윤활유의 점도가 높을 때
② 유압 조정밸브 스프링의 장력이 강할 때
③ 오일 파이프의 일부가 막혔을 때
④ 베어링과 축의 간격이 클 때

해설 보기 '④'의 베어링과 축의 간격이 크면, 윤활유는 그 간격사이로 새므로 압력이 낮아진다.

ANSWER 11.③ 12.① 13.② 14.④ 15.④

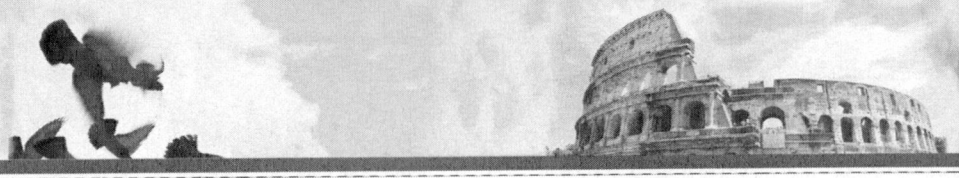

16 • 2004.7.18

어떤 내연기관의 윤활장치에서 오일여과기의 막힘에 의해 과열이 생겨 마찰부에 고장이 생겼다면 이 기관은 어떤 여과방식을 사용했는가?

① 분류식　　② 샨트식
③ 합류식　　④ 전류식

해설 전류식은 모든 윤활유를 여과기를 거쳐서 베어링 윤활, 분류식은 일부는 베어링윤활하고 일부는 여과기로 여과해서 오일팬으로 리턴, 샨트식은 일부는 여과기를 통하고 일부는 여과기를 통하지 않고 그대로 통해서 베어링 윤활한다.

17 • 2005.7.17 • 2009.7.12

오일펌프에서 압송한 오일 전부를 오일 여과기에 여과한 다음 각 부분으로 공급하는 오일순환 방식은?

① 전류식　　② 분류식
③ 일체식　　④ 복합식

해설 위 문제16의 해설을 참조한다.

2. 냉각장치

냉각장치 개요

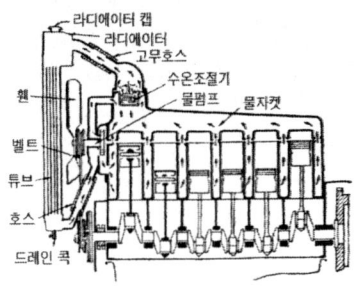

▲ 냉각장치(수냉식)의 구성

01 • 97.2.2

자동차의 냉각장치 중 수냉식 냉각계통의 부품에 속하지 않는 것은?

① 방열핀　　② 방열기
③ 서모스탯　　④ 압력식 캡

해설 수냉식의 냉각순서는 라디에이터(방열기)의 아래탱크, 물펌프, 물재킷, 수온조절기(서모스탯), 라디에이터의 윗탱크, 라디에이터의 코어, 라디에이터의 아래탱크로 순환한다.

02 • 2004.7.18

수냉식기관의 냉각장치 역할과 거리가 먼 것은?

① 배출가스의 온도를 낮추어 배기손실을 줄이기 위하여
② 윤활유를 냉각시켜 열화 및 성능저하를 방지하기 위하여
③ 기관 각부의 과열을 방지하여 부품의 내구성을 확보하기 위하여
④ 연소실의 온도를 최적으로 유지하여 출력과 연비성능을 향상시키기 위하여

해설 수냉식 기관에서 냉각장치의 역할로 배출가스의 온도를 낮추지는 않는다.

코어 막힘율

03 • 2004.4.4

어느 기관의 냉각수는 규정량이 18 L 이다. 사용 중에 주입된 냉각수 양이 15 L 였다면 라디에이터 코어 막힘률은 몇 %인가?

① 16.7　　② 17.7
③ 18.7　　④ 19.7

해설 막힘율 $= \dfrac{신품용량 - 사용품용량}{신품용량} \times 100$

$= \dfrac{18-15}{18} \times 100 = 16.7\%$로 계산된다.

ANSWER 16.④ 17.① / 1.① 2.① 3.①

04 • 2005.7.17

어느 기관의 냉각수 규정량이 16 L였다. 사용 중 주입된 냉각수량이 12 L였다면 라디에이터의 코어막힘률은 몇 %인가?

① 40 ② 12
③ 16 ④ 25

해설 막힘율 = $\dfrac{\text{신품용량} - \text{사용품용량}}{\text{신품용량}} \times 100$
= $\dfrac{16-12}{16} \times 100 = 25\%$로 계산된다.

냉각장치 구성과 작용

05 • 93년도

엔진의 라디에이터에서 오버플로 파이프를 설치한 이유는?

① 냉각수를 보충하는 것이다.
② 냉각수 온도를 높여 주는 것이다.
③ 과열을 방지하는 것이다.
④ 여분의 냉각수를 배출하는 것이다.

해설 압력식 캡에는 고온시 압력밸브가 작동하여 증기를 오버플로 파이프를 통하여 리저버 탱크에 보낼 수 있고, 저온시 진공밸브가 작동하여 냉각수의 수축에 의한 실린더 블록의 파손을 막도록 리저버 탱크의 냉각수나 공기를 넣어 진공을 해제한다.

06 • 2006.4.2

방열기 캡에서 압력밸브와 부압밸브를 설치한 주요 목적이 아닌 것은?

① 압력조정   ② 냉각효과 증대
③ 동파방지   ④ 비점상승

해설 방열기 캡의 압력밸브는 냉각장치내의 압력을 높여 냉각수의 비점을 112℃로 높여 냉각 성능을 향상시키고 냉각수의 증발을 방지하는 역할을 하며, 저온시 부압(진공)밸브가 작동하여 냉각수의 수축에 의한 실린더 블록의 파손을 막도록 리저버 탱크의 냉각수나 공기를 넣어 진공을 해제한다.

07 • 2009.7.12

라디에이터 압력캡의 진공밸브가 열리는 시점으로 옳은 것은?

① 라디에이터내의 압력이 대기압보다 높을 때
② 라디에이터내의 압력이 대기압보다 낮을 때
③ 라디에이터내의 압력이 규정치보다 높을 때
④ 보조탱크내의 압력이 규정보다 낮을 때

해설 부압(진공)밸브는 저온이 되어 라디에이터 내부의 압력이 대기압보다 낮을 시에 작동하여 냉각수의 수축에 의한 실린더 블록의 파손을 막도록 리저버 탱크의 냉각수나 공기를 넣어 진공을 해제한다.

08 • 94년도

냉각장치에서 사용되고 있는 전동 팬(fan)의 특징에 관한 설명으로 적당한 것은?

① 복잡한 시가지 주행에 부적당하다.
② 방열기(radiator)의 설치가 용이하지 못하다.
③ 일정한 풍량을 확보할 수 있어 냉각효율이 좋다.
④ 전동 팬의 종류로는 흡입형과 토출형의 2종류가 있다.

해설 냉각팬은 라지에이터(방열기)를 식혀주기 위해서 작동한다. 전동팬인 경우는 엔진의 속도가 어느 한계 이상이 되면 라지에이터 아래의 수온스위치에 의해서 냉각팬은 자동으로 꺼지게 된다. 그러나 크랭크축에 의한 구동팬이라면 엔진이 꺼져야만 팬의 구동을 멈추게 되어 출력 손실을 가져오게 된다.

09 • 95년도

냉각팬의 점검과 직접 관계가 없는 것은?

① 물펌프 축과 부시(bush)사이의 틈새
② 일직선으로 회전하고 있는가
③ 팬의 균형
④ 팬의 손상과 휨

해설 보기의 ①는 냉각계통의 점검으로 냉각수 누수 점검시에 필요하다. 즉 이 틈새가 있으면 냉각수는 새게 되고 눈으로 확인할 수 있게 된다.

ANSWER 4.④ 5.④ 6.③ 7.② 8.③ 9.①

고장과 수리

10 • 02.4.7 • 2008.7.13

유체커플링 방식 냉각팬에 가장 많이 사용하는 작동유는?

① 실리콘 오일
② 냉동오일
③ 기어오일
④ 자동변속기 오일

해설 팬클러치에는 자력을 이용한 전자단판식, 전자분말식이 있고, 오일을 이용한 점성식과 유체커플링식, 원심력을 이용한 원심식등이 있다. 유체커플링식의 오일은 온도에 따른 점성 변화에 의해 냉각팬을 자동으로 단속하고, 이 오일은 온도에 따라 점성이 변하는 실리콘오일을 주로 사용한다.

11 • 99.10.10

유체 팬 클러치 속의 오일은?

① 엔진 오일
② 유압 오일(AFT)
③ 실리콘 오일
④ 냉동 오일

해설 문제10의 해설을 참조한다.

12 • 02.7.21 • 2010후반

라디에이터의 온도조절기에서 왁스실에 왁스를 넣어 온도가 높아지면 팽창축을 올려 열리는 식의 온도조절기는?

① 벨로우즈형 ② 펠릿형
③ 바이패스형 ④ 바이메탈형

해설 벨로우즈형은 벨로우즈 내에 에텔이나 알콜을 봉입하여 냉각수 온도에 따라 팽창과 수축하여 밸브를 개폐한다. 현재, 이 형식은 휘발성이 크고, 팽창력이 작아 사용하지 않는다. 펠릿형은 케이스에 왁스나 합성고무를 봉입하여 냉각수 온도에 의해 왁스가 팽창과 수축하여 밸브를 개폐한다.

13 • 94년도

실린더 과냉에서 오는 결점 중 옳지 않은 것은?

① 열효율이 저하한다.
② 실린더 마멸이 촉진된다.
③ 연소가 불완전하게 된다.
④ 물재킷 내의 전해부식이 촉진된다.

해설 실린더의 과냉은 연소온도를 낮추어 연료가 잘 기화하지 못하게 하므로 불완전연소, 출력저하, 열효율 저하를 가져온다.

14 • 2010전반

기관이 과냉 되었을 때 기관에 미치는 영향으로 적당하지 않은 것은?

① 연료의 응축으로 연소가 불량해진다.
② 열효율이 저하된다.
③ 연료소비율이 감소된다.
④ 기관의 오일 점도가 높아져 회전저항이 커진다.

해설 보기 '③'에서 기관이 과냉하면 ECM(엔진제어모듈)은 냉각수온도 신호를 받아 빨리 워밍업을 시키기 위해 연료를 추가하므로, 연료소비율이 증가한다.

15 • 2003.3.30 • 2009.3.29

자동차 운행 중 냉각수온도가 비정상적으로 높게 올라갔을 경우에 발생 가능한 고장원인과 거리가 먼 것은?

① 냉각수량이 부족하다.
② 서머스탯이 불량하다.
③ 냉각수펌프의 구동벨트가 헐겁다.
④ 피스톤의 압축링이 심하게 마모되었다.

해설 냉각수의 온도가 비정상적으로 오르는 원인은 수온조절기(서모스탯)의 불량, 물펌프의 고장이나 벨트의 헐거움, 냉각팬 작동불량, 냉각수의 부족 등이다.

ANSWER 10.① 11.③ 12.② 13.② 14.③ 15.④

16 • 2006.7.16

기관의 과열 원인으로 틀린 것은?

① 라디에이터 압력 캡의 스프링 장력 부족
② 라디에이터 코어 막힘
③ 팬 벨트 장력 부족이나 끊어짐
④ 수온 조절기가 열린 상태로 고장

해설 위 문제15의 해설을 참조한다. 수온조절기가 열린 상태로 고장이 나면 물의 순환이 계속적으로 이루어져 엔진의 온도를 낮춘다.

17 • 2008전반

가솔린 기관이 과열되었을 때 기관에 미치는 영향으로 가장 적당하지 않은 것은?

① 피스톤의 슬랩이 커져 소음이 증가한다.
② 윤활 불충분으로 각 부품이 손상된다.
③ 조기점화 또는 노크가 발생한다.
④ 냉각수 순환이 불량해지고 금속산화가 촉진된다.

해설 피스톤의 슬랩은 피스톤과 실린더의 간극이 클 때 생기는 현상이다.

부동액

18 • 2007.7.15

기관의 부동액 구비조건으로 가장 옳지 않은 것은?

① 비등점이 물보다 낮아야 한다.
② 물과 혼합이 잘 되어야 한다.
③ 응고점이 물보다 낮아야 한다.
④ 내부식성이 크고 팽창계수가 적어야 한다.

해설 비등점은 끓는점, 응고점은 어는점이다. 비등점이 물보다 낮으면 100℃(물의 끓는점)이하에서 끓게 된다. EF소나타 엔진의 온도를 직접 측정하면 91~98℃를 유지하는데 95℃에서 부동액이 끓어 압력식 캡을 통해 나가버리면 엔진은 과열된다.

19 • 2007.4.4

자동차 기관용 부동액으로 적당하지 않은 것은?

① 메탄올
② 글리세린
③ 에틸렌글리콜
④ 수산화나트륨

해설 기관의 부동액은 메탄올, 글리세린, 에틸렌글리콜이 있는데, 보통 에틸렌글리콜을 많이 사용한다.

20 • 2003.7.20

항공기의 냉각방법에 실용화된 것으로 에틸렌글리콜(Ethylene glycol)과 같은 비등점이 높은 액체를 사용하여 액체의 온도를 물냉각보다 훨씬 높여서 방열효과를 높인 냉각 방법은?

① 증발 냉각 방법
② 특수 고체 냉각 방법
③ 밀폐형 강제순환 냉각 방법
④ 특수 액체 냉각 방법

해설 에틸렌글리콜은 분자량 62.07, 녹는점 −12.6℃, 끓는점은 197.7℃, 비중이 1.1131로서 무색액체로 습기를 잘 흡수한다.

ANSWER 16.④ 17.① 18.① 19.④ 20.④

PART.1 기관

흡배기장치

1. 흡배기장치

흡기장치

01 • 2005전반

기관의 효율을 향상시키기 위한 흡기다기관의 필요조건이 아닌 것은?

① 흡입공기의 고온화
② 혼합기의 균일화
③ 연료기화성의 향상
④ 체적효율의 향상

해설 보기 '①'의 흡입공기를 고온화시키면 흡입공기의 비중이 낮아진다. 그러면 체적효율(충전효율)이 낮아져 기관의 열효율이 낮아진다.

02 • 2007.7.15

가솔린기관의 희박연소 시스템 중 흡기에 강한 와류를 형성시켜 압축말에 연소실내에 난류현상이 계속되도록 하여 점화와 연소의 도모를 촉진하는 시스템은?

① 스월(SCV) 시스템
② 연료분사시기 선택방식
③ 가변밸브타이밍 및 리프트방식(VTEC_E)
④ 2연 텀블 층상 흡기방식

해설 스월(swirl)이란 소용돌이(와류)로 실린더의 원주 방향으로 회전하는 흐름을 말한다. SCV는 Swirl Control Valve로 스월을 조절하는 밸브이다.

03 • 2010전반

가솔린기관에서 가변흡기장치의 설명으로 적합하지 않은 것은?

① 흡기밸브의 열림과 닫힘 시기를 조절하여 밸브 오버랩을 증가시킨다.
② 엔진회전수와 엔진부하에 따라 흡기다기관의 길이를 변화시킨다.
③ 엔진이 저속 회전시 흡기다기관의 길이를 길게 하여 관성 과급효과를 본다.
④ 엔진이 고속 회전시 흡기다기관의 길이를 짧게 하여 흡입저항을 줄인다.

해설 보기의 ②, ③, ④를 가변흡기장치라 하며, 보기 ①는 가변밸브타이밍(CVT : Continuously Variable Valve Timing)을 말하고 있다.

04 • 2004.4.4

기관의 비출력을 높이기 위한 방법 중의 하나로서 실린더 내에 흡입되는 공기량을 증가시키는 방법이 최근 많이 사용되고 있는데 다음 중에서 관계가 없는 것은?

① 터보챠저 장착
② 슈퍼챠저 장착
③ DOHC 방식 채용
④ 다점분사방식 채용(MPI)

해설 보기의 '①'와 '②'는 과급기이고, 보기 '③'는 밸브를 실린더당 2개를 만들어 체적효율을 높인다. 보기 '④'는 인젝터를 각각의 흡기다기관에 설치하여 연료를 분사하는 장치로 연료소비를 절약하는, 연비를 좋게 하는 장치이다.

ANSWER 1.① 2.① 3.① 4.④

05 • 02.4.7

4행정 가솔린기관에서 흡기행정 중에 흡입되는 신(新)기체의 양이 이론적인 값보다 감소되어 흡입되는 이유로 옳지 않은 것은?

① 흡·배기 밸브 개폐시기의 조정이 불완전하다.
② 흡·배기 밸브의 관성이 피스톤운동을 따르지 못한다.
③ 피스톤링 및 밸브 등에서 가스누설이 생긴다.
④ 흡기압력이 대기압보다 낮고 실린더 벽 온도는 대기 온도보다 높아 신기체가 팽창하여 밀도가 높아진다.

해설 피스톤의 하강에 의해 실린더의 흡기압력은 낮아져 공기가 흡입된다. 이 때 실린더의 온도가 높으면 흡입공기(신기체)가 빨리 팽창하여 밀도가 낮아진다. 즉, 신기체의 무게가 가벼워진다는 의미이다.

06 • 2009.3.29

흡기계통으로 유입되는 공기를 가열하는 방법이 아닌 것은?

① 배기열의 일부를 이용하여 흡기 매니폴드의 온도를 상승시킨다.
② 예열플러그를 사용하여 흡입공기를 가열한다.
③ 흡기매니폴드 주위에 물재킷을 만들어 온수를 순환한다.
④ 배기가스를 직접 흡기 매니폴드의 일부로 유도하여 이용한다.

해설 예열플러그는 디젤기관의 연소실에 설치하여 흡입공기를 가열하는 장치로 흡기계통(흡기필터에서 흡기다기관의 밸브까지)의 구성품이 아니다.

배기장치

07 • 2006.4.2

자동차의 배기장치에 대한 설명으로 틀린 것은?

① 기통수가 1개인 기관에서는 실린더에 배기매니폴드 없이 직접 배기파이프를 부착한다.
② 배기파이프는 배기가스를 외부로 방출하는 강관이며 배기가스 열의 일부를 발산하는 역할도 한다.
③ 소음기를 부착하면 기관의 배압이 감소하고 출력이 높아진다.
④ 배기관은 배기가스의 흐름에 저항을 주지 않아야 한다.

해설 소음기를 부착하면 기관의 배압은 증가하고 출력이 낮아진다.

08 • 2005.7.17

관로의 도중에 큰 실을 설치하여 배기가스를 급격히 팽창시켜 온도를 하강시킴과 동시에 소음작용을 하도록 한 소음기는?

① 용적형   ② 공명형
③ 흡수형   ④ 저항형

해설 소음기의 종류는 다음과 같다.
① **흡음형** : 닥트의 내면에 흡음재를 부착하여 흡음에 의해 감음하는 형식이며 감음의 특성은 중고음역에서 좋다.
② **팽창형** : 단면 불연속부의 음에너지 반사에 의해 소음하는 구조이다. 감음의 특성은 저중음역에서 유효하고 팽창부에 흡음재를 부착하면 고음역의 감음량도 증가한다.
③ **간섭형** : 두음의 간섭에 의해 감음하는 방식이며 감음의 특성은 저중음역에 탁월주파수성분에 유효하다.
④ **공명형** : 내관의 작은 구멍과 그 배후 공기층이 공명기를 형성하여 흡음함으로써 감음하고 감음의 특성은 저중음역의 탁월주파수 성분에 유효하다.

ANSWER 5.④ 6.② 7.③ 8.①

09 • 02.4.7

배기장치에 의해 일어나는 엔진의 배압을 더 커지게 하는 가장 큰 원인은?

① 부식된 소음기
② 오버사이즈의 소음기
③ 부식된 배기관
④ 오일과 탄소 알맹이로 막혀있는 소음기

해설 배압이란 배기가스의 압력으로 보통 측정은 산소센서를 빼고 그 자리에 배압테스터를 설치하여 측정한다. 배압의 증가는 배기장치의 구성품이 막혀 있어서이다. 배압이 높으면 신기의 량이 줄므로 출력이 저하한다.

체적효율

10 • 97.2.2

엔진의 실린더 내에 넣을 수 있는 공기의 무게와 운전상태에서 실제로 흡입되는 공기의 무게 비를 무엇이라고 하는가?

① 압축비
② 피스톤 배기량
③ 체적효율
④ 압축효율

해설 체적효율은 실제대기의 상태에서 실제로 흡입되는 신기의 중량과 실제대기 상태에서 이론 행정체적을 채운 신기의 중량의 비를 말하는 데 기호로는 ηv 한다. 이를 식으로 나타내면 아래와 같다.

$$\eta_v = \frac{(Pb, Tb)\text{하에 실제로 흡입한 신기의 중량}}{(Pb, T)\text{하에서 행정체적을 차지하는 신기의 중량}}$$

여기서 Pb는 실제 흡기관의 압력, Tb는 실제 흡기관의 온도, T는 실흡기온도를 나타낸다.

11 • 99.4.18

4행정 cycle 4실린더 기관의 행정×지름의 78×78mm인 기관에 실제 흡입된 공기량이 1,210cc였다면 체적효율은 약 몇 %인가?

① 80.1%
② 81.2%
③ 72%
④ 72.1%

해설 이론체적은 총배기량이라 할 수 있다.

총배기량 $= \frac{\pi D^2}{4} \times L \times Z$ (Z는 기통수)를 이용하면

총배기량 $= \frac{\pi 7.8^2}{4} \times 7.8 \times 4 = 1490.8cc$

체적효율은 실제흡입 체적/이론 체적으로 간단히 표현할 수 있으므로, 1210/1490=0.812이므로 81.2%라 할 수 있다.

12 • 2004.7.18 • 2007.4.4

4행정 사이클 기관의 구조가 스퀘어엔진(square engine)이며 실제 흡입 공기량이 1117.5cc일 때 체적효율은 몇 % 인가? (단, 실린더의 수는 4개 이며 행정은 78mm이다.)

① 80
② 75
③ 70
④ 65

해설 스퀘어엔진이므로 실린더의 행정과 내경이 같다. 즉, 이론 공기량(총배기량)은

총배기량 $= \frac{\pi D^2}{4} \times L \times Z$

$= \frac{\pi \times 7.8^2}{4} \times 7.8 \times 4 = 1490.8cc$

또한, 체적효율 $= \frac{\text{흡입공기량}}{\text{이론체적}}$ 이므로, 대입하자.

체적효율 $= \frac{1117.5}{1490.8} = 0.7496$ 이다.

즉, 74.96%이다.

13 • 2010후반

4사이클 V-6형 기관의 지름×행정이 78mm × 78mm 이고, 회전수가 3500rpm일 때 실제로 흡입된 공기량이 2583.821cc/s 이라면 체적효율은?

① 70%
② 50%
③ 40%
④ 30%

해설 스퀘어엔진이므로 실린더의 행정과 내경이 같다. 즉, 이론 공기량(총배기량)은

총배기량 $= \frac{\pi D^2}{4} \times L \times Z$

$= \frac{\pi \times 7.8^2}{4} \times 7.8 \times 6 = 2236.27cc$

ANSWER 9.④ 10.③ 11.② 12.② 13.③

그리고, 3500rpm에서 총배기량
$= \dfrac{\pi \times 7.8^2}{4} \times 7.8 \times 6 \times \dfrac{3500}{2 \times 60} = 65224.64cc/s$

또한, 공기의 비중이 일정하다면,

체적효율 = $\dfrac{흡입공기량}{이론체적}$ 이므로, 대입하자.

체적효율 = $\dfrac{25838.21}{65224.64} = 0.3961$ 즉, 39.61%이다.

실제 흡입된 흡기량 $= \dfrac{82.4 \times 1669417}{100}$
$= 1375599cc = 1375\ell$

2. 과급기

14 • 2003.3.30

2행정 사이클 단기통 기관이 2000rpm으로 회전한다. 행정 체적이 1500cc, 흡입 때 신기 비중량은 1.15kg/m³이고, 체적효율이 70%라면 흡기용량은 몇 kg/sec 인가?

① 0.04   ② 0.05
③ 0.07   ④ 0.09

해설 단위시간당 이론(신기)합량
= (비중량)×(체적)×(회전수)
$= 1.15(\text{kg/m}^3) \times (1500 \times 10^{-6})(\text{m}^3) \times \dfrac{2000}{60}(/\text{sec})$
$= 0.0574\text{kg/sec}$

또한, 실제흡기량은 체적효율과 이론(신기)흡기량의 곱이다.

체적효율 = $\dfrac{실제흡기량}{이론(신기)흡기량}$ 이므로

실제흡기량 = 체적효율×이론(신기)흡기량
= 0.7×0.0575 = 0.04025kg/s

15 • 2006.7.16

실린더 내경이 78mm, 행정이 80mm인 4행정 사이클 4실린더 엔진의 회전수가 2300rpm이다. 이때 체적효율이 82.4%이면 1분동안 실제로 흡입된 공기량은 얼마인가?

① 1084cc   ② 1196cc
③ 1248L   ④ 1375L

해설 체적효율 = $\dfrac{실제\ 흡입된\ 흡기량}{행정체적(분당\ 총배기량)} \times 100$

분당 총배기량 $= \dfrac{\pi \times D^2 \times L \times N \times Z}{4 \times 2}$
$= \dfrac{\pi \times 7.6^2 \times 8 \times 2300 \times 4}{4 \times 2} = 1669417cc$

01 • 94년도

과급기 케이스 내부에 설치되어 공기의 속도에너지를 압력에너지로 바꿔지게 하는 것은?

① 루트 과급기   ② 디퓨저
③ 날개 바퀴   ④ 터빈

해설 베르누이의 정리에서 보면 모든 동적인 압력은 밀도와 속도와 높이에 의해서 결정된다. 즉, 동적인 압력이 일정하다면 속도가 빠를수록 압력이 낮아지고, 압력이 높아질수록 속도는 느려진다. 빠른 속도에너지를 느리게 하면서 압력을 증가시켜주는 것이 디퓨저이다.

02 • 2008.7.13

다음 중 행정체적이나 회전속도에 변화를 주지 않고 기관의 흡기효율을 높이기 위한 방법은?

① 공기 여과기 장치
② 과급기 설치
③ 흡기관의 진공도 이용
④ EGR밸브 설치

해설 공기 여과기 장치는 공기를 걸러주는 장치로 대부분의 기관에 쓰여지고 있으며, 흡기관의 진공도를 이용하는 장치는 여러 가지가 있어서 구체적이지 못하다. EGR밸브는 배기가스재순환장로 연소열을 낮추어주어 질소산화물을 감소시킨다.

Answer 14.① 15.④ / 1.② 2.②

03 • 02.7.21

터보차저는 디젤 차량의 엔진에 주로 사용되고 있는데 이것을 장착하는 주목적은 무엇인가?
① 배출가스 중 NO의 생성을 억제하기 위하여
② 기관의 출력을 증대시키기 위하여
③ 압축압력 상승을 증대하기 위하여
④ 기관의 연소 소음을 줄이기 위하여

해설: 터보차저는 배기가스의 배출압력을 이용하여 배기쪽 터빈을 구동하고, 터빈은 흡입공기를 압축하는 임펠러와 일체로 되어 구동하므로, 흡기의 량을 증가시켜 체적효율 상승과 연료소비율을 낮추고, 이에 따라 열효율과 출력을 증대시키는 장치이다.

04 • 96년도

다음 중 슈퍼챠저(Super Charger)의 사용목적이 아닌 것은?
① 엔진의 출력이 증대된다.
② 흡·배기 소음을 줄일 수 있다.
③ 연료 소비율이 감소한다.
④ 회전력을 증가한다.

해설: 슈퍼챠저의 목적은 위 문제3의 해설과 같다. 슈퍼챠저란 터보챠저와 구동방식이 다른데, 슈퍼챠저는 배기가스를 이용하는 것이 아니라 흡입공기를 압축하는 임펠러를 전기모터에 의해 구동하거나 크랭크축에 의해 벨트로 구동하게 한 것이다.

05 • 2003.7.20

다음 중 디젤기관에서 과급기를 사용하는 이유가 아닌 것은?
① 체적효율 증대   ② 출력증대
③ 냉각효율 증대   ④ 회전력 증대

해설: 과급기는 흡입공기를 흡입하여 공기의 흐름을 속도에너지에서 압력에너지로 바꿔 주므로 흡기온도가 올라간다. 이 가열된 흡기온도는 공기의 밀도를 낮게 하므로 인터쿨러로 냉각시켜야 한다. 그러므로 냉각효율을 증대하기 위해서는 인터쿨러가 있으면 된다.

06 • 2004.7.18 • 2008전반

기관에 과급기를 설치하는 가장 주된 목적에 해당하는 것은?
① 압축압력이 높아 착화지연기간을 길게 하기 위해서
② 기관회전수를 높이기 위해서
③ 연소 소비량을 많게 하기 위해서
④ 공기밀도를 증가시켜 출력을 향상시키기 위해서

해설: 과급기는 속도에너지를 압력에너지로 바꾸어 주는 장치로 압력이 상승하는 만큼 체적은 같지만 공기의 무게가 높아져서 출력을 향상시킨다. 그렇지만, 압축에 의한 공기의 온도가 상승함을 동반하므로 가솔린에서는 노킹의 원인이 될 수 있을 뿐 아니라, 공기의 밀도가 낮아지므로 인터쿨러를 사용하여 공기의 온도를 낮추어 주는 것이 좋다.

07 • 2005전반 • 2010후반

터보차저 기관의 특징으로 틀린 것은?
① 배기가스의 동력을 이용한다.
② 충전효율의 증가로 연료소비율이 낮아진다.
③ 기관의 압축비를 늘릴 수 있어 유리하다.
④ 같은 배기량으로 높은 출력을 얻을 수 있다.

해설: 문제3의 해설을 참조한다. 압축비는 실린더체적을 연소실체적으로 나눈 값을 말하는데, 이는 가변압축비기관을 제외한 모든 기관은 바뀌지 않는다.

08 • 2005.7.17

과급기가 없는 디젤기관을 과급기관으로 바꿀 때 변형사항으로 맞는 것은?
① 압축비 1.5 ~ 2 정도 낮추어 주어야 한다.
② 연료분사 파이프 직경을 크게 한다.
③ 분사노즐을 다공형으로 바꾸어 주어야 한다.
④ 플라이휠의 무게와 크기를 늘린다.

해설: 과급기는 공기밀도를 증가시켜 출력을 향상시키는 장치로, 과급기가 없는 디젤기관에 설치하면 흡입되는 공기의 량(무게)이 증가하므로 그 만큼 압축비를 낮게 설계하여도 된다.

ANSWER 3.② 4.② 5.③ 6.④ 7.③ 8.①

09 • 2007.7.15

터보차저 과급기를 사용하는 기관의 설명으로 틀린 것은?

① 고온고압의 배기가스에 의해 터빈을 고속 회전시킨다.
② 고속주행 후 자동차를 정지시킬 경우는 엔진을 정지시키지 않고 1~2분간 아이들링을 계속한 후 엔진을 정지한다.
③ 공기를 압축하여 흡기온도가 상승하고 산소 밀도가 증가하여 노킹을 일으키기 쉽다
④ 흡기온도를 낮추기 위하여 인터쿨러를 사용한다.

해설 보기 '③'에서 공기를 압축하면 흡기온도가 상승하고 이는 공기의 밀도를 낮게하므로 산소의 밀도를 낮게 한다. 또한, 따뜻한 공기는 노킹의 원인을 제공할 수도 있다. 이를 방지하기위해 인터쿨러를 장착하여 공기의 밀도를 증가시킨다.

10 • 2010후반

과급압력의 증가에 따라 연소압력이 상승되는데 이것을 보완하는 방법은?

① 압축비를 증가시킨다.
② 급기의 밀도를 감소시킨다.
③ 급기를 냉각시킨다.
④ 냉각수 온도를 증가시킨다.

해설 과급압력의 증가는 연소압력증가(연소온도증가)를 가져온다. 그래서 흡입되는 공기의 온도를 낮게 하면 연소온도감소(연소압력감소)를 유도할 수 있다.

11 • 99.4.18 • 2007.4.4 • 2009.7.12

터보차저 시스템에서 엔진을 급가속하면 펌핑된 다량의 공기는 배출가스의 양을 증가시키게 되고, 이 배출가스의 증가는 다시 흡입공기의 양을 증가시키는 일을 반복하게 되어 기관출력이 급속히 증가하여 통제가 안되는 상황에 이룰 수도 있게 된다. 따라서 배출가스의 양을 통제하는 기능이 필요하게 되어 밸브를 설치하는데 이 밸브를 무엇이라고 하는가?

① 서모밸브
② 터보밸브
③ 캐니스터밸브
④ 웨스트게이트밸브

해설 서모밸브는 배기재순환장치의 작동을 제어하는 액추에이터이고, 캐니스터는 연료탱크나 기화기의 증발연료가스를 채집하는 통이고, 이 채집가스의 움직임을 제어하는 액추에이터가 PCSV이다.

12 • 2008.7.13

커먼레일 기관에 장착된 가변용량 터보차저(VGT : variable geometry turbocharge)장치의 터보제어 솔레노이드 점검 요령과 거리가 먼 것은?

① 터보제어 솔레노이드 듀티 변화를 관찰한다.
② 엔진 회전수와 부스터 압력센서의 변화를 관찰한다.
③ 연료분사량과 부스터 압력센서 변화를 관찰한다.
④ 가속시 부스터 압력센서 출력변화는 없어야한다.

해설 VGT는 부하가 가해질 경우(짐을 실었을 경우) 즉, 차량의 속도가 느려졌지만 액셀러레이터를 열었을 경우에 작동하여 저속 토크를 증가시키는 장치이다. 그러므로 부스터 압력센서는 압력에 따라(속도에 따라) 출력은 변화되어야 한다.

Answer 9.③ 10.③ 11.④ 12.④

PART.1 기관 — 가솔린기관 연료와 연소

1. 가솔린기관의 연료장치와 연소

가솔린기관 연료

01 • 2003.3.30

다음 중 파라핀계 연료인 것은?

① 메탄(CH_4)
② 시클로 헥산(C_6H_{12})
③ 벤젠(C_6H_6)
④ 헥사디엔(C_6H_{10})

해설: 지방족에는 파라핀계와 올레핀계로 나뉘는데, 원소기호로 나타내면 파라핀계(C_nH_{2n+2}), 나프텐계(포화,C_nH_{2n}), 올레핀계(불포화, C_nH_{2n}), 방향족계(C_nH_{2n-6})으로 표시된다.

02 • 2004.7.18

연료에서 방향족의 일반식에 속하는 것은?

① C_nH_{2n+2} ② C_nH_{2n-6}
③ C_nH_{2n} ④ C_nH_{2n-2}

해설: 위 문제1의 해설을 참고한다.

03 • 96년도

가솔린은 어떠한 원소의 화합물인가?

① 산소와 수소   ② 탄소와 질소
③ 산소와 질소   ④ 탄소와 수소

해설: 가솔린은 원소기호로 C_8H_{18}로 표기된다. 즉, 탄소와 수소의 화합물이다. 이 가솔린이 연소하면 산소와 반응하여 완전 연소시 이산화탄소와 물(수증기)이 배출되어야 하지만, 완전연소를 못해서 유해배출가스를 배출하게 된다.

04 • 2006.7.16

가솔린 연료의 옥탄가를 나타낸 것은?

① 이소옥탄 ÷ (이소옥탄 + 노멀헵탄)
② 노멀헵탄 ÷ (이소옥탄 + 노멀헵탄)
③ 이소옥탄 ÷ (세탄 + α메틸나프탈린)
④ 세탄 ÷ (세탄 + α메틸나프탈린)

해설: 옥탄가는 아래와 같은 수식으로 이루어진다.
$$옥탄가(\%) = \frac{이소옥탄}{이소옥탄 - 정헵탄} \times 100$$

05 • 2010후반

옥탄가 85일 때 85란 의미는 무엇을 뜻하는가?

① 세탄의 체적 백분율
② 알파메탈 나프탈렌 체적 백분율
③ 정헵탄의 체적 백분율
④ 이소옥탄의 체적 백분율

해설: 위 문제4의 해설을 참조한다.

06 • 2010전반

연료의 휘발성을 표시하는 방법으로 틀린 것은?

① ASTM 증류법   ② 리드 증기압
③ 기체/액체 비율 ④ 퍼포먼스 수

해설: 연료의 휘발성을 표시하는 3가지 방법이다.
① ASTM증류방법 : 증류 플라스크(flask), 응축장치, 계량 비이커 등을 사용하여 증류온도와 증류량의 관계를 알아내는 방법.

ANSWER 1.① 2.② 3.④ 4.① 5.④ 6.④

② 리드 증기압(Reid vapor pressure : RVP) : 밀폐된 용기 안에 들어있는 액체의 증기가 된 부분에 의해서 밀폐된 용기의 벽면단위면적에 작용하는 힘으로 표시.
③ 기체/액비율(vapor/liquid ratio ; V/L) : 연료의 기포발생 경향을 나타내는 척도

07 • 2009.3.29

어떤 연료의 옥탄가를 결정하기 위해서 운전중에 압축비를 바꿀 수 있고, 또 노크가 발생했을 때 그 강도를 기록할 수 있는 장치를 갖춘 기관은?

① F.B.C 기관 ② C.F.R 기관
③ O.H.C 기관 ④ E.F.I 기관

해설 CFR 엔진은 연료의 옥탄가를 측정하기 위해 임의로 압축비를 변화시킬 수 있는 엔진으로, 이소옥탄과 노멀헵탄을 혼합한 비교 연료를 사용하여 엔진을 운전하면서 이소옥탄의 혼합 비율을 점차로 감소시켜 실제 사용 연료에서 발생한 노킹이 얻어지면 엔진을 정지시킨다. 이 때 비교 연료의 이소옥탄 함유율이 실제 사용 연료의 옥탄가이다.

08 • 02.7.21 • 2004.4.4

무연 휘발유의 구비 조건으로 알맞은 것은?

① 엔티 노크성이 작을 것
② 발열량이 작을 것
③ 연소 퇴적물 발생이 적을 것
④ 내부식성이 적을 것

해설 가솔린 기관용 연료로서 가솔린이 갖추어야 할 성질은 휘발성(volatility)이 적당할 것, 앤티노크성이 클 것, 퇴적물의 생성이 적어야 한다. 발열량이란 연료가 연소해서 발생시키는 열량이므로 커야한다. 내부식성이란 부식시키지 않는 성질이므로, 값이 적을수록 좋다. 가솔린은 휘발성이 너무 낮으면 윤활유를 회석시키기 쉽고, 휘발성이 좋으면 기온이 낮을 때의 시동 및 가속성은 좋으나 베이퍼록(vapor lock ; 증기폐색)를 일으키기 쉽다.

09 • 2007.4.4

가연성 증기에 화염을 가까이 했을 때 순간적으로 불꽃에 의하여 불이 붙는 최저온도를 무엇이라고 하는가?

① 연소점 ② 착화점
③ 인화점 ④ 비등점

해설
- **인화점**(flash point) : 공기중에서 액체를 가열하는 경우 액체표면에서 증기가 발생하여 그 증기에 착화원을 접근하는 경우에 증기에 인화되는 최저의 액체온도.
- **연소점**(fire point)은 인화되어 화염이 지속되는 경우의 액체의 최저온도, 보통 인화점이 연소점보다 5~10℃ 낮다.
- **착화점** : 연료가 착화원 없이 스스로 불이 붙는 온도 (발화점).
- **비등점** : 끓는 온도 등을 말한다.

가솔린 연소(공연비/혼합비)

10 • 95년도

다음 중 엔진의 연소상태에 영향을 주는 조건이 아닌 것은?

① 흡기의 온도 및 습기
② 혼합비
③ 배기량
④ 연소실 모양

해설 배기량은 행정체적을 말하므로 엔진이 만들어질 때 결정된 상태이다. 이는 연소에 영향을 준다고는 말할 수 없고, 대신에 실린더체적과 연소실체적의 비인 압축비에는 연소가 영향을 받는다. 압축비가 높을수록 연소에 좋은 영향을 미치지만, 가솔린 기관은 노킹을 일으키므로 그 한계가 존재한다.

11 • 00.3.26

다음 중 최적의 공연비란 무엇을 뜻하는가?

① 희박한 공연비
② 농후한 공연비
③ 이론적으로 완전 연소 가능 공연비
④ 연소 가능 범위의 공연비

Answer 7.② 8.③ 9.③ 10.③ 11.③

해설: 최적의 공연비란 완전 연소할 수 있는 이론공연비를 말하는데 보통 14.7~15.1 : 1정도의 범위를 말한다. 경제공연비는 이 보다 약간 희박한 16 : 1 정도이다.

12 • 2006.4.2

연소에 있어서 공연비란 무엇을 의미하는가?
① 배기중에 포함되는 산소량
② 흡입공기량과 연료량과의 중량 비
③ 흡입공기체적과 연료량과의 비
④ 흡입공기량과 연료체적과의 비

해설: 공연비란 완전 연소할 때의 흡입공기량의 무게를 연료의 무게로 나눈 값을 말한다.

13 • 97.2.2 • 00.3.26

비중이 0.78인 가솔린 0.8kg을 완전 연소시키기 위해 필요한 공기량은 얼마인가?(단, 혼합비는 15.8 : 1이다.)
① 5.5 L
② 7.4 L
③ 12.5 L
④ 16.2 L

해설: 이 문제는 정확히 말하면 공기의 비중량이 없어서 구할 수 없다. 아래의 문제7과 같이 공기의 비중이 주어져야 한다.(혼합비는 중량비이기 때문)

14 • 2009.3.29

비중 0.85인 가솔린 0.5kg을 완전 연소시키는데 필요한 공기량은?(단, 공연비는 14.5 : 1이다.)
① 15kg
② 5.17kg
③ 6.16kg
④ 7.25kg

해설: 이론혼합비는 완전연소공기량 : 연료량이므로, 14.5 : 1 = x : 0.5kgf, x = 0.5 × 14.5 = 7.25kgf으로 계산된다.

15 • 99.10.10

옥탄(C_8H_{18}) 1kgf 을 완전 연소시킬 때 필요한 최소 공기량은 몇 kgf 인가?
① 11.62
② 12.89
③ 13.23
④ 15.12

해설: 옥탄의 완전연소 반응을 나타내면
$2C_8H_{18} + 25O_2 = 16CO_2 + 8H_2O$ 이므로 옥탄 228g은 산소 800g이 있어야 완전 연소할 수 있다. 즉, 228 : 800 = 1 : X (X : 산소량)로 식을 세울 수 있으므로 산소는 3.5087kg이 필요하다. 지구상의 공기는 중량비로 산소 : 공기 = 0.231 : 1로 되어있으므로 3.5078/0.231 = 15.12kg의 공기가 필요하게 된다.

16 • 02.4.7

비중이 0.73인 가솔린 100cc를 완전연소 시키는데 몇 cm^3의 공기가 필요한가?(단, 혼합비 14.8 : 1 공기 비중량은 1.206kg/cm^3)
① 895.5
② 8.96
③ 1.12
④ 0.89

해설: 비중량이 0.73kgf/l 이고, 100cc = 0.1l이므로, 가솔린은 0.73 × 0.1 = 0.073kgf이 소비된다. 혼합비가 14.8 : 1이므로 공기량은 0.073 × 14.8 = 1.0804kgf을 소비한다.
그러므로 공기량(체적) = $\frac{공기무게}{공기비중량}$ 이므로
공기량(체적) = $\frac{1.0804}{1.206}$ = 0.8958(cm^3 = cc)

17 • 2007.7.15 • 2009.7.12

가솔린기관에서 가솔린 200cc를 완전 연소시키기 위하여 몇 kgf의 공기가 필요한가? (단, 가솔린비중은 0.73이고 혼합비는 15 : 1이다)
① 2.19kgf
② 3.04kgf
③ 1.46kgf
④ 1.86kgf

해설: 비중량이 0.73kgf/l 이고, 100cc = 0.1l이므로, 가솔린은 0.73 × 0.2 = 0.146kgf이 소비된다. 혼합비가 15 : 1이므로 공기량은 0.146 × 15 = 2.19kgf을 소비한다.

ANSWER 12.② 13.없음 14.④ 15.④ 16.④ 17.①

18 • 02.7.21

가솔린 기관에서 정상적인 연소시 화염 전파속도는 몇(m/sec)인가?

① 2~3 ② 20~30
③ 200~300 ④ 2000~3000

해설 화염의 전파 속도는 보통 20~30m/s 정도이나, 혼합기의 온도와 와류의 증가 등에 따라서 빨라진다. 불꽃 점화로 시작되어서 정상적인 화염 전파에 의하여 연소가 진행되는 경우를 **정상 연소**라 한다.

19 • 97.10.12

다음 보기의 설명이 틀린 것은?

① 공기과잉율 1은 이론 공연비이다.
② 출력 공연비는 12.7 : 1이다.
③ 자동차 배기가스는 CO, HC 및 NOx이다.
④ 연료를 농후하게 분사하면 CO, HC가 다소 직선적으로 감소한다.

해설 연료를 농후하게 분사하면 연료의 양이 많고 반응하는 산소가 적으므로 연료는 완전연소하지 못하고 일산화탄소나 탄화수소와 같은 유해배기가스 배출을 증가시키게 된다.

20 • 2005.7.17 • 2008.7.13

자동차 엔진에서 공기과잉율과 연소효율과의 관계에 대한 설명 중 옳은 것은?

① 공기과잉율이 1보다 크면 연소 효율은 높아진다.
② 공기과잉율이 1보다 크면 연소 효율은 낮아진다.
③ 공기과잉율이 1보다 크면 불안전 연소가 일어난다.
④ 공기과잉율과 연소 효율은 서로 무관하다.

해설 공기과잉율을 람다(λ)로 표시하며, 이론혼합비에 대한 실제혼합비를 말하는 것으로, 람다가 1.1이란 말은 실제혼합비가 이론혼합비에 1.1배라는 말로 흡입공기가 이론흡입공기량보다 많다는 말이다. 또한, 공기과잉율이 높으면 체적효율이 높고 이는 연소효율을 높인다.

21 • 2003.3.30

희박한 혼합비가 기관에 미치는 영향은?

① 기동이 쉽다.
② 동력(출력)의 감소를 가져온다.
③ 연소속도가 빠르다.
④ 저속 및 공전이 쉽다.

해설 기동과 저속 및 공전에서는 진한 혼합비를 필요로 한다. 그 이유는 기동 및 저속에서 가솔린 연료가 기화하는데 흡입공기의 유동이 느려 기화율이 떨어지기 때문이다. 희박한 혼합기의 연소는 고속 평탄한 주행에서는 잘 일어나지만, 그 외의 조건에서는 연소가 느려 동력감소를 가져올 뿐만 아니라 엔진온도의 상승을 초래한다.

22 • 2010후반

1000m의 비탈길을 왕복할 때 올라가는 데 2리터, 내려가는데 1.5리터의 가솔린을 소비할 경우 평균연료소비율은?

① 약 0.35km/L ② 약 0.47km/L
③ 약 0.57km/L ④ 약 1.166km/L

해설 $\frac{1km}{2L} + \frac{1km}{1.5L} = \frac{1km}{2L} + \frac{2km}{3L} = \frac{3+4}{6}(km/L)$
$= 1.167 km/L$

23 • 2003.3.30

혼합기가 흡기 다기관으로 분배되어 공급되는 형식의 기관에서 각각의 실린더 안으로 유입되는 혼합기의 공연비 차를 발생시키는 주원인은?

① 공연비가 지나치게 크므로
② 공기의 공급이 부족하므로
③ 기화되지 않은 연료입자가 굴곡면 등에 부착되어서
④ 흡기 다기관의 온도가 높아 밀도의 감소로 인한 산소의 부족 때문에

해설 혼합기가 흡기다기관으로 분배되는 타입은 기화기식을 말한다. 기화기식은 혼합가스가 각 실린더로 도달하는 거리(시간)가 다르다. 즉 1번과 4번의 흡기다기관 길이가 길다. 그러므로 기화되지 않은 연료입자가 흡기다기관을 따라 부착되므로 기화기에서 같이 출발한 혼합기의 비가 달라진다.

ANSWER 18.② 19.④ 20.① 21.② 22.④ 23.③

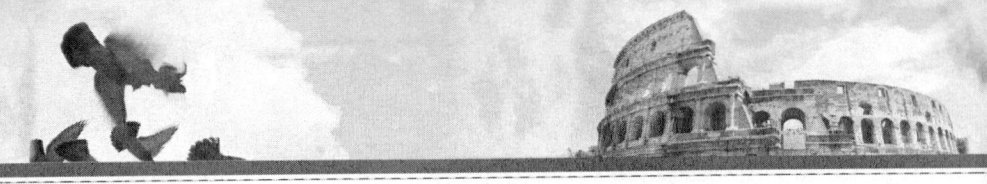

가솔린기관 연료장치(전자제어 제외)

24
기관 기동시 주의사항으로 옳지 않은 것은?
① 기관 시동이 꺼지면 점화 스위치를 끄도록 한다.
② 과도한 오버 초크현상은 노킹 발생의 원인이 된다.
③ 기동모터는 10초 이상 연속하여 작동하지 않도록 한다.
④ 기관 시동이 잘 안되면 가속 펌프를 수차례 작동한 후 시동을 건다.

　해설: 기화기식의 자동차는 가속펌프를 수차례 밟으면 연료를 흡기다기관 쪽으로 벤투리 부분의 연료와 함께 넣어 주므로 연료의 량이 많아지게 된다. 겨울철 연료가 잘 기화되지 않을 시에는 이렇게 했었다. 그러나 평상시에 가속펌프를 많이 작동시키면 연료가 많이 들어가서 미연소 가스가 많아져 노킹이 일어날 수 있다.

25 • 93년도
대시포트가 하는 역할은 무엇인가?
① 스로틀 밸브가 닫힐 때 서서히 닫히도록 조정한다.
② 스로틀 밸브와 관계없다.
③ 아이들과 관계가 있다.
④ 시동성과 관계가 있다.

　해설: 대시포트는 피드백 기화기의 스로틀밸브 축에 진공댐퍼 형식으로 장착되어 있는 것으로 가속하다가 액셀러레이터를 놓고 감속하면 스로틀밸브가 갑자기 닫힘과 동시에 공전 및 저속회로에서 연료가 분출되어 너무 농후한 혼합비가 이루어져 시동이 꺼진다. 이를 방지하기 위해서 급감속시 스로틀 밸브를 서서히 닫아 과농한 혼합비가 되지 않도록 하게 한다.

26 • 00.3.26
스로틀 보디에 설치된 대시 포트의 기능은?
① 감속시 스로틀 밸브가 급격히 닫히는 것을 방지한다.
② 가속시 스로틀 밸브가 급격히 열리는 것을 방지한다.
③ 급속 주행시 스로틀 밸브가 과도하게 열리는 것을 방지한다.
④ 엔진 아이들링시 스로틀 밸브가 완전히 닫히는 것을 방지한다.

　해설: 위 문제의 25번 해설을 참조한다.

27 • 95년도
다음 중 기화기의 뜨개실에서 가솔린이 넘치는 원인이 아닌 것은?
① 뜨개 유면이 너무 높기 때문에
② 뜨개 유면이 너무 낮기 때문에
③ 니들 밸브와 시트에 먼지가 끼어 있기 때문에
④ 뜨개가 파손되었을 때

　해설: 기화기의 뜨개실이 넘치는 현상을 오버 플로워 현상이라 하고, 이런 현상은 니들밸브의 고장이나 뜨개의 파손에 의해 발생한다.

28 • 00.3.26
연료 파이프의 일부분이 가열되면 어떤 현상이 발생하는가?
① 연료 록 현상　② 베이퍼록 현상
③ 엔진 록 현상　④ 점도 록 현상

　해설: 베이퍼록이란 휘발성이 좋은 연료가 연료 라인 내에서 증발하여 파이프 속에 부분적으로 증기가 발생하여 연료 수송이 차단되는 현상을 말한다.

29 • 2005전반
연료파이프가 어떤 원인에 의해 구체적으로 열을 받으면 어떤 현상이 유발되는가?
① 프리-이그니션　② 포스트-이그니션
③ 노크　④ 베이퍼록

　해설: 연료파이프가 열을 받으면 연료파이프 내의 연료가 끊어 올라 기화하는 현상을 베이퍼록이라 한다.

Answer 24.④ 25.① 26.① 27.② 28.② 29.④

30 • 2006.7.16

가솔린 기관의 희박 연소(lean burn) 시스템의 정의와 연비 향상에 관한 설명으로 틀린 것은?
① 이론 공연비보다 희박한 혼합기로 운전이 가능하다.
② 린 센서(lean sensor)가 갖추어져 있으면 공연비의 피드백 제어가 가능하다.
③ 연소 온도가 높아 실린더 벽으로부터 열손실이 증가된다.
④ 공연비의 증대로 배기손실이 감소된다.

해설 희박 연소 시스템의 특징은 아래와 같다.
① 열해리의 저하와 배기 손실이 감소된다.
② 연료의 희박 연소로 연소실의 온도가 낮아 실린더 벽 등으로부터 열 손실이 감소된다.
③ 많은 공기 흡입으로 펌프 손실이 감소된다.
④ 연료소비율이 향상되고 공전상태도 안정된다.
⑤ 질소산화물의 배출이 감소된다.
⑥ 22 : 1의 공연비 상태에서도 운전이 가능하다.

2. LPG기관 연료장치

LPG연료

01 • 02.4.7 • 2003.7.20

LPG의 설명 중 틀린 것은?
① 발열량은 약 12000kcal/kg이다.
② 기화된 상태에서는 공기보다 비중이 작다.
③ 옥탄가가 높아 노킹을 잘 일으키지 않는다.
④ 노말부탄과 프로판을 주성분으로 한 탄화수소의 혼합물이다.

해설 LPG 중에서 자동차 연료로는 여름철은 부탄 100%의 것, 겨울철은 부탄에 프로판을 30~40% 혼합한 것이 많이 쓰인다. 다음은 LPG의 주성분인 프로판과 부탄의 혼합물을 가솔린과 비교한 특징을 기술한 것이다.

1) 장점
① 기관의 내부의 오염이 적다. 특히 연소실의 오염이 적다.
② 기관윤활유가 가솔린에 의한 희석이 없다. 그러므로 실린더의 마모도 적고 윤활유를 오래 동안 사용이 가능하다.
③ 옥탄가가 가솔린 보다 높으므로 압축비를 높게 할 수 있다.
④ 배기가스의 유독 성분이 적다. 가솔린에 비하여 CO나 HC가 훨씬 적다. 특히, 무부하와 경부하의 경우에는 현저한 차이가 나다.
⑤ 가솔린에 비해 가격이 싸다

2) 단점
① 혼합기의 단위질량당 발열량이 가솔린 보다 낮기 때문에 가솔린에 비하여 출력이 떨어진다. 그러나 압축비를 높여서 보완을 어느 정도 할 수 있다.
② 연료의 보급 장소가 제한되어 있으므로 차의 운행범위가 제한된다.
③ 배기가스의 냄새가 특이하다.
④ 연료저장용의 고압탱크를 필요로 한다. 즉 봄베라고 하는데 이것이 차의 중량을 무겁게 한다.
⑤ 가스가 누출되어 폭발할 위험성이 있다.

02 • 94년도

LPG엔진의 특징 중 잘못된 것은?
① 한랭시에도 시동이 잘 된다.
② 윤활유 희석이 적다.
③ 노킹이 잘 일어나지 않는다.
④ 배기가스 중 CO의 함량이 적다.

해설 위 문제 1의 해설을 참조한다.

03 • 2004.4.4 • 2008전반

자동차용 LPG의 갖추어야할 조건으로 틀린 것은?
① 적당한 증기압(1~20kgf/cm²)을 가져야 한다.
② 불포화(올레핀계)탄화수소를 함유하지 말아야 한다.

ANSWER 30.③ / 1.② 2.① 3.④

③ 가급적 불순물이 함유되지 말아야 한다.
④ 프로필렌, 부틸렌 등의 함유가 충분히 많아야 한다.

> **해설** LPG의 구비조건은 다음과 같다.
> ① 적당한 증기압을 가져야 한다.
> ② 올리핀계 탄화수소를 함유하지 않아야 한다.
> ③ 불순물이 함유되지 않아야 한다.
> ④ 엔티 노크성이 있을 것.
> ⑤ 유황분이 적을 것
> ⑥ 타르 등 불순물이 혼입되지 않아야 한다.

LPG 기관구성

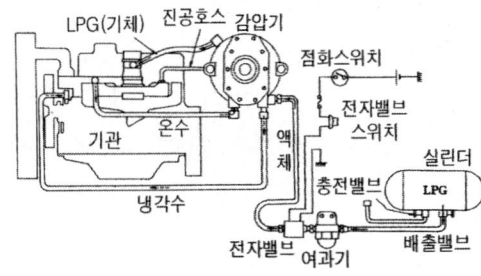

▲ LPG엔진 연료장치 구성

04 • 2008.7.13

LPG 차량의 장점에 대한 설명으로 틀린 것은?
① 연소실에 카본 퇴적이 적어 점화플러그의 수명이 연장된다.
② 유황분이 많아 배기관이나 머플러의 손상이 적다.
③ 엔진 오일의 수명이 길다.
④ 퍼컬레이션(percolation)이나 베이퍼록(vapor lock)현상이 없다.

> **해설** LPG는 액화석유가스로 유황성유의 거의 없으며, 배기가스의 유해성분도 거의 없다.

05 • 2009.7.12

LPG 기관의 장점에 대한 설명으로 적합한 것은?

① 연료 가격이 가솔린에 비해 저렴하지만 유해 배기가스의 배출이 많다.
② 연소가 균일하지 못하고 소음이 많이 발생한다.
③ 가스 저장용기로 인하여 차량중량이 증가한다.
④ LPG의 옥탄가가 가솔린보다 높다.

> **해설** LPG는 유해 배기가스가 거의 없으며, 연소균일로 소음이 낮다. LPG 기관에서 가스저장용기가 있다면 가솔린 기관에서는 연료탱크가 있다. 그래서 차량중량이 증가한다고 할 수 없다.

06 • 98년도

LPG 엔진에서 봄베 안쪽에 취출 밸브와 일체식으로 조립되어 있으며, 배관의 연결부 등이 파손되어 연료가 비정상적으로 과도하게 흐르면 LPG의 흐름을 막는 역할을 하는 것은?
① 과류 방지 밸브
② 안전밸브
③ 액상 출구 밸브
④ 기상 출구 밸브

> **해설** 액상과 기상 출구 밸브는 엔진의 워밍업 상태를 ECU가 판단하여 연료의 상태를 액상과 기상으로 선택할 수 있는 밸브이다. 안전밸브는 충전용기에 장착되어 있으며 압력이 규정압력 이상으로 되면 자동적으로 열린다.

07 • 02.7.21

LPG기관에서 베어퍼라이저가 하는 일이 아닌 것은?
① 감압작용
② 기화작용
③ 압력조절기능
④ 액화작용

> **해설** 베이퍼라이저는 2개의 막판식 감압장치로 구성되어 있으며, 전자밸브를 통한 고압의 연료를 1차실에서 0.3kg/cm² 으로 감압시키고, 다시 2차실을 통과하면서 대기압정도로 감압을 시키는 역할을 한다. 베이퍼라이저에서 LPG가 감압되어 기화할 때에 베어퍼라이저가 기화잠열로 냉각되므로 감압실 주위에 기관의 온도로 가열된 냉각수가 공급되어 연료의 기화를 촉진시킨다.

ANSWER 4.② 5.④ 6.① 7.④

08 • 2008전반

LPG 연료 제어시스템의 공연비 제어 시스템 중 베이퍼라이저의 슬로우 컷 솔레노이드는 어떤 경우에 작동하는가?

① 엔진 구동 중 제동시, 감속시
② 아이들(idle) 시, 시동 후 제어 시
③ 아이들(idle) 및 아이들 업(idle-up) 제어 시
④ 타행 주행 시, 고속 주행 시

해설 슬로우 컷 솔레노이드 밸브는 엔진구동에 의한 주행 중에 제동 혹은 감속시에 작용한다.

09 • 2008.7.13

LPG 기관의 베이퍼라이저 2차실의 역할과 기능을 올바르게 표현한 것은?

① 믹서로 유출되는 것을 방지하기 위하여 대기압 수준으로 감압한다.
② 베이퍼라이저에서 믹서로 유출이 잘 될 수 있도록 하기 위하여 믹서의 압력보다 0.3 kgf/cm²이상 높게 조정한다.
③ 1차실에서 유입된 연료는 2차실로 들어 올 때 압력이 떨어지는 것을 방지하기 위하여 약간 상승시킨다.
④ 엔진이 작동되면 베이퍼라이저의 압력이 떨어지므로 2차실에서는 이의 보충을 위한 예비공간이다.

해설 베이퍼라이저의 2차실은 1차실의 연료를 대기압 수준으로 감압되어지는 방이라 할 수 있다.

10 • 2009.3.29

LPG 연료장치에서 베이퍼라이저에 대한 설명으로 틀린 것은?

① 연료가 1차실로 들어가면 1차압 조절기구에 의해 가압된다.
② 시동성을 좋게 하려고 슬로우컷 솔레노이드가 있다.
③ 동결방지를 위해 냉각수 통로가 있다.
④ 2차실 압력을 대기압에 가깝게 감압하는 작용을 한다.

해설 연료가 1차실로 들어가면 1차압 조절기구에 의해 감압되어지고, 2차실로 들어가면서 대기압 수준으로 감압된다.

11 • 2005전반

다음은 LPG 연료제어시스템의 공연비 제어를 위해 사용되는 각종 액추에이터의 종류를 나열한 것이다. 해당이 없는 것은?

① 메인듀티 솔레노이드(믹서)
② 시동솔레노이드(믹서)
③ 슬로우 컷 솔레노이드(베이퍼라이저)
④ 고속 기상솔레노이드 밸브(믹서)

해설 고속 기상솔레노이드 밸브라는 말은 존재하지 않는다. 기상솔레노이드 밸브가 봄베와 프리히터 사이에 설치되어 있다.

12 • 2006.7.16

다음 중 LPG 차량의 봄베에 부착된 충진 밸브와 안전밸브의 작동에 대한 설명이다. 틀린 것은?

① 충진밸브는 충진 시 사용하는 밸브로 내부에 안전밸브와 일체로 되어 있다.
② 안전밸브는 봄베 주변 온도 상승으로 인하여 내압이 24kgf/cm² 이상이 되면 열려 외부로 방출시킨다.
③ 안전밸브는 내압이 높아져 열렸다가 내압이 16kgf/cm² 이하로 떨어지면 닫힌다.
④ 안전밸브는 충진 시 뜨개가 일정 이상으로 높아지면 연료 유입을 차단하는 밸브이다.

해설 기화기의 뜨개 회로에서 뜨개가 일정 이상으로 높아지면 연료 유입을 차단하는 밸브로 니들밸브를 사용한다.

ANSWER 8.① 9.① 10.① 11.④ 12.④

13. • 2009.7.12

LPG 엔진의 연료장치에서 액상 또는 기상의 연료를 선택하여 공급하기 위해서는 어떤 신호를 받아야 하는가?

① 엔진회전수 ② 냉각수온도
③ 흡입공기온도 ④ 흡입공기량

해설) 연료의 기상은 시동을 걸 때 작동하여 온도가 적정수준일 경우 액상으로 바꿔지게 된다. 즉, 냉각수온도 센서의 신호에 의해 기상/액상 밸브를 번갈아 사용한다.

14. • 2010후반

피드백 믹서 방식의 LPG기관에서 긴급차단 솔레노이드 밸브의 역할은?

① 급가속 시 솔레노이드밸브를 열어 연료를 보충한다.
② 기온이 낮을 때 솔레노이드 밸브를 여는 역할을 한다.
③ 주행 중 엔진 정지 시 ECU에 의해 솔레노이드 밸브가 off되어 연료를 차단시킨다.
④ 주행 중 폭발사고로 엔진정지 시 ECU는 액/기상 솔레노이드 밸브를 연다.

해설) 긴급차단 솔레노이드 밸브는 주행하다 사고시(엔진정지시) 유출되는 LPG를 막기 위해서 작동이 off된다.

LPG 기관 고장수리

15. • 2005.7.17

다음은 LPG 자동차의 엔진이 시동되지 않는 원인이다. 해당되지 않는 것은?

① LPG 배출밸브가 닫혀 있다.
② 솔레노이드 밸브(Solenoid Valve)의 작동이 불량하다.
③ 연료 필터가 막혀있다.
④ 봄베(Bombe)의 액면표시장치가 불량하다.

해설) 봄베의 액면 표시장치가 불량하여 연료의 량이 잘 표시되지 않더라도 잔량의 연료가 남아있으면 시동은 된다.

16. • 2007.4.4

전자제어식 LPG 엔진의 믹서를 점검하는 방법을 설명한 것이다. 틀린 것은?

① 메인듀티 솔레노이드밸브, 슬로우듀티 솔레노이드 밸브, 시동솔레노이드 밸브의 각 단자저항을 측정하여 저항이 규정값 내에 들어있으면 양호하다고 판정할 수 있다.
② 슬로우 듀티 솔레노이드 밸브는 단자에 배터리 전원을 인가했을 때 통로가 연결되고, 전원을 OFF 했을 때 차단되면 정상이라고 할 수 있다.
③ 시동솔레노이드 밸브는 단자에 배터리 전원을 OFF 하면 플런저는 작동을 멈추고, 슬로우 듀티 솔레노이드의 통로가 연결되면 정상이다.
④ 시동솔레노이드 밸브는 단자에 배터리전원을 인가했을 때 플런저가 작동되면 정상이다.

해설) 시동솔레노이드 밸브는 단자에 배터리 전원을 on(시동)하면 별도의 통로를 열어 연료가 슬로듀티 솔레노이드로 흐르게 하다가, 시동 후엔 닫혀 정상적인 혼합비의 연료가 공급토록 하는 밸브이다.

17. • 2007.7.15

LPG기관의 베이퍼라이저 압력이 규정에 맞지 않는 경우 어떻게 해야 하는가?

① 봄베의 공급압력을 조절한다.
② 압력 조정스크루를 돌려 조정한다.
③ 액·기상 솔레노이드 듀티로 조정한다.
④ 베이퍼라이저는 조정이 불가하므로 교환한다.

해설) 베이퍼라이저의 압력은 1차압력 조정 스크류에 의해 조정된다.

ANSWER 13.② 14.③ 15.④ 16.③ 17.②

18 • 2010전반

LPG자동차를 운행하던 중 연료소비가 크게 증가하는 원인으로 가장 거리가 먼 것은?

① 연료 필터가 불량하여 연료의 송출량이 많을 경우
② 믹서의 스로틀 어저스팅 스크류 조정이 잘못되었을 경우
③ 베이퍼라이저의 1차 압력 조정이 잘못되었을 경우
④ 베이퍼라이저의 1, 2차 밸브가 타르에 의해 부식되었을 경우

해설: 연료필터가 불량하면 필터의 불순물에 의해 막히므로 연료가 잘 흐를 수 없게 된다. 결과적으로 송출량은 작아지고 이는 연료소비를 낮게 할 것이다.

3. 기타 기관

로터리 기관

01 • 00.3.26

로터리 기관에서 흡입, 압축, 폭발, 배기의 각 행정은 출력축의 회전각으로 몇 도마다 일어나는가?

① 90°   ② 120°
③ 270° ④ 360°

해설: 로터리기관은 다음 그림을 참조하면 1회전하면서 흡입, 압축, 폭발, 배기의 1사이클을 그린다. 즉 360도의 주기를 가지고 있다. 그러나 이러한 로터리 기관은 3기통을 사용하면 120도의 위상차를 가지게 하면 된다.

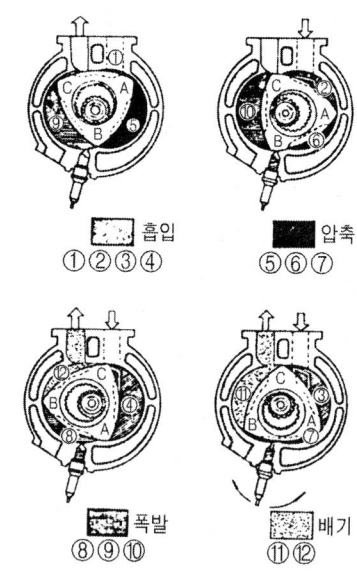

▲ 로터리 기관의 작동원리

02 • 2006.7.16

로터리 기관을 왕복형 기관과 비교했을 때의 특징이 아닌 것은?

① 부품수가 적다.
② 출력이 같은 왕복형 기관에 비해 대형이고 무겁다.
③ 왕복운동 부분과 밸브 기구가 없으므로 진동과 소음이 적다.
④ 캠에 의한 밸브기구가 없으므로 고속시 출력이 저하되는 일이 적다.

해설: 로터리 기관의 특징은 다음과 같다.
① 회전 운동을 하므로 진동이 적다.
② 동일 배기량당 출력이 왕복형 기관보다 크다.
③ 크랭크 기구가 없어 기계적 손실이 적다.
④ 회전력의 변동 및 소음이 적다.
⑤ 출력당 중량 및 체적이 적다.
⑥ 고속 회전이 용이하다.
⑦ 연소실 온도가 낮아 NOx 발생이 적다.

ANSWER 18.① / 1.③ 2.②

소구기관

03 • 2004.4.4

다음의 소구기관 특징 중 관계가 없는 것은?
① 연료 소비율이 낮다.
② 단위 마력당 중량이 크다.
③ 구조가 간단하고 제작이 용이하다.
④ 소형 화물선 등에 많이 쓰인다.

> **해설** 소구기관은 석유보다 더 질이 낮은 연료를 사용함으로써 연료를 가열하지 않으면 기화되지 않기 때문에 소구(hot bulb)를 고온의 열 면에 설치하여 흡입 공기의 압축말기에 연료를 소구 열 면에 분사하고 기화시켜 점화하는 기관이다. 소구기관의 특징은 다음과 같다.
> ① 연료의 사용 범위가 넓다.
> ② 구조가 간단하고 제작이 용이하다.
> ③ 단위 출력당 중량이 크다.
> ④ 소형 화물선 등에 주로 사용된다.
> ⑤ 연료 소비율이 높다.
> ⑥ 표면 점화방식이다.

ANSWER 3.①

PART.1 기관 — 디젤기관의 연료장치와 연소

1. 디젤기관의 연료장치와 연소

디젤 연료

01 • 96년도

디젤 기관에서 사용하는 경유의 구비조건에 들지 않는 것은?

① 착화성이 좋을 것
② 발열량이 클 것
③ 점도가 적당할 것
④ 황(S)분 함량이 많을 것

해설 디젤기관은 연료의 착화지연기간이 길면 노킹을 가져오므로 착화성이 좋아야 하고, 발열량이 커야 하며 점도가 적당해야 하며 저유황의 경유를 사용해야 한다.

02 • 00.3.26

디젤 엔진 연료의 세탄가란 무엇인가?

① α-메틸 나프탈린에 대한 이소옥탄의 비
② 노멀 헵탄에 대한 이소옥탄의 비
③ 세탄과 α-메틸 나프탈린의 합에 대한 세탄의 비
④ 세탄에 대한 이소옥탄의 체적비

해설 세탄값은 가변 압축비 시험 기관(CFR엔진)에 의하여 시험되며, 착화성이 우수한 세탄의 세탄값을 100으로 하고, 착화성이 나쁜 α-메틸라프탈린의 세탄값을 0으로 정한 다음, 이들을 각각 적당한 혼합비로 혼합하여 세탄의 체적 백분율로 세탄값을 나타낸다. 이와 같이 혼합된 연료를 표준 연료로 하고, 시험하고자 하는 연료가 같은 세기의 노크를 발생할 때 표준 연료의 세탄값이 구하고자 하는 연료의 세탄값이 된다.

$$세탄가 = \frac{세탄}{세탄 + \alpha메틸나프탈렌} \times 100(\%)$$

03 • 2003.7.20

디젤기관의 연료착화 촉진제로 사용되지 않는 것은?

① 아닐린
② 초산에틸
③ 4에틸납
④ 초산아밀

해설 착화를 지연시키는 내폭제(가솔린 노킹 방지제)로 벤젠, 알콜, 4에틸납이 사용되며, 착화를 촉진시키는 촉진제(디젤 착화(노킹방지) 촉진제)로는 초산에틸, 초산아밀, 아닐린 등이 사용된다.

연소과정 및 연소실

• 연소과정

04 • 99.4.18

디젤기관에서 압력상승률이 가장 큰 연소를 하는 구간은?

① 착화지연기간
② 후연소기간
③ 제어연소기간
④ 급격연소기간

해설 다음 그림은 디젤 엔진의 연소과정 선도를 나타낸 것이다.

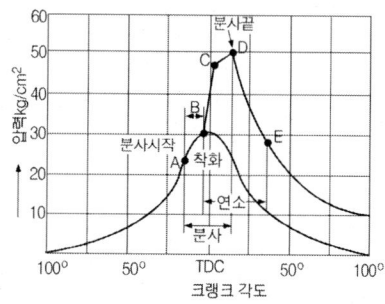

▲ 디젤엔진의 압력-크랭크각 선도

ANSWER 1.④ 2.③ 3.③ 4.④

① 착화늦음기간(연소준비기간) : 연료가 연소실 내로 분사되어 연소를 일으키기 전까지의 기간을 말한다. 이 때의 연료 입자는 압축공기로부터 열을 흡수하여 착화 온도에 가까워지며 0.001~0.004초 정도의 기간이다. 이 기간의 온도나 압력은 거의 상승이 없다. 그림에서 AB구간을 말한다.
② 화염전파기간(정적연소기간, 폭발연소기간) : 이 기간은 연료가 착화되어 폭발적으로 연소하는 기간이다. 즉, B점에서 착화되면 분사된 연료가 거의 전부 동시에 연소하면서 실린더 내의 온도와 압력이 C점으로 급상승한다. 이 연소는 실린더 내의 공기와류, 연료의 성질, 혼합상태 등에 따라 달라지는 데 앞 조건이 좋을수록 화염전파가 빨라지고 압력상승도 빠르다.
③ 직접연소기간(정압연소기간, 제어연소기간) : 연료가 분사되면서 동시에 연소되는 기간으로, C점을 지나도 연료가 계속분사 되는데 화염전파기간에서 생긴 화염으로 분사와 거의 동시에 연소한다. 따라서 CD사이에서 압력변화는 연료의 분사량을 조정하여 어느 정도 조정을 할 수 있다.
④ 후기연소기간(후연소기간) : 직접연소기간에서 연소하지 못한 연료가 연소하면서 팽창하는 기간이다. D점에서 연소가 모두 끝이 나야 되나 D점까지 연소가 완전히 못된 연료는 DE의 팽창기간에 연소를 한다.

05 • 2007.4.4

C.I Engine(Compression Ignition 기관)에서 압력 상승률이 가장 큰 연소 구간은?
① 착화지연 기간　② 급격연소 기간
③ 제어연소 기간　④ 후연소 기간

해설 급격 연소기간이 화염전파기간으로 위 문제1의 해설을 참고한다.

06 • 2007.7.15

디젤기관에서 압력상승률 $\dfrac{dp}{dt}$ 가 가장 높은 연소구간은?
① 착화지연 기간　② 제어연소 기간
③ 폭발연소 기간　④ 주연소 기간

해설 위 문제4의 해설을 참고한다.

07 • 97.10.12

다음은 디젤기관의 연소과정이다. 이에 속하지 않는 것은?
① 착화지연 기간
② 제어연소 기간
③ 급격연소 기간
④ 연료분산지연 기간

해설 위의 문제4의 해설을 참조한다.

08 • 2006.7.16

디젤 기관의 연소 과정에 속하지 않는 것은?
① 후연소 기간
② 직접연소 기간
③ 초기연소 기간
④ 착화지연 기간

해설 위 문제4의 해설을 참조한다.

09 • 99.4.18 • 2003.3.30 • 2004.7.18

디젤기관의 연소기관 중 노크와 가장 밀접한 관련이 있는 기간은?
① 착화지연 기간
② 급격연소 기간
③ 제어연소 기간
④ 후연소 기간

해설 디젤 노킹은 연료의 착화지연기간이 길어져 생기는 현상이다.

● 직접분사식

10 • 97.2.2

디젤기관 연소방식 중 직접 분사실식에 대한 설명으로 옳은 것은?
① 열효율이 낮기 때문에 연료소비량이 타형식에 비해 크다.

ANSWER　5.②　6.③　7.④　8.③　9.①　10.④

② 실린더 헤드의 구조가 간단해 열변형이 크다.
③ 분사압력이 높아 노즐의 상태에 따른 엔진 성능이 일정하다.
④ 연소실 체적에 대한 표면적비가 작기 때문에 냉각손실이 적다.

해설 이 연소실은 실린더헤드와 피스톤헤드에 의해 만들어진 요철에 의해 형성되고 실린더헤드에 노즐에 의해 직접 분사하게 되어 있다.
① 장점
- 구조가 간단하여 열효율이 높다.
- 연료소비량이 적다.
- 실린더의 헤드 구조가 간단하여 연변형이 적다.
- 연소실 체적에 비해 표면적이 작기 때문에 냉각에 의한 손실이 적다.
- 기동이 쉬워 어떤 특별장치(예열플러그)도 필요없다.
② 단점
- 연료와 공기의 혼합을 위해 분사압을 높여야 하므로 분사펌프나 노즐의 수명이 짧아진다.
- 다공식의 노즐을 사용하므로 가격이 비싸다.
- 분사노즐의 상태가 조금 달라도 엔진의 성능에 크게 달라진다.
- 사용하는 연료의 변화에 민감하다.
- 노킹을 일으키기 쉽다.
- 엔진의 회전속도와 부하의 변화에 민감하다.

11 • 97.10.12

직접분사실식을 다른 연소실과 비교한 장점이 아닌 것은?
① 열효율이 높다.
② 구조가 간단하다.
③ 기동성이 좋다.
④ 노킹이 일어나지 않는다.

해설 문제10의 해설을 참조한다.

12 • 02.7.21

디젤기관 직접 분사실식의 장점이 아닌 것은?
① 구조가 간단하다.
② 연소실 체적에 대한 표면적의 비가 작기 때문에 냉각 손실이 적다.
③ 사용연료의 착화성에 민감하다.
④ 기동이 비교적 쉽고 예열플러그가 필요 없다.

해설 위 문제 10의 해설을 참고하고, 보기의 ③는 단점을 말한 것이다.

13 • 2003.7.20

직접 분사실식을 다른 형식의 연소실과 비교했을 때의 장점으로 틀린 것은?
① 열효율이 좋다.
② 연소실이 간단하다.
③ 연료의 착화성이 둔감하다.
④ 기동이 용이하다.

해설 위 문제 10의 해설을 참조한다.

14 • 2008.7.13

디젤 기관의 연소실에서 직접분사식의 장점이 아닌 것은?
① 와류손실이 없다.
② 연소실의 모양이 간단하다.
③ 열효율이 높다.
④ 착화지연이 짧다.

해설 직접분사식은 착화지연이 긴편으로 노킹이 일어나기 쉽다.

15 • 96년도

디젤엔진의 연소실 형식 중 직접분사실식에 대한 설명으로 틀린 것은?
① 냉각손실이 적다.
② 엔진 시동이 쉽다.
③ 디젤노크 발생이 적다.
④ 연소실의 형상 및 구조가 간단하다.

해설 위 문제 10의 해설을 참조한다.

ANSWER 11.④ 12.③ 13.③ 14.④ 15.③

16. • 94년도

디젤기관의 연소실 중 연료 소비량이 적고 시동이 용이한 것은?

① 직접분사실식   ② 예연소실식
③ 와류실식   ④ 공기실식

[해설] 위 문제 10의 해설을 참조한다.

17. • 2007.4.4

디젤기관의 연소실 형식에서 열효율이 높고 연료소비율이 가장 적으며, 시동이 비교적 용이한 연소실은?

① 예연소실식   ② 직접분사실식
③ 와류실식   ④ 공기실식

[해설] 위 문제 10의 해설을 참조한다.

18. • 97.2.2 • 97.10.12

다음 중 디젤엔진의 연소실 형식 중 단실식 연소실에 속하는 것은 어느 것인가?

① 예연소실식   ② 와류실식
③ 공기실식   ④ 직접분사실식

[해설] 단실식은 또 다른 보조연소실을 두지 않는 식을 말하므로 직접분사실식이 되고, 복실식은 예연소실식, 와류실식, 공기실식이 된다.

19. • 2004.7.18

연소실 중 복실식에 해당되지 않는 것은?

① 예 연소실식   ② 와류실식
③ 직접 분사실식 ④ 공기실식

[해설] 복실식이란 연소실이 2개 이상을 말하며, 예연소실식, 공기실식, 와류실식이 여기에 속한다.

20. • 98년도

히트레인지(heat range)를 설치하는 연소실은 어느 것인가?

① 직접분사실식   ② 예연소실식
③ 와류실식   ④ 공기실식

[해설] 직접분사실식은 보조연소실이 없으므로 연소하는데 어려움이 있어 연소가 잘되도록 피스톤의 헤드를 오목하게 홈을 파거나 오목하게 판 홈의 중심을 뾰족하게 솟도록 하여 와류를 돕고 국부적인 온도상승을 가져오게 해서 가솔린 기관의 점화플러그와 같이 착화를 돕는데 이 뾰족한 부분을 히트레인지라 할 수 있다.

● 예연소실식

21. • 97.2.2

디젤엔진 연소 방식 중 냉각손실이 가장 큰 것은?

① 와류실식
② 예연소실식
③ 직접분사실식
④ 2사이클 직접분사식

[해설] 예연소실식은 주연소실 외에 실린더 헤드에 예연소실을 가지고 있는 연소실로서, 한랭시의 시동을 용이하게 하기 위하여 실린더 헤드에 예열 플러그를 설치한다.
① 장점
－연료 분사압력이 낮아도 되므로 연료장치의 고장이 적고 수명이 길다.
－사용하는 연료의 변화에 민감하지 않아 선택범위가 넓다.
－운전이 정숙하고 노킹이 적다.
－제작이 쉽다.
② 단점
－연소실의 체적에 대한 표면적의 비가 크므로 냉각손실이 크다.
－기동을 위한 예열플러그를 필요로 한다.
－압축비를 크게 하므로 큰 출력의 기동전동기가 필요하다.
－연료소비율이 직접분사식 보다 높다.
－연소실의 구조가 복잡하다.

22. • 99.10.10 • 2005전반

디젤 기관의 연소실에서 노크를 가장 일으키기 어려운 연소실의 형식은?

① 직접 분사실식   ② 예연소실식
③ 와류실식   ④ 공기실식

[해설] 위 문제 21의 해설을 참조한다.

ANSWER 16.① 17.② 18.④ 19.③ 20.① 21.② 22.②

● 와류실식

23 • 98년도

와류실식 연소실의 장점 중 옳지 않은 것은?

① 실린더 헤드의 구조가 간단하다.
② 분사압력이 비교적 낮다.
③ 회전속도 범위가 넓고 운전이 원활하다.
④ 압축행정시 강한 와류를 사용하므로 회전속도 및 압축압력을 높일 수 있다.

해설 와류실식은 직접분사식과 예연소실식의 중간성격으로 예연소실식의 조임 작용에 중점을 두지 않고 와류실 내에 생기는 와류를 이용하여 와류실내에서 대부분의 연료를 완전하게 연소시키는 것을 목적으로 한다.
① 장점
- 강한 와류에 의해 회전속도와 평균유효압력을 높일 수 있다.
- 분사압력이 낮아도 된다.
- 기관의 사용회전 속도의 범위가 넓고 운전이 원활하다.
- 연료소비율이 예연소실식 보다 우수하다.
② 단점
- 실린더헤드(연소실)의 구조가 복잡하다.
- 연소실의 체적에 대한 표면적의 비가 크므로 직접분사식보다 열효율이 떨어진다.
- 저속에서 노킹이 일어나기 쉽다.
- 기동을 위해 예열플러그가 필요하다

24 • 2009.3.29

디젤기관에서 와류실식 연소실의 장점으로 틀린 것은?

① 무과급 디젤기관 중에서 평균유효압력이 가장 높다
② 기관 냉각시 시동이 용이하다
③ 리터 마력이 크다
④ 직접분사식에 비해 공기이용률이 높다

해설 위 문제23의 해설을 참고하고, 기관 냉시동성이 좋은 것은 직접분사실식이다.

25 • 2009.7.12

디젤기관의 와류실식 연소실을 직접 분사실식과 비교할 때의 장점이 아닌 것은?

① 실린더 헤드의 구조가 간단하다
② 압축행정에서 생기는 강한 와류를 이용하기 때문에 회전속도 및 평균유효압력을 높일 수 있다
③ 분사압력이 낮아도 된다
④ 기관의 사용 회전속도 범위가 넓고 운전이 원활하다

해설 위 문제23의 해설을 참고하고, 실린더 헤드의 구조가 간단한 것은 직접분사실식이다.

● 공기실식

26 • 99.4.18

디젤기관에서 공기실식 연소실의 장점으로 틀린 것은?

① 연료의 분사압력이 가장 낮다.
② 연료의 분사시기에 둔감하다.
③ 연소가 완만하게 진행되어 압력의 상승이 낮고, 이에 따라 작동이 조용하다.
④ 연료가 주연소실을 향하여 분사되게 되어 있어 기동이 비교적 쉽다.

해설 예연소실식과 와류실식은 연소실이나 와류실에 연료를 분사하나 공기실식은 주연소실에 분사한다. 압축행정의 끝 부근에서 공기실에 강한 와류가 발생하면 연료가 주연소실을 향해 분사되면 주연소시에서 연소가 일어나고 일부가 공기실 내에 돌입 및 착화하여 공기실의 압력을 높인다. 피스톤이 하강하면 공기실의 공기가 주연소시로 분출되며 주연소실내의 연소를 돕는다.
① 장점
- 연소가 완만하게 진행되므로 압력상승이 낮도 작동이 조용하다.
- 기동이 쉽고 예열플러그가 필요 없다.
- 분사압력이 가장 낮다.
② 단점
- 연료의 분사시기가 엔진의 작동에 크게 영향을 끼친다.
- 후적에 의한 연소가 일기 쉽고 배기온도가 높다.
- 연료소비율이 높다.

Answer 23.① 24.② 25.① 26.②

예열플러그

27

실드형 예열플러그에 대한 설명으로 맞는 것은?

① 단자전압이 높으므로 병렬 접속한다.
② 단자전압이 낮으므로 직렬 접속한다.
③ 예열 시간이 코일형보다 짧다.
④ 기동전동기와 예열플러그 사이에 히트 레인지를 접속하도록 한다.

<해설> 실드형 예열플러그는 발광하는 코일이 금속에 의해 감싸여져 있는 형식으로 구조상 적열까지의 시간이 코일형에 비해 조금 길지만, 하나당의 발열량이 크고, 열용량이 크기 때문에 기동성이 향상된다. 또한 히트 코일이 연소열에 의한 영향을 덜 받게 되어 플러그의 내구성이 향상되고, 병렬 회로를 가지므로 하나가 단선이 되더라도 다른 것은 작동된다.

28 • 94년도

예열플러그 저항기를 반드시 부착하여야 하는 예열플러그의 형식은?

① 코일형 예열 플러그
② 실드형 예열 플러그
③ 냉형 스파크 플러그
④ 열형 스파크 플러그

<해설> 예열플러그 저항기는 코일형 예열플러그를 사용하는 경우 예열플러그의 전류를 정격값으로 규제하기 위해 예열회로 내에 삽입하는 저항기이다. 즉 코일형 예열플러그에 필요한 전압은 0.9~1.4V인데 배터리의 12V를 직접 가할 수 없으므로 이를 가능하게 한 것이다.

29 • 97.10.12

예열 플러그 중 저항기를 설치하여야 하는 플러그는?

① 막판형   ② 코일형
③ 실드형   ④ 니켈형

<해설> 문제 28의 해설을 참조한다.

2. 디젤기관 연료분사장치

01 • 99.4.18

다음 부품 중에서 디젤기관에는 없는 부품은?

① 연료공급펌프   ② 점화코일
③ 발전기   ④ 시동전동기

<해설> 다음 그림을 참조한다.

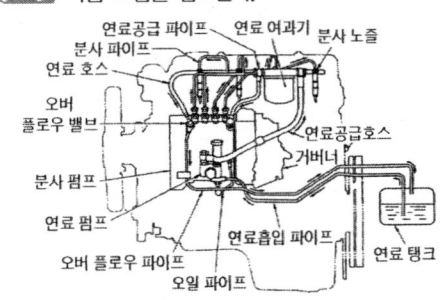

▲ 디젤연료장치

02 • 2007.4.4

디젤기관 연료 분사장치를 설명한 것 중 잘못 설명된 것은 어느 것인가?

① 연료분사 요건은 적당한 무화, 분포, 관통력이다.
② 딜리버리 밸브는 노즐의 분사 단절을 좋게 하여 후적을 방지한다.
③ 플런저의 길이 홈과 리드는 분사량을 조정한다.
④ 분사시기가 늦으면 역회전하며 분사시기가 빠르면 기관 출력이 저하한다.

<해설> 분사시기에 다른 회전변화는 없으며, 분사시기가 빠르다고 무조건 기관 출력이 저하하는 것은 아니다.

ANSWER 27.① 28.① 29.② / 1.② 2.④

조속기

03 • 94년도

디젤엔진에서 거버너의 작용으로 맞는 것은?
① 분사시기 조정
② 연료 압력 조정
③ 분사압력 조정
④ 분사량 조정

해설: 조속기(거버너)는 엔진의 회전속도나 부하변동에 따라 자동적으로 제어래크를 움직여 분사량을 가감한다. 즉 최고회전속도를 제어하고 동시에 전속운전을 안정시키는 일을 행한다.

04 • 2003.3.30 • 2003.7.20

디젤기관 연료펌프의 조속기는 어떤 작용을 하는가?
① 분사시기를 조정한다.
② 착화성을 조정한다.
③ 분사량을 조정한다.
④ 분사 압력을 조정한다.

해설: 위 문제3의 해설을 참고한다.

05 • 2010후반

디젤기관의 연료분사펌프 구조에서 거버너(조속기)의 역할은?
① 연료분사량을 제어한다.
② 연료분사시기를 제어한다.
③ 연료 압력을 일정하게 한다.
④ 연료분사상태를 무화시킨다.

해설: 위 문제3의 해설을 참고한다.

06 • 96년도

디젤엔진의 연료 분사펌프에 조속기를 설치한 목적은 무엇 때문인가?
① 속도조절
② 최저속도만 제한
③ 자동적으로 정적 속도 유지
④ 최고속도만 제한

해설: 문제3의 해설을 참조한다.

07 • 97.10.12

디젤기관 조속기의 종류가 <u>아닌</u> 것은?
① 원심식　　② 유압식
③ 과가속 마찰식　④ 공기식

해설: 조속기는 기구별, 기능별로 구분할 수 있다. 먼저 기구별로는 공기식과 기계식(원심식)이 있는데 공기식으로는 MZ형, MN형, 기계식으로는 R형, RQ형, RSV형, RSVD형이 있다. 이를 기능별로 구분하면 최고 최저속도 조속기 R형, RQ형, RSVD형이 있고, 전속도 조속기로 MZ형, MN형, RSV형으로 구분된다.

08 • 95년도 • 98년도

디젤엔진의 기계식 조속기 중에서 전속도 제어형인 조속기는?
① R형　　② RQ형
③ RSV형　④ RSVD형

해설: 문제7의 해설을 참조한다.

09 • 2005전반

디젤기관에서 회전속도 오차검출 방식이 <u>아닌</u> 것은?
① 원심조속기　② 진공조속기
③ 전기식 조속기　④ 유압식조속기

해설: 기계식 조속기는 분사펌프 구동 캠축에 부착된 원심추가 받는 원심력과 조속기 스프링의 장력이 이루는 변위를 이용하여 연료 분사 펌프의 제어 래크를 움직여서 분사량을 조절, 공기식 조속기는 소형 디젤기관에 사용되는 것으로서, 엔진의 회전속도와 흡기 다기관 진공 변화에 의해 연료분사량을 조절, 전자식 조석기(electronic governor)는 기관의 모든 작동 조건에 알맞은 연료를 전자제어 유닛을 통하여 제어한다. 이 3가지는 속도와 관계가 깊으나, 유압식조속기는 연료래크의 작동을 유압작용으로 행한다.

ANSWER　3.④　4.③　5.①　6.③　7.③　8.③　9.④

10 • 2008.7.13

디젤기관의 분사펌프에서 조속기의 기능상 구분 중 가장 거리가 먼 것은?

① 복합 최대속도 조속기
② 최소/최대속도 조속기
③ 전속도 조속기
④ 기계식/전자식 조속기

해설: 기계식 및 전자식 조속기라는 말은 작동원리에 의한 구분이다. 기계식은 기계적으로 자동 조속되고, 전자식은 전자적으로 제어됨을 말한다.

11 • 99.4.18 • 2005전반

조속기를 설치한 기관에서 회전수 2,000rpm으로 유지하려한다. 무부하시 2,100rpm이고, 전 부하시 1,900rpm이면, 조속기의 속도 처짐(속도 변화율)은 몇 %인가?

① 10.5 ② 11.5
③ 12.5 ④ 13.5

해설: 조속기의 속도처짐율(%)

$$= \frac{무부하속도 - 전부하속도}{전부하속도} \times 100 이므로$$

조속기의 속도처짐율(%)

$$= \frac{2100 - 1900}{1900} \times 100 = 10.52\% 로 계산된다.$$

12 • 02.7.21

디젤기관에서 조속기 작용이 둔하여 파상으로 변동하는 것은?

① 헌팅(hunting)
② 미스파이어(misfire)
③ 프리이그니션(preignition)
④ 디토레이션(detonation)

해설: 미스파이어는 점화간극이 너무 넓어 점화를 빼먹는 실화현상이다. 프리이그니션은 조기점화로 열점에 의한 조기착화현상이다. 헌팅이란 조속기의 조정하기 힘든 상태를 말하고, 디토레이션은 급격한 폭발이나 폭음을 말한다.

분사펌프

13 • 93년도

분사펌프의 태핏간극 조정은?

① 플런저가 상사점에 올라왔을 때 0.5mm로 조정한다.
② 플런저가 상사점에 올라왔을 때 0.2mm로 조정한다.
③ 플런저가 하사점에 내려왔을 때 0.5mm로 조정한다.
④ 플런저가 하사점에 내려왔을 때 0.2mm로 조정한다.

해설: 태핏간극이란 플런저가 캠에 의해 최고 위치까지 밀려 올라졌을 때 플런저 헤드부와 배럴 위 면과의 간극을 말한다. 다른 말로 톱(top)간극이라 한다.

14 • 95년도

연료분사시기를 조정한 후 분사량 조정방법을 맞게 설명한 것은?

① 플런저 스프링 장력을 크게 한다.
② 태핏간극을 조정한다.
③ 딜리버리밸브의 스프링장력을 조정하여 분사압력을 높인다.
④ 제어슬리브와 피니언의 관계위치를 조정한다.

해설: 독립형 연료펌프의 분사량은 제어슬리브와 피니언의 위치에 의해 플런저의 행정을 조절할 수 있어 조정을 하고, 분배형 연료펌프의 분사량은 조정이 불가능하다. 억지로 조정을 한다면 컷오프 배럴을 움직이면 된다.

ANSWER 10.④ 11.① 12.① 13.① 14.④

15 • 2009.7.12

디젤기관에 사용되는 분사펌프에서 플런저에 관계되는 설명 중 틀린 것은?

① 보통의 플런저 스프링은 분사펌프의 회전속도가 2000rpm정도에서 서어징현상이 발생되므로 스프링정수가 큰 스프링을 사용한다.
② 고속태핏은 조정스크루를 두지 않으므로 태핏간극은 태핏과 아래 스프링시트 사이에 시임을 넣어 조정한다.
③ 플런저의 유효행정이 길어지면 분사량이 감소하고 짧을수록 분사량이 증대된다.
④ 정리드 플런저는 분사펌프의 캠축에 대해 연료의 송출기간이 시작은 일정하고 종결이 변화된다.

해설 플런저의 유효행정이 길어지면 분사량은 증가하고, 짧을수록 분사량은 감소한다.

16 • 2008전반

디젤기관의 분사량 부족 원인이 아닌 것은?

① 기관의 회전속도가 낮다.
② 분사펌프의 플런저가 마모되었다.
③ 딜리버리 밸브 시트가 손상되었다.
④ 딜리버리 밸브가 헐겁게 설치되었다.

해설 기관의 회전속도가 낮으면 당연히 분사량이 작다. 즉, 디젤기관은 분사량의 증감에 따라 속도가 달라지기 때문이다.

17 • 96년도

디젤 엔진의 분사펌프 플런저 리드의 종류에 속하지 않는 것은?

① 변리드형   ② 정리드형
③ 역리드형   ④ 양리드형

해설 정리드는 연료 송출(분사)의 시작이 일정하고 끝은 변화된다. 역리드는 연료분사의 시작은 변하고 끝은 일정하다. 양리드는 아래위의 리드가 파져 있어 분사개시와 끝이 모두 변화한다.

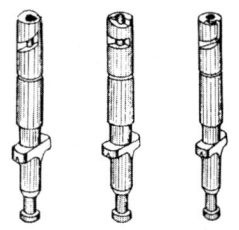

〈정리드〉 〈역리드〉 〈양리드〉
▲ 플런저의 리드 종류

18 • 98년도

분사펌프에서 분사초기의 분사시기를 일정하게 하고 분사말기를 변화시키는 리드는?

① 변리드   ② 역리드
③ 정리드   ④ 양리드

해설 위 문제17의 해설을 참조한다.

19 • 97.2.2

디젤엔진의 보시형 연료 분사펌프의 분사시기는 어느 것으로 조정하는가?

① 조속기의 스프링
② 래크와 피니언
③ 펌프와 타이밍기어의 커플링
④ 피니언과 커플링

해설 독립형 분사펌프의 분사시기는 타이머에 의해서 펌프와 타이밍기어 캠이 만나는 시기를 조절한다. 분배형 분사펌프의 분사시기는 자동분사시기 조정기의 피스톤에 의해서 조절이 된다.

20 • 98년도

보쉬형 연료 분사펌프의 분사시기는 어디에서 조정하는가?

① 피니언과 슬리브
② 조속기 스프링
③ 펌프와 타이밍기어 커플링
④ 제어래크와 피니언

해설 위 문제 19의 해설을 참고한다.

ANSWER 15.③ 16.① 17.① 18.③ 19.③ 20.③

21 • 97년도 • 98년도 • 99년도

디젤엔진의 분사펌프 내의 딜리버리밸브의 작용이 아닌 것은?

① 연료의 역류 방지
② 연료의 후적 방지
③ 가압된 연료를 분사파이프로 송출
④ 분사량 조정

해설: 딜리버리 밸브는 규정압력이 되면 열리고, 압력이 급격히 낮아지면 스프링에 의해 닫혀 연료가 역류하는 것을 방지하고, 잔압을 유지시킨다. 또한 급격한 연료압의 저하와 함께 신속히 닫혀서 후적(분사후 노즐에 연료방울이 맺히는 현상)을 방지한다.

22 • 2003후반 • 2010전반

디젤기관 분사펌프의 딜리버리 밸브의 역할과 가장 거리가 먼 것은?

① 고압 파이프 내 연료의 잔압을 유지
② 분사펌프의 연료분사량을 증감
③ 연료의 역류방지
④ 후적을 방지

해설: 위 문제21을 참조하고, 연료분사량을 증감하는 장치는 조속기이다.

23 • 98년도

딜리버리 밸브의 작용이 아닌 것은?

① 분사 파이프에서 펌프로 연료가 역류하는 것을 방지한다.
② 후적현상을 방지한다.
③ 분사후의 잔류 연료를 되돌려 준다.
④ 플런저에 의한 연료의 송출이 끝 날 때 닫힌다.

해설: 위 문제 21의 해설을 참조한다.

24 • 02.4.7

디젤기관의 연료 분사펌프에서 딜리버리밸브의 작용이 아닌 것은?

① 배럴안의 연료압력이 규정값에 달하면 연료를 분사파이프로 압송한다.
② 분사파이프에서 펌프로 연료가 역류하는 것을 방지한다.
③ 분사노즐의 분사단절을 줄게 하여 후적 현상을 방지한다.
④ 분사압력이 낮으면 딜리버리밸브 홀더의 스프링으로 조절한다.

해설: 위 문제 21의 해설을 참조한다. 딜리버리밸브는 독립식의 경우 펌프의 플런저 위(노즐로 가는 분사파이프 입구)에 있고, 분배형의 경우 펌프의 분배배럴에서 나와 분사파이프가 연결되는 부분(노즐로 가는 분사파이프 입구)에 있다.

25 • 00.3.26

일반적으로 전부하 운전시 디젤 분사 펌프의 분사량 불균율 허용 범위는?

① ±1.5%   ② ±2.0%
③ ±3.0%   ④ ±6.0%

해설: 분사펌프의 불균율은 각 실린더의 평균분사량의 ±3.0%의 이내에 있어야 합격이다.

26 • 00.3.26

4사이클 디젤엔진의 분사펌프 제어래크를 전부하 상태로 놓고 분사펌프의 회전수를 900rpm(최대)으로 하여 시험한 각 실린더간의 분사량 표이다. 수정하여야 할 실린더는? (단, 수정치수 한계는 불균율 ±3%이상이다.)

실린더 번호	1	2	3	4
분사량(cc)	102	103	97	99

① 1번 실린더   ② 2번 실린더
③ 3번 실린더   ④ 4번 실린더

해설: 평균분사량 $= \dfrac{102+103+97+99}{4} = 100.25cc$
수정치의 한계가 ±3%이므로 $100.25 \times 0.03 = 3.0075cc$가 나오므로 97.2425~103.2575cc사이에 값이 나와야 합격이다.

ANSWER 21.④ 22.② 23.③ 24.④ 25.③ 26.③

27 • 93년도

디젤기관에서 최대 분사량이 80cc, 최소 분사량이 65cc일 때 평균 분사량이 70cc라면 (−)불균율은 몇 %인가?

① 6.67 ② 8.14
③ 9.14 ④ 10.14

해설

$$(-)불균율 = \frac{평균분사량 - 최소분사량}{평균분사량} \times 100$$

그대로 대입하면 $(-)불균율 = \frac{70-65}{70} \times 100 = 6.67\%$ 으로 계산된다.

28 • 2003.7.20

최대 분사량이 36cc, 최소 분사량이 28cc, 각 실린더의 평균 분사량이 30cc였다. 실린더의 (+)분사량 불균률은 몇 (%)인가?

① 5   ② 10
③ 15 ④ 20

해설 $(+)불균율 = \frac{최대분사량 - 평균분사량}{평균분사량} \times 100$

그대로 대입하면 $(+)불균율 = \frac{36-30}{30} \times 100 = 20\%$

29 • 2007.7.15

기관의 각 실린더 연료분사량을 측정한 결과 최대분사량이 45cc, 최소분사량이 41cc, 평균분사량이 42cc 였다면 (+)불균율은?

① 5%   ② 7%
③ 12% ④ 15%

해설 $(+)불균율 = \frac{최대분사량 - 평균분사량}{평균분사량} \times 100$ 이므로

그대로 대입하면 $(+)불균율 = \frac{45-42}{42} \times 100 = 7.14\%$ 로 계산된다.

분사노즐

30 • 96년도

디젤 연료 분사의 3대 요건에 속하지 않는 것은?

① 관통력 ② 무화
③ 분포   ④ 노크

해설 연료분사의 요건 ① 무화 ② 관통도 ③ 분포 ④ 분산도(중량분포) ⑤ 분사율

31 • 2009.3.29

C. I. E(Compression Ignition Engine)의 연료 분무 형성의 3대 요건은?

① 무화, 관통력, 분무압력
② 무화, 분포, 분무입도
③ 무화, 관통력, 분포
④ 무화, 분포, 분무속도

해설 위 문제1의 해설을 참조한다.

32 • 93년도

디젤기관의 연료분사 조건으로 맞지 않는 것은?

① 분사의 시작과 끝이 확실하고, 분사량 조정 및 분사시기 조정이 자유로울 것
② 무화가 잘되고, 분무입자가 작고 균일할 것
③ 분무가 잘 분산되고 부하에 따라 분사량의 조정이 적당히 이루어질 것
④ 착화지연기간 동안 연료분사량이 많을 것

해설 착화지연기간 동안 연료분사량이 많으면 노킹이 일어난다.
• 연료분사(노즐)에 요구되는 조건
① 연료를 미세한 안개 모양으로 쉽게 착화하게 해야 한다.
② 분무를 연소실의 구석구석까지 뿌려지게 해야 한다.
③ 연료 분사가 끝난 다음 완전히 차단되어 후적이 일어나지 않아야 한다.
④ 고온고압의 가혹한 조건에서도 장시간 사용이 가능

ANSWER 27.① 28.④ 29.② 30.④ 31.③ 32.④

해야 한다.

33. • 93년도
다음 중 분사노즐의 구비조건이 아닌 것은?
① 연료의 분무가 좋아서 착화가 쉽게 일어나도록 한다.
② 분무가 연소실 구석구석까지 뿌려질 것
③ 후적이 일어나지 않을 것
④ 분사량을 회전속도에 알맞게 조정할 수 있을 것

해설: 위 문제32의 해설을 참조한다. 분사량을 회전속도에 알맞게 조정하는 것은 조속기이다.

34. • 2006.4.2
디젤기관의 분사노즐에 요구되는 조건이 아닌 것은?
① 후적이 일어나지 않게 할 것
② 분무의 입자, 크기를 크게 할 것
③ 분무의 상태가 연소실의 구석구석까지 뿌려지게 할 것
④ 연료를 미세한 안개모양으로 하여 쉽게 착화되게 할 것

해설: 위 문제32의 해설을 참조한다. 분무의 입자는 작게/안개화 되어야 한다.

35. • 97.10.12
분사노즐의 구비조건이 아닌 것은?
① 후적이 일어나지 않아야 한다.
② 연료입자가 커야 한다.
③ 관통력이 좋아야 한다.
④ 연료입자가 안개처럼 분사되어 착화가 잘 되어야 한다.

해설: 위 문제34의 해설을 참고한다.

36. • 94년도
디젤 기관에서 분사노즐 테스터로 점검과 조정할 수 없는 사항은 어느 것인가?
① 분사압력
② 무화상태
③ 혼합비
④ 후적

해설: 분사 노즐테스터로 할 수 있는 테스트는 분사(개시)압력, 분사상태, 분사각도, 후적 등이다.

37. • 2006.7.16
디젤 분사노즐 시험에 관한 설명으로 틀린 것은?
① 분무되는 연료에 손을 대지 않도록 한다.
② 시험연료는 가능한 한 20℃ 전후로 유지한다.
③ 시험 중에는 인화 물질이 없도록 한다.
④ 시험기의 핸들 작동은 가능한 한 천천히 한다.

해설: 분사노즐 시험기에는 핸들이 없다.

38. • 02.7.21
연료 분사장치의 노즐에서 성능 점검에 해당되지 않는 것은?
① 관통(penetration)
② 무화(atomization)
③ 해리(dissociation)
④ 분산(dissipation)

해설: 위 문제 30의 해설을 참조한다. 해리란 역방향으로 반응이 일어나서 또 다른 현상을 나타내는 것을 말한다.

ANSWER 33.④ 34.② 35.② 36.③ 37.④ 38.③

39 • 2007.4.4

노즐에서 분사되는 연료의 입자 크기에 관한 설명 중 알맞은 것은?

① 노즐 오리피스의 지름이 크면 연료의 입자 크기는 작다.
② 배압이 높으면 연료의 입자 크기는 커진다.
③ 분사압력이 높으면 연료의 입자 크기는 커진다.
④ 공기온도가 낮아지면 연료의 입자 크기는 커진다.

해설: 노즐의 오리피스 지름이 크면 연료입자는 크다. 분사압력이 높으면 연료입자는 작아진다. 노즐을 기준으로 한다면 배압이 높다는 것은 연소실의 압력이 높다는 말과 같으므로 입자 크기는 커진다라 할 수 있다. 그러나 노즐에서 배압이라는 말을 쓰지 않는다.

40 • 2004.7.18

보슈형 분사장치에서 노즐 분사압력을 조정하는 부위는?

① 여과기 오버 플로우 밸브 스프링
② 노즐 홀더
③ 분사펌프의 딜리버리 밸브
④ 분사펌프의 플런져

해설: 보슈형 연료 분사장치에서 노즐의 분사압력은 노즐 홀더부의 스프링 장력을 조정하거나 심을 첨가하여 조절한다.

3. 커먼레일 직접분사

01 • 2005전반 • 2007.4.4 • 2009.3.29

커먼레일 기관의 크랭킹시 레일압력조절 밸브의 공급전원이 0V일 때, 나타나는 증상은?

① 시동 안됨
② 가속불량
③ 매연과다 발생
④ 아이들(idle) 부조

해설: 레일압력조절 밸브에 전원이 공급되지 않으면 레일압력을 조절할 수 없다. 즉, ECU는 고장판정을 내리고 시동이 걸리지 않게 한다.

02 • 2007.7.15

커먼레일 디젤기관에서 디젤링 현상을 억제하기 위해 설치된 장치는?

① EGR 밸브
② 공기질량센서
③ 부스트압력센서
④ 스로틀액추에이터

해설: 디젤링은 점화스위치를 off한 후에도 과열된 점화 플러그나 연소실 내에 부착된 카본과 같은 발화원에 의해 자연적으로 발화되는 현상이며, 디젤 엔진처럼 점화없이 스스로 회전한다는 뜻이다. 즉 디젤기관의 시동을 off하는 방법은 연료공급을 중지하든지 흡입공기를 막으면 된다.

ANSWER 39.④ 40.② / 1.① 2.④

PART.1 기관 — 배출가스와 제어

1. 배출가스

01 • 97.2.2

가솔린 엔진의 유해 배출가스는 어느 것인가?
① CO, HC, NOx
② CO_2, NOx, H
③ CO, H, NOx
④ CO_2, HC, H_2O

해설 유해 배기가스의 생성은 다음과 같이 이루어진다.
① 일산화탄소(CO) : 일산화탄소(CO)는 이론공연비 보다 희박할 때(공기과잉율이 1과 같거나 클 때)에 생성되지 않고 농후할 때 대부분 생성이 된다. 일산화탄소의 생성은 공연비에 의해서만 정해지는 것으로 생각해도 좋은데 공기과잉율이 1보다 같거나 클 때도 약간은 배출이 된다. 그 이유로는 국부적으로 공기과잉율이 1보다 큰 부분이 존재하거나 배기행정 중 불완전 연소하여 생성되기 때문이다.
② 탄화수소(HC) : 미연소의 연료성분인 탄화수소는 기관의 공연비에 대해서는 좀 둔감하고 어떤 운전조건에서도 배출된다. 탄화수소의 생성은 연소실내의 혼합기가 불완전연소와 완전연소의 경우에도 가능하다. 불완전연소에 의해 탄화수소가 배출될 경우는 가속상태에서 잔류가스가 많은 겨우나 희박공연비인 경우에 실화나 부분연소가 생길 때이다. 완전연소인데도 불구하고 탄화수소가 배출될 때는 연소실 벽면 가까이에 있는(소염층에 있는) 혼합기, 피스톤의 톱 랜드의 틈새, 피스톤의 가장 상부에 있는 톱링 둘레의 틈새 등에 존재하는 혼합기에 의해 생성된다.
③ 질소산화물(NOx) : 기관의 연소실에서 생성되는 질소산화물 중에서 대부분은 NO이다. NO는 연소에 의해 연소실의 상태가 고온이고, 고압일 때 N_2와 O_2가 반응하여 생성된다.

02 • 96년도

자동차 배출가스 중 HC의 생성 원인이 <u>아닌</u> 것은?
① 기관의 과열
② 공연비 희박
③ 연소시 소염 경계층
④ 공연비 농후

해설 위 문제 1의 해설을 참조한다.

03 • 94년도

자동차에서 배출되는 배출가스 중 유해 배출가스가 <u>아닌</u> 것은?
① CO ② HC
③ NOx ④ CO_2

해설 배기가스의 인체에 대한 영향
① 일산화탄소(CO) : 일산화탄소는 배출가스 중에서 가장 유해하다. 일산화탄소는 호흡에 의해 몸속으로 들어가면 혈액 속의 헤모글로빈과 결합하여(산소의 결합력보다 일산화탄소의 결합력이 세므로) 산소의 운반작용을 저해하므로 일산화탄소-헤모글로빈 결합이 20%가 되면 두통, 현기증 등의 중독현상을 일으킨다. 60%에 달하면 사망할 수도 있다.
② 탄화수소(HC) : 탄화수소가 유해물질이 되는 것은 질소산화물과 더불어 대기 중에서 광화학반응을 일으켜 스모그 현상을 일으키기 때문이다. 인체에는 수백 ppm 정도가 되어야 영향(시계를 악화시키며 점막을 자극하거나 미각의 기능을 저하)을 주지만, 오히려 식물에게는 큰 피해를 준다.
③ 질소산화물(NOx) : 질소산화물은 눈에 자극이 없다는 것을 제외하고는 기관지염, 폐기종, 폐염, 폐암 등을 유발할 수 있다. 질소산화물 중에서 가장 해로운 것이 이산화질소인데 이는 NO의 5배 이상으로 인체의 호흡기에 나쁜 영향을 미치며 또한 광화학반응을 일으킨다. 광화학 스모그는 이산화질소가 태양에너지에 의하여 활성의 NO와 O로 분해하여 산소(O_2)를 산화하여 오존(O_3)으로 되기도 하고 탄화수소와 조합하여 알데히드, PAN, NO_3, 오존 등의 오시던트를 포함한 스모그를 만든다. 이 스모그는 목을 자극하며 식물에 피해를 준다.

ANSWER 1.① 2.① 3.④

04 • 2003.3.30

자동차의 배출가스 중에서 공해 방지를 위한 감소대상 물질이 아닌 것은?

① N_2 ② HC
③ CO ④ NOx

해설: N_2는 질소이다. 공기중에는 질소가 4/5정도로 존재하며 인체에는 아무런 영향을 주지 않는다.

05 • 95년도

엔진에서 질소산화물(NOx)가 가장 많이 발생할 때의 혼합비는?

① 6 : 1 ② 10 : 1
③ 14 : 1 ④ 16 : 1

해설: 탄화수소는 아주 농후한 공연비이거나 희박한 공연비에서 배출량이 증가한다. 희박한 공연비에선 실화에 기인한다. 일산화탄소는 이론공연비에 가까울수록 발생량이 감소한다. 질소산화물은 이론공연비로 갈수록 발생량이 증가하여 이론공연비 보다 약간 희박할 때 최고치를 나타낸다.

06 • 95년도

다음 중 배기가스 중의 CO를 CO_2로, HC를 H_2O로 만들기 위한 방법은?

① 착화를 지연시킨다.
② 조기점화가 일어나게 한다.
③ 완전 연소시킨다.
④ 희박한 혼합기를 공급한다.

해설: 산소를 많이 넣어주면 된다. 즉 산화반응이 일어나서 완전 연소하게 하면 된다. 희박한 혼합기에서는 HC가 많아진다.

07 • 2004.7.18

1998년에 출고된 휘발유 승용차의 운행차 배출가스 허용 기준과 측정 방법은?

① CO는 1.4% 이하, HC는 260ppm이하, 무부하 급가속시 측정
② CO는 1.2% 이하, HC는 220ppm이하, 공전시 측정
③ CO는 4.5% 이하, HC는 1200ppm이하, 공전시 측정
④ CO는 2.0% 이하, HC는 800ppm이하, 무부하 급가속시 측정

해설: 가솔린자동차의 배출가스 측정은 정지시 공전상태에서 측정한다.

2. 배출가스제어

01 • 2006.7.16

현재까지의 공해방지 장치를 열거한 것 중 틀린 것은?

① 촉매 변환장치
② 배기가스 재 순환장치
③ 2차 공기 공급장치
④ 쉴리렌 배기장치

해설: 보기의 '라'는 사용이 되지 않았다. 촉매변환장치는 CO, HC, NOx를 저감, 배기가스재순환(EGR)장치는 NOx를 저감, 2차 공기 공급장치는 산소를 공급하여 CO, HC를 저감하게 한다.

02 • 2007.4.4

다음 중에서 일산화탄소(CO) 및 탄화수소(HC)의 배출을 감소시키기 위한 장치는?

① 2차 공기 공급장치
② 블로바이 가스 환원장치
③ EGR장치
④ 리드 밸브 장치

해설: 위 문제1의 해설을 참조한다.

ANSWER 4.① 5.④ 6.③ 7.② / 1.④ 2.①

03 • 2007.7.15

배기가스의 CO를 CO_2로, HC를 CO_2+H_2O로 변환시키는 방법으로 옳은 것은?

① 완전연소시킨다.
② 조기점화시킨다.
③ 흡입공기를 다습하게 만든다.
④ 착화지연시킨다.

> **해설**: CO는 산소가 모자라는 불완전 연소물이고, HC는 연료가 연소하지 않은 미연소물이다. CO나 HC를 완전 연소시키면 이산화탄소나 물(수증기)로 변한다.

04 • 2008전반

자동차 배출가스는 그 배출원에 따라 3가지로 구분하는데 여기에 해당되지 <u>않는</u> 것은?

① 불활성 가스
② 배기가스
③ 블로바이가스
④ 연료증발가스

> **해설**: 불활성가스는 말 그대로 활성화되지 않는 가스로 네온, 아르곤 등이 있는데 스스로 안정된 상태를 유지하는 가스다.

05 • 2008전반

내연기관의 공해방지 장치로서 배기관으로부터 배출되는 CO 및 HC를 높은 온도조건(900~1000℃)과 산소를 공급하여 재연소시키는 장치는?

① 열 반응장치(thermal reactor)
② 촉매 변환장치(catalytic converter)
③ 층상 과급장치
④ 배기가스 재순환장치

> **해설**: 불완전가스인 CO는 높은 온도와 산소의 공급을 받아 이산화탄소가 되고, 미연소가스인 HC는 높은 온도와 산소를 공급 받아 이산화탄소와 물(수증기)로 변한다.

06 • 2008.7.13

자동차의 유해 배출가스와 원인에 대한 내용을 관계있는 것끼리 연결한 것 중 틀린 것은?

① NOx의 배출량 증가 - 연소온도의 낮음
② CO의 증가 - 불완전 연소
③ HC의 증가 - 증발가스의 과대배출
④ CO, HC, NOx의 증가 - 3원 촉매장치의 파손

> **해설**: 질소산화물(NOx)의 배출량은 연소온도가 높을수록 많이 발생한다.

07 • 2005전반

압축 및 폭발 행정시 피스톤과 실린더벽 사이로 탄화수소(HC)가 다량 포함된 미연소가스가 누출되는 현상을 무엇이라고 하는가?

① 블로바이(blow-by) 현상
② 블로백(blow-back) 현상
③ 블로다운(blow-down) 현상
④ 블로업(blow-up) 현상

> **해설**: 피스톤이 압축 및 폭발할시 피스톤과 실린더의 벽 사이로 탄화수소가 다량 크랭크케이스 쪽으로 누출되는 현상을 블로바이 현상이라 한다.

08 • 2009.7.12

기관의 배기가스 중 HC를 감소시키는 요인으로 <u>틀린</u> 것은?

① 점화전압 증가
② 희박연소
③ 실린더 벽면의 온도상승
④ 압축비의 감소

> **해설**: 답이 "②"일 수 있다. 왜냐하면 연료가 희박하면 타다가 마는 현상 혹은 실화에 의해 HC가 증가한다. "④"의 압축비가 감소하면 출력이 떨어져 HC를 증가시킬 수 있다.

ANSWER 3.① 4.① 5.① 6.① 7.① 8.④

배기재순환장치

09 • 97.10.12

EGR이란 무슨 장치인가?
① 블로바이가스 제어장치
② 삼원촉매장치
③ 배기가스 재순환장치
④ 증발가스제어장치

해설 EGR(배기재순환장치) 장치에는 기계식과 전자식이 있다. 두 가지의 경우 모두 흡기관의 부압과 배기압력을 이용한다. 기계식은 EGR율이 5~15%의 소량 EGR을 하는 경우에 사용하고, 전자제어식은 비교적 복잡한 제어가 가능한 EGR율 15~25%의 대량 EGR에 사용한다.

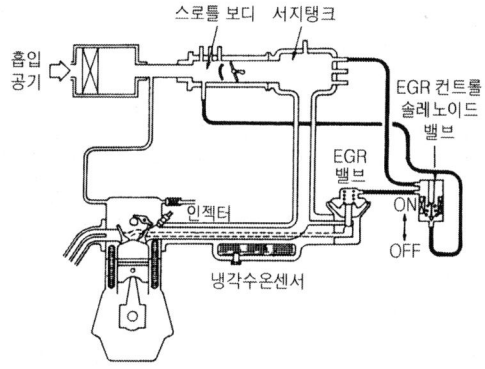

▲ EGR장치

EGR밸브는 기계식의 경우에 흡기관의 부압에 의해 밸브의 열고 닫음을 할 수 있는 식이고, 전자식의 경우에는 ECU에 명령에 의한 솔레노이드 밸브의 작동에 의해 열고 닫음을 한다. 기계식의 경우 적정온도에 의해 개폐되는 서모밸브의 움직임에 따라 EGR밸브가 작동하는 흡기관의 부압을 조절한다. 전자식의 경우에는 수온센서, 스로틀밸브 개도, 회전속도 등의 운전조건을 ECU가 감지하여 ECU가 운전조건에 맞게 EGR밸브에 흡기부압이 작동하도록 제어한다.

10 • 97.10.12

가솔린 엔진에서 배기가스의 일부를 재순환하여 연소실 온도를 낮춤으로서 NOx발생을 억제하는 장치는?
① O_2 센서
② EGR장치
③ 캐니스터
④ PCV밸브

해설 EGR장치는 연소시의 생성억제나 후처리 모두에 관련이 있다. 배출되는 가스의 일부를 흡기로 재순환하여 신기와 혼합하여 연소온도를 저하시킴으로 질소산화물을 감소시키는 방법이다. 연소 그 자체를 변화시킨다는 점에서 연소시의 생성억제라고 하지만, 배출가스를 재순환한다는 점에서 후처리라 할 수 있다. EGR장치를 사용하므로 연비가 좋아지는 이유는 동일한 회전력을 발생하기 위해 배출가스 도입만큼의 흡기를 위한 스로틀링 손실과 펌핑손실이 줄어서이다. 위의 캐니스터는 연료증발가스 순환장치의 구성품이고, PCV밸브는 크랭크 케이스 블루바이가스 순환장치의 구성품이다.

11 • 2005전반

배기가스의 유해가스 저감장치 중 EGR방식이란?
① 배기가스 정화방식
② 배기가스 재순환방식
③ 촉매 재연소방식
④ 배기가스 조절방식

해설 위 문제10의 해설을 참조한다.

12 • 99.4.18 • 02.4.7

배기가스 재순환장치는 배기가스 중 어떤 가스를 제어하는 목적으로 사용되는가?
① 일산화탄소(CO)
② 탄화수소(HC)
③ 질소산화물(NOx)
④ 탄산가스(CO_2)

해설 위 문제 10의 해설을 참고한다.

13 • 2004.7.18

자동차의 EGR(Exhaust Gas Recirculation)밸브는 유해배출가스 중 주로 어떤 것을 줄이기 위한 것인가?
① CO
② HC
③ NOx
④ 흑연

해설 위 문제 10의 해설을 참고한다.

ANSWER 9.③ 10.② 11.② 12.③ 13.③

14 • 97.2.2
EGR밸브의 검사방법으로 옳지 않은 것은?

① EGE밸브를 탈거하고 고착, 카본퇴적 등을 점검하고 상태가 불량하면 솔벤트로 청소하여 밸브시트와 접촉이 완전하도록 한다.
② 핸드 진공펌프를 흡입 매니폴드에 연결한다.
③ 0.07kg/㎠의 진공을 가하면서 공기의 밀폐도를 점검한다.
④ EGR의 한 통로에서 공기를 불면서 진공도를 시험한다.

해설: 핸드 진공펌프를 EGR밸브의 흡기진공부에 연결하고, 진공을 가한 다음 밸브가 열렸는지를 확인한다. 진공이 가해지면 열려있어야 하고, 진공이 해제되면 밸브가 닫혀있어야 정상이다.

15 • 97.10.12
EGR 밸브가 작동하지 않는 경우는?

① 엔진 중속시
② 공회전시
③ 대기온도가 과대할 때
④ 대기압이 과대할 때

해설: 배기재순환장치는 엔진의 연소온도가 높을 때 작동하는 장치이므로 공회전시에는 연소온도가 높지 않으므로 작동하지 않는다.

삼원촉매장치

16 • 93년도
삼원 촉매 장치의 주 내용을 바르게 나타낸 것은?

① 백금, 로듐   ② 납, 로듐
③ 백금, 알루미늄   ④ 니켈, 안티몬

해설: 적당한 촉매를 사용하여 일산화탄소, 탄화수소의 산화작용과 질소산화물의 환원작용을 동시에 달성하는 즉 3성분을 동시에 정화할 수 있는 촉매를 3원촉매라 부른다. 3원촉매로는 백금과 파라듐의 펠릿형(산화작용를 도움)을 사용하거나 백금과 로듐의 펠릿형(환원작용를 도움)을 사용한다.

17 • 2004.4.4
배기 배출물의 정화에 사용되는 촉매의 설명 중 맞는 것은?

① 산화촉매는 배기중의 NOx를 환원시켜 N_2와 CO_2로 만든다.
② 산화촉매는 배기중의 CO와 HC를 산화시켜 CO_2와 H_2O로 만든다.
③ 3원촉매는 배기중의 SOx, HC, NOx를 동시에 하나의 촉매로 처리한다.
④ 3원촉매는 배기중의 SOx, CO, NOx를 동시에 하나의 촉매로 처리한다.

해설: 산화촉매는 백금 또는 백금에 파라듐을 첨가하여 배기가스의 CO와 HC를 산화시켜 CO_2와 H_2O로 산화시켜 배출한다. 환원촉매는 NOx를 N_2와 O_2로 환원시켜준다. 삼원촉매는 배기가스 중 유독 성분인 CO, HC, NOx를 나타낸 것이며, CO와 HC를 CO_2와 H_2O로 환원시키고 NOx는 N_2로 환원시켜 배출한다.

18 • 00.3.26
자동차의 배출가스 제어장치 중에서 삼원 촉매 변환기에 촉매로 사용되는 금속이 아닌 것은?

① 팔라듐(Pd)   ② 금(Au)
③ 백금(Pt)   ④ 로듐(Rh)

해설: 위 문제 17의 해설을 참고한다.

19 • 02.7.21
삼원촉매 변환기에서 촉매작용을 하는 금속이 아닌 것은?

① 산화알미늄   ② 백금
③ 로듐   ④ 파라듐

해설: 위 문제 17의 해설을 참고한다.

ANSWER 14.② 15.② 16.① 17.② 18.② 19.①

20 • 2006.4.2

배출가스정화에 사용되는 촉매 물질의 종류가 아닌 것은?

① 산화촉매　　② 3원촉매
③ 흑연촉매　　④ 환원촉매

해설: 위 문제17의 해설을 참조한다.

21 • 97.10.12

전자제어 차량에서 삼원촉매장치가 장착된 차량의 바람직한 이론 공연비는?

① 10 : 1　　② 13 : 1
③ 14.7 : 1　　④ 16 : 1

해설: 3원촉매는 CO, HC, NOx의 3가지 성분을 동시에 정화하려면 항상 혼합가가 이론 공연비에 가까워야 한다. CO, HC, NOx의 3가지 성분을 하나의 촉매로 정화를 할 때 산소가 충분한 희박한 혼합기이면 CO와 HC는 충분한 산소와 반응하여 이산화탄소와 물로 배출되지만 질소산화물 NOx는 그대로 배출되어 정화가 불가능하고, 산소가 불충분한 농후한 혼합기에서는 CO와 HC는 불완전연소로 그대로 배출되어 정화가 불가능하다. 그러므로 3원촉매장치는 이론공연비에서 연소한 배기가스의 정화율이 가장 높으므로 산소센서를 통해 항상 산소의 농도를 측정하여 피드백하여 줌으로서 이론공연비에 가깝게 유지하도록 제어한다.

22 • 2005.7.17

배기가스 정화장치인 촉매 변환기의 정화율은 촉매 변환기 입구의 배기가스 온도에 관계되는데 약 몇 ℃이상에서 높은 정화율을 나타내는가?

① 50　　② 150
③ 250　　④ 350

해설: 촉매변화기의 정화율은 촉매가 350℃ 이상에서 최고 높다. 그래서 이 온도가 되기 전까지는 삼원촉매는 정상적으로 작동하지 않는다.

23 • 2010전반

촉매 변환기가 가장 좋은 정화성능을 발생시키는 공기와 연료의 혼합비는?

① 최대출력 혼합비
② 최소출력 혼합비
③ 이론공기연료 혼합비
④ 희박공기연료 혼합비

해설: 촉매변환기에서 CO, HC, NOx의 정화율이 공통으로 좋은 범위가 이론혼합비 부근이다.

증발가스제어장치

24 • 2003.7.20 • 2010후반

연료탱크로부터 발생한 증발가스를 저장했다가 운전 중 흡입 부압을 이용해 인테이크 메니홀드에 보내는 것은?

① 캐니스터
② 에어 컨트롤밸브
③ 인탱크 필터
④ 매인 바이패스 솔레노이드밸브

해설: 증발가스제어장치의 구성은 다음 그림과 같다. 캐니스터는 연료탱크나 기화기에서 연료가 증발하는 가스를 모아두는 곳이다. PCSV(퍼지컨트롤 솔레노이드 밸브)는 캐니스터에 채집된 연료 증발가스를 ECU의 제어신호에 따라 작동하여 스로틀 보디로 넣어준다.

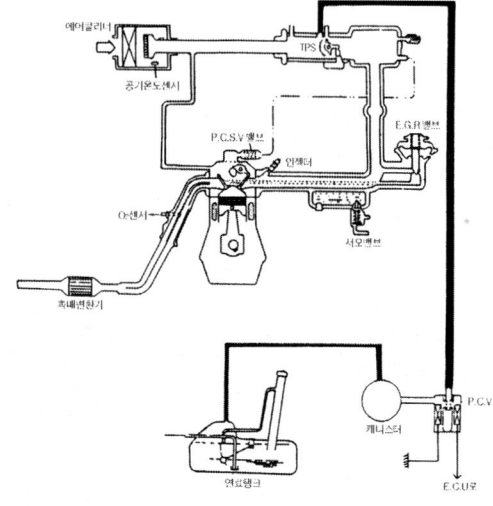

▲ 연료 증발가스 제어장치

OBD 시스템

25 • 2009.3.29

OBD-Ⅱ 시스템의 주요 감시기능에 속하지 <u>않</u>는 것은?

① 촉매기의 기능 감시
② 2차 공기시스템의 기능 감시
③ 공기비센서의 기능 감시
④ 고전압 분배기능 감시

> **해설** OBD-Ⅱ 에서는 배출가스관련 주요부품의 작동오류(failure) 뿐만 아니라 기능저하까지를 감지하도록 범위를 확장하였다. 촉매감시, 엔진실화 감시, 산소센서 감시, EGR 감시, 증발가스 감시, 연료공급시스템 감시 등 6가지 감시체계가 있다.

ANSWER 25.④

PART.1 기관

가솔린전자제어 연료분사시스템

1. 가솔린 전자제어 연료분사 개요

전자제어 가솔린 연료분사장치의 종류

01 • 94년도

다음 중 전자제어 연료분사장치에 속하지 않는 것은?

① K-Jetronic   ② L-Jetronic
③ KE-Jetronic ④ LE-Jetronic

해설 기계식 연료분사장치를 K-제트로닉이라 하고, 전자식 연료분사장치에는 L-Jetronic과 D-Jetronic이 있다. L-Jetronic는 흡입 공기량을 직접 검출하는 형식으로 메이저플레닝식, 칼만와류식, 핫필름식이나 핫와이어식 등이 있고, D-Jetronic은 흡입부압을 검출함으로서 간접적으로 흡입공기량을 측정하는 것으로 MAP센서 타입이 있다.

02 • 98년도

전자제어 분사방식의 종류가 아닌 것은?

① K-제트로닉   ② L-제트로닉
③ N-제트로닉   ④ D-제트로닉

해설 문제 1의 해설을 참조한다.

03 • 2005전반

흡입공기량 직접 검출방식이 아닌 장치는?

① L-제트로닉   ② LU-제트로닉
③ D-제트로닉   ④ LH-제트로닉

해설 위 문제1의 해설을 참조한다.

04 • 2005.7.17

간헐 분사방식으로 공기의 체적을 직접 계량하는 전자제어 연료분사방식을 사용하는 것은?

① L-Jetronic   ② K-Jetronic
③ LH-Jetronic ④ KE-Jetronic

해설 위 문제1의 해설을 참조한다.

05 • 95년도

다음 중 기계식 연료 분사장치에 속하는 것은?

① LU-제트로닉   ② K-제트로닉
③ LH-제트로닉   ④ L-제트로닉

해설 문제 1의 해설을 참조한다.

06 • 97.2.2

L-제트로닉의 계통 분류에 속하지 않는 것은?

① 흡기계통   ② 연료계통
③ 제어계통   ④ 출력계통

해설 전자제어 연료분사장치의 구성으로 기본적인 계통으로는 연료 계통, 흡기 계통, 제어 계통으로 구성된다. 연료 계통의 주요 기능은 연료를 연료 펌프로부터 압축하여 인젝터로 보내고, 연료 압력 조정기로 연료 압력을 항상 일정하게 유지하여 정밀한 분사를 하는 계통이다.

흡기 계통의 주요 기능은 스로틀 밸브나 공기 밸브의 개폐에 알맞은 공기를 실린더에 공급하는 계통으로 흡입 공기량 검출 장치, 스로틀 보디, 서지 탱크 등의 구성품이 있다. 제어 계통의 주요기능은 흡입 공기량, 기관 회전속도, 스로틀 밸브 개도량 등을 검출하여 그 전기 신호를 전자 제어 유닛(electronic control unit, ECU)으로 보내고 냉각수 온도, 흡기 온도, 에어컨스위치 등 여러 가지 센서의 신호에 따라서 공회전속도, 분사 시기, 분사량 등을 제어하는 계통이다.

ANSWER   1.④   2.③   3.③   4.①   5.②   6.④

07 • 2004.7.18

전자식 연료 분사장치에서 L-제트로닉의 장점 중 틀린 것은?

① L-제트로닉은 공기 흡입계통에 기화기와 같이 벤튜리를 설치할 필요가 없어 흡입저항이 적다.
② 연료의 과잉공급이 억제되어 운전조건에 이상적인 혼합기 공급으로 동일 출력에 대한 연비가 절감된다.
③ 희박한 혼합기에서도 운전이 가능하나 유해 배출가스가 다량 발생된다.
④ 연료의 무화가 양호하기 때문에 시동성이 매우 좋다.

> **해설:** L제트로닉은 흡입유량을 센서(베인식, 칼만와류식, 열선 및 열막식)로 직접 검출하는 방식으로 이론혼합비로 조절하여 배출가스의 정화를 제어한다.

전자제어 가솔린 분사엔진의 장단점

08 • 97.2.2

전자제어 가솔린 분사엔진의 장점에 속하지 않는 것은?

① 연료공급의 지연이 짧다.
② 흡기다기관 설계가 자유롭다.
③ 연료의 응축현상이 잘 일어난다.
④ 정확한 연료분사량의 계측이 이루어진다.

> **해설:** 전자 제어 연료 분사식과 기화기식을 비교하면 다음과 같다.
> ① 인젝터를 제어하여 기관의 부하와 속도에 알맞은 연료량을 정밀하게 조절할 수 있다.
> ② 각 실린더의 운전 조건에 알맞은 공연비로 조정할 수 있다. 따라서, 실린더별 혼합기의 불균일에 의한 HC, CO의 배출량을 감소시킬 수 있다.
> ③ 연료 공급 및 분사를 흡기 포트에 분사하므로 흡기관 설계의 자유도를 높일 수 있다.
> ④ 연료의 응답성이 좋다.

09 • 98년도

전자제어 가솔린 분사장치의 특징이 아닌 것은?

① 다중 분사식은 흡기다기관의 설계에 제약이 적다.
② 유해 배기가스의 배출을 줄일 수 있다.
③ 베이퍼록 현상이 빈번히 발생한다.
④ 저온에서 시동성을 향상시킬 수 있다.

> **해설:** 베이퍼록이 일어나지 않도록 모터식 연료펌프의 안전 첵밸브가 잔압을 유지한다. 그래서, 재시동성을 좋게 하기도 한다.

10 • 2008.7.13

전자제어 연료분사 장치의 장점이 아닌 것은?

① 시동 분사량을 제어하여 시동할 때 매연 발생이 없다.
② 에어컨 및 조향장치 등의 동력손실에 관계없이 안정된 공전속도를 유지한다.
③ ECU에 의해 분사량이 보정되어 동력전달시 헌팅 현상을 일으킬 수 있다.
④ 가속 위치와 회전력의 특성이 ECU에 입력되어 주행상태에 따라 제어된다.

> **해설:** ECU에 의한 분사량 보정으로 동력전달시에도 원활한 회전력과 주행을 행할 수 있다.

11 • 2004.7.18 • 2007전반

가솔린기관에서 연료분사장치를 사용할 때의 장점에 해당 되지 않는 것은?

① 체적효율이 증대된다.
② 소기에 의한 연료손실이 없다.
③ 역화의 염려가 없다.
④ 증기 폐쇄가 발생시 연료분사량이 정확하다.

> **해설:** 연료분사장치의 연료펌프 내부에는 첵밸브가 존재하여 잔압을 유지하고 있지만, 엔진과열시 연료의 증기폐쇄(베이퍼록 현상)를 막을 수는 없으며, 또한 베이퍼록을 제어할 수도 없다.

ANSWER 7.③ 8.③ 9.③ 10.③ 11.④

12 • 2008전반

전자제어 연료분사 기관에 사용되는 전기, 전자 구성품의 설명으로 틀린 것은?

① 인젝터 등에는 솔레노이드밸브가 사용되며 통전되는 시간의 유무에 의해 개폐된다.
② 릴레이는 기본전원을 연결했을 경우 주회로에 연결되기 때문에 스위치 기능이 있는 에어컨 릴레이 등에 사용된다.
③ 트랜지스터에는 NPN형과 PNP형이 있으며, 베이스전류를 흘려준 경우에만 전류가 흐른다.
④ 다이오드에는 여러 종류가 있는데 어느 것이나 순방향으로 전원을 연결했을 경우에만 전류가 흐른다.

해설: 대부분의 다이오드는 순방향 바이어스가 걸렸을 때 전류가 흐르지만, 제너다이오드의 경우 제너전압의 역 바이어스가 걸렸을 경우에도 전류가 흐른다.

기타 전자제어연료분사 장치

13 • 2009.3.29

GDI 방식의 장점이 아닌 것은?

① 내부 냉각효과를 이용할 수 있다.
② 부분 부하영역에서는 혼합기의 질을 제어할 수 있어 평균유효압력을 높일 수 있다.
③ 간접분사방식에 비해 기관이 냉각된 상태에서 또는 가속할 때 혼합기를 더 농후하게 해야 된다.
④ 층상급기를 통해 EGR 비율을 높일 수 있다.

해설: GDI란 Gasoline Direct Injection의 약자로 실린더에 직접 인젝터를 설치하여 분사하는 장치이다. 그러므로 연료를 아낄 수 있다.

2. 흡기계통

01 • 93년도

전자제어 엔진에서 흡기계통의 순서를 바르게 설명한 것은?

① 에어클리너 → 스로틀보디 → 흡기매니폴드 → 에어플로미터
② 에어플로센서 → 에어클리너 → 서지탱크 → 스로틀보디
③ 에어클리너 → 에어플로센서 → 스로틀보디 → 흡기매니폴드
④ 에어플로센서 → 에어클리너 → 흡기매니폴드 → 스로틀보디

해설: 흡기 계통은 흡입 공기량을 측정하는 공기 유량계, 흡입된 공기량을 각 실린더에 균일하게 공급하는 서지 탱크, 스로틀보디, 공기밸브, 흡기를 유도하는 흡기다기관 등으로 구성되어 있다. 흡기유량의 보정을 위해서 대기압센서와 흡기온센서를 장착하고 이로 인해 분사량이 보정된다.

02 • 98년도

희박연소 엔진에서 스월(swirl)을 일으키는 밸브에 해당되는 것은?

① 매니폴드 스로틀 밸브
② 어큐뮬레이터
③ EGR 밸브
④ 과충전 밸브(OCV)

해설: 희박연소엔진에서 실린더내의 스월(일종의 와류)의 증가를 목적으로 설치한 밸브로 스월밸브 혹은 매니폴드 스로틀 밸브(MTV)라고 한다. 이를 위해서 반드시 나선형으로 된 흡기다기관이 필요하다.

03 • 94년도 • 99.10.10

MPI 장치의 흡입 계통에 있어서 스로틀 보디에 함께 장착되어 있지 <u>않은</u> 장치는?

① ISC서보　② CAS
③ 스로틀 밸브　④ TPS

> 해설: 스로틀 보디에는 ISC서보, 스로틀밸브, 스로틀의 열림각을 감지하는 TPS, 빙결방지 냉각수 순환통로 등이 있다.

대기압센서

04

스트레인 게이지의 저항값이 압력에 비례하여 변화하는 것을 이용하여 압력을 전압으로 변화시키는 반도체 피에조 저항형 센서는?

① 흡기온도 센서
② 스로틀 위치 센서
③ 에어플로 센서
④ 대기압력 센서

> 해설: 대기압센서는 대기압을 감지하여 분사량을 보정하는데 사용된다. 피에조센서는 어느 결정에 압력 또는 장력이 가해지면 결정이 순식간에 변형되어 정전하가 발생하는 피에조 압전효과를 이용한 센서이다.

공기유량센서

05 • 97.2.2

엔진에서 공기 흡입량은 압력과 온도와 어떤 관계가 있는가?

① 공기 흡입량은 압력과 온도에 정비례한다.
② 공기 흡입량은 압력과는 정비례하고, 온도에는 반비례한다.
③ 공기 흡입량은 압력과는 반비례하고, 온도에는 정비례한다.
④ 공기 흡입량은 압력과 온도에 반비례한다.

> 해설: 공기의 흡입량은 압력이 높으면 많아지므로 비례하고, 온도에 따라서 밀도가 작아지므로 흡입(중)량은 작아지므로 반비례한다. 그러므로 이를 감지하여 보정하기 위해서 흡기온도센서와 대기압센서가 있다.

06 • 97.2.2

가솔린 연료 분사장치 중 흡입되는 공기량을 간접 계측하는 방식이 <u>아닌</u> 것은?

① D-제트로닉　② 스피드 덴시티
③ MAP센서　④ 매스플로 방식

> 해설: 전자식 연료분사장치에는 L-Jetronic과 D-Jetronic이 있다. L-Jetronic는 흡입 공기량을 직접 검출하는 형식으로 메이저플래닝식, 칼만와류식, 핫필름식이나 핫와이어식 등이 있고, D-Jetronic은 흡입부압을 검출함으로서 간접적으로 흡입공기량을 측정하는 것으로 MAP센서 타입이 있다.

07 • 97.2.2 • 99.10.10

D-제트로닉 연료 분사방식에서 MAP센서의 기능은?

① 엔진 회전상태에 따른 흡기 매니폴드 내의 압력변화 감지
② 엔진 회전속도 변화에 따른 엔진 회전수 감지
③ 엔진 회전상태에 따른 배기가스 압력감지
④ 엔진 부하상태에 따른 배기가스에 포함된 유해가스 농도감지

> 해설: 맵센서는 공기유량을 흡기다기관에서 흡기부압을 검출하는 간접측정 방식이다.

08 • 2003.7.20 • 2007.4.4

흡입 공기량을 직접 검출하는 에어 플로미터(A.F.M)에 속하는 것이 <u>아닌</u> 것은?

① 칼만 볼텍스식(Karman Voltex Type)
② 베인식(Vane Type)
③ 핫 와이어식(Hot Wire Type)
④ 맵 센서식(Map Sensor Type)

> 해설: 위 문제6의 해설을 참조한다. MAP은 간접측정 방식이다.

ANSWER 3.② 4.④ 5.② 6.④ 7.① 8.④

09 • 93년도

흡입 매니폴드 압력 변화를 피에조 저항에 의하여 감지하는 센서는?

① 차속센서   ② MAP센서
③ 수온센서   ④ 크랭크 앵글 센서

해설: 피에조 저항을 이용한 센서로는 맵센서, 대기압 센서, 터보과급기의 과급압센서 등이 있다.

10 • 96년도

전자제어 엔진에서 흡입하는 공기량 측정 방법이 아닌 것은?

① 스로틀 밸브 열림각
② 피스톤 직경
③ 흡기다기관 부압
④ 엔진 회전속도

해설: 문제의 보기가 더욱 구체적이어야 답이 명확하다. 메이저링 플레인(베인식)의 베인 밸브 열림에 의한 측정, 흡기다기관 부압에 의한 MAP센서 측정, 공기흐름량에 의한 열 방열을 측정하는 핫와이어식이나 핫필름식이 있다.

11 • 97.2.2

공기 유량센서의 종류를 나열한 것이다. 이들 중 공기 유량센서의 종류에 속하지 않는 것은?

① 베인식   ② 칼만와류식
③ 스피드덴시티 ④ 열선식

해설: 흡기관의 흐름량을 메이저링 플레이트(베인식)의 베인 밸브 열림을 포텐시오 미터가 측정, 흡기다기관 부압에 의한 MAP센서 측정, 공기흐름량에 의한 열 방열을 측정하는 핫와이어식이나 핫필름식, 공기흐름을 와류의 생성에 의해 측정하는 칼만 와류식 등이 있다.

12 • 97.10.12

전자제어 엔진의 공기유량 측정방식이 아닌 것은?

① 베인식   ② 칼만와류식
③ 열식   ④ 수차식

해설: 위 문제 11의 해설을 참조한다.

13 • 2003.3.30

전자제어 연료분사장치 기관에서 흡입되는 공기유량을 검출하는 방식으로 맞지 않는 것은?

① 베인식 에어플로우미터
② 공기유량 열량식 미터
③ 칼만와류식 에어플로우미터
④ 열선식 에어플로우미터

해설: 공기유량 열량식 미터라는 말을 사용하지 않으며, 열선식 공기유량 미터 혹은 핫필름식 공기유량 미터라 한다.

14 • 98년도

가동 베인식 공기유량 센서에서 회전판의 회전 위치를 검출하는 것은?

① 포텐서 미터(potentio meter)
② 암페어 미터(ampere meter)
③ 열선(hot wire)
④ 칼만 맴돌이 센서(karman vortex sensor)

해설: 포텐시오 미터는 메이저링 플레트(베인 혹은 플랩)의 열립각도에 따른 저항의 변화를 전압의 크기로 나타내 주는 장치이다.

15 • 02.7.21

전자제어 기관에서 에어 플로우 메타의 움직임 양을 전압으로 바꾸어 컴퓨터로 보내는 부품은?

① 포텐시오 메타
② 흡기온도 센서
③ 대기온도 센서
④ 스로틀포지션 센서

해설: 문제 14의 해설을 참조한다.

ANSWER 9.② 10.② 11.③ 12.④ 13.② 14.① 15.①

16 • 99.10.10

공기의 흡입량에 의해서 플랩이 움직이며, 이 신호의 변화가 ECU에 입력되는 형식은?

① 메저링 플레이트식
② 칼만 와류식
③ 핫와이어 방식
④ 핫필름 방식

해설 문제 14의 해설을 참조한다.

17 • 2005전반

전자제어 가솔린 분사 기관의 에어플로우미터 중 기관이 흡입하는 공기가 통과할 때 생기는 압력차에 의하여 메저링 플레이트가 밀려서 열리는 원리를 이용하여 흡입공기량을 계측하는 에어플로우미터는?

① 베인식 에어플로우미터
② 칼만 와류식 에어플로우미터
③ 핫 와이어식 에어프로우 미터
④ 핫 필름식 에어프로우 미터

해설 위 문제14의 해설을 참조한다.

18 • 95년도 • 02.7.21 • 2009.7.12

다음 중 카르만 와류식과 관계가 깊은 것은 무엇인가?

① 기계식 체적 유량 방식
② 베인식 체적 유량방식
③ 질량체적유량방식
④ 초음파를 이용한 유량측정방식

해설 공기유량을 카르만 와류현상을 이용하여 검출하는 방식으로, 발신기로부터 발산되는 초음파가 와류를 발생시키는 기둥 뒤의 칼만 와류를 통과할 때 칼만 와류수 만큼 밀집되거나 분산된 후 소밀음파로 수신기에 전달되고, 이를 변조기에 의해 펄스 파형으로 변환하여 전자제어 유닛(ECU)에 보낸다. 출력신호의 주파수는 기관에 따라 다르나 공전시 30~50Hz이고, 최대 출력 시 1~1.5kHz 정도이다.

19 • 2003.3.30

핫 필름 타입(Hot Film Type)의 에어 플로우 센서에 대한 특징을 설명한 것 중 맞는 것은?

① 세라믹 기판을 층저항으로 집적시켰다.
② 자기 청정기능의 열선이 있다.
③ 백금선을 사용한다.
④ 와류에 의한 주파수를 검출하여 공기량을 측정한다.

해설 열선식은 발열체로 백금선 와이어를 사용하여 이 와이어를 전기적으로 가열한다. 즉, 흡기유량이 많으면 열선을 가열하는 전류를 크게 필요로 한다. 핫필름식의 원리도 열선식과 같으며 공기유량의 증가에 따른 세라믹 기판의 층저항 변화를 가져온다.

20 • 2010전반

흡입 공기통로에 발열 저항체를 설치하여 공기량에 따라 발열 저항체의 온도를 일정하게 유지하도록 공급 전류를 변화시켜 그 전류값으로 공기량을 계측하는 방식은?

① 칼만 맴돌이식 에어플로미터
② 베인 플레이트 에어플로미터
③ 핫 와이어 에어플로미터
④ 흡입 부압 에어플로미터

해설 위 문제19의 해설을 참조한다.

21 • 2009.3.29

다음 그림은 아이들(idle) 상태에서 급가속 후 나타난 MAP센서 출력파형이다. 파형의 각 구간별 설명으로 틀린 것은?

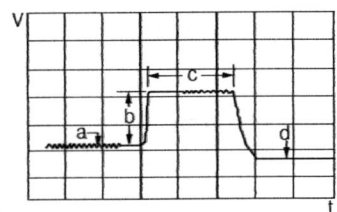

① a : 아이들(idle) 상태에서 출력을 보여준다.

ANSWER 16.① 17.① 18.④ 19.① 20.③ 21.④

② b : 급가속시 스로틀밸브가 빠르게 열리고 있다.
③ c : 스로틀밸브가 전개(WOT) 부근에 있다.
④ d : 급가속에 의한 흡입공기량 변화로 진공도가 높아지기 때문에 전압이 낮아짐을 보여준다.

해설 d의 경우는 스로틀 밸브를 닫았을 경우 진공도가 높아져(압력이 낮아져) 전압이 낮아짐을 보여주고 있다.

02 • 00.3.26

전자제어 기관의 연료 분사장치에서 연료 라인의 맥동을 흡수하는 축압기와 관계가 없는 것은?

① 연료 댐퍼   ② 어큐뮬레이터
③ 오리피스   ④ 사일런스

해설 연료댐퍼는 펌프에서 오는 연료 압력의 맥동을 연료의 출구가 오리피스로 오무라져 있기 때문에 다이어프램의 작동에 의해 흡수한다. 동시에 발생하는 음을 줄여줄 수 있으므로 사일런스라고도 한다. 보기의 어큐뮬레이터는 축압기라는 뜻이다.

연료공급펌프

03 • 2010후반

전자제어 가솔린 분사장치에서 연료펌프에 대한 내용으로 틀린 것은?

① 시동 시에는 축전지 전원으로 구동되고, 시동 후에는 컨트롤유닛(ECU)에 의해 제어된다.
② 일반적으로 베이퍼록 방지 및 정비성 향상을 위해 연료탱크 내부에 설치한다.
③ 비교적 큰 전류가 흐르므로 컨트롤 릴레이 등에서 전원을 제어한다.
④ 엔진 회전신호가 검출되어야 정상적으로 작동한다.

해설 베이퍼록 방지를 하는 것은 첵밸브이고, 연료에 의해 냉각이 되므로 정비성은 향상이 된다고 생각할 수 있다.

3. 연료계통

01 • 99.4.18

전자제어 연료분사방식에서 연료의 공급경로가 맞게 나열된 것은?

① 연료펌프-고압연료필터-연료압력조절기-연료분배파이프-연료탱크
② 연료펌프-고압연료필터-연료분배파이프-연료압력조절기-연료탱크
③ 고압연료필터-연료압력조절기-연료펌프-연료분배파이프-연료탱크
④ 고압연료필터-연료펌프-연료압력조절기-연료분배파이프-연료탱크

해설 전자 제어 연료 분사 장치의 연료 계통은 연료 탱크, 연료를 분사하는 인젝터(injector), 연료를 공급해주는 연료 펌프, 연료 여과기, 연료 압력 조정기, 냉간 시동 인젝터(콜드 스타터) 등으로 구성된다.

04 • 94년도 • 99.10.10

전자제어 연료분사장치에 사용하는 연료펌프 내에 설치된 첵밸브의 기능은?

① 연료탱크 내의 연료가 외부로 누출되는 것을 방지한다.
② 연료탱크 내의 연료가 부족할 때 첵밸브가 작동하여 연료의 송출을 정지시킨다.

ANSWER 1.② 2.③ 3.② 4.③

③ 연료라인 내에 잔압을 유지시켜 베이퍼록을 방지한다.
④ 연료라인 내에 연료압력이 과도하게 높아지는 것을 방지한다.

> **해설** 체크밸브는 펌프가 정지한 후 스프링에 의해 닫히고, 연료라인 내의 잔압을 갖게 한다. 이 잔압으로 인하여 시동시 연료펌프가 구동되어 연료압력이 상승하는 구간을 짧게 하여 재시동성을 향상 시킨다. 또한 이 잔압은 엔진이 정지한 직후 연료 라인의 온도 상승에 의한 베이퍼록을 방지할 수 있다. 그리고 역류를 방지한다.

05 • 00.3.26

전자제어 연료 분사식 엔진의 연료펌프에서 체크 밸브의 역할이 아닌 것은?

① 연료 라인 내의 잔압을 유지한다.
② 기관이 고온일 때 연료의 베이퍼록을 방지한다.
③ 연료의 맥동을 흡수한다.
④ 연료의 역류를 방지한다.

> **해설** 위 문제 4의 해설을 참조한다.

06 • 02.4.7

전자제어 가솔린 기관의 연료펌프 내에 설치되며 기관이 정지하면 곧바로 닫혀 압력회로의 압력을 일정시간 동안 유지시키는 밸브는?

① 체크밸브   ② 니들밸브
③ 릴리프밸브   ④ 딜리버리 밸브

> **해설** 위 문제 4의 해설을 참조한다.

07 • 02.7.21

전자제어 가솔린 분사기관의 연료펌프에 있는 첵밸브는 어떤 역할을 하는가?

① 연료라인에 문제가 생겨 연료공급이 중단되면 밸브를 열어 보충한다.
② 연료의 공급량이 과다할 경우 연료를 차단하는 역할을 담당한다.
③ 압송이 정지될 때 연료가 리턴되는 것을 방지한다.
④ 연료의 압력이 낮을 때 압력을 증가시킨다.

> **해설** 위 문제 4의 해설을 참조한다.

08 • 2010전반

전자제어 가솔린기관의 연료공급 장치에서 재시동을 쉽게 하여 고온시 베이퍼 록 현상을 방지시키는 것은?

① 체크 밸브   ② 세이프티 밸브
③ 릴리프 밸브   ④ 다이어프램

> **해설** 위 문제4의 해설을 참조한다.

09 • 2003.7.20

전자제어 연료분사 방식에 사용되는 연료펌프 내 첵밸브(check valve)의 기능이 아닌 것은?

① 연료라인 내의 잔압유지
② 과도한 연료압력 상승방지
③ 엔진 재시동시 시동성 향상
④ 엔진정지시 연료라인 내에 발생하는 베이퍼록(vaperlock)방지

> **해설** 위 문제 4의 해설을 참조한다.

10 • 00.3.26

전자제어 연료 분사장치에 사용하는 연료 펌프에서 펌프 또는 연료 라인 내의 압력이 과도하게 상승하는 것을 방지하기 위한 장치는?

① 첵 밸브   ② 릴리프 밸브
③ 니들 밸브   ④ 사일런서

> **해설** 릴리프 밸브는 연료라인이나 펌프의 토출 부분에 막힘이 있어 압력이 비정상적으로 높아지면 펌프의 고장이나 연료라인의 파손 등이 발생하므로 이것을 방지하기 위해서 설치되었다.

ANSWER 5.③ 6.① 7.③ 8.① 9.② 10.②

11 • 2003.3.30

인탱크형(intank type) 연료펌프에서 연료의 압력이 규정 이상 되면 밸브가 열려 회로내의 압력상승을 제한하는 가장 대표적인 압력제어 밸브는?

① 니들 밸브 ② 첵 밸브
③ 셔틀 밸브 ④ 릴리프 밸브

해설 위 문제10의 해설을 참조한다.

12 • 2006.4.2

전자제어가솔린 분사기관의 연료펌프 내에 설치된 밸브 중 연료압력이 일정 압력 이상 상승하면 연료를 연료탱크로 바이패스시켜 연료펌프와 라인의 손상을 방지하는 것은?

① 첵밸브
② 진공 스위칭 밸브
③ 핫 스타트 밸브
④ 릴리프 밸브

해설 위 문제10의 해설을 참조한다.

연료압력조절기

13 • 2006.7.16

전자제어 가솔린 연료 분사방식의 인젝터에서 연료 분사압력을 항상 일정하게 유지시키기 위한 장치는?

① 릴리프 밸브 ② 체크 밸브
③ 연료압력조절기 ④ 맥동 댐퍼

해설 인젝터의 분사압력을 일정하게 유지시키는 장치는 연료압력조절기이다.

14 • 2008전반

전자제어가솔린 분사기관의 연료압력조절기는 연료의 압력을 항상 일정하게 조절하는데 일정압력의 기준압력은?

① 대기압과 비교하여 항상 일정하게 조절한다.
② 흡기 매니폴드의 압력과 비교하여 일정하게 조절한다.
③ 흡기량에 따라 인젝터의 분사압력을 조절하여 라인압을 일정하게 조절한다.
④ 흡기량에 따라 연료펌프의 공급압력을 가감하여 분사압을 일정하게 조절한다.

해설 연료압력조절기를 보면, 공기챔버가 있고, 이 공기챔버의 작동호스는 흡기다기관과 연결되어 있다. 즉, 흡기다기관의 압력에 따라 연료의 압력을 일정하게 조절한다.

15 • 2004.4.4 • 2009.7.12

전자제어 가솔린기관의 리턴방식에서 연료압력조절기는 무엇과 연계하여 연료압력을 조절하는가?

① 압축압력 ② 흡기다기관압력
③ 점화시기 ④ 냉각수온도

해설 위 문제14의 해설을 참조한다.

16 • 2008.7.13

전자제어 가솔린 분사의 연료 압력조절기에 대해 옳게 설명한 것은?

① 연료 압력은 흡기관 부압에 대해 일정하게 작동하도록 한다.
② 연료압력은 공기유량에 대해 일정하게 작동하도록 한다.
③ 연료압력은 분사시기에 대해 일정하게 작동하도록 한다.
④ 연료압력은 감지기의 종류에 따라 일정하게 작동하도록 한다.

해설 위 문제14의 해설을 참조한다.

ANSWER 11.④ 12.④ 13.③ 14.② 15.② 16.①

17 • 2009.3.29

연료압력조절기는 연료의 압력을 일정하게 유지시키는 역할을 한다. 연료압력조절기내의 압력이 일정 압력 이상일 경우 어떻게 하는가?

① 흡기다기관의 압력을 낮추어준다.
② 연료를 연료탱크로 되돌려 보내 압력을 조정한다.
③ 연료펌프의 공급압력을 낮추어 공급시킨다.
④ 인젝터의 분사압을 높여준다.

해설 연료압력조절기는 일정압력 이상일 경우 연료탱크로 돌려보낸다.

18 • 00.3.26

전자제어 연료 분사장치에 사용되는 연료 압력조절기에서 인젝터의 연료 분사 압력을 항상 일정하게 유지하도록 조절하는 것과 직접 관계되는 것은?

① 기관의 회전 속도
② 흡기다기관의 진공도
③ 배기가스 중의 산소 농도
④ 실린더 내의 압축압력

해설 연료압력조정기는 딜리브리 파이프의 끝에 붙어서 인젝터에 공급하는 연료의 압력을 항상 일정하게 유지 시켜준다. 이는 흡기다기관의 진동에 의해 기계적으로 제어되는 것이 있고, ECU에 의한 솔레노이드 밸브식도 있다.

인젝터

19 • 2006.4.2

기관의 전자제어 연료장치에서 인젝터 주요 구성품이 아닌 것은?

① 플런저
② 니들 밸브
③ 솔레노이드 코일
④ 압력조정 스프링

해설 인젝터는 일체품으로 분해가 불가능하다. 즉, 압력을 조정할 수 있게 되어있지 않다.

20 • 97.2.2

인젝터의 연료 분사방식을 설명한 것이다. 틀린 것은?

① 순차분사 ② 합동분사
③ 동시분사 ④ 비동기 분사

해설 인젝터의 연료분사 방법에는 동시 분사, 그룹 분사, 독립 분사가 있다. 동시 분사(simultaneous fuel injection)는 기관이 1회전하는 사이에 모든 실린더가 동시에 분사하는 방식이고, 그룹 분사(group fuel injection)는 각 실린더를 2개의 그룹으로 나누어 기관 1회전에 1회로 각 그룹별로 분사하는 방식이다. 독립분사(sequential fuel injection)는 각 실린더마다 기관 2회전에 1회로 점화 순서에 따라 최적의 분사시기에 연료를 분사하는 방식이다.

21 • 93년도

전자제어 연료분사 차량에서 인젝터의 연료분사시간을 나타내는 단위는?

① 각도 ② kg/cm²
③ ms   ④ bar

해설 인젝터의 연료분사량은 인젝터 내의 솔레노이드 밸브의 통전시간에 의해 결정되므로 ms가 정답이다. m은 mili, s는 second를 뜻하므로 10^{-3}초를 뜻한다.

22 • 00.3.26

MPI 방식의 연료 분사장치에서 인젝터가 설치되는 곳은?

① 각 실린더 흡입밸브 앞
② 서지탱크
③ 스로틀 보디
④ 연소실 중앙

해설 인젝터는 각 실린더의 흡기밸브 앞인 흡기다기관에 장착되어 있다.

ANSWER 17.② 18.② 19.④ 20.② 21.③ 22.①

4. 제어계통

01 • 97.2.2 • 99.10.10

전자제어 엔진의 3대 제어기능이 아닌 것은?

① 연료분사제어   ② 공전속도제어
③ 점화시기 제어 ④ 차속제어

해설 인젝터제어-분사시기와 량을 제어, ISC모터: 공전속도 제어, 파워TR-점화시기와 캠각을 제어한다. 차속제어는 오토크루즈 제어로 행한다.

02 • 2003.3.30

전자제어차량에서 기관의 전자제어 컨트롤유닛(ECU 또는 ECM)에 입력되는 신호가 아닌 것은?

① 스로틀밸브 열림 위치
② 1번 실린더 상사점 위치
③ 배출되는 가스의 산소농도
④ 연료 인젝터 가동시간

해설 입력신호는 기관의 현상태를 감지하는 센서 혹은 스위치들의 신호이고, 출력신호는 입력신호에 의해 결정된 조절량(출력값)을 말하며, 출력신호에 의해 작동하는 밸브나 모터 등을 액추에이터라 한다. 액추에이터에는 인젝터, 공전속도조절기, 파워TR, PCSV 등이 있다.

03 • 2006.4.2 • 2010전반

MPI(Multipoint Injection)계통의 차량에서 ECU(컴퓨터)로의 입력센서가 아닌 것은?

① 공기흐름센서
② 산소센서
③ 스로틀포지션센서
④ 퍼지 컨트롤 센서

해설 퍼지컨트롤센서라는 말은 없다. 퍼지컨트롤솔레노이드 밸브란 크랭크케이스 내부의 가스(블로바이가스)를 순환시키는 밸브이다.

04 • 94년도 • 99.10.10

전자제어 기관에서 쓰이는 센서의 종류가 아닌 것은?

① 각 실린더별 공기유량센서
② 공기온도 센서
③ 엔진 회전속도 감지센서
④ 노크센서

해설 공기유량센서는 흡기관에 부착된 것으로 각 실린더 별로 있는 것이 아니라 전체 1개로 되어 있다. 공기온도센서를 ATS, 엔진속도는 크랭크각센서(CAS)에서, 노킹은 노크센서에서 검출한다.

연료분사량제어

05 • 93년도

전자제어 가솔린 분사장치에서 인젝터 밸브의 기본 개변 시간으로 정하는데 이용되는 정보가 아닌 것은?

① 유온센서
② 흡입 공기량 신호
③ 수온센서 신호
④ 흡기온도 센서 신호

해설 연료 분사량 제어는 다음과 같다.
전자제어 유닛(ECU)는 각종 센서로부터 기관의 사용 상태, 운전 상태를 검출하여 그 신호에 따라 연료의 분사량을 조절한다. 연료 분사량은 공회전속도와 각 행정 중 흡입되는 흡입 공기량에 상응하는 인젝터 작동 시간에 의해 결정된다.
- **연료 기본 분사량** : 인젝터의 구동시간(연료 분사량)은 공기유량센서 및 크랭크각 센서의 출력을 근거로 전자제어 유닛(ECU)에서 계산하여 제어한다. 분사 회수는 크랭크각 센서의 신호 및 공기유 센서 신호에 비례한다.
- **기관 크랭킹시 분사량** : 시동성 향상을 위해 크랭킹

ANSWER 1.④ 2.④ 3.④ 4.① / 1.①

신호(점화스위치 ST, 크랭크각 센서, 점화코일 1차)와 냉각수온 센서의 신호에 의해 연료분사량을 증가시킨다.
- **기관 시동 직후 분사량** : 공회전을 안정시키기 위해 시동 후 일정한 시간 동안 연료를 증가시킨다.
- **냉각수온에 따른 분사량** : 저온시 냉각수온에 따라 수온 센서로부터 신호를 받아 분사량을 증대시켜 기관의 시동성을 좋게 하고, 워밍업 시간을 단축시키고 운전을 원활하게 한다.
- **흡기온도에 의한 분사량** : 흡입공기 온도에 따라서 공기 밀도차가 생기므로 공연비도 다르게 된다. 흡입공기 온도 20℃(증량비 1.0)를 기준으로 그 이하의 온도에서는 분사량을 증가시키고 그 이상의 온도에서는 분사량을 감소시킨다.
- 배터리 전압이 낮아지면 인젝터의 기계적 작동 지연이 생기므로 분사시간이 짧아지게 되어 분사량이 변화하므로 변하지 않도록 제어한다.
- 가속시에는 가속하는 순간에 최대의 증량비가 얻어지고 시간이 경과함에 따라 증량비는 저하한다. 가속시에 연료분사량은 응답성을 향상시키기 위해 기본 분사량과 관계없이 동시 분사를 1회한다.
- **감속시 연료차단** : 스로틀 밸브가 닫혀 아이들 스위치가 ON이 되면 기관 회전수가 규정일 때 연료분사를 일시 정지한다. 이것은 연료의 절약과 HC 과다 발생 및 촉매의 과열을 방지한다.

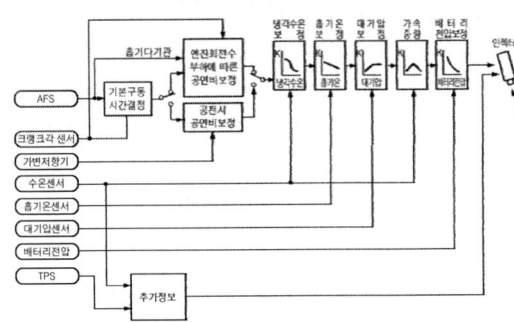

▲ 분사량 제어

06 • 95년도

전자제어 연료 분사장치에서 기본 분사량의 결정은 무엇으로 결정하는가?

① 냉각수 온도 센서
② 크랭크 각 센서와 공기 흐름 센서
③ 공기온도 센서와 대기압력 센서
④ 대기압력 센서

해설 : 위 문제5의 해설을 참조한다.

07 • 02.4.7 • 2007.7.15

전자제어식 가솔린분사장치에서 연료의 기본 분사량을 결정하는 가장 중요한 인자는?

① 기관 회전수와 흡입공기량
② 점화시기와 기관회전수
③ 냉각수온도와 흡입공기량
④ 점화시기와 냉각수온도

해설 : 위 문제5의 해설을 참조한다.

08 • 97.10.12

인젝터 전기제어 시간은 무엇을 결정하는가?

① 분사시기를 조정한다.
② 분사각도를 조정한다.
③ 분사압력을 조정한다.
④ 분사량을 조정한다.

해설 : 인젝터의 분사량은 인젝터 내의 솔레노이드 통전시간에 의해 조절된다. 즉 엔진의 상태를 센서로부터 감지하여 ECU가 이 신호를 분석 및 계산하여 인젝터의 솔레노이브 밸브 개폐시간을 찾아낸다. 이 값에 따라 인젝터를 제어한다.

09 • 02.4.7 • 2003.7.20

연료 분사장치에서 인젝터의 솔레노이드 코일에 전류가 통하는 시간으로 결정되는 것은?

① 응집성   ② 분사량
③ 분사 압력   ④ 흡입력

해설 : 문제 8의 해설을 참조한다.

10 • 2006.7.16

가솔린 기관의 전자제어 연료 분사장치에서 인젝터의 연료 분사량은 무엇에 의해 결정되는가?

① 인젝터의 솔레노이드 밸브에 가해지는 전압에 따라
② 인젝터의 솔레노이드 코일에 흐르는 통전시간에 따라

ANSWER 6.② 7.① 8.④ 9.② 10.②

③ 인젝터에 작용하는 연료 압력에 따라
④ 인젝터의 니들 밸브 행정에 따라

해설 인젝터(Injector)에서 분사되는 연료 분사량은 인젝터의 솔레노이드 코일에 흐르는 통전 시간에 의해서 조절된다.

11 • 02.7.21

자동차 연료분사장치의 인젝터 제어방식으로 맞는 것은?

① 전류 제어식 ② 전력 제어식
③ 저항 제어식 ④ 기계 제어식

해설 인젝터는 통전시간의 제어에 의해 분사량이 결정되는데, 통전시에는 솔레노이드 밸브가 자석이 된다. 이 자석은 전류의 세기에 따라 열림의 개도가 달라질 수 있다.

12 • 2004.7.18

전자제어 가솔린기관의 인젝터에서 분사하는 분사시간의 결정요소에 들지 않는 것은?

① 기본 분사시간
② 기본 분사시간의 보정계수
③ 인젝터의 무효 분사시간
④ 가솔린의 옥탄가

해설 위 문제5의 해설을 참조한다. 즉, 옥탄가를 측정하는 센서는 없다.

13 • 2005.7.17

전자제어 가솔린 분사기관에서 연소시 1회에 필요한 연료의 질량을 결정하는 요소에 들지 않는 것은?

① 기관 회전속도
② 흡기공기의 질량
③ 목표 공연비
④ 기관의 압축압력

해설 위 문제5의 해설을 참조한다. 즉, 압축압력을 측정하는 센서는 없다.

14 • 2010후반

MAP 센서 방식의 전자제어 연료분사장치 기관에서 분사밸브의 분사시간 IT(ms)를 구하는 공식으로 맞는 것은? (단, 기본분사시간 Pt, 기본분사시간 수정계수 c, 분사밸브의 무효분사시간 Vt)

① $I_t = P_t \times c + V_t$
② $I_t = P_t + c + V_t$
③ $I_t = c \times V_t + P_t$
④ $I_t = P_t \times V_t + c$

해설 분사시간=실분사시간 + 무효분사시간이다. 기본분사량 분사라면 실분사시간은 기본분사간에 기본분사시간 수정계수를 곱한 것이 된다. 무효분사시간이란 인젝터에 전기를 넣어서 니들밸브를 들어올릴 때까지 걸리는 시간을 말한다.

15 • 2009.7.12

다음은 전자제어기관에 대한 설명이다. (　)안에 들어갈 내용으로 맞는 것은?

> 감속시는 스로틀밸브가 (　) 때문에 흡기관 내 압력은 (　)진다. 따라서 흡기밸브 및 그 주위의 부착연료는 기화가 촉진되기 때문에 가속시와는 반대로 공연비는 (　)해지므로 그 분량만큼 연료의 (　)이 필요하다

① 열리기, 낮아, 농후, 감량
② 열리기, 높아, 희박, 증량
③ 닫히기, 낮아, 농후, 감량
④ 닫히기, 높아, 희박, 증량

해설 스로틀밸브가 열리면 분사량을 많이 하고, 스로틀밸브가 닫히면 분사량을 작게 한다. 즉, 공연비를 맞추기 위해서이다.

ANSWER 11.① 12.④ 13.④ 14.① 15.③

16 • 97.10.12
연료분사량 보정에 관한 문제 중 틀린 것은?
① 냉각수 온도가 20℃이하이면 연료분사를 보정 분사량 증가
② 대기압 이하이면 분사량 증가
③ 냉각수 온도가 20℃이상이면 연료분사량 감소
④ 대기압 이상이면 연료분사량 증가

해설 냉각수 온도가 내려가면 실린더내의 온도가 낮아 연료의 기화가 느리므로 보정 분사량을 증가해야 한다. 대기압 이하이면 배압이 낮아지므로 배기가스의 배출이 쉬워, 실린더에 빨려 들어오는 신기의 량이 많아지므로 희박한 혼합기가 되므로 연료량을 증가하여 이론혼합비로 맞추어 줘야 한다.

공전속도제어

17 • 95년도
전자제어 연료분사장치엔진에서 회전수를 검출하는 곳은 어디인가?
① 1번 TDC센서와 점화코일(+)단자
② 크랭크각 센서와 1번 TDC센서
③ 1번TDC센서와 점화코일(-)단자
④ 크랭크각 센서와 점화코일(-)단자

해설 엔진의 회전수와 크랭크의 회전각을 측정하는 센서는 크랭크 각 센서이고, 점화순서를 위해서 1번 실린더의 상사점을 찾아주는 센서가 1번 TDC센서이다. 그러므로 회전수는 크랭크 각 센서에 의해서도 알 수 있고, 1차파형의 단속수를 파악해서 알 수 있다. 클러스터(계기판)에 표시되는 엔진의 회전수 1차점화회로의 개폐를 파악하여 나타내고 있다.

18 • 2008전반
MTIA(Main Throttle Idle Actuator) 장치의 점검 내용과 거리가 먼 것은?
① 아이들 스위치가 On일 때 0V이다.
② MPS 출력이 높아지면 공기 바이패스량이 증가한다.
③ MPS 출력 전압의 변화는 DC모터가 작동 중임을 알 수 있다.
④ 아이들 스위치가 on 일 때 TPS 출력값의 변동은 모터의 움직임이다.

해설 MPS의 출력전압이 높아지면, 스로틀밸브가 많이 열렸다는 말로, 공기의 바이패스와는 상관이 없다.

19 • 97.2.2
1Cycle 중 ON되는 시간을 백분율로 나타낸 것은?
① 피드 백
② 주파수(Hz)
③ 페일 세이프
④ 듀티율(duty rate)

해설 규칙적인 on-off 하나의 구간을 주기라 하고, 한 주기에서 ,on되는 구간의 비율을 듀티율이라 한다. 식으로 표현하면

$$듀티율 = \frac{on되는 \ 구간}{한주기} = \frac{on되는 \ 구간}{on되는 \ 구간 + off되는 \ 구간}$$

과 같다.

20 • 2005.7.17 • 2010전반
주파수가 20Hz이고 가동시간이 15ms 일 때, Duty(%)는?
① 15% ② 30%
③ 50% ④ 35%

해설 20Hz라는 말은 초당 20개의 주기가 있는 것이므로, 한 주기는 $T = \frac{1}{20}(초)$이다.

$$듀티율 = \frac{on되는 \ 구간}{한주기} = \frac{15 \times 10^{-3}}{\frac{1}{20}}$$

$$= \frac{15 \times 20}{10^3} = 0.3$$

즉 30%가 된다.

센서와 액추에이터

● 액추에이터

21 • 97.2.2

실제로 엔진을 제어하는 손과 발의 역할을 하는 기구는?

① ECU ② 차속센서
③ 액추에이터 ④ CPU

해설 전자제어장치는 센서에서 신호를 감지하고 이 센서의 신호를 ECU(CPU가 있는 전자제어 유닛)에서 신호를 분석 및 계산하여 제어량을 결정하고, 그 제어량 만큼 엑츄에이터를 움직여서 제어한다. 여기서 제어량 만큼 손발처럼 작동하게 하는 기구를 액추에이터라 하는데 인젝터-분사시기와 량을 제어하는 액추에이터, ISC모터 : 공전속도 제어하는 액추에이터, 파워TR-점화시기와 캠각을 제어하는 액추에이터 등이 있다.

● 크랭크각센서

22 • 2007.7.15

크랭크위치센서를 점검할 때 가장 적합한 시험기는?

① 디지털볼트시험기
② 오실로스코프시험기
③ 볼트 저항시험기
④ 아날로그전류시험기

해설 크랭크각 센서를 점검하는 데는 파형을 측정하면 된다. 파형측정기가 오실로스코프이다.

23 • 2006.4.2

전자제어식 가솔린분사장치의 크랭크각 위치 센서의 역할은?

① 단위시간당의 기관 회전속도 검출
② 단위시간당의 기관출력 검출
③ 매 사이클당의 흡입공기량 계산
④ 매 회전수당의 고압 송전횟수 검출

해설 크랭크각 위치 센서는 크랭크축의 회전수를 검출 및 ECU에 입력시켜 단위 시간당의 기관 회전속도를 판독하도록 한다.

● 냉각수 온도 센서

24 • 97.2.2

자동차의 각종 센서 중에서 부특성 NTC를 이용한 것은?

① O₂센서 ② WTS
③ TPS ④ AFS

해설 부특성이란 온도가 올라가면 저항이 내려가는 성질을 말한다. 보통 금속은 온도가 올라가면 금속내의 자유전자가 자유로워져서 충돌이 생기므로 저항이 커지지만, 서미스터를 사용한 센서는 부특성을 나타낸다. 냉각수 온도센서(WTS)는 이 특성을 이용하였다.

25 • 98년도

전자제어 엔진에서 흡기온도 센서가 고장이 나면 냉각수온 센서 값으로 대치하지만 냉각수온도가 20℃ 이상이 되면 ECU에 흡기온도를 20℃로 고정시키는 기능은?

① 피드 백 ② 듀티제어
③ 자기진단 ④ 페일 세이프

해설 페일세이프란 센서가 고장이 나더라도 기본적인 값을 넣어 엔진의 구동을 멈추게 하지 않는 기능을 말한다. 대신에 클러스터(계기판)에 엔진 체크 점등이 되어 가까운 정비소에서 점검을 하도록 지시한다.

26 • 2010후반

전자제어 가솔린 기관에서 연료분배 파이프 내에서 일어나는 연료압력의 파동을 억제하고 소음을 저감시키는 장치는?

① 롤러펌프 ② 맥동댐퍼
③ 마그넷 모터 ④ 연료압력조절기

해설 연료압력의 파동을 억제하고 소음을 저감시키는 것은 맥동댐퍼이다.

Answer 21.③ 22.② 23.① 24.② 25.④ 26.②

5. 산소센서

산소센서 개요

01 • 02.4.7

기관에서 산소센서를 설치하는 목적으로 가장 알맞은 것은?

① 정확한 공연비 제어를 위해
② 일시적인 인젝터의 작동 차단을 위해서
③ 연소실의 불완전 연소를 해소하기 위해서
④ 연료펌프의 작동압의 정확한 조정을 위해서

해설: 산소센서는 배기가스 중의 산소와 대기 중의 산소 농도 차에 따라 이론공연비를 중심으로 출력전압이 급격히 변화되는 것을 이용하여 피드백제어의 기준신호를 공급해주는 역할을 한다. 즉 산소센서는 일종의 작은 배터리이다. 산소센서의 출력전압은 농후하면 1V에 가깝게, 희박하면 0.1V에 가깝게 나타난다.

02 • 2005.7.17

산소센서를 설치하는 목적은?

① 연료펌프의 작동을 위해서
② 정확한 공연비 제어를 위해서
③ 불완전 연소를 해소하기 위해서
④ 인젝터의 작동을 정확히 하기 위해서

해설: 산소센서를 설치하는 목적은 이론공연비를 제어하기 위해서다. 이론 공연비로 제어하면 삼원촉매가 최고의 정화율로 배기가스를 정화시킨다.

03 • 98년도 • 99.10.10 • 00.3.26

다음 중에서 산소센서의 장착위치는 어느 곳인가?

① 흡기 매니폴드   ② 서지탱크

③ 촉매장치 앞   ④ 스로틀 보디 내

해설: 산소센서는 배기다기관에 설치되어 있다. 다른 표현으로 촉매장치의 앞에 설치되어 있다. 그 이유는 삼원촉매 장치의 배기 정화가 이론혼합비에서 가장 잘 되므로 삼원촉매의 효율을 좋게 하도록 배기가스의 산소 농도를 배기다기관에서 바로 측정하기 위해서 이다.

피드백 제어

04 • 96년도

다음 중 피드백(feed back)제어에 필요한 센서는 어느 것인가?

① 대기압 센서   ② 산소센서
③ 흡기온도센서   ④ 노킹센서

해설: 피드백이란 뒤의 상태를 센서로 파악하여 그 값을 가지고 앞의 상태를 먼저 개선시켜 입력함을 말한다. 삼원촉매의 이론혼합비에서 최대 정화율을 발휘하므로 산소센서를 사용하여 피드백하여 이론혼합비를 항상 맞춘다.

05 • 2009.7.12

전자제어 가솔린기관에서 공연비 피드백(Feed-Back)제어에 대한 설명으로 틀린 것은?

① 산소센서의 출력 신호를 이용한다.
② 산소센서 지르코니아 방식의 출력전압이 낮으면 연료분사량을 감량시킨다.
③ 배기가스의 정화능력이 향상 되도록 이론 공연비를 유지한다.
④ 연료분사량을 증량 또는 감량시킨다.

해설: 지르코니아 방식의 출력전압이 낮으면 공기(산소)가 많이 배출되므로 희박연소를 하므로, 연료를 증가시켜 이론 혼합기로 맞춘다.

06 • 2004.4.4

전자제어 가솔린 기관에서 피드백 제어가 해제되는 경우가 아닌 것은?

① 전부하 출력시
② 연료 차단시

ANSWER 1.① 2.② 3.③ 4.② 5.②

③ 희박 신호가 길게 계속될 때
④ 냉각 수온이 높을 때

해설: 피드백 제어의 해제 조건은 다음과 같다. 냉각수 온도가 낮을 때, 연료 공급을 차단할 때, 희박 또는 농후 신호가 길게 지속될 때, 엔진을 시동할 때, 엔진 시동 후 분사량을 증량할 때, 엔진의 출력을 증대시킬 때(전부하 출력시) 등이다.

지르코니아 산소센서

07 • 2003.7.20

다음 설명 중 옳은 것은?

① 산소센서의 출력전압은 과잉공기율 1에서 가장 크다.
② 기관이 과잉공기율 1에서 운전하는 가장 큰 이유는 출력 증가를 위해서이다.
③ P.C.V(Purge Control Valve)는 캐니스터에 포집된 증발가스를 제어하는 밸브이다.
④ 노크센서는 엔진의 가속 시에만 작동되고 사용온도 범위는 130℃ 정도이다.

해설: 산소센서의 출력은 농후한 혼합비(람다가 1이하)에서 출력전압이 높고, 람다를 1로 하는 이유는 이 범위에서 배출가스(일산화탄소, 탄화수소, 질소산화물)를 정화하는 삼원촉매에 가장 좋은 활성조건이기 때문이다.

08 • 2004.4.4

지르코니아 O_2센서의 설명 중 틀린 것은?

① 백금전극을 보호하기 위해 전극 외측에 세라믹을 도포한다.
② 센서 내측에는 배출가스를, 외측에는 대기를 도입한다.
③ 지르코니아 소자는 내외면의 산소 농도차가 크면 기전력을 발생한다.
④ 산소 농도 차이가 클수록 기전력의 발생도 커진다.

해설: 지르코니아 산소 센서는 산화지르코니아(ZrO_2)에 소량의 이트륨(Y_2O_3)을 혼합하여 시험관 모양으로 만들어 소자의 양면에 백금을 도금한 센서로 안쪽은 대기, 바깥쪽은 배기가스가 접촉되도록 되어 있다. 지르코니아 산소센서는 저온에서 매우 저항이 크고 전류는 흐르지 않으나 고온애서 내측과 외측의 농도차가 크면 산소 이온만 통과하여 기전력을 발생시키는 특성을 이용한 센서이다.

09 • 2004.7.18

전자제어 연료 분사방식에 사용되는 지르코니아 방식의 산소센서에 대한 설명으로 맞지 <u>않</u>는 것은?

① 이론공연비 부근에서 센서의 전압변화가 급격하게 일어난다.
② 산소센서에서 발생되는 전압은 0~1V이다.
③ 농후한 혼합기로 연소시켰을 경우에 기전력은 0V에 가까워진다.
④ 센서 표면의 산소 농도차이가 클수록 기전력의 발생이 커진다.

해설: 지르코니아 방식은 산소농도가 작을시(연료가 농후)에는 출력전압이 1V에 가깝다. 또한, 산소농도가 높을시는 0V에 가깝다.

10 • 93년도

센서의 출력 전압이 1V에 가깝게 나타나면 공연비가 어떤 상태라고 생각되는가?

① 희박하다.
② 농후하다.
③ 14.7 : 1(공기 : 연료)을 나타낸다.
④ 농후하다가 희박한 상태로 되는 경우이다.

해설: 위 문제9의 해설을 참조한다.

11 • 2006.4.2

지르코니아 소자를 이용하여 만든 O_2센서는 λ 값 얼마를 경계로 출력이 급격하게 변하는가?

① 0.6
② 0.8
③ 1.0
④ 1.2

해설: 공기과잉율(λ : 람다)은 이론공연비에서 1을 나타낸다. 이론공연비는 공기 14.7과 연료1의 반응이다. 이론공연비에서 산소센서의 출력값은 급격히 바뀐다.

ANSWER 6.④ 7.③ 8.② 9.③ 10.② 11.③

제1편 자동차기관 **145**

12 • 99.4.18

현재 실용화되고 있는 공기비 센서 중 가장 많이 사용되는 것은?

① 지르코니아 공기비 센서
② 파라듐 공기비 센서
③ 로듐 공기비 센서
④ 폴라티늄 공기비 센서

해설 현재 자동차에서 많이 사용하는 산소센서에 사용되어지는 금속은 지르코니아와 티타니아를 사용한다. 이 금속들은 산소의 농도 차에 대한 전기 발생(저항변화)이 이론혼합비를 기준으로 현저한 차이를 보여주기 때문이다.

산소센서 고장수리

13 • 00.3.26

산소 센서 점검 방법 중 옳지 않은 것은?

① 디지털 멀티미터를 사용하여 출력 전압을 측정한다.
② 토치램프를 이용하여 산소 센서를 직접 달구어서 측정한다.
③ 엔진이 가열되기 전에 측정하여야 한다.
④ 저항 측정은 절대로 해서는 안 된다.

해설 산소센서 사용시 주의사항
- 출력전압 측정시 일반 아날로그 테스터로 측정하지 말아야 한다.
- 산소센서의 배부저항을 절대 측정하지 않는다.
- 전압측정시 오실로스코프나 디지털 미터를 사용한다.
- 무연가솔을 사용한다.
- 출력전압을 쇼트시키지 말아야 한다.

14 • 2010후반

산화 지르코니아 산소센서를 점검할 때 주의할 사항으로 틀린 것은?

① 엔진을 충분히 워밍업시키고, 엔진 회전수를 2000~3000rpm 까지 상승시켜 배기관을 뜨겁게 한다.
② 디지털 회로시험기를 사용하여 출력값을 읽을 때는 전압으로 선택하여 출력단자에 접속한 후 엔진의 가동상태를 측정한다.
③ 배기관이 뜨거워진 상태에서 측정하며, 엔진 회전수에 따라 출력값의 변화를 확인한다.
④ 엔진이 가동상태에서 출력전압은 항상 일정하게 출력되어야 정상이며, 값이 변동시에는 센서를 교환한다.

해설 지르코니아 산소센서의 출력값은 산소농도가 낮을수록(공기가 작을수록=연료가 많을수록) 출력전압은 높다(1V가까이).

15 • 2006.7.16

산소센서의 고장시 나타나는 결과가 아닌 것은?

① 가속 출력이 부족하다.
② 규정 이상의 CO 및 HC가 발생한다.
③ 연료소비율이 일정하다.
④ ECU에 고장 코드가 저장된다.

해설 산소센서가 고장이 나면 이론공연비를 맞추지 못하므로 연료를 많이 소모하게 된다.

16 • 2004.4.4 • 2008전반

그림은 엔진이 정상적인 난기 상태에서 정화장치(촉매)앞, 뒤에 설치된 산소센서 출력이다. 설명 중 옳은 것은?

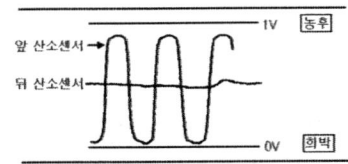

① 정화장치(촉매) 고장이다.
② 뒤쪽에 설치된 산소센서 고장이다.
③ 정화장치(촉매)가 정상적인 작용을 하고 있다.
④ 앞쪽 산소센서가 정상적으로 동작할 때 뒤쪽 산소센서는 동작을 멈춘다.

해설 앞산소센서는 엔진에서 배출되는 산소를 직접 측정하므로 정상파형이 곡선파형이다. 뒤산소센서는 촉매에 의해서 산소농도가 거의 변화가 없으므로 직선의 파형을 나타낸다.

ANSWER 12.① 13.③ 14.④ 15.③ 16.③

II 자동차섀시

1. 안전/검사 기준
2. 동력전달장치
3. 현가장치
4. 조향장치
5. 제동장치

자동차섀시

Section 1. 안전/검사 기준

① 공차시 조향륜 하중 분포(%) = $\dfrac{\text{공차시 조향축 윤중의 합}}{\text{차량중량}} \times 100$

② 기계 및 기구의 정도검사 대상이 되는 테스터는 제동력 시험기, 전조등 시험기, 사이드 슬립 테스터, 속도계시험기 등이다.

Section 2. 동력전달장치

① FR에서 F는 front engine이란 뜻이고, R는 rear drive란 뜻이다. 그러므로 **동력전달의 순서**는 엔진-클러치-변속기-추진축-종감속 및 차동장치-액슬축-바퀴로 이어진다.

② **FF차의 동력전달 경로**는 엔진-클러치-전륜변속기(차동장치포함)-액슬축-타이어 순이다. 앞기관 앞바퀴 구동식은 넓은 실내공간을 이용할 수 있고, 원가를 절약할 수 있으며 동력전달 경로가 짧아 에너지를 절약할 수 있다. 또한, 구동 바퀴가 조향 바퀴의 역할을 하므로 조향 안정성이 향상되는 장점이 있다. 단점으로는 조향 및 현가장치가 복잡하다는 점이다.

1 클러치

(1) 클러치의 구성

① 클러치 접속시 회전 충격을 흡수하는 스프링은 댐퍼스프링(토션스프링)이고, 축방향의 충격을 흡수하는 것은 쿠션스프링이다.

(2) 클러치 용량

① 클러치의 전달토크를 T라 하면 T는 클러치 스프링이 압력판을 미는 힘(F)과 클러치판과 압력판, 플라이휠 면 사이의 마찰계수(μ), 클러치판의 유효직격(r)의 곱에 비례한다. 식으로 표현하면 다음과 같다.

$$T \propto F \times \mu \times r$$

여기서 클러치판이 미끄러지지 않기 위해서는 클러치 스프링에 의한 압착 회전력 T 즉, ($F \times \mu \times r$)이 엔진에서 나오는 토크 용량(C)보다는 절대적으로 같거나 커야한다. 그래야만 동력이 미끄럼없이 타이어까지 전달될 수 있다. 식으로 표현하면

$$F \times \mu \times r \geq C$$

② $F = P$(면압)$\times$면적, 전달마력(Ps) $= T \times \omega = \dfrac{2 \times \pi \times T \times R}{75 \times 60}$

2 수동변속기

(1) 수동변속기 종류

- **슬라이딩식**(섭동식-활동기어식)은 주축의 스플라인에 끼워진 슬라이딩 기어를 미끄럼 이동시켜 부축 기어에 물리게 하여 제1속, 제2속의 변속비를 얻고, 후진은 아이들 기어를 이용하여 주축의 회전 방향을 바꾸어 준다. 제 3속은 도그 클러치에 의하여 클러치축과 주축을 직결시켜 출력축에 동력을 전달한다.
- **상시물림식**은 주축 기어와 부축 기어가 항상 물려 있는 방식으로, 동력의 전달은 변속레버가 시프트 포크를 작동시켜 주축의 스플라인에 끼워진 도그 클러치를 주축 기어와 물리게 함으로써 이루어진다.
- **동기물림식**은 서로 물리는 기어의 원주 속도를 일치시켜서 이의 물림을 쉽게 한 변속기로서, 현재는 이 방식의 것이 주로 사용된다. 구조는 싱크로 나이저 허브, 슬리브, 싱크로나이저 링, 싱크로나이저 키, 싱크로나이저 스프링 등으로 구성되어 있다.

(2) 구조와 작동

- 싱크로메시 기구는 기어가 물릴 때 기어의 속도를 일정하게 하는 역할을 한다. 작동순서는 변속기어를 넣으면 허브 위의 슬리브가 작동하여 싱크로나이저 키를 누르면서 밀고, 이에 따라 싱크로나이저 링이 구동기어의 콘 부분에 압착되어 동기화(구동기어와 전달기어의 속도가 같음)속도로 만든다. 속도가 같아지면 슬리브가 구동기어와 일체가 된다.
- 변속비(r_t) $= \dfrac{\text{구동회전수}}{\text{피동회전수}} = \dfrac{\text{피동잇수}}{\text{구동잇수}} = \dfrac{\text{피동직경}}{\text{구동직경}}$

3 자동변속기

(1) 자동변속기의 장단점

장점으로
① 클러치 페달과 주행 중 변속 조작을 하지 않아 운전이 편하다.
② 기관의 회전력은 유체에 의해 전달되므로 발진, 가속 및 감속이 원활하게 되어 승차감이 좋다.
③ 유체가 댐퍼 역할을 하여 기관 진동이나 바퀴로부터의 진동 또는 충격을 흡수하여 완화한다.

단점으로
① 변속기 구조가 복잡하고 가격이 비싸다.
② 수동 변속기에 비해 약 10% 정도 연료 소비율이 많다.
③ 차를 밀거나 끌어서 시동할 수 없다.

(2) 유체클러치

유체클러치는 회전력 변화가 거의 없고 유체클러치 효율이 거의 3 : 1이다. 토크 컨버터에서 회전력의 비는 최초에 2.4 : 1 정도이다. 클러치점에서는 1 : 1이 된다.

(3) 토크컨버터

- 토크 컨버터는 유체의 운동 에너지를 이용하여 토크를 자동적으로 변환하는 장치를 말하며, **펌프(임펠러), 터빈** 및 **스테이터**의 3개 요소로 구성된다.
- 변속비가 0일 때에는 터빈이 정지한 경우이며, 이 때를 **실속점(스톨포인트)**이라고 한다. 즉, 실속점에서는 토크비는 최대가 된다. 터빈이 회전하기 시작하여 속도비가 증가하면 토크비는 저하되어 어느 속도에 달하면 거의 1에 이른다. 이 점이 클러치점이 된다. 클러치점의 속도비는 약 0.8~0.9이다.
- 토크컨버터의 전달효율은 토크비와 속도비를 곱한 값을 말한다.

  토크비 = $\dfrac{\text{터빈축 토크}}{\text{펌프축 토크}}$ 이고, 속도비 = $\dfrac{\text{터빈축 속도}}{\text{펌프축 속도}}$ 이기 때문이다.

- 댐퍼(로크 업) 클러치는 터빈과 프런트 커버 사이에 설치되어 있으며, 슬립을 감소시켜 연비를 향상시키는 역할을 하는 클러치로 댐퍼 클러치가 작동할 때는 유압에 의해 로크 링 폴과 댐퍼 클러치가 결합되어 프런트 커버와 터빈을 직결시킴으로서 펌프, 터빈, 댐퍼 클러치가 일체로 고정이 되어 미끄럼이 없이 엔진의 회전력을 변속기의 입력축에 직접 전달시킨다.

그리고 댐퍼 클러치가 작동되지 않는 경우는 다음과 같다.
① 1속 및 후진에서는 작동되지 않는다.
② 엔진 브레이크시에는 작동되지 않는다.
③ 유온이 60℃이하에서는 작동되지 않는다.
④ 엔진의 냉각수 온도가 50℃이하에서는 작동되지 않는다.
⑤ 3속에서 2속으로 시프트 다운될 때에는 작동되지 않는다.
⑥ 엔진의 회전수가 800rpm이하일 때는 작동되지 않는다.
⑦ 엔진의 회전 속도가 2,000rpm이하에서 스로틀 밸브의 열림이 클 때는 작동되지 않는다.
⑧ 변속이 원활하게 이루어지도록 하기 위하여 변속시에는 작동되지 않는다.

(3) 유성기어장치와 오버드라이브

1) 유성기어장치
- 유성 기어 장치는 선 기어, 피니언, 링 기어, 유성 기어 캐리어로 구성되어 있다. 몇 개의 유성 기어가 같은 간격으로 유성 기어 캐리어에 배열되어 선 기어와 링 기어 사이에서 회전하도록 되어있다.
- 유성기어 캐리어를 구동, 링기어나 선기어 중 하나를 고정하면 오브드라이브가 된다. 구성3요소 중에서 2요소를 고정하면 직결이 된다. 유성캐리어를 고정하고 링기어나 선기어 중 하나를 구동하면 역전이 된다.
- 변속비 = $\dfrac{입력회전수}{출력회전수} = \dfrac{피동잇수}{구동잇수}$

2) 오버드라이브
자동차의 주행에 필요한 출력과 실제 엔진 출력과의 차이를 여유 출력이라 하는데 이 여유 출력을 이용하여 평탄한 도로를 주행할 때 변속기의 출력축의 회전속도를 엔진의 크랭크 축 회전속도 보다 크게 하는 장치가 오버드라이버 장치이다. 오버드라이버의 장점은 다음과 같다.
- 같은 엔진의 회전수에서 30%정도 차속이 빠르다.
- 엔진의 수명이 길어진다.
- 평탄한 도로 운행시 약 20%의 연료를 절약할 수 있다.
- 엔진의 운전이 조용하다.

(4) 제어장치

① 자동변속기의 입력신호는 TPS, 펄스제너레이터 A와 B, 엔진회전수, 인히비터 스위치, 유온센서, 엑셀러레이터 스위치, 증속구동 스위치, 킥다운 서브 스위치, 차속센서 등이 있다.

② 밸브의 기능은 다음과 같다.
- **거버너 밸브** : 변속기 출력축에 설치되어 변속기 출력축의 회전수(차속)에 따른 라인 압력을 거버너 압력으로 변환하여 조절한다.
- **스로틀 밸브** : 밸브 보디에 설치되어 가속 페달 밟는 정도에 따라 엔진의 출력에 대응하는 스로틀 압력을 형성하는 역할을 한다.
- **시프트 밸브** : 밸브 보디에 설치되어 라인 압력을 각 변속 단에 맞는 위치로 이동시켜 유압을 공급하는 역할을 한다.

③ 갑자기 가속페달을 2/3이상 밟으면 낮은 속도로 변속시켜서 큰 구동력을 발휘하게 하는 것을 킥다운이라 하는데, 킥다운을 수행하는 것은 전자제어유닛이 행하고, 킥다운 스위치에 의해 킥다운이 되었음을 확인하다.

④ 시스템이 이상시 고유한 값으로 고정하여 작동하도록 하여 시스템의 멈춤을 방지하는 안전기능이 페일 세이프이다.

(5) 점검과 수리

1) 오일점검

자동변속기의 오일점검 순서는 다음과 같다.
- 평탄한 장소에 주차 오일 수준게이지를 깨끗이 한다.
- P로 놓고, 주차브레이크를 작동하고 시동을 on
- 정상온도까지 엔진을 공회전
- 선택레버를 P, R, N, D, 2, 1로 각각 2회씩 이동하여 유압회로에 오일 가득 채움
- 변속기 N에 두고 오일 점검-HOT표 내에 있으면 정상

2) 타임랙 시험

타임 랙 시험은 중립(N)상태에서 D나 R상태로 넣었을 때 변속기의 기어가 구동되어 바퀴가 회전하게 되는 시간, 즉 변속시 응답에 걸리는 시간을 측정하는 시험이다. 보통 0.6초 이내이어야 한다. 이 시간 보다 길다면, 압력의 부족으로 작동이 늦어서이다.

3) 스톨시험

스톨시험은 토크컨버터 스테이터의 오버러닝 클러치의 작동과 자동변속기 내의 클러치, 브레이크의 미끄러짐을 알기 위한 시험이다. 시험순서는 다음과 같다.

① 워밍업으로 기관의 냉각수, 자동변속기의 오일 온도를 정상 작동온도로 맞춘다. 또한 오일 수준이 정상인 상태에서 주차브레이크를 하고, 각 바퀴가 움직이지 말도록 조치한다.
② 기관에 회전계를 설치하고 시동한 후 선택레버를 D위치로 한다.
③ 왼발로 브레이크 페달을 최대로 밟고 오른발로 가속페달을 밟는다.
④ 기관회전속도가 더 이상 올라가지 않을 때까지 부드럽게 밟아서 기관최고 회전속도를

읽고 즉시 가속페달을 놓는다. 가속페달의 밟는 시간은 5초 이내이다.
⑤ 다시 시험할 경우에는 선택레버를 N위치로 하고 1000rpm 정도에서 2분 이상 공회전한 다음 오일이 냉각된 후에 실시한다.
⑥ R위치에서도 위와 같은 방법으로 행한다.

시험결과의 판정은 다음과 같다.
① **D위치에서 스톨속도가 규정값 이상일 때** : 리어클러치나 오버런닝 클러치에 미끄럼이 있는 것으로 원인을 알기 위해 오일압력시험을 한다.
② **R위치에서 스톨속도가 규정값 이상일 때** : 프런트클러치나 로리버스 브레이크가 미끄러지는 것이므로 오일압력시험으로 원인을 찾는다.
③ **D와 R 위치에서 스톨속도가 규정값보다 낮을 때** : 기관의 출력부족이나 토크컨버터에 결함이 있는 것이다.(기관의 실화, 점화시기, 밸브틈새 등을 점검하고 이상이 없으면 토크컨버터 결함을 검사해서 정비한다)

4 드라이브라인과 액슬, 종감속장치

(1) 드라이브라인과 액슬

반부동식은 구동바퀴가 직접 액슬축 끝에 설치되고, 액슬축은 베어링을 사이에 두고 액슬 하우징에 설치된 형식이다.

3/4식은 액슬축의 끝에 바퀴허브를 설치하고 차축 하우징에 한 개의 베어링을 사이에 두고 허브를 지지하게 했다.

전부동식은 차축 하우징의 끝 부분에 휠 전체가 베어링을 사이에 두고 설치되고, 액슬축은 허브에 볼팅되어 있다.

그래서 반부동식은 차체의 중량에 영향을 많이 받으므로 승용차에 사용되며, 전부동식은 차량중량에 영향을 받지 않으므로 대형차에 사용하고 있다.

(2) 종감속장치

- 종감속비를 크게 하면, 입력속도에 대한 출력속도가 작게 한다는 뜻과 같다. 즉, 주행속도가 느려진다.

- 종감속비 = $\dfrac{구동축의\ 회전수}{링기어의\ 회전수}$ = $\dfrac{링기어잇수}{구동피니언잇수}$

5 휠 및 타이어

(1) 휠 밸런스
- **정적 평형**은 회전하는 중심축을 앞에서 보았을 때 회전하는 타이어의 특정 부분이 항상 중력에 의해 아래 부분에 멈춤없이 회전하고 있는 상태를 뜻한다. 정적 무게가 불평형 상태에 있으면 상하의 진동이 발생하며, 상하의 진동을 **트램핑 현상**이라 한다.

(2) 타이어 이론
- **타이어 트레드 패턴의 필요성** : 타이어 내부의 열을 발산한다. 트레드에 생긴 절상 등의 확대를 방지한다. 전진 방향의 미끄러짐이 방지되어 구동력을 향상시킨다. 타이어의 옆방향 미끄러짐이 방지되어 선회 성능이 향상된다.
- 타이어에는 예를 들어 185/70 R 13 84 H 로 표시되었다면,
  185 : 타이어폭(mm), 70 : 편평비, R : 레디얼 타입, 13 : 인치단위의 림 직경
  84 : 하중지수, H : 속도기호를 나타낸다.
- 레디얼 타이어의 장점으로는 타이어의 단면 편평률을 크게 하여 접지면적을 크게 할 수 있으며, 합성섬유나 강선코드를 브레이커에 사용하므로 트레드의 하중에 의한 변형이 작다. 또한, 선회시 보통타이어보다 트레드 변형이 적다. 단점으로는 강한 브레이커 때문에 충격 흡수가 잘되지 않아 승차감이 떨어진다.

(3) 타이어 이상현상
① **스탠딩 웨이브 현상** : 타이어 접지면의 변형이 내압에 의하여 원래의 형태로 되돌아오는 속도보다 타이어 회전속도가 빠르면 타이어의 변형이 원래의 상태로 복원되지 않고 물결 모양이 남게 되는 현상.
이 현상은 타이어 공기압이 낮은 상태에서 고속으로 주행할 때 발생하는 현상이다. 이 현상이 발생하면 변형에 의하여 타이어의 피로가 급격히 진전되고, 높은 열이 발생한다. 또, 구름 저항이 커지고, 높은 열과 트레드 고무와 카커스의 밀착력이 떨어져서 마침내 타이어가 파손된다. 이것을 방지하기 위해서는 타이어 내의 공기압력을 높이든지, 강성이 큰 타이어를 사용해야 한다.
② **하이드로 플래닝 현상(수막현상)** : 노면에 물이 괴어 있을 때에 노면을 고속으로 주행하면 타이어의 트레드가 물을 완전히 밀어 내지 못하고 물 위를 떠 있는 상태로 되어 노면과 타이어의 마찰을 없어지는데, 이 현상을 하이드로 플래닝(수막 현상)이다.
이 현상을 방지하기 위해서는 트레드의 마멸이 적은 타이어를 사용하고, 타이어의 공기압을 높이며, 리브 패턴형 타이어를 사용해야 한다.

6 자동차의 구동력 및 주행성능

(1) 구동력

- 회전력(torque) = 구동력(kg) × 타이어반경(m)이다.

- 전달효율 = $\dfrac{출력토크}{입력토크}$ 에서

  출력토크 = 구동력 × 타이어반경,
  입력토크 = 엔진의 토크 × 종감속비 이므로 아래와 같이 유도 된다.

  전달효율 = $\dfrac{구동력 \times 타이어반경}{엔진의 토크 \times 종감속비}$

(2) 주행저항

① **구름저항**

구름저항은 구름저항계수와 차량 중량의 곱이다.
$R_r = \mu_r \times W$

② **공기저항**

공기저항은 $R_a = \mu_a \times A \times V^2$ (kg)와 같이 표시된다.(여기서 속도의 단위는 km/h이다.
$R_a = \mu_a \times A \times V^2$

③ **가속저항**

가속저항$(R_{ac}) = \dfrac{W + W'}{g} \times a$

④ **구배저항**

$R_g = W\tan\theta = \dfrac{W \cdot G}{100}$ 으로 표현되고, 여기서 G는 구배각도(%)를 나타낸다.

⑤ **전 주행저항**

$R = \mu_r W + \mu_a A V^2 + W\sin\theta + (1+\epsilon)\dfrac{W}{g}a$ 로 표시된다. 여기서 중량과 관계가 없는 저항은 공기저항 뿐이다.

(3) 주행성능

① **가속도**

감속도(가속도) = $\dfrac{나중속도 - 처음속도}{나중시간 - 처음시간}$

② 주행속도
- 타이어의 회전수=기관회전수 ÷ (변속비 × 종감속비)
- 자동차의 시속은 π×D×N (N : 타이어 회전수)

Section 3 현가장치

1 일반 현가장치

(1) 현가장치의 종류

1) 독립현가장치의 장단점

㉠ 장점
- 스프링 밑 질량이 작으므로 승차감이 좋다.
- 바퀴의 시미현상을 잘 일으키지 않고 주행 안정성이 우수하다.
- 스프링 정수가 작은 스프링의 사용이 가능하다.

㉡ 단점
- 구조가 복잡하고 가격, 취급, 정비가 까다롭다.
- 볼 이음이 많아 앞바퀴 정렬이 틀리기 쉽다.
- 바퀴의 운동에 따라 윤거나 앞바퀴정렬이 변하므로 타이어의 마멸이 증가한다.

2) 맥퍼슨 현가장치의 장단점

㉠ 장점
- 위시본형에 비해 구조가 간단, 구성부품이 적다. 그래서 마멸과 손상이 적어 보수가 쉽다.
- 스프링 밑 중량이 작아 주행안전성이 좋다.
- 바퀴의 상하운동에 의한 윤거나 캠버의 변화가 없고 캐스터만 약간 변한다. 그러나 2개의 암을 사용하면 캐스터가 변화하지 않게 할 수 있다. 즉 앞바퀴 정렬의 변화나 타이어의 마멸이 적다.

㉡ 단점
- 옆방향 작용력에 대한 대응력이 비교적 약하다.
- 이 식을 앞차축에 사용하면 제동될 때 노우스 다운 현상이 일어나기 쉽다.

(2) 현가스프링

- $K = \dfrac{W}{a}$ 여기서 K : 스프링 상수(kgf/mm), W : 하중(kgf), a : 변형량(mm)

- 스프링은 차축과 프레임 사이에 설치되어 바퀴의 충격이나 진동을 완화하여 차체에 전달되지 않게 하는 역할을 한다. 종류로는 판스프링, 코일스프링, 토션바 스프링, 고무스프링, 공기스프링 등이 있다.

(3) 쇽 업소버

쇽 업저버에는 크게 3종류로 나뉜다. **텔레스코핑형, 레버형, 드가르봉식형**이 있다. 텔레스코핑형은 실이 하나인 단동식과 2개인 복동식이 있고, 레버형에는 피스톤식과 회전날개식이 있다. 드가르봉식은 오일 아래에 질소가스가 내장되어 있다.

(4) 스테이빌라이저

독립 현가장치에서 승차감을 향상시키기 위해 스프링 상수가 작은 스프링을 사용하면 자동차가 선회 시나 기복이 심한 도로를 주행 시에 차체의 기울어짐이 심해진다. 이 때, 자동차의 기울어짐을 작게 하고, 빨리 원래대로 회복시킬 목적으로 스테이빌라이저를 사용한다. 또, 자동차가 선회할 때의 롤링(완더)현상을 방지하여 평형을 유지하기도 한다.

2 전자제어 현가장치

(1) 일반적 ECS

① **ECS 구성** : 전자현가장치는 노면의 상황과 주행 조건에 따라서 현가 특성을 변경시켜 줄 수 있다. 전자 제어 현가장치는 차고제어, 자세제어, 감쇠력제어, 노즈다운(업)제어, 롤링제어 등을 행한다.

② **차고센서와 조정** : 승차 인원이나 적재물의 변화에 따른 자동차의 자세 변화의 보정 및 고속 주행 또는 험로 주행 시에 요구되는 차높이 조정을 위해서 전자식 현가 제어 장치는 차높이 센서(차고센서), 차속 센서 등의 신호를 처리하여 자동차의 앞바퀴 및 뒷바퀴의 현가장치용 액추에이터에 압축 공기를 공급하거나 배기시켜 적정한 차높이가 유지되도록 제어한다.

(2) 자세제어

- 주행 중 브레이크 페달을 밟게 되면 차량의 무게가 앞으로 이동하면서 차체의 앞쪽은 내려가고 뒤쪽은 올라가는 현상을 **다이브**(dive)라 한다.
- **스쿼트**란 차를 출발시 차량의 앞쪽이 위로 들리는 현상(노즈업)을 말한다.

Section 4 조향장치

1 일반 조향장치

(1) 조향너클과 킹핀의 조합에 의한 분류

조향너클과 킹핀의 설치에 따른 종류는 **엘리옷형, 역엘리옷형, 마이몬형, 르모앙형**이 있다. 엘리옷형은 앞츠죽의 양끝 부분이 요크로 되어있고, 그속에 조향 너클이 끼워져서 회전운동을 한다. 역엘리옷형은 엘리옷형의 반대이다. 마아몬형은 차축 위에 조향너클이 설치된 형식으로 차체를 낮출 수 있고, 너클의 설치나 앞차축의 형상이 간단하다. 르모앙형은 마아몬형과 반대형태이다.

(2) 조향장치의 원리

코너링 포스에 영향을 주는 요인으로는 타이어형식과 구조, 수직하중, 타이어내압, 타이어의 치수, 림의 폭, 코드의 각도, 타이어의 신구, 주행속도, 노면상태 및 회전드럼의 곡률 등이다.

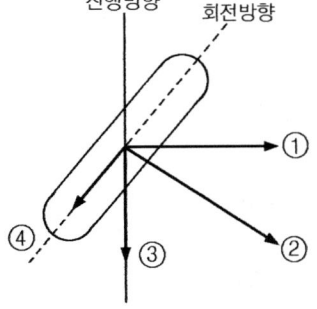

① : 코너링 포스 ② : 횡력
③ : 구름저항

(3) 최소회전반경

① 안전기준에서 최소회전반경은 바깥쪽 앞바퀴 자국의 중심선을 따라 측정했을 때 12m를 초과해서는 안된다.
② 조향 각을 최대로 하고 선회하였을 때 그려지는 동심원 중에서 가장 바깥쪽 바퀴가 그리는 원의 반경을 그 자동차의 최소회전반경이라고 하며 다음의 공식으로 구한다.

$$R = \frac{L}{\sin\alpha} + \gamma$$

단, R : 최소회전반경, L : 축거(wheel base), α : 가장 바깥쪽 앞바퀴의 조향각
γ : 바퀴 접지면 중심과 킹핀 중심이 가리키는 지점 간의 거리

(4) 조향장치 구비 조건

- 조향 조작이 주행중일 때 충격에 영향을 받지 않을 것
- 조작이 쉽고 방향 전환 조작이 원활할 것
- 최소회전반경이 작아 좁은 곳에서도 방향을 변환할 수 있을 것
- 진행 방향을 바꿀 때 섀시나 보디 각부에 무리한 힘이 작용하지 않을 것
- 고속 주행에서도 조향 핸들이 안정될 것

- 조향 핸들의 회전과 바퀴의 선회의 차이가 적을 것
- 수명이 길고 다루기 쉬우며 정비하기가 쉬울 것
- 조향기어비 = $\dfrac{조향핸들의\ 회전각}{피트먼암의\ 회전각}$

2 동력조향장치

① 안전 체크 밸브는 기관의 정지, 오일 펌프의 고장 및 오일의 누출 등의 원인으로 유압이 발생되지 않을 경우에도 조향 휠의 조작이 기계적으로 이루어질 수 있도록 되어 있으나, 조향 휠을 조작하여 링크가 작동하면 동력 실린더가 연동하여 실린더의 한쪽 챔버의 오일을 압축하고, 다른 쪽 챔버를 부압상태로 만들기 때문에 큰 저항을 받게 된다. 이와 같은 경우, 안전 체크 밸브가 그 압력 차이에 의해서 자동적으로 열리고, 압력이 가해진 챔버의 오일을 부압측의 챔버에 유입시켜 수동 조향 조작이 원활하게 되도록 한다.

② **동력조향장치의 특징**
- 작은 힘으로 조향 조작을 할 수 있다.
- 노면의 충격을 흡수하여 조향 휠에 전달되는 것을 방지할 수 있다.
- 앞바퀴의 시미 현상을 감쇠하는 효과가 있다.
- 조향력을 작게 할 수 있으므로 조향 기어를 자유롭게 설계할 수 있다.
- 조향기어비를 조작력과 관계없이 선정할 수 있다.

3 전자제어 조향장치

전자제어 파워 스티어링(EPS)의 종류는 다음과 같다.
① **회전수 감응식** : 엔진의 회전수에 따라 조향력을 변화시키는 형식
② **차속 감응식** : 차속에 따라 조향력을 변화시키는 형식
③ **유량 제어식** : 유량을 제한 또는 바이패스에 의해 동력 실린더에 가해지는 유압을 변화시키는 형식
④ **반력 제어식** : 제어 밸브의 열림을 직접 조절하여 동력 실린더에 가해지는 유압을 변화시키는 형식

5 휠얼라인먼트

(1) 앞바퀴정렬의 요소

바퀴정렬의 목적은 조향휠의 복원성향상과 조작력 저감, 타이어 마모 저감이다.

1) 캠버

자동차를 앞에서 보면 앞바퀴는 윗부분이 약간바깥쪽으로 벌어져 있다. 즉, 앞바퀴의 중심선이 수직선에 대하여 (0.5 ~ 2°)만큼 벌어져 있는데 이 각을 캠버라 한다.

이 캠버각의 필요성은 ① 앞차축의 휨을 적게 하고, ② 조향 조작을 확실하고 안전하게 하며, ③ 앞바퀴가 아래로 벌어지는 것을 방지하는 역할을 한다. 그리고 바퀴의 윗부분이 바깥쪽으로 벌어진 것을 정의 캠버, 바퀴의 중심선이 수직일 때를 0의 캠버, 바퀴의 중심선이 안쪽으로 기울어진 것을 부의 캠버라 한다.

2) 캐스터

캐스터는 보통차량의 경우 정의 값을 가진다. 이 말은 캐스터점(리드점)이 바퀴 타이어 접지면 중심점 보다 앞에 있다는 뜻이다. 앞바퀴 옆에서 보았을 때 킹핀이나 볼 조인트의 중심선에 수직선에 대하여 0.5~3°의 각도를 두고 설치되어 있는데, 이와 같은 상태를 캐스터라고 한다.

캐스터의 필요성은 ① 주행 중 조향 바퀴에 방향을 주고, ② 조향할 때 바퀴에 복원력을 주기 위해서이다. 캐스터는 킹핀의 윗부분이 뒤쪽으로 기울어져 있는 경우를 정(+)의 캐스터, 앞 쪽으로 기울어져 있는 경우를 부(-)의 캐스터, 수직선과 일치되었을 때를 0의 캐스터라고 한다.

3) 킹핀경사각

앞바퀴를 앞에서 보면 킹핀의 중심선(볼 조인트 중심선)이 노면에 대해 수직선이 아니고 안쪽으로 경사지게 설치되고, 그 연장선 타이어 접지면의 중앙보다 약간 안쪽으로 노면과 만나고 있다. 이와 같이 킹핀의 중심선이 노면의 수직선과 이루는 각도를 킹핀 경사각이라고 한다. 그래서 킹핀 경사각은 구조상 조정이 불가능하다.

킹핀 경사각의 필요성은 ① 캠버와 함께 스위블 반지름을 작게 할 수 있기 때문에 조향 휠의 조작력을 가볍게 할 수 있고, ② 앞바퀴의 시미 현상을 방지하며, ③ 조향할 때에 앞바퀴의 복원성을 부여하여 조향 휠의 복원을 쉽게 한다. 스위블 반지름값이 크면 앞바퀴의 저항 때문에 방향 전환을 할 때 조향력이 커진다.

4) 토(인, 아웃)

토인은 다음 그림과 같이 앞바퀴를 위에서 보면 좌우 타이어 중심간의 거리가 앞부분이 뒷부분보다 2~8mm 좁게 되어 있는데 이와 같은 상태를 토인이라 하며, 승용차는 2~3mm 대형차는 4~8mm 정도이다.

토인의 필요성은 ① 앞바퀴의 사이드슬립과 타이어의 마멸을 방지하고, ② 캠버에 의한 토아웃이 되는 것을 방지하는 일을 한다. ③ 앞바퀴를 평행하게 회전시켜 주는 기능과 주행 저항 및 구동력의 반력에 의하여 토아웃으로 되는 것을 방지하는 기능을 한다.

(2) 사이드슬립 테스터

사이드슬립 시험기는 앞바퀴가 주행시 옆으로 미끄러지는 현상을 슬립량으로 측정하는 것으로 앞바퀴 정력을 종합적으로 테스트 하는 시험기기이다. 사이드 슬립의 주요 원인은 토인과 캠버이다.

Section 5 제동장치

1 제동이론

- 제동률(%) = $\dfrac{실 제동력}{축 중량} \times 100 = \dfrac{실제동질량 \times 제동감속도}{축질량 \times 중력가속도} \times 100$ 으로 표시된다.

  여기서, 계산을 간단히 하기 위해 제동질량과 축질량이 같다라고 가정(실 제동질량이 없으므로)을 하면, 제동률(%) = $\dfrac{제동감속도}{중력가속도} \times 100$ 으로 변형된다.

- 공기브레이크의 제동률(η_{ab})는 $\eta_{ab}(\%) = \dfrac{(P_1 - P_0) \times F}{(P_2 - P_0) \times W} \times 100$ 이고, $W = mg$ 이다.

  P_0는 초기압력(bar), P_1은 브레이크공기압력(bar), P_2는 블록킹한계압력(bar), F는 총제동력(N), W는 차량총중량(kg)이다.

(1) 제동압력

수압력 = $\dfrac{수직방향의 힘}{힘의 직각면적}$

(2) 정지거리

- 제동거리를 공식으로 표현하면 다음과 같다.

  $S_1 = \dfrac{v^2}{2\mu g}$ 　　v : 속도(m/s), g : 중력가속도(9.8m/s²), S_1 : 제동거리(m),
  　　　　　　　　μ : 타이어와 제동거리 노면사이의 마찰계수

- 이론적 제동거리 = $\dfrac{v^2}{2 \times \mu \times g} \times \dfrac{W + W'}{F}$

  v : 차속도(m/s), F : 제동력의 총합, W : 차량의 중량, W' : 차량의 회전관성 중량

(3) 베이퍼록 현상

베이퍼록이란 제동장치의 유압회로에서 오일이 기화하는 현상을 말한다. 이 현상은 유압회로 내에 잔압이 낮거나 오일이 제동되는 마찰열에 의해서 기포가 생긴다. 마찰열은 슈와 라이닝에 의해서 생기고, 특히 드럼과 라이닝의 간극이 작을 때나 페달유격이 작을 때 많이 발생하고, 이 열이 유압라인을 따라 전달되기 때문에 발생한다. 이 현상을 방지하기 위해서는 비점이 높은 오일을 사용하거나 과도한 브레이크 사용을 피한다. 이 현상이 발생하면 주행을 멈추고 열이 식기를 기다려야 한다.

(4) 페이드 현상

긴 내리막 길을 엔진 브레이크나 보조브레이크를 사용하지 않고 브레이크를 빈번히 사용하면 브레이크 라이닝(패드)과 드럼의 마찰열에 의하여 가열되고, 이에 따른 온도 상승에 의하여 라이닝(패드) 표면의 마찰 계수가 떨어져서 브레이크 효과가 점차 나빠져서 브레이크가 제대로 작동되지 않게 되는 현상을 브레이크 페이드 현상이라 한다.

2 유압 드럼식 제동장치

(1) 마스터 실린더

- 텐덤 마스터 실린더의 사용 목적 : 앞, 뒤바퀴의 브레이크 제동을 분리시켜 제동안정을 얻게 한다.
- 첵 밸브는 휠실린더로 간 브레이크의 압력을 "0"으로 만드는 것이 아니라, 첵 밸브의 스프링 장력 만큼 압력을 남게(잔압형성)하여 브레이크의 작동을 신속하게 할 뿐아니라 베이프록 발생을 방지한다. 첵밸브가 열린 채로 작동되면 잔압이 없어지고 휠 실린더의 오일이 모두 마스터실린더로 빠져버린다.

(2) 드럼

1) 브레이크 드럼의 구비조건
① 정적 및 동적 형형이 잡혀있어야 한다.
② 브레이크의 슈가 확장되었을 때 변형되지 않을 만한 충분한 강성을 가지고 있어야 한다.
③ 슈와의 마찰면에 충분한 내마멸성이 있어야 한다.
④ 방열이 잘 되어야 하며 가벼워야 한다(회전 관성이 작을 것).

2) 드럼토크는 드럼의 회전 접선력과 반지름의 곱

$$T = \mu \times F \times r$$

T : 토크, μ : 마찰계수, r : 드럼의 반경

3 유압 디스크식 제동장치/공기식 제동장치

(1) 유압 디스크식 제동장치

1) 디스크 브레이크의 장단점

① 장점
- 방열성이 양호하고 제동 능력이 안정되므로 제동시에 한쪽만 제동되는 일이 적다.
- 디스크 열변형이 되지 않으므로, 브레이크 페달을 밟는 거리의 변화가 적으며, 이물질이 묻어도 쉽게 털어 낼 수 있다.
- 구조가 간단하여 점검과 조정이 용이하다.

② 단점
- 마찰력이 작으므로, 패드를 미는 힘 커야 하므로 페달을 밟는 힘도 커야 한다.
- 패드의 재료는 강도가 큰 것으로 만들어야 하고, 구조가 복잡하기 때문에 가격이 비싸다.
- 자기 배력 작용(자기작동)이 없으므로 조작력이 커진다.

(2) 공기식 제동장치

- 브레이크 페달을 밟으면 브레이크 밸브로부터 유입된 공기는 퀵 릴리스 밸브의 입구로 들어가서 밸브를 열고, 앞바퀴 쪽의 좌우 브레이크 챔버로 들어가 브레이크가 작용하게 되고, 동시에 퀵릴리스 밸브를 통해 나온 공기압은 릴레이 밸브를 작동시켜 공기탱크의 공기압이 뒤 브레이크의 좌우 챔버로 들어가 브레이크가 작동된다. 페달을 놓으면 브레이크 밸브로부터 공기가 배출되어 공기 입구 압력이 대기압 상태로 되므로, 퀵 릴리스 밸브와 릴레이밸브는 스프링 장력에 의해 본래의 위치로 돌아오고, 브레이크 챔버 내의 공기는 배출되어 브레이크가 풀린다.
- 공기 탱크의 압력을 일정하게 유지하고 공기 탱크내의 압력에 의해 압축기를 다시 가동 시키는 역할을 하는 장치는 언로더밸브이다.

4 배력장치

① 진공계통을 개폐하는 부품으로는 릴레이밸브 및 릴레이밸브 피스톤, 다이어프램, 진공밸브, 공기밸브가 있다. 브레이크 페달을 밟지 않은 상태에서는 흡기다기관(진공펌프) – 파워실린더(B) – 릴레이밸브 및 릴레이밸브 피스톤 – 진공밸브 – 파워실린더(A) 순으로 진공이 되고 있다.

② 하이드로 백은 흡기다기관의 진공과 대기압의 차를 이용한 배력장치이다. 브레이크 페달을 밟으면 릴레이 밸브에 의해 진공밸브가 닫히고 공기밸브가 열려 동력피스톤의 뒤

쪽에 대기압이 작동한다. 이 큰 압력은 하이드롤릭 실린더를 작동시켜 큰 유압이 발생하고 이 압력이 휠실린더에 전달된다.

③ 배력식 브레이크에서 공기압축기에 의한 압축공기의 압력과 대기압의 압력차를 이용하여 배력브레이크 하는 장치가 (하이드로)에어백이다. 하이드로백과 하이드로 에어백은 다르다.

5 ABS

① 숙달된 운전자가 눈이 내린 도로나 비가 온 도로에서 급정거를 할 때 브레이크를 한 번에 세게 밟지 않고, 여러 번 밟아 횡축 미끄러짐이나 조종성 악화를 방지하고 있듯이 전자식 ABS도 자동차의 바퀴 속도와 차체 속도를 서로 비교하면서 하이드롤릭 유닛의 솔레노이드 밸브를 제어해서 적당한 브레이크 유압으로 변환하여 안전하게 급정거할 수 있도록 한다.

② 하이드롤릭 유닛(모듈레이터)은 프로포셔닝 밸브, 체크 밸브, 솔레노이드 밸브, 리저브 펌프, 어큐뮬레이터로 구성되어 있다. 하이드롤릭 유닛의 역할은 ECU로 부터의 작동 명령에 따라 솔레노이드밸브를 작동시켜 적당한 제동력을 만든다.

③ 타이어의 슬립율 S는 차체 속도를 V 차바퀴의 원주 속도를 V_W 라 하면 다음과 같이 표시된다.

$$슬립율(S) = \frac{차체속도(V) - 차바퀴의\ 원주속도(V_W)}{차체속도(V)} \times 100(\%)$$

PART.2 섀시 — 자동차 안전/검사기준

1. 자동차 안전/검사기준

01 • 2004.4.4

자동차의 검사항목 중 정기검사 시 검사항목이 아닌 것은?
① 조종장치
② 주행장치
③ 동일성 확인
④ 차체 및 차대

해설 제원측정, 조종장치, 경보장치의 검사는 신규 검사에 한한다.

02 • 95년도

자동차 안전기준 중 승용차 및 승합차의 길이는 몇 미터 이하여야 하는가?
① 10m
② 11m
③ 12m
④ 13m

해설 자동차의 길이는 13m를 넘을 수 없다. 단, 트레일러를 견인할 시는 16.7m를 넘어서는 안된다.

03 • 98년도

다음 중 가장 좋은 승차감을 얻을 수 있는 진동수는?
① 10~40cyc/min
② 60~120cyc/min
③ 130~150cyc/min
④ 150~200cyc/min

해설 가장 좋은 승차감은 심장의 진동수와 비슷해야 하므로 60~120cyc/min이 가장 좋다. 이를 위해서 전자현가장치를 부착했다.

04 • 2004.7.18

자동차 검사 시행 요령에서 등화장치 후부 반사기 등의 세부 검사내용을 설명한 것이다. **틀린 것은?**
① 반사기의 손상유무 및 설치위치 적합여부
② 반사기의 규격 적합여부
③ 반사기의 형상 및 색상 적합여부
④ 반사광의 색상 적정여부

해설 후부반사기의 규제는 형상에는 무관하다.

05 • 2004.7.18

속도제한장치를 부착하지 않아도 되는 자동차는?
① 차량총중량 10톤 이상인 운송 사업용 승합자동차
② 비상 구급 자동차
③ 차량 총중량 16톤 이상인 화물자동차
④ 덤프형 및 콘크리트 운반전용의 화물자동차

해설 비상 구급 자동차는 속도제한장치를 부착하지 않아도 된다.

06 • 2005.7.17

자동차 연속좌석의 너비가 7165mm가 측정되었다. 연속좌석의 승차인원은 몇 명으로 산정할 수 있나?
① 16
② 17
③ 18
④ 20

해설 연속좌석의 승차인원은 1인 40cm이므로, 716.5cm/50cm =17.91명으로 사람을 0.91로는 만들지 못하므로, 소수점이하는 절삭한다. 즉 17명이다.

ANSWER 1.① 2.④ 3.② 4.③ 5.② 6.②

07 • 2006.7.16

자동차의 검사기준 및 방법에서 원동기의 검사기준을 나타낸 것들이다. 원동기의 검사기준으로 적합하지 않은 것은?

① 팬벨트 및 방열기 등 냉각계통의 손상이 없고 냉각수의 누출이 없을 것.
② 점화, 충전, 시동장치의 작동에 이상이 없을 것.
③ 시동상태에서 심한 진동 및 이상 음이 없으며, 윤활유 계통에서 윤활유의 누출이 없을 것.
④ 배기 매니폴드의 장착과 촉매컨버터의 작동이 확실할 것.

> **해설** 원동기 검사기준은 다음과 같다. 시동상태에서 심한 진동 및 이상 음이 없을 것, 원동기의 설치 상태가 확실할 것, 점화·충전·시동장치의 작동에 이상이 없을 것, 윤활유 계통에서 윤활유의 누출이 없고 유량이 적정할 것, 팬벨트 및 방열기 등 냉각계통의 손상이 없고 냉각수의 누출이 없을 것 등이다.

08 • 2008.7.13

원동기의 윤활계통에 대한 세부 검사내용과 방법들을 나타낸 것들 중에서 적절하지 않는 것은?

① 윤활 계통의 누유를 확인할 주요 부분은 실린더 헤드 커버, 오일팬, 오일필터 등의 가스킷 부분 등이다.
② 원동기가 시동중이고 변속레버를 "0" 위치로 한 상태에서 실시한다.
③ 윤활장치 각 연결부의 기름 누출여부를 자동차의 상부/하부에서 관능에 의해 확인한다.
④ 누유 흔적이 있는 경우에는 원동기를 시동시킨 상태에서 누유 상태를 다시 확인한다.

> **해설** 원동기를 정지시키고 변속레버를 중립(N)에 놓은 상태에서 상/하부의 관능검사를 시행한다. 누유흔적이 있는 경우에는 시동하여 검사한다.

09 • 2007.4.4

자동차의 중량 및 하중분포를 측정하는 조건으로 맞지 않는 것은?

① 자동차는 공차 또는 적차상태를 각각 측정한다.
② 연결자동차는 연결한 상태로 측정한다.
③ 공차상태의 중량 분포로서 적차상태의 중량 분포를 산출하기가 어려울 때에는 공차상태만 측정한다.
④ 측정단위는 kgf 으로 한다.

> **해설** 중량측정은 공차상태의 중량분포로서 적차상태의 중량분포를 산출하기가 어려울 때에는 공차상태와 적차상태를 각각 측정한다. 이 경우 좌석정원의 인원은 정위치에, 입석정원의 인원은 입석에 균등하게 승차하며, 물품은 물품적재장치에 균등하게 적재한 것으로 한다.

10 • 2007.7.15

공차시 차량중량이 1400kgf(후축중 600kgf)인 자동차에서 축거가 2.4m로 측정되었다. 공차상태에서 이 자동차 조향륜에 걸리는 하중 비율은?

① 35.7%   ② 42.8%
③ 50.0%   ④ 57.1%

> **해설** 공차시 조향륜 하중분포(%)
> $= \dfrac{\text{공차시 조향축 윤중의 합}}{\text{차량중량}} \times 100$
> $= \dfrac{1400-600}{1400} \times 100 = 57.14\%$ 로 계산된다.

11 • 2007.4.4

자동차의 회전 조작력을 측정하려고 한다. 적합하지 않은 것은?

① 좌, 우로 선회하면서 조향력을 측정할 것
② 평탄한 노면에서 반경 12m 원주를 선회할 것
③ 선회속도는 10km/h로 할 것
④ 공차상태에서 표준공기압으로 할 것

ANSWER 7.④ 8.② 9.③ 10.④ 11.④

해설: 측정조건이 적차상태의 자동차로서 타이어 공기압이 표준공기압이어야 한다.

12 • 2008전반

자동차의 제원 측정에 관한 설명 중 틀린 것은?

① 배기관 개구방향은 배기관의 개구부와 차량 중심선 또는 기준면과의 각도를 각도게이지 등으로 측정한다.
② 가스용기 후단과 차체 최후부간의 거리는 가스용기의 후단과 범퍼 등 차체의 최후단과의 최대거리를 차량 중심선에서 평행하게 측정한다.
③ 등록번호판의 부착위치는 차체 최후단으로부터 등록번호표 중심사이의 최대거리를 차량 중심선에 평행하게 측정한다.
④ 조종장치의 배치간격은 차량중심선과 평행한 조향핸들 중심면을 기준으로 좌우에 설치되어 있는 조종장치와의 최대거리를 측정한다.

해설: 가스용기 후단과 차체 최후부간의 거리는 가스용기의 후단과 범퍼 등 차체의 최후단과의 최소거리를 차량 중심선에서 평행하게 측정한다.

13 • 2009.3.29

자동차를 제작, 조립 또는 수입하고자 하는 자가 자동차의 형식이 안전기준에 적합함을 스스로 인증하는 것은?

① 자동차의 형식승인
② 자동차의 자기인증
③ 자동차의 안전승인
④ 자동차 제작판매인증

해설: 자동차를 제작, 조립 또는 수입하고자 하는 자가 자동차의 형식이 안전기준에 적합함을 스스로 인증하는 것을 자동차 자기인증이라 한다.

14 • 2010전반

자동차의 최대 안전 경사각도를 경사각도 측정기를 이용하여 측정하는 방법을 설명한 내용 중 틀린 것은?

① 자동차는 공차 상태로 하고, 좌석은 정 위치에 창 유리등은 닫은 상태로 한다.
② 측정단위는 도(°)로 하고 소수점 첫째 자리까지 측정한다.
③ 측정기에 설치된 차륜 정지장치에 좌측 또는 우측의 모든 차륜을 밀착시키고 반대측의 모든 차륜이 측정기의 답판에서 떨어지는 순간 답판의 수평면과 이루는 각도를 좌측 방향과 우측 방향에 대하여 각각 측정한다.
④ 공기 스프링 장치를 가진 자동차에 대하여는 레벨링 밸브가 작동하는 상태로 한다.

해설: 공기스프링장치를 가진 자동차에 대하여는 레벨링 밸브가 작동하지 않은 상태로 한다.

자동사 검사기기 기준

15 • 99.10.10

자동차 시험기에서 정도 검사 항목이 아닌 것은?

① 제동력 시험기
② 사이드슬립 TEST기
③ 헤드라이트(전조등) 시험기
④ 가시광선 검사기

해설: 기계 및 기구의 정도검사 대상이 되는 테스터는 제동력 시험기, 전조등 시험기, 사이드슬립 테스터, 속도계시험기 등이다.

16 • 02.4.7 • 2005전반

정밀도 검사대상 기계, 기구가 아닌 것은?

① 제동력 시험기
② 사이드슬립 측정기
③ 속도계 시험기
④ 엔진 성능 시험기

해설: 위 문제15의 해설을 참조한다.

ANSWER 12.② 13.② 14.④ 15.④ 16.④

PART.2 섀시 — 동력전달장치

01 • 2003.7.20 • 2007.4.4

FR(후축구동)형식 자동차의 동력전달 순서가 맞는 것은?

① 클러치 → 변속기 → 종감속 및 차동장치 → 추진축 → 차축 → 바퀴허브
② 클러치 → 변속기 → 차축 → 종감속 및 차동장치 → 바퀴허브
③ 클러치 → 변속기 → 종감속 및 차동장치 → 차축 → 바퀴허브
④ 클러치 → 변속기 → 추진축 → 종감속 및 차동장치 → 차축 → 바퀴허브

해설 FR에서 F는 front engine이란 뜻이고, R는 rear drive란 뜻이다. 그러므로 동력전달의 순서는 엔진-클러치-변속기-추진축-종감속 및 차동장치-액슬축-바퀴로 이어진다.

02 • 99.10.10

FF 구동 방식의 특징이 아닌 것은?

① 연료 소비율이 낮다.
② 안정성이 크다.
③ 실내 유효공간이 넓다.
④ 횡풍력에 대한 저항력이 적다.

해설 FF차의 동력전달 경로는 엔진-클러치-전륜변속기(차동장치포함)-액슬축-타이어 순이다. 앞기관 앞바퀴 구동식은 넓은 실내공간을 이용할 수 있고, 원가를 절약할 수 있으며 동력전달 경로가 짧아 에너지를 절약할 수 있다. 또한, 구동 바퀴가 조향 바퀴의 역할을 하므로 조향 안정성이 향상되는 장점이 있다. 단점으로는 조향 및 현가장치가 복잡하다는 점이다.

03 • 2005.7.17

동력전달장치의 안전을 위하여 점검사항으로 볼 수 없는 것은?

① 변속기의 오일 누유
② 추진축 및 자재이음의 진동 여부
③ 변속 링키지의 이탈 여부
④ 변속기의 각인

해설 변속기의 각인은 변속기의 고유번호를 타각한 것으로, 안전과는 관련이 없다.

1. 클러치

클러치의 구성

01 • 97.2.2

클러치 접속시 회전충격을 흡수하는 스프링은?

① 쿠션 스프링   ② 댐퍼 스프링
③ 클러치 스프링   ④ 막 스프링

해설 클러치 접속시 회전 충격을 흡수하는 스프링은 댐퍼스프링(토션스프링)이고, 축방향의 충격을 흡수하는 것은 쿠션스프링이다.

02 • 2005전반

단판 마찰 클러치 접속시 발생하는 회전충격을 흡수하는 스프링은?

① 쿠션스프링   ② 토션스프링
③ 클러치 스프링   ④ 막스프링

해설 위 문제1의 해설을 참조한다.

ANSWER 1.④ 2.④ 3.④ / 1.② 2.②

03 • 98년도

클러치 접속시 충격을 흡수하는 것은 다음 중 어느 것인가?

① 쿠션 스프링   ② 막 스프링
③ 코일 스프링   ④ 댐퍼 스프링

해설: 문제가 애매하다. 쿠션스프링은 접속시 축방향의 충격을 흡수하고 댐퍼스프링은 회전방향의 충격을 흡수한다.

04 • 97.2.2

클러치판은 어느 축의 스플라인에 설치되는가?

① 추진축부
② 변속기 입력축부
③ 엔진 크랭크축 부
④ 차동기어 축부

해설: 클리치판은 변속기의 입력축에 꽂혀서 압력판의 작동에 의해 플라이휠의 회전력을 변속기에 전달한다. 여기서 스플라인이란 축방향으로 새겨진 홈이라 할 수 있다.

05 • 97.10.12

클러치 디스크는 어느 축의 스플라인과 연결되는가?

① 추친축   ② 변속기 입력축
③ 크랭크축   ④ 액슬축

해설: 위 문제 3의 해설을 참조한다.

06 • 99.10.10

클러치 디스크 석면계 라이닝의 마찰 계수는?

① 0.1 ~ 0.3   ② 0.3 ~ 0.5
③ 0.6 ~ 0.9   ④ 0.9 ~ 1.2

해설: 클러치면은 알맞은 마찰계수(0.3 ~ 0.5)를 가져야 하고, 내마멸, 내열성이 크며 온도의 변화에 따라서 마찰계수의 변화가 적은 것이 좋다.

클러치 용량

07 • 97.10.12 • 99.10.10 • 00.3.26

클러치 스프링 장력을 T, 클러치판과 압력판 사이의 마찰계수를 f, 클러치판의 유효반경을 r, 기관의 회전력을 C라고 할 때 클러치가 미끄러지지 않으려면 어느 식에 만족하여야 하는가?

① $Tfr \geq C$ ② $Tfr \leq C$
③ $T \geq frC$ ④ $Tf \geq rC$

해설: 클러치의 전달토크를 T라 하면 T는 클러치 스프링이 압력판을 미는 힘(F)와 클러치판과 압력판, 플라이휠 면 사이의 마찰계수(μ), 클러치판의 유효직경(r)의 곱에 비례한다. 식으로 표현하면 다음과 같다.

$$T \propto F \times \mu \times r$$

여기서 클러치판이 미끄러지지 않기 위해서는 클러치 스프링에 의한 압착 회전력 T즉, (F× μ× r)이 엔진에서 나오는 토크 용량(C)보다는 절대적으로 같거나 커야한다. 그래야만 동력이 미끄럼없이 타이어까지 전달될 수 있다. 식으로 표현하면

$$F \times \mu \times r \geq C$$

08 • 99.4.18 • 2004.4.4

클러치가 미끄러지지 않기 위한 조건은?(클러치판의 장력 t, 마찰계수 μ, 평균반경 r, 회전력 T인 경우)

① $t \cdot \mu \cdot r \leq T$ ② $T \cdot \mu \cdot r \geq t$
③ $t \cdot \mu \cdot r \geq T$ ④ $T \cdot \mu \cdot r \leq t$

해설: 위 문제 7의 해설을 참조한다.

09 • 02.4.7

주행 자동차의 클러치에 작용하는 면압이 50(kgf/cm²)이고 클러치판의 외경이 30cm, 내경 20cm인 경우 클러치의 전달 회전력은? (단, 단판 클러치이고, 마찰계수는 0.35)

① 218.8(kgf−m)   ② 859(kgf−m)
③ 525(kgf−m)   ④ 385(kgf−m)

ANSWER 3.④ 4.② 5.② 6.② / 7.① 8.③ 9.②

해설: 클러치에 작용하는 힘은 면압×면적이므로,

$$F = P(면압) \times 면적 = 50 \times \frac{\pi \times (D_o - D_i)^2}{4}$$
$$= 50 \times \frac{\pi \times (30^2 - 20^2)}{4} = 19635 kgf$$

그러므로 T=F× μ× r
=19635× 0.35×(30+20)/4=85903kgf-cm
즉, 단위 환산하면 859kgf-m로 계산된다.

10 • 2004.7.18 • 2009.3.29

장력 300N의 코일스프링이 6개 설치된 클러치가 있다. 이 클러치의 정지마찰계수는 0.3이다. 페이싱 한 면에 작용하는 마찰력은 몇 N 인가?

① 90   ② 540
③ 600 ④ 150

해설: 마찰력=마찰계수×1개 스프링장력×스프링개수
마찰력=0.3 × 300 × 6=540N로 계산된다.

11 • 2006.4.2 • 2010전반

기관의 회전력이 15.5kgf·m이고 3200rpm으로 회전하고 있다. 이때 클러치에 의해 전달되는 마력(PS)은?

① 56.3 ② 61.3
③ 66.3 ④ 69.3

해설: 전달마력$(Ps) = T \times \omega = \frac{2 \times \pi \times T \times R}{75 \times 60}$

$Hp = \frac{2 \times \pi \times 15.5 \times 3200}{75 \times 60} = 69.3 Ps$로 계산된다.

12 • 02.7.21

클러치의 전달토크와 직접 관계가 없는 것은?

① 클러치 스프링 장력
② 마찰계수
③ 클러치판의 유효 반지름
④ 플라이휠의 크기

해설: 클러치의 전달토크는 위 문제 7의 해설에서 알 수 있는 것처럼 클러치 스프링장력과 마찰계수, 유효 반경에 비례한다.

클러치 작동력

13 • 2007.7.15

클러치스프링의 총장력이 150kgf이고, 레버비가 3 : 1일 때 페달을 조작하는 힘은 몇 kgf 인가?

① 40   ② 50
③ 75   ④ 450

해설: 지렛대의 원리로 한 점을 기준으로 한 회전력(토크)는 일정하므로,

$T_1 = T_2$,

$150 \times 1 = x \times 3$,

$x = \frac{150}{3} = 50 kgf$

14 • 2010후반

클러치 페달 레버에서 레버 작용점의 힘이 120kgf 일 때 페달의 답력은?(단, 작용점에서 페달까지와 작용점에서 고정점까지의 비는 5 : 2이다)

① 약 17.2kgf
② 약 24.3kgf
③ 약 34.3kgf
④ 약 86.2kgf

해설: 지렛대의 원리로 한 점을 기준으로 한 회전력(토크)는 일정하므로,

$T_1 = T_2$, $120 \times 2 = x \times (5+2)$

$x = \frac{120 \times 2}{7} = 34.4 kgf$

ANSWER 10.② 11.④ 12.④ 13.② 14.③

클러치 고장과 수리

15 • 98년도

클러치 판이 마모되었을 때 일어나는 현상으로 틀린 것은?

① 클러치 페달의 유격이 작아진다.
② 클러치가 슬립한다.
③ 릴리스 레버의 높이가 높아진다.
④ 클러치 페달의 유격이 커진다.

해설: 클러치 판이 마모되면 클러치판의 두께가 얇아지므로 압력판이 많이 눌려진다. 그 결과 압력판을 작동하는 릴리스 레버의 높이가 높아지고, 이는 릴리스베어링을 뒤로 밀게 된다. 그러므로 클러치 페달의 유격이 작아지고, 클러치를 밟으면 클러치가 완전작동하지 않고 미끄럼 현상이 일어난다.

16 • 02.4.7

클러치 디스크의 페이싱이 마모되면 클러치 페달의 유격은 어떻게 변화하는가?

① 커진다.
② 작아진다.
③ 변화없다.
④ 증가하거나 작아진다.

해설: 위 문제15의 해설을 참조한다.

17 • 2004.7.18

릴리스 레버의 상호간의 차이가 너무 심할 때 일어나는 현상은?

① 클러치판이 빨리 마모된다.
② 클러치 페달 유격이 많아진다.
③ 클러치 단속이 잘 안된다.
④ 클러치가 미끄러진다.

해설: 릴리스레버와 릴리스베어링의 간극을 클러치 자유간극(유격)이라고 한다. 이 유격이 크면 클러치의 단속이 어려워 기어 변속이 어렵다.

18 • 93년도

주행 중 급가속을 하였을 때 엔진의 회전속도는 상승을 하나 차량의 속도는 증속되지 않았다면 그 원인은 무엇인가?

① 클러치 디스크 스플라인의 마멸
② 클러치 스프링의 자유고 감소
③ 릴리스 포크 마멸
④ 파일럿 베어링의 파손

해설: 엔진의 속도가 증가하나 차속이 증가하지 않으면 동력전달장치의 결함이라 할 수 있다. 특히 클러치의 미끄럼 현상이 그 이유가 될 수 있다. 미끄럼의 이유는 위의 '①', '③', '④' 이외에 스프링의 압력 감소, 클러치판의 경화나 마모 등이 있다.

19 • 2003.7.20

주행 중 기관을 급가속하였을 때 기관의 회전은 상승하나 자동차의 속도가 증가하지 않을 때 그 원인은 어디에 있는가?

① 릴리스 포크가 마멸되었다.
② 파일럿 베어링이 마모되었다.
③ 클러치 스프링의 장력이 감소되었다.
④ 클러치 페달의 유격이 규정보다 크다.

해설: 기관의 회전이 상승하므로 기관은 정상이다. 그러므로 차속이 증가하지 않는 것은 동력전달장치의 결함이다. 그중에서도 특히 클러치의 미끄럼이 가장 큰 영향을 미친다. 클러치가 미끄러지는 조건은 압력판을 밀어붙이는 힘이 약해서이거나 클러치판이 경화되었을 경우이다.

ANSWER 15.④ 16.② 17.③ 18.② 19.③

2. 수동변속기

01 • 2005.7.17

변속기가 하는 일이 아닌 것은?

① 기관의 회전력을 변환시켜 전달한다.
② 기관에서 발생한 회전속도를 변환시켜 전달한다.
③ 자동차의 후진을 가능하게 한다.
④ 차체의 진동을 완화시킨다.

해설 변속기는 저속에서 회전력을 크게, 고속에서 속도가 빠르게, 후진을 가능하게 한다.

수동변속기 종류

02 • 96년도

다음 중 선택기어식 변속기의 종류에 속하지 않는 것은?

① 동기물림식   ② 상시물림식
③ 활동기어식   ④ 점진기어식

해설 슬라이딩식(섭동식-활동기어식)은 주축의 스플라인에 끼워진 슬라이딩 기어를 미끄럼 이동시켜 부축기어에 물리게 하여 제속 제2속의 변속비를 얻고, 후진은 아이들 기어를 이용하여 주축의 회전 방향을 바꾸어 준다. 제 3속은 도그 클러치에 의하여 클러치축과 주축을 직결시켜 출력축에 동력을 전달한다. 상시물림식은 주축 기어와 부축 기어가 항상 물려 있는 방식으로, 동력의 전달은 변속 레버가 시프트 포크를 작동시켜 주축의 스플라인에 끼워진 도그 클러치를 주축 기어와 물리게 함으로써 이루어진다. 동기물림식은 서로 물리는 기어의 원주 속도를 일치시켜서 이의 물림을 쉽게 한 변속기로서, 현재는 이 방식의 것이 주로 사용된다. 구조는 싱크로 나이저 허브, 슬리브, 싱크로나이저 링, 싱크로나이저 키, 싱크로나이저 스프링 등으로 구성되어 있다.

03 • 2004.7.18

수동 변속기의 종류에 해당하지 않는 것은?

① 섭동 기어식   ② 상시 물림식
③ 위상 물림식   ④ 동기 물림식

해설 위 문제2의 해설을 참조한다.

04 • 96년도

동기물림식 변속기에 대한 설명 중 가장 맞는 것은?

① 관성 고정형은 동기되지 않으면 기어 변속이 안된다.
② 다른 형식의 변속기에 비해 변속시에 소음이 나는 단점이 있다.
③ 변속시에 반드시 더블(double) 클러치를 조작하여야 한다.
④ 일정 부하형은 동기 되지 않으면 기어변속이 불가능하다.

해설 변속시 소음이 나며 더블 클러치를 사용하는 것은 섭동기어식이다. 일정부하형은 싱크로나이저 허브를 변속레버로 일정부하를 줘서 동기되지 않은 상태에서 무리한 변속이 가능한 형식이다.

05 • 2007.7.15

동기치합식(synchro-mesh type) 변속기의 장·단점으로 맞는 것은?

① 변속 소음이 크고 변속이 어렵다.
② 구조가 간단할 뿐만아니라 기어 이가 헬리컬(helical)형이므로 하중 부담능력이 적다
③ 원활한 변속을 위해 가속을 하거나 더블(double) 클러치를 조작할 필요가 없다.
④ 변속시 도그(dog) 슬리브가 단기어(shift gear)의 도그와 치합될 때 소음을 피할 수 없다.

해설 동기식으로 변속소음이 적고 변속이 용이하며, 변속을 위한 가속이나 더블 클러치의 조작이 필요없는 장점이 있다. 그러나 헬리컬형의 기어를 사용하므로 항상 물려있어 하중 부담능력이 큰 편이고, 포크에 의한 슬리브가 기어물림시 약간의 소음이 나는 단점이 있다.

ANSWER 1.④ 2.④ 3.③ 4.① 5.③

06 • 2006.4.2 • 2009.3.29

수동변속기에서 동기치합식의 장점이 아닌 것은?

① 변속소음이 거의 없고 변속이 용이하다.
② 변속기의 수명이 길다.
③ 기어의 이가 헬리컬형이므로 하중 부담능력이 크다.
④ 변속기 특별히 가속시키거나, 더블클러치를 조작할 필요가 있다.

해설: 위 문제5의 해설을 참조한다.

구조와 작동

07 • 2006.7.16

동기 치합식(키식) 수동변속기에서 동기화란 주축상에 회전하는 단기어(shift gear)의 콘부와 (①)의 접촉 마찰에 의해 (②)와 단기어의 원주 속도가 같아져 (③)가 쉽게 치합되는 것을 말한다. 다음 ( )안에 들어갈 명칭은?

① ① 싱크로나이저링 ② 클러치 허브 ③ 클러치 슬리브
② ① 클러치 허브 ② 클러치 슬리브 ③ 싱크로나이저링
③ ① 클러치 허브 ② 싱크로나이저링 ③ 클러치 슬리브
④ ① 싱크로나이저링 ② 클러치 슬리브 ③ 클러치 허브

해설: 동기물림식의 작동과정은 포크에 의해 슬리브가 밀리면, 콘부와 싱크로라이저링이 마찰접촉하여 허브기어와 단기어의 원주속도가 같아져 슬리브가 쉽게 치합된다.

08 • 99.4.18 • 2008전반

변속기의 기어물림을 톱(top)으로 하였을 때는?

① 구동바퀴의 회전력이 가장 크게 된다.
② 구동바퀴의 회전력은 변함없다.
③ 구동바퀴의 회전력이 가장 작게 된다.
④ 총감속비가 크게 된다.

해설: 변속기는 기관의 동력을 자동차의 주행 상태에 알맞도록 회전력과 속도를 바꾸어 구동 바퀴에 전달하는 장치이다. 즉, 변속기는 기관에서 발생한 회전 동력을 자동차의 주행 상태(도로의 상태, 적재하중, 주행속도, 토크의 경사도)에 알맞게 바꾸어서 구동 바퀴에 전달한다.

09 • 97.10.12 • 2003.3.30

변속기 싱크로메시 기구의 기능은?

① 변속기 기어가 빠질 때 작용한다.
② 변속기 기어가 물릴 때 작용한다.
③ 클러치 페달을 놓을 때 작용한다.
④ 클러치 페달을 밟았을 때 작용한다.

해설: 싱크로메시 기구는 기어가 물릴 때 기어의 속도를 일정하게 하는 역할을 한다. 작동 순서는 변속기어를 넣으면 허브 위의 슬리브가 작동하여 싱크로나이저 키를 누르면서 밀고, 이에 따라 싱크로나이저 링이 구동기어의 콘 부분에 압착되어 동기화(구동기어와 전달 기어의 속도가 같음)속도로 만든다. 속도가 같아지면 슬리브가 구동기어와 일체가 된다.

10 • 2005 전반

기어 변속시 기어 크래시(crash)를 방지하는 변속기 내의 특수장치 명칭은?

① 헬리컬 기어
② 카운터 기어
③ 싱크로나이저
④ 시프트 포크

해설: 위 문제 9의 해설을 참조한다.

ANSWER 6.④ 7.① 8.③ 9.② 10.③

11 • 02.4.7

변속기에 있는 싱크로메시 기구가 작용하는 시기는?

① 기어가 물릴 때
② 기어 물림이 풀릴 때
③ 정지할 때
④ 고속에서

해설 위 문제 9의 해설을 참조한다.

12 • 02.7.21 • 2003.7.20 • 2004.4.4

변속기내의 록킹 볼이 하는 역할이 아닌 것은?

① 시프트 포크를 알맞은 위치에 고정한다.
② 기어가 빠지는 것을 방지한다.
③ 시프트 레일을 알맞은 위치에 고정한다.
④ 기어가 2중으로 치합되는 것을 방지한다.

해설 기어의 2중 물림을 방지하는 장치는 인터록 핀이다. 록킹 볼은 기어가 빠지는 것을 방지하고 그 위치를 고정한다.

13 • 93년도

리드 스위치식으로 T/M의 스피드 미터 기어의 회전을 전기적 신호로 변환하는 센서는?

① 1번 TDC센서   ② 크랭크 각 센서
③ 수온센서   ④ 차속센서

해설 수동변속기의 스피드미터 기어의 회전을 전기적 신호로 변환하는 센서를 차속센서라고 하는데, 대우 차종은 변속기쪽에서, 현대 차종은 클러스터(계기판)쪽에서 이런 방식을 사용한다.

14 • 2007.4.4

기어오일의 필요한 조건을 설명한 것이다. 틀린 것은?

① 내하중성, 내마모성이 뛰어날 것
② 점도가 높고, 온도에 따른 점도변화가 있을 것
③ 산화안정성이 뛰어날 것
④ 거품이 적고, 거품제거성능이 우수할 것

해설 점도가 높으면 기어오일이 끈적해서 변속하는데 힘이 들며, 온도에 따른 점도변화가 있다는 말은 보통 온도상승에 점도가 낮아진다는 말로, 점도가 낮아지면 윤활이 잘 되지 않을 수 있다.

15 • 2007.7.15

자동차 변속기 입력축 기어 잇수20개, 입력축과 치합되는 카운터 기어 잇수가 40개이며, 출력축 3단 기어 잇수가 30개, 3단 기어와 물리는 카운터 기어 잇수가 50개인 수동변속기에서 기관의 회전수가 2400rpm이고 3속으로 주행시 추진축의 회전수는 몇 rpm인가?

① 1800   ② 1900
③ 2000   ④ 2100

해설 변속비$(r_t) = \dfrac{구동회전수}{피동회전수} = \dfrac{피동잇수}{구동잇수}$ 이므로,

$r_t = \dfrac{40 \times 30}{20 \times 50} = \dfrac{2400rpm}{x}$ 에서

$x = \dfrac{2400 \times 20 \times 50}{40 \times 30} = 2000rpm$ 으로 계산된다.

16 • 2008.7.13

변속기 입력 축의 토크가 4.6kgf-m이고 변속비(감속)가 1.5이다. 이 때 변속기 출력축의 토크는?

① 3.45kgf-m   ② 6.9kgf-m
③ 4.5kgf-m   ④ 7.9kgf-m

해설 변속비는 회전력에 비례한다. 왜냐하면 회전력은 힘과 반지름의 곱이다. 또한, 직경비가 곧 변속비이다.
변속비$(r_t) = \dfrac{구동회전수}{피동회전수} = \dfrac{피동잇수}{구동잇수} = \dfrac{피동직경}{구동직경}$
에서 알 수 있다. 회전력은 변속비에 비례하므로, 그대로 곱하면 된다. $4.6 \times 1.5 = 6.9kgf-m$로 계산된다.

ANSWER 11.① 12.④ 13.④ 14.② 15.③ 16.②

점검과 수리

17 • 93년도

기어 변속이 잘 안되는 원인이 아닌 것은?
① 클러치 차단이 불량하다.
② 기어 오일이 응고되어 있다.
③ 기어 변속 링키지의 조정이 불량하다.
④ 클러치가 미끄러진다.

해설 기어 변속이 잘 안되는 이유는 클러치의 차단이 불량하거나 기어 변속 링크의 불량이라 할 수 있다. 주의) 여기서 보기 라의 클러치가 미끄러지면 변속이 잘 안되지 않느냐고 말 할 수도 있지만 잊지 말아야 하는 것은 클러치를 작동하지 않았을 때 미끄러진다는 뜻으로 이해해야 한다는 것이다. 즉 이 말은 자유간극이 없는 것이므로 동력 차단이 아주 잘 될 것이다.

18 • 2010전반

수동변속기에서 주행 중 기어 변속이 어려운 원인으로 부적합한 것은?
① 클러치 페달의 자유간극 과대
② 클러치 면 또는 압력판의 마모
③ 클러치 디스크의 런 아웃 과대
④ 입력축 스플라인의 마모

해설 클러치 면 혹은 압력판이 마모하면 평상시 클러치가 미끄러져 전달효율이 떨어진다. 또한, 클러치 페달을 밟으면 바로 떨어진다. 그래서, 변속은 잘 된다.

19 • 97.10.12

변속기에서 록킹 볼이 마모되었을 때의 증상은 어느 것인가?
① 기어가 빠진다.
② 기어가 2중으로 물린다.
③ 기어가 잘 안들어간다.
④ 유격이 증가하고 소음이 난다.

해설 록킹 볼의 역할은 기어의 빠짐을 방지하는 고정 역할을 담당하므로, 마모 시에는 기어가 잘 빠질 것이다.

20 • 2010후반

수동변석기의 록킹 볼(locking ball)이 마멸되면 어떤 현상이 일어나는가?
① 기어가 이중으로 물린다.
② 기어가 빠지기 쉽다.
③ 변속시에 소리가 난다.
④ 변속 레버의 유격이 크게 된다.

해설 위 문제19의 해설을 참조한다.

21 • 2008.7.13

수동변속기 차량에서 기어 변속된 후에 기어가 가끔 빠질 때 무엇을 점검하여야 하는가?
① 인터록 장치
② 록킹 볼
③ 시프트레일
④ 후진오작동 방지장치

해설 위 문제19의 해설을 참조한다.

22 • 2009.7.12

수동변속기의 오작동 방지기구에 대한 필요성과 작동 설명 중 틀린 것은?
① 시프트레일에 각 기어를 고정시키기 위한 홈을 두고 이 홈에는 기어가 빠지는 것을 방지하기 위해 로킹 볼(locking ball)과 스프링이 설치되어 있다.
② 클러치 슬리브나 슬라이딩 기어의 이동거리는 정확하게 정해져 있으며, 인터록(interlock)에 의해 제한된다.
③ 후진으로 변속할 때 기어가 파손되는 것을 방지하기 위해 변속레버를 누르거나 들어 올려야만 변속되게 하는 후진 오조작 방지기구가 있다.
④ 하나의 기어가 물려 있을 때 다른 기어는 중립에서 이동하지 못하도록 하여 기어의 이중물림을 방지하는 장치를 인터록(inter

Answer 17.④ 18.② 19.① 20.② 21.② 22.②

제2편 자동차섀시 **175**

lock)이라 한다.

해설 인터록 장치는 이동거리를 제한하는 것이 아니다. 이동거리는 변속기어가 설계될 때 정해지는 것이다. 인터록장치는 2중물림 방지나 기어물림을 고정한다.

3. 자동변속기

01 • 93년도

다음 중 자동변속기의 장점이 아닌 것은?

① 운전조작이 단순하여 운전자의 피로가 경감된다.
② 연료소비량이 기어식 보다 10%정도 절감된다.
③ 엔진을 보호하여 주며 내구성이 향상된다.
④ 엔진 부하가 오일을 통하여 간접적으로 전달되어 수명이 길다.

해설 다음은 자동변속기의 장·단점이다.

장점으로
① 클러치 페달과 주행 중 변속 조작을 하지 않아 운전이 편하다.
② 기관의 회전력은 유체에 의해 전달되므로 발진, 가속 및 감속이 원활하게 되어 승차감이 좋다.
③ 유체가 댐퍼 역할을 하여 기관 진동이나 바퀴로부터의 진동 또는 충격을 흡수하여 완화한다.

단점으로
① 변속기 구조가 복잡하고 가격이 비싸다.
② 수동 변속기에 비해 약 10% 정도 연료 소비율이 많다.
③ 차를 밀거나 끌어서 시동할 수 없다.

02 • 02.7.21 • 2009.3.29

수동변속기 차량과 비교할 때 자동변속기 차량의 장점이 될 수 없는 것은?

① 조작미숙으로 인해 시동이 꺼지는 경우가 적다.
② 기어 변속조작을 하지 않기 때문에 운전이 편리하다.
③ 동력이 오일을 매개로 전달되기 때문에 출발 및 가·감속이 원활하다.
④ 각 부의 진동과 충격을 오일이 흡수해주므로 최고 속도가 빠르고 연료소비량이 적다.

해설 위 문제1의 해설을 참조한다. 또한, 자동변속기는 변속이 순차적으로 이루어지므로 최고속도가 느리며 연료소비율이 많다.

유체클러치

03 • 2005.7.17 • 2010전반

유체 클러치의 펌프와 터빈 사이의 관계로 틀린 것은?

① 펌프는 크랭크축에 연결되고 터빈은 변속기 입력축에 연결된다.
② 전달효율은 최대 98% 정도이다.
③ 미끄럼 값은 약 2~3% 정도이다.
④ 회전력 변화율은 3 : 1 정도이다.

해설 유체클러치는 회전력 변화가 거의 없고 유체클러치 효율이 거의 3 : 10|다. 토크 컨버터에서 회전력의 비는 최초에 2.4 : 1 정도이다. 클러치점에서는 1 : 1이 된다.

04 • 02.7.21

유체 클러치 오일의 구비조건이 아닌 것은?

① 응고점이 낮을 것
② 점도가 낮을 것
③ 착화점이 높을 것
④ 윤활성이 낮을 것

해설 응고점이란 어는점이고, 점도란 끈적함의 정도이고, 착화점은 자기 스스로 불이 붙는 온도, 윤활성은 미끄러짐의 정도(마찰을 방해하는 정도)를 말한다. 유체클러치는 펌프, 터빈, 가이드링으로 구성되어 있다.

ANSWER 1.② 2.④ 3.④ 4.④

05 · 98년도

유체클러치가 있는 자동변속기에서 속도비가 0.8일 때 클러치점이 되었다. 이 때 터빈축의 회전속도가 1600rpm이라면 펌프의 회전수는?

① 1280rpm ② 1600rpm
③ 1800rpm ④ 2000rpm

해설 터빈이 회전하기 시작하여 속도비가 증가하면 토크비는 저하되어 어느 속도에 달하면 거의 1에 이르는데 이 점이 클러치점이다. 이 점에서는 토크의 변화량은 없다는 말이다. 속도비＝터빈의 회전수/펌프의 회전수이므로 그대로 대입하면

$0.8 = \dfrac{1600}{펌프의\ 회전수}$,

펌프의 회전수 $= \dfrac{1600}{0.8} = 2000 rpm$

토크컨버터

06 · 94년도

토크 컨버터의 주요 구성요소에 해당되는 것은?

① 펌프 임펠러, 터빈 러너, 스테이터
② 클러치, 터빈 축, 임펠러
③ 펌프 임펠러, 스테이터, 클러치
④ 터빈 러너, 유성기어, 클러치

해설 토크 컨버터는 유체의 운동 에너지를 이용하여 토크를 자동적으로 변환하는 장치를 말하며, 펌프(임펠러), 터빈 및 스테이터의 3개 요소로 구성된다.

07 · 96년도

다음 중 토크 컨버터의 구성요소가 아닌 것은?

① 임펠러 ② 컨버터
③ 터빈   ④ 스테이터

해설 위 문제 6의 해설을 참고한다.

08 · 2006.4.2

자동변속기에 사용되는 토크 컨버터에서 크랭크샤프트와 직접 연결되어 구동하는 것은?

① 펌프 임펠러 ② 터빈 러너
③ 스테이터   ④ 원웨이 클러치

해설 크랭크축의 플라이휠과 일체로 토크 컨버터의 임페러(펌프)가 붙어 있다. 이 펌프에 의해 터빈이 돌아가게 된다.

09 · 99.4.18

토크변환기 내에 설치된 토크 컨버터 클러치의 작동조건과 가장 관계가 먼 것은?

① 자동차의 주행속도
② 기관냉각수 온도
③ 기관부하
④ 흡입 공기량 센서

해설 기관부하가 걸렸을 시에는 속도보다는 토크를 증가, 주행할 시에는 속도를 증가, 기관냉각수의 온도가 낮을수록 토크는 증가. 흡입공기량 센서는 전자제어 연료분사 장치의 흡입량을 감지하여 분사량을 결정하는데 사용된다.

10 · 98년도

토크 컨버터의 성능에 대한 설명 중 틀린 것은?

① 속도비 0에서 토크비가 가장 크다.
② 스톨포인트(stall point)에서 토크비가 가장 크다.
③ 클러치 포인트(clutch point)에서 토크비가 가장 크다.
④ 클러치 포인트는 속도비가 약 0.8~0.9이다.

해설 변속비가 0일 때에는 터빈이 정지한 경우이며, 이 때를 실속점(스톨포인트)이라고 한다. 즉, 실속점에서는 토크비는 최대가 된다. 터빈이 회전하기 시작하여 속도비가 증가하면 토크비는 저하되어 어느 속도에 달하면 거의 1에 이른다. 이 점이 클러치점이 된다. 클러치점의 속도비는 약 0.8~0.9이다.

ANSWER 5.④ 6.① 7.② 8.① 9.④ 10.③

11 • 2003.3.30

자동변속기용 토크 컨버터에 대한 설명 중 틀린 것은?

① 임펠러는 엔진의 크랭크축에 의해 구동된다.
② 터빈이 공전을 시작하는 점을 클러치 포인트라고 한다.
③ 스테이터는 오일흐름 방향을 바꿔 토크의 증대를 도모한다.
④ 토크비는 속도비가 제로(0)일 때 최대이다.

해설 클러치 포인트란 토크비가 1 : 1로 되는 점을 말한다. 즉, 토크컨버터는 펌프의 회전속도가 느리면(출발시나 등반시) 큰 회전력을 얻고, 터빈의 회전속도가 펌프의 회전속도에 가까워지면 회전력은 떨어지게 되는데, 이렇게 토크는 1 : 1로 유지하면서 회전속도를 펌프와 터빈에 전달하게 되는 시작점을 말한다. 보통 속도비가 0.85정도일 때이다.

12 • 2006.7.16

토크 컨버터에서 전달효율을 바르게 나타낸 것은?

① $\dfrac{터빈축\ 토크\ \times\ 펌프축\ 회전속도}{펌프축\ 토크\ \times\ 터빈축\ 회전속도}$

② $\dfrac{터빈축\ 토크\ \times\ 터빈축\ 회전속도}{펌프축\ 토크\ \times\ 펌프축\ 회전속도}$

③ $\dfrac{펌프축\ 토크\ \times\ 펌프축\ 회전속도}{터빈축\ 토크\ \times\ 터빈축\ 회전속도}$

④ $\dfrac{펌프축\ 토크\ \times\ 터빈축\ 회전속도}{터빈축\ 토크\ \times\ 펌프축\ 회전속도}$

해설 토크컨버터의 전달효율은 토크비와 속도비를 곱한 값을 말한다. 결국, 이는 보기 '②'의 값이 된다. 토크비는 터빈축토크/펌프토크이고, 속도비는 터빈축속도/펌프축속도이기 때문이다.

13 • 98년도

속도비가 0.2이고, 토크비가 2.0이다. 이때 펌프가 4000rpm으로 회전하고 있다면 이 토크 컨버터의 효율은?

① 0.2   ② 0.4
③ 0.6   ④ 0.8

해설 속도비=터빈축의 회전속도/펌프축의 회전속도, 토크비=터빈축토크/펌프축토크이고,

$$전달효율 = \dfrac{출력마력}{입력마력} \times 100\% = \dfrac{T_o \times N_o}{T_i \times N_i} \times 100\%$$

이 식에서 $\dfrac{T_o}{T_i}$=토크비이고, $\dfrac{N_o}{N_i}$= 속도비이므로
전달효율은 토크비 × 속도비 × 100%이므로
그대로 계산하면 0.2×2×100%=40%,
즉 0.40이다.

14 • 2003.7.20 • 2008.7.13

토크비가 3이고, 속도비가 0.3이다. 이때 펌프가 5000rpm으로 회전할 때 토크 효율은?

① 0.3   ② 0.6
③ 0.9   ④ 1.2

해설 속도비=터빈축의 회전속도/펌프축의 회전속도, 토크비=터빈축토크/펌프축토크이고,

$$전달효율 = \dfrac{출력마력}{입력마력} \times 100\% = \dfrac{T_o \times N_o}{T_i \times N_i} \times 100\%\ 이다.$$

이 식에서 $\dfrac{T_o}{T_i}$=토크비이고, $\dfrac{N_o}{N_i}$=속도비 이므로
전달효율은 토크비×속도비×100%이므로
그대로 계산하면 3×0.3×100%=90%, 즉 0.90이다.

15 • 2004.4.4 • 2008.7.13

자동변속기에서 댐퍼 클러치(록업클러치)의 기능이 아닌 것은?

① 저속시나 급속 출발시 작용한다.
② 펌프와 터빈을 기계적으로 직결시킨다.
③ 동력전달시 미끄럼 손실을 최소화한다.
④ 연료소비율 향상과 정숙성을 도모한다.

해설 댐퍼(로크 업) 클러치는 터빈과 프런트 커버 사이에 설치되어 있으며, 슬립을 감소시켜 연비를 향상시키는 역할을 하는 클러치로 댐퍼 클러치가 작동할 때는 유압에 의해 로크 링 폴과 댐퍼 클러치가 결합되어 프런트 커버와 터빈을 직결시킴으로서 펌프, 터빈, 댐퍼 클러치가 일체로 고정이 되어 미끄럼이 없이 엔진의 회전력을 변속기의 입력축에 직접 전달시킨다. 그리고 댐퍼 클러치가 작동되지 않는 경우는 다음과 같다.

ANSWER 11.② 12.② 13.② 14.③ 15.①

① 1속 및 후진에서는 작동되지 않는다.
② 엔진 브레이크시에는 작동되지 않는다.
③ 유온이 60℃ 이하에서는 작동되지 않는다.
④ 엔진의 냉각수 온도가 50℃ 이하에서는 작동되지 않는다.
⑤ 3속에서 2속으로 시프트 다운될 때에는 작동되지 않는다.
⑥ 엔진의 회전수가 800rpm이하일 때는 작동되지 않는다.
⑦ 엔진의 회전 속도가 2,000rpm이하에서 스로틀 밸브의 열림이 클 때는 작동되지 않는다.
⑧ 변속이 원활하게 이루어지도록 하기 위하여 변속시에는 작동되지 않는다.

16 • 93년도

댐퍼클러치(damper clutch)가 작동하지 않는 범위이다. 틀린 것은?

① 1속 및 후진시
② 엔진 브레이크 작동시
③ 킥 다운시
④ 냉각수온도 50℃ 이하시

해설 위 문제 15의 해설을 참조한다.

17 • 2003.3.30 • 2007.4.4

자동변속기에서 규정 차속 이상이 되면 펌프 임펠러와 터빈 러너를 기계적으로 직결시켜 미끄럼에 의한 손실을 없게 하고 연비향상과 정숙성 향상을 도모하는 장치는?

① 킥다운 장치(kick down)
② 히스테리시스 장치
③ 펄스제네레이션 장치
④ 록업(Lock up) 장치

해설 위 문제15의 해설을 참조한다.

18 • 2004.4.4

자동 변속기에서 동력을 한쪽 방향으로 자유롭게 전달하지만 반대 방향으로는 전달하지 못하는 기구를 무엇이라고 하는가?

① 다판 클러치
② 일방향 클러치
③ 브레이크 밴드
④ 토크 컨버터

해설 자동변속기에서 일방향 클러치는 동력을 한쪽 방향으로 자유롭게 전달하지만 반대 방향으로는 전달하지 못하게 한다.

19 • 2007.4.4

토크 컨버터가 유체 클러치로서 작용할 때 가장 적당한 것은?

① 터빈의 속도가 펌프속도의 5/10에 도달했을 때
② 펌프속도가 터빈속도의 5/10에 도달했을 때
③ 터빈의 속도가 펌프속도의 8/10에 도달했을 때
④ 펌프속도가 터빈속도의 8/10에 도달했을 때

해설 토크컨버터가 유체클러치로 작용할 때를 클러치점이라 한다. 이 때 속도비(터빈속도/펌프속도)는 0.85 정도이므로, 답이 '③'가 된다.

20 • 2008전반

토크 컨버터의 성능곡선에서 알 수 없는 것은?

① 속도비
② 전달효율
③ 토크비
④ 마력

해설 토크컨버터의 성능곡선에는 토크비, 토크컨버터 효율, 유체클러치 효율, 속도비 등이 있다.

21 • 2009.7.12

토크컨버터의 성능곡선에서 토크비가 1 : 1이 되는 점은?

① 클러치점
② 변속점
③ 슬립점
④ 토크점

해설 토크비가 1 : 1이 되는 지점이 클러치점이고, 속도비가 0이 되는 점이 스톨포인트이다.

Answer 16.③ 17.④ 18.② 19.③ 20.④ 21.①

유성기어장치와 오버드라이브

● 유성기어장치

22 • 95년도

다음 중에서 유성 기어 장치의 요소가 <u>아닌</u> 것은?
① 선 기어   ② 캐리어
③ 링 기어   ④ 베벨 기어

해설 유성 기어 장치는 선 기어, 피니언, 링 기어, 유성 기어 캐리어로 구성되어 있다. 몇 개의 유성 기어가 같은 간격으로 유성 기어 캐리어에 배열되어 선 기어와 링 기어 사이에서 회전하도록 되어있다.

23 • 2003.7.20

차속이나 기관의 부하에 따라 유성기어장치의 저속과 고속기어를 자동적으로 절환시키는 작용을 하는 밸브는?
① 스로틀밸브   ② 거버너밸브
③ 시프트밸브   ④ 매뉴얼밸브

해설 기관의 부하에 작동하는 것은 스로틀밸브, 차량의 속도에 작동하는 것은 거버너밸브, 이 두 밸브에 의해서 형성된 압력을 비교하여 자동적으로 클러치나 브레이크를 작동시키는 것이 시프트밸브이다. 매뉴얼 밸브는 운전자의 선택레버의 작동에 따라 움직이는 밸브이다.

24 • 98년도

유성기어장치에서 유성기어 캐리어를 고정하고 링기어를 구동하면 선기어는?
① 증속한다.   ② 감속한다.
③ 직결된다.   ④ 역전 증속한다.

해설 유성기어 캐리어를 구동, 링기어나 선기어 중 하나를 고정하면 오버드라이브가 된다. 구성 3요소 중에서 2요소를 고정하면 직결이 된다. 유성캐리어를 고정하고 링기어나 선기어 중 하나를 구동하면 역전이 된다.

25 • 2005.7.17

자동변속기의 유성기어 장치에서 선기어를 고정하고 링기어를 구동시키면 유성기어 캐리어의 회전속도는?
① 감속   ② 증속
③ 역전증속   ④ 역전감속

해설 위 문제24의 해설을 참조한다.

26 • 2008.7.13

유성기어 장치를 이용하여 역전시키고자 한다. 적절한 조치는?
① 유성 캐리어를 구동시킨다.
② 선 기어를 단속시킨다.
③ 유성 캐리어를 고정시킨다.
④ 링 기어를 단속시킨다.

해설 위 문제24의 해설을 참조한다.

27 • 99.4.18

대부분의 자동변속기에는 단순 유성기어 장치 2세트를 변형/조합시켜 사용한다. 다른 요소는 각각 2세트를 사용하고 링기어는 1개만 사용하는 기어 시스템의 명칭은?
① 심프슨 기어(simpson gear)
② 라비뇨 기어(ravigneaux gear)
③ 하이포이드 기어(hypoid gear)
④ 팔로이드 기어(palloid gear)

해설 자동변속기는 크게 유성기어 방식과 평행축기어 방식이 있다. 유성기어방식에는 심프슨식, 라비뉴식, CR-CR식이 있다. 심프슨식은 2세트의 단일 유성기어 각각에 선기어를 조합하고, 앞유성기어의 캐리어와 뒤 유성기어의 링기어를 결합한 기어열이다. 라비뉴식은 1세트의 단일 유성기어와 또다른 1세트의 더블 유성기어 세트를 조합한 기어열이다. CR-CR식은 2세트의 단일 유성기의 앞세트와 뒤세트의 캐리어와 링기어를 조합한 것이다.

ANSWER 22.④ 23.③ 24.④ 25.① 26.③ 27.①

28 · 00.3.26

1세트의 단일 유성기어와 다른 1세트의 더블 유성기어 세트를 조합한 기어장치로서 구성 요소가 적고 축방향의 치수가 짧고 구성 요소의 회전수가 낮은 특징을 가진 것은?

① 2중 유성기어장치
② 평행축 기어방식
③ 라비뇨 기어장치
④ 심프슨 기어장치

해설 심프슨의 특징은 링기어 입력으로 인해 강도가 좋고 동력순환이 없다. 또한 구성요소의 회전수가 작으며 효율이 좋다. 라비뇨의 특징은 구성요소가 적으며 축방향의 길이가 짧고 요소의 회전수가 낮다. CR-CR식은 변속비를 크게 할 수 있고 효율이 좋으며 구성요소의 회전수가 낮다.

29 · 97.10.12 · 99.4.18

선기어의 잇수가 30, 링기어 잇수 60인 유성기어에서 선기어를 고정하고 캐리어가 50회전 하였다면 이때 링기어의 회전수는?

① 150
② 180
③ 220
④ 75

해설 변속비 = $\dfrac{입력회전수}{출력회전수}$ = $\dfrac{피동잇수}{구동잇수}$

변속비 = $\dfrac{60}{30+60}$ = 0.667

0.667 = $\dfrac{입력회전수(캐리어)}{출력회전수(링기어)}$, 이므로

링기어 회전수 = $\dfrac{50}{0.667}$ = 74.96rpm

즉 오브드라이브 되었다.

30 · 2006.7.16 · 2010후반

유성기어장치에서 선 기어 잇수가 20, 유성기어 잇수가 10, 링 기어 잇수가 40이고, 구동쪽의 회전수가 100회전을 하고 있다. 이때 선 기어를 고정하고 캐리어를 100회전 했을 때 링 기어는 몇 회전하는가?

① 150회전 증속
② 150회전 감속
③ 130회전 증속
④ 130회전 감속

해설 변속비 = $\dfrac{입력회전수}{출력회전수}$ = $\dfrac{피동잇수}{구동잇수}$

변속비 = $\dfrac{40}{20+40}$ = 0.667

그러므로 0.667 = $\dfrac{입력회전수(캐리어)}{출력회전수(링기어)}$ 이므로

링기어 회전수 = $\dfrac{100}{0.667}$ = 150rpm이 나온다.

즉 오브드라이브 되었다.

31 · 2007.7.15

다음 그림과 같은 유성기어장치에서 A=5rpm이며, 댐퍼클러치 작동일 때 D와 B는 일체로 결합된다. 이때 C의 회전속도는?

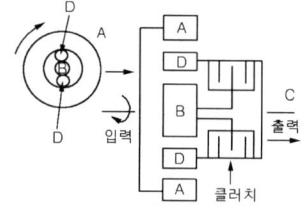

① 회전하지 않는다
② 5rpm
③ 10rpm
④ 20rpm

해설 댐퍼클러치가 작동하면 입력과 출력의 속도는 같아진다. 즉 C는 5rpm으로 구동된다.

● 오버 드라이브

32 · 2005전반

오버드라이버 장치에 관한 설명으로 가장 옳은 것은?

① 언덕길 주행 시 작동한다.
② 크랭크 축 회전속도보다 추진축 회전 속도를 빠르게 한다.
③ 저속 시에 작동한다.
④ 회전력을 증대시킬 때 작동한다.

해설 오버드라이버는 입력보다 출력이 더 빠른 것을 의미한다. 다르게 표현하면 입력인 크랭크축보다 출력인 추진축이 더 빠르게 회전한다는 말이다.

ANSWER 28.③ 29.④ 30.① 31.② 32.②

33 • 93년도

오버 드라이브 장치의 장점이 아닌 것은?
① 타이어 마모를 감소시킨다.
② 평탄한 도로 주행시 연료를 20%정도 절약할 수 있다.
③ 엔진의 운전이 정숙하며 수명이 연장된다.
④ 차량의 속도를 30%정도 빠르게 할 수 있다.

해설 자동차의 주행에 필요한 출력과 실제 엔진 출력과의 차이를 여유 출력이라 하는데 이 여유 출력을 이용하여 평탄한 도로를 주행할 때 변속기의 출력축의 회전속도를 엔진의 크랭크 축 회전속도 보다 크게 하는 장치가 오버드라이버 장치이다. 오버드라이버의 장점은 다음과 같다.
• 같은 엔진의 회전수에서 30%정도 차속이 빠르다.
• 엔진의 수명이 길어진다.
• 평탄한 도로 운행시 약 20%의 연료를 절약할 수 있다.
• 엔진의 운전이 조용하다.

34 • 98년도

오버 드라이브의 장점이 아닌 것은?
① 운전이 정숙하고 승차감이 좋다.
② 평탄로에서 연료소비율이 20%정도 절약된다.
③ 타이어 마모가 감소된다.
④ 추진축의 회전속도를 크랭크축 회전속도 보다 빠르게 한다.

해설 위 문제 33의 해설을 참고한다.

35 • 95년도

다음 중 오버 드라이브 장치의 장점이 아닌 것은?
① 엔진의 수명연장
② 엔진의 운전 정숙
③ 연료 절약
④ 타이어 마모 감소

해설 위 문제 33의 해설을 참고한다.

36 • 96년도

오버 드라이브 장치에서 오버 드라이브가 되려면 무엇이 고정되어야 하는가?
① 추진축   ② 캐리어
③ 링기어   ④ 선기어

해설 오버 드라이브를 위해서는 유성장치가 있어야 한다. 변속기 뒤에 따로 유성장치(오버 드라이브 장치)를 달아 오버드라이브를 하려면 선기어를 고정하고 유성캐리어를 구동하면 링기어가 오버 드라이브가 된다. 자동변속기에서는 선기어나 링기어 중에 하나를 고정하고 유성캐리어를 구동하면 오버드라이브가 된다. 이 중에서도 링기어를 고정하고 유성캐리어를 구동하여 선기어로 피동되게 하는 것이 더 큰 오버드라이브를 가져온다.

37 • 2010후반

엔진의 회전속도 보다 추진축의 속도를 빠르게 하여 연비를 향상시키는 장치는?
① 댐퍼클러치 장치
② 자동 클러치 장치
③ 차동 제한 장치
④ 증속 구동장치

해설 위 문제32의 해설을 참조한다.

제어장치

38 • 93년도

자동변속기의 전자제어 장치 중 TCU에 입력되는 신호가 아닌 것은?
① 스로틀 센서 신호
② 엔진 회전신호
③ 액셀러레이터 신호
④ 흡입 공기 온도의 신호

해설 자동변속기의 입력신호는 TPS, 펄스제너레이터 A와 B, 엔진회전수, 인히비터 스위치, 유온센서, 엑셀러레이터 스위치, 증속구동 스위치, 킥다운 서브 스위치, 차속센서 등이 있다.

ANSWER 33.① 34.③ 35.④ 36.④ 37.④ 38.④

39 • 97.10.12

자동변속기를 제어하는 것이 아닌 것은?
① 거버너 압력 ② 스로틀 압력
③ 매뉴얼 압력 ④ 유성기어 회전수

해설: 위 문제38의 해설을 참조한다.

40 • 99.10.10

다음 자동 변속기에서 출력축 회전수가 변화하는 것을 이용하여 몸체와 밸브의 오일배출구가 열리는 정도를 결정하는 밸브는?
① 스로틀 밸브 ② 거버너 밸브
③ 매뉴얼 밸브 ④ 프라이밍 밸브

해설: 스로틀밸브–스로틀 밸브의 개도에 따라서 밸브의 오일 배출구를 결정, 매뉴얼 밸브–P, R, N, D, 2, 1를 파악하여 오일의 배출구를 결정. 특히, 자동변속기는 매뉴얼 밸브 D상태에서 자동으로 1, 2, 3, 4단 변속을 위해 스로틀압과 거버너압을 사용한다.

41 • 2006.4.2

자동변속기에서 출력축에 설치되어 출력축의 회전속도에 따른 유압을 발생시키는 밸브는?
① 시프트 밸브 ② 거버너 밸브
③ 스로틀 밸브 ④ 매뉴얼 밸브

해설: 밸브의 기능은 다음과 같다.
① 거버너 밸브 : 변속기 출력축에 설치되어 변속기 출력수(차속)에 따른 라인 압력을 거버너 압력으로 변환하여 조절한다.
② 스로틀 밸브 : 밸브 보디에 설치되어 가속 페달 밟는 정도에 따라 엔진의 출력에 대응하는 스로틀 압력을 형성하는 역할을 한다.
③ 시프트 밸브 : 밸브 보디에 설치되어 라인 압력을 각 변속 단에 맞는 위치로 이동시켜 유압을 공급하는 역할을 한다.

42 • 2005전반

유압식 자동변속기에서 출력축에 부착되어 자동차의 속도에 따라 유압을 제어하도록 하는 밸브는?
① 거버너밸브 ② 스로틀밸브
③ 가속밸브 ④ 시프트밸브

해설: 위 문제40의 해설을 참조한다.

43 • 02.7.21 • 2007.7.15

자동변속기의 거버너압력을 가장 잘 설명한 것은?
① 자동차의 주행속도에 비례한다.
② 자동차의 주행속도에 반비례한다.
③ 스로틀밸브 열림각도에 비례한다.
④ 스로틀밸브 열림각도에 반비례한다.

해설: 거버너 압이란 차량의 속도에 맞는 압력을 말하며, 차속이 빠를수록 거버너압이 증가하여 변속단을 점점 증가시킨다.

44 • 99.10.10 • 2004.7.18

자동 변속기에서 1차 스로틀 압력은 흡기다기관 진공도에 따라 어떻게 변화하는가?
① 거의 반비례한다.
② 거의 비례한다.
③ 거의 제곱에 비례한다.
④ 거의 제곱에 반비례한다.

해설: 흡기관의 진공도는 스로틀밸브의 개도와 반비례한다. 즉 스로틀밸브가 많이 열려서 진공도가 낮아지면 스로틀압력은 증가한다.

45 • 94년도

자동차용 자동변속기 부품 중 가속페달을 2/3 이상 밟을 때 저속으로 변속시켜주는 주요 기능을 하는 것은?
① 킥다운 스위치(kick down switch)
② TV 케이블
③ 컷 백 밸브(cut back valve)
④ 로크 업 릴레이(lock-up relay)

해설: 갑자기 가속페달을 2/3이상 밟으면 낮은 속도로 변속시켜서 큰 구동력을 발휘하게 하는 것을 킥다운이라 하는데, 킥다운을 수행하는 것은 전자제어유닛이 행하고, 킥다운 스위치에 의해 킥다운이 되었음을 확인하다.

ANSWER 39.④ 40.② 41.② 42.① 43.① 44.① 45.①

46 • 98년도

전자제어 자동변속기 페일 세이프(fail safe)기능이란 무엇인가?
① 시스템 이상시 멈추는 기능
② 시스템 이상시 일정하게 작동하도록 제어하는 안전 기능
③ 고속 운전시 오버 드라이브 기능에 이상이 생겼을 때 연료 절약을 위해 자동적으로 유성기어가 고단에 치합되는 기능
④ 저속 운전시 시스템에 이상이 생겼을 때 파워 모드로 고정되는 기능

> **해설** 시스템이 이상시 고유한 값으로 고정하여 작동하도록 하여 시스템의 멈춤을 방지하는 안전기능이 페일 세이프이다.

47 • 99.4.18 • 02.4.7

전자제어 자동변속기에서 파워(power)모드를 선택했을 때 변속기의 작동을 바르게 설명한 것은?
① 오버 드라이브 작동을 제한한다.
② 출발시 2단 출발하도록 한다.
③ 변속시점이 빨라진다.
④ 변속시점이 늦어진다.

> **해설** 자동변속기에서 파워모드와 이코노모드가 있다. 파워모드는 큰 구동력이 필요할 때 변속시점을 지연시켜 바퀴의 구동력을 증대시킨다. 이코노모드는 변속시점을 빠르게 하여 에너지의 절약을 구하는 모드이다.

48 • 2005.7.17

전자제어 자동변속기에서 파워(power)모드를 선택했을 때 변속기의 작동을 바르게 설명한 것은?
① 오버 드라이브를 조기 작동시킨다.
② 출발시 2단 출발하도록 한다.
③ 변속시점이 고정되어진다.
④ 변속시점을 지연시켜 바퀴의 구동력을 증대시킨다.

> **해설** 위 문제47의 해설을 참조한다.

49 • 99.10.10 • 00.3.26

전자 제어식 자동 변속기에서 인히비터 스위치의 기능에 속하지 않는 것은?
① 시프트레버 P 또는 N 레인지에서 엔진 시동을 가능하게 해준다.
② 시프트레버 R 레인지에서 백업 등이 점등되게 한다.
③ 시프트레버 D 레인지에서 엔진 시동이 가능하게 해준다.
④ 시프트 레버 D또는 L, R 레인지에서는 엔진 시동이 불가능하게 해준다.

> **해설** 인히비트 스위치는 매뉴얼 밸브와 일체로 되어 있어 P, R, N, D, 2, 1의 상태를 ECU에 알려주고, P, N에서는 시동이 가능하게 하고, R에서는 후진등을 점등하게 한다.

50 • 2005전반

자동변속기 제어장치에서 스로틀밸브가 설치되는 곳은?
① 밸브보디   ② 유성기어장치
③ 액추에이터   ④ 흡기다기관

> **해설** 자동변속기는 흡기다기관의 스로틀센서를 기초로 하여 밸브보디의 스로틀밸브를 작동시켜 스로틀압을 만들어낸다.

51 • 2006.4.2

전자제어 4단 자동변속기(4EC-AT)에서 TCU(Trans Axle Control Unit)로 입력되는 요소 중 제너레이터(Pulse Generator)와 같은 기능을 가진 부품은?
① 엔진회전속도   ② 차속센서
③ 크랭크각 센서   ④ 인히비터 스위치

> **해설** 자동변속기에서 펄스제너레이터는 입출력의 회전수를 감지하는 센서의 일종으로 전자유도작용에 의해 신호를 만들어낸다. 대표적 센서로 크랭크각센서, 차속센서가 있다.

ANSWER 46.② 47.④ 48.④ 49.③ 50.① 51.②, ③

52 • 2008전반

자동변속기 전자제어 시스템 중 퍼지(fuzzy)제어 시스템에서 퍼지 제어를 거부하는 조건을 설명한 것으로 틀린 것은?

① 정상온도 작동 D 레인지의 경우
② 홀드모드가 ON일 경우
③ 오일온도가 일정 이하인 경우
④ N에서 D로 제어 중일 경우

해설 퍼지제어는 자동변속기가 비정상태에서는 작동하지 않는다. 즉, 정상온도에서 D레인지의 경우에 작동한다.

53 • 2009.3.29

자동변속기 전자제어 시스템에서 컴퓨터는 변속 패턴제어를 위하여 스로틀밸브 열림량 보정을 어떻게 하는가?

① 스로틀 포지션센서의 출력을 기초로 엔진 급가속시 회전속도 보정 및 에어컨스위치 ON시 부하보정을 한다.
② 스로틀 포지션센서의 출력을 기초로 엔진 공회전 때의 보정 및 에어컨스위치 ON시 부하보정을 한다.
③ 오버드라이브 출력보정 및 에어컨스위치 ON시 부하보정을 한다.
④ 점화코일의 펄스에 의하여 엔진의 각 회전상태를 기초로 하여 에어컨스위치 ON시 부하보정을 한다.

해설 변속패턴 : 일정한 속도에 다다르면 증속 혹은 감속을 하는 형태. 이는 스로틀포지션센서의 출력을 기초로 공회전 보정, 에어컨 부하 보정을 행한다.

54 • 2009.7.12

자동변속기의 킥다운에 대한 설명으로 잘못된 것은?

① 주행 중의 급가속을 위해 둔다.
② 스로틀밸브를 급격히 전개 상태에 가깝게 밟을 때 작동한다.
③ 주행중인 변속단에서 1~2단을 낮춘다.
④ 모든 조건에서 1단씩 낮춘다.

해설 킥다운은 말 그대로 단을 아래로 변속함을 의미한다. 이것은 급가속이 이루어질 경우 필요한 구동회전력을 얻기 위해 변속단을 1~2단 낮추게 된다.

55 • 2010후반

자동변속기에서 변속 진행 중 토크와 회전속도의 변화를 매끄럽게 하기 위한 변속품질 제어가 아닌 것은?

① 록업 클러치 제어
② 라인압력 제어
③ 변속 중 점화시기 제어
④ 피드백 학습 제어

해설 록업클러치는 댐퍼클러치와 같은 말로, 입력인 펌프와 출력인 터빈의 속도를 갖게 하는 것을 말한다. 이렇게 하면 동력소비가 작아진다.

점검과 수리

● 오일점검

56 • 94년도

자동변속기에서 오일을 점검할 때 주의사항이다. 관계없는 것은?

① 엔진을 수평 상태에서 시동을 끄고 점검한다.
② 엔진을 정상온도로 유지시킨다.
③ 엔진 시동을 걸고 점검한다.
④ 오일 레벨 게이지 MIN과 MAX선 사이에 있으면 정상이다.

해설 자동변속기의 오일점검 순서
• 평탄한 장소에 주차 오일 수준게이지를 깨끗이 한다.
• P로 놓고, 주차브레이크를 작동하고 시동을 on
• 정상온도까지 엔진을 공회전
• 선택레버를 P, R, N, D, 2, 1로 각각 2회씩 이동하여 유압회로에 오일 가득 채움
• 변속기 N에 두고 오일 점검
• HOT표 내에 있으면 정상이다.

ANSWER 52.① 53.② 54.④ 55.① 56.①

57 • 99.10.10

자동 변속기 오일량 점검 방법으로 틀린 것은?
① 엔진의 시동을 건 상태에서 측정
② 시프트 레버를 D 레인지에 놓고 측정
③ 시프트 레버를 P 레인지에서 아래로 차례로 내렸다가 올리면서 클러치와 서보에 오일을 채운 다음 측정
④ 엔진의 온도가 높은 때에는 High, 낮은 때에는 Low 위치에 있어야 한다.

해설 위 문제 56의 해설을 참조한다.

58 • 2009.7.12

자동변속기 오일의 색깔이 흑색일 경우 예측되는 고장원인은?
① O-링의 열화 및 클러치 디스크의 마모
② 불완전 연소에 의한 카본 분말
③ 연료 및 냉각수 혼입
④ 농후한 혼합기 공급

해설 자동변속기의 오일색은 원래 선홍(붉은색)이다. 흑색이라면 클러치 디스크의 마모에 의해 생긴 색이다.

59 • 2010전반

자동변속기 오일의 역할 중 가장 거리가 먼 것은?
① 기어나 베어링부의 윤활
② 토크 컨버터의 작동 유체로서 동력 전달
③ 밸브 보디의 작동유
④ ATF 냉각기의 냉각

해설 자동변속기 오일의 냉각은 오일냉각기(oil cooler)가 하는 작동이다.

● 타임랙 시험

60 • 99.4.18 • 2003.7.20

자동차 자동 변속기에 대한 타임 래그 테스트 결과에서 규정보다 지연시간이 길다. 그 결함 원인으로 적절한 설명은?
① 라인 압력이 너무 낮다.
② 라인 압력이 너무 높다.
③ 브레이크 밴드 조임 토크가 크다.
④ 클러치 디스크 틈새가 너무 작다.

해설 타임 랙 시험은 중립(N)상태에서 D나 R상태로 넣었을 때 변속기의 기어가 구동되어 바퀴가 회전하게 되는 시간, 즉 변속시 응답에 걸리는 시간을 측정하는 시험이다. 보통 0.6초 이내이어야 한다. 이 시간 보다 길다면, 압력의 부족으로 작동이 늦어서이다.

● 스톨시험

61 • 99.4.18

자동 변속기에서 스톨 테스트의 목적에 어긋나는 것은?
① 클러치의 미끄러짐 유무
② 토크 컨버터의 동력 전달기능
③ 엔진의 구동력 시험
④ 토크 컨버터의 동력 차단기능

해설 스톨시험은 토크컨버터 스테이터의 오버러닝 클러치의 작동과 자동변속기 내의 클러치, 브레이크의 미끄러짐을 알기 위한 시험이다.

시험순서는 다음과 같다.
① 워밍업으로 기관의 냉각수, 자동변속기의 오일 온도를 정상 작동온도로 맞춘다. 또한 오일 수준이 정상인 상태에서 주차브레이크를 하고, 각 바퀴가 움직이지 말도록 조치한다.
② 기관에 회전계를 설치하고 시동한 후 선택레버를 D 위치로 한다.
③ 왼발로 브레이크 페달을 최대로 밟고 오른발로 가속페달을 밟는다.
④ 기관회전속도가 더 이상 올라가지 않을 때까지 부드럽게 밟아서 기관최고 회전속도를 읽고 즉시 가속페달을 놓는다. 가속페달의 밟는 시간은 5초 이내이다.
⑤ 다시 시험할 경우에는 선택레버를 N위치로 하고

ANSWER 57.② 58.① 59.④ 60.① 61.④

1000rpm 정도에서 2분 이상 공회전한 다음 오일이 냉각된 후에 실시한다.
⑥ R위치에서도 위와 같은 방법으로 행한다.

시험결과의 판정은 다음과 같다.
① D위치에서 스톨속도가 규정값 이상일 때 : 리어클러치나 오버런닝 클러치에 미끄럼이 있는 것으로 원인을 알기 위해 오일압력시험을 한다.
② R위치에서 스톨속도가 규정값 이상일 때 : 프런트 클러치나 로·리버스 브레이크가 미끄러지는 것이므로 오일압력시험으로 원인을 찾는다.
③ D와 R 위치에서 스톨속도가 규정값보다 낮을 때 : 기관의 출력부족이나 토크컨버터에 결함이 있는 것이다.(기관의 실화, 점화시기, 밸브틈새 등을 점검하고 이상이 없으면 토크컨버터 결함을 검사해서 정비한다)

62 • 2007.7.15

자동변속기의 스톨시험을 실시하는 이유로 볼 수 없는 것은?

① 밸브보디의 라인압 이상 유무
② 자동변속기의 각종 클러치 및 브레이크 이상 유무
③ 펄스발생기의 이상 유무 판단
④ 유성기어의 파손 및 토크컨버터의 이상 유무

해설 위 문제61의 해설을 참조한다.

63 • 99.4.18 • 2006.4.2

자동변속기 차량에서 스톨 테스트(stall test)결과 후 판단할 수 있는 내용으로 적당치 않은 것은?

① 엔진 출력 부족 여부
② 토크컨버터의 원웨이 클러치 작동여부
③ 라인압력, 저하여부
④ 킥다운 여부

해설 위 문제 61의 해설을 참조한다.

64 • 97.2.2와 99.10.10

자동변속기의 D나 R 레인지 위치에서 엔진의 최고 회전속도를 측정하여 변속기와 엔진의 종합적인 성능을 시험하는 것을 무엇이라고 하는가?

① 로드 테스트(road test)
② 스톨 테스트(stall test)
③ 유압 테스트(hydraulic test)
④ 지연 시간 테스트(time-lag test)

해설 위 문제 61의 해설을 참조한다.

65 • 2003.3.30

자동변속기의 고장점검을 위하여 "D"위치에서 스톨테스트를 실시한 결과 스톨 스피드가 규정보다 낮다. 이때의 결함 원인으로 가장 적절한 설명은?

① 라인 압력이 너무 낮다.
② 엔진출력이 부족하다.
③ 클러치 및 브레이크가 미끄러진다.
④ 오일량이 부적합하다.

해설 위 문제 61의 해설을 참조한다.

66 • 2002.4.7 • 2008전반

자동변속기 고장점검을 위한 스톨테스트(stall test)에 대한 설명 중 가장 적절치 못한 것은?

① 변속기 오일의 온도가 정상인 상태에서 실시해야 한다.
② 제동을 확실히 하는 등 안전사고에 주의해야 한다.
③ 시험시간은 5초를 초과하지 않아야 한다.
④ 완전 제동상태에서 스로틀밸브를 50% 정도로 열고 한다.

해설 위 문제 61의 해설을 참조한다.

Answer 62.③ 63.④ 64.② 65.② 66.④

67 • 2007.4.4

자동변속기의 스톨시험으로 옳지 않은 것은?

① 시험 전 바퀴에 고임목을 설치하고 주차브레이크를 당겨 놓는다.
② 각 레인지마다 10초 이상씩 모두 측정시험을 실시한다.
③ 가속페달을 최대한 밟았을 때의 기관회전속도를 판정한다.
④ 스톨속도의 제한 및 판정은 각 회사별 형식에 따라 다른 값을 나타낸다.

해설: 위 문제 61의 해설을 참조한다.

● 그 밖의 점검

68 • 2006.7.16

자동변속기 장착 차량의 경우 인히비터 스위치가 드라이브 모드(D 위치)에 있을 때는 시동이 되지 않는데 그 이유는 무엇 때문인가?

① D 위치에서만 시동전동기 ST 단자와 회로가 연결되기 때문
② D 위치에서는 시동전동기 ST 단자와 회로가 연결되지 않기 때문
③ D 위치에서는 엔진 ECU에 회로가 연결되지 않기 때문
④ D 위치에서만 엔진 ECU에 회로가 연결되기 때문

해설: 인히비터 스위치는 N과 P에서 시동전동기의 ST 신호를 연결하여 준다. 즉, N과 P가 아니면 starting이 되지 않는다.

69 • 2010전반

자동변속기 차량을 밀거나 끌어서 시동을 할 수 없는 이유로 부적합한 것은?

① 토크 컨버터가 마찰열에 의해 파손을 가져오기 때문이다.
② 구동 바퀴로부터의 동력이 회전부분의 마찰을 가져오기 때문이다.
③ 충분한 윤활이 안되어 구동부품의 소결을 가져오기 때문이다.
④ 중량이 무겁고 또한 밀어서 시동을 걸 경우 축전지의 손상을 가져오기 때문이다.

해설: 차량의 중량과 축전지의 손상과는 거의 관계가 없다.

70 • 2010전반

오버드라이브 on/off 기능이 있는 전자제어 자동변속기에서 스위치를 off 시켰을 때의 내용으로 맞는 것은?

① 오버 드라이브 작동을 제한한다.
② 출발시 2단으로 출발하게 한다.
③ 변속 시점을 변경시킨다.
④ 주행 중 스위치를 오프(O/D off) 시키면 안된다.

해설: 오버드라이브 on 이 되어 있을 경우에 오버드라이브가 들어간다. 즉, off에서는 오버드라이브 작동이 제한된다.

ANSWER   67.②   68.②   69.④   70.①

4. 드라이브라인과 액슬, 종감속장치

드라이브라인과 액슬

01 • 2003.3.30

일체식 구동륜 뒤 차축은 구동축의 지지방식으로 구분된다. 그 형식이 아닌 것은?

① 전부동식 ② 3/4 부동식
③ 반부동식 ④ 1/4 부동식

해설 반부동식은 구동바퀴가 직접 액슬축 끝에 설치되고, 액슬축은 베어링을 사이에 두고 액슬 하우징에 설치된 형식이다. 3/4식은 액슬축의 끝에 바퀴허브를 설치하고 차축 하우징에 한개의 베어링을 사이에 두고 허브를 지지하게 했다. 전부동식은 차축 하우징의 끝부분에 휠 전체가 베어링을 사이에 두고 설치되고, 액슬축은 허브에 볼팅되어 있다. 그래서, 반부동식은 차체의 중량에 영향을 많이 받으므로 승용차에 사용되며, 전부동식은 차량중량에 영향을 받지 않으므로 대형차에 사용하고 있다.

02 • 94년도

추진축이 기하학적인 중심과 질량적 중심이 일치하지 않으면 어떤 현상이 일어나는가?

① 롤링   ② 요잉
③ 휠링   ④ 피칭

해설 롤링이란 차의 진행 방향의 차대 중심선을 기준으로 좌우(회전)움직이는 현상, 요잉이란 차량 바닥면인 평면에 수직이고 무게 중심을 지나는 방향을 기준으로 차량이 (회전)움직이는 현상, 피칭이란 차의 진행 방향의 직각방향을 중심으로 차의 앞뒤로 (회전)움직이는 현상을 말한다.

03 • 2004.4.4

동력전달 장치를 통하여 바퀴를 돌리면 구동축은 그 반대방향으로 돌아가려는 힘이 작용하는데 이 작용력을 무엇이라고 하는가?

① 코어링 포스   ② 휠 트램프
③ 윈드 업   ④ 리어 앤드 토크

해설 ① 코너링 포스 : 타이어가 어느 슬립각을 가지고 선회할 때 접지면에 발생하는 마찰력 중 타이어의 진행 방향에 직각으로 작용하는 힘.
② 휠 트램프 : 휠의 정적 언밸런스 또는 타이어의 공기압이 높을 때 발생되는 회전체의 상하 진동.
③ 윈드 업 : 차축을 중심으로 하여 회전운동을 하는 진동.
④ 리어 엔드 토크 : 동력 전달장치를 통하여 바퀴를 회전시키면 구동축은 그 반대방향으로 회전하려는 힘

04 • 2008.7.13

구동축(drive shaft)에 대한 설명으로 틀린 것은?

① 추진축은 주로 속이 빈 강관으로 제작된다.
② 슬립조인트는 길이 변화를 위한 것이다.
③ 앞바퀴 구동 자동차에서는 플렉시블 조인트가 많이 사용된다.
④ 유니버설 조인트는 각도변화에 대비한 것이다.

해설 앞바퀴 구동 자동차에서 구동축은 등속조인트를 가장 많이 쓴다.

05 • 2010전반

주행 중 노면의 상태에 따라 추진축의 길이를 조절해주는 것은?

① 자재이음   ② 평형추
③ 슬립이음   ④ 토션댐퍼

해설 추진축의 길이는 노면의 상태에 따라 변하므로, 스플라인으로 슬립이음을 만들어 이에 대응하게 만들었다.

ANSWER 1.④ 2.③ 3.④ 4.③ 5.③

제2편 자동차섀시 **189**

06 • 02.7.21
정속 주행장치의 주요 구성부품이 아닌 것은?
① 차속 센서 ② ECU
③ 액추에이터 ④ 차고 센서

해설: 정속 주행장치란 하나의 속도를 규정해서 버튼을 누르면 운전자 대신에 그 속도를 자동으로 일정하게 유지하는 장치이다. 즉 규정속도와 엔진의 상태를 센서로 파악하여 그 속도에 맞게 스로틀을 조정한다. 차고센서는 전자현가장치의 구성품이다.

종감속장치

07 • 2006.7.16
동력전달장치에서 종감속장치의 기능이 아닌 것은?
① 회전 토크를 증가시켜 전달한다.
② 회전속도를 감소시킨다.
③ 좌우 구동륜의 회전속도를 차동 조절한다.
④ 필요에 따라 동력전달 방향을 변환시킨다.

해설: 선회시 좌/우 구동륜의 회전속도 차를 조절하는 장치는 차동장치이다.

08 • 2004.7.18
종감속비(final reduction gear ratio)의 설명에서 틀린 것은?
① 종감속비는 링기어의 잇수와 구동 피니언의 잇수의 비로 표시된다.
② 종감속비는 엔진의 출력, 차종, 중량 등에 의해 정해진다.
③ 종감속비를 크게 하면, 감속성능(구동력)이 향상된다.
④ 종감속비를 크게 하면, 고속성능이 향상된다.

해설: 종감속비를 크게 하면, 입력속도에 대한 출력속도가 작게 한다는 뜻과 같다. 즉, 주행속도가 느려진다.

09 • 02.4.7
종감속장치에서 구동피니언의 잇수가 6, 링기어의 잇수가 30이다. 추진축이 1000rpm 할 때 왼쪽 바퀴가 180rpm하였다. 이때 오른쪽 바퀴는 몇 rpm인가?
① 180 ② 200
③ 220 ④ 400

해설:
$$종감속비 = \frac{구동축의회전수}{링기어의회전수} = \frac{링기어잇수}{구동피니언잇수}$$
$$링기어의회전수 = 구동축의회전수 \times \frac{구동피니언잇수}{링기어잇수}$$
$$= 1000 \times \frac{6}{30} = 200\text{rpm} 이다. 또한$$
$$링기어의회전수 = \frac{좌바퀴회전수 + 우바퀴회전수}{2}$$
이므로 그대로 대입하면
$$200 = \frac{180 + 우바퀴회전수}{2}$$
우바퀴회전수는 400-180=220rpm이다.

10 • 02.7.21 • 2005.7.17
종감속 장치의 피니언 잇수 9, 링기어 잇수 63이다. 추진축이 2100rpm으로 회전하며 오른쪽 바퀴는 180rpm으로 회전하고 있다. 이때 왼쪽바퀴의 회전수는 몇 rpm 인가?
① 120 ② 180
③ 300 ④ 420

해설:
$$종감속비 = \frac{구동축의회전수}{링기어의회전수} = \frac{링기어잇수}{구동피니언잇수}$$
$$링기어의회전수 = 구동축의회전수 \times \frac{구동피니언잇수}{링기어잇수}$$
$$= 2100 \times \frac{9}{67} = 300\text{rpm} 이다. 또한$$
$$링기어의회전수 = \frac{좌바퀴회전수 + 우바퀴회전수}{2}$$
이므로 그대로 대입하면
$$300 = \frac{좌바퀴회전수 + 180}{2}$$
우바퀴회전수는 600-180=420rpm이다.

ANSWER 6.④ 7.③ 8.④ 9.③ 10.④

11 • 2006.4.2

종감속 기어에서 구동피니언 잇수가 8개, 링기어 잇수가 40개인 차량이 평탄한 도로를 직진할 때 추진축의 회전수가 1800rpm이라면 액슬축의 회전수는?

① 360rpm ② 450rpm
③ 510rpm ④ 700rpm

해설
$$종감속비 = \frac{구동축의 회전수}{링기어의 회전수} = \frac{링기어잇수}{구동피니언잇수}$$
$$링기어의 회전수 = 구동축의 회전수 \times \frac{구동피니언잇수}{링기어잇수}$$
$$= 1800 \times \frac{8}{40} = 360 rpm$$

12 • 2005전반

자동차 종감속기어에 주로 사용되는 하이포이드기어의 장점으로 틀린 것은?

① 추진축의 높이를 낮게 할 수 있다.
② 동일 조건하에 스파이럴 베벨기어에 비해 구동피니언을 크게 할 수 있어 강도가 증가된다.
③ 링기어 지름의 8~12%를 중심 위로 옵셋시킨다.
④ 회전이 정속하다.

해설 구동피니언의 옵셋량은 링기어 직경의 10~20%로 되어 있으며, 전달효율이 높다.

13 • 2008전반

종감속 장치에 사용되는 기어 중 하이포이드 기어의 특징으로 틀린 것은?

① 운전이 정숙하다.
② 구동피니언과 링기어의 중심선이 일치하지 않는다.
③ 차체의 중심이 낮아져서 안전성 및 거주성이 향상된다.
④ 하중 부담 능력이 작다.

해설 하이포이드 기어는 한 기어가 물려서 떨어지기 전에 다른 한 기어가 물리므로 하중 부담 능력이 크다. 그러나 소음이 적고 정숙하다.

차동장치

14 • 2009.3.29

차동제한장치(Limited Slip Differential : LSD)의 장점이 아닌 것은?

① 미끄러지기 쉬운 모랫길이나 습지 등과 같은 노면에서 발진 및 주행이 용이하다
② 악로 주행시 좌우바퀴의 회전수가 균일하므로 안전하게 주행할 수 있다
③ 미끄러운 노면에서는 차동시스템이 공회전함으로 타이어의 마멸이 적다
④ 좌우 바퀴의 구동력 차이가 없으므로 안정된 주행성능을 얻을 수 있다

해설 차동장치는 미끄러운 노면의 바퀴를 공회전하게 하지만, 차동제한 장치는 미끄러운 노면의 바퀴 뿐만 아니라 미끄럽지 않은 노면의 바퀴에도 동력을 전달한다.

15 • 2009.7.12

자동 차동제한장치에 대한 설명 중 틀린 것은?

① 수렁 탈출에 용이하다.
② 요철노면 주행시 피시테일(fish tail) 운동이 발생한다.
③ 커브시의 바퀴공진을 방지할 수 있다.
④ 발진시 바퀴공진을 방지할 수 있다.

해설 차동장치가 설치된 자동차는 요철부분을 지날 때 양 구동바퀴에 작용하는 저항이 같지 않기 때문에 주행 중 꼬리 흔들림(fish tail) 운동이 일어난다.

ANSWER 11.① 12.③ 13.④ 14.③ 15.②

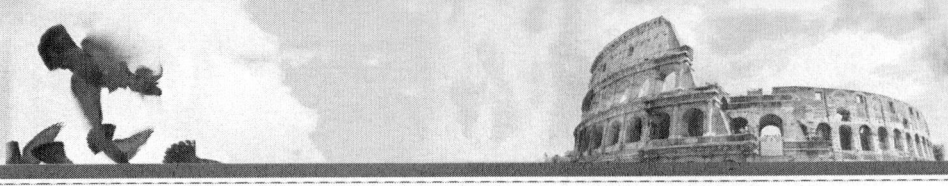

5. 휠 및 타이어

휠 밸런스

01 • 96년도

자동차 바퀴가 정적 불평형일 때 일어나는 현상은 어느 것인가?

① tramping
② shimmy
③ hopping
④ standing wave

해설: 정적 평형은 회전하는 중심축을 앞에서 보았을 때 회전하는 타이어의 특정 부분이 항상 중력에 의해 아래 부분에 멈춤없이 회전하고 있는 상태를 뜻한다. 정적 무게가 불평형 상태에 있으면 상하의 진동이 발생하며, 상하의 진동을 트램핑 현상이라 한다.

02 • 00.3.26

자동차가 고속으로 주행할 때 바퀴가 상하로 도약하는 현상을 무엇이라 하는가?

① 동요   ② 트램핑
③ 흔들림 ④ 시미

해설: 위 문제 1의 해설을 참조한다.

03 • 97.2.2 • 99.10.10

저속 시미현상이 발생하는 원인으로 틀린 것은?

① 바퀴의 평형이 잡혀 있지 않다.
② 앞스프링이 쇠약 또는 절손되었다.
③ 앞바퀴 얼라인먼트의 조정이 불량하다.
④ 조향 링키지의 마멸 및 접속부가 헐겁다.

해설: 동적 평형은 저속이 아닌 중고속에서 회전하는 중심축을 옆에서 보았을 때 회전하고 있는 평형 상태를 뜻한다. 평형이 잡혀 있지 않으면 바퀴가 좌우의 진동, 즉 시미(Shimmy) 현상이 발생한다. 이 현상이 저속에서 발생한다면 앞바퀴 정렬, 조향링키지의 헐거움, 현가장치의 불량, 타이어의 변형 등을 확인해야 한다.

04 • 02.7.21

저속시미(Shimmy)현상의 원인이 아닌 것은?

① 캐스터, 캠버, 토인의 조정이 불량하다.
② 타이어가 이상마모 변형되었다.
③ 타이어의 공기압이 높다.
④ 조향링키지의 마모 또는 볼 조인트가 마모되었을 때

해설: 위 문제 3의 해설을 참조한다. 타이어의 공기압 불량은 차량주행의 한쪽 쏠림 즉, 사이드슬립을 발생시킨다.

타이어 이론

05 • 2004.4.4 • 2008전반

타이어 트레드 패턴(tread pattern)의 필요성에 대한 설명이 틀린 것은?

① 공기누설을 방지한다.
② 타이어 내부에서 발생한 열을 방산한다.
③ 트레드에 발생한 파손이나 손상 등의 확산을 방지한다.
④ 사이드슬립(side slip)이나 전진방향의 미끄럼을 방지한다.

해설: 타이어 트레드 패턴의 필요성은 다음과 같다. 타이어 내부의 열을 발산한다. 트레드에 생긴 절상 등의 확대를 방지한다. 전진 방향의 미끄러짐이 방지되어 구동력을 향상시킨다. 타이어의 옆방향 미끄러짐이 방지되어 선회 성능이 향상된다.

ANSWER 1.① 2.② 3.① 4.③ 5.①

06 • 2005.7.17 • 2007.7.15

타이어 트레드 패턴 중 러그 패턴(lug pattern)에 대한 설명이 틀린 것은?

① 제동성과 구동성이 좋다.
② 주행특성이 원활하다.
③ 타이어의 숄더(shoulder)부의 방열이 안 된다.
④ 고속 주행시 편마모가 발생된다.

해설: 러그 패턴은 타이어 쇼울더 부의 방열이 잘 되기 때문에 트럭, 버스에 사용한다.

07 • 2004.7.18

타이어에 표시되는 사항이 아닌 것은?

① 타이어의 폭   ② 타이어의 종류
③ 허용최소속도 ④ 허용최대하중

해설: 타이어에는 예를 들어 185/70 R 13 84 H 로 표시되었다면, 185 : 타이어폭(mm), 70 : 편평비, R : 레디얼 타입, 13 : 인치단위의 림 직경 84 : 하중지수, H : 속도기호를 나타낸다.

08 • 2006.7.16 • 2010후반

레이디얼 타이어 호칭에서 195/60 R 14에서 60은 무엇을 표시하는가?

① 타이어 폭   ② 속도
③ 하중지수   ④ 편평비

해설: 위 문제7의 해설을 참조한다.

09 • 2003.3.30

레이디얼 타이어의 장점이 아닌 것은?

① 선회시 옆 미끄럼이 적다.
② 내마모성이 우수하다.
③ 구름저항이 적다.
④ 고속주행시 안전성이 저하된다.

해설: 레디얼 타이어의 장점으로는 타이어의 단면 편평률을 크게 하여 접지면적을 크게 할 수 있으며, 합성섬유나 강선코드를 브레이커에 사용하므로 트레드의 하중에 의한 변형이 작다. 또한, 선회시 보통타이어보다 트레드 변형이 적다. 단점으로는 강한 브레이커 때문에 충격 흡수가 잘되지 않아 승차감이 떨어진다.

10 • 2010전반

스노우 타이어(Snow tire)의 장점에 속하지 않는 것은?

① 제동성이 우수하다.
② 구동력이 크다.
③ 체인을 탈부착 하여야하는 번거로움이 없다.
④ 눈이 없는 포장노면에서도 주행 소음이 적다.

해설: 스노우 타이어의 트레드 패턴은 50~70% 깊어 일반 노면을 주행할 시 소음이 크게 날 수 있다.

타이어 이상현상

● 스탠딩 웨이브 현상

11 • 00.3.26

타이어 접지면의 변형이 내압에 의하여 원래의 형태로 되돌아오는 속도보다 타이어 회전속도가 빠르면 타이어의 변형이 원래의 상태로 복원되지 않고 물결 모양이 남게 되는데 이것을 무엇이라 하는가?

① 스탠딩 웨이브 현상
② 타이어 접지 현상
③ 하이드로 플래닝 현상
④ 타이어 웨이브 현상

해설: 이 현상은 타이어 공기압이 낮은 상태에서 고속으로 주행할 때 발생하는 현상이다. 이 현상이 발생하면 변형에 의하여 타이어의 피로가 급격히 진전되고, 높은 열이 발생한다. 또, 구름 저항이 커지고, 높은 열과 트레드 고무와 카커스의 밀착력이 떨어져서 마침내 타이어가 파손된다. 이것을 방지하기 위해서는 타이어 내의 공기압력을 높이든지, 강성이 큰 타이어를 사용해야 한다.

ANSWER 6.③ 7.③ 8.④ 9.④ 10.④ 11.①

12 • 2006.4.2

고속주행시 타이어 스탠딩웨이브 현상을 방지하기 위한 방법으로 맞는 것은?
① 타이어의 공기압을 표준보다 낮춰준다.
② 타이어의 공기압을 표준보다 높여준다.
③ 타이어의 공기압을 낮추되 광폭으로 교체한다.
④ 휠을 알루미늄 휠로 교체한다.
  해설 위 문제11의 해설을 참조한다.

● 하이드로 플래닝 현상(수막현상)

13 • 97.10.12

차량 주행중 물이 고인 도로를 고속 주행할 때 타이어 트레드가 물을 완전히 배출시키지 못해 물위를 슬라이딩하여 노면과 타이어의 마찰력이 상실되는 현상을 무엇이라고 하는가?
① 스탠팅 웨이브   ② 하이드로 플레닝
③ 타이어 동적 평형 ④ 타이어 마운팅
  해설 노면에 물이 괴어 있을 때에 노면을 고속으로 주행하면 타이어의 트레드가 물을 완전히 밀어 내지 못하고 물 위를 떠 있는 상태로 되어 노면과 타이어의 마찰을 없어지는데, 이 현상을 하이드로 플레닝(수막 현상)이다. 이 현상을 방지하기 위해서는 트레드의 마멸이 적은 타이어를 사용하고, 타이어의 공기압을 높이며, 리브 패턴형 타이어를 사용해야 한다.

14 • 99.10.10

자동차가 고속으로 주행 중 타이어와 노면 사이의 수막 위를 달리게 되는 현상은?
① 스탠딩 웨이브 현상
② 하이드로 플래닝 현상
③ 타이어 접지 변형 현상
④ 타이어 웨이브 현상
  해설 위 문제 13의 해설을 참조한다.

15 • 2005전반 • 2009.3.29

빗길 주행 중 쉽게 발생할 수 있는 현상은?
① 스탠딩 웨이브 현상
② 로드홀딩 현상
③ 하이드로 플레닝 현상
④ 페이드 현상
  해설 위 문제 13의 해설을 참조한다.

16 • 94년도

하이드로플레닝 현상의 방지방법으로 틀린 것은?
① 차량의 속도를 감속한다.
② 배수가 용이한 트레드를 사용한다.
③ 트레드가 마모되지 않은 신품 타이어를 사용한다.
④ 타이어 공기압력을 낮춘다.
  해설 위 문제 13의 해설을 참조한다.

17 • 95년도

주행중 타이어의 하이드로플레닝 현상을 방지하기 위한 방법 중 타당치 않은 것은?
① 트레드 마모가 적은 타이어를 사용한다.
② 타이어 공기압력을 낮춘다.
③ 리브형 패턴의 타이어를 사용한다.
④ 트레드에 카프 가공한 타이어를 사용한다.
  해설 위 문제 13의 해설을 참조한다.

18 • 2003.7.20

하이드로 플레닝(hydro planing) 현상을 방지하기 위한 방법 중 틀린 것은?
① 마모가 적은 타이어를 사용한다.
② 타이어 공기압을 낮춘다.
③ 배수효과가 좋은 타이어를 사용한다.
④ 주행속도를 낮춘다.
  해설 위 문제 13의 해설을 참조한다.

ANSWER 12.② 13.② 14.② 15.③ 16.④ 17.② 18.②

● 그 밖의 이상 현상

19 • 2007.4.4
타이어 공기압 부족 경보 장치의 설명으로 틀린 것은?
① 타이어 공기압이 부족하면 타이어 직경이 작아진다.
② 타이어 직경이 작아지면 차륜속도 센서의 출력 값이 감소한다.
③ 타이어 공기압이 부족으로 판단되면 경고 등을 점등한다.
④ 차륜속도 센서의 출력 값이 증가하면 공기압 부족으로 판단한다.

해설 타이어공기압이 부족하면 타이어의 직경이 작아지고, 타이어직경이 작아진 만큼 같은 속도로 회전하기 위해선 타이어가 빨리 회전해야 하므로, 차륜속도 센서의 출력값이 커진다.

20 • 2009.7.12
타이어 공기압 부족 시 나타나는 현상이 아닌 것은?
① 타이어 바깥쪽이 과다하게 마모될 수 있다.
② 브레이크를 밟았을 때 미끄러지기 쉽다.
③ 코드의 절단 및 타이어가 파열될 수 있다.
④ 타이어 수명이 단축된다.

해설 타이어 공기압이 낮으면 타이어가 접지되는 면적이 커지게 되므로 브레이크를 밟으면 제동이 잘된다.

21 • 2007.4.4
차량의 급브레이크 또는 코너링 시에 발생되는 타이어 트레드 고무와 노면상의 미끄럼에 의한 소음을 무엇이라 하는가?
① 펌핑(pumping) 소음
② 트레드(tread) 충돌소음
③ 카커스(carcase) 진동소음
④ 스퀼(squeal) 소음

해설 차량의 급브레이크 또는 코너링시에 발생되는 타이어 트레드 고무와 노면상의 미끄럼에 의한 소음을 스퀼소음이라 한다.

6. 자동차의 구동력 및 주행성능

구동력

01 • 2003.3.30
구동바퀴의 구동력을 크게 하려면?
① 축의 회전력을 작게 한다.
② 구동바퀴의 반지름을 작게 한다.
③ 구동바퀴의 반지름을 크게 한다.
④ 접지면이 작은 타이어를 사용한다.

해설 구동력이란 바퀴를 구르게 하는 힘으로 바퀴에 걸리는 입력토크가 같다면 바퀴의 반지름이 작아야 커진다. 식으로 표현하면, 회전력(torque)=구동력(kg)×타이어반경(m)이다.

02 • 97.2.2
타이어 반지름이 0.3m인 자동차가 회전수 800rpm으로 달릴 때 회전력이 15m-kg이라면 이 자동차의 구동력은 얼마인가?
① 45kg ② 50kg
③ 60kg ④ 70kg

해설 회전력(토크)=구동력(힘)×타이어반경이므로, 그대로 대입하면 15=구동력(힘)×0.3 그러므로 구동력은 50kgf이 된다.

03 • 02.7.21

어떤 자동차의 기관 토크 14kgf·m, 총 감속비 4.0, 전달 효율 0.9, 구동바퀴의 유효반경 0.3m일 때 구동력은?

① 50.4 kgf ② 51.9 kgf
③ 168.0 kgf ④ 186.7 kgf

해설 전달효율 = $\dfrac{출력토크}{입력토크}$ 이고,

출력토크=구동력×타이어반경이다.
또한 입력 토크 = 엔진의 토크 × 종감속비이므로 식에 그대로 대입한다.

전달효율 = $\dfrac{구동력 \times 타이어반경}{엔진의 토크 \times 종감속비}$ = $\dfrac{구동력 \times 0.3}{14 \times 4}$ = 0.9

이므로 구동력 = $\dfrac{0.9 \times 14 \times 4}{0.3}$ = 168kgf이다.

04 • 2003.7.20

타이어의 반경이 0.4m인 자동차가 48km/h로 주행시 회전력이 12kgf·m였다. 이때 자동차의 구동력은 몇 kgf 인가?(단, 마찰계수는 무시함)

① 9.6 ② 10
③ 30 ④ 33

해설 차량의 회전력=차량의 구동력×타이어 회전반경이므로 그대로 대입한다.

차량의 구동력 = $\dfrac{12}{0.4}$ =30kg이다.

05 • 02.4.7

승용차가 100km/h로 주행하기 위해 필요한 기관 소요마력(PS)은?(단, 구동력이 108kgf임)

① 약 30 ② 약 40
③ 약 80 ④ 약 106

해설 소요마력=구동력×차량속도 이므로 그대로 대입하면

소요마력(Ps) = 108kgf × $\dfrac{100}{3.6}$ (m/s) ÷ 75 = 40Ps

06 • 2009.7.12

타이어에 작용하는 힘을 제어하여 엔진토크를 항상 타이어슬립 한계 내에 두도록 하는 것은?

① 4WD(4 Wheel Drive)
② ECS(Electric Control Suspension)
③ ABS(Anti-lock Brake System)
④ TCS(traction Control System)

해설 타이어에 작용하는 힘(구동력)을 제어하여 엔진 토크를 항상 타이어 슬립 한계 내에 두도록 한 것이 TCS(traction Control System)이다.

07 • 2004.4.4

구동력 조절장치(traction control system)의 제어 방식으로 틀린 것은?

① 엔진 토크 제어
② 유압 반력 제어
③ 브레이크 토크 제어
④ 차동 장치 제어

해설 구동력 조절장치의 제어 방식은 엔진 토크 제어(스로틀 개도, 연료 공급량, 실린더 수, 과급압 제어), 구동계 제어(클러치, 2WD ↔ 4WD, 차동장치 제어), 브레이크 토크 제어(좌우 독립, 좌우 동시 제어)가 있다.

08 • 2004.7.18

구동력 조절장치(traction control system)의 구성품 중 가속 페달의 조작 상태를 검출하는 센서는?

① APS(Accelerator Position Sensor)
② 조향휠 각속도 센서
③ 요 레이트 센서
④ 횡 G 센서

해설 APS(Accelerator Position Sensor)는 약자를 한글로 나타내면 가속페달위치센서이다. 즉, 가속페달의 조작상태를 감지하여 운전자의 의도를 파악하는 센서이다.

ANSWER 3.③ 4.③ 5.② 6.④ 7.② 8.①

09 • 2007.7.15

구동력조절장치(traction control system)에서 TCS 경고등이 점등되는 조건이 아닌 것은?

① TCS 관련 고장시
② TCS OFF 모드시
③ 액추에이터 강제 구동시
④ 엔진회전수가 높을 때

해설 TCS(traction Control System)은 구동력을 제어하는 장치로 엔진회전수가 높다고 해서 경고등을 점등하지 않는다.

10 • 2008.7.13

구동력 조절장치(traction control system)의 구성품에 해당되지 않는 것은?

① 휠 속도 센서
② 조향 각속도 센서
③ 충돌 센서
④ 가속페달 위치 센서

해설 충돌센서는 에어백장치에 사용되는 센서이다.

11 • 2009.3.29

풀타임(full time) 4륜 구동방식에서 타이트 코너 브레이크 현상을 제거하는 방법은?

① 바퀴를 작게 한다.
② 타이어 공기압을 높여 준다.
③ 앞 뒤바퀴에 구동력을 전달하는 부분에 중앙 차동장치를 설치한다.
④ 프로펠러 샤프트에 유니버설조인트를 2개 연속으로 장착한다.

해설 전후륜을 같은 회전수로 회전시키는 "파트타임 4WD"에서는 진행거리가 가장 긴 전륜 외측 타이어의 회전수가 부족하게 되어 미끄러지게 되는데, 이때 운전자는 브레이크를 밟은 것처럼 느끼기 때문에 이것을 "타이트 코너 브레이크"라 한다. 미끄러운 노면이나 전륜과 후륜사이의 회전수 차이를 해소하는 중간 차동기어를 사용하는 풀타임 4WD는 이러한 브레이크 현상이 발생하지 않는다.

주행저항

● 구름저항

12₁ • 2008.7.13

차량 총중량이 1000kgf 인 자동차가 주행시 구름저항계수가 0.015라면 구름 저항은 몇 kgf인가?

① 10kgf
② 15kgf
③ 100kgf
④ 150kgf

해설 구름저항은 구름저항계수와 차량 중량의 곱이다.
$R_r = \mu_r \times W = 0.015 \times 1000 = 15 kgf$

● 공기저항

13 • 98년도

승용차의 전면 단면적이 1.5㎡, 공기저항계수가 0.0025인 자동차가 있다. 60km/h로 주행할 때의 공기저항은?

① 7.36kg
② 9.36kg
③ 13.5kg
④ 12.33kg

해설 공기저항은 $R_a = \mu_a \times A \times V^2$ (kg)와 같이 표시된다.(여기서 속도의 단위는 km/h)이다.
그대로 대입하면
$R_a = \mu_a \times A \times V^2 = 0.0025 \times 1.5 \times 60^2 = 13.5 kgf$

14 • 2009.3.29

자동차의 전면 투영면적이 20% 증가될 때 공기저항의 증가비율은?(단, 공기저항계수 및 차량의 속도는 동일조건)

① 20%
② 40%
③ 60%
④ 80%

해설 공기저항은 $R_a = \mu_a \times A \times V^2$ (kg)이므로, 20%증가한 면적을 대입하면
$R_a = \mu_a \times (1.2 \times A) \times V^2$ (kg)이므로, 원래식 보다 20% 더 공기저항이 증가함을 볼 수 있다.

ANSWER 9.④ 10.③ 11.③ 12.② 13.③ 14.①

● 가속저항

15 • 2005전반 • 2009.7.12

중량 1500kgf의 자동차가 출발하여 90km/h의 속도까지 가속하는데 20초 걸렸다면 이 자동차의 가속저항은?(단, 회전부분 상당중량은 무시)

① 75kgf　　② 90kgf
③ 153.1kgf　　④ 191.3kgf

해설 가속저항(R_{ac}) = $\dfrac{W+W'}{g} \times a$로 표시할 수 있으므로,

가속저항(R_{ac}) = $\dfrac{1500}{9.8} \times \dfrac{(90-0)\text{km/h}}{20\text{s}}$
= $\dfrac{1500 \times 90 \times 1000}{9.8 \times 20 \times 3600}$ = $191.3 kgf$

● 구배저항

16 • 00.3.26

자동차 총중량이 2ton이고, 구배 각도가 8%인 길을 올라갈 때 구배 저항은?

① 100kgf　　② 120kgf
③ 140kgf　　④ 160kgf

해설 구배저항은 $R_g = W\tan\theta = \dfrac{W \times G}{100}$으로 표현되고, 여기서 G는 구배각도(%)를 나타낸다. 그대로 대입한다.
$R_g = \dfrac{W \times G}{100} = \dfrac{2000 \times 8}{100} = 160kgf$이 된다.

17 • 2005.7.17

차량 총 중량 1200kgf의 차량이 4%의 등판길을 올라갈 때 구배 저항은?

① 48kgf　　② 24kgf
③ 4.8kgf　　④ 2.4kgf

해설 $R_g = \dfrac{W \times G}{100} = \dfrac{1200 \times 4}{100} = 48kgf$이 된다.

● 전 주행저항

18 • 2006.4.2

자동차의 주행저항에 해당되지 <u>않는</u> 것은?

① 구름저항　　② 공기저항
③ 등판 저항　　④ 구동저항

해설 주행저항에는 구름저항, 공기저항, 구배(등판)저항, 가속저항 등이 있다.

19 • 02.4.7

주행저항 중 자동차 중량과 관계가 먼 것은?

① 공기저항　　② 구름저항
③ 구배저항　　④ 가속저항

답: 가

해설 전주행저항은
$R = \mu_r W + \mu_a A V^2 + W\sin\theta + (1+\epsilon)\dfrac{W}{g}a$로 표시된다.
여기서 중량과 관계가 없는 저항은 공기저항 뿐이다.

주행성능

● 가속도

20 • 97.2.2

72km/h로 달리던 자동차가 브레이크를 걸기 시작해서 12초 후에 정지하였다면 감속도는 얼마인가?

① 1.2m/s²　　② 1.4m/s²
③ 1.6m/s²　　④ 1.8m/s²

해설 감속도(가속도) = $\dfrac{\text{나중속도} - \text{처음속도}}{\text{나중시간} - \text{처음시간}}$
이므로 그대로 대입하면
감속도(가속도) = $\dfrac{0 - \left(\dfrac{72}{3.6}\right)}{12}$ = $-1.667 m/s^2$으로 계산된다. 여기서 (-)부호는 감속도(방향)를 말한다.

ANSWER　15.④　16.④　17.①　18.④　19.①　20.③

21 • 97.2.2

18km/h로 주행하던 자동차가 급가속을 하여 15초 후에 72km/h가 되었다면 이때의 가속도는 얼마인가?

① 10m/sec² ② 6m/sec²
③ 1.8m/sec² ④ 1m/sec²

해설 감속도(가속도) = $\dfrac{\text{나중속도} - \text{처음속도}}{\text{나중시간} - \text{처음시간}}$

이므로 그대로 대입하면

감속도(가속도) = $\dfrac{\left(\dfrac{72}{3.6}\right) - \left(\dfrac{18}{3.6}\right)}{15} = 1 m/s^2$ 으로 계산된다.

22 • 99.10.10

56km/h의 속도로 주행하고 있는 10초 후에 속도가 96km/h로 되었다면 이 자동차의 평균 가속도는?

① 2m/sec² ② 1m/sec²
③ 3m/sec² ④ 4m/sec²

해설 감속도(가속도) = $\dfrac{\text{나중속도} - \text{처음속도}}{\text{나중시간} - \text{처음시간}}$

이므로 그대로 대입하면

감속도(가속도) = $\dfrac{\left(\dfrac{96}{3.6}\right) - \left(\dfrac{56}{3.6}\right)}{10} = 1.11 m/s^2$

으로 계산된다.

23 • 2004.4.4 • 2007.7.15

자동차가 54km/h로 달리다가 급가속하여 10초 후에 90km/h가 되었을 때 가속도는 얼마인가?

① 2m/sec² ② 1m/sec²
③ 3m/sec² ④ 4m/sec²

해설 감속도(가속도) = $\dfrac{\text{나중속도} - \text{처음속도}}{\text{나중시간} - \text{처음시간}}$

이므로 그대로 대입하면,

감속도(가속도) = $\dfrac{\left(\dfrac{90}{3.6}\right) - \left(\dfrac{54}{3.6}\right)}{10} = 1 m/s^2$ 으로 계산된다.

24 • 2005전반

자동차의 중량이 1275kg, 여유구동력 200kg, 회전부분 상당중량은 자동차 중량의 5%일 때 가속도는?

① 1.16m/sec² ② 1.26m/sec²
③ 1.36m/sec² ④ 1.46m/sec²

해설 $F = m \times a = \dfrac{W + W'}{g} \times a$는

가속저항을 구하는 공식이다.

이를 이용하면,

$a = F \times \dfrac{g}{W + W'}$

$= 200 \times \dfrac{9.8}{1275(1 + 0.05)} = 1.464 m/s^2$

로 계산된다.

25 • 97.10.12

중량 1500kg의 자동차가 100km/h의 속도로 주행하고 있다. 0.1분 후 30km/h로 감속하였다면 필요한 감속력은 얼마인가?

① 326kg ② 412kg
③ 496kg ④ 527kg

해설 감속도(가속도) = $\dfrac{\text{나중속도} - \text{처음속도}}{\text{나중시간} - \text{처음시간}}$

이므로, 0.1분=6초, 그대로 대입하면

감속도 = $\dfrac{\left(\dfrac{30}{3.6}\right) - \left(\dfrac{100}{3.6}\right)}{6} = -3.24 m/s^2$ 으로

계산된다. 여기서 (-)부호는 감속도(방향)를 말한다.
중량이 1500kgf에서 질량은

$m = \dfrac{W}{g} = \dfrac{1500}{9.8} = 153 kg$이다.

감속력 = m × 감속도이므로
153×3.24=495.7kgf이 된다.

26 • 2008전반

차량중량 1500kg의 자동차가 100km/h의 속도로 주행하고 있다. 6초 동안 30km/h로 감속하는데 필요한 감속력은?

① 356.3kg ② 497.3kg
② 567.3kg ④ 638.3kg

ANSWER 21.④ 22.② 23.② 24.④ 25.③ 26.②

해설 감속도 = $\frac{나중속도-처음속도}{나중시간-처음시간}$ 이므로,
6초동안이므로, 그대로 대입하면
감속도 = $\frac{\left(\frac{30}{3.6}\right)-\left(\frac{100}{3.6}\right)}{6}$ = $-3.24 m/s^2$ 으로 계산된다.
여기서 (−)부호는 감속도(방향)를 말한다.
중량이 1500kgf에서 질량은
$m = \frac{W}{g} = \frac{1500}{9.8} = 153 kg$ 이다.
감속력=m×감속도이므로
153×3.24=495.7kgf이 된다.

● 주행속도

27 • 00.3.26

기관의 회전 속도가 2000rpm, 제2 속의 변속비가 2 : 1, 종감속비가 3 : 1, 타이어의 유효 반지름은 50cm 이다. 이때의 자동차 시속은?

① 62.8km/h ② 28.8km/h
③ 34.8km/h ④ 17.8km/h

해설 타이어의 회전수=기관회전수÷(변속비×종감속비)= 2000/(2×3)=333.3rpm이다.
자동차의 시속은 π × D × N(N : 타이어 회전수)
= π×(0.5×2)×333.3/60=17.45m/s이므로
단위 환산을 행하면 62.8km/h 이 된다.

28 • 02.7.21 • 2004.7.18

기관의 회전수가 3000rpm이고, 제2속 변속비가 2 : 1, 최종 감속비가 3 : 1인 자동차의 타이어 반지름이 50cm라 할 때 이 자동차의 속도는 몇 약 km/h인가?

① 47 ② 60
③ 94 ④ 141

해설 타이어의 회전수= 기관회전수÷(변속비×종감속비)= 3000/(2×3)=500rpm이다. 자동차의 시속은 π×D×N(N : 타이어 회전수)=π×(0.5×2)×500/60= 26.18m/s이므로 단위 환산을 행하면 94.24km/h 이 된다.

29 • 2003.3.30

기관회전수 4000rpm, 총감속비 5, 타이어 유효지름이 60cm일 때 주행속도는?

① 90.5 km/h
② 95.5 km/h
③ 100.5 km/h
④ 105.5 km/h

해설 타이어의 회전수 = 기관회전수÷(변속비 × 종감속비)= 4000/(5)=800rpm이다.
자동차의 시속은 π × D × N(N : 타이어 회전수)
= π×(0.6)×800/60=25.13m/s이므로
단위 환산을 행하면 25.13×3.6=90.48km/h 이 된다.

30 • 2010후반

변속비가 3 : 1, 종감속비가 5 : 1인 자동차의 기관 회전속도가 1500rpm일 때 차량의 속도는?(단, 구동바퀴의 지름은 0.5m이다)

① 약 8.4km/h ② 약 9.4km/h
③ 약 20km/h ④ 약 25km/h

해설 타이어의 회전수 = 기관회전수÷(변속비×종감속비)= 1500/(3×5) = 100rpm이다.
자동차의 시속은 π×D×N (N : 타이어 회전수)
= π × (0.5)×100/60(m/s)이므로
단위 환산을 행하면
V= π×(0.5)×100/60×(3600/1000)
=9.42km/h

● 주행연비

31 • 99.4.18

40리터(l)의 연료를 채운 승용차가 7일 동안 400km를 주행하였다고 하면 연비는 얼마인가?

① 10km/l ② 0.1km/l
③ 70km/l ④ 78km/l

해설 연비=주행거리/연료소모량 이므로
연비=400/40=10km/l 이다.

ANSWER 27.① 28.③ 29.① 30.② 31.①

PART.2 섀시

현가장치

1. 일반 현가장치

01 • 2005전반

현가장치의 특성에 대한 설명 중 맞는 것은?
① 스프링 아래 질량이 커야 요철 노면주행이 유리하다.
② 스프링 상수는 작용하는 힘과 스프링 변화량의 비로 나타낸다.
③ 자동차가 무겁고 스프링이 약하면 주파수는 많고 진폭은 작다.
④ 토션바 스프링의 길이를 길게 하면 비틀림각이 작으므로 스프링 작용은 크다.

해설 스프링 위 질량이 커야 관성에 의해 요철 노면 주행이 유리하며, 자동차의 중량이 무겁고 스프링이 약하면 진폭이 커지면서 주파수가 작아진다. 토션바 스프링의 길이를 길게 하면 비틀림각이 커진다.

현가장치의 종류

02 • 96년도

다음 중 독립 현가장치의 장점이 <u>아닌</u> 것은?
① 앞바퀴에 시미가 잘 일어나지 않는다.
② 스프링정수가 적은 스프링을 사용할 수 있다.
③ 스프링 밑 질량이 작기 때문에 승차감이 좋다.
④ 일체 차축 현가에 비해 구조가 간단하다.

해설 독립현가장치의 장·단점
㉠ 장점
– 스프링 밑 질량이 작으므로 승차감이 좋다.
– 바퀴의 시미현상을 잘 일으키지 않고 주행 안정성이 우수하다.
– 스프링 정수가 작은 스프링의 사용이 가능하다.
㉡ 단점
– 구조가 복잡하고 가격, 취급, 정비가 까다롭다.
– 볼 이음이 많아 앞바퀴 정렬이 틀리기 쉽다.
– 바퀴의 운동에 따라 윤거나 앞바퀴정렬이 변하므로 타이어의 마멸이 증가한다.

03 • 98년도

맥퍼슨식 현가장치의 장점이 <u>아닌</u> 것은?
① 기관실의 유효 면적을 크게 할 수 있다.
② 구조가 간단하다.
③ 시미현상이 잘 일어나지 않는다.
④ 승차감이 우수하다.

해설 맥퍼슨 현가장치의 장·단점
㉠ 장점
– 위시본형에 비해 구조가 간단, 구성부품이 적다. 그래서 마멸과 손상이 적어 보수가 쉽다.
– 스프링 밑 중량이 작아 주행안전성이 좋다.
– 바퀴의 상하운동에 의한 윤거나 캠버의 변화가 없고 캐스터만 약간 변한다. 그러나 2개의 암을 사용하면 캐스터가 변화하지 않게 할 수 있다. 즉 앞바퀴 정렬의 변화나 타이어의 마멸이 적다.
㉡ 단점
– 옆방향 작용력에 대한 대응력이 비교적 약하다.
– 이 식을 앞차축에 사용하면 제동될 때 노우즈 다운 현상이 일어나기 쉽다.

04 • 2006.4.2

독립현가장치 중 맥퍼슨 형식의 특징이 <u>아닌</u> 것은?
① 스프링 윗부분 중량이 크기 때문에 접지성이 불량하다.
② 위시본 형식에 비해 구조가 간단하다.

ANSWER 1.② 2.④ 3.③ 4.①

③ 부품수가 적으므로 마모나 손상을 발생하는 부분이 적고 수리가 용이하다.
④ 엔진실 유효체적을 크게 할 수 있다.

해설 위 문제3의 해설을 참조한다.

05 • 2008전반

독립현가 방식인 맥퍼슨 형식의 특징과 관계없는 것은?

① 기관실의 유효 체적을 넓게 할 수 있다.
② 구조가 간단하여 고장이 적고 보수가 쉽다.
③ 스프링 아래 질량이 적기 때문에 로드홀딩이 양호하다.
④ 바퀴가 들어 올려지면 캠버가 부의 캠버로 변한다.

해설 위 문제3의 해설을 참조한다.

06 • 2010후반

엔진룸의 유효면적을 넓게 확보할 수 있으며, 부품수가 적고 정비성이 좋아서 앞 차축에 가장 많이 사용되는 독립현가 방식은?

① 위시본형   ② 트레일 링크형
③ 맥퍼슨형   ④ 스윙차축형

해설 위 문제3의 해설을 참조한다.

현가스프링

07 • 2004.4.4 • 2007.4.4

하중이 2ton이고 압축스프링 변형량이 2cm일 때 스프링 상수는 얼마인가?

① 100 kgf/mm   ② 120 kgf/mm
③ 150 kgf/mm   ④ 200 kgf/mm

해설 $K = \frac{W}{a}$.

여기서 K는 스프링 상수(kgf/mm), W는 하중(kgf), a는 변형량(mm) 이므로, 그대로 대입하면
$K = \frac{2000}{20} = 100 kgf/mm$로 계산된다.

08 • 95년도

자동차 현가장치에서 사용되는 3종류의 스프링으로 이루어진 항은 다음 중 어느 것인가?

① 코일 스프링, 겹판 스프링, 토션 바
② 코일 스프링, 토션 바, 레버
③ 코일 스프링, 겹판 스프링, 레버
④ 겹판 스프링, 토션 바, 레버

해설 스프링은 차축과 프레임 사이에 설치되어 바퀴의 충격이나 진동을 완화하여 차체에 전달되지 않게 하는 역할을 한다. 종류로는 판스프링, 코일스프링, 토션바 스프링, 고무스프링, 공기스프링 등이 있다.

09 • 02.4.7

판스프링에서 아이(eye)의 중심거리를 무엇이라 하는가?

① 새클(shackle)   ② 스팬(span)
③ 캠버(camber)   ④ 닙(nip)

해설 얇고 긴 스프링 강판을 여러 장으로 겹쳐 중심볼트와 리바운드 클립으로 묶어서 사용하며 주로 일체식 현가장치에 사용한다. 판스프링의 양끝에는 스프링 아이가 있고, 스프링 새클과 행어에 의해 프레임에 연결된다. 판스프링의 크기는 길이, 너비, 두께, 스프링판수로 표시한다. 스프링의 양끝 새클핀의 지지부를 아이, 아이의 중심거리를 스팬, 스프링 휨의 양을 중앙부에서 측정한 길이를 캠버라 한다. 판스프링은 하중이 걸릴 때 위쪽은 압축력이 작용하고 아래쪽은 인장력이 걸리게 된다. 이들 판스프링을 여러 장 겹쳐 접합면에서 마찰에 의하여 진동을 흡수한다.

10 • 97.10.12

토션 바 스프링에 대한 설명 중 적당하지 않은 것은?

① 스프링의 힘은 바의 길이와 단면적에 따라서 결정된다.
② 단위 무게에 대한 에너지 흡수율이 다른 스프링에 비하여 크다.
③ 진동에 의한 감쇠작용을 하지 못하므로 쇽업소버를 사용한다.
④ 다른 스프링에 비해 무겁고 구조가 복잡하다.

ANSWER 5.④ 6.③ 7.① 8.① 9.② 10.④

해설: 토션 바 스프링은 스프링강으로 만든 가늘고 긴 막대 모양의 것으로 막대가 가지는 비틀림 탄성을 이용하여 완충작용을 한다. 토션 바 스프링은 한쪽 끝을 차축에 고정하고 다른 한쪽 끝을 프레임에 고정한 세로 방식과 좌우의 차축에 양끝을 고정한 가로방식이 있으며 세로방식은 바의 길이에 제한이 없고 설치면적도 적게 차지하여 현재 많이 사용된다. 스프링의 힘은 토션 바 길이와 단면적에 따라 정해지고 단위 중량당 에너지 흡수율이 다른 스프링에 비해 크기 때문에 가볍게 할 수 있고 구조도 간단하다. 또한 진동의 감쇠작용을 할 수 없기 때문에 쇽업소버를 병용하여 설치하며 오른쪽과 왼쪽의 표시가 있어 종측을 구분하여 설치해야 한다.

11 • 2003.3.30 • 2010전반

현가장치에서 스프링이 갖추어야 할 조건으로 틀린 것은?

① 자유고의 변화가 적어야 한다.
② 설치공간을 적게 차지해야 한다.
③ 장력의 변화가 크게 조절될 수 있어야 한다.
④ 적차 또는 공차 상태에서 최저 지상고는 같아야 한다.

해설: 차체의 최저지상고란 수평바닥과 최저 차체 바닥 사이의 거리를 말한다. 그러므로 적차와 공차시 지상고의 변화가 크다는 말은 스프링의 탄성이 큰 것이므로 울퉁불퉁한 곳을 주행하면 차체가 상하 바운싱을 하여 승차감이나 안전성을 저하한다.

12 • 2003.7.20

자동차의 진동 중 스프링과 관련된 진동이 아닌 것은?

① 바운싱   ② 피칭
③ 롤링   ④ 트램프

해설: 스프링 위의 진동은 바운싱, 피칭, 롤링, 요잉 등이 있고, 스프링 아래의 진동으로는 휠홉, 휠트램프, 윈드업 등이 있다.

13 • 2005.7.17 • 2008.7.13

자동차의 진동에 대해 설명한 것이다. 틀린 것은?

① 바운싱(bouncing) : 상하운동
② 롤링(rolling) : 좌우진동
③ 피칭(pitching) : 앞뒤진동
④ 요잉(yawing) : 차체 앞부분 진동

해설: 요잉은 Z축(상하방향축)을 기준으로 차체의 앞머리가 옆으로 회전하여 뒤로, 뒤쪽이 옆으로 회전하여 앞으로 도는 (진동)현상을 말한다.

14 • 2009.7.12

진동에 관한 설명 중 수직축(Z축)을 중심으로 차체가 좌우로 회전하는 진동을 무엇이라고 하는가?

① 러칭(lurching)
② 피칭(pitching)
③ 요잉(yawing)
④ 바운싱(bouncing)

해설: 위 문제13의 해설을 참조한다.

15 • 2004.7.18

자동차용 현가장치에서 공기스프링의 장점에 대한 설명으로 잘못된 것은?

① 구조가 간단하고 고장이 없으며, 영구 사용한다.
② 고유 진동을 낮게 할 수 있어 유연하다.
③ 자체에 감쇄성이 있기 때문에 작은 진동을 흡수한다.
④ 차체의 높이를 일정하게 유지한다.

해설: 공기스프링의 특성은 첫째, 스프링의 특성이 유연하므로 승차감의 향상을 꾀할 수 있다. 또한, 외부로부터의 공기의 공급이나 배출을 제어하여 공차 혹은 화물적재시 등 하중의 변화에 관계없이 차고를 일정하게 유지할 수 있다. 그리고 방음 효과가 좋다.

Answer 11.③ 12.④ 13.④ 14.③ 15.①

쇽업소버

16 • 99.4.18

현가장치에서 충격흡수기(쇽업소버)의 종류가 아닌 것은?
① 공기식 충격흡수기
② 유압식 충격흡수기
③ 가스봉입식 충격흡수기
④ 복합식 충격흡수기

> 해설 속 업저버에는 크게 3종류로 나뉜다. 텔레스코핑형, 레버형, 드가르봉식형이 있다. 텔레스코핑은 실이 하나인 단동식과 2개인 복동식이 있고, 레버형에는 피스톤식과 회전날개식이 있다. 드가르봉식은 오일 아래에 질소가스가 내장되어 있다.

17 • 95년도

드가르봉식 쇽업소버의 특징이 아닌 것은?
① 구조가 매우 복잡하다.
② 장시간 작동되어 감쇠효과가 저하하지 않는다.
③ 실린더가 1개로 되어있어 방열효과가 좋다.
④ 내부 압력이 걸려있어 분해하는 것은 위험하다.

> 해설 드가르봉식은 프리피스톤을 두고 그 밑에 고압의 질소가스가 봉입되어 있어 배부 압력이 걸려있고 하나의 실리더로 되어 있다. 특징은 구조가 간단하고, 작동시 오일에 기포가 쉽게 발생되지 않으므로 오래 동안 작동해도 감쇠효과가 유지된다. 또한, 실린더가 하나로 되어 있어 방열이 잘 되나 단점으로 내부에 압력이 걸려있어 분해시 위험하다.

18 • 02.7.21 • 2003.3.30

드가르봉식 쇽업소버 특징이 아닌 것은?
① 내부압력이 있어 분해하는 것은 위험하다.
② 실린더가 하나로 되어 있어 방열효과가 좋다.
③ 장기간 작동되어도 감쇠 효과가 저하되지 않는다.
④ 구조가 복잡하다.

> 해설 위 문제 17의 해설을 참고한다.

19 • 2006.7.16

노즈업(nose up)이나 노즈다운(nose down)을 방지할 수 있는 쇽업소버는?
① 텔레스코핑형 단동식
② 레버형 단동식
③ 텔레스코핑형 복동식
④ 드가르봉식

> 해설 텔레스코핑형의 단동식은 바운드 시 차체에 충격을 주지 않기 때문에 좋지 않은 길에서 유리하고, 복동식은 정지 및 발차시의 노즈다운 및 노즈업을 방지하여 주행 안정성을 향상시키나 구멍이나 밸브기구가 복잡한 단점이 있다.

스테이빌라이저

20 • 93년도

스테이빌라이저의 작용에 대한 설명으로 옳지 않은 것은?
① 일종의 토션바 스프링이다.
② 원심력에 의해 차체가 기울어지는 것을 방지한다.
③ 차량의 좌우 진동을 완화시켜 준다.
④ 차체가 피칭할 때 작용한다.

> 해설 독립 현가장치에서 승차감을 향상시키기 위해 스프링 상수가 작은 스프링을 사용하면 자동차가 선회시나 기복이 심한 도로를 주행 시에 차체의 기울어짐이 심해진다. 이 때, 자동차의 기울어짐을 작게 하고, 빨리 원래대로 회복시킬 목적으로 스테이빌라이저를 사용한다. 또, 자동차가 선회할 때의 롤링(완더)현상을 방지하여 평형을 유지하기도 한다.

ANSWER 16.① 17.① 18.④ 19.③ 20.④

21 • 98년도 • 2007.7.15

스테이빌라이저 작용에 대한 설명 중 틀린 것은?

① 일종의 토션 바이다.
② 독립 현가장치에서 주로 사용한다.
③ 차체의 롤링(rolling)을 방지한다.
④ 차체가 피칭(pitching)할 때 작용한다.

해설: 위 문제 20의 해설을 참조한다.

22 • 2003.7.20

차체의 롤링을 방지하며 차체의 기울기를 감소시켜 평형을 유지하는 기구는?

① 스태빌라이저
② 쇽업소버
③ 판스프링
④ 아래 컨트롤 암

해설: 위 문제 20의 해설을 참조한다.

23 • 2004.4.4 • 2009.3.29

차량이 선회시 원심력에 의한 횡요동(롤링)을 억제하기위한 토션 바로서, 독립현가식 서스펜션에 사용하고 있으며, 이러한 롤링을 감소하고 차체의 평행을 유지하기 위한 구성품의 명칭은?

① 스테빌라이저(stabilizer)
② 에어 스프링(air spring)
③ 코일 스프링(coil spring)
④ 토션 바 스프링(torsion bar spring)

해설: 위 문제 20의 해설을 참조한다.

2. 전자제어 현가장치

일반적 ECS

● ECS 구성

01 • 02.4.7

E.C.S(전자제어 현가장치)의 기능이 아닌 것은?

① 주행 안전성 확보 및 승차감 향상
② 급커브 또는 급회전시 원심력에 의한 차량의 기울어짐 방지
③ 노면의 상태에 따라 차체높이 제어기능
④ 쇽업소버의 감쇠력 변화는 불가하나 차고 조절 가능

해설: 전자현가장치는 노면의 상황과 주행 조건에 따라서 현가 특성을 변경시켜 줄 수 있다. 전자 제어 현가장치는 차고제어, 자세제어, 감쇠력제어, 노즈다운(업)제어, 롤링제어 등을 행한다.

02 • 2005.7.17

전자제어현가장치(ECS)의 종합적인 제어기구 항목이 아닌 것은?

① 스프링 상수제어
② 차중량 제어기구
③ 감쇠력 가변기구
④ 차고 조정기구

해설: ECS는 스프링 상수, 감쇠력, 차고를 제어하여 안정되고 편안한 주행을 하게 한다. 차중량 제어는 없다.

ANSWER 21.④ 22.① 23.① / 1.④ 2.②

03 • 02.7.21

공기타입의 전자제어 현가장치(ECS)에서 사용되는 센서와 관계가 없는 것은?
① 차고 센서
② 조향 휠 각도 센서
③ 오일압력 센서
④ 차속 센서

해설 전자현가장치의 구성은 다음 그림과 같다.

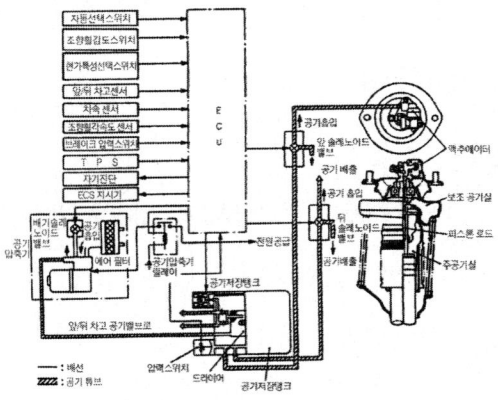

▲ 전자현가장치의 구성

04 • 2007.4.4

액티브(Active) 전자제어 현가장치와 관련된 구성부품이 아닌 것은?
① 인히비터 스위치
② 액셀 포지션 센서
③ ECS 모드 선택 스위치
④ 클러치 스위치

해설 클러치 스위치는 수동변속기 차량에서 시동을 걸기 위해서 클러치를 밟아야 시동회로 배선이 연결되게 하는 스위치이다.

05 • 2007.7.15

다음 중 공기식 전자제어 현가장치의 구성에서 입력요소가 아닌 것은?
① 차고센서
② G 센서
③ 도어 스위치
④ 에어컴프레서 릴레이

06 • 2004.7.18

전자제어 현가장치의 설명 중 틀린 것은?
① 승차감과 주행 안전성을 동시에 향상시킬 수 있다.
② 차고 센서는 앞, 뒤 차축에 기본으로 2개씩 설치되어 차체와 차축 위치를 검출한다.
③ 에어 라인에 에어가 누설되면 경고등이 점등된다.
④ 배기 솔레노이드 밸브 제어 배선 단선시 경고등이 점등된다.

해설 전자현가장치(Electronic Control Suspension)의 차고센서는 앞축과 뒤축에 각각 하나씩 장착되어 있다.

07 • 2008.7.13

전자제어 현가장치의 설명 중 틀린 것은?
① 스텝모터가 고장이 나면 감쇠력 제어를 할 수 없다.
② 엑셀 포지션 센서 신호는 급가속시 안티 스쿼트 제어를 이해할 때 주로 사용된다.
③ 인히비터 스위치 신호는 N → D, N → R 변환 시 진동을 억제하기 위한 차고센서를 이행할 때 사용된다.
④ 에어 탱크는 공기를 저장하는 장치이다.

해설 인히비터 스위치는 (역)주행 중인지, 주차 중인지, 중립 중인지를 알려주는 스위치이다.

ANSWER 3.③ 4.④ 5.④ 6.② 7.③

• 차고센서와 조정

08 • 93년도

전자 제어 현가장치에서 차고 높이 조정은 무엇에 의해 조절되는가?
① 공기압력
② 플라스틱 액추에이터
③ 진공
④ 특수 고무

해설 승차 인원이나 적재물의 변화에 따른 자동차의 자세 변화의 보정 및 고속 주행 또는 험로 주행 시에 요구되는 차높이 조정을 위해서 전자식 현가 제어 장치는 차높이 센서(차고센서), 차속 센서 등의 신호를 처리하여 자동차의 앞바퀴 및 뒷바퀴의 현가장치용 액추에이터에 압축 공기를 공급하거나 배기시켜 적정한 차높이가 유지되도록 제어한다.

09 • 93년도 • 2005년 후반 • 20083년 전반

전자제어 현가장치(ECS) 장착 자동차에서 차고 센서가 감지하는 것은?
① 지면과 액슬   ② 프레임과 지면
③ 차체와 지면   ④ 로암과 차체

해설 차고 센서는 자동차의 높이 변화에 따른 차체(body)와 차축(axle shaft)의 위치를 감지하여 ECU로 입력시키는 기능을 한다. 이 센서의 종류에는 차체와 노면 사이에 거리를 직접 검출하는 초음파 방식과 현가장치의 신축량을 검출하는 광단속기식이 있다. 광단속기식은 레버와 연결되는 로드(rod)와 센서 보디로 구성되며 자동차의 앞, 뒤에 한 개씩 설치되어 레버의 회전량이 센서 보디로 전달되므로 차고 변화에 따른 차체와 차축의 위치를 감지한다.

10 • 2003.7.20 • 2009.3.29

차고 센서에 대한 설명 중 틀린 것은?
① 레버로 연결된 로드와 센서 보디로 구성되어 있다.
② 레버의 회전량이 센서로 전달된다.
③ 액슬과 바퀴의 중심점 위치 변화로 감지된다.
④ 검출방식에는 초음파 방식과 광단속기 방식이 있다.

해설 위 문제9의 해설을 참조한다.

11 • 94년도

전자제어 현가장치에서 앞·뒤 차고센서 신호를 3단계로 분류할 때 이에 속하지 않는 것은?
① 차고를 높일 때
② 주행차고
③ 차고를 낮출 때
④ 목표차고

해설 차고센서는 차고의 높낮이를 신호로 변환시켜 목표차고에서 어느 정도 벗어났는지를 파악할 수 있다. 차고제어는 다음의 3가지가 있다. 자동목표차고제어: 화물의 중량과 승무원수에 따라 차고의 변동을 챔버의 흡배기를 실행하여 목표차고로 제어한다. 고속감응제어-차속이 80km/h이상에서는 각 선택모드에서 1단 낮은 차고로 제어한다. 40km/h이상에서는 표준으로 복귀한다. 주차시 제어: 주차시는 점화스위치 off후 약 3분후에 하강제어를 한다.

12 • 00.3.26

전자제어 현가장치에서 차량 높이를 높이는 방법으로 옳은 것은?
① 배기 솔레노이드 밸브를 작동시킨다.
② 앞뒤 솔레노이드 공기 밸브의 배기구를 개방시킨다.
③ 공기 챔버의 체적과 쇽업소버의 길이를 증가시킨다.
④ 공기 챔버의 체적과 쇽업소버의 길이를 감소시킨다.

해설 위 문제 8의 해설을 참조한다. 흡입구를 개방하여 압축공기를 공기챔버에 넣어 쇽업소버를 길게 하면 차고가 상승된다. 배기구를 개방하면 높이가 낮아진다.

ANSWER 8.① 9.④ 10.③ 11.② 12.③

● 조향각 센서

13 • 2004.4.4

다음 보기의 회로는 전자제어 현가장치의 어떤 센서인가?

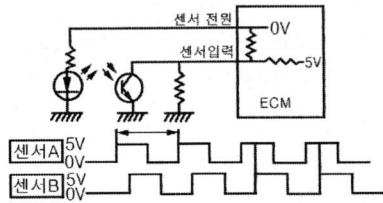

① G 센서 ② 공기 압력 센서
③ 차고 센서 ④ 조향 각 센서

해설 이 문제는 ③의 차고센서도 정답이 가능하다. 광학식 차고센서는 광학식 조향각센서와 원리가 동일하다. 여기서는 보기 그림의 아래에 센서 A, B를 표시하였으므로 조향각센서가 더욱 정답에 가깝다.

14 • 2010전반

전자제어 현가장치에서 조향각 센서의 설명으로 틀린 것은?

① 조향각 센서는 광단속기 타입의 센서이다.
② 조향각 센서는 조향 휠과 컬럼 샤프트에 설치되어 있다.
③ 조향각 센서 고장 시 핸들이 무거워진다.
④ 조향각 센서는 광 단속기와 디스크로 구성된다.

해설 조향각 센서가 고장이 나더라도 동력조향장치가 고장나지 않으면 핸들은 무거워지지 않는다.

자세제어

15 • 2006.4.2

주행 중 브레이크 페달을 밟게 되면 차량의 무게가 앞으로 이동하면서 차체의 앞쪽은 내려가고 뒤쪽은 올라가는 현상을 무엇이라 하는가?

① ANTI-ROLL
② BOUNCING
③ SQUART
④ DIVE

해설 주행 중 브레이크 페달을 밟게 되면 차량의 무게가 앞으로 이동하면서 차체의 앞쪽은 내려가고 뒤쪽은 올라가는 현상을 다이브(dive)라 한다.

16 • 2006.7.16

다음 중 앤티 롤(Anti-Roll) 제어할 때 가장 중요한 센서는?

① 차고 센서 ② 홀 센서
③ 압력 센서 ④ 조향각 센서

해설 롤링이란 차축을 중심으로 좌우로 흔들리는 것을 말하는데, 조향시 많이 발생할 수 있다.

17 • 2004.4.4

전자식 현가장치(ECS)에서 앤티롤(Anti Roll) 제어가 불량해지는 원인과 관계없는 것은?

① 조향각 센서의 불량
② 차속 센서의 불량
③ 유량 절환 밸브의 불량
④ 제동등 스위치의 불량

해설 앤티 롤 제어 불량의 원인은 다음과 같다. 액추에이터의 불량, 조향각 센서의 불량, 차속 센서의 불량, G 센서의 불량, 유량 절환 밸브의 불량, 프런트 및 리어 밸브의 불량, 고압 펌프 스위치 불량, 공기 튜브의 누설 또는 막힘 등이다.

ANSWER 13.④ 14.③ 15.④ 16.④ 17.④

18 • 2009.7.12

전자제어 현가장치에서 제어항목이 아닌 것은?

① 안티롤제어
② 안티다이브제어
③ 안티피칭/바운싱제어
④ 안티토크제어

> **해설** 안티토크제어라는 말은 없다. 피칭은 차축의 직각방향을 축으로 앞과 뒤로 움직이는 진동이고, 바운싱은 차를 위에서 아래로 관통시키는 축을 따라 위아래 움직이는 진동을 말한다.

19 • 2010후반

전자제어 현가장치에서 자세 제어기능으로 틀린 것은?

① 안티 롤 제어
② 안티 다이브 제어
③ 안티 스쿼트 제어
④ 안티 트레이스 제어

> **해설** 안티 트레이스 제어란 말은 없다. 스쿼트란 차를 출발시 차량의 앞쪽이 위로 들리는 현상(노즈업)을 말한다.

20 • 2009.7.12

전자제어 현가장치(ECS)에서 앤티다이브(Anti Dive) 제어가 실행되기 위한 조건이 아닌 것은?

① 차량속도는 약40km/h 이상이어야 한다.
② 제동스위치의 작동신호가 입력되어야 한다.
③ 자동변속기는 오버드라이브 상태가 아니어야 한다.
④ ECS 컨트롤 유닛 자체의 결함은 없어야한다.

> **해설** 다이브란 차의 앞쪽이 내려가는 현상(노즈다운)을 말하는데, Anti이므로 다이브를 막는 제어를 안티다이브제어라 한다. 다이브현상은 고속에서 갑자기 브레이크를 작동시켰을 때 발생하므로, 오버드라이브 상태이어도 안티다이브제어가 된다.

21 • 2008.7.13

전자식 현가장치(ECS)에서 앤티다이브(Anti Dive) 제어와 관계가 없는 것은?

① 스티어링 휠의 위치
② 제동등 스위치의 입력
③ 차량 속도 센서의 입력
④ 앞 쇽업소버 유압 밸브의 작동

> **해설** 앤티다이브는 직선주행시 발생하는 앞쏠림을 제어하는 것으로 스티어링 핸들의 각도와는 상관이 없다.

Answer 18.④ 19.④ 20.③ 21.①

PART.2 섀시 — 조향장치

1. 일반 조향장치

01 • 2008전반

조향 장치의 구비요건으로 부적당한 것은?
① 조작이 가볍고 원활해야 한다.
② 회전 반경이 커야 한다.
③ 주행 중 노면의 충격이 조향장치에 영향을 미치지 않아야 한다.
④ 조향 중 차체나 섀시 각 부에 무리한 힘이 작용되지 않아야 한다.

해설 조향장치는 회전반경이 작아서 좁은 곳에서도 방향 변환을 할 수 있어야 한다.

조향너클과 킹핀의 조합에 의한 분류

02 • 95년도

다음 중 앞차축과 조향너클의 연결방식에 의한 종류가 아닌 것은?
① 역 엘리옷형   ② 르모앙형
③ 역마몬형   ④ 엘리옷형

해설 조향너클과 킹핀의 설치에 따른 종류는 엘리옷형, 역엘리옷형, 마몬형, 르모앙형이 있다. 엘리옷형은 앞축의 양끝 부분이 요크로 되어있고, 그속에 조향 너클이 끼워져서 회전운동을 한다. 역엘리옷형은 엘리옷형의 반대이다. 마몬형은 차축 위에 조향너클이 설치된 형식으로 차체를 낮출 수 있고, 너클의 설치나 앞차축의 형상이 간단하다. 르모앙형은 마몬형과 반대형태이다.

조향장치의 원리

03 • 2010후반

에커먼 장토식 조향원리에 대한 설명으로 틀린 것은?
① 조향방향과 조향력이 변화하여도 하중이 분포하는 면적은 거의 변화가 없다.
② 킹핀과 타이로드의 양단을 잇는 그 연장선이 후차축의 중심과 일치하여야 한다.
③ 좌우 전륜의 회전축 연장선이 후차축의 연장선에서 만나서 모든 차륜이 동일점을 중심으로 선회하여야 한다.
④ 외측륜의 조향각이 내측륜의 조향각보다 커야 한다.

해설 에커먼 장토식에서 선회시 내측륜의 조향각이 외측륜의 조향각 보다 크다.

04 • 2008.7.13

다음은 조향이론에 대한 여러 가지 설명이다. 옳지 않은 것은?
① 롤 스티어란 코너링 때 차체의 기울어짐에 따라 스프링의 인장과 압축에 의한 토의 변화로 조향각(슬립각)을 변화시키는 선회 특성이다.
② 토크 스티어란 가속시 한쪽으로 쏠리면서 조향 휠이 돌아가는 현상이다.
③ 컴프라이언스 스티어란 코너링 때 원심력에 의해 링키지 연결부와 러버 부시의 인장 압축에 의해 얼라이먼트가 변하는 것이다.
④ 피치 스티어란 원심력에 의해 한쪽으로 쏠리면서 조향 휠이 바깥쪽으로 돌아가는 현

ANSWER 1.② 2.③ 3.④ 4.④

상이다.

해설: 토크스티어란 좌우 타이어에 연결된 드라이브축의 굴절각 차이와 타이어에 전해지는 좌우 구동력의 변화에 의한 타이어 조향을 말한다. 원심력에 의해 한쪽으로 쏠리면서 조향 휠이 바깥쪽으로 돌아가는 현상을 쏠림(Pulling)현상이라 한다.

05 • 99.4.18 • 2006.4.2

자동차가 선회 운동을 할 때 구심력의 역할을 하는 것은?

① 코너링 포스   ② 점착력
③ 조향력   ④ 옆방향 힘

해설: 타이어는 실제의 진행방향과 α의 각으로 진행하기 때문에 접지면이 가로방향으로 비틀어지고 탄성복원력(횡력) F가 발생한다. 이 횡력은 차량이 진행방향과 역방향인 제동저항(구름저항)과 그것의 수직 분력인 Fc로 나누어진다. 이 수직분력 Fc가 구심력의 역할을 하므로 코너링포스라 한다.

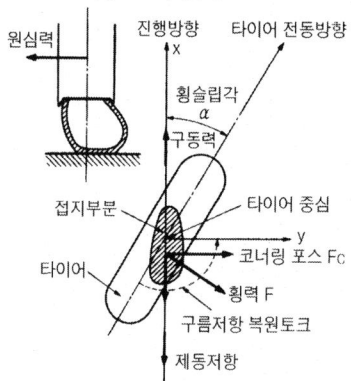

▲ 타이어의 횡슬립

06 • 00.3.26

조향할 때 조향 방향쪽으로 작용하는 힘은?

① 스러스트   ② 원심력
③ 코너링 포스   ④ 슬립각

해설: 위 문제 5의 해설을 참조한다.

07 • 2006.4.2

조향각을 일정하게 하고 차의 속도를 증가시켰을 때 선회반경이 커지는 현상을 표시하는 것은?

① 뉴트럴 스티어링
② 오버 스티어링
③ 언더 스티어링
④ 리버스 스티어링

해설: 조향각을 일정하게 하고 차의 속도를 증가시켰을 때 선회반경이 커지는 현상을 언더 스티어링이라 하고, 선회반경이 작아지는 현상이 오버 스티어링이다.

08 • 2006.7.16

자동차가 선회시 정상 선회 반경보다 점점 선회 반경이 커지고 있다. 무엇을 점검하여야 하는가?

① 뉴트럴 스티어링 여부
② 20° 선회시 토아웃
③ 언더 스티어링 여부
④ 오버 스티어링 여부

해설: 위 문제7의 해설을 참조한다.

09 • 2010후반

차량이 선회할 때 코너링 포스(cornering force)에 직접 영향을 주는 요소와 거리가 먼 것은?

① 바퀴의 수직 하중
② 바퀴의 동적 평형
③ 림(rim)의 폭
④ 바퀴의 공기압력

해설: 바퀴의 동적 평형이 맞지 않으면 시미현상이 생긴다. 시미현상이란 타이어가 팔자모양으로 흔들리는 모양을 말한다.

Answer 5.① 6.③ 7.③ 8.③ 9.②

10 • 2005.7.17

타이어에 발생되는 힘의 성분 그림에서 횡력(side force)에 해당하는 것은?

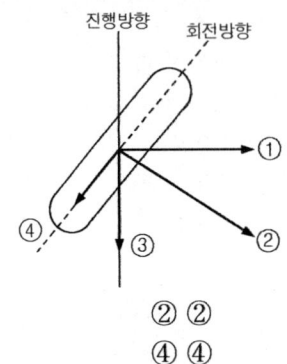

① ① 　　　　② ②
③ ③ 　　　　④ ④

해설 ①은 코너링 포스이고, ②는 횡력, ③은 구름저항이다.

11 • 2008.7.13

코너링 포스에 영향을 주는 요인이 <u>아닌</u> 것은?
① 타이어의 하시니스(harshness)
② 타이어의 수직하중
③ 타이어의 림 폭
④ 타이어의 공기압

해설 코너링 포스에 영향을 주는 요인으로는 타이어형식과 구조, 수직하중, 타이어내압, 타이어의 치수, 림의 폭, 코드의 각도, 타이어의 신구, 주행속도, 노면상태 및 회전드럼의 곡률 등이다.

12 • 2010전반

타이어에 발생하는 힘의 성분 중 조향(cornering) 저항에 대한 설명으로 옳은 것은?
① 타이어 진행방향에 대한 직각방향의 성분
② 타이어 진행방향과 같은 방향의 성분
③ 타이어 회전방향에 대한 직각방향의 성분
④ 타이어 회전 방향과 같은 방향의 성분

해설 타이어에 발생하는 조향저항(구름저항, 제동저항)은 타이어 진행방향과 같은 선상(정확히 말하면 진행방향에 (−)방향)의 성분이다.

13 • 2010후반

자동차의 타이어에서 발생하는 힘에 대한 성분으로 횡력(drag)에 대해 설명한 것은?
① 타이어 진행방향에 대한 직각방향의 성분
② 타이어 진행방향과 같은 방향의 성분
③ 타이어 회전방향에 대한 직각방향의 성분
④ 타이어 회전방향과 같은 방향의 성분

해설 위 문제5의 그림과 같이 횡력은 타이어 회전방향에 대한 직각 방향의 성분을 말한다.

14 • 2010전반

주행 중 바람이 가로 방향에서 불 때 횡력에 의해 발생하는 요잉 모멘트(yawing moment) 저감 대책으로 맞는 것은?
① 고속 주행을 할 때 풍압에 영향을 덜 받는 언더스티어 차량이 유리하다.
② 차량 앞면에는 에어댐을 설치한다.
③ 차량 뒷면에 리어 스포일러를 장착한다.
④ 몰딩, 미러, 머드 가이드를 공기 저항이 줄도록 설계한다.

해설 요잉이란 차를 위아래로 무게 중심을 관통하는 축을 중심으로 차의 앞쪽이 좌우로 회전하는 현상을 말하며, 고속주행시 이를 방지하기 위해서는 고속에 의한 풍압에 견디는 언더스티어 차량이 유리하다.

최소회전반경

15 • 2010후반

자동차의 최소회전반경은 바깥쪽 앞바퀴 자국의 중심선을 따라 측정했을 때 몇 미터를 초과해서는 안 되는가?
① 15m 　　　　② 16m
③ 12m 　　　　④ 13m

해설 안전기준에서 최소회전반경은 바깥쪽 앞바퀴 자국의 중심선을 따라 측정했을 때 12m를 초과해서는 안 된다.

ANSWER 10.② 11.① 12.② 13.③ 14.① 15.③

16 • 99.10.10 • 2003.3.30

어떤 자동차의 축거가 2.5m, 바깥 바퀴의 조향각이 30°라면 이 차의 최소 회전 반지름은 얼마인가?(단, 킹핀 중심과 바퀴의 접지면 중심간의 거리는 15cm 이다)

① 4m ② 5m
③ 5.15m ④ 6.25m

해설 조향 각을 최대로 하고 선회하였을 때 그려지는 동심원 중에서 가장 바깥쪽 바퀴가 그리는 원의 반경을 그 자동차의 최소회전반경이라고 하며 다음의 공식으로 구한다.

$R = \dfrac{L}{\sin \alpha} + \gamma$

단, R : 최소회전반경, L : 축거(wheel base),
α : 가장 바깥쪽 앞바퀴의 조향각, γ : 바퀴 접지면 중심과 킹핀 중심이 가리키는 지점 간의 거리

그대로 대입하면 $R = \dfrac{2.5}{\sin 30} + 0.15 = 5.15m$ 이다.

17 • 2009.7.12

축거가 2.5m인 자동차 주행 중 선회시 바깥바퀴의 조향각이 30°, 안쪽바퀴의 조향각이 35°이다. 최소회전반경은?(단, 킹핀중심과 바퀴의 접지면 중심간 거리는 15cm이다)

① 4.36m ② 4.51m
③ 5.01m ④ 5.15m

해설 $R = \dfrac{L}{\sin \alpha} + \gamma$ 에서

그대로 대입하면 $R = \dfrac{2.5}{\sin 30} + 0.15 = 5.15m$ 이다.

18 • 00.3.26

어떤 자동차의 축간 거리가 2.4m, 외측 바퀴의 조향각이 30도이다. 이 자동차의 최소 회전 반지름은 얼마인가?(단 바퀴의 접지면 중심과 킹핀과의 거리는 20cm이다)

① 3.5m ② 4.0m
③ 4.5m ④ 5.0m

해설 $R = \dfrac{L}{\sin \alpha} + \gamma$ 에 그대로 대입하면

$R = \dfrac{2.4}{\sin 30} + 0.2 = 5.0m$ 이다.

19 • 2006.7.16

자동차의 축간거리가 2.4m, 바깥쪽 바퀴의 조향각이 30°, 안쪽 바퀴의 조향각이 33°일 때 최소회전반경은?(단, 바퀴의 접지면 중심과 킹핀 중심과의 거리는 15cm)

① 4.95m ② 6.30m
③ 6.80m ④ 7.30m

해설 $R = \dfrac{L}{\sin \alpha} + \gamma$ 에 그대로 대입하면,

$R = \dfrac{2.4}{\sin 30} + 0.15 = 4.95m$ 이다.

20 • 2008전반

승용 자동차가 좌회전을 하고 있다. 축거가 2.4m, 바깥쪽 바퀴의 최대 조향각이 30°, 안쪽 바퀴의 최대 조향각이 45°일 때 이 자동차의 최소회전반경과 적합 여부는?

① 4.8m 적합 ② 4.8m 부적합
③ 3.4m 적합 ④ 3.4m 부적합

해설 $R = \dfrac{L}{\sin \alpha} + \gamma$ 에 그대로 대입하면,

$R = \dfrac{2.4}{\sin 30} + 0 = 4.8m$ 이다.
즉, 12m 이내이므로, 적합이다.

21 • 02.4.7 • 2004.7.18 • 2005전반

어떤 자동차의 축거가 2.4m 조향각이 안쪽 35도, 바깥쪽 30도이다. 이 자동차의 최소 회전반경은 얼마인가? (단, 바퀴의 접지면 중심과 킹핀과의 거리는 20cm)

① 4.1m ② 4.3m
③ 4.8m ④ 5.0m

해설 최소회전반경은 바깥쪽 각도를 대입하므로,

$R = \dfrac{L}{\sin \alpha} + \gamma$ 에 그대로 대입하면

$R = \dfrac{2.4}{\sin 30} + 0.2 = 5.0m$ 이다.

ANSWER 16.③ 17.④ 18.④ 19.① 20.① 21.④

22. • 2003.7.20

자동차의 축거가 2.2m 바깥쪽 바퀴의 조향각이 30도이다. 최소회전반경은 얼마인가?(단, 바퀴접지면 중심과 킹핀과의 거리는 20cm이다.)

① 3.6m ② 4.6m
③ 5.6m ④ 6.6m

해설: $R = \dfrac{L}{\sin\alpha} + \gamma$ 이므로 그대로 대입하면,

$R = \dfrac{2.2}{\sin 30} + 0.2 = 5.6m$ 가 된다.

조향장치의 구성

23. • 97.10.12

조향장치와 관계가 없는 것은?

① 스티어링 기어 ② 피트먼 암
③ 타이로드   ④ 쇽업소버

해설: 다음은 독립 조향장치의 구조를 나타내었다.

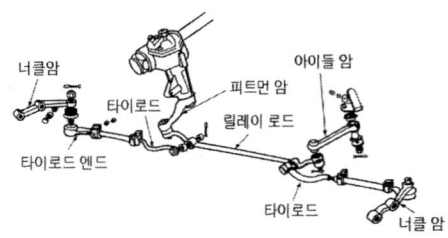

▲ 독립조향장치

24. • 02.7.21

조향장치의 구비조건으로 부적당한 것은?

① 조작이 가볍고 원활해야 한다.
② 회전반경이 커야한다.
③ 주행 중 노면의 충격이 조향장치에 영향을 미치지 않아야 한다.
④ 조향 중 차체나 섀시 각 부에 무리한 힘이 작용되지 않아야 한다.

해설: 조향장치는 자동차의 조향성 및 안전성에 영향을 주므로 구비 조건은 다음과 같다.
- 조향 조작이 주행중일 때 충격에 영향을 받지 않을 것
- 조작이 쉽고 방향 전환 조작이 원활할 것
- 최소회전반경이 작아 좁은 곳에서도 방향을 변환할 수 있을 것
- 진행 방향을 바꿀 때 섀시나 보디 각부에 무리한 힘이 작용하지 않을 것
- 고속 주행에서도 조향 핸들이 안정될 것
- 조향 핸들의 회전과 바퀴의 선회의 차이가 적을 것
- 수명이 길고 다루기 쉬우며 정비하기가 쉬울 것

25. • 95년도

다음은 조향기어의 조건이다. 이에 해당되지 않는 것은?

① 가역식   ② 비가역식
③ 반가역식   ④ 3/4가역식

해설: 기어방식에는 다음과 같은 3가지가 있다.
① **가역식**: 이 방식은 앞바퀴로도 조향 핸들을 움직일 수 있게 된 방식이다. 주행 중 조향 핸들을 놓치기 쉬운 단점이 있으나 각부의 마멸이 적고 앞바퀴의 복원성을 이용할 수 있는 장점이 있다.
② **비가역식**: 이 방식은 조향 핸들로부터 앞바퀴를 움직일 수 있으나 역으로 움직이는 것은 불가능한 방식이다. 바퀴가 받는 충격이 조향 핸들에 전달되지 않고 좋지 않는 도로에서 핸들을 놓치는 일이 없는 장점이 있다. 그러나 조향 장치가 마멸되기 쉬우며 앞바퀴의 복원성도 이용할 수 없는 단점이 있다.
③ **반가역식**: 이 방식은 가역식과 비가역식의 중간성질을 가지고 있다. 보통 경차량에는 가역식을 사용하고 중차량에는 비가역식으로 하는 경향이 있다. 이것은 자동차의 중량이 커지면 앞바퀴를 회전하기가 힘이 들기 때문이다. 그래서 조향기어비를 크게 해야 한다.

26. • 99.4.18

조향장치에서 조향휠과 차륜간의 운동전달 방식이 아닌 것은?

① 고정가역식   ② 가역식
③ 비가역식   ④ 반가역식

해설: 위 문제25의 해설을 참조한다.

ANSWER 22.③ 23.④ 24.② 25.④ 26.①

27 • 97.10.12

조향핸들이 1회전하였을 때 피트먼 암이 40° 움직였다면 조향기어비는?

① 6 : 1
② 7 : 1
③ 8 : 1
④ 9 : 1

해설 조향기어비를 식으로 나타내면 다음과 같다.

조향기어비 = $\dfrac{\text{조향핸들의 회전각}}{\text{피트먼암의 회전각}} = \dfrac{360}{40} = 9$ 로 계산된다.

28 • 2004.4.4

조향핸들을 2회전 시켰더니 피트먼암은 30° 회전하였다. 조향기어비를 구하면?

① 24 : 1
② 15 : 1
③ 60 : 1
④ 12 : 1

해설 조향 기어비 = $\dfrac{\text{핸들 회전각도}}{\text{피트먼암 회전각도}}$
$= \dfrac{720}{30} = 24$ 로 계산된다.

29 • 98년도

조향기어비가 작을 때 일어나는 현상은?

① 조향 핸들의 조작이 둔감해진다.
② 조향 핸들의 조작이 민감해진다.
③ 조향 핸들의 유격이 크게 된다.
④ 조향 핸들이 가벼워진다.

해설 조향기어비가 작으면 위 문제 28의 해설 식에서 보는 바와 같이 조향핸들을 조금 움직이더라도 피트먼 암은 민감하게 따라서 움직인다. 즉, 조향핸들의 유격이 작게 느껴진다. 또한 조향핸들이 무거워진다

30 • 2005.7.17

조향기어비를 작게 하면 어떻게 되는가?

① 조향 핸들의 조작이 민감하게 된다.
② 조향 조작이 가볍게 된다.
③ 비가역성의 경향이 크게 된다.
④ 바퀴가 받는 충격이 핸들에 전달되지 않는다.

해설 위 문제28의 해설을 참조한다.

31 • 02.7.21

조향핸들의 조작을 가볍게 하는 방법은?

① 타이어 공기압 낮춘다.
② 캐스터를 규정보다 크게 한다.
③ 저속으로 주행한다.
④ 조향기어비를 크게 한다.

해설 조향핸들의 조작을 가볍게 하는 방법은 앞바퀴 정열을 맞추고, 타이어 공기압을 높인다. 또한 조향기어비를 크게 하면 되고, 고속으로 주행하면 된다.

32 • 2007.7.15

조향축(steering shaft)은 조향휠(steering wheel)의 회전을 바퀴에 전달해주는 회전축이다. 운전자 보호의 목적으로 고안된 충격흡수 조향축의 종류와 가장 거리가 먼 것은?

① 메시형(mesh type)
② 스틸볼형(steel ball type)
③ 벨로즈형(bellows type)
④ 래크 스티어링형(rack steering type)

해설 ① 조향축 관이 변형되어 충돌에너지를 흡수하는 형식으로 메시식(mesh type)과 볼 타입(ball type)이 있다. 메시식은 자동차가 장애물 등에 충돌하여 기어박스 쪽에서 조향축에 힘을 가하면 1차 충격에 의해 조향축의 플라스틱 핀이 깨지고 아래 메인축에 위 축이 눌려 들어감과 동시에 컬럼 튜브가 축방향으로 압축되어 핸들이 운전석쪽으로 튀어나가는 것을 방지한다. 또 관성에 의해 운전자의 신체가 핸들에 부딪히면 그 충격에 의해 컬럼브라켓의 캡슐이 파괴되어 컬럼튜브의 끝이 이동하게 되며 컬럼튜브와 조향축이 다시 축방향으로 압축되어 충격을 흡수하도록 되어 있다. 볼식은 충돌했을 때의 컬럼튜브가 압축압력을 받으면 볼이 컬럼에 홈을 만들면서 굴러가 컬럼튜브가 압축되며 이때의 저항을 이용해서 충돌에너지를 흡수하도록 되어 있다.

② 조향축의 변형으로 충돌에너지를 흡수하는 형식으로 벨로즈형이 있다. 벨로즈형은 1차 충격을 받으면 컬럼튜브의 스토퍼가 파괴되어 컬럼튜브 및 조향축이 압축되고 2차 충격을 받을 때 위 조향축이 벨로즈를 변형시키면서 전진하여 충격을 흡수하도록 되어 있다.

ANSWER 27.④ 28.① 29.② 30.① 31.④ 32.④

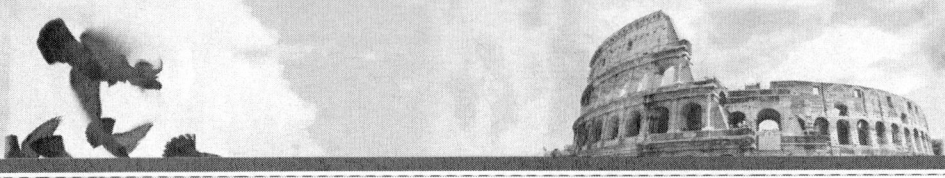

2. 동력조향장치

01 • 95년도

파워 스티어링 오일 압력 스위치는 무엇을 조절하기 위하여 설치하는가?
① 공연비 조절
② 점화시기 조절
③ 공회전 속도 조절
④ 연료펌프 구동 조절

해설 파워 스티어링의 오일펌프가 크랭크축에 의해서 구동되어 오일 압력 스위치에 접점을 변화시키면 ECU가 감지하여 그 부하만큼 엔진의 속도를 높여준다.

02 • 97년도

다음은 동력 조향장치의 안전 첵밸브(safety check valve)의 역할이다. 옳은 것은?
① 최고 유압을 조정한다.
② 조향핸들의 조작을 가볍게 한다.
③ 고장시 수동조작을 가능하게 한다.
④ 유량을 조정한다.

해설 안전 체크 밸브는 기관의 정지, 오일펌프의 고장 및 오일의 누출 등의 원인으로 유압이 발생되지 않을 경우에도 조향 휠의 조작이 기계적으로 이루어질 수 있도록 되어 있으나, 조향 휠을 조작하여 링크가 작동하면 동력 실린더가 연동하여 실린더의 한쪽 챔버의 오일을 압축하고, 다른 쪽 챔버를 부압상태로 만들기 때문에 큰 저항을 받게 된다. 이와 같은 경우, 안전 체크 밸브가 그 압력 차이에 의해서 자동적으로 열리고, 압력이 가해진 챔버의 오일을 부압측의 챔버에 유입시켜 수동 조향 조작이 원활하게 되도록 한다.

03 • 2004.7.18 • 2007.4.4

동력 조향장치의 세프티 첵 밸브(safety check valve)에 대한 역할이다. 잘못된 것은?
① 세프티 첵 밸브는 컨트롤 밸브에 설치되어 있다.
② 세프티 첵 밸브는 엔진의 정지, 오일펌프의 고장 등 유압이 발생할 수 없는 경우 기계적으로 작동이 가능하게 해준다.
③ 세프티 첵 밸브는 압력차에 의해 자동으로 열린다.
④ 세이프티 첵 밸브는 유압계통이 정상일 경우 밸브 시트에서 열려 오일이 잘 통과하도록 되어 있다.

해설 위 문제2의 해설을 참조한다.

04 • 97.10.12 • 99.10.10 • 2003.3.30

동력 조향장치가 고장났을 때 수동조작을 원활히 할 수 있도록 제어밸브 하우징에 설치되어 있는 것은?
① 릴리프 밸브
② 안전 체크 밸브
③ 제어 밸브
④ 동력 실린더

해설 위 문제2의 해설을 참조한다.

05 • 98년도

파워 스티어링(power steering)장착 차량이 급커브 길에서 엔진 시동이 꺼지는 주요 원인은 무엇인가?
① 엔진 오일 부족
② 파워 스티어링 오일 과다
③ 파워 스티어링 오일 스위치 단선
④ 파워 스티어링

해설 엔진오일의 부족으로 급커브시 오일이 한쪽으로 쏠림으로 오일펌프에서 공급할 수 있는 오일이 공급되지 못하면 엔진의 베어링부나 피스톤과 실린더사이에 고착현상이 생겨 엔진회전이 불가능하게 된다.

ANSWER 1.③ 2.③ 3.④ 4.② 5.①

3. 전자제어 조향장치

- 동력조향장치의 특징
  - 작은 힘으로 조향 조작을 할 수 있다.
  - 노면의 충격을 흡수하여 조향 휠에 전달되는 것을 방지할 수 있다.
  - 앞바퀴의 시미 현상을 감쇠하는 효과가 있다.
  - 조향력을 작게 할 수 있으므로 조향 기어를 자유롭게 설계할 수 있다.
  - 조향기어비를 조작력과 관계없이 선정할 수 있다.

01 • 2008전반

다음 중 전자제어 조향장치의 제어방식이 아닌 것은?

① 속도 감응식
② 전동식
③ 유압 반력식
④ 피스턴 바이패스 제어식

해설 전자제어 파워 스티어링(EPS)의 종류
① 회전수 감응식 : 엔진의 회전수에 따라 조향력을 변화시키는 형식
② 차속 감응식 : 차속에 따라 조향력을 변화시키는 형식
③ 유량 제어식 : 유량을 제한 또는 바이패스에 의해 동력 실린더에 가해지는 유압을 변화시키는 형식
④ 반력 제어식 : 제어 밸브의 열림을 직접 조절하여 동력 실린더에 가해지는 유압을 변화시키는 형식

02 • 96년도 • 99.10.10

전자제어 동력 조향장치의 특성으로 틀린 것은?

① 공전과 저속에서 핸들 조작력이 작다.
② 중속이상에서는 차량속도에 감응하여 핸들 조작력을 변화시킨다.
③ 솔레노이드 밸브로 스로틀 면적을 변화시켜 오일탱크로 복귀되는 오일량을 제어한다.
④ 동력조향장치이므로 조향기어는 필요없다.

해설 차속감응식 전자제어 동력조향장치는 차속에 따라서 핸들의 조작력을 조절한다. 차속이 빠르면 오일탱크로 가는 오일량을 많이 하여 조작을 무겁게 하고, 차속이 느리면 오일탱크로 가는 오일량을 줄여 조작을 가볍게 한다.

03 • 97.10.12 • 2007.4.4

전자제어 파워 스티어링 장치에 대한 다음 설명 중 틀린 것은?

① 회전수 감응식은 엔진 회전수에 따라서 조향력을 변화시킨다.
② 고속에서 스티어링 휠의 조작을 가볍게 하여 운전자의 피로를 줄인다.
③ 차속 감응식은 차속에 따라 조향력을 변화시킨다.
④ 파워 스티어링의 조향력은 파워 실린더에 걸리는 압력에 의하여 결정된다.

해설 위 문제 2의 해설을 참조한다.

04 • 2009.7.12

전자제어 조향장치(EPS)에 대한 설명으로 적합하지 않은 것은?

① 전자제어 조향장치(EPS)에는 차속센서 솔레노이드가 사용된다.
② 전자제어식 EPS는 차속센서의 고장시 조향력을 유지하기 위한 신호로 스로틀위치센서(TPS)가 이용되기도 한다.
③ 차속 감응식의 경우 저속에서는 가볍게 고속에서는 무겁게 조향할 수 있는 특성이 있다.
④ 전동 전자제어식에서는 속도에 따라 솔레노이드 밸브에 흐르는 전압을 듀티비로 제어한다.

해설 전동 전자제어식에서는 속도에 따라 전동기에 흐르는 전류를 제어한다.

ANSWER 1.④ 2.④ 3.② 4.④

제2편 자동차섀시 **217**

05 • 2009.3.29

전자제어 조향장치(Electronic Power Steering)의 구성요소 중 조향각센서에 대한 설명으로 옳은 것은?

① 기존 동력조향장치의 캐치업(Catch-Up) 현상을 보상하기 위한 센서
② 자동차의 속도를 검출하여 컨트롤유닛에 입력하기 위한 센서
③ 차속과 조향각 신호를 기초로 하여 최적 상태의 유량을 제어하기 위한 센서
④ 스로틀밸브의 열림량을 감지하여 컨트롤 유닛에 입력하기 위한 센서

해설 캐치업이란 받아들여 업그레이드 한다는 뜻이다. 즉, 조향각센서를 사용하여 기존 동력조향장치의 성능을 높인다(조향각에 맞는 조향토크를 만들어 주어 운전자가 편하도록한다)는 말과 같다.

06 • 2004.4.4

전자제어 동력 조향장치에서 컨트롤 유니트(CU)로 입력되는 항목으로 맞는 것은?

① 냉각수온 신호
② 차속 신호
③ 자동변속기 D레인지 신호
④ 에어컨 작동 신호

해설 차속 감응식 전자제어 동력조향장치에서는 차속에 따라 조향력을 조절한다.

07 • 2006.7.16

차속 감응형 동력조향 시스템(EPS)에서 고속 주행시 조향력 제어로 맞는 것은?

① 조향력을 가볍게 한다.
② 조향력을 무겁게 한다.
③ 고속 제어는 하지 않는다.
④ 조향력 제어를 순간적으로 정지한다.

해설 전자제어 파워 스티어링(EPS)의 특징
① 차량속도가 고속이 될수록 조향조작력이 커진다.
② 엔진 회전수에 따라 조향력을 변화시키는 회전수의 감응식이 있다.
③ 차속에 따라 조향력을 변화시키는 차속 감응식이 있다.
④ 고속에서 스티어링 휠이 어느 정도 저항감을 지니도록 해준다.

08 2010전반

전동식 동력조향장치의 주요제어 기능에 대한 사항으로 옳은 것은?

① 노면 대응 제어
② 인터로크 회로 기능
③ 등강판 제어
④ 스카이 훅 제어

해설 전동식 동력조향장치의 주요 제어 기능으로 차속에 따른 모터 구동전류(토크)제어, 과부하보호제어(정지시 큰 전류 흐를 경우 전류제한), 인터록 회로 기능(중/고속 주행시 시스템 이상에 의한 급조타를 방지)이 있다.

4. 고장과 수리

01 • 2003.7.20

주행 중 핸들이 한쪽으로 쏠리는 원인이 아닌 것은?

① 타이어의 공기압이 균등하지 않다.
② 조향기어의 조정불량
③ 앞 현가 스프링의 결손
④ 속도계 불량

해설 핸들이 한쪽으로 쏠리는 원인은 타이어의 공기압 불균일, 앞바퀴 얼라인먼트 불량, 앞차축의 한쪽 현가 스프링이 절손, 쇽업소버의 작동불량, 조향링키지의 헐거움, 한쪽 바퀴의 브레이크 장치 불량(드럼과 라이닝의 간극불량, 이물질의 혼입, 경화) 등이 있다.

ANSWER 5.① 6.② 7.② 8.② / 1.④

02 • 02.4.7

주행 중 조향핸들이 한쪽으로 쏠리는 원인 중 틀린 것은?

① 조향핸들의 축의 축방향 유격이 크다.
② 앞차축 한쪽의 현가 스프링이 절손되었다.
③ 뒤차축이 차의 중심선에 대하여 직각이 아니다.
④ 타이어의 공기압력이 서로 다르다.

해설 위 문제1의 해설을 참조한다.

03 • 2008.7.13

동력 조향장치에서 핸들의 복원이 잘 되지 않을 때의 원인 중 틀린 것은?

① 유압 호스가 막혔다.
② 오일 압력 조절 밸브 손상되었다.
③ 피니언 베어링이 손상되었다.
④ 오일펌프의 설치 볼트가 풀렸다.

해설 오일펌프의 설치볼트가 풀렸더라도 오일회로에 이상이 없으면 복원이 잘 된다.

04 • 2009.3.29

가변 기어비형 조향기어에 대한 설명으로 틀린 것은?

① 핸들 직진시에는 조향기어비가 크고, 핸들을 최대로 돌렸을 때는 조향기어비가 작도록 되어있다
② 핸들 회전량은 같더라도 직진시와 최대 조향시의 샤프트 회전각도는 다르다
③ 직진 주행시는 핸들의 조종성이 좋다
④ 골목길을 돌 때나 차고에 넣을 때는 핸들의 조작이 가볍다

해설 핸들 직진시에는 조향기어비가 작아 민감하게 작동하고, 핸들을 최대로 돌렸을 때는 조향기어비가 크도록 하여 둔감하게 작동하게 되어 있다.

05 • 2010후반

동력 조향장치에서 핸들이 무거운 원인으로 맞는 것은?

① 호스나 유압라인에 공기가 유입되었다.
② 오일의 온도가 약간 상승되었다.
③ 타이어 공기압이 높다.
④ V벨트의 유격이 없다.

해설 동력조향장치에서 유압라인에 공기가 유입되면, 공기 자체가 압축되는 현상이 생기므로, 핸들의 작동에 보충력을 작게 하는 요인이 된다.

06 • 2005.7.17

전자제어 동력 조향장치에서 전자제어 시스템의 고장이 발생할 경우 차량의 현상으로 맞는 것은?

① 일반 기계식 핸들 조작으로 주행이 가능하다.
② 핸들이 로크(lock)되어 주행이 불가능해진다.
③ 유압이 누유 되므로 핸들조작이 불가능해진다.
④ 시동을 끄지 전까지 전혀 문제가 없다.

해설 전자제어 동력 조향장치에서 전자제어 시스템의 고장이 발생할 경우 일반 기계식 핸들 조작으로 주행이 가능하게 되어있다.

07 • 2007.7.15

전자제어 동력조향장치에서 갑자기 핸들의 조작력이 증가되는 원인으로 틀린 것은?

① 클러치스위치 신호 불량
② 차속 신호 불량
③ 컨트롤유닛 불량
④ 전원측 전압 불량

해설 클러치스위치는 수동변속기 차량의 시동회로를 단속 시키는데 사용된다. 즉, 조향장치와는 상관이 없다.

ANSWER 2.① 3.④ 4.① 5.① 6.① 7.①

5. 휠얼라인먼트

앞바퀴정렬의 요소

01 • 2006.4.2

바퀴정렬의 목적이 아닌 것은?
① 조향 휠의 복원성 향상
② 주행속도의 증대
③ 타이어 마모 감소
④ 조향 휠의 조작력 경감

해설 바퀴정렬의 목적은 조향휠의 복원성향상과 조작력 저감, 타이어 마모 저감이다.

02 • 2005전반

앞바퀴 정렬 측정 전 준비상항과 거리가 먼 것은?
① 차량을 적재 상태로 한다.
② 타이어 공기압을 규정으로 맞춘다.
③ 조향링키지 체결상태를 확인한다.
④ 타이로드 엔드의 헐거움을 점검한다.

해설 앞바퀴 정렬은 공차상태에서 행한다. 보기의 '②' '③' '④' 외에 현가장치의 이상을 확인하고, 바퀴 허브 베어링의 이상도 확인해야 한다.

03 • 2005.7.17

전차륜 정렬의 예비 점검사항 중 틀린 것은?
① 현가 스프링의 피로 점검
② 허브 베어링의 헐거움 점검
③ 앞 범퍼의 수평도 점검
④ 타이어의 공기압력 점검

해설 위 문제2의 해설을 참조한다.

● 캠버

04 • 02.4.7 • 2008.7.13

앞바퀴에 수직방향으로 작용하는 하중에 의한 앞차축의 휨을 방지하고 조향핸들의 조작을 가볍게 하기 위하여 시행하는 앞바퀴의 정렬방식은?
① 캐스터   ② 토인
③ 캠버   ④ 킹핀경사각

해설 자동차를 앞에서 보면 앞바퀴는 윗부분이 약간 바깥쪽으로 벌어져 있다. 즉, 앞바퀴의 중심선이 수직선에 대하여 (0.5 ~ 2°)만큼 벌어져 있는데 이 각을 캠버라 한다.
이 캠버각의 필요성은
① 앞차축의 휨을 적게 하고,
② 조향 조작을 확실하고 안전하게 하며,
③ 앞바퀴가 아래로 벌어지는 것을 방지하는 역할을 한다. 그리고 바퀴의 윗부분이 바깥쪽으로 벌어진 것을 정의 캠버, 바퀴의 중심선이 수직일 때를 0의 캠버, 바퀴의 중심선이 안쪽으로 기울어진 것을 부의 캠버라 한다.

05 • 2007.4.4

캠버에 관한 설명 중 틀린 것은?
① 정면에서 보았을 때 차륜 중심선이 수직선에 대해 경사되어 있는 상태를 말한다.
② 정(+)의 캠버란 차륜 중심선의 위쪽이 안으로 기울어진 상태를 말한다.
③ 정(+)의 캠버는 직진성을 좋게 한다.
④ 부(-)의 캠버는 커브 주행 시 선회력을 증가시킨다.

해설 위 문제4의 해설을 참조한다.

ANSWER 1.② 2.① 3.③ 4.③ 5.②

06 • 2007.7.15

앞바퀴정렬에서 캠버의 설명으로 적합하지 않은 것은?

① 조향핸들의 조작을 가볍게 하기 위해서 둔다.
② SLA형식은 캠버가 부(-)의 방향으로 변화한다.
③ 수직방향의 하중에 의한 앞차축의 휨을 방지하기 위해 둔다.
④ 평행사변형식은 캠버의 변화가 많다.

해설: 독립현가식의 평행사변형식에서는 캠버의 변화가 없고 윤거가 변하며, SLA형식의 경우 윤거는 변하지 않고 캠버가 변한다.

07 • 2010전반

차체 정렬에서 캠버 스러스트(camber thrust)에 관한 설명으로 틀린 것은?

① 캠버 각을 가지고 굴러가는 타이어에 작용하는 횡력을 말한다.
② 캠버 스러스트는 캠버 각에 비례하여 커진다.
③ 공기압을 일정하게 한 채 하중이 증가하면 캠버 스러스트도 증가한다.
④ 공기압을 증가시키면 캠버 스러스트도 증가한다.

해설: 캠버 스러스트는 공기압과는 관계가 적으며, 타이어에 작용하는 하중의 증가에 의해 증가한다.

● 캐스터

08 • 2009.3.29

앞바퀴정렬 중 캐스터에 대한 설명으로 틀린 것은?

① 킹핀중심선의 연장이 노면과 교차하는 지점을 캐스터점이라 한다.
② 캐스터점과 타이어 접지면 중심과의 거리를 트레일이라 한다.
③ 캐스터는 주행 중 바퀴에 복원성을 준다.
④ 캐스터 점은 일반적으로 차량 후방에 있다.

해설: 캐스터는 보통차량의 경우 정의 값을 가진다. 이 말은 캐스터점(리드점)이 바퀴 타이어 접지면 중심점보다 앞에 있다는 뜻이다. 앞바퀴 옆에서 보았을 때 킹핀이나 볼 조인트의 중심선에 수직선에 대하여 0.5 ~3°의 각도를 두고 설치되어 있는데, 이와 같은 상태를 캐스터라고 한다.

• 캐스터의 필요성
① 주행 중 조향 바퀴에 방향을 주고,
② 조향할 때 바퀴에 복원력을 주기 위해서이다.
캐스터는 킹핀의 윗부분이 뒤쪽으로 기울어져 있는 경우를 정(+)의 캐스터, 앞 쪽으로 기울어져 있는 경우를 부(-)의 캐스터, 수직선과 일치되었을 때를 0의 캐스터라고 한다.

● 킹핀 경사각

09 • 00.3.26

앞바퀴 얼라인먼트에서 구조상 조정할 수 없는 것은?

① 킹핀 경사각   ② 캠버
③ 토인   ④ 캐스터

해설: 앞바퀴를 앞에서 보면 킹핀의 중심선(볼 조인트 중심선)이 노면에 대해 수직선이 아니고 안쪽으로 경사지게 설치되고, 그 연장선 타이어 접지면의 중앙보다 약간 안쪽으로 노면과 만나고 있다. 이와 같이 킹핀의 중심선이 노면의 수직선과 이루는 각도를 킹핀 경사각이라고 한다. 그래서 킹핀 경사각은 구조상 조정이 불가능하다.

• 킹핀 경사각의 필요성
① 캠버와 함께 스위블 반지름을 작게 할 수 있기 때문에 조향 휠의 조작력을 가볍게 할 수 있고,
② 앞바퀴의 시미 현상을 방지하며,
③ 조향할 때에 앞바퀴의 복원성을 부여하여 조향 휠의 복원을 쉽게 한다. 스위블 반지름값이 크면 앞바퀴의 저항 때문에 방향 전환을 할 때 조향력이 커진다.

10 • 2008전반

부(-)의 킹핀 오프셋에 관한 설명 중 틀린 것은?

① 제동시 차륜이 안쪽으로부터 바깥쪽으로 벌어지도록 작동한다.
② 노면과 좌우 차륜과의 마찰계수가 서로 다른 경우 마찰 계수가 큰 차륜이 안쪽으로 더 크게 조향하므로 자동차는 주행 차선을 그대로 유지하게 한다.
③ 제동시 차륜이 안쪽으로 조향되는 특성을 나타낸다.
④ 차륜 중심선의 접지점이 킹핀 중심선의 연장선의 접지점보다 안쪽에 위치한 상태를 말한다.

해설 차륜 중심선의 접지점이 킹핀 중심선의 연장선의 접지점보다 안쪽에 위치한 상태를 (-)부의 킹핀옵셋이라 하며, 제동시 토인(좁혀지는)의 경향이 생긴다.

● 토(인, 아웃)

11 • 96년도

다음 중 토인의 필요성이 아닌 것은?

① 앞바퀴를 평행하게 회전시킨다.
② 주행 중 조향 바퀴에 추종성을 준다.
③ 바퀴가 옆방향으로 미끄러지는 것과 타이어의 마멸을 방지한다.
④ 조향 링키지의 마멸에 의한 토아웃이 되는 것을 방지한다.

해설 바퀴의 추종성을 주는 것은 캐스터이다. 토인은 앞바퀴를 위에서 보면 좌우 타이어 중심간의 거리가 앞부분이 뒷부분보다 2~8mm 좁게 되어 있는데 이와 같은 상태를 토인이라 하며, 승용차는 2~3mm, 대형차는 4~8mm 정도이다.
  • 토인의 필요성은 ① 앞바퀴의 사이드슬립과 타이어의 마멸을 방지하고, ② 캠버에 의한 토아웃이 되는 것을 방지하는 일을 한다. ③ 앞바퀴를 평행하게 회전시켜 주는 기능과 주행 저항 및 구동력의 반력에 의하여 토아웃으로 되는 것을 방지하는 기능을 한다.

12 • 97년도

다음 중 토인의 필요성이 아닌 것은?

① 앞바퀴를 평행하게 회전시킨다.
② 수직하중에 의한 앞차축의 휨을 방지한다.
③ 조향링키지 마모에 의한 토아웃이 되는 것을 방지한다.
④ 앞바퀴의 사이드슬립과 타이어 마모를 최소로 한다.

해설 위 문제 11의 해설을 참조한다. 수직하중에 의한 차축의 휨을 방지하는 것은 캠버이다.

13 • 02.7.21

토우의 필요성이 아닌 것은?

① 핸들을 돌렸을 때 복원력을 주는 역할을 한다.
② 앞바퀴를 평행하게 회전시킨다.
③ 앞바퀴가 옆방향으로 미끄러지는 것과 타이어의 마모를 방지한다.
④ 조향링키지의 마모에 의해 토인 또는 토아웃이 되는 것을 방지한다.

해설 위 문제 11의 해설을 참조한다. 복원력을 주는 것은 캐스터와 킹핀 경사각이다.

14 • 97.10.12 • 2003.3.30

토인에 대한 설명 중 가장 적당치 않은 것은?

① 토인은 앞바퀴의 조향을 쉽게 하기 위하여 둔다.
② 토인의 조정이 불량하면 타이어가 편마모된다.
③ 토인은 캠버와 함께 타이어의 직진성을 유도한다.
④ 토인은 타이로드의 길이로 조정한다.

해설 위 문제 11의 해설을 참고 한다. 앞바퀴의 조향을 쉽게 하기 위해 둔 것은 캠버이다.

ANSWER 10.① 11.② 12.② 13.① 14.①

15 • 2004.4.4

토인의 필요성 중 설명이 틀린 것은?

① 앞바퀴를 평행하게 직진시키기 위해서
② 수직방향 하중에 의한 앞차축 휨을 방지하기 위하여
③ 앞바퀴의 옆미끄럼과 마멸을 방지하기 위하여
④ 조향기구의 마멸에 의한 토아웃을 방지하기 위하여

해설 ②의 설명은 캠버의 필요성을 나타낸다.

16 • 2006.7.16

토인 측정 시 먼저 점검하여야 할 것에 들지 않는 것은?

① 타이어 공기압
② 허브 베어링 유격
③ 볼 조인트 마모 및 현가장치의 절손상태 유무
④ 차량의 무게

해설 이 문제는 앞바퀴 얼라인먼트 측정 전 준비사항과 같은 문제이다. 차량의 무게와는 상관이 없다.

사이드슬립 테스터

17 • 00.3.26

사이드슬립 테스터는 다음 중 어느 것을 시험하는 것인가?

① 타이어의 이상 마멸 현상
② 캐스터와 토인의 균형
③ 전차륜 정렬의 합성력
④ 캠버와 킹핀 경사각의 균형

해설 사이드슬립 시험기는 앞바퀴가 주행시 옆으로 미끄러지는 현상을 슬립량으로 측정하는 것으로 앞바퀴 정력을 종합적으로 테스트 하는 시험기기이다. 사이드 슬립의 주요 원인은 토인과 캠버이다.

18 • 93년도

사이드슬립 테스터에서 in 3mm, out 6mm일 때 사이드 슬립량은?

① out 1.5mm
② in 1.5mm
③ in 3mm
④ out 6mm

해설 사이드 슬립량은 좌바퀴와 우바퀴의 차를 2로 나눈 값이므로 이므로 in을 (+)로, out을 (-)으로 보면 (3-6)/2=-1.5mm이므로, 이 말은 out 1.5mm라는 뜻이다.

19 • 99.4.18 • 2004.7.18

사이드슬립 시험결과 왼쪽바퀴가 바깥쪽으로 4mm, 오른쪽 바퀴는 안쪽으로 6mm 움직일 때 전체 미끄럼량은 얼마인가?

① 안쪽으로 1mm
② 안쪽으로 2mm
③ 바깥쪽으로 1mm
④ 바깥쪽으로 2mm

해설 사이드 슬립량은 좌바퀴와 우바퀴의 차를 2로 나눈 값이므로 이므로 안쪽을 (+)로, 바깥쪽을 (-)으로 보면 (-4+6)/2=+1mm이므로, 이 말은 안쪽으로 1.5mm라는 뜻이다.

20 • 2009.3.29

조향륜의 사이드 슬립량을 측정한 결과 우측값이 IN 8mm, 좌측값이 OUT 2mm이었을 때 사이드슬립량은?

① IN 3mm
② OUT 3mm
③ IN 6mm
④ OUT 6mm

해설 사이드 슬립량은 좌바퀴와 우바퀴의 차를 2로 나눈 값이므로 이므로 in을 (+)로, out을 (-)으로 보면 (8-2)/2=+3mm이므로, 이 말은 in 3mm라는 뜻이다.

ANSWER 15.② 16.④ 17.③ 18.① 19.① 20.①

21 • 2009.7.12

사이드슬립 측정기로 미끄럼량을 측정한 결과 왼쪽바퀴는 안(in) 7mm, 오른쪽 바퀴는 바깥(out) 3mm를 표시하였다. 이 경우 미끄럼량은?

① 10(in)mm ② 5(in)mm
③ 2(out)mm ④ 2(in)mm

해설: 사이드 슬립량은 좌바퀴와 우바퀴의 차를 2로 나눈 값이므로 이므로 in을 (+)로, out을 (-)으로 보면 (7-3)/2=+2mm이므로, 이 말은 in 2mm라는 뜻이다.

22 • 00.3.26

일반적으로 앞바퀴 사이드슬립의 조정은?

① 드래그 링크의 길이
② 와셔의 두께
③ 시임의 두께
④ 타이로드의 길이

해설: 사이들 슬립량은 타이로드의 길이로 조종한다. 승용차와 같이 타이로드가 차축 중심의 뒷부분에 있으면 길이를 줄일수록 토아웃이 되고, 길이를 길게 할수록 토인이 된다.

23 • 02.4.7

앞바퀴의 사이드 슬립량을 조정할 수 있는 부분의 명칭은?

① 스트럿 바 ② 타이로드
③ 어퍼 컨트롤 암 ④ 킹핀

해설: 위 문제 22의 해설을 참조한다.

24 • 2009.7.12

사이드슬립(side slip)에 대한 설명으로 틀린 것은?

① 사이드슬립의 주요 원인은 토인(toe in)과 캠버(camber)이다.
② 사이드 슬립량은 타이로드(tie rod)의 길이로 조정한다.
③ 타이로드가 차축 중심의 뒷부분에 있으면 길이를 줄일수록 토인(toe in)이 된다.
④ 직진시 캠버각이 크면 타이어는 옆미끄럼을 일으키고 마모의 원인이 된다.

해설: 타이로드가 차축중심의 뒷부분에 있을 경우 길이를 줄이면 타이어 앞쪽이 벌어져 토아웃이 된다.

ANSWER 21.④ 22.④ 23.② 24.③

제동장치

1. 제동이론

01 • 2009.3.29

다음 설명에 해당되는 장치는?

> 이 장치는 언덕길에서 일시 정차 후 출발시 차량이 뒤로 밀리는 것을 방지하는 장치로 언덕길에서 브레이크페달을 밟으면 롤케이지가 움직여 작동한다.

① 로드센싱 프로포셔닝장치
② ABS
③ 안티롤장치
④ 페일세이프장치

해설 언덕길에서 일시 정차 후 출발시 차량이 뒤로 밀리는 것을 방지하는 장치가 안티롤 장치이며, 오르막 언덕길에서 브레이크페달을 밟으면 롤케이지가 움직여 작동한다.

02 • 2010전반

차량의 질량이 1800kg이고 차량의 제동률이 44.7%인 차량의 제동감속도(m/s²)는?

① 약 3.4
② 약 4.5
③ 약 4.9
④ 약 9.8

해설 제동률(%) = $\dfrac{\text{실 제동력}}{\text{축중량}} \times 100$

$= \dfrac{\text{실제동질량} \times \text{제동감속도}}{\text{축질량} \times \text{중력가속도}} \times 100$으로 표시된다.

여기서, 계산을 간단히 하기 위해 제동질량과 축질량이 같다라고 가정(실 제동질량이 없으므로)을 하면,

제동률(%) = $\dfrac{\text{제동감속도}}{\text{중력가속도}} \times 100$으로 변형된다.

제동감속도 = 제동률 × 중력가속도
= 0.447 × 9.807 = 4.383(m/s²)
으로 계산된다.

03 • 2007.4.4

공기식 제동장치 차량에서 다음 조건의 적차상태의 제동률(%)은? (단, 총 제동력 4900 N, 자동차의 질량 1800kg, 브레이크 공기압력 7.0bar, 블록킹 한계압력 4.5bar, 초기압력 0.4bar)

① 23.6%
② 36.7%
③ 44.7%
④ 57.1%

해설 공기브레이크의 제동률(η_{ab})는

$\eta_{ab}(\%) = \dfrac{(P_1 - P_0) \times F}{(P_2 - P_0) \times W} \times 100$ 이고, $W = mg$ 이다.

P_0는 초기압력(bar), P_1은 브레이크공기압력(bar), P_2는 블록킹한계압력(bar), F는 총제동력(N), W는 차량총중량(kg)이다.

그대로 대입하면,

$\eta_{ab} = \dfrac{(7.0 - 0.4) \times 4900}{(4.5 - 0.4) \times 1800 \times 9.8} \times 100 = 44.7\%$

제동압력

04 • 93년도

브레이크 페달에 30kgf의 힘을 가하였을 때 피스톤 단면적이 5cm²이라면 마스터 실린더에서 발생하는 유압은 얼마인가?(단, 아래 그림을 보고 계산하시오.)

① 15kgf/cm²
② 20kgf/cm²
③ 25kgf/cm²
④ 30kgf/cm²

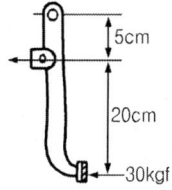

ANSWER 1.③ 2.② 3.③ 4.④

해설 지점을 중심으로 작용하는 토크는 같으므로 $5 \times x = 25 \times 30$, 마스터실린더에 작용하는 힘($x$)는 150kgf이 된다. 유압을 공식으로 표현하면,

압력 = $\dfrac{\text{수직방향의 힘}}{\text{힘의 직각면적}} = \dfrac{150}{5} = 30\text{kgf/cm}^2$ 이다.

05 • 2009.7.12

그림과 같은 브레이크장치가 있다. 피스톤의 면적이 3cm² 일 때 푸시로드에 가해주는 힘(kgf)과 유압(kgf/cm²)은?

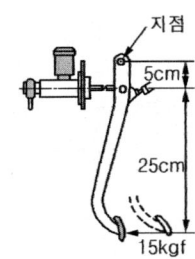

① 푸시로드에 힘 45kgf, 유압은 45kgf/cm²
② 푸시로드에 힘 70kgf, 유압은 45kgf/cm²
③ 푸시로드에 힘 90kgf, 유압은 30kgf/cm²
④ 푸시로드에 힘 105kgf, 유압은 30kgf/cm²

해설 지점을 중심으로 작용하는 토크는 같으므로 $5 \times x = 30 \times 15$, 마스터실린더에 작용하는 힘($x$)는 90kgf이 된다. 유압을 공식으로 표현하면,

압력 = $\dfrac{\text{수직방향의 힘}}{\text{힘의 직각면적}} = \dfrac{90}{3} = 30\text{kgf/cm}^2$ 이다.

06 • 96년도

마스터 실린더의 푸시로드에 작용하는 힘이 135kgf이고, 피스톤 단면적이 15cm²일 때 마스터 실린더 내에서 발생하는 유압은 몇 kgf/cm²인가?

① 8   ② 9
③ 10   ④ 11

해설 유압을 공식으로 표현하면

압력 = $\dfrac{\text{수직방향의 힘}}{\text{힘의 직각면적}}$ 이므로 그대로 대입하면

$\dfrac{135}{15} = 9\text{kgf/cm}^2$ 이다.

07 • 2005전반 • 2008전반

자동차 마스터실린더의 푸시로드에 작용하는 힘이 150kgf, 피스톤의 면적이 3cm²이면, 마스터 실린더 내에 발생하는 유압은?

① 40kgf/cm²
② 50kgf/cm²
③ 60kgf/cm²
④ 70kgf/cm²

해설 유압을 공식으로 표현하면,

압력 = $\dfrac{\text{수직방향의 힘}}{\text{힘의 직각면적}}$

= $\dfrac{150}{3} = 50\text{kgf/cm}^2$ 이다.

08 • 00.3.26

브레이크 페달의 답력이 30kgf 일 때 브레이크 페달의 지렛대비가 5 : 1이면 마스터 실린더의 작용하는 힘은?

① 150kgf   ② 160kgf
③ 170kgf   ④ 180kgf

해설 5 : 1이므로, 지점을 중심으로 작용하는 토크는 같으므로 $5 \times 30 = 1 \times x$, 마스터실린더에 작용하는 힘(x)는 150kgf이 된다.

09 • 2006.4.2

브레이크 페달의 지렛비가 5 : 1이다. 페달을 35kgf의 힘으로 밟았을 때에 푸시로드에 작용되는 힘은?

① 7kgf
② 125kgf
③ 175kgf
④ 225kgf

해설 5:1이므로, 지점을 중심으로 작용하는 토크는 같으므로 $5 \times 35 = 1 \times x$, 마스터실린더에 작용하는 힘(x)는 175kgf이 된다.

ANSWER 5.③ 6.② 7.② 8.① 9.③

10 • 2010전반

진공식 분리형 제동 배력장치에서 파워 피스톤을 미는 힘이 12kgf이고, 하이드롤릭 피스톤의 지름이 3cm라고 한다면 발생유압은?

① 약 0.7kgf/cm²
② 약 1.7kgf/cm²
③ 약 17kgf/cm²
④ 약 2.7kgf/cm²

해설 압력은 힘/면적이므로
$$P = \frac{F}{A} = \frac{12 kgf}{\frac{\pi \times (3cm)^2}{4}} = \frac{12 \times 4}{\pi \times 3^2} = 1.67 (kgf/cm^2)$$

정지거리

11 • 97.10.12

72km/h로 주행하던 자동차가 브레이크 작동 시 제동거리는?(단, 마찰계수는 0.4이다.)

① 31m   ② 41m
③ 51m   ④ 61m

해설 제동거리를 공식으로 표현하면 다음과 같다.
$S_1 = \frac{v^2}{2\mu g}$, v는 속도(m/s),
g는 중력가속도(9.8m/s²), S_1는 제동거리(m), μ는 타이어와 제동거리 노면사이의 마찰계수 등을 나타낸다. 그대로 대입하면,
$$S_1 = \frac{\left(\frac{72}{3.6}\right)^2}{2 \times 0.4 \times 9.8} = 51m 로 \quad 계산된다.$$

12 • 2003.3.30

주행속도 90km/h의 자동차에 브레이크를 작용 시켰을 때 정지거리는 얼마인가?(단, 차륜과 도로면의 마찰계수는 0.2 이다.)

① 45m   ② 90m
③ 159m ④ 180m

해설 이 문제는 정지거리가 아니라 제동거리라 할 수 있다.

$$S_1 = \frac{\left(\frac{90}{3.6}\right)^2}{2 \times 0.2 \times 9.8} = 159.44m 로 \ 계산된다.$$

13 • 2009.3.29

주행속도가 120km/h인 자동차에 브레이크를 작동시켰을 때 제동거리는?(단, 바퀴와 도로면의 마찰계수는 0.25이다.)

① 약 226.7m   ② 약 236.7m
③ 약 247.6m   ④ 약 237.6m

해설 제동거리를 공식으로 표현하면 다음과 같다.
$S_1 = \frac{v^2}{2\mu g}$ 그대로 대입하면,
$$S_1 = \frac{\left(\frac{120}{3.6}\right)^2}{2 \times 0.25 \times 9.8} = 226.7m 로 \ 계산된다.$$

14 • 2003.7.20

2,000kgf의 자동차가 60km/h로 주행할 경우 이론적인 제동거리는 몇 m인가? (단, 마찰계수 0.6, 관성상당중량 0.05W, 좌제동력 400 kgf, 우제동력 450kgf 이다.)

① 15   ② 25
③ 35   ④ 58

해설 이론적 제동거리 $= \frac{v^2}{2 \times \mu \times g} \times \frac{W+W'}{F}$ 로 여기서 v는 차속도(m/s)이고, F는 제동력의 총합, W는 차량의 중량, W'는 차량의 회전관성 중량을 뜻한다. 수치를 그대로 대입한다.

$$제동거리 = \frac{\left(\frac{60}{3.6}\right)^2}{2 \times 0.6 \times 9.807} \times \frac{2000 \times (1+0.05)}{400+450}$$
$= 58.3m$로 나온다.

ANSWER 10.② 11.③ 12.③ 13.① 14.④

제동력

15 • 94년도

차량중량이 750kgf(앞 : 350kgf, 뒤 : 400kgf), 승차정원 5명, 차량 총중량이 1075kgf (앞 : 480kgf, 뒤 : 595kgf)일 때 제동력의 총화 및 후륜 제동력의 적합 여부에 대한 판정으로 옳은 것은?(단, 전륜 좌측 제동력 : 95kgf, 전륜우측 제동력 : 92kgf, 후륜좌측 제동력 : 100kgf, 후륜우측 제동력 : 90kg이다.)

① 제동력 총화 : 합격, 후륜제동 총화 : 불합격
② 제동력 총화 : 불합격, 후륜제동 총화 : 합격
③ 제동력 총화 : 합격, 후륜제동 총화 : 합격
④ 제동력 총화 : 불합격, 후륜제동 총화 : 불합격

❋해설: ❶ 차량의 제동력 총합은 차량중량에 50%이상이어야 하므로
$\frac{95+92+100+90}{750} \times 100 = 50.267\%$이므로 합격이다.
❷ 후륜제동력의 총합은 후축중에 20%이상이어야 합격이므로
$\frac{100+90}{400} \times 100 = 47.5\%$이므로 합격이다.

베이퍼록 현상

16 • 95년도

자동차의 브레이크 장치 유압회로 내에 베이퍼록이 생기는 원인이 아닌 것은?
① 슈와 라이닝 사이의 간극이 작다.
② 과도한 브레이크 사용할 때
③ 비점이 높은 브레이크 오일 사용
④ 슈 리턴스프링의 절손

❋해설: 베이퍼록이란 제동장치의 유압회로에서 오일이 기화하는 현상을 말한다. 이 현상은 유압회로 내에 잔압이 낮거나 오일이 제동되는 마찰열에 의해서 기포가 생긴다. 마찰열은 슈와 라이닝에 의해서 생기고, 특히 드럼과 라이닝의 간극이 작을 때나 페달유격이 작을 때 많이 발생하고, 이 열이 유압라인을 따라 전달되기 때문에 발생한다. 이 현상을 방지하기 위해서는 비점이 높은 오일을 사용하거나 과도한 브레이크 사용을 피한다. 이 현상이 발생하면 주행을 멈추고 열이 식기를 기다려야 한다. 보기의 ③는 방지법이다.

17 • 97.10.12

제동장치의 베이퍼록의 원인은?
① 드럼과 라이닝의 간극과대
② 비점이 높은 브레이크 오일사용
③ 페달의 유격과대
④ 과도한 브레이크 사용

❋해설: 위 문제 16의 해설을 참조한다.

18 • 99.10.10

브레이크에서 베이퍼록이 발생되는 원인이 아닌 것은?
① 브레이크에 잔압을 남겨 놓았을 때
② 긴 내리막 길에서 계속 사용시
③ 비점이 낮은 브레이크 오일 사용
④ 브레이크 라이닝 간극이 작을 경우

❋해설: 위 문제 16의 해설을 참조한다.

19 • 02.4.7 • 2006.7.16

제동장치 베이퍼록 현상의 원인이 아닌 것은?
① 공기 브레이크의 과도한 사용
② 드럼과 라이닝의 끌림에 의한 가열
③ 긴 비탈길에서 브레이크의 사용빈도가 많은 운전
④ 오일의 변질에 의한 비등점의 저하

❋해설: 위 문제 16의 해설을 참조한다. 공기브레이크를 과도하게 사용하여도 마찰열은 발생하지만 공기압 라인에 영향을 미치지 않는다.

ANSWER 15.③ 16.③ 17.④ 18.① 19.①

페이드 현상

20 • 93년도

브레이크 라이닝의 표면이 과열되어 마찰계수가 저하하면서 브레이크 효과가 나빠지는 현상을 무엇이라고 하는가?

① 브레이크 페이드 현상
② 브레이크력 저하 현상
③ 브레이크 과열 현상
④ 브레이크 오버로드 현상

> **해설** 긴 내리막 길을 엔진 브레이크나 보조브레이크를 사용하지 않고 브레이크를 빈번히 사용하면 브레이크 라이닝(패드)와 드럼의 마찰열에 의하여 가열되고, 이에 따른 온도 상승에 의하여 라이닝(패드) 표면의 마찰계수가 떨어져서 브레이크 효과가 점차 나빠져서 브레이크가 제대로 작동되지 않게 되는 현상을 브레이크 페이드 현상이라 한다.

21 • 02.4.7

브레이크 페이드 현상이 일어났을 때의 응급처리 방법으로 가장 적당한 것은?

① 자동차의 주행속도를 조금 올려준다.
② 자동차를 세우고 브레이크드럼 등의 열이 식도록 한다.
③ 브레이크를 자주 밟아 열을 발생시킨다.
④ 주차 브레이크를 주브레이크로 대신 사용한다.

> **해설** 페이드 현상은 마찰열이 축적되어서 생기므로 마찰열이 식도록 자동차를 세우고 열을 식힌다.

2. 유압 드럼식 제동장치

마스터 실린더

01 • 02.7.21 • 2004.7.18 • 2010전반

제동장치에서 텐덤 마스터 실린더의 사용 목적은?

① 브레이크 라이닝의 마모를 적게 한다.
② 브레이크 오일의 소모를 줄일 수 있다.
③ 브레이크 드럼의 마모를 적게 한다.
④ 앞·뒤바퀴의 브레이크 제동을 분리시켜 제동안정을 얻게 한다.

> **해설** 일반적인 마스터 실린더는 한 계통으로부터 모든 바퀴에 작용하도록 되어 있기 때문에, 만약 어느 한 곳이라도 고장이 생기거나 오일이 새게 되면 모든 바퀴에 브레이크가 작동하지 않아 위험하게 되는데, 이를 방지하기 위하여 앞바퀴와 뒷바퀴가 별개로 작용하도록 만들어진 것을 탠덤 마스터 실린더라 한다.

02 • 2005.7.17

자동차 브레이크 유압회로를 2계통으로 하여 안전성을 높이는 장치는?

① 하이드로백
② 탠덤 마스터 실린더
③ 부스터
④ 하이드로 에어백

> **해설** 위 문제1의 해설을 참조한다.

ANSWER 20.① 21.② / 1.④ 2.②

03 • 93년도

마스터 실린더의 백 플런저 밸브(back pluger valve)가 되돌아오는 것이 불량할 때의 원인으로 옳지 않은 것은?

① 마스터 실린더 내의 첵 밸브가 불량하다.
② 마스터 실린더 내의 바이패스 포트가 열려 있다.
③ 마스터 실린더 내의 리턴 스프링이 파손되었다.
④ 마스터 실린더 내의 피스톤 컵이 불량하다.

[해설] 백 플런저 밸브(피스톤)가 돌아오는 것이 불량하면 리턴스프링의 장력이 약하거나 파손 되었을 경우, 바이패스 포트가 막혀 있을 경우이다.

04 • 00.3.26

마스터 실린더의 첵 밸브가 열린 채로 손상되면 어떤 현상이 일어나는가?

① 브레이크가 작동하지 않는다.
② 브레이크 파이프 내의 잔압이 상승한다.
③ 브레이크력이 감소한다.
④ 휠 실린더에서 브레이크 오일이 샌다.

[해설] 첵 밸브는 휠실린더로 간 브레이크의 압력을 "0"으로 만드는 것이 아니라, 첵 밸브의 스프링 장력 만큼 압력을 남게(잔압형성)하여 브레이크의 작동을 신속하게 할 뿐만 아니라 베이퍼록 발생을 방지한다. 첵 밸브가 열린 채로 작동되면 잔압이 없어지고 휠 실린더의 오일이 모두 마스터실린더로 빠져버린다.

드 럼

05 • 2003.7.20

브레이크 드럼의 구비조건이 아닌 것은?

① 무거울 것
② 강성과 내마모성이 있을 것
③ 방열이 잘 될 것
④ 정적 동적 평형이 잡혀있을 것

[해설] 브레이크 드럼의 구비조건
① 정적 및 동적 평형이 잡혀있어야 한다.
② 브레이크의 슈가 확장되었을 때 변형되지 않을 만한 충분한 강성을 가지고 있어야 한다.
③ 슈와의 마찰면에 충분한 내마멸성이 있어야 한다.
④ 방열이 잘 되어야 하며 가벼워야 한다(회전 관성이 작을 것).

06 • 2006.7.16

브레이크 드럼의 지름이 500mm, 드럼에 작용하는 힘이 300kgf, 마찰계수가 0.2일 때 드럼에 작용하는 토크는?

① 45kgf-m
② 25kgf-m
③ 15kgf-m
④ 35kgf-m

[해설] 드럼토크는 드럼의 회전 접선력과 반지름의 곱이다. 이를 표현하면,
$T = \mu \times F \times r$,
T : 토크, μ : 마찰계수, r : 드럼의 반경
$T = 0.2 \times 300 \times \dfrac{0.5}{2} = 15 kgf-m$로 계산된다.

공기빼기

07 • 00.3.26

다음 중 브레이크 계통에서 공기 빼기를 필요로 하지 않는 경우는?

① 브레이크 호스나 파이프를 떼어냈을 때
② 브레이크 마스터 실린더에 오일을 보충하였을 때
③ 베이퍼록 현상이 생긴 경우
④ 휠 실린더를 분해한 경우

[해설] 공기빼기를 하는 이유는 유압라인에 기포가 있으면 브레이크 작동시 그 기포가 수축해버리고 유압을 작동을 행하지 못하게 하는 스펀지 현상이 생긴다. 이 현상이 생기면 결국 제동이 되지 않으므로 사고가 난다. 공기빼기는 유압라인에 기포가 생겼든지, 유압라인을 탈부착하였을 경우에는 반드시 실시해야 한다.

ANSWER 3.② 4.④ 5.① 6.③ 7.②

고장점검과 수리

08 • 93년도

브레이크 페달이 점점 딱딱해져서 주행 불능상태가 되었다면 그 원인은 무엇인가?

① 브레이크 오일 부족
② 마스터 실린더 컵 불량
③ 슈 리턴 스프링 장력 변화
④ 마스터 실린더의 바이패스 포트 막힘

해설 페달이 딱딱해졌다는 말은 페달이 앞뒤로 움직이지 않는다는 뜻이므로 이런 현상은 브레이크를 밟았을 때 유압이 형성된 상태에서 페달이 후퇴하지 못하는 현상이므로 바이패스 통로가 막혀서 발생한다.

09 • 2003.3.30 • 2008.7.13

브레이크 페달이 점점 딱딱해져서 주행 불능 상태가 되었을 때는 어떤 고장인가?

① 마스터 실린더 피스톤 컵의 고장이다.
② 브레이크 오일의 양이 적어졌다.
③ 슈 리턴 스프링의 장력이 강력해졌다.
④ 마스터 실린더 바이패스 포트가 막혔다.

해설 브레이크 페달이 점점 딱딱해져 제동이 되는 원인은 유압라인의 오일이 페달을 놓았을 때 귀환하지 못해서 일어나는 것이다. 즉 오일의 귀환통로가 막힘을 뜻하므로 리턴 포트(바이패스 포트)가 막힘을 의미한다.

10 • 98년도

브레이크 페달의 유격이 커지는 원인으로 옳은 것은?

① 라이닝에 오일이 묻었다.
② 라이닝의 마모가 크다.
③ 페달 리턴 스프링의 장력이 약하다.
④ 드럼이 편마모 되었다.

해설 브레이크 페달의 유격이란 마스터 실린더의 피스톤이 유압을 발생시켜 제동되기 전까지 페달이 움직인 거리이므로 라이닝과 드럼의 간극이 크면 유격이 커진다.

11 • 99.4.18 • 2006.4.2

다음 설명 중 틀린 것은?

① 드럼 브레이크에서는 자기 작동에 의해 확장력이 증폭된다.
② 자동차의 총 제동력은 각 차륜에 작용하는 제동력의 합으로 표시한다.
③ 자동차의 총 제동력은 제동시 질량에 의해 발생되는 관성력과 동일한 방향으로 작용한다.
④ 최대 제동력은 점착 마찰계수에 비례한다.

해설 제동력은 관성력의 반대 방향으로 작용한다. 즉 운동하는 물체의 뒷부분으로 마찰력이 작용하므로 이 마찰력이 제동력이다.

12 • 99.10.10

브레이크의 제동력을 향상시키는 방법이 아닌 것은?

① 라이닝과 드럼의 클리어런스를 넓힌다.
② ABS 브레이크를 사용한다.
③ 베이퍼록을 없앤다.
④ 페이드 현상을 없앤다.

해설 제동력을 향상시키는 방법은 라이닝과 드럼의 간극을 좁히든지, 제동 유압을 크게 한다. 또한, 페드(라이닝)의 마찰계수를 크게 하거나 마찰면적을 크게 한다.

13 • 2005전반

브레이크 페달을 밟았을 때 자동차가 한쪽으로 쏠리는 원인이 아닌 것은?

① 라이닝 간극 조정 불량
② 앞바퀴 정렬 상태 불량
③ 타이어 공기압 불균형
④ 조향기어 유격 과소

해설 조향기어 유격이 과소하면, 약간의 조향핸들 움직임에 따라 민감하게 작동하는 이유가 된다.

ANSWER 8.④ 9.④ 10.② 11.③ 12.① 13.④

14 • 2006.7.16

압축 공기식 브레이크 장착 차량에서 제동시 차량이 한쪽으로 쏠림 현상이 발생했다. 그 원인이 <u>아닌</u> 것은?

① 압축 공기 압력이 최대 압력에 도달하지 못함
② 규격이 다른 브레이크 실린더 장착
③ 불균일한 타이어 마모
④ 브레이크 라이닝의 불균일한 마모

　해설: 타이어의 압축공기 최대압력 도달과는 상관이 없고, 공기압력이 다르면, 타이어공기압이 작은 쪽이 마찰면적이 많아 핸들은 공기압이 작은 쪽으로 쏠린다.

15 • 2007.7.15

소형차량의 핸드브레이크에서 좌·우 뒷바퀴의 제동력 균형을 잡아주는 것은?

① 스프링 챔버(spring chamber)
② 보상레버(compensation lever)
③ 콤비네이션실린더(combination cylinder)
④ 브레이크슈(brake shoe)

　해설: 핸드브레이크에서 좌·우 뒷바퀴의 제동력 균형을 잡아주는 것을 보상레버라 한다.

16 • 2010후반

유압식 브레이크 장치에서 제동시 제동 이음이 발생하는 원인으로 거리가 먼 것은?

① 브레이크 드럼에 먼지 및 이물질 과다 유입
② 브레이크 라이닝 표면의 경화
③ 브레이크 라이닝의 과다한 마모
④ 브레이크 라이닝에 오일 유입

　해설: 브레이크 라이닝에 오일이 유입되면 오일의 윤활 작용에 의해 이음발생이 없고, 브레이크 작동시 미끄럼 현상이 일어난다.

17 • 2010후반

브레이크 라이닝 및 브레이크액이 구비해야 할 조건으로 틀린 것은?

① 라이닝은 내열성, 내구성을 갖추어야 한다.
② 라이닝은 고속 슬립상태에서도 마찰 계수가 일정해야 한다.
③ 브레이크액은 압축성이 있어야 한다.
④ 브레이크액은 빙점이 낮아야 한다.

　해설: 브레이크액이 압축성이 있으면, 브레이크 페달에 의한 힘을 브레이크액 스스로 압축되어 제동력이 드럼(디스크)에 닿지 않아 제동이 잘 되지 않는다.

3. 유압 디스크식 제동장치 / 공기식 제동장치

유압 디스크식 제동장치

01 • 99.10.10

디스크 브레이크 작용에 해당되지 <u>않는</u> 것은?

① 자기작동 작용이 확실하다.
② 페이드 현상이 작다.
③ 열방산 능력이 우수하다.
④ 편 제동이 없다.

　해설: ㉠ 디스크 브레이크의 장점
　－방열성이 양호하고 제동 능력이 안정되므로 제동시에 한쪽만 제동되는 일이 적다.
　－디스크 열변형이 되지 않으므로, 브레이크 페달을 밟는 거리의 변화가 적으며, 이물질이 묻어도 쉽게 털어 낼 수 있다.
　－구조가 간단하여 점검과 조정이 용이하다.
　㉡ 디스크 브레이크의 단점
　－마찰력이 작으므로, 패드를 미는 힘 커야 하므로 페달을 밟는 힘도 커야 한다.
　－패드의 재료는 강도가 큰 것으로 만들어야 하고, 구조가 복잡하기 때문에 가격이 비싸다.
　－자기배력작용(자기작동)이 없으므로 조작력이 커진다.

ANSWER　14.①　15.②　16.④　17.③　/　1.①

02 • 2007.7.15

디스크브레이크의 특성을 드럼브레이크와 비교하여 설명한 것 중 디스크브레이크의 장점이 아닌 것은?

① 페이드(fade) 현상이 적다.
② 자기작동작용 서보작용을 한다.
③ 편제동 현상이 없다.
④ 패드(pad) 교환이 용이하다.

해설 위 문제1의 해설을 참조한다.

03 • 2004.4.4

디스크 브레이크의 특징을 설명한 것 중 적당치 않은 것은?

① 고속에서 사용하여도 안정된 제동력을 발휘한다.
② 안정된 제동력을 얻기가 비교적 어렵다.
③ 디스크가 노출되어 회전하므로 방열성이 좋다.
④ 마찰면적이 적기 때문에 패드를 압착하는 힘을 크게 하여야 한다.

해설 위 문제1의 해설을 참조한다.

04 • 2006.4.2

디스크 브레이크의 점검 항목이 아닌 것은?

① 디스크 마모의 손상
② 토크 플레이트 샤프트 시일링의 손상
③ 하이드로 백 점검
④ 디스크 런아웃 점검

해설 디스크 브레이크에서 토크 플레이트 샤프트란 말이 없다. 즉 디스크브레이크의 디스크 허브에 액슬축이 꽂힌다.

05 • 2007.4.4

디스크 브레이크의 특징을 설명한 것 중 적당하지 않은 것은?

① 고속에서 사용하여도 안정된 제동력을 발휘한다.
② 안정된 제동력을 얻기가 비교적 어렵다.
③ 디스크가 노출되어 회전하므로 방열성이 좋다.
④ 마찰면적이 적기 때문에 패드를 압착하는 힘을 크게 하여야 한다.

해설 위 문제1의 해설을 참조한다.

06 • 2009.7.12

압축공기식 디스크 브레이크 장치 장착 차량에서 브레이크가 과열되는 원인은?

① 압축공기 누설
② 브레이크 캘리퍼 피스톤의 고착
③ 브레이크 디스크 두께 변화
④ 브레이크 챔버 리턴스프링의 장력 약화

07 • 2005.7.17

다음 회로는 브레이크 패드 마모 경고등을 나타냈다. 바르게 설명한 것은?

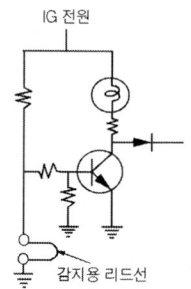

① 감지용 리드선이 열을 받으면 마모 경고등이 켜진다.
② 회로내의 다이오드에 역기전류가 작용하면 마모 경고등이 켜진다.

ANSWER 2.② 3.② 4.② 5.② 6.② 7.③

③ 감지용 리드선이 브레이크 디스크 판과 접촉하여 끊어지게 되면 마모 경고등이 켜진다.
④ 회로내 트랜지스터 베이스 측의 저항이 끊어졌을 때 마모 경고등이 켜진다.

해설: 감지용 리드선이 마모로 끊어지면 전기는 PNP트랜지스터의 베이스전기가 흘러 컬렉터전류가 접지되어 전구에 경고등이 켜진다.

08 • 2003.7.20 • 2008전반

오일의 운동에너지를 직선운동의 기계적 일로 변화시켜 주는 액추에이터는?
① 유압 실린더　② 유압 모터
③ 유압 터빈　　④ 축압기

해설: 브레이크 장치에서 유체(액체와 공기)의 운동에너지를 이용하여 기계적 직선운동에너지로 바꾸는 것은 디스크브레이크에서 캘리퍼실린더 및 피스톤과 패드, 드럼브레이크에서는 휠실린더와 슈, 챔버 및 캠과 슈 등이라 할 수 있다.

공기식 제동장치

09 • 98년도

다음 중 공기 브레이크와 관계없는 것은?
① 컨트롤 튜브　② 압력 조정기
③ 브레이크 챔버　④ 릴레이 밸브

해설: 다음은 공기브레이크의 작동을 나타내었다.

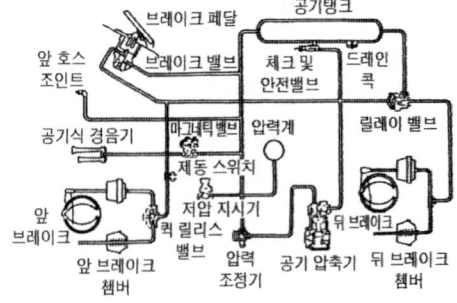
▲ 공기브레이크의 작동

브레이크 페달을 밟으면 브레이크 밸브로부터 유입된 공기는 퀵 릴리스 밸브의 입구로 들어가서 밸브를 열고, 앞바퀴 쪽의 좌우 브레이크 챔버로 들어가 브레이크가 작용하게 되고, 동시에 퀵릴리스 밸브를 통해 나온 공기압은 릴레이 밸브를 작동시켜 공기탱크의 공기압이 뒤 브레이크의 좌우 챔버로 들어가 브레이크가 작동된다.
페달을 놓으면 브레이크 밸브로부터 공기가 배출되어 공기 입구 압력이 대기압 상태로 되므로, 퀵 릴리스 밸브와 릴레이밸브는 스프링 장력에 의해 본래의 위치로 돌아오고, 브레이크 챔버 내의 공기는 배출되어 브레이크가 풀린다.

10 • 2004.4.4

다음 중 풀 에어 브레이크(Full Air Brake) 시스템의 구성부품이 아닌 것은?
① 투 웨이 밸브　② 로드센싱 밸브
③ 휠 실린더　　④ 릴레이 밸브

해설: 휠 실린더는 유압 브레이크의 부품으로 마스터 실린더에서 공급되는 유압에 의해 브레이크 슈를 드럼에 압착시키는 역할을 한다.

11 • 97.2.2 • 00.3.26 • 2005전반

공기브레이크식 제동장치에서 공기탱크 내의 공기압력은 일반적으로 몇 kgf/cm² 정도인가?
① 1~4　　② 5~7
③ 10~13　④ 14~17

해설: 공기탱크의 공기압은 압력조정기에 의해서 5~7 kg/cm²로 유지된다. 이 이하가 되면 공기 압축기를 구동한다.

12 • 02.4.7 • 02.7.21

공기브레이크에서 유압식 브레이크의 마스터 실린더와 같은 기능을 하는 것은?
① 브레이크밸브　② 브레이크 챔버
③ 퀵릴리즈밸브　④ 릴레이밸브

해설: 문제 9의 그림과 해설을 참조한다.

ANSWER　8.①　9.①　10.③　11.②　12.①

13 • 2005.7.17

압축 공기식 브레이크 장치 구성 부품 중 운전자의 브레이크 페달 밟는 정도에 따라 제동효과를 통제하는 것은?

① 풋 브레이크 밸브
② 로드 센싱 밸브
③ 브레이크 드럼
④ 퀵 릴리스 밸브

> **해설** 위 문제9의 그림과 해설을 참조한다.

14 • 2003.3.30 • 2009.3.29

공기식 브레이크 장치의 브레이크 밸브와 브레이크 챔버 사이에 설치되어 브레이크가 빠르고 확실하게 풀리도록 하는 것은?

① 공기 압축기
② 압력 조정기
③ 퀵 릴리스 밸브
④ 첵 및 안전 밸브

> **해설** 퀵릴리스 밸브는 앞브레이크의 양쪽 챔버에 설치되어 제동시 압축공기를 브레이크 챔버로 흐르게 하고, 제동 후에 페달을 놓으면 챔버 내의 압축공기를 배출하는 역할을 한다. 안전밸브는 공기탱크내의 과도한 압력 상승을 막아준다.

15 • 97.10.12 • 00.3.26 • 2003.7.20

공기 브레이크에서 압축 공기압을 이용하여 캠을 기계적 힘으로 바꾸어 주는 구성 부품은?

① 브레이크 밸브
② 퀵 릴리스 밸브
③ 브레이크 챔버
④ 언로드 밸브

> **해설** 문제 1의 해설을 참조하면 된다. 브레이크 챔버는 압축공기에 의해 작동되어 캠의 구동로드를 밀게 되어 캠이 회전하고, 이 캠은 양 끝의 슈를 밀게 되어 제동이 되게 된다.

16 • 2004.7.18

압축 공기식 브레이크에서 공기탱크의 압력을 일정하게 유지하고 공기 탱크내의 압력에 의해 압축기를 다시 가동시키는 역할을 하는 장치는?

① 드레인 밸브(Drain Valve)
② 언로더 밸브(Unloader Valve)
③ 체크 밸브(Check Valve)
④ 로드 센싱 밸브(Load Sensing Valve)

> **해설** 공기탱크의 압력을 일정하게 유지하고 공기 탱크 내의 압력에 의해 압축기를 다시 가동 시키는 역할을 하는 장치는 언로더밸브이다.

17 • 2008전반

공기식 브레이크 장치에서 제동시 떨림 현상의 발생 원인은?

① 퀵릴리스 밸브에 공기 배출이 잘 안됨
② 압축공기 탱크의 압축공기저하
③ 토인 불량 또는 프론트 엔드 볼 조인트 유격 과다
④ 주차브레이크 에어 압력 저하

> **해설** 제동시 떨림 현상의 발생 원인은 토인 조정이 불량하거나, 볼 조인트의 유격 과다할 경우이다.

18 • 2008.7.13

다음 중 공기 브레이크 장치에서 에어 드라이어의 역할이 아닌 것은?

① 각 기기류의 부식방지
② 각 기기류의 수명연장
③ 하절기 압축공기 과열 방지
④ 동절기 압축공기 동결을 방지

> **해설** 에어드라이어는 에어를 건조시키는 장치로 겨울철 공기내 수분의 동결을 방지하고, 부식방지, 기기의 수명연장 등의 역할을 한다.

ANSWER 13.① 14.③ 15.③ 16.② 17.③ 18.③

4. 배력장치

01 • 2007.4.4

공기압 배력 장치의 종류가 아닌 것은?
① 공기 배력 브레이크
② 에어 오버 하이드롤릭 브레이크
③ 에어 언더 하이드롤릭 브레이크
④ 풀 에어 브레이크

진공마스터 및 하이드로마스터(백)

02 • 00.3.26

하이드로 백에 작용하는 흡기다기관의 진공이 500mmHg라고 하면 대기압과 압력차는 얼마인가?(단, 공업 기압으로 계산하여라)
① 약 $0.035kgf/cm^2$
② 약 $0.35kgf/cm^2$
③ 약 $0.07kgf/cm^2$
④ 약 $0.7kgf/cm^2$

해설 대기압은 760mmHg이라면, 이 대기압을 환산하면 $1.0332kgf/cm^2$이다.
그러므로
$$\frac{(760-500)}{760} \times 1.0332 = 0.3534 kgf/cm^2$$

03 • 2009.3.29

제동장치에 사용되는 배력장치의 크기를 결정하는 요소는?
① 진공탱크의 크기와 진공탱크의 재질
② 진공탱크의 크기와 진공의 크기
③ 진공의 크기와 진공탱크의 재질
④ 진공탱크의 형상과 압력의 크기

해설 배력장치란 제동력을 배가(증가)시키는 장치이므로, 진공의 크기에 의해 결정된다. 즉, 진공탱크의 크기와 진공의 크기에 의해서 결정된다.

04 • 2003.7.20

하이드로 마스터의 진공계통을 이루는 주요 부품은?
① 체크밸브, 하이드롤릭 실린더
② 체크밸브, 파워실린더, 릴레이밸브, 파워피스톤
③ 릴레이밸브, 진공펌프, 하이드롤릭 실린더
④ 진공펌프, 오일파이프, 파워실린더

해설 하이드로 마스터(백)는 다음 그림과 같이 구성되었다. 진공계통을 개폐하는 부품으로는 릴레이밸브 및 릴레이밸브 피스톤, 다이어프램, 진공밸브, 공기밸브가 있다. 브레이크 페달을 밟지 않은 상태에서는 흡기다기관(진공펌프)-파워실린더(B)-릴레이밸브 및 릴레이밸브 피스톤-진공밸브-파워실린더(A) 순으로 진공이 되고 있다. 그래서 여기서는 정답이 없다.

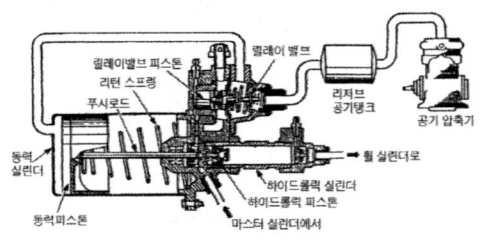

▲ 하이드로 백

ANSWER 1.③ 2.② 3.② 4. 정답없음

05 • 99.10.10 • 2005전반

다음 중 브레이크 페달을 밟았을 때 하이드로 백 내의 작동에 대한 설명으로 틀린 것은?

① 공기 밸브는 닫힌다.
② 진공 밸브는 닫힌다.
③ 동력 피스톤이 하이드롤릭 실린더 쪽으로 이동한다.
④ 동력 피스톤 앞쪽은 진공상태이다.

해설: 하이드로 백은 흡기다기관의 진공과 대기압의 차를 이용한 배력장치이다. 브레이크 페달을 밟으면 릴레이 밸브에 의해 진공밸브가 닫히고 공기밸브가 열려 동력피스톤의 뒤쪽에 대기압이 작동한다. 이 큰 압력은 하이드롤릭 실린더를 작동시켜 큰 유압이 발생하고 이 압력이 휠실린더에 전달된다.

06 • 2003.3.30

브레이크 페달을 놓았을 때 하이드로백 릴레이 밸브의 작용에 대하여 맞는 것은?

① 공기 밸브가 먼저 닫힌 다음 진공 밸브가 열림
② 공기 밸브가 먼저 열린 다음 진공 밸브가 닫힘
③ 진공 밸브가 먼저 닫힌 다음 공기 밸브가 열림
④ 진공 밸브가 먼저 열린 다음 공기 밸브가 닫힘

해설: 위 문제5의 해설을 참조한다.

07 • 2008전반

자동차 진공식 제동 배력장치의 부압을 도입하는 부위는?

① 흡기매니폴드 ② 릴레이밸브
③ 파워 실린더 ④ 파워밸브

해설: 위 문제5의 해설을 참조한다.

08 • 00.3.26

하이드로 백은 무엇을 이용하여 브레이크에 배력 작용을 하게 하는가?

① 배기가스 압력을 이용한다.
② 대기 압력만을 이용한다.
③ 흡기 다기관의 압력만을 이용한다.
④ 대기압과 흡기다기관의 압력차를 이용한다.

해설: 위 문제 5의 해설을 참조한다.

09 • 02.7.21 • 2004.4.4

제동장치에서 마스터 백은 무엇을 이용하여 브레이크에 배력작용을 하게 한 것인가?

① 배기가스 압력에 이용
② 대기 압력만 이용
③ 흡기 다기관의 압력만 이용
④ 대기압과 흡기다기관이 압력차 이용

해설: 마스터 백을 다른 말로 진공부스터라고 한다. 이는 하이드로 백과 같이 흡기다기관의 진공압과 대기압의 압력차로 배력을 시킨다.

10 • 2004.7.18

자동차에서 부압과 대기압과의 차압을 이용하는 형식의 배력장치를 무엇이라고 하는가?

① 진공식 ② 압축공기식
③ 유압식 ④ 자석식

해설: 진공부압과 대기압 차를 이용하므로, 진공식이다. 자동차의 대기압과 압축공기압의 차를 이용하는 배력장치가 압축공기식(하이드로 에어백)이라고 한다.

11 • 00.3.26

배력식 브레이크(power brake)의 종류 중 부압과 대기압력 차이를 이용하지 않는 것은?

① 브레이크 부스터 ② 에어 백
③ 하이드로 백 ④ 마스터 백

해설: 배력식 브레이크에서 공기압축기에 의한 압축공기의 압력과 대기압의 압력차를 이용하여 배력브레이크 하는 장치가 (하이드로)에어백이다. 하이드로백과 하이드로 에어백은 다르다.

ANSWER 5.① 6.① 7.① 8.④ 9.④ 10.① 11.②

12 2010후반

제동배력 장치 중에서 파워 실린더의 내압은 항상 진공을 유지하고 작동시에 공기를 보내어 파워 피스톤을 미는 형식은?

① 브레이크 부스터(brake booster)
② 하이드로 마스터(hydro master)
③ 마스터 백(master vac)
④ 에이마스터(air master)

해설 문제9의 해설을 참조한다.

13 2006.4.2

진공식 브레이크 배력장치에 대한 설명으로 틀린 것은?

① 배력장치에 이용되는 외력으로 기관의 흡입부압을 이용한다.
② 배력장치가 고장일 경우 운전자의 페달 답력만으로도 브레이크를 조작할 수 있어야 한다.
③ 진공식 배력장치는 응축수가 생성되는 단점이 있다.
④ 진공식 배력장치에서 배력도는 다이어프램의 유효직경에 비례한다.

해설 진공식 배력장치는 진공을 이용하므로, 응축수가 없다. 하이드로에어백은 압축공기를 이용하므로 응축수가 생기는 단점이 있다.

14 2007.7.15

유압식 배력브레이크를 설명한 것 중 틀린 것은?

① 유압 배력브레이크는 유압펌프에 의해 보내지는 작동유를 유압부스터에 의해 증압하고, 증압된 작동유는 마스터실린더를 거쳐 각 휠 실린더를 작동시킨다.
② 유압 배력브레이크의 작용원리는 브레이크 페달을 밟으면 푸시로드를 거쳐 스풀이 작동하고, 가변오리피스를 스로틀링하여 파워피스톤에 배력유압을 가한다.
③ 유압펌프가 정지하면 스풀이 직접 마스터 실린더의 피스톤을 작동시키는 것이 불가능하므로, 답력에 비례하여 제동력을 발생시킬 수 없다.
④ 유압펌프가 정지해도 스풀이 직접 마스터 실린더의 피스톤을 작동시키는 것이 가능하므로, 답력에 비례하여 제동력을 발생시킬 수 있다.

해설 마스터실린더의 피스톤은 운전자의 발에 의해 페달이 작동하고, 페달에 붙은 푸시로드에 의해 작동되는 것이다.

15 2009.7.12

유압배력장치 중 마스터백에 대한 설명 중 맞지 않는 것은?

① 마스터백에는 파워실린더와 파워피스톤이 있다.
② 제동시에는 브레이크 조절밸브에 의해 페달의 답력에 따라 제어된 유압을 휠실린더로 보낸다.
③ 압축기에 의해 가압된 압축공기를 작동 매체로 한다.
④ 브레이크를 작동시키지 않을 때 대기밸브는 닫히고 진공밸브는 열려있어 실린더 양쪽실은 진공상태이다.

해설 유압배력장치는 유압펌프모터에 의해 공급되는 유압오일을 작동매체로 한다.

A NSWER 12.② 13.③ 14.③ 15.③

하이드로 에어백

16 • 2005.7.17 • 2008.7.13

공기식 배력장치의 하이드로 에어백에 관한 설명이 맞지 <u>않는</u> 것은?

① 하이드로 에어백은 압축 공기를 이용하기 때문에 일반적으로 공기 압축기를 비치한 대형 차량에 사용한다.
② 압축 공기 압력이 최고 $6kgf/cm^2$에 달하기 때문에 하이드로백에 비하여 그 작동 압력차가 크므로 동력 피스톤의 직경을 작게 하여도 강력한 제동력을 얻을 수 있다.
③ 공기 브레이크에 비해 공기 소비량이 크다.
④ 공기 압축기를 필요로 하기 때문에 전체로서 제작비가 비싸다.

해설 하이드로 에어백은 압축공기에 의해 배력시키는 장치로 공기브레이크에 비해 공기 소비량이 작다.

17 • 2006.7.16

공기 배력 브레이크의 작동 부품이 <u>아닌</u> 것은?

① 에어 서보
② 공기 탱크
③ 압축기
④ 응축기

해설 응축기(기체를 액체로 만드는 부품/예로 방열기, 라디에이터)가 아니라 에어 드라이어(공기건조기)가 있어야 한다.

5. ABS

ABS의 개요

01 • 97.2.2 • 99.10.10

ABS(Anti Lock Brake System)의 목적이 <u>아닌</u> 것은?

① 제동거리 단축
② 방향 안정성확보
③ 조종성 확보
④ 타이어 록(lock)현상 유지

해설 숙달된 운전자가 눈이 내린 도로나 비가 온 도로에서 급정거를 할 때 브레이크를 한 번에 세게 밟지 않고, 여러 번 밟아 횡축 미끄러짐이나 조종성 악화를 방지하고 있듯이 전자식 ABS도 자동차의 바퀴 속도와 차체 속도를 서로 비교하면서 하이드롤릭 유닛의 솔레노이드 밸브를 제어해서 적당한 브레이크 유압으로 변환하여 안전하게 급정거할 수 있도록 한다.

02 • 2005전반 • 2007.7.15

자동차의 바퀴 잠김 방지식 제동장치(ABS)의 기능 설명 중 <u>틀린</u> 것은?

① 방향안정성확보
② 조향안정성확보
③ 제동거리단축가능
④ 주행성능향상

해설 위 문제1의 해설을 참조한다.

ANSWER 16.③ 17.④ / 1.④ 2.④

03 • 2003.3.30

미끄러운 노면에서 브레이크를 밟았을 때 타이어가 고착(lock)되지 않도록 조정하는 장치를 무엇이라고 하는가?

① ECU ② TCU
③ ABS ④ ECS

해설: 위 문제1의 해설을 참조한다.

04 • 02.4.7

제동장치 중 ABS(Anti lock Brake System) 에 대한 설명 중 틀린 것은?

① 제동시 바퀴가 고정되는 현상을 방지하여 준다.
② 방향의 안정성 및 조정성의 확보가 가능하다.
③ ABS가 없는 보통의 제동장치에 비하여 미끄럼이 없는 제동효과를 얻을 수 있다.
④ ABS가 고장이 발생할 경우 페일세이프 기능이 없는 단점이 있다.

해설: 위 문제 1의 해설을 참조한다. 페일세이프 기능이 있어 ABS가 작동하지 않을시 수동으로 조작이 가능하게 되어있다.

05 • 2009.7.12

ABS장치에서 제어 채널의 종류에 속하지 않는 것은?

① 4센서 3채널
② 4센서 4채널
③ 4센서 1채널
④ 4센서 2채널

해설: ABS는 각 바퀴당 휠스피드센서를 사용하므로 4센서, 앞바퀴와 뒤바퀴 제어인 2채널, 앞바퀴의 각각과 뒷바퀴 제어인 3채널, 앞바퀴의 각각과 뒷바퀴의 각각 제어인 4채널이 있다.

06 • 97.10.12

ABS 브레이크 시스템의 최대 작동시 마찰계수는?

① 0.1~0.2 ② 0.2~0.3
③ 0.3~0.4 ④ 0.4~0.5

해설: 마찰계수가 너무 크면 슬립율을 20%이하로 유지하기 위해서는 민감하게 ABS를 반복 작동시켜야 한다. 마찰계수가 너무 작으면 ABS의 반복작동 시간이 길어지게 되므로 제동거리가 길어진다.

07 • 95년도

ABS제동력은 슬립률의 크기에 의존하는 특성을 나타내며, 슬립률은 슬립의 크기를 나타내는 것을 아래식으로 정의한다. 맞는 것은? (단, V : 차량속도, Vw : 차륜속도)

① 슬립률 $= \dfrac{Vw}{V} \times 100$

② 슬립률 $= \dfrac{V}{V - Vw} \times 100$

③ 슬립률 $= \dfrac{V - Vw}{V} \times 100$

④ 슬립률 $= V - Vw \times 100$

해설: 타이어의 슬립율 S는 차체 속도를 V 차바퀴의 원주 속도를 V_W 라 하면 다음과 같이 표시된다.

슬립율(S) = $\dfrac{\text{차체속도}(V) - \text{차바퀴의 원주속도}(V_W)}{\text{차체속도}(V)} \times 100(\%)$

08 • 2006.7.16

차량 속도가 50km/h, 차륜 속도가 40km/h일 때 슬립률은 얼마인가?

① 10% ② 20%
③ 30% ④ 40%

해설: 슬립률 $= \dfrac{V - Vw}{V} \times 100$

$= \dfrac{50 - 40}{50} \times 100 = 20\%$ 으로 계산된다.

ANSWER 3.③ 4.④ 5.③ 6.④ 7.③ 8.②

ABS의 구성

09 • 2006.4.2

ABS브레이크 장치에서 사용되는 구성품이 아닌 것은?

① ABS 컨트롤 유닛
② 휠 스피드 센서
③ 리어차고 센서
④ 하이드롤릭 유닛

해설 리어차고 센서는 전자제어현가장치(ECS)의 관련 구성품이다.

10 • 2010후반

전자제어 제동자치(ABS)의 구성품이 아닌 것은?

① 하이드롤릭 유닛
② 어큐뮬레이터
③ 휠스피드 센서
④ 차고센서

해설 차고센서는 전자제어현가장치(ECS)의 관련 구성품이다.

● ABS ECU

11 • 96년도 • 99.10.10

전자제어 브레이크 장치에 대한 다음 설명 중 적당치 않은 것은?

① 컨트롤 유닛은 휠의 감속, 가속을 계산한다.
② 컨트롤 유닛은 자동차 각 바퀴의 속도를 비교 분석한다.
③ 컨트롤 유닛이 작동하지 않으면 브레이크가 작동되지 않는다.
④ 컨트롤 유닛은 미끄럼 비를 계산하여 ABS 작동 여부를 결정한다.

해설 전자 제어 유닛은 앞뒤 좌우바퀴 속도 센서와 브레이크 스위치에서 입력 신호를 받아 각 휠의 제동 상태를 감지하고, 휠의 가감속을 계산하여 하이드롤릭 유닛(모듈레이터)에 신호를 보내 솔레노이브 밸브를 제어하여 적절히 브레이크 압력을 조절한다. 전자 제어 장치의 압력 장치는 4개의 속도 센서, 브레이크 스위치, 자기 진단 입력 기능을 가지며, 출력으로는 솔레노이드 밸브, ABS 경고등, ABS 경고등 릴레이, 모터 릴레이 등을 조절한다. 보기 ③와 같은 현상이 일어나면 사고가 나므로, 페일세이프 기능이 있어 브레이크를 수동으로 조작이 가능하게 하고 있다.

12 • 2004.4.4 • 2007.4.4

ABS 시스템에서 스피드센서에 의해 4륜 각각의 차륜속도 및 차륜 감가속도를 연산하여 차륜의 슬립상태를 판단하며 각종 솔레노이드 밸브에 대한 증압 및 감압형태를 결정하는 부품은?

① 모터 및 펌프(MOTOR & PUMP)
② ABS ECU
③ 하이드롤릭 유니트
④ EBD

해설 위 문제11의 해설을 참조한다.

● 하이드롤릭 유닛

13 • 99.4.18

ABS장치 중 모듈레이터의 구성품이 아닌 것은?

① 리저브
② 프로포셔닝 밸브
③ 속도센서
④ 솔레노이드 밸브

해설 하이드롤릭 유닛(모듈레이터)은 프로포셔닝 밸브, 체크 밸브, 솔레노이드 밸브, 리저브 펌프, 어큐뮬레이터로 구성되어 있다. 하이드롤릭 유닛의 역할은 ECU로 부터의 작동 명령에 따라 솔레노이드밸브를 작동시켜 적당한 제동력을 만든다.

ANSWER 9.③ 10.④ 11.③ 12.② 13.③

14 • 2003.7.20

ABS장치 중 유압 모듈레이터의 구성품이 <u>아닌</u> 것은?

① 컨트롤 피스톤
② 프로포셔닝 밸브
③ 휠 속도 센서
④ 솔레노이드 밸브

해설 위 문제13의 해설을 참조한다.

15 • 94년도 • 99.10.10

제동장치에서 뒷바퀴의 유압증가를 방지하는 것은 어느 것인가?

① 공기 압축기
② 스풀밸브
③ 프로포셔닝(P)밸브
④ 딜리버리 밸브

해설 프로포셔닝 밸브는 앞 뒤 바퀴의 제동력 평형을 유지하기 위한 밸브로 마스터 실린더와 뒷바퀴 사이에 설치되어 있다. 프로포셔닝 밸브의 구성요소는 밸브보디, 피스톤, 압축스프링, 밸브 및 밸브스프링 등이다.

16 • 02.7.21 • 2008.7.13

브레이크장치 중 뒤쪽 유압회로의 중간에 설치되어 있으며 제동력이 증대하면 뒤쪽의 유압증가 비율을 앞쪽보다 적게 하여 뒤바퀴의 조기 고착에 의한 조종 불안정을 방지하기 위한 밸브는?

① 프로포셔닝 밸브
② 압력차 경고밸브
③ 미터링 밸브
④ 블리이더 밸브

해설 위 문제15의 해설을 참고한다.

● 휠스피드 센서

17 • 2006.7.16

ABS ECU로 입력되는 휠 스피드 센서 신호(교류파형)를 가지고 차륜 속도를 연산하는 방법이 <u>틀린</u> 것은?

① 주파수 측정 방식
② 주기 측정 방식
③ 평균 주기 측정 방식
④ 최대 주파수 측정 방식

해설 최대주파수를 측정하면 차륜속도가 맥동을 느낄 수 있다.

18 • 2008전반

전자제어 제동장치(ABS)에서 휠 스피드센서(마그네틱 방식)의 파형에 관한 설명으로 <u>틀린</u> 것은?

① 각 바퀴의 회전속도를 검출하여 컴퓨터로 입력시킨다.
② 파형으로 휠 스피드 신호 측정시 주기적으로 파형이 빠지는 경우는 대개 톤 휠이 손상된 경우이다.
③ 일반적으로 에어갭은 적으면 적을수록 유리하다.
④ 차량의 속도가 증가하면 주파수도 증가하고 P-P전압도 상승한다.

해설 휠스피드센서의 톤 휠간극(에어갭)은 정비지침서에 있는 규정의 간극으로 조정을 해야 한다.

ANSWER 14.③ 15.③ 16.① 17.④ 18.③

19 • 2010전반

ABS컨트롤 유닛의 휠 스피드센서에 대한 고장 감지 사항과 관련 없는 것은?

① Key스위치 ON부터 주행까지 항상 감지한다.
② ABS가 작동 될 때만 감시한다.
③ 전압과 주파수에 대한 감시도 한다.
④ 휠 스피드센스가 고장이 나면 즉시 경고등을 점등한다.

해설 휠 스피드센스는 ABS에서 슬립율을 연산하기 위한 가장 중요한 입력신호이다. 그러므로 Key스위치 ON부터 주행까지 항상 감지하여 고장이 나면 즉시 알려준다.

● G센서

20 • 2009.3.29

4륜 구동 ABS 장치 차량에서 제동시 차체의 기울기를 판단하여 가·감속을 감지하는 센서는?

① G(GRAVITY) 센서
② 차속센서
③ 휠스피드센서
④ 차고센서

해설 4륜 구동 ABS 장치 차량에서 제동시 차체의 기울기를 판단하는 센서가 G(중력가속도)센서이고, 이 신호를 바탕으로 ECU가 각 바퀴의 가·감속을 조절한다.

ABS 부수장치

21 • 2010후반

ABS장치에 포함된 것으로 초기 제동시 전륜보다 후륜이 먼저 록킹(Locking)되는 것을 방지하기 위해 全륜의 유압을 알맞게 제어하는 것은?

① 셀렉트 로(select low) 제어
② BAS(brake Assist System) 제어
③ EBD(electronic Brake-force Distribution) 제어
④ 트랙션(Traction) 제어

해설 ABS장치에 포함된 것으로 초기 제동시 전륜보다 후륜이 먼저 록킹(Locking)되는 것을 방지하기 위해 각각의 바퀴에 알맞은 유압을 주어 제동력을 제어하는 것이 EBD장치이다.

고장수리

22 • 2004.7.18

다음 내용은 ABS경고등이 점등되는 조건에 대하여 설명한 것이다. 틀린 것은?

① ABS ECU로 전원전압이 인가되지 않을 시
② 알터네이터 "L"단자 전압이 7V 이하로 떨어진 경우
③ ABS 시스템이 정상적으로 작동 중일 때
④ ABS시스템 이상발생시 페일세이프 기능에 따라 기능 정지하여 자기 보정시

해설 ABS경고등이 점등은 ABS시스템의 일부가 이상이 발생하였거나, 전기배선 회로에 고장이 났을 경우이다.

ANSWER 19.② 20.① 21.③ 22.③

23 • 2005.7.17 • 2009.7.12

차량주행 중 ABS작동조건에 해당되지 않았음에도 불구하고 ABS작동 진동(맥동)이 발생되었을 때 예상할 수 있는 고장원인으로 가장 적합한 것은?

① 제동등 스위치 커넥터 접촉 불량
② 하이드롤릭 유닛 내부 밸브 릴레이 불량
③ 휠스피드센서에서 갭 불량
④ 차속센서(Vehicle Speed Sensor) 불량

> **해설** 휠스피드센서의 갭(간극)이 불량하면 휠스피드를 잘 파악하기 힘들다. 즉, 센서출력 되었다 안되었다 하므로, ABS작동 진동(맥동)이 발생될 수 있다.
> 보기 ②의 경우도 미세하게 원인이 될 수 있다.

ANSWER 23.③

III 자동차전기

1. 전기전자의 기초
2. 축전지
3. 시동장치
4. 점화장치
5. 충전장치
6. 냉난방장치
7. 등화/계기/기타 전기장치

자동차전기

Section 1. 전기전자의 기초

1 전기 개요

(1) 전류와 전압

전류의 3대 작용 : 화학작용은 배터리의 충방전 작용을 말하며, 발열작용은 전구의 열발생을 말하며, 자기작용은 전자석 작용을 말한다.

(2) 전기저항

① **고유저항**(R) = $\rho \times \dfrac{l}{A}$

여기서, ρ 는 단면 고유저항(Ωcm), l 은 길이(cm), A 는 단면적(cm²)이다.

② **열저항** : $R_2 = R_1 \times \{1+(t_2-t_1) \times a_t\}$

t_1℃에서 도체의 저항 $R_1(\Omega)$, 저항온도계수 a_t, t_2℃에서의 $R_2(\Omega)$의 값

2 전기회로

(1) 옴법칙(저항의 접속)

$$I = \dfrac{E}{R}$$

병렬저항 : $\dfrac{1}{R} = \dfrac{1}{R_1} + \dfrac{1}{R_2} \cdots\cdots$

직렬저항 : $R = R_1 + R_2 \cdots$

(2) 전구의 접속

병렬회로의 각 회로에 흐르는 전압은 모두 같으므로, 전체저항은 두 전류의 합과 같다. 그리고 전력은 전류와 전압의 곱이다.

(3) 키르히호프법칙

키르히호프의 제 1법칙은 회로내의 어떤 한 점에 유입한 전류의 총합과 유출한 전류의 총합은 같다. 키르히호프의 제 2법칙은 임의의 폐회로에서 기전력의 총합과 저항에 의한 전압강하의 총합은 같다.

3 전력과 전력량

(1) 전력

전력은 전류와 전압의 곱 : $P = I \times E = I^2 \times R = \dfrac{E^2}{R}$

(2) 축전지 접속법

- **병렬접속**이면, 전압은 변화가 없고, 전류가 그 축전지 수만큼 늘어난다. 즉, 용량이 축전지 수만큼 늘어난다.
- **직렬접속**이면, 전류는 변화가 없고, 전압이 그 축전지 수만큼 늘어난다. 즉 용량은 변화가 없다.

4 전기와 자기(전자유도)

- 전압(기전력)은 인덕턴스와 시간당 전류의 변화량의 곱 : $E = L \times \dfrac{\Delta I}{\Delta t}$
- $H = \dfrac{N \times \Phi}{I}$ 여기서, H : 인덕턴스(H), N : 코일 권수, Φ : 자속(Wb), I : 전류(A)

5 직류와 교류

(1) 직류 및 직류전동기 원리

플레밍의 왼손법칙이 적용되는 곳은 엔진의 기동전동기, 전류계, 전압계 등이 있다.

(2) 교류 및 교류발전기 원리

- 교류발전기는 로터로 전기를 보내 자계를 형성하는데, 이 로터를 회전시키므로 자계가 스테이터에 의해 잘려지므로 전기가 생성된다.

- 교류발전기 주파수 : $f = \dfrac{P \times N}{2 \times 60}$ 여기서 N은 rpm, P는 극수

(3) 정류

콘덴서는 전류의 회복을 도와서 출력을 고르게 한다.

6 반도체

(1) 반도체
- 반도체의 장점으로는 아주 소형이고 가볍다. 내부전력손실이 아주 적다. 예열시간을 요하지 않고 바로 작동을 시작한다. 기계적으로 강하고 수명이 길다.
- 단점으로는 온도가 올라가면 특성이 나빠진다. 역내압이 낮아 높은 전압이 걸리는 곳에는 사용하기 힘들다. 정격값 이상을 넣으면 곧 파괴된다.
- 접합방식에는 단접합, 무접합, 2중접합이 있다.

(2) 다이오드
- PN 접합면에 순방향으로 전압을 걸어 전류를 흐르게 하면, 캐리어가 가지고 있는 에너지의 일부가 빛으로 되어 외부에 방사하는데 이것을 발광 다이오드(LED)라 한다. 발광 다이오드의 이점은 수명이 백열전구의 10배 이상이 길고, 발열이 거의 없고, 소비 전력이 적다. 자동차의 크랭크각 센서와 1번 TDC센서에 이용되고 있으며 전자 회로의 표시등으로 널리 사용되고 있다.
- 발전기에서 일정한 정압을 조정하기 위해서 제너다이오드를 사용한다.

(3) 트랜지스터
- 트랜지스터는 에미터, 베이스, 컬렉터로 구성된다. 화살표의 방향은 전기의 방향을 나타내고 화살표가 있는 쪽이 에미터를 나타낸다. 또한 화살표의 끝이 N을 나타낸다.
- PNP트랜지스터는 에미터에서 베이스로 전류가 흘러야만 에미터에서 컬렉터로 전류가 흐른다. NPN트랜지스터는 베이스에서 에미터로 전류가 흘러야만 컬렉터에서 에미터로 전류가 흐른다.

(4) 센서
- 대기압센서, 과급압력센서, 맵센서(흡기다기관 절대압력센서)는 압력을 검출하지만, 핫필름센서는 열발산에 의한 전류변화로 공기량을 감지하는 센서이다.
- NTC서미스터는 부특성의 저항체를 말하므로 온도가 올라가면 저항은 내려간다.
- 부특성을 이용한 센서로는 냉각수 온도센서, 흡기온도 센서 등이 있다.

Section 2 축전지

1 작용과 구조

(1) 구조

- 납산축전지의 전해액은 묽은 황산 즉 H_2SO_4를 사용한다. 즉 황산을 35%정도, 증류수를 65%정도를 섞은 묽은 황산을 사용한다. 전해액의 비중을 측정하여 충방전의 상태를 파악할 수 있다.
- 반응은 반응면적이 크면 클수록 잘 일어난다. 그런데, 음극은 양극보다 반응속도가 느리며 결합력이 강하므로 음극의 극판을 1장 더 많이 하여 반응이 잘 일어나게 고려했다.
- **격리판의 필요조건** : 비전도성, 다공성, 전해액의 확산이 잘 되고, 전해액에 부식되지 않아야 하며 기계적 강도가 있어야 한다. 또한 극판에 좋지 않는 불순물을 내뿜지 않아야 한다.

(2) 방전

- 축전지의 충전 및 방전의 화학식
  $$PbO_2 + 2H_2SO_4 + Pb \Leftrightarrow PbSO_4 + 2H_2O + PbSO_4$$
- 자기방전이란 스스로 축전지가 방전하는 것으로, 자기방전량은 시간이 경과할수록 점차 커진다.
- 완전방전 될 때의 전압이 방전종지전압 혹은 방전 끝전압이라고 하는데, 셀당 1.75V를 말한다.

(3) 충전

- 충전을 하면 양극에 있던 황산납이 분해되어 물과 반응하여 전해액이 된다. 즉, 음극에서는 물과 황산납이 반응하여 수소가 발생하고, 양극에서는 물과 황산납이 반응해서 산소가 생성된다. 그래서 양극은 과산화납으로, 음극은 해면상 납으로 돌아간다.
- 환산비중을 구하는 식
  $$S_{20} = S_t + 0.0007(t-20)$$ (여기서 S_t : 실제 온도에서의 비중, t : 실제 온도)

2 축전지용량/고장

(1) 축전지용량

- 축전지의 용량은 20시간 방전율, 25암페어율, 냉간율이 사용된다.

- 축전지의 용량시험은 축전지 용량의 3배를 단시간(5초 이내)으로 방전시켰을 시에 흐르는 전압강하가 얼마인지를 시험하는 테스트다. 규정치는 배터리 전압의 20%이상 전압강하하면 불량이다.
- 축전지의 용량=방전 종지까지 시간(h)×방전전류(A)

(2) 축전지 고장/시험

- 설페이션 현상이란 축전지 각 극의 금속이 황산화납으로 덮였다는 뜻이다. 이런 현상은 과방전에 의해 생성된다. 과방전이란 전해액이 줄어들고 물이 많이 생성되었다는 말과 같다.
- 정전류충전시 표준 충전전류은 10%이다. 정전류로 충전시 최대 전류는 표준전류의 2배이다. 즉 축전지 용량의 20%로 한다.
- 급속충전시 충전전류는 용량의 50%이다.

Section 3. 시동장치

1 기동전동기 구조와 작동

(1) 기동전동기 계산

- 감속비 = $\dfrac{\text{기동모터회전수}}{\text{엔진의 회전수}}$ = $\dfrac{\text{링기어잇수}}{\text{기동모터 피니언잇수}}$

- 엔진의 회전저항 = 기동모터의 회전력 × 감속비

- 기동모터의 회전력 = $\dfrac{\text{엔진의 회전저항}}{\text{감속비}}$

(2) 기동전동기 구조와 작동

- 직권전동기란 계자코일과 전기자 코일을 직렬로 연결한 전동기를 말한다. 특징은 전동기에 부하가 걸리면 속도는 낮으나 큰 회전력을 발휘하고, 부하가 작아지면 회전력은 감소하나 회전수가 점점 커진다. 즉, 회전수가 부하에 따라 크게 변하므로 짧은 시간 내에 큰 회전력을 필요로 하는 기동전동기에 적합하다.
- 기동전동기의 동력전달방식에는 벤딕스식, 피니언섭동식, 전기자섭동식이 있고, 오버런닝 클러치에는 로울러식, 스프래크식, 다판클러치식이 있다.
- 마그네틱 스위치에는 홀드인코일이 접지되고, 풀인코일이 M단자와 접촉하며, M단자

와 B단자를 연결하는 접촉판, 리턴스프링으로 구성되어 있다.
- 풀인코일은 st단자에서 M단자로 향하고, 홀드인 코일은 st단자에서 마그네틱 스위치에 접지되어 있다. 이 말은 홀드인 코일이 접지되었으므로 병렬접속이라 할 수 있고 풀인코일은 M단자를 거쳐 B단자에서 오는 전기와 같은 순서로 전기가 흐르므로 직렬접속이라 할 수 있다. 접촉판에 의해 주 접점이 달히면 풀인코일에는 전위차가 같아지므로 단락되고, 홀드인 코일에는 전기가 흘러 피니언의 위치를 유지시켜 준다.

2 기동전동기 측정

- 기동모터의 무부하시험은 기동모터 단품의 전류소모와 전압강하, 그리고 피니언의 회전수를 측정하는 것이다. 차종마다 그 규정값이 다르지만 보통 전류는 60~125A, 전압은 9.6V이상, 회전수는 5500rpm이상이 나와야 합격이다.
- 기동전동기의 성능시험은 무부하시험(단품의 기동모터 시험), 회전력시험(피니언의 구동회전력 시험), 저항시험 등이 있다.
- 그로울러 테스터는 기동모터의 3가지 시험을 행할 수 있다. 단선(개회로) 시험, 단락시험, 절연저항(접지시험)을 할 수 있다.

Section 4 점화장치

1 기계식 점화장치(접점식)

(1) 점화코일

- 유도전압은 코일의 권수비에 비례

$$N_1 : N_2 = E_1 : E_2$$를 변형하면 $$E_2 = E_1 \times \frac{N_2}{N_1}$$

- 점화코일은 코일이 감겨 있으므로 인덕턴스가 있고, 1차코일과 2차코일의 절연, 1차전류 단속에 의한 코일의 온도상승을 방지하는 밸러스트 저항이 있다.

(2) 배전기(캠각, 점화시기조정부)

① 캠각
- 캠각이 적다는 말은 1차전류의 접지(ON)구간이 짧다는 말이므로, 포인트의 간극이 크다는 말과 같다. 포인트 간극이 크면 포인터의 열림구간이 큰 것이므로, 고속에서는 점화시기가 빨라져 실화(점화를 빼먹음)가 발생하기 쉽다. 반대로 캠각이 크면 포인터

의 열림구간이 짧은 것이므로 1차 전류의 회복이 작아지고, 점화시기도 느려진다. 접점간극은 작다.

- 캠각 = $\dfrac{\overline{CD}}{(\overline{AB}+\overline{BC}+\overline{CD})} \times \dfrac{360}{기통수}$

② **점화시기**

- 지연 크랭크의 회전각도 = $\dfrac{엔진의\ 회전수}{60} \times 360° \times 지연시간(초)$
- 엔진의 회전속도에 따른 점화시기 변화 : 원심진각 장치
- 엔진의 흡입 부하에 따른 점화시기 변화 : 진공진각 장치
- 기관의 연료 옥탄가에 따른 점화시기 변화 : 옥탄셀렉터

(3) **점화플러그**

- 열가란 열의 방산 능력을 뜻하므로 값이 클수록 열방산이 잘되므로 냉형이다. 이 냉형은 열방산이 잘 되므로 고속 회전 기관에 사용된다.
- 엔진이 운행되는 동안 전극의 온도는 450~600℃를 유지해야 연소 시 그을음(카본)을 태워 없앨 수 있다. 400℃이하이면 카본이 퇴적되어 플러그의 전극에 스파크가 일지 않는 실화현상이 생기기 쉽고, 700~800℃에 전극이 이르면 그 열점에 의해 조기점화가 일어나기 쉽다.
- 점화플러그의 세라믹(Ceramic) 절연체를 물결(Corrugation) 모양으로 만든 부분을 **리브(rib)**라 하는데 고압 전류의 플래시오버(flash over)를 방지한다.

2 트랜지스터식 점화장치(무접점식)

- 트랜지스터는 2가지 작용 즉 스위칭 작용과 증폭작용을 하는 특성이 있다. 스위칭작용는 베이스 전류를 공급하지 않으면 컬렉터 전류가 흐르지 않는다. 증폭작용은 베이스에 공급하는 미세전류로서 99배의 컬렉터전류를 흐르게 할 수 있다.
- 트랜지스터식의 장점은 단속기가 없으므로 접점소손이 없어 1차 전압을 저하시키지 않는다. 그래서 2차전압을 크게 확보할 수 있다. 그래서 고속에서도 적합하다.
- 파워TR의 베이스는 ECU와 연결, 컬렉터는 점화코일의 (-)단자와 연결, 에미터는 접지되어 있는 NPN형의 트렌지스터를 많이 사용한다.

3 전자식 점화장치(DLI포함)

① DLI와 같은 전자식 점화장치의 점화시기를 결정하는 센서는 크랭크각 센서와 흡기유량 센서이다.

② DLI 점화 장치의 특징
- 배전기가 없기 때문에 전파 장해의 발생이 없다.
- 엔진의 회전 속도에 관계없이 2차 전압이 안정된다.
- 점화시기가 정확하고 점화 성능이 우수하다.
- 고전압이 감소되어도 유효 에너지의 감소가 없기 때문에 실화가 적다.
- 범위 제한이 없이 진각이 이루어지고 내구성이 크다.
- 전파 방해가 없으므로 다른 전자 제어 장치에도 장해가 없다.
- 고압 배전부가 없기 때문에 누전의 염려가 없다.
- 실린더 별 점화시기 제어가 가능하다.

4 CDI(축전기 방전 점화장치)

CDI란 Capacitor Discharge Ignition의 약자로 축전기 방전 점화장치를 말한다. 이는 축전지의 12V전원을 발진기에 의하여 300~400V의 교류로 전환한 다음, 교류 파형 중에 반파로 일단 축전기에 충전, 사이리스터를 이용하여 1차전류 방전, 그 방전에너지로 고전압 유기한다.

5 고장과 수리

① 점화시기가 너무 느리면, 연소가 지연되어 엔진이 과열하기 쉽고, 출력이 떨어진다. 또한 연료의 소비량이 증대한다.
② 가솔린기관에서 점화시기가 너무 빠르면, 화염 전파중에 미연가스의 압력상승으로 자연 발화하여 노킹을 일으킨다.

Section 5 충전장치

1 발전기 개요

1) 교류 발전기는 로터 회전의 3상 발전기에 정류용 다이오드를 조립하여 직류 출력을 얻는 발전기로서 직류발전기와 비교하면 다음과 같은 특징이 있다.
① 저속에서의 충전 성능이 좋다.
② 소형, 경량이고 출력이 크다.
③ 브러시의 수명이 길고, 브러시의 마찰음이 적다.
④ 속도 변동에 따른 적응 범위가 넓다.

⑤ 직류발전기의 컷아웃 릴레이나 전류 제한 릴레이 등을 교류발전기에는 필요로 하지 않는다.
⑥ 정류자가 없으므로 이에 따른 고장이 없다.
⑦ 다이오드를 사용하므로 정류 특성이 좋다.
⑧ 열이 많이 발생하는 스테이터 코일이 로터 바깥쪽에 설치되기 때문에 방열성이 좋다.

2) AC발전기에는 3상의 스테이터 코일이 120도로 Y 결선으로 연결되어 있어, 선간전압이 상전압의 $\sqrt{3}$ 배를 가져오므로, 공전속도에서도 충전효율이 좋다.

2 교류발전기의 구조

(1) 교류발전기와 직류발전기 비교

비교사항	교류발전기	직류발전기
회전하는 부분	로터축	전기자축
전기생성 부분	스테이터 코일	전기자 코일
자계생성 부분	로터코일	계자코일
브러시 접촉 소손	적다	많다.
역류방지	다이오드	컷아웃릴레이
정류하는 부분	다이오드	정류자
조정기	전압조정기만 필요	전압조정기, 전류제한기, 컷아웃릴레이 모두 필요
충전가능 여부	저속에서도 충전가능(Y결선 즉 스타 결선에 의한 선간접압이 상전압의 $\sqrt{3}$ 배)	저속에서는 충전 어려움

직류발전기의 컷아웃릴레이는 발전기 쪽의 전압이 축전지의 전압보다 높을 때면 접점이 붙는다. 즉 발전기에서 발생하는 전압이 낮거나 발전기가 정지하였을시 축전지의 전원을 발전기로 역류하게 하지 않는다. 교류발전기에서는 이 역할을 다이오드가 한다. 교류발전기에서 다이오드는 역류방지 역할뿐 만아니라 정류작용도 한다.

(2) 교류발전기 결선

Y 결선으로 연결되어 있어, 선간전압이 상전압의 $\sqrt{3}$ 배를 가져오므로, 공전속도에서도 충전효율이 좋다.

3 발전기 조정기

(1) 직류발전기 조정기

직류발전기의 조정기에는 전압조정기, 전류제한기, 컷아웃릴레이 등 3유닛이 내장되어 있다.

(2) 교류발전기 조정기

① 교류발전기는 전류제한 작용을 하지 않으므로 전류제한기가 없다. 교류발전기는 전압조정기만 가지고 있고, 다이오드에 의해 정류와 컷아웃릴레이 역할을 동시에 행한다.

② **트랜지스터 전압 조정기의 장점**
- 발전기 출력 단자에서 직접 로터 코일에 여자 전류가 공급되어 여자 전압의 전압강하가 없다.
- 로터 코일의 전류가 증가되므로 출력이 향상된다.
- 내구성 및 내진성이 크고 내열성이 크다.
- 접점의 스파크로 인한 전파 장애가 없다.
- 스위칭 타임이 짧아 제어 공차가 적다.
- 전자식 온도 보상이 가능하므로 제어 공차가 적다.
- 스위칭 전류가 크기 때문에 레귤레이터의 이용 범위가 넓다.

4 점검과 수리

충전경고등이 켜지는 조건은 충전이 되지 않을 때 즉 충전전압이 발생되지 않았을 때 이다. 이렇게 되는 이유는 팬 벨트의 헐거움, 발전기 조정기 불량(과열로 인한 발전기 다이오드 파괴), 발전기 베어링 고착 등이 있다.

Section 6 냉난방장치

1 냉방장치

아이들 업이란 냉방 장치 가동에 따른 과부하로 엔진이 정지하거나 부조하는 것을 방지하기 위해 ECU가 아이들 업 액추에이터를 작동시켜 엔진 회전수를 상승시키는 것을 말한다.

(1) 냉매

1) 냉매의 구비해야 할 조건
- **물리적인 성질** : 응축 압력이나 증발압력이 너무 높지 않아야 하며, 임계온도는 상온보다 높아야 한다. 응고점이 낮고, 증발열이 커야 한다. 증기의 비열이 크고, 액체의 비열이 작아야 한다. 증기의 비체적이 작아야 한다. 단위 냉동량당 소요 동력이 작아야 한다.
- **화학적인 성질** : 안정성이 있어야 하고 부식성 및 독성이 없어야 한다. 인화 및 폭발의 위험성이 없어야 하며, 윤활유에는 녹지 않아야 한다. 증기 및 액체의 점성이 작아야 하고, 전열계수가 커야하며, 전기 저항이 커야 한다.
- **기타** : 누설이 적어야 하고, 값이 저렴해야 한다.

2) 냉매 취급시 주의사항
- 눈에 들어가면 심하게 다칠 수 있으므로 보안경을 써야 한다. 혹시 눈에 들어갔을 시에는 붕산수로 닦는다.
- 열원이 있는 실내에서 R-12를 방출하면 열원과 반응하여 위험한 독성의 가스를 발생하므로 냉매의 방출은 옥외나 통풍이 잘되는 실내에서 하도록 한다.(노출된 열원이 없도록 한다)
- 냉매 R-12는 고압드럼에 넣어서 공급되므로 과열되게 해서는 안된다. 또한 떨어뜨리거나 주의없이 다루면 안된다. 드럼은 객실에 두어서는 안되며, 캡을 반드시 씌워두어야 한다.

(2) 냉방장치의 구성

에어컨의 냉매 순환 사이클 : 압축기 — 응축기 — 드라이어 — 팽창밸브 — 증발기

① **압축기** : 압축기는 증발기에서 저압기체로 된 냉매를 고압으로 압축하여 응축기로 보낸다. 자동차 에어컨용 압축기로는 크랭크 피스톤식 압축기, 사판 압축기, 베인식 로터리 압축기 등이 있다.

② **응축기** : 엔진의 냉각장치 중의 라디에이터와 같은 구실을 하는 것이 에어컨에서는 응축기(콘덴서)이다. 응축기는 압축기에 의해 고압된 고온의 기체를 응축기를 통해서 열을 방출시키면서 액체로 만든다.

③ **리시버 드라이어** : 리시버드라이어란 다른 말로 건조기이다. 건조기는 응축기에서 들어온 냉매를 저장도 하고, 팽창밸브로 보내는 완전한 액체를 공급한다. 또한, 그 내부에는 건조제를 봉입하여 냉매에 포함된 수분을 흡수하기도 한다. 또한 리시버 드라이어 상단에는 사이트 유리가 설치되어 냉매의 양을 관찰 및 측정할 수 있다.

④ **팽창밸브** : 팽창밸브는 증발기 입구에 있으며, 건조기(드라이어)로부터 들어온 고압의 냉매를 교축작용으로 저압 분무상의 냉매로 만들어 증발기에 보낸다. 기체상태의 냉매를 액체화하는 것은 컴프레서에서 행한다.

⑤ **증발기** : 팽창 밸브는 증발기 입구에 설치되어 리시버 드라이어로부터 유입되는 중온 고압의 액체 냉매를 교축작용을 통하여 저온 저압의 습포화 증기 상태의 냉매로 변화시키는 역할을 하며, 엔탈피의 변화가 없다.

(3) 고장과 수리

- 응축기(콘덴서)의 냉각핀이 막혀 공기흐름이 막히면, 콘덴서는 열을 식힐 수가 없게 되므로, 온도상승으로 저압부와 고압부 모두 압력이 상승한다.
- 팽창밸브가 막히면 컴프레서(압축기)가 계속적으로 냉매를 펌핑하므로, 저압부는 압력이 내려한다.

2 난방장치

연소식 난방장치는 블로워 모터, 블로워, 열교환기, 댐퍼로 구성되어 있으며 연료를 히터의 연소실에서 연소시켜 온풍을 얻는 방식이다.

Section 7 등화/계기/기타 전기장치

1 등화장치

(1) 전조등

① 프로젝션헤드램프(타원체형 전조등)의 장점은 렌즈로 굴절시켜 빛을 전방에 비추므로 난반사가 현저히 적어 상대차나 보행자들의 눈부심이 적을 뿐 아니라 전방위 균일한 밝기로 인해 착시효과가 줄어들고 착시효과가 줄어든 만큼 원근감을 확보할 수 있어 사물에 대해 보다 명확한 거리감을 가질 수 있다. 또한, 전방 위에 균일한 밝기로, 보다 넓은 범위를 비춰준다.

② 전조등에는 실드 빔식과 세미실드 빔식이 있다. 실드 빔식은 반사경에 필라멘트를 붙이고, 그 내부에 불활성가스(혹은 진공)를 넣어 그 자체가 하나의 전구가 되게 한 것으로 고장이 나면 통째로 교환해야 한다. 세미실드 빔식은 렌즈와 반사경은 녹여 붙였지만 전구는 별개로 설치하였으므로 전구 고장시는 전구만 교환하면 된다.

③ 조도는 광도에 비례하고 거리의 제곱에 반비례하므로,

식으로 표현하면 조도$(lux) = \dfrac{광도}{거리^2} = \dfrac{cd}{r^2}$

④ 전조등의 감광장치는 저항을 사용하는 방법, 이중 필라멘트 사용하는 방법, 부등을 쓰는 방법 등이 있다. 굵은 배선을 사용하면 저항이 작아져서 등의 밝기가 더 밝다.

⑤ 전조등시험기로 측정하기 전 준비사항으로 먼저 바닥이 수평인 곳에서 타이어압을 규정치로 조정한다. 차량을 수평으로 놓고 시험기와 마주보게 일직선으로 한다. 배터리의 비중을 측정하여 규정치로 맞춘다. 공차상태로 측정하지 않는 전조등을 가린다. 집광식 테스터는 전조등과 1m 앞에서 설치하고, 스크린식과 투영식은 전조등과 3m 앞에 설치한다.

⑥ **전조등의 조정 및 점검 시험시 유의사항**
- 자동차는 적절히 예비운전 되어 있는 공차 상태의 자동차에 운전자 1인이 승차한 상태로 한다.
- 자동차의 축전지는 충전한 상태로 한다.
- 자동차의 원동기는 공회전 상태로 한다.
- 타이어의 공기압은 표준 공기압으로 한다.
- 4등식 전조등의 경우 측정하지 아니하는 등화에서 발산하는 빛을 차단한 상태로 한다.
- 광도는 안전기준에 맞아야 한다.

(2) 보안등

자동차 안전기준으로 주제동등의 광도는 겸용등의 광도에 3배 이상이 되어야 한다.

2 계기장치

(1) 연료계

연료계기의 지침이 "E"에 위치하면 뜨개에 의한 저항이 커져 전류는 작아진다. "F"에 위치하면 뜨개의 저항은 작아져 전류는 커진다.

(2) 유압계

유압계가 움직이지 않는다는 것은 유압이 형성되지 않았다는 뜻이므로 펌프의 고장, 계기 자체의 고장, 유압라인의 파손으로 인한 누설, 유압라인의 막힘 등이 요인이 된다.

(3) 속도계

요즘 나오는 기관회전계와 차량속도계는 홀IC를 사용하여 감지한 후 펄스신호를 만들면 MCU에서 연산하여 게이지 눈금을 나타낸다.

3 기타 전기장치

(1) 에어백

① 안전센서는 안전벨트 착용여부를 감지하는 센서가 아니고, 안전센서는 필요치 않는 에어백 작동을 방지해주는 역할을 한다. 센서 내부에 있는 자석이 충돌 시 관성에 의해 스프링 힘을 이기고 차량진행방향으로 리드 접점을 ON시킨다.
② 에어백의 충돌에너지 측정은 프론트 G센서, 센터 G센서, 세핑센서에서 가속도(감속도)를 측정하므로서 측정이 가능하다.

(2) 윈도우 실드 와이퍼

와이퍼의 자동 정위치 정지 원리인 기동모터의 공급전압과 정위치의 전압차가 동일하면 정지한다는 점을 응용해서 자동정지하도록 기계적으로 만들었다.

(3) 편의장치(ETACS 및 ISU)

에탁스는 전자(electronic), 시간(time), 경보(alarm), 제어(control) 장치(system)의 첫 머리글자의 합성어이며, 자동차 전기장치중 시간에 의하여 작동하는 장치 또는 경보를 발생시켜 운전자에게 알려주는 편의장치이다.

에탁스(ETACS) 입력 요소는 다음과 같다.
① 와이퍼 INT 스위치 ② 와셔 스위치 ③ 열선 스위치 ④ 안전벨트 스위치
⑤ 각종 도어 스위치 ⑥ 차속 센서 ⑦ 미등 스위치 ⑧ 발전기 "L" 출력
⑨ 트렁크 스위치 ⑩ 키삽입 스위치 ⑪ 도어록 스위치

ECU의 기억장치 중 미리 정해진 데이터를 장기적으로 기억하는 소자가 ROM(Read Only Memory)이다.

(4) 기타 전기장치

- 경음기의 진동판은 자기력의 세기에 의해 진동한다. 즉, 경음기의 소리는 자기작용에 의해 발생한다.
- 파워윈도 모터는 상승용과 하강용이 각각 구성되지 않고, 전기의 방향을 똑바로, 역으로 하면 상승과 하강을 할 수 있다.
- 시동이 걸렸다는 것은 운전자(주인)가 탑승했다는 뜻으로, 운전자가 엔진 후드를 열었을 경우 도난방지는 작동되지 않는다.

Section 8 하이브리드 고전압 장치 정비

1 하이브리드 전기장치 개요 및 점검·진단

(1) 하이브리드 자동차(HEV ; Hybrid Electric Vehicle)

하이브리드 자동차란 2종류 이상의 동력원을 설치한 자동차를 말하며, 엔진의 동력과 전기 모터를 함께 설치하여 연비를 향상시킨 자동차이다.

하이브리드 자동차의 장점	하이브리드 시스템의 단점
① 연료 소비율을 50%정도 감소시킬 수 있고 환경 친화적이다. ② 탄화수소, 일산화탄소, 질소산화물의 배출량이 90% 정도 감소된다. ③ 이산화탄소 배출량이 50% 정도 감소된다. ④ 엔진의 효율을 증대시킬 수 있다.	① 구조가 복잡하여 정비가 어렵다. ② 수리비용이 높고, 가격이 비싸다. ③ 고전압 배터리의 수명이 짧고 비싸다. ④ 동력전달 계통이 복잡하고 무겁다.

(2) 안전기준에서 용어의 정의

① **하이브리드 자동차** : 휘발유·경유·액화석유가스·천연가스 또는 산업통상자원부령으로 정하는 연료와 전기 에너지(전기 공급원으로부터 충전 받은 전기 에너지를 포함한다)를 조합하여 동력원으로 사용하는 자동차를 말한다.

② **전기 회생 제동장치** : 자동차를 감속시킬 때 발생하는 운동 에너지를 전기 에너지로 변환할 수 있는 제동장치를 말한다.

③ **고전원 전기장치** : 자동차의 구동을 목적으로 하는 구동 배터리, 전력 변환장치, 구동 전동기, 연료 전지 등 작동 전압이 DC 60V 초과 1,500V 이하이거나 AC(실효치를 말한다) 30V 초과 1,000V 이하의 전기장치를 말한다.

④ **구동 배터리** : 자동차의 구동을 목적으로 전기 에너지를 저장하는 배터리 또는 이와 유사한 기능을 하는 전기 에너지 저장매체를 말한다.

⑤ **구동 전동기** : 자동차의 구동을 목적으로 전기 에너지를 회전 운동하는 기계적 에너지로 변환하는 장치를 말한다.

(3) KS R 0121에 의한 하이브리드 동력원의 종류에 따른 분류

① **연료 전지 하이브리드 전기 자동차**(FCHEV ; Fuel Cell Hybrid Electric Vehicle) : 자동차의 추진을 위한 동력원으로 재충전식 전기 에너지 저장 시스템(RESS ; Rechargeable Energy Storage System, 재생가능 에너지 축적 시스템)을 비롯한 전기 동력원을 갖추

고 차량 내에서 전기 에너지를 생성하기 위하여 연료 전지 시스템을 탑재한 하이브리드 자동차

② **유압식 하이브리드 자동차**(Hydraulic Hybrid Vehicle) : 자동차의 추진 장치와 에너지 저장 장치 사이에서 커플링으로 작동유(Hydraulic Fluid)가 사용되는 하이브리드 자동차

③ **플러그 인 하이브리드 전기 자동차**(PHEV ; Plug-in Hybrid Electric Vehicle) : 차량의 추진을 위한 동력원으로 연료에 의한 동력원과 재충전식 전기 에너지 저장 시스템(RESS ; 재생가능 에너지 축적 시스템)을 비롯한 전기 동력원을 갖추고 자동차 외부의 전기 공급원으로부터 재충전식 전기 에너지 저장 시스템(RESS)을 충전하여 차량에 전기 에너지를 공급할 수 있는 장치를 갖춘 하이브리드 자동차

④ **하이브리드 전기 자동차**(HEV ; Hybrid Electric Vehicle) : 자동차의 추진을 위한 동력원으로 연료에 의한 동력원과 재충전식 전기 에너지 저장 시스템(RESS ; Rechargeable Energy Storage System, 재생가능 에너지 축적 시스템)을 비롯한 전기 동력원을 갖춘 하이브리드 자동차

(4) KS R 0121에 의한 하이브리드 정도에 따른 분류

① **소프트 하이브리드 자동차**(Soft Hybrid Vehicle) : 하이브리드 자동차의 두 동력원이 서로 대등하지 않으며, 보조 동력원이 주 동력원의 추진 구동력에 보조적인 역할만 수행하는 것으로 대부분의 경우 보조 동력만으로는 자동차를 구동시키기 어려운 하이브리드 자동차를 말하며, 소프트 하이브리드를 마일드 하이브리드라고도 한다.

② **하드 하이브리드 자동차**(Hard Hybrid Vehicle) : 하이브리드 자동차의 두 동력원이 거의 대등한 비율로 자동차 구동에 기능하는 것으로 대부분의 경우 두 동력원 중 한 동력만으로도 자동차의 구동이 가능한 하이브리드 자동차를 말하며, 스트롱 하이브리드라고도 한다.

③ **풀 HV**(Full Hybrid Vehicle) : 모터가 전장품 구동을 위해 작동하고 주행 중 엔진을 보조하는 기능 외에 자동차 모드로도 구현할 수 있는 하이브리드 자동차를 말한다.

(5) 하이브리드 자동차의 형식

1) 직렬형 하이브리드 자동차(Serise Hybrid Vehicle)

직렬형은 엔진을 가동하여 얻은 전기를 배터리에 저장하고, 차체는 순수하게 모터의 힘만으로 구동하는 방식이다. 모터는 변속기를 통해 동력을 구동바퀴로 전달한다. 모터에 공급하는 전기를 저장하는 배터리가 설치되어 있으며, 엔진은 바퀴를 구동하기 위한 것이 아니라 배터리를 충전하기 위한 것이다.

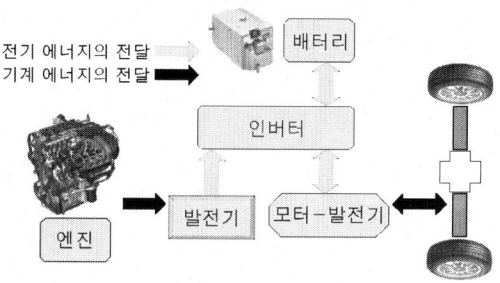

▲ 직렬형 하이브리드 시스템

따라서 엔진에는 발전기가 연결되고, 이 발전기에서 발생되는 전기는 배터리에 저장된다. 동력전달 과정은 엔진 → 발전기 → 배터리 → 모터 → 변속기 → 구동바퀴이다.

직렬형 하이브리드의 장점	직렬형 하이브리드 단점
① 엔진의 작동 영역을 주행 상황과 분리하여 운영이 가능하다. ② 엔진의 작동 효율이 향상된다. ③ 엔진의 작동 비중이 줄어들어 배기가스의 저감에 유리하다. ④ 전기 자동차의 기술을 적용할 수 있다. ⑤ 연료 전지의 하이브리드 기술 개발에 이용하기 쉽다. ⑥ 구조 및 제어가 병렬형에 비해 간단하며 특별한 변속장치를 필요로 하지 않는다.	① 엔진에서 모터로의 에너지 변환 손실이 크다. ② 주행 성능을 만족시킬 수 있는 효율이 높은 전동기가 필요하다. ③ 출력 대비 자동차의 무게 비가 높은 편으로 가속 성능이 낮다. ④ 동력전달 장치의 구조가 크게 바뀌므로 기존의 자동차에 적용하기는 어렵다.

2) 병렬형 하이브리드 자동차(Parallel Hybrid Vehicle)

병렬형은 엔진과 변속기가 직접 연결되어 바퀴를 구동한다. 따라서 발전기가 필요 없다. 병렬형의 동력전달은 배터리 → 모터 → 변속기 → 바퀴로 이어지는 전기적 구성과 엔진 → 변속기 → 바퀴의 내연기관 구성이 변속기를 중심으로 병렬적으로 연결된다.

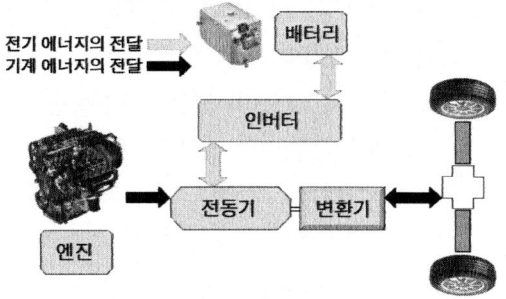

▲ 병렬형 하이브리드 시스템

병렬형 하이브리드의 장점	병렬형 하이브리드 단점
① 기존 내연기관의 자동차를 구동장치의 변경 없이 활용이 가능하다. ② 저성능의 모터와 용량이 적은 배터리로도 구현이 가능하다. ③ 모터는 동력의 보조 기능만 하기 때문에 에너지의 변환 손실이 적다. ④ 시스템 전체 효율이 직렬형에 비하여 우수하다.	① 유단 변속 기구를 사용할 경우 엔진의 작동 영역이 주행 상황에 연동이 된다. ② 자동차의 상태에 따라 엔진과 모터의 작동점을 최적화하는 과정이 필요하다.

■ 소프트 하이브리드 자동차(Soft Hybrid Vehicle)

① FMED(Flywheel Mounted Electric Device)은 모터가 엔진 플라이휠에 설치되어 있다.
② 모터를 통한 엔진 시동, 엔진 보조, 회생 제동 기능을 한다.
③ 출발할 때는 엔진과 전동 모터를 동시에 이용하여 주행한다.

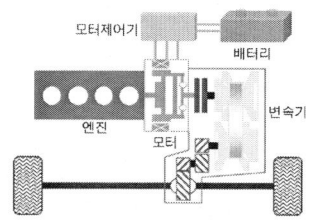
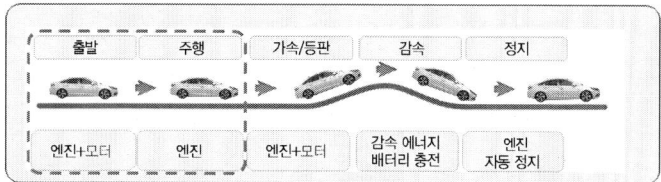

▲ 소프트 하이브리드

④ 부하가 적은 평지의 주행에서는 엔진의 동력만을 이용하여 주행한다.
⑤ 가속 및 등판 주행과 같이 큰 출력이 요구되는 상태에서는 엔진과 모터를 동시에 이용하여 주행한다.
⑥ 엔진과 모터가 직결되어 있어 전기 자동차 모드의 주행은 불가능 하다.
⑦ 비교적 작은 용량의 모터 탑재로 마일드(mild) 타입 또는 소프트(soft) 타입 HEV 시스템이라고도 불린다.

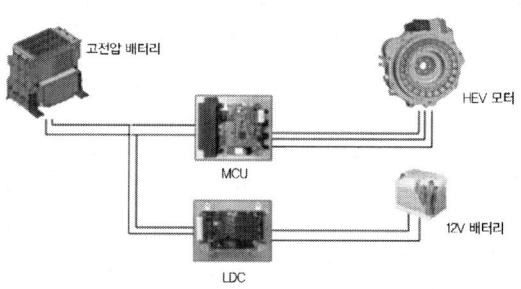

▲ 소프트 타입 고전압 회로

■ **하드 하이브리드 자동차**(Hard Hybrid Vehicle)

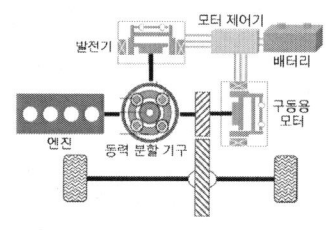
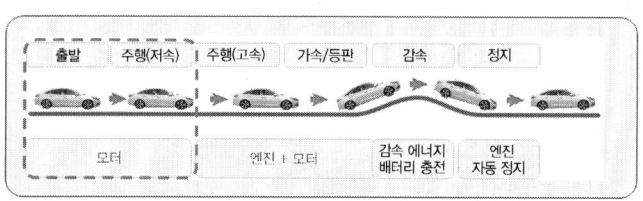

▲ 하드 하이브리드

① TMED 방식은 모터가 변속기에 직결되어 있다.
② 전기 자동차 주행(모터 단독 구동) 모드를 위해 엔진과 모터 사이에 클러치로 분리되어 있다.
③ 출발과 저속 주행 시에는 모터만을 이용하는 전기 자동차 모드로 주행한다.
④ 부하가 적은 평지의 주행에서는 엔진의 동력만을 이용하여 주행한다.
⑤ 가속 및 등판 주행과 같이 큰 출

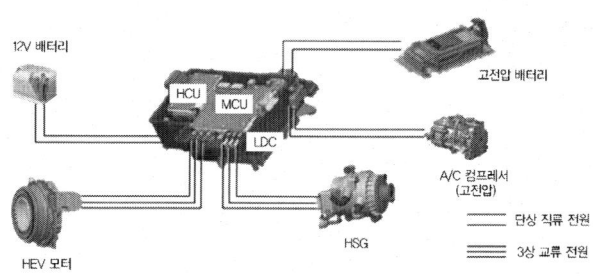

▲ 하드 타입 고전압 회로

력이 요구되는 주행 상태에서는 엔진과 모터를 동시에 이용하여 주행한다.
⑥ 풀 HEV 타입 또는 하드(hard) 타입 HEV시스템이라고 한다.
⑦ 주행 중 엔진 시동을 위한 HSG(hybrid starter generator : 엔진의 크랭크축과 연동되어 엔진을 시동할 때에는 기동 전동기로, 발전을 할 경우에는 발전기로 작동하는 장치)가 있다.

3) 직·병렬형 하이브리드 자동차
(Series Parallel Hybrid Vehicle)

출발할 때와 부하가 적은 영역에서는 배터리의 전력으로 모터를 구동하여 주행하고, 통상적인 주행에서는 엔진의 직접 구동과 모터의 구동이 함께 사용된다.

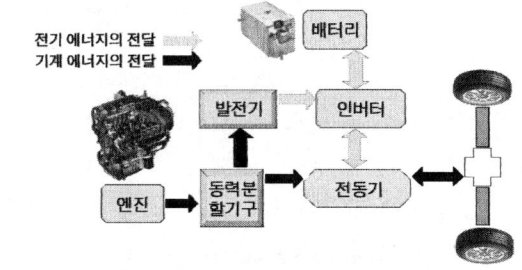

▲ 직·병렬 하이브리드

4) 플러그 인 하이브리드 전기 자동차(Plug-in Hybrid Electric Vehicle)

플러그 인 하이브리드 전기 자동차(PHEV)의 구조는 하드 형식과 동일하거나 소프트 형식을 사용할 수 있으며, 가정용 전기 등 외부 전원을 이용하여 배터리를 충전할 수 있어 하이브리드 전기 자동차 대비 전기 자동차(Electric Vehicle)의 주행 능력을 확대하는 목적으로 이용된다. 하이브리드 전기 자동차와 전기 자동차의 중간 단계의 자동차라 할 수 있다.

(6) 하이브리드 시스템의 구성부품

① **하이브리드 전기 자동차 모터**(HEV Motor) : 고전압의 교류(AC)로 작동하는 영구자석형 동기 모터이며, 주 동력원으로 사용하는 구동 모터와 엔진의 시동과 발전기 역할을 수행하는 시동 발전기(HSG)가 있다.

② **모터 컨트롤 유닛**(Motor Control Unit) : HCU(Hybrid Control Unit)의 구동 신호에 따라 모터로 공급되는 전류량을 제어하며, 인버터 기능(직류를 교류로 변환시키는 기능)과 배터리 충전을 위해 모터에서 발생한 교류를 직류로 변환시키는 컨버터 기능을 동시에 실행한다.

③ **고전압 배터리** : 모터 구동을 위한 전기적 에너지를 공급하는 DC의 니켈-수소(Ni-MH) 배터리이다. 최근에는 리튬계열의 배터리를 사용한다.

④ **배터리 컨트롤 시스템**(BMS ; Battery Management System) : 배터리 컨트롤 시스템은 배터리 에너지의 입출력 제어, 배터리 성능 유지를 위한 전류, 전압, 온도, 사용시간 등 각종 정보를 모니터링 하여 하이브리드 컨트롤 유닛이나 모터 컨트롤 유닛으로 송신한다.

⑤ **하이브리드 컨트롤 유닛**(HCU ; Hybrid Control Unit) : 하이브리드 고유 시스템의 기능을 수행하기 위해 각종 컨트롤 유닛들을 CAN 통신을 통해 각종 작동상태에 따른 제어조건들을 판단하여 해당 컨트롤 유닛을 제어한다.

(7) 고전압(구동용) 배터리

1) 니켈 수소 배터리(Ni-mh Battery)

전해액 내에 양극(+극)과 음극(-극)을 갖는 기본 구조는 같지만 제작비가 비싸고 고온에서 자기 방전이 크며, 충전의 특성이 악화되는 단점이 있지만 에너지의 밀도가 높고 방전 용량이 크다. 또한 안정된 전압(셀당 전압 1.2V)을 장시간 유지하는 것이 장점이다.

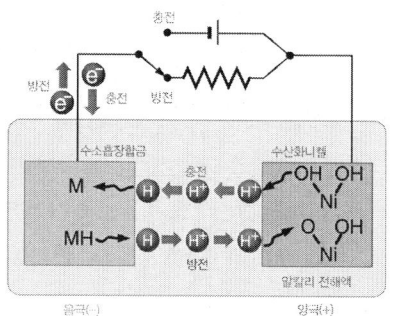

▲ 니켈 수소 배터리의 원리

2) 리튬이온 배터리(Li-ion Battery)

양극(+극)에 리튬 금속산화물, 음극(-극)에 탄소질 재료, 전해액은 리튬염을 용해시킨 재료를 사용하며, 충·방전에 따라 리튬이온이 양극과 음극 사이를 이동한다. 발생 전압은 3.6~3.8V 정도이고 에너지 밀도를 비교하면 니켈 수소 배터리의 2배 정도의 고성능이 있으며, 납산 배터리와 비교하면 3배를 넘는 성능을 자랑한다. 동일한 성능이라면 체적을 3분의 1로 소형화하는 것이 가능하지만 제작 단가가 높은 것이 단점이다. 또 메모리 효과가 발생하지 않기 때문에 수시로 충전이 가능하며, 자기방전이 작고 작동 범위도 -20℃~60℃로 넓다.

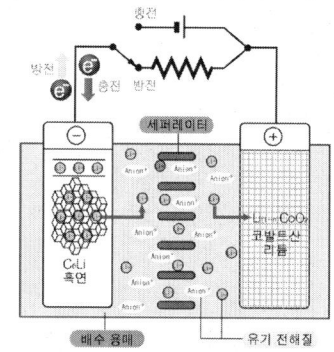

▲ 리튬이온 배터리의 원리

3) 커패시터(Capacitor)

① 커패시터는 축전기(Condenser)라고 표현할 수 있으며, 전기 이중층 콘덴서이다.
② 커패시터는 짧은 시간에 큰 전류를 축적, 방출할 수 있기 때문에 발진이나 가속을 매끄럽게 할 수 있다는 점이 장점이다.

(8) 고전압 배터리 시스템(BMS ; Battery Management System)

1) 하이브리드 컨트롤 시스템 (Hybrid Control System)

하이브리드 시스템의 제어용 컨트롤 모듈인 HPCU를 중심으로 엔진(ECU), 변속기(TCM), 고전압 배터리(BMS ECU), 하이브리드 모터

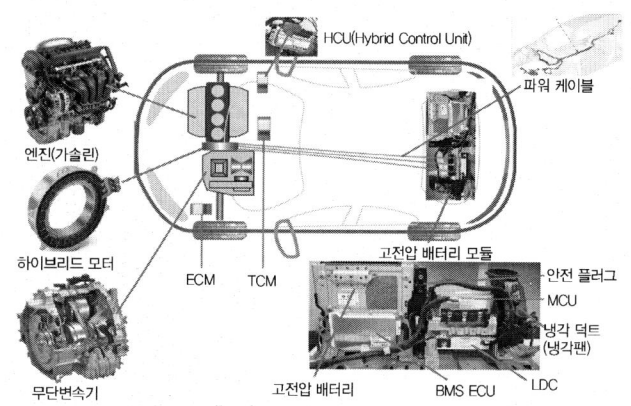

▲ 하이브리드 컨트롤 시스템의 구성

(MCU), 저전압 직류 변환장치(LDC) 등 각 시스템의 컨트롤 모듈과 CAN 통신으로 연결되어 있다.

2) 하이브리드 모터 시스템(Hybrid Motor System)

① **구동 모터** : 구동 모터는 높은 출력으로 부드러운 시동을 가능하게 하고 가속 시 엔진의 동력을 보조하여 자동차의 출력을 높인다. 또한 감속 주행 시 발전기로 구동되어 고전압 배터리를 충전하는 역할을 한다.

② **인버터**(MCU ; Motor Contrpl Unit) : 인버터는 HCU(하이브리드 컨트롤 유닛)로부터 모터 토크의 지령을 받아서 모터를 구동함으로써 엔진의 동력을 보조 또는 고전압 배터리의 충전 기능을 수행하며, MCU(모터 컨트롤 유닛)라고도 부른다.

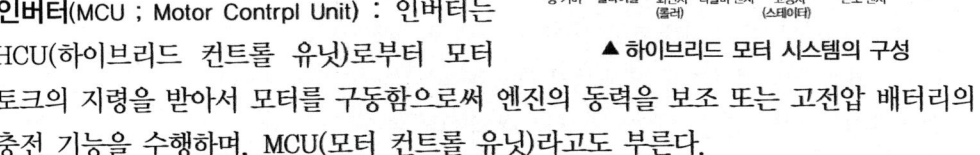

▲ 하이브리드 모터 시스템의 구성

③ **리졸버** : 모터의 회전자와 고정자의 절대 위치를 검출하여 모터 제어기(MCU)에 입력하는 역할을 한다.

④ **온도 센서** : 모터의 성능 변화에 가장 큰 영향을 주는 요소는 모터의 온도이며, 모터의 온도가 규정 값 이상으로 상승하면 영구자석의 성능 저하가 발생한다. 이를 방지하기 위해 모터 내부에 온도 센서를 장착하여 모터의 온도에 따라 모터를 제어하도록 한다.

■ **하이브리드 모터**

① 하이브리드 모터 어셈블리는 2개의 전기 모터(드라이브 모터와 하이브리드 스타터 제너레이터)를 장착하고 있다.
② 드라이브 모터 : 구동 바퀴를 돌려 자동차를 이동시킨다.
③ 스타터 제너레이터(HSG)는 감속 또는 제동 시 고전압 배터리를 충전하기 위해 발전기 역할과 엔진을 시동하는 역할을 한다.
④ 드라이브 모터는 소형으로 효율이 높은 매립 영구자석형 동기 모터이다.
⑤ 드라이브 모터는 큰 토크를 요구하는 운전이나 광범위한 속도 조절이 가능한 영구자석 동기 모터이다.

▲ HSG(스타터 제너레이터)와 하이브리드 모터

■ 모터 컨트롤 유닛(MCU ; Motor Control Unit)
① 하이브리드 컨트롤 유닛(HCU)의 구동 신호에 따라 모터에 공급되는 전류량을 제어한다.
② 인버터 기능(직류를 교류로 변환시키는 기능)과 배터리 충전을 위해 모터에서 발생한 교류를 직류로 변환시키는 컨버터 기능을 동시에 실행한다.

■ 하이브리드 엔진 클러치(TMED 하이브리드용)
① 엔진 클러치는 하이브리드 구동 모터 내측에 장착되어 유압에 의해 작동된다.
② 엔진의 구동력을 변속기에 기계적으로 연결 또는 해제하며, 클러치 압력 센서는 이 때의 오일 압력을 감지한다.
③ HCU는 이 신호를 이용하여 자동차의 구동 모드(EV 모드 또는 HEV 모드)를 인식한다.

3) 고전압 배터리 시스템(BMS ; Battery Management System)

■ 고전압 배터리 시스템의 개요
① 고전압 배터리 시스템은 하이브리드 구동 모터, HSG(하이브리드 스타터 제너레이터)와 전기식 에어컨 컴프레서에 전기 에너지를 제공한다.
② 회생 제동으로 발생된 전기 에너지를 회수한다.
③ 고전압 배터리의 SOC(배터리 충전 상태), 출력, 고장 진단, 배터리 밸런싱, 시스템의 냉각, 전원 공급 및 차단을 제어한다.
④ 배터리 팩 어셈블리, BMS ECU, 파워 릴레이 어셈블리, 케이스, 컨트롤 와이어링, 쿨링 팬, 쿨링 덕트로 구성되어 있다.
⑤ 배터리는 리튬이온 폴리머 타입으로 72셀(8셀 × 9모듈)이다.
⑥ 각 셀의 전압은 DC 3.75V이며, 배터리 팩의 정격 용량은 DC 270V이다.

■ 고전압 배터리 시스템의 구성
컨트롤 모듈인 BMS ECU, 파워 릴레이 어셈블리, 냉각 시스템으로 구성되어 있다. 고전압 배터리의 SOC(State Of Charge), 출력, 고장 진단, 배터리 밸런싱(Balancing), 시스템 냉각, 전원 공급 및 차단을 제어한다.

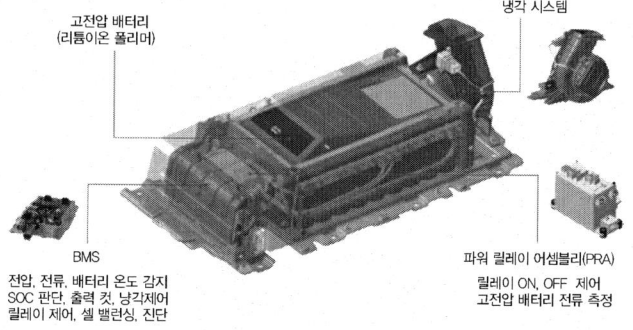

▲ 고전압 배터리의 구성

① **파워 릴레이**(PRA ; Power Realy Assembly) : 고전압 차단(고전압 릴레이, 퓨즈), 고전압 릴레이 보호(초기 충전회로), 배터리 전류 측정
② **냉각 팬** : 고전압 부품 통합 냉각(배터리, 인버터, LDC(DC-DC 변환기)
③ **고전압 배터리** : 출력 보조 시 전기 에너지 공급, 충전 시 전기 에너지 저장
④ **고전압 배터리 관리 시스템**(BMS ; Battery Management System) : 배터리 충전 상태(SOC ; State Of Charge) 예측, 진단 등 고전압 릴레이 및 냉각 팬 제어
⑤ **냉각 덕트** : 냉각 유량 확보 및 소음 저감
⑥ **통합 패키지 케이스** : 하이브리드 전기 자동차 고전압 부품 모듈화, 고전압 부품 보호

■ **고전압 배터리**
① 고전압 배터리는 리튬이온 폴리머 배터리로 DC 270V로 트렁크룸에 장착된다.
② BMS는 각 셀의 전압, 전체 충·방전 전류량 및 온도 값을 받고, BMS에서 계산된 SOC는 HCU로 보내며, HCU는 이 값을 참조로 고전압 배터리를 제어한다.
③ PRA(Power Relay Assembly)는 IG OFF 상태에서는 메인 릴레이를 차단한다.
④ 고전압 배터리의 온도가 최적으로 유지될 수 있도록 냉각팬이 적용되어 있다.
⑤ 고전압 배터리는 72셀(8셀× 9 모듈)이다.
⑥ 각 셀의 전압은 3.75V DC이며, 배터리 팩의 정격 용량은 DC 270V이다.

■ **파워 릴레이 어셈블리**(PRA ; Power Relay Assembly)
① 파워 릴레이 어셈블리는 (+), (-) 메인 릴레이, 프리 차지 릴레이, 프리 차지 레지스터, 배터리 전류 센서, 메인 퓨즈, 안전 퓨즈로 구성되어 있다.
② 파워 릴레이 어셈블리는 부스 바를 통하여 배터리 팩과 연결되어 있다.
③ 파워 릴레이 어셈블리는 배터리 팩 어셈블리 내에 배치되어 있다.

▲ 고전압 배터리 시스템의 구성

④ 고전압 배터리와 BMS ECU의 제어 신호에 의해 인버터의 고전압 전원 회로를 제어한다.

■ **메인 릴레이**(Main Relay)
① 파워 릴레이 어셈블리의 통합형으로 고전압 (+)라인을 제어하기 위해 연결된 메인 릴레이와 고전압 (-)라인을 제어하기 위해 연결된 2개의 메인 릴레이로 구성되어 있다.
② 고전압 배터리 시스템 제어 유닛의 제어 신호에 의해 고전압 조인트 박스와 고전압 배터리 간의 고전압 전원, 고전압 접지 라인을 연결시켜 배터리 시스템과 고전압 회로를 연결하는 역할을 한다.
③ 고전압 시스템을 분리시켜 감전 및 2차 사고를 예방하고 고전압 배터리를 기계적으로 분

리하여 암 전류를 차단하는 역할을 한다.

■ **프리 차지 릴레이**(Pre-Charge Relay)
① 파워 릴레이 어셈블리에 장착되어 있다.
② 인버터의 커패시터를 초기에 충전할 때 고전압 배터리와 고전압 회로를 연결하는 역할을 한다.
③ 스위치의 IG ON을 하면 프리 차지 릴레이와 레지스터를 통해 흐른 전류가 인버터 내의 커패시터에 충전이 되고 충전이 완료 되면 프리 차지 릴레이는 OFF 된다.
④ 초기에 커패시터의 충전 전류에 의한 고전압 회로를 보호한다.

■ **프리 차지 레지스터**(Pre-Charge Resistor)
① 프리 차지 레지스터는 파워 릴레이 어셈블리에 설치되어 있다.
② 인버터의 커패시터를 초기 충전할 때 충전 전류를 제한하여 고전압 회로를 보호하는 역할을 한다.

■ **고전압 릴레이 차단 장치**(VPD ; Voltage Protection Device)
① 고전압 릴레이 차단장치는 모듈 측면에 장착되어 있다.
② 고전압 배터리 셀이 과충전에 의해 부풀어 오르는 상황이 되면 VPD에 의해 메인 릴레이(+), 메인 릴레이(-), 프리차지 릴레이 코일 접지 라인을 차단한다.
③ 과충전 시 메인 릴레이 및 프리차지 릴레이 작동을 금지시킨다.
④ 고전압 배터리가 정상일 경우는 항상 스위치는 닫혀 있다.
⑤ 셀이 과충전 되면 스위치가 열리며, 주행이 불가능하게 된다.

■ **배터리 전류 센서**(Battery Current Sensor)
① 배터리 전류 센서는 파워 릴레이 어셈블리에 설치되어 있다.
② 고전압 배터리의 충전 및 방전 시 전류를 측정하는 역할을 한다.
③ 배터리에 입·출력되는 전류를 측정한다.

■ **메인 퓨즈**(Main Fuse)
메인 퓨즈는 안전 플러그 내에 설치되어 있으며, 고전압 배터리 및 고전압 회로를 과대 전류로부터 보호하는 역할을 한다. 즉, 고전압 회로에 과대 전류가 흐르는 것을 방지하여 보호한다.

■ **배터리 온도 센서**(Battery Temperature Sensor)
① 배터리 온도 센서는 각 모듈의 전압 센싱 와이어와 통합형으로 구성되어 있다.
② 배터리 팩의 온도를 측정하여 BMS ECU에 입력시키는 역할을 한다.
③ BMS ECU는 배터리 온도 센서의 신호를 이용하여 배터리 팩의 온도를 감지하고 배터리 팩이 과열될 경우 쿨링팬을 통하여 배터리의 냉각 제어를 한다.

■ 배터리 외기 온도 센서(Battery Ambient Temperature Sensor)
① 배터리 외기 온도 센서는 보조 배터리에 설치되어 있다.
② 고전압 배터리의 외기 온도를 측정한다.

■ 안전 플러그(Safety Plug)
① 안전 플러그는 고전압 배터리의 뒤쪽에 배치되어 있다.
② 하이브리드 시스템의 정비 시 고전압 배터리 회로의 연결을 기계적으로 차단하는 역할을 한다.
③ 안전 플러그 내부에는 과전류로부터 고전압 시스템의 관련 부품을 보호하기 위해서 고전압 메인 퓨즈가 장착되어 있다.
④ **고전압 계통의 부품** : 고전압 배터리, 파워 릴레이 어셈블리, BMS ECU(고전압 배터리 시스템 제어 유닛), 하이브리드 구동 모터, 인버터, HSG(하이브리드 스타터 제너레이터), LDC, 파워 케이블, 전동식 컴프레서 등이 있다.

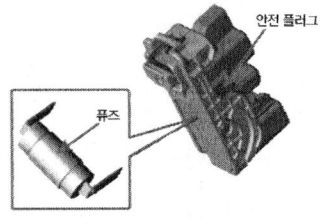
▲ 안전 플러그

■ 저전압 DC/DC 컨버터(LDC ; Low DC/DC Converter)
① 직류 변환 장치로 고전압의 직류(DC) 전원을 저전압의 직류 전원으로 변환시켜 자동차에 필요한 전원으로 공급하는 장치이다.
② 고전압 배터리 시스템 제어 유닛(BMS ECU)에 포함되어 있다.
③ DC 200~310V의 고전압 입력 전원을 DC 12.8~14.7V의 저전압 출력 전원으로 변환하여 교류 발전기와 같이 보조 배터리를 충전하는 역할을 한다.

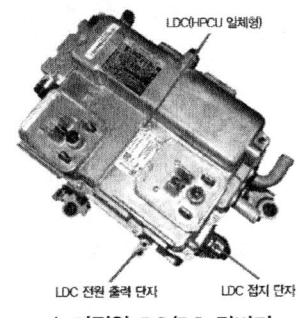
▲ 저전압 DC/DC 컨버터

■ 리졸버 센서(Resolver Sensor)
① 구동 모터를 효율적으로 제어하기 위해 모터 회전자(영구자석)와 고정자의 절대 위치를 검출한다.
② 리졸버 센서는 엔진의 리어 플레이트에 설치되어 있다.
③ 모터의 회전자와 고정자의 절대 위치를 검출하여 모터 제어기(MCU)에 입력하는 역할을 한다.
④ 회전자의 위치 및 속도 정보를 기준으로 MCU는 구동 모터를 큰 토크로 제어한다.

■ 모터 온도 센서(Motor Temperature Sensor)
모터의 성능에 큰 영향을 미치는 요소는 모터의 온도이며, 모터가 과열될 때 IPM(Interior Permanent Magnet ; 매립 영구자석)과 스테이터 코일이 변형 및 성능의 저하가 발생된다.

이를 방지하기 위하여 모터의 내부에 온도 센서를 장착하여 모터의 온도에 따라 토크를 제어한다.

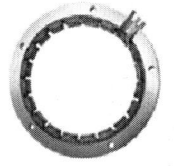  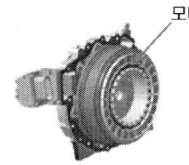 

구동 모터 리졸버 센서   HSG 모터 리졸버 센서

▲ 리졸버 센서   ▲ 모터 온도 센서

(10) 저전압 배터리

오디오나 에어컨, 자동차 내비게이션, 그 밖의 등화장치 등에 필요한 전력을 공급하기 위하여 보조 배터리(12V 납산 배터리)가 별도로 탑재된다. 또한 하이브리드 모터로 시동이 불가능할 때 엔진 시동 등이다.

(11) HSG(시동 발전기 ; Hybrid Starter Generator)

① HSG는 엔진의 크랭크축 풀리와 구동 벨트로 연결되어 있다.
② 엔진의 시동과 발전 기능을 수행한다.
③ HSG는 주행 중 엔진과 HEV 모터(변속기)를 충격 없이 연결시켜 준다.
④ EV 모드로 주행 중 동력원을 HEV로 전환할 때 HCU는 HSG를 구동하여 엔진 속도를 변속기 입력축 속도까지 높여 준다.

▲ HSG

⑤ 엔진의 회전속도와 변속기의 속도가 비슷해지면 HCU는 TCU로 엔진 클러치 작동 신호를 보낸다.
⑥ 고전압 배터리 충전상태(SOC)가 기준 값 이하로 저하될 경우 엔진을 강제로 시동하여 발전을 한다.
⑦ EV(전기 자동차)모드에서 HEV(하이브리드 자동차) 모드로 전환할 때 엔진을 시동하는 시동 전동기로 작동한다.

(12) 엔진 클러치(Engine Clutch)

① 엔진 클러치 제어란 차량이 EV 모드로 주행하다가 엔진의 동력으로 전환할 때 정지 상태의 엔진을 작동 중인 HEV 모터와 충격 없이 연결한다.
② 엔진 클러치는 엔진과 HEV 모터 사이에서 엔진의 동력을 HEV 모터로 연결하는 부품으로 변속기 어셈블리 내부에 배치되어 있다.

▲ 엔진 클러치

(13) HPCU(Hybrid Power Control Unit)

① HPCU는 전력 변환의 핵심 부품으로 메인 제어 유닛인 HCU와 MCU, LDC가 함께 내장되어 있다.
② 이상 고온으로 내부 소손을 방지하기 위해 수냉식 냉각 방열판이 적용되었다.
③ 내부 구성품 중 HCU는 메인 컴퓨터로서 ECU, TCU, MCU, BMS, LDC 등을 상위에서 제어하는 컨트롤 타워 역할을 수행한다.

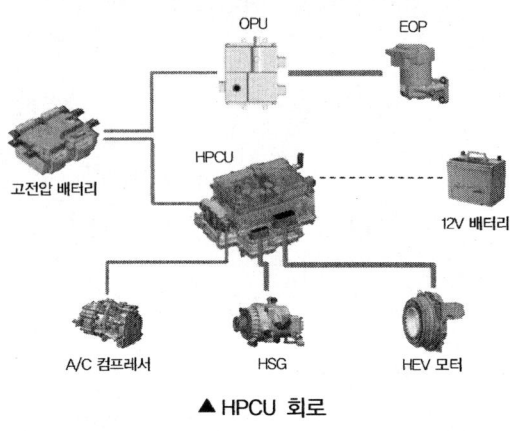

▲ HPCU 회로

(14) 회생 브레이크 시스템(Regeneration Brake System)

① 감속 제동 시에 전기 모터를 발전기로 이용하여 자동차의 운동 에너지를 전기 에너지로 변환시켜 배터리로 회수(충전)한다.
② 회생 브레이크를 적용함으로써 에너지의 손실을 최소화 한다.
③ 회생 제동량은 차량의 속도, 배터리의 충전량 등에 의해서 결정된다.
④ 가속 및 감속이 반복되는 시가지 주행 시 큰 연비의 향상 효과가 가능하다.

(15) 오토 스톱

오토 스톱은 주행 중 자동차가 정지할 경우 연료 소비를 줄이고 유해 배기가스를 저감시키기 위하여 엔진을 자동으로 정지시키는 기능으로 공조 시스템은 일정시간 유지 후 정지된다. 오토 스톱이 해제되면 연료 분사를 재개하고 하이브리드 모터를 통하여 다시 엔진을 시동시킨다.

1) 엔진 정지 조건

① 자동차를 9km/h 이상의 속도로 2초 이상 운행한 후 브레이크 페달을 밟은 상태로 차속이 4km/h 이하가 되면 엔진을 자동으로 정지시킨다.
② 정차 상태에서 3회까지 재진입이 가능하다.
③ 외기의 온도가 일정 온도 이상일 경우 재진입이 금지된다.

2) 오토 스톱 해제 조건

① 금지 조건이 발생된 경우
② D, N 레인지 또는 E 레인지에서 브레이크 페달을 뗀 경우
③ N 레인지에서 브레이크 페달을 뗀 경우에는 오토 스톱 유지
④ 차속이 발생한 경우

(16) 액티브 하이드로닉 부스터(AHB ; Active Hydraulic Booster)

① 액티브 하이드로닉 부스터는 전기 자동차 모드에서 제동력을 확보하기 위한 시스템이다.
② 전기 자동차 모드로 주행할 때 엔진 시동이 OFF 상태이기 때문에 진공 부압을 이용한 제동력을 확보할 수 없다.
③ AHB는 진공 배력식 브레이크에 익숙한 운전자에게 거부함을 없애기 위해 페달 답력을 만들어 주는 페달 시뮬레이터(Pedal simulator)가 적용되었다.

2 하이브리드 전기장치 수리 및 교환

(1) 하이브리드 자동차의 전기장치 정비 시 반드시 지켜야 할 내용

① 고전압 케이블의 커넥터 커버를 분리한 후 전압계를 이용하여 각 상 사이(U, V, W)의 전압이 0V인지를 확인한다.
② 전원을 차단하고 일정시간이 경과 후 작업한다.
③ 절연장갑을 착용하고 작업한다.
④ 서비스 플러그(안전 플러그)를 제거한다.
⑤ 작업 전에 반드시 고전압을 차단하여 감전을 방지하도록 한다.
⑥ 전동기와 연결되는 고전압 케이블을 만져서는 안 된다.
⑦ 이그니션 스위치를 OFF 한 후 안전 스위치를 분리하고 작업한다.
⑧ 12V 보조 배터리 케이블을 분리하고 작업한다.

(2) 잔존 전압 점검

① 인버터 커패시터의 방전 확인을 위하여 인버터 단자 간 전압을 측정한다.
② 인버터의 (+) 단자와 (-) 단자 사이의 전압값을 측정한다.
③ 측정값이 30V 이하이면 고전압 회로가 정상적으로 차단된 것이다.
④ 측정값이 30V 초과이면 고전압 회로에 이상이 있는 것으로 점검해야 한다.

3 하이브리드 전기장치 검사

(1) 고전원 전기장치

1) 고전원 전기장치 검사 기준

① 고전원 전기장치의 접속·절연 및 설치 상태가 양호할 것
② 고전원 전기 배선의 손상이 없고 설치 상태가 양호할 것
③ 구동 배터리는 차실과 벽 또는 보호판으로 격리되는 구조일 것
④ 차실 내부 및 차체 외부에 노출되는 고전원 전기장치간 전기 배선은 금속 또는 플라스틱 재질의 보호기구를 설치할 것

⑤ 고전원 전기장치 활선 도체부의 보호기구는 공구를 사용하지 않으면 개방·분해 및 제거되지 않는 구조일 것
⑥ 고전원 전기장치의 외부 또는 보호기구에는 경고 표시가 되어 있을 것
⑦ 고전원 전기장치 간 전기 배선(보호기구 내부에 위치하는 경우는 제외한다)의 피복은 주황색일 것
⑧ 전기 자동차 충전 접속구의 활선 도체부와 차체 사이의 절연저항은 최소 1MΩ 이상일 것

2) 고전원 전기장치 검사 방법

① 고전원 전기장치(구동 배터리, 전력 변환장치, 구동 전동기, 충전 접속구 등)의 설치 상태, 전기 배선 접속단자의 접속·절연상태 등을 육안으로 확인한다.
② 구동 배터리와 전력 변환장치, 전력 변환장치와 구동 전동기, 전력 변환장치와 충전 접속구 사이의 고전원 전기 배선의 절연 피복 손상 또는 활선 도체부의 노출여부를 육안으로 확인한다.
③ 구동 축전지와 차실 사이가 벽 또는 보호판 등으로 격리여부를 확인한다.
④ 육안으로 확인이 가능한 고전원 전기 배선 보호기구의 고정, 깨짐, 손상 여부 등을 확인한다.
⑤ 고전원 전기장치 활선 도체부의 보호기구 체결상태 및 공구를 사용하지 않고 개방·분해 및 제거 가능 여부 확인한다. 다만, 차실, 벽, 보호판 등으로 격리된 경우 생략 가능
⑥ 고전원 전기장치의 외부 또는 보호기구에 부착 또는 표시된 경고 표시의 모양 및 식별 가능성 여부를 육안으로 확인한다.
⑦ 육안으로 확인 가능한 구동 배터리와 전력 변환장치, 전력 변환장치와 구동 전동기, 전력 변환장치와 충전 접속구에 사용되는 전기 배선의 색상이 주황색인지 여부를 확인한다.
⑧ 절연 저항 시험기를 이용하여 충전 접속구 각각의 활선 도체부(+극 및 -극)와 차체 사이에 충전 전압 이상의 시험전압을 인가하여 절연저항을 측정한다.

(2) 절연 저항 검사

① 안전 플러그 탈거한 후 5분 이상 대기하고 HPCU 상단의 모터 커넥터를 탈거한다.
② 메가 옴 테스터의 흑색 프로브는 모터 하우징 또는 차체에 연결하고 적색 프로브는 U, V, W의 단자에서 각각 측정하여 절연 저항을 측정한다(측정 조건 : DC 500V).
③ 프로브를 바꾸어 측정할 경우 고전압으로 차량(특히 컴퓨터)에 손상을 줄 수 있으므로 주의해야 한다.
④ 프로브를 통해 고전압이 인가되고 있으므로 안전을 위해 프로브를 손으로 잡지 않아야 한다.
⑤ 절연 저항이 10MΩ 이상(또는 OL) 시 모터 절연 상태는 정상이다.
⑥ 절연 저항이 10MΩ 이하 시 모터 절연이 불량이므로 모터를 교체하여야 한다.

Section 9. 전기자동차 정비

1 전기 자동차 고전압 배터리 개요 및 정비

(1) 전기 자동차의 개요

1) 용어의 정의

① **1차 전지**(Primary Cell) : 1차 전지란 방전한 후 충전에 의해 원래의 상태로 되돌릴 수 없는 전지를 말한다.

② **2차 전지**(Rechargeable Cell) : 2차 전지란 충전시켜 다시 쓸 수 있는 전지를 말한다. 2차 전지는 납산 축전지, 알칼리 축전지, 기체 전지, 리튬 이온 전지, 니켈-수소 전지, 니켈-카드뮴 전지, 폴리머 전지 등이 있다.

③ **납산 배터리**(Lead-acid Battery) : 납산 배터리란 양극에 이산화납, 음극에 해면상납, 전해액에 묽은 황산을 사용한 2차 전지를 말한다.

④ **방전 심도**(Depth of Discharge) : 방전 심도란 배터리 팩이나 시스템으로부터 회수할 수 있는 암페어시 단위의 양을 시험 전류와 온도에서의 정격 용량으로 나는 것으로 백분율로 표시하는 것을 말한다.

⑤ **잔여 운행시간**(Tr ; Remaining Run Time) : 잔여 운행시간은 배터리가 정지기능 상태가 되기 전까지의 유효한 방전상태에서 배터리가 이동성 소자들에게 전류를 공급할 수 있는 것으로 평가되는 시간을 말한다.

⑥ **잔존 수명**(SOH ; State Of Health) : 잔존 수명은 초기 제조 상태의 배터리와 비교하여 언급된 성능을 공급할 수 있는 능력이 있고 배터리 상태의 일반적인 조건을 반영하여 측정된 상황을 말한다.

⑦ **안전 운전 범위** : 셀이 안전하게 운전될 수 있는 전압, 전류, 온도 범위. 리튬 이온 셀의 경우에는 그 전압 범위, 전류 범위, 피크 전류 범위, 충전 시의 온도 범위, 방전 시의 온도 범위를 제작사가 정의한다.

⑧ **사이클 수명** : 규정된 조건으로 충전과 방전을 반복하는 사이클의 수로 규정된 충전과 방전 종료 기준까지 수행한다.

⑨ **배터리 관리 시스템**(BMS ; Battery Management System) : 배터리 관리 시스템이란 배터리 시스템의 열적, 전기적 기능을 제어 또는 관리하고, 배터리 시스템과 차량의 다른 제어기와의 사이에서 통신을 제공하는 전자장치를 말한다.

⑩ **배터리 모듈**(Battery Module) : 배터리 모듈이란 단일, 기계적인 그리고 전기적인 유닛 내에 서로 연결된 셀들의 집합을 말하며, 배터리 모노 블록이라고도 한다.

⑪ **배터리 셀**(Battery Cell) : 배터리 셀이란 전극, 전해질, 용기, 단자 및 일반적인 격리판으

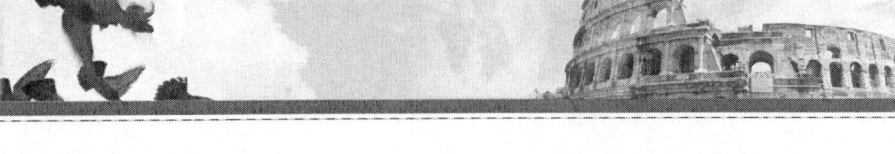

로 구성된 화학에너지를 직접 변환하여 얻어지는 전기 에너지원으로 재충전할 수 있는 에너지 저장 장치를 말한다.

⑫ **배터리 팩(Battery Pack)** : 배터리 팩이란 여러 셀이 전기적으로 연결된 배터리 모듈, 전장품의 어셈블리(제어기 포함 어셈블리)를 말한다.

2) KS R 1200에 따른 엔클로저(Enclosure)의 종류

엔클로저는 울타리를 친 장소를 말하며, 다음 중 하나 이상의 기능을 지닌 교환형 배터리의 일부분을 말한다.

① **방화용 엔클로저** : 내부로부터의 화재나 불꽃이 확산되는 것을 최소화 하도록 설계된 엔클로저
② **기계적 보호용 엔클로저** : 기계적 또는 기타 물리적 원인에 의한 손상을 방지하기 위해 설계된 엔클로저
③ **감전 방지용 엔클로저** : 위험 전압이 인가되는 부품 또는 위험 에너지가 있는 부품과의 접촉을 막기 위해 설계된 엔클로저

3) 고전압 배터리의 종류

① **니켈-카드뮴 배터리(Nickle-Cadmium Battery)** : 니켈-카드뮴 배터리란 양극에 니켈 산화물, 음극에 카드뮴, 전해액에 수산화칼륨 수용액을 사용한 2차 전지를 말한다.
② **니켈-수소 배터리(Nickel-metal Hydride Battery)** : 니켈-수소 배터리란 양극에 니켈 산화물, 음극에 수소를 전기 화학적으로 흡장 및 방출할 수 있는 수소 흡장 합금, 전해액에 수산화칼륨 수용액을 사용한 2차 전지를 말한다.
③ **리튬 이온 배터리(Lithium Ion Battery)** : 리튬 이온 배터리란 일반적으로 양극에 리튬산화물(코발트산 리튬, 니켈산 리튬, 망간산 리튬 등)과 같은 리튬을 포함한 화합물을, 음극에 리튬을 포함하지 않은 탄소 재료를, 전해액에 리튬염을 유기 용매에 용해시킨 것을 사용하여 리튬을 이온으로 사용하는 2차 전지를 말한다.
④ **리튬 고분자 배터리(Lithium Polymer Battery)** : 리튬 고분자 배터리란 리튬 이온 배터리와 동일한 전기 화학반응을 가진 배터리로 폴리머 겔(Polymer Gell) 상의 전해질과 박막형 알루미늄 파우치를 외장재로 적용한 2차 전지를 말한다.

(2) 전기 자동차의 특징

전기 자동차는 차량에 탑재된 고전압 배터리의 전기 에너지로부터 구동 에너지를 얻는 자동차이며, 일반 내연기관 차량의 변속기 역할을 대신할 수 있는 감속기가 장착되어 있다. 또한 내연기관 자동차에서 발생하게 되는 유해가스가 배출되지 않는 친환경 차량으로서 다음과 같은 특징이 있다.

① 대용량 고전압 배터리를 탑재한다.

② 전기 모터를 사용하여 구동력을 얻는다.
③ 변속기가 필요 없으며, 단순한 감속기를 이용하여 토크를 증대시킨다.
④ 외부 전력을 이용하여 배터리를 충전한다.
⑤ 전기를 동력원으로 사용하기 때문에 주행 시 배출가스가 없다
⑥ 배터리에 100% 의존하기 때문에 배터리 용량 따라 주행거리가 제한된다.

(3) 전기 자동차의 주행 모드

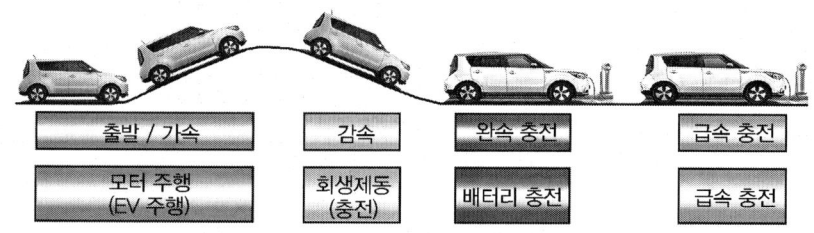

▲ 전기 자동차의 주행 모드

1) 출발 · 가속
① 시동키를 ON시킨 후 가속 페달을 밟으면 전기 자동차는 고전압 배터리에 저장된 전기 에너지를 이용하여 구동 모터로 주행한다.
② 가속 페달을 더 밟으면 모터는 더 빠르게 회전하여 차속이 높아진다.
③ 큰 구동력을 요구하는 출발과 언덕길 주행 시는 모터의 회전속도는 낮아지고 구동 토크를 높여 언덕길을 주행할 때에도 변속기 없이 순수 모터의 회전력을 조절하여 주행한다.

2) 감속
① 감속이나 브레이크를 작동할 때 구동 모터는 발전기의 역할로 변환된다.
② 주행 관성 운동 에너지에 의해 구동 모터는 전류를 발생시켜 고전압 배터리를 충전한다.
③ 구동 모터는 감속 시 발생하는 운동 에너지를 이용하여 발생된 전류를 고전압 배터리 팩 어셈블리에 충전하는 것을 회생 제동이라고 한다.

3) 완속 충전
① AC 100 · 220V의 전압을 이용하여 고전압 배터리를 충전하는 방법이다.
② 표준화된 충전기를 사용하여 차량 앞쪽에 설치된 완속 충전기 인렛을 통해 충전하여야 한다.
③ 급속 충전보다 더 많은 시간이 필요하다.
④ 급속 충전보다 충전 효율이 높아 배터리 용량의 90%까지 충전할 수 있다.

4) 급속 충전
① 외부에 별도로 설치된 급속 충전기를 사용하여 DC 380V의 고전압으로 고전압 배터리를

빠르게 충전하는 방법이다.
② 연료 주입구 안쪽에 설치된 급속 충전 인렛 포트에 급속 충전기 아웃렛을 연결하여 충전한다.
③ 충전 효율은 배터리 용량의 80%까지 충전할 수 있다.

(4) 전기 자동차의 구성

1) 전기 자동차의 원리

① 360V 27kWh의 배터리 팩의 고전압을 이용해 모터를 구동한다.
② 모터의 속도로 자동차의 속도를 제어할 수 있어 변속기는 필요 없다.
③ 모터의 토크를 증대시키기 위해 감속기가 설치된다.

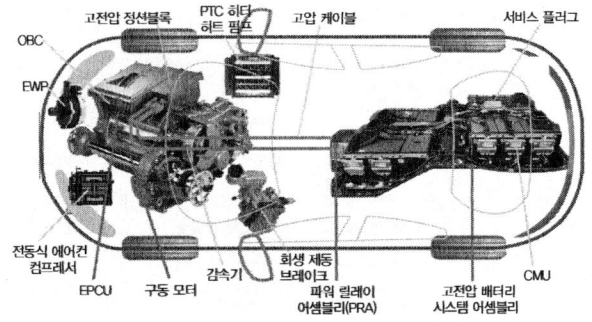

▲ 전기 자동차의 구성

④ PE룸(내연기관의 엔진룸)에는 고전압을 PTC 히터, 전동 컴프레서에 공급하기 위한 고전압 정션박스, 그 아래로 완속 충전기(OBC), 전력 제어장치(EPCU)가 배치되어 있다.
⑤ 통합 전력 제어장치(EPCU)는 VCU, MCU(인버터), LDC가 통합된 구조이다.

2) 고전압 회로

① 고전압 배터리, PRA(Power Relay Assembly)1, 2, 전동식 에어컨 컴프레서, LDC(Low DC/DC Converter), PTC(Positive Temperature Coefficient) 히터, 차량 탑재형 배터리 완속 충전기(OBC ; On-Borad battery Charger), 모터 제어기(MCU ; Motor Control Unit), 구동 모터가 고전압으로 연결되어 있다.
② 배터리 팩에 고전압 배터리와 파워 릴레이 어셈블리 1, 2 및 고전압을 차단할 수 있는 안전 플러그가 장착되어 있다.
③ 파워 릴레이 어셈블리 1은 구동용 전원을 차단 및 연결하는 역할을 한다.
④ 파워 릴레이 2는 급속 충전기에 연결될 때 BMU(Battery Management Unit)의 신호를 받아 고전압 배터리에 충전할 수 있도록 전원을 연결하는 기능을 한다.
⑤ 전동식 에어컨 컴프레서, PTC 히터, LDC, OBC에 공급되는 고전압은 정션 박스를 통해 전원을 공급 받는다.
⑥ MCU는 고전압 배터리에 저장된 DC 단상 고전압을 파워 릴레이 어셈블리 1과 정션 박스를 거쳐 공급받아 전력 변환기구(IGBT ; Insulated Gate Bipolar Transistor) 제어로 교류 3상 고전압으로 변환하여 구동 모터에 고전압을 공급하고 운전자의 요구에 맞게 모터를 제어한다.

3) 고전압 배터리

① 리튬이온 폴리머 배터리(Li-ion Polymer)는 리튬 이온 배터리의 성능을 그대로 유지하면서 화학적으로 가장 안정적인 폴리머(고체 또는 젤 형태의 고분자 중합체) 상태의 전해질을 사용하는 배터리를 말한다.

② 정격 전압 DC 360V의 리튬이온 폴리머 배터리는 DC 3.75V의 배터리 셀 총 96개가 직렬로 연결되어 있고 총 12개의 모듈로 구성되어 있다.

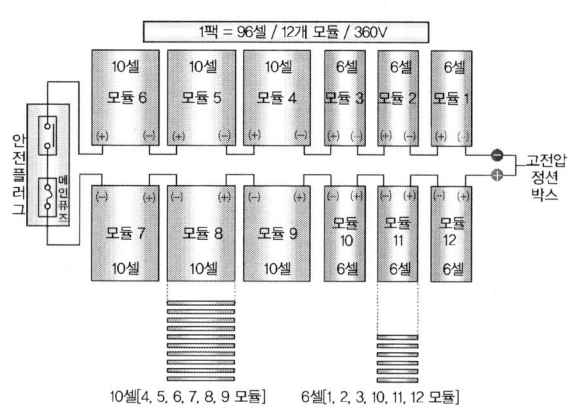

▲ 고전압 배터리의 구성

③ 고전압 배터리 쿨링 시스템은 공랭식으로 실내의 공기를 쿨링 팬을 통하여 흡입하여 고전압 배터리 팩 어셈블리를 냉각시키는 역할을 한다.

④ 시스템 온도는 1번~12번 모듈에 장착된 12개의 온도 센서 신호를 바탕으로 BMU(Battery Management Unit)에 의해 계산된다.

⑤ 고전압 배터리 시스템이 항상 정상 작동 온도를 유지할 수 있도록 제어되며, 쿨링 팬은 차량의 상태와 소음·진동 상태에 따라 9단으로 제어된다.

(5) 고전압 배터리 시스템(BMU ; Battery Management Unit)

고전압 배터리 컨트롤 시스템은 컨트롤 모듈인 BMU, 파워 릴레이 어셈블리(PRA ; Power Relay Assembly)로 구성되어 있으며, 고전압 배터리의 SOC(State Of Charge), 출력, 고장 진단, 배터리 셀 밸런싱(Cell Balancing), 시스템 냉각, 전원 공급 및 차단을 제어한다.

파워 릴레이 어셈블리는 메인 릴레이(+, -), 프리차지 릴레이, 프리차지 레지스터, 배터리 전류 센서, 고전압 배터리 히터 릴레이로 구성되어 있으며, 부스바(Busbar)를 통해서 배터리 팩과 연결되어 있다.

SOC(배터리 충전율)는 배터리의 사용 가능한 에너지를 표시한다.

1) 고전압 배터리 시스템의 구성

셀 모니터링 유닛(CMU ; Cell Monitoring Unit)은 각 고전압 배터리 모듈의 측면에 장착되어 있으며, 각 고전압 배터리 모듈의 온도, 전압, 화학적 상태(VDP, Voronoi-Dirichlet partitioning)를 측정하여 BMU(Battery Management Unit)에 전달하는 기능을 한다.

2) 고전압 배터리 시스템의 주요 기능

① **배터리 충전율** (SOC) **제어** : 전압·전류·온도의 측정을 통해 SOC를 계산하여 적정

SOC 영역으로 제어한다.
② **배터리 출력 제어** : 시스템의 상태에 따른 입·출력 에너지 값을 산출하여 배터리 보호, 가용 파워 예측, 과충전·과방전 방지, 내구 확보 및 충·방전 에너지를 극대화한다.
③ **파워 릴레이 제어** : IG ON·OFF 시 고전압 배터리와 관련 시스템으로의 전원 공급 및 차단을 하며, 고전압 시스템의 고장으로 인한 안전사고를 방지한다.
④ **냉각 제어** : 쿨링 팬 제어를 통한 최적의 배터리 동작 온도를 유지(배터리 최대 온도 및 모듈간 온도 편차 량에 따라 팬 속도를 가변 제어함)한다.
⑤ **고장 진단** : 시스템의 고장 진단, 데이터 모니터링 및 소프트웨어 관리, 페일-세이프(Fail-Safe) 레벨을 분류하여 출력 제한치 규정, 릴레이 제어를 통하여 관련 시스템 제어 이상 및 열화에 의한 배터리 관련 안전사고를 방지한다.

3) 안전 플러그(Safety Plug)

안전 플러그는 리어 시트 하단에 장착되어 있으며, 기계적인 분리를 통하여 고전압 배터리 내부의 회로 연결을 차단하는 장치이다. 연결 부품으로는 고전압 배터리 팩, 파워 릴레이 어셈블리, 급속 충전 릴레이, BMU, 모터, EPCU, 완속 충전기, 고전압 조인트 박스, 파워 케이블, 전기 모터식 에어컨 컴프레서 등이 있다.

▲ 안전 플러그

4) 파워 릴레이 어셈블리(PRA ; Power Relay Assembly)

파워 릴레이 어셈블리는 고전압 배터리 시스템 어셈블리 내에 장착되어 있으며 (+) 고전압 제어 메인 릴레이, (-) 고전압 제어 메인 릴레이, 프리차지 릴레이, 프리차지 레지스터, 배터리 전류 센서로 구성되어 있다.

BMU의 제어 신호에 의해 고전압 배터리 팩과 고전압 조인트 박스 사이의 DC 360V 고전압을 ON, OFF 및 제어 하는 역할을 한다.

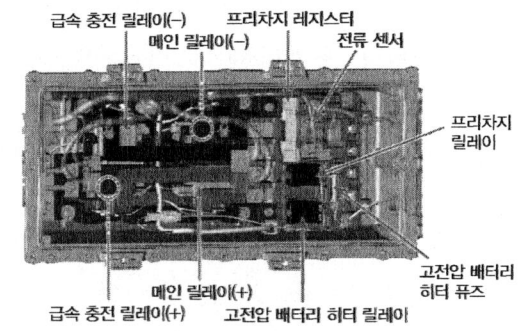
▲ 파워 릴레이 어셈블리의 구성

5) 고전압 배터리 히터 릴레이 및 히터 온도 센서

고전압 배터리 히터 릴레이는 파워 릴레이 어셈블리 내부에 장착 되어 있다. 고전압 배터리에 히터 기능을 작동해야 하는 조건이 되면 제어 신호를 받은 히터 릴레이는 히터 내부에 고전압을 흐르게 함으로써 고전압 배터리의 온도가 조건에 맞추어서 정상적으로 작동 할 수 있도록 작동된다.

6) 고전압 배터리 인렛 온도 센서

인렛 온도 센서는 고전압 배터리 1번 모듈 상단에 장착되어 있으며, 배터리 시스템 어셈블리 내부의 공기 온도를 감지하는 역할을 한다. 인렛 온도 센서 값에 따라 쿨링 팬의 작동 유무가 결정 된다.

7) 프리차지 릴레이(Pre-Charge Relay)

프리차지 릴레이(Pre-Charge Relay)는 파워 릴레이 어셈블리에 장착되어 있으며, 인버터의 커패시터를 초기 충전할 때 고전압 배터리와 고전압 회로를 연결하는 기능을 한다.

IG ON을 하면 프리차지 릴레이와 레지스터를 통해 흐른 전류가 인버터 내에 커패시터에 충전이 되고, 충전이 완료되면 프리차지 릴레이는 OFF 된다.

8) 메인 퓨즈(Main Fuse)

메인 퓨즈(250A 퓨즈)는 안전 플러그 내에 장착되어 있으며, 고전압 배터리 및 고전압 회로를 과전류로부터 보호하는 기능을 한다.

9) 프리차지 레지스터(Pre-Charge Resistor)

프리차지 레지스터는 파워 릴레이 어셈블리에 장착되어 있으며, 인버터의 커패시터를 초기 충전할 때 충전 전류를 제한하여 고전압 회로를 보호하는 기능을 한다.

10) 급속 충전 릴레이 어셈블리(QRA ; Quick Charge Relay Assembly)

급속 충전 릴레이 어셈블리는 파워 릴레이 어셈블리 내에 장착되어 있으며, (+) 고전압 제어 메인 릴레이, (-) 고전압 제어 메인 릴레이로 구성되어 있다. 그리고 BMU 제어 신호에 의해 고전압 배터리 팩과 고압 조인트 박스 사이에서 DC 360V 고전압을 ON, OFF 및 제어한다. 급속 충전 릴레이 어셈블리 작동 시 에는 파워 릴레이 어셈블리는 작동한다.

급속 충전 시 공급되는 고전압을 배터리 팩에 공급하는 스위치 역할을 하고, 과충전 시 과충전을 방지하는 역할을 한다.

11) 메인 릴레이(Main Relay)

메인 릴레이는 파워 릴레이 어셈블리에 장착되어 있으며, 고전압 (+) 라인을 제어하는 메인 릴레이와 고전압 (-) 라인을 제어하는 2개의 메인 릴레이로 구성되어 있다. 그리고 BMU의 제어 신호에 의해 고전압 조인트 박스와 고전압 배터리 팩 간의 고전압 전원, 고전압 접지 라인을 연결시켜 주는 역할을 한다. 단, 고전압 배터리 셀이 과충전에 의해 부풀어 오르는 상황이 되면 고전압 보호 장치인 OPD(Overvoltage Protection Device)에 의해 메인 릴레이 (+), 메인 릴레이(-), 프리차지 릴레이 코일 접지 라인을 차단함으로써 과충전 시엔 메인 릴레이 및 프리차지 릴레이의 작동을 금지시킨다. 고전압 배터리가 정상적인 상태일 경우에는 VPD는 작동하지 않고 항상 연결되어 있다. OPD 장착 위치는 12개 배터리 모듈 상단에 장착되어 있다.

12) 배터리 온도 센서(Battery Temperature Sensor)

배터리 온도 센서는 각 고전압 배터리 모듈에 장착되어 있으며, 각 배터리 모듈의 온도를 측정하여 CMU(Cell Monitoring Unit)에 전달하는 역할을 한다.

13) 배터리 전류 센서(Battery Current Sensor)

배터리 전류 센서는 파워 릴레이 어셈블리에 장착되어 있으며, 고전압 배터리의 충전·방전 시 전류를 측정하는 역할을 한다.

14) 고전압 차단 릴레이(OPD ; Over Voltage Protection Device)

고전압 릴레이 차단 장치(OPD)는 각 모듈 상단에 장착되어 있으며, 고전압 배터리 셀이 과충전에 의해 부풀어 오르는 상황이 되면 OPD에 의해 메인 릴레이 (+), 메인 릴레이 (-), 프리차지 릴레이 코일의 접지 라인을 차단함으로써 과충전 시 메인 릴레이 및 프리차지 릴레이의 작동을 금지시킨다. 고전압 배터리가 정상일 경우에는 항상 스위치는 붙어 있으며, 셀이 과충전이 될 때 스위치는 차단되면서 차량은 주행이 불가능하다.

2 전기 자동차 전력 통합 제어장치 개요 및 정비

(1) 전력 통합 제어 장치(EPCU ; Electric Power Control Unit)

전력 통합 제어 장치는 대전력량의 전력 변환 시스템으로서 고전압의 직류를 전기자동차의 통합 제어기인 차량 제어 유닛(VCU ; Vehicle Control Unit) 및 구동 모터에 적합한 교류로 변환하는 장치인 인버터(Inverter), 고전압 배터리 전압을 저전압의 12V DC로 변환시키는 장치인 LDC 및 외부의 교류 전원을 고전압의 직류로 변환해주는 완속 충전기인 OBC 등으로 구성되어 있다.

1) 차량 제어 유닛(VCU ; Vehicle Control Unit)

차량 제어 유닛은 모든 제어기를 종합적으로 제어하는 최상위 마스터 컴퓨터로서 운전자의 요구 사항에 적합하도록 최적인 상태로 차량의 속도, 배터리 및 각종 제어기를 제어한다.

차량 제어 유닛은 MCU, BMU, LDC, OBC, 회생 제동용 액티브 유압 부스터 브레이크 시스템(AHB ; Active Hydraulic Booster), 계기판(Cluster), 전자동 온도

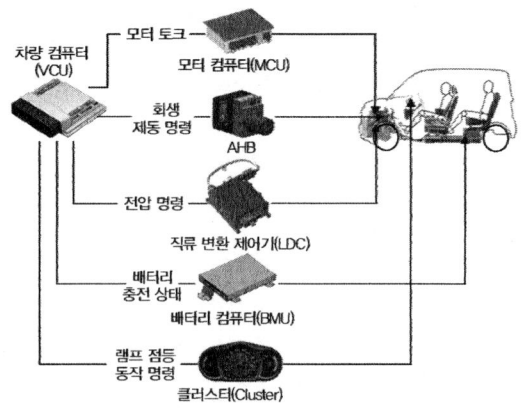

▲ 차량 제어 유닛의 제어도

조절장치(FATC ; Full Automatic Temperature Control) 등과 협조 제어를 통해 최적의 성능을 유지할 수 있도록 제어하는 기능을 수행한다.

① **구동 모터 토크 제어** : BMU(Battery Management Unit)는 고전압 배터리의 전압, 전류, 온도, 배터리의 가용 에너지 율(SOC ; State Of Charge) 값으로 현재의 고전압 배터리 가용 파워를 VCU에게 전달하며, VCU는 BMU에서 받은 정보를 기본으로 하여 운전자의 요구(APS, Brake S/W, Shift Lever)에 적합한 모터의 명령 토크를 계산한다.

더불어 MCU는 현재 모터가 사용하고 있는 토크와 사용 가능한 토크를 연산하여 VCU에게 제공한다. VCU는 최종적으로 BMU와 MCU에서 받은 정보를 종합하여 구동모터에 토크를 명령한다.

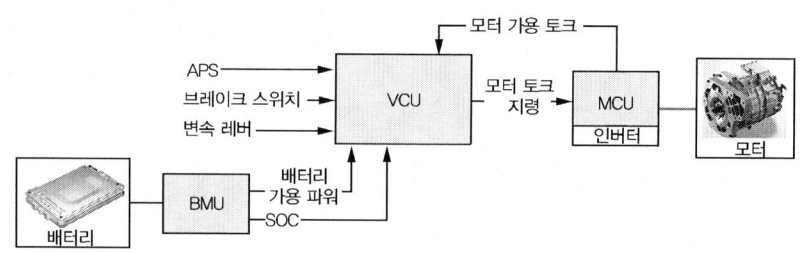

▲ 모터 제어 다이어그램

- **VCU** : 배터리 가용 파워, 모터 가용 토크, 운전자 요구(APS, Brake SW, Shift Lever)를 고려한 모터 토크의 지령을 계산하여 컨트롤러를 제어한다.
- **BMU** : VCU가 모터 토크의 지령을 계산하기 위한 배터리 가용 파워, SOC 정보를 제공받아 고전압 배터리를 관리한다.
- **MCU** : VCU가 모터 토크의 지령을 계산하기 위한 모터 가용 토크 제공, VCU로 부터 수신한 모터 토크의 지령을 구현하기 위해 인버터(Inverter)에 PWM 신호를 생성하여 모터를 최적으로 구동한다.

② **회생 제동 제어**(AHB ; Active Hydraulic Booster) : AHB 시스템은 운전자의 요구 제동량을 BPS(Brake Pedal Sensor)로부터 받아 연산하여 이를 유압 제동량과 회생 제동 요청량으로 분배한다. VCU는 각각의 컴퓨터 즉 AHB, MCU, BMU와 정보 교환을 통해 모터의 회생 제동 실행량을 연산하여 MCU에게 최종적으로 모터 토크('-'토크)를 제어한다. AHB 시스템은 회생 제동 실행량을 VCU로부터 받아 유압 제동량을 결정하고 유압을 제어한다.

- **AHB** : BPS값으로부터 구한 운전자의 요구 제동 연산 값으로 유압 제동량과 회생 제동 요청량으로 분배하며, VCU로부터 회생 제동 실행량을 모니터링 하여 유압 제동량을 보정한다.
- **VCU** : AHB의 회생 제동 요청량, BMU의 배터리 가용 파워 및 모터 가용 토크를 고려하여 회생 제동 실행량을 제어한다.

- **BMU** : 배터리 가용 파워 및 SOC 정보를 제공한다.
- **MCU** : 모터 가용 토크, 실제 모터의 출력 토크와 VCU로 부터 수신한 모터 토크 지령을 구현하기 위해 인버터 PWM 신호를 생성하여 모터를 제어한다.

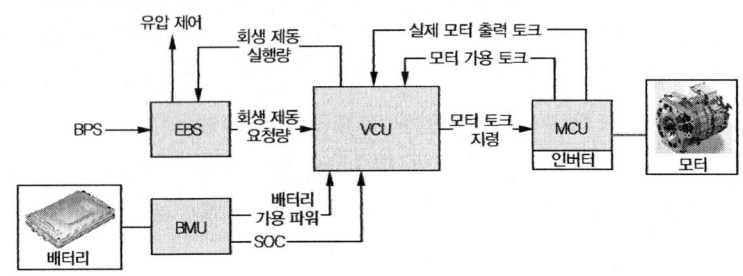

▲ 회생 제동 다이어그램

③ **공조 부하 제어** : 전자동 온도 조절 장치인 FATC(Full Automatic Temperature Control)는 운전자의 냉·난방 요구 시 차량 실내 온도와 외기 온도 정보를 종합하여 냉·난방 파워를 VCU에게 요청하며, FATC는 VCU가 허용하는 범위 내에 전력으로 에어컨 컴프레서와 PTC 히터를 제어한다.

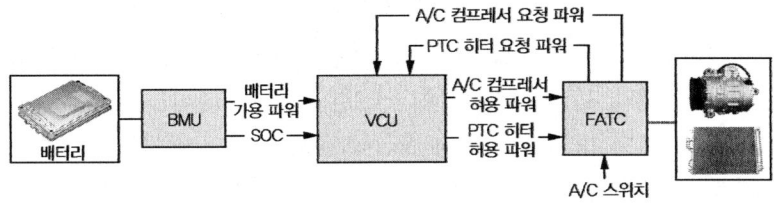

▲ 공조 부하 제어 다이어그램

- **FATC** : AC SW의 정보를 이용하여 운전자의 냉난방 요구 및 PTC 작동 요청 신호를 VCU에 송신하며, VCU는 허용 파워 범위 내에서 공조 부하를 제어한다.
- **BMU** : 배터리 가용 파워 및 SOC 정보를 제공한다.
- **VCU** : 배터리 정보 및 FATC 요청 파워를 이용하여 FATC에 허용 파워를 송신한다.

④ **전장 부하 전원 공급 제어** : VCU는 BMU와 정보 교환을 통해 전장 부하의 전원 공급 제어 값을 결정하며, 운전자의 요구 토크 양의 정보와 회생 제동량 변속 레버의 위치에 따른 주행 상태를 종합적으로 판단하여 LDC에 충·방전 명령을 보낸다. LDC는 VCU에서 받은 명령을 기본으로 보조 배터리에 충전 전압과 전류를 결정하여 제어한다.

① **BMU** : 배터리 가용 파워 및 SOC 정보를 제공한다.
② **VCU** : 배터리 정보 및 차량 상태에 따른 LDC의 ON/OFF 동작 모드를 결정한다.
③ **LDC** : VCU의 명령에 따라 고전압을 저전압으로 변환하여 차량의 전장 계통에 전원을 공급한다.

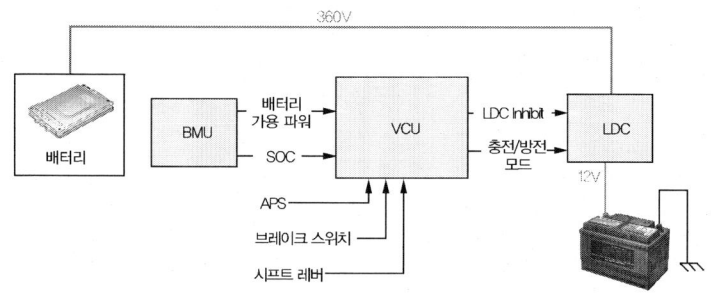

▲ 전장 부하 전원 공급 제어 다이어그램

⑤ 클러스터 제어
- **램프 점등 제어** : VCU는 하위 제어기로부터 받은 모든 정보를 종합적으로 판단하여 운전자가 쉽게 알 수 있도록 클러스터 램프 점등을 제어한다. 시동키를 ON 하면 차량 주행 가능 상황을 판단하여 'READY'램프를 점등하도록 클러스터에 명령을 내려 주행 준비가 되었음을 표시한다.
- **주행 가능 거리**(DTE ; Distance To Empty) **연산 제어**
  - ㉮ VCU : 배터리 가용에너지 및 도로정보를 고려하여 DTE를 연산한다.
  - ㉯ BMU : 배터리 가용 에너지 정보를 이용한다.
  - ㉰ AVN : 목적지까지의 도로 정보를 제공하며, DTE를 표시한다.
  - ㉱ Cluster : DTE를 표시한다.

2) 모터 제어기(MCU ; Motor Control Unit)

MCU는 내부의 인버터(Inverter)가 작동하여 고전압 배터리로부터 받은 직류(DC) 전원을 3상 교류(AC) 전원으로 변환시킨 후 전기 자동차의 통합 제어기인 VCU의 명령을 받아 구동 모터를 제어하는 기능을 담당한다. 배터리에서 구동 모터로 에너지를 공급하고, 감속 및 제동 시에는 구동 모터를 발전기 역할로 변경시켜 구동 모터에서 발생한 에너지, 즉 AC 전원을 DC 전원으로 변환하여 고전압 배터리로 에너지를 회수함으로써 항속 거리를 증대시키는 기능을 한다. 또한 MCU는 고전압 시스템의 냉각을 위해 장착된 EWP(Electric Water Pump)의 제어 역할도 담당한다.

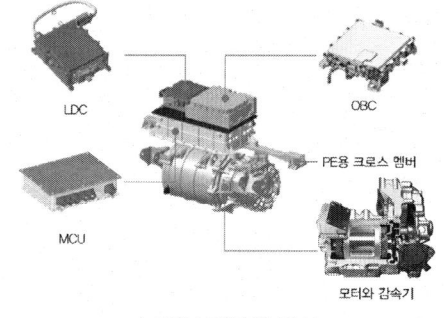

▲ MCU 제어의 구성

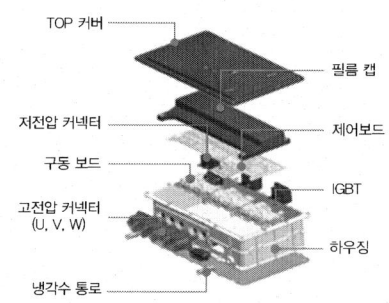

▲ MCU 내부의 구조

3) 인버터(Inverter)

인버터는 고전압 배터리의 DC 전원을 구동 모터의 구동에 적합한 AC 전원으로 변환하는 역할을 한다. 인버터는 케이스 속에 IGBT 모듈, 파워 드라이버(Power Driver), 제어회로인 컨트롤러(Controller)가 일체로 이루어져 있다.

인버터는 구동 모터를 구동시키기 위하여 고전압 배터리의 직류(DC) 전력을 3상 교류(AC) 전력으로 변환시켜 유도 전동기, 쿨링팬 모터 등을 제어한다. 즉, 고전압 배터리로부터 받은 직류(DC) 전원(+, -)을 3상 교류(AC)의 U, V, W상으로 변환하는 기구이며, 제어 보드(MCU) 에서 3상 AC 전원을 제어하여 구동 모터를 구동한다.

4) 직류 변환 장치(LDC ; Low Voltage DC-DC Converter, 컨버터)

① **LDC의 개요** : LDC는 고전압 배터리의 고전압(DC 360V)을 LDC를 거쳐 12V 저전압으로 변환하여 차량의 각 부하(전장품)에 공급하기 위한 전력 변환 시스템으로 차량 제어 유닛(VCU)에 의해 제어되며, LDC는 EPCU 어셈블리 내부에 구성되어 있다.

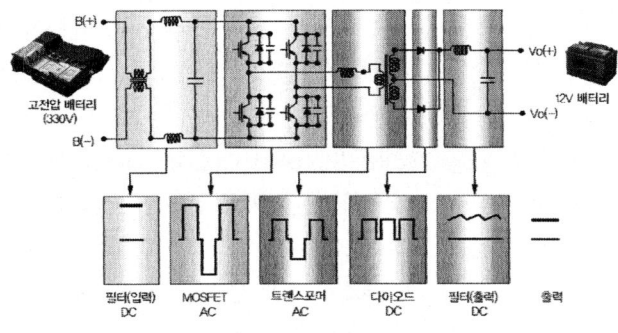

▲ LDC 제어의 구성

② **배터리 센서(Battery Sensor)** : 차량에 장착된 각각의 컨트롤 유닛들이 여러 종류의 센서로부터 다양한 정보를 받고 다시 제어하는 과정에서의 안정적인 전류 공급은 매우 중요하다. VCU는 보조 배터리 (-) 단자에 장착된 배터리 센서로부터 전송된 배터리의 전압, 전류, 온도 등의 정보를 통하여 차량에 필요한 전류를 LDC를 통하여 발전 제어한다.

5) 완속 충전기(OBC ; On Board Charger)

완속 충전기는 차량에 탑재된 충전기로 OBC라고 부르며, 차량 주차 상태에서 AC 110V・220V 전원으로 차량의 고전압 배터리를 충전한다. 고전압 배터리 제어기인 BMU와 CAN 통신을 통해 배터리 충전 방식(정전류, 정전압)을 최적으로 제어한다.

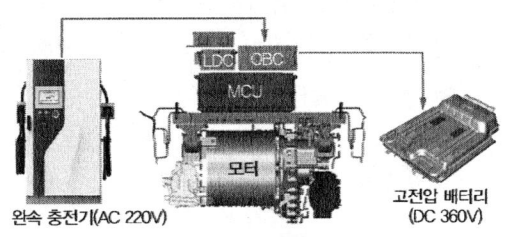

▲ 완속 충전 흐름도

3 전기 자동차 구동장치 개요 및 정비

(1) 전기 자동차의 모터

영구자석이 내장된 IPM 동기 모터 (Interior Permanent Magnet Synchronous Motor)가 주로 사용되고 있으며, 희토류 자석을 이용하는 모터는 열화에 의해 자력이 감소하는 현상이 발생하므로 온도 관리가 중요하다.

전기 자동차의 구동 모터는 엔진이 없는 전기 자동차에서 동력을 발생하는 장

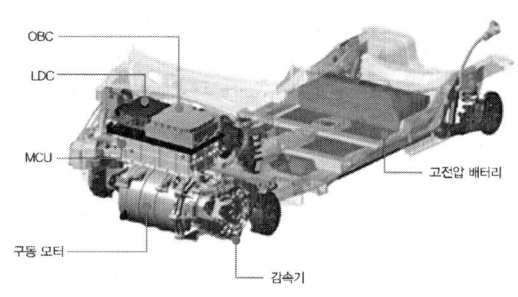

▲ 구동 장치의 구성

치로 높은 구동력과 출력으로 가속과 등판 및 고속 운전에 필요한 동력을 제공하며, 소음이 거의 없는 정숙한 차량 운행을 제공한다.

또한 감속 시에는 발전기로 전환되어 전기를 생산하여 고전압 배터리를 충전함으로써 연비를 향상시키고 주행거리를 증대시킨다. 모터에서 발생한 동력은 회전자 축과 연결된 감속기와 드라이브 샤프트를 통해 바퀴에 전달된다.

1) 구동 모터의 주요 기능

- **동력(방전) 기능** : MCU는 배터리에 저장된 전기에너지로 구동 모터를 삼상 제어하여 구동력을 발생 시킨다.
- **회생 제동(충전) 기능** : 감속 시에는 발생하는 운동에너지를 이용하여 구동 모터를 발전

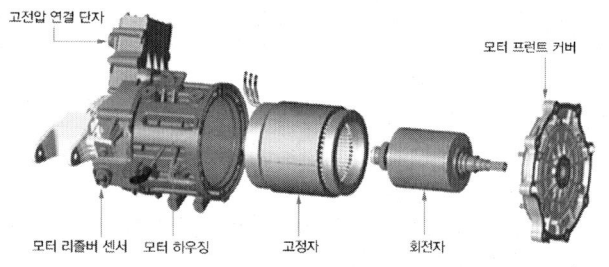

▲ 구동 모터의 구조

기로 전환시켜 발생된 전기에너지를 고전압 배터리에 충전한다.

① **모터 위치 센서**(Motor Position Sensor) : 모터를 제어하기 위해서는 정확한 모터 회전자의 절대 위치에 대한 검출이 필요하다. 리졸버를 이용한 회전자의 위치 및 속도 정보를 통하여 MCU는 최적으로 모터를 제어할 수 있게 된다. 리졸버는 리어 플레이트에 장착되며, 모터의 회전자와 연결된 리졸버 회전자와 고정자로 구성되어 엔진의 CMP 센서처럼 모터 내부의 회전자 위치를 파악한다.

② **모터 온도 센서**(Motor Temperature Sensor) : 모터의 온도는 모터의 출력에 큰 영향을 미친다. 모터가 과열될 경우 모터의 회전자(매립형 영구 자석) 및 스테이터 코일이 변형되거나 그 성능에 영향을 미칠 수 있다. 이를 방지하기 위해 모터의 온도 센서는 온도에

따라 모터의 토크를 제어하기 위하여 모터에 내장되어 있다.

2) 감속기의 기능

전기 자동차용 감속기는 일반 가솔린 차량의 변속기와 같은 역할을 하지만 여러 단이 있는 변속기와는 달리 일정한 감속비로 모터에서 입력되는 동력을 자동차 차축으로 전달하는 역할을 하며, 변속기 대신 감속기라고 불린다.

감속기의 역할은 모터의 고회전, 저토크 입력을 받아 적절한 감속비로 속도를 줄여 그만큼 토크를 증대시키는 역할을 한다. 감속기 내부에는 파킹 기어를 포함하여 5개의 기어가 있으며, 수동변속기 오일이 들어 있는데 오일은 무교환식이다.

3) 모터의 작동 원리

3상 AC 전류가 스테이터 코일에 인가되면 회전 자계가 발생되어 로터 코어 내부에 영구 자석을 끌어당겨 회전력을 발생시킨다.

4 전기 자동차 편의·안전장치 개요 및 정비

(1) 충전 장치

1) 충전 장치의 개요

전기 자동차의 구동용 배터리는 차량 외부의 전기를 충전기를 사용하여 충전하는 방법과 주행 중 제동 시 회생 충전을 이용하는 방법이 있으며, 외부 충전 방법은 급속, 완속, ICCB(In Cable Control Box) 3종류가 있다.

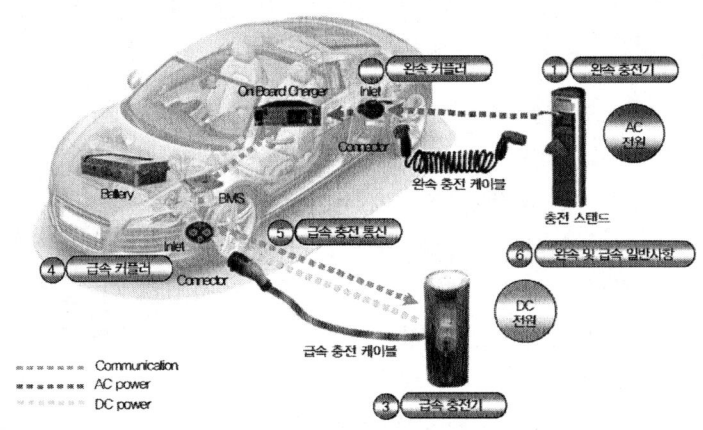

▲ 완속 충전과 급속 충전 라인 비교

① **외부 전원을 이용한 충전** : 완속 충전기와 급속 충전기는 별도로 설치된 단상 AC의 220V 또는 3상 AC 380V용 전원을 이용하여 고전압 배터리를 충전하는 방식이며, ICCB는 가정용 전기 콘센트에 차량용 충전기를 연결하여 고전압 배터리를 완속 충전하는 방법이다. 완속 충전 시에는 차량 내에 별도로 설치된 충전기(OBC ; On Board Charger)에서 AC 전원을 DC의 고전압으로 변경 후 고전압 배터리에 충전한다.

② **회생을 이용한 충전** : 자동차를 운행 중 감속할 경우에 구동모터는 발전기 역할로 전환되면서 3상의 교류 전기를 발전하며 발전된 전류를 컨버터에서 직류로 변환시켜 고전압 배터리를 충전한다.

- **3상 동기 발전기** : 영구자석형 로터가 회전하면 스테이터 코일 주위의 자계가 변화하면서 전자 유도 작용으로 코일에 유도 전류가 발생하는 원리이며, 스테이터 코일 3개가 120°간격으로 배치되어 각 코일의 위상이 120°엇갈린 교류, 즉 삼상 교류가 발생한다.

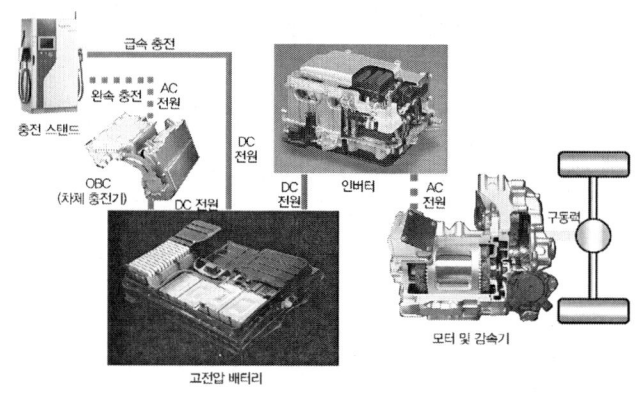

▲ 전기 자동차 충전

- **컨버터** : 교류를 반도체 소자인 다이오드의 정류 작용을 이용하여 변환하는 장치를 AC·DC 컨버터 또는 정류기라 하며, 단상 교류인 경우 4개의 다이오드, 삼상 교류인 경우는 6개의 다이오드로 전파 정류 회로를 구성할 수 있다.

2) 완속 충전 장치

① **완속 충전의 개요**: 충전 방법으로는 완속 충전 포트를 이용한 완속 충전과 급속 충전 포트를 이용하는 급속 충전이 있는데, 완속 충전은 AC 100·220V 전압의 완속 충전기(OBC)를 이용하여 교류 전원을 직류 전원으로 변환하여 고전압 배터리를 충전하는 방법이다. 완속 충전

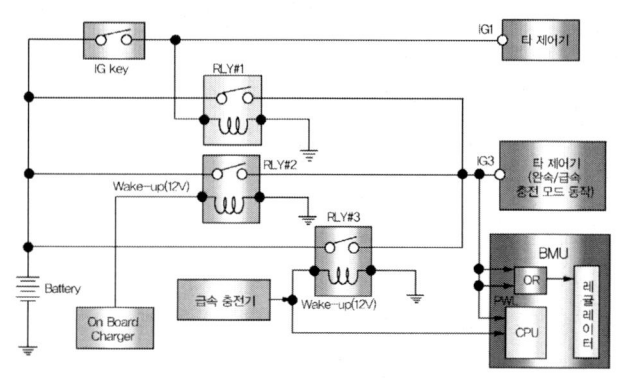

▲ 충전 회로도

시에는 표준화된 충전기를 사용하여 차량의 앞쪽에 설치된 완속 충전기 인렛을 통해 충전하여야 한다. 급속 충전보다 더 많은 시간이 필요하지만 급속 충전보다 충전 효율이 높아 배터리 용량의 90%까지 충전할 수 있으며, 이를 제어하는 것이 BMU와 IG3 릴레이 #1,2,3이다. IG3 릴레이를 통해 생성되는 IG3 신호는 저전압 직류 변환장치(LDC), BMU, 모터 컨트롤 유닛(MCU), 차량 제어 유닛(VCU), 완속 충전기(OBC)를 활성화시키고 차량의 충전이 가능하게 한다.

② **충전 컨트롤 모듈** : 충전 컨트롤 모듈(CCM)은 콤보 타입 충전기기에서 나오는 PLC 통신 신호를 수신하여 CAN 통신 신호로 변환해 주는 역할을 한다.

3) 급속 충전 장치

급속 충전은 차량 외부에 별도로 설치된 차량 외부 충전 스탠드의 급속 충전기를 사용하여 DC 380V의 고전압으로 고전압 배터리를 빠르게 충전하는 방법이다.

급속 충전 시스템은 급속 충전 커넥터가 급속 충전 포트에 연결된 상태에서 급속 충전 릴레이와 PRA 릴레이를 통해 전류가 흐를

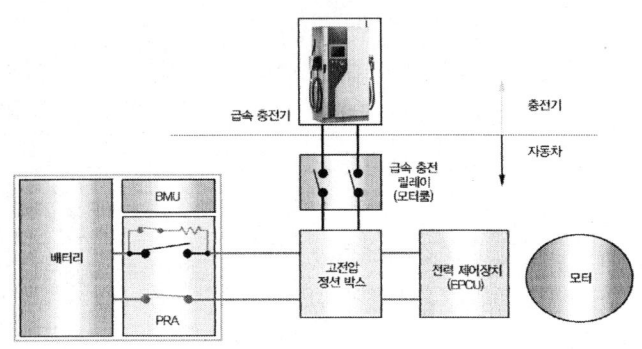

▲ 급속 충전 회로도

수 있으며, 외부 충전기에 연결하지 않았을 경우에는 급속 충전 릴레이와 PRA 릴레이를 통해 고전압이 급속 충전 포트에 흐르지 않도록 보호한다.

기존 차량의 연료 주입구 안쪽에 설치된 급속 충전 인렛 포트에 급속 충전기 아웃렛을 연결하여 충전하고 충전 효율은 배터리 용량의 80~84%까지 충전할 수 있으며, 1차 급속 충전이 끝난 후 2차 급속 충전을 하면 배터리 용량(SOC)의 95%까지 충전할 수 있다.

(2) 히트 펌프

냉매의 순환 경로를 변경하여 고온 고압의 냉매를 열원으로 이용하는 난방 시스템으로 난방 시에도 히트 펌프 가동을 위해 컴프레서를 구동하게 된다.

1) 난방 사이클(히트 펌프)
① **냉매 순환** : 컴프레서 → 실내 콘덴서 → 오리피스 → 실외 콘덴서 순으로 진행한다.
② **실내 콘덴서** : 고온의 냉매와 실내 공기의 열 교환을 통해 방출된다.
③ **실외 콘덴서** : 오리피스를 통해 공급된 저온의 냉매와 외부 공기와 열 교환을 통해 열을 흡수한다.
④ 히트 펌트 시스템에는 실내 콘덴서가 추가된다.

2) 히트 펌프 장점
난방 시 고전압 PTC(Positive temperature coefficient) 사용을 최소화하여 소비 전력 저감으로 주행 거리가 증대함은 물론 전장품(EPCU, 모터 냉각수)의 폐열을 활용하여 극저온에서도 연속적인 사이클을 구현한다.

3) 히트 펌프의 작동 온도
히트 펌프의 작동 영역은 -20℃에서 15℃이며 작동 영역 이외는 고전압 PTC(Positive temperature coefficient)를 활용하여 난방을 한다.

4) 히트 펌프의 냉매 흐름

① 난방시 냉매 흐름

- **실외 콘덴서** : 액체 상태의 냉매를 증발시켜 저온 저압의 가스 냉매로 만든다.
- **3상 솔레노이드 밸브 #2** : 히트 펌프 작동 시 냉매의 흐름 방향을 칠러 쪽으로 바꿔 준다.
- **칠러** : 저온 저압 가스 냉매를 모터의 폐열을 이용하여 2차 열 교환을 한다.
- **어큐뮬레이터** : 컴프레서로 기체 냉매만 유입될 수 있도록 냉매의 기체·액체를 분리한다.
- **전동 컴프레서** : 전동 모터로 구동되며, 저온 저압가스 냉매를 고온 고압가스로 만들어 실내 콘덴서로 보낸다.
- **실내 콘덴서** : 고온 고압가스 냉매를 응축시켜 고온 고압의 액상 냉매로 만든다.
- **2상 솔레노이드 밸브 #1** : 냉매를 급속 팽창시켜 저온 저압의 액상 냉매가 되도록 한다.
- **2상 솔레노이드 밸브 #2** : 난방 시 제습 모드를 사용할 경우 냉매를 이배퍼레이터로 보낸다.
- **3상 솔레노이드 밸브 #1** : 실외 콘덴서에 착상이 감지되면 냉매의 흐름을 칠러로 바이패스 시킨다.

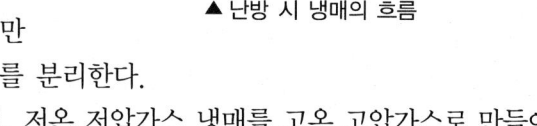

▲ 난방 시 냉매의 흐름

② 냉방 시 냉매의 흐름

- **실외 콘덴서** : 고온 고압가스 냉매를 응축시켜 고온 고압의 액상 냉매로 만든다.
- **3상 솔레노이드 밸브 #2** : 에어컨 작동 시 냉매의 흐름 방향을 팽창 밸브 쪽으로 흐르도록 만든다.
- **팽창 밸브** : 냉매를 급속 팽창시켜 저온 저압의 기체가 되도록 한다.

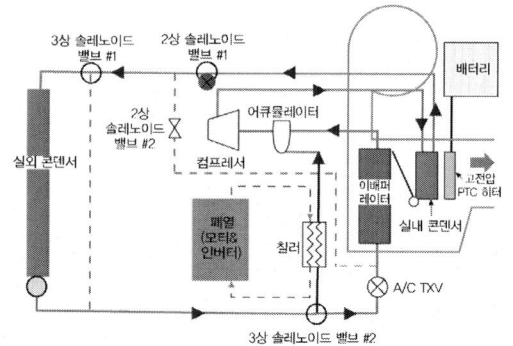

▲ 냉방 시 냉매의 흐름

- **이배퍼레이터** : 안개 상태의 냉매가 기체로 변하는 동안 블로어 팬의 작동으로 이배퍼레이터의 핀을 통과하는 공기 중의 열을 빼앗는다.
- **어큐뮬레이터** : 컴프레서로 기체 냉매만 유입될 수 있도록 냉매의 기체·액체를 분리한다.
- **전동 컴프레서** : 전동 모터로 구동되며, 저온 저압가스 냉매를 고온 고압가스로 만들어 실내 콘덴서로 보낸다.

- **실내 콘덴서** : 고온 고압가스 냉매가 지나가는 경로이다.
- **2상 솔레노이드 밸브 #2** : 이배퍼레이터로 냉매의 유입을 막는다.
- **3상 솔레노이드 밸브 #1** : 실외 콘덴서로 냉매를 순환시킨다.

Section 10 수소 연료 전지차 정비 및 그 밖의 친환경 자동차

1 수소 공급장치 개요 및 정비

(1) 수소 연료 전지 전기 자동차

연료 전지 전기 자동차(FCEV ; Fuel Cell Electric Vehicle)는 연료 전지(Stack)라는 특수한 장치에서 수소(H_2)와 산소(O_2)의 화학 반응을 통해 전기를 생산하고 이 전기 에너지를 사용하여 구동 모터를 돌려 주행하는 자동차이다.

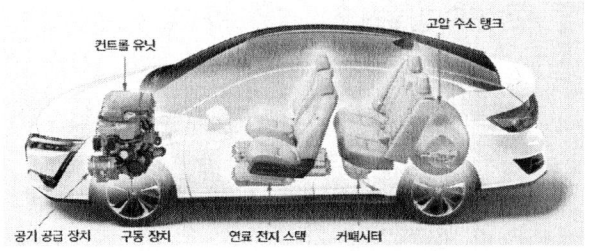

▲ 연료 전지 자동차의 구성

① 연료 전지 시스템은 연료 전지 스택, 운전 장치, 모터, 감속기로 구성된다.
② 연료 전지는 공기와 수소 연료를 이용하여 전기를 생산한다.
③ 연료 전지에서 생산된 전기는 인버터를 통해 모터로 공급된다.
④ 연료 전지 자동차가 유일하게 배출하는 배기가스는 수분이다.

1) 고체 고분자 연료 전지(PEFC ; Polymer Electrolyte Fuel Cell)

① 특징
- 전해질로 고분자 전해질(polymer electrolyte)을 이용한다.
- 공기 중의 산소와 화학반응에 의해 백금의 전극에 전류가 발생한다.
- 발전 시 열을 발생하지만 물만 배출시키므로 에코 자동차라 한다.
- 출력의 밀도가 높아 소형 경량화가 가능하다.
- 운전 온도가 상온에서 80℃까지로 저온에서 작동하다.

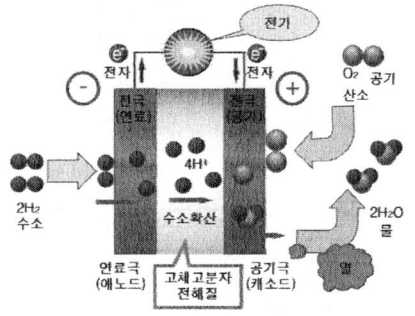

▲ 고체 고분자 연료 전지

- 기동·정지 시간이 매우 짧아 자동차 등 전원으로 적합하다.
- 전지 구성의 재료 면에서 제약이 적고 튼튼하여 진동에 강하다.

② **작동 원리**
- 하나의 셀은 (-) 극판과 (+) 극판이 전해질 막을 감싸는 구조이다.
- 양 바깥쪽에서 세퍼레이터(separator)가 감싸는 형태로 구성되어 있다.
- 셀의 전압이 낮아 자동차용의 스택은 수백 장의 셀을 겹쳐 고전압을 얻고 있다.
- 세퍼레이터는 홈이 파져 있어 (-)쪽에는 수소, (+)쪽은 공기가 통한다.
- 수소는 극판에 칠해진 백금의 촉매작용으로 수소 이온이 되어 (+)극으로 이동한다.
- 산소와 만나 다른 경로로 (+)극으로 이동된 전자도 합류하여 물이 된다.

2) 주행 모드
① **등판(오르막) 주행** : 스택에서 생산한 전기를 주로 사용하며, 전력이 부족할 경우 고전압 배터리의 전기를 추가로 공급한다.
② **평지 주행** : 스택에서 생산된 전기로 주행하며, 생산된 전기가 모터를 구동하고 남을 경우 고전압 배터리를 충전한다.
③ **강판(내리막) 주행** : 구동 모터를 통해 발생된 회생 제동을 통해 고전압 배터리를 충전하여 연비를 향상시킨다. 회생 제동으로 생산된 전기는 스택으로 가지 않고 고전압 배터리 충전에 사용된다. 또한 긴 내리막으로 인해 고전압 배터리가 완충된다면 COD(Cathode Oxygen Depletion) 히터를 통해 회생 제동량을 방전시킨다.

3) 수소 연료 전지 자동차의 구성
① **수소 저장 탱크** : 탱크 내에 수소를 저장하며, 스택(STACK)으로 공급한다.
② **공기 공급 장치(APS)** : 스택 내에서 수소와 결합하여 물(H_2O)을 생성하며, 순수한 산소의 형태가 아니며 대기의 공기를 스택으로 공급한다.

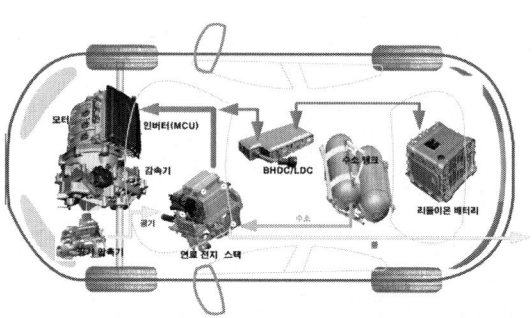

▲ 수소 연료 전지 자동차의 구조

③ **스택(STACK)** : 주행에 필요한 전기를 발생하며, 공급된 수소와 공기 중의 산소가 결합되어 수증기를 생성한다.
④ **고전압 배터리** : 스택에서 발생된 전기를 저장하며, 회생제동 에너지(전기)를 저장하여 시스템 내의 고전압 장치에 전원을 공급한다.
⑤ **인버터** : 스택에서 발생된 직류 전기를 모터가 필요로 하는 3상 교류 전기로 변환하는 역할을 한다.
⑥ **모터 & 감속기** : 차량을 구동하기 위한 모터와 감속기

⑦ **연료 전지 시스템 어셈블리** : 연료 전지 룸 내부에는 스택을 중심으로 수소 공급 시스템과 고전압 회로 분배, 공기를 흡입하여 스택 내부로 불어 넣을 수 있는 공기 공급하며, 스택의 온도 조절을 위해 냉각을 한다.

(2) 파워트레인 연료 전지(PFC ; Power Train Fuel Cell)

연료 전지 전기 자동차의 동력원인 전기를 생산하고 이를 통해 자동차를 구동하는 시스템이 구성된 전체 모듈을 PFC라고 한다. 파워트레인 연료 전지는 크게 연료 전지 스택, 수소 공급 시스템(FPS ; Fuel Processing System), 공기 공급 시스템(APS ; Air Processing System), 스택 냉각 시스템(TMS ; Thermal Management System)으로 구성된다. 이 시스템에 의해 전기가 생산되면 고전압 정션 박스에서 전기가 분배되어 구동 모터를 돌려 주행한다.

1) 연료 전지용 전력 변환 장치

연료 전지로부터 출력되는 DC 전원을 AC 전원으로 변환하여 전원 계통에 연계시키는 연계형 인버터이다.

2) 연료 전지 스택

연료 전지 스택은 연료 전지 시스템의 가장 핵심적인 부품이며, 연료 전지는 수소 전기 자동차에 요구되는 출력을 충족시키기 위해 단위 셀을 층층이 쌓아 조립한 스택 형태로 완성된다. 하나의 셀은 화학 반응을 일으켜 전기 에너지를 생산하는 전극 막, 수소와 산소를 전극 막 표면으로 전달하는 기체 확산층, 수소와 산소가 섞이지 않고 각 전극으로 균일하게 공급되도록 길을 만들어 주는 금속 분리판 등의 부품으로 구성되어 있다.

3) 수소 공급 시스템

연료 전지 스택의 효율적인 전기 에너지의 생성을 위해서는 운전 장치의 도움이 필요하다. 이 중에서 수소 공급 시스템은 수소 탱크에 안전하게 보관된 수소를 고압 상태에서 저압 상태로 바꿔 연료 전지 스택으로 이동시키는 역할을 담당한다. 또한 재순환 라인을 통해 수소 공급 효율성을 높여준다.

4) 공기 공급 시스템

공기 공급 시스템은 외부 공기를 여러 단계에 걸쳐 정화하고 압력과 양을 조절하여 수소와 반응시킬 산소를 연료 전지 스택에 공급하는 장치이며, 외부의 공기를 그대로 사용할 경우 대기 공기 중 이물질로 인한 연료 전지의 손상이 발생할 수 있어 여러 단계로 공기를 정화한 후 산소를 전달한다.

5) 열관리 시스템

열관리 시스템은 연료 전지 스택이 전기 화학 반응을 일으킬 때 발생하는 열을 외부로 방출시키고 냉각수를 순환시켜 연료 전지 스택의 온도를 일정하게 유지하는 장치이다. 열관리 시스템은 연료 전지 스택의 출력과 수명에 영향을 주기 때문에 수소 연료 전지 전기 자동차의 성능을 좌우하는 중요한 기술이다.

(3) 수소 가스의 특징

① 수소는 가볍고 가연성이 높은 가스이다.
② 수소는 매우 넓은 범위에서 산소와 결합될 수 있어 연소 혼합가스를 생성한다.
③ 수소는 전기 스파크로 쉽게 점화할 수 있는 매우 낮은 점화 에너지를 가지고 있다.
④ 수소는 누출되었을 때 인화성 및 가연성, 반응성, 수소 침식, 질식, 저온의 위험이 있다.
⑤ 가연성에 미치는 다른 특성은 부력 속도와 확산 속도이다.
⑥ 부력 속도와 확산 속도는 다른 가스보다 매우 빨라서 주변의 공기에 급속하게 확산되어 폭발할 위험성이 높다.

(4) 수소 가스 저장 시스템

1) 수소 가스의 충전

① **수소 충전소의 충전 압력**

- 수소를 충전할 때 수소가스의 압축으로 인해 탱크의 온도가 상승한다.
- 충전 통신으로 탱크 내부의 온도가 85℃를 초과되지 않도록 충전 속도를 제어한다.

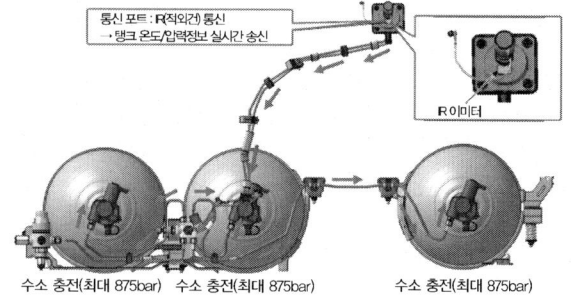

▲ 수소 가스의 탱크

② **충전 최대 압력**

- 수소 탱크는 875bar의 최대 충전 압력으로 설정되어 있다.
- 탱크에 부착된 솔레노이드 밸브는 체크 밸브 타입으로 연료 통로를 막고 있다.
- 수소의 고압가스는 체크 밸브 내부의 플런저를 밀어 통로를 개방하고 탱크에 충전된다.
- 충전하는 동안에는 전력을 사용하지 않는다.
- 수소는 압력차에 의해 충전이 이루어지며, 3개의 탱크 압력은 동시에 상승한다.

2) 주행 중 수소 가스의 소비

① **전력이 감지 될 경우**

- 수소가 공급되고 수소 탱크의 밸브가 개방된다.
- 압력 조정기는 수소 가스의 압력을 감압시켜 연료 공급 시스템에 필요한 압력 & 유량을 제공한다.

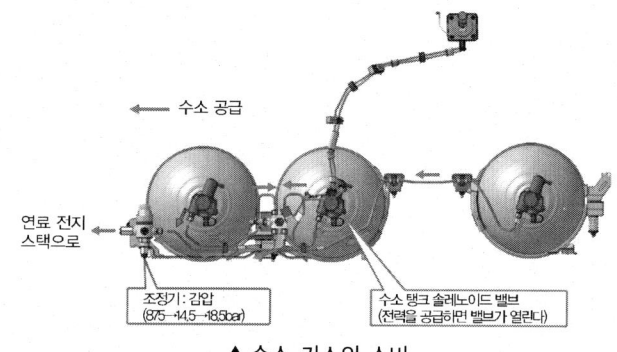

▲ 수소 가스의 소비

② 3개 탱크 사이의 소비 분배
- 연료 전지 파워 버튼을 누르면 수소 저장 시스템 제어기는 동시에 3개의 탱크 밸브(솔레노이드 밸브)에 전력을 공급하여 밸브가 개방된다.
- 3개 탱크 내의 수소는 자동차가 구동될 때 함께 소비되어 내부 압력은 균등하게 낮아진다.

3) 수소 저장 시스템 제어기(HMU ; Hydrogen Module Unit)
① HMU는 남은 연료를 계산하기 위해 각각의 센서 신호를 사용한다.
② HMU는 수소가 충전되고 있는 동안 연료 전지 기동 방지 로직을 사용한다.
③ HMU는 수소 충전 시에 충전소와 실시간 통신을 한다.
④ HMU는 수소 탱크 솔레노이드 밸브, IR 이미터 등을 제어한다.

4) 고압 센서
① 고압 센서는 프런트 수소 탱크 솔레노이드 밸브에 장착된다.
② 고압 센서는 탱크 압력을 측정하여 남은 연료를 계산한다.
③ 고압 센서는 고압 조정기의 장애를 모니터링 한다.
④ 고압 센서는 다이어프램 타입으로 출력 전압은 약 0.4~0.5V이다.
⑤ 계기판의 연료 게이지는 수소 압력에 따라 변경된다.

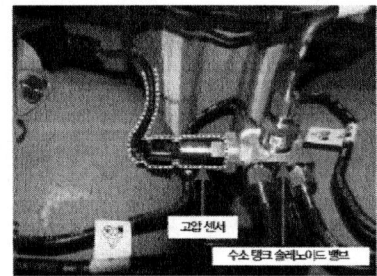
▲ 고압 센서

5) 중압 센서
① 중압 센서는 고압 조정기(HPR ; High Pressure Regulator)에 장착된다.
② 고압 조정기는 탱크로부터 공급되는 수소 압력을 약 16bar로 감압한다.
③ 중압 센서는 공급 압력을 측정하여 연료량을 계산한다.
④ 중압 센서는 고압 조정기의 장애를 감지하기 위해 수소 저장 시스템 제어기에 압력 값을 보낸다.

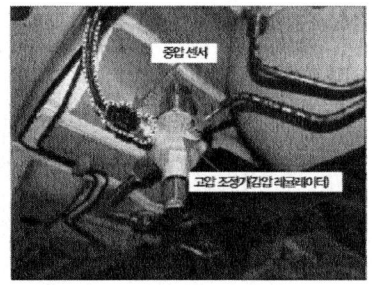
▲ 중압 센서

6) 솔레노이드 밸브
① 솔레노이드 밸브 어셈블리
- 수소의 흡입·배출의 흐름을 제어하기 위해 각각의 탱크에 연결되어 있다.

- 솔레노이드 밸브 어셈블리는 솔레노이드 밸브, 감압장치, 온도 센서와 과류 차단 밸브로 구성되어 있다.
- 솔레노이드 밸브는 수소 저장 시스템 제어기에 의해 제어된다.
- 밸브가 정상적으로 작동되지 않는 경우 수소 저장 시스템 제어기는 고장 코드를 설정하고 서비스 램프를 점등시킨다.

② **온도 센서**
- 탱크 내부에 배치되어 탱크 내부의 온도를 측정한다.
- 수소 저장 시스템 제어기는 남은 연료를 계산하기 위해 측정된 온도를 이용한다.

③ **열 감응식 안전 밸브**
- 3적 활성화 장치라고도 한다.
- 밸브 주변의 온도가 110℃를 초과하는 경우 안전 조치를 위해 수소를 배출한다.
- 감압 장치는 유리 벌브 타입이며, 한 번 작동 후 교환하여야 한다.

④ **과류 차단 밸브**
- 고압 라인이 손상된 경우 대기 중에 수소가 과도하게 방출되는 것을 기계적으로 차단하는 과류 플로 방지 밸브이다.
- 밸브가 작동하면 연료 공급이 차단되고 연료 전지 모듈의 작동은 정지된다.
- 과류 차단 밸브는 탱크의 솔레노이드 밸브에 배치되어 있다.

7) 고압 조정기(수소 압력 조정기)

① **고압 조정기**
- 탱크 압력을 16bar로 감압시키는 역할을 한다.
- 감압된 수소는 스택으로 공급된다.
- 고압 조정기는 압력 릴리프 밸브, 서비스 퍼지 밸브를 포함하여 중압 센서가 장착된다.

② **중압 센서** : 중압 센서는 고압 조정기에 장착되어 조정기에 의해 감압된 압력을 수소 저장 시스템 제어기에 전달한다.

③ **서비스 퍼지 밸브**
- 수소 공급 및 저장 시스템의 부품 정비 시는 스택과 탱크 사이의 수소 공급 라인의 수소를 배출시키는 밸브이다.
- 서비스 퍼지 밸브의 니플에 수소 배출 튜브를 연결하여 공급 라인의 수소를 배출할 수 있다.

8) 리셉터클(Receptacle)

수소 충전용 리셉터클은 수소가스 충전소 측의 충전 노즐 커넥터의 역할을 수행하는 리셉터클 본체와 내부는 리셉터클 본체를 통과하는 수소가스에 이물질을 필터링하는 필터부와 일방향으로 흐름을 단속하는 체크부로 구성되어 있다.

9) IR(Infraed ; 적외선) 이미터

① 적외선(IR) 이미터는 수소 저장 시스템 내부의 온도 및 압력 데이터를 송신하여 안전성을 확보하고 수소 충전 속도를 제어하기 위해 상시 적외선 통신을 실시한다.
② 키 OFF 상태에서 수소 충전 이후 일정 시간이 경과하거나 단순 키 OFF 상태에서 적외선 송신기 및 각종 센서에 전원 공급을 자동으로 차단한다.
③ 기존 배터리의 방전으로 인한 시동 불능 상황의 발생을 방지하기 위해 자동 전원 공급 및 차단한다.

(5) 공기 · 수소 공급 시스템 부품의 기능

1) 에어 클리너

① 에어 클리너는 흡입 공기에서 먼지 입자와 유해물(아황산가스, 부탄)을 걸러내는 화학 필터를 사용한다.
② 필터의 먼지 및 유해가스 포집 용량을 고려하여 주기적으로 교환하여야 한다.
③ 필터가 막힌 경우 필터의 통기 저항이 증가되어 공기 압축기가 빠르게 회전하고 에너지가 소비되며, 많은 소음이 발생한다.

2) 공기 유량 센서

① 공기 유량 센서는 스택에 유입되는 공기량을 측정한다.
② 센서의 열막은 공기 압축기에서 얼마나 많은 공기가 공급되는지 공기 흡입 통로에서 측정한다.
③ 지정된 온도에서 열막을 유지하기 위해 공급되는 전력 신호로 변환된다.

3) 공기 차단기

① 공기 차단기는 연료 전지 스택 어셈블리 우측에 배치되어 있다.
② 공기 차단기는 연료 전지에 공기를 공급 및 차단하는 역할을 한다.
③ 공기 차단 밸브는 키 ON 상태에서 열리고 OFF 시 차단되는 개폐식 밸브이다.
④ 공기 차단 밸브는 키를 OFF시킨 후 공기가 연료 전지 스택 안으로 유입되는 것을 방지한다.
⑤ 공기 차단 밸브는 모터의 작동을 위한 드라이버를 내장하고 있으며, 연료 전지 차량 제어 유닛(FCU)과의 CAN 통신에 의해 제어된다.

4) 공기 압축기

① 연료 전지 스택의 반응에 필요한 공기를 적정한 유량 · 압력으로 공급한다.
② 공기 압축기는 임펠러 · 볼류트 등의 압축부와 이를 구동하기 위한 고속 모터부로 구성되어 연료 전지 스택의 반응에 필요한 공기를 공급한다.
③ 모터의 회전수에 따라 공기의 유량을 제어하게 되며, 모터 축에 연결된 임펠러의 고속

회전에 의해 공기가 압축된다.

④ 모터에서 발생하는 열을 냉각하기 위한 수냉식으로 외부에서 냉각수가 공급된다.

5) 가습기

① 연료 전지 스택에 공급되는 공기가 내부의 가습 막을 통해 스택의 배기에 포함된 열 및 수분을 스택에 공급되는 공기에 공급한다.

② 연료 전지 스택의 안정적인 운전을 위해 일정 수준 이상의 가습이 필수적이다.

③ 스택의 배출 공기의 열 및 수분을 스택의 공급 공기에 전달하여 스택에 공급되는 공기의 온도 및 수분을 스택의 요구 조건에 적합하도록 조절한다.

6) 스택 출구 온도 센서

스택 출구 온도 센서는 스택에 유입되는 흡입 공기 및 배출되는 공기의 온도를 측정한다.

7) 운전 압력 조절 장치

① 운전 압력 조절장치는 연료 전지 시스템의 운전 압력을 조절하는 역할을 한다.

② 외기 조건(온도, 압력)에 따라 밸브의 개도를 조절하여 스택이 가압 운전이 될 수 있도록 한다.

③ FCU(Fuel Cell Control Unit)와 CAN 통신을 통하여 지령을 받고 모터를 구동하기 위한 드라이버를 내장하고 있다.

8) 소음기 및 배기 덕트

① 소음기는 배기 덕트와 배기 파이프 사이에 배치되어 있다.

② 소음기는 스택에서 배출되는 공기의 흐름에 의해 생성된 소음을 감소시킨다.

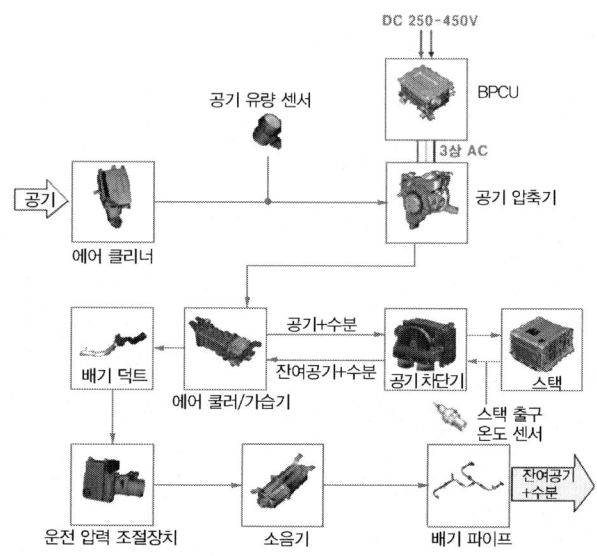

▲ 공기 공급 시스템의 구성

9) 블로어 펌프 제어 유닛(BPCU ; Blower Pump Control Unit)
① 블로어 펌프 제어 유닛은 공기 블로어를 제어하는 인버터이다.
② 블로어 펌프 제어 유닛은 CAN 통신을 통해 연료 전지 제어 유닛으로부터 속도의 명령을 수신하고 모터의 속도를 제어한다.

(6) 수소 공급 시스템

1) 수소 차단 밸브
① 수소 차단 밸브는 수소 탱크에서 스택으로 수소를 공급하거나 차단하는 개폐식 밸브이다.
② 밸브는 시동이 걸릴 때는 열리고 시동이 꺼질 때는 닫힌다.

2) 수소 공급 밸브
① 수소 공급 밸브는 수소가 스택에 공급되기 전에 수소 압력을 낮추어 스택의 전류에 맞춰 수소를 공급한다.
② 더 좋은 스택의 전류가 요구되는 경우 수소 공급 밸브는 더 많이 스택으로 공급될 수 있도록 제어한다.

3) 수소 이젝터
① 수소 이젝터는 노즐을 통해 공급되는 수소가 스택 출구의 혼합 기체(수분, 질소 등 포함)을 흡입하여 미반응 수소를 재순환시키는 역할을 한다.
② 별도로 동작하는 부품은 없으며, 수소 공급 밸브의 제어를 통해 재순환을 수행한다.

4) 수소 압력 센서
① 수소 압력 센서는 연료 전지 스택에 공급되는 수소의 압력을 제어하기 위해 압력을 측정한다.
② 금속 박판에 압력이 인가되면 내부 3심 칩의 다이어프램에 압력이 전달되어 변형이 발생된다.
③ 압력 센서는 변형에 의한 저항의 변화를 측정하여 이를 압력 차이로 변환한다.

5) 퍼지 밸브
① 퍼지 밸브는 스택 내부의 수소 순도를 높이기 위해 사용된다.
② 전기를 발생시키기 위해 스택이 수소를 계속 소비하는 경우 스택 내부에 미세량의 질소가 계속 누적이 되어 수소의 순도는 점점 감소한다.
③ 스택이 일정량의 수소를 소비할 때 퍼지 밸브가 수소의 순도를 높이기 위해 약 0.5초 동안 개방된다.
④ 연료 전지 제어 유닛(FCU)이 일정 수준 이상으로 스택 내 수소의 순도를 유지하기 위해

퍼지 밸브의 개폐를 제어한다.
  ㉮ **시동 시 개방·차단 실패** : 시동 불가능
  ㉯ **주행 중 개방 실패** : 드레인 밸브에 의해 제어
  ㉰ **주행 중 차단 실패** : 전기 자동차(EV) 모드로 주행

6) 워터 트랩 및 드레인 밸브
① 연료 전지는 화학 반응을 공기 극에서 수분을 생성한다.
② 수분은 농도 차이로 인하여 막(Membrance)을 통과하여 연료 극으로 가게 된다.
③ 수분은 연료 극에서 액체가 되어 중력에 의해 워터 트랩으로 흘러내린다.
④ 워터 트랩에 저장된 물이 일정 수준에 도달하면 물이 외부로 배출되도록 드레인 밸브가 개방된다.
⑤ 워터 트랩은 최대 200cc를 수용할 수 있으며, 레벨 센서는 10단계에 걸쳐 120cc까지 물의 양을 순차적으로 측정한다.
⑥ 물이 110cc 이상 워터 트랩에 포집되는 경우 드레인 밸브가 물을 배출하도록 개방한다.

7) 레벨 센서
① 레벨 센서는 감지면 외부에 부착된 전극을 통해 물로 인해 발생되는 정전 용량의 변화를 감지한다.
② 레벨 센서는 워터 트랩 내에 물이 축적되면 물에 의해 하단부의 전극부터 정전 용량의 값이 변화되는 원리를 이용하여 총 10단계로 수위를 출력한다.

8) 수소 탱크
수소 저장 탱크는 수소 충전소에서 약 875bar로 충전시킨 기체 수소를 저장하는 탱크이다. 고압의 수소를 저장하기 때문에 내화재 및 유리섬유를 적용하여 안전성 확보, 경량화, 위급 상황 시 발생할 수 있는 안전도를 확보하여야 한다.

주요 부품은 수소의 입·출력 흐름을 제어하기 위해 각각의 탱크에 연결되어 있는 솔레노이드 밸브, 탱크 압력을 16bar로 조절하는 고압 조정기, 화재 발생 시 외부에 수소를 배출하는 T-PRD, 고압 라인에 손상이 발생한 경우 과도한 수소의 대기 누출을 기계적으로 차단하는 과류 방지 밸브, 충전된 수소가 충전 주입구를 통해 누출되지 않도록 체크 밸브가 장착된다.
① 솔레노이드 밸브는 탱크 내부의 온도를 측정하는 온도 센서가 장착되어 있다.
② 압력 조정기는 각각의 흡입구 및 배출구에 압력 센서가 장착되어 있다.
③ 연료 도어 개폐 감지 센서와 IR(적외선) 통신 이미터는 연료 도아 내에 장착된다.
④ 수소 저장 시스템 제어기(HMU)는 남은 연료를 계산하기 위해 각각의 센서 신호를 사용하며, 수소가 충전되고 있는 동안 연료 전지 기동 방지 로직을 사용하고 수소 충전 시에 충전소와 실시간 통신을 한다.

(7) 연료 전지 자동차의 고전압 배터리 시스템

1) 고전압 배터리 시스템의 개요

① 연료 전지 차량은 240V의 고전압 배터리를 탑재한다.
② 고전압 배터리는 전기 모터에 전력을 공급하고, 회생제동 시 발생되는 전기 에너지를 저장한다.
③ 고전압 배터리 시스템은 배터리 팩 어셈블리, 배터리 관리 시스템(BMS), 전자 제어 장치(ECU), 파워 릴레이 어셈블리, 케이스, 제어 배선, 쿨리 팬 및 쿨링 덕트로 구성된다.
④ 배터리는 리튬이온 폴리머 배터리(LiPB)이며, 64셀(15셀 × 4모듈)을 가지고 있다. 각 셀의 전압은 DC 3.75V로 배터리 팩의 정격 전압은 DC 240V이다.

2) 고전압 배터리 컨트롤 시스템의 구성

① **고전압 배터리 시스템은 배터리 관리 시스템(BMS)**
- BMS ECU, 파워 릴레이 어셈블리, 안전 플러그, 배터리 온도 센서, 보조 배터리 온도 센서로 구성된다.
- 배터리 관리 시스템 ECU는 SOC(충전 상태), 전원, 셀 밸런싱, 냉각 및 고전압 배터리 시스템의 문제 해결을 제어한다.

② **BMS ECU**
- 고전압 배터리 컨트롤 시스템은 컨트롤 모듈인 BMS ECU, 파워 릴레이 어셈블리로 구성되어 있다.
- 고전압 배터리의 SOC(State Of Charge), 출력, 고장 진단, 배터리 셀 밸런싱, 시스템 냉각, 전원 공급 및 차단을 제어한다.

③ **메인 릴레이**
- 메인 릴레이는 (+) 메인 릴레이와 (-) 메인 릴레이로 나누어져 있다.
- 메인 릴레이는 파워 릴레이 어셈블리에 통합되어 있다.
- 배터리 관리 시스템 ECU의 제어 신호에 따라 고전압 배터리와 인버터 사이에 전원 공급 라인 및 접지 라인을 연결한다.

④ **파워 릴레이 어셈블리(PRA)** : 파워 릴레이 어셈블리는 (+)극과 (-)극 메인 릴레이, 프리차지 릴레이, 프리차지 레지스터와 배터리 전류 센서로 구성되어 있다. 파워 릴레이 어셈블리는 배터리 팩 어셈블리 내에 배치되어 있으며, 배터리 관리 시스템(BMS) ECU의 제어 신호에 의해 고전압 배터리와 인버터 사이의 고전압 전원 회로를 제어한다.

- 메인 릴레이
  ㉮ (+) 메인 릴레이와 (-) 메인 릴레이로 나누어져 있다.
  ㉯ 메인 릴레이는 파워 릴레이 어셈블리(PRA)에 통합되어 있다.
  ㉰ BMS ECU의 제어 신호에 의해 고전압 배터리와 인버터 사이의 전원 공급 라인 및

접지 라인을 연결한다.
- **프리 차지 릴레이**
  ㉮ 파워 릴레이 어셈블리(PRA)에 통합되어 있다.
  ㉯ 점화 장치 ON 후 바로 인버터의 커패시터에 충전을 시작하고 커패시터의 충전이 완료되면 전원이 꺼진다.
- **프리 차지 레지스터**
  ㉮ 파워 릴레이 어셈블리(PRA)에 통합되어 있다.
  ㉯ 인버터의 커패시터가 충전되는 동안 전류를 제한하여 고전압 회로를 보호한다.

⑤ **안전 플러그** : 안전 플러그는 트렁크에 장착되어 있으며, 고전압 시스템 즉, 고전압 배터리, 파워 릴레이 어셈블리, 연료 전지 차량 제어기(FCU), BMS ECU, 모터, 인버터, 양방향 고전압 직류 변환 장치(BHDC), 저전압 직류 변환 장치(LDC), 전원 케이블 등을 점검할 때 기계적으로 고전압 회로를 차단할 수 있다. 안전 플러그는 과전류로부터 고전압 시스템을 보호하기 위한 퓨즈가 포함되어 있다.

⑥ **메인 퓨즈** : 메인 퓨즈는 고전압 배터리 시스템 어셈블리 내에 장착되어 있으며, 고전압 배터리 및 고전압 회로를 과전류로부터 보호하는 기능을 한다.

⑦ **배터리 온도 센서** : 배터리 온도 센서는 고전압 배터리 팩 및 보조 배터리(12V)에 장착되어 있으며, 배터리 모듈 1, 4 및 에어 인렛 그리고 보조 배터리 1, 2의 온도를 측정한다. 배터리 온도 센서는 각 모듈의 센싱 와이어링과 통합형으로 구성되어 있다.

3) 고전압 배터리 컨트롤 시스템의 주요 기능

① **충전 상태(SOC) 제어** : 고전압 배터리의 전압, 전류, 온도를 이용하여 충전 상태를 최적화한다.

② **전력 제어** : 차량의 상태에 따라 최적의 충전, 방전 에너지를 계산하여 활용 가능한 배터리 전력 예측, 과다 충전 또는 방전으로부터 보호, 내구성 개선 및 에너지 충전·방전을 극대화한다.

③ **셀 밸런싱 제어** : 비정상적인 충전 또는 방전에서 기인하는 배터리 셀 사이의 전압 편차를 조정하여 배터리 내구성, 충전 상태(SOC) 에너지 효율을 극대화한다.

④ **전원 릴레이 제어** : 점화장치 ON·OFF 시에 배터리 전원 공급 또는 차단하여 고전압 시스템의 고장으로 인한 안전사고를 방지한다.

⑤ **냉각 시스템 제어** : 시스템 최대의 온도와 전지 모듈 사이의 편차에 따라 가변 쿨링 팬 속도를 제어하여 최적의 온도를 유지한다.

⑥ **문제 해결** : 시스템의 고장 진단, 다양한 안전 제어를 Fail Safe 수준으로 배터리 전력을 제한, 시스템 장애의 경우 파워 릴레이를 제어한다.

(8) 고전압 분배 시스템

1) 고전압 정션 박스
① 고전압 정션 박스는 연료 전지 스택의 상부에 배치되어 있다.
② 연료 전지 스택의 단자와 버스 바에 연결된다.
③ 고전압 정션 박스의 모든 고전압 커넥터는 고전압 정션 박스에 연결되어 있다.
④ 스택이 ON되면 고전압 정션 박스는 고전압을 분배하는 역할을 한다.

2) 고전압 직류 변환 장치(BHDC ; Bi-directional High Voltage)
① 고전압 직류 변환 장치(BHDC)는 수소 전기 자동차의 하부에 배치되어 있다.
② 스택에서 생성된 전력과 회생제동에 의해 발생된 고전압을 강하시켜 고전압 배터리를 충전한다.
③ 전기 자동차(EV) 또는 수소 전기 자동차(FCEV) 모드로 구동될 때 고전압 배터리의 전압을 증폭시켜 모터 제어 장치(MCU)에 전송한다.
④ 고전압 배터리의 전압은 스택 전압보다 약 200V가 낮다.
⑤ 양방향 고전압 직류 변환 장치(BHDC)는 섀시 CAN 및 F-CAN에 연결된다.

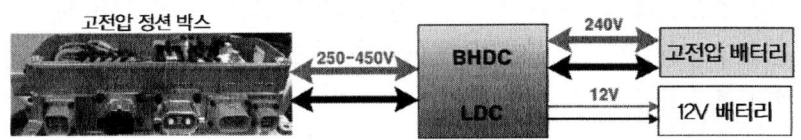

▲ BHDC와 LDC

3) LDC(Low DC/DC Converter ; 저전압 DC/DC 컨버터)
① LDC는 저전압 DC/DC 컨버터로 스택 또는 BHDC에서 나오는 DC 고전압을 DC 12V로 낮추어 저전압 배터리(12V)를 충전한다.
② 충전된 저전압 배터리는 차량의 여러 제어기 및 12V 전압을 사용하는 액추에이터 및 관련 부품에 전원을 공급한다.

4) 인버터(Inverter)
① 직류(DC) 성분을 교류(AC) 성분으로 바꾸기 위한 전기 변환 장치이다.
② 변환 방법이나 스위칭 소자, 제어 회로를 통해 원하는 전압과 주파수 출력 값을 얻는다.
③ 고전압 배터리 혹은 연료 전지 스택의 직류(DC) 전압을 모터를 구동할 수 있는 교류(AC) 전압으로 변환하여 모터에 공급한다.
④ 인버터는 MCU의 지령을 받아 토크를 제어하고 가속이나 감속을 할 때 모터가 역할을

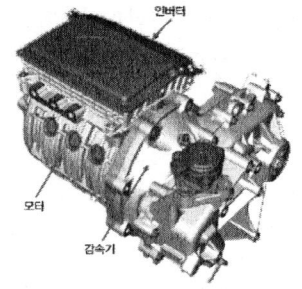

▲ 인버터

할 수 있도록 전력을 적정하게 조절해 주는 역할을 한다.

(9) 연료 전지 제어 시스템

1) 연료 전지 제어 시스템 개요

FCU(연료 전지 차량 제어기 : Fuel cell Control Unit)는 연료 전지 차량의 최상위 컨트롤러로써 연료 전지의 작동과 관련된 모든 제어 신호를 출력한다. 차량 대부분의 시스템은 각각의 컨트롤러를 가지고 있지만, 연료 전지 제어 유닛(FCU)은 최종 제어 신호를 송신하는 상위 컨트롤러로서 기능을 한다.

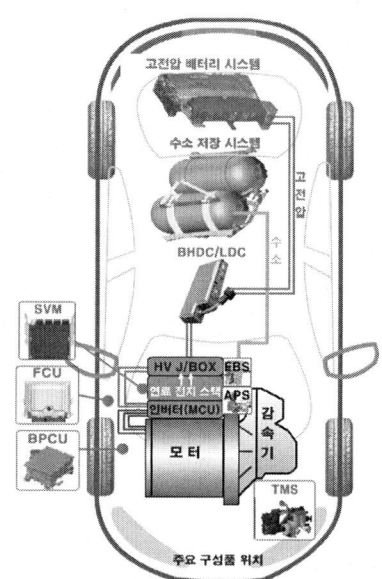

▲ 주요 구성품 위치

① **연료 전지 스택** : 산소와 수소의 이온 반응에 의해 전압을 생성한다.
② **BOP(수소, 공기 공급·냉각수 열관리) 주변기기**
  - FPS : 수소 연료를 공급하는 연료 공급 시스템
  - TMS : 연료 전지 스택을 냉각시키는 열 관리 시스템
  - APS : 연료 전지에 공기를 공급하는 공기 공급 시스템
③ **컨트롤러 : 차량·시스템 제어**
  - FCU : 연료 전지 자동차의 최상위 제어기
  - SVM : 연료 전지 스택의 전압을 측정하는 스택 전압 모니터
  - BPCU : 공기 압축기(블로어 파워 유닛)를 구동하는 인버터 및 컨트롤러
  - HV J/BOX : 고전압 정션 박스는 스택에 의해 생성된 전기를 분배
④ **전력 : 변환, 전송**
  - LDC : 저전압 직류 변환 장치는 고전압 전기를 변환하여 12V 보조 배터리 충전한다.
  - BHDC : 양방향 고전압 직류 변환 장치는 고전압 배터리의 전압을 충전 또는 스택으로 공급하기 위해 전압을 변환(연료 전지 ↔ 고전압 배터리)
  - 인버터 : 배터리의 직류 전압을 교류로 변환하는 장치
  - MCU : 모터 제어 유닛(인버터는 MCU를 포함)
  - 감속기 : 감속기어 및 차동장치
⑤ **고전압 배터리 시스템**
  - 고전압 배터리 시스템은 보조 전원이며, 배터리 관리 시스템에 의해 제어된다.
  - 배터리 관리 시스템(BMS)은 고전압 배터리의 충전 상태(SOC)를 모니터링 하고, 허용 충전 또는 방전 전력 한계를 연료 전지 차량 제어 유닛(FCU)에 전달한다.

⑥ **수소 저장 시스템**
- 수소 저장 시스템은 연료 전지 차량의 필수 구성 요소 중 하나이다.
- 수소 탱크의 최대 수소 연료 공급 압력은 875bar이다.

2) 연료 전지 제어 유닛(FCU ; Fuel cell Control Unit)

① 연료 전지 차량의 운전자가 액셀러레이터 페달이나 브레이크 페달을 밟을 때 연료 전지 제어 유닛은 신호를 수신하고, CAN 통신을 통해 모터 제어 장치(MCU)에 가속 토크 명령 또는 제동 토크 명령을 보낸다.

② 연료 전지 제어 유닛은 과열, 성능 저하, 절연 저하, 수소 누출이 감지되면 차량을 정지시키거나 제한 운전을 하며, 상황에 따라 경고등을 점등한다.

③ 연료 전지 시스템을 제어하기 위해 연료 전지 제어 유닛은 공기 유량 센서, 수소 압력 센서, 온도 센서 및 압력 센서로부터 전송된 데이터와 운전자의 주행 요구에 기초하여 공기 압축기, 냉각수 펌프, 온도 제어 밸브 등은 운전자의 운전 요구에 상응하도록 제어한다.

④ 운전자의 가속 및 감속 요구에 따라 연료 전지 제어 유닛은 고전압 배터리를 충전 또는 방전한다.

3) 블로어 펌프 제어 유닛(BPCU ; Blower Pump Control Unit)

① 블로어 펌프 제어 유닛은 공기 블로어를 제어하는 인버터이다.

② BPCU는 CAN 통신을 통해 연료 전지 제어 유닛(FCU)으로부터 속도 지령을 수신하고 모터의 속도를 제어한다.

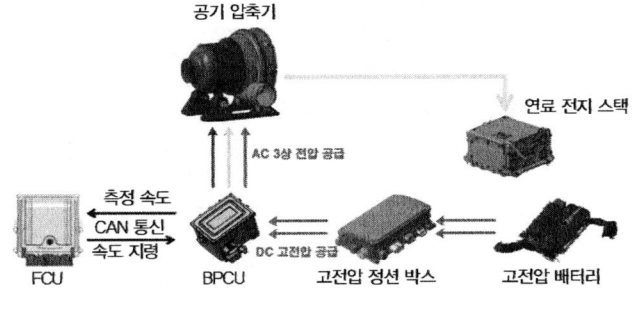

▲ 블로어 펌프 제어 유닛

4) 수소 센서(Hydrogen Sensor)

① 연료 전지 차량은 수소가스 누출 시 연료 전지 제어 유닛(FCU)에 신호를 전송하는 2개의 수소 센서와 수소 저장 시스템 제어기(HMU)에 신호를 전송하는 1개의 수소 센서가 장착되어 있다.

② 3개의 수소 센서는 연료 전지 스택 후면, 연료 공급 시스템(FPS) 상단, 수소 탱크 모듈 주변에 각각 장착된다.

③ 수소의 누출로 인해 수소 센서 주변의 수소 함유량이 증가하면, 연료 전지 제어 유닛 (FCU)은 수소 탱크 밸브를 차단하고 연료 전지 스택의 작동을 중지시킨다.
④ 이 경우 차량의 주행 모드는 전기 자동차(EV) 모드로 전환되며, 차량은 고전압 배터리에 의해서만 구동된다.

5) 후방 충돌 유닛(RIU ; Rear Impact Unit)
① 후방 충돌 센서는 차량의 후방에 장착된다.
② 차량의 후방에서 충돌이 발생하면 충돌 센서는 연료 전지 제어 유닛(FCU)에 신호를 보낸다.
③ 연료 전지 제어 유닛(FCU)은 즉시 수소 탱크 밸브를 닫기 위해 수소 저장 시스템 제어기 (HMU)에 수소 탱크 밸브 닫기 명령을 전송한다.
④ 연료 전지 시스템 및 차량을 정지시킨다.

6) 액셀러레이터 포지션 센서(APS ; Accelerator Position Sensor)
① 액셀러레이터 위치 센서는 액셀러레이터 페달 모듈에 장착되어 액셀러레이터 페달의 회전 각도를 감지한다.
② 액셀러레이터 위치 센서는 연료 전지 제어 시스템에서 가장 중요한 센서 중 하나이며, 개별 센서 전원 및 접지선을 적용하는 2개의 센서로 구성된다.
③ 2번 센서는 1번 센서를 모니터링 하고 그 출력 전압은 1번 센서의 1/2 값이어야 한다.
④ 1번 센서와 2번 센서의 비율이 약 1/2에서 벗어나는 경우 진단 시스템은 비정상으로 판단한다.

7) 콜드 셧 다운 스위치(CSD ; Cold Shut Dwon Switch)
① 연료 전지 스택에 남아 있는 수분으로 인해 스택 내부가 빙결될 경우 스택의 성능에 문제를 유발시킬 수 있다.
② 연료 전지 차량은 이를 예방하기 위해 저온에서 연료 전지 시스템이 OFF되는 경우, 연료 전지 스택의 수분을 제거하기 위해 공기 압축기가 강하게 작동된다.
③ 이 경우 수분이 제거되는 동안 다량의 수분이 배기 파이프를 통해 배출되며, 공기 압축기의 작동 소음이 크게 들릴 수 있다.

2 수소 구동장치 개요 및 정비

(1) 구동 시스템의 개요
① 연료 전지 및 고전압 배터리의 전기 에너지를 이용하여 인버터로 구동 모터를 제어한다.
② 변속기는 없으며, 감속기를 통하여 구동 토크를 증대시킨다.
③ 후진 시에는 구동 모터를 역회전으로 구동시킨다.

(2) 제어 흐름

1) **연료 전지 제어 유닛**(FCU ; Fuel cell Control Unit) : 연료 전지 차량의 최상위 컨트롤러로써 연료 전지의 작동과 관련된 모든 제어 신호를 출력한다. 차량 대부분의 시스템은 각각의 컨트롤러를 가지고 있지만, 연료 전지 제어 유닛(FCU)은 최종 제어 신호를 송신하는 상위 컨트롤러로서 기능을 한다.

2) **모터 제어기**(MCU ; Motor Control Unit) : MCU는 내부의 인버터(Inverter)가 작동하여 고전압 배터리로부터 받은 직류(DC) 전원을 3상 교류(AC) 전원으로 변환시킨 후 전기 자동차의 통합 제어기인 VCU의 명령을 받아 구동 모터를 제어하는 기능을 담당한다. 배터리에서 구동 모터로 에너지를 공급하고, 감속 및 제동 시에는 구동 모터를 발전기 역할로 변경시켜 구동 모터에서 발생한 에너지, 즉 AC 전원을 DC 전원으로 변환하여 고전압 배터리로 에너지를 회수함으로써 항속 거리를 증대시키는 기능을 한다. 또한 MCU는 고전압 시스템의 냉각을 위해 장착된 EWP(Electric Water Pump)의 제어 역할도 담당한다.

3) **인버터**(Inverter) : 인버터는 고전압 배터리의 DC 전원을 구동 모터의 구동에 적합한 AC 전원으로 변환하는 역할을 한다. 인버터는 케이스 속에 IGBT 모듈, 파워 드라이버(Power Driver), 제어회로인 컨트롤러(Controller)가 일체로 이루어져 있다. 인버터는 구동 모터를 구동시키기 위하여 고전압 배터리의 직류(DC) 전력을 3상 교류(AC) 전력으로 변환시켜 유도 전동기, 쿨링팬 모터 등을 제어한다. 즉, 고전압 배터리로부터 받은 직류(DC) 전원(+, −)을 3상 교류(AC)의 U, V, W상으로 변환하는 기구이며, 제어 보드(MCU)에서 3상 AC 전원을 제어하여 구동 모터를 구동한다.

(3) 주요 기능

① 모터 제어 유닛(MCU)는 연료 전지 제어 유닛(FCU)과 통신하여 주행 조건에 따라 구동 모터를 최적으로 제어한다.

② 고전압 배터리의 직류를 구동 모터의 작동에 필요한 3상 교류로 전환한다. 또한 구동 모터에 공급하는 인버터 기능과 고전압 시스템을 냉각하는 CPP(Coolant PE Pump)를 제어하는 기능을 수행한다.

③ 감속 및 제동 시에는 모터 제어 유닛이 인버터 대신 컨버터(AC-DC 컨버터) 역할을 수행하여 모터를 발전기로 전환시킨다. 이때 에너지 회수 기능(3상 교류를 직류로 변경)을 담당하여 고전압 배터리를 충전시킨다.

④ 시스템이 정상 상태에서 상위 제어인 연료 전지 제어 유닛에서 구동 모터의 토크 지령이 오면 모터 제어 유닛은 출력 전압과 전류를 만들어 모터에 인가한다. 그러면 모터가 구동되고 이때의 모터 전류값을 모터 제어 유닛이 측정한다. 이후 전류 값으로부터 토크 값을 계산하여 상위 제어기인 연료 전지 제어 유닛으로 송신한다.

PART.3 전기
전기전자의 기초

1. 전기 개요

전류와 전압

01 • 98년도 • 99.4.18

전류의 3가지 작용이 아닌 것은?
① 화학작용 ② 연소작용
③ 자기작용 ④ 발열작용

해설 정확히 말하면 전류의 3대 작용이다. 화학작용은 배터리의 충방전 작용을 말하며, 발열작용은 전구의 열발생을 말하며, 자기작용은 전자석 작용을 말한다.

02 • 99.4.18

전압을 발생시키는 방법이 아닌 것은?
① 전자유도작용에 의한 발생
② 열에 의한 전압발생
③ 공기에 의한 전압발생
④ 빛을 이용한 전압발생

해설 전기는 전기유도작용, 열, 빛 등에서 얻을 수 있다. 공기에서는 바로 얻을 수 없고 풍차를 돌려서 그 회전력에 의해서 전기 생성이 가능하다.

전기저항

03 • 94년도

자동차에 흐르는 전압과 전류 그리고 저항에 대한 사항 중 틀린 것은?

① 반도체의 경우 온도가 상승하면 저항 값은 높아진다.
② 저항 값이 크고 전압이 낮을 경우 전류는 적게 된다.
③ 저항 값이 낮을 경우 도체의 단면적이 크다.
④ 도체의 경우 온도가 높아지면 저항 값은 높아진다.

해설 반도체를 센서로 사용하는 서미스터는 온도가 상승하면 저항의 값이 낮아진다. 이 특성을 부특성이라 한다. 보통의 금속은 온도가 상승하면 금속내의 자유전자의 활동이 증가함과 동시에 서로 충돌이 생기므로 저항이 증가하게 된다.

04 • 99.10.10

배선을 연결할 때 저항을 줄이는 방법이 아닌 것은?
① 접촉 압력을 높인다.
② 접촉 면적을 줄인다.
③ 접촉점을 도금한다.
④ 접촉점을 납땜한다.

해설 배선의 저항은 접촉 면적이 크고, 길이가 짧고, 굵기가 굵어야 작아진다.

05 • 2003.7.20

길이가 10000cm, 단면적이 0.01cm²인 어떤 도선의 저항을 20℃에서 측정하였더니, 2.5Ω 이었다. 20℃ 때 이 도선의 저항계수는?

① $2.4 \times 10^{-6} \Omega$ cm ② $2.5 \times 10^{-6} \Omega$ cm
③ $2.6 \times 10^{-5} \Omega$ cm ④ $2.7 \times 10^{-5} \Omega$ cm

해설 저항$(R) = \rho \times \dfrac{l}{A}$ 여기서, ρ는 단면 고유저항(Ω cm), l은 길이(cm), A는 단면적(cm²)이다.
그대로 대입하면
단면고유저항$(\rho) = R \times \dfrac{A}{l} = 2.5 \times \dfrac{0.01}{10000} = 2.5 \times 10^{-6} \Omega$cm

---

ANSWER 1.② 2.③ 3.① 4.② 5.②

제3편 자동차전기

06 • 2004.4.4 • 2009.3.29

점화코일의 1차코일 저항값이 20℃일 때 5Ω이었다. 작동시(80℃)의 저항은? (단, 구리선의 저항온도계수는 0.004이다.)

① 5.24Ω   ② 4.76Ω
③ 5.76Ω   ④ 4.24Ω

해설: t_1℃에서 도체의 저항 $R_1(\Omega)$과 저항온도계수 a_t를 알고 있다면 t_2℃에서의 $R_2(\Omega)$의 값은 다음 식으로 구할 수 있다.
$R_2 = R_1 \times \{1+(t_2-t_1) \times a_t\}$
$= 5 \times \{1+(80-20) \times 0.004\} = 6.2\Omega$로 계산된다.

02 • 02.4.7

그림과 같이 6V전원에 1옴, 2옴, 3옴의 저항이 병렬로 연결 되었을 때 전류는 몇 A인가?

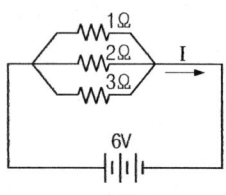

① 6   ② 10
③ 11   ④ 12

해설: 병렬회로의 각회로에 흐르는 전압은 모두 같으므로 $i_1 = \frac{6}{1} = 6A$, $i_2 = \frac{6}{2} = 3A$, $i_3 = \frac{6}{3} = 2A$이다. 전체저항은 $i_1 + i2 + i3$이므로 1A이다.

2. 전기회로

옴법칙(저항의 접속)

03 • 2005전반

저항 $R_1 = 4\Omega$, $R_2 = 6\Omega$을 병렬 접속하였다. 합성저항 r은 몇 Ω인가?

① 2.4   ② 0.42
③ 10   ④ 2

해설: 병렬저항은
$\frac{1}{R} = \frac{1}{R_1} + \frac{1}{R_2} = \frac{1}{4} + \frac{1}{6} = \frac{3+2}{12} = \frac{5}{12}$ 이므로,
$R = \frac{12}{5}\Omega$으로 계산된다.

01 • 96년도

아래 그림과 같은 병렬 접속회로에 흐르는 전류는 몇 A인가?

① $\frac{24}{9}$ A   ② $\frac{9}{24}$ A
③ $\frac{6}{19}$ A   ④ $\frac{19}{6}$ A

해설: 병렬회로의 각회로에 흐르는 전압은 모두 같으므로 $i_1 = \frac{6}{3} = \frac{18}{9} = 2A$, $i_2 = \frac{6}{9} = 0.667A$이다. 전체저항은 두 전류의 합이므로 2.667A이다.

04 • 2007.7.15

절연저항이 2MΩ인 고압케이블에 12kV의 고전압이 인가될 때 누설전류는?

① 0.6mA   ② 6mA
③ 12mA   ④ 24mA

해설: 옴의 법칙을 적용하면,
$I = \frac{E}{R} = \frac{12000 V}{2 \times 10^6 \Omega} = 0.006A = 6mA$로 계산된다.

ANSWER 6.① / 1.① 2.③ 3.① 4.②

전구의 접속

05 • 2010전반

저항을 병렬 연결하여 구성된 회로를 점검한 내용으로 맞는 것은?

① 합성 저항은 각 저항의 합과 같다.
② 회로내의 어느 저항에서나 똑같은 전류가 흐른다.
③ 회로내의 어느 저항에서나 똑같은 전압이 가해진다.
④ 각 저항에 걸리는 전압의 합은 전원 전압과 같다.

해설 전구가 병렬회로에서는 어느 전구(저항)에서나 똑같은 전압이 가해진다.

06 • 2003.3.30

그림과 같이 12V의 축전지에 24W의 전구 2개를 접속하였을 때 전류계에 흐르는 전류는?

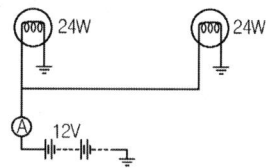

① 2A   ② 3A
③ 4A   ④ 6A

해설 병렬회로의 각 회로에 흐르는 전압은 모두 같으므로, 전체저항은 두 전류의 합과 같다. 그리고 전력은 전류와 전압의 곱이다. 하나의 전구에 흐르는 전류는
전류 = 전력/전압 = $\frac{24}{12}$ = 2A로 계산된다.
그러므로 전체전류는 두 전류의 합이므로 4A가 된다.

07 • 2008.7.13

12V-55W 의 안개등이 병렬로 연결되어 있다. 이 회로에 사용되는 알맞은 퓨즈는 약 몇 A인가?(단, 안전율은 1.6으로 한다.)

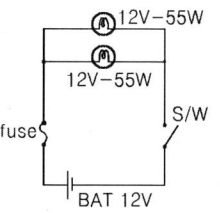

① 10A   ② 15A
③ 20A   ④ 30A

해설 전력은 전류와 전압의 곱이다. 하나의 전구에 흐르는 전류는
전류 = 전력/전압 = $\frac{55}{12}$ A로 계산된다. 그러므로 전체전류는 두 전류의 합이므로 $\frac{55}{6}$ A가 된다. 여기서, 안전율을 고려하므로, $\frac{55}{6} \times 1.6 = 14.667 A$이다. 이 보다 조금 큰 퓨즈를 선택하면 15A가 된다.

08 • 2010후반

그림의 회로에서 퓨즈의 용량으로 가장 적합한 것은?

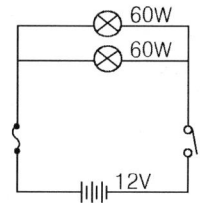

① 5A   ② 10A
③ 15A   ④ 30A

해설 전력은 전류와 전압의 곱이다. 하나의 전구에 흐르는 전류는
전류 = 전력/전압 = $\frac{60}{12}$ = 5A로 계산된다.
그러므로 전체전류는 두전류의 합이므로 10A가 된다. 그러나, 이 보다 조금 큰(안전율 고려) 퓨즈를 택해야 하므로 답은 '다'가 된다.

ANSWER 5.③ 6.③ 7.② 8.③

09 • 94년도

12V의 축전지에 36W의 전구를 그림과 같이 연결하였을 때 몇 A의 전류가 흐르는가?

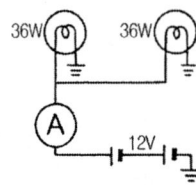

① 4A ② 5A
③ 6A ④ 7A

해설 병렬회로 이므로 각 회로에 흐르는 전압은 같고, 두 회로의 전류의 합이 전체 전류이다. 전구 한 개에 흐르는 전류는 36(W)/12(V)=3A이므로, 총 전류는 3×2=6A가 흐른다.

10 • 2005.7.17 • 2008전반

자동차의 전조등에서 45W의 전구 2개를 병렬 연결 하였다. 축전지는 12V 60AH 일 때 회로에 흐르는 총 전류는?

① 3.75 A ② 5 A
③ 7.5 A ④ 9 A

해설 병열회로 이므로 각 회로에 흐르는 전압은 같고, 두 회로의 전류의 합이 전체 전류이다. 전구 한 개에 흐르는 전류는 $i = \dfrac{전력}{전압} = \dfrac{45}{12} A$로 계산된다.
그러므로 전체전류는 두 전류의 합이므로
$\dfrac{45}{12} \times 2 = 7.5 A$가 된다.

11 • 2006.7.16

12V-45AH의 배터리에 24W 전구 2개를 직렬로 접속 후 작동시켰을 경우 회로 내에 흐르는 전류는 몇 A인가?

① 0.5 ② 1
③ 1.5 ④ 2

해설 $P = \dfrac{E^2}{R}$ 에서 $R = \dfrac{E^2}{P} = \dfrac{12^2}{24} = 6\Omega$ 이므로,
$I = \dfrac{E}{2R} = \dfrac{12}{2 \times 6} = 1A$로 계산된다.

12 • 02.7.21 • 2004.4.4

4기통 디젤기관에 저항이 0.5Ω 인 예열플러그를 각 기통에 병렬로 연결하였다. 이 기관에 설치된 예열 플러그의 합성저항은 몇 Ω인가? (단, 기관의 전원은 24V 임)

① 0.13 ② 0.5
③ 2 ④ 12

해설 병렬저항의 합을 구하면 된다.
$$\dfrac{1}{병렬저항의 합(R)} = \dfrac{1}{R_1} + \dfrac{1}{R_2} + \dfrac{1}{R_3} \cdots$$
이므로 대입하면
$$\dfrac{1}{R} = \dfrac{1}{0.5} + \dfrac{1}{0.5} + \dfrac{1}{0.5} + \dfrac{1}{0.5} = 8$$
그러므로 $R = \dfrac{1}{8} = 0.125\Omega$

키르히호프법칙

13 • 95년도

「회로 내에 어떠한 점에 유입한 전류의 총합과 유출한 전류의 총합은 같다.」 는 법칙은?

① 뉴톤의 제1법칙
② 옴의 법칙
③ 키르히호프의 제1법칙
④ 주울의 법칙

해설 키르히호프의 제 1법칙은 회로내의 어떤 한 점에 유입한 전류의 총합과 유출한 전류의 총합은 같다. 키르히호프의 제 2법칙은 임의의 폐회로에서 기전력의 총합과 저항에 의한 전압강하의 총합은 같다.

ANSWER 9.③ 10.③ 11.② 12.① 13.③

3. 전력과 전력량

전 력

01 • 95년도

100V, 500W인 전열기에 80V의 전압을 가하였을 때 전력은?

① 400W ② 320W
③ 280W ④ 180W

해설 전력 $= I \times V = \dfrac{V}{R} \times V = \dfrac{V^2}{R}$ 이므로,

$500 = \dfrac{100^2}{R}$ 이므로 저항(R)은 20Ω이 나온다.

그러므로 전력 $= \dfrac{V^2}{R} = \dfrac{80^2}{20} = 320(W)$가 계산된다.

축전지 접속법

02 • 2008.7.13

12V 100AH의 축전지 5개를 병렬로 접속하면 전압과 용량은 어떻게 되는가?

① 12V 500AH
② 60V 500AH
③ 60V 100AH
④ 12V 100AH

해설 병렬접속이므로, 전압은 변화가 없고, 전류가 그 배수만큼 늘어난다. 즉, 12V전압에 100Ah×5=500Ah로 용량이 늘어난다.

4. 전기와 자기(전자유도)

01 • 2008전반

1차코일의 자기 인덕턴스가 0.8이고, 1차전류가 6A로 흐르다가 0.01초 안에 전류가 차단된다면 방생되는 역기전력은?

① 100V ② 360V
③ 480V ④ 540V

해설 전압(기전력)은 인덕턴스와 시간당 전류의 변화량의 곱으로, 식으로 표현하면,

$E = L \times \dfrac{\Delta I}{\Delta t} = 0.8 \times \dfrac{6A}{0.01s} = 480V$로 계산된다.

02 • 2006.4.2

자기 인덕턴스 0.5H 코일의 전류가 0.1초간 1A 변화하면 몇 V의 유도 기전력이 발생하는가?

① 0.05 ② 0.5
③ 5   ④ 50

해설 전압(기전력)은 인덕턴스와 시간당 전류의 변화량의 곱으로, 식으로 표현하면,

$E = L \times \dfrac{\Delta I}{\Delta t} = 0.5 \times \dfrac{1A}{0.1s} = 5V$로 계산된다.

03 • 2004.7.18

코일의 권수 150회선 코일에 5A의 전류를 흐르게 하였을 때 6×10^{-2} Wb의 자속이 쇄교하였다. 이 코일의 자기 인덕턴스는 얼마인가?

① 0.75 H ② 1.30 H
③ 1.80 H ④ 2.20 H

해설 $H = \dfrac{N \times \Phi}{I}$ H : 인덕턴스(H), N : 코일 권수, Φ : 자속(Wb), I : 전류(A)

$H = \dfrac{150 \times 6 \times 10^{-2}}{5} = 1.8H$로 계산된다.

ANSWER 1.② 2.① / 1.③ 2.③ 3.③

04 • 2003.3.30

자속밀도 0.8Wb/m²의 평균자속 내에 길이 0.5m의 도체를 직각으로 두고 이것을 30m/s의 속도로 운동시키면 이 도체에는 몇 V의 기전력이 발생하겠는가?

① 8 ② 12
③ 16 ④ 18

해설 기전력은 자속밀도×도체길이×속도 이므로, 기전력=0.8×0.5×30=12V가 출력된다.

5. 직류와 교류

직류 및 직류전동기 원리

01 • 97.10.12

플레밍의 왼손법칙이 적용되지 않는 것은?
① 전류계 ② 전압계
③ 발전기 ④ 전동기

해설 플레밍의 왼손법칙이 적용되는 곳은 엔진의 기동전동기, 전류계, 전압계 등이 있다.

교류 및 교류발전기 원리

02 • 97.10.12

다음 중 교류 전기의 표시는?

① ⊗   ② ⊙
③ ⊣⊢⊣⊢   ④ ∿

해설 '가'는 안쪽으로 전기가 들어감을 표시, '나'는 바깥으로 전기가 나옴을 표시, '다'는 축전지를 표시하였다.

03 • 99.4.18

도체 내에서 회전하는 자계는 무엇의 원리인가?
① 직류 발전기 ② 교류 발전기
③ 전압 조정기 ④ 가, 나, 다 모두

해설 교류발전기는 로터로 전기를 보내 자계를 형성하는데, 이 로터를 회전시키므로 자계가 스테이터에 의해 잘려지므로 전기가 생성된다.

04 • 2007.4.4

4극 발전기를 1800rpm으로 운전할 경우 이 발전기의 주파수(f)는 몇 Hz인가?
① 120 ② 450
③ 60   ④ 50

해설 $f = \dfrac{P \times N}{2 \times 60}$. 여기서 N은 rpm, P는 극수이다.
$f = \dfrac{4 \times 1800}{2 \times 60(s)} = 60Hz$로 계산된다.

05 • 2005전반

교류발전기에서 4극 발전기를 3000rpm으로 운전할 경우 주파수(f)는 몇 Hz인가?
① 80Hz   ② 100Hz
③ 120Hz ④ 150Hz

해설 $f = \dfrac{P \times N}{2 \times 60}$. 여기서 N은 rpm, P는 극수이다.
$f = \dfrac{4 \times 3000}{2 \times 60(s)} = 100Hz$로 계산된다.

06 • 2003.7.20

3상 코일의 결선방법에서 3상전력은 결선방법에 관계없이 같다. 식을 바르게 표시한 것은?
① 3상전력 =3×선간전압 ×선간전류 ×역률[W]
② 3상전력 =2×선간전압 ×선간전류 ×역률[W]
③ 3상전력 =3×상전압 ×상전류 ×역률[W]
④ 3상전력 =2×상전압 ×상전류 ×역률[W]

ANSWER 4.② / 1.③ 2.④ 3.② 4.③ 5.② 6.③

해설 아래의 식을 참조하면 결선의 방법에 관계없이 계산되어진다.

Y결선시의 전력 : $V_p = \dfrac{V_l}{\sqrt{3}}$, $I_p = I_l$ 에서

$P = 3V_pI_p\cos\theta$에 대입하면, $P = \sqrt{3}\,V_lI_l\cos\theta$이고,

△결선시의 전력 : $V_p = V_l$, $I_p = \dfrac{I_l}{\sqrt{3}}$ 에서

$P = 3V_pI_p\cos\theta$에 대입하면, $P = \sqrt{3}\,V_lI_l\cos\theta$이고, 여기서, V_p는 상전압, V_l은 선간전압, I_p는 상전류, I_l은 선간전류, $\cos\theta$는 역률을 나타낸다. 전력의 단위는 와트(W)이다.

정 류

07 • 95년도
다음 중 정류회로에서 맥동전류의 출력을 평활하게 하기 위해 사용하는 것은?
① 콘덴서   ② 트랜지스터
③ 다이오드 ④ 정류기

해설 콘덴서는 전류의 회복을 도와서 출력을 고르게 한다.

6. 반도체

반도체

01 • 93년도
반도체의 성질에 대한 설명으로 다음 중 옳지 않은 것은?
① 열을 받으면 전기가 발생하는 지백효과
② 힘을 받으면 전기가 발생하는 피에조 효과
③ 자계를 받으면 도전도가 변화하는 홀 효과
④ 전기가 흐르면 냉각되는 펠티어 효과

해설 전기가 흐르면 열을 발생하는 펠티어 효과가 있다.

02 • 02.7.21
반도체의 특징이 아닌 것은?
① 내부 전력손실이 적다.
② 고유저항이 도체에 비하여 적다.
③ 온도가 상승하면 특성이 몹시 나빠진다.
④ 정격값을 넘으면 파괴되기 쉽다.

해설 반도체의 장점으로는 아주소형이고 가볍다. 내부 전력손실이 아주 적다. 예열시간을 요하지 않고 바로 작동을 시작한다. 기계적으로 강하고 수명이 길다. 단점으로는 온도가 올라가면 특성이 나빠진다. 역내압이 낮아 높은 전압이 걸리는 곳에는 사용하기 힘들다. 정격값 이상을 넣으면 곧 파괴된다.

03 • 96년도
다음 중 반도체 소자의 접합방식의 분류에 속하지 않는 것은?
① 단접합   ② 무접합
③ 2중접합   ④ 3중접합

해설 접합방식에는 단접합, 무접합, 2중접합이 있다.

04 • 97년도
다음 중 반도체의 종류에 속하지 않는 것은?
① 다이오드
② 트랜지스터
③ 직접회로
④ 콘덴서

해설 콘덴서는 축전기로 전류의 회복을 돕는 작은 축전지라고 할 수 있다.

ANSWER 7.① / 1.④ 2.② 3.④ 4.④

다이오드

05 • 99.4.18 • 00.3.26

반도체 소자에서 단일접합 PN을 만들 때, 불순물 농도가 커지면 공핍층(공간 저하층)의 두께는?
① 불순물 농도와는 무관하다.
② 재료에 따라 넓어지거나 좁아진다.
③ 넓어진다.
④ 좁아진다.

해설 불순물의 농도가 커지면 공핍층이 좁아져서 한쪽 방향으로 도통, 다른 방향으로 도통이 되지 않는다.

06 • 93년도

발광 다이오드(LED)에 대한 설명 중 틀린 것은?
① 자동차에는 크랭크 각 센서로서도 사용된다.
② 빛을 받거나 빛을 발하는 두 가지 작용을 하는 센서이다.
③ 소비전력이 적다.
④ 전류가 흐르면 캐리어가 가지고 있는 에너지 일부가 빛으로 된다.

해설 PN 접합면에 순방향으로 전압을 걸어 전류를 흐르게 하면, 캐리어가 가지고 있는 에너지의 일부가 빛으로 되어 외부에 방사하는데 이것을 발광 다이오드(LED)라 한다. 발광 다이오드의 이점은 수명이 백열전구의 10배 이상이 길고, 발열이 거의 없고, 소비 전력이 적다. 자동차의 크랭크각 센서와 1번 TDC센서에 이용되고 있으며 전자 회로의 표시등으로 널리 사용되고 있다.

07 • 98년도

다음에서 LED란 무엇을 말하는가?
① 포토 다이오드   ② 제너 다이오드
③ NTC서미스터   ④ 발광 다이오드

해설 위 문제 6의 해설을 참조한다. 포토다이오드는 빛을 받으면 도통되는 수광다이오드다.

08 • 99.4.18

LED란?
① 레벨량 디텍터   ② 발광 다이오드
③ 액정디스플레이 ④ 트랜지스터

해설 위 문제 7의 해설을 참조한다.

09 • 96년도

제너 다이오드에 대한 설명 중 틀린 것은?
① 실리콘 다이오드의 일종이다.
② 제너 전압이상에서 역방향 전류가 거의 0이다.
③ 트랜지스터식 점화장치 및 트랜지스터식 발전 조정기 등에 사용된다.
④ 자동차용 정전압 회로에 사용된다.

해설 다이오드에서는 제너 전압(역방향 전압) 이상을 걸면 파괴되나, 특히 파괴되지 않도록 강도를 가지게 한 것이 제너 다이오드이다.

10 • 96년도 • 99.10.10

다음 중 어떤 전압에 이르면 역 방향으로도 큰 전류가 흐르는 다이오드는?
① 제너 다이오드   ② 포토 다이오드
③ 실리콘 다이오드 ④ 발광 다이오드

해설 위 문제 9의 해설을 참조한다.

11 • 2005.7.17

반도체 소자 중 파형 정류회로나 정전압 회로에 주로 사용되는 것은?
① 서미스터
② 사이리스터
③ 제너 다이오드
④ 포토 다이오드

해설 발전기에서 일정한 정압을 조정하기 위해서 제너 다이오드를 사용한다.

ANSWER 5.④ 6.② 7.④ 8.② 9.② 10.① 11.③

12 • 97년도

다음은 다이오드를 이용한 자동차용 전구회로이다. 옳게 설명한 것은?

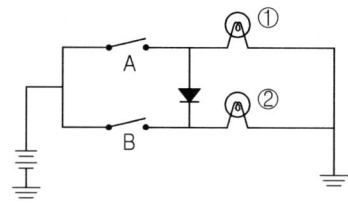

① 스위치 A가 ON일 때 전구①만 점등된다.
② 스위치 A가 ON일 때 전구②만 점등된다.
③ 스위치 B가 ON일 때 전구②만 점등된다.
④ 스위치 B가 ON일 때 전구①, ②가 모두 점등된다.

해설: 스위치 A가 ON일 때 전구①와 ②가 동시에 점등되고, 스위치 B가 ON일 때 전구②만 점등된다. 이는 다이오드가 역방향으로 전기를 흐르게 하지 않기 때문이다.

트랜지스터

13 • 93년도 • 98년도

다음 중 트랜지스터의 단자가 아닌 것은?

① 에미터   ② 베이스
③ 컬렉터   ④ 캐소드

해설: 트랜지스터는 에미터, 베이스, 컬렉터로 구성된다. 화살표의 방향은 전기의 방향을 나타내고 화살표가 있는 쪽이 에미터를 나타낸다. 또한 화살표의 끝이 N을 나타낸다. 캐소드는 사이리스트의 (-)쪽을 말한다.

14 • 2009.7.12

트랜지스터의 3단자가 아닌 것은?

① 이미터   ② 컬렉터
③ 베이스   ④ 게이트

해설: 위 문제13의 해설을 참조한다. 게이트는 사이리스트의 작동신호 쪽을 말한다.

15 • 94년도

다음 중 트랜지스터의 제어부분인 중간 부분에 해당되는 것은?

① 베이스   ② 컬렉터
③ 에미터   ④ 다이오드

해설: 제어부분은 베이스이다.

16 • 94년도

PNP트랜지스터의 순방향 전류는 어떤 방향으로 흐르는가?

① 컬렉터에서 에미터로
② 베이스에서 컬렉터로
③ 에미터에서 베이스로
④ 컬렉터에서 베이스로

해설: PNP트랜지스터는 에미터에서 베이스로 전류가 흘러야만 에미터에서 컬렉터로 전류가 흐른다. NPN트랜지스터는 베이스에서 에미터로 전류가 흘러야만 컬렉터에서 에미터로 전류가 흐른다.

17 • 97.10.12

NPN 트랜지스터에 대한 설명이다. 맞는 것은?

① 베이스에서 에미터로 순방향 전류가 흐른다.
② 베이스 전압보다 컬렉터 전압을 낮게 한다.
③ 베이스는 N극이다.
④ 에미터에서 베이스로 순방향 전류가 흐른다.

해설: 베이스 전압보다 컬렉터 전압(주전압)이 높고, 베이스는 P, 베이스에서 에미터쪽으로 순방향 전류가 흐르면 컬렉터에서 에미터쪽으로 전류가 흐른다.

ANSWER 12.③ 13.④ 14.④ 15.① 16.③ 17.①

18 • 2008전반
NPN 트랜지스터의 설명으로 옳은 것은?
① 이미터는 베이스 전극에 비해 높은 전기를 가한다.
② 이미터와 베이스 사이에는 순방향 전압을 가한다.
③ 이미터의 단자는 P형 반도체에 접속되어 있다.
④ 베이스의 단자는 N형 반도체에 접속되어 있다.

해설 위 문제17의 해설을 참조한다.

19 • 2009.3.29
NPN형 트랜지스터가 작동될 때 각 단자의 전원이 바르게 표시된 것은?
① 베이스(+), 콜렉터(+), 에미터(−)
② 베이스(−), 콜렉터(−), 에미터(+)
③ 베이스(+), 콜렉터(+), 에미터(+)
④ 베이스(−), 콜렉터(−), 에미터(−)

해설 베이스가 P, 에미터가 N으로 베이스에서 에미터로 순방향전류가 흘러야 하므로, 베이스는 (+), 에미터는 (−)이다. 그리고, 컬렉터전류가 에미터로 흘러야 하므로, 컬렉터는 (+)이다.

센서

20 • 2010후반
자동차에 사용되는 반도체센서 중 압력을 검출하는 센서가 아닌 것은?
① 대기압 센서   ② 과급압력센서
③ 맵센서   ④ 핫필름센서

해설 대기압센서, 과급압력센서, 맵센서(흡기다기관 절대압력센서)는 압력을 검출하지만, 핫필름센서는 열 발산에 의한 전류변화로 공기량을 감지하는 센서이다.

21 • 97.10.12 • 2006.4.2
NTC서미스터의 설명이다. 맞는 것은?
① 온도가 올라가면 저항이 올라간다.
② 온도가 올라가면 저항이 내려간다.
③ 전압이 상승하면 저항이 올라간다.
④ 전압이 하강하면 저항이 내려간다.

해설 NTC서미스터는 부특성의 저항체를 말하므로 온도가 올라가면 저항은 내려간다.

22 • 99.10.10
자동차의 각종 센서 중에서 부특성 NTC를 이용한 것은?
① O₂센서   ② WTS
③ TPS   ④ AFS

해설 부특성을 이용한 센서로는 냉각수 온도센서, 흡기온도 센서 등이 있다.

7. 논리기호

01 • 93년도 • 99.10.10
다음 중 AND회로의 출력이 High일 조건으로 옳은 것은?
① 양쪽 입력이 High일 때
② 양쪽 입력이 Low일 때
③ 한쪽 입력이 Low일 때
④ 한쪽 입력이 Hihg일 때

해설 AND회로는 양쪽의 입력이 모두 high이면 high 출력, 그 이외에는 모두 Low를 출력한다.

ANSWER 18.② 19.① 20.④ 21.② 22.② / 1.①

02 • 95년도

다음 그림의 논리회로로 옳은 것은?

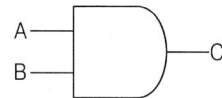

① AND회로 ② OR회로
③ NAND회로 ④ NOT회로

해설 AND회로 기호

03 • 96년도 • 99.4.18

다음의 논리기호는 무슨 회로인가?

① AND회로 ② OR회로
③ NOT회로 ④ NAND회로

해설 NOT회로 기호

04 • 2007.7.15

전기·전자회로에서 기본 논리회로가 아닌 것은?

① AND 회로 ② NAND 회로
③ OR 회로 ④ NNOT 회로

해설 논리회로의 기본회로는 OR회로, AND회로, NOT회로가 있고, 응용회로로 NOR회로, NAND회로가 있다.

Answer 2.① 3.③ 4.④

축전지

PART.3 전기

1. 작용과 구조

01 • 93년도

납산 축전지의 전해액 조성은 어떻게 되어 있는가?

① 황산 35%, 증류수 65%
② 황산 65%, 증류수 35%
③ 염산 35%, 증류수 65%
④ 염산 35%, 증류수 35%

해설 납산축전지의 전해액은 묽은 황산 즉 H_2SO_4를 사용한다. 즉 황산을 35%정도, 증류수를 65%정도 섞은 묽은 황산을 사용한다. 전해액의 비중을 측정하여 충방전의 상태를 파악할 수 있다.

02 • 2005전반 • 2010후반

자동차용 축전지가 완전 충전되어 있는 상태의 전해액은?

① H_2SO_4 ② H_2O
③ $PbSO_4$ ④ PbO_2

해설 위 문제1의 해설을 참조한다.

03 • 2008.7.13

축전지 전해액에 관한 설명 중 틀린 것은?

① 전해액의 비중은 전해액 온도의 변화에 따라 변동한다.
② 온도가 높으면 비중은 높아지고 온도가 낮아지면 비중이 낮아진다.
③ 비중의 변화량은 1℃에 대하여 0.0007이다.
④ 비중 측정시는 표준온도일 때의 비중으로 환산해서 판단한다.

해설 전해액의 비중은 온도가 높아지면 낮아지고, 온도가 낮아지면 높아진다. 그래서 20℃환산 비중을 사용하여 비교한다.

04 • 94년도

축전지 셀의 음극판과 양극판의 수는?

① 음극판이 양극판보다 1장 더 많다.
② 양극판이 음극판보다 1장 더 많다.
③ 양극판이 음극판보다 2장 더 많다.
④ 각각 같은 수이다.

해설 반응은 반응면적이 크면 클수록 잘 일어난다. 그런데, 음극은 양극보다 반응속도가 느리며 결합력이 강하므로 음극의 극판을 1장 더 많이 하여 반응이 잘 일어나게 고려했다.

05 • 2005.7.17

자동차용 축전지에 대한 설명 중 틀린 것은?

① 셀당 극판은 음극판을 1개 더 많이 제작한다.
② 전기부하를 걸지 않았는데도 화학적 에너지가 자연히 소실되기도 한다.
③ 축전지의 용량은 20시간율을 사용하여 표시한다.
④ 극판의 면적이 커지면 화학적으로 안정되어 전압이 낮아진다.

해설 극판의 면적은 전압과는 상관이 없다. 극판의 면적이 커지면 전류가 커진다.

06 • 98년도

다음 중 배터리 격리판의 구비조건이 <u>아닌</u> 것은?

① 기계적 강도가 있을 것
② 전해액 확산이 잘 안될 것
③ 비전도성일 것
④ 다공성일 것

ANSWER 1.① 2.① 3.② 4.① 5.④ 6.②

해설 격리판의 필요조건으로는 비전도성, 다공성, 전해액의 확산이 잘 되고, 전해액에 부식되지 않아야 하며 기계적 강도가 있어야 한다. 또한 극판에 좋지 않는 불순물을 내뿜지 않아야 한다.

07 · 2007.4.4

축전지에서 격리판의 홈이 있는 면이 양극판 쪽으로 끼워져 있는 이유와 가장 거리가 먼 것은?

① 전해액의 확산을 좋게 하기 위하여
② 양극판에 전해액을 원활히 통하도록 하기 위하여
③ 양극판의 작용물질이 탈락되는 것을 방지하기 위하여
④ 양극판에 산화에 의하여 격리판이 부식되는 것을 방지하기 위하여

해설 양극판은 반응을 잘하므로, 전해액이 격리판의 홈으로 잘 확산되어 반응을 잘 하도록 유도한다.

08 · 2004.4.4

축전지의 충전 및 방전의 화학식이다. ( )속에 알맞는 화학식은?

$PbO_2 + ($ $) + Pb \Leftrightarrow PbSO_4 + 2H_2O + PbSO_4$

① H_2O
② $2H_2O$
③ $2PbSO_4$
④ $2H_2SO_4$

해설 화살표를 기준으로 좌우의 원소수가 맞아야 한다. 먼저 Pb를 살펴보면 개수가 맞고, H를 살펴보면 4개가 있어야 하며, 전해액이 필요하니까 '④'가 답이 된다.

09 · 2003.3.30

축전지 내부에서 일어나는 화학반응에서 방전할 때 양극과 음극은 무엇으로 되는가?

① PbO_2
② H_2SO_4
③ $PbSO_4$
④ H_2O

해설 축전지는 방전하면 양극의 과산화납이 황산납으로, 음극의 해면상 납이 황산납으로 변한다. 이때 줄어드는 것은 전해액인 묽은 황산이다.

10 · 97.10.12

납 축전지가 방전할 때 전압과 전해액의 비중은?

① 전압과 비중이 함께 올라간다.
② 전압은 올라가고 비중은 내려간다.
③ 전압과 비중이 함께 내려간다.
④ 전압은 내려가고 비중은 올라간다.

해설 전압이 올라가면 올라갈수록 비중은 올라간다. 전압과 비중은 비례관계를 가지고 있다. 또한 비중은 온도에 영향을 받는데 온도와는 반비례한다.

11 · 96년도

축전지 셀의 전압이 '0'이므로 셀이 단락 되었다고 판단되어 축전지를 분해하였더니 음극판과 양극판의 밑 부분이 작용물질로 브리지 현상을 일으켜 단락 되었다. 이 원인으로 다음 중 가장 적당한 것은?

① 과충전
② 사이클링 쇠약
③ 황산납의 결합
④ 고율방전

해설 브리지 현상이란 이물질이 음극판과 양극판 사이에 달라붙어서 방전시키는 현상을 말한다. 이런 현상은 과충전과 과방전의 반복에 의한 셀극판의 재질 변화로 일어난다. 즉 충반전 사이클의 부적당으로 인한 셀의 쇠약에 기인한다.

12 · 2010전반

축전지의 자기 방전에 대한 설명으로 틀린 것은?

① 자기 방전량은 전해액 비중이 크고 고온일수록 많다.
② 20℃표준온도에서 1일 자기방전량은 0.5%정도이다.
③ 자기방전량은 시간이 경과할수록 적어지나 그 비율은 충전 후의 시간경과에 따라 점차 커진다.
④ 축전지를 사용하지 않는 경우 약 15일 정도마다 보충전 할 필요가 있다.

해설 자기방전이란 스스로 축전지가 방전하는 것으로, 자기방전량은 시간이 경과할수록 점차 커진다.

ANSWER 6.② 7.③ 8.④ 9.③ 10.③ 11.② 12.③

13 • 2004.7.18

20시간율의 전류로 방전하였을 경우 축전지의 셀당 방전 종지 전압은 몇 V인가?

① 1.65V ② 1.75V
③ 1.90V ④ 2.0V

해설 완전방전 될 때의 전압이 방전종지전압 혹은 방전 끝전압이라고 하는데, 셀당 1.75V를 말한다.

14 • 2005.7.17

1AH의 방전시 전해액 속에 물이 0.67g 생성될 때 황산은 몇 g 소비되는가?

① 1.66g
② 3.06g
③ 3.60g
④ 3.66g

해설 충방전 화학식
$PbO_2 + 2H_2SO_4 + Pb \Leftrightarrow PbSO_4 + 2H_2O + PbSO_4$
에서 $2H_2O$ 의 원자량은 H의 원자량−1g, O의 원자량−16g 이므로, $2\times(2\times1 + 1\times16)=36g$이고, $2H_2SO_4$의 원자량은 H의 원자량−1g, S의 원자량−32g, O의 원자량−16g 이므로, $2\times(2\times1+ 1\times32 + 4\times16)=196g$으로 계산된다. 그러므로 물과 황산의 비례식을 세우면, $36:196=0.67:x$이다.
이를 풀면 $x=\dfrac{196\times0.67}{36}=3.64777g$으로 계산된다.

15 • 94년도

납산 축전지에서 충전이 되면 일어나는 현상은?

① 양극에서는 수소가 발생한다.
② 음극에서는 산소가 발생한다.
③ 분극작용이 일어난다.
④ 양극판은 과산화납으로 변화한다.

해설 충전을 하면 양극에 있던 황산납이 분해되어 물과 반응하여 전해액이 된다. 즉, 음극에서는 물과 황산납이 반응하여 수소가 발생하고, 양극에서는 물과 황산납이 반응해서 산소가 생성된다. 그래서 양극은 과산화납으로, 음극은 해면상 납으로 돌아간다.

16 • 02.7.21

배터리의 비중이 1.273 이며 이때 전해액의 온도는 30℃이다. 표준상태(20℃)의 비중으로 환산하면 얼마인가?

① 1.203 ② 1.266
③ 1.280 ④ 1.283

해설 환산비중을 구하는 식은 다음과 같다.
$S_{20} = S_t + 0.0007(t-20)$(여기서 S_t는 실제 온도에서의 비중을 뜻하고 t는 실제 온도를 뜻한다. 그대로 대입을 하면 $S_{20} = 1.273 + 0.0007(30-20) = 1.280$로 계산된다.

17 • 2008전반

축전지의 기전력과 전해액 비중, 전해액 온도와의 관계로 틀린 것은?

① 전해액의 온도가 상승하면 전해액 비중은 커진다.
② 전해액의 비중이 커질수록 기전력은 커진다.
③ 전해액의 온도가 상승하면 기전력은 커진다.
④ 전해액의 온도가 저하하면 전해액의 저항이 증가해 기전력은 작아진다.

해설 전해액의 온도가 상승하면 비중은 낮아진다.

18 • 2003.7.20

120Ah의 축전지가 매일 1%의 자연방전을 할 때 시간당 방전량은?

① 0.05A
② 0.5A
③ 5A
④ 1.5A

해설 매일 방전하는 방전용량은 1%에 해당하므로, $120Ah \times 0.01 = 1.2Ah$이다. 즉, 하루는 24시간이므로, 시간당 방전전류는 $\dfrac{1.2Ah}{24h}=0.05A$로 계산된다.

ANSWER 13.② 14.④ 15.④ 16.③ 17.① 18.①

19 • 2006.7.16

100AH 축전지의 일일 자기 방전량이 1%일 때 이것을 보존하기 위한 충전전류는 몇 A로 조정해주면 되는가?

① 0.01A ② 0.04A
③ 0.5A   ④ 1A

해설 매일 방전하는 방전용량은 1%에 해당하므로, $100Ah \times 0.01 = 1Ah$이다. 즉, 하루는 24시간이므로, 시간당 방전전류는 $\frac{1Ah}{24h} = 0.04166A$로 계산된다.

20 • 93년도

100AH의 축전지가 매일 2%의 자기방전을 할 때 이것을 충전하기 위해 정전류 충전기의 충전전류는 시간당 몇 A로 조정하여야 하는가?

① 0.032 ② 0.083
③ 0.092 ④ 1.000

해설 매일 방전하는 방전용량은 1%에 해당하므로, $100Ah \times 0.02 = 2Ah$이다. 즉, 하루는 24시간이므로, 시간당 방전전류는 $\frac{2Ah}{24h} = 0.083A$로 계산된다.

2. 축전지용량/고장

01 • 97년도

일반적으로 사용하는 축전지의 용량 표시방법이 아닌 것은?

① 20시간 방전율 ② 25암페어율
③ 냉간율   ④ 50시간 방전율

해설 축전지의 용량은 20시간 방전율, 25암페어율, 냉간율이 사용된다.

02 • 97.10.12

축전지 용량시험에서 부하조정 손잡이는 축전지 용량의 몇 배가 되도록 조정하여 두어야 하는가?

① 2배 ② 3배
③ 4배 ④ 5배

해설 축전지의 용량시험은 축전지 용량의 3배를 단시간(5초이내)으로 방전시켰을 시에 흐르는 전압강하가 얼마인지를 시험하는 테스트다. 규정치는 배터리 전압의 20%이상 전압강하하면 불량이다.

03 • 02.4.7 • 2007.7.15

20℃에서 양호한 상태인 160AH 축전지는 40A의 전기를 얼마동안 발생시킬 수 있는가?

① 4분   ② 15분
③ 60분   ④ 240분

해설 축전지의 용량= 방전 종지까지 시간(h)×방전전류(A)이므로 160Ah=h×40A이므로 4시간 즉 240분으로 계산된다.

04 • 2003.3.30

5A의 일정한 전류로 20시간 방전을 계속할 수 있는 축전지의 용량을 표시하면?

① 45AH   ② 55AH
③ 100AH ④ 150AH

해설 축전지의 용량=방전 종지까지 시간(h)×방전전류(A)이므로 축전지용량=20h×5A이므로 100Ah로 계산된다.

05 • 96년도

축전지 설페이션 현상의 원인은?

① 충전 전류가 크다.
② 충전 전압이 높다.
③ 전해액의 온도가 너무 낮다.
④ 극판이 노출되어 있다.

해설 설페이션 현상이란 축전지 각 극의 금속이 황산화납으로 덮였다는 뜻이다. 이런 현상은 과방전에 의해 생성된다. 과방전이란 전해액이 줄어들고 물이 많이 생성되었다는 말과 같다.

ANSWER 19.② 20.② / 1.④ 2.② 3.④ 4.③ 5.④

06 • 97.10.12 • 2009.7.12

축전지의 설페이션 현상의 원인으로 가장 적합한 것은?
① 충전전류가 크다.
② 충전전압이 높다.
③ 전해액의 양이 부족하다.
④ 전해액의 온도가 낮다.

해설: 위 문제5의 해설을 참조한다.

07 • 2006.4.2

축전지를 방전상태로 오래두면 사용할 수 없는 가장 큰 이유는?
① 극판에 수소가 형성되기 때문에
② 극판에 묽은황산이 형성되기 때문에
③ 황산이 증류수로 되기 때문에
④ 극판이 영구 황산납이 되기 때문에

해설: 축전지를 방전상태로 오래두면 극판이 영구 황산납이 되므로 사용할 수가 없다.

08 • 2003.7.20

납산 축전지의 수명이 단축되는 원인이 아닌 것은?
① 충전 부족으로 인한 설페이션
② 전해액 중에 불순물 혼입
③ 과충전 또는 과방전
④ 비중값이 1.200 이상일 때

해설: 비중값이 1.200이상에서는 축전지를 충전하면 회복이 된다. 보통 완충시(우리나라와 같은 온대지방)는 1.260의 비중을 나타낸다.

09 • 2006.7.16

축전지의 수명을 단축하는 요인이 아닌 것은?
① 순수한 증류수 보충
② 과충전에 의한 온도상승
③ 전해액 부족
④ 기계적 외부진동

해설: 납산축전지에서 충방전에 의한 전해액의 높이가 낮아지면 증류수(순수한 물)로 보충해야 한다.

10

다음 중에서 바르게 표현한 것은?
① 자동차용 축전지의 전해액 비중은 전해액의 온도가 4℃일 때를 표준으로 하여 표시되어 있다.
② 전류의 측정은 전류계를 회로에 직렬로 접속하여서 한다.
③ 완전 충전된 자동차용 축전지의 전해액 비중은 액온 20℃에서 1.180이다.
④ 축전지를 과충전 시키면 전해액이 현저하게 감소한다.

해설: 전해액의 표준온도는 20℃이고, 전류의 측정은 직렬로, 전압의 측정은 병렬로, 완충된 비중은 1.2800이고, 과충전시키면 전해액이 많이 생긴다.

11 • 98년도

배터리의 정전류 충전시 최대 전류는 표준충전 전류의 몇 배로 하는가?
① 1/2배   ② 2배
③ 2.5배   ④ 3배

해설: 정전류 충전시 표준 충전전류은 10%이다. 정전류로 충전시 최대 전류는 표준전류의 2배이다. 즉 축전지 용량의 20%로 한다.

12 • 2009.3.29

정전류 충전에서 최대 충전전류는 표준 충전전류의 몇 배인가?
① 4배
② 3배
③ 2배
④ 1.5배

해설: 위 문제11의 해설을 참조한다.

ANSWER 6.③ 7.④ 8.④ 9.① 10.② 11.② 12.③

1. 기동전동기 구조와 작동

기동전동기 계산

01 • 97.10.12

링기어 이의 수가 123, 피니언의 이의 수가 9이고, 1500cc급 엔진의 회전 토크가 7m-kgf일 때 기동전동기의 필요 최소 회전력은?

① 5100m-kgf
② 510m-kgf
③ 513m-kgf
④ 0.512m-kgf

해설

감속비 = $\dfrac{\text{기동모터회전수}}{\text{엔진의회전수}}$ = $\dfrac{\text{링기어잇수}}{\text{기동모터피니언잇수}}$

이므로 감속비는 123/9이다.
기동전동기의 회전력은 감속비 만큼 증가하므로 식으로 표현하면
엔진의 회전저항=기동모터의 회전력×감속비
이다. 그대로 대입하면

기동모터의 회전력 = $\dfrac{\text{엔진의회전저항}}{\text{감속비}}$ 가 계산된다.

= $\dfrac{7}{\frac{123}{9}}$ = 0.512kgf − m

02 • 99.10.10

링 기어의 잇수가 112, 피니언 잇수가 9 일 때 총배기량이 1500cc이고 기관의 회전 저항이 6m-kgf 이라면 기동 전동기가 필요로 하는 최소 회전력은?

① 0.48m-kgf
② 0.60m-kgf
③ 0.75m-kgf
④ 0.9m-kgf

해설

감속비 = $\dfrac{\text{기동모터회전수}}{\text{엔진의회전수}}$ = $\dfrac{\text{링기어잇수}}{\text{기동모터피니언잇수}}$

이므로 감속비는 112/9이다.
기동전동기의 회전력은 감속비 만큼 증가하므로 식으로 표현하면
엔진의 회전저항=기동모터의 회전력×감속비
이다. 그대로 대입하면

기동모터의 회전력 = $\dfrac{\text{엔진의회전저항}}{\text{감속비}}$

= $\dfrac{6}{\frac{112}{9}}$ = 0.482kgf − m

03 • 98년도

엔진의 회전저항이 6kg-m, 링기어 잇수가 120, 피니언의 잇수가 12라면 엔진을 기동시키기 위한 기동전동기의 회전력은 얼마인가?

① 0.6kg-m   ② 0.8kg-m
③ 0.3kg-m   ④ 6kg-m

해설

감속비 = $\dfrac{\text{기동모터회전수}}{\text{엔진의회전수}}$ = $\dfrac{\text{링기어잇수}}{\text{기동모터피니언잇수}}$

이므로 감속비는 120/12=10이다. 기동전동기의 회전력은 감속비 만큼 증가하므로 식으로 표현하면
엔진의 회전저항=기동모터의 회전력×감속비
이다. 그대로 대입하면

기동모터의 회전력 = $\dfrac{\text{엔진의회전저항}}{\text{감속비}}$

= $\dfrac{6}{10}$ = 0.6kgf − m

ANSWER 1.④ 2.① 3.①

04 • 2003.3.30

시동모터의 피니언 기어 잇수가 9개, 링기어 잇수가 114개 일 때 엔진구동에 필요한 토크가 6kgf-m이면 시동모터에 필요한 토크는 몇 kgf-m 인가?

① 0.53 ② 0.47
③ 76 ④ 74.3

해설

감속비 = $\dfrac{\text{기동모터회전수}}{\text{엔진의회전수}}$ = $\dfrac{\text{링기어잇수}}{\text{기동모터피니언잇수}}$

이므로 감속비는 114/9이다. 기동전동기의 회전력은 감속비 만큼 증가하므로 식으로 표현하면
엔진의 회전저항=기동모터의 회전력×감속비 이다.
그대로 대입하면

기동모터의 회전력 = $\dfrac{\text{엔진의 회전저항}}{\text{감속비}}$

= $\dfrac{6}{\frac{114}{9}}$ = 0.4736 kgf−m

05 • 02.4.7 • 2006.7.16

총 배기량은 1500cc이고 회전저항이 6kgf-m 인 기관의 플라이휠 기어 잇수가 120이다. 기동전동기 피니언 잇수가 12이면 필요로 하는 최소회전력은 몇 kgf-m인가?

① 0.6 ② 1.0
③ 3 ④ 25

해설

감속비 = $\dfrac{\text{기동모터회전수}}{\text{엔진의회전수}}$ = $\dfrac{\text{링기어잇수}}{\text{기동모터피니언잇수}}$

이므로 감속비는 120/12=10이다. 기동전동기의 회전력은 감속비 만큼 증가하므로 식으로 표현하면
엔진의 회전저항=기동모터의 회전력×감속비이다.
그대로 대입하면

기동모터의 회전력 = $\dfrac{\text{엔진의 회전저항}}{\text{감속비}}$

= $\dfrac{6}{10}$ = 0.6 kgf−m

06 • 2004.7.18

링기어 잇수 130, 피니언 잇수 13일 때 총배기량은 1600cc 이고, 기관의 회전저항이 6kgf-m이라면 기동전동기가 필요로 하는 최소 회전력은 몇 kgf.m인가?

① 0.45 ② 0.60
③ 0.75 ④ 0.90

해설

감속비 = $\dfrac{\text{기동모터회전수}}{\text{엔진의회전수}}$ = $\dfrac{\text{링기어잇수}}{\text{기동모터피니언잇수}}$

이므로 감속비는 130/13=10이다. 기동전동기의 회전력은 감속비 만큼 증가하므로 식으로 표현하면
엔진의 회전저항=기동모터의 회전력×감속비이다.
그대로 대입하면

기동모터의 회전력 = $\dfrac{\text{엔진의 회전저항}}{\text{감속비}}$

= $\dfrac{6}{10}$ = 0.6 kgf−m

07 • 99.10.10

어떤 기동 전동기의 전류 소모 시험 결과 120 A이고, 전압이 24V 라면 이 기동 전동기의 출력은 몇 PS인가?

① 5.12PS ② 3.92PS
③ 27.32PS ④ 38.42PS

해설 전력=출력이므로 전력=전류×전압,
그대로 대입하면,
$P = I × V = 120 × 24 = 2880(W)$
735W=1Ps이므로 단위환산하면
2880/735=3.91Ps가 계산된다.

08 • 2006.4.2

직권전동기에 가해지는 전압이 11V, 전류 50A 일 때 5000rpm이였다. 가해지는 전압이 7V가 되고 부하 전류가 같다면 회전수는 얼마가 되겠는가?(단, 전기자 및 계자회로의 저항은 합하여 0.02Ω이다.)

① 1,500rpm ② 2,000rpm
③ 2,500rpm ④ 3,000rpm

ANSWER 4.② 5.① 6.② 7.② 8.④

해설: 전동기의 회전력(torque)는 전류에 비례하고, 각속도(ω)는 전압에 비례한다. 또한, 각속도는 회전수(rpm)의 함수이므로, 아래와 같이 비례식을 세울 수 있다.
전압(1) : 전압(2) = 회전수(1) : 회전수(2) 이므로,
11 : 7 = 5000 : x

$x = \dfrac{7 \times 5000}{11} = 3181.8 rpm$ 으로 계산된다.

기동전동기 구조와 작동

09 • 96년도

현재 자동차에서 주로 사용되고 있는 직권식 전동기의 특징이 아닌 것은?

① 부하가 감소되면 회전속도는 증가한다.
② 부하가 걸렸을 때 회전력이 크게 된다.
③ 역기전력은 회전속도에 비례한다.
④ 단자 전압은 부하가 클수록 높게 된다.

해설: 직권전동기란 계자코일과 전기자 코일을 직렬로 연결한 전동기를 말한다. 특징은 전동기에 부하가 걸리면 속도는 낮으나 큰 회전력을 발휘하고, 부하가 작아지면 회전력은 감소하나 회전수가 점점 커진다. 즉, 회전수가 부하에 따라 크게 변하므로 짧은 시간 내에 큰 회전력을 필요로 하는 기동전동기에 적합하다.

10 • 2008전반

직류 직권 전동기에 대한 설명으로 옳은 것은?

① 토크는 전기자 코일에 흐르는 전류와 여자 코일에 흐르는 전류에 반비례한다.
② 전기자 코일에 흐르는 전류의 제곱에 비례한다.
③ 전기자 전류(부하)의 변화에 따라 회전속도는 큰 변화가 없다.
④ 직권식 모터의 토크는 전기자 전류에만 비례한다.

해설: 위 문제9의 해설을 참조한다.

11 • 96년도

다음은 자동차용 기동전동기의 특징을 열거한 것이다. 틀린 것은?

① 일반적으로 직권 전동기를 사용한다.
② 부하가 커지면 회전력은 작아진다.
③ 역 기전력은 회전수에 비례한다.
④ 부하를 크게 하면 회전 속도가 작아진다.

해설: 자동차용 기동전동기는 직권식을 사용하므로 위 문제 9의 해설을 참조한다.

12 • 2010후반

자동차용 직류 분권식 전동기의 특징으로 틀린 것은?

① 전기자 코일과 계자코일이 병렬로 연결된 방식이다.
② 전기자코일과 계자코일에 공급되는 전압이 일정하다.
③ 전동기의 회전속도 변동이 작다.
④ 기관용 크랭킹하는 기동전동기에 적합하다.

해설: 위 문제9의 해설을 참조한다.

13 • 2005전반 • 2007.4.4

기동 전동기의 동력전달방식에 속하지 않는 것은?

① 피니언 섭동식
② 벤딕스식
③ 전기자 섭동식
④ 스프래그식

해설: 기동전동기의 동력전달방식에는 벤딕스식, 피니언섭동식, 전기자섭동식이 있고, 오버런닝 클러치에는 로울러식, 스프레क식, 다판클러치식이 있다.

ANSWER 9.④ 10.② 11.② 12.④ 13.④

14 • 2009.7.12

다음 그림에서 기동전동기의 구성품 설명으로 틀린 것은?

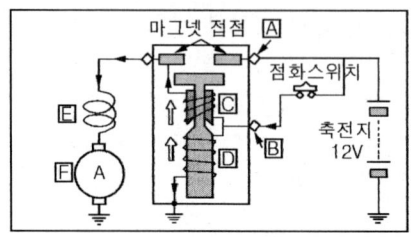

① "C"는 풀링(pull in) 코일이다.
② "D"는 홀드인(hold in) 코일이다.
③ "E"는 리턴스프링이다.
④ "F"는 전기자(armature)이다.

해설 E는 계자코일이다. 즉 N/S극을 만드는 자화코일이다. A는 B단자이고, B는 st 단자이다.

15 • 2005.7.17

시동회로와 관련이 없는 부품은?
① 축전지   ② 점화 스위치
③ 기동 전동기   ④ 전압 조정기

해설 전압조정기는 발전기의 충전전압을 일정하게 유지시키는 역할을 한다.

16 • 97년도

직권식 기동전동기의 전기자 코일과 계자코일의 접속방법은?
① 직렬접속   ② 병렬접속
③ 직·병렬접속   ④ 각각 단자에 접속

해설 위 문제 9의 해설을 참조한다.

17 • 95년도

기동전동기의 마그네틱 스위치의 구성품이 아닌 것은?
① 접촉판   ② 점화코일
③ 홀드인 코일   ④ 풀인코일

해설 마그네틱 스위치에는 홀드인코일이 접지되고, 풀인코일이 M단자와 접촉하며, M단자와 B단자을 연결하는 접촉판, 리턴스프링으로 구성되어 있다.

18 • 97.10.12

마그네트 스위치의 구성품이 아닌 것은?
① 풀인코일   ② 유지력 코일
③ 전기자   ④ 리턴 스프링

해설 유지력 코일이 홀드인 코일이다. 위 문제 9의 해설을 참조한다.

19 • 93년도

기동 모터의 홀딩 코일과 풀인 코일에 대한 설명으로 옳지 않은 것은?
① 풀인 코일은 직렬로 단자에 접속되어 있다.
② 홀딩 코일은 병렬로 단자에 접속되어 있다.
③ 접촉판이 주 접점에 접속되면 풀인 코일은 단락된다.
④ 풀인 코일이 단락되면 홀딩 코일에는 전류가 흐르지 않는다.

해설 풀인코일은 st단자에서 M단자로 향하고, 홀드인 코일은 st단자에서 마그네틱 스위치에 접지되어 있다. 이 말은 홀드인 코일이 접지되었으므로 병렬접속이라 할 수 있고 풀인코일은 M단자를 거쳐 B단자에서 오는 전기와 같은 순서로 전기가 흐르므로 직렬 접속이라 할 수 있다. 접촉판에 의해 주 접점이 닿히면 풀인코일에는 전위차가 같아지므로 단락되고, 홀드인 코일에는 전기가 흘러 피니언의 위치를 유지시켜 준다.

20 • 97년도

기동전동기 구성부품에서 고정되어 있지 않은 것은?
① 계자코일   ② 브러시
③ 계자철심   ④ 정류자

해설 정류자는 전기자에 붙어있으며, 브러시의 전기를 받아들여 전기자 코일에 공급하므로 전기자를 회전하게 한다.

ANSWER 14.③ 15.④ 16.① 17.② 18.③ 19.④ 20.④

21 • 2003.7.20

기관 시동시 기관 자체가 회전을 시작하면 기동전동기 쪽으로 회전력이 전달되어 파괴될 위험이 있다. 이를 막아주는 역할을 하는 것은?

① 마그네트 스위치   ② 아마추어
③ 오버러닝 클러치   ④ 피니언

해설 엔진이 기동되면 피니언과 링 기어가 물려 있으므로 반대로 기동전동기가 엔진에 의해 고속으로 회전되어 전기자, 베어링, 브러시 등이 파손되는데 이것을 방지하기 위해 엔진이 가동된 다음에는 피니언이 공전하여 기동전동기가 회전되지 않게 하는 장치가 오버러닝 클러치다.

22 • 97.10.12

브러시를 경사지게 한 이유는?

① 접촉을 부드럽게 한다.
② 마멸을 감소시키기 위해
③ 소음을 줄이고 정류자의 마모 방지
④ 출력을 증대시키기 위해

해설 브러시를 경사지게 한 이유는 정류자와 접속시에 접속면적을 크게 하여 정류자의 홈에 의해 마모나 소음이 일어나는 것을 방지한다.

23 • 2010전반

기동전동기에서 정류자에 미끄럼 접촉을 하면서 전기자 코일에 전류를 공급해 주는 것은?

① 브러쉬
② 아마추어 코일
③ 필드 코일
④ 솔레노이드 스위치

해설 기동전동기에서 정류자에 미끄럼 접촉을 하면서 전기자 코일에 전류를 공급해 주는 것은 브러쉬이다.

2. 기동전동기 측정과 고장수리

기동전동기 측정

01 • 93년도

다음 중 기동모터의 무부하 시험시 필요없는 것은?

① 전압계   ② 전류계
③ 저항계   ④ 회전계

해설 기동모터의 무부하시험은 기동모터 단품의 전류소모와 전압강하, 그리고 피니언의 회전수를 측정하는 것이다. 차종마다 그 규정값이 다르지만 보통 전류는 60–125A, 전압은 9.6V이상, 회전수는 5500rpm이상이 나와야 합격이다.

02 • 2006.4.2

승용자동차에 사용하는 일반적인 기동전동기의 무부하 시험에 대한 설명으로 틀린 것은?

① 전류계를 충전된 축전지의 (–)단자와 기동전동기의 마그넷 스위치 메인단자 사이를 병렬로 연결한다.
② 리드선을 사용하여 메인단자와 ST단자를 접속한다.
③ 기동전동기의 회전상태 점검과 전류계의 지침을 읽는다.
④ 기준전압을 가했을 때 전류계의 지시와 전기자의 회전수는 50A 이하에서 6,000rpm 이상이면 좋다.

해설 전류계(전류소모식)는 회로에 직렬로, 전압계는 회로에 병렬로 연결한다. 그러나 요사이의 전류계는 pick up 코일식으로 훅크로 되어있어, 전기가 지나가는(측정하고자 하는) 배선에 걸어서 사용한다.

ANSWER 21.③ 22.③ 23.① / 1.③ 2.①

03 • 2008.7.13

다음 중 기동전동기의 성능시험 항목이 아닌 것은?

① 무부하 시험　② 중부하 시험
③ 회전력 시험　④ 저항시험

해설: 기동전동기의 성능시험은 무부하시험(단품의 기동모터 시험), 회전력시험(피니언의 구동회전력 시험), 저항시험 등이 있다.

04 • 93년도

기동전동기의 브러시 스프링 장력은 어떻게 측정하는가?

① 스프링 저울로 측정
② 필러 게이지로 측정
③ 다이얼 게이지로 측정
④ 직각자로 측정

해설: 브러시의 스프링장력은 브러시를 누르는 스프링의 끝을 스프링 저울로 걸은 다음 당겨서 측정을 행한다.

05 • 98년도

다음 중 그로울러 시험기로 시험할 수 없는 것은?

① 전기자의 저항시험
② 전기자의 단선시험
③ 전지자의 접지시험
④ 전기자의 단락 시험

해설: 그로울러 테스터는 기동모터의 3가지 시험을 행할 수 있다. 단선(개회로) 시험, 단락시험, 절연저항(접지시험)을 할 수 있다.

06 • 2004.4.4

다음 중 그로울러 시험기로 시험할 수 없는 것은?

① 전기자 코일의 단락　② 코일 밸런스
③ 전기자 코일단선　　④ 계자코일의 단락

해설: 계자코일의 단락은 회로시험기에서 저항을 놓고, (+)브러쉬 2개 각각에 적색 리드를, 몸체에 흑색리드를 찍었을 때 저항이 작게 형성되면 단락된 것이다.

고장수리

07 • 02.7.21

섭동식 기동전동기의 고장에서 클러치가 떨면서 시동 불량을 일으키는 원인과 가장 관계가 있는 것은?

① 계자코일의 (+)쪽 브리시 1개 단선
② 계자코일의 (-)쪽 브리시 2개 단선
③ 마그넷 스위치의 (ST) 단자의 단선
④ 마그넷 스위치의 홀딩코일의 단선

해설: 클러치가 떨면서 시동불량을 일으키는 기동모터의 고장은 홀드인 코일의 시프트 포크의 당김을 계속 유지하지 못하고 전진 후 바로 후퇴하기 때문이다.

08 • 2004.7.18

시동이 걸렸을 때 시동 스위치를 계속 누르고 있을 때의 결과 중 틀린 것은?

① 피니언 기어가 소손된다.
② 베어링이 소손된다.
③ 아마튜어가 소손된다.
④ 충전이 잘 된다.

해설: 시동스위치를 계속 스타트로 하면 기동모터의 피니언기어, 베어링, 전기자의 손상을 가져온다.

09 • 2007.7.15 • 2009.3.29

기동전동기에 전류는 많이 흐르지만 작동하지 않을 경우의 원인이 아닌 것은?

① 전기자코일이 접지되었을 때
② 계자코일이 단락되었을 때
③ 전기자축 베어링이 고착되었을 때
④ 전기자코일 또는 계자코일이 개회로 되었을 때

해설: 전기자코일 혹은 계자코일이 개회로(단선)가 되면 전기가 흐를 수 없으므로, 마그네틱 스위치가 작동하지 않는다.

ANSWER 3.② 4.① 5.① 6.④ 7.④ 8.④ 9.④

점화장치

PART.3 전기

1. 기계식 점화장치(접점식)

01 • 96년도

1차코일의 권수가 150회, 발생전압 200V일 때 2차코일의 권수가 15000회라면 2차코일에서의 유도전압은 몇 V인가?

① 10,000
② 15,000
③ 20,000
④ 25,000

해설 유도전압은 코일의 권수비에 비례하므로,
$150 : 15000 = 200 : x$
$x = \dfrac{15000 \times 200}{150} = 20000(V)$가 유도된다.

02 • 96년도

자계의 강도에 비례하는 전압을 발생하는 반도체의 성질을 무엇이라고 하는가?

① 피에조 효과
② 광전 효과
③ 홀 효과
④ 펠티어 효과

해설
- 힘을 받으면 전기를 생성 : 피에조
- 자계를 받으면 도전도가 변화하는 효과 : 홀효과
- 빛을 받으면 도통시키는 광전효과
- 효과전기를 받으면 열방생하는 효과 : 펠티어 효과

03 • 02.4.7

점화코일의 성능 특성과 관계가 없는 것은?

① 인덕턴스
② 절연특성
③ 냉각특성
④ 온도특성

해설 점화코일은 코일이 감겨 있으므로 인덕턴스가 있고, 1차코일과 2차코일의 절연, 1차전류 단속에 의한 코일의 온도상승을 방지하는 밸러스트 저항이 있다.

04 • 98년도

캠각이 적어지면 기관에 미치는 영향은?

① 고속에서 실화하기 쉽다.
② 접점간극이 작아진다.
③ 점화시기가 늦어진다.
④ 1차전류가 커진다.

해설 캠각이 적다는 말은 1차전류의 접지(ON)구간이 짧다는 말이므로, 포인트의 간극이 크다는 말과 같다. 포인트 간극이 크면 포인터의 열림구간이 큰 것이므로, 고속에서는 점화시기가 빨라져 실화(점화를 빼먹음)가 발생하기 쉽다. 반대로 캠각이 크면 포인터의 열림구간이 짧은 것이므로 1차 전류의 회복이 작아지고, 점화시기도 느려진다. 접점간극은 작다.

05 • 95년도

캠각(cam angle)이 규정보다 작을 경우 나타나는 현상으로 옳은 것은?

① 접점간극이 작아진다.
② 1차 전류가 커진다.
③ 점화시기가 늦어진다.
④ 고속에서 실화되기 쉽다.

해설 위 문제 4의 해설을 참조한다.

06 • 2003.7.20

점화간격의 60%를 드웰각으로 할 때, 4행정 사이클 6실린더 기관에서의 드웰각은 몇 도(°)인가?

① 60
② 54
③ 48
④ 36

해설 드웰각(캠각) = $\dfrac{360도}{실린더수} \times 0.6$(60%이므로)이다.
그대로 대입하면
캠각 = $\dfrac{360도}{6} \times 0.6 = 36도$가 나온다.

ANSWER 1.③ 2.③ 3.③ 4.① 5.④ 6.④

07 • 99.10.10

6실린더 엔진의 점화장치를 엔진 스코프로 점검한 결과 제1실린더의 파형이 나타났다. 캠 앵글은 몇 도인가?

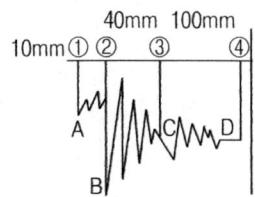

① 30° ② 40°
③ 50° ④ 60°

해설: 캠각 = $\dfrac{\overline{CD}}{(\overline{AB}+\overline{BC}+\overline{CD})} \times \dfrac{360}{기통수}$ 으로 표현되므로, 그대로 대입하면

캠각 = $\dfrac{100}{(10+40+100)} \times \dfrac{360}{6} = 40°$ 로 계산된다.

08 • 96년도 • 00.3.26

엔진의 회전속도가 4500rpm이고, 연소지연시간이 $\dfrac{1}{500}$ 초 라면 연소 지연시간 동안 크랭크축의 회전각도는 얼마인가?

① 54° ② 44°
③ 34° ④ 24°

해설: 1바퀴가 360도 이므로, 크랭크 회전각도를 식으로 표현하면
지연크랭크의 회전각도
= $\dfrac{엔진의 회전수}{60} \times 360° \times 지연시간(초)$ 이므로,
그대로 대입하면
$(\theta) = \dfrac{4500}{60} \times 360° \times \dfrac{1}{500} = 54°$ 가 계산된다.

09 • 02.7.21 • 2009.3.29

기관의 회전속도가 3000 rpm 이고, 연소지연시간이 1/900초 라고 하면, 이 연소지연시간 동안 에 크랭크축의 회전각도는 얼마인가?

① 30° ② 28°
③ 26° ④ 20°

해설: 그대로 대입하면
$(\theta) = \dfrac{3000}{60} \times 360° \times \dfrac{1}{900} = 20°$ 가 계산된다.

10 • 2006.4.2 • 2009.7.12

점화지연시간이 1/800초인 연료를 사용하여 최고폭발 압력을 ATDC 5°에서 발생시키기 위해 TDC 몇 도 전방에서 스파크 불꽃을 튀겨 주어야 하는가?(단, 기관은 2500rpm이다.)

① 13.7 ② 17.9
③ 18.7 ④ 21.7

해설: 지연 크랭크의 회전각도
= $\dfrac{엔진의 회전수}{60} \times 360° \times 지연시간(초)$ 이므로,

$(\theta) = \dfrac{2500}{60} \times 360° \times \dfrac{1}{800} = 18.75°$ 로 계산된다.

5도 후에 최고폭발압력이 생겨야 하므로,
18.75-5=13.75이 정답이다.

11 • 2004.7.18

기관의 회전속도가 3000rpm이다. 연소지연시간이 0.001 초(sec) 라고 하면 연소지연 시간 동안에 크랭크 축의 회전각은 몇 도(°) 인가?

① 30 ② 18
③ 45 ④ 27

해설: 지연 크랭크의 회전각도
= $\dfrac{엔진의 회전수}{60} \times 360° \times 지연시간(초)$ 이므로,

그대로 대입하면 $(\theta) = \dfrac{3000}{60} \times 360° \times 0.001 = 18°$

12 • 2006.4.2

자동차 기관의 회전속도가 4500rpm이다. 연소지연시간이 1/600초라고 하면 연소지연시간 동안에 크랭크의 회전각도는 몇 도인가?

① 15° ② 30°
③ 45° ④ 60°

ANSWER 7.② 8.① 9.④ 10.① 11.② 12.③

해설 지연 크랭크의 회전각도
$= \dfrac{\text{엔진의 회전수}}{60} \times 360° \times \text{지연시간(초)}$이므로,
$(\theta) = \dfrac{4500}{60} \times 360° \times \dfrac{1}{600} = 45°$가 된다.

13 • 2007.4.4

연소속도의 지연이 1/500초이고 기관의 회전수가 3000rpm일 때 상사점 전 몇 도에서 점화가 이루어지는가?(단, 기계적 전기적 지연동안의 크랭크축의 회전각도는 1°이며, 기관의 최대 폭발압력은 TDC에서 일어난다.)

① 35° ② 36°
③ 37° ④ 39°

해설 지연 크랭크의 회전각도
$= \dfrac{\text{엔진의 회전수}}{60} \times 360° \times \text{지연시간(초)}$이므로,
$(\theta) = \dfrac{3000}{60} \times 360° \times \dfrac{1}{500} = 36°$가 된다.
총지연기간은 점화지연 + 기계적지연 = 36 + 1 = 37도로 계산된다.

14 • 97.10.12

다음 사항 중 기관의 점화시기와 관계되는 사항이 아닌 것은?

① 기관의 회전속도
② 기관의 흡입 부하
③ 사용연료의 옥탄가
④ 기관의 사용 윤활유

해설
• 엔진의 회전속도에 따른 점화시기 변화 : 원심진각 장치.
• 엔진의 흡입 부하에 따른 점화시기 변화 : 진공진각 장치
• 기관의 연료 옥탄가에 따른 점화시기 변화 : 옥탄셀렉터

15 • 95년도

점화플러그 구조에 대한 설명이다. 틀린 것은?

① 절연체 상부에는 고전압의 플래시 오버를 방지하는 리브가 있다.
② 절연체는 내열성과 내산성이 크다.
③ 셀과 절연체 사이에는 동질의 개스킷을 사용하여야 한다.
④ 저속회전 기관에서는 냉형의 점화플러그를 사용한다.

해설 열가란 열의 방산 능력을 뜻하므로 값이 클수록 열방산이 잘되므로 냉형이다. 이 냉형은 열방산이 잘 되므로 고속 회전 기관에 사용된다.

16 • 95년도

점화 플러그의 그을림 오손의 원인과 거리가 먼 것은?

① 점화시기 진각
② 장시간 저속 운전
③ 점화 플러그 열값 부적당
④ 에어클리너 막힘

해설 점화플러그의 그을음은 진한 혼합비, 점화플러그의 열가를 잘못 선택, 저속으로 장시간 운행하면 많이 생긴다.

17 • 96년도

저항 플러그가 보통 점화 플러그와 다른 점은?

① 불꽃이 강하다.
② 플러그의 열방출이 우수하다.
③ 라디오의 잡음을 방지한다.
④ 고속 엔진에 적합하다.

해설 저항플러그는 중심전극에 10KΩ정도의 저항이 들어 있어 유도불꽃 기간을 짧게 하여 라디오 간섭을 억제한다.

18 • 97년도 • 99년도

다음 중 스파크 플러그의 자기청정온도는 얼마 정도인가?

① 300~700℃   ② 400~800℃
③ 500~900℃   ④ 1000~1100℃

해설 엔진이 운행되는 동안 전극의 온도는 450~600℃를 유지해야 연소 시 그을음(카본)을 태워 없앨 수 있다. 400℃이하이면 카본이 퇴적되어 플러

ANSWER 13.③ 14.④ 15.④ 16.① 17.③ 18.②

그의 전극에 스파크가 일지 않는 실화현상이 생기기 쉽고, 700~800℃에 전극이 이르면 그 열점에 의해 조기점화가 일어나기 쉽다.

19 • 99.4.18 • 2004.4.4

점화플러그 절연재로 가장 많이 사용되는 것은?

① 산화알루미늄(Al_2O_3)
② 자기(Porcelain)
③ 스티어타이트($H_2O \cdot 3MgO \cdot 4SiO_2$)
④ 유리

해설 절연체는 내열성, 절연성이 높은 자기(ceramic)로 되어 있고 온도차에 의한 변형이나 기계적 충격에 견디게 되어 있다.

20 • 2009.3.29

그림과 같이 점화플러그의 세라믹(Ceramic) 절연체를 물결(Corrugation) 모양으로 만든 이유로 가장 적합한 것은?

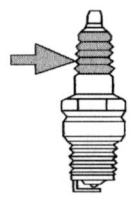

① 불꽃방전시 코로나(corona) 방전현상을 막기 위해
② 고전압 인가시 플래시오버(flash over)현상을 방지하기 위해
③ 플러그 배선 끝 고무 부트(boots)의 고정을 위해
④ 이물질 또는 수분 등의 원활한 배출을 위해

해설 점화플러그의 세라믹(Ceramic) 절연체를 물결(Corrugation) 모양으로 만든 부분을 리브(rib)라 하는데 고압 전류의 플래시오버(flash over)를 방지한다.

21 • 2004.7.18

점화플러그의 열값에 대한 설명이 옳은 것은?

① 열값이 크면 냉형이다.
② 열값이 크면 열형이다.
③ 냉형은 냉각효과가 적다.
④ 냉형은 저속회전 엔진에 사용한다.

해설 점화플러그의 열가는 열을 방출하는 정도를 나타낸 것으로, 그 값이 크면 열을 많이 방출하므로 냉형이 된다.

22 • 2005.7.17

점화플러그의 착화성을 향상시키기 위한 방법 중 가장 관련이 없는 것은?

① 플러그의 전극 간극을 크게
② 플러그의 중심 전극을 가늘게
③ 플러그의 접지 전극을 U홈 또는 V홈으로
④ 중심전극의 돌출량을 작게

해설 중심전극은 접지전극과 간극을 일정하게(차종에 따른 규정치) 유지해야 성능을 발휘한다. 중심전극의 돌출량이 작으면 불꽃이 불량해진다.

2. 트랜지스터식 점화장치 (무접점식)

01 • 95년도

트랜지스터식 점화장치는 트랜지스터의 무슨 작용을 이용하여 2차 전압을 유기시키는가?

① 스위칭 작용   ② 자기유도작용
③ 증폭작용   ④ 상호유도작용

해설 트랜지스터는 2가지 작용 즉 스위칭 작용과 증폭 작용을 하는 특성이 있다. 스위칭작용는 베이스 전류를 공급하지 않으면 컬렉터 전류가 흐르지 않는다. 증폭작용은 베이스에 공급하는 미세전류로서 99배의 컬렉터전류를 흐르게 할 수 있다. 2차전압유기는 스위치 작용에 의한 단속작용에 기인한다.

ANSWER 19.② 20.② 21.① 22.④ / 1.①

02 • 97년도

접점식 점화장치와 비교한 트랜지스터 점화방식의 장점이다. 관계가 없는 것은?

① 접점의 소손이나 전기손실이 없다.
② 점화코일이 없어 비교적 구조가 간단하다.
③ 고속에서도 비교적 점화에너지 확보가 쉽다.
④ 고속에서도 2차 전압이 급격히 저하되는 일이 없다.

해설 트랜지스터식의 장점은 단속기가 없으므로 접점소손이 없어 1차 전압을 저하시키지 않는다. 그래서 2차전압을 크게 확보할 수 있다. 그래서 고속에서도 적합하다.

03 • 02.4.7

트랜지스터 점화장치 등에 사용되는 회로는?

① 스위칭 증폭 회로
② 정전압 회로
③ 변조 회로
④ AND회로

해설 위 문제 1의 해설을 참조한다.

04 • 93년도

고에너지식 점화방식(HEI ; High Energy Ignition)에서 점화시기의 진각은 무엇에 의해 이루어지는가?

① 원심진각 장치
② 진공진각 장치
③ ECU(Electric Control unit)
④ 파워 트랜지스터

해설 전자식 점화장치의 점화시기는 센서신호에 의한 엔진의 상태를 파악하고, 이것을 ECU가 받아서 분석 및 연산을 통하여 액추에이터(파워TR)의 제어값을 구한다. 즉, 기계식은 점화시기를 배전기가 행하고, 전자식은 ECU가 자동으로 행한다.

05 • 97.10.12

기본 점화시기 및 연료 분사시기와 밀접한 관계가 있는 센서는?

① 수온 센서
② 대기압 센서
③ 크랭크 각 센서
④ 흡기온도 센서

해설 기본점화시기와 연료분사시기는 크랭크각센서와 흡기유량센서가 기본이고, 다른 센서값에 의해 보정이 된다.

06 • 95년도 • 99.10.10

파워 TR에 대한 설명으로 틀린 것은?

① 파워 TR의 베이스는 ECU와 연결되어 있다.
② 파워 TR의 컬렉터는 점화코일(-)단자에 연결되어 있다.
③ 파워 TR의 에미터는 접지되어 있다.
④ 파워 TR은 PNP형이다.

해설 파워TR의 베이스는 ECU와 연결, 컬렉터는 점화코일의 (-)단자와 연결, 에미터는 접지되어 있는 NPN형의 트렌지스터를 많이 사용한다.

07 • 2010전반

파워TR 내부의 TR3와 화살표에 표기된 저항이 어떤 작용을 하는가?

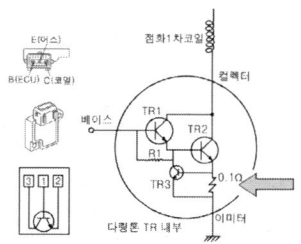

① TR의 열화를 방지한다.
② 1차 코일에 흐르는 전류를 제한한다.
③ 1차 코일에서 발생하는 유도전압을 제한한다.
④ 베이스와 이미터에 흐르는 전류를 제한한다.

해설 TR2의 전류가 크게 발생하면, 저항에 의해 TR3의 베이스로 전류가 흘러 TR3의 컬렉터 전기가 흘러 TR2의 베이스전기가 흐르지 못하게 한다.

ANSWER 2.② 3.① 4.③ 5.③ 6.④ 7.②

08 • 94년도

전자제어 엔진에서 점화장치의 1차 전류를 단속하는 기능을 갖고 있는 부품은?
① 점화 스위치   ② 파워 TR
③ 점화코일   ④ 타이머

해설》 위 문제 1의 해설을 참조한다.

해설》 DLI 점화 장치의 특징
① 배전기가 없기 때문에 전파 장해의 발생이 없다.
② 엔진의 회전 속도에 관계없이 2차 전압이 안정된다.
③ 점화시기가 정확하고 점화 성능이 우수하다.
④ 고전압이 감소되어도 유효 에너지의 감소가 없기 때문에 실화가 적다.
⑤ 범위 제한이 없이 진각이 이루어지고 내구성이 크다.
⑥ 전파 방해가 없으므로 다른 전자 제어 장치에도 장해가 없다.
⑦ 고압 배전부가 없기 때문에 누전의 염려가 없다.
⑧ 실린더 별 점화시기 제어가 가능하다.

3. 전자식 점화장치 (DLI 포함)

01 • 94년도

DLI(Distributorless ignition)점화방식에서 점화시기를 결정하는데 기본이 되는 것은?
① 파워 TR   ② 크랭크 각 센서
③ 발광다이오드 ④ 시그널 로터

해설》 DLI와 같은 전자식 점화장치의 점화시기를 결정하는 센서는 크랭크각 센서와 흡기유량 센서이다.

02 • 2006.7.16

무 배전기 점화장치(DLI)에 관한 내용 중 틀린 것은?
① 엔진 회전수 및 부하에 맞추어 적절한 점화시기를 얻기 위하여 전자 제어장치로 사용한다.
② 고압 코드의 저항에 기인하는 실화 발생률이 높다.
③ 각 기통 또는 2개 기통마다 점화 코일을 설치한다.
④ 배전기 내의 배전에 의한 전파 장애 발생이 적다.

03 • 02.7.21 • 2007.7.15 • 2010후반

점화장치에서 DLI(Distributerless Ignition : 무 배전기 점화장치)의 특징을 설명한 것 중 옳은 것은?
① 배전기 식보다는 성능면에서 떨어진다.
② 2차 전압의 손실을 최소화 할 수 있다.
③ 점화코일의 개수를 줄일 수 있다.
④ 고속형 기관에는 불리하다.

해설》 DLI식 점화장치도 트랜지스터를 사용하므로, 트랜지스터식 점화장치의 장점을 그대로 가지고 있다. 트랜지스터식의 장점은 단속기가 없으므로 접점소손이 없어 1차 전압을 저하시키지 않는다. 그래서 2차전압을 크게 확보할 수 있다. 그래서 고속에서도 적합하다.

04 • 2005전반

기관의 점화장치 중 DLI시스템에 대한 설명으로 틀린 것은?
① 잡음에 대해 유리하다.
② 고속이 되어도 발생전압이 거의 일정하다.
③ 점화시기의 위치 결정을 위한 센서가 필요하다.
④ 점화코일이 성능은 떨어지나 간단한 구조이다.

해설》 DLI에서 점화코일은 4실린더의 경우 2개 혹은 각 실린더 마다(4개) 사용한다. 그래서, 점화코일의 성능은 우수하나 여러 개 필요로 한다.

ANSWER 8.② / 1.② 2.② 3.② 4.④

05 • 2008.7.13

그림과 같은 동시점하방식 회로에서 ECU의 6번 단자에서 파워트랜지스터로 연결된 B1 단자의 연결시간이 길어지면 어떤 현상이 일어날지를 맞게 설명한 것은?

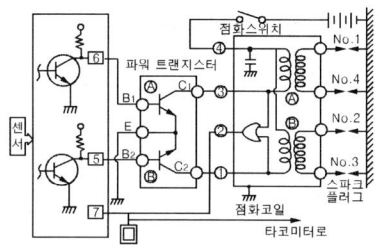

① 2,3번에 사용되는 점화코일의 드웰(dwell)이 길어진다.
② 1,4번에 동시 사용되는 점화코일의 드웰(dwell)이 길어진다.
③ 3,4번 점화코일의 고압 발생시간이 증가하여 드웰(dwell)이 길어진다.
④ 어떤 경우든지 동시 점화방식이므로 변화가 없다.

해설 트랜지스터 A는 1번과 4번실린더의 점화플러그와 관계되는데, ECU의 6번 단자는 트랜지스터 A를 제어하므로, B1 단자의 연결시간이 길어진다는 말은 1번과 4번의 캠각(드웰각)이 길어진다는 뜻이다.

06 • 2009.7.12

그림과 같은 동시 점화방식회로에서 ECU의 5, 6번 단자에서 파워트랜지스터로 연결된 단자에 계속해서 전원이 인가된다면 어떤 현상이 발생하는지 바르게 설명한 것은?

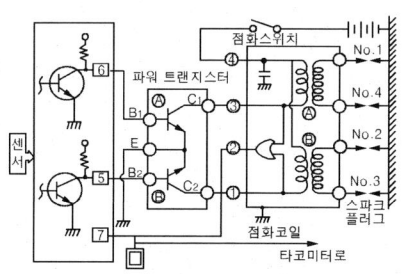

① 점화코일에는 항상 고전압이 발생된다.
② 1, 4번 실린더에만 고압이 발생된다.
③ 점화코일에 고압이 발생하지 않는다.
④ 2, 3번 실린더에만 고압이 발생된다.

해설 ECU의 5, 6번 단자에서 파워트랜지스터로 연결된 단자에 계속해서 전원이 인가된다면 트랜지스터 A와 B의 컬렉터 전류가 계속 흘러 점화코일에는 스파크가 발생하지 않는다. 결국, 점화되지 않으며, TR이 열을 받아 고장나게 된다.

4. CDI (축전기 방전 점화장치)

01 • 00.3.26

CDI 점화장치란 무엇을 말하는가?
① 콘덴서 방전식 점화장치
② 고에너지 점화장치
③ 고압 자석식 점화장치
④ 자기 유도 점화장치

해설 CDI란 Capacitor Discharge Ignition의 약자로 축전기 방전 점화장치를 말한다. 이는 축전지의 12V전원을 발진기에 의하여 300~400V의 교류로 전환한 다음, 교류 파형 중에 반파로 일단 축전기에 충전, 사이리스터를 이용하여 1차전류 방전, 그 방전에너지로 고전압 유기한다.

ANSWER   5.②   6.③   /   1.①

5. 고장과 수리

01 • 2007.4.4

자동차 점화장치에서 점화요구 전압에 영향을 미치지 <u>않는</u> 인자는?

① CO 배출농도   ② 압축압력
③ 혼합기의 온도   ④ 자동차의 속도

[해설] CO의 배출농도는 점화장치가 아니라 이론혼합비 제어와 관계되는 것이다. 그래서 산소센서의 신호가 필요하다.

02 • 2003.3.30 • 2008.7.13

점화시기가 너무 늦을 때 일어나는 현상이 <u>아닌</u> 것은?

① 노킹 현상이 발생한다.
② 연료소비량이 증대한다.
③ 엔진이 과열된다.
④ 배기 통로에 카본이 퇴적한다.

[해설] 점화시기가 너무 느리면, 연소가 지연되어 엔진이 과열하기 쉽고, 출력이 떨어진다. 또한 연료의 소비량이 증대한다. 가솔린기관에서 점화시기가 너무 빠르면, 화염 전파중에 미연가스의 압력상승으로 자연 발화하여 노킹을 일으킨다.

03 • 99.4.18 • 2005전반

가솔린 기관에서 점화계통을 차단하여도 기관의 점화가 계속 발생하는 현상을 무엇이라고 하는가?

① 런온(run-on)
② 스파크 이그니션(spark ignition)
③ 럼블(rumble)
④ 와이드핑(Wild-ping)

[해설] 런온이란 속주라고도 하는데, 점화장치의 점화스위치를 단속하더라도 점화가 되어 미연가스가 계속 연소되는 현상으로 보통 디젤기관에서 많이 발생한다.

04 • 2007.4.4

점화장치의 파형을 분석한 그림이다. 그림과 같은 점화 2차 파형에서 화살표 부분의 스파크 라인 감쇄진동부가 없는 경우 고장 분석을 맞게 표현한 것은?

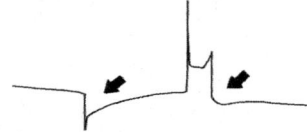

① 스파크라인의 케이블 불량이다.
② 점화플러그의 손상으로 누전된다.
③ 점화코일의 불량이다.
④ 점화플러그 간극이 크다.

[해설] 점화코일의 불량으로 감쇠부분(코일에 의해 아래 위로 그리는 전압파형)이 없다.

05

오실로스코프 테스터로 측정할 수 없는 것은?

① 디스트리뷰터 작동시험
② 점화코일성능시험
③ 점화플러그 성능시험
④ 기관출력 비교시험

[해설] 오실로스코프는 파형을 측정하는 기기이다. 기관의 출력을 비교시험하기 위해서는 엔진다이나모미터 즉 엔진 동력계가 있어야 한다.

ANSWER 1.① 2.① 3.① 4.③ 5.④

PART.3 전기 — 충전장치

01 · 02.7.21 · 2009.7.12

배터리 및 발전기에 대한 설명 중 틀린 것은?

① 기관 정지시에는 배터리만 전기장치의 전원으로 사용한다.
② 기관 시동시는 배터리만 시동모터와 점화코일에 전원을 공급한다.
③ 차량 전기 사용량이 발전기의 전원 공급량보다 많을 때는 배터리에서도 공급한다.
④ 기관 시동시 예열장치의 공급은 발전기이다.

해설: 기관 시동시 예열장치(플러그)에 전원을 공급하는 것은 배터리이다.

1. 발전기 개요

01 · 95년도

다음 중 교류 발전기의 특징이 아닌 것은?

① 소형·경량이며 고속회전이 가능하다.
② 저속에서도 충전성능이 우수하며, 공전상태에서도 충전이 가능하다.
③ 정류자가 없어 브러시 마멸이 적다.
④ 전류조정기, 전압조정기, 컷아웃 릴레이 등과 함께 설치되어 있다.

해설: 교류 발전기는 로터 회전의 3상 발전기에 정류용 다이오드를 조립하여 직류 출력을 얻는 발전기로서 직류발전기와 비교하면 다음과 같은 특징이 있다.
① 저속에서의 충전 성능이 좋다.
② 소형, 경량이고 출력이 크다.
③ 브러시의 수명이 길고, 브러시의 마찰음이 적다.
④ 속도 변동에 따른 적응 범위가 넓다.
⑤ 직류발전기의 컷아웃 릴레이나 전류 제한 릴레이 등을 교류발전기에는 필요로 하지 않는다.
⑥ 정류자가 없으므로 이에 따른 고장이 없다.
⑦ 다이오드를 사용하므로 정류 특성이 좋다.
⑧ 열이 많이 발생하는 스테이터 코일이 로터 바깥쪽에 설치되기 때문에 방열성이 좋다.

02 · 2003.3.30

AC 발전기의 특징을 설명한 것 중 틀린 것은?

① 브러시에는 계자전류가 흐르기 때문에 불꽃발생이 많다.
② 속도변화에 따른 적응범위가 넓다.
③ 브러시의 수명이 길다.
④ 컷 아웃 릴레이가 필요없다.

해설: AC발전기에는 계자전류가 하지 않고 로터전류라 하며, 브러시는 슬립링에 항상 미끄럼 접촉을 하므로 불꽃 발생이 적다.

03 · 2007.7.15

AC 발전기에 대한 설명으로 틀린 것은?

① 히트싱크는 다이오드의 열을 방열시킨다.
② 전류가 발생하는 곳은 스테이터이다.
③ 공전속도에서 충전효율이 좋지 않다.
④ 보통 1개의 계자코일과 6개의 다이오드가 사용된다.

해설: AC발전기에는 3상의 스테이터 코일이 120도인 Y결선으로 연결되어 있어, 선간전압이 상전압의 $\sqrt{3}$ 배를 가져오므로, 공전속도에서도 충전효율이 좋다.

ANSWER 1.④ / 1.④ 2.① 3.③

04 • 2008전반

발전기의 기전력에 대한 설명으로 틀린 것은?
① 로터 코일에 흐르는 전류가 많을수록 기전력은 커진다.
② 로터 코일의 회전속도가 빠를수록 기전력이 작아진다.
③ 발전기 자극수가 적을수록 기전력은 작아진다.
④ 각 코일의 권수가 많을수록 기전력은 커진다.

해설: 로터코일은 N/S극을 자화하는 코일로 회전속도가 빠르면 자속의 변화가 크게 되어 기전력이 커진다.

05 • 2008.7.13

충전장치에서 자여자 발전기에 대한 설명으로 틀린 것은?
① 축전지의 전원을 이용하여 계자코일을 여자한다.
② 자동차용으로 정전압 발생에 가장 가까운 분권 발전기를 사용한다.
③ 발생되는 전압은 코일이 1초 동안에 흐르는 자속 수에 비례한다.
④ 플레밍의 오른손 법칙을 이용하여 직류(DC)발전기로 이용된다.

해설: 자여자 발전기는 축전지의 전원을 이용하는 것이 아니라, 잔류하는 전기나 영구자석을 이용한다.

2. 교류발전기의 구조

교류발전기와 직류발전기 비교

01 • 97.10.12

교류 발전기와 직류 발전기의 차이점으로 교류 발전기의 유도 전류는 어디에서 발생하는가?
① 계자코일   ② 로터
③ 스테이터   ④ 전기자

해설: 교류발전기기와 직류발전기의 차이점 비교는 다음과 같다.

비교시항	교류발전기	직류발전기
회전하는 부분	로터축	전기자축
전기생성 부분	스테이터 코일	전기자 코일
자계생성 부분	로터코일	계자코일
브러시 접촉 소손	적다	많다
역류방지	다이오드	컷아웃릴레이
정류하는 부분	다이오드	정류자
조정기	전압조정기만 필요	전압조정기, 전류제한기, 컷아웃릴레이 모두 필요
충전가능 여부	저속에서도 충전가능(Y 결선 즉 스타 결선에 의한 선간접압이 상전압의 $\sqrt{3}$ 배)	저속에서는 충전 어려움

ANSWER 4.② 5.① / 1.③

02 • 98년도

AC발전기에서 전류가 발생되는 곳은 다음 중 어느 것인가?

① 로터   ② 전기자
③ 정류자   ④ 스테이터

해설 문제 1의 해설을 참조한다.

03 • 94년도

AC 발전기의 계철은 어떤 역할을 하는가?

① 전력 손실방지
② 전류 상승 방지
③ 자력 손실 방지
④ 전압 강하 방지

해설 계철은 계자철심으로 자계를 형성시키는 부분의 자력이 손실되는 것을 방지한다.

04 • 95년도

교류 발전기에서 발생되는 교류전원은 다음 어느 것에 의해서 직류로 변하는가?

① 다이오드   ② 계자계전기
③ 전압조정기   ④ 전류 조정기

해설 위 문제 1의 해설을 참조한다.

05 • 99.4.18 • 2003.7.20

교류 발전기에서 직류 발전기의 컷아웃 릴레이와 같은 일을 하는 것은?

① 로터   ② 히트 싱크
③ 실리콘 다이오드   ④ 전압 조정기

해설 직류발전기의 컷아웃 릴레이는 발전기 쪽의 전압이 축전지의 전압보다 높을 때면 접점이 붙는다. 즉 발전기에서 발생하는 전압이 낮거나 발전기가 정지하였을시 축전지의 전원을 발전기로 역류하게 하지 않는다. 교류발전기에서는 이 역할을 다이오드가 한다. 교류발전기에서 다이오드는 역류방지 역할뿐 만아니라 정류작용도 한다.

교류발전기 결선

06 • 98년도

자동차용 3상 교류 발전기에 Y결선을 많이 사용하는 이유는?

① 전류를 많이 필요로 하기 때문에
② 선간전압이 높기 때문에 낮은 속도에서 충전전압을 얻기 위하여
③ 코일이 적게 들기 때문에
④ 정비하기 쉽기 때문에 도 있다.

해설 Y 결선으로 연결되어 있어, 선간전압이 상전압의 $\sqrt{3}$ 배를 가져오므로, 공전속도에서도 충전효율이 좋다.

07 • 2007.4.4 • 2010후반

자동차용 교류 발전기에서 스테이터 코일의 Y결선에 대한 내용으로 틀린 것은?

① 각 코일의 한 끝은 공통점으로 접속하고 다른 쪽 끝을 각각 결선한 것이다.
② 선간 전압은 각 상전압의 $\sqrt{3}$ 배가 된다.
③ 전류를 이용하기 위한 결선 방법이다.
④ 저속에서 발생 전압이 높다.

해설 상전압에 대한 $\sqrt{3}$ 배의 선간전압을 이용하는 결선방법이다.

08 • 95년도

자동차용 AC발전기는 저속 회전시 높은 전압발생과 중성점의 전압을 이용할 수 있는 이점이 있다. 많이 사용되는 AC발전기의 결선 방법은?

① Y결선   ② U결선
③ Z결선   ④ I결선

해설 위 문제 7의 해설을 참조한다.

ANSWER 2.④ 3.③ 4.① 5.③ 6.② 7.③ 8.①

09 • 98년도

3상 교류 발전기에서 3개의 스테이터 코일을 접속하여 3개의 선을 끌어내는 방법의 종류 중 틀린 것은?

① 스타결선   ② 델타결선
③ Y결선   ④ 삼상결선

해설: 교류발전기의 스테이터 코일 접속 방법에는 Y결선(스타결선)과 △결선(델타결선)이 있는데, Y결선은 △결선(델타결선)보다 선간전압이 $\sqrt{3}$ 배 정도 높아 저속에서도 충전이 가능하다.

10 • 98년도

발전기에서 발생되는 유도 기전력의 크기와 관계가 없는 것은?

① 전자석의 크기
② 전기자 코일의 권수
③ 정류자편의 수
④ 발전기 회전속도

해설: 발전기에서 유도되는 기전력은 전자석의 크기와 자력선 세기에 비례한다. 또한 발전회전속도에 비례한다. 또한 전기 발생 코일의 감은 권수에 비례한다.

11 • 99.4.18 • 00.3.26

4극 발전기를 1,800rpm를 운전할 경우 이 발전기의 주파수(f)는 몇 Hz인가?

① 120   ② 450
③ 60   ④ 50

해설: 주파수란 초당 몇 번의 주기를 가졌는지를 말한다. 단위로는 hertz가 사용된다. 4극이므로 N과 S가 각각 2개를 가지로 있으므로, 주파수=(극수/2)×(회전수/60)이다.
그대로 대입하면,
주파수=(4/2)×(1800/60)=60Hz가 계산된다.

교류발전기 회로

12 • 2004.4.4

그림은 ECU가 발전기 전류를 제어하는 회로도이다.(그림에서 엔진 가동시 ECU B20번 단자에서는 크랭크각 센서 1주기에서 FR 신호를 입력 받는다.) 회로 설명 중 거리가 먼 것은?

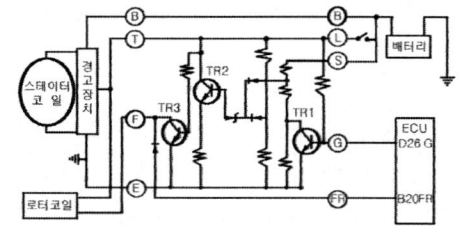

① TR3가 동작할 땐 발전중이다.
② TR2가 동작되면 TR3가 동작하지 않는다.
③ TR1이 동작할 때 TR2는 동작하지 않는다.
④ ECU D26단자가 접지되지 않으면 TR1이 동작하지 않는다.

해설: ECU D26단자가 접지되면 TR1 off, 접지되지 않으면 TR1은 on된다. 즉 차량의 상태(가혹상태인지 아닌지에 따라)에 의해 TR1은 on-off 되므로, TR2도 따라서 on-off된다.

ANSWER 9.④ 10.③ 11.③ 12.③

3. 발전기 조정기

직류발전기 조정기

01 • 02.7.21

레귤레이터의 3유닛에 들지 않는 것은?
① 솔레노이드 ② 전압 조절기
③ 전류 조정기 ④ 컷아웃 릴레이

해설: 직류발전기의 조정기에는 전압조정기, 전류제한기, 컷아웃 릴레이 등 3유닛이 내장되어 있다.

교류발전기 조정기

02 • 97년도

교류 발전기용 조정기에 대한 설명 중 관계가 없는 것은?
① 발전기 자신이 전류제한 작용을 하지 않기 때문에 전류 제한기가 필요하다.
② 정류용 다이오드가 축전지로부터 역류를 방지하기 때문에 컷 아웃 릴레이가 필요하지 않다.
③ 교류 발전기용 조정기로는 전압 조정기만으로도 충분하다.
④ 교류 발전기 6개의 다이오드는 3상 교류를 직류로 바꾸는 일을 한다.

해설: 교류발전기는 전류제한 작용을 하지 않으므로 전류제한기가 없다. 교류발전기는 전압조정기만을 가지고 있고, 다이오드에 의해 정류와 컷아웃릴레이 역할을 동시에 행한다.

03 • 02.4.7 • 2004.4.4

트랜지스터 전압 조정기는 기존의 접점식에 비해 여러 가지 장점이 있다. 이 중에서 틀린 것은?
① 스위칭 타임이 짧아 제어 공차가 적다.
② 전자식 온도 보상이 가능하므로 제어공차가 적다.
③ 스위칭 전류가 크기 때문에 레귤레이터의 이용 범위가 넓다.
④ 충격과 진동에 약하다.

해설: 트랜지스터 조정기는 교류발전기의 로터에 흐르는 전류를 트랜지스터의 스위칭 작용으로 단속 제어하여 발생전압을 일정하게 유지한다.

트랜지스터 전압 조정기의 장점은 다음과 같다.
① 발전기 출력 단자에서 직접 로터 코일에 여자 전류가 공급되어 여자 전압의 전압강하가 없다.
② 로터 코일의 전류가 증가되므로 출력이 향상된다.
③ 내구성 및 내진성이 크고 내열성이 크다.
④ 접점의 스파크로 인한 전파 장애가 없다.
⑤ 스위칭 타임이 짧아 제어 공차가 적다.
⑥ 전자식 온도 보상이 가능하므로 제어 공차가 적다.
⑦ 스위칭 전류가 크기 때문에 레귤레이터의 이용 범위가 넓다.

04 • 93년도

충전장치 중 IC 전압조정기에서 전압을 일정하게 유지하도록 하는 제어 반도체 소자는?
① 스테이터
② 정류자
③ 브러시
④ 제너다이오드

해설: IC전압조정기나 전 트랜지스터식 전압조정기는 트랜지스터로 공급되는 베이스 전류의 단속을 제어다이오드로 행한다. 즉 충전되는 전압이 높으면, 높은 전압을 제너전압으로 하여 다이오드의 역방향으로 전기를 흐르게 해서 TR을 제어한다.

ANSWER 1.① 2.① 3.④ 4.④

05 • 2006.4.2

충전장치의 AC전압조정기에서 전압을 일정하게 유지할 수 있도록 제어하는 반도체 소자의 명칭은?

① 제너다이오드
② 발광다이오드
③ 포토다이오드
④ 일반다이오드

해설: AC전압조정기에서 전압을 일정하게 유지할 수 있도록 제어하는 반도체 소자는 제너다이오드이다.

06 • 2009.3.29

AC 발전기의 발생전압을 조정하는 방식에 대한 설명으로 틀린 것은?

① 컷아웃릴레이는 발전기 정지시 또는 충전전압이 낮을 때 역전류를 방지하는 조정방식이다.
② 접점식 조정기는 접점방식에 의해 발생전압에 따라 충전경고등 점등, 로터코일의 여자전류 등을 조정하는 방식이다.
③ 트랜지스터식 조정기는 접점 대신 트랜지스터의 스위칭작용을 이용하여 로터전류의 평균값을 변화시켜 전압을 제어하는 방식이다.
④ IC 조정기는 작동이 안정되고 신뢰성이 높으며 초소형이기 때문에 발전기 내부에 내장시켜 외부배선이 없는 장점이 있다.

해설: AC발전기에는 컷아웃릴레이가 없다. 컷아웃릴레이는 DC발전기에서 정지시 또는 충전전압이 낮을 때 축전지에서 발전기로 전류가 역류하는 것을 방지한다.

07 • 96년도

발전기 조정기의 온도 보상장치의 역할은 무엇인가?

① 전류 조정값이 달라지는 것을 방지한다.
② 전압 조정값이 달리지는 것을 방지한다.
③ 코일의 온도가 상승하는 것을 방지한다.
④ 코일이 냉각되는 것을 방지한다.

해설: 직류발전기의 전압조정기에서 전압조정기는 항상 전류가 흐르기 때문에 코일은 열을 발생하고 따라서 열에 의해 코일에는 저항이 커져 전류가 잘 흐르지 못하므로 전압의 조정차가 0.5~1V정도 생기게 된다. 이를 방지하는 장치가 온도 보상장치이다.

4. 점검과 수리

01 • 00.3.26

시동 전 배터리의 전압이 12V를 나타냈다. 엔진을 시동하여 30분이 경과된 후에도 12V를 나타냈다면 어디의 고장인가?

① 시동 모터
② 연료 펌프
③ 배전기
④ 제너레이터

해설: 시동 전에도, 시동 후에도 모두 배터리의 전압이 12V라면 발전기(제너레이터) 혹은 발전기에서 배터리로 충전시켜 주는 배선이 잘못된 것이다. 보통 충전 전압은 14.1~14.7V이다.

02 • 95년도

주행 중인 엔진이 과열되어 고온을 지시하고 충전 경고등이 켜졌다. 고장원인이 아닌 것은?

① 팬벨트 파손
② 냉각수 부족
③ 팬벨트 장력이완
④ 발전기 베어링 소결

해설: 충전경고등이 켜지는 조건은 충전이 되지 않을 때 즉 충전전압이 발생되지 않았을 때 이다. 이렇게 되는 이유는 팬벨트의 헐거움, 발전기 조정기 불량(과열로 인한 발전기 다이오드 파괴), 발전기 베어링 고착 등이 있다.

ANSWER 5.① 6.① 7.② / 1.④ 2.②

03 • 2004.7.18

AC발전기에서 B단자를 떼어내고 발전기를 회전시킬 때, 다이오드가 손상됨을 방지하기 위한 방법은?

① N 단자를 떼어낸다.
② L 단자를 떼어낸다.
③ F 단자를 떼어낸다.
④ IG 단자를 떼어낸다.

> 해설: AC발전기에서 B단자를 떼어내고 발전기를 회전시키면 전기생성에 따른 열이 발생한다. 그래서 다이오드가 손상될 수 있다. 전기 생성을 없애려면 로터로 가는 단자 F선을 떼어낸다.

04 • 2009.7.12

AC 발전기의 출력단자(B)에서 전선을 떼어낸 상태에서 엔진을 시동해서는 안되는 이유는?

① 축전지가 과충전된다.
② 전구가 끊어진다.
③ 다이오드가 손상된다.
④ 스테이터 코일이 파손된다.

> 해설: 위 문제3의 해설을 참조한다.

05 • 2010전반

정격용량 75A의 발전기 출력전류 점검 시 부하 단계별 출력파형이 그림과 같다면 어떤 상태인가?

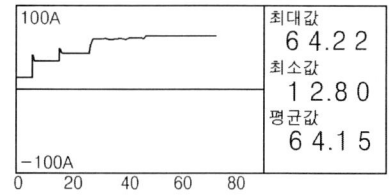

① 정상이다.
② 스테이터 코일이 열화 되었다.
③ 발전기의 구동벨트의 장력이 약하다.
④ 다이오드 1개 단선이다.

> 해설: 발전기 출력전류 점검 시 부하 단계별 출력전류가 높아지는 그래프이다. 즉 정상적인 파형 형태이다.

ANSWER 3.③ 4.③ 5.①

냉난방장치

PART.3 전기

1. 냉방장치

01 • 2009.3.29

차량에서 열적부하 요소 중 아래의 설명에 해당되는 것은?

> 주행 중 도어나 유리의 틈새로 외기가 들어오거나 실내의 공기가 빠져나가는 자연환기가 이루어진다.

① 인적부하 ② 복사부하
③ 환기부하 ④ 관류부하

해설 인적부하란 사람의 수에 따른 부하, 복사부하란 복사열에 의한 부하, 관류부하란 관의 흐름에 의해 생기는 부하라 할 수 있다.

02 • 2008전반

자동차 냉방장치의 아이들 업(idle Up)장치에 대한 설명으로 틀린 것은?

① 엔진의 공회전시 또는 급가속시 작동한다.
② 냉방장치 가동에 따른 과부하로 엔진이 정지하거나 부조하는 것을 방지한다.
③ ECU가 아이들 업 액추에이터를 작동시켜 엔진 회전수를 상승시킨다.
④ 컴프레서의 마그네틱 클러치를 차단하는 것과 상호 보완적으로 작동한다.

해설 아이들 업이란 냉방 장치 가동에 따른 과부하로 엔진이 정지하거나 부조하는 것을 방지하기 위해 ECU가 아이들 업 액추에이터를 작동시켜 엔진 회전수를 상승시키는 것을 말한다.

냉매

03 • 94년도

냉동기의 냉매의 구비조건으로 틀린 것은?

① 증발잠열이 높고, 비체적이 작을 것
② 임계온도가 낮고, 빙점이 높을 것
③ 불활성이며, 안정하고, 비가연성일 것
④ 금속의 부식이 없을 것

해설 냉매의 구비해야 할 조건은 다음과 같다.
- 물리적인 성질 : 응축 압력이나 증발압력이 너무 높지 않아야 하며, 임계온도는 상온보다 높아야 한다. 응고점이 낮고, 증발열이 커야 한다. 증기의 비열이 크고, 액체의 비열이 작아야 한다. 증기의 비체적이 작아야 한다. 단위 냉동량당 소요 동력이 작아야 한다.
- 화학적인 성질 : 안정성이 있어야 하고 부식성 및 독성이 없어야 한다. 인화 및 폭발의 위험성이 없어야 하며, 윤활유에는 녹지 않아야 한다. 증기 및 액체의 점성이 작아야 하고, 전열계수가 커야하며, 전기 저항이 커야 한다.
- 기타 : 누설이 적어야 하고, 값이 저렴해야 한다.

04 • 99.10.10

에어컨 냉매의 특성이 아닌 것은?

① 냉매는 불연소, 불폭발성이어야 하고, 사람과 동물에게 해가 없어야 한다.
② 임계 온도가 낮고, 빙점이 높아야 한다.
③ 냉매는 화학적으로 안정되어 있고 금속을 부식시키지 않아야 한다.
④ 증발 잠열은 높고, 체적은 작아야 한다.

해설 위 문제 3의 해설을 참조한다.

ANSWER 1.③ 2.① 3.② 4.②

05 • 02.7.21

다음은 냉매 취급시의 안전 및 주의사항이다. 적당하지 않은 것은?

① 냉매를 다룰 때는 장갑 및 보안경을 착용한다.
② 냉매를 빨리 충전시키기 위하여 R-134a 용기를 60℃정도로 가열한다.
③ 냉매의 교환은 맑고 건조한 날에 행한다.
④ 냉매의 교환은 넓고 개방된 장소에서 행한다.

해설 냉매 취급시 주의사항은 다음과 같다.
- 눈에 들어가면 심하게 다칠 수 있으므로 보안경을 써야 한다. 혹시 눈에 들어갔을 시에는 붕산수로 닦는다.
- 열원이 있는 실내에서 R-12를 방출하면 열원과 반응하여 위험한 독성의 가스를 발생하므로 냉매의 방출은 옥외나 통풍이 잘되는 실내에서 하도록 한다.(노출된 열원이 없도록 한다)
- 냉매 R-12는 고압드럼에 넣어서 공급되므로 과열되게 해서는 안된다. 또한 떨어뜨리거나 주의없이 다루면 안된다. 드럼은 객실에 두어서는 안되며, 캡을 반드시 씌워두어야 한다.

06 • 93년도

다음 중 냉매 교환시 주의 사항이 아닌 것은?

① 액체 냉매(R-12)가 몸에 닿으면 국부적인 동상을 일으키므로 장갑을 반드시 착용한다.
② 냉매 누출점검은 전자 누출시험기를 사용한다.
③ 냉매 충전시 배럴을 거꾸로 하고 흔들어 주어 냉매의 주입이 용이하도록 한다.
④ 액체 냉매(R-12)의 용기는 주위 온도가 높은 곳에 두면 위험하다.

해설 충전중에 드럼을 거꾸로 하면 안된다. 드럼이 비면 밑바닥의 차가움이 없어지므로 충전량을 알 수 있다. 거꾸로 하면 충전 저압밸브가 얼어서 충전이 잘 되지 않는다.

냉방장치의 구성

07 • 96년도

에어컨의 냉매 순환 사이클로 맞는 것은?

① 압축기 — 응축기 — 드라이어 — 팽창밸브 — 증발기
② 압축기 — 드라이어 — 응축기 — 팽창밸브 — 증발기
③ 압축기 — 팽창밸브 — 증발기 — 응축기 — 드라이어
④ 압축기 — 팽창밸브 — 증발기 — 드라이어 — 응축기

해설 다음 그림은 에어컨의 계통도를 나타낸 것이다. 냉매는 압축기 — 응축기 — 드라이어 — 팽창밸브 — 증발기 순으로 순환한다.

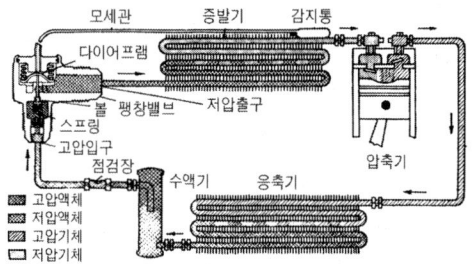

▲ 에어컨의 계통도

08 • 2008.7.13

자동차 에어컨 냉방 사이클에 냉매가 흐르는 순서가 맞는 것은?(단, 어큐뮬레이터 오리피스 튜브 방식이다.)

① 압축기-응축기-증발기-어큐뮬레이터-오리피스튜브
② 압축기-응축기-오리피스튜브-증발기-어큐뮬레이터
③ 압축기-오리피스튜브-응축기-어큐뮬레이터-증발기
④ 압축기-오리피스튜브-어큐뮬레이터-증발기-응축기

ANSWER 5.② 6.③ 7.① 8.②

해설 여기서 오리피스튜브는 팽창밸브와 같은 역할을 하므로, 증발기 앞에 놓여야 하므로, 보기 '②'가 정답이다.

09 • 98년도

에어컨의 구성부품으로 옳은 것은?
① 압축기, 리시버 드라이어, 히터, 증발기
② 압축기, 냉각기, 솔레노이드 밸브, 프레온기
③ 압축기, 응축기, 리시버 드라이어, 팽창밸브, 히터
④ 압축기, 응축기, 리시버 드라이어, 팽창밸브, 증발기

해설 위 문제 7의 해설을 참조한다.

10 • 2003.7.20

자동차용 에어컨의 기본 구성부가 아닌 것은?
① 압축기(compressor)
② 팽창기(expansion valve)
③ 증발기(evaporator)
④ 소음기(muffler)

해설 위 문제7의 해설을 참조한다.

● 압축기

11 • 99.10.10

압축기의 압축 방식에서 회전 압축기에 속하지 않는 것은?
① 롤링 피스톤식
② 편심 로터리식(요크형)
③ 동심 로터리식(보시타입)
④ 와플식

해설 압축기는 증발기에서 저압기체로 된 냉매를 고압으로 압축하여 응축기로 보낸다. 자동차 에어컨용 압축기로는 크랭크 피스톤식 압축기, 사판 압축기, 베인식 로터리 압축기 등이 있다.

● 응축기

12 • 95년도 • 00.3.26

냉방장치에서 라디에이터 앞에 설치되는 것은 어느 것인가?
① 팽창밸브   ② 응축기
③ 증발기   ④ 압축기

해설 엔진의 냉각장치 중의 라디에이터와 같은 구실을 하는 것이 에어컨에서는 응축기(콘덴서)이다. 응축기는 압축기에 의해 고압된 고온의 기체를 응축기를 통해서 열을 방출시키면서 액체로 만든다.

13 • 02.4.7 • 2010전반

자동차 냉방장치에서 차량의 앞쪽 정면에 설치되어 고온, 고압, 기체상태의 냉매가 응축점에서 냉각되어 액체 상태로 되게 하는 것은?
① 콘덴서   ② 리시버 드라이어
③ 증발기   ④ 블로워 유니트

해설 위 문제 12의 해설을 참조한다.

● 리시버 드라이어

14 • 94년도 • 99.4.18 • 2004.4.4

자동차 에어컨 시스템의 구성품 중 리시버 드라이어의 역할이 아닌 것은?
① 압축기로 들어가는 냉매중의 액체상태의 냉매를 분리하여 저장한다.
② 냉매 중에 포함되어 있는 수분이나 이물질을 제거한다.
③ 팽창밸브로 들어가는 냉매중의 기포를 분리하여 저장한다.
④ 냉매의 온도 및 압력이 비정상적으로 높아질 때 압력판의 역할을 한다.

해설 리시버드라이어란 다른 말로 건조기이다. 건조기는 응축기에서 들어온 냉매를 저장도 하고, 팽창밸브로 보내는 완전한 액체를 공급한다. 또한, 그 내부에는 건조제를 봉입하여 냉매에 포함된 수분을 흡수하기도 한다. 또한 리시버 드라이어 상단에는 사이트 유리가 설치되어 냉매의 양을 관찰 및 측정할 수 있다.

ANSWER 9.④ 10.④ 11.④ 12.② 13.① 14.①

15 • 97.2.2 • 99.10.10

다음 중 리시버 드라이어의 역할이 아닌 것은?

① 응축기의 액화한 냉매를 다소의 기포로 만든다.
② 냉매 속의 수분과 먼지를 제거한다.
③ 응축한 냉매를 냉방 부하에 적응하여 필요한 양을 증발기에 공급할 수 있도록 일시적으로 저장한다.
④ 액체 냉매만을 팽창밸브로 보낸다.

해설: 위 문제 14의 해설을 참조한다.

16 • 2007.4.4

냉방장치의 어큐뮬레이터(Accumulator)기능이 아닌 것은?

① 압축기로 들어가는 냉매 중의 액체상태의 냉매를 분리하여 저장기능
② 냉매 중에 포함된 수분이나 이물질 제거
③ 냉매오일 저장기능
④ 팽창밸브로 들어가는 냉매 중의 기체상태의 냉매를 분리하여 저장기능

해설: 팽창밸브로 들어가는 냉매 중의 기체상태의 냉매를 분리하여 저장 기능을 하는 것은 리시버드라이어이다.

● 팽창밸브

17 • 2003.3.30

냉방장치에 사용되는 팽창밸브의 역할로 적당하지 않은 것은?

① 냉매량 조절
② 이베이퍼레이터 온도감지
③ 기체상태의 냉매를 액체화
④ 실내온도 조절

해설: 팽창밸브는 증발기 입구에 있으며, 건조기(드라이어)로부터 들어온 고압의 냉매를 교축작용으로 저압 분무상의 냉매로 만들어 증발기에 보낸다. 기체상태의 냉매를 액체화하는 것은 컴프레셔에서 행한다.

18 • 2005.7.17

에어컨 구성부품인 오리피스튜브의 기능이 맞는 것은?

① 냉방부하에 따른 냉매량 조정
② 과열도를 일정하게 유지
③ 증발기가 얼지 않도록 온도조정
④ 냉매 압력을 떨어드린다.

해설: 오리피스튜브를 통해 열을 발산하고 압력을 떨어드려 냉매가 잘 기화하게 하는 역할을 행한다.

● 증발기

19 • 94년도 • 99.4.18

다음 중 냉동 효과에 대한 설명으로 옳은 것은?

① 응축기에서의 방출 열량
② 증발기에서의 흡입열량
③ 압축기에서 공급되는 에너지
④ 공급된 에너지에 대한 냉동할 수 있는 열량의 비

해설: 냉동효과란 냉매 1kg이 흡수하는 열량으로 에어컨에서는 증발기에서 냉매가 기화하면서 온도가 급강하하면서 열을 흡수하는 량을 말한다.

20 • 2010후반

냉방장치에서 자동차 실내의 냉방 효과는 어떤 경우에 나타나는가?

① 증발기에서 흡입열량이 있을 때
② 증발기에서 방출열량이 있을 때
③ 공급에너지에 열량의 비가 발생될 때
④ 압축기에서 공급되는 에너지가 있을 때

해설: 증발기에서 냉매가 증발하면서 주위의 열을 빼앗는다. 즉, 냉매는 증발기를 지나가는 공기의 열을 흡수하여 기화가 된다.

ANSWER 15.① 16.④ 17.③ 18.④ 19.② 20.①

21 • 2006.4.2
자동차용 냉방장치에서 냉매를 팽창밸브로 통과시킨 때의 상태가 아닌 것은?
① 온도가 강하한다.
② 압력은 강하한다.
③ 엔탈피는 일정하다.
④ 엔트로피는 감소한다.

> 해설: 팽창 밸브는 증발기 입구에 설치되어 리시버 드라이어로부터 유입되는 중온 고압의 액체 냉매를 교축작용을 통하여 저온 저압의 습포화 증기 상태의 냉매로 변화시키는 역할을 하며, 엔탈피의 변화가 없다.

고장과 수리

22 • 2005전반 • 2009.7.12
응축기 냉각핀이 막혀 공기흐름이 막혔을 경우, 저고압측 압력변화가 정상일 때 비교해서 맞는 것은?
① 저압측 압력이 떨어진다.
② 저압측 압력은 상승되고 고압측은 떨어진다.
③ 저고압 모두 압력이 상승된다.
④ 저고압 모두 압력이 떨어진다.

> 해설: 응축기(콘덴서)의 냉각핀이 막혀 공기흐름이 막히면, 콘덴서는 열을 식힐 수가 없게 되므로, 온도상승으로 저압부와 고압부 모두 압력이 상승한다.

23 • 2006.7.16
자동차 냉방장치에서 저·고압측 압력이 정상치보다 높을 때의 결함 원인으로 거리가 먼 것은?
① 냉매 과충진
② 응축기 팬 작동 안됨
③ 응축기 핀 막힘
④ 팽창밸브 막힘

> 해설: 팽창밸브가 막히면 컴프레셔(압축기)가 계속적으로 냉매를 펌핑하므로, 저압부는 압력이 내려한다.

24 • 2004.7.18 • 2007.7.15
차량용 냉방장치에서 냉매교환 및 충진 시의 진공작업에 대한 설명 중 옳지 않은 것은?
① 시스템내부의 공기와 수분을 제거하기 위한 작업이다
② 시스템내부의 압력을 낮게 함으로써 수분이 쉽게 기화되도록 한다.
③ 실리카겔 등의 흡수제로 수분을 제거한다.
④ 진공펌프나 컴프레셔를 이용한다.

> 해설: 흡수제를 쓰면, 냉방장치에 흡수제가 남아 냉방장치의 고장과 냉매의 성질을 바꿀 수 있다.

2. 난방장치

01
난방장치의 요구사항으로 틀린 것은?
① 고장 수리 및 유지가 쉬워야 한다.
② 차실 내의 온도 골고루 분포되어야 한다.
③ 난방효과가 즉시 나오면 인체에 해롭기 때문에 지연이 되는 것이 좋다.
④ 사람에 무해해야 한다.

> 해설: 난방효과는 즉시 얻어지는 것이 가장 좋은 난방장치다. 지연이 있으면 사람은 오래 기다려야 하고 엔진은 지연시간 만큼 더 동력을 손실하게 된다.

02
연소식 난방장치의 구성요소가 아닌 것은?
① 블로워 모터   ② 리시버 드라이어
③ 열교환기   ④ 댐퍼

> 해설: 연소식 난방장치는 블로워 모터, 블로워, 열교환기, 댐퍼로 구성되어 있으며 연료를 히터의 연소실에서 연소시켜 온풍을 얻는 방식이다.

ANSWER 21.④ 22.③ 23.④ 24.③ / 1.③ 2.②

PART.3 전기 — 등화/계기/기타 전기장치

1. 등화장치

전조등

01 • 2003.3.30

타원체형(ellipsoid form) 전조등과 포물선형(paraboloid form) 전조등을 비교할 때 타원체형 전조등의 특징이 <u>아닌</u> 것은?

① 크기가 작다.
② 멀리까지 조명할 수 있다.
③ 노면에 대한 광분포가 불균일하다.
④ 효율이 높다.

해설 프로젝션헤드램프(타원체형 전조등)의 장점은 렌즈로 굴절시켜 빛을 전방에 비추므로 난반사가 현저히 적어 상대차나 보행자들의 눈부심이 적을 뿐 아니라 전방위 균일한 밝기로 인해 착시효과가 줄어들고 착시효과가 줄어든 만큼 원근감을 확보할 수 있어 사물에 대해 보다 명확한 거리감을 가질 수 있다. 또한, 전방위에 균일한 밝기로, 보다 넓은 범위를 비춰준다.

02 • 96년도

헤드라이트의 형식 중 내부에 불활성 가스가 들어있으며, 사용에 따른 광도변화가 없고 대기조건에 따라 반사경이 흐려지지 <u>않는</u> 등의 장점이 많은 헤드라이트의 형식은 어느 것인가?

① 세미 실드빔식 ② 실드빔식
③ 하이빔식   ④ 로우빔식

해설 전조등에는 실드 빔식과 세미실드 빔식이 있다. 실드 빔식은 반사경에 필라멘트를 붙이고, 그 내부에 불활성가스(혹은 진공)를 넣어 그 자체가 하나의 전구가 되게 한 것으로 고장이 나면 통째로 교환해야 한다. 세미실드 빔식은 렌즈와 반사경은 녹여 붙였지만 전구는 별개로 설치하였으므로 전구 고장시는 전구만 교환하면 된다.

03 • 2009.3.29

조명에 대한 용어 중 조도의 설명으로 <u>틀린</u> 것은?

① 조도는 광원으로부터의 거리의 제곱에 비례한다.
② 조도란 빛을 받는 면의 밝기정도를 나타내는 용어이다.
③ 일반적으로 피조면의 조도는 광원의 광도에 비례한다.
④ 조도의 단위는 Lux이다.

해설 조도는 광도에 비례하고 광원으로부터의 거리의 제곱에 반비례한다.

04 • 02.4.7 • 2003.7.20

광도가 200cd 일 때 거리가 5m인 곳의 조도는 몇 Lux인가?

① 200   ② 40
③ 8   ④ 5

해설 조도는 광도에 비례하고 거리의 제곱에 반비례하므로, 식으로 표현하면
조도 = $\dfrac{광도}{거리^2} = \dfrac{cd}{r^2} = \dfrac{200}{5^2} = 8lux$ 로 계산된다.

05 • 2004.7.18

20,000cd의 전조등(광원)으로부터 10m 떨어진 위치에서의 밝기는 몇 룩스(lux) 인가?

① 2,000   ② 200
③ 20   ④ 20,000

ANSWER 1.③ 2.② 3.① 4.③ 5.②

해설: 조도 = $\dfrac{광도}{거리^2}$ = $\dfrac{cd}{r^2}$ = $\dfrac{20000}{10^2}$ = $200 lux$

06 • 2007.4.4 • 2010전반

자동차에서 50m 떨어진 진 거리에서 조도를 측정 하였더니 8Lux 가 나왔다. 자동차의 전조등에서 광원의 광도는 얼마인가?

① 12500 cd ② 15000 cd
③ 20000 cd ④ 22000 cd

해설: 조도 = $\dfrac{광도}{거리^2}$ 에서
광도 = 조도×거리² = 8×20² = 2000cd로 계산된다.

07 • 02.7.21 • 2005전반 • 2007.7.15

전조등의 감광장치가 <u>아닌</u> 것은?

① 저항을 쓰는 방법
② 이중 필라멘트를 쓰는 방법
③ 부등을 쓰는 방법
④ 굵은 배선을 쓰는 방법

해설: 전조등의 감광장치는 저항을 사용하는 방법, 이중 필라민트 사용하는 방법, 부등을 쓰는 방법 등이 있다. 굵은 배선을 사용하면 저항이 작아져서 등의 밝기가 더 밝다.

08 • 00.3.26

전조등 시험기를 취급할 때 주의사항 중 틀린 것은?

① 각 타이어의 공기 압력을 규정대로 한다.
② 시험기에 차량을 마주보게 한다.
③ 밑바닥이 수평일 것
④ 공차 상태의 차량에 운전자 및 보조자 2사람이 탈 것

해설: 전조등시험기로 측정하기 전 준비사항으로 먼저 바닥이 수평인 곳에서 타이어압을 규정치로 조정한다. 차량을 수평으로 놓고 시험기와 마주보게 일직선으로 한다. 배터리의 비중을 측정하여 규정치로 맞춘다. 공차상태로 측정하지 않는 전조등을 가린다. 집광식 테스터는 전조등과 1m 앞에서 설치하고, 스크린식과 투영식은 전조등과 3m 앞에 설치한다.

09 • 2006.7.16

자동차의 전조등을 교환 정비 후 전조등 시험 기로 광도 및 광축을 측정하려고 한다. 측정이 잘못된 사항은?

① 타이어 공기압을 규정에 맞도록 조정한 후 측정한다.
② 자동차는 최대 적재상태에서 측정하고 규정에 맞도록 조정한다.
③ 시동을 걸어 축전지는 충전이 된 상태에서 측정한다.
④ 4등식인 경우 측정하지 않는 등화는 빛을 차단한 후 측정한다.

해설: 전조등의 조정 및 점검 시험시 유의사항이다.
① 자동차는 적절히 예비운전 되어 있는 공차 상태의 자동차에 운전자 1인이 승차한 상태로 한다.
② 자동차의 축전지는 충전한 상태로 한다.
③ 자동차의 원동기는 공회전 상태로 한다.
④ 타이어의 공기압은 표준 공기압으로 한다.
⑤ 4등식 전조등의 경우 측정하지 아니하는 등화에서 발산하는 빛을 차단한 상태로 한다.
⑥ 광도는 안전기준에 맞아야 한다.

보안등

10 • 93년도

제동등을 다른 등화와 겸용하는 경우 주제동장치 조작시 광도가 몇 배로 증가하여야 하는가?

① 3배   ② 2.5배
③ 2배   ④ 1.5배

해설: 이것은 자동차 안전기준으로 주제동등의 광도는 겸용등의 광도에 3배 이상이 되어야 한다.

11 • 94년도

화물 자동차가 70km/h의 속도로 주행한다면 속도표시장치의 등광색은?

① 황녹색   ② 백색
③ 적색   ④ 흑색

ANSWER 6.③ 7.④ 8.④ 9.② 10.① 11.①

12 • 00.3.26

자동차 번호등의 조도는 얼마 이상이어야 하는가?

① 5Lux ② 8Lux
③ 10Lux ④ 16Lux

해설: 이것은 자동차의 안전기준으로 등록번호표 숫자 위의 조도는 어느 부분에서도 8럭스 이상이어야 한다.

2. 계기장치

연료계

01 • 2007.4.4

밸런싱 코일식 연료계에서 계기의 지침과 연료 유닛의 뜨개에 대해 바르게 설명한 것은?

① 연료계기의 지침이 "E"에 위치하면 뜨개에 흐르는 전류는 많아진다.
② 연료가 줄어들면 뜨개의 연료 유닛에 흐르는 저항은 작아진다.
③ 연료가 없어지면 뜨개에 전류가 많이 흘러 온도는 올라가고 연료 잔량 경고등이 점등한다.
④ 연료계기의 지침이 "F"에 위치하면 뜨개의 저항은 작아진다.

해설: 연료계기의 지침이 "E"에 위치하면 뜨개에 의한 저항이 커져 전류는 작아진다. "F"에 위치하면 뜨개의 저항은 작아져 전류는 커진다.

유압계

02 • 95년도

다음 중 유압계 지침이 움직이지 않는 원인이 아닌 것은?

① 오일필터의 더러워짐
② 오일펌프의 고장
③ 오일파이프의 파손
④ 유압계의 고장

해설: 유압계가 움직이지 않는다는 것은 유압이 형성되지 않았다는 뜻이므로 펌프의 고장, 계기자체의 고장, 유압라인의 파손으로 인한 누설, 유압라인의 막힘 등이 요인이 된다.

속도계

03 • 2009.7.12

자기식의 계기 중에서 영구자석의 회전으로 전자유도 작용에 의하여 로터에 발생된 맴돌이 전류와 영구자석의 상호작용에 의해 작동되는 계기는?

① 수온계 ② 전류계
③ 유압계 ④ 속도계

해설: 수온계는 서미스터의 온도에 따른 저항변화로 감지, 전류계는 흐르는 전류의 량으로 감지, 유압계는 유압에 의한 계기의 팽창으로 감지한다.

04 • 2010후반

자동차용 계기장치에서 작동원리가 유사하게 짝지어진 것은?

(1) 기관 회전계	(2) 유압계
(3) 충전경고등	(4) 연료계
(5) 수온계	(6) 차량속도계

① (3)-(5) ② (1)-(2)-(4)
③ (1)-(6) ④ (2)-(4)-(6)

해설: 요즘 나오는 기관회전계와 차량속도계는 홀IC를 사용하여 감지한 후 펄스신호를 만들면 MCU에서 연산하여 게이지 눈금을 나타낸다.

ANSWER 12.② / 1.④ 2.① 3.④ 4.③

제3편 자동차전기 **353**

3. 기타 전기장치

에어백

01 • 2006.7.16

자동차에서 에어백 시스템의 구성부품이 아닌 것은?

① 클럭 스프링(Clock Spring 또는 Control Coil)
② 에어백 컨트롤 유닛
③ 사이드 충격 감지 센서
④ 차량 속도 센서

해설 에어백에서 차량속도센서보다 충돌센서(가속도 센서, G센서)를 초창기에 사용했으나, 요사이는 둘 모두를 사용한다. 예로, 차량속도 어느 한계이하에서는 에어백이 작동하지 않는다. 이로 미루어 위 문제는 답이 없을 수 있다.

02 • 2007.7.15

다음 중 자동차 에어백장치의 각 기능을 설명한 것으로 틀린 것은?

① 프리텐셔너는 에어백 전개 시 승객을 고정시켜 전방으로 튕겨 나가는 것을 방지한다.
② 로드 리미트는 안전벨트에 일정 하중 이상이 가해질 경우 승객의 가슴 부위 상해를 최소화해주는 기능이다.
③ 클럭스프링은 조향휠의 에어백과 조향컬럼 사이에 설치되어 있다.
④ 안전센서는 승객의 안전벨트 착용여부를 감지하는 센서이다.

해설 안전센서는 안전벨트 착용여부를 감지하는 센서가 아니고, 안전센서는 필요치 않는 에어백 작동을 방지해주는 역할을 한다. 센서내부에 있는 자석이 충돌시 관성에 의해 스프링 힘을 이기고 차량진행방향으로 리드 접점을 ON시킨다.

03 • 99.4.18 • 2003.3.30

에어백 시스템에서 제어모듈의 주요 기능이 아닌 것은?

① 에어백 작동시(충돌시)의 축전지 고장에 대비한 비상 전원기능(전원용 충전 콘덴서)
② 축전지 전압저하에 대비한 전압상승 기능
③ 안전성과 신뢰성 제고를 위한 자기진단 기능
④ 충돌시 충돌에너지 측정기능

해설 에어백의 충돌에너지 측정은 프론트 G센서, 센터 G센서, 세이핑센서에서 가속도(감속도)를 측정하므로서 측정이 가능하다.

윈도우 실드 와이퍼

04 • 02.4.7

자동차 전기 장치에 대한 설명으로서 틀린 것은?

① 파워 윈도우 장치에서 윈도우의 상승 하강은 윈도우 모터 브러쉬의 극성 변환에 의해 이루어진다.
② 와이퍼 장치에서 자동 정위치 정지원리는 정지위치에 있을 때 점화 스위치를 off시키는 방식이다.
③ 와이퍼 장치에서 모터의 회전속도는 2단계로 속도 조절이 가능하다.
④ 간헐 와이퍼는 정해진 시간에 따라 와이퍼 장치가 on과 off를 반복한다.

해설 와이퍼의 자동 정위치 정지 원리인 기동모터의 공급전압과 정위치의 전압차가 동일하면 정지한다는 점을 응용해서 자동정지하도록 기계적으로 만들었다.

ANSWER / 1.④ 2.④ 3.④ 4.②

편의장치(ETACS 및 ISU)

05 • 2004.4.4 • 2006.4.2

자동차 편의장치(ETACS, ISU)는 어떠한 기능을 작동시키기 위해서 각종 신호를 입력받아 상황을 판단한 후 출력제어를 한다. 다음 중 에 탁스 입력 요소 중 옳지 않은 것은?
① 열선 스위치   ② 감광식 룸램프
③ 차속센서   ④ 와셔 스위치

06 • 2005.7.17

편의장치(이수 : Intelligent Switching Unit)의 구성부품인 운전석 도어열림 스위치의 기능과 가장 관련이 없는 제어 기능은?
① 키회수 경고(Key Remind Warning) 제어
② 라이트 소등 경고 제어
③ 운전석 시트벨트 착용경고 제어
④ 실내등 점등 및 감광 제어

07 • 2010전반

자동차 운행의 편리성과 안전운전을 도모하기 위하여 편의장치(ETACS)를 적용하고 있다. 다음 중 편의장치에 해당되지 않는 것은?
① 와이퍼 제어   ② 열선 제어
③ 파워 윈도우 제어 ④ 파워TR 제어

해설: 파워TR제어는 점화시기 제어를 말한다. 이 점화시기 제어는 엔진컨트롤모듈(ECM)이 담당한다.

08 • 2007.4.4

컨트롤 유닛에서 액추에이터를 구동 할 때는 PWM(주파수변조) 신호를 사용하게 되는데, PWM 기본 주파수를 200Hz로 선택한 후 12Volt를 인가했을 때 듀티 50%이면 가해지는 평균전압은 몇 볼트인가?
① 24   ② 8
③ 6   ④ 2

해설: 1사이클에서 듀티율이 50%이므로, on 구간이 50%라는 뜻으로 평균전압은 $12V \times 0.5 = 6V$로 계산된다.

09 • 2004.7.18

전자제어 자동차 ECU의 기억장치 중 미리 정해진 데이터를 장기적으로 기억하는 소자는?
① ROM   ② RAM
③ MSI   ④ ECM

해설: ECU의 기억장치 중 미리 정해진 데이터를 장기적으로 기억하는 소자가 ROM(Read Only Memory)이다.

10 • 2005전반

차량의 바디 전장 부분에서 사용되고 있는 다중 정보 통신시스템의 데이터 구조에 속하지 않는 것은?
① 스타트 비트   ② 바이트 비트
③ 데이터 프레임   ④ 스톱 비트

11 • 2008전반

차량의 전파통신 부분에서, 주파수를 계산할 수 있는 식을 바르게 표시한 것은? (단, F는 주파수(Hz), λ는 파장(m), C는 속도(m/sec), T는 주기이다.)
① $F = \dfrac{\lambda}{C}$ ② $F = \lambda \times \dfrac{C}{T}$
③ $F = \dfrac{C}{T}$ ④ $F = C \times T$

해설: 속도는 거리/시간이다. $C = \dfrac{거리}{시간}$ …… 1식
또한, 거리=주기×사이클의 수이므로, 1식에 대입하자.
$C = \dfrac{거리}{시간} = \dfrac{주기 \times 사이클의 수}{시간(초)}$ …… 2식
2식에서 시간(초)당 사이클의 수가 주파수(F)이므로 2식에 대입하면,
$C = \dfrac{주기 \times 사이클의 수}{시간(초)} = 주기 \times \dfrac{사이클의 수}{초} = T \times F$
이므로, $F = \dfrac{C}{T}$로 표현할 수 있다.

Answer 5.② 6.③ 7.④ 8.③ 9.① 10.② 11.③

기타 전기장치

12. • 2005전반

경음기가 울리지 않는 원인이 아닌 것은?
① 배터리 방전   ② 퓨즈단선
③ 접촉불량   ④ 시동불량

> **해설** 시동회로와 경음기회로는 관계가 없다.

13. • 2010전반

전기식 경음기는 전류의 어떠한 작용에 의해 진동판을 진동시키는가?
① 분류작용   ② 발열작용
③ 자기작용   ④ 화학작용

> **해설** 경음기의 진동판은 자기력의 세기에 의해 진동한다. 즉, 경음기의 소리는 자기작용에 의해 발생한다.

14. • 2006.7.16

일반적으로 자동 정속 주행장치라 불리는 전자 순항 제어장치의 3가지 작동 모드가 아닌 것은?
① 순항 모드   ② 제동 모드
③ 감속 모드   ④ 가속 모드

> **해설** 정속주행장치란 정해진 속도로 자동으로 조절하여 주행하는 장치이다. 제동모드라 하지 않고 감속모드라 한다.

15. • 2007.7.15

트렁크 리드의 구성 요소가 아닌 것은?
① 트렁크 리드 힌지
② 토션바
③ 트렁크 리드 로크
④ 패키지 트레이

> **해설** 패키지 트레이(Package Tray)란 글로브 박스 밑에 노트와 지도 등을 둘 수 있게 한 접시모양의 부분으로 보조적인 수장공간이 된다.

16. • 2008전반

파워윈도 장치의 설명으로 틀린 것은?
① 파워 윈도장치의 컨트롤유닛에는 일반적으로 타이머가 내장되어 있다.
② 파워윈도 모터는 상승용과 하강용 모터가 각각 구성되어 있다.
③ 파워윈도 모터는 하나의 파워윈도 릴레이가 종합제어 한다.
④ 일반적으로 파워윈도 스위치는 원-스텝방식과 투-스텝방식이 있다.

> **해설** 파워윈도 모터는 상승용과 하강용이 각각 구성되지 않고, 전기의 방향을 똑바로, 역으로 하면 상승과 하강을 할 수 있다.

17. • 2008.7.13

다음 중 자동차용 도난방지장치가 작동하지 않는 경우는?
① 점화키를 사용하지 않고 트렁크를 열었을 때
② 경보장치 작동 중 축전지 단자를 분리할 때
③ 점화키 없이 기관을 기동할 때
④ 시동이 걸린 상태에서 엔진 후드를 열었을 때

> **해설** 시동이 걸렸다는 것은 운전자(주인)가 탑승했다는 뜻으로, 운전자가 엔진 후드를 열었을 경우 도난방지는 작동되지 않는다.

ANSWER 12.④ 13.③ 14.② 15.④ 16.② 17.④

고전원 전기장치

PART.3 전기

1. 하이브리드자동차

01
하이브리드 자동차의 장점에 속하지 <u>않은</u> 것은?
① 연료소비율을 50% 정도 감소시킬 수 있고 환경 친화적이다.
② 탄화수소, 일산화탄소, 질소산화물의 배출량이 90% 정도 감소된다.
③ 이산화탄소 배출량이 50% 정도 감소된다.
④ 값이 싸고 정비작업이 용이하다.

해설 하이브리드 자동차의 장점
① 연료 소비율을 50%정도 감소시킬 수 있고 환경 친화적이다.
② 탄화수소, 일산화탄소, 질소산화물의 배출량이 90% 정도 감소된다.
③ 이산화탄소 배출량이 50% 정도 감소된다.
④ 엔진의 효율을 증대시킬 수 있다.

02
하이브리드 자동차의 연비 향상 요인이 <u>아닌</u> 것은?
① 주행 시 자동차의 공기저항을 높여 연비가 향상된다.
② 정차 시 엔진을 정지(오토 스톱)시켜 연비를 향상시킨다.
③ 연비가 좋은 영역에서 작동되도록 동력분배를 제어한다.
④ 회생 제동(배터리 충전)을 통해 에너지를 흡수하여 재사용한다.

해설 연비 향상 요인은 정차할 때 엔진을 정지(오토 스톱)시켜 연비를 향상시키고, 연비가 좋은 영역에서 작동되도록 동력분배를 제어하며, 회생제동(배터리 충전)을 통해 에너지를 흡수하여 재사용하며, 주행할 때에는 자동차의 공기저항을 낮춰 연비가 향상되도록 한다.

03
하이브리드 자동차의 특징이 <u>아닌</u> 것은?
① 회생 제동
② 2개의 동력원으로 주행
③ 저전압 배터리와 고전압 배터리 사용
④ 고전압 배터리 충전을 위해 LDC 사용

해설 LDC(Low DC-DC Converter)는 고전압 배터리의 전압을 저전압 12V로 변환시키는 장치로 저전압 배터리를 충전시키는 장치이다.

04
하이브리드 자동차의 동력 전달방식에 해당되지 <u>않는</u> 것은?
① 직렬형
② 병렬형
③ 수직형
④ 직·병렬형

05
직렬형 하이브리드 자동차의 특징에 대한 설명으로 <u>틀린</u> 것은?
① 병렬형보다 에너지 효율이 비교적 높다.
② 엔진, 발전기, 전동기가 직렬로 연결된다.
③ 모터의 구동력만으로 차량을 주행시키는 방식이다.
④ 엔진을 가동하여 얻은 전기를 배터리에 저장하는 방식이다.

ANSWER 01.④ 02.① 03.④ 04.③ 05.①

제3편 자동차전기 **357**

해설 **직렬형 하이브리드 자동차의 특징**
① 엔진을 가동하여 얻은 전기를 배터리에 저장한다.
② 모터의 구동력만으로 차량을 구동하는 방식이다.
③ 엔진, 발전기, 전동기가 직렬로 연결된다.
④ 모터에 공급하는 전기를 저장하는 배터리가 설치되어 있다.

06

하이브리드 시스템에 대한 설명 중 틀린 것은?
① 직렬형 하이브리드는 소프트 타입과 하드 타입이 있다.
② 소프트 타입은 순수 EV(전기차) 주행 모드가 없다.
③ 하드 타입은 소프트 타입에 비해 연비가 향상된다.
④ 플러그-인 타입은 외부 전원을 이용하여 배터리를 충전한다.

해설 **하이브리드 시스템**
① 하이브리드 자동차는 소프트 타입(soft type)과 하드 타입(hard type), 플러그-인 타입(plug-in type)으로 구분된다.
② 소프트 타입은 변속기와 구동 모터사이에 클러치를 두고 제어하는 FMED(Flywheel mounted Electric Device) 방식이며, 전기 자동차(EV) 주행 모드가 없다.
③ 하드 타입은 엔진과 구동 모터사이에 클러치를 설치하여 제어하는 TMED(Transmission Mounted Electric Device) 방식으로, 저속운전 영역에서는 구동 모터로 주행하며, 또 구동 모터로 주행 중 엔진 시동을 위한 별도의 시동 발전기(Hybrid Starter Generator)가 장착되어 있다.
④ 플러그-인 하이브리드 타입은 전기 자동차의 주행 능력을 확대한 방식으로 배터리의 용량이 보다 커지게 된다. 또 가정용 전기 등 외부 전원을 사용하여 배터리를 충전할 수 있다.

07

하이브리드 시스템을 제어하는 컴퓨터의 종류가 아닌 것은?
① 모터 컨트롤 유닛(Motor control unit)
② 하이드로릭 컨트롤 유닛(Hydraulic control unit)
③ 배터리 컨트롤 유닛(Battery control unit)
④ 통합 제어 유닛(Hybrid control unit)

해설 하이브리드 시스템을 제어하는 컴퓨터는 모터 컨트롤 유닛(MCU), 통합 제어 유닛(HCU), 배터리 컨트롤 유닛(BCU)이다.

08

Ni-Cd 배터리에서 일부만 방전된 상태에서 다시 충전하게 되면 추가로 충전한 용량 이상의 전기를 사용할 수 없게 되는 현상은?
① 스웰링 현상   ② 배부름 현상
③ 메모리 효과   ④ 설페이션 현상

09

배터리의 충전 상태를 표현한 것은?
① SOC(State Of Charge)
② PRA(Power Relay Assemble)
③ LDC(Low DC-DC Converter)
④ BMS(Battery Management System)

해설 ① **SOC(State Of Charge)** : SOC(배터리 충전율)는 배터리의 사용 가능한 에너지를 표시한다.

10

하이브리드 전기 자동차에는 직류를 교류로 변환하여 교류 모터를 사용하고 있다. 교류 모터에 대한 장점으로 틀린 것은?
① 효율이 좋다.
② 소형화 및 고속회전이 가능하다.
③ 로터의 관성이 커서 응답성이 양호하다.
④ 브러시가 없어 보수할 필요가 없다.

해설 **교류 모터의 장점**
① 모터의 구조가 비교적 간단하며, 효율이 좋다.
② 큰 동력화가 쉽고, 회전변동이 적다.
③ 소형화 및 고속회전이 가능하다.
④ 브러시가 없어 보수할 필요가 없다.
⑤ 회전 중의 진동과 소음이 적다.
⑥ 수명이 길다.

ANSWER 06.③ 07.② 08.③ 09.① 10.③

11

하이브리드 자동차에서 모터 내부의 로터 위치 및 회전수를 감지하는 것은?

① 리졸버
② 커패시터
③ 액티브 센서
④ 스피드 센서

해설 하이브리드 모터를 가장 큰 회전력으로 제어하기 위해 회전자와 고정자의 위치를 정확하게 검출하여야 한다. 즉 회전자의 위치 및 회전속도 정보로 모터 컴퓨터가 가장 큰 회전력으로 모터를 제어하기 위하여 리졸버(resolver, 회전자 센서)를 설치한다.

12

다음은 하이브리드 자동차에서 사용하고 있는 커패시터(capacitor)의 특징을 나열한 것이다. 틀린 것은?

① 충전시간이 짧다.
② 출력밀도가 낮다.
③ 전지와 같이 열화가 거의 없다.
④ 단자 전압으로 남아있는 전기량을 알 수 있다.

해설 커패시터는 배터리와 같이 화학반응을 이용하여 축전하는 것이 아니라 전자를 그대로 축적해 두고 필요할 때 방전하는 장치이며, 특징은 전지와 같이 열화가 없고, 충전 시간이 짧으며, 출력 밀도가 높고, 제조에 유해하고 값비싼 중금속을 사용하지 않기 때문에 환경부하도 적다.

13

하이브리드 자동차에서 돌입 전류에 의한 인버터 손상을 방지하는 것은?

① 메인 릴레이
② 프리차지 릴레이 저항
③ 안전 스위치
④ 부스 바

해설 프리차지 릴레이가 작동하면 레지스터를 통해 고전압이 인버터 쪽으로 공급되기 때문에 순간적인 돌입 전류에 의한 인버터의 손상을 방지할 수 있다.

14

하이브리드 자동차에서 PRA(Power Relay Assembly) 기능에 대한 설명으로 틀린 것은?

① 승객 보호
② 전장품 보호
③ 고전압 회로 과전류 보호
④ 고전압 배터리 암전류 차단

해설 PRA의 기능은 전장품 보호, 고전압 회로 과전류 보호, 고전압 배터리 암전류 차단 등이다.

15

하이브리드 시스템 자동차에서 등화장치, 각종 전장부품으로 전기 에너지를 공급하는 것은?

① 보조 배터리
② 인버터
③ 하이브리드 컨트롤 유닛
④ 엔진 컨트롤 유닛

해설 하이브리드 시스템에서는 고전압 배터리를 동력으로 사용하므로 일반 전장부품은 보조 배터리(12V)를 통하여 전원을 공급 받는다.

16

직병렬형 하드타입(hard type) 하이브리드 자동차에서 엔진 시동 기능과 공전상태에서 충전 기능을 하는 장치는?

① MCU(motor control unit)
② PRA(power relay assemble)
③ LDC(low DC-DC converter)
④ HSG(hybrid starter generator)

해설 HSG는 엔진의 크랭크축 풀리와 구동 벨트로 연결되어 있으며, 엔진의 시동과 발전 기능을 수행한다. 즉 고전압 배터리의 충전상태(SOC : state of charge)가 기준 값 이하로 저하될 경우 엔진을 강제로 시동하여 발전을 한다.

ANSWER 11.① 12.② 13.② 14.① 15.① 16.④

17

하이브리드 시스템 자동차가 정상적일 경우 엔진을 시동하는 방법은?

① 하이브리드 전동기와 기동전동기를 동시에 작동시켜 엔진을 시동한다.
② 기동 전동기만을 이용하여 엔진을 시동한다.
③ 하이브리드 전동기를 이용하여 엔진을 시동한다.
④ 주행관성을 이용하여 엔진을 시동한다.

해설 하이브리드 시스템에서는 하이브리드 전동기를 이용하여 엔진을 시동하는 방법과 기동 전동기를 이용하여 시동하는 방법이 있으며, 시스템이 정상일 경우에는 하이브리드 전동기를 이용하여 엔진을 시동한다.

18

하이브리드 자동차에 적용된 연비 향상 기술로서 감속 또는 제동 시 모터를 발전기를 활용하여 운동에너지를 전기에너지로 변환하는 것은?

① 아이들 스탑
② 회생 제동장치
③ 고전압 배터리 제어 시스템
④ 하이브리드 모터 컨트롤 유닛

해설 하이브리드 자동차가 감속할 때 전동기는 바퀴에 의해 구동되어 발전기의 역할을 한다. 즉 감속할 때 발생하는 운동 에너지를 전기 에너지로 전환시켜 배터리를 충전하는 장치를 회생 제동장치라 한다.

19

친환경 자동차에 적용되는 브레이크 밀림방지(어시스트 시스템) 장치에 대한 설명으로 맞는 것은?

① 경사로에서 정차 후 출발 시 차량 밀림 현상을 방지하기 위해 밀림 방지용 밸브를 이용 브레이크를 한시적으로 작동하는 장치이다.
② 경사로에서 출발 전 한시적으로 하이브리드 모터를 작동시켜 차량 밀림 현상을 방지하는 장치이다.
③ 차량 출발이나 가속 시 무단변속기에서 크립 토크(creep torque)를 이용하여 차량이 밀리는 현상으로 방지하는 장치이다.
④ 브레이크 작동 시 브레이크 작동유압을 감지하여 높은 경우 유압을 감압시켜 브레이크 밀림을 방지하는 장치이다.

해설 브레이크 밀림방지(어시스트 시스템) 장치는 경사로에서 정차 후 출발할 때 차량 밀림 현상을 방지하기 위해 밀림방지용 밸브를 이용 브레이크를 한시적으로 작동하는 장치이다.

20

가상 엔진 사운드 시스템에 관련한 설명으로 거리가 먼 것은?

① 전기차 모드에서 저속주행 시 보행자가 차량을 인지하기 위함
② 엔진 유사용 출력
③ 차량주변 보행자 주의환기로 사고 위험성 감소
④ 자동차 속도 약 30km/h 이상부터 작동

해설 가상 엔진 사운드 시스템(Virtual Engine Sound System)은 하이브리드 자동차나 전기 자동차에 부착하는 보행자를 위한 시스템이다. 즉 배터리로 저속주행 또는 후진할 때 보행자가 놀라지 않도록 자동차의 존재를 인식시켜주기 위해 엔진 소리를 내는 스피커이며, 주행속도 0~20km/h에서 작동한다.

ANSWER 17.③ 18.② 19.① 20.④

2. 전기자동차

01

자동차 용어(KS R 0121)에서 충전시켜 다시 쓸 수 있는 전지를 의미하는 것은?

① 1차 전지 ② 2차 전지
③ 3차 전지 ④ 4차 전지

해설 1차 전지와 2차 전지
① **1차 전지** : 방전한 후 충전에 의해 본래의 상태로 되돌릴 수 없는 전지.
② **2차 전지** : 충전시켜 다시 쓸 수 있는 전지. 납산 배터리, 알칼리 배터리, 기체 전지, 리튬 이온 전지, 니켈-수소 전지, 니켈-카드뮴 전지, 폴리머 전지 등이 있다.

02

도로 차량-전기 자동차용 교환형 배터리 일반 요구사항(KS R 1200)에 따른 엔클로저의 종류로 틀린 것은?

① 방호용 엔클로저
② 촉매 방지용 엔클로저
③ 감전 방지용 엔클로저
④ 기계적 보호용 엔클로저

해설 엔클로저의 종류
① **방화용 엔클로저** : 내부로부터의 화재나 불꽃이 확산되는 것을 최소화 하도록 설계된 엔클로저
② **감전 방지용 엔클로저** : 위험 전압이 인가되는 부품 또는 위험 에너지가 있는 부품과의 접촉을 막기 위해 설계된 엔클로저
③ **기계적 보호용 엔클로저** : 기계적 또는 기타 물리적인 원인에 의한 손상을 방지라기 위해 설계된 엔클로저

03

전기 자동차용 배터리 관리 시스템에 대한 일반 요구사항(KS R 1201)에서 다음이 설명하는 것은?

> 배터리가 정지기능 상태가 되기 전까지의 유효한 방전상태에서 배터리가 이동성 소자들에게 전류를 공급할 수 있는 것으로 평가되는 시간

① 잔여 운행시간
② 안전 운전 범위
③ 잔존 수명
④ 사이클 수명

해설 배터리 관리 시스템에 대한 일반 요구사항
① **잔여 운행시간** : 배터리가 정지기능 상태가 되기 전까지 유효한 방전상태에서 배터리가 이동성 소비자들에게 전류를 공급할 수 있는 것으로 평가되는 시간

04

전기 자동차의 주행 모드에서 출발·가속에 대한 설명으로 해당되지 않는 것은?

① 고전압 배터리에 저장된 전기 에너지를 이용하여 구동 모터로 주행한다.
② 가속 페달을 더 밟으면 모터는 더 빠르게 회전하여 차속이 높아진다.
③ 큰 구동력을 요구하는 출발과 언덕길 주행 시는 모터의 회전속도는 낮아진다.
④ 언덕길을 주행할 때에는 변속기와 모터의 회전력을 조절하여 주행한다.

해설 언덕길을 주행할 때에도 변속기 없이 순수 모터의 회전력을 조절하여 주행한다.

ANSWER 01.② 02.② 03.① 04.④

제3편 자동차전기 **361**

05

전기 자동차가 주행 중 감속 또는 제동상태에서 모터를 발전기로 전환되어 제동 에너지의 일부를 전기 에너지로 변환하는 것은?

① 발전 가속　② 제동 전기
③ 회생 제동　④ 주행 전환

06

전기 자동차의 완속 충전에 대한 설명으로 해당되지 <u>않은</u> 것은?

① AC 100 · 220V의 전압을 이용하여 고전압 배터리를 충전하는 방법이다.
② 표준화된 충전기를 사용하여 차량 앞쪽에 설치된 완속 충전기 인렛을 통해 충전하여야 한다.
③ 급속 충전보다 더 많은 시간이 필요하다.
④ 급속 충전보다 충전 효율이 높아 배터리 용량의 80%까지 충전할 수 있다.

> **해설** 완속 충전
> ① AC 100 · 220V의 전압을 이용하여 고전압 배터리를 충전하는 방법이다.
> ② 표준화된 충전기를 사용하여 차량 앞쪽에 설치된 완속 충전기 인렛을 통해 충전하여야 한다.
> ③ 급속 충전보다 더 많은 시간이 필요하다.
> ④ 급속 충전보다 충전 효율이 높아 배터리 용량의 90%까지 충전할 수 있다.

07

전기 자동차의 급속 충전에 대한 설명으로 알맞은 것은?

① 외부에 별도로 설치된 급속 충전기를 사용하여 DC 380V의 고전압으로 고전압 배터리를 충전하는 방법이다.
② 표준화된 충전기를 사용하여 차량 앞쪽에 설치된 완속 충전기 인렛을 통해 충전하여야 한다.
③ AC 100 · 220V의 전압을 이용하여 고전압 배터리를 충전하는 방법이다.
④ 급속 충전보다 충전 효율이 높아 배터리 용량의 90%까지 충전할 수 있다.

> **해설** 급속 충전
> ① 외부에 별도로 설치된 급속 충전기를 사용하여 DC 380V의 고전압으로 고전압 배터리를 빠르게 충전하는 방법이다.
> ② 연료 주입구 안쪽에 설치된 급속 충전 인렛 포트에 급속 충전기 아웃렛을 연결하여 충전한다.
> ③ 충전 효율은 배터리 용량의 80%까지 충전할 수 있다.

08

전기 자동차에는 직류를 교류로 변환하여 교류 모터를 사용하고 있다. 교류 모터에 대한 장점으로 <u>틀린</u> 것은?

① 효율이 좋다.
② 소형화 및 고속회전이 가능하다.
③ 로터의 관성이 커서 응답성이 양호하다.
④ 브러시가 없어 보수할 필요가 없다.

> **해설** 교류 모터의 장점
> ① 모터의 구조가 비교적 간단하며, 효율이 좋다.
> ② 큰 동력화가 쉽고, 회전변동이 적다.
> ③ 소형화 및 고속회전이 가능하다.
> ④ 브러시가 없어 보수할 필요가 없다.
> ⑤ 회전 중의 진동과 소음이 적다.
> ⑥ 수명이 길다.

09

전기 자동차에 구조에 대한 설명으로 해당되지 <u>않는</u> 것은?

① 배터리 팩의 고전압을 이용하여 모터를 구동한다.
② 모터의 속도로 자동차의 속도를 제어할 수 없어 변속기가 필요하다.
③ 모터의 토크를 증대시키기 위해 감속기가 설치된다.
④ 통합 전력 제어장치(EPCU)는 VCU, MCU(인버터), LDC가 통합된 구조이다.

ANSWER 05.③　06.④　07.①　08.①　09.②

해설 전기 자동차 구조
① 360V 27kWh의 배터리 팩의 고전압을 이용해 모터를 구동한다.
② 모터의 속도로 자동차의 속도를 제어할 수 있어 변속기는 필요 없다.
③ 모터의 토크를 증대시키기 위해 감속기가 설치된다.
④ PE룸(내연엔진의 엔진룸)에는 고전압을 PTC 히터, 전동 컴프레서에 공급하기 위한 고전압 정션박스, 그 아래로 완속 충전기(OBC), 전력 제어장치(EPCU)가 배치되어 있다.
⑤ 통합 전력 제어장치(EPCU)는 VCU, MCU(인버터), LDC가 통합된 구조이다.

10

전기 자동차의 고전압 회로에 대한 설명으로 해당되지 않는 것은?

① 배터리 팩에 고전압 배터리와 파워 릴레이 어셈블리 1, 2 및 고전압을 차단할 수 있는 안전 플러그가 장착되어 있다.
② 파워 릴레이 어셈블리 1은 구동용 전원을 차단 및 연결하는 역할을 한다.
③ 파워 릴레이 1는 급속 충전기에 연결될 때 BMU(Battery Management Unit)의 신호를 받아 고전압 배터리에 충전할 수 있도록 전원을 연결하는 기능을 한다.
④ 전동식 에어컨 컴프레서, PTC 히터, LDC, OBC에 공급되는 고전압은 정션 박스를 통해 전원을 공급 받는다.

해설 파워 릴레이 2는 급속 충전기에 연결될 때 BMU(Battery Management Unit)의 신호를 받아 고전압 배터리에 충전할 수 있도록 전원을 연결하는 기능을 한다.

11

전기 자동차 고전압 배터리 시스템의 제어 특성에서 모터 구동을 위하여 고전압 배터리가 전기 에너지를 방출하는 동작 모드로 맞는 것은?

① 제동 모드   ② 방전 모드
③ 정지 모드   ④ 충전 모드

12

전기 자동차 고전압 배터리의 사용가능 에너지를 표시하는 것은?

① SOC(State Of Charge)
② PRA(Power Relay Assemble)
③ LDC(Low DC-DC Converter)
④ BMU(Battery Management Unit)

해설 ① SOC(State Of Charge) : SOC(배터리 충전율)는 배터리의 사용 가능한 에너지를 표시한다.

13

전기 자동차의 고전압 배터리 컨트롤 모듈인 BMU의 제어에 해당되지 않는 것은?

① 고전압 배터리의 SOC 제어
② 배터리 셀 밸런싱 제어
③ 안전 플러그 제어
④ 배터리 출력 제어

해설 고전압 배터리 컨트롤 모듈(BMU) 고전압 배터리의 SOC(State Of Charge), 출력, 고장 진단, 배터리 셀 밸런싱(Cell Balancing), 시스템 냉각, 전원 공급 및 차단을 제어한다.

14

고전압 배터리의 충방전 과정에서 전압 편차가 생긴 셀을 동일한 전압으로 매칭하여 배터리 수명과 에너지 용량 및 효율증대를 갖게 하는 것은?

① SOC(state of charge)
② 파워 제한
③ 셀 밸런싱
④ 배터리 냉각제어

해설 고전압 배터리의 비정상적인 충전 또는 방전에서 기인하는 배터리 셀 사이의 전압 편차를 조정하여 배터리 내구성, 충전 상태(SOC) 에너지 효율을 극대화시키는 기능을 셀 밸런싱이라고 한다.

ANSWER 10.③ 11.② 12.① 13.③ 14.③

15

고전압 배터리의 셀 밸런싱을 제어하는 장치는?

① MCU(Motor Control Unit)
② LDC(Low DC-DC Convertor)
③ ECM(Electronic Control Module)
④ BMU(Battery Management Unit)

> **해설** BMU 고전압 배터리의 SOC(State Of Charge), 출력, 고장 진단, 배터리 셀 밸런싱(Cell Balancing), 시스템 냉각, 전원 공급 및 차단을 제어한다.

16

전기 자동차에서 기계적인 분리를 통하여 고전압 배터리 내부의 회로 연결을 차단하는 장치는?

① 전류 센서　　② 배터리 팩
③ 프리 차지 저항　④ 안전 플러그

> **해설** 안전 플러그는 고전압 배터리 팩, 파워 릴레이 어셈블리, 급속 충전 릴레이, BMU, 모터, EPCU, 완속 충전기, 고전압 조인트 박스, 파워 케이블, 전기 모터식 에어컨 컴프레서가 연결되어 있으며, 정비 작업 시 기계적인 분리를 통하여 고전압 배터리 내부 회로를 연결 또는 차단하는 역할을 한다.

17

고전압 배터리 관리 시스템의 메인 릴레이를 작동시키기 전에 프리 차지 릴레이를 작동시키는데 프리 차지 릴레이의 기능이 <u>아닌</u> 것은?

① 등화 장치 보호
② 고전압 회로 보호
③ 타 고전압 부품 보호
④ 고전압 메인 퓨즈, 부스 바, 와이어 하니스 보호

> **해설** 프리 차지 릴레이는 파워 릴레이 어셈블리에 장착되어 인버터의 커패시터를 초기에 충전할 때 고전압 배터리와 고전압 회로를 연결하는 역할을 한다. 스위치 IG ON을 하면 프리 차지 릴레이와 레지스터를 통해 흐른 전류가 인버터 내의 커패시터에 충전이 되고 충전이 완료 되면 프리 차지 릴레이는 OFF 된다.
> ① 초기에 커패시터의 충전 전류에 의한 고전압 회로를 보호한다.
> ② 다른 고전압 부품을 보호한다.
> ③ 고전압 메인 퓨즈, 부스 바, 와이어 하니스를 보호한다.

18

다음 중 파워 릴레이 어셈블리에 설치되며 인버터의 커패시터를 초기 충전할 때 충전전류에 의한 고전압 회로를 보호하는 것은?

① 프리 차지 레지스터　② 메인 릴레이
③ 안전 스위치　　　　④ 부스 바

> **해설** 프리 차지 레지스터 : 파워 릴레이 어셈블리에 설치되어 있으며, 인버터의 커패시터를 초기 충전할 때 고전압 배터리와 고전압 회로를 연결하는 역할을 한다. 초기에 콘덴서의 충전전류에 의한 고전압 회로를 보호한다.

19

전기 자동차의 배터리 시스템 어셈블리 내부의 공기 온도를 감지하는 역할을 하는 것은?

① 파워 릴레이 어셈블리
② 고전압 배터리 인렛 온도 센서
③ 프리차지 릴레이
④ 고전압 배터리 히터 릴레이

> **해설** 고전압 배터리 인렛 온도 센서는 고전압 배터리 1번 모듈 상단에 장착되어 있으며, 배터리 시스템 어셈블리 내부의 공기 온도를 감지하는 역할을 한다.

20

고전압 배터리 및 고전압 회로를 과전류로부터 보호하는 기능을 하는 것은?

① 프리 차지 레지스터
② 급속 충전 릴레이
③ 프리차지 릴레이
④ 메인 퓨즈

> **해설** 메인 퓨즈(250A 퓨즈)는 안전 플러그 내에 장착되어 있으며, 고전압 배터리 및 고전압 회로를 과전류로부터 보호하는 기능을 한다.

ANSWER 15.④　16.④　17.①　18.①　19.②　20.④

21

모든 제어기를 종합적으로 제어하는 최상위 마스터 컴퓨터로서 운전자의 요구 사항에 적합하도록 최적인 상태로 차량의 속도, 배터리 및 각종 제어기를 제어하는 것은?

① 차량 제어 유닛(VCU)
② 전력 통합 제어 장치(EPCU)
③ 모터 제어기(MCU)
④ 직류 변환 장치(LDC)

> **해설** 전력 통합 제어 장치의 기능
> ① **차량 제어 유닛(VCU)** : 차량 제어 유닛은 모든 제어기를 종합적으로 제어하는 최상위 마스터 컴퓨터로서 운전자의 요구 사항에 적합하도록 최적인 상태로 차량의 속도, 배터리 및 각종 제어기를 제어한다.
> ② **전력 통합 제어 장치(EPCU)** : 전력 통합 제어 장치는 대전력량의 전력 변환 시스템으로서 차량 제어 유닛(VCU) 및 인버터(Inverter), LDC 및 OBC 등으로 구성되어 있다.
> ③ **모터 제어기(MCU)** : MCU는 내부의 인버터(Inverter)가 작동하여 고전압 배터리로부터 받은 직류(DC) 전원을 3상 교류(AC) 전원으로 변환시킨 후 전기 자동차의 통합 제어기인 VCU의 명령을 받아 구동 모터를 제어하는 기능을 한다.
> ④ **직류 변환 장치(LDC)** : LDC는 고전압 배터리의 고전압(DC 360V)을 LDC를 거쳐 12V 저전압으로 변환하여 차량의 각 부하(전장품)에 공급하기 위한 전력 변환 시스템으로 차량 제어 유닛(VCU)에 의해 제어되며, LDC는 EPCU 어셈블리 내부에 구성되어 있다.

22

AGM(Absorbent Glass Mat) 배터리에 대한 설명으로 거리가 먼 것은?

① 극판의 크기가 축소되어 출력밀도가 높아졌다.
② 유리섬유 격리판을 사용하여 충전 사이클 저항성이 향상되었다.
③ 높은 시동전류를 요구하는 엔진의 시동성을 보장한다.
④ 셀-플러그는 밀폐되어 있기 때문에 열 수 없다.

> **해설** AGM 배터리는 유리섬유 격리판을 사용하여 충전 사이클 저항성이 향상시켰으며, 높은 시동전류를 요구하는 엔진의 시동성능을 보장한다. 또 셀-플러그는 밀폐되어 있기 때문에 열 수 없다.

23

전기 자동차의 모터 컨트롤 유닛(MCU)에 대한 설명으로 틀린 것은?

① 고전압을 12V로 변환하는 기능을 한다.
② 회생 제동 시 컨버터(AC→DC 변환)의 기능을 수행한다.
③ 고전압 배터리의 직류를 3상 교류로 바꾸어 모터에 공급한다.
④ 회생 제동 시 모터에서 발생되는 3상 교류를 직류로 바꾸어 고전압 배터리에 공급한다.

> **해설** 모터 컨트롤 유닛(MCU)의 기능 : 고전압 배터리의 직류를 3상 교류로 바꾸어 모터에 공급하며, 회생 제동을 할 때 모터에서 발생되는 3상 교류를 직류로 바꾸어 고전압 배터리에 공급하는 컨버터(AC→DC 변환)의 기능을 수행한다.

24

전기 자동차에서 모터 제어기의 기능으로 틀린 것은?

① 모터 제어기는 인버터라고도 한다.
② 통합 제어기의 명령을 받아 모터의 구동전류를 제어한다.
③ 고전압 배터리의 교류 전원을 모터의 작동에 필요한 3상 직류 전원으로 변경하는 기능을 한다.
④ 배터리 충전을 위한 에너지 회수 기능을 담당한다.

> **해설** 모터 제어기는 고전압 배터리의 직류 전원을 모터의 작동에 필요한 3상 교류 전원으로 변화시켜 통합 제어기(VCU ; Vehicle Control Unit)의 신호를 받아 모터의 구동 전류 제어와 감속 및 제동할 때 모터를 발전기 역할로 변경하여 배터리 충전을 위한 에너지 회수 기능(3상 교류를 직류로 변경)을 한다. 모터 제어기를 인버터(inverter)라고도 부른다.

ANSWER 21.① 22.① 23.① 24.③

25

전기 자동차의 모터 컨트롤 유닛(MCU) 취급 시 유의사항이 아닌 것은?

① 충격이 가해지지 않도록 주의한다.
② 손으로 만지거나 전기 케이블을 임의로 탈착하지 않는다.
③ 안전 플러그를 탈거하지 않은 상태에서는 만지지 않는다.
④ 컨트롤 유닛이 자기보정을 하기 때문에 AC 3상 케이블의 각 상간 연결의 방향을 신경 쓸 필요가 없다.

해설 모터 컨트롤 유닛이 자기 보정을 하기 때문에 U, V, W의 3상 파워 케이블을 정확한 위치에 조립한다.

26

전기 자동차의 동력제어 장치에서 모터의 회전속도와 회전력을 자유롭게 제어할 수 있도록 직류를 교류로 변환하는 장치는?

① 컨버터
② 리졸버
③ 인버터
④ 커패시터

해설 ① 컨버터 : AC 전원을 DC 전원으로 변환하는 역할을 한다.
② 리졸버 : 모터에 부착된 로터와 리졸버의 정확한 상(phase)의 위치를 검출하여 MCU로 입력시킨다.
④ 커패시터 : 배터리와 같이 화학반응을 이용하여 축전(蓄電)하는 것이 아니라 콘덴서(condenser)와 같이 전자를 그대로 축적해 두고 필요할 때 방전하는 것으로 짧은 시간에 큰 전류를 축적하거나 방출할 수 있다.

27

전기 자동차에서 모터의 회전자와 고정자의 위치를 감지하는 것은?

① 모터 위치 센서
② 인버터
③ 경사각 센서
④ 저전압 직류 변환장치

해설 모터 위치 센서는 모터를 제어하기 위해 모터의 회전자와 고정자의 절대 위치를 검출한다. 리졸버를 이용한 회전자의 위치 및 속도 정보를 통하여 MCU는 최적으로 모터를 제어할 수 있게 된다. 리졸버는 리어 플레이트에 장착되며, 모터의 회전자와 연결된 리졸버 회전자와 고정자로 구성되어 엔진의 CMP 센서처럼 모터 내부의 회전자 위치를 파악한다.

28

전기 자동차에 사용되는 감속기의 주요기능에 해당하지 않는 것은?

① 감속기능 : 모터 구동력 증대
② 증속기능 : 증속 시 다운 시프트 적용
③ 차동기능 : 차량 선회 시 좌우바퀴 차동
④ 파킹 기능 : 운전자 P단 조작 시 차량 파킹

해설 **전기 자동차용 감속기어**
① 일반적인 자동차의 변속기와 같은 역할을 하지만 여러 단계가 있는 변속기와는 달리 일정한 감속비율로 구동전동기에서 입력되는 동력을 구동축으로 전달한다. 따라서 변속기 대신 감속기어라고 부른다.
② 감속기어는 구동전동기의 고속 회전, 낮은 회전력을 입력을 받아 적절한 감속비율로 회전속도를 줄여 회전력을 증대시키는 역할을 한다.
③ 감속기어 내부에는 주차(parking)기구를 포함하여 5개의 기어가 있고 수동변속기용 오일을 주유하며, 오일은 교환하지 않는 방식이다.
④ 주요기능은 구동 전동기의 동력을 받아 기어비율만큼 감속하여 출력축(바퀴)으로 동력을 전달하는 회전력 증대와 자동차가 선회할 때 양쪽 바퀴에 회전속도를 조절하는 차동장치의 기능, 자동차가 정지한 상태에서 기계적으로 구동장치의 동력전달을 단속하는 주차기능 등이 있다.

29

전기 자동차의 전기장치를 정비 작업 시 조치해야 할 사항이 아닌 것은?

① 안전 스위치를 분리하고 작업한다.
② 이그니션 스위치를 OFF시키고 작업한다.
③ 12V 보조 배터리 케이블을 분리하고 작업한다.
④ 고전압 부품 취급은 안전 스위치를 분리 후 1분 안에 작업한다.

ANSWER 25.③ 27.① 28.② 29.④

3. 수소연료전지 전기자동차

01
수소연료 전지 전기자동차의 설명으로 틀린 것은?
① 연료 전지 시스템은 연료 전지 스택, 운전 장치, 모터, 감속기로 구성된다.
② 연료 전지는 공기와 수소 연료를 이용하여 전기를 생산한다.
③ 연료 전지에서 생산된 전기는 인버터를 통해 모터로 공급된다.
④ 연료 전지 자동차가 유일하게 배출하는 배기가스는 산소이다.

02
고체 고분자 연료 전지의 특징으로 거리가 먼 것은?
① 전해질로 고분자 전해질(polymer electrolyte)을 이용한다.
② 공기 중의 이산화탄소와 화학반응에 의해 백금의 전극에 전류가 발생한다.
③ 발전 시 열을 발생하지만 물만 배출시키므로 에코 자동차라 한다.
④ 출력의 밀도가 높아 소형 경량화가 가능하다.

해설 ① 전해질로 고분자 전해질(polymer electrolyte)을 이용한다.
② 공기 중의 산소와 화학반응에 의해 백금의 전극에 전류가 발생한다.
③ 발전 시 열을 발생하지만 물만 배출시키므로 에코 자동차라 한다.
④ 출력의 밀도가 높아 소형 경량화가 가능하다.

⑤ 운전 온도가 상온에서 80℃까지로 저온에서 작동하다.
⑥ 기동·정지 시간이 매우 짧아 자동차 등 전원으로 적합하다
⑦ 전지 구성의 재료 면에서 제약이 적고 튼튼하여 진동에 강하다.

03
수소 연료 전지 자동차의 구성에 대한 설명으로 틀린 것은?
① 수소 저장 탱크
② 공기 공급 장치(APS)
③ 스택(STACK)
④ 엔진 클러치

04
연료 전지 스택에 대한 설명으로 틀린 것은 ?
① 수소전지자동차의 핵심 부품이다
② 출력을 증가하는 방법은 셀을 층층이 쌓아 조립한 것이다.
③ 수소와 산소의 화학반응을 일으켜 전기에너지를 생성하는 부품이다.
④ 공기공급 시스템이다.

해설 연료 전지 스택은 연료 전지 시스템의 가장 핵심적인 부품이며, 연료 전지는 수소 전기 자동차에 요구되는 출력을 충족시키기 위해 단위 셀을 층층이 쌓아 조립한 스택 형태로 완성된다.

05
수소 가스 특징으로 틀린 것은 ?
① 수소는 가볍고 불가연성이 높은 가스이다.
② 수소는 매우 넓은 범위에서 산소와 결합될 수 있어 연소 혼합가스를 생성한다.
③ 수소는 전기 스파크로 쉽게 점화할 수 있는 매우 낮은 점화 에너지를 가지고 있다.
④ 수소는 누출되었을 때 인화성 및 가연성, 반응성, 수소 침식, 질식, 저온의 위험이 있다.

ANSWER 01.④ 02.② 03.④ 04.④ 05.①

06
친환경 자동차의 고전압 배터리 충전상태(SOC)의 일반적인 제한영역은?
① 20~80% ② 55~86%
③ 86~110% ④ 110~140%

07
수소 연료 전지 전기 자동차에서 모터의 회전자와 고정자의 위치를 감지하는 것은?
① 리졸버
② 인버터
③ 경사각 센서
④ 저전압 직류 변환장치

08
수소 연료 전지 전기 자동차에서 감속 시 구동 모터를 발전기로 전환하여 차량의 운동 에너지를 전기 에너지로 변환시켜 배터리로 회수하는 시스템은?
① 회생 제동 시스템
② 파워 릴레이 시스템
③ 아이들링 스톱 시스템
④ 고전압 배터리 시스템

09
수소 저장 시스템 제어기의 설명으로 틀린 것은?
① HMU는 남은 연료를 계산하기 위해 각각의 센서 신호를 사용한다.
② HMU는 수소가 충전되고 있는 동안 연료 전지 기동 방지 로직을 사용한다.
③ HMU는 수소 충전 시에 충전소와 2시간 이내 통신을 한다.
④ HMU는 수소 탱크 솔레노이드 밸브, IR 이미터 등을 제어한다.

10
친환경 자동차에서 고전압 관련 정비 시 고전압을 해제하는 장치는?
① 전류센서
② 배터리 팩
③ 안전 스위치(안전 플러그)
④ 프리차지 저항

해설 안전 플러그는 기계적인 분리를 통하여 고전압 배터리 내부 회로의 연결을 차단하는 장치이다.

11
수소 연료 전지 전기 자동차에서 고전압 배터리 또는 차량화재 발생 시 조치해야 할 사항이 아닌 것은?
① 차량의 시동키를 OFF하여 전기 동력 시스템 작동을 차단시킨다.
② 화재 초기 상태라면 트렁크를 열고 신속히 세이프티 플러그를 탈거한다.
③ 메인 릴레이 (+)를 작동시켜 고전압 배터리 (+)전원을 인가한다.
④ 화재 진압을 위해서는 액체물질을 사용하지 말고 분말소화기 또는 모래를 사용한다.

해설 고전압 배터리 시스템 화재 발생 시 주의사항
① 스타트 버튼을 OFF시킨 후 의도치 않은 시동을 방지하기 위해 스마트 키를 차량으로부터 2m 이상 떨어진 위치에 보관하도록 한다.
② 화재 초기일 경우 트렁크를 열고 신속히 안전 플러그를 OFF시킨다.
③ 실내에서 화재가 발생한 경우 수소 가스의 방출을 위하여 환기를 실시한다.
④ 불을 끌 수 있다면 이산화탄소 소화기를 사용한다.
⑤ 이산화탄소는 전기에 대해 절연성이 우수하기 때문에 전기(C급) 화재에도 적합하다.
⑥ 불을 끌 수 없다면 안전한 곳으로 대피한다. 그리고 소방서에 전기 자동차 화재를 알리고 불이 꺼지기 전까지 차량에 접근하지 않도록 한다.
⑦ 차량 침수·충돌 사고 발생 후 정지 시 최대한 빨리 차량키를 OFF 및 외부로 대피한다.

ANSWER 06.① 07.① 08.① 09.③ 10.③ 11.③

IV

차체수리 및 도장

1. 차체수리
2. 자동차 보수도장

part 04 차체수리 및 도장

Section 1 차체수리

1 자동차보디 구조

- 자동차는 섀시와 보디(차체)로 나눈다. 섀시는 보디를 제외한 나머지 부문인 엔진, 동력전달장치, 현가, 조향, 브레이크, 프레임, 휠, 타이어 등을 포함한다.
- 자동차의 보디는 크게 5부분으로 나눈다. 프런트 보디패널, 플로어 패널, 사이드 패널, 리어보디 패널과 루프, 카울 및 대시패널 등이다. 사이드라커패널과 센터 필러 포스트는 사이드패널, 백패널 로어는 리어보디 패널에 속한다.

(1) 모노코크 보디

1) 모노코크 보디의 장단점

① 장점
- 차체의 중량이 가볍고 강성이 크다. 얇은 강판을 여러 가지 형상으로 프레스 성형하여 전기저항 점용접에 의해 일체화시키면 차체를 경량화 하면서 큰 강성을 얻을 수 있다.
- 생산성이 좋다. 후판의 프레스 가공이 필요없고, 박판으로 열변형이 없는 점용접으로 바디 조립의 자동화가 가능하다.
- 차고를 낮게 하고 차량의 무게중심을 낮출 수 있다. 따라서 객실 공간이 넓고 주행 안전성이 있다.
- 충돌 시 충격에너지 흡수효율이 좋고 안전성이 높다. 박판으로 조립되어 있기 때문에 충돌시와 같이 큰 외력이 가해진 경우에는 국부적으로 변형이 크고 객실 부분에는 영향이 적다.

② 단점
- 소음이나 진동의 영향을 받기 쉽다. 엔진이나 섀시가 직접적으로 차체에 부착되므로 이들을 고정하기 위한 마운팅 지지법 등에 고도의 기술을 필요로 한다.
- 일체구조이기 때문에 충돌에 의한 손상이 복잡하여 복원 수리가 비교적 어렵다.

2) 충격이 집중되는 곳

각이 있는 곳(킥업 부위), 구멍이 뚫린 곳, 단면적이 변화된 곳이다. 즉 충격을 집중되게 해서 충격을 흡수한다.

(2) 프레임과 기타
- 프레임의 종류에는 H-shape형, X-shape형, Back Bone형, Platform형, Truss형 등이 있다.
- 화이트 보디는 자동차의 제조 공정으로서 도장 직전의 차체나 보디 셀에 보닛이나 도어를 장착한 상태를 말한다.
- 자동차용 합성수지는 내식성, 방습성, 성형성이 우수할 뿐 아니라 무게가 가벼워서 자동차의 중량을 줄여 주므로 연비를 향상시킬 수 있다. 그러나 단점으로는 열에 약하다는 점이다. 즉 고온에서는 열변형이 생긴다.

2 힘의 전달과 차체강도

(1) 힘의 전달

① 전단에 의한 전단응력, 압축에 의한 압축응력, 비틀림에 의한 비틀림응력이 있다.

② **전단응력**$(\tau) = \dfrac{전단하중(F)}{전단면(A)} = \dfrac{P}{\dfrac{\pi d^2}{4}} = \dfrac{4 \times P}{\pi d^2}$

③ **변형율**$(\varepsilon) = \dfrac{변형된길이(\lambda)}{원래길이(l)}$

④ **안전율** $= \dfrac{인장강도(\sigma_b)}{허용응력(\sigma_a)}$

⑤ **전단력** = 면적 × 전단응력

⑥ **응력값 큰 순** : 비례한도 → 탄성한도 → 하항복점 → 상항복점 → 극한강도 순이다.

(2) 차체강도

① 비딩은 공기나 유체의 흐름을 바꿔 줄 수 있으며, 스토퍼는 고체와 고체의 접촉시 충격

을 흡수하도록 하는 장치고, 마운트는 물체를 올려놓고 고정할 수 있거나 매달아 놓을 수 있는 것으로 자동차엔진은 수개의 마운팅이 있다.

② 차체의 손상은 힘의 크기와 방향, 작용점에 따라서 달라진다.

3 판금 및 용접

(1) 판금

① **치즐**이란 조각칼이나 끌을 말하고, **스푼**은 기초평탄 작업을 하는데 사용된다. **쇼오**란 톱이나 톱이 장착된 기계를 말한다.

② 디스크샌더는 면 다듬질에 사용하고, 오비탈샌더는 굴곡작업에 사용한다.

③ 강을 가열한 후 급냉시켜 강도를 증가시키는 열처리방법이 담금질이다. 불림은 결정립을 미세화시켜서 어느 정도의 강도증가를 꾀하고, 담금질이나 완전풀림을 위한 재가열 시에 균일한 오스테나이트 상태로 만들어주기 위한 것으로, 주조품이나 단조품에 존재하는 편석을 제거시켜서 균일한 조직을 만들기 위함이다. 적당한 인성을 재료에 부여하기 위해 담금질 후에 반드시 뜨임 처리를 해야 한다. 담금질 한 조직을 안정한 조직으로 변화시키고 잔류 응력을 감소시켜, 필요로 하는 성질과 상태를 얻기 위한 것이 뜨임이다. 풀림은 미세한 결정입자가 조성되어 내부 응력이 제거될 뿐만 아니라 재료가 연화된다.

(2) 용접

① 용접작업 후에는 용착 금속의 식음(온도가 내려감)에 대한 수축과 뒤틀림에 의한 변형이 발생한다.

② 직류를 사용하는 아크용접에서는 (+)극에서 60~70%의 전열량을 발생하므로 전극의 연결에 따라 정극성과 역극성으로 나뉜다. 정극성이란 두꺼운 판재용접에서 모재가 용융되어 접합될 수 있도록 모재에 (+)극을, 용접봉에 (-)극을 가하는 용접이다.

③ 저항용접에는 스포트(점) 용접, 심 용접, 프로젝션 용접이 있다. 미그(Metal Inert Gas, MIG)용접은 아르곤(Ar)과 같은 불활성 가스를 사용하는 것을 말한다.

④ 용접준비 사항으로는 용접모재의 두께, 용접모재의 형상, 모재의 표면상태 등을 파악하고 용접 전류의 세기와 가용접 위치, 용접방향과 순서를 결정해야 한다.

⑤ 스폿 용접은 2개의 모재를 겹쳐 전극 사이에 끼워 놓고 전류를 흐르게 하면 접촉면이 전기 저항에 의해 발열되어 용융될 때 압력을 가하여 접합시키는 것으로 스폿 용접의 3대 요소는 용접 전류, 통전 시간, 가압력이다.

용접은 가압-통전-냉각 고착의 순서로 한다.

⑥ 전기 용접봉의 표시기호에서 E43○△중 43
- E : 전기 용접봉(electrode)의 첫 글자
- 43 : 용착 금속의 최저 인장강도
- ○ : 용접자세
- △ : 피복제의 종류

4 차체교정 및 수리

(1) 차체교정

① 소성변형이란 자르거나 깎는 일 없이 고체 재료의 가소성을 이용해서 누르거나 두들겨서 외형을 바꾸는 일을 말한다.
② 차량의 전후 축방향에서 가상적인 중심축을 센터라인이라 한다.
③ 기하공차를 측정하기 위한 기하학적 기준이 되는 선 혹은 면을 데이텀이라고 하는데, 데이텀 게이지는 프레임 기준선에 의한 프레임의 높이를 측정한다.
④ 쇼트레일이란 프레임 구조 또는 하체의 한부분이 충돌에 의해서 짧아진 상태를 말하고, 트위스트는 차체의 하체면이 데이텀 라인에 평행하지 않는 비틀림 상태를 말한다. 사이드 스웨이는 센터라인을 중심선으로 좌우로 변형된 것을 말한다.
⑤ 프레임 센터링 게이지는 프레임의 중심선을 측정한다.
- 프레임의 상하 굽음 • 프레임의 좌우 굽음 • 프레임의 비틀림 등을 측정할 수 있다.
⑥ **추가적인 고정을 하는 이유**
- 견인 방향에 따른 모멘트의 발생을 방지하기 위하여
- 인장력이 과도하게 걸리는 것을 방지하기 위하여
- 스폿 용접부를 보호하기 위하여
- 고정한 부분까지 힘을 전달하기 위하여

(2) 수리

① 손상패널을 수리에서는 충격을 준 충돌점과 충돌각도, 충돌물의 속도, 충돌력(힘), 충돌강도 등의 내용을 분석하여 수리방법을 결정한다.
② 앞면유리는 일반유리를 2겹으로 접합시켜 만들 경우 사고 시 유리파편이 뾰족하게 각이 져 깨지면 운전자에게 치명적인 부상을 입힐 수 있다.

Section 2 자동차 보수도장

1 자동차 도료

① 도료를 구성한 3요소는 **수지, 안료, 용제** 등이다. 수지는 도료의 최종적인 도막의 주성분이 되는 여러 물질 중의 하나이며, 안료는 유색이고 불투명한 것으로 일반 용제에 잘 녹지 않는 분말을 말하며, 용제는 용해하는 성분으로 희석하기도 하여 점도를 낮추어서 작업을 쉽고 편하게 해준다.

② 안료는 크게 **방청안료, 착색안료, 체질안료** 등 3가지로 나누어진다. 방청안료란 산화부식을 방지하는 성질을 가지는 안료이고, 체질안료는 움푹 패인 곳을 메우는 안료로 퍼티, 서페이서 도료에 포함되어 사용된다. 착색안료는 색채나 광택을 만들어 내는 안료로 상도도료에 포함된다. 착색 안료는 무기안료, 유기안료, 메탈릭 안료, 펄 안료가 있다.

③ 용어정리
- 퍼티 : 판금 작업 후 요철(흠집)을 메꾸는 데 사용하는 반죽 상태의 도료로서 메탈퍼티, 폴리에스테르 퍼티, 래커 퍼티의 3가지 종류가 있으며, 일반적으로 주걱으로 흠집을 두껍게 도포하고 건조시킨 다음 연마하여 표면을 조정한다.
- 프라이머 : 녹 발생을 억제하는 방청력과 후속 도장과 밀착력을 갖는 하지도료이며, 연마가 필요 없다.
- 서페이서 : 프라이머와 상도 사이에 도장되는 도료이며, 도막의 두께에 대한 안정성을 갖게 하고 충진성을 갖는 중도 도료이다. 또한 상도에 평활성 제공과 상도 용제의 차단 및 중간 부착성을 제공한다.
- 우레탄 : 2액형 상도도료이다. 아름다운 외관을 나타내지만 건조가 늦어 래커보다 작업성이 좋지 못하다.

④ **우레탄 도료**란 차체수리에서 경화제를 첨가하여 반응시키는 2액형 도료를 말한다. 경화제와 주제를 보통 4 : 1로 하는 것을 아크릴 우레탄이라 하고, 이 타입은 도막의 성능이 우수하지만 건조가 늦고 취급이 어렵다. 래커의 장점은 작업성이 좋다.

⑤ 도료의 건조방법에는 증발형 건조와 반응형 건조가 있는데, 반응형 건조에는 다음과 같은 종류가 있다.
- 산화 중합 건조 : 수지분이 공기 중의 산소를 흡수하여 산화하는 것에 따라 중합이 일어나고 망상 구조를 형성한다. 그러나 망상 구조가 치밀하지 못하므로 도막 성능은 그렇게 좋지는 않다.
- 열중합 건조 : 일정온도(일반적으로 130℃이하)로 가열하게 되면 수지의 반응(중합)이

일어나 치밀한 망상구조를 형성하기 때문에 도막 성능은 뛰어나며 완전 건조 후에는 용제에 의해 용해되지 않는 도막이 된다.
- 2액 중합 건조 : 주제(도료 베이스)와 경화제의 혼합으로 반응이 일어나 망상 구조가 형성된다. 이 반응은 상온에서도 진행되지만, 온도가 상승하면 반응 속도가 빨라진다. 작업 효과면을 고려하여 보통 40~80℃로 강제 건조한다. 역시 망상 구조는 열중합과 비슷하므로 도막성능은 매우 뛰어나다.

⑥ 메탈릭 색상은 알루미늄의 작은 입자가 포함된 메탈릭 베이스 칼라를 1차적으로 도장하고 그 위에 투명 클리어를 도포하는 2층구조로 되어 있다. 알루미늄 안료만을 사용할 경우 메탈릭(은색) 색상이 된다. 메탈릭은 빛의 반사체에 따라 금속성을 띠며, 안료에 따라 다양한 색을 만들 수 있다. 펄 색상은 운모입자를 안료와 혼합하여 도색한 것으로, 메탈릭은 은색계통이 대부분이지만, 펄(운모)색은 입자가 빛 각도에 따라 다양한 색을 나타낼 수 있으며, 도막구조는 2층, 3층 등과 같은 구조가 일반적이다.

2 조색

① 적색, 오렌지색 등과 같이 색에 뜻이 있는 것은 **유채색**이라 하며, 백색, 회색, 흑색과 같이 뜻이 없는 것을 **무채색**이라 한다.

② **색의 3속성**은 **명도** : 밝고 어두운 정도, **색상** : 색 자체가 갖는 고유의 특성, **채도** : 색의 선명도 등 이다. 유채색과 무채색의 구별에서 무채색은 명도만 있을 뿐 색상과 채도는 없다. 명도는 흑을 "0"으로 하고 백을 "10"으로 하여 10등분을 한다.

③ **조색의 기본 원칙**
- 서로 보색 관계에 있는 색을 혼합하면 회색이 된다.
- 견본색과 비슷한 색상을 혼합하는 것이 채도가 높다.
- 주채색이 되는 원색부터 넣는다.
- 혼합되는 색의 종류가 많을수록 명도와 채도가 낮아진다.
- 정면, 측면에서 색상, 명도, 채도를 살펴야 한다.

④ **메탈릭 칼라**란 알루미늄 조색제가 혼합되어 빛이 반사되면 반짝이는 효과와 중금속의 색감이 나는 칼라를 말한다. 이는 보는 각도에 따라 색 또는 명암이 달리 보이므로 조색시 밝게 하기 위해 흰색을 첨가하면 안됨을 주의해야 한다.

⑤ **용어정리**
- 조건등색현상 : 특수한 조명 아래에서 서로 다른 색의 물체가 같은 색으로 보이는 현상 (백열등)
- 잔상현상 : 망막에 주어진 색의 자극이 생긴 후 자극을 제거하여도 시각기관에 흥분상

태가 계속되어 시각작용이 잠시 남아있는 현상을 말한다.
- **겔화현상** : 도료가 유동성이 없어지고 서서히 굳어가는 현상을 말한다.
- **색얼룩 현상** : 용제가 구도막에 침투하여 도막의 색상이 녹아 번지며 얼룩이 지는 현상을 말한다.

⑥ **메타메리 현상**이란 눈의 신경에 혼란이 오는 것으로, 색상 구별이 순간적으로 중단되는 것을 말한다.

3 보수도장

(1) **퍼티**

① 퍼티는 판금 작업 후 요철(흠집)을 메꾸는 데 사용하는 반죽 상태의 도료로서 메탈퍼티, 폴리에스테르 퍼티, 래커 퍼티의 3가지 종류가 있으며, 일반적으로 주걱으로 흠집을 두껍게 도포하고 건조시킨 다음 연마하여 표면을 조정한다.

② 생산성은 건연마방식이 높고, 먼지발생도 건연마방식이 높다. 또한 연마지 사용량도 건연마가 많이 들어간다.

(2) **스프레이건**

① 압축 공기로 도료를 미립화시키는 권총 같이 생긴 공구로, 피도면으로부터 15~30cm 거리에서 도장하는 기구는 스프레이건이다.

② 도료의 공급방식에 따라 3가지 즉, 중력식, 흡상식, 압송식 등으로 나눈다.

③ 에어 스프레이는 공기량을 조정, 도료의 분출량, 패턴의 폭을 조정할 수 있다. 도료의 색상은 도색 전 즉 스프레이 작업 전에 결정되어 있어야 한다.

④ 스프레이건 노즐의 분공이 여러 종류가 있기 때문에 노즐의 선택은 작업전에 분무하는 도료나 도색 작업의 내용에 따라 선택하여야 하며, 상도는 분공이 1.3mm, 프라이머 서페이서는 분공이 1.5mm가 기본이 된다.

(3) **스프레이 부스**

① 부스에는 원적외선, 열풍방식 등으로 건조를 시킴과 동시에 공기를 필터할 수 있다.

② **색상을 밝게 하는 기본 방법**
- 화이트를 도료의 총량에 0.5~1%정도 첨가한다.
- 투과광 보정용 도료를 도료 총량의 10%를 추가한다. 불투명성 원색을 사용한다.
- 도장의 조건을 바꾼다(웻코트로 도장한다. 웻코트 도장법 - 신너를 느린 건조타입으로 교환, 신너의 희석량을 증가하여 도료의 점도를 저하한다. - 분무의 압력을 낮춘다. - 1회분무한 도막 두께를 두껍게 한다.)

(4) 기타

① **PP(폴리 프로필렌) 범퍼 보수시 주의사항** : PP 범퍼는 적정한 프라이머 도장 없이는 도료와 범퍼간에 부착이 나오지 않게 된다. 따라서 퍼티 도포 전이나 프라이머-서페이서 도장 전에는 반드시 프라이머를 선행, 도장한다. PP 범퍼는 표면 위로 연마작업 후에 부푸러기가 발생되므로 히터 건 등으로 제거해야 한다. 철판 패널과 비교해 플라스틱 부품은 더 많은 열처리 시간이 필요하게 되는데, 이는 열전도율이 철보다 낮기 때문이다. 따라서 플라스틱 부품의 열처리는 오븐(Oven)과 같은 곳에서 열처리하는 것이 바람직하다. 적외선 램프에 열처리를 할 경우 전체적으로 균일하게 열전달이 되지 않아 부분적으로 열처리가 부족하게 된다. 그리고 플라스틱은 열변형이 쉬우므로 80℃ 이하에서 열처리를 해야 한다.

4 도장의 결함과 대책

① **흘림**(sagging)이란 도료를 수직면에 도장하였을시 도료가 흘러내려 도면이 편평하지 못하고 외관이 불량하게 되는 현상이다.

② **크레터링**이란 도막에 작은 분화구 모양의 구멍이 생기는 현상이다.

③ **도막의 결함**
- **오렌지 필** : 도막의 편평성이 불량하여 귤껍질처럼 요철의 모양으로 되어 있는 현상으로 피도물의 온도가 고온일 경우, 스프레이건의 운행 속도가 **빠를** 경우, 스프레이건의 거리가 먼 경우, 패턴이 불량한 경우, 도료의 점도가 높을 경우, 시너의 증발이 **빠른** 경우에 발생한다.
- **주름 현상** : 도막에 가느다란 주름이 생기는 것으로 상도중에 용제가 구도막 또는 하지도막의 약한 곳을 침해하여 발생된다.
- **핀 홀** : 도막을 건조시킬 때 도막에 바늘구멍과 같이 생기는 현상으로 기공보다 작다. 발생 원인으로는 세팅타임 없이 급격히 가열하는 경우, 도막 속에 용제가 급격히 증발할 경우, 두껍게 도장하거나 점도가 높을 경우, 도장시 스프레이건에 사용되는 공기 중에 수분 또는 증발이 빠른 시너를 사용한 경우에 발생된다.
- **백화 현상** : 도장시 도막 주위의 습기를 흡수하여 안개가 낀 것과 같이 하얗게 되고 광택이 없는 현상으로 고온 다습한 여름철에 발생되기 쉬우며, 시너의 증발로 주위의 열을 빼앗겨 공기중의 수분이 도막의 표면에 응축되어 유백색이 된다. 그 원인으로는 건조가 빠른 시너를 사용한 경우, 스프레이건의 공기압이 높은 경우도막 면이 냉각되어 있는 경우에 발생된다.

④ 핀홀 발생의 원인
- 젖은 도막 상태에서의 함유 용제가 표면 건조 중에 먼저 증발하면서 구멍을 만든다.
- 도장 온도가 높고 습도가 높은 상태에서 발생하기 쉽다.
- 신너의 선정이 잘못되었을 때,
- 하지용 도료의 기공이 남아 있을 경우이다.

⑤ **블리스터**(blister)란 하절기에 오랫동안 비를 맞았을 때 도면에 부풀음에 의한 물집이 생기는 상태를 말한다. 필링(peeling)이란 상도막 또는 하도 칠이 벗겨지는 상태이거나 칠이 철판 또는 밑바탕에서 벗겨지는 상태를 말한다.

⑥ PP(홀리 프로필렌) 범퍼 도장 작업시 범퍼용 프라이머를 도장해야만 한다. 그렇지 않으면 박리현상이 일어난다. 박리현상이란 양파껍질처럼 벗겨져 나오는 현상을 말한다.

차체수리

1. 자동차보디 구조

01 • 2009.7.12

다음 중 자동차의 보디에 해당되지 않는 것은?
① 도어 ② 펜더
③ 루프 ④ 섀시

해설: 자동차는 섀시와 보디(차체)로 나눈다. 섀시는 보디를 제외한 나머지 부문인 엔진, 동력전달장치, 현가, 조향, 브레이크, 프레임, 휠, 타이어 등을 포함한다.

02 • 02.4.7

승용차 보디의 구성 중 전면부 보디에 속하는 명칭은?
① 프론트 휠 하우스
② 사이드 라커 패널
③ 센터 필러 포스트
④ 백 패널 로어

해설: 자동차의 보디는 크게 5부분으로 나눈다. 프론트 보디패널, 플로어 패널, 사이드 패널, 리어보디 패널과 루프, 카울 및 대시패널 등이다. 사이드라커패널과 센터 릴러 포스트는 사이드패널, 백패널 로어는 리어보디 패널에 속한다.

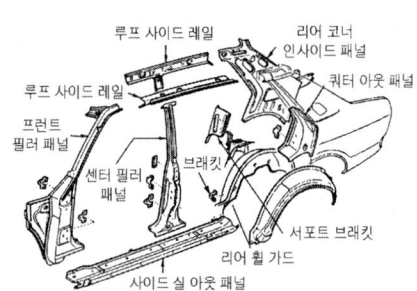
〈사이드 패널〉

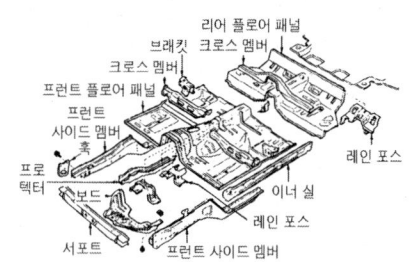

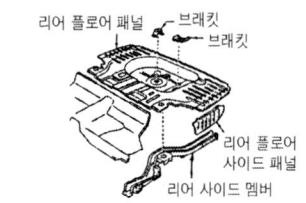
〈플로어 패널〉

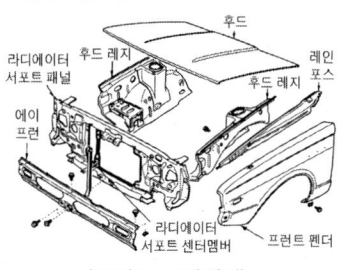
〈프론트 보디패널〉

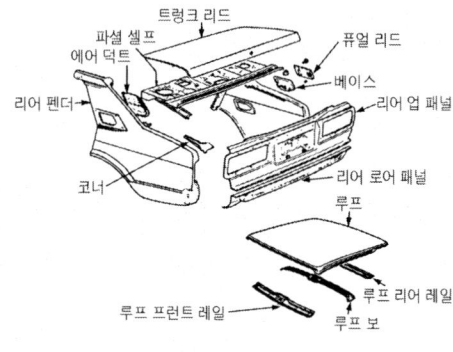
〈리어보디 패널과 루프〉

ANSWER 1.④ 2.①

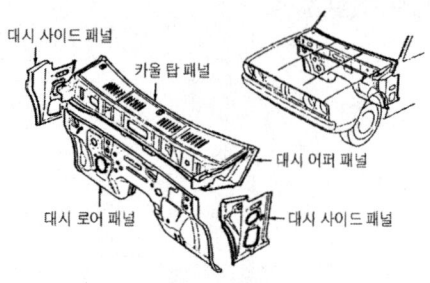

〈카울 및 대시패널〉

모노코크 보디

03 • 02.7.21

차체의 형상에서 모노코크 구조의 설명 중 틀린 것은?

① 차체 무게가 가볍다.
② 차체 바닥면이 낮아지므로 실내공간이 넓다.
③ 일체 구조로 되어있어 충격 흡수의 효과가 좋다.
④ 충돌 시 손상상태가 간단하여 수리복원이 쉽다

해설 다음은 모토코크 보디의 구성을 나타낸 그림이다.

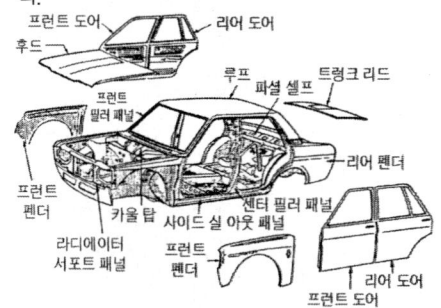

▲ 모노코크 보디의 구성

다음은 모노코크 보디의 장단점이다.
① 장점
- 차체의 중량이 가볍고 강성이 크다. 얇은 강판을 여러 가지 형상으로 프레스 성형하여 전기저항 점용접에 의해 일체화시키면 차체를 경량화 하면서 큰 강성을 얻을 수 있다.
- 생산성이 좋다. 후판의 프레스 가공이 필요없고, 박판으로 열변형이 없는 점용접으로 바디 조립의 자동화가 가능하다.
- 차고를 낮게 하고 차량의 무게중심을 낮출 수 있다. 따라서 객실 공간이 넓고 주행 안전성이 있다.
- 충돌 시 충격에너지 흡수효율이 좋고 안전성이 높다. 박판으로 조립되어 있기 때문에 충돌시와 같이 큰 외력이 가해진 경우에는 국부적으로 변형이 크고 객실 부분에는 영향이 적다.
② 단점
- 소음이나 진동의 영향을 받기 쉽다. 엔진이나 섀시가 직접적으로 차체에 부착되므로 이들을 고정하기 위한 마운팅 지지법 등에 고도의 기술을 필요로 한다.
- 일체구조이기 때문에 충돌에 의한 손상이 복잡하여 복원 수리가 비교적 어렵다.

04 • 2003.7.20

일체형 차체인 모노코크 보디의 특징이 아닌 것은?

① 일체형 구조이므로 중량이 가볍다.
② 단독 프레임이 없기 때문에 차고가 높다.
③ 차량 충돌 시 충격 흡수율이 좋고 안전성이 높다.
④ 충돌에 대한 손상 형태가 복잡하여 복원 수리가 비교적 어렵다.

해설 위 문제 3의 해설을 참조한다.

05 • 2005전반

모노코크 바디의 설명 중에서 잘못된 것은?

① 충격을 흡수할 수 있도록 일부러 약한 부위를 만들어 준다.
② 충격을 받으면 서스펜션 조립부가 상향으로 올라가는 변형을 일으킨다.
③ 충격 흡수를 위해 두께를 바꾸거나 구멍을 만들어 준다.
④ 충격 흡수를 위해 사다리형 프레임을 보디와 별도로 사용한다.

해설 사다리형의 프레임을 사용하지 않는다.

ANSWER 3.④ 4.② 5.④

06 • 2006.4.2

모노코크 바디의 충격흡수 방식으로 적합하지 못한 것은?

① 구멍을 내는 방법
② 두께를 바꾸는 방법
③ 급각도로 커브를 주는 방법
④ 볼트 힌지를 주는 방법

해설 충격이 집중되는 곳은 각이 있는 곳(킥업 부위), 구멍이 뚫린 곳, 단면적이 변화된 곳이다. 즉 충격을 집중되게 해서 충격을 흡수한다.

07 • 2005.7.17

모노코크 바디의 프레임에서 사용 중에 변형이 잘 일어나지 <u>않는</u> 것은?

① 상·하 굽음   ② 밀림
③ 좌우 굽음   ④ 파손

해설 전기저항 점용접에 의해 일체화시켜 차체를 경량화 하면서 큰 강성을 얻는 차체가 모노코크 바디이다.

08 • 2006.7.16

모노코크 바디는 프레스 가공에 의한 대량 생산이 가능한데 다음 중 보디 제작에 사용되는 프레스 가공법이 <u>아닌</u> 것은?

① 업세팅(up setting)
② 플랜징
③ 비딩
④ 헤밍

해설 업세팅(upsetting)이란 재료를 길이 방향으로 압축하여 그 지름을 굵게 하는 압축작업을 말한다.

프레임과 기타

09 • 2004.7.18

다음 중 자동차 프레임의 종류에 속하지 <u>않는</u> 것은?

① 사다리형 프레임
② X형 프레임
③ 페리미터 프레임
④ 박스형 프레임

해설 프레임의 종류에는 H-shape 형, X-shape 형, Back Bone 형, Platform 형, Truss 형 등이 있다.

10 • 2010전반

승용차의 바디 구조를 이루는 패널의 주요 재료가 <u>아닌</u> 것은?

① 냉간압연 강판   ② 고장력 강판
③ 열간압연 강판   ④ 표면처리 강판

해설 열간압연은 온도를 가하여 압연하는 것으로 열이 식을 경우 변형이 일어날 수 있다.

11 • 2007.4.4

차체에 사용되는 패널 중 볼트 온 패널로 맞는 것은?

① 센터 필러
② 쿼터 패널
③ 라커 패널
④ 프런트 펜더

해설 bolt-on이란 '쉽게 접합할 수 있는' 뜻으로, 볼트 온 패널이란 쉽게 접합할 수 있는 패널을 말하므로, 프런트 팬더가 답이다.

12 • 2004.4.4 • 2008.7.13

차체에서 화이트 보디(White body)를 구성하는 부품 중 <u>틀린</u> 것은?

① 사이드 보디
② 도어(앞·뒤 문짝)
③ 범퍼
④ 엔진 후드, 트렁크 리드

해설 화이트 보디는 자동차의 제조 공정으로서 도장 직전의 차체나 보디 셸에 후드나 도어를 장착한 상태를 말한다.

ANSWER 6.④ 7.④ 8.① 9.④ 10.③ 11.④ 12.③

13. • 2003.3.30 • 2010후반

자동차용 합성수지의 특징이 <u>아닌</u> 것은?
① 고온에서 열 변형이 없다.
② 내식성, 방습성이 우수하다.
③ 비중이 0.9~1.3 정도로 가볍다.
④ 복잡한 형상의 성형성이 우수하다.

해설: 자동차용 합성수지는 내식성, 방습성, 성형성이 우수할 뿐 아니라 무게가 가벼워서 자동차의 중량을 줄여 주므로 연비를 향상시킬 수 있다. 그러나 단점으로는 열에 약하다는 점이다. 즉 고온에서는 열변형이 생긴다.

14. • 2010후반

승용차에서 센터필러(center piller)가 없는 보디 구조를 지닌 것은?
① 세단(4인승) ② 쿠페
③ 리무진 ④ 스테이션 왜건

해설: 센터필러는 앞도어와 뒤도어 사이에 있는 필러이므로 쿠페에서는 없는 보디 구조이다.

2. 힘의 전달과 차체강도

힘의 전달

01. • 2003.7.20 • 2010전반

재료의 인장강도와 허용 응력과의 비율을 무엇이라 하는가?
① 변형률 ② 반력
③ 안전율 ④ 전단력

해설: 변형율(ε) = $\frac{변형된길이(\lambda)}{원래길이(l)}$,

안전율 = $\frac{인장강도(\sigma_b)}{허용응력(\sigma_a)}$, 전단력 = 면적 × 전단응력

02. • 2006.4.2

다음은 차체에 작용하는 응력의 종류들이다. 틀린 것은?
① 전단 응력 ② 중력 응력
③ 비틀림 응력 ④ 압축 응력

해설: 중력응력이란 말이 없다. 전단에 의한 전단응력, 압축에 의한 압축응력, 비틀림에 의한 비틀림응력이 있다.

03. • 2007.7.15

차체의 리벳이음에 작용하는 하중이 P이고 리벳지름이 d일 때, 리벳에 발생하는 전단응력은?

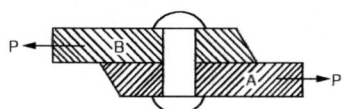

① $\tau = \frac{P}{\pi \cdot d^2}$ ② $\tau = \frac{2 \cdot P}{\pi \cdot d^2}$
③ $\tau = \frac{3 \cdot P}{\pi \cdot d^2}$ ④ $\tau = \frac{4 \cdot P}{\pi \cdot d^2}$

해설: 전단응력(τ) = $\frac{전단하중(F)}{전단면(A)}$ = $\frac{P}{\frac{\pi d^2}{4}}$ = $\frac{4 \times P}{\pi d^2}$

04. • 2008전반

재료의 응력 변형 선도에서 다음의 응력값 중 가장 작은 것은?
① 극한 강도 응력
② 비례한도 내의 응력
③ 상항복점 응력
④ 하항복점 응력

해설: 비례한도 → 탄성한도 → 하항복점 → 상항복점 → 극한강도 순이다.

차체강도

05 • 2003.3.30 • 2008전반

전면 충돌 등의 강한 충격을 받을 경우 멤버 자체가 변하여 객실에 영향이 적게 하도록 굴곡을 두는 것을 무엇이라 하는가?
① 비딩   ② 스토퍼
③ 마운트   ④ 킥업

> **해설** 비딩은 공기나 유체의 흐름을 바꿔 줄 수 있으며, 스토퍼는 고체와 고체의 접촉시 충격을 흡수하도록 하는 장치고, 마운트는 물체를 올려놓고 고정할 수 있거나 매달아 놓을 수 있는 것으로 자동차엔진은 수개의 마운팅이 있다.

06 • 2004.4.4

자동차의 하중 분포를 계산하여야 할 작업이 아닌 것은?
① 오버 항 연장
② 라디에이터 길이 연장
③ 휠 베이스의 연장
④ 하대 개조 및 하대 옵셋의 변경

> **해설** 라디에이터의 길이는 하중분포 계산과 관계가 없다. 이미 전장에 포함된 길이이다.

07 • 2006.7.16

강판이 외력을 받았을 때 응력이 집중되는 부분이 아닌 것은?
① 2중 강판 부분
② 구멍이 있는 부분
③ 단면적이 작은 부분
④ 곡면이 있는 부분

> **해설** 외력을 받아 응력이 집중되는 곳은 구멍이 있는 부분, 단면적이 작아지는 부분, 곡면이 있는 부분이다.

08 • 2005전반

강재의 재질을 검사하는 방법으로 잘못된 것은?
① 불꽃 시험방법
② 두들겨서 소리로 시험하는 방법
③ 꺾어서 시험하는 방법
④ 줄로 밀어서 시험하는 방법

> **해설** 두들겨서 소리로는 재질을 알 수가 없다. 외력을 가해서 재질을 검사해야 한다.

09 • 2005.7.17

한 방향만의 위치를 제한하고 있는 지점으로 반력도 하나로 되고, 휨 모멘트에는 저항을 하지 않는 지점을 무엇이라 하는가?
① 회전지점   ② 고정지점
③ 균일지점   ④ 가동지점

> **해설** 한 방향만의 위치를 제한하고 있는 지점으로 반력도 하나로 되고, 휨 모멘트에는 저항을 하지 않는 지점을 가동지점이라 한다.

10 • 02.4.7

차체의 손상에 영향을 미치는 것이 아닌 것은?
① 외력의 크기
② 외력의 방향
③ 접촉하는 부위
④ 외력의 형상

> **해설** 차체의 손상은 힘의 크기와 방향, 작용점에 따라서 달라진다.

ANSWER 5.④ 6.② 7.① 8.② 9.④ 10.④

3. 판금 및 용접

판 금

01 • 2006.4.2

자동차 판금작업에서 줄을 사용하는 방법으로 가장 적당한 것은?
① 접촉하는 면적이 20cm이상이 되도록 한다.
② 판금 줄의 크기는 2인치 정도의 것을 쓴다.
③ 밀 때 절삭되도록 한다.
④ 새로 사용하는 줄은 단단한 것부터 사용하여 길들인다.

해설 줄은 밀 때 연마가 되도록 해야 한다.

02 • 02.7.21

패널의 표면을 편평하고 매끄럽게 하는 공구로 각종 해머의 밑받침 역할을 하는 공구는?
① 치즐 ② 돌리
③ 쇼오 ④ 스푼

해설 치즐이란 조각칼이나 끌을 말하고, 스푼은 기초 평탄 작업을 하는데 사용된다. 쇼오란 톱이나 톱이 장착된 기계를 말한다.

03 • 2006.7.16

자동차 보디 패널의 오목면과 골이 파여진 좁은 곳에 사용하는 샌더는?
① 벨트 샌더
② 디스크 샌더
③ 오비털 샌더
④ 스트레이트 샌더

해설 디스크샌더는 면 다듬질에 사용하고, 오비탈샌더는 굴곡작업에 사용한다.

04 • 2006.7.16 • 2010전반

연마를 할 때 잘 사용하지 않는 안전 보호구는?
① 장갑 ② 보안경
③ 방독 마스크 ④ 방진 마스크

해설 연마시 생기는 먼지는 방진 마스크로 안전이 보장된다.

05 • 2006.4.2

강판의 우그러짐을 수정하는데 사용하는 공구가 아닌 것은?
① 슬라이드 해머
② 핸드 훅
③ 스푼
④ 디스크 샌더

해설 디스크 샌더는 도막 제거용으로 싱글 회전의 샌더로서 파이버 디스크를 사용하는 일반적인 그라인더이다.

06 • 2009.3.29

용접패널의 절단에 대한 설명으로 옳은 것은?
① 용접 부위에 바로 드릴로 작업하면 편리하다.
② 패널 뒤쪽에 전기배선 파이프 등은 절단한다.
③ 차종 부위에 따라 절단해서는 안되는 부분도 있다.
④ 제작회사의 설명서를 참고로 용접부만 잘라낸다.

해설 차종 부위에 따라 절단해서는 안되는 부분도 있다.

ANSWER 1.③ 2.② 3.① 4.③ 5.④ 6.③

07 • 2009.3.29

강을 가열한 후 급냉시켜 강도를 증가시키는 열처리방법은?

① 불림   ② 풀림
③ 뜨임   ④ 담금질

> 해설: 강을 가열한 후 급냉시켜 강도를 증가시키는 열처리방법이 담금질이다. 불림은 결정립을 미세화시켜서 어느 정도의 강도증가를 꾀하고, 담금질이나 완전 풀림을 위한 재가열시에 균일한 오스테나이트 상태로 만들어주기 위한 것으로, 주조품이나 단조품에 존재하는 편석을 제거시켜서 균일한 조직을 만들기 위함이다. 적당한 인성을 재료에 부여하기 위해 담금질 후에 반드시 뜨임 처리를 해야한다. 담금질 한 조직을 안정한 조직으로 변화시키고 잔류 응력을 감소시켜, 필요로 하는 성질과 상태를 얻기 위한 것이 뜨임이다. 풀림은 미세한 결정입자가 조성되어 내부 응력이 제거될 뿐만 아니라 재료가 연화된다.

08 • 2009.7.12

인장방향의 재료에 압축방향의 변형이 이루어지도록 힘을 가하면 탄성한계는 처음보다 낮아지게 되는 것은?

① 이방성   ② 바우싱거 효과
③ 가공경화   ④ 재결정

> 해설: 인장방향의 재료에 압축방향의 변형이 이루어지도록 힘을 가하면 탄성한계는 처음보다 낮아지게 되는 것을 바우싱거 효과라 한다.

09 • 2010후반

열간 가공의 특징이 아닌 것은?

① 큰 변형을 줄 수 있다.
② 재질이 고르다.
③ 처음 단계의 소성변형에 적합하다.
④ 동력의 소요가 적다.

> 해설: 열간가공은 열을 재결정온도 이상 올려서 가공한 다음 식히므로, 재결정온도 이하로 내려가면서 재질이 변화가 온다.

용 접

10 • 2007.4.4

용접 작업 후에 변형이 발생되는 가장 큰 이유는?

① 용착 금속의 수축과 변형
② 용착 금속의 경화
③ 용접 이음부의 가공 불량
④ 용착 금속의 용착 불량

> 해설: 용접작업 후에는 용착 금속의 식음(온도가 내려감)에 대한 수축과 뒤틀림에 의한 변형이 발생한다.

11 • 2003.7.20 • 2007.7.15

모재에 (+)극을, 용접봉에 (-)극을 연결하는 아크용접은?

① 역극성   ② 정극성
③ 용극성   ④ 용융성

> 해설: 직류를 사용하는 아크용접에서는 (+)극에서 60~70%의 전열량을 발생하므로 전극의 연결에 따라 정극성과 역극성으로 나뉜다. 정극성이란 두꺼운 판재 용접에서 모재가 요융되어 접합될 수 있도록 모재에 (+)극을, 용접봉에 (-)극을 가하는 용접이다.

12 • 2005.7.17 • 2008전반

다음 용접 중 저항 용접에 속하지 않는 것은?

① 스포트 용접   ② 프로젝션 용접
③ 심 용접   ④ 미그 용접

> 해설: 저항용접에는 스포트(점) 용접, 심 용접, 프로젝션 용접이 있다. 미그(Metal Inert Gas, MIG)용접은 아르곤(Ar)과 같은 불활성 가스를 사용하는 것을 말한다.

13 • 02.7.21

스포트 용접기를 사용하고자 한다. 이때 용접 준비 시 중요사항이 아닌 것은?

① 용접할 시간
② 용접하려는 판의 두께
③ 용접하려는 부분의 형상

④ 용접 부분의 판 표면 상태

>해설 용접준비 사항으로는 용접모재의 두께, 용접모재의 형상, 모재의 표면상태 등을 파악하고 용접 전류의 세기와 가용접 위치, 용접방향과 순서를 결정해야 한다.

14 • 2004.4.4

점 용접 3단계의 순서로 맞는 것은?

① 가압 → 냉각고착 → 통전
② 냉각고착 → 가압 → 통전
③ 가압 → 통전 → 냉각고착
④ 통전 → 가압 → 냉각고착

>해설 스폿 용접은 2개의 모재를 겹쳐 전극 사이에 끼워 놓고 전류를 흐르게 하면 접촉면이 전기 저항에 의해 발열되어 용융될 때 압력을 가하여 접합시키는 것으로 스폿 용접의 3대 요소는 용접 전류, 통전 시간, 가압력이다. 용접은 가압-통전-냉각 고착의 순서로 한다.

15 • 2004.7.18 • 2009.7.12

전기 스포트 용접 과정에 속하지 않는 것은?

① 가압밀착시간
② 통전융압시간
③ 냉각고착시간
④ 전극접촉시간

>해설 스폿용접은 가압밀착시간, 통전융압시간, 냉각고착시간 순으로 과정이 이루어진다.

16 • 2010전반

스포트 용접의 전극 재질은 무엇을 많이 사용하는가?

① 텅스텐   ② 마그네슘
③ 구리합금, 순구리 ④ 알루미늄

>해설 전극은 구리 혹은 구리합금(구리카드뮴합금, 구리텅스텐합금 등)제로, 그 재질은 전기와 열전도가 좋고 연속 사용하더라도 내구성이 있으며 고온에서도 기계적인 성질이 유지되는 것이어야 한다.

17 • 2005전반

용접 후에 발생되는 팽창과 수축은 어떤 결함에 속하는가?

① 치수상 결함   ② 성질상 결함
③ 화학적 결함   ④ 구조상 결함

>해설 팽창과 수축은 길이가 늘고 줄음을 말하므로 치수상 결함이다.

18 • 2006.7.16

전기 용접봉의 표시기호에서 E43○△중 43이 표시하는 것은?

① 사용 전류
② 피복제 종류
③ 융착 금속의 최저 인장강도
④ 용접 자세

>해설 용접봉의 KSD 기호는 아래와 같다.
① E : 전기 용접봉(electrode)의 첫 글자
② 43 : 용착 금속의 최저 인장강도
③ ○ : 용접자세
④ △ : 피복제의 종류

19 • 2008.7.13

CO_2 가스 아크 용접 조건의 설명이 잘못된 것은?

① 용접 전류는 용입량을 결정하는 요인이다.
② 아크 전압은 비드 형상을 결정하는 요인이다.
③ 와이어의 용융 속도는 아크 전류에 정비례하여 증가한다.
④ 와이어의 돌출 길이가 길수록 가스의 보호 효과가 크고 노즐에 스패터가 부착되기 쉽다.

>해설 와이어의 돌출 길이가 길수록 가스의 보호 효과가 작고 노즐에 스패터가 부착되기 쉽다. 스패터란 용접중에 전류, 전압의 조합이 적절치 않은 경우, 어스 접촉의 불량의 경우 용융금속이 용접부 모재에 정상적으로 용착되지 않고, 사방으로 비산되거나 주위의 작은 덩어리 상태로 일부 녹아 붙거나 가볍게 붙어 있는 것을 말한다.

ANSWER 14.③ 15.④ 16.③ 17.① 18.③ 19.④

20 • 02.4.7

CO_2 가스 아크 용접 토치의 구조 중에서 용접용 와이어에 전류를 공급하여 주는 장치는?

① 오리피스 ② 노즐
③ 콘텍트 팁 ④ 스프링 라이너

해설: 오리피스란 큰 관(통로)에 대한 아주 작은 직경의 구멍을 말하고, 노즐이란 가스가 분출되는 곳을 말한다. 스프링식으로 된 점화기가 라이너이다.

21 • 2010후반

용접으로 결합된 손상 패널을 떼어내는 시기로 맞는 것은?

① 엔진, 섀시와 함께 제거
② 손상 차체 교정 전에 제거
③ 손상 차체 교정 작업과 동시 제거
④ 바디 주요부의 치수를 맞춘 후에 제거

해설: 용접으로 결합된 손상 패널은 바디 주요부의 치수를 맞춘 후에 제거한다. 왜냐하면 바디 주요부의 치수가 맞을 때 분해가 쉽고 힘들지 않다.

4. 차체교정 및 수리

차체 교정

01 • 2004.7.18

자동차의 차체 제작성형은 철금속의 어떤 성질을 이용한 것인가?

① 가공경화 ② 소성
③ 탄성 ④ 가단성

해설: 소성변형이란 자르거나 깎는 일 없이 고체 재료의 가소성을 이용해서 누르거나 두들겨 외형을 바꾸는 일을 말한다.

02 • 2007.7.15

측정장비에 의한 파손분석 요소 중 차량의 전후 축방향에서 가상적인 중심축은?

① 레벨 ② 데이텀
③ 치수 ④ 센터라인

해설: 차량의 전후 축방향에서 가상적인 중심축을 센터라인이라 한다.

03 • 2004.7.18

데이텀 게이지는 무엇을 측정하는 게이지인가?

① 프레임 각 부의 부속품 접속 위치
② 프레임의 일그러짐
③ 프레임 기준선에 의한 프레임의 높이
④ 프레임 사이드 멤버와 크로스 멤버의 위치

해설: 기하공차를 측정하기 위한 기하학적 기준이 되는 선 혹은 면을 데이텀이라고 하는데, 데이텀 게이지는 프레임 기준선에 의한 프레임의 높이를 측정한다.

04 • 2008.7.13

모노코크 보디 차량의 데이텀 라인을 중심으로 상방향으로 변형된 자동차의 파손형태는?

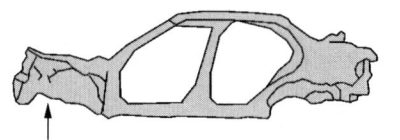

① 새그(sag)
② 사이드 스웨이(side sway)
③ 쇼트 레일(short rail)
④ 트위스트(twist)

해설: 쇼트레일이란 프레임 구조 또는 하체의 한부분이 충돌에 의해서 짧아진 상태를 말하고, 트위스트는 차체의 하체면이 데이텀 라인에 평행하지 않는 비틀림 상태를 말한다. 사이드 스웨이는 센터라인을 중심선으로 좌우로 변형된 것을 말한다.

ANSWER 20.③ 21.④ / 1.② 2.④ 3.③ 4.①

05 • 2005전반

프레임 센터링 게이지란?

① 프레임의 마운틴 포트 측정
② 프레임의 중심선 측정
③ 프레임센터의 개구부 측정
④ 프레임 행거 측정

해설 프레임 센터링 게이지는 프레임의 중심선을 측정한다. ① 프레임의 상하 굽음 ② 프레임의 좌우 굽음 ③ 프레임의 비틀림 등을 측정할 수 있다.

06 • 2009.7.12

센터링 게이지로 차체변형을 판독할 수 없는 변형은?

① 새그   ② 쇼트레일
③ 트위스트   ④ 사이드 스웨이

해설 쇼트레일이란 프레임 구조 또는 하체의 한부분이 충돌에 의해서 짧아진 상태로, 전장(길이)을 측정해야 판독할 수 있다.

07 • 2003.7.20 • 2009.3.29

바디 고정 작업에 대한 설명으로 옳은 것은?

① 바디 고정에는 기본 고정만 있다.
② 고정용 클램프는 십자(+) 형태로 연결한다.
③ 기본 고정은 라커패널 아래의 플랜지 네 곳에서 한다.
④ 라커패널 아래의 플랜지가 없는 자동차는 고정할 수 없다.

해설 바디 고정은 기본고정과 추가고정(2개소 고정)이 있다.

08 • 2004.4.4

손상된 보디를 기본적인 고정을 하고 인장 작업을 위해 추가적인 고정을 하는 이유가 아닌 것은?

① 보디 중심에 필요한 회전 모멘트를 발생하기 위해서
② 과도한 인장력을 방지하기 위해서
③ 스포트 용접부를 보호하기 위해서
④ 고정한 부분까지 힘을 전달하기 위해서

해설 추가적인 고정을 하는 이유는 다음과 같다.
① 견인 방향에 따른 모멘트의 발생을 방지하기 위하여
② 인장력이 과도하게 걸리는 것을 방지하기 위하여
③ 스폿 용접부를 보호하기 위하여
④ 고정한 부분까지 힘을 전달하기 위하여

09 • 2007.4.4

다음 차체 변형 교정 작업시 주의할 사항이 아닌 것은?

① 고정 장치를 확실하게 고정한다.
② 인장 체인에 안전 고리를 걸고 작업한다.
③ 과도한 압력으로 한 번에 작업한다.
④ 차체 인장 방향과 일직선에 서지 않는다.

해설 과도한 압력을 가하면 차체가 더 변형이 될 수 있다.

10 • 2003.3.30

프레임의 점검 수정작업 중 틀린 것은?

① 균열은 발생되면 커지므로 상태를 살핀 후 수리방법 판단
② 프레임게이지, 센터링게이지, 레이저 광선에 의한 측정
③ 균열은 보강판을 대기 전에 균열 양끝 부분에 약 5mm 정도 크랙 스톱 홀을 만든다.
④ 보강판 끝 부분을 점용접 하는 것은 위험하다.

해설 보강판 끝 부분을 점용접을 하면 좋다. 다른 전기 용접을 행할 경우 용접변형을 가져온다.

ANSWER 5.② 6.② 7.③ 8.① 9.③ 10.④

11 • 02.7.21

자동차 차체 프레임의 파손 및 변형 원인으로 가장 거리가 먼 것은?

① 극단적인 휨 모멘트의 발생
② 충돌이나 전복 사고 발생
③ 장기간 방치로 인한 노후 발생
④ 부분적인 집중 하중으로 인한 발생

해설 차체프레임의 파손과 변형은 극단적인 열이나 힘에 의해서 발생한다. 예를 들면 충돌 및 전복사고, 국부적인 집중하중의 작용 등이 있다.

수 리

12 • 02.4.7

보디 수리에 사용되는 공구는 목적과 부위에 따라서 사용법이 달라지는데 절단용 기구가 아닌 것은?

① 에어 차즐(chisel)
② 에어 쇼우(saw)
③ 플라즈마 절단기
④ 디스크 센더

해설 디스크센더는 면의 거칠기를 수정하는 연마기이다. (치즐=끌이나 정, 쇼우= 톱, 절단기=자르는 기계)

13 • 2003.3.30

손상 패널의 수리 방법을 결정할 때 분석의 내용이 아닌 것은?

① 충돌의 각도
② 충돌물의 중량 및 강도
③ 충돌물의 속도
④ 파손된 강판의 크기

해설 손상패널을 수리에서는 충격을 준 충돌점과 충돌각도, 충돌물의 속도, 충돌력(힘), 충돌강도 등의 내용을 분석하여 수리방법을 결정한다.

14 • 2007.4.4

파손된 차체의 수리방법을 결정하는 요소가 아닌 것은?

① 충돌물의 강도
② 충돌물의 속도
③ 파손된 패널의 구조
④ 인접된 패널의 구조

해설 위 문제13의 해설을 참조한다. 파손된 패널의 구조를 알면 수리방법을 찾기 쉽다.

15 • 2005.7.17

프레임의 상하로 굽은 것을 수정하는 작업 방법을 기술한 것이다. 그 작업 방법에 들지 않는 것은?

① 체인과 플랜지 훅을 사용하여 사이드 멤버를 고정 시킨다.
② 굽은 부분은 잭으로 밀어 올린다.
③ 굴곡의 수정과 동시에 가압상태로 사이드 멤버의 위쪽 또는 아래쪽 주름을 수정한다.
④ 굽은 부분에는 900~1,200℃ 정도 이하의 가열을 해야 한다.

해설 굽은 부분을 900~1,200℃으로 가열했다가 식히면 식으면서 수축과 뒤틀림과 같은 변형을 하므로, 냉간 가공을 행하여야 한다.

16 • 2008전반

자동차의 보디(차체) 수리 시에 절단을 피하여야 할 부위가 아닌 것은?

① 보강 부품이 있거나 부품의 모서리 부위
② 패널의 구멍 부위
③ 시스펜션을 지지하고 있는 부위
④ 형상부 단면적이 변하지 않는 부위

해설 형상부 단면적이 변하지 않는 부위는 또 다른 외력이나 면적변화가 없으므로, 절단하더라도 그와 같이 그대로 이음을 하면 된다.

ANSWER 11.③ 12.④ 13.④ 14.④ 15.④ 16.④

17 • 2008.7.13

차체의 손상 진단에 확인해야 할 점으로 거리가 먼 것은?

① 형상의 변화 부분
② 단면형상의 변화 부분
③ 장치의 관성 부분
④ 지점의 변화 부분

해설 장치의 관성 부분은 질량을 가지는 모든 물체는 모두 가지고 있으므로, 별다르게 확인할 필요는 없다.

18 • 2010전반

바디 패널의 라인을 수정할 때 사용되는 공구는?

① 해머, 둘리
② 둘리, 스푼
③ 해머, 판금 정
④ 해머, 둘리, 스푼

해설 바디 패널의 라인을 수정할 때는 해머와 판금정을 사용한다.

19 • 2009.3.29

자동차에 사용되는 안전유리에 대한 설명으로 틀린 것은?

① 충격으로 깨어진 파편이 작은 동그라미 띠 형태로 되어야한다.
② 안전유리로 강화유리가 사용되며 강화유리는 판유리를 약 600℃로 가열하여 급냉시켜 만든다.
③ 앞면유리로 사용되는 접합유리는 일반 유리를 2겹으로 접합시킨 것이다.
④ 안전유리는 깨지기 어렵고 깨질 경우에도 인체에 부상을 입히지 않아야 한다.

해설 앞면유리는 일반유리를 2겹으로 접합시켜 만들 경우 사고 시 유리파편이 뾰족하게 각이 져 깨지면 운전자에게 치명적인 부상을 입힐 수 있다.

ANSWER 17.③ 18.③ 19.③

PART.4 차체수리 및 도장 — 자동차 보수도장

1. 자동차 도료

01 • 2003.3.30

기본적으로 도료를 구성하는 3가지 요소가 아닌 것은?

① 수지(樹脂) ② 광택(光澤)
③ 안료(顔料) ④ 용제(溶劑)

해설 도료를 구성한 3요소는 수지, 안료, 용제 등이다.
- 수지는 도료의 최종적인 도막의 주성분이 되는 여러 물질 중의 하나이며,
- 안료는 유색이고 불투명한 것으로 일반 용제에 잘 녹지 않는 분말을 말하며,
- 용제는 용해하는 성분으로 희석하기도 하여 점도를 낮추어서 작업을 쉽고 편하게 해준다.

02 • 2003.7.20

주로 하도도료에 사용되며 연마성을 좋게 한 안료는?

① 무기안료 ② 착색안료
③ 체질안료 ④ 방청안료

해설 안료는 크게 방청안료, 착색안료, 체질안료 등 3가지로 나누어진다.
- 방청안료란 산화부식을 방지하는 성질을 가지는 안료이고,
- 체질안료는 움푹 패인 곳을 메우는 안료로 퍼티, 서페이서 도료에 포함되어 사용된다.
- 착색안료는 색채나 광택을 만들어 내는 안료로 상도도료에 포함된다. 착색 안료는 무기안료, 유기안료, 메탈릭 안료, 펄 안료가 있다.

03 • 2007.7.15 • 2009.7.12

안료에 대한 설명 중 옳지 않은 것은?

① 물, 기름, 용제 등에 용해되지 않는 분말이다.
② 안료는 조성에 따라 무기안료, 유기안료로 구분한다.
③ 안료는 도막을 유색 투명하게 하고 피막을 형성한다.
④ 화학적으로 안전해야 하며, 일광이나 대기 작용에 대하여 강해야한다.

해설 문제1의 해설을 참고한다.

04 • 2010후반

특수 안료에 속하지 않는 것은?

① 아산화동 ② 산화수은
③ 산화안티몬 ④ 크레이

해설 크레이(clay : 점토)는 무기안료 중에서 체질안료이다. 체질안료란 투명성 백색안료에 전색제를 섞어 투명하면서 은폐력이 적은 안료를 말하며, 다른 안료의 증량제로 쓰이며, 하도도료에 특히 많이 사용된다. 특수안료에는 발광안료, 시온안료, 내열안료가 있다.

05 • 2005.7.17

도장작업에서 용제의 구비조건으로 맞지 않는 것은?

① 수지를 잘 용해 할 것
② 무색이나 연한 색일 것
③ 도장작업시 증발속도가 적정할 것
④ 휘발성분 및 독성, 악취가 없을 것

해설 용제는 용해하는 성분으로 희석시키거나 점도를 낮추는 작용을 하므로, 휘발성분이 있을 수 있다. 예로, 신나, 휘발유 등이다.

ANSWER 1.② 2.③ 3.③ 4.④ 5.④

06 • 2004.4.4

도료 중 요철부위의 메꿈역할과 맨 철판에 대한 부착기능 및 연마에 의한 표면조정을 위해 도장하는 도료는?

① 퍼티 ② 프라이머
③ 서페이서 ④ 우레탄

해설 ① 퍼티 : 판금 작업 후 요철(흠집)을 메꾸는 데 사용하는 반죽 상태의 도료로서 메탈퍼티, 폴리에스테르 퍼티, 래커 퍼티의 3가지 종류가 있으며, 일반적으로 주걱으로 흠집을 두껍게 도포하고 건조시킨 다음 연마하여 표면을 조정한다.
② 프라이머 : 녹 발생을 억제하는 방청력과 후속 도장과 밀착력을 갖는 하지도료이며, 연마가 필요 없다.
③ 서페이서 : 프라이머와 상도 사이에 도장되는 도료이며, 도막의 두께에 대한 안정성을 갖게 하고 충진성을 갖는 중도 도료이다. 또한 상도에 평활성 제공과 상도 용제의 차단 및 중간 부착성을 제공한다.
④ 우레탄 : 2액형 상도도료이다. 아름다운 외관을 나타내지만 건조가 늦어 래커보다 작업성이 좋지 못하다.

07 • 2007.4.4

맨 철판에 대한 부착기능, 큰 요철부위의 메움역할을 위해 적용하는 도료는?

① 워시 프라이머
② 퍼티
③ 프라이머-서페이서
④ 베이스 코트

해설 위 문제6의 해설을 참조한다.

08 • 2006.4.2

금속 면에 적용하는 프라이머 서페이서에 대한 설명 중 잘못된 것은?

① 방청성을 부여하기 위하여 사용
② 금속면과 도료의 부착력을 증진시키기 위하여 사용
③ 금속면의 평활성을 부여해 주기 위하여 사용
④ 금속면에 컬러감을 부여하기 위하여 사용

해설 프라이머 서페이서는 프라이머와 서페이서의 2가지 기능을 하는 중도 도료로서 녹의 발생을 방지(방청성)하고 평활한 외관을 제공하며, 상도 용제의 흡수 방지와 부착력을 향상시킨다.

09 • 2008전반

금속 면에 적용하는 워시 프라이머에 대한 설명 중 틀린 것은?

① 방청성을 부여하기 위하여 사용한다.
② 금속면과 도료의 부착력을 증진시키기 위하여 사용한다.
③ 워시 프라이머는 얇게 도장하여 사용되며 2액형의 경우 경화제에 산이 포함되므로 취급시 주의를 요한다.
④ 금속면의 평활성을 부여해 주기 위하여 사용한다.

해설 금속면의 평활성을 부여하는 것은 서페이서이다.

10 • 02.7.21 • 2009.3.29

우레탄 도료에 대한 설명으로 틀린 것은?

① 경화제와 주제가 분리되어 있는 2액2형 도료이다
② 신차라인에서 적용되는 도료에 비하여 가격이 저렴하고 도장품질도 다소 떨어지는 제품이다.
③ 래커도료에 비하여 취급하기는 까다로우나 내구성 등 여러 가지 물성이 래커에 비하여 우수하다
④ 주제와 경화제를 혼합한 후 일정시간이 지나도록 사용하지 않으면 반응이 일어나 점도가 상승되어 사용이 불가능해질 수 있다.

해설 우레탄 도료란 차체수리에서 경화제를 첨가하여 반응시키는 2액형 도료를 말한다. 경화제와 주제를 보통 4 : 1로 하는 것을 아크릴 우레탄이라 하고, 이 타입은 도막의 성능이 우수하지만 건조가 늦고 취급이 어렵다. 레커의 장점은 작업성이 좋다.

ANSWER 6.① 7.② 8.④ 9.④ 10.②

11 • 2005.7.17

솔리드 칼라 도료에 포함되지 않는 것은?

① 안료   ② 메탈릭
③ 수지   ④ 용제

해설 위 문제1의 해설을 참조한다.

12 • 2006.7.16

중도 도료(surfacer)의 기능으로 부적당한 것은?

① 도막과 도막 층간의 부착성 향상
② 도면의 최종적인 요철(흠집)제거
③ 상도 도료의 용제 하도 침투방지
④ 건조 촉진 및 부식의 기능향상

해설 부식의 기능을 향상시키면 도막이 떨어지게 된다. 즉, 모든 도료는 부식 기능이 없어야 한다.

13 • 2003.7.20

원적외선 건조로 내에 도막이 건조되는 과정으로 맞는 것은?

① 외부로부터 건조된다.
② 내부로부터 건조된다.
③ 중간으로부터 건조된다.
④ 모두 동시에 건조된다.

해설 원적외선 건조로란 흑체의 방열판이 750~950℃의 온도에서 복사에너지를 방출하면 복사에너지는 직선 이동하여 소지의 온도를 상승시키므로 내부부터 건조가 된다. 특징으로는 소지의 온도를 빨리 올릴 수 있으며, 설치비가 다소 고가이고 건조실 내가 깨끗하다. 단점으로는 밝은 색상은 반사되므로 온도 오름의 속도가 늦을 뿐 아니라 복사에너지는 직진하므로 복사선과 직각을 이루지 못하는 부위는 경화시키기가 곤란하다.

14 • 2008.7.13

도료를 도장한 후 액체 상태의 도료가 고체 상태로 바뀔 때 반응형 건조 방법이 아닌 것은?

① 산화 중합 건조(공기건조형)
② 열 중합 건조(소부 건조형)
③ 용제 증발형
④ 자기 반응형

해설 도료의 건조방법에는 증발형 건조와 반응형 건조가 있는데, 반응형 건조에는 다음과 같은 종류가 있다.
① 산화 중합 건조 : 수지분이 공기 중의 산소를 흡수하여 산화하는 것에 따라 중합이 일어나고 망상 구조를 형성한다. 그러나, 망상 구조가 치밀하지 못하므로 도막 성능은 그렇게 좋지는 않다.
② 열중합 건조 : 일정온도(일반적으로 130℃이하)로 가열하게 되면 수지의 반응(중합)이 일어나 치밀한 망상구조를 형성하기 때문에 도막 성능은 뛰어나며 완전 건조 후에는 용제에 의해 용해되지 않는 도막이 된다.
③ 2액 중합 건조 : 주제(도료 베이스)와 경화제의 혼합으로 반응이 일어나 망상 구조가 형성된다. 이 반응은 상온에서도 진행되지만, 온도가 상승하면 반응 속도가 빨라진다. 작업 효과면을 고려하여 보통 40℃~80℃로 강제 건조한다. 역시 망상 구조는 열중합과 비슷하므로 도막성능은 매우 뛰어나다.

15 • 02.4.7 • 2004.7.18

상도 도료에 대한 설명 중 잘못된 것은?

① 보수 도장시 모든 메탈릭 칼라는 투명 작업을 필요로 한다.
② 자동차에 사용되는 펄 칼라인 경우도 투명 작업이 필요하다.
③ 최근 펄 칼라의 경우는 2코트 조장시스템뿐만 아니라 3코트 도장시스템으로도 자동차에 적용되고 있다.
④ 모든 솔리드 칼라는 투명을 조장하지 않는 싱글 스테이지(S/S)로만 적용이 가능하다.

해설 솔리드 칼라는 하지 도료 위에 착색도료, 그 위에 착색도료와 투명작업을 적용한다.

16 • 2010전반

보수 도장의 상도 도료에 대한 설명으로 가장 거리가 먼 것은?

① 모든 메탈릭 칼라는 투명 작업을 필요로 한다.
② 펄 칼라인 경우도 투명작업이 필요하다.

ANSWER 11.② 12.④ 13.② 14.③ 15.④ 16.④

③ 최근 펄 칼라의 경우는 2코트뿐만 아니라 3코트 도장시스템으로도 적용되고 있다.
④ 모든 솔리드 칼라는 투명을 도장하지 않는 싱글 스테이지로만 적용이 가능하다.

해설 위 문제15의 해설을 참조한다.

17 · 2008.7.13

자동차 보수 도장 에어 메탈릭과 펄(마이카) 도료의 가장 큰 차이점은?

① 불투명 및 반투명으로 인한 색상 및 명암 차이가 있다.
② 펄은 빛을 반사하고 투과하지 못한다.
③ 메탈릭은 입자 크기와는 관계없이 컬러가 같다.
④ 펄은 불투명하여 은폐력이 좋고, 메탈릭은 반투명하여 은폐력이 약하다.

해설 메탈릭 색상은 알루미늄의 작은 입자가 포함된 메탈릭 베이스 칼라를 1차적으로 도장하고 그 위에 투명 클리어를 도포하는 2층구조로 되어 있다. 알루미늄 안료만을 사용할 경우 메탈릭(은색) 색상이 된다. 메탈릭은 빛의 반사체에 따라 금속성을 띠며, 안료에 따라 다양한 색을 만들 수 있다. 펄색상은 운모입자를 안료와 혼합하여 도색한 것으로, 메탈릭은 은색계통이 대부분이지만, 펄(운모)색은 입자가 빛각도에 따라 다양한 색을 나타낼 수 있으며, 도막구조는 2층, 3층 등과 같은 구조가 일반적이다.

18 · 2006.4.2

리무버(Remover)에 대한 설명이다. 맞는 것은?

① 도면을 평활하게 하는데 사용하는 것
② 광택을 내는데 사용하는 것
③ 오래된 도막을 박리하는데 사용하는 것
④ 건조를 촉진시키는 것

해설 리무버는 오래된 도막을 박리하는데 사용한다.

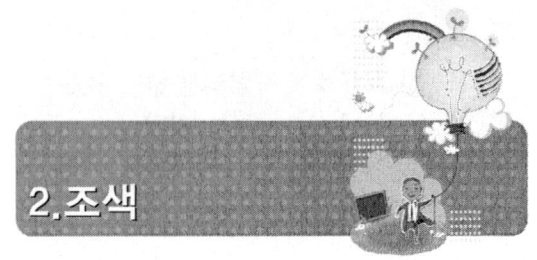

2. 조색

01 · 02.4.7

다음은 색의 3요소에 대한 기술이다. 옳지 않는 것은?

① 일반적으로 무채색과 유채색의 모든 색을 색의 3요소라고 한다.
② 색상은 색을 구별하는 것으로 빨강, 파랑, 노랑 등을 말한다.
③ 색의 밝고 어두운 정도를 명도라 하며 무채색과 유채색은 모두 명도를 가진다.
④ 색의 맑기를 말하며, 색의 선명도, 색채의 강하고 약한 정도를 채도라 한다.

해설 적색, 오렌지색 등과 같이 색에 뜻이 있는 것은 유채색이라 하며, 백색, 회색, 흑색과 같이 뜻이 없는 것을 무채색이라 한다.
① 색의 3속성
• 명도 : 밝고 어두운 정도.
• 색상 : 색 자체가 갖는 고유의 특성.
• 채도 : 색의 선명도 등이다.
유채색과 무채색의 구별에서 무채색은 명도만 있을 뿐 색상과 채도는 없다. 명도는 흑을 "0"으로 하고 백을 "10"으로 하여 10등분을 한다.

02 · 2005전반 · 2007.7.15

색의 3요소가 아닌 것은?

① 보색   ② 색상
③ 명도   ④ 채도

해설 위 문제1의 해설을 참조한다.

ANSWER 17.① 18.③ / 1.① 2.①

03 • 2005.7.17

다음 중 색상이 맑고 탁한 점도를 나타내는 것은?

① 색상　　　　② 명도
③ 채도　　　　④ 보색

해설 위 문제1의 해설을 참조한다.

04 • 2003.7.20 • 2008.7.13

솔리드 색상의 조색에서 혼합하는 도료의 색 수가 많을수록 일반적으로 채도가 어떻게 되는지 가장 적합한 것은?

① 낮아진다.　　　② 아주 조금 높다.
③ 높아진다.　　　④ 변함이 없다.

해설 다음은 조색의 기본 원칙을 나열하였다.
① 서로 보색 관계에 있는 색을 혼합하면 회색이 된다.
② 견본색과 비슷한 색상을 혼합하는 것이 채도가 높다.
③ 주채색이 되는 원색부터 넣는다.
④ 혼합되는 색의 종류가 많을수록 명도와 채도가 낮아진다.
⑤ 정면, 측면에서 색상, 명도, 채도를 살펴야한다.

05 • 2009.3.29

조색의 기본원칙을 설명한 것으로 틀린 것은?

① 도료는 혼합하면 명도와 채도가 다 같이 낮아진다.
② 혼합하는 색이 많으면 많을수록 회색에 접근하게 되며 채도도 낮아진다.
③ 상호간 보색관계가 있는 색을 혼합하면 회색이 된다.
④ 가까운 색상을 혼합하는 편이 채도가 낮아진다.

해설 위 문제4의 해설을 참조한다.

06 • 2006.7.16

자동차 도장의 조색 및 색상과 관련된 설명으로 **틀린** 것은?

① 보라색은 빨간색과 파란색의 혼합 색상이다.
② 색의 기본색은 빨간색, 파란색, 노란색이다.
③ 보색끼리 섞으면 검정색이 된다.
④ 흰색은 빛을 모두 반사하여 생긴 색이다.

해설 위 문제4의 해설을 참조한다.

07 • 2009.7.12

조색 시 색을 비교할 때의 조건으로 가장 거리가 먼 것은?

① 30cm 떨어진 곳에서 한다.
② 계속해서 응시하는 것이 좋다.
③ 가끔 다른 색을 보게 한다.
④ 광원을 바꾸어 색상을 비교한다.

해설 계속해서 한 곳의 색을 응시하면 착색효과로 색을 구분하기가 힘들어진다.

08 • 2010전반

메탈릭 색상에서 어둡게 이색 현상이 발생했다. 밝게 조정할 수 있는 방법과 거리가 가장 먼 것은?

① 동일 은분을 잘 혼합하여 소량 첨가하여 조색한다.
② 색감이 어둡게 나타날 때는 눌림(WET)도장으로 한다.
③ 동일 은분보다 작은 은분으로 조색한다.
④ 이색이 미세하고 측면이 어두우면 측면조정제로 조정한다.

해설 색감이 어둡게 나타날 때 눌림도장을 하면 더욱더 어둡게 나타난다.

ANSWER 3.③　4.①　5.④　6.③　7.②　8.②

09 • 2004.7.18

상도도장 중 도막의 색상을 견본보다 밝게 나타나게 하는 방법은?
① 중복도장을 실시한다.
② 여러 방향에서 반복 도장한다.
③ 스프레이건의 선단과 물체와의 거리를 길게 한다.
④ 스프레이건의 운행속도를 규정보다 느리게 한다.

해설 스프레이건의 선단과 물체와의 거리를 길게 하면 도장이 잘 행하여 지지 않는다.

10 • 2003.3.30

메탈릭 칼라 조색시 밝게 해주려면 첨가해야 하는 것은?
① 흰색
② 파랑
③ 알루미늄 조색제
④ 노랑

해설 메탈릭 칼라란 알루미늄 조색제가 혼합되어 빛이 반사되면 반짝이는 효과와 중금속의 색감이 나는 칼라를 말한다. 이는 보는 각도에 따라 색 또는 명암이 달리 보이므로 조색시 밝게 하기 위해 흰색을 첨가하면 안됨을 주의해야 한다.

11 • 2004.4.4 • 2007.4.4

메탈릭 색상의 조색에서 차체색상보다 도료색상이 어두워 원색도료를 투입하고자 한다. 적당한 조색제는?
① 백색   ② 투명 백색
③ 회색   ④ 알루미늄(실버)

해설 위 문제8의 해설을 참조한다.

12 • 2006.4.2

베이스코트 중 메탈릭이나 펄 색상이 차체보다 어두워 밝게 하고자 한다. 이때 첨가되는 조색제는?

① 백색
② 황색
③ 녹색
④ 실버 또는 펄(마이카)

해설 위 문제8의 해설을 참조한다.

13 • 2010후반

서로 다른 두 가지 색이 특정광원 아래에서는 같은 색으로 보이는 현상 즉, 물리적으로는 다른 색이 시각적으로 동일한 색으로 보이는 현상을 무엇이라 하는가?
① 조건 등색 현상
② 보색 잔상 현상
③ 겔화 현상
④ 색 얼룩 현상

해설 ① 조건등색 현상 : 특수한 조명 아래에서 서로 다른 색의 물체가 같은 색으로 보이는 현상(백열등)
② 잔상 현상 : 망막에 주어진 색의 자극이 생긴 후 자극을 제거하여도 시각기관에 흥분상태가 계속되어 시각작용이 잠시 남아있는 현상을 말한다.
③ 겔화 현상 : 도료가 유동성이 없어지고 서서히 굳어가는 현상을 말한다.
④ 색얼룩 현상 : 용제가 구도막에 침투하여 도막의 색상이 녹아 번지며 얼룩이 지는 현상을 말한다.

14 • 2008전반

알루미늄 입자의 크기를 정한 다음 조색용 원색으로서 가급적 투명한 색을 사용하지 않으면 어느 조건에서는 색이 꼭 맞아 있어도, 보는 각도, 조명이 틀리면 색이 달라 보여지는 경우가 있다. 이러한 현상은?
① 메타메리 현상   ② 보색 잔상 현상
③ 겔화 현상   ④ 색 얼룩현상

해설 메타메리 현상이란 눈의 신경에 혼란이 오는 것으로, 색상 구별이 순간적으로 중단되는 것을 말한다.

ANSWER 9.③ 10.③ 11.④ 12.④ 13.① 14.①

3. 보수도장

퍼 티

01 • 2010후반

퍼티(putty) 작업의 목적으로 옳은 것은?
① 광택을 증가하기 위해
② 접착력을 강화하기 위해
③ 부착력을 향상시키기 위해
④ 평활성을 유지시키기 위해

해설: 퍼티는 판금 작업 후 요철(흠집)을 메꾸는 데 사용하는 반죽 상태의 도료로서 메탈퍼티, 폴리에스테르 퍼티, 래커 퍼티의 3가지 종류가 있으며, 일반적으로 주걱으로 흠집을 두껍게 도포하고 건조시킨 다음 연마하여 표면을 조정한다.

02 • 2005전반

퍼티의 목적으로 가장 적합한 것은?
① 소지 평활성에 있다.
② 부착력을 좋게 하기 위해서이다.
③ 광택을 내기 위해서이다.
④ 광택을 없애기 위해서이다.

해설: 위 문제1의 해설을 참조한다.

03 • 2007.7.15

자동차 보수 도장시 퍼티 연마의 초벌(1차) 작업시 적용되는 연마지로 가장 적합한 것은?
① #36   ② #80
③ #180   ④ #320

해설: 퍼티의 도포상태와 작업상황에 따라 적절한 연마지를 선택하여야 하는데 보통 1차퍼티시에는 80~180방, 2차퍼티시에는 180~400방을 해야 한다.

04 • 2009.3.29

퍼티 작업후의 연마공정에 대한 설명으로 옳은 것은?
① 연마 공구의 발전에 따라 수(水)연마보다 건연마를 많이 활용하고 있다.
② 생산성은 수연마방식이 건연마방식에 비하여 높다고 할 수 있다.
③ 건연마방식은 먼지 발생이 적고 연마상태가 양호한 편이다.
④ 연마지의 사용량은 건연마의 경우가 적게 들어간다.

해설: 생산성은 건연마방식이 높고, 먼지발생도 건연마방식이 높다. 또한 연마지 사용량도 건연마가 많이 들어간다.

05 • 2003.3.30

자동차 보수도장의 연마 장비 및 공구에 해당되지 않는 것은?
① 도료 교반기(agiyator)
② 더블액션 샌더(doble action sander)
③ 오비탈 샌더(orbital sander)
④ 핸드파일(hand file)

해설: 도료교반기는 도료를 섞는 조색 기기이고, 샌더는 연마기이다. 이 밖의 도장공구로는 스프레이건, 페인트건조기 등이 있다.

06 • 2009.7.12

도장면에 좋은 평활성을 얻으려면 어떠한 방법으로 연마하여야 하는가?
① 전·후로만 실시한다.
② 전·후로 번갈아 실시한다.
③ 전·후·좌·우로 겹쳐 실시한다.
④ 처음 실시한 방향으로만 실시한다.

해설: 도장면에 좋은 평활성을 얻으려면 전·후·좌·우로 겹쳐 실시한다.

ANSWER 1.④ 2.① 3.② 4.① 5.① 6.③

스프레이건

07 • 2007.4.4

압축 공기로 도료를 미립화시키는 권총 같이 생긴 공구로, 피도면으로부터 15~30cm 거리에서 도장하는 기구이다. 본문의 설명으로 가장 적당한 것은?

① 스프레이건
② 에어 트랜스포머
③ 구도막 샌더기
④ 굴곡 시험기

해설 압축 공기로 도료를 미립화시키는 권총 같이 생긴 공구로, 피도면으로부터 15~30cm 거리에서 도장하는 기구는 스프레이건이다.

08 • 2005전반

스프레이건에 대한 설명 중 잘못된 것은?

① 중력식 건 : 중력에 의하여 도료가 공급되는 방식
② 흡상식 건 : 공기의 분사에 의하여 도료가 위로 빨려 올라오는 방식
③ 에어레스 건 : 도료에 고압의 압력을 가하여 스프레이 정도가 낮은 도료의 도장에 적당
④ 압송식 에어건 : 도료에 압력을 가하여 에어 스프레이 건으로 분무되는 방식

해설 도료의 공급방식에 따라 3가지 즉, 중력식, 흡상식, 압송식 등으로 나눈다.

09 • 02.4.7

에어 스프레이 작업시 스프레이건의 조정이 필요치 않는 것은?

① 공기량   ② 도료 분출량
③ 도료의 색상   ④ 패턴의 폭

해설 에어 스프레이는 공기량을 조정, 도료의 분출량, 패턴의 폭을 조정할 수 있다. 도료의 색상은 도색전 즉 스프레이 작업 전에 결정되어 있어야 한다.

10 • 2004.4.4

상도 도장작업 중에 에어 스프레이건에서 조절이 가능한 것이 아닌 것은?

① 도료의 토출량 조절
② 에어량 조절
③ 패턴 사이즈 조절
④ 노즐 사이즈 조절

해설 스프레이건 노즐의 분공이 여러 종류가 있기 때문에 노즐의 선택은 작업전에 분무하는 도료나 도색 작업의 내용에 따라 선택하여야 하며, 상도는 분공이 1.3mm, 프라이머 서페이서는 분공이 1.5mm가 기본이 된다.

11 • 2004.7.18

도장 중 스프레이건을 조절하는 3가지 방법이 아닌 것은?

① 공기 압력 조절
② 팁(노즐) 사이즈 조절
③ 패턴폭 조절
④ 도료 분출량 조절

해설 위 문제10의 해설을 참조한다.

스프레이 부스

12 • 02.7.21

도장할 수 있는 장소로 외부공기를 필터하여 공급하고, 내부의 도료 분진을 필터하여 배기시키는 장치와 열처리 까지 가능한 설비는?

① 스프레이 부스
② 드라이 오븐
③ 해바라기 열풍기
④ 적외선 건조기

해설 부스에는 원적외선, 열풍방식 등으로 건조를 시킴과 동시에 공기를 필터 할 수 있다. 보기의 나, 다, 라는 건조기의 종류들이다.

ANSWER 7.① 8.③ 9.③ 10.④ 11.② 12.①

13 • 02.7.21

메틸릭 색상에서 색상을 밝게 하고자 한다. 단지 스프레이 조건으로 색상을 밝게 하고자 할 때 올바른 것은?

① 이동속도를 천천히 한다.
② 건의 거리를 가깝게 한다.
③ 공기압력을 높인다.
④ 토출량을 높인다.

해설 색상을 밝게 하는 기본 방법은
- 화이트를 도료의 총량에 0.5~1% 정도 첨가한다.
- 투과광 보정용 도료를 도료 총량의 10%를 추가한다. 불투명성 원색을 사용한다.
- 도장의 조건을 바꾼다(웻코트로 도장한다. 웻코트 도장법-신너를 느린 건조타입으로 교환, 신너의 희석량을 증가하여 도료의 점도를 저하한다. -분무의 압력을 낮춘다. -1회분무한 도막 두께를 두껍게 한다.)

위 문제는 스프레이 만을 변화시켜서 밝은 색상을 내기 위해서는 점도 낮은 도료를 두껍게 칠하는 방법과 같다. 즉 이동속도를 빨리하면서 여러 번 칠하고, 거리를 멀리 두면서, 압력은 낮추어서, 토출량은 높여서 도색해야 한다.

기 타

14 • 2008전반

플라스틱 파트의 보수 도장에 대한 설명 중 틀린 것은?

① 플라스틱은 탈지 시에 정전기가 발생하여 다른 부위보다 먼지가 더 많이 달라붙는다.
② PP(폴리 프로필렌)소재로 만들어진 범퍼는 반드시 PP 프라이머를 도장해야만 부착이 된다.
③ 자동차에 사용되는 모든 플라스틱의 도장은 자동차 철판의 도장 공정과 동일하다.
④ 플라스틱의 도장은 다른 철판 부위보다 도장 결함이나 부착 불량이 더 많이 생길 수 있다.

해설 PP(폴리 프로필렌) 범퍼 보수시 주의사항
PP 범퍼는 적정한 프라이머 도장 없이는 도료와 범퍼간에 부착이 나오지 않게 된다. 따라서 퍼티 도포 전이나 프라이머-서페이서 도장 전에는 반드시 프라이머를 선행, 도장한다. PP 범퍼는 표면 위로 연마작업 후에 부푸러기가 발생되므로 히터 건 등으로 제거해야 한다. 철판 패널과 비교해 플라스틱 부품은 더 많은 열처리 시간이 필요하게 되는데, 이는 열전도율이 철보다 낮기 때문이다. 따라서 플라스틱 부품의 열처리는 오븐(Oven)과 같은 곳에서 열처리하는 것이 바람직하다. 적외선 램프에 열처리를 할 경우 전체적으로 균일하게 열전달이 되지 않아 부분적으로 열처리가 부족하게 된다. 그리고 플라스틱은 열변형이 쉬우므로 80℃ 이하에서 열처리를 해야 한다.

4. 도장의 결함과 대책

01 • 02.7.21

표면이 평평하고 매끄럽지 않게 귤껍질처럼 마무리되는 도막 결함은 어떠한 결함인가?

① 오렌지 필(orange peel)
② 흐름현상(sagging 현상)
③ 웨이브 필(wave feel)
④ 크레터링(cratering)

해설 흘림(sagging)이란 도료를 수직면에 도장하였을 시 도료가 흘러내려 도면이 평평하지 못하고 외관이 불량하게 되는 현상이다. 크레터링이란 도막에 작은 분화구 모양의 구멍이 생기는 현상이다.

02 • 2004.4.4 • 2006.7.16

도장 작업 후 열처리 시에 부스의 온도를 급격하게 올렸을 때 나타날 수 있는 도장 문제점은?

① 오랜지 필
② 주름 현상
③ 핀홀 또는 솔벤트 퍼핑

④ 백화 현상

해설 도막의 결함
① 오렌지 필 : 도막의 편평성이 불량하여 귤껍질처럼 요철의 모양으로 되어 있는 현상으로 피도물의 온도가 고온일 경우, 스프레이건의 운행 속도가 빠를 경우, 스프레이건의 거리가 먼 경우, 패턴이 불량한 경우, 도료의 점도가 높을 경우, 시너의 증발이 빠른 경우에 발생한다.
② 주름 현상 : 도막에 가느다란 주름이 생기는 것으로 상도중에 용제가 구도막 또는 하지 도막의 약한 곳을 침해하여 발생된다.
③ 핀 홀 : 도막을 건조시킬 때 도막에 바늘구멍과 같이 생기는 현상으로 기공보다 작다. 발생 원인으로는 세팅타임 없이 급격히 가열하는 경우, 도막 속에 용제가 급격히 증발할 경우, 두껍게 도장하거나 점도가 높을 경우, 도장시 스프레이건에 사용되는 공기 중에 수분 또는 증발이 빠른 시너를 사용한 경우에 발생된다.
④ 백화 현상 : 도장시 도막 주위의 습기를 흡수하여 안개가 낀 것과 같이 하얗게 되고 광택이 없는 현상으로 고온 다습한 여름철에 발생되기 쉬우며, 시너의 증발로 주위의 열을 빼앗겨 공기중의 수분이 도막의 표면에 응축되어 유백색이 된다. 그 원인으로는 건조가 빠른 시너를 사용한 경우, 스프레이건의 공기압이 높은 경우도막 면이 냉각되어 있는 경우에 발생된다.

03 • 2003.3.30

하절기에 크리어층의 표면에 바늘구멍과 같은 핀홀 현상이 발생한다. 이에 대한 설명으로 옳지 않은 것은?
① 베이스 도료에 락카 희석제를 사용하면 건조가 느리게 되므로 발생한다.
② 베이스 도장 후 후레쉬 타임의 시간이 짧은 상태에서 크리어를 도장했을 경우 발생한다.
③ 외부의 온도가 높아 크리어 표면이 먼저 경화되면서 내부의 용제가 뚫고 올라와 발생한다.
④ 베이스의 도막이 두꺼워 용제증발이 느려 발생되고, 특히 어두운 색상에서 잘 발생한다.

해설 위 문제2의 해설을 참조한다. 핀홀 발생의 원인으로는 첫째 젖은 도막 상태에서의 함유 용제가 표면 건조 중에 먼저 증발하면서 구멍을 만든다. 둘째, 도장 온도가 높고 습도가 높은 상태에서 발생하기 쉽다. 셋째, 신너의 선정이 잘못되었을 때, 넷째, 하지용 도료의 기공이 남아 있을 경우이다.

04 • 2004.7.18

도장 후 도막을 얻기 위하여 급격히 가열시키면 어떤 현상이 발생하는가?
① 균열(cracking)
② 핀홀(pinhole)
③ 오렌지필(orange - peel)
④ 흐름(sagging)

해설 위 문제2의 해설을 참조한다.

05 • 2007.4.4

여름철 도장 시 잘 발생하는 핀 홀을 예방하기 위한 방법이 아닌 것은?
① 도장 시에 증발 속도가 빠른 시너를 사용한다.
② 세팅 타임을 충분히 준다.
③ 도막 두께가 적정하게 올라가도록 작업한다.
④ 플래시 타임을 충분히 준다.

해설 위 문제2와 3의 해설을 참조한다.

06 • 2003.7.20

바탕처리(탈지, 탈청, 오염물제거 등)를 소홀히 함으로서 발생되는 결과가 아닌 것은?
① 도막 들뜸(lifting)
② 부풀음(blistering)
③ 부착불량(peeling)
④ 오렌지 필(orange peel)

해설 블리스터(blister)란 하절기에 오랫동안 비를 맞았을 때 도면에 부풀음에 의한 물집이 생기는 상태를 말한다. 필링(peeling)이란 상도막 또는 하도 칠이 벗겨지는 상태이거나 칠이 철판 또는 밑바탕에서 벗겨지는 상태를 말한다.

ANSWER 3.① 4.② 5.① 6.④

07 • 2005전반

자동차 철판 중 아연도금강판에 폴리에스테르 퍼티를 직접 도포하여 발생되는 결함으로 가장 옳은 것은?

① 블리스터(blister, 부풀음)
② 핀홀(pin-hole)현상
③ 흐름(sagging)현상
④ 오렌지 필(Orange Peel)현상

해설 위 문제6의 해설을 참조한다.

08 • 2007.7.15

도장작업 후 도막에 연마자국이 많이 형성되었다. 연마자국 결함의 주된 원인은?

① 퍼티의 도포 불량
② 연마지 선택의 불량
③ 도막 건조 불량
④ 경화제 혼합 불량

해설 연마자국의 주 결함은 연마지의 선택을 잘못했기 때문이다. 퍼티의 도포, 도막건조, 경화제 사용은 연마자국과는 상관이 없다.

09 • 2005.7.17

보수도장 면의 탈지작업이 제대로 안되었을 경우 나타나는 문제가 아닌 것은?

① 도장 후에 부착 불량이 생길 수 있다.
② 도장 중에 도장 결함이(크레터링, 하지끼, 왁스끼) 생길 수 있다.
③ 도장 시에 페인트 소모량이 많아진다.
④ 도장 시에 용제 와이핑(wipe) 자국이 생길 수 있다.

해설 탈지작업이 제대로 되지 않으면 액체성분이 도장면에 남아있어 도장 부착 불량이나 도장 결함을 가져온다. 페인트 소모량과는 상관이 없다.

10 • 02.4.7 • 2006.4.2

도장 작업 시에 페인트 도막을 너무 두껍게 올렸을 때 나타날 수 있는 도장 문제점이 아닌 것은?

① 오렌지 필
② 주름 현상
③ 백화 현상
④ 핀홀 또는 솔벤트 퍼핑

해설 위 문제2와 3을 참조한다. 백화현상은 도장시 도막 주위의 습기를 흡수하여 안개가 낀 것처럼 하얗게 되고 광택이 없는 상태를 말하는데 블러싱(blushing)라고도 한다. 즉 페인트 도막을 두껍게 올리면 습기를 흡수할 수가 없으므로, 백화현상이 잘 일어나지 않는다.

11 • 2008전반

PP 범퍼 도장 작업시 범퍼용 프라이머를 도장하지 않았을 경우 발생되는 가장 큰 문제점은?

① 흐름(sagging) 현상
② 핀홀(pin-hole)현상
③ 박리(peel-off) 현상
④ 크랙(crack)현상

해설 PP(홀리 프로필렌) 범퍼 도장 작업시 범퍼용 프라이머를 도장해야만 한다. 그렇지 않으면 박리현상이 일어난다. 박리현상이란 양파껍질처럼 벗겨져 나오는 현상을 말한다.

12 • 2008.7.13

도료를 저장하는 중에 발생하는 결함 현상이 아닌 것은?

① 겔화
② 침전
③ 피막
④ 기포

해설 기포는 도장 중 혹은 도장 후 건조할 때에 생긴다. 이는 결국 도장의 결함을 초래한다.

ANSWER 7.① 8.② 9.③ 10.③ 11.③ 12.④

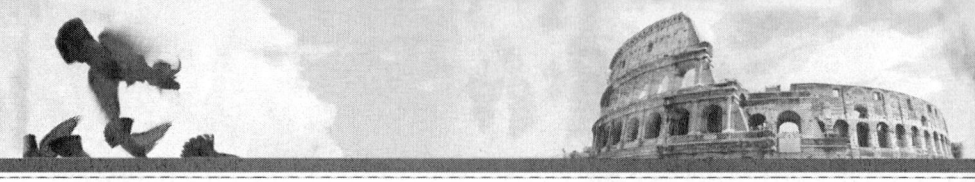

13. ● 2009.3.29

도장작업 중이나 건조과정 중에 불순물(먼지, 티 등)이 도막표면에 고착되었다. 예방책으로 적절하지 않은 것은?

① 작업자의 청결 유지
② 피도면의 충분한 세정
③ 여과지 미사용
④ 스프레이건의 세척

해설: 도장작업 중이나 건조과정 중에 불순물(먼지, 티 등)이 도막표면에 고착되었다는 것은 작업자의 상태, 작업방법, 조색과정 등이 잘못되었기 때문이다. 여기서, 여과지를 사용하면 조색시 불순물 혼입을 막을 수 있었을 것이다.

14. ● 2009.7.12

도료를 도장했을 때 금속분이 균일하게 배열되지 않고 부분적으로 뭉쳐 얼룩져 보이는 현상이 메탈릭 얼룩이다. 방지대책으로 틀린 것은?

① 에어압을 높게 한다.
② 토출량을 작게 한다.
③ 점도를 높게 한다.
④ 운행속도를 느리게 한다.

해설: 메탈릭 얼룩을 방지하는 방법은 토출압력을 높게 하면서 빠르게 도장을 행해야 한다. 또한, 조색시 점도를 높게 한다.

15. ● 2010전반

크레터링(하지끼, 왁스끼)이 생기는 원인이 아닌 것은?

① 도장면이 오일이나 실리콘으로 오염되었을 경우
② 프라이머-서페이서의 도막이 두꺼울 경우
③ 오염된 도막위에 도장을 할 경우
④ 에어 호스에 유분이 묻어나올 경우

해설: 크레터링이란 도막에 작은 분화구 모양의 구멍이 생기는 현상이다. 이 현상의 원인은 도장면이 오일이나 실리콘으로 오염되었거나 오염된 도막위에 도장했을 시, 에어호스에 유분이 묻어 분출될 때이다.

16. ● 2010후반

다음 중 도장할 때 주름이 생기는 가장 큰 원인은?

① 너무나 느리게 도장하기 때문에
② 너무나 빨리 도장하기 때문에
③ 너무나 두껍게 도장하기 때문에
④ 너무나 엷게 도장하기 때문에

해설: 도장시 주름이 생기는 주 원인은 도장면의 두께가 너무 두껍기 때문이다. 즉, 많은 토출량으로 천천히 도장하였을 경우 두껍게 도장되면 주름이 생긴다. 그래서 가장 큰 원인은 '③'가 된다. '①'의 경우 토출량이 아주 작을 경우 느리게 도장해도 두껍게 도장되지 않는다.

ANSWER 13.③ 14.④ 15.② 16.③

V

공업경영

1. 생산계획
2. 생산통제
3. 작업관리
4. 품질관리
5. 기타 공업경영에 관한 사항

공업경영

 생산계획

1 수요예측

① 재고관리, 일정관리를 위한 단기적인 생산활동의 예측은 시계열분석(최소자승법과 지수평활법)이 적절하고, 단기 및 중기 예측을 필요로 하는 총괄적 생산계획에는 인과형 예측법이 좋다. 공장입지, 공장계획, 제품개발 등과 같은 장기 예측에는 정성적(qualitative method) 방법이 적합하며 신제품의 수요예측은 의견분석 혹은 시장조사법이 적절하다.

② **예측 기법의 종류**
- **델파이기법(delphi technique)** : 미래예측이나 조직의 목표달성을 위해 전문가의 지식과 의견을 이용하는 기법으로 신제품, 신기술 등 해당분야의 여러 전문가들에게 반복적인 설문조사를 의뢰해 가장 신뢰적인 의견 합의점을 얻어내는 방식을 취한다.
- **시장조사법** : 과거와 현재의 상황을 조사하고, 분석을 통해 미래를 예측함으로써 시장전략수립의 지침을 제공하고자하는 미래 지향적 활동으로 마케팅 의사결정을 위해 실행 가능한 정보제공을 목적으로 매출액, 생산량 등 다양한 자료를 체계적으로 획득하고 분석하는 객관적이고 공식적인 과정을 말한다. 기업의 활동을 시장환경에 적응시켜 기업이 추구하는 목적을 달성하기 위한 수단인 전략이나 정책을 세우는데 필요한 정보를 입수하기 위해 각종 자료를 수집하고 분석하는 일련의 과정이다.
- **시계열분석법** : 과거의 매출이나 수량 자료로부터 시간적인 추이나 경향을 파악하여 미래 수요를 예측하는 방법이다.

③ 경제적 주문량을 공식으로 표현하면 $ECQ = \sqrt{\dfrac{2 \times R \times P}{C \times I}}$ 이다.

여기서 R : 소비예측 계수, P : 발주비(준비비), C : 구입단가(단위비), I : 연 재고관리 비율 등을 나타낸다.

④ 단순이동평균법은 월판매량을 모두 더하여 월수로 나눈값을 수요 예측값으로 하므로 식으로 표현하면, 수용예측값 $= \dfrac{\Sigma 월판매량}{월수}$

2 설비계획과 생산능력

① 한 개가 아닌 수개(상당수량)를 한 덩어리로 생산하는 경우, 이 한 덩어리의 수량을 **로트**(lot)라 한다.
② **기계능력** = 월가동시간 × 가동율 × 대수
③ **사후보전**(BM : Breakdown Maintenance) : 초기단계의 보전방식으로 고장이 발생시까지 사용하다가 고장이 발생 후에 고친다는 초보적인 개념이다. 시스템이 간단하고 사고 발생시 손실비용이 적게 발생하는 시기에 사용하던 방식이다.
④ **예방보전**(PM : Preventive Maintenance) : 기기의 부품교환이나 보전작업을 일정한 기간마다 실시하여 돌발사고를 방지하려는 개념으로 설비의 신뢰성 유지에 유효하기 때문에 사후보전을 대신하여 많이 활용하던 방식이다(부품의 정기교환, 오버홀(Over Haul) 등).
⑤ **생산보전**(PM : Productive Maintenance) : 예방보전을 보완하여 설비의 생산성향상을 목표로 한 보전이다. 즉 생산성 향상을 기준으로 예방보전의 시기, 방법을 선택하는 방식이다.
⑥ **개량보전**(CM : Corrective Maintenance) : 설비자체를 개선하여 열화의 정도를 낮추고 고장율을 저감시키는 방식으로 열화에 따른 손실과 보전비용을 절감시키기 위한 개념이다.
⑦ **보전예방**(MP : Maintenance Prevention) : 개량보전의 사고방식을 더욱 발전적으로 확대한 방법으로 보전을 최소화하기 위하여 설비의 설계나 도입단계부터 장래의 보전비나 열화 손실비를 줄일 수 있도록 하는 방법이다. 장기적으로 경제성이 높은 방향을 선택한 것으로 다음과 같은 방법을 생각할 수 있다.
   - 기기의 선택시 고장이 적게 나는 쪽을 우선으로 한다.
   - 고장이 일어나도 신속하고 쉽게 수리할 수 있도록 한다.
   - 설비비와 보전비의 합계가 낮아지도록 한다. 따라서 초기투자비는 증가되는 경향이 있다.
⑧ **예지보전**(PdM : Predictive Maintenance) : 개개의 설비상태를 정량적으로 파악하여 설비의 이상징후나 장래에 일어날 사태를 예지하고 필요에 따라 적절한 보전 활동을 하는 개념으로 보전으로 인한 각종 손실을 최소화 하고자 하는 방안이다.

3 총괄생산계획 기법

$$\text{손익분기점매출액} = \frac{\text{고정비} \times \text{매출액}}{\text{변동비}}$$

Section 2 생산통제(공정관리)

1 공정관리의 계획기능

① 표준화를 기능에 따라 분류하면 제품규격, 설계규격, 방법규격이 있다.
② **공수계획**이란 생산계획의 일환으로 부하와 보유능력을 조정하는 것을 말한다. 보통은 공수(인적공수 또는 기계공수)가 기준이 된다. 부하계획으로서 품종별로 기준부하에 생산수를 곱한 것을 집계하여 총부하를 산출하고 다음에 이것과 기준능력을 비교, 대조한다.
③ **절차계획**에는 • 생산에 필요한 작업의 내용 및 방법 • 각 작업의 실시순서 • 각 작업의 실시장소 및 경로 등이 포함된다.
④ 공정관리 사이클은 Plan(계획) → Do(실시) → Check(검토) → Action(조치)로 순환되는 관리기능을 수행한다.
⑤ 주공정이란 처음에서 끝까지의 활동시간이 가장 긴공정을 연결한 선을 말한다.

2 공정관리의 통제기능

(1) 작업분배

작업 분배 시에는 작업자와 기계가 쉬지 않도록 순서를 정해서 행해야 한다.

(2) 진도관리(라인균형)

① 라인밸런스 효율은 흐름작업의 종류에 따라 다소 다르겠지만 약 75%를 한도로 그 이하의 효율에서는 흐름작업을 한다는 것은 경제적이지 못하다. 적어도 약 80%이상을 유지해야 한다. 그러므로 80%이하의 공정효율을 갖는 공정을 찾아 80%이상으로 유지하게 해야 한다. 밸런스 효율이 높을수록 애로공정이 적어 작업 생산성이 높아진다.

② **라인 밸런스 효율** : $L = \dfrac{\text{각 공정의 시간합계}(\Sigma t)}{N \times t_{max}} \times 100(\%)$

여기서 N은 작업자 수, t_{max}는 애로 공정시간

③ **사내표준의 충족조건** : 국제규격, 국가규격, 단체규격, 상위규정 등과 정합성이 유지되어야 한다. 규정하는 내용은 경영적 관점 및 기술적 관점에서 정당성을 가지며 실시 가능한 것이어야 한다. 문서화된 것으로서 표현이 구체적이어야 한다. 관련되는 사내표준과 모순됨이 없어야 한다. 특정한 팀뿐만 아니라 관련되는 모든 사람들이 충분히 이해할 수 있고 실행할 수 있는 내용이어야 한다. 안전성이 있고 또한, 기술의 진보와 변경에 적용할 수 있는 융통성을 갖고 있어야 한다.

(3) 일정관리(작업순서-존슨규칙)

① **표준시간**이란 부과된 작업을 올바르게 수행하는데 필요한 숙련도를 지닌 작업자가 주어진 작업조건하에서 보통의 작업 속도로 작업하고, 정상적인 지연과 피로를 수반하면서 규정된 질과 양의 작업을 규정된 작업방법에 따라 행하는데 필요한 시간이다.

② **정미시간**은 관측시간의 평균치×레이팅의 계수로 표현된다. **표준시간**은 정미시간+여유시간으로 표현된다.

③ **존슨법**은 2개의 공정이 있는 곳에서 작업순서를 결정하는데 이용된다.

④ **정상 소요시간**이란 정상작업으로 할 시에 소요되는 시간, 비용 견적이란 작업에 소요되는 비용, 총비용이란 각 작업비용견적을 총합한 비용을 말한다.

⑤ 비용구배 = $\dfrac{\text{특급비용} - \text{정상비용}}{\text{정상시간} - \text{특급시간}}$

Section 3. 작업관리

1 작업구분

작업구분 큰 순서 : 작업 → 공정 → 단위작업 → 요소작업 → 동작 → 동작요소

(1) 공정분석

① 제품공정분석표에 사용되는 기호 : □는 **수량검사**, ○는 **가공**이므로, 는 **수량검사를 하면서 가공**, 정체에는 (▽는 **저장**-계획적인 보관이며 다음의 가공조립으로 허가없이 이동하는 것이 금지되어 있는 상태이다)과 (D는 **체류**-제품이나 부품이 다음의 가공, 조립을 하기 위해 일시 기다리는 상태이다)가 있으며, ◇는 **품질검사**, ⇨는 **운반**, ✿는 **작업중 일시대기**, △는 **원재료의 저장**, ▽는 **공정간의 대기** 등을 나타낸다.

② 원재료가 제품화 되어가는 과정 즉 가공, 검사, 운반, 지연, 저장에 관한 정보를 수집하여 분석하고 검토를 행하는 만드는 것이 제품 공정 분석표이다.

③ 가공시간 = $\dfrac{1개당 가공시간 \times 1로트의 수량}{1로트의 총가공시간}$

(2) 작업분석

여력이란 보통 작업능력에서 작업부하를 뺀 값을 말한다. 여력을 %로 나타낸다면 여력(%) = $\dfrac{능력 - 부하}{능력} \times 100$ 으로 나타낼 수 있다.

(3) 동작연구(서블릭)

- Gilbreth는 동작연구를 통하여 인간이 행하는 모든 수 작업을 18가지의 기본동작으로 구성될 수 있음을 밝혔는데 그것을 therblig라 했다.
- 동작경제의 원칙이란 최선의 작업방법과 작업영역 결정을 위한 착안의 원칙으로 신체사용에 관한원칙, 작업장의 배치에 관한 원칙, 공구류 및 설비의 디자인에 관한 원칙 3가지가 있다.

2 작업측정

(1) 표준시간 측정

1) 여유시간(표준시간, 여유율)

외경법과 내경법에 의한 여유율을 표시하는 방법

① **외경법에 의한 여유율 표시**

- 여유율(A_A) = $\dfrac{일반여유시간}{정미시간} \times 100$ = $\dfrac{일반여유시간}{480 - 일반여유시간} \times 100$

- 표준시간 = 정미시간 $\times (1 + 여유율(A_A))$ = 정미시간 $\times \left(1 + \dfrac{일반여유시간}{정미시간}\right)$

② **내경법에 의한 여유율 표시**

- 여유율(A_B) = $\dfrac{일반여유시간}{근무시간} \times 100$ = $\dfrac{일반여유시간}{일반여유시간 + 정미시간} \times 100$

- 표준시간 = 정미시간 $\times \dfrac{100}{100 - 여유율(A_B : \%)}$ = 정미시간 $\times \left(1 + \dfrac{여유율(A_B : \%)}{100 - 여유율(A_B : \%)}\right)$

- 레이팅이란 작업자의 페이스를 정상(표준)작업 페이스와 비교하여 관측 평균 시간치를 보정해주는 과정을 말한다. 레이팅의 계수 = 표준페이스/실제작업페이스로 나타낸다.
- 일반여유에는 인적여유(용무여유), 불가피지연여유, 피로여유가 있고, 특수여유에는

기계간섭여유, 소로트 여유, 조여유, 장사이클 여유, 기계여유 등이 있다.
- 가공시간=준비작업시간 + lot수 × 정미작업시간(1+여유율)

2) 워크샘플링

- 워크샘플링이란 미리 랜덤하게 정한 시점에서 연구대상을 순간적으로 관측하여 대상이 처해있는 상황을 파악하여 항목별로 기록하여, 각 항목이 하루 작업시간동안 어느 정도의 비율로 발생하는가를 측정하는 방법이다.
- 관측회수 : $N = \dfrac{s^2 \times p \times (1-p)}{(i \times p)^2} = \dfrac{s^2 \times (1-p)}{(i^2 \times p)}$

여기서 s : 신뢰계수, p : 발생(정지)율, I : 상대정도를 나타낸다. 그러므로 절대정도는 $i \times p$ 이다.

- 워크 샘플링법은 랜덤하게 정한 시점에서 연구대상을 순간적으로 관측하여 대상이 처해있는 상황을 파악하므로, 작업자가 심리적인 영향을 많이 받는다.

(2) PTS법

- **실적기록법(실적자료법)** : 과거의 경험이나 자료로부터 표준시간을 구하는 방법
- **스톱워치법** : 시간연구를 통하여 표준시간을 결정
- **PTS** : 인간이 행하는 작업 중 작업소요시간이 공정이나 기계의 성능에 의하지 않고 작업자의 노력 여하에 달려있는 작업에 대해서 각각의 기본동작시간을 합성하여 전체 작업시간을 구하는 방식이다.

(3) Work Factor

워크팩터법에서는 동작의 난이도에 따라 일정한 정지(D), 방향의 조절(S), 주의(P), 방향변경(U)의 네 가지 워크팩터를 사용하고 있다.

Section 4 품질관리

1 품질관리 개요

① 생산의 **3M**은 **원자재**(material), **기계설비**(machine), **작업자**(man)를 말하고, **관리**(management), **방법**(method)을 합해서 5M이라 한다.
② **4M**은 Man(사람), Machine(설비), Material(자재), Method(작업표준)을 말한다.
- 품질관리의 4대 기능으로 품질계획(품질의 설계), 품질실행(공정의 관리), 품질확인(품질의 보증), 품질조처(품질의 조사와 개선) 등이다.
- **예방코스트** : 품질개선 내지 불량 예방에 관련되는 활동으로 생성되는 비용

- **평가코스트** : 품질특성이 기술적인 규격에 적합한가를 확인하기 위해 이를 측정하는데 드는 비용
- **실패코스트** : 일정한 품질수준으로 미달됨으로써 야기된 결과에 드는 비용
- **TQC**(Total Quality Control)란 전사적 종합 품질관리로서 회사의 전원이 품질관리를 이해하고 조직적으로 품질의 정보를 교환하여 품질향상을 기도하는 기법이다.
- **계수치**란 개수로 셀 수 있는 이산형 품질특성으로 불량품의 수, 결점의 수, 안전사고 수, 결근 수 등이 있고, **계량치**란 연속량으로 측정할 수 있는 연속형 품질특성으로 길이, 중량, 인장강도, 온도 등이다.

2 통계적 방법

① **도수분포에서 히스토그램의 작도로 얻어지는 이점** : 품질이나 자료의 분포상태를 쉽게 파악할 수 있는 것, 공정의 해석이나 관리에 활용할 수 있다는 것, 공정능력을 파악할 수 있다는 것, 한계점으로는 자료의 시간적 변동에 따른 변동원이 파악을 할 수 없고, 관리도법에서 파악할 수 있는 군내변동과 군간 변동의 개념이 희박하다는 점, 그리고 자료의 분로를 얻기 위해 적어도 50~100개의 자료가 필요

② **도수분포표**란 몇 개의 계급으로 나누고 각 계급의 도수를 조사하여 만든 표를 말한다. 중위수=중간값, 모드=최빈값(가장 많이 나타나는 빈도가 큰 변량값)

③ **용어해설**
- **파레토도** : 가로축에 불량항목 등 분석 또는 관리의 대상이 되는 항목을 취하고, 세로축에 퍼센트를 취해서 각 항목의 상대도수를 막대그래프로 나타내고 그 정점을 좌단의 항목에서부터 누적 꺾은선 그래프를 그린 것이다. 파레토도는 계수인자만을 선택하며, 층별항목을 선택하면 층별 파레토도를 작성한다.
- **히스토그램** : 도수분포를 나타내는 그래프로, 관측한 데이터의 분포의 특징이 한 눈에 보이도록 기둥 모양으로 나타낸 것이다. 기둥그래프·기둥모양그림 등이라고도 한다. 가로축에 각 계급의 계급간격을 나타내는 점을 표시하고, 이들 계급간격에 대한 구간 위에 이 계급의 도수에 비례하는 높이의 기둥을 세운다.
- **회귀분석** : 1개 또는 그 이상의 독립변수와 종속변수 사이의 관계를 수학적인 함수식을 이용하여 규명하고자 하는 분석법을 말한다.
- **특성요인도** : 문제의 특성이 어떤 요인(원인)으로 일어나는지 그 원인관계를 살펴보고 도식화(특성요인도)하여 문제점을 파악하고 해결을 생각하는 기법이다.

④ **브레인스토밍**이란 팀별로 사용되는 아이디어 창출기법으로, 집단의 효과를 살리고, 아이디어의 연쇄반응을 불러 일으켜 자유분방하게 질과 관계없이 가능한 많은 아이디어를 생성함으로써 문제의 개선이나 문제에 대한 해결을 위한 기회를 찾기 위해 이용한다.

⑤ 모수는 모집단의 특성치로 σ는 모집단 분산기호이다. 통계량은 모집단으로부터 얻어진 표본(sample)에서 구한 것으로 R는 범위, s는 표준편차, $\bar{x}$는 평균을 나타낸다.

3 샘플링 검사

① **OC곡선**이란 로트의 불량률에 따른 로트의 합격확률을 구하여 불량률을 x축, 로트의 합격확률을 y축으로 하여 그래프로 나타낸 것을 말하는 것으로, 품질이 좋은 로트와 나쁜 로트를 구분하는 샘플링 검사방식이다. 여기서 생산자 위험을 α로, 소비자 위험을 β로, 로트의 합격률을 L(p)로, 로크의 불합격 확률R(p)은 1-L(p)가 된다.

② **검사방법(판정의 대상)에 의한 분류**로 전수검사, Lot별 샘플링 검사(판정대상집단에서 추출된 시료의 판정에 의해 집단의 상태를 판정하려는 검사), 관리 샘플링 검사(제조공정관리, 공정검사조정, 검사의 체크를 목적으로 하여 행하는 검사), 무검사 등이 있다.

③ **검사공정에 따른 분류**에는 수입검사, 공정검사, 최종검사, 출하검사, 기타검사로 나누어진다.

(1) 검사의 목적

- 양호품과 불량품 혹은 좋은 로트와 나쁜 로트를 구별하기 위해
- 공정의 변화와 공정과 규격한계의 변화를 판단하기 위해
- 제품의 결점정도를 평가하고, 측정기기의 정밀도를 측정하기 위해
- 검사원의 정확도와 제품설계에 필요한 정도를 얻기 위해
- 공정능력을 측정하기 위해

(2) 샘플링검사 종류

- **조정형 샘플링검사** : 합격품질인 수준을 정하고 품질이 좋은 공급자에게는 낮은 샘플링 검사를 실시하고 나쁜 품질을 공급하는 자에게는 높은 샘플링 검사를 실시,
- **선별형 샘플링검사** : 판정기준에 따라 불량품수가 합격판정개수 이하인 롯트는 합격시키고 반대인 경우는 그 롯트를 전수검사를 행하는 방식(예 : 공정검사, 출하검사)
- **연속생산형 샘플링 검사** : 평균품질을 지정된 평균출검 품질한계에 들어가도록 하는 방식으로 불합격된 롯트의 선별을 위해 전수검사 대신 엄격한 품질한계의 샘플링검사에 대비해 예비검사를 적용
- **규준형 샘플링 검사** : 롯트 그 자체의 합격, 불합격을 결정하는 것으로, 공급자에 대한 보호와 구입자에 대한 보호의 두 가지를 규정해서 공급자의 요구와 구입자의 요구와의 양쪽을 만족하도록 짜여 있는 점이 특징이다.(공급자와 구입자 보호방식)

(3) 샘플링 방법
① **랜덤샘플링** : 같은 확률로 뽑히도록 샘플링하는 것.
② **계통샘플링** : 시간 혹은 공간적으로 일정 간격에 따라 샘플링
③ **취락샘플링** : 모집단을 몇 개의 부분으로 나누고 그 나누어진 부분 가운데서 몇 개의 집단을 선택하고 선택된 집단을 모두 샘플로 취하는 것
④ **층별샘플링** : 모집단을 층별로 구분한 후 각층에서 각각 랜덤샘플링
⑤ **2단샘플링** : 샘플링 후 샘플링
⑥ **다단샘플링** : 3단 샘플링 이상으로 몇 단계샘플링

4 관리도

① **관리도**란 공정이 안정된 상태에 있는지를 조사하거나 공정을 안정된 상태로 유지하기 위해 활용하는 도표를 말한다. 그래서 표준화가 불가능한 공정에도 사용할 수가 있다. 관리도에서는 공정의 평균과 산포, 불량률 등의 관리이탈, 편향 경향을 지닌 변화, 주기적인 변동 등과 같은 공정상의 이상 정보를 발견할 수 있다.

② **U관리도**는 직물의 얼룩, 에나멜선의 바늘구멍과 같은 결점수를 품질 특성치로 관리하고자 할 때 사용하며, 표본의 면적, 길이 등이 일정하지 않는 경우에도 사용 가능하다.

관리한계선 $= \overline{u} \pm 3\sqrt{\dfrac{\overline{u}}{n}}$, u는 단위당 결점수, $\overline{u}$는 평균결점수를 나타낸다.

③ 이항분포를 이용하여 상한계선과 하한계선을 구하는 관리도는 P관리도와 Pn관리도이다. 이 방법들은 불량률을 구할 때 많이 사용되며, P관리도는 추출하는 샘플군(부분군)이 일정하지 않을 시에, Pn관리도는 부분군이 일정할 때에 사용한다.

④ **관리도의 종류**
- p관리도 : 불량률이 p인 생산공정으로부터 크기 n의 샘플을 취해 그 중에서 발견되는 불량개수를 X라 하면 X는 이항분포 b(n, p)를 따르고 그 평균과 분산은 각각 np, np(1-p) 이다.
- np관리도 : 불량률 관리도에서 부분군 크기 n이 일정한 경우에는 부분군 불량률 대신 부분군내 불량개수 X를 관리하는 np 관리도를 사용한다.
- c관리도 : 미리 정해진 일정 단위중에 포함된 결점 수에 의거 공정을 관리할 때 C관리도를 사용한다.

⑤ **np관리도** : 관리상한선 $UCL = nP + 3\sqrt{nP(1-P)}$

⑥ $\overline{x}$ **관리도**에서 관리상한 $UCL = \overline{x} + A_2\overline{R}$, 관리하한 $LCL = \overline{x} - A_2\overline{R}$

⑦ 계수치 관리도 종류
- P 관리도 : 불량율
- Pn 관리도 : 불량 개수
- C 관리도 : 결점 수
- U 관리도 : 단위당 결점 수
- Defective(불량) : 단위 수량에 사용
- Defect(결점) : 단일부품에 여러 개의 결점

Section 5 기타 공업경영에 관한 사항

- **3정** : 정량, 정품, 정위치
- **5S** : 정리, 정돈, 청소, 청결, 질서
- **무결점**(Zero Defect)**운동** : 품질관리기법을 일반 사무관리까지 적용시켜 기업의 모든 부분에서 결점이 없도록 업무를 수행하자는 운동

PART.5 공업경영

생산계획

1. 수요예측

01 • 2003.3.30

신제품에 가장 적합한 수요예측 방법은?
① 시계열분석 ② 의견분석
③ 최소자승법 ④ 지수평활법

해설 재고관리, 일정관리를 위한 단기적인 생산활동의 예측은 시계열분석(최소자승법과 지수평활법)이 적절하고, 단기 및 중기 예측을 필요로 하는 총괄적 생산계획에는 인과형 예측법이 좋다. 공장입지, 공장계획, 제품개발 등과 같은 장기 예측에는 정성적(qualitative method) 방법이 적합하며 신제품의 수요예측은 의견분석 혹은 시장조사법이 적절하다.

02 • 2010후반

과거의 자료를 수리적으로 분석하여 일정함 결함을 도출한 후 가까운 장래의 매출액, 생산량 등을 예측하는 방법을 무엇이라 하는가?
① 델파이법
② 전문가 패널법
③ 시장조사법
④ 시간열분석법

해설 수요 예측 기법
① **델파이기법**(delphi technique): 미래예측이나 조직의 목표달성을 위해 전문가의 지식과 의견을 이용하는 기법으로 신제품, 신기술 등 해당분야의 여러 전문가들에게 반복적인 설문조사를 의뢰해 가장 신뢰적인 의견 합의점을 얻어내는 방식을 취한다.
② **시장조사법**: 과거와 현재의 상황을 조사하고, 분석을 통해 미래를 예측함으로써 시장 전략수립의 지침을 제공하고자하는 미래 지향적 활동으로 마케팅 의사결정을 위해 실행 가능한 정보제공을 목적으로 매출액, 생산량 등 다양한 자료를 체계적으로 획득하고 분석하는 객관적이고 공식적인 과정을 말한다. 기업의 활동을 시장환경에 적응시켜 기업이 추구하는 목적을 달성하기 위한 수단인 전략이나 정책을 세우는데 필요한 정보를 입수하기 위해 각종 자료를 수집하고 분석하는 일련의 과정이다.
③ **시계열분석법**: 과거의 매출이나 수량 자료로부터 시간적인 추이나 경향을 파악하여 미래 수요를 예측하는 방법이다.

03 • 2005전반

수요예측 방법의 하나인 시계열분석에서 시계열적 변동에 해당되지 않는 것은?
① 추세변동
② 순환변동
③ 계절변동
④ 판매변동

해설 시계열분석이란 시간의 경과에 따라 순서대로 관측되는 값(시계열자료)을 대상으로 이들의 추세, 변동요인 등을 파악하여 자료의 패턴을 유추하므로써 미래를 유추하는 기법이다. 예로 연도별~, 월별~, 일별~ 등을 말한다. 즉, ④에서 월별 판매변동이라고 하면 시계열분석에 속하게 된다.

04 • 2009.7.12

다음 중 신제품에 대한 수요 예측방법으로 가장 적절한 것은?
① 시장조사법
② 이동평균법
③ 지수평활법
④ 최소자승법

해설 위 문제1의 해설을 참조한다.

ANSWER 1.② 2.④ 3.④ 4.①

05 • 2004.7.18

단순지수평활법을 이용하여 금월의 수요를 예측하려고 한다면, 이때 필요한 자료는 무엇인가?

① 일정기간의 평균값, 가중값, 지수평활계수
② 추세선, 최소자승법, 매개변수
③ 전월의 예측치와 실제치, 지수평활계수
④ 추세변동, 순환변동, 우연변동

> **해설** 단순지수평활법에서의 식은
> $F_t = \alpha D_{t-1} + (1-\alpha) F_{t-1}$ 이다.
> 여기서 α는 지수평활지수, D_t : 기간 t 에서의 실제수요, F_t : 기간 t 에서의 수요예측치로 t는 실제해당월, $t-1$은 전월을 뜻한다.

06 • 95년도 • 98년도

B부품에 대한 연간 구입 예측계수가 400개이고, 구입단가가 2,500원, 발주비용이 150원, 재고 관리비율이 연 10%일 때의 경제적 주문량(EOQ)은 얼마인가?

① 20   ② 22
③ 25   ④ 27

> **해설** 경제적 주문량을 공식으로 표현하면
> $ECQ = \sqrt{\dfrac{2 \times R \times P}{C \times I}}$ 이다. 여기서 R : 소비예측 계수, P : 발주비(준비비), C : 구입단가(단위비), I : 연 재고관리 비율 등을 나타낸다. 그대로 대입하면
> $ECQ = \sqrt{\dfrac{2 \times 400 \times 150}{2500 \times 0.1}} = 21.9$로 계산된다.

07 • 2007.7.15

연간소요량 4000개인 어떤 부품의 발주비용은 매회 200원이며, 부품단가는 100원, 연간 재고유지 비율이 10%일 때 F.W.Harris식에 의한 경제적 주문량은 얼마인가?

① 40개회   ② 400개회
③ 1000개회 ④ 1300개회

> **해설** 경제적 주문량을 공식으로 표현하면
> $ECQ = \sqrt{\dfrac{2 \times R \times P}{C \times I}}$ 이다. 그대로 대입하면
> $ECQ = \sqrt{\dfrac{2 \times 4000 \times 200}{100 \times 0.1}} = 400$으로 계산된다.

08 • 02.7.21 • 2009.3.29

표는 어느 회사의 월별 판매 실적율을 나타낸 것이다. 5개월 이동평균법으로 6월의 수요를 예측하면?

월	1	2	3	4	5
판매량	100	110	120	130	140

① 150   ② 140
③ 130   ④ 120

> **해설** 단순이동평균법은 월판매량을 모두 더하여 월수로 나눈값을 수요 예측값으로 하므로 식으로 표현하면
> 수용예측값 = $\dfrac{\Sigma 월판매량}{월수}$
> = $\dfrac{100+110+120+130+140}{5} = 120$
> 이 계산된다.

2. 설비계획과 생산능력

01 • 02.7.21

설비의 구식화에 의한 열화는?

① 상대적 열화   ② 경제적 열화
③ 기술적 열화   ④ 절대적 열화

> **해설** 구식화는 상태적인 열화라 한다. 타사에서 사용하지 않는 새로운 장비이면 신식이라 할 수 있지만, 타사에서 모두 사용했던 새로운 장비라면 구식이라 할 수 있으므로 상대적이다.

ANSWER 5.③ 6.② 7.② 8.④ / 1.①

02 • 2003.7.20

로트(Lot) 수를 가장 올바르게 정의한 것은?

① 1회 생산수량을 의미한다.
② 일정한 제조회수를 표시하는 개념이다.
③ 생산목표량을 기계대수로 나눈 것이다.
④ 생산목표량을 공정수로 나눈 것이다.

해설 한 개가 아닌 수개(상당수량)를 한 덩어리로 생산하는 경우, 이 한 덩어리의 수량을 로트(lot)라 한다.

03 • 2004.4.4

월 100대의 제품을 생산하는데 세이퍼 1대의 제품 1대당 소요공수가 14.4h 라 한다. 1일 8h, 월 25일 가동한다고 할 때, 이 제품 전부를 만드는데 필요한 세이퍼의 필요대수를 계산하면? (단, 작업자 가동율 80%, 세이퍼 가동율 90% 이다.)

① 8대   ② 9대
③ 10대   ④ 11대

해설 기계능력=월가동시간×가동율×대수

$$대수 = \frac{100 \times 14.4}{8 \times 25 \times 0.8 \times 0.9} = 10 \text{으로 계산된다.}$$

04 • 2005전반

다음 내용은 설비보전조직에 대한 설명이다. 어떤 조직의 형태인가?

> 보전작업자는 조직상 각 제조부분의 감독자 밑에 둔다.
> 단점 : 생산 우선에 의한 보전작업 경시, 보전기술 향상의 곤란성
> 장점 : 운전과의 일체감 및 현장감독의 용이성

① 집중보전   ② 직여보전
③ 부문보전   ④ 절충보전

해설 집중보전이란 설비 보전의 업무를 전문으로 하는 부문(설비 보전 부문)을 설치하고, 집중적으로 설비보전 활동을 실시하는 일을 뜻한다. 절충보전이란 설비 보전 업무를 설비 운전 부문(주로 제조부문)과 설비 보전 부문이 분담해서 실시하는 일로, 집중하는 편이 유리한 보전 업무를 설비보전 부문이 담당한다.

05 • 2005.7.17

생산보전(PM : Productive Maintenance)의 내용에 속하지 않는 것은?

① 사후보전   ② 안전보전
③ 예방보전   ④ 개량보전

해설 **사후보전**(BM : Breakdown Maintenance)-초기 단계의 보전방식으로 고장이 발생시까지 사용하다가 고장이 발생 후에 고친다는 초보적인 개념이다. 시스템이 간단하고 사고발생시 손실비용이 적게 발생하는 시기에 사용하던 방식이다.

- **예방보전**(PM : Preventive Maintenance)-기기의 부품교환이나 보전작업을 일정한 기간마다 실시하여 돌발사고를 방지하려는 개념으로 설비의 신뢰성 유지에 유효하기 때문에 사후보전을 대신하여 많이 활용하던 방식이다.(부품의 정기교환, 오버홀(Over Haul) 등)
- **생산보전**(PM : Productive Maintenance)-예방보전을 보완하여 설비의 생산성향상을 목표로 한 보전이다. 즉 생산성 향상을 기준으로 예방보전의 시기, 방법을 선택하는 방식이다.
- **개량보전**(CM : Corrective Maintenance)-설비자체를 개선하여 열화의 정도를 낮추고 고장율을 저감시키는 방식으로 열화에 따른 손실과 보전비용을 절감시키기 위한 개념이다.
- **보전예방**(MP : Maintenance Prevention)-개량보전의 사고방식을 더욱 발전적으로 확대한 방법으로 보전을 최소화 하기 위하여 설비의 설계나 도입단계부터 장래의 보전비나 열화 손실비를 줄일 수 있도록 하는 방법이다. 장기적으로 경제성이 높은 방향을 선택한 것으로 다음과 같은 방법을 생각할 수 있다. - 기기의 선택시 고장이 적게 나는 쪽을 우선으로 한다. - 고장이 일어나도 신속하고 쉽게 수리할 수 있도록 한다. - 설비비와 보전비의 합계가 낮아지도록 한다. 따라서 초기투자비는 증가되는 경향이 있다.
- **예지보전**(PdM : Predictive Maintenance)-개개의 설비상태를 정량적으로 파악하여 설비의 이상징후나 장래에 일어날 사태를 예지하고 필요에 따라 적절한 보전 활동을 하는 개념으로 보전으로 인한 각종 손실을 최소화 하고자 하는 방안이다.

ANSWER 2.② 3.③ 4.③ 5.②

06 • 2010전반

예방보전(Preventive Maintenance)의 효과로 보기에 가장 거리가 먼 것은?

① 기계의 수리비용이 감소한다.
② 생산시스템의 신뢰도가 향상된다.
③ 고장으로 인한 중단시간이 감소한다.
④ 예비기계를 보유해야 할 필요성이 증가한다.

해설: 예방보전이란 제조 공정설계의 OUTPUT으로서 설비고장 및 예정 외의 생산정지의 원인을 제거하기 위한 계획된 보전활동을 말한다. 따라서 예비기계를 보유해야할 필요성이 감소한다.

07 • 2003.7.20

예방보전의 기능에 해당하지 않는 것은?

① 취급되어야 할 대상설비의 결정
② 정비작업에서 점검시기의 결정
③ 대상설비 점검개소의 결정
④ 대상설비의 외주이용도 결정

해설: 예방보전이란 고장 발생으로 인한 손실을 최소화 하기 위하여 고장이 발생하기 전에 예방적인 활동을 행함으로 설비 보전함을 목적으로 한다. 예방보전의 기능은 대상설비의 선정, 선정된 설비의 점검부위 및 그 시기의 결정, 예방을 위한 조직 결정 등이다.

3. 총괄생산계획 기법

01

총괄생산 계획 기법에 속하지 않는 것은?(예상문제)

① 도표법
② 수리적 최적화기법
③ 균등생산기법
④ 휴리스틱기법

해설: 총괄생산 계획 기법에는 도표법(대안평가법), 수리적 최적화기법, 휴리스틱기법(자기발견적 기법) 등이 있다. 휴리스틱 기법에는 경영계수이론, 매개변수에 의한 총괄생산계획, 생산전환탐색법, 탐색결정기법 등이 있다.

02 • 2010전반

어떤 회사의 매출액이 80,000원, 고정비가 15,000원, 변동비가 40,000원일 때 손익분기점 매출액은 얼마인가?

① 25,000 ② 30,000
③ 40,000 ④ 55,000

해설: 손익분기점 매출액 = $\dfrac{\text{고정비} \times \text{매출액}}{\text{변동비}}$ 이므로, 그대로 대입하면

손익분기점 매출액 = $\dfrac{15,000 \times 80,000}{40,000} = 30,000$원

으로 계산된다.

ANSWER 6.④ 7.④ / 1.③ 2.②

PART.5 공업경영 — 생산통제(공정관리)

1. 공정관리의 계획기능

01 • 94년도

사내표준화의 역할 중 가장 중요한 것은?
① 생산의 합리화
② 품질관리 면제 신청
③ 품질관리 분임조 경진대회 참가
④ KS표시허가 신청

해설 사내 표준화는 사내 관계자들의 합의로 정하여 이를 활용하고, 기업활동을 효율적으로 수행가기 위한 수단이다. 즉 사내표준화는 현상을 검토하여 개선 및 발전시켜 나가므로 합리적인 업무가 가능하도록 한다.

02 • 99.4.18

표준화를 기능에 따라 분류할 때 가장 올바른 것은?
① 제품규격, 방법규격, 전달규격
② 제품규격, 설계규격, 방법규격
③ 제품규격, 시험규격, 기본규격
④ 제품규격, 기본규격, 전달규격

해설 표준화를 기능에 따라 분류하면 제품규격, 설계규격, 방법규격이 있다.

03 • 99.4.18

다음 중 단순화의 효과와 관계가 먼 것은?
① 납기의 단축   ② 호환성 증가
③ 재료 감소   ④ 재고관리 용이

해설 호환성의 증가는 표준화의 효과이다.

04 • 2006.7.16

생산 계획량을 완성하는데 필요한 인원이나 기계의 부하를 결정하여 이를 현재 인원 및 기계의 능력과 비교하여 조정하는 것은?
① 일정 계획   ② 절차계획
③ 공수계획   ④ 진도관리

해설 공수계획이란 생산계획의 일환으로 부하와 보유 능력을 조정하는 것을 말한다. 일반적으로 공수(인적 공수 또는 기계공수)가 기준이 된다. 부하계획으로서 품종별로 기준부하에 생산수를 곱한 것을 집계하여 총 부하를 산출하고 다음에 이것과 기준능력을 비교, 대조한다.

05 • 2006.4.2

다음 중 부하와 능력의 조정을 도모하는 것은?
① 진도관리   ② 절차계획
③ 공수계획   ④ 현품관리

해설 위 문제4의 해설을 참조한다.

06 • 2007.4.4

다음 중 절차계획에서 다루어지는 주요한 내용으로 가장 관계가 먼 것은?
① 각 작업의 소요시간
② 각 작업의 실시 순서
③ 각 작업에 필요한 기계와 공구
④ 각 작업의 부하와 능력의 조정

해설 절차계획
① 생산에 필요한 작업의 내용 및 방법.
② 각 작업의 실시순서.
③ 각 작업의 실시장소 및 경로 등이 포함된다.

ANSWER 1.① 2.② 3.② 4.③ 5.③ 6.④

07 • 2007.4.4

다음 중 관리의 사이클을 가장 올바르게 표시한 것은? (단, A : 조처, C : 검토, D : 실행, P : 계획)

① P - C - A - D
② P - A - C - D
③ A - D - C - P
④ P - D - C - A

해설: 공정관리 사이클은 Plan(계획) → Do(실시) → Check(검토) → Action(조치) 로 순환되는 관리기능을 수행한다.

08 • 2007.4.4

그림과 같은 계획공정도(Network)에서 주 공정으로 옳은 것은?(단, 화살표 밑의 숫자는 활동시간[단위 : 주]을 나타낸다.)

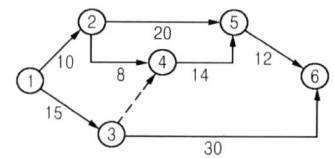

① ① - ② - ⑤ - ⑥
② ① - ② - ④ - ⑤ - ⑥
③ ① - ③ - ④ - ⑤ - ⑥
④ ① - ③ - ⑥

해설: 주공정이란 처음에서 끝까지의 활동시간이 가장 긴 공정을 연결한 선을 말한다. 즉,1-2-5-6과정은 42시간, 1-2-4-5-6과정은 44시간, 1-3-6과정은 45시간이 활동시간이다.

09 • 2004.4.4

다음의 PERT/CPM에서 주공정(Critical path)은? (단, 화살표 밑의 숫자는 활동시간을 나타낸다.)

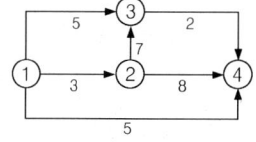

① ① - ③ - ② - ④
② ① - ② - ③ - ④
③ ① - ② - ④
④ ① - ④

해설: 주공정이란 처음에서 끝까지의 활동시간이 가장 긴 공정을 연결한 선을 말한다. 1-4의 경우 5시간, 1-2-4의 경우3+8=11시간, 1-3-4의 경우 5+2=7시간, 1-2-3-4의 경우 3+7+2=12시간, 즉 1-2-3-4순이 정답이다.

2. 공정관리의 통제기능

작업분배

01

다음 중에서 작업분배의 요점이 아닌 것은?
① 급한 작업부터 먼저 배정
② 진도 본위로 한다.
③ 기계나 작업자의 능력에 적합한 작업을 할당.
④ 작업자와 기계가 휴식을 취할 수 있도록 한다.

해설: 작업 분배 시에는 작업자와 기계가 쉬지 않도록 순서를 정해서 행해야 한다.

진도관리(라인균형)

02 • 93년도 • 97.10.12

라인 밸런싱(line balancing)에 있어서 흐름작업의 밸런스 효율은 약 얼마 정도인가?
① 60~65%
② 60~75%
③ 80~85%
④ 85~95%

ANSWER 7.④ 8.④ 9.② / 1.④ 2.④

해설: 라인밸런스 효율은 흐름작업의 종류에 따라 다소 다르겠지만 약 75%를 한도로 그 이하의 효율에서는 흐름작업을 한다는 것은 경제적이지 못하다. 적어도 약 80%이상을 유지해야 한다. 그러므로 80%이하의 공정효율을 갖는 공정을 찾아 80%이상으로 유지하게 해야 한다. 밸런스 효율이 높을수록 애로공정이 적어 작업 생산성이 높아진다.

03 • 96년도

어느 공장의 생산라인의 일부 공정의 라인효율을 구하기 위해 조사한 결과 아래와 같은 데이터를 얻었다. 이 공정의 라인 밸런스 효율과 평가가 바르게 된 것은?(단, 각 요소 작업공정의 작업자는 1명씩이다.)

요소작업번호	요소작업시간(분)
1	12
2	10
3	8
4	4
5	15
6	5
7	7

① 58%, 비경제적   ② 85%, 경제적
③ 89%, 경제적   ④ 46%, 비경제적

해설: 라인 밸런스 효율을 식으로 표현하면 다음과 같다.
$$L = \frac{각\ 공정의\ 시간합계(\Sigma t)}{N \times t_{max}} \times 100(\%)$$이다.
여기서 N는 작업자수, t_{max}는 애로 공정시간을 나타낸다. 위 문제에서 애로 공정시간은 최대시간이 소요되는 15분이고, 작업자 수는 7명이다. 그대로 대입하면
$$L = \frac{12+10+8+4+15+5+7}{7 \times 15} \times 100(\%) = 58.09\%$$
로 비경제적이다.(80%이상 경제적)

04 • 2009.7.12

다음 중 사내표준을 작성할 때 갖추어야 할 조건으로 옳지 않은 것은?

① 내용이 구체적이고 주관적일 것
② 장기적 방침 및 체계 하에서 추진할 것
③ 작업표준에는 수단 및 행동을 직접 제시할 것
④ 당사자에게 의견을 말하는 기회를 부여하는 절차로 정할 것

해설: 사내표준의 충족조건은 다음과 같다. 국제규격, 국가규격, 단체규격, 상위규정 등과 정합성이 유지되어야 한다. 규정하는 내용은 경영적 관점 및 기술적 관점에서 정당성을 가지며 실시 가능한 것이어야 한다. 문서화된 것으로서 표현이 구체적이어야 한다. 관련되는 사내표준과 모순됨이 없어야 한다. 특정한 팀뿐만 아니라 관련되는 모든 사람들이 충분히 이해할 수 있고 실행할 수 있는 내용이어야 한다. 안전성이 있고 또한, 기술의 진보와 변경에 적용할 수 있는 융통성을 갖고 있어야 한다.

일정관리(작업순서-존슨규칙)

05 • 96년도

흐름작업을 편성하는 공정계열 중 최종공정에서 완성품이 나오는 시간 간격을 부르는 명칭은?

① 표준시간   ② 통제시간
③ 정미시간   ④ 피치타임

해설: 표준시간이란 부과된 작업을 올바르게 수행하는 데 필요한 숙련도를 지닌 작업자가 주어진 작업조건하에서 보통의 작업 속도로 작업하고, 정상적인 지연과 피로를 수반하면서 규정된 질과 양의 작업을 규정된 작업방법에 따라 행하는데 필요한 시간이다. 정미시간은 관측시간의 평균치×레이팅의 계수로 표현된다. 표준시간은 정미시간+여유시간으로 표현된다.

06 • 94년도

숙련된 작업자가 일정 작업방법에 따라 정상적인 속도로 작업을 수행하는데 필요한 시간을 무엇이라고 하는가?

① 정미시간   ② 관측시간
③ 표준시간   ④ 평균시간

해설: 위 문제 5의 해설을 참조한다.

ANSWER 3.① 4.① 5.④ 6.③

07 • 00.3.26

존슨법을 사용하여 총 작업시간을 최소로 하는 제조 순서를 선정하라.

기계 제품	1	2	3	4	5
A ↓	6	7	8	9	10
B ↓	3	6	5	4	8

① 1 - 4 - 3 - 2 - 5
② 1 - 5 - 2 - 3 - 4
③ 5 - 2 - 3 - 4 - 1
④ 5 - 1 - 3 - 2 - 4

해설 존슨법은 2개의 공정이 있는 곳에서 작업순서를 결정하는데 이용된다. 가장 짧은 시간이 3이며 후작업인 1번이 맨 뒤로 간다. 그 다음으로 짧은 시간이 4이며 후작업인 4번이 1번 앞으로 간다. 그 다음으로 짧은 시간이 5이며 후작업인 3번이 4번 앞으로 간다. 그 다음으로 짧은 시간이 6이며 후작업인 2번이 3번 앞으로 간다. 그 다음 짧은 시간이 8이며 후작업인 5번이 3번 앞으로 간다. 즉 보기의 ③의 순이 된다.

08 • 02.4.7 • 2008전반

일정통제를 할 때 1일당 그 작업을 단축하는데 소요되는 비용의 증가를 의미하는 것은?

① 비용구배(Cost slope)
② 정상 소요시간(Normal duration)
③ 비용 견적(Cost estimation)
④ 총비용(Total cost)

해설 정상 소요시간이란 정상작업으로 할 시에 소요되는 시간, 비용 견적이란 작업에 소요되는 비용, 총비용이란 각 작업비용견적을 총합한 비용을 말한다.

09 • 2006.4.2

다음 표를 이용하여 비용 구배(cost slope)를 구하면 얼마인가?

정상		특급	
소요시간	소요비용	소요시간	소요비용
5일	40,000원	3일	50,000원

① 3,000원/일 ② 4,000원/일
③ 5,000원/일 ④ 6,000원/일

해설 비용구배 = $\dfrac{특급비용 - 정상비용}{정상시간 - 특급시간}$ 로 나타내므로,

비용구배 = $\dfrac{50,000 - 40,000}{5 - 3}$ = 5000(원/일)으로 계산된다.

10 • 2008.7.13

어떤 공장에서 작업을 하는데 있어서 소용되는 기간과 비용이 다음 (표)와 같을 때 비용 구배는 얼마인가?(단, 활동시간의 단위는 일(日)로 계산한다)

정상작업		특급작업	
기간	비용	기간	비용
15일	150만원	10일	200만원

① 50,000원 ② 100,000원
③ 200,000원 ④ 300,000원

해설 비용구배 = $\dfrac{특급비용 - 정상비용}{정상시간 - 특급시간}$ 로 나타내므로,

비용구배 = $\dfrac{2,000,000 - 1,500,000}{15 - 10}$ = 100,000 (원/일)으로 계산된다.

ANSWER 7.③ 8.① 9.③ 10.②

PART.5 공업경영 — 작업관리

1. 작업구분

해설 □는 수량검사, ○는 가공이므로, ①는 수량검사를 하면서 가공, 정체에는 (▽는 저장-계획적인 보관이며 다음의 가공조립으로 허가없이 이동하는 것이 금지되어 있는 상태이다)과 (D는 체류-제품이나 부품이 다음의 가공, 조립을 하기 위해 일시 기다리는 상태이다)가 있으며, ◇는 품질검사, ⇨는 운반, ✿는 작업중 일시대기, △는 원재료의 저장, ②는 공정간의 대기 등을 나타낸다.

01 • 93년도 • 97.10.12

다음 중 작업구분을 큰 순서로 나열한 것은 어느 것인가?

① 공정→작업요소→작업단위→작업동작→동작요소
② 작업→공정→단위작업→동작요소→요소작업→동작
③ 작업→공정→단위작업→요소작업→동작→동작요소
④ 작업→동작→공정→요소작업→단위작업→동작요소

해설 제조작업을 5단계로 구분하면 공정-단위작업-요소작업-동작요소-서어블릭이다. 공정분석에서는 주안점을 공정과 단위작업에 국한하며, 작업분석에는 단위작업에서 요소동작까지, 동작연구에서는 동작요소와 서어블릭을 주로 취급한다.

공정분석

02 • 2004.4.4

제품공정분석표에 사용되는 기호 중 공정간의 정체를 나타내는 기호는?

① ○
② ▽
③ ✡
④ △

03 • 2006.4.2

제품 공정분석표용 공정도시 기호 중 정체 공정(Delay) 기호는 어느 것인가?

① ○
② →
③ D
④ □

해설 ①의 기호는 작업, ②의 기호는 이동, ③의 기호는 체류(정체), ④의 기호는 수량검사를 나타낸다.

04 • 2006.7.16

공정분석 기호 중 □는 무엇을 의미하는가?

① 검사
② 가공
③ 정체
④ 저장

해설 공정 도시기호에서 ① 수량검사 기호는 □, 품질검사 기호는 ◇, ② 가공 기호는 ○, ③ 체류기호는 D, ④ 저장의 기호는 ▽ 등으로 표시한다.

05 • 2009.7.12

ASME(American Society of Mechanical Engineers)에서 정의하고 있는 제품공정분석표에 사용되는 기호 중 "저장(Storage)" 표현한 것은?

① ○
② D
③ □
④ ▽

해설 위 문제1의 해설을 참조한다.

ANSWER 1.③ 2.② 3.③ 4.① 5.④

06 • 2003.7.20

공정 도시기호 중 공정계열의 일부를 생략할 경우에 사용되는 보조 도시기호는?

① ∿   ② ─┬─
③ ─┼─   ④ ─┴─(×)

해설: ①는 관리구분 혹은 책임구분을 나타내며, ②는 공정계열의 일부 생략을 나타낸다. ③는 담당자나 작업자의 책임구분(담당구분)을 나타내며, ④는 원재료, 부품 또는 제품의 일부를 폐기하는 경우를 나타낸다.

07 • 2007.4.4

작업자가 장소를 이동하면서 작업을 수행하는 경우에 그 과정을 가공, 검사, 운반, 저장 등의 기호를 사용하여 분석하는 것을 무엇이라 하는가?

① 작업자 연합작업분석
② 작업자 동작분석
③ 작업자 미세분석
④ 작업자 공정분석

해설: 작업자가 장소를 이동하면서 작업을 수행하는 경우에 그 과정을 가공, 검사, 운반, 저장 등의 기호를 사용하여 분석하는 것을 작업자 공정분석이라 한다.

08 • 2005전반

원재료가 제품화 되어가는 과정 즉 가공, 검사, 운반, 지연, 저장에 관한 정보를 수집하여 분석하고 검토를 행하는 것은?

① 사무공정 분석표
② 작업자 공정 분석표
③ 제품 공정 분석표
④ 연합작업 분석표

해설: 원재료가 제품화 되어가는 과정 즉 가공, 검사, 운반, 지연, 저장에 관한 정보를 수집하여 분석하고 검토를 행하는 만드는 것이 제품 공정 분석표이다.

09 • 2007.7.15

제품 공정분석표(product process chart) 작성 시 가공시간 기입법으로 가장 올바른 것은?

① $\dfrac{1개당\ 가공시간 \times 1로트의\ 수량}{1로트의\ 총가공시간}$

② $\dfrac{1로트의\ 가공시간}{1로트의\ 총가공시간 \times 1로트의\ 수량}$

③ $\dfrac{1개당\ 가공시간 \times 1로트의\ 총가공시간}{1로트의\ 수량}$

④ $\dfrac{1로트의\ 총가공시간}{1개당\ 가공시간 \times 1로트의\ 수량}$

10 • 2010후반

작업개선을 위한 공정분석에 포함되지 <u>않는</u> 것은?

① 제품 공정분석
② 사무 공정분석
③ 직장 공정분석
④ 작업자 공정분석

해설: 공정분석에는 제품을 중심으로 한 제품 공정 분석과 작업자를 중심으로 한 작업자 공정 분석이 있으며, 제품 공정 분석과 작업자 공정 분석을 동시에 조사하는 연합분석이 있다.

작업분석

11 • 2005.7.17

여력을 나타내는 식으로 가장 올바른 것은?

① 여력 = 1일 실동시간 + 1개월 실동시간 + 가동대수

② 여력 = $(능력 - 부하) \times \dfrac{1}{100}$

③ 여력 = $\dfrac{능력 - 부하}{능력} \times 100$

④ 여력 = $\dfrac{능력 - 부하}{부하} \times 100$

ANSWER 6.② 7.④ 8.③ 9.① 10.③ 11.③

해설: 여력이란 보통 작업능력에서 작업부하를 뺀 값을 말한다. 여력을 %로 나타낸다면 여력(%)은 $\frac{능력-부하}{능력}\times100$으로 나타낼 수 있다.

요주의 원인으로 우발적 원인인 것을 이상원인이라 한다.

동작연구(서블릭)

12 • 2008.7.13

공정에서 안정적으로 존재하는 것은 아니고 산발적으로 발생하여 품질의 변동에 크게 영향을 끼치는 요주의 원인으로 우발적 원인인 것을 무엇이라 하는가?

① 우연 원인
② 이상 원인
③ 불가피 원인
④ 억제할 수 없는 원인

해설: 공정에서 안정적으로 존재하는 것은 아니고 산발적으로 발생하여 품질의 변동에 크게 영향을 끼치는

13 • 96년도

다음 중 Therblig 분석 기호와 명칭이 바르게 연결된 것은?

① 찾음(search) : →
② 조립(assemble) : #
③ 사용(use) : ∩
④ 쥐다(grasp) : ∪

해설: Gilbreth는 동작연구를 통하여 인간이 행하는 모든 수 작업을 18가지의 기본동작으로 구성될 수 있음을 밝혔는데 그것을 therblig라 했다. 다음은 서블릭의 기호를 나타내었다.

<서블릭 기호>

서블릭	심 볼		심볼의 설명	색 깔	색깔기호
찾기(Search)	Sh	⌒	물건을 찾는 눈의 모양	Black	
고르기(Select)	St	→	목표물에 손을 뻗는 모양	Gray, light	
주기(Grasp)	G	∩	물건을 쥐기 위해 손을 벌린 모양	Lake red	
빈손이동(Transport empty)	TE	∪	빈손의 모양	Olive green	
운반(Transport loaded)	TL	⌣	물건을 쥔 손의 모양	Green	
잡고있기(Hold)	H	∩	자석에 쇠막대가 붙어있는 모양	Gold ochre	
내려놓기(Release load)	RL	⌒	손에서 물건을 떨어뜨리는 모양	Carmine red	
바로놓기(Position)	P	)	손에 있는 물건의 위치를 정하는 모양	Blue	
미리놓기(Pre-position)	PP	8	볼링의 표적인 핀을 세운 모양	Sky-blue	
검사(Inspect)	I	O	볼록렌즈 모양	Burnt ochre	
조립(Assemble)	A	#	여러 부품이 제거된 모양	Violet, heavy	
분해(Disassemble)	DA	##	한 개 부품이 제거된 모양	Violet, light	
사용(Use)	U	U	Use의 첫글자	Purple	
불가피한 지연(Unavoidable delay)	UD	⌢	뜻하지 않게 앞으로 넘어진 모양	Yellow ochre	
피할 수 있는 지연(Avoidable delay)	AD	⌣o	의도적으로 누워있는 모양	Lemon yellow	
계획(Plan)	Pn	႐	손가락을 이마에 대고 생각중인 모양	Brown	
휴식(Rest for overcoming fatigue)	R	႙	쉬기 위해 앉아 있는 모양	Orange	

ANSWER 12.② 13.②

14 • 97년도

서블릭(Therblig)기호를 사용하는 작업관리 방법연구의 제기법은 무엇인가?
① 공정 분석   ② 작업 분석
③ 동작 분석   ④ 필름 분석

해설: 위 문제 13의 해설을 참조한다.

15 • 02.4.7

서블릭(therblig)기호는 어느 분석에 주로 이용되는가?
① 연합작업분석   ② 공정분석
③ 동작분석   ④ 작업분석

해설: 위 문제 13의 해설을 참조한다.

16 • 2009.3.29

다음 중 반즈(Ralph M. Barnes)가 제시한 동작경제의 원칙에 해당되지 <u>않는</u> 것은?
① 표준작업의 원칙
② 신체의 사용에 관한 원칙
③ 작업장의 배치에 관한 원칙
④ 공구 및 설비의 디자인에 관한 원칙

해설: 동작경제의 원칙이란 최선의 작업방법과 작업영역 결정을 위한 착안의 원칙으로 신체 사용에 관한원칙, 작업장의 배치에 관한 원칙, 공구류 및 설비의 디자인에 관한 원칙 3가지가 있다.

2. 작업측정

표준시간 측정

● 여유시간(표준시간, 여유율)

01 • 93년도 • 99.10.10

여유시간이 10분, 정미시간이 30분일 경우 외경법과 내경법의 여유율은 얼마인가?
① 외경법 여유율 33.3%, 내경법 여유율 25.0%
② 외경법 여유율 20.3%, 내경법 여유율 23.2%
③ 외경법 여유율 19.7%, 내경법 여유율 17.3%
④ 외경법 여유율 16.7%, 내경법 여유율 14.3%

해설: 다음은 외경법과 내경법에 의한 여유율을 표시하는 방법이다.
① 외경법에 의한 여유율 표시

$$-\text{여유율}(A_A) = \frac{\text{일반여유시간}}{\text{정미시간}} \times 100$$
$$= \frac{\text{일반여유시간}}{480 - \text{일반여유시간}} \times 100$$

$-$표준시간 $= \text{정미시간} \times (1 + \text{여유율}(A_A))$
$= \text{정미시간} \times \left(1 + \frac{\text{일반여유시간}}{\text{정미시간}}\right)$

위 문제의 값을 그대로 대입한다.
$$\text{여유율}(A_A) = \frac{10}{30} \times 100 = 33.33\%$$

ANSWER   14.③   15.③   16.① / 1.①

② 내경법에 의한 여유율 표시

$$-여유율(A_B) = \frac{일반여유시간}{근무시간} \times 100$$

$$= \frac{일반여유시간}{일반여유시간+정미시간} \times 100$$

$$-표준시간 = 정미시간 \times \frac{100}{100-여유율(A_B:\%)}$$

$$= 정미시간 \times \left(1 + \frac{여유율(A_B:\%)}{100-여유율(A_B:\%)}\right)$$

위 문제의 값을 그대로 대입하면

$$여유율(A_B) = \frac{10}{10+30} \times 100 = 25\%로 계산된다.$$

02 • 93년도

실측 평균시간이 130분이고, 여유율이 6%일 때 외경법에 의한 표준시간은?(단, 수행도 평가 계수는 120%이다.)

① 125.7분   ② 165.4분
③ 153.4분   ④ 198.7분

해설 외경법에 의한 표준시간은 다음과 같다.
표준시간=정미시간×(1+여유율(A_A)),
여기서 정미시간=실평균시간×수행평가계수(정상화계수)이다. 그래서 정미시간=130×1.20=156분이다. 위 문제의 수치를 그대로 대입하면 표준시간=156×(1+0.06)=165.36 분으로 계산된다.

03 • 95년도 • 98년도

평균시간이 0.9분이며 정상화계수가 120%일 때 내경법에 의한 표준시간은 얼마인가?(단, 여유율은 5%이다.)

① 1.14분   ② 1.25분
③ 1.67분   ④ 1.82분

해설 내경법에 의한 정미시간은 다음과 같이 구한다.

$$표준시간 = 정미시간 \times \frac{100}{100-여유율(A_B:\%)},$$

여기서 여기서 정미시간=실평균시간×수행평가계수(정상화계수)이다. 그래서 정미시간=0.9×1.20=1.08분이다. 위 문제의 수치를 그대로 대입하면

$$표준시간 = 1.08 \times \frac{100}{100-5} = 1.1368 \text{ 분이 계산된다.}$$

04 • 97.10.12

실측시간이 150분이고, 여유율이 5%일 때 외경법에 의한 표준시간은?(단, 수행도 평가계수는 120%이다.)

① 154분   ② 166분
③ 170분   ④ 189분

해설 외경법에 의한 표준시간은 다음과 같다.
표준시간=정미시간×(1+여유율(A_A)),
여기서 정미시간=실평균시간×수행평가계수(정상화계수)이다.
그래서 정미시간=150×1.20=180분이다.
위 문제의 수치를 그대로 대입하면 표준시간=180×(1+0.05)=189 분으로 계산된다.

05 • 2006.4.2

표준시간을 내경법으로 구하는 수식은?

① 표준시간=정미시간+여유시간
② 표준시간=정미시간×(1+여유율)
③ 표준시간= 정미시간×$\left(\dfrac{1}{1-여유율}\right)$
④ 표준시간= 정미시간×$\left(\dfrac{1}{1+여유율}\right)$

해설 위 문제1의 해설을 참조한다.

06 • 94년도

정미시간에 대한 백분비와 실동시간에 의한 백분비로 나눌 수 있는 여유율의 계산에서 정미시간에 대한 백분비의 여유율을 구하는 공식은?

① 여유율=$\dfrac{여유시간}{정미시간} \times 100$
② 여유율=$\dfrac{여유시간}{실동시간} \times 100$
③ 여유율=$\dfrac{여유시간}{표준시간} \times 100$
④ 여유율=$\dfrac{정미시간}{여유시간} \times 100$

해설 위 문제 1의 해설을 참조한다.

ANSWER 2.② 3.① 4.④ 5.③ 6.①

07 • 97.10.12

여유시간이 7분이고, 정미시간이 20분일 때 외경법에 의한 여유율은 얼마인가?

① 20% ② 25%
③ 30% ④ 35%

해설: 여유율$(A_A) = \dfrac{\text{일반여유시간}}{\text{정미시간}} \times 100$

여유율$(A_A) = \dfrac{7}{20} \times 100 = 35\%$

08 • 95년도 • 98년도

표준시간의 구성을 바르게 나타낸 것은?

① 준비정미시간 + 준비여유시간
② 주요시간 + 부수시간
③ 주작업시간 + 준비작업시간
④ 정미시간 + 가공시간

해설: 표준시간 = 정미시간 + 여유시간 = 주작업시간 + 준비작업시간 으로 나타낼 수 있다.

09 • 95년도 • 98년도

시간의 연구를 위한 관측회수의 결정에 영향을 주는 요인으로 틀린 것은?

① 관측의 목적
② 작업시간의 사이클 타임
③ 관계자의 신뢰도
④ 관측의 시기

해설: 개개의 요소작업을 수행하는데 소요되는 시간은 사이클마다 조금씩 차이가 있다. 그 이유는 작업자의 동작이 완전히 일관성을 가질 수 없고, 공구나 재료의 위치가 항상 사이클마다 달라지기 때문이다. 또한 관측자의 시계를 읽는 오차도 있다.

10 • 97년도

이항분포 $\Pr = \left(\dfrac{n}{X}\right) P^x \times (1-P)^{n-x}$ 에서 n=4, P=0.16일 때 확률 변수 X의 기대치와 분산 값은?

① E(X)=0.64, V(X)=0.64
② E(X)=0.54, V(X)=0.64
③ E(X)=0.64, V(X)=0.54
④ E(X)=0.54, V(X)=0.54

해설: n=4, P=0.16이므로 q=0.84이다. 이항분포에서 평균치(E(x))=n×p, 기대치V(x)=n×p×q 이므로, 그대로 대입하면 평균치(E(x))=4×0.16=0.64, 기대치V(x)=4×0.16×0.84=0.5376 으로 계산된다.

11 • 2007.7.15

이항분포(binomial distribution)의 특징으로 가장 옳은 것은?

① P=0일 때는 평균치에 대하여 좌·우대칭이다.
② P≤0.1 이고 nP=0.1~10일 때는 포아송분포에 근사한다.
③ 부적합품의 출현개수에 대한 표준편차는 0(x)=nP 이다.
④ P≤0.5 이고 nP≥5일 때는 포아송분포에 근사한다.

해설: 포아송분포란 확률(P)이 아주 낮고, 시행횟수(n)가 아주 큰 것을 말한다.

12 • 00.3.26

다음 중 이산형 확률 분포는?

① t 분포 ② 기하 분포
③ 정규 분포 ④ 포아송 분포

해설: 이산형 확률 분포에는 베르누이분포, 이항분포, 포아송분포, 초기하분포, 다항분포 등이 있다.

13 • 99.4.18 • 00.3.26

다음 중 레이팅(Rating)이 직접적으로 필요한 것은?

① 스톱워치법 ② MTM법
③ WF법 ④ 표준자료법

해설: 레이팅이란 작업자의 페이스를 정상(표준)작업 페이스와 비교하여 관측 평균 시간치를 보정해주는 과정을 말한다. 레이팅의 계수=표준페이스/실제작업페이스로 나타낸다. MTM법은 Methods Time Measurement의 약자로 방법시간측정법이라 한다.

ANSWER 7.④ 8.③ 9.④ 10.③ 11.② 12.④ 13.②

14. • 99.10.10
다음 중 일반 여유로 분류하기 곤란한 것은?
① 용무 여유   ② 피로 여유
③ 작업 여유   ④ 장려 여유

해설 일반여유에는 인적여유(용무여유), 불가피지연여유, 피로여유가 있고, 특수여유에는 기계간섭여유, 소로트 여유, 조여유, 장사이클 여유, 기계여유 등이 있다.

15. • 99.10.10
10진법 분류의 스톱위치에서 1DM은 다음 중 어떤 것인가?
① 1분의 1/10   ② 1분의 1/60
③ 1분의 1/100 ④ 1초의 1/60

해설 1DM는 1분의 1/100를 나타낸다.

16. • 02.4.7
준비작업시간이 5분, 정미작업시간이 20분, lot수 5, 주작업에 대한 여유율이 0.2라면 가공시간은?
① 150분   ② 145분
③ 125분   ④ 105분

해설 가공시간=준비작업시간 + lot수 ×정미작업시간 (1+여유율)이므로 그대로 대입을 하면 가공시간=5+5×20(1+0.2)=125분으로 계산된다.

17. • 2004.7.18
로트수가 10이고, 준비작업시간이 20분이며, 로트별 정미작업시간이 60분이라면, 1로트당 작업시간은?
① 90분   ② 62분
③ 26분   ④ 13분

해설 1로트당 준비시간은 20/10=2분이다. 또한 1로트당 정미작업시간이 60분이므로, 1로트당 작업시간=준비시간+정미작업시간=2+60=62분이다.

18. • 2008.7.13
방법시간측정법(MTM : Methods Time Measurement)에서 사용되는 1TMU(Time Measurement Unit)는 몇 시간인가?
① 1/100000 시간
② 1/10000 시간
③ 6/10000 시간
④ 35/1000 시간

해설 1TMU(Time Measurement Unit)=0.00001시간=0.0006분=0.036초 이다.

● 워크샘플링

19. • 93년도 • 97.10.12
작업자의 활동 및 기계의 활동 그리고 물건의 시간적 추이 등의 상황을 통계적 또는 계수적으로 파악하는 작업 측정방법을 무엇이라고 하는가?
① Active Analysis   ② Process Control
③ Work Sampling   ④ Flow Analysis

해설 워크샘플링이란 미리 랜덤하게 정한 시점에서 연구대상을 순간적으로 관측하여 대상이 처해있는 상황을 파악하여 항목별로 기록하여, 각 항목이 하루 작업시간동안 어느 정도의 비율로 발생하는가를 측정하는 방법이다.

20. • 94년도
합판 제조 공정 중 접착공정의 가동율을 설정키 위해 100회 관측한 결과 정지상태가 20회였다. 워크 샘플링법의 관측회수 결정공식을 이용하여 신뢰도 95%, 절대정도 ±2%의 관측횟수는 얼마인가?(단 신뢰계수는 2로 함)
① 6400회   ② 4800회
③ 3200회   ④ 1600회

해설 관측회수는 다음 공식을 적용한다.
$$N=\frac{s^2 \times p \times (1-p)}{(i \times p)^2} = \frac{s^2 \times (1-p)}{(i^2 \times p)}$$
여기서 s : 신뢰계수, p : 발생(정지)율, I : 상대정도를 나타

ANSWER 14.③ 15.③ 16.③ 17.② 18.① 19.③ 20.④

낸다. 그러므로 절대정도는 i×p이다. 위 식에서 s=2, p=0.2, 절대정도=0.02이므로 그대로 대입한다.

$$N = \frac{s^2 \times p \times (1-p)}{(i \times p)^2} = \frac{2^2 \times 0.2 \times (1-0.2)}{(0.02)^2} = 1600$$

21 • 99.4.18

워크 샘플링법에서 관측항목 결정에 관한 내용으로 부적합한 것은?

① 관측항목은 흑적에 따라 구체적으로 단위 작업 정도의 크기로 한다.
② 관측항목은 관측으로 표현되는 사상을 총망라하나 동의어의 중복은 피할 필요가 없다.
③ 드물게 발생하는 항목은 대분류 중 기타 항목으로 하면 좋다.
④ 관측자에 따라 해석이 다른 것을 방지하기 위하여 각 항측의 정의를 명확히 한다.

해설: 동의어의 중복은 피한다.

22 • 97년도

다음의 기호 중 워크 샘플링(Work Sampling)의 기호가 아닌 것은?

① W   ② S
③ P   ④ K

해설: 찾지못함

23 • 2003.3.30

다음은 워크 샘플링에 대한 설명이다. 틀린 것은?

① 관측대상의 작업을 모집단으로 하고 임의의 시점에서 작업내용을 샘플로 한다.
② 업무나 활동의 비율을 알 수 있다.
③ 기초이론은 확률이다.
④ 한 사람의 관측자가 1인 또는 1대의 기계만을 측정한다.

해설: 위 문제19의 해설을 참조하면 알 수 있듯이 한사람의 관측자가 여러 사람, 여러 기계를 대상으로 랜덤하게 할 수 있다.

24 • 2005.7.17

다음 중에서 작업자에 대한 심리적 영향을 가장 많이 주는 작업측정의 기법은?

① PTS법   ② 워크 샘플링법
③ WF법   ④ 스톱 워치법

해설: 워크 샘플링법은 랜덤하게 정한 시점에서 연구대상을 순간적으로 관측하여 대상이 처해있는 상황을 파악하므로, 작업자가 심리적인 영향을 많이 받는다.

PTS법

25 • 02.7.21 • 2008전반

모든 작업을 기본동작으로 분해하고, 각 기본동작에 대하여 성질과 조건에 따라 미리 정해 놓은 시간차를 적용하여 정미시간을 산정하는 방법은?

① PTS법   ② WG법
③ 스톱워치법   ④ 실적자료법

해설:
- **실적기록법(실적자료법)**: 과거의 경험이나 자료로부터 표준시간을 구하는 방법.
- **스톱워치법**: 시간연구를 통하여 표준시간을 결정.
- **PTS**: 인간이 행하는 작업 중 작업소요시간이 공정이나 기계의 성능에 의하지 않고 작업자의 노력 여하에 달려있는 작업에 대해서 각각의 기본동작시간을 합성하여 전체 작업시간을 구하는 방식이다.

Work Factor

26 • 2010전반

다음 중 인위적 조절이 필요한 상황에서 사용될 수 있는 워크팩터(Work Factor)의 기호가 아닌 것은?

① D   ② K
③ P   ④ S

해설: 워크팩터법에서는 동작의 난이도에 따라 일정한 정지(D), 방향의 조절(S), 주의(P), 방향 변경(U)의 네가지 워크팩터를 사용하고 있다.

ANSWER 21.② 22.④ 23.④ 24.② 25.① 26.②

PART.5 공업경영

품질관리

1. 품질관리 개요

01 • 99.10.10

다음 중 생산에 5M과 관계가 없는 것은?
① 기계 설비　② 관리
③ 방법　　　④ 자금

해설 생산의 3M은 원자재(material), 기계설비(machine), 작업자(man)를 말하고, 관리(management), 방법(method)을 합해서 5M이라 한다.

02 • 2008.7.13

다음 중 품질관리 시스템에 있어서 4M에 해당하지 않는 것은?
① Man　　　② Machine
③ Material　④ Money

해설 4M은 Man(사람), Machine(설비), Material(자재), Method(작업표준)을 말한다.

03 • 96년도

다음 중 QC의 4대 기능으로 맞는 것은 어느 것인가?
① 품질설계, 신제품 개발, 공정관리, 품질보증
② 품질설계, 제품관리, 품질조사, 품질보증
③ 품질설계, 공정관리, 품질보증, 수입자재 관리
④ 품질설계, 공정관리, 품질보증, 품질조사

해설 품질관리의 4대 기능으로 품질계획(품질의 설계), 품질실행(공정의 관리), 품질확인(품질의 보증), 품질조치(품질의 조사와 개선) 등이다.

04 • 2009.3.29

품질관리 기능의 사이클을 표현한 것으로 옳은 것은?
① 품질개선 - 품질설계 - 품질보증 - 공정관리
② 품질설계 - 공정관리 - 품질보증 - 품질개선
③ 품질개선 - 품질보증 - 품질설계 - 공정관리
④ 품질설계 - 품질개선 - 공정관리 - 품질보증

해설 위 문제3의 해설 순서이다.

05 • 97.2.2

품질관리 프로그램은 어디에 목표를 두고 있는가?
① 품질해석　② 품질조처
③ 품질평가　④ 품질보증

해설 품질관리는 생산시스템이나 소비자와 고객이 요구하는 품질의 제품이나 용역을 경제적으로 산출해 내기 위하여 과학적이고 합리적인 통제활동이다. 그러므로 품질관리는 품질보증을 위한 활동이다라고 할 수 있다.

06 • 97.2.2

다음 중 품질관리의 기능 중에서 통제기능에 속하지 않는 것은?
① 수입자재의 검사 및 관리
② 공정관리
③ 공구 및 측정기기 조립

ANSWER 1.④　2.④　3.④　4.②　5.④　6.④

④ 품질설계 및 비용 분석

해설 품질설계는 최고의 설계를, 비용분석은 최고의 효율을 위해서 당연히 필요한 기능이다.

07 • 93년도 • 97.10.12 • 99.10.10 • 00.3.26

제품의 품질을 정식으로 평가함으로서 회사의 품질수준을 유지하는데 드는 비용을 무엇이라고 하는가?

① 사내실패 코스트
② 평가 코스트
③ 예방 코스트
④ 실패 코스트

해설
- **예방코스트**란 품질개선 내지 불량 예방에 관련되는 활동으로 생성되는 비용.
- **평가코스트**란 품질특성이 기술적인 규격에 적합한가를 확인하기 위해 이를 측정하는데 드는 비용.
- **실패코스트**란 일정한 품질수준으로 미달됨으로써 야기된 결과에 드는 비용

08 • 96년도

다음 중 품질 코스트(cost) 구분의 특징에 속하지 않는 사항은?

① 설비 코스트
② 예방 코스트
③ 평가 코스트
④ 실패 코스트

해설 위 문제 7의 해설을 참조한다.

09 • 2003.3.30 • 2008전반

품질관리 활동의 초기단계에서 가장 큰 비율로 들어가는 코스트는?

① 평가 코스트   ② 실패 코스트
③ 예방 코스트   ④ 검사 코스트

해설 실패코스트는 품질수준을 유지하는데 실패하여 발생되는 불량품 및 불량원료에 의한 손실비용으로, 품질관리 활동의 초기단계에서는 그 제품에 대한 기본 데이터가 없으므로 실패비용이 가장 크게 들어간다.

10 • 2006.7.16

PERT에서 Network에 관한 설명 중 틀린 것은?

① 가장 긴 작업시간이 예상되는 공정은 주공정이라 한다.
② 명목상의 활동(Dummy)은 점선 화살표(⇢)로 표시한다.
③ 활동(Activity)은 하나의 생산 작업요소로서 원(○)으로 표시된다.
④ Network는 일반적으로 활동과 단계의 상호 관계로 구성된다.

해설 PERT는 계획 내용인 프로젝트의 달성에 필요한 전작업을 작업관련 내용과 순서를 기초로 하여 네트워크상(狀)으로 파악한다. 통상 프로젝트를 구성하는 작업내용은 이벤트(event)라 하여 원(圓)으로 표시하며, 각 작업의 실시는 액티비티(activity)라 하여 소요시간과 함께 화살표로 표시한다. 따라서 계획 내용은 이벤트, 액티비티 및 시간에 의해서 네트워크 모양으로 표시된다.

11 • 2003.3.30

PERT/CPM에서 Network 작도시 점선화살표는 무엇을 나타내는가?

① 단계(event)
② 명목상의 활동(dummy activity)
③ 병행활동(paralleled activity)
④ 최초단계(initial event)

해설 dummy activity는 실제로 존재하지 않는 활동으로 단지 네트워크를 구성할 때 선후관계를 조정하기 위한 보조수단으로 사용되며, 실제의 활동과 구분하기 위하여 점선 화살표로 나타낸다. event는 활동을 수행하고 있는 과정에서의 특정 시점(단계)을 의미한다.

ANSWER 7.② 8.① 9.② 10.③ 11.②

12 • 2004.7.18

더미활동(dummy activity)에 대한 설명 중 가장 적합한 것은?
① 가장 긴 작업시간이 예상되는 공정을 말한다.
② 공정의 시작에서 그 단계에 이르는 공정별 소요시간들 중 가장 큰 값이다.
③ 실제활동은 아니며, 활동의 선행조건을 네트워크에 명확히 표현하기 위한 활동이다.
④ 각 활동별 소요시간이 베타분포를 따른다고 가정할 때의 활동이다.

해설 위 문제11의 해설을 참조한다.

13 • 2004.4.4

TQC(Total Quality Control)란?
① 시스템적 사고방법을 사용하지 않는 품질관리 기법이다.
② 아프터 서비스를 통한 품질을 보증하는 방법이다.
③ 전사적인 품질정보의 교환으로 품질향상을 기도하는 기법이다.
④ QC부의 정보분석 결과를 생산부에 피드백하는 것이다.

해설 TQC(Total Quality Control)란 전사적 종합 품질관리로서 회사의 전원이 품질관리를 이해하고 조직적으로 품질의 정보를 교환하여 품질향상을 기도하는 기법이다.

14 • 2008.7.13

품질 특성을 나타내는 데이터 중 계수치 데이터에 속하는 것은?
① 무게　　　② 길이
③ 인장강도　　④ 부적합품의 수

해설 계수치란 개수로 셀 수 있는 이산형 품질특성으로 불량품의 수, 결점의 수, 안전사고 수, 결근 수 등이 있고, 계량치란 연속량으로 측정할 수 있는 연속형 품질특성으로 길이, 중량, 인장강도, 온도 등이다.

2. 통계적 방법

01 • 95년도 • 98년도 • 00.3.26

도수분포에서 히스토그램의 작도로 얻어지는 이점이 아닌 것은?
① 공전능력을 알 수 있다.
② 데이터의 시간적 변동 원인의 파악이 가능하다.
③ 품질 및 데이터의 분포 상태의 파악이 용이하다.
④ 공정해석 및 관리의 이용이 가능하다.

해설 이점으로는 품질이나 자료의 분포상태를 쉽게 파악할 수 있는 것, 공정의 해석이나 관리에 활용할 수 있다는 것, 공정능력을 파악할 수 있다는 것, 한계점으로는 자료의 시간적 변동에 따른 변동원이 파악을 할 수 없고, 관리도법에서 파악할 수 있는 군내변동과 군간 변동의 개념이 희박하다는 점, 그리고 자료의 분로를 얻기 위해 적어도 50~100개의 자료가 필요

02 • 02.4.7 • 2004.7.18

도수분포표에서 도수가 최대인 곳의 대표치를 말하는 것은?
① 중위수　　　② 비 대칭도
③ 모우드(mode)　④ 첨도

해설 도수분포표란 몇 개의 계급으로 나누고 각 계급의 도수를 조사하여 만든 표를 말한다. 중위수=중간값, 모드=최빈값(가장 많이 나타나는 빈도가 큰 변량값)

ANSWER 12.③ 13.③ 14.④ / 1.② 2.③

03 • 02.7.21

도수분포표를 만드는 목적이 아닌 것은?

① 데이터의 흩어진 모양을 알고 싶을 때
② 많은 데이터로부터 평균치와 표준 편차를 구할 때
③ 원 데이터를 규격과 대조하고 싶을 때
④ 결과나 문제점에 대한 계통적 특성치를 구할 때

해설 제품이나 공정으로부터 자료를 체계적으로 집계하고, 제조공정의 상황을 조사하고 분석하여 안정된 공정상태를 유지하기 위하여 품질특성치를 구하는데 그 목적이 있다.

04 • 2008전반

다음 중 데이터를 그 내용이나 원인 등 분류 항목별로 나누어 크기의 순서대로 나열하여 나타낸 그림을 무엇이라 하는가?

① 히스토그램(histogram)
② 파레토도(pareto diagram)
③ 특성요인도(causes and effects diagram)
④ 체크시트(check sheet)

해설 ① 파레토도 : 가로축에 불량항목 등 분석 또는 관리의 대상이 되는 항목을 취하고, 세로축에 퍼센트를 취해서 각 항목의 상대도수를 막대그래프로 나타내고 그 정점을 좌단의 항목에서부터 누적 꺾은선 그래프를 그린 것이다. 파레토도는 계수인자만을 선택하며, 층별항목을 선택하면 층별 파레토도를 작성한다.
② 히스토그램 : 도수분포를 나타내는 그래프로, 관측한 데이터의 분포의 특징이 한 눈에 보이도록 기둥 모양으로 나타낸 것이다. 기둥그래프·기둥모양그림 등이라고도 한다. 가로축에 각 계급의 계급간격을 나타내는 점을 표시하고, 이들 계급간격에 대한 구간 위에 이 계급의 도수에 비례하는 높이의 기둥을 세운다.
③ 회귀분석 : 1개 또는 그 이상의 독립변수와 종속변수 사이의 관계를 수학적인 함수식을 이용하여 규명하고자 하는 분석법을 말한다.
④ 특성요인도 : 문제의 특성이 어떤 요인(원인)으로 일어나는지 그 원인관계를 살펴보고 도식화(특성요인도)하여 문제점을 파악하고 해결을 생각하는 기법이다.

05 • 2006.4.2

문제가 되는 결과와 이에 대응하는 원인과의 관계를 알기 쉽게 도표로 나타낸 것은?

① 산포도
② 파레토도
③ 히스토그램
④ 특성요인도

해설 위 문제4의 해설을 참조한다.

06 • 2005전반

파레토그림에 대한 설명으로 가장 거리가 먼 것은?

① 부적합품(불량), 클레임 등의 손실금액이나 퍼센트를 그 원인별, 상황별로 취해 그림의 왼쪽에서부터 오른쪽으로 비중이 작은 항목부터 큰 항목 순서로 나열한 그림이다.
② 현재의 중요 문제점을 객관적으로 발견할 수 있으므로 관리방침을 수립할 수 있다.
③ 도수분포의 응용수법으로 중요한 문제점을 찾아내는 것으로서 현장에서 널리 사용된다.
④ 파레토그림에서 나타난 1~2개 부적합품(불량) 항목만 없애면 부적합품(불량)률을 크게 감소한다.

해설 위 문제4의 해설을 참조한다. 왼쪽에서부터 오른쪽으로 비중이 큰 항목부터 작은 항목 순서로 나열한 그림이다.

07 • 2010후반

다음 중 브레인 스토밍(brain storming)과 가장 관계가 깊은 것은?

① 파레토도
② 히스토그램
③ 회귀분석
④ 특성요인도

해설 브레인스토밍이란 팀별로 사용되는 아이디어 창출기법으로, 집단의 효과를 살리고, 아이디어의 연쇄반응을 불러 일으켜 자유 분방하게 질과 관계없이 가능한 많은 아이디어를 생성함으로써 문제의 개선이나 문제에 대한 해결을 위한 기회를 찾기 위해 이용한다.

ANSWER 3.④ 4.② 5.④ 6.① 7.④

08 • 2003.7.20
다음의 데이터를 보고 편차 제곱합(S)을 구하면?(단, 소숫점 3자리까지 구하시오.)

[Data] : 18.8, 19.1, 18.8, 18.2, 18.4, 18.3, 19.0, 18.6, 19.2

① 0.338　　② 1.029
③ 0.114　　④ 1.014

해설 여기에서 데이터의 총합
=18.8+19.1+18.8+18.2+18.4+18.3+19.0+18.6+19.2
=168.4, 평균은 168.4/9=18.711이다.
편차제곱합=
$(18.8-18.711)^2+(19.1-18.711)^2+(18.8-18.711)^2+(18.2-18.711)^2$
$+(18.4-18.711)^2+(18.3-18.711)^2+(19.0-18.711)^2$
$+(18.6-18.711)^2+(19.2-18.711)^2=1.028889$

09 • 2005.7.17
다음 데이터로부터 통계량을 계산한 것 중 맞는 것은?

[데이터] : 21.5, 23.7, 24.3, 27.2, 29.1

① 중앙값(Me)=24.3
② 편차제곱합(S)=7.59
③ 시료분산(s^2)=8.988
④ 범위(R)=7.6

해설 :
$M(평균값) = \dfrac{21.5+23.7+24.3+27.2+29.1}{5} = 25.16$
$S = (25.16-21.5)^2 + (25.16-23.7)^2 + (25.16-24.3)^2$
$\quad + (25.16-27.2)^2 + (25.16-29.1)^2 = 35.952$
$S^2 = \dfrac{S}{n} = \dfrac{35.952}{5} = 7.19$.
$R = x_{max} - x_{min} = 29.1 - 21.5 = 7.6$으로 계산된다.

10 • 2010전반
다음 중 통계량의 기호에 속하지 <u>않는</u> 것은?
① σ　　② R
③ s　　④ $\overline{x}$

해설 모수는 모집단의 특성치로 σ는 모집단 분산기호이다. 통계량은 모집단으로부터 얻어진 표본(sample)에서 구한 것으로 R은 범위, s는 표준편차, $\overline{x}$는 평균을 나타낸다.

3. 샘플링 검사

01 • 94년도
다음 중 검사의 목적이 <u>아닌</u> 것은?
① 좋은 로트와 나쁜 로트를 구별하기 위해
② 측정기기의 정밀도를 측정하기 위해
③ 시험방법의 정확성을 확인하기 위해
④ 검사원의 정확도를 평가하기 위해

해설 검사의 목적은 다음과 같다.
- 양호품과 불량품 혹은 좋은 로트와 나쁜 로트를 구별하기 위해
- 공정의 변화와 공정과 규격한계의 변화를 판단하기 위해
- 제품의 결점정도를 평가하고, 측정기기의 정밀도를 측정하기 위해
- 검사원의 정확도와 제품설계에 필요한 정도를 얻기 위해
- 공정능력을 측정하기 위해

02 • 2004.4.4
샘플링 검사의 목적으로서 틀린 것은?
① 검사비용 절감
② 생산공정상의 문제점 해결
③ 품질향상의 자극
④ 나쁜 품질인 로트의 불합격

해설 위 문제1의 해설을 참조한다.

ANSWER　8.②　9.④　10.①　/　1.③　2.②

03 • 00.3.26

공장에 있어서의 샘플링 검사의 목적 분류에 속하지 <u>않는</u> 것은?
① 공장 관리를 위해
② 검사를 위해
③ 원재료와 제품 로트의 특성을 추정하기 위해
④ 공정 단축을 위해

해설 위 문제 1의 해설을 참조한다.

04 • 02.4.7

모집단의 참값과 측정 데이터의 차를 무엇이라 하는가?
① 오차　　② 신뢰성
③ 정밀도　④ 정확도

해설 참값에서 측정값을 뺀 값을 오차라 한다.

05 • 99.4.18

각개검사에서 품질이 좋으면 일부검사로 옮기고, 일부 검사에서 품질이 나쁘면 각개검사로 옮겨지는 샘플링 검사 방식은?
① 계수조정형 샘플링 검사
② 계수연속생산형 샘플링 검사
③ 계수선별형 샘플링 검사
④ 계량규준형 샘플링 검사

해설 **조정형 샘플링검사** : 합격품질인 수준을 정하고 품질이 좋은 공급자에게는 낮은 샘플링 검사를 실시하고 나쁜 품질을 공급하는 자에게는 높은 샘플링 검사를 실시, 선별형 샘플링검사: 판정기준에 따라 불량품 수가 합격판정개수 이하인 로트는 합격시키고 반대인 경우는 그 로트를 전수검사를 행하는 방식(예:공정검사, 출하검사), 연속생산형 샘플링 검사: 평균품질을 지정된 평균출검 품질한계에 들어가도록 하는 방식으로 불합격된 로트의 선별을 위해 전수검사 대신 엄격한 품질한계의 샘플링검사에 대비해 예비검사를 적용

06 • 02.7.21

공급자에 대한 보호와 구입자에 대한 보증의 정도를 규정해 두고 공급자의 요구와 구입자의 요구 양쪽을 만족하도록 하는 샘플링의 검사방식은?
① 규준형 샘플링 검사
② 조정형 샘플링검사
③ 선별형 샘플링 검사
④ 연속생산형 샘플링 검사

해설 규준형 샘플링 검사는 롯트 그 자체의 합격, 불합격을 결정하는 것으로, 공급자에 대한 보호와 구입자에 대한 보호의 두 가지를 규정해서 공급자의 요구와 구입자의 요구와의 양쪽을 만족하도록 짜여져 있는 점이 특징이다.(공급자와 구입자 보호방식)

07 • 2008전반

로트로부터 시료를 샘플링해서 조사하고, 그 결과를 로트의 판정기준과 대조하여 그 로트의 합격, 불합력을 판정하는 검사를 무엇이라 하는가?
① 샘플링 검사　② 전수 검사
③ 공정검사　　 ④ 품질검사

해설 샘플링검사란 물품을 샘플링하여 측정한 결과를 판정기준과 비교하여 개개의 물품에 양호, 불량 또는 로트의 합격, 불합격의 판정을 내리는 것이다.

08 • 2009.7.12

200개들이 상자가 15개 있다. 각 상자로부터 제품을 랜덤하게 10개씩 샘플링 할 경우 이러한 샘플링 방법을 무엇이라 하는가?
① 계통샘플링　　② 취락샘플링
③ 층별샘플링　　④ 2단계샘플링

해설 **샘플링 방법**
① **랜덤샘플링** : 같은 확률로 뽑히도록 샘플링하는 것.
② **계통샘플링** : 시간 혹은 공간적으로 일정 간격에 따라 샘플링
③ **취락샘플링** : 모집단을 몇 개의 부분으로 나누고 그 나누어진 부분 가운데서 몇 개의 집단을 선택하고 선택된 집단을 모두 샘플로 취하는 것
④ **층별샘플링** : 모집단을 층별로 구분한 후 각층에서 각각 랜덤샘플링
⑤ **2단샘플링** : 샘플링 후 샘플링
⑥ **다단샘플링** : 3단 샘플링 이상으로 몇 단계샘플링

ANSWER 3.④　4.①　5.①　6.①　7.①　8.③

제5편 공업경영　**435**

09 • 2007.4.4

모집단을 몇 개의 층으로 나누고 각 층으로 부터 각각 랜덤하게 시료를 뽑는 샘플링 방법은?
① 층별 샘플링   ② 2단계 샘플링
③ 계통 샘플링   ④ 단순 샘플링

해설 위 문제8의 해설을 참조한다.

10 • 2003.3.30

그림의 OC곡선을 보고 가장 올바른 내용을 나타낸 것은?

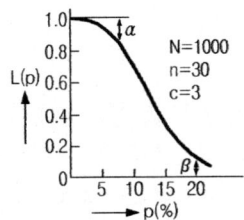

① α : 소비자 위험
② L(p) : 로트의 합격확률
③ β : 생산자 위험
④ 불량율 : 0.03

해설 OC곡선이란 로트의 불량률에 따른 로트의 합격확률을 구하여 불량률을 x축, 로트의 합격확률을 y축으로 하여 그래프로 나타낸 것을 말하는 것으로, 품질이 좋은 로트와 나쁜 로트를 구분하는 샘플링 검사방식이다. 여기서 생산자 위험을 α로, 소비자 위험을 β로, 로트의 합격률을 L(p)로, 로크의 불합격 확률R(p)은 1−L(p)가 된다.

11 • 2010후반

로트의 크기가 시료의 크기에 비해 10배 이상일 때, 시료의 크기와 합격판정계수를 일정하게 하고 로트의 크기를 증가시키면, 검사특성곡선의 모양 변화에 대한 설명으로 가장 적절한 것은?
① 무한대로 커진다.
② 거의 변화하기 않는다.
③ 검사특성곡선의 기울기가 완만해진다.
④ 검사특성곡선의 기울기 경사가 급해진다.

해설 검사특성곡선이 OC곡선이다. 로트의 크기가 시료의 크기에 비해 10배 이상 일 때, 시료의 크기와 합격판정계수를 일정하게 하고 로트의 크기를 증가시키면 OC곡선은 거의 변화가 없다.

12 • 2010전반

계수 규준형 샘플링검사의 OC곡선에서 좋은 로트를 합격시키는 확률을 뜻하는 것은? (단, α는 제1종과오, β는 제2종과오이다)
① α ② β
③ $1 - \alpha$ ④ $1 - \beta$

해설 제1종과오란 실제는 진실인데 거짓으로 판정하는 과오를 말하며, 양품을 불량품이라고 판정하는 위험을 생산자위험이라고 하고 확률로 표시한다. 제2종과오는 실제는 거짓인데 진실로 판정하는 과오를 말하며, 불량품을 양품이라고 판정하는 위험을 소비자위험이라고 하고 확률로 표시한다.

13 • 2005.7.17

다음 중 로트별 검사에 대한 AQL 지표형 샘플링검사 방식은 어느 것인가?
① KS A ISO 2859−0
② KS A ISO 2859−1
③ KS A ISO 2859−2
④ KS A ISO 2859−3

해설 LQ지표형 샘플링 검사−KS A ISO 2859−2, 스킵로트 샘플링 검사−KS A ISO 2859−3를 나타내고, AQL 지표형 샘플링검사−KS A ISO 2859−1를 나타낸다.

14 • 2006.4.2 • 2008.7.13

계수 규준형 1회 샘플링 검사(KSA3102)에 관한 설명 중 가장 거리가 먼 것은?
① 검사에 제출된 로트의 공정에 관한 사전 정보가 없어도 샘플링 검사를 적용할 수 있다.
② 생산자측과 구매자측이 요구하는 품질보호를 동시에 만족시키도록 샘플링 검사방

ANSWER 9.① 10.② 11.② 12.③ 13.② 14.③

법을 선정한다.
③ 파괴검사의 경우와 같이 전수검사가 불가능한 때에는 사용할 수 없다.
④ 1회만의 거래시에도 사용할 수 있다.

해설 공급자에 대한 보호와 구매자(고객)에 대한 보증의 정도를 규정하고 양자 요구가 충족되도록 짜인 것이 특징이다. 즉 OC곡선상의 불량률과 같은 좋은 품질의 로트가 불합격될 확률 α(생산자 위험)를 5%로 정하여 공급자를 보호하고, 불량률 과 같은 나쁜 품질의 로트가 합격될 확률 β(소비자 위험)를 10%로 정해 구매자를 보호한다.

15 • 2009.3.29

부적합 품질이 1%인 모집단에서 5개의 시료를 랜덤하게 샘플링할 때, 부적합품수가 1개일 확률은 약 얼마인가?(단, 이항분포를 이용하여 계산한다.)

① 0.048 ② 0.058
③ 0.48   ④ 0.58

해설 식으로 표현하면,
$$P(X=1) = \binom{n}{X}P^X(1-P)^{n-X}$$
$$= \binom{5}{1} \times 0.01^1 \times (1-0.01)^{5-1} = 0.048$$

16 • 2010후반

로트의 크기가 30, 부적합품이 10%인 로트시, 시료의 크기를 5로 하여 랜덤 샘플링할 때 시료 중 부적합 품수가 1개 이상일 확률은 얼마인가? (단, 초기하분포를 이용하여 계산한다)

① 0.3695 ② 0.4335
③ 0.5665 ④ 0.6305

해설 부적합 품수가 0개일 확률은 N=30, 부적합품수(M)=30×0.1=3, 적합품수(N−M)=30−3=27이다.
$$P(X=0) = \frac{\binom{M}{X}\binom{N-M}{n-X}}{\binom{N}{n}} = \frac{\binom{3}{0}\binom{27}{5}}{\binom{30}{5}} = 0.5665$$
$$P(X \geq 1) = 1 - P(X=0) = 1 - 0.5665 = 0.4335$$로 계산된다.

17 • 2003.7.20 • 2006.7.16 • 2009.7.12

어떤 측정법으로 동일 시료를 무한 횟수 측정하였을 때 데이터의 분포의 평균치와 참값과의 차를 무엇이라 하는가?

① 신뢰성 ② 정확성
③ 정밀도 ④ 오차

해설 어떤 측정법으로 동일한 시료를 무한횟수로 측정하였을 시 그 데이터 분포의 평균치와 참값의 차를 정확성(치우침)이라 한다.

18 • 2004.7.18

다음 중 검사항목에 의한 분류가 아닌 것은?

① 자주검사 ② 수량검사
③ 중량검사 ④ 성능검사

해설 검사항목에는 수량검사, 중량검사, 성능검사 등이 있다.

19 • 2005전반 • 2007.7.15

다음 중 검사를 판정의 대상에 의한 분류가 아닌 것은?

① 관리 샘플링 검사
② 로트별 샘플링 검사
③ 전수검사
④ 출하검사

해설 검사방법(판정의 대상)에 의한 분류로 전수검사, Lot별 샘플링 검사(판정대상집단에서 추출된 시료의 판정에 의해 집단의 상태를 판정하려는 검사), 관리 샘플링 검사(제조공정관리, 공정검사조정, 검사의 체크를 목적으로 하여 행하는 검사), 무검사 등이 있다.

20 • 2009.3.29

다음 검사의 종류 중 검사공정에 의한 분류에 해당되지 않는 것은?

① 수입검사 ② 출하검사
③ 출장검사 ④ 공정검사

해설 검사공정에 따른 분류에는 수입검사, 공정검사, 최종검사, 출하검사, 기타검사로 나누어진다.

ANSWER 15.① 16.② 17.② 18.① 19.④ 20.③

4. 관리도

01 • 95년도 • 98년도 • 00.3.26

관리도의 목적은 공정에 대한 데이터를 (a)하여 필요한 정보를 얻고, 이에 의해서 공정을 효과적으로 (b)해 나가려는데 있다. ( )속에 맞는 것은?

① a : 관리, b : 해석
② a : 관리, b : 검토
③ a : 검토, b : 해석
④ a : 해석, b : 관리

해설 관리도는 품질의 산포가 우연원인이나 이상 원인에 의한 것인지를 밝혀주는 역할 즉 공정이 관리상태하에 있는지 아닌지를 표지해 주는 역할을 한다.

02 • 97년도

다음 중에서 관리도의 습관성이 아닌 것은?

① 사이클   ② 주기
③ 변동경향   ④ 중심

해설 관리도의 습관성은 사이클, 주기, 변동경향을 가지고 있다.

03 • 02.4.7 • 2010후반

관리도에서 점이 관리한계 내에 있으나 중심선 한쪽에 연속해서 나타나는 점의 배열현상을 무엇이하 하는가?

① 런   ② 경향
③ 산포   ④ 주기

해설 런은 중심선의 한쪽에서 연속적으로 나타나는 점, 경향은 점점 올라가거나 내려가는 경우, 주기성(cycle)은 점이 주기적으로 상하 변동하는 파형을 나타내는 경우, 산포는 흩어져 있음 등을 나타낸다.

04 • 2003.3.30

관리도에 대한 설명 내용으로 가장 관계가 먼 것은?

① 관리도는 공정의 관리만이 아니라 공정의 해석에도 이용된다.
② 관리도는 과거의 데이터의 해석에도 이용된다.
③ 관리도는 표준화가 불가능한 공정에는 사용할 수 없다.
④ 계량치인 경우에는 x-R 관리도가 일반적으로 이용된다.

해설 관리도란 공정이 안정된 상태에 있는지를 조사하거나 공정을 안정된 상태로 유지하기 위해 활용하는 도표를 말한다. 그래서 표준화가 불가능한 공정에도 사용할 수가 있다. 관리도에서는 공정의 평균과 산포, 불량률 등의 관리이탈, 편향 경향을 지닌 변화, 주기적인 변동 등과 같은 공정상의 이상 정보를 발견할 수 있다.

05 • 02.7.21 • 2007.4.4 • 2010전반

u 관리도의 관리한계선 공식으로 가장 옳은 것은?

① $\bar{u} \pm 3\sqrt{u}$ ② $\bar{u} \pm \sqrt{u}$
③ $\bar{u} \pm 3\sqrt{\dfrac{u}{n}}$ ④ $\bar{u} \pm \sqrt{n - \bar{u}}$

해설 U관리도는 직물의 얼룩, 에나멜선의 바늘구멍과 같은 결점수를 품질 특성치로 관리하고자 할 때 사용하며, 표본의 면적, 길이 등이 일정하지 않는 경우에도 사용 가능하다. 위 보기에서 u는 단위당 결점수, $\bar{u}$는 평균결점수를 나타낸다.

06 • 2003.7.20

관리한계선을 구하는데 이항분포를 이용하여 관리선을 구하는 관리도는?

① Pn 관리도   ② U관리도
③ X-R관리도   ④ X관리도

ANSWER 1.④ 2.④ 3.① 4.③ 5.③ 6.①

해설: 이항분포를 이용하여 상한계선과 하한계선을 구하는 관리도는 P관리도와 Pn관리도이다. 이 방법들은 불량률을 구할 때 많이 사용되며, P관리도는 추출하는 샘플군(부분군)이 일정하지 않을 시에, Pn관리도는 부분군이 일정할 때에 사용한다.

07 • 2004.7.18

미리 정해진 일정 단위 중에 포함된 부적합(결점)수에 의거 공정을 관리할 때 사용하는 관리도는?

① p관리도 　② nP관리도
③ c관리도 　④ u관리도

해설: 관리도는 공정상의 상태를 나타내는 특성값에 관해서 그려진 그래프로서 공정을 관리상태로 유지하기 위해 사용된다.
① p관리도 : 불량률이 p인 생산공정으로부터 크기 n의 샘플을 취해 그 중에서 발견되는 불량개수를 X라 하면 X는 이항분포b(n, p)를 따르고 그 평균과 분산은 각각 np, np(1−p) 이다.
② np관리도 : 불량률 관리도에서 부분군 크기 n이 일정한 경우에는 부분군 불량률 대신 부분군내 불량개수 X를 관리하는 np 관리도를 사용한다.
③ c관리도 : 미리 정해진 일정 단위 중에 포함된 결점수에 의거 공정을 관리할 때 C관리도를 사용한다.

08 • 2007.7.15

M타입자동차 또는 LCD TV를 조립 완성한 후 부적합수(결점수)를 점검한 데이터에는 어떤 관리도를 사용하는가?

① P 관리도 　② nP 관리도
③ C 관리도 　④ x−R 관리도

해설: 위 문제7의 해설을 참조한다.

09 • 2005전반

np관리도에서 시료군마다 n=100이고, 시료군의 수가 k=20이며, $\sum nP = 77$이다. 이때 nP관리도의 관리상한선 UCL을 구하면 얼마인가?

① UCL=8.94 　② UCL=3.85
③ UCL=5.77 　④ UCL=9.62

해설: $UCL = nP + 3\sqrt{nP(1-P)}$ 이므로, 여기서 P는 총제품의 수에 대한 총부적합품수의 비를 말하고, 문제에서 $\sum_{k=1}^{20} nP = 77$이라는 말은 정확하게 표현하면 (시료군 20개), 이 말은 시료군 20개의 nP를 모두 더한 것이 77이므로, 시료군 각각의 $nP = \frac{77}{20} = 3.85$, n=1000|므로, nP=100 × P=3.85에서 $P = \frac{3.85}{100} = 0.0385$이다. 그대로 대입하면, $UCL = 100 \times 0.0385 + 3\sqrt{100 \times 0.0385(1-0.0385)} = 9.62$로 계산된다.

10 • 2009.7.12

$\bar{x}$ 관리도에서 관리상한이 22.15, 관리하한이 6.85, $\bar{R}=7.5$일 때 시료군의 크기(n)는 얼마인가? (단, n=2일 때 A_2=1.88, n=3일 때 A_2=1.02, n=4일 때 A_2=0.73, n=5일 때 A_2=0.580이다)

① 2 　② 3
③ 4 　④ 5

해설: $UCL = \bar{x} + A_2\bar{R}$, $LCL = \bar{x} - A_2\bar{R}$ 이므로, 두 식을 빼면 $UCL - LCL = 2A_2\bar{R}$로 식을 변환할 수 있다. 그대로 대입하면 $22.15 - 6.85 = 2 \times A_2 \times 7.5$이므로, $A_2 = \frac{22.15 - 6.85}{2 \times 7.5} = 1.02$로 계산된다.
그러므로 n=30| 된다.

11 • 2009.3.29

다음 중 계수치 관리도가 아닌 것은?

① d 관리도 　② p 관리도
③ u 관리도 　④ x 관리도

해설: 계수치 관리도 종류에는 다음과 같다.
① P 관리도 : 불량율
② Pn 관리도 : 불량 개수
③ C 관리도 : 결점 수
④ U 관리도 : 단위당 결점 수
⑤ Defective(불량) : 단위 수량에 사용
⑥ Defect(결점) : 단일부품에 여러 개의 결점

ANSWER 7.③ 8.③ 9.④ 10.② 11.④

12 • 2004.4.4

계수값 관리도는 어느 것인가?
① R관리도　　② x관리도
③ P관리도　　④ x-P 관리도

해설 위 문제11의 해설을 참조한다.

13 • 2005.7.17

다음 중 계량치 관리도는 어느 것인가?
① R 관리도　　② nP 관리도
③ C 관리도　　④ U 관리도

해설 위 문제11의 해설을 참조한다.

14 • 2006.7.16

축의 완성 지름, 철사의 인장강도, 아스피린 순도와 같은 데이터를 관리하는 가장 대표적인 관리도는?
① $\bar{x}-R$ 관리도　　② nP 관리도
③ C 관리도　　④ U 관리도

해설 $\bar{x}-R$ 관리도에 영향을 미치는 요인은 잘 훈련받지 못했거나 피로한 작업자나 검사원, 품질이 균일하지 못한 원자재, 느슨해졌거나 과도하게 조여진 진동장치, 불안정하거나 수리를 요하는 장비 등이 있다.

15 • 2008전반

C관리도에서 k=20인 군의 총부적합(결점)수 합계는 58이었다. 이 관리도의 UCL, LCL을 구하면 약 얼마인가?
① UCL=6.92　　LCL=0
② UCL=4.90　　LCL는 고려하지 않음
③ UCL=6.92　　LCL는 고려하지 않음
④ UCL=8.01　　LCL는 고려하지 않음

해설 $UCL = C + 3\sqrt{C}$ 이고, $LCL = C - 3\sqrt{C}$.
$C = \frac{58}{20} = 2.9$(중심선)이므로,
$UCL = 2.9 + 3\sqrt{2.9} = 8.01$ 이고,
$LCL = 2.9 - 3\sqrt{2.9} = -2.209$로 계산된다.

기타 공업경영에 관한 사항

01 • 2006.7.16

TPH 활동의 기본을 이루는 3정 5S 활동에서 3정에 해당되는 것은?
① 정시간　　② 정돈
③ 정리　　　④ 정량

해설 3정은 정량, 정품, 정위치를 말하며, 5S는 정리, 정돈, 청소, 청결, 질서를 말한다.

02 • 2007.7.15

"무결점운동"이라고 불리우는 것으로 품질개선을 위한 동기부여 프로그램은 어느 것인가?
① TQC　　　② ZD
③ MIL-STD　④ ISO

해설 무결점(Zero Defect)운동이란 품질관리기법을 일반 사무관리까지 적용시켜 기업의 모든 부분에서 결점이 없도록 업무를 수행하자는 운동이다.

ANSWER　12.③　13.①　14.①　15.④　/　1.④　2.②

VI

과년도 기출문제

2010년 1회 기출문제

자동차정비기능장

01. 연소실 체적이 45cm³, 압축비가 7.3일 때, 이 기관의 행정체적은 몇 cm³인가?
① 283.5　② 293.5
③ 328.5　④ 338.5

해설 압축비$(\epsilon) = \dfrac{행정체적 + 연소실체적}{연소실체적}$
$= \dfrac{x + 45}{45} = 7.3$
$x = 7.3 \times 45 - 45 = 283.5 cm^3$

02. 다음 중 압축비가 가장 높은 기관은?
★2003.3.30
① 디젤기관　② 소구기관
③ 가솔린기관　④ LPG기관

해설 보통 가솔린 기관의 압축비는 8~10정도, 디젤기관의 압축비는 15~22정도로 상당히 높다. 그 이유는 디젤기관이 압축한 공기의 온도상승과 고압에 의해 착화하는 압축착화 기관이기 때문이다. 소구기관은 열 전구에 의한 흡기가열에 의해 착화하는 기관이므로 디젤기관 보다는 압축비가 낮아도 된다.

03. 기계효율이 20%, 도시마력이 250PS일 때, 제동마력은?
① 25PS　② 50PS
③ 75PS　④ 150PS

해설 $\eta_m = \dfrac{BHP}{IHP} \times 100$,
η_m: 기계효율, BHP: 제동마력(PS),
IHP: 도시마력(PS)
$0.20 = \dfrac{BHP}{250}$, $BHP = 0.2 \times 250 = 50Ps$

04. 제동마력이 52.7PS, 실린더의 지름이 80mm, 행정이 96mm, 도시평균 유효압력이 10kg/cm² 인 4행정 4실린더 가솔린 기관이 3000rpm으로 회전할 경우 기계효율은?
① 약 62.7%　② 약 74.3%
③ 약 81.9%　④ 약 84.2%

해설 $N_b = \dfrac{P_{mb} VsRZ}{75 \times 60 \times 100} = \dfrac{P_{mb}\left(\dfrac{\pi d^2}{4}\right) lRZ}{75 \times 60 \times 100}$

$52.7 = \dfrac{P_{mb} \times \left(\dfrac{\pi \times 8^2}{4}\right) \times 9.6 \times \dfrac{3000}{2} \times 4}{75 \times 60 \times 100}$

$P_{mb} = \dfrac{52.7 \times 75 \times 60 \times 100 \times 2}{(\pi \times 8^2 \times 9.6 \times 3000)} = 8.19 kgf/cm^2$

기계효율=제동평균유효압력/도시(지시)평균유효압력
=8.19/10=0.819이므로 81.9%이다.

05. 내연기관에서 노킹과 조기점화에 대한 설명으로 틀린 것은?
① 가솔린노크는 점화시기가 빠른 경우 나타난다.
② 디젤노크는 연료 착화지연기간이 긴 경우에 나타난다.
③ 실린더 내의 적열점 등에 의해서 점화 시기보다 빠르게 점화되는 현상을 조기점화라고 부른다.
④ 노킹과 조기점화는 서로 관계가 없고 현상도 다르다.

해설 노킹과 조기점화는 밀접한 관계가 있다. 노킹이 일어나면 과열이 되고, 과열이 되면 열점이 형성되어 가솔린 조기점화를 가져온다. 또한, 디젤의 노킹은 착화지연기간이 길어서 분사된 연료가 모여 있다가 갑자기 착화연소하여 압력상승하는 것을 말한다.

ANSWER 01.① 02.① 03.② 04.③ 05.④

06. 피스톤 재질로서 가장 거리가 먼 것은?
① 화이트메탈
② 구리계의 Y합금
③ 특수 주철
④ 규소계의 Lo-Ex합금

해설 피스톤의 재질로는 Y 합금, 로-엑스 합금, 특수주철을 사용한다. 화이트메탈은 베어링메탈이다.

07. 가솔린 기관에서 밸브기구 중에 유압태핏 방식의 밸브간극 조정은?
① 운전할 때마다 조정한다.
② 정기 점검 시 한다.
③ 다른 일반형과 같이 한다.
④ 자동으로 조정된다.

해설 가솔린 기관의 유압태핏을 살펴보면 윤활유(오일)가 들어가는 작은 구멍이 있다. 이를 통한 윤활유(오일)압력에 의해 자동으로 밸브의 간극이 조정된다.

08. 내연기관에서 실린더의 불완전 윤활의 원인으로 틀린 것은?
① 상사점 및 하사점에서 속도가 0이 되므로 연소실 압력이 낮아져 유막이 파괴된다.
② 고온가스에 의한 점도저하로 유막이 파괴된다.
③ 링 플러터(ring flutter)에 의한 가스누설, 열화증발 및 연소 등에 의하여 유막이 파괴된다.
④ 연소에 의한 카본발생으로 링이 고착되면 블로바이가스 때문에 유막이 파괴된다.

해설 상사점 및 하사점에서는 피스톤의 속도가 0이 된다. 그러나 연소실의 압력은 피스톤이 상사점에서 높아지고 하사점에서는 낮다는 말이 틀린 부분이다.

09. 기관이 과냉 되었을 때 기관에 미치는 영향으로 적당하지 않은 것은?
① 연료의 응축으로 연소가 불량해진다.
② 열효율이 저하된다.
③ 연료소비율이 감소된다.
④ 기관의 오일 점도가 높아져 회전저항이 커진다.

해설 보기 ③에서 기관이 과냉하면 ECM(엔진제어모듈)은 냉각수온도 신호를 받아 빨리 워밍업을 시키기 위해 연료를 추가하므로, 연료소비율이 증가한다.

10. 가솔린기관에서 가변흡기장치의 설명으로 적합하지 않은 것은?
① 흡기밸브의 열림과 닫힘 시기를 조절하여 밸브 오버랩을 증가시킨다.
② 엔진회전수와 엔진부하에 따라 흡기다기관의 길이를 변화시킨다.
③ 엔진이 저속 회전시 흡기다기관의 길이를 길게 하여 관성 과급효과를 본다.
④ 엔진이 고속 회전시 흡기다기관의 길이를 짧게 하여 흡입저항을 줄인다.

해설 보기의 ②, ③, ④를 가변흡기장치라 하며, 보기 '①'은 가변밸브타이밍(CVT: Continuously Variable Valve Timing)을 말하고 있다.

11. 연료의 휘발성을 표시하는 방법으로 틀린 것은?
① ASTM 증류법
② 리드 증기압
③ 기체/액체 비율
④ 퍼포먼스 수

해설 연료의 휘발성을 표시하는 3가지 방법
① ASTM증류방법 : 증류 플라스크(flask), 응축장치, 계량비이커 등을 사용하여 증류온도와 증류량의 관계를 알아내는 방법.
② 리드 증기압(Reid vapor pressure : RVP) : 밀폐된 용기 안에 들어있는 액체의 증기가 된 부분에 의해서 밀폐된 용기의 벽면단위면적에 작용하는 힘으로 표시.
③ 기체/액체비율(vapor/liquid ratio ; V/L) : 연료의 기포 발생 경향을 나타내는 척도

12. LPG자동차를 운행하던 중 연료소비가 크게 증가하는 원인으로 가장 거리가 먼 것은?
① 연료 필터가 불량하여 연료의 송출량이 많을 경우
② 믹서의 스로틀 어저스팅 스크류 조정이 잘못되었을 경우
③ 베이퍼라이저의 1차 압력 조정이 잘못되었을 경우
④ 베이퍼라이저의 1,2차 밸브가 타르에 의해 부식되었을 경우

ANSWER 06.① 07.④ 08.① 09.③ 10.① 11.④ 12.①

제6편 과년도기출문제 **443**

해설 연료필터가 불량하면 필터의 불순물에 의해 막히므로 연료가 잘 흐를 수 없게 된다. 결과적으로 송출량은 작아지고 이는 연료소비를 낮게 할 것이다.

13. 디젤기관 분사펌프의 딜리버리 밸브의 역할과 가장 거리가 먼 것은? ★2003후반
① 고압 파이프 내 연료의 잔압을 유지
② 분사펌프의 연료분사량을 증감
③ 연료의 역류방지
④ 후적을 방지

해설 딜리버리 밸브는 규정압력이 되면 열리고, 압력이 급격히 낮아지면 스프링에 의해 닫혀 연료가 역류하는 것을 방지하고, 잔압을 유지시킨다. 또한 급격한 연료압의 저하와 함께 신속히 닫혀서 후적(분사 후 노즐에 연료방울이 맺히는 현상)을 방지한다. 연료분사량을 증감하는 장치는 조속기이다.

14. 촉매 변환기가 가장 좋은 정화성능을 발생시키는 공기와 연료의 혼합비는?
① 최대출력 혼합비
② 최소출력 혼합비
③ 이론공기연료 혼합비
④ 희박공기연료 혼합비

해설 촉매변환기에서 CO, HC, NOx의 정화율이 공통으로 좋은 범위가 이론혼합비 부근이다.

15. 흡입 공기통로에 발열 저항체를 설치하여 공기량에 따라 발열 저항체의 온도를 일정하게 유지하도록 공급 전류를 변화시켜 그 전류값으로 공기량을 계측하는 방식은?
① 칼만 맴돌이식 에어플로미터
② 베인 플레이트 에어플로미터
③ 핫 와이어 에어플로미터
④ 흡입 부압 에어플로미터

해설 열선식은 발열체로 백금선 와이어를 사용하여 이 와이어를 전기적으로 가열한다. 즉, 흡입유량이 많으면 열선을 가열하는 전류를 크게 필요로 한다. 핫필름식의 원리도 열선식과 같으며 공기유량의 증가에 따른 세라믹 기판의 층저항 변화를 가져온다.

16. 전자제어 가솔린기관의 연료공급 장치에서 재시동을 쉽게 하여 고온 시 베이퍼 록 현상을 방지시키는 것은?
① 체크 밸브   ② 세이프티 밸브
③ 릴리프 밸브   ④ 다이어프램

해설 체크밸브은 펌프가 정지한 후 스프링에 의해 닫히고, 연료라인 내의 잔압을 갖게 한다. 이 잔압으로 인하여 시동시 연료펌프가 구동되어 연료압력이 상승하는 구간을 짧게 하여 재시동성을 향상 시킨다. 또한 이 잔압은 엔진이 정지한 직후 연료 라인의 온도 상승에 의한 베이퍼 록을 방지할 수 있다. 그리고 역류를 방지한다.

17. MPI(Multipoint Injection)계통의 차량에서 ECU(컴퓨터)로의 입력센서가 아닌 것은?
★2006.4.2
① 공기흐름센서
② 산소센서
③ 스로틀포지션센서
④ 퍼지 컨트롤 센서

해설 퍼지컨트롤센서라는 말은 없다. 퍼지컨트롤솔레노이드 밸브란 크랭크케이스 내부의 가스(블로바이가스)를 순화시키는 밸브이다.

18. 주파수가 20Hz이고 가동시간이 15ms 일 때, Duty(%)는? ★2005.7.17
① 15%   ② 30%
③ 50%   ④ 35%

해설 20Hz라는 말은 초당 20개의 주기가 있는 것이므로, 한 주기는 $T = \frac{1}{20}$(초)이다.

$$듀티율 = \frac{on되는구간}{한주기} = \frac{15 \times 10^{-3}}{\frac{1}{20}} = \frac{15 \times 20}{10^3} = 0.3$$

즉 30%가 된다.

19. 기관의 회전력이 15.5kgf·m이고 3200rpm으로 회전하고 있다. 이때 클러치에 의해 전달되는 마력(PS)은? ★2006.4.2
① 56.3   ② 61.3
③ 66.3   ④ 69.3

해설 전달마력$(Ps) = T \times \omega = \frac{2 \times \pi \times T \times R}{75 \times 60}$

$$Hp = \frac{2 \times \pi \times 15.5 \times 3200}{75 \times 60} = 69.3 Ps$$

ANSWER 13.② 14.③ 15.③ 16.① 17.④ 18.② 19.④

20. 자동차의 최대 안전 경사각도를 경사각도 측정기를 이용하여 측정하는 방법을 설명한 내용 중 틀린 것은?
① 자동차는 공차 상태로 하고, 좌석은 정위치에 창 유리등은 닫은 상태로 한다.
② 측정단위는 도(°)로 하고 소수점 첫째 자리까지 측정한다.
③ 측정기에 설치된 차륜 정지장치에 좌측 또는 우측의 모든 차륜을 밀착시키고 반대측의 모든 차륜이 측정기의 답판에서 떨어지는 순간 답판의 수평면과 이루는 각도를 좌측 방향과 우측 방향에 대하여 각각 측정한다.
④ 공기 스프링 장치를 가진 자동차에 대하여는 레벨링 밸브가 작동하는 상태로 한다.

해설 공기스프링장치를 가진 자동차에 대하여는 레벨링 밸브가 작동하지 않은 상태로 한다.

21. 수동변속기에서 주행 중 기어 변속이 어려운 원인으로 부적합한 것은?
① 클러치 페달의 자유간극 과대
② 클러치 면 또는 압력판의 마모
③ 클러치 디스크의 런 아웃 과대
④ 입력축 스플라인의 마모

해설 클러치 면 혹은 압력판이 마모하면 평상시 클러치가 미끄러져 전달효율이 떨어진다. 또한, 클러치 페달을 밟으면 바로 떨어진다. 그래서 변속은 잘 된다.

22. 유체 클러치의 펌프와 터빈 사이의 관계로 틀린 것은? ★2005.7.17
① 펌프는 크랭크축에 연결되고 터빈은 변속기 입력축에 연결된다.
② 전달효율은 최대 98% 정도이다.
③ 미끄럼 값은 약 2~3% 정도이다.
④ 회전력 변화율은 3 : 1 정도이다.

해설 유체클러치는 회전력 변화가 거의 없고 유체클러치 효율이 거의 3:1이다. 토크 컨버터에서 회전력의 비는 최초에 2.4:1 정도이다. 클러치점에서는 1 : 1이 된다.

23. 자동변속기 오일의 역할 중 가장 거리가 먼 것은?
① 기어나 베어링부의 윤활
② 토크 컨버터의 작동 유체로서 동력 전달
③ 밸브 보디의 작동유
④ ATF 냉각기의 냉각

해설 자동변속기 오일의 냉각은 오일냉각기(oil cooler)가 하는 작동이다.

24. 자동변속기 차량을 밀거나 끌어서 시동을 할 수 없는 이유로 부적합한 것은?
① 토크 컨버터가 마찰열에 의해 파손을 가져오기 때문이다.
② 구동 바퀴로부터의 동력이 회전부분의 마찰을 가져오기 때문이다.
③ 충분한 윤활이 안되어 구동부품의 소결을 가져오기 때문이다.
④ 중량이 무겁고 또한 밀어서 시동을 걸 경우 축전지의 손상을 가져오기 때문이다.

해설 차량의 중량과 축전지의 손상과는 거의 관계없다.

25. 오버드라이브 on/off 기능이 있는 전자제어 자동변속기에서 스위치를 off 시켰을 때의 내용으로 맞는 것은?
① 오버 드라이브 작동을 제한한다.
② 출발시 2단으로 출발하게 한다.
③ 변속 시점을 변경시킨다.
④ 주행 중 스위치를 오프(O/D off) 시키면 안된다.

해설 오버드라이브 on 이 되어 있을 경우에 오버드라이브가 들어간다. 즉, off에서는 오버드라이브 작동이 제한된다.

26. 주행 중 노면의 상태에 따라 추진축의 길이를 조절해주는 것은?
① 자재이음   ② 평형추
③ 슬립이음   ④ 토션댐퍼

해설 추진축의 길이는 노면의 상태에 따라 변하므로, 스플라인으로 슬립이음을 만들어 이에 대응하게 만들었다.

ANSWER 20.④ 21.② 22.④ 23.④ 24.④ 25.① 26.③

27. 스노우 타이어(Snow tire)의 장점에 속하지 않는 것은?
① 제동성이 우수하다.
② 구동력이 크다.
③ 체인을 탈부착 하여야하는 번거로움이 없다.
④ 눈이 없는 포장노면에서도 주행 소음이 적다.
해설 스노우 타이어의 트래드 패턴은 50~70% 깊어 일반 노면을 주행할 시 소음이 크게 날 수 있다.

28. 현가장치에서 스프링이 갖추어야 할 조건으로 틀린 것은? ★2003.3.30
① 자유고의 변화가 적어야 한다.
② 설치공간을 적게 차지해야 한다.
③ 장력의 변화가 크게 조절될 수 있어야 한다.
④ 적차 또는 공차 상태에서 최저 지상고는 같아야 한다.
해설 차체의 최저지상고란 수평바닥과 최저 차체 바닥 사이의 거리를 말한다. 그러므로 적차와 공차시 지상고의 변화가 크다는 말은 스프링의 탄성이 큰 것이므로 울퉁불퉁한 곳을 주행하면 차체가 상하 바운싱을 하여 승차감이나 안전성을 저하한다.

29. 전자제어 현가장치에서 조향각 센서의 설명으로 틀린 것은?
① 조향각 센서는 광단속기 타입의 센서이다.
② 조향각 센서는 조향 휠과 컬럼 샤프트에 설치되어 있다.
③ 조향각 센서 고장 시 핸들이 무거워진다.
④ 조향각 센서는 광 단속기와 디스크로 구성된다.
해설 조향각 센서가 고장이 나더라도 동력조향장치가 고장나지 않으면 핸들은 무거워지지 않는다.

30. 타이어에 발생하는 힘의 성분 중 조향(cornering) 저항에 대한 설명으로 옳은 것은?
① 타이어 진행 방향에 대한 직각 방향의 성분
② 타이어 진행 방향과 같은 방향의 성분
③ 타이어 회전 방향에 대한 직각 방향의 성분
④ 타이어 회전 방향과 같은 방향의 성분

해설 타이어에 발생하는 조향저항(굴름저항, 제동저항)은 타이어 진행방향과 같은 선상(정확히 말하면 진행방향에 (-)방향)의 성분이다.

31. 주행 중 바람이 가로 방향에서 불 때 횡력에 의해 발생하는 요잉 모멘트(yawing moment) 저감 대책으로 맞는 것은?
① 고속 주행을 할 때 풍압에 영향을 덜 받는 언더스티어 차량이 유리하다.
② 차량 앞면에는 에어댐을 설치한다.
③ 차량 뒷면에 리어 스포일러를 장착한다.
④ 몰딩, 미러, 머드 가이드를 공기 저항이 줄도록 설계한다.
해설 요잉이란 차를 위아래로 무게 중심을 관통하는 축을 중심으로 차의 앞쪽이 좌우로 회전하는 현상을 말하며, 고속주행시 이를 방지하기 위해서는 고속에 의한 풍압에 견디는 언더스티어 차량이 유리하다.

32. 전동식 동력조향장치의 주요제어 기능에 대한 사항으로 옳은 것은?
① 노면 대응 제어
② 인터로크 회로 기능
③ 등강판 제어
④ 스카이 훅 제어
해설 전동식 동력조향장치의 주요 제어 기능으로 차속에 따른 모타 구동전류(토크) 제어, 과부하보호제어(정지시 큰 전류 흐를 경우 전류제한), 인터록회로기능(중/고속 주행시 시스템 이상에 의한 급조타를 방지)이 있다.

33. 차체 정렬에서 캠버 스러스트(camber thrust)에 관한 설명으로 틀린 것은?
① 캠버 각을 가지고 굴러가는 타이어에 작용하는 횡력을 말한다.
② 캠버 스러스트는 캠버 각에 비례하여 커진다.
③ 공기압을 일정하게 한 채 하중이 증가하면 캠버 스러스트도 증가한다.
④ 공기압을 증가시키면 캠버 스러스트도 증가한다.
해설 캠버 스러스트는 공기압과는 관계가 적으며, 타이어에 작용하는 하중의 증가에 의해 증가한다.

ANSWER 27.④ 28.③ 29.③ 30.② 31.① 32.② 33.④

34. 차량의 질량이 1800kg이고 차량의 제동률이 44.7%인 차량의 제동감속도(m/s²)는?

① 약 3.4   ② 약 4.5
③ 약 4.9   ④ 약 9.8

해설 제동률(%) = $\dfrac{실제동력}{축중량} \times 100$

= $\dfrac{실제동질량 \times 제동감속도}{축질량 \times 중력가속도} \times 100$

여기서, 계산을 간단히 하기 위해 제동질량과 축질량이 같다고 가정(실 제동질량이 없으므로)을 하면,

제동률(%) = $\dfrac{제동감속도}{중력가속도} \times 100$으로 변형된다.

제동감속도 = 제동률 × 중력가속도
= 0.447×9.807 = 4.383(m/s²)
으로 계산된다.

35. 진공식 분리형 제동 배력장치에서 파워 피스톤을 미는 힘이 12kgf이고, 하이드로릭피스톤의 지름이 3cm라고 한다면 발생유압은?

① 약 0.7kgf/cm²
② 약 1.7kgf/cm²
③ 약 17kgf/cm²
④ 약 2.7kgf/cm²

해설 압력은 힘/면적이므로

$P = \dfrac{F}{A} = \dfrac{12\text{kgf}}{\dfrac{\pi \times (3\text{cm})^2}{4}} = \dfrac{12 \times 4}{\pi \times 3^2} = 1.67(\text{kgf}/\text{cm}^2)$

36. 제동장치에서 텐덤 마스터 실린더의 사용 목적은?   ★02.7.21/2004.7.18

① 브레이크 라이닝의 마모를 적게 한다.
② 브레이크 오일의 소모를 줄일 수 있다.
③ 브레이크 드럼의 마모를 적게 한다.
④ 앞·뒤바퀴의 브레이크 제동을 분리시켜 제동안정을 얻게 한다.

해설 일반적인 마스터 실린더는 한 계통으로부터 모든 바퀴에 작용하도록 되어 있기 때문에, 만약 어느 한 곳이라도 고장이 생기거나 오일이 새게 되면 모든 바퀴에 브레이크가 작동하지 않아 위험하게 되는데, 이를 방지하기 위하여 앞바퀴와 뒷바퀴가 별개로 작용하도록 만들어진 것을 탠덤 마스터 실린더라 한다.

37. ABS콘트롤 유닛의 휠 스피드센서에 대한 고장감지 사항과 관련 없는 것은?

① Key스위치 ON부터 주행까지 항상 감지한다.
② ABS가 작동 될 때만 감시한다.
③ 전압과 주파수에 대한 감시도 한다.
④ 휠 스피드센스가 고장이 나면 즉시 경고등을 점등한다.

해설 휠 스피드센스는 ABS에서 슬립율을 연산하기 위한 가장 중요한 입력신호이다. 그러므로 Key스위치 ON부터 주행까지 항상 감지하여 고장이 나면 즉시 알려준다.

38. 저항을 병렬 연결하여 구성된 회로를 점검한 내용으로 맞는 것은?

① 합성 저항은 각 저항의 합과 같다.
② 회로내의 어느 저항에서나 똑같은 전류가 흐른다.
③ 회로내의 어느 저항에서나 똑같은 전압이 가해진다.
④ 각 저항에 걸리는 전압의 합은 전원 전압과 같다.

해설 전구가 병렬회로에서는 어느 전구(저항)에서나 똑같은 전압이 가해진다.

39. 축전지의 자기 방전에 대한 설명으로 틀린 것은?

① 자기 방전량은 전해액 비중이 크고 고온일수록 많다.
② 20℃ 표준온도에서 1일 자기방전량은 0.5%정도이다.
③ 자기방전량은 시간이 경과할수록 적어지나 그 비율은 충전 후의 시간경과에 따라 점차 커진다.
④ 축전지를 사용하지 않는 경우 약 15일 정도마다 보충전 할 필요가 있다.

해설 자기방전이란 스스로 축전지가 방전하는 것으로, 자기방전량은 시간이 경과할수록 점차 커진다.

ANSWER 34.② 35.② 36.④ 37.② 38.③ 39.③

40. 기동전동기에서 정류자에 미끄럼 접촉을 하면서 전기자 코일에 전류를 공급해 주는 것은?
① 브러쉬
② 아마추어 코일
③ 필드 코일
④ 솔레노이드 스위치

해설 기동전동기에서 정류자에 미끄럼 접촉을 하면서 전기자 코일에 전류를 공급해 주는 것은 브러쉬이다.

41. 파워TR 내부의 TR3와 화살표에 표기된 저항이 어떤 작용을 하는가?

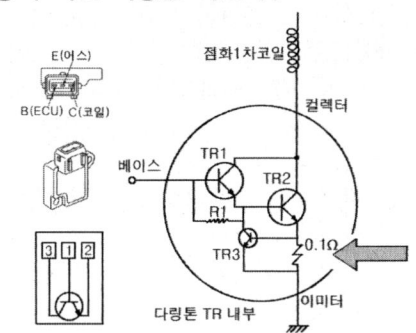

① TR의 열화를 방지한다.
② 1차 코일에 흐르는 전류를 제한한다.
③ 1차 코일에서 발생하는 유도전압을 제한한다.
④ 베이스와 이미터에 흐르는 전류를 제한한다.

해설 TR2의 전류가 크게 발생하면, 저항에 의해 TR3의 베이스로 전류가 흘러 TR3의 컬렉터 전기가 흘러 TR2의 베이스전기가 흐르지 못하게 한다.

42. 정격용량 75A의 발전기 출력전류 점검 시 부하 단계별 출력파형이 그림과 같다면 어떤 상태인가?

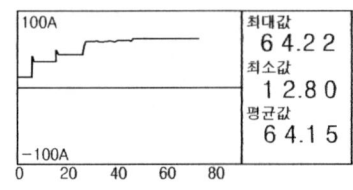

① 정상이다.
② 스테이터 코일이 열화 되었다.
③ 발전기의 구동벨트의 장력이 약하다.
④ 다이오드 1개 단선이다.

해설 발전기 출력전류 점검 시 부하 단계별 출력전류가 높아지는 그래프이다. 즉 정상적인 파형형태이다.

43. 자동차 냉방장치에서 차량의 앞쪽 정면에 설치되어 고온, 고압, 기체상태의 냉매가 응축점에서 냉각되어 액체 상태로 되게 하는 것은? ★02.4.7
① 콘덴서   ② 리시버 드라이어
③ 증발기   ④ 블로워 유니트

해설 엔진의 냉각장치 중의 라디에이터와 같은 구실을 하는 것이 에어컨에서는 응축기(콘덴서)이다. 응축기는 압축기에 의해 고압된 고온의 기체를 응축기를 통해서 열을 방출시키면서 액체로 만든다.

44. 자동차에서 50m 떨어진 진 거리에서 조도를 측정 하였더니 8Lux 가 나왔다. 자동차의 전조등에서 광원의 광도는 얼마인가?
2007.4.4
① 12500 cd   ② 15000 cd
③ 20000 cd   ④ 22000 cd

해설 조도 = $\frac{광도}{거리^2}$ 에서

광도 = 조도 × 거리^2 = $8 \times 50^2 = 20000 cd$

45. 자동차 운행의 편리성과 안전운전을 도모하기 위하여 편의장치(ETACS)를 적용하고 있다. 다음 중 편의장치에 해당되지 않는 것은?
① 와이퍼 제어
② 열선 제어
③ 파워 윈도우 제어
④ 파워TR 제어

해설 파워TR제어는 점화시기 제어를 말한다. 이 점화시기 제어는 엔진컨트롤모듈(ECM)이 담당한다.

ANSWER 40.① 41.② 42.① 43.① 44.③ 45.④

46. 전기식 경음기는 전류의 어떠한 작용에 의해 진동판을 진동시키는가?
① 분류작용　② 발열작용
③ 자기작용　④ 화학작용

해설 경음기의 진동판은 자기력의 세기에 의해 진동한다. 즉, 경음기의 소리는 자기작용에 의해 발생한다.

47. 승용차의 바디 구조를 이루는 패널의 주요 재료가 아닌 것은?
① 냉간압연 강판　② 고장력 강판
③ 열간압연 강판　④ 표면처리 강판

해설 열간압연은 온도를 가하여 압연하는 것으로 열이 식을 경우 변형이 일어날 수 있다.

48. 재료의 인장강도와 허용 응력과의 비율을 무엇이라 하는가? ★2003.7.20
① 변형률　② 반력
③ 안전율　④ 전단력

해설 변형율(ε) = $\dfrac{\text{변형된길이}(\lambda)}{\text{원래길이}(l)}$
안전율 = $\dfrac{\text{인장강도}(\sigma_b)}{\text{허용응력}(\sigma_a)}$, 전단력=면적×전단응력

49. 연마를 할 때 잘 사용하지 않는 안전 보호구는? ★2006.7.16
① 장갑　② 보안경
③ 방독 마스크　④ 방진 마스크

해설 연마시 생기는 먼지는 방진 마스크로 안전이 보장된다.

50. 스포트 용접의 전극 재질은 무엇을 많이 사용하는가?
① 텅스텐
② 마그네슘
③ 구리합금, 순구리
④ 알루미늄

해설 전극은 구리 혹은 구리합금(구리카드뮴합금, 구리텅스텐합금 등)제로, 그 재질은 전기와 열전도가 좋고 연속 사용하더라도 내구성이 있으며 고온에서도 기계적인 성질이 유지되는 것이어야 한다.

51. 바디 패널의 라인을 수정할 때 사용되는 공구는?
① 해머, 둘리　② 둘리, 스푼
③ 해머, 판금 정　④ 해머, 둘리, 스푼

해설 바디 패널의 라인을 수정할 때는 해머와 판금정을 사용한다.

52. 보수 도장의 상도 도료에 대한 설명으로 가장 거리가 먼 것은?
① 모든 메탈릭 칼라는 투명 작업을 필요로 한다.
② 펄 칼라인 경우도 투명작업이 필요하다.
③ 최근 펄 칼라의 경우는 2코트뿐만 아니라 3코트 도장시스템으로도 적용되고 있다.
④ 모든 솔리드 칼라는 투명을 도장하지 않는 싱글 스테이지로만 적용이 가능하다.

해설 솔리드 칼라는 하지 도료 위에 착색도료, 그 위에 착색도료와 투명작업을 적용한다.

53. 메탈릭 색상에서 어둡게 이색 현상이 발생했다. 밝게 조정할 수 있는 방법과 거리가 가장 먼 것은?
① 동일 은분을 잘 혼합하여 소량 첨가하여 조색한다.
② 색감이 어둡게 나타날 때는 눌림(WET)도장으로 한다.
③ 동일 은분보다 작은 은분으로 조색한다.
④ 이색이 미세하고 측면이 어두우면 측면조정제로 조정한다.

해설 색감이 어둡게 나타날 때 눌림도장을 하면 더욱더 어둡게 나타난다.

54. 크레터링(하지끼, 왁스끼)이 생기는 원인이 아닌 것은?
① 도장면이 오일이나 실리콘으로 오염되었을 경우
② 프라이머-서페이서의 도막이 두꺼울 경우
③ 오염된 도막위에 도장을 할 경우
④ 에어 호스에 유분이 묻어나올 경우

ANSWER 46.③ 47.③ 48.③ 49.③ 50.③ 51.③ 52.④ 53.② 54.②

해설 크레터링이란 도막에 작은 분화구 모양의 구멍이 생기는 현상이다. 이 현상의 원인은 도장면이 오일이나 실리콘으로 오염되었거나 오염된 도막위에 도장했을 시, 에어호스에 유분이 묻어 분출될 때이다.

55. 예방보전(Preventive Maintenance)의 효과로 보기에 가장 거리가 먼 것은?
① 기계의 수리비용이 감소한다.
② 생산시스템의 신뢰도가 향상된다.
③ 고장으로 인한 중단시간이 감소한다.
④ 예비기계를 보유해야 할 필요성이 증가한다.

해설 예방보전이란 제조 공정설계의 OUTPUT으로서 설비고장 및 예정 외의 생산정지의 원인을 제거하기 위한 계획된 보전활동을 말한다. 따라서 예비기계를 보유해야 할 필요성이 감소한다.

56. 어떤 회사의 매출액이 80,000원, 고정비가 15,000원, 변동비가 40,000원일 때 손익분기점 매출액은 얼마인가?
① 25,000
② 30,000
③ 40,000
④ 55,000

해설 손익분기점 매출액 = $\frac{고정비 \times 매출액}{변동비}$ 이므로, 그대로 대입하면
손익분기점 매출액 = $\frac{15,000 \times 80,000}{40,000}$ = 30,000 원으로 계산된다.

57. 다음 중 인위적 조절이 필요한 상황에서 사용될 수 있는 워크팩터(Work Factor)의 기호가 아닌 것은?
① D ② K
③ P ④ S

해설 워크팩터법에서는 동작의 난이도에 따라 일정 정지(D), 방향의 조절(S), 주의(P), 방향 변경(U)의 네가지 워크팩터를 사용하고 있다.

58. 다음 중 통계량의 기호에 속하지 않는 것은?
① σ ② R
③ s ④ $\bar{x}$

해설 모수는 모집단의 특성치로 σ는 모집단 분산기호이다. 통계량은 모집단으로부터 얻어진 표본(sample)에서 구한 것으로 R는 범위, s는 표준편차, $\bar{x}$는 평균을 나타낸다.

59. 계수 규준형 샘플링검사의 OC곡선에서 좋은 로트를 합격시키는 확률을 뜻하는 것은? (단, α는 제1종과오, β는 제2종과오이다)
① α
② β
③ $1-\alpha$
④ $1-\beta$

해설 제1종과오란 실제는 진실인데 거짓으로 판정하는 과오를 말하며, 양품을 불량품이라고 판정하는 위험을 생산자위험이라고 하고 확률로 표시한다. 제2종과오는 실제는 거짓인데 진실로 판정하는 과오를 말하며, 불량품을 양품이라고 판정하는 위험을 소비자위험이라고 하고 확률로 표시한다.

60. u 관리도의 관리한계선 공식으로 가장 옳은 것은? ★02.7.21/2007.4.4
① $\bar{u} \pm 3\sqrt{u}$
② $\bar{u} \pm \sqrt{u}$
③ $\bar{u} \pm 3\sqrt{\dfrac{u}{n}}$
④ $\bar{u} \pm \sqrt{n-\bar{u}}$

해설 U관리도는 직물의 얼룩, 에나멜선의 바늘구멍과 같은 결점수를 품질 특성치로 관리하고자 할 때 사용하며, 표본의 면적, 길이 등이 일정하지 않는 경우에도 사용 가능하다. 위 보기에서 n은 단위당 결점수, $\bar{u}$는 평균결점수를 나타낸다.

ANSWER 55.④ 56.② 57.② 58.① 59.③ 60.③

2010년 2회 복원기출문제

자동차정비기능장

01. 고속디젤기관에 가장 적합한 사이클은?
① 사바테 사이클 ② 정압사이클
③ 정적사이클   ④ 디젤사이클

해설 고속디젤기관의 이상사이클은 복합사이클 혹은 사바테사이클이라고 한다.

02. 기관의 제동연료 소비율이 400g/kWh, 기관의 제동마력이 70kW, 연료의 저위발열량이 46200kJ/kg, 기관의 냉각손실이 30%일 때 냉각손실 열량은?
① 388080kJ/h   ② 488080kJ/h
③ 588080kJ/h   ④ 688280kJ/h

해설 제동연료소비율 = $\dfrac{제동연료소비량(kg/h)}{제동마력(kW)}$

제동연료소비율(kg/h) = 제동마력 × 제동연료소비율
= 70kW × 0.4(kg/kW-h) = 28kg/h
연료마력 = 저위발열량 × 연료소비량이므로,
$N_f = 46200(kJ/kg) \times 28(kg/h) = 1293600 kJ/h$ 이고,
냉각손실량 = 연료마력 × 냉각손실율이므로,
냉각손실량$(kJ/h) = 1293600 \times 0.3 = 388080 kJ/h$ 로 계산된다.

03. 실린더 연마가공 작업시 호닝 가공이란?
① 실린더와 피스톤의 용착을 방지하기 위한 연마가공이다.
② 보링 작업시 편차를 없애는 가공이다.
③ 보링 작업에서 생긴 바이트 자국을 제거하는 연삭가공이다.
④ 실린더 테이퍼를 수정하는 가공이다.

해설 실린더가 마멸에 의해 직경이 커지면 폭발가스가 새어 큰 출력을 얻을 수 없으므로, 이를 보완하기 위해서 실린더 직경을 넓히는데 그 작업을 보링이라 하고, 보링시에는 실린더 벽에 바이트 자국이 남게 되는데 이를 없애주는 가공 작업이 호닝이다.

04. 피스톤과 커넥팅로드를 연결하는 피스톤 핀의 고정방법이 아닌 것은? ★02.4.7
① 고정식   ② 반 부동식
③ 3/4부동식   ④ 전 부동식

해설 피스톤과 커넥팅 로드를 연결하는 피스톤 핀의 고정방법에는 고정식, 반부동식, 전부동식 등이 있다. ㉠ **고정식**은 피스톤 핀을 피스톤 보스에 고정하고, 피스톤 핀의 바깥 둘레에 구리 합금의 부시를 끼워서 커넥팅 로드의 소단부가 움직이도록 하는 방식이다. ㉡ **반부동식**은 피스톤 핀이 커넥팅 로드의 소단부에 고정되는 형식이다. 이 경우에는 핀과 커넥팅 로드가 일체로 되고, 핀은 피스톤 양쪽의 보스에 의하여 지지되면서 움직이게 된다. ㉢ **전부동식**은 피스톤 핀이 피스톤 보스나 커넥팅 로드 소단부의 어느 쪽에도 고정되지 않고 자유로이 회전하게 되어 있는 방식이다. 그러므로 전부동식은 기관이 회전할 때에 핀이 빠져 나오지 않도록 핀 구멍의 양쪽 끝에 홈을 파고 스냅링(snap ring)을 끼우도록 되어 있다.

05. 자동차용 윤활유에 물리적 또는 화학적 성질을 강화하여 윤활성을 향상시키기 위해 사용하는 첨가제가 갖추어야 할 조건으로 틀린 것은?
① 윤활유에 대한 첨가제의 용해도가 충분할 것
② 휘발성이 낮을 것
③ 물에 대한 안정성이 우수할 것
④ 첨가제 상호간 빠른 반응으로 침전될 것

해설 윤활유에 첨가제를 넣을 경우 침전물이 생기면, 이 침전물이 오일 통로를 막는다든지, 마찰부분에 끼어들게 될 경우에 윤활부가 흠집이 생기거나 이상이 생길 수 있다.

ANSWER 01.① 02.① 03.③ 04.③ 05.④

06. 라디에이터의 온도조절기에서 왁스실에 왁스를 넣어 온도가 높아지면 팽창축을 올려 열리는 식의 온도조절기는? ★02.7.21
① 벨로우즈형　② 펠릿형
③ 바이패스형　④ 바이메탈형

해설 벨로우즈형은 벨로우즈 내에 에테인나 알코올을 봉입하여 냉각수 온도에 따라 팽창과 수축하여 밸브를 개폐한다. 현재, 이 형식은 휘발성이 크고, 팽창력이 작아 사용하지 않는다. 펠릿형은 케이스에 왁스나 합성고무를 봉입하여 냉각수 온도에 의해 왁스가 팽창과 수축하여 밸브를 개폐한다.

07. 4사이클 V-6형 기관의 지름×행정이 78mm×78mm이고, 기관회전수가 3500rpm일 때 실제로 흡입된 공기량이 2583.821cc/s 이라면 체적효율은?
① 70%　② 50%
③ 40%　④ 30%

해설 스퀘어엔진이므로 실린더의 행정과 내경이 같다. 즉, 이론 공기량(총배기량)은

$$총배기량 = \frac{\pi D^2}{4} \times L \times Z$$

$$= \frac{\pi \times 7.8^2}{4} \times 7.8 \times 6 = 2236.27cc$$

그리고, 3500rpm에서 총배기량

$$= \frac{\pi \times 7.8^2}{4} \times 7.8 \times 6 \times \frac{3500}{2 \times 60} = 65224.64cc/s$$

또한, 공기의 비중이 일정하다면,

$$체적효율 = \frac{흡입공기량}{이론체적}$$ 이므로, 대입하자

$$체적효율 = \frac{25838.21}{65224.64} = 0.3961$$ 즉, 39.61%이다.

08. 터보차저 기관의 특징으로 틀린 것은? ★2005전반
① 배기가스의 동력을 이용한다.
② 충전효율의 증가로 연료소비율이 낮아진다.
③ 기관의 압축비를 늘릴 수 있어 유리하다.
④ 같은 배기량으로 높은 출력을 얻을 수 있다.

해설 압축비는 실린더체적을 연소실체적으로 나눈 값을 말하는데, 이는 가변압축기관을 제외한 모든 기관은 바뀌지 않는다.

09. 과급압력의 증가에 따라 연소압력이 상승되는데 이것을 보완하는 방법은?
① 압축비를 증가시킨다.
② 급기의 밀도를 감소시킨다.
③ 급기를 냉각시킨다.
④ 냉각수 온도를 증가시킨다.

해설 과급압력의 증가는 연소압력증가(연소온도증가)를 가져온다. 그래서 흡입되는 공기의 온도를 낮게 하면 연소온도감소(연소압력감소)를 유도할 수 있다.

10. 옥탄가 85일 때 85란 의미는 무엇을 뜻하는가?
① 세탄의 체적 백분율
② 알파메탈 나프탈렌 체적 백분율
③ 정헵탄의 체적 백분율
④ 이소옥탄의 체적 백분율

해설 옥탄가는 아래와 같은 수식으로 이루어진다.

$$옥탄가(\%) = \frac{이소옥탄}{이소옥탄 - 정헵탄} \times 100$$

11. 1000m의 비탈길을 왕복할 때 올라가는 데 2리터, 내려가는데 1.5리터의 가솔린을 소비할 경우 평균연료소비율은?
① 약 0.35km/L　② 약 0.47km/L
③ 약 0.57km/L　④ 약 1.166km/L

해설 $\frac{1km}{2L} + \frac{1km}{1.5L} = \frac{1km}{2L} + \frac{2km}{3L} = \frac{3+4}{6}(km/L)$
$= 1.167km/L$로 계산된다.

12. 피드백 믹서 방식의 LPG기관에서 긴급차단 솔레노이드 밸브의 역할은?
① 급가속 시 솔레노이드밸브를 열어 연료를 보충한다.
② 기온이 낮을 때 솔레노이드 밸브를 여는 역할을 한다.
③ 주행 중 엔진 정지 시 ECU에 의해 솔레노이드 밸브가 off되어 연료를 차단시킨다.
④ 주행 중 폭발사고로 엔진정지 시 ECU는 액/기상 솔레노이드 밸브를 연다.

해설 긴급차단 솔레노이드밸브는 주행하다 사고시(엔진정지시) 유출되는 LPG를 막기 위해서 작동이 off된다.

ANSWER　06.②　07.③　08.③　09.③　10.④　11.④　12.③

13. 디젤기관의 연료분사펌프 구조에서 거버너 (조속기)의 역할은?

① 연료분사량을 제어한다.
② 연료분사시기를 제어한다.
③ 연료 압력을 일정하게 한다.
④ 연료분사상태를 무화시킨다.

해설 조속기(거버너)는 엔진의 회전속도나 부하변동에 따라 자동적으로 제어랙크를 움직여 분사량을 가감한다. 즉 최고회전속도를 제어하고 동시에 전속운전을 안정시키는 일을 행한다.

14. 연료탱크로부터 발생한 증발가스를 저장했다가 운전 중 흡입 부압을 이용해 인테이크 매니폴드에 보내는 것은?
 ★2003.7.20

① 캐니스터
② 에어 콘트롤밸브
③ 인탱크 필터
④ 매인 바이패스 솔레노이드밸브

해설 캐니스터는 연료탱크나 기화기에서 연료가 증발하는 가스를 모아두는 곳이다. PCSV(퍼지컨트롤 솔레노이드 밸브)는 캐니스터에 채집된 연료 증발가스를 ECU의 제어신호에 따라 작동하여 스로틀 보디로 넣어준다.

15. 전자제어 가솔린 분사장치에서 연료펌프에 대한 내용으로 틀린 것은?

① 시동 시에는 축전지 전원으로 구동되고, 시동 후에는 컨트롤유닛(ECU)에 의해 제어된다.
② 일반적으로 베이퍼록 방지 및 정비성 향상을 위해 연료탱크 내부에 설치한다.
③ 비교적 큰 전류가 흐르므로 컨트롤 릴레이 등에서 전원을 제어한다.
④ 엔진 회전신호가 검출되어야 정상적으로 작동한다.

해설 베이퍼록 방지를 하는 것은 첵밸브이고, 연료에 의해 냉각이 되므로 정비성은 향상이 된다고 생각할 수 있다.

16. MAP 센서 방식의 전자제어 연료분사장치 기관에서 분사밸브의 분사시간 I_t(ms)를 구하는 공식으로 맞는 것은? (단, 기본분사시간 P_t, 기본분사시간 수정계수 c, 분사밸브의 무효분사시간 Vt)

① $I_t = P_t \times c + V_t$
② $I_t = P_t + c + V_t$
③ $I_t = c \times V_t + P_t$
④ $I_t = P_t \times V_t + c$

해설 분사시간=실분사시간 + 무효분사시간이다. 기본분사량 분사라면 실분사시간은 기본분사시간에 기본분사시간 수정계수를 곱한 것이 된다. 무효분사시간이란 인젝터에 전기를 넣어서 니들밸브를 들어올릴 때까지 걸리는 시간을 말한다.

17. 전자제어 가솔린 기관에서 연료분배 파이프 내에서 일어나는 연료압력의 파동을 억제하고 소음을 저감시키는 장치는?

① 롤러펌프 ② 맥동댐퍼
③ 마그넷 모터 ④ 연료압력조절기

해설 연료압력의 파동을 억제하고 소음을 저감시키는 것은 맥동댐퍼이다.

18. 산화 질코니아 산소센서를 점검할 때 주의할 사항으로 틀린 것은?

① 엔진을 충분히 워밍업시키고, 엔진 회전수를 2000~3000rpm까지 상승시켜 배기관을 뜨겁게 한다.
② 디지털 회로시험기를 사용하여 출력값을 읽을 때는 전압으로 선택하여 출력단자에 접속한 후 엔진의 가동상태를 측정한다.
③ 배기관이 뜨거워진 상태에서 측정하며, 엔진 회전수에 따라 출력값의 변화를 확인한다.
④ 엔진이 가동상태에서 출력전압은 항상 일정하게 출력되어야 정상이며, 값이 변동 시에는 센서를 교환한다.

해설 질코니아 산소센서의 출력값은 산소농도가 낮을수록(공기가 작을수록=연료가 많을수록) 출력전압은 높다 (1V가까이).

ANSWER 13.① 14.① 15.② 16.① 17.② 18.④

19. 클러치 페달 레버에서 레버 작용점의 힘이 120kgf 일 때 페달의 답력은?(단, 작용점에서 페달까지와 작용점에서 고정점까지의 비는 5 : 2이다)

① 약 17.2kgf ② 약 24.3kgf
③ 약 34.3kgf ④ 약 86.2kgf

해설 지렛대의 원리로 한 점을 기준으로 한 회전력(토크)는 일정하므로,
$T_1 = T_2$, $120 \times 2 = x \times (5+2)$
$x = \dfrac{120 \times 2}{7} = 34.4$kgf 으로 계산된다.

20. 수동변속기의 록킹 볼(locking ball)이 마멸되면 어떤 현상이 일어나는가?

① 기어가 이중으로 물린다.
② 기어가 빠지기 쉽다.
③ 변속시에 소리가 난다.
④ 변속 레버의 유격이 크게 된다.

해설 록킹 볼의 역할은 기어의 빠짐을 방지하는 고정 역할을 담당하므로, 마모 시에는 기어가 잘 빠질 것이다.

21. 유성기어장치에서 선 기어 잇수가 20, 유성기어 잇수가 10, 링 기어 잇수가 40이고, 구동쪽의 회전수가 100회전을 하고 있다. 이때 선 기어를 고정하고 캐리어를 100회전 했을 때 링 기어는 몇 회전하는가?
2006.7.16

① 150회전 증속 ② 150회전 감속
③ 130회전 증속 ④ 130회전 감속

해설 변속비 = $\dfrac{\text{입력회전수}}{\text{출력회전수}} = \dfrac{\text{피동잇수}}{\text{구동잇수}}$

변속비 = $\dfrac{40}{20+40} = 0.667$

그러므로 $0.667 = \dfrac{\text{입력회전수(캐리어)}}{\text{출력회전수(링기어)}}$ 이므로

링기어 회전수 = $\dfrac{100}{0.667} = 150 rpm$이 나온다.
즉 오브드라이브 되었다.

22. 엔진의 회전속도 보다 추진축의 속도를 빠르게 하여 연비를 향상시키는 장치는?

① 댐퍼클러치 장치
② 자동 클러치 장치
③ 차동 제한 장치
④ 증속 구동장치

해설 오버드라이버(증속구동)는 입력보다 출력이 더 빠른 것을 의미한다. 다르게 표현하면 입력인 크랭크축보다 출력인 추진축이 더 빠르게 회전한다는 말이다.

23. 자동변속기에서 변속 진행 중 토크와 회전속도의 변화를 매끄럽게 하기 위한 변속품질 제어가 아닌 것은?

① 록업 클러치 제어
② 라인압력 제어
③ 변속 중 점화시기 제어
④ 피드백 학습 제어

해설 록업클러치는 댐퍼클러치와 같은 말로, 입력인 펌프와 출력인 터빈의 속도를 갖게 하는 것을 말한다. 이렇게 하면 동력소비가 작아진다.

24. 레이디얼 타이어 호칭에서 195/60 R 14에서 60은 무엇을 표시하는가?
★2006.7.16

① 타이어 폭 ② 속도
③ 하중지수 ④ 편평비

해설 타이어에는 예를 들어 195/60 R 14 84 H 로 표시되었다면, 195 : 타이어폭(mm), 60 : 편평비, R : 레디얼 타입, 14 : 인치단위의 림 직경 84 : 하중지수, H : 속도기호를 나타낸다.

25. 변속비가 3 : 1, 종감속비가 5 : 1인 자동차의 기관 회전속도가 1500rpm일 때 차량의 속도는?(단, 구동바퀴의 지름은 0.5m이다)

① 약 8.4km/h ② 약 9.4km/h
③ 약 20km/h ④ 약 25km/h

해설 타이어의 회전수 = 기관회전수÷(변속비×종감속비) = 1500/(3×5)=100rpm이다.
자동차의 시속은 π×D×N(N:타이어 회전수)
=π×(0.5)×100/60(m/s)이므로
단위 환산을 행하면
V=π×(0.5)×100/60 × (3600/1000)=9.42km/h

ANSWER 19.③ 20.② 21.① 22.④ 23.① 24.④ 25.②

26. 엔진룸의 유효면적을 넓게 확보할 수 있으며, 부품수가 적고 정비성이 좋아서 앞 차축에 가장 많이 사용되는 독립현가 방식은?
   ① 위시본형   ② 트레일 링크형
   ③ 맥퍼슨형   ④ 스윙차축형

   해설 맥퍼슨 현가장치의 장단점
   ㉠ 장점
   - 위시본형에 비해 구조가 간단, 구성부품이 적다. 그래서 마멸과 손상이 적어 보수가 쉽다.
   - 스프링 밑 중량이 작아 주행안전성이 좋다.
   - 바퀴의 상하운동에 의한 윤거나 캠버의 변화가 없고 캐스터만 약간 변한다. 그러나 2개의 암을 사용하면 캐스터가 변화하지 않게 할 수 있다. 즉 앞바퀴 정렬의 변화나 타이어의 마멸이 적다.
   ㉡ 단점
   - 옆방향 작용력에 대한 대응력이 비교적 약하다.
   - 이 식을 앞차축에 사용하면 제동될 때 노우즈 다운 현상이 일어나기 쉽다.

27. 전자제어 현가장치에서 자세 제어기능으로 틀린 것은?
   ① 안티 롤 제어
   ② 안티 다이브 제어
   ③ 안티 스쿼트 제어
   ④ 안티 트레이스 제어

   해설 안티 트레이스 제어란 말은 없다. 스쿼트란 차를 출발시 차량의 앞쪽이 위로 들리는 현상(노즈업)을 말한다.

28. 에커먼 장토식 조향원리에 대한 설명으로 틀린 것은?
   ① 조향방향과 조향력이 변화하여도 하중이 분포하는 면적은 거의 변화가 없다.
   ② 킹핀과 타이로드의 양단을 잇는 그 연장선이 후차축의 중심과 일치하여야 한다.
   ③ 좌우 전륜의 회전축 연장선이 후차축의 연장선에서 만나서 모든 차륜이 동일점을 중심으로 선회하여야 한다.
   ④ 외측륜의 조향각이 내측륜의 조향각보다 커야 한다.

   해설 에커먼 장토식에서 선회시 내측륜의 조향각이 외측륜의 조향각 보다 크다.

29. 차량이 선회할 때 코너링 포스(cornering force)에 직접 영향을 주는 요소와 거리가 먼 것은?
   ① 바퀴의 수직 하중
   ② 바퀴의 동적 평형
   ③ 림(rim)의 폭
   ④ 바퀴의 공기압력

   해설 바퀴의 동적 평형이 맞지 않으면 시미현상이 생긴다. 시미현상이란 타이어가 팔자모양으로 흔들리는 모양을 말한다.

30. 자동차의 타이어에서 발생하는 힘에 대한 성분으로 횡력(drag)에 대해 설명한 것은?
   ① 타이어 진행 방향에 대한 직각 방향의 성분
   ② 타이어 진행 방향과 같은 방향의 성분
   ③ 타이어 회전 방향에 대한 직각 방향의 성분
   ④ 타이어 회전 방향과 같은 방향의 성분

   해설 횡력은 타이어 회전방향에 대한 직각 방향의 성분을 말한다.

31. 자동차의 최소회전반경은 바깥쪽 앞바퀴 자국의 중심선을 따라 측정했을 때 몇 미터를 초과해서는 안 되는가?
   ① 15m   ② 16m
   ③ 12m   ④ 13m

   해설 안전기준에서 최소회전반경은 바깥쪽 앞바퀴 자국의 중심선을 따라 측정했을 때 12m를 초과해서는 안된다.

32. 동력 조향장치에서 핸들이 무거운 원인으로 맞는 것은?
   ① 호스나 유압라인에 공기가 유입되었다.
   ② 오일의 온도가 약간 상승되었다.
   ③ 타이어 공기압이 높다.
   ④ V벨트의 유격이 없다.

   해설 동력조향장치에서 유압라인에 공기가 유입되면, 공기 자체가 압축되는 현상이 생기므로, 핸들의 작동에 보충력을 작게 하는 요인이 된다.

ANSWER 26.③ 27.④ 28.④ 29.② 30.③ 31.③ 32.①

33. 유압식 브레이크 장치에서 제동시 제동 이음이 발생하는 원인으로 거리가 먼 것은?
① 브레이크 드럼에 먼지 및 이물질 과다 유입
② 브레이크 라이닝 표면의 경화
③ 브레이크 라이닝의 과다한 마모
④ 브레이크 라이닝에 오일 유입

[해설] 브레이크 라이닝에 오일이 유입되면 오일의 윤활작용에 의해 이음발생이 없고, 브레이크 작동시 미끄럼 현상이 일어난다.

34. 브레이크 라이닝 및 브레이크액이 구비해야 할 조건으로 틀린 것은?
① 라이닝은 내열성, 내구성을 갖추어야 한다.
② 라이닝은 고속 슬립상태에서도 마찰 계수가 일정해야 한다.
③ 브레이크액은 압축성이 있어야 한다.
④ 브레이크액은 빙점이 낮아야 한다.

[해설] 브레이크액이 압축성이 있으면, 브레이크 페달에 의한 힘을 브레이크액 스스로 압축되어 제동력이 드럼(디스크)에 닿지 않아 제동이 잘 되지 않는다.

35. 제동배력 장치 중에서 파워 실린더의 내압은 항상 진공을 유지하고 작동시에 공기를 보내어 파워 피스톤을 미는 형식은?
① 브레이크 부스터(brake booster)
② 하이드로 마스터(hydro master)
③ 마스터 백(master vac)
④ 에이마스터(air master)

[해설] 마스터 백을 다른 말로 진공부스터라고 한다. 이는 하이드로 백과 같이 흡기다기관의 진공압과 대기압의 압력차로 배력을 시킨다.

36. 전자제어 제동자치(ABS)의 구성품이 아닌 것은?
① 하이드롤릭 유닛
② 어큐뮬레이터
③ 휠스피드 센서
④ 차고센서

[해설] 차고 센서는 전자제어현가장치(ECS)의 관련 구성품이다.

37. ABS장치에 포함된 것으로 초기 제동시 전륜보다 후륜이 먼저 록킹(Locking)되는 것을 방지하기 위해 좌륜의 유압을 알맞게 제어하는 것은?
① 셀렉트 로(select low) 제어
② BAS(brake Assist System) 제어
③ EBD(electronic Brake-force Distribution) 제어
④ 트랙션(Traction) 제어

[해설] ABS장치에 포함된 것으로 초기 제동시 전륜보다 후륜이 먼저 록킹(Locking)되는 것을 방지하기 위해 각각의 바퀴에 알맞은 유압을 주어 제동력을 제어하는 것이 EBD장치이다.

38. 그림과 같이 12V의 축전지에 24W의 전구 2개를 접속하였을 때 전류계에 흐르는 전류는? ★2003.3.30

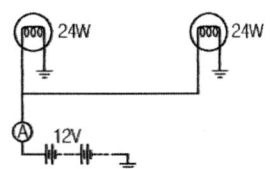

① 2A ② 3A
③ 4A ④ 6A

[해설] 병렬회로의 각 회로에 흐르는 전압은 모두 같으므로, 전체저항은 두 전류의 합과 같다. 그리고 전력은 전류와 전압의 곱이다. 하나의 전구에 흐르는 전류는
전류 = $\frac{전력}{전압} = \frac{24}{12} = 2A$로 계산된다.
그러므로, 전체전류는 두 전류의 합이므로 4A가 된다.

39. 자동차에 사용되는 반도체센서 중 압력을 검출하는 센서가 아닌 것은?
① 대기압 센서
② 과급압력센서
③ 맵센서
④ 핫필름센서

[해설] 대기압센서, 과급압력센서, 맵센서(흡기다기관 절대압력센서)는 압력을 검출하지만, 핫필름센서는 열발산에 의한 전류변화로 공기량을 감지하는 센서이다.

ANSWER 33.④ 34.③ 35.② 36.④ 37.③ 38.③ 39.④

40. 그림의 회로에서 퓨즈의 용량으로 가장 적합한 것은?

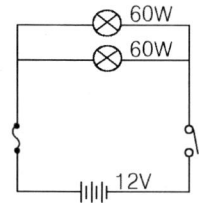

① 5A ② 10A
③ 15A ④ 30A

해설 전력은 전류와 전압의 곱이다. 하나의 전구에 흐르는 전류는 전류 = $\frac{전력}{전압} = \frac{60}{12} = 5A$로 계산된다. 그러므로 전체전류는 두 전류의 합이므로 10A가 된다. 그러나 이보다 조금 큰(안전율 고려) 퓨즈를 택해야 하므로 답은 '다'가 된다.

41. 자동차용 축전지가 완전 충전되어 있는 상태의 전해액은? ★2005전반

① H_2SO_4 ② H_2O
③ $PbSO_4$ ④ PbO_2

해설 납산축전지의 전해액은 묽은 황산 즉 H_2SO_4를 사용한다. 즉 황산을 35%정도, 증류수를 65%정도를 섞은 묽은 황산을 사용한다. 전해액의 비중을 측정하여 충방전의 상태를 파악할 수 있다.

42. 자동차용 직류 분권식 전동기의 특징으로 틀린 것은?

① 전기자 코일과 계자코일이 병렬로 연결된 방식이다.
② 전기자코일과 계자코일에 공급되는 전압이 일정하다.
③ 전동기의 회전속도 변동이 작다.
④ 기관용 크랭킹하는 기동전동기에 적합하다.

해설 직권전동기란 계자코일과 전기자 코일을 직렬로 연결한 전동기를 말한다. 특징은 전동기에 부하가 걸리면 속도는 낮으나 큰 회전력을 발휘하고, 부하가 작아지면 회전력은 감소하나 회전수가 점점 커진다. 즉, 회전수가 부하에 따라 크게 변하므로 짧은 시간 내에 큰 회전력을 필요로 하는 기동전동기에 적합하다.

43. 점화장치에서 DLI(Distributer less Ignition : 무 배전기 점화장치)의 특징을 설명한 것 중 옳은 것은? ★02.7.21/07.7.15

① 배전기 식보다는 성능면에서 떨어진다.
② 2차 전압의 손실을 최소화 할 수 있다.
③ 점화코일의 개수를 줄일 수 있다.
④ 고속형 기관에는 불리하다.

해설 DLI식 점화장치도 트랜지스터를 사용하므로, 트랜지스터식 점화장치의 장점을 그대로 가지고 있다. 트랜지스터식의 장점은 단속기가 없으므로 접점소손이 없어 1차 전압을 저하시키지 않는다. 그래서 2차전압을 크게 확보할 수 있다. 그래서 고속에서도 적합하다.

44. 자동차용 교류 발전기에서 스테이터 코일의 Y 결선에 대한 내용으로 틀린 것은? ★2007.4.4

① 각 코일의 한 끝은 공통점으로 접속하고 다른 쪽 끝을 각각 결선한 것이다.
② 선간 전압은 각 상전압의 $\sqrt{3}$ 배가 된다.
③ 전류를 이용하기 위한 결선 방법이다.
④ 저속에서 발생 전압이 높다.

해설 상전압에 대한 $\sqrt{3}$ 배의 선간전압을 이용하는 결선방법이다.

45. 냉방장치에서 자동차 실내의 냉방 효과는 어떤 경우에 나타나는가?

① 증발기에서 흡입열량이 있을 때
② 증발기에서 방출열량이 있을 때
③ 공급에너지에 열량의 비가 발생될 때
④ 압축기에서 공급되는 에너지가 있을 때

해설 증발기에서 냉매가 증발하면서 주위의 열을 빼앗는다. 즉, 냉매는 증발기를 지나가는 공기의 열을 흡수하여 기화가 된다.

46. 자동차용 계기장치에서 작동원리가 유사하게 짝지어진 것은?

(1) 기관 회전계	(2) 유압계
(3) 충전경고등	(4) 연료계
(5) 수온계	(6) 차량속도계

① (3)-(5) ② (1)-(2)-(4)
③ (1)-(6) ④ (2)-(4)-(6)

ANSWER 40.③ 41.① 42.④ 43.② 44.③ 45.② 46.③

해설 요즘 나오는 기관회전계와 차량속도계는 홀IC를 사용하여 감지한 후 펄스신호를 만들면 ECU에서 연산하여 게이지 눈금을 나타낸다.

47. 자동차용 합성수지의 특징이 아닌 것은?
★2003.3.30
① 고온에서 열 변형이 없다.
② 내식성, 방습성이 우수하다.
③ 비중이 0.9~1.3 정도로 가볍다.
④ 복잡한 형상의 성형성이 우수하다.

해설 자동차용 합성수지는 내식성, 방습성, 성형성이 우수할 뿐 아니라 무게가 가벼워서 자동차의 중량을 줄여주므로 연비를 향상시킬 수 있다. 그러나 단점으로는 열에 약하다는 점이다. 즉 고온에서는 열변형이 생긴다.

48. 승용차에서 센터필러(center piller)가 없는 보디 구조를 지닌 것은?
① 세단(4인승) ② 쿠페
③ 리무진 ④ 스테이션 왜건

해설 센터필러는 앞도어와 뒤도어 사이에 있는 필러이므로 쿠페에서는 없는 보디 구조이다.

49. 열간 가공의 특징이 아닌 것은?
① 큰 변형을 줄 수 있다.
② 재질이 고르다.
③ 처음 단계의 소성변형에 적합하다.
④ 동력의 소요가 적다.

해설 열간가공은 열을 재결정온도 이상 올려서 가공한 다음 식히므로, 재결정온도 이하로 내려가면서 재질이 변화가 온다.

50. 용접으로 결합된 손상 패널을 떼어내는 시기로 맞는 것은?
① 엔진, 섀시와 함께 제거
② 손상 차체 교정 전에 제거
③ 손상 차체 교정 작업과 동시 제거
④ 바디 주요부의 치수를 맞춘 후에 제거

해설 용접으로 결합된 손상 패널은 바디 주요부의 치수를 맞춘 후에 제거한다. 왜냐하면 바디 주요부의 치수가 맞을 때 분해가 쉽고 힘들지 않다.

51. 특수 안료에 속하지 않는 것은?
① 아산화동 ② 산화수은
③ 산화안티몬 ④ 크레이

해설 크레이(clay : 점토)는 무기안료 중에서 체질안료이다. 체질안료란 투명성 백색안료에 전색제를 섞어 투명하면서 은폐력이 적은 안료를 말하며, 다른 안료의 증량제로 쓰이며, 하도도료에 특히 많이 사용된다. 특수안료에는 발광안료, 시온안료, 내열안료가 있다.

52. 서로 다른 두가지 색이 특정광원 아래에서는 같은 색으로 보이는 현상 즉, 물리적으로는 다른 색이 시각적으로 동일한 색으로 보이는 현상을 무엇이라 하는가?
① 조건 등색 현상 ② 보색 잔상 현상
③ 겔화 현상 ④ 색 얼룩 현상

해설 ① **조건등색현상** : 특수한 조명 아래에서 서로 다른 색의 물체가 같은 색으로 보이는 현상(백열등)
② **잔상현상** : 망막에 주어진 색의 자극이 생긴 후 자극을 제거하여도 시각기관에 흥분상태가 계속되어 시각작용이 잠시 남아있는 현상을 말한다.
③ **겔화현상** : 도료가 유동성이 없어지고 서서히 굳어가는 현상을 말한다.
④ **색얼룩현상** : 용제가 구도막에 침투하여 도막의 색상이 녹아 번지며 얼룩이 지는 현상을 말한다.

53. 퍼티(putty) 작업의 목적으로 옳은 것은?
① 광택을 증가하기 위해
② 접착력을 강화하기 위해
③ 부착력을 향상시키기 위해
④ 평활성을 유지시키기 위해

해설 퍼티는 판금 작업 후 요철(흠집)을 메꾸는데 사용하는 반죽 상태의 도료로서 메탈퍼티, 폴리에스테르 퍼티, 래커 퍼티의 3가지 종류가 있으며, 일반적으로 주걱으로 흠집을 두껍게 도포하고 건조시킨 다음 연마하여 표면을 조정한다.

54. 다음 중 도장할 때 주름이 생기는 가장 큰 원인은?
① 너무나 느리게 도장하기 때문에
② 너무나 빨리 도장하기 때문에
③ 너무나 두껍게 도장하기 때문에
④ 너무나 엷게 도장하기 때문에

해설 도장시 주름이 생기는 주 원인은 도장면의 두께가

ANSWER 47.① 48.② 49.② 50.④ 51.④ 52.① 53.④ 54.③

너무 두껍기 때문이다. 즉, 많은 토출량으로 천천히 도장하였을 경우 두껍게 도장되면 주름이 생긴다. 그래서 가장 큰 원인은 '③'가 된다. '①'의 경우 토출량이 아주 작을 경우 느리게 도장해도 두껍게 도장되지 않는다.

55. 과거의 자료를 수리적으로 분석하여 일정한 결함을 도출한 후 가까운 장래의 매출액, 생산량 등을 예측하는 방법을 무엇이라 하는가?

① 델파이법 ② 전문가 패널법
③ 시장조사법 ④ 시간열분석법

해설 수요 예측 기법 종류
① **델파이기법**(delphi technique) : 미래예측이나 조직의 목표달성을 위해 전문가의 지식과 의견을 이용하는 기법으로 신제품, 신기술 등 해당분야의 여러 전문가들에게 반복적인 설문조사를 의뢰해 가장 신뢰적인 의견 합의점을 얻어내는 방식을 취한다.
② **시장조사법** : 과거와 현재의 상황을 조사하고, 분석을 통해 미래를 예측함으로써 시장 전략수립의 지침을 제공하고자하는 미래 지향적 활동으로 마케팅 의사결정을 위해 실행 가능한 정보제공을 목적으로 매출액, 생산량 등 다양한 자료를 체계적으로 획득하고 분석하는 객관적이고 공식적인 과정을 말한다. 기업의 활동을 시장환경에 적응시켜 기업이 추구하는 목적을 달성하기 위한 수단인 전략이나 정책을 세우는데 필요한 정보를 입수하기 위해 각종 자료를 수집하고 분석하는 일련의 과정이다.
③ **시계열분석법** : 과거의 매출이나 수량 자료로부터 시간적인 추이나 경향을 파악하여 미래 수요를 예측하는 방법이다.

56. 작업개선을 위한 공정분석에 포함되지 않는 것은?

① 제품 공정분석 ② 사무 공정분석
③ 직장 공정분석 ④ 작업자 공정분석

해설 공정분석에는 제품을 중심으로 한 제품 공정 분석과 작업자를 중심으로 한 작업자 공정 분석이 있으며, 제품 공정 분석과 작업자 공정 분석을 동시에 조사하는 연합분석이 있다.

57. 다음 중 브레인 스토밍(brain storming)과 가장 관계가 깊은 것은?

① 페레토도 ② 히스토그램
③ 회귀분석 ④ 특성요인도

해설 브레인스토밍이란 팀별로 사용되는 아이디어 창출 기법으로, 집단의 효과를 살리고, 아이디어의 연쇄반응을 불러 일으켜 자유 분방하게 질과 관계없이 가능한 많은 아이디어를 생성함으로써 문제의 개선이나 문제에 대한 해결을 위한 기회를 찾기 위해 이용한다.

58. 로트의 크기가 시료의 크기에 비해 10배 이상 일 때, 시료의 크기와 합격판정계수를 일정하게 하고 로트의 크기를 증가시키면, 검사특성곡선의 모양 변화에 대한 설명으로 가장 적절한 것은?

① 무한대로 커진다.
② 거의 변화하기 않는다.
③ 검사특성곡선의 기울기가 완만해진다.
④ 검사특성곡선의 기울기 경사가 급해진다.

해설 검사특성곡선이 OC곡선이다. 로트의 크기가 시료의 크기에 비해 10배 이상 일 때, 시료의 크기와 합격판정계수를 일정하게 하고 로트의 크기를 증가시키면 OC곡선은 거의 변화가 없다.

59. 로트의 크기가 30, 부적합품이 10%인 로트 시, 시료의 크기를 5로 하여 랜덤 샘플링할 때 시료 중 부적합 품수가 1개 이상일 확률은 얼마인가? (단, 초기하분포를 이용하여 계산한다)

① 0.3695 ② 0.4335
③ 0.5665 ④ 0.6305

해설 부적합 품수가 0개일 확률은 N=30, 부적합품수(M)=30×0.1=3, 적합품수(N−M)=30−3=27이다.

$$P(X=0) = \frac{\binom{M}{X}\binom{N-M}{n-X}}{\binom{N}{n}} = \frac{\binom{3}{0}\binom{27}{5}}{\binom{30}{5}} = 0.5665$$

$$P(X \geq 1) = 1 - P(X=0) = 1 - 0.5665 = 0.4335$$

60. 관리도에서 점이 관리한계 내에 있으나 중심선 한쪽에 연속해서 나타나는 점의 배열현상을 무엇이하 하는가? ★02.4.7

① 런 ② 경향
③ 산포 ④ 주기

해설 런은 중심선의 한쪽에서 연속적으로 나타나는 점, 경향은 점점 올라가거나 내려가는 경우, 주기성(cycle)은 점이 주기적으로 상하 변동하녀 파형을 나타내는 경우, 산포는 흩어져 있음 등을 나타낸다.

ANSWER 55.④ 56.③ 57.④ 58.② 59.② 60.①

2011년 1회 복원기출문제

자동차정비기능장

01. 전자제어 연료 분사방식의 엔진에 사용되는 센서 중 서미스터(thermistor) 소자를 이용한 센서는?
① 냉각수온센서, 산소센서
② 흡기온센서, 대기압센서
③ 대기압센서, 스로틀포지션센서
④ 냉각수온센서, 흡기온센서

해설 서미스터는 부특성(NTC) 즉, 온도가 올라가면 저항이 작아지는 특성을 보인다. 따라서, 온도의 상승에 따라 저항이 작아져 전압이 높게 나타나므로, 온도센서에 사용된다.

02. 윤활유 첨가제로 사용되는 것을 보기에서 모두 고른 것은?

> a. 점도지수 향상제　b. 유동점 강하제
> c. 탄화 방지제　　　d. 산화 향상제
> e. 기포 방지제　　　f. 유성 향상제

① a-b-c-e-f
② a-b-c-d-f
③ a-b-e-f
④ a-b-c-d-e-f

해설 산화란 산소와 만나는 화학작용을 말하는데, 윤활유는 산화가 일어나면 안된다. 즉, 산화방지제가 첨가제로 필요하다.

03. 가솔린 기관의 연료분사 장치에서 흡기관의 절대압력과 기관의 회전수로부터 흡입공기량을 간접적으로 계량하는 방식은?
① MAP센서 방식
② 핫 와이어식
③ 핫 필름식
④ 메저링 플레이트식

해설 흡기관의 절대압력 센서를 영어로 표현하면, Manifold Absolute Pressure Sensor이다. 이를 이니셜만 따면, MAP가 된다.

04. 고속 디젤 엔진의 기본 사이클은?
① 정적 사이클
② 정압 사이클
③ 등온 사이클
④ 복합 사이클

해설 고속디젤사이클을 복합사이클이라고 하며, 정적사이클은 가솔린기관, 정압사이클은 디젤기관의 이상사이클이다.

05. 압축비가 9:1 인 오토사이클 기관의 열효율은?(단, k=1.4 이다.)
① 약 35%
② 약 45%
③ 약 58%
④ 약 66%

해설 $\eta_o = 1 - \dfrac{1}{\epsilon^{k-1}} = 1 - \dfrac{1}{9^{1.4-1}} = 0.584756$으로 계산된다. 그래서 약 58%라 할 수 있다.

06. 실린더에 건식 라이너를 사용할 때의 특징으로 가장 거리가 먼 것은?
① 실린더 블록의 강성이 저하된다.
② 일체형의 실린더가 마모된 경우에 사용한다.
③ 가솔린 엔진에 많이 사용한다.
④ 실린더 블록의 구조가 복잡하다.

해설 라이너가 직접 냉각수 통로와 만나는 형식을 건식라이너라 하고, 냉각수 통로와 만나지 않는 형식을 건식라이너라 하므로, 실린더 블록의 강성은 저하하지 않는다.

07. 연소에 있어서 공연비란 무엇을 의미 하는가?
① 배기 중에 포함되는 산소량
② 흡입공기량과 연료량의 중량비
③ 배기공기체적과 연료량의 비
④ 흡입공기량과 연료체적의 비

해설 공연비란 공기의 무게를 연료의 무게로 나눈 비를 말한다. 즉 흡입공기량과 연료량의 무게비(중량비)이다.

ANSWER 01.④　02.①　03.①　04.④　05.③　06.①　07.②

08. 피스톤과 실린더의 간극을 측정할 때 피스톤의 어느 부분에서 측정하여 피스톤과 실린더의 간극을 측정하는가?
① 피스톤 헤드부
② 피스톤 보스부
③ 피스톤링 홈부
④ 피스톤 스커트부

해설 피스톤과 실린더의 간극은 실린더의 직경에서 피스톤 스커트부의 직경(최하단 2mm 지점)을 뺀 값을 말한다.

09. 기관에서 배기장치의 기능으로 틀린 것은?
① 배출가스의 강한 충격음을 완화시킨다.
② 배기가스가 유출되는데 큰 저항을 주지 않도록 한다.
③ 배기가스가 차실내로 유입되지 않게 한다.
④ 소음기가 설치되어 배기가스의 유해물질을 저감시킨다.

해설 소음기는 배기음을 줄여주는 역할을 행하고, 배기가스의 유해물질을 저감시키는 장치는 촉매컨버터, EGR 등이 있다.

10. 직접분사방식(GDI)을 간접분사방식과 비교했을 때 단점은?
① 연료분사압력이 상대적으로 낮다.
② 희박혼합기 모드에서는 NOx의 발생량이 현저하게 증가한다.
③ 분사밸브의 작동전압이 너무 낮다.
④ 내부 냉각효과가 너무 낮다.

해설 GDI는 연료분사압력이 다른 가솔린엔진보다 높아야하며, 희박 혼합기 모드에서는 질소산화물 발생량이 증가하는 특성을 갖고 있다.

11. LPG(액화석유가스)의 특성이 아닌 것은?
① 순수한 LPG는 무색, 무취, 무미이다.
② 액체 LPG는 물보다 가벼우나 기체 LPG는 공기보다 무겁다.
③ 액체 LPG는 기화할 때 약 250배 팽창한다.
④ 가솔린의 옥탄가가 LPG의 옥탄가보다 높다.

해설 LPG의 옥탄가가 가솔린의 옥탄가보다 높다.

12. 대체 연료 중의 하나인 메탄올의 특징을 가솔린 연료와 비교하여 나타낸 것 중 틀린 것은?
① 일반적인 CO, HC가 감소된다.
② 흡습성이 커서 층 분리 현상이 나타난다.
③ 이론 공연비가 커서 유리하다.
④ 연료계통이 부식, 용해 등의 문제가 있다.

해설 메탄올은 CH_3OH이다. 메탄올을 완전연소시키는데 공기 6.5 : 메탄올 1 로 반응을 한다. 즉, 휘발유는 이론혼합비가 14.7인데 비해 메탄올은 이론혼합비가 작아 연료소비가 많다.

13. 엔진 냉각수가 비등점이 낮아져 냉각수 내에 기포가 발생되어 물 펌프의 임펠러 및 펌프 몸체를 손상시킬 수 있는 현상을 무엇이라 하는가?
① 캐비테이션(cavitation)
② 퍼컬레이션(percolation)
③ 베이퍼 록(vapor lock)
④ 헤지테이션(hesitation)

해설 유체의 속도가 증가하면 유체에 닿아 있는 물체 표면 근처의 압력이 낮아지게 되어 유체는 밀도가 낮은 수증기로 바뀌게 되고, 이에 따라 마치 물 속에 빈 공간이 만들어진 것과 같아지는 물리적 변화 현상을 캐비테이션이라 한다.

14. 디젤 배기가스 전처리장치 적용방식에 속하지 않는 것은?
① 과급기제어
② PM포집제어
③ 가변 및 다밸브 제어
④ 커먼레일 분사제어

해설 PM(입자성물질)의 포집제어는 배기가스가 배출된 후에 포집해서 태움없애 PM발생을 줄이는 장치를 말한다.

15. 디젤기관의 분사장치에서 고압의 연료가 노즐에서 분사 될 때 3대 구비요건 중 거리가 먼 것은?
① 관통력
② 희석도
③ 미립화
④ 분포

해설 노즐 분사의 3대 구비요건은 무화(미립화), 관통력, 분포를 말한다.

ANSWER 08.④ 09.④ 10.② 11.④ 12.③ 13.① 14.② 15.②

16. 전자제어 가솔린 기관에서 속도-밀도 방식의 공기유량센서가 직접 계측하는 것은?
① 흡기관의 압력
② 흡기관의 유속
③ 흡입공기의 질량유량
④ 흡입공기의 체적유량

해설 속도-밀도방식이란 MAP센서를 말한다. 즉 흡기다기관 절대압력을 측정하여 간접적으로 유량을 계측하는 방식이다.(문제 지문에서 직접계량방식이 아니라 간접계량방식이라고 해야 함)

17. 4행정 사이클 가솔린 엔진에서 제동마력이 53PS, 실린더 수는 2개, 회전수가 3600rpm일 때 평균유효압력을 9kgf/cm² 이라고 하면 실린더 내경은? (단, 피스톤 행정 : 실린더 내경=1.03 : 1이다)
① 약 8.12cm   ② 약 8.74cm
③ 약 9.00cm   ④ 약 9.70cm

해설 $N_b = P_{mb} \times ALRN$에서 4행정이므로 $\frac{R}{2}$을 적용한다.

$$N_b = \frac{P_{mb} \times ALRN}{75 \times 100 \times 2 \times 60} = \frac{9 \times \frac{\pi d^2}{4} \times 1.03d \times 3600 \times 2}{75 \times 100 \times 2 \times 60}$$
$$= 53PS$$
$$d^3 = \frac{53 \times 75 \times 100 \times 2 \times 60 \times 4}{9 \times \pi \times 1.03 \times 3600 \times 2}$$
$$d = 9.69cm$$

18. 열효율이 32%, 출력이 70PS, 사용연료의 저위발열량이 10,500kcal/kg인 기관의 1시간 동안 연료 소비량은?
① 약 1.32kg/h
② 약 4.21kg/h
③ 약 13.2kg/h
④ 약 42.kg/h

해설 열효율=$\frac{출력}{연료마력}$

$= \frac{70 \times 632.3}{저위발열량 \times 시간당연료소비량} = 0.32$ 이다.

시간당연료소비량 $= \frac{70 \times 632.3}{10500 \times 0.32} = 13.173kg/h$

19. 품질 코스트(quality cost)를 예방코스트, 실패코스트, 평가코스트로 분류할 때, 다음 중 실패코스트(failure cost)에 속하는 것이 아닌 것은?
① 시험 코스트
② 불량대책 코스트
③ 재가공 코스트
④ 설계변경 코스트

해설 예방코스트(Prevention Cost : P-Cost)란 처음부터 불량이 생기지 않도록 하는 데 소요되는 비용, 평가코스트(Appraisal Cost : A-Cost)란 제품의 품질을 정식으로 평가함으로써 회사의 품질수준을 유지하는데 드는 비용, 실패코스트(Failure Cost : F-Cost)란 소정의 품질수준을 유지하는 데 실패하였기 때문에 생긴 불량품에 의한 손실을 말한다. 시험코스트는 평가코스트에 속한다.

20. 다음 검사의 종류 중 검사공정에 의한 분류에 해당되지 않는 것은?
① 수입검사   ② 출하검사
③ 출장검사   ④ 공정검사

해설 수입검사란 인수검사라고도 하며, 인수받는 물건에 대한 검사를 말한다. 공정검사란 물건을 만드는 과정상에 문제점이 있는지를 알아보는 검사, 출하검사란 회사에서 만든 제품을 팔기 전에 불량이 있는지를 알아보는 검사이다. 출장검사는 검사공정에 의한 분류가 아니다.

21. 다음 중 계량값 관리도에 해당되는 것은?
① c 관리도   ② nP 관리도
③ R 관리도   ④ u 관리도

해설 계수치관리도에는 P 관리도 : 불량율, Pn 관리도 : 불량 개수, C 관리도 : 결점 수 U 관리도 : 단위당 결점수 등이 있다. 계량치관리도에는 $\overline{X}$-R관리도($\overline{X}$ 관리도, R관리도), x관리도 등이 있다.

22. 로트 크기 1000, 부적합품률이 15%인 로트에서 5개의 랜덤시료 중에서 발견된 부적합품수가 1개일 확률을 이항분포로 계산하면 약 얼마인가?
① 0.1648   ② 0.3915
③ 0.6085   ④ 0.8352

해설 $P(X=1) = nC_X P^X (1-P)^{n-X}$
$= 5C1 \times 0.15^1 \times (1-0.15)^{5-1} = 0.3915$

23. Ralph M. Barnes 교수가 제시한 동작경제의 원칙 중 작업장 배치에 관한 원칙(Arrangement of the workplace)에 해당되지 않는 것은?
① 가급적이면 낙하식 운반방법을 이용한다.
② 모든 공구나 재료는 지정된 위치에 있도록 한다.
③ 충분한 조명을 하여 작업자가 잘 볼 수 있도록 한다.
④ 가급적 용이하고 자연스런 리듬을 타고 일할 수 있도록 작업을 구성하여야 한다.

해설 작업장 경제 원칙
① 모든 공구 및 재료는 정위치에 배치해야 한다.
② 공구, 재료 및 조정기는 사용하기 편리한 곳. 즉, 작업자의 주변에 가까이 두어야 한다.
③ 중력 공급 상자 및 용기는 재료를 사용 장소에 가깝게 보내기 위해 사용되어야 한다.
④ 낙하 투입 송출 장치는 어느 곳에서나 이용될 수 있어야 한다.
⑤ 재료와 공구들은 최선의 동작이 연속될 수 있도록 배치되어야 한다.
⑥ 준비는 관측하는데 적합한 조건이 되도록 해야 한다. 양호한 조명은 목시적 지각을 만족시켜주는 첫 번째 요건이다.
⑦ 작업대와 의자 높이는 작업중 앉거나 서기에 모두 용이해야 한다.
⑧ 좋은 자세를 갖도록 해 주는 형태와 높이의 의자를 모든 작업자에게 제공해야 한다.

24. 그림과 같은 계획정정도(Network)에서 주공정은?(단, 화살표 아래의 숫자는 활동시간을 나타낸 것이다.)

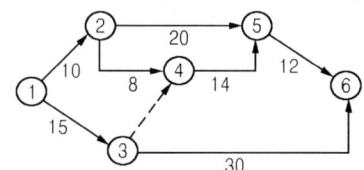

① ①-③-⑥
② ①-②-⑤-⑥
③ ①-②-④-⑤-⑥
④ ①-③-④-⑤-⑥

해설 주공정이란 처음에서 끝까지의 활동시간이 가장 긴 공정을 연결한 선을 말한다. 즉, 1-2-5-6과정은 42시간, 1-2-4-5-6과정은 44시간, 1-3-6과정은 45시간이 활동시간이다.

25. 조향 기어비를 작게 하면 어떻게 되는가?
① 조향 핸들의 조작이 민감하게 된다.
② 조향 조작이 가볍게 된다.
③ 비가역성의 경향이 크게 된다.
④ 바퀴가 받는 충격이 핸들에 전달되지 않는다.

해설 조향기어비란 핸들회전각을 피트먼암 회전각으로 나눈값을 말한다. 즉 조향기어비가 작다는 말은 핸들회전각에 비해 피트먼암이 많이 꺾인다는 말과 같다. 즉 핸들의 조작에 민감하게 된다.

26. 주행속도 90km/h의 자동차에 브레이크를 작용 시켰을 때 정지거리는?(단, 차륜과 도로면의 마찰 계수는 0.2이다.)
① 45m   ② 90m
③ 159m   ④ 180m

해설 공주거리를 0으로 보면 정지거리는 결국 제동거리이다.

제동거리(S) $= \dfrac{v^2}{2\mu g} = \dfrac{\left(\dfrac{90}{3.6}\right)^2}{2 \times 0.2 \times 9.8} = 159.438m$

27. 타이어의 손상에 관한 용어에서 트레드 패턴(tread pattern)을 형성하는 고무가 떨어져 나가는 현상은?
① 오픈 스프라이스(open splice)
② 청킹(chunking)
③ 크랙(crack)
④ 비드 버스트(bead burst)

해설 덩이짓기(Chunking, 청킹)는 정보를 의미 있는 묶음으로 만드는 것을 말한다. 이를 자동차에 적용하면 트레드 패턴 고무가 덩어리지어 떨어지는 것을 말한다.

28. 브레이크장치에서 자동차의 하중에 따라 뒤 브레이크의 유압을 조정하는 밸브는?
① 로드 센싱 밸브   ② 릴레이 밸브
③ 첵 밸브   ④ 리듀싱 밸브

해설 LSPV란 로드 센싱 프로포셔닝 밸브(Load Sensing Proportioning Valve)의 약자로 뒷바퀴의 하중에 따라 비례적으로 유압을 조절하는 밸브이다.

29. 전자제어 자동변속기에서 컴퓨터 제어장치(TCU)에 입력되는 각 부품 신호와 거리가 먼 것은?
① 펄스 제너레이터 신호
② 시프트 솔레노이드 신호
③ 스로틀포지션센서 신호
④ 유온센서 신호

해설 시프트솔레노이드 신호라는 말을 사용하지 않는다. 대신 속도조절솔레노이드밸브(Speed Control Solenoid Valve)라 하여 SCSV라 하며, 이는 센서가 아니라 액추에이터이다.

30. 구동력 조절장치(traction control system)의 구성품 중 가속 페달의 조작 상태를 검출하는 센서는?
① 스로틀 포지션 센서
② 조향 휠 각속도 센서
③ 요 레이트 센서
④ 횡 방향 G센서

해설 가속페달은 스로틀밸브와 연결되어 있으므로, 페달의 조작은 스로틀밸브 위치센서에 의해 감지되어 운전자의 의지를 확인할 수 있다.

31. 차량 충돌시 충격을 흡수하기 위한 범퍼의 구성품이 아닌 것은?
① 범퍼 가드   ② 플라스틱 범퍼
③ 범퍼 빔   ④ 범퍼 페시아

해설 범퍼가드란 범퍼를 보호(guard)하기 위한 구성품이다.

32. 자동변속기 오일을 점검하였더니 흑갈색이라면 고장 사항으로 가장 적합한 설명은?
① 클러치판이 마찰에 의해 마모되었다.
② 냉각수가 유입되었다.
③ 엔진 윤활유가 함유 되었다.
④ 유량이 부족한 상태이다.

해설 자동변속기 오일은 처음에는 맑은 적홍색을 뛰어야 정상인데, 흑갈색이라는 말은 클러치판(자동변속기 내부의 여러 클러치)의 마모로 인한 마모가루가 오일에 많이 섞여 있다는 말이다.

33. 오버 드라이브(over drive)장치의 목적과 관계없는 것은?
① 연료 소비율의 향상
② 출력 회전수 증가로 전달 효율 향상
③ 엔진의 소음 감소
④ 엔진의 회전력 증가

해설 오버드라이브란 엔진(구동)회전수 보다 출력(추진축)회전수를 더 빠르게 하는 장치이다. 즉, 회전수를 증가하게 하지만, 회전력은 감소되는 경향이 있다.

34. 유량 제어식 전자제어 동력 조향장치의 파워 실린더 작동압을 제어하는 방법으로 알맞은 것은?
① 솔레노이드 밸브가 열리면 고압측 오일이 드레인에 연결되어 있는 저압측과 통해 작동압이 저하하여 배력작용이 감소
② 솔레노이드 밸브가 열리면 저압측 오일이 드레인에 연결되어 있는 고압측과 통해 작동압이 증가하여 배력작용이 증가
③ 솔레노이드 밸브가 닫히면 고압측 오일이 드레인에 연결되어 있는 저압측과 통해 작동압이 증가하여 배력작용이 감소
④ 솔레노이드 밸브가 닫히면 저압측 오일이 드레인에 연결되어 있는 고압측과 통해 작동압이 증가하여 배력작용이 증가

해설 유량 제어식 전자제어 동력 조향장치에서 솔레노이드 밸브가 열리면 고압측 오일이 드레인에 연결되어 있는 저압측과 통해 작동압이 저하하여 배력작용이 감소한다.

35. 사이드슬립 시험결과 왼쪽 바퀴가 바깥쪽으로 4mm, 오른쪽 바퀴는 안쪽으로 6mm 움직일 때 전체 미끄럼량은?
① 안쪽으로 1mm
② 안쪽으로 2mm
③ 바깥쪽으로 1mm
④ 바깥쪽으로 2mm

해설 바깥쪽을 (−), 안쪽을 (+)으로 놓으면, $\frac{-4+6}{2}=(+)1$이므로 안쪽으로 1mm 미끄러진다.

ANSWER 29.② 30.① 31.① 32.① 33.④ 34.① 35.①

36. 전자제어 현가장치의 입력되는 센서와 거리가 먼 것은?
① 조향각 센서
② 펄스 제너레이터 센서
③ G 센서
④ 차속 센서

해설 펄스제너레이터는 자동변속기에 입력축과 출력축에 설치되어 각각의 회전속도를 감지하는 센서이다.

37. 진공식 분리형 제동 배력장치에서 브레이크 페달 작동과 관련된 설명 중 틀린 것은?
① 브레이크 페달을 밟지 않을 경우에는 배력장치가 작동하지 않고 있는 상태에서 릴레이 밸브는 진공밸브가 열리고 에어 밸브는 닫혀있다.
② 브레이크 페달을 밟았을 경우에는 마스터실린더에서 보내오는 유압은 하이드로릭 피스톤의 체크밸브를 지나서 휠 실린더로 전달되어 브레이크를 작동시킨다.
③ 브레이크 페달을 놓았을 경우에는 밸브 피스톤에 걸리는 유압이 내려가서 릴레이밸브 피스톤 및 다이어프램은 리턴스프링에 의해 에어 밸브가 닫힌다.
④ 브레이크 페달을 놓았을 경우에는 밸브 피스톤에 걸리는 유압이 올라가서 릴레이밸브 피스톤 및 다이어프램은 리턴스프링에 의해 에어 밸브가 닫힌다.

해설 브레이크 페달을 놓았을 경우에는 밸브 피스톤에 걸리는 유압이 내려가서 릴레이밸브 피스톤 및 다이어프램은 리턴스프링에 의해 에어 밸브가 닫힌다.

38. ABS에서 시동을 껐다가 다시 켤 때 ABS 경고등이 계속 점등되는 경우 예상 원인으로 틀린 것은?
① ECU 내부 고장
② 솔레노이드 불량
③ 하이드로릭 펌프 전원 불량
④ 휠 실린더 리턴 불량

해설 휠 실린더의 리턴 불량에 의해 ABS경고등이 점등되지 않는다.

39. 주행 중 기관을 급가속 하였을 때 기관의 회전은 상승하나 차량의 속도가 증가하지 않으면 그 원인으로 적합한 것은?
① 릴리스 포크가 마멸되었다.
② 파일럿 베어링이 마모되었다.
③ 클러치 스프링의 장력이 감소되었다.
④ 클러치 페달의 유격이 규정보다 크다.

해설 급가속 페달을 밟았는데도 기관의 회전은 상승하나 차속이 증가하지 않으면, 어느 곳에 슬립이 있다는 말이다. 클러치 스프링의 장력이 감소하면 미끌림(슬립)이 발생하고 결국 차속은 증가하지 않게 된다.

40. 수동변속기의 종류 중 동기 물림식(synchro mesh type)의 장점에 대한 설명으로 틀린 것은?
① 변속시 소음이 적고 변속이 용이하다.
② 각단 기어의 동기화가 쉽게 이루어 질 수 있다.
③ 변속하기 위해 특별히 가속 페달을 밟거나 더블 클러치를 조작할 필요가 없다.
④ 클러치 조작 없이 변속하여도 변속이 된다.

해설 수동변속기에서 동기물림이 되기 위해서는 클러치의 조작(변속)이 반드시 필요하다.

41. 공기식 브레이크가 풀리지 않거나 브레이크가 끌리는 원인은?
① 체크 밸브가 열려있다.
② 다이어프램이 파손 되었다.
③ 휠 실린더의 리턴이 불량하다.
④ 릴레이 밸브 피스톤의 복귀가 불량하다.

해설 공기식브레이크에서 릴레이밸브는 말 그대로 브레이크 페달 작동에 따른 앞뒤좌우 바퀴로 제동압(공기압)을 얻게 해주는 밸브이다. 즉, 릴레이밸브 피스톤의 복귀가 불량하면, 브레이크를 약간 작동하게 하는 결과를 가져와 브레이크가 풀리지 않거나 미끌리게 된다.

ANSWER 36.② 37.④ 38.④ 39.③ 40.④ 41.④

42. 암소음이 80dB인 장소에서 자동차 배기 소음이 85dB이었을 때 배기 소음의 최종 측정값은?

① 80dB ② 82dB
③ 83dB ④ 85dB

해설 배기소음과 암소음의 차이가 85-80=5dB 이므로, 보정치가 2dB이다. 최종 측정값은 85-2=83dB 로 산된다. 아래는 보정치이다.

자동차소음과 암소음의 측정치 차이	3	4~5	6~9
보정치	3	2	1

43. 현가장치의 특성에 대한 설명으로 옳은 것은?

① 스프링 아래 질량이 커야 요철 노면 주행에 유리하다.
② 스프링 상수는 작용력과 스프링 변형량의 비율로 나타낸다.
③ 자동차가 무겁고 스프링이 약하면 주파수는 많고 진폭은 작다.
④ 토션바 스프링의 길이를 길게 하면 비틀림각이 작으므로 스프링 작용은 크다.

해설 스프링 상수$(k)=\dfrac{F(작용힘)}{a(변형량)}$ 이다.

44. 자동차의 냉방장치에 관한 내용으로 틀린 것은?

① 고압의 액상 냉매는 팽창 밸브 통과 후 저압의 안개 상태의 냉매로 변화한다.
② 증발기는 파이프 내에서 냉매를 액화하고 이때 주위의 외기에 열을 방출한다.
③ 고온, 고압 가스상의 냉매는 콘덴서를 통과하면서 액화되어 진다.
④ 리시버 드라이어에는 흡습제와 필터가 봉입되어 있다.

해설 증발기는 팽창밸브를 통과한 냉매가 저압에서 주위의 외기에 열을 빼앗아(흡수하여) 기화된다. 즉, 주위의 외기는 차갑게 된다.

45. 전기회로의 배선방법에 대한 설명 중 틀린 것은?

① 단선식은 부하의 한끝을 차체에 접지하는 방식이다.
② 큰 전류가 흐르면 전압강하가 발생하므로 단선식을 사용한다.
③ 복선식은 접지 쪽에도 전선을 사용하는 방식이다.
④ 전조등과 같이 큰 전류가 흐르는 회로에 복선식을 사용한다.

해설 큰 전류가 흐르는 회로는 복선식을 사용해야 한다. 만일 큰 전류가 흐르는 회로에 단선식을 사용할 경우 스위치 접점이 소손된다.

46. 레인 센서 방식의 와이퍼 제어 시스템에서 앞 유리의 빗물 양을 감지하기 위한 반도체 소자는?

① 정전압 다이오드, 포토 다이오드
② 정전류 다이오드, 발광 다이오드
③ 발광 다이오드, 포토 다이오드
④ 포토 다이오드, 정류 다이오드

해설 발광 다이오드에서 적외선을 내보내서 물기나 빗방울에 의해 굴절되어 돌아오는 빛의 양을 다시 포토다이오드가 받아서 와이퍼의 작동속도를 계산한다.

47. 자동차용 도난 방지장치에서 도난 경계 모드에 진입하는 경우가 아닌 것은?

① 엔진후드 스위치가 닫혀 있을 것
② 트렁크 스위치가 닫혀 있을 것
③ 각 도어 스위치가 모두 닫혀 있을 것
④ 각 윈도 모터의 스위치가 모두 닫혀 있을 것

해설 도난 경계모드 진입은 엔진후드 스위치, 트렁크 스위치, 각 도어 스위치가 모두 닫혔을 때 행해진다.

ANSWER 42.③ 43.② 44.② 45.② 46.③ 47.④

48. 납산 축전지의 자기 방전량에 대한 설명으로 틀린 것은?

① 1일 자기 방전량은 실제 용량의 0.3% ~ 1.5% 정도이다.
② 자기 방전량은 전해액의 온도가 높을수록 비중이 낮을수록 크게 된다.
③ 자기 방전량은 날이 갈수록 많아지나 그 비율은 충전후의 시간 경과에 따라 줄어든다.
④ 충전된 축전지라도 방치해 두면 조금씩 자연 방전되어 용량이 감소한다.

해설 자기 방전량은 전해액의 온도가 높을수록 크게 되며, 전해액온도가 낮을수록 비중이 높아지며 자기방전은 감소한다.

49. 링기어 잇수 150, 피니언 잇수 15일 때 총 배기량은 1,600cc이고, 기관의 회전 저항이 8kgf·m이라면 시동 모터에 필요로 하는 최소 회전력은 몇 kgf·m인가?

① 0.95
② 0.80
③ 0.75
④ 0.60

해설 링기어(엔진)과 피니언(기동모터)의 잇수와 회전저항(토크)는 비례한다.
$150 : 15 = 8 : x$, $x = \dfrac{15 \times 8}{150} = 0.8 \text{kgf} - \text{m}$

50. 발전기에서 발생하는 기전력의 결정 요소로 틀린 것은?

① 로터 코일이 빠른 속도로 회전하면 많은 기전력을 얻을 수 있다.
② 로터 코일을 통해 흐르는 전류(여자 전류)가 큰 경우 기전력은 크다.
③ 자극의 수가 많은 경우 자력은 크다.
④ 도선(코일)의 길이가 짧은 경우 자력이 크다.

해설 코일의 길이가 길다는 말은 코일을 감은 권수가 많다는 말이므로, 자력이 커진다.

51. 자동차용 MF배터리(납산) 특징에 대한 설명으로 적합하지 않은 것은?

① 충전 상태 점검창이 녹색이면 충전이 필요한 상태, 백색이면 방전 상태, 적색이면 완전 충전 상태를 나타낸다.
② 극판의 재질로 납과 저 안티몬 합금 또는 납과 칼슘함금을 사용함으로써 국부전지를 형성하지 않아 정비가 불필요하다.
③ 증류수를 보충할 필요가 없고 자기방전이 적기 때문에 장기간 보관할 수 있다.
④ 화학 반응시 생긴 수소 및 산소가스를 물로 환원하여 다시 보충되며 벤트 플러그는 밀봉 촉매 마개를 사용한다.

해설 점검창에서 녹색이면 완전충전 상태, 적색이면 충전이 필요한 상태, 백색이면 방전상태를 나타낸다.

52. 1차 코일에 발생된 자기유도 전압이 150V이고, 1차 코일의 권수는 150회, 2차 코일의 권수는 20,000회이면 2차 코일에 유기되는 전압은?

① 10,000V
② 15,000V
③ 20,000V
④ 25,000V

해설 2개의 코일에 의해 유도되는 기전력(전압)은 권수비에 비례한다. 식으로 표현하면,
$150 : 20000 = 150 : x$,
유도기전력$(x) = \dfrac{20000 \times 150}{150} = 20000 V$

53. 트렁크 리드의 구성 요소가 아닌 것은?

① 트렁크 리드 힌지
② 토션 바
③ 트렁크 리드 로크
④ 패키지 트레이

해설 트렁크 리드는 트렁크 리드 힌지, 토션바, 트렁크 리드 로크 등으로 구성되었다. 패키지 트레이(Package Tray)란 글로브 박스 밑에 노트와 지도 등을 둘 수 있게 한 접시모양의 부분으로 보조적인 수장공간이 된다.

ANSWER 48.② 49.④ 50.④ 51.① 52.③ 53.④

54. 판금용 해머, 돌리, 스푼에 대한 설명으로 틀린 것은?
① 해머는 가볍게 잡고 패널 면과 경사지게 때린다.
② 돌리는 패널 모양에 맞추어 꼭 맞는 것을 사용한다.
③ 판금용 해머는 패널수정 이외의 용도로 사용해서는 안 된다.
④ 스푼은 좁은 틈 사이로 집어넣어 패널을 밀어내는 역할을 한다.

해설 해머란 금속이나 나무로 만든 타격용 공구로 경사지게 때리면 안된다. 즉, 패널 면과 해머 면이 수평이 되게 때린다.

55. 전기저항 용접에 해당되는 것은?
① 심 용접
② 플라즈마 용접
③ 피복 아크 용접
④ 탄산가스 아크 용접

해설 저항용접에는 스포트(점) 용접, 심 용접, 프로젝션 용접이 있다.

56. 퍼티 작업 시 주로 곡선이나 둥근면을 바를 때 가장 적합한 주걱은?
① 나무 주걱   ② 대나무 주걱
③ 고무 주걱   ④ 쇠 주걱

해설 퍼티 작업시 곡선이나 둥근면을 바르려면 끝이 부드러운 고무 재질이 좋다. 그래서 고무주걱을 사용해야 한다.

57. 도장 결함 중 핀 홀(pin hole) 발생의 원인으로 틀린 것은?
① 용제의 증발이 빠르다.
② 세팅타임이 너무 길다.
③ 너무 두껍게 도장되었다.
④ 하도의 건조가 불량하다.

해설 핀 홀이란 도막을 건조시킬 때 도막에 바늘 구멍과 같이 생기는 현상으로 기공보다 작다. 발생 원인으로는 세팅타임 없이 급격히 가열하는 경우, 도막속에 용제가 급격히 증발할 경우, 두껍게 도장하거나 점도가 높을 경우, 도장시 스프레이건에 사용되는 공기 중에 수분 또는 증발이 빠른 시너를 사용한 경우에 발생된다.

58. 조색 작업시 주의사항이 아닌 것은?
① 조색용 원색의 수를 최소화하여 선명한 색상을 만든다.
② 조색 작업시 많이 소요되는 색과 밝은 색부터 혼합한다.
③ 계통이 다른 도료와의 혼용을 한다.
④ 필요 양의 약 7할 정도 만든다.

해설 조색 작업시 주의사항
① 조색을 할 때에 계통이 다른 도료와의 혼용은 가급적 피한다.
② 착색력이 큰 원색을 다른 색에 넣어 혼합시킬 경우, 너무 많이 넣으면 원래의 색으로 돌리기가 어렵다. 그러므로 반드시 소량씩 넣어 가면서 조색하도록 한다.
③ 요구색보다 약간 옅게 조색한다.
④ 조색 작업 전에 요구 색상에 대하여 충분히 검토한다.

59. 프레임 파손이나 변형의 원인이라고 볼 수 없는 것은?
① 추돌
② 굴러 떨어진 사고
③ 극단적인 굽음 모멘트 발생
④ 장기간의 하중

해설 장기간 동안 하중이 가해지더라도 하중의 세기에 따라 변형이나 파손량이 다르다. 즉, 작은 하중이 지속적으로 작용하더라도 변형이 일어나지 않을 수 있다.

60. 도료를 구성하는 4가지 요소가 아닌 것은?
① 수지   ② 광택
③ 안료   ④ 용제

해설 도료를 구성한 3요소는 수지, 안료, 용제 등이다. 여기에 첨가제를 붙여 도료구성의 4요소라 한다.

ANSWER 54.① 55.① 56.③ 57.② 58.③ 59.④ 60.②

2011년 2회 기출문제
자동차정비기능장

01. 2행정 기관에 비해 4행정 가솔린 기관의 장점이 아닌 것은?
① 연료소비율이 낮다.
② 회전력의 변동이 적다.
③ 체적효율이 높다.
④ 기관의 열부하가 적다.
해설 2행정 기관은 1회전당 1번 폭발하는 것으로 4기통일 경우 크랭크축 90도 마다 회전력이 발생하므로, 회전력의 변동이 4행정기관 보다 적다.

02. 디젤기관의 기계식 연료분사펌프에서 딜리버리 밸브의 작용이 아닌 것은?
① 배럴 안의 연료 압력이 규정 값에 달하면 연료를 분사파이프로 압송한다.
② 분사파이프에서 펌프로 연료가 역류하는 것을 방지한다.
③ 분사노즐의 분사단절을 좋게 하여 후적 현상을 방지한다.
④ 분사압력이 낮으면 딜리버리 밸브의 홀더의 스프링으로 조절한다.
해설 딜리버리 밸브의 3대 작용으로 연료압송, 역류방지, 후적방지이다. 보기 ④의 경우는 딜리버리 밸브의 고장정비사항의 분사압력 조절에 관한 사항이다.

03. 가솔린 기관에서 조기점화에 영향을 주는 요소가 아닌 것은?
① 세탄가
② 옥탄가
③ 공연비
④ 기관회전수
해설 세탄가는 세탄을 (세탄+α메틸나프탈렌)으로 나눈 비를 말하는데, 경유의 특성치이므로 디젤과 관련이 있다.

04. 유해배기가스의 저감 대책방안이 아닌 것은?
① 압축비의 적정화
② 밸브 오버랩의 적정화
③ 배기가스 속도의 적정화
④ 연소실 및 행정체적의 적정화
해설 배기가스의 속도는 엔진의 회전수와 관련이 있다. 즉, 유해가스는 연료와 공기의 혼합과 관련되는 부분으로 엔진의 배기가스와는 거의 상관이 없다.

05. 점화장치에서 파워 TR 베이스 신호구간 설명과 거리가 먼 것은?

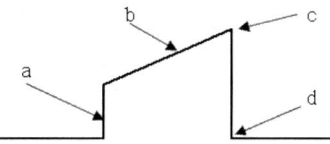

① a: 점화 1차 코일에 전류가 흐르기 시작한다.
② b: 점화 1차 코일에 전류가 흐르는 기간이다.
③ c: 점화 2차에 역기전력이 발생된다.
④ d: 점화 2차 전압이 소멸된다.
해설 d의 경우는 c와 마찬가지로 이 시기에 1차코일의 전기가 단절되는 시점으로 1차코일에 역기전력이 발생함과 동시에 2차고압이 발생하는 부분이다.

06. 타이밍벨트의 장력이 규정치보다 헐거울 경우 기관에 미치는 영향으로 맞는 것은?
① 기관의 오일이 오염된다.
② 발전기의 출력이 저하된다.
③ 배터리가 과충전 된다.
④ 흡·배기 밸브의 개폐시기가 변하여 기관 출력이 감소한다.
해설 타이밍벨트의 장력이 약하면 타이밍벨트가 미끄러져서 타이밍이 어긋날 수 있다. 타이밍이 어긋난다는 것은 적정의 밸브 개폐가 되지 않으므로, 출력이 감소하게 된다.

ANSWER 01.② 02.④ 03.① 04.③ 05.④ 06.④

07. 캠축에서 기초원과 노즈(nose) 사이의 거리는?
① 프랭크 ② 로브
③ 양정 ④ 클리어런스

해설 캠축의 기초원과 노즈의 사이를 양정이라 한다. 영어로 표현하면 Lift이다.

08. LPG 기관에서 베이퍼라이저의 기능이 아닌 것은? ★02.07.21
① 감압작용 ② 기화작용
③ 압력조절작용 ④ 액화작용

해설 베이퍼라이저는 2개의 막판식 감압장치로 구성되어 있으며, 전자밸브를 통한 고압의 연료를 1차실에서 0.3kg/cm2 으로 감압시키고, 다시 2차실을 통과하면서 대기압정도로 감압을 시키는 역할을 한다. 베이퍼라이저에서 LPG가 감압되어 기화할 때에 베이퍼라이저가 기화 잠열로 냉각되므로 감압실 주위에 기관의 온도로 가열된 냉각수가 공급되어 연료의 기화를 촉진시킨다.

09 기관의 회전수가 3000rpm, 회전력(토크)이 15kg·m 기계효율이 60%일 때 제동마력은?
① 25.1PS ② 26.8PS
③ 37.7PS ④ 62.8PS

해설 $N_b = T \times \omega = T \times \dfrac{2N\pi}{75 \times 60}$ 에서

$N_b = 15(kgf-m) \times \dfrac{2 \times \pi \times 3000}{60(s)}$

$= \dfrac{15 \times 2 \times \pi \times 3000}{75 \times 60}(ps) = 62.83ps$

로 계산된다.

10. 그림과 같이 자석식 크랭크앵글센서 파형에서 화살표 [A]가 표시된 부분의 전압이 낮아질 경우 고장원인으로 옳은 것은?

① 센서 입력 전원이 높은 경우
② 센서 간극이 클 때
③ 센서 입력 전원이 낮은 경우
④ 센서 간극이 작을 때

해설 A부분은 크랭크각센서의 돌기와 자석이 만나기 위해 갈 때의 자속변화에 의해 +sin커브를 그리고, 돌기가 자석을 만나서 멀어질 때 -sin 커브를 그린다. 그런데 A부분의 높이는 센서의 돌기와 자석의 간극이 클수록 높아진다.

11. 흡기다기관내의 절대압력 변화에 따라 실린더로 흡입되는 공기량을 간접적으로 검출하는 것은?
① MAP 센서식
② 공기량 조정식
③ 멀티 포인트식
④ 매니폴드 제어식

해설 MAP이란 Manifold Absolution Pressure의 약자로 메니폴드 절대압력을 뜻한다. 즉, 흡기다기관의 절대압력을 측정하여 그에 맞는(간접적) 공기유량을 예측 및 결정하는 센서가 MAP 센서이다.

12. 자동차에 사용되는 LPG 연료의 특징이 아닌 것은?
① 연소범위가 좁아 다른 가스에 비해 안전하다.
② 발열량이 가솔린과 유사하다.
③ 옥탄가가 가솔린보다 높다.
④ 공기와 혼합이 잘되고 노킹이 적다.

해설 LPG의 발열량은 약12000kcal/kg이고, 가솔린의 발열량이 약 10500kcal/kg로 차이가 난다.

13. 로터리 기관에서 흡입, 압축, 폭발, 배기의 각 기간은 출력축 회전 각도로 몇 도(°)마다 일어나는가? ★00.3.26
① 360 ② 270
③ 180 ④ 90

14. 자동차용 윤활유의 첨가제로 옳지 않은 것은?
① 유성 향상제 ② 청정 분산제
③ 점도 강하제 ④ 산화 방지제

해설 윤활유에 점도 강하제를 사용하면 점도가 낮아지므로, 윤활압력이 낮아지는 결과를 가져오며, 이는 마찰부의 마찰을 많게 한다.

ANSWER 07.③ 08.④ 09.④ 10.② 11.① 12.② 13.② 14.③

15. 자동차용 센서 중에 지르코니아를 소재로 하는 O₂센서의 설명으로 틀린 것은?
① 백금 전극을 보호하기 위해 전극 외측에 세라믹을 도포한다.
② 센서 내측에는 배출가스를, 외측에는 대기를 도입한다.
③ 지르코니아 소자는 내외면의 산소 농도차가 크면 기전력을 발생한다.
④ 산소 농도 차이가 클수록 기전력의 발생도 커진다.

해설 산소센서의 내측은 대기와 접촉하고, 외측은 배기다기관으로 지나가는 배기가스와 접촉하여 산소의 농도차에 의해 지르코니아에서 전기가 발생한다.

16. 전자제어 가솔린 연료분사 기관의 특성으로 옳지 않은 것은?
① 기화기식 기관에 비해 연비를 향상시킬 수 있다.
② 급격한 부하변동으로 연료공급이 신속히 이루어진다.
③ 압축압력이 상승하여 토크가 증가한다.
④ 연소가스 중에 유해 배기가스가 감소한다.

해설 압축압력은 실린더가 만들어지면 결정된다. 물론 흡입되는 실제 공기량과 연관이 있지만, 이를 일정하다고 가정한다면 압축압력은 거의 일정하다. 즉, 압축압력을 상승 또는 하강할 수 있는 가변 엔진은 없다.

17. 이론공연비로 피드백 되는 전자제어 가솔린 기관에서 연료 0.5kg을 연소시키는데 몇 kg의 공기가 필요한가?
① 약 29.4
② 약 22.1
③ 약 14.7
④ 약 7.35

해설 공연비란 공기의 무게를 연료의 무게로 나눈 값으로 14.7이다. 이는 식으로 표현하면
공연비 = $\frac{공기무게}{연료무게}$ = 14.7,
공기의 무게는 연료무게 × 14.7 = 0.5 × 14.7 = 7.35kg 으로 계산된다.

18. 4행정 사이클 6실린더 기관의 실린더 안지름이 200mm, 실린더 벽 두께가 1.2mm, 실린더 벽의 허용응력이 2,100 kgf/cm² 일 때 이 기관의 최대 허용 폭발압력은?
① 15.1kgf/cm²
② 18.3kgf/cm²
③ 21.2kgf/cm²
④ 25.2kgf/cm²

해설
허용응력$(\sigma) = \frac{수직힘}{2 \times 두께 \times 행정길이} = \frac{수직힘}{2 \times t \times L}$,

수직힘 = 폭발압력 × 행정면적 = 폭발압력 × $(L \times D)$,
여기서 L은 행정길이, D는 직경을 뜻한다.
수직힘을 위 식에 대입하여 정리하면
허용응력$(\sigma) = \frac{폭발압력 \times (L \times D)}{2 \times t \times L} = \frac{폭발압력 \times D}{2 \times t}$

폭발압력 = $\sigma \times \frac{2 \times t}{D} = 2100 \times \frac{2 \times 1.2}{200}$
= 25.2kgf/cm²

19. 정상소요시간이 5일이고, 이때의 비용이 20,000원이며, 특급소요시간이 3일이고, 이때의 비용이 30,000원이라면 비용구배는 얼마인가?
① 4,000원/일
② 5,000원/일
③ 7,000원/일
④ 10,000원/일

해설 비용구배를 식으로 표현하면,
비용구배 = $\frac{\triangle cost}{\triangle time}$ = $\frac{급속비용 - 정상비용}{정상기일 - 급속기일}$
이므로, 그대로 대입한다.
비용구배 = $\frac{\triangle cost}{\triangle time}$ = $\frac{30000 - 20000}{5 - 3}$ = 5000원/일

20. 관리도에서 측정한 값을 차례로 타점했을 때 점이 순차적으로 상승하거나 하강하는 것을 무엇이라 하는가?
① 연(run)
② 주기(cycle)
③ 경향(trend)
④ 산포(dispersion)

해설 주기는 반복되는 현상에서 한번 일어나고 다음 일어날 때까지의 기간을 말하며, 산포는 흩어짐의 정도를 말한다.

Answer 15.② 16.③ 17.④ 18.④ 19.② 20.③

21. 도수분포표를 작성하는 목적으로 볼 수 없는 것은?
① 로트의 분포를 알고 싶을 때
② 로트의 평균치와 표준편차를 알고 싶을 때
③ 규격과 비교하여 부적합품률을 알고 싶을 때
④ 주요 품질항목 중 개선의 우선순위를 알고 싶을 때

해설 제품이나 공정으로부터 자료를 체계적으로 집계하고, 제조공정의 상황을 조사하고 분석하여 안정된 공정상태를 유지하기 위하여 품질특성치를 구하는데 그 목적이 있다.

22. 컨베이어 작업과 같이 단조로운 작업은 작업자에게 무력감과 구속감을 주고, 생산량에 대한 책임감을 저하시키는 등 폐단이 있다. 다음 중 이러한 단조로운 작업의 결함을 제거하기 위해 채택되는 직무설계방법으로서 가장 거리가 먼 것은?
① 자율 경영팀 활동을 권장한다.
② 하나의 연속 작업시간을 길게 한다.
③ 작업자 스스로가 직무를 설계하도록 한다.
④ 직무확대, 직무충실화 등의 방법을 활동한다.

해설 하나의 작업을 연속해서 계속 반복하면 작업자에게 무력감이나 구속감을 더욱 주게 된다. 따라서 직무는 순환하는 것이 좋다.

23. "무결점 운동"으로 불리는 것으로 미국의 항공사인 마틴사에서 시작된 품질개선을 위한 동기부여 프로그램은 무엇인가?
① ZD   ② 6시그마
③ TPM   ④ ISO 9001

해설 6시그마란 품질혁신과 고객만족을 달성하기 위해 전사적으로 실행하는 21세기형 기업경영 전략, TPM이란 보전을 보전 부문뿐 아니라 소수 집단의 자주적 활동을 중심으로 전원이 참여하는 가운데 추진되어야 한다고 생각하는 사고방식, ISO 9001란 ISO에서 제정한 품질경영시스템에 관한 국제규격으로, 고객에게 제공되는 제품, 서비스체계가 규정된 요구사항을 만족하고 지속적으로 유지, 관리되고 있음을 인증해주는 제도를 말한다.

24. 어떤 측정법으로 동일 시료를 무한회 측정하였을 때 데이터 분포의 평균치와 참값과의 차를 무엇이라 하는가?
① 재현성   ② 안정성
③ 반복성   ④ 정확성

해설 정확성(accuracy)이란 참값에서 평균값을 뺀 값을 말하며, 편차가 작은 정도라 할 수 있다.

25. 차량 속도가 40km/h, 차륜속도가 50 km/h 일 때 구동 슬립률은? ★2006.7.16
① 10%   ② 20%
③ 30%   ④ 40%

해설 슬립률 $= \dfrac{V - Vw}{V} \times 100$
$= \dfrac{50 - 40}{50} \times 100 = 20\%$

26. 공기 배력식(hydro air pack) 유압 제동장치의 설명으로 틀린 것은?
① 파워피스톤을 에어 컴프레서의 압축된 공기 압력과 대기압의 차이에 따라서 작동하여 유압을 발생시켜 휠실린더에 전달하는 역할을 하는 것은 브레이크 부스터이다.
② 하이드로 에어팩(hydro air pack)은 공기탱크 등을 설치하여야 하므로 하이드로 백 장치에 비해 약간 복잡하다.
③ 하이드로 에어팩(hydro air pack)은 동력실린더부, 릴레이 밸브부, 하이드로릭 실린더부로 구성되어 있다.
④ 하이드로 에어팩(hydro air pack)으로 작동되는 제동계통은 베이퍼록이 일어나지 않아 공기빼기가 필요없다.

해설 하이드로 에어팩의 경우에도 유압실린더를 사용한다. 즉 공기빼기를 해야한다. 그러나 공기브레이크의 경우는 공기압에 의해 제동되는 것으로 공기빼기할 필요가 없다.

27. 내경이 50mm인 마스터 실린더에 30N의 힘을 작용하였을 때 내경이 80mm인 휠 실린더에 미치는 제동력은?
① 약 1.52N   ② 약 24.6N
③ 약 76.8N   ④ 168.6N

ANSWER 21.④ 22.② 23.① 24.④ 25.② 26.④ 27.③

해설 파스칼의 원리를 적용한다.

$P_1 = P_2$ 이므로, $\dfrac{F_1}{A_1} = \dfrac{F_2}{A_2}$ 에 그대로 대입한다.

$\dfrac{30N}{\dfrac{\pi \times 50^2}{4}} = \dfrac{F_2}{\dfrac{\pi \times 80^2}{4}}$ 이므로,

$F_2 = 30(N) \times \dfrac{80^2}{50^2} = 76.8N$ 으로 계산된다.

28. 투영식 전조등 시험기에 대한 설명으로 옳은 것은?
① 1m의 측정거리에서 투영 스크린에 전조등의 상을 투영시켜 측정하는 방식이다.
② 수광부는 중앙에 수광 렌즈와 상·하, 좌·우 2개의 광축계가 부착되어 있다.
③ 광축계의 지시치를 영(zero)으로 하여 상·하, 좌·우 광전지를 비추는 빛의 양을 같게 하여 주광축을 얻는다.
④ 투영 스크린의 수광 위치에 의한 광축의 광속을 측정하고, 동시에 광축계의 지시에 의한 광축을 측정한다.

해설 투영식의 측정거리는 3m이고, 4개의 광전기 상에 전조등의 상을 맺게 하여 이의 균형에 의해 광축의 위치를 구한다.

29. 전자제어 현가장치에서 자세제어의 설명으로 적합하지 않은 것은?
① 안티롤 제어 : 선회시 좌우 움직임을 작게 한다.
② 안티 다이브 제어 : 급가속시 차체 앞부분의 들어 올림량을 작게 한다.
③ 안티 스쿼트 제어 : 급발진시 차체 앞부분의 들어 올림량을 작게 한다.
④ 안티 바운스 제어 : 차체의 상하 진동을 작게 한다.

해설 안티 다이브란 급 브레이크시 차체가 앞쪽으로 쏠리는 현상을 말한다. 다른 말로 nose down 이라고 한다. 그러므로 제어를 위해 차체 앞부분을 들어 올린다.

30. 휠 얼라인먼트에 대한 설명으로 옳은 것은?
① 캠버(camber)와 토아웃(toe out)의 작용으로 조향 핸들의 복원성을 부여한다.
② 캐스터(caster)의 작용으로 앞바퀴의 사이드 슬립과 타이어 마멸을 최소로 한다.
③ 선회할 때 모든 바퀴가 동심원을 그리려면 선회할 때 토아웃(toe out)이 되어야 한다.
④ 주행시, 캠버로 인해 양쪽 바퀴가 바깥쪽을 향하게 벌어지려는 경향이 발생하므로 캐스터를 두어 직진성을 준다.

해설 복원성을 주는 것은 캐스터와 킹핀경사각이며, 타이어 마멸을 최소 하는 것은 토인이다. 캠버로 인한 양쪽 바퀴의 바깥쪽 벌어지는 경향에 대비하여 토인을 둔다.

31. 베어링의 브리넬링(brinelling) 결함원인으로 가장 적합한 것은?
① 이물질에 의한 패임이다.
② 연마제의 미립자에 의해 발생한다.
③ 베어링 장착부위 외측에서 진동 형태로 발생된다.
④ 큰 입자가 롤러와 레이스 사이에 박힘으로서 발생한다.

해설 브리넬링이란 침탄한 강의 침탄층이 얇은 경우, 또는 중성부가 약할 때 그 표면이 변형하는 현상을 말한다.

32. ABS장치에 사용되는 구성품이 아닌 것은?
① ABS컨트롤 유닛
② 휠스피드 센서
③ 리어 차고센서
④ 하이드로릭 유닛

해설 리어차고센서는 전자현가장치에 필요하다. 리어차고센서는 뒤 차축의 높이 변화를 감지하는 센서이다.

33. 소형차량 핸드 브레이크에서 브레이크 조작 레버의 조작력을 좌우 바퀴에 등분하는 역할을 하는 것은?
① 스프링 챔버(spring chamber)
② 이퀄라이저(equalizer)
③ 콤비네이션 실린더(combination cylinder)
④ 브레이크 슈(brake shoe)

해설 이퀄라이저를 번역하면 '균등하게 하는 것'이라 할 수 있다. 즉, 핸드브레이크에서 브레이크 조작 레버의 조작력을 좌우 바퀴에 균등하게 등분하는 역할을 한다.

ANSWER 28.② 29.② 30.③ 31.③ 32.③ 33.②

34. 주행장치에서 안전성을 위한 방법으로 틀린 것은?
① 스탠딩 웨이브 방지를 위해 표준 공기압보다 낮게 주입한다.
② 타이어 마모 상태를 확인한다.
③ 차축의 마모 및 베어링의 소음여부를 확인한다.
④ 접지 면적이 좋은 타이어를 사용한다.

해설 스탠딩 웨이브란 고속주행시 타이어의 공기압이 낮아 타이어가 물결모양으로 수축되는 현상으로 자동차에 좋지 않는 영향을 미친다.

35. 주행시 타이어에서 나는 소음 중에 스퀼(squeal)음에 대해 가장 적절한 것은?
① 급격한 가속, 제동, 선회시에 타이어와 노면과의 사이에 미끄러짐이 발생하면서 나는 소음
② 직진 주행시 발생되는 소음으로 트레드 디자인에 같은 간격으로 배열된 피치가 노면을 규칙적으로 치는데서 발생되는 소음
③ 거친 노면을 주행할 때 타이어가 노면이나 자갈 등을 치는 소리로 차량의 현가장치나 차체를 통하여 차내에 전달되는 진동음
④ 타이어가 접지했을 때 트레드 홈 안의 공기가 압축되어 방출될 때 발생하는 소음

해설 스퀼음이란 급격한 가속, 제동, 선회시에 타이어와 노면과의 사이에 미끄러짐이 발생하면서 나는 소음을 말한다.

36. 자동변속기의 스톨시험을 실시하는 이유로 볼 수 없는 것은?
① 밸브 바디의 라인압 이상유무 점검
② 자동 변속기의 각종 클러치 및 브레이크 이상 유무 점검
③ 펄스 발생기의 이상 유무 판단
④ 토크 컨버트의 이상 유무 점검

해설 펄스 발생기의 이상유무는 자기진단을 행하면 바로 알 수 있다. 펄스발생기는 변속기의 입력축과 출력축의 회전수를 측정하는 센서이다.

37. 다음은 자동변속기에 변속되는 주행패턴을 설명한 것이다. 해당되는 것은?

> 엔진스로틀 밸브를 많이 열어 놓은 주행상태에서 갑자기 스로틀 개도를 낮추어 (엑셀레이터 페달을 놓는다) 증속 변속선을 지나 고속 기어로 변속된다.

① 리프트 풋 업   ② 업 시프트
③ 킥 다운   ④ 록 업

해설 • 업 시프트(up-shift) : 상단기어로 바꿈.
• 킥 다운(kick down) : 주행시 액셀레이터를 깊게 밟으면 다운 시프트 되는 현상.
• 록 업(Lock-up) : 일체로 묶이게 하는 것을 의미

38. 클러치 디스크의 페이싱이 마모되면 클러치 페달의 유격은?
① 증가한다.
② 감소한다.
③ 변화없다.
④ 증가 후 감소한다.

해설 클러치 디스크의 페이싱이 마모하면 릴리스레버가 스프링에 의해 더욱 높이가 높아진다. 그래서 페달의 유격은 작아진다.

39. 종감속 장치에서 구동피니언의 잇수가 6, 링기어의 잇수가 30일 때, 왼쪽바퀴가 180rpm이면 오른쪽 바퀴는? (단, 추진축은 1000rpm이다.)
① 180rpm   ② 200rpm
③ 220rpm   ④ 400rpm

해설 종감속비 = $\dfrac{구동피니언회전수}{링기어회전수} = \dfrac{링기어잇수}{피니언잇수} = \dfrac{30}{6} = 5$

이므로,

링기어회전수 = $\dfrac{구동피니언회전수}{5} = \dfrac{1000}{5} = 200 rpm$

이다. 링기어회전수는 바퀴의 회전수이며,

바퀴회전수 = $\dfrac{왼바퀴회전수 + 오른바퀴회전수}{2}$

$200 = \dfrac{180 + x}{2}$,

$x = 200 \times 2 - 180 = 220 rpm$ 계산된다.

ANSWER 34.① 35.① 36.③ 37.① 38.② 39.③

40. 전자제어 동력조향장치의 종류가 아닌 것은?
① 속도감응식
② 전동 펌프식
③ 공압 반력 제어식
④ 밸브 특성 제어식

해설 전자제어 동력조향장치에는 속도감응식, 전동 펌프식, 밸브특성 제어식 등이 있다.

41. 자동차가 선회시 정상 선회 반경보다 점점 선회 반경이 커지는 현상은?
① 뉴트럴 스티어링
② 토 아웃
③ 언더 스티어링
④ 오버 스티어링

해설 선회시 정상 선회 반경보다 덤검 선회반경이 커지는 현상을 언더 스티어링이라 하며, 타이어의 꺾임각이 원하는 각보다 작게 꺾여 일어난다.

42. 자동변속기의 토크 컨버터에 관계된 설명으로 틀린 것은?
① 속도비 = 터빈 축 회전속도/ 펌프 축 회전속도
② 효율 = (출력/입력)×100
③ 토크비 = 터빈 축 토크/ 펌프 축 토크
④ 속도비가 클수록 토크비가 커진다.

해설 속도비와 토크비의 곱을 효율이라고 할 수 있다. 즉 효율이 일정하다고 하면, 속도비가 클수록 토크비는 작아진다.

43. 위시본식 평행사변형 현가장치에서 장애물에 의해 바퀴가 들어 올려 지면 바퀴 정렬의 변화는?
① 캠버는 변화가 없다.
② 더욱 부의 캠버가 된다.
③ 더욱 정의 캠버가 된다.
④ 더욱 정의 캐스터가 된다.

해설 평행사변형의 현가장치는 장애물에 의해 위/아래 컨트롤 암의 길이가 같아서 캠버가 변화하지 않고, 윤거가 변한다. SLA형의 경우 위/아래 컨트롤 암의 길이가 달라서 윤거는 변하지 않으나, 캠버는 변하게 된다.

44. 에어백 시스템에서 자기진단용 제어 모듈의 주요기능이 아닌 것은?
① 비상전원 기능   ② 충격제어 기능
③ 자기진단 기능   ④ 전압상승 기능

해설 충격은 외부에서 가해지는 것으로 그 정도에 따라서 에어백의 펴지는 속도 등을 제어한다. 충격제어란 말은 없다.

45. MF납산축전지의 특징을 설명한 내용 중 틀린 것은?
① 축전지의 극판은 납-칼슘 합금을 사용한다.
② 자기방전이 적고 보존성이 우수하다.
③ 비중계로 전해액 비중을 측정할 때 용이하다.
④ 충전 중에 양극에서 발생하는 가스를 음극에서 흡수하여 물로 전환시킨다.

해설 MF납산축전지는 밴트플러그가 없다. 그래서 비중을 측정하기 어렵다.

46. 발전기에서 주로 실리콘 다이오드를 사용하여 3상 교류를 전파 정류하여 직류로 변환하는 구성품은?
① 로터(rotor)
② 스테이터(stator)
③ 브러시(brush)
④ 정류기(rectifier)

해설 발전기는 6개의 다이오드를 사용하여 3상교류를 전파 정류한다. 정류기란 교류를 직류로 변환하는 장치를 말한다.

47. 종합 편의 및 안전장치에서 차속신호를 받아 작동하는 기능은?
① 감광식 룸 램프제어기능
② 파워 윈도 제어기능
③ 도어록 제어기능
④ 엔진오일 경고제어 기능

해설 차속신호를 받아 20km/h(다른 설정이 가능)이상이면 자동으로 도어록이 되고, 차를 정차한 다음 차 키를 off한 다음 뽑으면 즉시 도어를 언록시키는 장치가 도어록 제어장치이다.

Answer 40.③ 41.③ 42.④ 43.① 44.② 45.③ 46.④ 47.③

제6편 과년도기출문제 **475**

48. 그림과 같이 크랭크 각 센서(CAS)의 한 주기가 180°일 경우 점화시기는?

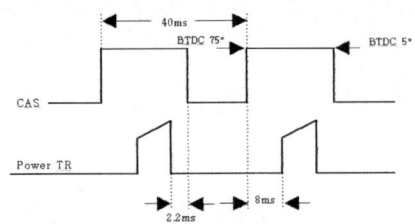

① 약 BTDC 5°
② 약 BTDC 10°
③ 약 BTDC 15°
④ 약 BTDC 39°

해설 한 주기가 180°일 때 40ms 이므로, 1ms일 때 움직인 각도는 $\frac{180}{40}=4.5°$ 이다.
그림을 참조하면 BTDC 5°인 점보다 2.2ms정도 앞에서 점화가 일어나므로, 2.2ms로 인해 변하는 각도는 $2.2 \times 4.5 = 9.9°$ 이다.
즉 점화시기는 BTDC(5°+9.9°)= BTDC 14.9°로 계산된다.

49. 내비게이션 활용기술 중 보기에서 설명한 것은?

> 고속으로 회전하는 회전체의 회전축은 외력이 가해지지 않는 한 한 공간에 대해 항상 일정한 방향을 유지하려고 하는데, 외력을 가하면 그 축과 직교하는 축 주위에 회전운동을 일으키는 성질이 있다.

① 원심력 효과
② 구심력 효과
③ 자이로 효과
④ 지자기 효과

해설 자이로 현상은 팽이에서 볼 수 있다. 빠르게 회전하는 팽이를 받침으로 팽이를 뜬 다음, 받침을 좌우로 기우려 보면 받침의 기울기와 상관없이 팽이는 일정한 축을 유지한 체 회전한다. 이를 자이로 현상이라 한다.

50. 어큐뮬레이터 오리피스 튜브 방식 냉방 사이클에서 냉매가 흐르는 순서로 맞는 것은?
① 압축기 - 응축기 - 증발기 - 어큐뮬레이터 - 오리피스 튜브
② 압축기 - 응축기 - 오리피스 튜브 - 증발기 - 어큐뮬레이터
③ 압축기 - 오리피스 튜브 - 응축기 - 어큐뮬레이터 - 증발기
④ 압축기 - 오리피스 튜브 - 어큐뮬레이터 - 증발기 - 응축기

해설 압축기 후 고온 고압의 액체(기체포함), 응축기(콘덴서 : 방열기) 후 고온의 액체, 오리피스 튜브(팽창밸브/교축밸브) 후 저온 저압의 기체, 증발기 후 열을 흡수

51. 자동차 충전장치에서 교류를 직류로 바꾸는 것을 무엇이라 하는가?
① 정류   ② 단상
③ 반파   ④ 충전

해설 교류를 직류로 변환하는 것을 정류라 한다.

52. 기동전동기의 유도 기전력 6V, 축전지 전압 12V, 기동전동기의 전기저항이 0.05Ω일 때, 기동전동기에 흐르는 전류는 얼마인가?
① 240A   ② 120A
③ 72A   ④ 12A

해설 기동전동기의 유도 기전력이 6V이고, 기동전동기의 전기저항이 0.05Ω으로 옴법칙을 적용하면, $I = \frac{V}{R} = \frac{6V}{0.05\Omega} = 120A$로 계산된다.

53. 모노코크 바디 구조에서 측면 충돌에 대한 충격 흡수와 강도 보강을 위해 사용되는 패널과 가장 거리가 먼 것은?
① 로커패널
② 시트 크로스멤버
③ 대시 패널
④ 사이드 멤버

해설 사이드멤버는 차체 측면 부분의 한 구성단위로 반드시 존재하는 부분이다.

54. 베이스 코트 도장 중 메탈릭이나 펄 색상이 자체보다 어두워서 밝게 하고자 할 때 첨가되는 조색제는?

① 백색
② 황색
③ 녹색
④ 실버 또는 펄(마이카)

해설 밝게 할 때는 종종 메탈릭이나 마이카의 추가를 필요로 한다. 메탈릭 칼라를 정면에서 밝게 하기 위해 백색을 사용하면, 측면에서 메탈릭 입자 감이 죽어 색상이 탁하면서 허옇게(백색감)된다.

55. 자동차 도장의 목적과 거리가 먼 것은?

① 물체의 미관 향상
② 방충 및 살균효과
③ 재해방지 효과
④ 방청성을 부여

해설 방충은 벌레를 방지하는 것이고, 살균은 균을 죽이는 것을 말하는 것으로, 도장의 목적과는 상관이 없다.

56. 도막 표면에 나타나는 핀홀(pin hole) 결함의 주된 원인이 되는 것은?

① 급격한 과열
② 첨가제 부족
③ 경화제 과다
④ 과다한 연마

해설 도막을 건조시킬 때 도막에 바늘 구멍과 같이 생기는 현상으로 기공보다 작다. 발생 원인으로는 세팅타임 없이 급격히 가열하는 경우, 도막 속에 용제가 급격히 증발할 경우, 두껍게 도장하거나 점도가 높을 경우, 도장시 스프레이건에 사용되는 공기 중에 수분 또는 증발이 빠른 시너를 사용한 경우에 발생된다.

57. 바깥지름이 D, 안지름이 d인 강관에 인장하중 W가 작용할 때 관에 발생하는 응력은?

① $\sigma = W/(D^2-d^2)$
② $\sigma = 4W/(D^2-d^2)$
③ $\sigma = W/\pi(D^2-d^2)$
④ $\sigma = 4W/\pi(D^2-d^2)$

해설 응력(σ)은 인장하중을 면적으로 나눈값이다. 면적은 중공축이므로 $A = \dfrac{\pi \times (D^2-d^2)}{4}$ 으로 나타낸다.

$\sigma = \dfrac{W}{A} = \dfrac{W}{\dfrac{\pi \times (D^2-d^2)}{4}} = \dfrac{4 \times W}{\pi \times (D^2-d^2)}$

으로 표현된다.

58. 판금작업에서 심 부분이 풀리지 않도록 심의 마무리 작업에 쓰이는 것은?

① 박자목
② 판금 정
③ 그루브
④ 핸드 시머

해설 박자목은 서로 마주쳐서 박자치는데 사용하는 나무토막, 판금정은 판재를 꺾거나 접는 부분의 홈 내는데 사용, 시머(simmer)는 액체를 끓이는데 사용하는 것이다.

59. 도장 작업시 연마를 하는 가장 중요한 이유는?

① 도료의 소모량을 줄이기 위하여
② 도장 작업 공정을 단축하기 위하여
③ 도료의 화학적 결합을 위하여
④ 도막을 평활하게 하여 도료의 부착 증진을 위하여

해설 도장 작업시 연마를 하는 이유는 도막을 평활하게 하여 도료의 부착을 좋게 하기 위해서이다.

60. 차체 패널을 절단할 때 사용하는 공구와 가장 거리가 먼 것은?

① 판금 정
② 스폿 드릴
③ 에어 톱
④ 에어 펀치

해설 판금 정은 판재를 꺾거나 접는 부분의 홈을 만드는데 사용한다. 스폿드릴은 구멍 뚫는 공구, 에어톱은 공기를 동력원으로 사용하여 절단, 에어펀치는 공기를 동력원으로 재료 구멍 뚫는데 사용한다.

2012년 1회 기출문제

자동차정비기능장

01. EGR(exhaust gas recirculation)밸브가 열린 상태로 고착되었을 때 나타나는 증상과 거리가 먼 것은?
① 엔진이 부조한다.
② HC가 증가한다.
③ 엔진 출력이 저하된다.
④ NOx 발생이 증가한다.

해설 EGR밸브가 열린 채로 고착되면 배기가스가 흡기다기관 쪽으로 시동부터 엔진의 회전에 까지 영향을 준다. 즉, 배기가스가 흡기로 들어가 연소하므로, 연소온도를 낮추고 NOx의 발생은 감소한다.

02. 전자제어 가솔린 기관에서 연료 분사량에 대한 설명으로 틀린 것은?
① 축전지 전압이 낮을 경우 인젝터 무효분사 기간이 길어져 연료 분사량이 증가한다.
② 엔진이 냉각된 상태에서는 연료를 증량 보정한다.
③ 감속 시에는 흡기관 압력이 낮아 공연비가 농후하게 되므로 감량 보정한다.
④ 감속 시와 고회전시 일정시간 연료를 차단한다.

해설 축전지의 전압이 낮으면, 인젝터 무효분사 기간이 길어져 실제 연료분사하는 시간이 짧아 분사량이 감소한다.

03. 암 길이가 713mm인 프로니 압력계에 제동하중이 170kgf이고, 측정 축의 회전수가 1500rpm일 때 제동마력은?
① 약 138PS
② 약 200PS
③ 약 237PS
④ 약 254PS

해설 $P = T \cdot \omega$ 에서 구한다.
$T = F \cdot r = 170(kgf) \times 0.713(m)$ 이므로,
$P = T \times \dfrac{2\pi N}{60}$
$= \dfrac{170 \times 0.713 \times 2\pi \times 1500}{60}$ (kgf·m/s)
$P = \dfrac{170 \times 0.713 \times 2\pi \times 1500}{60 \times 75}$ (PS)
$= 253.86 PS$

04. 디젤 노크와 가솔린 노크 현상을 설명한 것 중 틀린 것은?
① 디젤 노크는 연소 초기에 일어난다.
② 가솔린 노크는 연소 끝 부분에서 일어난다.
③ 디젤 노크 및 가솔린 노크는 모두 착화지연이 짧기 때문에 발생하는 현상이다.
④ 디젤 노크는 국부적인 압력상승 보다는 광범위한 폭발 현상이다.

해설 디젤노크는 연료의 착화지연기간이 길어서 생기는 현상이고, 가솔린노크는 연료의 미연가스가 화염전파기간에 국부적 압력상승으로 착화를 일으키는 현상이다.

05. 가스터빈의 3대 주요 구성요소로 짝지어진 것은?
① 터빈, 압축기, 냉각기
② 압축기, 발전기, 냉각기
③ 압축기, 냉각기, 가열기
④ 압축기, 연소기, 터빈

해설 가스터빈의 3대 요소는 흡입공기를 압축기, 압축된 공기에 연료와 점화를 시키는 연소기, 연소된 가스에 의해 추진력을 얻는 터빈으로 나눈다.

ANSWER 01.④ 02.① 03.④ 04.③ 05.④

06. 냉각계통의 수온조절기에서 왁스의 수축과 팽창을 이용하는 온도조절기는?

① 벨로우즈 형
② 펠릿 형
③ 바이패스 형
④ 바이메탈 형

해설 왁스는 온도가 상온에서는 반고체상태로 부피가 작지만, 온도가 올라가면 이에 비례해서 액체화 되면서 부피가 커진다. 이렇게 팽창하는 원리를 이용해서 뜨거운 냉각수를 순환하도록 냉각수 통로를 개폐하는 수온조절기가 펠릿형이다.

07. 디젤기관에서 연료 분사펌프의 분류로 틀린 것은?

① 독립 펌프식
② 분배식
③ 축압 분배식
④ 고온 냉각식

해설 보통 독립펌프식은 대형차에 많이 사용되고, 분배식은 소형차에 많이 사용된다. 요사이는 축압분배식으로 커먼레일 타입이 사용되고 있다.

08. 핫 필름 타입(Hot Film Type)의 에어플로센서에 대한 특징을 설명한 것으로 옳은 것은?

① 세라믹 기판을 층 저항으로 접속시켰다.
② 자기 청정기능의 열선이 있다.
③ 백금 선을 사용한다.
④ 와류에 의한 주파수를 검출하여 공기량을 측정한다.

해설 와류에 의한 주파수를 검출하여 공기량을 측정하는 센서는 칼만와류타입의 공기흐름량센서이다.

09. 전자제어 가솔린 기관에서 연소시 1회에 필요한 연료의 질량을 결정하는 요소가 아닌 것은?

① 기관 회전속도
② 흡기공기의 질량
③ 목표 공연비
④ 기관의 압축압력

해설 기관회전속도가 빠를수록 흡기공기의 량이 많아지며 연료는 많이 사용되어야 이론혼합비를 이룰 수 있다. 이론혼합비에서 최고의 정화율이 나온다.

10. 4행정 사이클 기관에서 실린더의 직경×행정이 60mm×80mm인 6기통 기관의 총배기량은?

① 약 1357cc
② 약 13570cc
③ 약 4800cc
④ 약 48000cc

해설 $V = ALZ = \dfrac{\pi D^2}{4} \times L \times Z$ 에서 구한다.

$V = \dfrac{\pi 6^2}{4} \times 8 \times 6 = 1357.17 cm^3 = 1357.17 cc$

11. 내연기관의 출력을 향상시키기 위한 방법으로 가장 거리가 먼 것은?

① 실린더의 행정체적을 크게 한다.
② 실린더 수를 많게 한다.
③ 기관의 회전속도를 높인다.
④ 실린더의 연소실 체적을 크게 한다.

해설 출력은 효율에 비례하고, 효율(η)은 식에서와 같이

$\eta = 1 - \dfrac{1}{\epsilon^{k-1}}$ 압축비(ϵ)에 비례한다.

압축비(ϵ)는 $\epsilon = \dfrac{연소실체적 + 행정체적}{연소실체적}$ 이므로,

연소실체적과 반비례한다.
즉 출력을 향상시키기 위해서는 연소실체적을 작게 해야 한다.

12. 시간당 연료소비율이 450g이며, 95PS의 출력을 내는 기관의 시간마력 당 연료소비율은?

① 약 1.4g/PS-h
② 약 4.7g/PS-h
③ 약 67.6g/PS-h
④ 약 133.5g/PS-h

해설 $f = \dfrac{시간당 연료소비량(무게)}{출력}$ 에서 구한다.

$f = \dfrac{450(g)/(h)}{95(PS)} = 4.737 g/PS-h$ 로 계산된다.

ANSWER 06.② 07.④ 08.① 09.④ 10.① 11.④ 12.②

13. 4행정 6실린더 기관의 점화순서가 1-5-3-6-2-4 일 때 3번 기통이 배기행정 중간에 있으면 5번 기통은 무슨 행정을 하는가?
① 흡입 초 ② 폭발 말
③ 압축 말 ④ 압축 초

해설 아래 그림을 참조하자. 3번이 배기행정 중이므로, 시계반대방향으로 점화순서를 새기면 5번의 경우 흡입초가 된다.

14. LPI 기관에서 인젝터의 연료분사 후 기화잠열에 의한 수분 빙결 현상을 방지하기 위한 것은?
① 아이싱 팁
② 가스 온도 센서
③ 릴리프 밸브
④ 과류방지 밸브

해설 LPI기관 인젝터의 분사는 고압 저온으로 밸브 끝을 얼게 한다. 이것이 아이싱(icing:수분 빙결현상)이다. 이를 방지하기 위해 열전도율이 좋은 황동재질의 아이싱팁(Tip)을 사용한다.

15. 직접 분사실식을 다른 형식의 연소실과 비교했을 때 장점으로 틀린 것은?
① 열효율이 좋다.
② 실린더 헤드의 구조가 간단하다.
③ 공기의 와류가 약하여 고속회전에 적합하다.
④ 냉각손실이 적다.

해설 직접분사실식은 부연소실이 없어 공기의 와류를 이용할 수 없다.

16. 윤활유의 성질 중에서 가장 중요한 것은?
① 점도 ② 비중
③ 밀도 ④ 응고점

해설 윤활유의 성질에서 가장 중요한 것은 점도이다. 즉, 끈끈한 정도를 말한다. 점도가 높으면 동력손실이 커지고, 점도가 낮으면 윤활성질이 떨어진다.

17. 전자제어 가솔린 분사장치의 인젝터에 대한 설명으로 틀린 것은?
① 인젝터 점검은 작동률, 인젝터 저항, 연료 분사량, 연료 분무 형태 등을 점검한다.
② 인젝터는 ECU(ECM)에 의하여 제어되는 솔레노이드를 가진 분사 노즐이다.
③ 흡입 공기량 및 엔진 회전수로부터 기존 연료 분사시간을 계산한다.
④ 크랭크각 센서, TDC 센서 등으로부터 보정 연료 분사시간을 산출한다.

해설 크랭크각센서와 흡기유량센서에 의해 기본분사시간(기본분사량)을 결정하고, 흡기온센서, 냉각수온도센서 등의 신호를 이용하여 보정연료분사시간을 산출한다.

18. 디젤기관에서 압력 상승률이 가장 높은 연소 구간은?
① 착화지연 기간
② 직접연소 기간
③ 화염전파 기간
④ 후기연소 기간

해설 피스톤의 상승과 함께 착화지연기간에서 화염전파기간으로, 직접연소기간까지 압력이 상승하고, 상사점 후 직접연소가 끝난 다음부터 후기연소기간까지는 압력이 하강한다.

19. 여유시간이 5분, 정미시간이 40분일 경우 내경법으로 여유율을 구하면 약 몇 %인가?
① 8.33% ② 9.05%
③ 11.11% ④ 12.50%

해설 내경법에 의한 여유율은 다음과 같이 구한다.
$$여유율 = \frac{여유시간}{여유시간 + 정미시간} \times 100$$에 대입,
$$여유율(\%) = \frac{5}{5+40} \times 100 = 11.11\%$$ 이다.

20. 로트에서 랜덤하게 시료를 추출하여 검사한 후 그 결과에 따라 로트의 합격, 불합격을 판정하는 검사방법을 무엇이라 하는가?
★ 2008 전반기출
① 자주 검사
② 간접 검사
③ 전수 검사
④ 샘플링 검사

해설 로트에서 랜덤(무작위)하게 시료를 추출하여 검사한 후 로트의 합격여부를 판정하는 검사가 샘플링검사이다.

21. 다음과 같은 [데이터]에서 5개월 이동평균법에 의하여 8월의 수요를 예측한 값은 얼마인가?

월	1	2	3	4	5	6	7
판매실적	100	90	110	100	115	110	100

① 103
② 105
③ 107
④ 109

해설 5개월 평균이동이므로, 3~7월의 판매실적을 이용한다. 수요예측값 = $\frac{\Sigma 월 판매량}{월수}$ 에 대입하자.

수요예측값 = $\frac{110+100+115+110+100}{5} = 107$

22. 관리 사이클의 순서를 가장 적절하게 표시한 것은?(단, A는 조치(Act), C는 체크(Check), D는 실시(Do), P는 계획(Plan) 이다.)
① P→D→C→A
② A→D→C→P
③ P→A→C→D
④ P→C→A→D

해설 어떤 목적을 계속해서 효율적으로 달성하기 위해 필요한 모든 활동을 관리(Management)라고 하며, 이를 위해서는 계획(plan)을 수립하여 실시(do)하고, 확인(check) 및 수정조치(action)를 취하는 4가지 기능이 요구된다.

23. 다음 중 계량값 관리도만으로 짝지어진 것은?
① c 관리도, u 관리도
② χ- Rs 관리도, P 관리도
③ $\bar{x}$ - R 관리도, Pn 관리도
④ Me - R 관리도, $\bar{x}$ - R 관리도

해설 계량관리도는 품질을 대표하는 특성치를 측정표시하는 것으로서 이에는 측정치의 중심적 경향을 나타내는 $\bar{x}$(평균치)관리도와 측정치의 분산을 나타내는 범위 R(범위)관리도, 이를 결합한 $\bar{x}$-R관리도, $\bar{x}$-S(표준편차)관리도가 있다. 계수관리도는 제품의 합격여부를 판별하는 데 사용되는 것으로, 이에는 불량률 P관리도, 불량개수 Pn관리도, 불량개소 c관리도, 단위규모당 결점개소 u관리도가 있다.

24. 다음 중 모집단의 중심적 경향을 나타낸 속도에 해당하는 것은?
① 범위(Range)
② 최빈값(Mode)
③ 분산(Var lance)
④ 변동계수(Coefficient of variation)

해설 최빈값은 도수(빈도수)에서 최대치인 대푯값을 말한다.

25. 선 기어 잇수가 20개, 링 기어 잇수가 40개의 유성기어에서 선 기어를 고정하고 링 기어가 75회전 하였다면 캐리어의 회전수는?
① 30회전
② 50회전
③ 80회전
④ 120회전

해설 선기어(Z_s) 고정, 링기어(Z_r) 구동, 캐리어의 구동일 경우 변속비(i)는 아래에서 구한다.

$i = \frac{입력회전수}{출력회전수} = \frac{피동잇수}{구동잇수} = \frac{Z_s + Z_r}{Z_r}$

$\frac{입력회전수}{출력회전수} = \frac{Z_s + Z_r}{Z_r} = \frac{20+40}{40}$ 으로

$\frac{75}{출력회전수} = \frac{20+40}{40} = \frac{6}{4}$ 에서

출력회전수 = $75 \times \frac{4}{6} = 50(rpm)$ 으로 계산된다.

ANSWER 20.④ 21.③ 22.① 23.④ 24.② 25.②

26. 후2차축식 차량에서 적차상태의 후 후축중을 구하는 산식으로 맞는 것은?
① 차량 중량 - (적차 상태의 전축중 + 적차 상태의 전축중)
② 차량 중량 - (공차 상태의 전축중 + 공차 상태의 후 축중)
③ 차량 총 중량 - (적차 상태의 후축중 + 적차 상태의 후 후축중)
④ 차량 총 중량 - (적차 상태의 전축중 + 적차 상태의 후 전축중)

해설 후2차축식에서 차량 총중량은 적차시 전축중 + 적차시 후축중이다. 적차시 후축중은 적차시 후전축중 + 적차시 후후축중이므로, 후후축중=차량총중량-(적차시 전축중+적차시 후전축중)으로 구한다.

27. 타이어에 발생되는 힘의 성분 그림에서 횡력(side force)에 해당하는 것은?

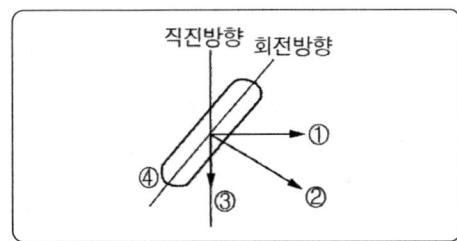

① ① ② ②
③ ③ ④ ④

해설 보기 ①은 코너링 포스, 보기 ②는 횡력, 보기 ③은 구름저항을 나타낸다.

28. 앞 현가장치에서 차축식과 비교한 독립 현가 장치의 특징으로 틀린 것은?
① 승차감이 좋아진다.
② 타이어와 노면의 접지성이 좋아진다.
③ 차륜의 상하 운동에 의한 얼라인먼트의 변화가 적다.
④ 유연한 섀시 스프링을 사용할 수 있다.

해설 독립현가장치는 구조가 복잡하며, 관절(이음)이 많아서 얼라인먼트(차륜정렬)의 변화가 크다.

29. 자동변속기에서 유압 점검 시 모든 유압이 낮을 때 예상되는 고장으로 관계없는 것은?
① 오일펌프 불량
② 레귤레이터 밸브 불량
③ 매뉴얼 밸브 불량
④ 밸브바디 부착 불량

해설 자동변속기에서 유압과 관련된 부분은 오일펌프, 레귤레이터(조정)밸브, 밸브보디 등이다. 매뉴얼밸브는 수동으로 조절하는 밸브로 유압점검시 주어지는 값(R,N,D 등)이다.

30. 디스크 브레이크의 장점이 아닌 것은?
① 페이드 현상이 적다.
② 자기작동 작용을 한다.
③ 편 제동 현상이 적다.
④ 패드 교환이 용이하다.

해설 자기작동이란 드럼브레이크에서 제동시 제동력분포가 점점 커지는 현상을 말한다.

31. 동력 조향장치에서 조향 휠을 좌우로 회전할 때 소음이 발생하는 원인과 가장 거리가 먼 것은?
① 조향 기어 박스 내의 기어의 백래시가 너무 크다.
② 파워 오일량이 부족하다.
③ 파워 오일펌프가 불량하다.
④ 오일 라인에 공기가 차있다.

해설 백래시란 구동기어의 치차면과 피동되는 기어의 치차면사이의 거리를 말한다.

32. 입력축, 부축, 출력축으로 구성된 수동변속기에서 변속비에 대한 설명으로 옳은 것은?
① (부축 기어 잇수/입력축 기어 잇수)×(부축 기어 잇수/출력축 기어 잇수)
② 출력축 회전속도/엔진 회전 속도
③ 변속비가 1일 때 구동축과 피동축의 회전 속도는 같다.
④ 변속비가 1보다 적을 경우는 감속이 된다.

해설 변속비 = $\dfrac{입력회전수}{출력회전수}$ = $\dfrac{엔진회전수}{출력회전수}$
변속비가 1이면 입력과 출력되는 속도가 같은 것이고, 변속비가 1보다 작으면 입력보다 출력값이 더 큰 오버드라이브 상태이다.

ANSWER 26.④ 27.② 28.③ 29.③ 30.② 31.① 32.③

33. 엔진의 출력이 100PS이고 클러치판과 압력판 사이의 마찰계수가 0.3 그리고 클러치 판의 평균 반경이 40cm, 엔진의 회전수가 3000rpm일 때 클러치가 미끄러지지 않으려면 스프링 장력의 총합은 얼마 이상이어야 하는가?

① 약 50kgf
② 약 100kgf
③ 약 150kgf
④ 약 200kgf

해설 $P(ps) = T \cdot \omega = \dfrac{T(kgf \cdot m) \times 2\pi N}{60(s) \times 75}$ 으로 대입하자. $100(ps) = \dfrac{T(kgf \cdot m) \times 2\pi \times 3000}{60(s) \times 75}$

$T(kgf \cdot m) = \dfrac{100 \times 75 \times 60}{2 \times \pi \times 3000} = 23.87 kgf \cdot m$ 이다.

스프링장력을 F라 하면, $\mu \times F \times r \geq T$이므로,
$0.3 \times F(kgf) \times 0.4(m) \geq 23.87 kgf \cdot m$
$F(kgf) \geq \dfrac{23.87}{0.3 \times 0.4} = 189.94$이므로,
보기의 ④만 만족한다.

34. 전자제어 현가장치(ECS)의 설명으로 옳은 것은?

① HARD 모드는 주행 중 안락한 승차감을 제공한다.
② SOFT 모드는 주행 중 안정된 조향성을 제공한다.
③ 선회 주행 중 급가속시 노즈 다운(nose down)을 억제하여 발진성 향상을 도모한다.
④ 급제동시 노즈 다운(nose down)이 작도록 억제하여 제동 안정성을 좋게 한다.

해설 급제동 시에 차가 앞으로 기울어지는 현상을 노즈다운 현상이라 한다. 급가속 시에 차의 앞이 들리는 현상이 노즈업 현상이라 한다. ECS는 이를 모두 제어한다.

35. 토크 컨버터에서 토크비가 3이고 속도비가 0.3일 때 펌프가 5000rpm으로 회전한다면 토크 효율은?

① 30%   ② 50%
③ 60%   ④ 90%

해설 토크효율은 토크비와 속도비의 곱을 말한다. 즉 $3 \times 0.3 = 0.9$로 90%를 나타낸다.

36. 자동차 차륜 정렬에서 기하학적 중심선과 뒷바퀴가 정열에서 벗어난 상태의 각도를 무엇이라고 하는가?

① 협각
② 셋 백
③ 스러스트 각
④ 스크러브 레디우스

해설 차륜정렬에서 기하학적 중심선(세로선)과 뒷바퀴 정열에서의 중심선과의 벗어난 차이 각도를 스러스트 각이라 한다.

37. 종감속비의 설명으로 틀린 것은?

① 종감속비는 링기어의 잇수와 구동 피니언의 잇수비로 나타낸다.
② 특정의 이가 항상 물리는 것을 방지하여 이의 편마멸을 방지하기 위해 종감속비는 정수비로 하지 않는다.
③ 변속비와 종감속비의 곱을 총 감속비라 하고 변속 기어가 톱(Top) 기어이면 엔진의 감속은 종감속 기어에서만 이루어진다.
④ 종감속 기어비가 크면 등판능력이 저하되나 가속 성능과 고속 성능은 향상한다.

해설 종감속비가 크면 출력되는 회전수가 작아져서 저속 회전이 되며 등판능력은 상승한다.

38. 공기 브레이크에서 압축 공기압에 의해 캠을 작동시키는 구성품은?

① 브레이크 챔버
② 브레이크 밸브
③ 퀵 릴리스 밸브
④ 릴레이 밸브

해설 압축공기압은 챔버를 작동시키고, 챔버와 연결되어 있는 캠이 회전하면서 슈를 넓혀준다.

ANSWER 33.④ 34.④ 35.④ 36.③ 37.④ 38.①

39. 제동장치에서 마스터 백은 무엇을 이용하여 브레이크에 배력 작용을 하는가?
① 배기가스 압력 이용
② 대기 압력만 이용
③ 흡기 다기관의 압력만 이용
④ 대기압과 흡기 다기관의 압력차 이용

해설 마스터백은 진공부스터라고도 하며, 대기압과 흡기 다기관의 진공압의 압력 차이를 이용한다.

40. 자동차의 길이, 너비 및 높이에 대한 측정 조건이 아닌 것은?
① 공차 상태
② 타이어 공기압력은 표준공기압 상태
③ 외개식의 창, 환기장치는 열린 상태
④ 직진 상태에서 수평면에 있는 상태

해설 차체밖에 부착하는 후사경·안테나, 밖으로 열리는 창, 긴급자동차의 경광등 및 환기장치 등의 바깥돌출 부분은 이를 제거하거나 닫은 상태에서 측정한다.

41. 전자제어 제동장치(ABS)에서 페일 세이프 (fall safe)상태일 때 나타나는 현상으로 옳은 것은?
① 모듈레이터 솔레노이드 밸브는 열린 상태로 고정된다.
② 모듈레이터 모터가 작동된다.
③ ABS가 작동되지 않아서 브레이크가 작동되지 않는다.
④ ABS가 작동되지 않아서 평상시의 브레이크가 작동된다.

해설 페일세이프란 ABS가 작동되지 않아 수동(풋브레이크)으로 제동이 되는 것을 말한다.

42. 자동차의 축간 거리가 2.8m, 바퀴 접지 면과 킹 핀과의 거리가 20cm인 자동차를 좌측으로 회전하였을 때 최소회전반경은?(단, 내측바퀴 조향각 30°, 외측바퀴 조향각 35°)
① 약 4m
② 약 5m
③ 약 6m
④ 약 7m

해설 $R = \dfrac{L}{\sin\alpha} + \gamma = \dfrac{2.8}{\sin 35} + 0.2 = 5.08m$

43. 타이어 트레드 패턴(tread pattern)의 필요성에 대한 설명으로 틀린 것은?
① 공기 누설을 방지한다.
② 타이어 내부에서 발생한 열을 발산한다.
③ 트레드에 발생한 파손이나 손상 등의 확산을 방지한다.
④ 사이드슬립(side slip)이나 전진방향의 미끄럼을 방지한다.

해설 보기 ②, ③, ④ 외에 트레드 패턴은 공기나 물의 흐름을 좋게 한다.

44. 자속밀도 0.8Wb/m²의 평균자속 내에 길이 0.5m의 도체를 직각으로 두고 이것을 30m/s의 속도로 운동시키면 도체에 발생하는 전압은? ★기출 2003.03.30
① 8V
② 12V
③ 16V
④ 18V

해설 기전력은 가속밀도×도체길이×속도이므로, 기전력=0.8×0.5×30=12V로 계산된다.

45. 전자 열선식 방향지시등(플래셔 유닛)의 작동 설명으로 틀린 것은?
① 램프에 흐르는 전류를 일정한 주기로 단속하여 램프를 점멸시킨다.
② 열선이 가열되어 늘어나면 유닛 접점이 열린다.
③ 열에 의한 열선의 신축작용을 이용한 것이다.
④ 램프에 흐르는 전류를 매분당 60회 이상 120회 이하의 주기로 단속한다.

해설 열선이 가열되어 늘어나면 유닛의 접점은 닫혀서 램프는 켜지게 된다. 냉각되면 그 반대 현상이 일어난다.

ANSWER 39.④ 40.③ 41.④ 42.② 43.① 44.② 45.②

46. 가솔린 기관의 점화장치 중 DLI 시스템에 대한 특징으로 거리가 먼 것은?
① 전파 잡음에 대해 유리하다.
② 고속이 되어도 발생 전압이 거의 일정하다.
③ 점화시기의 위치 결정을 위한 센서가 필요하다.
④ 점화 코일의 성능은 떨어지나 간단한 구조이다.

해설 DLI의 점화코일은 2개를 사용하여 1번과 4번, 2번과 3번을 그룹으로 사용하게 하였으며, 성능이 우수하다.

47. 감쇠력 가변식 ECS 장치에서 승객이나 화물 등의 적재나 하차시 차량의 움직임을 최소화하기 위해 쇽업소버의 감쇠력을 soft에서 hard로 변환시키는 것은?
① 안티 바운스(anti bounce) 제어
② 안티 쉐이크(anti shake) 제어
③ 안티 롤(anti rolf) 제어
④ 안티 스쿼트(anti squat) 제어

해설 shake는 우리말로 흔들다는 뜻이다. 엔티쉐이크란 차량이 흔들리는 것을 막아줌을 말한다.

48. 자동차용 전동기에서 토크가 가장 큰 형식은?
① 직권 전동기
② 분권 전동기
③ 복권 전동기
④ 페라이트 자석식 전동기

해설 직권전동기는 자계전기와 전기자 전기가 직렬로 연결되어 저속에서 큰 토크, 고속에서는 작은 토크를 만들어낸다.

49. 에어컨 증발기 온도 센서의 작동 기능 및 설명으로 거리가 먼 것은?
① 가변 토출식 압축기 사양에 적용된다.
② 증발기가 빙결되는 것을 방지한다.
③ 증발기 온도가 설정온도 이상이면 압축기가 작동한다.
④ 센서는 온도에 따라 저항값이 변한다.

해설 에어컨증발기 온도센서를 핀써모센서라고 한다. 이는 증발기의 온도가 낮아 빙결될 수 있으므로, 설정이하 온도가 되면 압축기의 구동을 정지한다. 즉 정용량 토출식 압축기를 사용할 때 압력을 조정하기 위해서 사용한다.

50. 120Ah의 축전지가 매일 1%의 자기방전을 할 때 시간당 방전 전류량은?
① 0.05A
② 0.5A
③ 5A
④ 1.5A

해설
$$방전 전류 = \frac{용량 \times 방전율}{시간} = \frac{120Ah \times 0.01}{24h} = 0.05A$$

51. 축전지에서 황산화(sulfation) 현상의 직접적인 발생 원인으로 거리가 먼 것은?
① 축전지를 방전상태로 장기간 방치한 경우
② 전해액이 부족해 극판이 공기 중에 장기간 노출된 경우
③ 충전 전류 및 충전 전압을 과도하게 높게 한 경우
④ 전해액의 비중이 높거나 불순물이 혼입된 경우

해설 충전전류 및 충전전압이 과도하게 높으면 충전활동이 활발하므로, 황산화현상이 생기지 않는다.

52. 자동 전조등(auto light system)에 사용되는 센서는?
① 광도 센서
② G 센서
③ 조도 센서
④ 발광 센서

해설 자동전조등에는 조도센서를 부착하여 주위의 밝기를 감지한다. 주위가 어둡게 되면, 미등 → 전조등 순으로 점등한다.

53. 보수도장 면의 먼지작업이 제대로 안되었을 경우 나타나는 문제가 아닌 것은?
① 도장 후에 부착 불량이 생길 수 있다.
② 도장중에 도장 결함(크레터링, 하지끼, 왁스끼)이 생길 수 있다.
③ 도장 시에 페인트 소모량이 많아진다.
④ 도장 시에 용제 와이핑(wiping) 자극이 생길 수 있다.

ANSWER 46.④ 47.② 48.① 49.① 50.① 51.③ 52.③ 53.③

[해설] 도장의 페인트 소모량은 반복회수나 희석률 등에 의해서 변화된다.

54. 프라이머-서페이서로 사용하는 도료의 타입이 아닌 것은?
① 아크릴-멜라민계 중도
② 우레탄계 중도
③ 합성수지계 중도
④ 래커계 중도

[해설] 아크릴-멜라민계는 보통 상부도장에 사용된다. 중도도료는 폴리에스테르-멜라민계가 사용된다.

55. CO_2 가스 아크 용접에서 토치의 노즐 끝부분과 모재와의 유지하여야 할 적합한 거리는?
① 4mm   ② 6mm
③ 8mm   ④ 12mm

[해설] 모재의 두께에 따라 노즐팁과 모재와의 거리는 달라진다. 보통 얇은 것은 10mm, 두꺼운 것은 30mm까지 모재의 두께에 따라 달라진다.

56. 도어나 트렁크 리드가 닫혔을 때 본체와 닿는 면을 부드럽게 하기 위한 고무로서 개스킷 식으로 된 부품의 명칭은?
① 웨더 스트립(weather strip)
② 그릴(grille)
③ 몰딩(molding)
④ 트림(trim)

[해설] 웨더 스트립이란 기밀재(機密材)를 뜻하며, 창문이나 출입문의 개폐 부분에 부착하여 외풍이나 먼지 등의 침입을 방지하는 것을 말한다.

57. 에어 스프레이 도장 시 장점이 아닌 것은?
① 붓 도장에 비하여 작업 능률이 좋다.
② 넓은 부분에 균일하게 도장할 수 있다.
③ 도막의 외관이 미려하다.
④ 도료의 손실이 많다.

[해설] 에어스프레이 도장은 붓도장에 비해 도료의 손실이 적다.

58. 그림과 같은 보에서 W의 무게로 눌렀을 때 이 보를 정지시킬 수 있는 반력은?

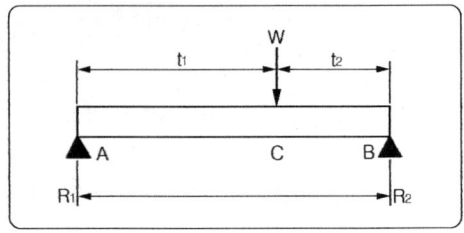

① $W = R_1 + R_2$
② $W = R_1 - R_2$
③ $W = R_1A \times R_2B$
④ $W = WR_1 + WR_2$

[해설] 누르는 힘(W)는 반력(R_1)과 반력(R_2)의 합과 같다.

59. 칼라 조색 시 보색관계를 이용하지 않는 가장 적합한 이유는?
① 조색제 숫자가 많아지기 때문에
② 칼라가 어두워지기 때문에
③ 칼라가 탁해지기 때문에
④ 칼라가 밝아지기 때문에

[해설] 칼라조색 시 보색관계를 이용하지 않는 이유는 칼라가 탁해지기 때문이다.

60. 패널을 연결하는 부위에 사용되며 방수 효과 불순물이나 배기가스의 실내 진입을 방지하고 패널의 부식을 방지하기 위해 사용하는 것은?
① 솔벤트   ② 실러
③ 방청제   ④ 데드너

[해설] Sealer에서 seal은 '봉하다'는 뜻이다. 여기에 er을 붙여 '봉하게 하는 것'이란 뜻이 된다. 즉 방수효과, 불순물이나 배기가스의 실내진입 방지, 패널부식 방지 등에 사용된다.

2012년 2회 기출문제

자동차정비기능장

01. 기관의 기계효율을 높이기 위한 방법이 아닌 것은?
① 각 부의 윤활을 잘 시켜 저항을 작게 한다.
② 엔진의 평형을 위해 플라이휠의 질량을 크게 한다.
③ 연료펌프, 순환펌프 등 각종 보조 장치의 구동저항을 줄인다.
④ 배기가스의 배출을 방해하는 저항을 줄인다.

해설 플라이휠의 질량(무게)을 크게 하면, 자동차의 무게가 무거워진다. 자동차의 여러 성능과 자동차의 무게는 가벼울수록 비례한다.

02. 전자제어 가솔린기관에서 연료펌프 내에 설치되어 기관이 정지하면 곧바로 닫혀 압력 회로의 압력을 일정시간 동안 유지시키는 밸브는?
① 체크 밸브   ② 니들 밸브
③ 릴리프 밸브 ④ 딜리버리 밸브

해설 연료펌프 내에서 펌프의 작동이 정지하여 잔압을 계속 유지시키는 밸브는 체크밸브이다. 즉, 한 방향으로만 유체를 흐르게 하여, 잔압유지, 재시동성 향상, 베이퍼록 감소 등의 역할을 행한다.

03. 자동차기관 성능과 효율에서 정적 사이클과 정압 사이클을 합성시킨 사이클은?
① 정압 사이클   ② 정적 사이클
③ 디젤 사이클   ④ 사바데 사이클

해설 정적사이클은 가솔린기관에 적용되는 오토사이클이고, 정압사이클은 디젤기관에 적용되는 디젤사이클이다. 이 두 사이클을 복합으로 적용한 것이 복합사이클 즉, 사바데사이클이다.

04. 냉각장치에서 물의 끓는 온도를 높여 냉각효과 및 엔진의 효율을 증대하기 위한 부품은?
① 코어   ② 수온조절기
③ 압력식 캡 ④ 라디에이터

해설 압력식캡은 냉각온도를 높여주어 방열되는 열량을 줄여주어 엔진의 효율을 증대시킨다.

05. 다음 보기의 공기량 측정센서 설명과 거리가 먼 것은?

(보기)
a. 공기질량을 직접 계측 출력한다.
b. ECU에서 온도, 압력 보정이 필요 없다.
c. 발열체와 공기와의 열전달현상을 이용한다.
d. 응답성이 빠르고 과도성능이 우수하다.

① 열선식 공기량 센서
② 핫 필름 공기량 센서
③ 칼만와류식 공기량 센서
④ 열선식 바이패스 계측공기량 센서

해설 칼만와류식은 공기의 속도를 주파수로 감지하는 직접 계측, 체적(부피) 계측용이다. 즉, 공기의 속도와 흡기다기관의 면적을 곱하면 공기흐름체적이 된다.

06. 압축과 흡입을 동시에 하고, 배기와 소기를 동시에 하는 기관은?
① 사바데 사이클 기관
② 로터리 기관
③ 4행정 기관
④ 2행정 기관

해설 소기란 흡기과 동시에 배기를 행하는 작용을 말한다. 이는 2행정사이클 기관에 적용된다.

ANSWER 01.② 02.① 03.④ 04.③ 05.③ 06.④

07. 핀틀 형 노즐을 사용하는 연소실로 적합하지 않는 것은?
① 예연소실식 ② 와류실식
③ 직접분사실식 ④ 공기실식

해설 핀틀형노즐의 팁 끝은 사각형으로 되어 있어 부연소실식에 적합하다. 부연소실식은 예연소실식, 와류실식, 공기실식 등이 있다.

08. 실린더 지름이 50mm, 피스톤의 평균속도가 20m/s인 기관에서 흡입가스의 평균속도가 50m/s 일 때 흡입밸브의 유로 면적은 몇 ㎠인가?
① 약 7.9 ② 약 8.6
③ 약 15.3 ④ 약 21.6

해설 $A_1 \times v_1 = A_2 \times v_2$ 에서 $\frac{\pi D_1^2}{4} \times v_1 = A_2 \times v_2$

$\frac{\pi \times 50^2}{4}(mm^2) \times 20(m/s) = A_2 \times 50(m/s)$

$A_2 = 20 \times \frac{\pi \times 50}{4} = 785mm^2$
$= 785 \times (\frac{1}{10}cm)^2 = 7.85cm^2$

09. 먼지가 많은 곳에서 사용되는 여과기로 흡입공기는 회전운동을 하면서 입자가 큰 먼지나 이물질을 분리시키는 형식의 여과기는?
① 건식 여과기
② 습식 여과기
③ 오일배스 여과기
④ 원심식 여과기

해설 원심식이란 무게가 무거운 것은 원의 중심에서 멀어져간다는 점을 이용한 방식이다. 즉, 먼지를 회전시키면 무거운 먼지는 반경을 크게, 가벼운 먼지는 반경을 작게 회전함을 이용하여 분리시킨다.

10. 디젤 자동차의 배기가스 후처리 장치인 DPF(diesel particulate filter)를 설명한 것 중 틀린 것은?
① 포집된 매연(PM)를 재생(연소)하기 위해 사후 분사를 실시함
② 포집된 매연(PM)를 재생(연소)할 때의 온도는 대략 100℃ 정도임
③ 포집된 매연(PM)를 재생(연소)할 때는 DPF의 앞, 뒤 압력 센서의 신호를 받음
④ 배기관의 매연(PM)를 포집하고 재생(연소)하는 장치임

해설 DPF는 사후분사를 하여 연소를 행하여 필터에 포집된 PM을 태우는 작용을 하므로, 온도는 연소온도에 가깝다.

11. 자동차에 사용되는 각종 전기·전자 소자 구성품에 대한 내용으로 틀린 것은?
① 인젝터는 솔레노이드밸브가 사용되며 통전되는 시간에 따라 분사량이 결정된다.
② 릴레이는 기본전원을 연결했을 경우 주 회로에 연결되기 때문에 스위치 기능이 있는 에어컨 등에 주로 사용된다.
③ 트랜지스터는 NPN형과 PNP형이 있으며, 베이스 전류를 흘려준 경우에만 전류가 흐른다.
④ 다이오드에는 여러 종류가 있는데 어느 것이나 순방향으로 전원을 연결했을 경우에만 전류가 흐른다.

해설 다이오드의 종류 중에서 제너다이오드는 역방향의 제너전압이상의 전압이 걸리면 역방향으로 전원이 연결된다.

12. 증발가스제어장치의 퍼지 컨트롤 솔레노이드 밸브(PCSV)의 작동을 설명한 것으로 틀린 것은?
① 일정시간 작동하다가 캐니스터에 포집된 증발가스가 없다고 ECU에서 판단되면 작동 중지
② 퍼지 컨트롤 솔레노이드 밸브는 평상시 열려 있는 방식(NORMAL OPEN)의 밸브임
③ 공회전 상태에서도 연료 탱크 및 증발가스 라인의 압력을 줄이기 위해 작동은 되나 주로 공정 이외의 영역에서 작동함
④ 엔진이 워밍업(WARM-UP)된 상태에서 작동함

해설 퍼지컨트롤솔레노이드밸브(PCSV)는 평상시에는 닫혀 있다가 ECU의 제어에 의해 열린다. 즉 연료증발가스를 순환시켜 연소시키는 밸브이다.

ANSWER 07.③ 08.① 09.④ 10.② 11.④ 12.②

13. 연소이론에서 연료를 연소하기 위해서 이른 공기량 보다 실제로 많은 공기량이 필요하며, 이론 공기량과 실제로 필요한 공기량의 비를 람다(λ)로 나타낸 것은?
① 압축비
② 이론 공연비
③ 공기과잉률
④ 정압연소

해설 이론공기비는 연료 1kg과 공기 14.7kg이 혼합되는 비를 말한다. 즉 이때 공기과잉률(람다 : λ)이 1이라고 한다.

14. 가솔린 기관에서 가솔린 160cm²을 완전 연소시키기 위하여 필요한 공기의 무게는? (단, 공연비는 14.7, 연료의 비중은 0.75)
① 0.274kg
② 1.274kg
③ 1.764kg
④ 2.864kg

해설 연료비중량(γ_f)=0.75kg/l이고, 공연비가 14.7이므로, 공기비중량(γ_a) = $0.75 \times 14.7 = 11.025$kg/l이다.
$\gamma_a = \dfrac{G_a}{V_a}$ 이므로, 공기무게(G_a)=$\gamma_a \times V_a$이다.
대입하면, $G_a = 11.025(\text{kg/l}) \times 0.16(\text{l}) = 1.764$kg

15. 디젤기관에 사용되는 윤활유 중 고부하 및 가혹한 조건, 과급기가 있는 기관에 주로 사용되는 윤활유는?
① DL
② DM
③ DG
④ DS

해설 DL은 존재하지 않는다. DG는 일반연료, DM은 중부하조건시 연료, DS는 고부하조건시 연료가 작동할 때 사용하는 윤활유이다.

16. 가솔린 엔진 피스톤의 재질 중 고온강도와 내마멸성이 우수하여 주로 사용되는 재료는?
① 니켈크롬강
② 몰리브덴강
③ 알루미늄합금
④ 주철

해설 알루미늄합금은 알루미늄에 구리, 망간, 마그네슘, 규소, 아연, 니켈 등의 원소를 첨가하여 내식성, 내열성, 강도를 높이기 위해 제조된 합금이다.

17. LPG연료장치에서 봄베내의 압력이 일정압력 이상이 되면 자동으로 용기 내의 LPG를 방출하는 밸브는?
① 과충전 방지밸브
② 송출밸브
③ 과류 방지밸브
④ 안전밸브

해설 안전밸브는 봄베압력이 일정압력(24kg/cm²) 이상으로 형성되면(온도상승이나 흔들림에 의해 압력 상승) 자동으로 LPG를 방출하여 봄베의 폭발을 방지한다.

18. 실린더 내 압력파형으로부터 얻어지는 정보가 아닌 것은?
① 최고압력
② 착화지연
③ 압축압력 및 온도
④ 배출가스 성분

해설 압력파형은 말그대로 압력의 변화를 나타내는 곡선이다. 배출가스 성분은 배출가스시험기에서 알아낼 수 있다.

19. 다음 중 샘플링 검사보다 전수검사를 실시하는 것이 유리한 경우는?
① 검사항목이 많은 경우
② 파괴검사를 해야 하는 경우
③ 품질특성치가 치명적인 결점을 포함하는 경우
④ 다수 다량의 것으로 어느 정도 부적합품이 섞여도 괜찮을 경우

해설 샘플링검사는 일부를, 전수검사는 모두를 검사하는 것을 말한다. 품질특성치가 치명적인 결점을 포함할 경우 이를 찾기 위해 모두 검사를 행해야 한다.

20. 축의 완성지름, 철사의 인장강도, 아스피린 순도와 같은 데이터를 관리하는 가장 대표적인 관리도는?
① c 관리도
② nP 관리도
③ u 관리도
④ $\bar{x}$-R 관리도

해설 $\bar{x}$-R관리도는 매회의 검사에서 대상을 반복측정하여, 측정치의 평균(X), 범위 R(최대치, 최소치의 차)을 바탕으로 검사의 안정상태를 보는 관리도법이다.

ANSWER 13.③ 14.③ 15.④ 16.③ 17.④ 18.④ 19.③ 20.④

21. 로트의 크기가 시료의 크기에 비해 10배 이상 클 때, 시료의 크기와 합격판정개수를 일정하게 하고 로트의 크기를 증가시킬 경우 검사특성곡선의 모양 변화에 대한 설명으로 가장 적절한 것은?
① 무한대로 커진다.
② 별로 영향을 미치지 않는다.
③ 샘플링 검사의 판별 능력이 매우 좋아진다.
④ 검사특성곡선의 기울기 경사가 급해진다.

해설 로트의 크기가 아주 클 경우, 시료의 크기와 합격판정개수를 일정하게 하고 로트의 크기를 증가시키게 되면 검사특성곡선은 별로 영향을 받지 않는다.

22. 준비 작업시간 100분, lot당 정미작업시간 15분, 로트 크기 20일 때 lot당 소요작업시간은 얼마인가?(단, 여유시간은 없다고 가정한다.)
① 15분   ② 20분
③ 35분   ④ 45분

해설 llot당 준비작업시간 = $\frac{100\min}{20lot} = 5\min/lot$ 이다.

1lot당 작업시간 = 1lot당 준비작업시간 + 1lot당 정미작업시간 = 5분 + 15분 = 20분으로 계산된다.

23. 소비자가 요구하는 품질로서 설계와 판매정책에 반영되는 품질을 의미하는 것은?
① 시장품질   ② 설계품질
③ 제조품질   ④ 규격품질

해설 면밀한 시장조사를 통하여 품질을 결정하는 특성을 확인하려는 소비자 기반의 품질관점이 시장품질이다.

24. 작업시간 측정방법 중 직접측정법은?
① PTS법
② 경험견적법
③ 표준자료법
④ 스톱워치법

해설 스톱워치법은 시간연구를 통하여 표준시간을 결정한다. PTS는 각각의 기본동작시간을 합성하여 전체작업시간을 구하는 방식이다.

25. 전자제어 동력조향장치의 효과로서 틀린 것은?
① 저속시 조향 휠의 조작력을 적게 한다.
② 고속시 전·후륜이 동위상으로 조향되어 코너링이 향상된다.
③ 앞바퀴의 시미(shimmy)현상을 감소하는 효과가 있다.
④ 노면으로 부터의 충격으로 인한 조향 휠의 킥 백(kick back)을 방지할 수 있다.

해설 고속시 전후륜이 동위상으로 조향되어 코너링을 향상시키는 장치는 4WS(4륜조향장치)이다.

26. 정밀도 검사를 받아야 하는 기계, 기구가 아닌 것은?
① 엔진 성능 시험기
② 택시 미터 주행 검사기
③ 가스 누출 감지기
④ 속도계 시험기

해설 정밀도를 검사받아야 하는 기계기구는 사이드 슬립 측정기, 제동 시험기, 속도계 시험기, 전도등 시험기와 환경 측정기기인 소음 측정기, 매연 측정기, 일산화탄소·탄화수소·공기과잉률 측정기 등이다.

27. 제동장치에 사용되는 배력장치의 크기를 결정하는 요소는?
① 진공 탱크의 크기와 진공 탱크의 재질
② 진공 탱크의 크기와 진공의 크기
③ 진공의 크기와 진공 탱크의 재질
④ 진공 탱크의 형상과 압력의 크기

해설 배력장치의 크기는 진공의 크기, 진공탱크의 재질에 의해 결정된다.

28. 동력 전달장치에서 종감속 장치의 기능이 아닌 것은?
① 회전 토크를 증가시켜 전달한다.
② 회전 속도를 감소시킨다.
③ 좌·우 구동륜의 회전 속도를 차등 조절한다.
④ 필요에 따라 동력 전달 방향을 변환시킨다.

ANSWER 21.② 22.② 23.① 24.④ 25.② 26.① 27.② 28.③

해설 종감속장치는 회전수를 감소시켜 최종적으로 토크를 증가시키는 장치이다. 좌/우륜의 회전속도를 차등조절하는 장치는 차동장치(디프렌셜기어)이다.

29. 슬립각의 크기에 따른 조향특성을 설명한 것으로 옳은 것은?
① 후륜과 전륜의 슬립각이 같으면 언더 스티어링의 특성을 나타낸다.
② 후륜의 슬립각이 전륜의 슬립각보다 크면 언더스티어링의 특성을 나타낸다.
③ 후륜의 슬립각이 전륜의 슬립각보다 크면 오버 스티어링의 특성을 나타낸다.
④ 후륜의 슬립각이 전륜의 슬립각보다 크면 중립 스티어링의 특성을 나타낸다.

해설 후륜의 슬립각이 전륜의 슬립각보다 크면, 회전반경이 줄어든다. 즉 오버스티어링 현상이 생긴다.

30. 제동시 유압증가 비율을 전륜보다 감소시켜 후륜의 조기 고착을 방지함으로서 방향 안정성을 좋게 하기 위한 밸브는?
① 프로포셔닝 밸브
② 압력차 경고 밸브
③ 미터링 밸브
④ 브리더 밸브

해설 제동시 유압증가 비율을 전륜보다 감소시켜 후륜의 조기고착을 방지하여 방향안정성을 좋게 하는 밸브는 프로포셔닝(proportioning)밸브 즉 P밸브라 한다.

31. 하중이 2ton이고 압축 스프링 변형량이 2cm일 때 스프링 상수는?
① 100kgf/mm
② 120kgf/mm
③ 150kgf/mm
④ 200kgf/mm

해설 스프링상수 = $\frac{하중}{변형량}$ 이므로, 대입하면
스프링상수 = $\frac{2000kg}{20mm} = 100kg/mm$로 계산된다.

32. 자동차의 안전기준에 관한 규칙으로 틀린 것은?
① 자동차의 높이는 3m를 초과할 수 없다.
② 최저 지상고는 공차상태에서 지면과 12cm 이상이어야 한다.
③ 자동변속장치의 중립 위치는 전진 위치와 후진 위치 사이에 있어야 한다.
④ 앞 방향으로 개폐되는 후드 걸쇠장치는 2차 잠금 또는 2개소 잠금이 가능한 구조이어야 한다.

해설 자동차의 높이는 4m를 초과할 수 없다.

33. 홀드모드의 기능이 있는 자동변속기 차량에서 홀드모드를 사용하는 내용으로 맞는 것은?
① 운전자의 판단에 따라 강제 변속 상태로 유지시키는 모드이다.
② 운전자의 의지와 관계없이 항상 최적의 운전조건이 되도록 작동되는 모드이다.
③ 눈길에서 작동되는 모드로서 스로틀밸브의 열림량에 따라서만 작동되는 모드이다.
④ 운전자의 의지에 따라 스로틀포지션 센서의 열림량이 최대일 때만 작동되는 모드이다.

해설 자동변속기의 홀드모드는 운전자의 판단에 따라 강제 변속상태를 유지시킨다. 예를 들어 4단 달리다가 홀드를 누르면, 3단으로 변속되면서 브레이킹 역할을 할 수도 있다.

34. 조향핸들의 유격 조정 방법으로 옳은 것은?
① 볼 너트 형식은 센터 훅 조정 스크루를 조이면 유격이 감소한다.
② 볼 너트 형식은 요크 플러그를 조이면 유격이 감소한다.
③ 랙 피니언 형식은 센터 훅 조정 스크루를 조이면 유격이 감소한다.
④ 랙 피니언 형식은 요크 플러그를 조이면 유격이 증가한다.

해설 볼너트형식은 센터 훅 조정스크류를 조여서 유격을 감소시키고, 랙 피니언형식은 요크플러그를 조여서 유격을 감소시킨다.

ANSWER 29.③ 30.① 31.① 32.① 33.① 34.①

35. 자동차의 휠 종류 중에서 프레스에 의해 접시형으로 성형한 후 링을 리벳이나 스폿 용접(spot welding)등으로 접합하는 방식의 휠은?
① 강판 휠(steel wheel)
② 경합금 휠(alloy wheel)
③ 강선 스포크 휠(steel wire spoke wheel)
④ 스파이더 휠(splder wheel)

해설 강판휠은 dish type(접시형)이라고도 하며, 안이 들여다보이지 않을 정도로 막혀 있다.

36. 타이어 공기압 부족 경보 장치의 설명으로 틀린 것은?
① 운행 중 바퀴의 유효 직경이 작아지면 공기압 부족으로 판단한다.
② 반드시 타이어 공기압이 저하되었을 때만 경고등이 점등된다.
③ 타이어 공기압 부족으로 판단되면 경고등을 점등한다.
④ 차륜 속도 센서의 출력 값이 상대적으로 증가하면 공기압 부족으로 판단한다.

해설 타이어공기압부족경보장치는 타이어공기압이 적정수준의 75%이하로 감소하거나, 타이어 내부온도가 100℃이상 올라가면 운전자에게 알려준다.

37. 토크 컨버터가 유체 클러치로서 작용할 때 가장 적당한 것은?
① 터빈의 속도가 펌프 속도의 약 5/10에 도달했을 때
② 펌프 속도가 터빈 속도의 약 5/10에 도달했을 때
③ 터빈의 속도가 펌프 속도의 약 8/10에 도달했을 때
④ 펌프 속도가 터빈 속도의 약 8/10에 도달했을 때

해설 펌프는 엔진플라이휠에 의해 직접 구동되고, 터빈은 펌프에 의해 구동된다. 터빈의 속도가 펌프속도의 0.8배에 이르면, 더 이상 토크는 증가하지 않고 속도가 증가한다. 이를 클러치점이라 한다.

38. 차량 총중량 1200kgf의 차량이 4%의 등판길을 올라갈 때 구배저항은?
① 48kgf   ② 24kgf
③ 4.8kgf ④ 2.4kgf

해설 구배저항(r_g) = $W \cdot G = 1200 \times \dfrac{4}{100} = 48kg$으로 계산된다.

39. 변속기 내의 록킹 볼이 하는 역할이 아닌 것은?
① 시프트 포크를 알맞은 위치에 고정한다.
② 기어가 빠지는 것을 방지한다.
③ 시프트 레일을 알맞은 위치에 고정한다.
④ 기어가 2중으로 치합 되는 것을 방지한다.

해설 기어가 2중으로 치합되는 것을 방지하는 것은 록크핀의 역할이다.

40. 자동변속기 차량으로 엔진 공회전 상태에서 선택 레버를 N→D, N→R로 변속할 때 엔진 시동이 꺼졌다. 고장 원인과 거리가 먼 것은?
① 밸브 바디 고장
② 엔드(O/D) 클러치 고장
③ 댐퍼 클러치 고장
④ 토크 컨버터의 고장

해설 N→D, N→R로 변속시 엔진의 시동이 꺼졌다는 것은 중립에서는 정상이고 정회전/역회전시(바퀴구동시)에 시동이 꺼졌다는 말로 주행이 불가능하다는 말과 같다. 엔드클러치가 고장 나더라도 차의 출발은 가능하다.

41. 전자제어 현가장치(ECS)의 기능이 아닌 것은?
① 주행 안정성 확보 및 승차감 향상
② 급 선회전시 원심력에 의한 차량의 기울어짐 방지
③ 노면의 상태에 따른 차체 높이제어 기능
④ 급제동 시 노스 다운을 방지하여 제동력 강화 기능

해설 급제동 시 노스다운(차의 앞에 아래로 숙여지는 현상)을 방지하는 장치는 차량자세제어장치(VDC 혹은 ESP)라 한다.

Answer 35.① 36.② 37.③ 38.① 39.④ 40.② 41.④

42. 브레이크 페달의 전체 길이는 25cm이고 페달의 고정점에서 푸시로드와 연결된 지점까지 거리가 5cm일 때 페달을 35kgf의 힘으로 밟았다면 푸시로드에 작용되는 힘은?
① 7kgf ② 125kgf
③ 175kgf ④ 225kgf

해설 고정점에서 작용하는 회전력은 같으므로, $T_1 = T_2$이다. $25cm \times 35kg = 5cm \times xkg$이므로, $x = 25 \times 7 = 175kg$으로 계산된다.

43. 제동장치에서 듀어 서보형 브레이크에 대한 설명으로 옳은 것은?
① 전진에서만 2개의 슈가 자기작동을 한다.
② 후진에서만 2개의 슈가 트레일링 슈로 작동된다.
③ 전진 또는 후진에서 모두 2개의 슈가 자기작동을 한다.
④ 전진 또는 후진에서 해당 슈 1개만 자기작동을 한다.

해설 듀오서보란 전진 또는 후진에서 모두 2개의 슈가 작동하여 자기작동(점점 제동 마찰력이 커지는 현상)이 일어난다.

44. 교류 발전기에서 직류 발전기의 계자 코일과 계자 철심에 해당하며 자속을 만드는 구성품은?
① 로터(rotor) ② 스테이터(stator)
③ 브러시(brush) ④ 정류기(rectifier)

해설 직류발전기의 계자코일과 계자철심은 자기력선을 생성한다. 교류발전기에서는 로터와 로터코일이 이 역할을 한다.

45. 코일에 흐르는 전류를 단속하면 코일에서 유도전압이 발생하는 작용은?
① 자력선 감쇠작용 ② 상호 유도작용
③ 전류 완성작용 ④ 자기 유도작용

해설 코일에 흐르는 전류를 단속시 코일에 역기전력의 유도전압을 발생하는 작용을 자기유도작용이라 한다. 1차 코일의 자속변화로 2차코일에 유도전압을 발생하는 작용을 상호유도작용이라 한다.

46. 전조등 1개의 전력이 45W일 때 12V 배터리에 2개의 전조등을 점등하면 흐르는 전류는?
① 22.5A ② 270A
③ 0.53A ④ 7.5A

해설 전조등 1개의 전력(P)=$I \times V$이므로, $45W = I_1 \times 12$, $I_1 = \frac{45}{12}A$이다. 전조등은 병렬로 연결되어 $I = I_1 \times 2 = \frac{45}{12} \times 2 = 7.5A$로 계산된다.

47. 종합 경보장치의 오토 도어록 관련 부품이 아닌 것은?
① 차속센서 ② 도어록 릴레이
③ 도어록 스위치 ④ 윈도우 레귤레이터

해설 윈도우 레귤레이터는 파워윈도우 회로의 구성부품이다.

48. 직류 전동기에서 회전운동을 행하는 힘의 방향을 설명한 법칙은?
① 렌쯔의 법칙
② 플레밍의 왼손 법칙
③ 플레밍의 오른쪽 법칙
④ 앙페르의 법칙

해설 직류전동기의 회전운동은 플레밍의 왼손법칙에 의거 일어난다. 중지는 전기의 방향, 검지는 자기력선의 방향, 엄지는 힘의 방향을 나타낸다.

49. 배터리 (+)측 부근의 극 주위나 커넥터가 벌레 먹은 것처럼 부식되는 원인은?
① 음극판의 해면상납(Pb)이 전해액(H_2SO_4)과 반응하기 때문이다.
② 양극판에 발생하는 수소와 산소가 반대 극에 닿을 때 환원, 산화를 일으키기 때문이다.
③ 전해액 중 존재하는 불순금속이 극부전지를 구성하기 때문이다.
④ 축전지 표면이 젖어있고 표면에 황산 먼지가 붙었기 때문이다.

해설 배터리(+)측 부근의 극 주위나 커넥터가 벌레 먹은 것처럼 부식되는 원인은 축전지의 전해액(묽은황산)에 의한 것이다.

ANSWER 42.③ 43.③ 44.① 45.④ 46.④ 47.④ 48.② 49.④

50. 자동차 냉방장치에서 고압측 압력이 정상치보다 높을 때의 결함 원인으로 가장 거리가 먼 것은?
① 냉매 과충전
② 응축기 팬 작동 안 됨
③ 응축기 핀튜브 막힘
④ 팽창밸브 막힘

해설 고압측의 압력 점검개소는 응축기 주위에 있다. 그래서 고압측의 압력 상승은 ①, ②, ③이다. 팽창밸브가 막힐 경우 냉매의 흐름이 팽창밸브 → 증발기 → 압축기이므로, 고압측(압축기 후)은 냉매가 없다보니 압력이 낮아진다.

51. 종합경보장치의 기능 중에 미등자동소등 제어 입력요소가 아닌 것은?
① 키 삽입 스위치
② 도어 록 릴레이
③ 라이트 미등 스위치
④ 운전석 도어 스위치

해설 미등자동소등은 키가 삽입되지 않고(뽑힘), 미등스위치가 켜져 있으며, 운전석 도어스위치가 붙으면(운전석 문이 열리면) 제어를 시작한다(미등을 소등하게 된다).

52. 길이가 10,000cm, 단면적이 0.01㎠인 어떤 도선의 저항을 20℃에서 측정하였더니 2.5Ω이었다. 이 때 도선의 고유저항은?
① $2.4 \times 10^{-8} \Omega \cdot cm$
② $2.5 \times 10^{-6} \Omega \cdot cm$
③ $2.6 \times 10^{-5} \Omega \cdot cm$
④ $2.7 \times 10^{-5} \Omega \cdot cm$

해설 $R = 고유저항(\rho) \times \dfrac{l(길이)}{A(면적)}$ 에 적용하자.
$2.5\Omega = \rho \times \dfrac{10000cm}{0.01cm^2}$, $\rho = 2.5 \times 10^{-6} (\Omega \cdot cm)$

53. 손상된 보디를 인장 작업을 위해 기본적인 고정을 하고 반대 방향에 추가적인 고정을 하는 이유는?
① 회전 모멘트의 발생을 방지하기 위해서
② 과도한 인장력을 방지하기 위해서
③ 스포트 용접부를 보호하기 위해서
④ 고정한 부분까지 힘을 전달하기 위해서

해설 손상된 보디를 추가적인 고정을 하는 이유 : 회전모멘트의 발생으로 또 다른 변형을 방지하기 위함.

54. 메탈린 얼룩 예방책으로 틀린 것은?
① 초벌 크리어 도장 전 도료의 점도를 높여 가능한 두껍게 도장한다.
② 작업장 온도에 유의하고 적합한 시너를 사용하여 도료의 점도를 조절한다.
③ 시너의 증발 속도에 따라 적정한 후레쉬 타임을 설정하여 작업한다.
④ 스프레이건의 패턴 폭, 거리, 이동 속도 등을 일정하게 유지하여 작업한다.

해설 초벌 크리어 도장하기 전에 도료의 점도를 낮게 하여 가능한한 얇게 도장해야한다.

55. 차체에서 화이트 보디(white body)를 구성하는 부품 중 틀린 것은?
① 사이드 보디
② 도어(앞, 뒤 문짝)
③ 범퍼
④ 엔진후드, 트렁크리드

해설 화이트보디란 프레스되어 만들어진 차체를 말한다. 즉, 자동차의 아무런 구성품도 장착되지 않은 상태의 기본 차체이다. 범퍼는 나중에 장착되는 플라스틱제품이다.

56. 탄소강에서 적열취성(red shortness)의 성질을 가지게 하는 원소는?
① Mn   ② P
③ S   ④ Si

해설 금속 재료가 열간 가공의 온도 범위에서 약해지는 성질로 강이 고온 가공될 때 나타나는 비정상적인 취성(적열상태에서 발생하므로 적열취성)이다. 주로 유황성분이 원인이다.

ANSWER 50.④ 51.② 52.② 53.① 54.① 55.③ 56.③

57. 자동차 보수도장에서 색상이 틀리는 요인이 아닌 것은?
① 스프레이건의 토출량, 패턴, 노즐 규격 등의 차이
② 작업 기술, 도료의 점도, 도막 두께의 차이
③ 열처리 시간의 차이
④ 래커, 우레탄, 에나멜 등의 사용 도료에 의한 차이

> **해설** 도장에 열처리를 하면 열에 의해 완전히 막이 형성됨으로 부착성과 내구성이 뛰어나게 된다. 그러나 색상과는 관계가 없다.

58. CO_2 가스 아크 용접 조건의 설명이 잘못된 것은?
① 용접 전류는 용입량을 결정하는 요인이다.
② 아크 전압은 비드 형상을 결정하는 요인이다.
③ 와이어의 용융 속도는 아크전류에 정비례하여 증가한다.
④ 와이어의 돌출 길이가 길수록 가스의 보호효과가 크고 노즐에 스패터(spatter)가 부착되기 쉽다.

> **해설** CO_2 용접에서 와이어의 돌출길이가 길면 가스의 보호효과가 작아 노즐에 스패터가 부착되기 쉽다. 스패터란 용접 중에 비산하는 슬래그나 금속 알갱이를 말한다.

59. 퍼티에 대한 설명으로 맞는 것은?
① 퍼티는 한 번에 두껍게 바른다.
② 퍼티를 바른 다음 고온으로 즉시 건조 시킨다.
③ 퍼티의 정도가 낮을 때 시너를 희석시켜서 사용한다.
④ 퍼티는 건식 샌딩을 권장한다.

> **해설** 퍼티란 산화상납, 호분 또는 탄산석회를 아마인유에 풀어 갠 페인트의 일종으로, 백색 유점유가 건조함에 따라 굳어지는 것으로 도장할 때 나무마디와 틈을 덮는데 사용한다. 한 번에 얇게 바른 후 적당한 두께로 발라 건조 후 건식 샌딩을 행한다.

60. 솔리드 색상 도료에 포함되지 않는 것은?
① 안료
② 메탈릭
③ 수지
④ 용제

> **해설** 색상도료의 구성요소에는 수지, 경화제, 용제, 첨가제, 안료 등을 포함한다.

ANSWER 57.③ 58.④ 59.④ 60.②

2013년 1회 기출문제

자동차정비기능장

01. 과급기를 사용하는 기관의 설명으로 틀린 것은?
① 고온 고압의 배기가스에 의해 터빈을 고속 회전시킨다.
② 고속 주행 후 자동차를 정지시킬 경우는 엔진을 정지시키지 않고 1~2분간 공회전을 지속한 후 엔진을 정지한다.
③ 공기를 압축하여 흡기온도가 상승하고 산소밀도가 증가하여 노킹을 일으키기 쉽다.
④ 흡기온도를 낮추기 위하여 인터 쿨러를 사용한다.

해설 보기 '③'에서 공기를 압축하면 흡기온도가 상승하기 때문에 공기의 밀도는 낮아진다. 따라서 산소의 밀도가 낮아진다. 또 지나치게 따뜻한 공기는 노킹의 원인이 되기 때문에 이를 방지하기 위해 인터 쿨러를 장착하여 공기의 밀도를 증가시킨다.

02. 가솔린 엔진의 노크 발생 원인이 아닌 것은?
① 압축비가 높을 때
② 실린더의 온도가 높을 때
③ 엔진에 과부하가 걸린 때
④ 점화시기가 늦을 때

해설 가솔린 엔진 노킹은 점화시기가 빠를 경우에 생긴다. 그래서 노킹제어의 경우 점화시기를 늦춘다.

03. 점화장치의 점화 2차파형에서 화살표 부분의 스파크라인 감쇄진동부가 없는 경우 고장분석을 맞게 표현한 것은?

① 스파크라인의 케이블 불량이다.
② 점화플러그의 손상으로 누전된다.
③ 점화코일의 불량이다.
④ 점화플러그 간극이 크다.

해설 점화코일의 불량으로 감쇄부분(코일에 의해 위아래로 그리는 전압파형)이 없다.

04. 자동차용 기관 오일의 기본역할을 설명한 것 중 거리가 먼 것은?
① 마찰을 감소시켜 동력손실을 줄인다.
② 연소가스의 블로 다운 현상을 방지한다.
③ 마찰 운동부의 냉각작동을 한다.
④ 접촉부의 녹이나 부식을 방지한다.

해설 블로 다운 현상은 폭발압력을 이용한 배기가스의 배출을 말한다.

05. 디젤기관에서 압축비를 높일 경우에 나타날 수 있는 것은?
① 착화지연 기간이 길어진다.
② 최고 연소압력이 낮아진다.
③ 열효율이 높아진다.
④ 출력이 떨어질 수 있다.

해설 디젤기관 열효율$(\eta_d) = 1 - \dfrac{1}{\varepsilon^{k-1}} \cdot \dfrac{\sigma^k - 1}{k(\sigma - 1)}$ 에서 압축비가 높아지면 분모가 커지는 결과를 초래하여 전체 값은 커지게 된다. 즉 열효율이 높아진다.

06. 실린더의 내경 기준값이 78mm인 기관에서 실린더가 마모되어 최대값이 78.40 mm로 측정되었다면 실린더의 수정값은?
① 78.00mm
② 78.25mm
③ 78.50mm
④ 78.75mm

ANSWER 01.③ 02.④ 03.③ 04.② 05.③

해설 실린더는 오버사이즈로 수정하므로, 실린더 마모 직경=최대값+진원값=78.40+0.2=78.60mm이다. 실린 더는 0.25mm단계로 수정하므로, 78.50mm, 78.75 mm, 79.00mm중에서 78.60mm보다 큰 값을 수정값으로 한다. 따라서 수정값은 78.75mm이고, 오버사이즈는 78.75-78 = 0.75mm이다.

07. 피스톤의 평균속도가 20m/s이고, 기관회전수가 3000rpm인 기관의 피스톤 행정은 얼마인가?

① 0.1mm
② 0.2mm
③ 10cm
④ 20cm

해설 피스톤의 속도

$$(v) = \frac{2L \times N}{60(s)} = \frac{2 \times L}{1000}(m) \times \frac{3000}{60(s)} = 20m/s$$

$$L(mm) = \frac{20 \times 1000 \times 60}{2 \times 3000} = 200mm = 20cm$$

08. 자동차의 공해 저감장치를 열거한 것 중 틀린 것은?

① 촉매 변환장치
② 배기가스 재 순환장치
③ 2차 공기 공급장치
④ 감압장치

해설 촉매 변환장치는 CO, HC, NOx를 저감, 배기가스 재 순환장치는 NOx를 저감, 2차 공기 공급장치는 산소를 공급하여 CO, HC를 저감한다.

09. 전자제어식 LPG엔진의 믹서 점검 방법으로 틀린 것은?

① 메인듀티 솔레노이드밸브, 슬로우 듀티 솔레노이드밸브, 시동 솔레노이드 밸브의 각 단자 저항을 측정하여 저항이 규정값 내에 들어있으면 양호하다고 판정할 수 있다.
② 슬로우 듀티 솔레노이드 밸브는 단자에 배터리 전원을 인가했을 때 통로가 연결되고, 전원을 off했을 때 차단되면 정상이라고 할 수 있다.
③ 시동 솔레노이드 밸브는 단자에 배터리 전원을 off하면 플런저는 작동을 멈추고, 슬로 듀티 솔레노이드의 통로는 연결되면 정상이다.
④ 시동 솔레노이드 밸브는 단자에 배터리 전원을 인가했을 때 플런저가 작동되면 정상이다.

해설 시동 솔레노이드 밸브는 단자에 배터리 전원을 on (시동)하면 별도의 통로를 열어 연료가 슬로 듀티 솔레노이드 밸브로 흐르게 하다가, 시동 후엔 닫혀 정상적인 혼합비의 연료가 공급되도록 한다.

10. GDI 기관에서 고압분사 인젝터의 특징이 아닌 것은?

① 고압의 연료를 차단하거나 분사하는 밸브볼이 부착되어 있다.
② 엔진 회전수에 따라 분사압력이 다르다.
③ 주로 피크 홀드 분사방식을 사용한다.
④ 촉매 히팅이 필요할 땐 배기행정 때 분사한다.

해설 히팅시에는 분할 분사(2번 분사)를 하게 된다 흡기 초에 약 70% 압축시에 약 30%로 나누어 분사하며, 점화시기는 ATDC 10~15°에서 점화한다. 늦게 점화하는 이유는 촉매가 빨리 태우려면 열이 높아져야하는데 늦게 점화하여 폭발함으로써 배기 열을 상승시켜 촉매를 빨리 태우며 분할 분사를 하는 이유는 점화가 지각되면 불완전 연소를 하기 때문에 분할 분사를 한다.

11. 기관 성능 곡선도에서 표시되는 것이 아닌 것은?

① 축 출력
② 연료 소비율
③ 주행속도
④ 기관 회전속도

해설 기관의 성능 곡선도에는 가로축이 엔진의 회전수 (rpm)이고, 세로축이 축 출력, 연료 소비율, 토크 등이다.

12. 2행정 1사이클 기관의 효율을 향상시키기 위한 방법으로 틀린 것은?

① 잔류가스를 몰아내고 실린더 내부를 신기로 충만한다.
② 소기의 단락 손실(blow by loss)을 최소로 한다.
③ 소기 공급량을 최대로 하고 효과적인 소기를 행한다.
④ 고속회전을 위해 소기와 배기유동을 신속히 한다.

ANSWER 06.④ 07.④ 08.④ 09.③ 10.④ 11.③ 12.③

해설 소기란 2사이클 기관에서 피스톤의 상승 행정의 도중에 배기구와 소기구가 열려 실린더 속으로 새로운 공기가 억지로 들어가게 함으로써 연소 가스를 외부로 밀어내는 작용을 말한다. 소기 공급량이 최대가 되면 배기구로 나가는 량이 증가하여 연료소비가 증가한다.

13. 내연기관에서 NOx의 발생 농도에 대한 설명으로 틀린 것은?
① 이론 공연비로 연료를 공급하면 NOx는 감소한다.
② 배기가스의 일부를 재순환시키면 NOx는 감소한다.
③ 연소온도가 낮으면 NOx는 감소한다.
④ 냉각수온도가 낮은 편이 NOx가 감소한다.

해설 질소산화물(NOx)은 이론 공연비로 갈수록 발생량이 증가하여 이론 공연비에서 최고치를 나타낸다.

14. 전자제어 디젤기관에서 출구제어방식 연료압력 조절 밸브의 설명으로 맞는 것은?
① 듀티값이 높을수록 연료압력은 낮아진다.
② 시동시에는 레일압력을 낮게 한다.
③ 듀티값이 낮을수록 연료압력은 낮아진다.
④ 저압펌프를 거친 후의 연료압력을 제어한다.

해설 출구제어방식 연료압력 조절 밸브는 딜리버리 파이프(레일)의 끝에서 압력을 조절하는 방식으로, 듀티값이 높으면 연료압력은 낮게 유지된다.

15. 디젤노크(knock)에 대한 설명으로 틀린 것은?
① 착화지연기간이 길어 실린더에 분사된 연료가 일시에 연소하는 현상이다.
② 디젤 노크는 연소 초기에 발생하나 가솔린 노크는 연소 후기에 발생한다.
③ 실린더내의 압력이 급상승하여 이상한 진동을 내며 원활한 회전이 어렵다.
④ 노크가 발생되면 피스톤과 실린더에 과부하가 걸리며 출력이 상승한다.

해설 노크가 발생되기 바로 직전이 최고의 출력을 나타내며, 일단 노크가 발생되면 출력은 떨어진다.

16. LPG연료의 특성으로 틀린 것은?
① 발열량은 약 1200kcal/kg이다.
② 기화된 상태에서는 공기보다 비중이 작다.
③ 옥탄가가 높아 노킹을 잘 일으키지 않는다.
④ 노말부탄과 프로판을 주성분으로 한 탄화수소의 혼합물이다.

해설 LPG중에서 여름철용으로는 부탄 100%의 것, 겨울철은 부탄에 프로판을 30~40% 혼합한 것을 많이 사용한다.

17. 기계식 디젤기관에서 무부하시에 2100 rpm 이고, 전부하시에 1900rpm일 때 속도 변동률은?
① 약 10.5% ② 약 11.5%
③ 약 12.5% ④ 약 13.5%

해설 디젤속도변동률
$$\Delta w = \frac{무부하속도 - 전부하속도}{전부하속도} \times 100$$
$$= \frac{2100 - 1900}{1900} \times 100(\%)$$
$$= \frac{20000}{1900} = \frac{200}{19} = 10.5\%$$

18. 자동차용 부동액의 성분으로 거리가 먼 것은?
① 물과 에틸알코올의 혼합액
② 염화나트륨과 물의 혼합액
③ 글리세린과 물의 혼합액
④ 물과 에틸렌글리콜의 혼합액

해설 기관의 부동액은 메탄올, 글리세린, 에틸렌글리콜이 있는데, 보통 에틸렌글리콜을 많이 사용한다.

19. 검사의 분류 방법 중 검사가 행해지는 공정에 의한 분류에 속하는 것은?
① 관리 샘플링 검사
② 로트별 샘플링 검사
③ 전수 검사
④ 출하 검사

해설 검사가 행해지는 공정에 의한 분류
① 수입 검사: 재료, 반제품 또는 제품을 받아들이는 경우에 행하는 검사를 수입 검사

ANSWER 13.① 14.① 15.④ 16.② 17.① 18.② 19.④

② **구입 검사**: 외부에서 구입하는 경우의 검사
③ **공정 검사 또는 중간 검사**: 앞의 제조공정이 끝나서 다음의 제조공정으로 이동하는 사이에 행해지는 검사
④ **최종 검사(출하검사)**: 제품을 출하하는 경우에 하는 검사
⑤ **기타**: 입고 검사, 출고 검사, 인수인계 검사 등이 있다.

20. 다음 중 브레인스토밍(brainstorming)과 가장 관계가 깊은 것은?
① 파레토도 ② 히스토그램
③ 회귀 분석 ④ 특성 요인도

해설 브레인스토밍이란 팀별로 사용되는 아이디어 창출 기법으로, 집단의 효과를 살리고 아이디어의 연쇄반응을 불러 일으켜 자유분방하게 질과 관계없이 가능한 많은 아이디어를 생성함으로써 문제의 개선이나 문제에 대한 해결을 위한 기회를 찾기 위해 이용한다.
① **파레토도**: 가로 축에 불량항목 등 분석 또는 관리의 대상이 되는 항목을 취하고, 세로 축에 퍼센트를 취해서 각 항목의 상대도수를 막대그래프로 나타내고 그 정점을 좌단의 항목에서부터 누적 꺾은선 그래프를 그린 것이다. 파레토도는 계수인자만을 선택하며, 층별 항목을 선택하면 층별 파레토도를 작성한다.
② **히스토그램**: 도수 분포를 나타내는 그래프로, 관측한 데이터의 분포의 특징이 한 눈에 보이도록 기둥 모양으로 나타낸 것이다. 기둥 그래프·기둥 모양 그림 등이라고도 한다. 가로 축에 각 계급의 계급간격을 나타내는 점을 표시하고, 이들 계급간격에 대한 구간 위에 이 계급의 도수에 비례하는 높이의 기둥을 세운다.
③ **회귀 분석**: 1개 또는 그 이상의 독립변수와 종속변수 사이의 관계를 수학적인 함수식을 이용하여 규명하고자 하는 분석법을 말한다.
④ **특성 요인도**: 문제의 특성이 어떤 요인(원인)으로 일어나는지 그 원인 관계를 살펴보고 도식화(특성요인도)하여 문제점을 파악하고 해결을 생각하는 기법이다.

21. 단계 여유(slack)의 표시로 옳은 것은? (단, TE는 가장 이른 예정일, TL은 가장 늦은 예정일, TF는 총 여유시간, FF는 자유 여유시간 이다.)
① TE − TL ② TL − TE
③ FF − TF ④ TE − TF

해설 event에 의한 여유 계산에서 단계 여유(slack)란 최종 단계에 있어서 완료기일을 변경하지 않는 범위 내에서 각 단계에 허용할 수 있는 시간적 여유를 말한다. 즉, S = TL − TE로 나타낸다. activity에 의한 여유 계산에 사용되는 용어가 TF와 FF이다.

22. c관리도에서 k=20인 군의 총 부적합수 합계는 58이었다. 이 관리도의 UCL, LCL을 계산하면 얼마인가?
① UCL = 2.90, LCL = 고려하지 않음
② UCL = 5.90, LCL = 고려하지 않음
③ UCL = 6.92, LCL = 고려하지 않음
④ UCL = 8.01, LCL = 고려하지 않음

해설 $UCL = \bar{C} + 3\sqrt{\bar{C}}$ 이고, $LCL = \bar{C} - 3\sqrt{\bar{C}}$,
$\bar{C} = \dfrac{58}{20} = 2.9$ (중심선)이므로,
$UCL = 2.9 + 3\sqrt{2.9} = 8.01$ 이고,
$LCL = 2.9 - 3\sqrt{2.9} = -2.209$ 로 계산된다.

23. 테일러(F.W. Taylor)에 의해 처음 도입된 방법으로 작업시간을 직접 관측하여 표준시간을 설정하는 표준시간 설정기법은?
① PTS법 ② 실적 자료법
③ 표준 자료법 ④ 스톱 워치법

해설 ① **실적 기록법(실적 자료법)**: 과거의 경험이나 자료로부터 표준시간을 구하는 방법
② **스톱 워치법**: 시간연구를 통하여 표준시간을 결정하는 방법
③ **PTS**: 인간이 행하는 작업 중 작업 소요시간이 공정이나 기계의 성능에 의하지 않고 작업자의 노력 여하에 달려있는 작업에 대해서 각각의 기본 동작시간을 합성하여 전체 작업시간을 구하는 방식이다.

24. 공정 중에 발생하는 모든 작업, 검사, 운반, 저장, 정체 등이 도식화 된 것이며, 또한 분석에 필요하다고 생각되는 소요시간, 운반 거리 등의 정보가 기재된 것은?
① 작업 분석(Operation Analysis)
② 다중 활동 분석표(Multiple Activity Chart)
③ 사무 공정 분석(Form Process Chart)
④ 유통 공정도(Flow Process Chart)

해설 ① **작업 분석**이란 작업을 가장 합리적인 형식으로 안정시키기 위해 행하는 것으로, 시간 분석, 동작 분석, 능력 분석, 경로 분석, 용역 분석, 공정 분석, 프로세스 분석, work sampling, WF(work factor) 및 MTM (methods−time measurement) 등이 있다.
② **다중 활동 분석**이란 복수(사람과 기계)가 관여되어 작업이 이루어지는 부문의 주체별 작업내용 및 상호 관련성을 분석하여 작업시간의 비동기성을 제거하는 것을

ANSWER 20.④ 21.② 22.④ 23.④ 24.④

말한다.

③ **사무 방법 분석(사무 공정 분석)**은 하나의 사무가 시작되어 끝나기까지 일련의 사무 작업의 흐름을 공정(process)으로 보아 그 공정의 합리화를 중심으로 한다.

25. 바퀴정렬에서 캠버에 대한 설명으로 틀린 것은?
① 정면에서 보았을 때 차륜 중심선이 수직선에 대해 경사되어 있는 상태를 말한다.
② 정(+)의 캠버란 차륜 중심선의 위쪽이 안으로 기울어진 상태를 말한다.
③ 정(+)의 캠버는 직진성을 좋게 한다.
④ 부(-)의 캠버는 커브 주행시 선회력을 증가시킨다.

[해설] 정(+)의 캠버란 차륜 중심선의 위쪽이 수직선과 비교하여 바깥으로 기울어진 상태를 말한다.

26. 자동변속기 전자제어 모듈에서의 출력 요소가 아닌 것은?
① 자동변속기 컨트롤 릴레이
② 변속 솔레노이드 밸브
③ 록 업 클러치 솔레노이드
④ 인히비터 스위치

[해설] 출력은 액추에이터로 밸브, 릴레이, 모터 등이 있고, 입력으로는 스위치, 센서 등이 있다. 인히비터 스위치는 매뉴얼 레버의 위치를 TCM에 전달한다.

27. 제동장치에서 디스크 브레이크의 설명으로 맞는 것은?
① 서보 브레이크 형식이다.
② 자기작동 브레이크 형식이다.
③ 배력식 브레이크 형식이다.
④ 자동 조정 브레이크 형식이다.

[해설] 보기의 '①'와 '②'는 드럼 브레이크에 해당한다. '③'의 배력식 브레이크는 마스터 실린더에 배력장치를 장착하므로, 디스크식과 드럼식에 공용이 된다.

28. 자동차 뒤 액슬축의 회전수가 1200rpm일 때 바퀴의 반경이 350mm이면 차의 속도는?
① 약 128km/h   ② 약 138km/h
③ 약 148km/h   ④ 약 158km/h

[해설] 속도$(v) = \pi DN = \dfrac{\pi \times 2 \times 0.35(m) \times 1200}{1(min)}$

$= \dfrac{\pi \times 2 \times \dfrac{0.35}{1000}km \times 1200}{\dfrac{1}{60}h}$

$= \dfrac{\pi \times 2 \times 0.35 \times 1200 \times 60}{1000}(km/h)$

$= 158.33 km/h$

29. 공기식 제동장치 차량에서 총 제동력 4900N, 자동차 질량 1800kg, 브레이크 공기압력 7.0bar, 블록킹 한계압력 4.5bar, 초기압력 0.4bar인 상태의 제동률은?
① 약 23.6%
② 약 36.7%
③ 약 44.7%
④ 약 57.1%

[해설] 제동률이란 차륜이 궤도를 누르는 압력(중량:W)에 대한 제륜자가 차륜을 누르는 압력(제동압력: P)과의 비(P/W)이다.

전차륜제동률 = $\dfrac{\text{전 제륜자압력(힘)}}{\text{전차축상의 중량}}$

$\dfrac{\text{전제동력}}{\text{차량중량}} = \dfrac{4900N}{1800kg \times 9.8m/s^2} = 0.27777$

즉 27.8%이다.

30. 변속기의 기어 물림을 톱(top)으로 하였을 때는?
① 구동바퀴의 회전력이 가장 크게 된다.
② 구동바퀴의 회전력은 변함없다.
③ 구동바퀴의 회전력이 가장 작게 된다.
④ 총 감속비가 크게 된다.

[해설] 톱으로 하면 속도가 최고가 된다. 따라서 구동력은 회전력과 관계가 되므로, 톱에서 회전력은 가장 작게 되어 바퀴구동력도 가장 작게 된다.

ANSWER 25.② 26.④ 27.④ 28.④ 29.정답 없음 30.③

31. 하이드로 마스터의 진공계통을 이루는 주요 부품은?
① 체크 밸브, 마스터 실린더
② 체크 밸브, 파워 실린더, 릴레이 밸브, 파워 피스톤
③ 릴레이 밸브, 진공펌프, 하이드로릭 피스톤
④ 진공 펌프, 오일 파이프, 파워 실린더

해설 하이드로 마스터를 하이드로 에어백으로 보면 안된다. 그러면 정답이 없다. 하이드로 마스터는 하이드로 백으로 보아야 한다. 하이드로 백에서 진공펌프라는 용어는 없다.

32. 마찰 클러치 점검 사항에 해당하지 않는 것은?
① 클러치 페달 레버의 길이
② 디스크 페이싱의 리벳 깊이
③ 클러치 디스크의 비틀림
④ 클러치 스프링의 장력

해설 마찰 클러치의 점검사항으로 클러치 페달 레버의 길이가 아니라 클러치 레버의 높이를 측정한다. 이는 모든 클러치에 해당된다.

33. 자동차의 중량 및 하중분포를 측정하는 조건으로 틀린 것은?
① 자동차는 공차 또는 적차 상태를 각각 측정한다.
② 연결자동차는 연결한 상태로 측정한다.
③ 공차상태의 중량 분포로서 적차상태의 중량분포를 산출하기가 어려울 때에는 공차 상태만 측정한다.
④ 측정단위는 kgf으로 한다.

해설 중량측정은 공차상태의 중량분포로서 적차상태의 중량분포를 산출하기가 어려울 때에는 공차상태와 적차상태를 각각 측정한다. 이 경우 좌석정원의 인원은 정위치에, 입석정원의 인원은 입석에 균등하게 승차하며, 물품은 물품 적재장치에 균등하게 적재한 것으로 한다.

34. 고속 주행시 타이어의 스탠딩 웨이브 (standing wave) 현상을 줄이는 방법으로 옳은 것은?
① 편평율이 큰 단면형상을 채택한다.
② 타이어 공기압을 적게 한다.
③ 접지부의 타이어의 두께를 크게 한다.
④ 노화된 타이어나 재생타이어를 사용하지 않는다.

해설 스탠딩 웨이브 현상이란 타이어 공기압이 낮은 상태에서 고속으로 주행할 시 발생하는 현상이다. 따라서 이를 방지하기 위해 타이어 내의 공기압을 높이든지, 강성이 큰 타이어를 사용해야 한다.

35. 파워 스티어링 장치의 공기빼기 작업 초기에 시동을 하지 않고 스타트 모터를 구동하여 공기빼기 작업을 실시하는 이유는?
① 펌프가 작동하여야만 유압 라인의 공기가 빠지기 때문에
② 시동 상태에서는 공기가 분해되어 오일에 흡수되므로
③ 시동 상태에서는 오일의 순환에 의해 소음이 심하므로
④ 시동 상태에서는 오일 수준의 변동이 심하기 때문에

해설 시동이 된 상태에서는 오일펌프의 구동으로 오일에 압력이 부여되므로, 이 압력에 의해 공기가 오일에 흡수되어 공기빼기를 할 수가 없다.

36. 자동변속기 토크 컨버터에서 펌프가 4000 rpm으로 회전하고 속도비가 0.4이고, 토크비가 3.0일 때 토크 컨버터의 효율은?
① 1.2   ② 1.4
③ 1.6   ④ 1.8

해설 토크 컨버터 효율
= 토크비 × 속도비
= 3.0 × 0.4 = 1.2로 계산된다.

ANSWER 31.② 32.① 33.③ 34.④ 35.② 36.①

37. 전자제어 브레이크(ABS) 시스템에 대한 설명으로 틀린 것은?
① 미끄러운 노면에서 급 제동시 페달의 진동이 느껴진다면 ABS시스템을 반드시 점검하도록 한다.
② 점화키를 켠 상태에서 ABS ECM은 항상 각부를 점검하고 있으며, 고장 발생시 경고등을 점등시킨다.
③ 고장 발생시 진단기기를 이용하여 고장 내용을 알 수 있다.
④ 경고등 점등 시 ABS시스템은 정상 작동하지 않지만, 통상적인 브레이크 작동은 유진된다.

해설 ABS로 미끄러운 노면을 급 제동하면, 미끄럼(슬립율)을 감지하여 슬립율이 20%이내가 되도록 하이드롤릭 유닛의 밸브를 on-off한다. 즉 진동을 동반한다.

38. 타이어에 발생되는 힘의 성분 그림에서 항력에 해당하는 것은?

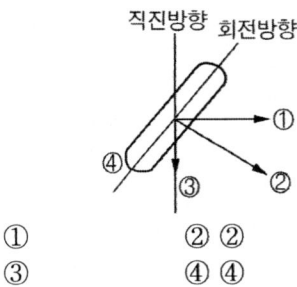

① ① ② ②
③ ③ ④ ④

해설 ①은 코너링 포스이고, ②는 횡력, ③은 구름저항이다.

39. 동력 전달장치에서 안전을 위한 점검 사항으로 볼 수 없는 것은?
① 변속기의 오일 누유
② 추진축 및 자재이음의 진동 여부
③ 변속 링키지의 이탈 여부
④ 변속기의 각인

해설 변속기의 타각을 살펴볼 필요는 있다. 그러나 안전을 위한 점검으로는 ①, ②, ③ 사항이 더욱 설득력이 있다.

40. 자동 차동 제한장치(limited slip differential: LSD)의 특성에 대해 잘못 설명한 것은?
① 미끄러지기 쉬운 모래 길이나 습지 등과 같은 노면에서 발진 및 주행이 용이하다.
② 악로 주행시 좌우 바퀴의 회전수가 균일하므로 안전하게 주행할 수 있다.
③ 미끄러운 노면에서 바퀴가 공회전하지 않으므로 타이어의 수명이 길어진다.
④ 좌우 바퀴의 구동력 차이에 의해서 안정된 주행 성능을 얻을 수 없다.

해설 차동장치는 미끄러운 노면의 바퀴를 공회전하게 하지만, 차동 제한장치는 미끄러운 노면의 바퀴뿐만 아니라 미끄럽지 않는 노면의 바퀴에게도 동력을 전달한다.

41. 4륜 조향에 대한 장점으로 틀린 것은?
① 최대 조향각의 감소
② 최소 회전반경의 감소
③ 선회 안정성의 증대
④ 고속주행 안정성의 증대

해설 4륜 조향이란 4바퀴가 모두 조향에 관여한다. 따라서 나, 다, 라와 같은 장점을 가지고 있다. 즉 조향이 잘되므로 최대 조향각과 상관관계가 있다고 할 수 있지만, 최대 조향각에 관심을 두진 않았다.

42. 독립 현가장치 중 맥퍼슨 형식의 특징이 아닌 것은?
① 스프링 윗부분 중량이 크기 때문에 접지성이 불량하다.
② 위시본 형에 비해 구조가 간단하다.
③ 부품수가 적으므로 마모나 손상이 적다.
④ 엔진룸의 유효 면적을 크게 할 수 있다.

해설 맥퍼슨 형식은 스프링 아래 부분의 중량이 작아 주행안전성이 좋다.

43. 전자제어 현가장치에서 앤티 다이브(antive dive)제어에 필요한 입력 센서로 적당한 것은?
① 브레이크 스위치와 차속 센서
② 차속 센서와 조향각 센서
③ 차고 센서와 뒤 압력 센서
④ 앞·뒤 차고 센서와 TPS

ANSWER 37.① 38.④ 39.④ 40.④ 41.① 42.① 43.①

해설 앤티 다이브란 정지시 차량이 앞쪽으로 쏠리는 것을 방지하는 것을 말한다. 따라서 입력 센서로는 브레이크 조작을 감지하는 브레이크 스위치, 차속에 따른 관성력을 파악하여 제어해야 할 현가특성을 계산하기 위한 차속 센서가 필요하다.

44. 직류 모터 중 전기자 코일과 계자 코일을 직병렬로 접속해서 회전력이 크고 회전속도가 일정한 것은?
① 직권식 모터   ② 분권식 모터
③ 복권식 모터   ④ 페라이트 자석식 모터

해설 전기자 코일과 계자 코일을 직렬로 접속하면 직권식, 병렬로 접속하면 분권식, 직병렬로 접속하면 복권식이 된다.

45. 배터리의 급속 충전 시 주의할 점이 아닌 것은?
① 차에 설치한 상태로 충전할 때에는 접지측의 케이블을 단자에서 떼어놓은 다음 충전기의 클립을 설치한다.
② 충전 전류는 축전지 용량의 절반 정도가 좋다.
③ 충전 중 전해액의 온도가 45℃를 넘지 않도록 한다.
④ 충전시간은 될 수 있는 한 길게 유지하여야 한다.

해설 급속 충전의 경우 충전시간이 충전기에 표시된다. 그 표시된 시간을 시간 조정 레인지를 조정하여 설정하여야 한다. 보통 1시간 이내이며, 급속 충전을 길게 할 경우 배터리가 폭발할 수 있다.

46. 그림과 같이 전원 전압은 12V이고 10mA의 전류가 흐르는 회로에 정격 전압이 2V인 발광다이오드를 설치하려고 할 때 직렬로 전류 제한용 저항은 얼마이어야 하는가?

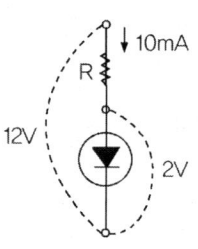

① 1MΩ   ② 1mΩ
③ 1kΩ   ④ 1Ω

해설 저항 R과 다이오드내부 저항 r 은 서로 직렬연결이다. 다이오드에 전압이 2V 전압이 걸리므로 저항 R에는 전압이 10V가 걸려야 한다.
즉 저항$(R) = \dfrac{E}{I} = \dfrac{10V}{10mA} = \dfrac{10}{0.01} = 1000\Omega = 1k\Omega$으로 계산된다.

47. 4기통 디젤기관에 저항이 0.5Ω인 예열플러그를 각 기통에 병렬로 연결하였다. 이 기관에 설치된 예열플러그의 합성저항은 몇 Ω인가?(단, 기관의 전원은 24V임)
① 약 0.13   ② 약 0.5
③ 약 2   ④ 약 12

해설 저항이 병렬로 연결되었으므로,
$\dfrac{1}{k} = \dfrac{1}{k_1} + \dfrac{1}{k_2} + \dfrac{1}{k_3} + \dfrac{1}{k_4}$에서
$k_1 = k_2 = k_3 = k_4 = 0.5$이므로 대입하면
$\dfrac{1}{k} = \dfrac{1}{0.5} \times 4 = 8$, $k = \dfrac{1}{8}\Omega = 0.125 ≒ 0.13\Omega$이다.

48. 에탁스에서 감광식 룸 램프 제어의 타임 챠트에 대한 설명으로 옳은 것은?

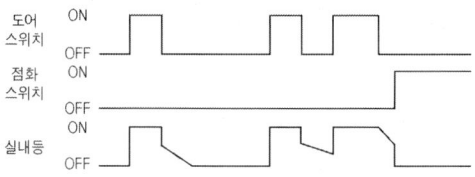

① 도어 열림 시 룸 램프는 소등된다.
② 도어 닫힘 시 즉시 소등된다.
③ 감광 룸 램프는 이그니션 키와 상관없이 동작한다.
④ 감광 동작 중 이그니션 키를 on하면 즉시 감광 동작은 정지된다.

해설 타임 차트를 보면 점화스위치가 off된 상태에서 도어의 문이 열릴 경우 도어 스위치의 입력에 의해 룸램프가 작동한다.

ANSWER 44.③ 45.④ 46.③ 47.① 48.④

49. 충전장치 출력전류 측정방법 중 틀린 것은?
① 배터리의 (−)단자를 분리시켰다가 전류계를 연결한 후 다시 (−)단자를 접속시킨다.
② 알터네이터의 B단자와 연결된 배선을 분리한 후 전류계의 한쪽 끝은 B단자에 연결하고 다른 한쪽 끝은 B단자에 연결했던 배선에 접속시킨다.
③ 측정전류가 100A 이상이면 정상이다.
④ 최대 출력값을 측정하기 위해 변속레버를 중립상태로 하고, 브레이크 페달을 밟은 상태에서 엔진 시동을 걸고 엔진 rpm을 2500~3000으로 유지시킨다.

해설 충전전류는 정격용량의 70% 이상이면 정상이다. 즉, 차종에 따른 발전기의 용량이 다르므로 꼭 100A라고 단언할 수 없다.

50. 전자제어 기관에서 냉방장치가 작동시 아이들 업(idle up)기능에 대한 설명으로 틀린 것은?
① 엔진의 공회전시 또는 급가속시 작동한다.
② 냉방장치 가동에 따른 과부하로 엔진이 정지하거나 부조하는 것을 방지한다.
③ ECU가 아이들 업 액추에이터를 작동시켜 엔진 회전수를 상승시킨다.
④ 콤프레서의 마그네틱 클러치가 작동하는 것과 상호보완적으로 작동한다.

해설 아이들 업이란 냉방장치 가동에 따른 과부하로 엔진이 정지하거나 부조하는 것을 방지하기 위해 ECU가 아이들 업 액추에이터를 작동시켜 엔진회전수를 상승시키는 것을 말한다.

51. 점화플러그 전극의 소염(quenching)작용을 저감하는 방법으로 틀린 것은?
① 스파크 갭을 크게 한다.
② 중심 전극의 지름을 작게 세경화 한다.
③ 전극부에 홈(groove)등을 마련하여 화염 핵과의 접촉 면적을 줄인다.
④ 냉형 플러그를 사용한다.

해설 점화플러그의 전극 사이에 불꽃이 발생하면 작은 화염 핵이 발생하게 되는데, 이 화염 핵은 주위의 연소가스나 점화 플러그의 전극에 의해 냉각되어 화염이 소멸하게 되는 현상을 소염이라 한다. 냉형 플러그는 화염과 잘 접촉하여 열을 잘 방출하는 플러그를 말한다.

52. 차량 편의장치의 정보 전달 체계에서 복합, 또는 다수의 뜻을 가지며 입력신호 몇 개를 시간에 따라 한 개의 출력 신호로 하는 장치는?
① 드라이버(Driver)
② 멀티플렉서(Multiplexer)
③ 버퍼 회로(Buffer Circuit)
④ 캐릭터 제너레이터(Character Generator)

해설 멀티라는 뜻은 다수라는 의미를 가지고 있다. 멀티플렉서는 2^n개의 입력데이터로부터 정보를 받아들여 N개의 선택 입력에 의해 선택된 정보가 단일 출력 선을 통하여 신호를 전송하는 회로이다.

53. 용해력이 약하고 증발이 빠른 시너를 사용했을 때나, 도료의 점도가 높아 도막의 표면에 미세한 요철이 발생한 현상을 무엇이라 하는가?
① 오렌지 필(orange-peel)
② 크레터링(cratering)
③ 핀 홀(pin hole)
④ 블리딩(bleeding)

해설 오렌지 필이란 도막의 편편성이 불량하여 귤껍질처럼 요철의 모양으로 되어 있는 현상으로, 피도물의 온도가 고온일 경우, 스프레이건의 운행속도가 빠를 경우, 스프레이건의 거리가 먼 경우, 도료의 점도가 높을 경우, 시너의 증발이 빠른 경우 등에 발생한다.

54. 색의 3속성을 표기하는 방법은?
① L V/A
② H V/C
③ V C/C
④ K H/C

해설 색의 3속성이란 색조(색상/Hue), 채도(Chroma), 명도(Value) 등의 3가지를 말한다.

ANSWER 49.③ 50.① 51.④ 52.② 53.① 54.②

55. 원적외선 건조로 내에 도막이 건조되는 과정으로 맞는 것은?
① 외부로부터 건조된다.
② 내부로부터 건조된다.
③ 중간부터 건조된다.
④ 모두 동시에 건조된다.

해설 원적외선 건조로란 흑체의 방열판이 750~950℃의 온도에서 복사 에너지를 방출하면 복사 에너지는 직선 이동하여 소지의 온도를 상승시키므로 내부부터 건조가 된다.

56. 재료의 응력 변형 선도에서 다음의 응력값 중 가장 작은 값은?
① 극한강도 응력
② 비례한도 내의 응력
③ 상항복점 응력
④ 하항복점 응력

해설 응력값은 순서는 비례한도, 하항복점, 상항복점, 극한강도 순이다.

57. 안료는 물이나 기름, 기타 용제에 대해 어떠한 반응을 일으키게 되는가?
① 물, 기름, 용제에 녹는다.
② 물, 기름, 용제에 녹지 않는다.
③ 물에는 녹지 않고 기름과 용제에는 녹는다.
④ 용제에 녹고, 물과 기름에는 녹지 않는다.

해설 안료는 유색이고, 불투명한 것으로 일반 용제에 잘 녹지 않는 분말을 말한다.

58. 강판의 우그러짐을 수정하는데 사용하는 공구가 아닌 것은?
① 슬라이드 해머   ② 핸드 훅
③ 스푼   ④ 디스크 샌더

해설 디스크 샌더는 면을 갈아내는 역할을 행한다. 따라서 용접부분이나 퍼티부분을 매끄러운 면으로 만드는데 이용된다.

59. 가스 용접 시 표준 불꽃으로 용접할 때 적당하지 않은 금속은?
① 마그네슘 합금강
② 연강
③ 주강
④ 황동

해설 황동은 구리와 아연의 합금이다. 황동은 산화불꽃(산소 과잉, 산소 1일 때 아세틸렌이 0.8정도)으로 용접해야 한다.

60. 서스펜션의 종류와 구동방식의 차이에 따라서 구성요소나 형태가 달라지는 부위는?
① 플로어 패널
② 쿼터 아웃 패널
③ 프런트 필러 패널
④ 사이드 실 아웃 패널

해설 플로어 패널(바닥 패널)은 서스펜션(현가장치)과 구동방식(전륜구동, 후륜구동)에 따라 형태가 달라진다.

ANSWER 55.② 56.② 57.② 58.④ 59.④ 60.①

자동차정비기능장 — 2013년 2회 기출문제

01. 내연기관에서 행정체적에 해당하는 만큼의 표준 대기 상태의 건조공기질량과 운전 중 1사이클 당 실제로 실린더에 흡입된 공기질량과의 비를 무엇이라 하는가?
① 제동 효율 ② 충진 효율
③ 체적 효율 ④ 이론 효율

해설 충진효율은 표준대기상태의 공기질량을 분모에 둠으로 해서 실제상태의 공기질량을 분모에 두는 체적효율(실제 온도, 압력, 체적이 변화)에 비해서 신뢰성이 있다.

02. 디젤기관에서 분사펌프의 딜리버리 밸브의 기능으로 틀린 것은?
① 연료잔압 유지
② 연료분사량 증감
③ 역류방지
④ 후적방지

해설 딜리버리밸브의 기능은 '①', '③', '④' 이고, 연료분사량 증감은 조속기의 작용이다.

03. 가솔린 기관에서 노킹을 억제하기 위한 방법으로 틀린 것은?
① 높은 옥탄가의 연료를 사용한다.
② 압축비를 내린다.
③ 화염 전파거리를 단축한다.
④ 와류를 증가시켜 연소시간을 늘린다.

해설 가솔린 기관에서 노킹을 억제하기 위해서는 와류를 증가시켜 연소가 잘 일어나게 해야 한다. 즉 연소시간을 짧게 한다.

04. 밸브 오버랩(valve over lap)은 무엇을 의미하는가?
① 흡·배기 밸브가 동시에 열려 있는 시기
② 흡기 밸브 열림과 분사가 동시에 일어나는 시기
③ 흡·배기 밸브가 동시에 닫혀 있는 시기
④ 배기 밸브 열림과 분사가 동시에 일어나는 시기

해설 밸브 오버랩이란 흡기 밸브와 배기 밸브가 동시에 열린구간을 말하며, 이를 두는 이유는 체적효율을 증가시키기 위해서이다.

05. 전자제어 연료 분사방식의 엔진에 사용되는 센서 중 부특성 서미스터(NTC) 소자를 이용한 센서는?
① 냉각수온 센서, 산소 센서
② 흡기온 센서, 대기압 센서
③ 대기압 센서, 스로틀포지션 센서
④ 냉각수온 센서, 흡기온 센서

해설 부특성이란 온도가 올라가면 저항이 내려가는 특성을 말한다. 보통 냉각수온 센서, 흡기온 센서에 사용된다.

06. 연료탱크로부터 발생한 증발가스를 저장했다가 운전 중 흡입 부압을 이용해 흡기 매니폴드에 보내는 것은?
① 캐니스터
② 에어 컨트롤 밸브
③ 인탱크 필터
④ 에어 바이패스 솔레노이드 밸브

해설 연료증발가스 제어에 대한 내용을 127페이지에서 확인한다.

ANSWER 01.② 02.② 03.④ 04.① 05.④ 06.①

07. LPG기관에서 피드백 믹서방식의 출력제어 장치와 거리가 먼 것은?
① 가스압력 측정 솔레노이드 밸브
② 시동 솔레노이드 밸브
③ 메인 듀티 솔레노이드 밸브
④ 슬로 듀티 솔레노이드 밸브

해설 피드백식 LPG 기관에서는 가스압력 측정 밸브가 없다. LPI의 경우 봄베에서 나오는 압력을 측정하는 센서가 있다.

08. 오토사이클에서 열효율을 40%로 하기 위해서는 압축비를 얼마로 하면 되는가?(단, 비열비 K = 1.4)
① 17.6   ② 5.66
③ 3.58   ④ 1.64

해설 $\eta = 1 - \dfrac{1}{\epsilon^{k-1}} = 1 - \dfrac{1}{\epsilon^{1.4-1}}$, $0.4 = 1 - \dfrac{1}{\epsilon^{0.4}}$

$\dfrac{1}{\epsilon^{0.4}} = 0.6$, $\epsilon^{-0.4} = 0.6$, $\epsilon = 0.6^{-\frac{1}{0.4}} = 3.586$

09. 가솔린기관에서 실린더 냉각이 불충분하여 과열될 때 일어나는 현상으로 거리가 먼 것은?
① 충진 효율의 감소
② 프리 이그니션 발생
③ 연소향상으로 출력증가
④ 윤활작용이 불량

해설 가솔린 기관에서 실린더 냉각이 불충분하면 열이 쌓이고, 이 열은 이상연소(조기점화, 노킹)을 일으키는 원인으로 작용한다.

10. 전자제어 가솔린기관에서 직접분사방식(GDI)를 간접분사방식과 비교했을 때 단점은?
① 연료분사 압력이 상대적으로 낮다.
② 희박 혼합기 모드에서는 NO_x의 발생량이 현저하게 증가한다.
③ 분사 밸브의 작동전망이 너무 낮다.
④ 내부 냉각효과가 너무 낮다.

해설 가솔린 직접 분사(GDI)의 경우 혼합비를 희박으로 조정이 가능하며, 희박의 경우 질소산화물의 발생을 증가시킨다.

11. 실린더 내경과 행정이 각각 80mm이고, 회전수가 500rpm일 때 4행정 기관의 실린더 내경을 85mm로 변경하면 증가된 도시마력은?(단, 실린더 수 4개, 도시평균 유효압력 13kgf/㎠)
① 약 1.50PS
② 약 1.80PS
③ 약 2.00PS
④ 약 2.50PS

해설
$H_{ps} = P_{min}(\Delta A)LRN$
$= 13(kgf/cm^2) \times \dfrac{\pi}{4}(8.5^2 - 8^2)(cm^2)$
$\times 0.08m \times \dfrac{500}{2 \times 60(s)} \times 4$
$= \dfrac{13 \times \pi \times (8.5^2 - 8^2) \times 0.08 \times 500}{4 \times 2 \times 60} \times \dfrac{1}{75}(ps)$
$= 1.49749ps$

12. 내연기관의 윤활장치에서 유압이 규정보다 낮은 원인이 아닌 것은?
① 오일 팬의 오일량 부족
② 오일점도 과대
③ 유압조절 밸브 스프링 장력 약화
④ 오일펌프의 마모

해설 오일의 점도가 과대하면 윤활통로로 흐르는 오일의 저항이 크게되어 윤활유의 압력은 증가한다.

13. 기관에서 압축 및 폭발 행정 시 피스톤과 실린더 사이로 탄화수소가 포함된 미연소가스가 크랭크케이스 안으로 빠져나가는 현상은?
① 블로-바이(blow-by) 현상
② 블로-백(blow-back) 현상
③ 블로-다운(blow-down) 현상
④ 블로-업(blow-up) 현상

해설 블로바이는 옆으로 샌다는 뜻이 있고, 블로다운은 연소 압력에 의해 배기가스를 내보내어 압력이 떨어진다는 뜻이 있다.

ANSWER 07.① 08.③ 09.③ 10.② 11.① 12.② 13.①

14. LPI(Liquifid Petroleum Injection)연료장치에서 멀티 밸브 유닛 구성요소가 아닌 것은?
① 매뉴얼 밸브 ② 과류방지 밸브
③ 연료압력 조절기 ④ 리턴 밸브

해설 연료 펌프는 필터, BLDC 모터 및 양정형 펌프로 구성된 연료 펌프 유닛과 연료 차단 솔레노이드 밸브, 수동 밸브, 릴리프 밸브, 리턴 밸브 및 과류 방지 밸브로 구성된 멀티 밸브 유닛으로 구성된다.

15. 혼합기 또는 공기가 연소 전에 압축되는 정도를 나타내는 식은?(단, Vc : 연소실 체적, Vs : 행정 체적)
① $1 + (Vc/Vs)$ ② $1 + (Vs/Vc)$
③ $1 - (Vc/Vs)$ ④ $1 - (Vs/Vc)$

해설 압축비$(\epsilon) = \dfrac{실린더체적}{연소실 체적}$
$= \dfrac{연소실체적 + 행정체적}{연소실체적}$
$= \dfrac{V_c + V_s}{V_c} = 1 + \dfrac{V_s}{V_c}$

16. 실린더 반지름과 행정에 따른 분류에서 회전력은 크고 측압이 작은 엔진은?
① 정방행정 엔진
② 장행정 엔진
③ 단행정 엔진
④ 2행정 엔진

해설 실린더 지름이 행정보다 작으면 장행정, 실린더 지름이 행정과 길이가 같다면 정방행정, 실린더의 지름이 행정보다 크면 단행정 엔진이라 한다. 장행정 엔진은 속도가 느리다는 면이 있지만, 측압이 작은 장점이 있다.

17. 기관의 제동평균 유효압력이 8.13kgf/㎠, 기계효율이 85%일 경우 도시평균유효압력은?
① 13.37kgf/㎠ ② 12.62kgf/㎠
③ 10.48kgf/㎠ ④ 9.56kgf/㎠

해설 기계효율$(\eta_m) = \dfrac{제동일}{도시일} = \dfrac{제동유효압력}{도시유효압력}$
$0.85 = \dfrac{8.13}{x}$, $x = \dfrac{8.13}{0.85} = 9.5647 kgf/cm^2$

18. 가솔린기관 연료의 구비조건이 아닌 것은?
① 착화온도가 낮을 것
② 기화성이 좋을 것
③ 발열량이 클 것
④ 연소성이 좋을 것

해설 착화온도가 낮을 경우 압축함과 동시에 착화온도에 이르게 되어 연료가 폭발할 수 있다.

19. 모집단으로부터 공간적, 시간적으로 간격을 일정하게 하여 샘플링하는 방식은?
① 단순랜덤샘플링(simple random sampling)
② 2단계샘플링(two-stage sampling)
③ 취락샘플링(cluster sampling)
④ 계통샘플링(systematic sampling)

해설 랜덤 샘플링: 같은 확률로 뽑히도록 샘플링 하는 것, 취락(취락) 샘플링: 모집단을 몇 개의 부분으로 나누고 그 나누어진 부분 가운데서 몇 개의 집단을 선택하고 선택된 집단을 모두 샘플로 취하는 것, 2단 샘플링: 샘플링 후 샘플링

20. 예방 보전(Preventive Maintenance)의 효과가 아닌 것은?
① 기계의 수리비용이 감소한다.
② 생산 시스템의 신뢰도가 향상된다.
③ 고장으로 인한 중단 시간이 감소한다.
④ 잦은 정비로 인해 제조원 단위가 증가한다.

해설 예방 보전이란 기기의 부품교환이나 보전 작업을 일정기간마다 실시하여 돌발 사고를 방지하는 것으로, 잦은 정비로 인해 제조원 단위가 증가하는 것은 효과라 할 수 없다.

21. 부적합수 관리도를 작성하기 위해 $\sum c = 559$, $\sum n = 222$를 구하였다. 시료의 크기가 부분군마다 일정하지 않기 때문에 u 관리도를 사용하기로 하였다. n=10 일 경우 u 관리도의 UCL 값은 약 얼마인가?
① 4.023 ② 2.518
③ 0.502 ④ 0.252

해설 $CL(중심선) = \bar{u} = \dfrac{\sum c}{\sum n}$ 에서 $\bar{u} = \dfrac{559}{222}$이다.
$UCL = \bar{u} + 3\sqrt{\dfrac{\bar{u}}{n}} = \dfrac{559}{222} + 3\sqrt{\dfrac{559}{222 \times 10}} = 4.023$ 으로 계산된다.

ANSWER 14.③ 15.② 16.② 17.④ 18.① 19.④ 20.④ 21.①

22. 이항 분포(Binomial distribution)의 특징에 대한 설명으로 옳은 것은?

① P=0.01일 때는 평균치에 대하여 좌·우 대칭이다.
② P≤0.1이고, nP=0.1~10일 때는 포아송 분포에 근사한다.
③ 부적합품의 출현 개수에 대한 표준편차는 D(x)=nP이다.
④ P≤0.5이고, nP≤5일 때는 정규 분포에 근사한다.

해설 프와송 분포란 확률(P)이 아주 낮고, 시행횟수(n)가 아주 큰 것을 말한다.

23. 작업방법 개선의 기본 4원칙을 표현한 것은?

① 층별-랜덤-재배열-표준화
② 배제-결합-랜덤-표준화
③ 층별-랜덤-표준화-단순화
④ 배제-결합-재배열-단순화

해설 배제(eliminale), 결합(combine), 재배열(rearenge), 단순화(simplify), 이 4가지 원칙에 따라서 현상을 재인식, 개선의 아이디어로 연결한다.

24. 제품 공정도를 작성할 때 사용되는 요소(명칭)가 아닌 것은?

① 가공   ② 검사
③ 정체   ④ 여유

해설 여유는 표준시간 측정에 사용된다.

25. 자동차의 기관 토크가 14kgf·m, 총감속비 4.0 전달효율 0.9, 구동바퀴의 유효 반경 0.3m일 때 구동력은?

① 50.4kgf   ② 51.9kgf
③ 168.0kgf   ④ 186.7kgf

해설 전달효율 = $\frac{출력}{입력}$에서 출력되는

토크 = 입력 토크 × 효율 = 14 × 0.9(kgf·m),
토크는 감속비만큼 커지게 되므로,
바퀴 구동 토크 = 14 × 0.9 × 4 = 49.4kgf·m
$T = F \times r$, $49.4 = F \times 0.3(m)$,
$F = \frac{49.4}{0.3} = 164.88$ kgf·m

26. 하이드로 플래닝(hydro planing) 현상을 방지하기 위한 방법 중 틀린 것은?

① 마모가 적은 타이어를 사용한다.
② 타이어 공기압을 낮춘다.
③ 배수 효과가 좋은 타이어를 사용한다.
④ 주행 속도를 낮춘다.

해설 타이어와 노면 사이에 수막이 생기는 현상으로, 이를 방지하기 위해서는 트레드 마멸이 적은 타이어를 사용, 타이어 공기압을 높이고, 리브 패턴형 타이어를 사용한다.

27. 브레이크 페달을 놓았을 때 하이드로 백 릴레이 밸브의 작동에 대하여 맞는 것은?

① 공기 밸브가 먼저 닫힌 다음 진공 밸브가 열림
② 공기 밸브가 먼저 열린 다음 진공 밸브가 닫힘
③ 진공 밸브가 먼저 닫힌 다음 공기 밸브가 열림
④ 진공 밸브가 먼저 열린 다음 공기 밸브가 열림

해설 브레이크 페달을 밟으면, 유압에 의해 진공 밸브가 먼저 닫히고, 공기 밸브가 열린다. 브레이크페달을 놓으면, 유압이 빠지면서 공기 밸브가 먼저 닫히고, 진공 밸브가 열려 진공시킨다.

28. 동력계 암의 길이가 772mm, 기관의 회전수가 2200rpm, 동력계 하중이 15kgf일 경우 제동마력은?

① 약 18.4PS
② 약 24.5PS
③ 약 25.3PS
④ 약 35.6PS

해설 $H_{ps} = T \times w$
$= 15(kgf) \times 0.772(m) \times \frac{2\pi \times 2200}{60(s)}$
$= \frac{15 \times 0.772 \times 2\pi \times 2200}{60} \times \frac{1}{75}(ps)$
$= 35.57 ps$

ANSWER 22.② 23.④ 24.④ 25.③ 26.② 27.① 28.④

29. 클러치 디스크 페이싱의 요건으로 틀린 것은?
① 내열성이 우수해야 한다.
② 마찰 계수가 작아야 한다.
③ 열부하에 관계없이 마찰 계수가 일정해야 한다.
④ 표면 결합력이 커 표면이 뜯겨 나가지 않아야 한다.

해설 마찰계수란 수직으로 누르는 힘에 대한 마찰력을 말한다. 마찰계수가 작으면 마찰력이 작아서 미끄러지게 된다.

30. 자동차가 선회할 때 바깥쪽 바퀴의 최대 조향각이 30°안쪽 바퀴의 최대 조향각이 36°이고, 축거가 2.4m일 때 최소회전 반경은?
① 4.8m, 적합
② 4.8m, 부적합
③ 3.4m, 적합
④ 3.4m, 부적합

해설 $R = \frac{L}{\sin\alpha} + \gamma$ 에서 α는 바깥쪽 바퀴의 최대 조향극을 넣으면, $R = \frac{2.4(m)}{\sin 30} + 0 = 4.8m$ 이다.
규정치가 13m 이내이므로 적합으로 판정한다.

31. 자동변속기 오일(ATF)이 많이 주입되었을 때 미치는 영향으로 거리가 먼 것은?
① 에어 브리더로부터 오일(ATF)이 밖으로 배출된다.
② 밸브 바디 내의 각종 유압 배출 구멍이 막혀 주행이 원활치 못하다.
③ 유압이 낮아져 변속 시점이 지연 된다.
④ 변속시 슬립이 발생된다.

해설 오일이 많이 주입되면 오일에 주어지는 압력은 높아질 수 있다.

32. 전자제어 현가장치의 구성 요소가 아닌 것은?
① 차고 센서
② 감쇠력 변환 액추에이터
③ G센서
④ 유온 센서

해설 유온 센서는 자동변속기의 입력신호이다. 자동변속기의 온도에 따라 ATF는 점도가 달라진다.

33. 디스크 브레이크의 특징이 아닌 것은?
① 구조가 간단하여 패드 교환 등 점검, 정비가 용이하다.
② 물이나 진흙 등이 묻어도 원심력에 의해 잘 떨어져 나가므로 제동 효과의 회복이 빠르다.
③ 제동시 한쪽으로 쏠림 현상이 적어 방향 안전성이 좋다.
④ 드럼식에 비해 방열성이 우수하여 페이드(Fade)현상이 발생될 수 있다.

해설 디스크 브레이크는 방열성이 우수하여 자기작동이 없으며, 페이드 현상(브레이크 작동에 따른 마찰열을 축적하여 마찰계수가 감소되는 현상)이 적다.

34. 전자제어 자동변속기에서 변속시 유압제어를 위한 신호의 설명으로 틀린 것은?
① 펄스 제너레이터 A : 변속기 유압 제어를 위해 킥 다운드럼의 회전 속도를 검출
② 파워/이코노미 스위치 : 운전자의 요구에 가까운 변속특성을 얻기 위해 ON/ OFF 검출
③ 킥 다운 서보 스위치 : 변속시 유압 제어의 시기 제어를 위해 킥 다운 릴레이의 작동을 검출
④ 업/다운 시프트 스위치: 변속레버가 UP 또는 DOWN 조작될 때마다 그 신호를 TCU에 전달

해설 액셀러레이터 페달을 급히 깊숙하게 밟았을 때 킥다운 브레이크가 작동하기 전에 즉시 킥다운 서보의 위치를 감지하는 킥다운 서보 스위치가 있다.

ANSWER 29.② 30.① 31.③ 32.④ 33.④ 34.③

35. 싱크로 메시 기구에서 싱크로나이저 링의 내면에 둘레 방향으로 설치된 작은 나사선의 기능은?

① 변속 레버의 조작에 의해 전후 방향으로 섭동하여 기어의 클러치 역할을 한다.
② 변속기어가 물릴 때 콘에 형성된 유막을 파괴시켜 마찰력을 발생하는 역할을 한다.
③ 싱크로나이저 키와 슬리브를 고정하여 기어의 물림이 빠지지 않게 하는 역할을 한다.
④ 싱크로나이저 슬리브가 전후로 이동할 때 싱크로나이저 키를 슬리브 안쪽에 압착시키는 역할을 한다.

해설 변속레버에 의해 변속이 되면, 싱크로나이저 키가 싱크로나이저 링을 밀고, 싱크로나이저 링의 내면 나사선은 콘 부분에 마찰력을 발생시킨다.

36. 종감속 장치에 사용되는 기어 중 하이포이드 기어의 특징으로 틀린 것은?

① 운전이 정숙하다.
② 구동 피니언과 링기어의 중심선이 일치하지 않는다.
③ 차체의 중심이 낮아져서 안정성 및 거주성이 향상 된다.
④ 하중 부담 능력이 작다.

해설 하이포이드 기어는 한 기어가 물려서 떨어지기 전에 다른 한 기어가 물리므로 하중 부담 능력이 크다. 그러나 소음이 적고 정숙하다.

37. 부(-)의 킹핀 오프셋에 대한 설명으로 틀린 것은?

① 제동시 차륜이 안쪽으로부터 바깥쪽으로 벌어지도록 작용한다.
② 마찰계수가 큰 차륜이 안쪽으로 더 크게 조향되므로 자동차는 주행 차선을 그대로 유지한다.
③ 제동시 차륜이 안쪽으로 조향되는 특성을 나타낸다.
④ 차륜 중심선의 접지점이 킹핀 중심선의 연장선의 접지점보다 안쪽에 위치한 상태를 말한다.

해설 제동시 조향륜이 바깥쪽으로 벌어지려는 모멘트가 발생하는데, (-)의 킹핀 오프셋일 경우 조향륜이 바깥쪽으로 벌어지려는 모멘트를 차단한다.

38. 전자제어 제동장치(ABS)에서 후륜에 대한 제어방법으로 노면과의 마찰계수가 낮은 측 차륜을 기준으로 브레이크 압력을 제어하는 것을 무엇이라 하는가?

① 감압 유지모드 제어
② 셀렉트-로(select low) 제어
③ 증압 유지 모드 제어
④ 요우-모멘트 제어

해설 셀렉트 로 제어란 제동시 좌우 차륜의 감속비를 비교하여 먼저 슬립하는 차륜에 맞추어 좌우차륜의 유압을 동시에 제어하는 것을 말한다.

39. 전자제어 동력조향장치의 구성 요소 중 조향각 센서에 대한 설명으로 옳은 것은?

① 기존 동력 조향 장치의 캐치-업(catch-up)현상을 보상하기 위한 센서
② 자동차의 속도를 검출하여 컨트롤 유닛에 입력하기 위한 센서
③ 차속과 조향각 신호를 기초로 하여 최적 상태의 유량을 제어하기 위한 센서
④ 스로틀 밸브의 열림 량을 감지하여 컨트롤 유닛에 입력하기 위한 센서

해설 캐치 업이란 받아들여 업그레이드 한다는 뜻이다. 즉, 조향각 센서를 사용하여 기존 동력조향장치의 성능을 높인다(조향각에 맞는 조향토크를 만들어 주어 운전자가 편하도록 한다)는 말과 같다.

40. 공기식 브레이크 장치에서 공기 압축기의 고장으로 압축공기가 존재하지 않는 경우 나타나는 현상은?

① 압축 공기가 없으면 엔진 시동이 어렵다.
② 로드 센싱 밸브에서 하중을 감지 못한다.
③ 주차 브레이크가 작동한다.
④ 풋 브레이크 밸브에 의해서 비상제동은 가능하다.

해설 공기식 브레이크는 압축공기에 의해 작동한다. 이 압축공기가 없으면 풋 브레이크는 작동하지 않으나, 핸드 브레이크는 작동한다.

ANSWER 35.② 36.④ 37.① 38.② 39.① 40.③

41. 사이드 슬립 검사(slip test)에 대한 설명으로 옳은 것은?
① 앞바퀴 차륜 정렬의 불평형으로 인한 주행 중 앞차축의 옆 방향 휨량을 검사한다.
② 답판 움직임은 토인(toe-in)의 경우 외측으로 토 아웃(toe-out)의 경우에는 내측으로 각각 이동한다.
③ 자동차가 직진하고 있을 때 캠버(camber) 각이 있으면 차륜은 서로 차량 내측을 향하는 특성이 있다.
④ 직진시 전륜은 항상 내측으로 진행하려하므로 외측으로 진행하게 하는 토 아웃(toe-out)을 부여한다.

해설 토인의 경우 앞쪽이 좁으므로, 답판을 처음 만나는 때와 바퀴가 회전하여 답판을 통과할 때는 앞차륜 윤거가 좁은 곳에서 넓어지게 되어 외측으로 밀린다.

42. 조향 바퀴의 윤중의 합은 차량 중량 및 차량 총중량의 각각에 대하여 얼마 이상이어야 하는가?
① 10% ② 20%
③ 30% ④ 40%

해설 공차상태의 조향륜의 하중분포
$= \dfrac{공차시 조향륜의 윤중합}{차량중량} \times 100$,
적차상태의 조향륜의 하중분포
$= \dfrac{적차시 조향륜의 윤중합}{차량총중량} \times 100$로 나타내며 규정치는 20% 이내이다.

43. 자동차의 길이 방향으로 그은 직선(X축)을 중심으로 차체가 회전 하는 진동은?
① 바운싱 ② 피칭
③ 요잉 ④ 롤링

해설 • 바운싱: 차의 높이 방향(z축) 즉 위아래로 움직이는 진동.
• 피칭: 차축(길이) 방향에 직각인 방향을 중심으로 차체 앞뒤로 움직이는 진동.
• 요잉: 차의 높이방향(z축)을 중심으로 앞쪽이 뒤쪽으로 회전하는 진동

44. 트랜지스터식 점화장치는 트랜지스터의 어떤 작용을 이용하여 코일의 2차 전압을 유기시키는가?
① 스위칭 작용 ② 상호유도 작용
③ 자기유도 작용 ④ 전자유도 작용

해설 트랜지스터는 스위칭 작용과 증폭 작용을 행한다. 점화장치에서 트랜지스터의 베이스전류가 차단되면 점화코일에서는 자체유도, 상호유도 작용을 행하여 고전압을 유기한다.

45. 자동차용 냉방장치에서 냉매 교환 및 충전 시의 진공작업에 대한 설명 중 옳지 않은 것은?
① 시스템 내부의 공기와 수분을 제거하기 위한 작업이다.
② 시스템 내부의 압력을 낮게 함으로써 수분이 쉽게 기화되도록 한다.
③ 실리카겔 등의 흡수제로 수분을 제거한다.
④ 진공 펌프나 컴프레서를 이용한다.

해설 자동차 냉매 교환기에는 진공펌프가 부착되어 있어 진공 작업을 행할 수 있다.

46. 전조등의 광도가 2000cd인 경우, 전방 10m에서 조도는?
① 200Lux ② 20Lux
③ 30Lux ④ 2000Lux

해설 조도 $= \dfrac{cd}{r^2} = \dfrac{2000cd}{10^2} = 20 lux$

47. 저항식 레벨 센더(포텐쇼미터) 유닛 방식의 연료계에서 계기의 지침과 연료 유닛의 뜨개에 대해 바르게 설명한 것은?
① 뜨개에 흐르는 전류가 많아지면 연료계기의 지침이 "E"에 위치한다.
② 연료가 줄어들면 센더 유닛의 저항은 작아진다.
③ 연료가 증가하면 센더 유닛에 흐르는 전류는 감소한다.
④ 센더 유닛의 저항이 낮아지면 연료계기의 지침이 "F"에 위치한다.

해설 저항식 레벨 센더는 연료가 많으면 저항이 낮아져 (전류가 많아져) 연료계의 지침이 'F'에 위치하게 한다.

ANSWER 41.② 42.② 43.④ 44.① 45.③ 46.② 47.④

48. 차량 바디 전장 제어계통인 다중 통신장치에서 BUS 시스템을 적용하는 목적으로 틀린 것은?
① 신속하고 정확한 정보를 수신 할 수 있다.
② 한꺼번에 많은 정보를 접할 수 있다.
③ 배선 또는 커넥터 등을 대폭 줄일 수 있다.
④ 차량의 전류 소모를 최대화 할 수 있다.

해설 전장제어 계통에 다중 통신을 사용하면 배선의 가닥수를 작게 할 수 있고, 전류소모를 줄일 수 있다.

49. 교류 발전기의 3상 코일 결선에 대한 설명 중 틀린 것은?
① Y결선의 선간전압은 상전압의 크기가 같은 경우 상전압의 $\sqrt{3}$ 배이다.
② 델타결선의 경우 부하가 연결되었을 때에 선간전류는 상전류의 $\sqrt{3}$ 배이다.
③ 발전기의 크기가 같고, 코일의 감긴 수가 같을 때 델타결선 방식이 높은 전압을 발생한다.
④ 자동차용 교류 발전기는 Y결선을 많이 사용하고 있다.

해설 Y결선(스타결선)은 보기 ①과 같은 특성을 가지고 있으므로, 발전기의 크기가 같고 코일의 감긴 수가 같을 때는 높은 전압을 발생한다.

50. 20℃에서 양호한 상태의 160AH 축전지는 40A의 전류를 얼마간 발생시킬 수 있는가?
① 15분 ② 40분
③ 60분 ④ 240분

해설
축전지용량(Ah) = 전류$(A) \times$ 시간(h),
$160Ah = 40A \times x$, $x = 4h = 4 \times 60min = 240min$

51. 반도체의 특징으로 틀린 것은?
① 내부 전력 손실이 적다.
② 고유 저항이 도체에 비하여 적다.
③ 온도가 상승하면 특성이 몹시 나빠진다.
④ 정격값을 넘으면 파괴되기 쉽다.

해설 반도체는 아주 소형이고 가볍다. 내부전력손실이 적고 예열을 요하지 않는 장점이 있다. 그러나 온도에 약한 단점이 있다. 반도체는 도체보다는 저항이 크고, 절연체보다는 저항이 작다.

52. 기동전동기 무부하 시험 시 축전지 전압이 12V일 때, 출력되는 전압은 얼마를 정상으로 판정하는가?
① 약 40% 이하
② 약 30% 이하
③ 약 20% 이하
④ 약 10% 이하

해설 기동전동기 무부하 시험에는 축전지 전압의 10%이내, 부하시험에는 축전지 전압의 20% 이내의 전압강하가 정상이다.

53. 도장 작업 후 시간이 경과함에 따라 도막의 광택이 없어지는 현상의 원인이 아닌 것은?
① 불충분한 건조에 광택 작업을 했다.
② 상도 베이스 도막이 너무 두껍다.
③ 상도 작업시 하도의 건조가 불충분하다.
④ 증발 속도가 늦은 속건성 시너를 과다 혼합했다.

해설 증발속도가 빨라 건조되는 시안이 빠른 성질을 속건성이라 한다. 페인트는 속건성일수록 좋은 페인트이다.

54. CO_2 아크 용접이 전기 아크 용접을 할 때보다 장점이 아닌 것은?
① 용입이 깊으며 용접봉의 소모량이 적다.
② 용착 금속의 성질이 좋고 시공이 편리하다.
③ 아크가 거칠고 스패터가 많이 발생한다.
④ 용접 결함이 적고 용접봉이 녹는 소리가 일정하다.

해설 전기 아크 용접은 아크가 거칠고 스패터가 많이 발생한다. CO_2 용접의 경우 CO_2가 산소가 들어오는 것을 방지하므로 좋은 용접면을 얻을 수 있다.

ANSWER 48.④ 49.③ 50.④ 51.② 52.④ 53.④ 54.③

제6편 과년도기출문제 **513**

55. 모노코크 바디의 설명 중에서 잘못된 것은?
① 충격을 흡수할 수 있도록 일부러 약한 부위를 만들어 준다.
② 충격을 받으면 서스펜션 조립부가 상향으로 올라가는 변형을 일으킨다.
③ 충격 흡수를 위해 두께를 바꾸거나 구멍을 만들어 준다.
④ 충격 흡수를 위해 사다리형 프레임을 보디와 별도로 사용한다.
[해설] 사다리형 프레임을 사용하지 않는다.

56. 데이텀 라인은 무엇을 측정하기 위한 것인가?
① 프레임 각 부의 부속품 접속 위치
② 프레임의 일그러짐
③ 프레임 기준선에 의한 프레임의 높이
④ 프레임 사이드 멤버와 크로스 멤버의 위치
[해설] 기하공차를 측정하기 위한 기하학적 기준이 되는 선 혹은 면을 데이텀이라고 하는데, 데이텀 게이지는 프레임 기준선에 의한 프레임의 높이를 측정한다.

57. 스프링 백(spring back)이란?
① 스프링에서 장력의 세기를 나타내는 척도
② 스프링의 피치를 나타낸다.
③ 판재를 구부릴 때 하중을 제거하면 탄성에 의해 처음의 상태처럼 돌아오는 것
④ 판재를 구부렸을 때 구부린 부분이 활 모양으로 되는 현상
[해설] 스프링 백이란 굽힘 가공에서 재료를 굽힌 다음 압력을 제거하면 원상으로 회복되려는 탄력 작용으로 굽힘량이 감소되는 현상을 말한다.

58. 조색에 관한 설명이다. 맞는 것은?
① 펄이나 메탈릭을 조색 할 때는 정면과 측면을 비교한다.
② 조색을 할 때는 이른 아침이나 저녁이 좋다.
③ 조색을 할 때 형광등 밑에서 해도 아무런 문제가 없다.
④ 작업 바닥과 벽은 유채색의 밝은 색이 좋다.
[해설] 조색의 원칙: 서로 보색 관계에 있는 색을 혼합하면 회색이 됨, 견본 색과 비슷한 색상을 혼합하는 것이 채도가 높음, 주채색이 되는 원색부터 넣음, 혼합되는 색이 많을수록 명도와 채도가 낮아짐, 정면과 측면에서 색상, 채도, 명도를 살펴야 함

59. 자동차 보수 도장에서 메탈릭과 펄(마이카) 도료의 가장 큰 차이점은?
① 불투명 및 반투명으로 인한 색상 및 명암 차이가 있다.
② 펄은 빛을 반사하고 투과 하지 못한다.
③ 펄은 코팅의 두께와는 관계없이 컬러가 같다.
④ 펄은 불투명하여 은폐력이 좋고 메탈릭은 반투명 하여 은폐력이 약하다.
[해설] 메탈릭은 알루미늄 입자를 포함하는 안료이고, 펄은 마이카 입자를 포함하기 때문에 마이카라고도 하며 천연 운모에 산화철 등 빛의 굴절률이 높은 금속 산화물로 코팅하여 만든 안료이다.(알루미늄 입자는 빛을 거의 반사를 함, 마이카 입자는 빛을 굴절시켜 빛의 산란, 빛의 간섭 등을 만들어 독특한 느낌을 줌)

60. 탈지용 용제의 구비조건으로 가장 거리가 먼 것은?
① 휘발성으로 금속표면에 잔존해서는 안된다.
② 인화성이 없어야 한다.
③ 금속면에 대하여 부식성이 있어야 한다.
④ 인체에 유해하지 않아야 한다.
[해설] 탈지란 재료나 가공부품에 있는 기름기를 없애는 것을 말하며, 부식이란 금속이 그 표면에서 화학적 또는 전기적으로 산화 또는 변질되어 가는 것을 말한다.

ANSWER 55.④ 56.③ 57.③ 58.① 59.① 60.③

2014년 1회 기출문제

자동차정비기능장

01. 알루미늄으로 제작된 실린더헤드에 균열이 발생하였을 때 용접방법으로 가장 적합한 것은?
① 전기피복 아크용접
② 불활성 가스 아크용접
③ 산소-아세틸렌가스 용접
④ LPG 용접

해설 알루미늄은 녹을 때 수소가스를 동반한다. 따라서 용접시 보호가스가 필요한데 보통 알곤가스를 사용한다. 즉 알곤은 불활성가스로 TIG나 MIG 용접에 사용된다.

02. V형 6실린더 기관에서 크랭크 핀의 각도는?
① 90°   ② 120°
③ 270° ④ 360°

해설 6개의 실린더이므로, 720/6=120°이다.

03. 기관의 회전력이 14.32m-kg이고 3000 rpm으로 회전하고 있을 때 클러치에 전달되는 마력은?
① 약 30 PS   ② 약 45 PS
③ 약 55 PS   ④ 약 60 PS

해설 $H_{ps} = T \times w = T \times \dfrac{2\pi N}{60(s)} \times \dfrac{1}{75}$ 에 대입한다.

$H_{ps} = 14.32(kgf-m) \times \dfrac{2\pi \times 3000}{60(s)} \times \dfrac{1}{75} = 59.98 ps$

04. 크랭크축 저널의 지름이 50mm, 폭발압력이 60kg/cm² 실린더 지름이 100mm일 때, 실린더 벽의 두께가 15mm 라면 실린더 벽의 허용 응력은?
① 약 166.7 kgf/cm²
② 약 176.7 kgf/cm²
③ 약 100 kgf/cm²
④ 약 200 kgf/cm²

해설 $\sigma = \dfrac{P \times D \times L}{2 \times L \times t} = \dfrac{P \times D}{2 \times t}$ 에 대입한다.

행정(L)은 50/2=25mm인데 이 식에서는 약분된다.

$\sigma = \dfrac{P \times D}{2 \times t} = \dfrac{60(kg/cm^2) \times 100(mm)}{2 \times 15(mm)} = 200 kg/cm^2$

05. 산소센서의 고장 시 나타나는 현상으로 틀린 것은?
① 가속력, 출력이 부족하다.
② 규정이상의 CO 및 HC가 발생한다.
③ 연료소비율이 감소한다.
④ ECU에 고장코드가 저장된다.

해설 산소센서가 고장이 나면 이론혼합비로 연소시킬 수가 없다. 즉, 연료를 많이 소비한다. 따라서 연료소비율이 증가한다.

06. 디젤기관의 연료장치 노즐에서 분사되는 연료입자 크기에 대한 설명으로 옳은 것은?
① 노즐 오리피스의 지름이 크면 연료입자 크기는 작다.
② 배압이 높으면 연료입자 크기는 커진다.
③ 분사압력이 높으면 연료입자 크기는 커진다.
④ 공기온도가 낮아지면 연료입자 크기는 커진다.

해설 공기온도가 높으면 기화되기 쉬워 연료입자는 작아지고, 공기온도가 낮으면 기화가 어려워 분사되는 연료입자는 커진다.

ANSWER 01.② 02.② 03.④ 04.④ 05.③ 06.④

07. 전자제어 가솔린 기관에서 피드백 제어가 해제되는 경우로 틀린 것은?

★ 기출 2004년 전반

① 전 부하 출력 시
② 연료 차단 시
③ 희박 신호가 길게 계속될 때
④ 냉각 수온이 높을 때

해설 피드백 제어의 해제조건: 냉각수 온도가 낮을 때, 연료 공급을 차단할 때, 희박 또는 농후 신호가 길게 지속될 때, 엔진을 시동할 때, 엔진 시동 후 분사량을 증량할 때, 엔진의 출력을 증대시킬 때(전부하 출력시) 등이다.

08. 로터리 기관에서 로터가 1회전할 때 연소 작동은 몇 번 하는가?

① 1　　② 2
③ 3　　④ 4

해설 로터리 기관은 보통 3기통이며, 로터 1회전에 3번 폭발한다.

09. 기관의 고장진단에서 흡기다기관의 진공시험으로 판단할 수 없는 것은?

① 점화시기 조정 불량
② 밸브의 작동 불량
③ 압축압력의 누설
④ 연료 소비율

해설 흡기다기관 진공시험의 목적은 점화시기 불량, 밸브작동 불량, 배기의 막힘, 압축압력의 누설 등을 파악하는데 있다. 연료소비율은 거리당 연료소비량(무게)이다.

10. 과급장치에서 가변용량터보차저(VGT: variable geometry turbocharger)의 터보 제어 솔레노이드 점검요령과 거리가 먼 것은?

① 가속 시 터보제어 솔레노이드 듀티 변화 여부를 확인한다.
② 가속 시 엔진회전수와 부스터압력센서의 변화를 관찰한다.
③ 가속 시 연료 분사량과 부스터 압력센서 변화를 관찰한다.
④ 가속 시 부스터 압력센서의 출력은 변화가 없어야 한다.

해설 엔진의 낮은 회전수는 낮은 부스터압력(흡기압)을 나타낸다. VGT는 이를 개선하기 위해 저속에서 베인을 움직여 통로를 좁게 하여 배기가스의 속도를 높여 흡기압력을 증가시키는 장치이다.

11. LPI(liquefied petroleum injection) 연료 장치에서 프로판과 부탄의 비율을 판단할 수 있게 하는 신호로 짝지어진 것은?

① 연료압력과 분사시간
② 흡기온도와 연료온도
③ 흡기유량과 엔진 회전수
④ 연료압력과 연료온도

해설 이상기체상태방정식을 보면
$PV = GRT \rightarrow \frac{P}{RT} = \frac{G}{V}$(비중량)에서 압력과 온도를 알면 비중량 즉 비중을 알 수 있다. 즉, 연료의 비중을 알 수 있다.

12. 배기가스 재순환장치에서 EGR율(exhaust gas recirculation)을 나타낸 식은?

① EGR율 = $\frac{\text{EGR가스유량}}{\text{흡입공기량+EGR가스유량}} \times 100\%$

② EGR율 = $\frac{\text{흡입공기량}}{\text{EGR가스유량}} \times 100\%$

③ EGR율 = $\frac{\text{EGR가스유량}}{\text{흡입공기량+NOx가스유량}} \times 100\%$

④ EGR율 = $\frac{\text{EGR가스유량}}{\text{EGR가스유량-흡입공기량}} \times 100\%$

해설 EGR장치는 일부의 배기가스를 흡기다기관으로 되돌려 연소온도를 내려 질소산화물의 생성을 저감시키는 장치이다. 따라서 실린더로 흡입되는 가스의 량은 흡입공기량+EGR가스유량이 된다.

13. 기관의 냉각수인 부동액의 구비조건으로 틀린 것은?

★ 기출 2007년 후반

① 비등점은 물보다 낮아야 한다.
② 물과 혼합이 잘 되어야 한다.
③ 냉각계통에 부식을 일으키지 않아야 한다.
④ 온도 변화에 따라 화학적 변화가 없어야 한다.

해설 비등점은 끓는점이다. 비등점이 물보다 낮다면 부동액이 100°C보다 낮은 온도에서 끓는다. 이렇게 되면 엔진이 과열하기 쉽다.

ANSWER 07.④ 08.③ 09.④ 10.④ 11.④ 12.① 13.①

14. 마찰마력 20PS, 도시마력 100PS, 제동마력 80PS인 디젤기관의 기계효율은?

① 20% ② 40%
③ 60% ④ 80%

해설 기계효율 $= \dfrac{\text{제동마력}}{\text{도시마력}} = \dfrac{80}{100} \times 100(\%) = 80\%$

15. 전자제어 가솔린 분사장치에서 주로 연료분사 보정량을 산출하기 위한 신호로 거리가 먼 것은?

① 냉각수 온도 신호
② 흡입 공기 온도 신호
③ 크랭크 각 센서 신호
④ 산소 센서 신호

해설 크랭크각 센서로 엔진의 회전수를 파악하며, 기본 연료분사량의 신호로 사용한다.

16. 경계윤활 영역에서 접촉면 중앙의 최고압력 부위에 경계층이 항복을 일으켜 마찰계수가 급격히 증가하는 상태에 달하는 단계는?
★기출 2005 전반

① 제1영역
② 천이영역
③ 부분적 접촉
④ 완전접촉 융착

해설 층류는 흐름방향에 수직인 속도성분이 거의 없고 유선이 일직선이며 규칙적으로 운동하고 있는 흐름을 말하며, 난류는 관성력에 비해서 점성력이 약할 경우 유체입자가 불규칙한 경로를 따라 흐르게 되는 흐름을 말한다. 층류와 난류가 혼합된 상태를 천이영역이라 한다.

17. 기관에서 연소실의 성능향상을 위하여 설계할 때 유의사항으로 거리가 먼 것은?

① 체적효율의 향상
② 촉매효과의 향상
③ 열효율의 향상
④ 연소효율의 향상

해설 촉매효과는 배기가스에 포함되어 있는 오염물질을 얼마만큼 정화시키는가를 말한다.

18. 디젤 기관에서 가열 플랜지(heating flange) 방식의 예열장치를 주로 사용하는 연소실 형식은?

① 직접분사식 ② 예연소실식
③ 공기실식   ④ 와류실식

해설 가열플랜지란 전기식 가열코일로 흡입 공기통로의 공기를 가열해주는 장치를 말하며, 예열플러그가 설치되지 않은 기관에 많이 사용한다.

19. 근래 인간공학이 여러 분야에서 크게 기여하고 있다. 다음 중 어느 단계에서 인간공학적 지식이 고려됨으로서 기업에 가장 큰 이익을 줄 수 있는가?

① 제품의 개발단계
② 제품의 구매단계
③ 제품의 사용단계
④ 작업자의 채용단계

해설 인간공학이란 인간과 기계와의 관계를 연구하는 학문이다. 즉 제품의 개발단계부터 이를 고려한다면 소비자의 마음을 더욱더 빨리 잡는 제품이 되고 많은 이익을 가져다준다.

20. 다음 [표]를 참조하여 5개월 단순이동평균법으로 7월의 수요를 예측하면 몇 개인가?

[단위 : 개]

월	1	2	3	4	5	6
실적	48	50	53	60	64	68

① 55개 ② 57개
③ 58개 ④ 59개

해설 5개월단순이동평균법 $= \dfrac{\sum \text{최근5개월 실적}}{5(\text{개월})}$

$\dfrac{50+53+60+64+68}{5} = \dfrac{295}{5} = 59$

21. 도수분포표에서 도수가 최대인 계급의 대표값을 정확히 표현한 통계량은?
★기출 2002전반, 2004전반

① 중위수
② 시료평균
③ 최빈수
④ 미드-레인지(Mid-range)

ANSWER 14.④ 15.③ 16.② 17.② 18.① 19.① 20.④ 21.③

해설 도수분포표란 몇 개의 계급으로 나누고 각 계급의 도수를 조사하여 만든 표를 말한다. 중위수=중간값, 모드 =최빈값(가장 많이 나타나는 빈도가 큰 변량값)

22. 다음 중 두 관리도가 모두 포아송 분포를 따르는 것은?

① $\bar{x}$ 관리도, R 관리도
② c 관리도, u 관리도
③ np 관리도, p 관리도
④ c 관리도, p 관리도

해설 포아송분포(결점관리도)란 단위시간당 사건이 일어날 확률을 말한다. 이를 따르는 관리도는 c 관리도(결점개수관리도), u 관리도(결점률관리도)이다. 이항분포(불량관리도)를 따르는 관리도는 p 관리도(불량률관리도), np 관리도(불량개수관리도)이다.

23. 전수검사와 샘플링검사에 관한 설명으로 가장 올바른 것은?

① 파괴검사의 경우에는 전수검사를 적용한다.
② 전수검사가 일반적으로 샘플링검사보다 품질향상에 자극을 더 준다.
③ 검사항목이 많을 경우 전수검사보다 샘플링검사가 유리하다.
④ 샘플링검사는 부적합품이 섞여 들어가서는 안되는 경우에 적용한다.

해설 샘플링검사는 많은 상품(제품·화물 등)의 품질을 검사할 경우, 몇 개만을 뽑아내어 검사하고, 그것으로 전체의 품질을 추정하는 방법이다. 원래 전수검사는 조금이라도 불량품이 있으면 결과적으로 중대한 영향을 받게 되는 경우라든지, 검사비용에 비하여 효과가 큰 경우에 행해지며, 전수검사가 불가능한 경우라든지, 파괴검사나 석유·전선과 같은 연속체의 경우에는 샘플링검사를 실시한다. 또 다소 불량이 용인될 경우에는 검사비용이 덜 들기 때문에 이 샘플링검사를 택한다.

24. 다음 중 반즈(Ralph M. Barnes)가 제시한 동작경제원칙에 해당되지 않는 것은?
★ 기출 2009전반

① 표준작업의 원칙
② 신체의 사용에 관한 원칙
③ 작업장의 배치에 관한 원칙
④ 공구 및 설비의 디자인에 관한 원칙

해설 동작경제의 원칙이란 최선의 작업방법과 작업영역을 결정하기 위한 착안의 원칙으로 신체 사용에 관한 원칙, 작업장의 배치에 관한 원칙, 공구류 및 설비의 디자인에 관한 원칙 등 3가지가 있다.

25. 전자식 현가장치에서 안티 롤(Anti-roll)을 제어할 때 가장 밀접하게 관련된 센서는?
★ 기출 2006후반

① 차고 센서   ② 홀 센서
③ 압력 센서   ④ 조향 각 센서

해설 롤링이란 차축을 중심으로 좌우로 흔들리는 것을 말하는데, 조향 시 많이 발생할 수 있다.

26. 위시본 형식의 현가장치에 대한 설명으로 틀린 것은?

① 바퀴에 발생하는 제동력은 현가 암(arm)이 지지한다.
② 스프링은 상하 방향의 하중만을 지지하는 구조이다.
③ 위시본 형식에서는 토션 바 스프링을 사용할 수 없다.
④ 바퀴에 발생하는 선회 구심력(cornering force)은 현가 암(arm)이 지탱한다.

해설 독립현가에 속하는 위시본 형식에 토션바 스프링을 사용한다. 토션바 스프링이란 비틀었을 때 강성에 의해 원래 위치로 되돌아가려는 성질을 이용한 막대 모양의 스프링 강재를 말한다.

27. 자동차 검사에서 동일성 확인 사항으로 틀린 것은?

① 등록번호표 및 봉인상태 양호여부
② 등록증에 기재된 원동기 형식과 실차 형식의 동일 여부
③ 등록증에 기재된 차대번호와 실 차대번호 동일 여부
④ 등록증에 기재된 등록번호와 실 차대번호의 동일여부

해설 동일성확인의 검사기준은 자동차의 표기와 등록번호판이 자동차등록증에 기재된 차대번호·원동기형식 및 등록번호가 일치하고, 등록번호판 및 봉인의 상태가 양호한 것이다.

ANSWER 22.② 23.③ 24.① 25.④ 26.③ 27.④

28. 동력조향장치에 사용되는 오일펌프의 종류가 아닌 것은?

① 베인형 ② 로터리형
③ 슬리퍼형 ④ 인터그럴형

해설 인터그럴형은 오일펌프의 종류가 아니고, 동력조향장치 구조의 한 종류이다.

29. 자동변속기용 오일(ATF)의 구비조건으로 거리가 먼 것은?

① 기포발생이 없고, 방청성을 가질 것
② 저온 시에도 유동성이 좋을 것
③ 슬러지 발생이 없을 것
④ 온도변화에 대한 점도변화가 클 것

해설 점도란 끈끈한 정도를 말하는데, 온도에 따라서 오일의 점도가 변화하면 자동변속기 내부의 장치를 조절하는데 어려움이 있다. 즉 점도변화가 적어야 한다.

30. 그림의 유성기어장치에서 A=5 rpm이며, 댐퍼 클러치가 작동할 때 D와 B는 일체로 결합된다면 (C)의 회전속도는?

★기출 2007후반

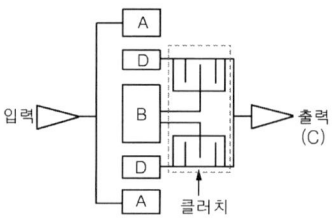

① 회전하지 않는다.
② 5 rpm
③ 10 rpm
④ 20 rpm

31. ABS 시스템에서 주행 중 경고등이 점등되었을 때 차량에 나타나는 현상으로 옳은 것은?

① 제동 페달이 스폰지 현상으로 나타나며 제동 압력이 급격히 감소한다.
② 일반적인 브레이크 시스템으로 전환되므로 주행에 큰 문제는 없다.
③ 경고등이 점등되는 순간 브레이크 페달에서 진동이 수반되며 이를 킥-백(Kick-Back) 현상이라 한다.
④ 경고등이 점등되었으므로 편제동 현상이 나타난다.

해설 ABS 경고등이 점등되었다면 ABS시스템 일부에 이상이 발생하였거나 전기배선회로에 고장 난 것이다. ABS가 고장이 나면 보통 브레이크장치로 전환되어 주행에는 큰 문제가 없다.

32. 수동변속기 내부에서 기어 체결 시 기어의 이중 물림을 방지하는 것은?

① 싱크로나이저 콘(cone)
② 인터 록
③ 싱크로나이저 키
④ 시프트 포크

해설 이중물림 방지는 인터록 핀의 역할이고, 기어고정은 인터록 볼의 역할이다.

33. 구동축과 피동축의 교차각이 커지더라도 구동축과 피동축이 원활하게 운동하여 앞바퀴 구동차량에 널리 사용되는 조인트는?

① 플렉시블 조인트
② 등속 조인트
③ 요크 조인트
④ 훅크 조인트

해설 등속조인트란 구동축과 일직선상이 아닌 피동축 사이에 회전각 속도의 변화 없이 동력 전달이 균등하게 되도록 한 자재 이음을 말한다.

34. 공기식 브레이크 장치에서 브레이크 라이닝 마찰면에 그리스가 묻었을 때 나타나는 현상으로 가장 거리가 먼 것은?

① 제동이음 발생
② 주행 중 한쪽으로 차량 쏠림
③ 제동 시 핸들 떨림
④ 제동력 저하

해설 핸들의 떨림 원인은 휠의 밸런스가 맞지 않았을 때이다. 특히 제동시 핸들의 떨림은 브레이크패드와 디스크의 접촉면 상태가 불량할 때 발생한다.

35. 브레이크를 밟았을 때 마스터 실린더의 푸시 로드에 작용하는 힘이 150kgf, 피스톤 면적이 3cm²이면 마스터 실린더 내에 발생하는 유압은?

① 40 kgf/cm² ② 50 kgf/cm²
③ 60 kgf/cm² ④ 70 kgf/cm²

해설 압력 = $\dfrac{힘}{면적}$ = $\dfrac{150kg}{3cm^2}$ = $50kg/cm^2$

36. 사이드 슬립 테스터로 측정한 결과 왼쪽바퀴가 안쪽으로 8mm이고 오른쪽바퀴가 바깥쪽으로 10mm이였을 때 30km를 직진상태로 주행하였다면 바퀴 방향과 미끄럼 량은? (단, 오른쪽 왼쪽 기준은 운전석 기준)

① 안쪽으로 15m
② 바깥쪽으로 15m
③ 안쪽으로 30m
④ 바깥쪽으로 30m

해설 안쪽을 (+)부호, 바깥쪽을 (-)부호라 하고 식은 세운다.

미끄럼량 = $\dfrac{왼휠미끄럼량 + 오른휠미끄럼량}{2}$ 로

= $\dfrac{(+)8 + (-)10}{2}$ = $(-)1mm$

계산된다. 즉(-)부호이므로, 바깥쪽으로 (1mm/1km주행 시)움직이므로, 30km주행하면 30mm 바깥쪽으로 미끄러진다.

37. 자동차의 중량이 1275kgf, 가속 저항이 200 kgf, 회전부분 상당 중량은 자동차 중량의 5%일 때 가속도는?

① 약 0.15 m/s²
② 약 1.25 m/s²
③ 약 1.36 m/s²
④ 약 1.46 m/s²

해설 가속저항(R_g) = $\dfrac{W+W'}{g} \times a$에서

a를 구하면 된다.

$200(kgf) = \dfrac{1275(1+0.05)}{9.8} \times a$,

$a = \dfrac{200 \times 9.8}{1275 \times 1.05} = 1.464 m/s^2$로 계산된다.

38. 구동력 조절장치와 VDC의 구성품 중 이동전극과 고정전극으로 구성되며 두 전극판의 전위차로 가속도의 크기를 검출하는 센서는?

① 악셀 포지션 센서
② 휠 스피드 센서
③ 조향 휠 센서
④ 횡 G 센서

해설 횡가속도(G)센서는 차량이 선회 시 롤링이 일어나는 방향으로 가속도를 검출한다.

39. 타이어 트레드의 내측이 외측에 비하여 과대 마모되는 원인으로 가장 옳은 것은?

① 공기압이 과대한 경우
② 공기압이 부족한 경우
③ 부(-) 캠버가 과다한 경우
④ 정(+) 캠버가 과다한 경우

해설 부의 캠버가 되면, 타이어의 윗 윤거보다 아랫 윤거가 커진다. 즉, 타이어의 내측면 쪽이 도로면에 접촉하게 된다.

40. 제동안전장치에서 감속브레이크의 장점으로 거리가 먼 것은?

① 풋 브레이크 장치에서의 라이닝, 드럼, 타이어의 마모가 감소된다.
② 수동변속기 차량이면 클러치의 사용횟수가 적어 클러치 부품 관련 마모가 감소된다.
③ 빗길이나 빙판길에서의 제동 시 타이어의 미끄럼을 감소시킬 수 있다.
④ 감속브레이크만으로도 자동차를 정확하고 완전하게 제동할 수 있다.

해설 감속브레이크란 주브레이크인 풋브레이크, 보조브레이크인 핸드브레이크 외를 말한다. 즉 엔진브레이크, 배기브레이크 등을 감속브레이크라 한다. 따라서 감속브레이크는 제동이 급격하거나 강하지는 않다.

ANSWER 35.② 36.④ 37.④ 38.④ 39.③ 40.④

41. 앞바퀴에 발생하는 코너링 포스가 뒷바퀴보다 클 경우 조향 특성은?
① 오버 스티어링
② 언더 스티어링
③ 뉴트럴 스티어링
④ 리버스 스티어링

해설 앞바퀴의 코너링포스가 뒷바퀴보다 크게 되면 앞바퀴를 안쪽으로 밀어내는 힘이 강해져 오버스티어링(선회 반경이 줄어듬)이 생긴다.

42. 운행자동차의 배기소음 및 경적음 관련 검사에 대한 설명으로 틀린 것은?
① 경음기의 검사에서 경음기의 음색은 반드시 연속이어야 한다.
② 배기음 측정은 원동기 최고출력 회전수의 75% 회전에서 측정한다.
③ 차량과의 간격이 동일하다면 소음기를 양손으로 잡고 측정하여도 무방하다.
④ 배기관이 2개 이상인 경우는 도로 중앙선에 가까운 배기관에서 측정한다.

해설 소음계의 마이크로폰 설치 위치는 시험자동차의 배기관이 2개 이상일 경우에는 시험자동차의 우측 측면과 가까운 쪽이다.

43. 자동변속기 차량에서 선택 레버를 N→D 또는 N → R로 변속했을 때 변속쇼크 및 작동 지연이 발생할 경우 예상되는 고장 원인이 아닌 것은?
① 라인 압력 이상
② 댐퍼 클러치 불량
③ 오일펌프 불량
④ 밸브 바디 불량

해설 타임랙 시험이란 자동변속기에서 선택 레버를 N → D 또는 N → R로 변속했을 때 변속쇼크 및 작동지연을 검사하는 것이다. 댐퍼클러치는 D에서 운행 중에 작동하는 것이다.

44. 운행 기록계의 취급 시 주의사항으로 틀린 것은?
① 기록침에 무리한 힘을 가하지 않는다.
② 기계는 반드시 운행 중에만 작동시켜야 한다.
③ 주행 중에는 표지부의 커버를 개폐하지 않는다.
④ 세차할 때에는 운행 기록계에 직접 물이 닿지 않게 한다.

해설 운행기록계란 시계·속도계·주행거리계를 조합하고 여기에 자동적으로 기록되는 자기(自記)장치를 비치한 것으로 기계식과 전자식이 있다. 이 기록을 통해 각 순간에서의 속도, 두 시각 사이의 주행거리 등을 알 수 있어 속도위반이나 운전사의 노동 상태 등을 점검할 수 있다.

45. 배터리가 탈거된 상태에서 그림과 같이 CAN 통신라인을 점검할 때 화살표 부분이 차체와 접지되었다면 측정되는 저항값은?

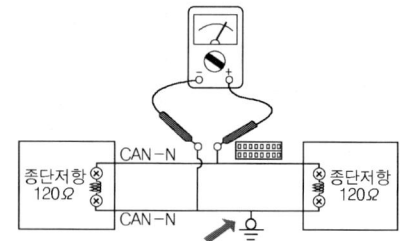

① 약 0 Ω
② 약 60 Ω
③ 약 120 Ω
④ 약 240 Ω

해설 점검하는 미터 입장에서 2개의 저항은 병렬로 연결되어 있다. 그러므로
$$R = \frac{1}{\frac{1}{120} + \frac{1}{120}} = \frac{120}{2} = 60\Omega$$로 계산된다.

46. 스파크 플러그의 절연저항에 대한 설명으로 옳은 것은?
① 절연 저항 측정은 절연 저항계를 사용한다.
② 절연저항이 10MΩ 이상이면 불량으로 판단한다.
③ 절연저항 측정은 중심 전극과 고전압 커넥터(단자너트)에서 측정한다.
④ 절연체 균열이 발생되어도 엔진부조와 무관한다.

해설 절연저항은 보통 10MΩ 이상으로, 중심전극과 몸체 사이의 저항을 측정해야한다. 절연체에 균열이 발생하면 점화불꽃이 균열부분에서 일어나거나 실화를 가져온다.

ANSWER 41.① 42.④ 43.② 44.② 45.② 46.①

47. 납산 축전지의 충방전 시 화학작용에 대한 설명으로 옳은 것은?

① 방전 중에는 양극판의 해면상납이 황산납으로 변한다.
② 방전 중에는 음극판의 황산납이 해면상납으로 변한다.
③ 충전 중에는 양극판의 황산납이 과산화납으로 변한다.
④ 충전 중에는 음극판의 과산화납이 해면상납으로 변한다.

해설 납산축전기의 양극판은 과산화납, 음극판은 해면상납으로 되어 있으며, 방전시 2극 모두 황산납이 되고, 충전시는 2극의 황산납이 원래(양극판은 과산화납, 음극판은 해면상납)대로 돌아간다.

48. 차량의 전파통신 부분에서 주파수의 계산식은? (단, F : 주파수(Hz), λ : 파장(m), C : 속도(m/sec), T : 주기)

① $F = \lambda/C$
② $F = \lambda \times C/T$
③ $F = C/\lambda$
④ $F = C \times T$

해설 주파수는 시간당 파장의 수이다. 즉 속도는 시간당 (1개 파장 길이×파장의수)를 말한다. 그래서 속도에서 1개 파장 길이로 나누면 주파수가 된다.

49. 1.2W의 전구 4개가 병렬로 연결되어 있는 회로에서 전구 한 개가 단선되었다면 정상상태와 비교했을 때 전체회로의 전류와 저항의 변화는?

① 소모전류는 증가하고 저항 값은 감소한다.
② 소모전류와 저항 값 모두 감소한다.
③ 소모전류는 감소하고 저항 값은 증가한다.
④ 소모전류와 저항 값 모두 증가한다.

해설 전구 내 저항이 1개 고장 났으므로, 3개가 병렬로 연결되었다. 전체전류는 한 개의 전류×3으로 감소한다. 저항연결은 병렬이므로 1개 감소하여 전체저항은 증가하게 된다.

50. 기동전동기에 설치되어 있는 마그넷 스위치의 구성요소가 아닌 것은?

① 플런저와 메인 접점
② 풀인 코일과 홀딩 코일
③ 계자 코일
④ 리턴 스프링

해설 계자코일은 모터 내부에 있으며, N극과 S극을 만들어 자계를 형성한다.

51. 아래 자동차 냉방 사이클에서 ( )의 부품에 대한 설명으로 옳은 것은?

압축기 → 콘덴서 → ( ) → 팽창밸브 → 증발기 → 압축기

① 냉매 속에 들어 있는 수분을 흡수하고 냉매를 원활하게 공급할 수 있도록 냉매를 저장한다.
② 라디에이터 앞에 설치되어 고온고압의 기체상태의 냉매를 응축하여 고온고압의 액체상태의 냉매로 만든다.
③ 냉매를 증발기에 갑자기 팽창시켜 저온저압의 액체로 만든다.
④ 차내의 공기를 에버포레이터에 전달하며 냉각된 공기를 차내로 공급한다.

해설 괄호안의 단어는 건조기이다. 즉 ①은 건조기에 대한 설명이고, ②는 응축기, ③은 팽창밸브를 말한다. ④의 에버포레이터는 증발기를 말한다.

52. 자동차 충전장치에서 IC 전압조정기의 특징으로 틀린 것은?

① 배선을 간소화 할 수 있다.
② 내구성이 크다.
③ 내열성이 크다.
④ 컷 아웃 릴레이가 있어 전압 조정이 우수하다.

해설 컷 아웃릴레이는 DC발전기에 존재한다. 역할은 역방향 전류의 흐름을 억제한다. IC전압조정기는 다이오드를 사용하여 전압을 조정한다. 또한, 다이오드는 컷 아웃 릴레이의 역방향 전류흐름도 억제하는 역할을 한다.

53. 상도 도료의 시너 용해성이 지나치게 강하여 단독도막 또는 중복도장 건조과정에서 발생하는 결함은?

① 흐름(sagging)
② 백화(blushing)
③ 주름(wrinkle)
④ 핀홀(pinhole)

ANSWER 47.③ 48.③ 49.③ 50.③ 51.① 52.④ 53.③

54. 전면충돌 등의 강한충격을 받을 경우 멤버 자체가 변하여 객실에 영향이 적게 가도록 하는 굴곡 형상을 무엇이라 하는가?
★기출 2003전반, 2008전반
① 비딩　　② 스토퍼
③ 마운트　　④ 킥업

해설 비딩은 공기나 유체의 흐름을 바꿔 줄 수 있으며, 스토퍼는 고체와 고체의 접촉시 충격을 흡수하도록 하는 장치이고, 마운트는 물체를 올려 놓고 고정할 수 있거나 매달아 놓을 수 있는 것으로 자동차엔진은 수 개의 마운팅이 있다.

55. 주로 하도도료에 사용되며 연마성을 좋게 하는 안료는?　　★기출 2003후반
① 무기 안료
② 착색 안료
③ 체질 안료
④ 방청 안료

해설 안료는 크게 방청안료, 체질안료, 착색안료 등 3가지로 나눈다. 방청안료란 산화부식을 방지하는 성질을 가지는 안료이고, 착색안료는 색체나 광택을 만들어 내는 안료로 상도도료에 포함된다. 착색안료에는 무기안료, 유기안료, 메탈릭안료, 펄 안료 등이 있다.

56. 가공 후 시간이 경과함에 따라 자연히 균열이 발생되는 것을 무엇이라고 하는가?
① 자기 균열　　② 표면 경화
③ 시기 균열　　④ 가공 경화

해설 표면경화는 강의 표면을 경화(딱딱하게)하는 것, 가공경화는 금속을 가공·변형시켜 금속의 경도를 증가시키는 방법이다.

57. 메탈릭 색상 상도 도장 중 도막의 색상을 견본보다 밝게 나타나게 하는 방법은?
★기출 2004후반
① 중복 도장을 실시한다.
② 여러 방향에서 반복 도장한다.
③ 스프레이건의 선단과 물체와의 거리를 멀게 한다.
④ 스프레이건의 운행 속도를 규정보다 느리게 한다.

58. 에어 스프레이건(air spray gun)의 작동순서로 옳은 것은?
① 방아쇠 – 공기밸브 열림 – 도료 분무 – 도료밸브 열림 – 공기밸브 닫힘 – 도료밸브 닫힘
② 방아쇠 – 도료밸브 열림 – 도료 분무 – 공기밸브 열림 – 도료밸브 닫힘 – 공기밸브 닫힘
③ 방아쇠 – 도료밸브 열림 – 공기밸브 열림 – 도료 분무 – 도료밸브 닫힘 – 공기밸브 닫힘
④ 방아쇠 – 공기밸브 열림 – 도료밸브 열림 – 도료 분무 – 도료밸브 닫힘 – 공기밸브 닫힘

해설 스프레이건으로 도료를 분무할 때는 공기밸브를 먼저 열고 도료밸브를 연다. 분무를 마칠 때는 도료밸브를 먼저 닫고 공기밸브를 닫아야 한다.

59. 용접 후 팽창과 수축으로 인해 발생한 결함으로 가장 옳은 것은?　★기출 2005전반
① 치수상 결함
② 성질상 결함
③ 화학적 결함
④ 구조상 결함

해설 팽창과 수축은 길이가 늘고 줄음을 말하므로, 치수상 결함이다.

60. 프레임 센터링 게이지의 용도는?
★기출 2005후반
① 프레임의 마운틴 포트 측정
② 프레임의 중심선 측정
③ 프레임 센터의 개구부 측정
④ 프레임 행거 측정

해설 프레임 센터링 게이지는 프레임의 중심선, 프레임의 상하 굽음, 프레임의 좌우 굽음, 프레임의 비틀림 등을 측정한다.

ANSWER　54.④　55.③　56.③　57.③　58.④　59.①　60.②

2014년 2회 기출문제

01. 밸브 스프링의 서징 현상을 방지하는 방법으로 틀린 것은?
① 피치가 작은 스프링을 사용한다.
② 피치가 서로 다른 이중 스프링을 사용한다.
③ 원추형 스프링을 사용한다.
④ 스프링의 고유 진동수를 높인다.

해설 서징이란 코일 스프링의 고유 진동수와 급격한 고속 회전의 밸브개폐로 인한 강제 진동이 같든지 혹은 정수배로 공진하여 캠의 작동과는 상관없이 스프링의 위아래로 오르내리는 현상이다. 서징이 발생하면 밸브는 캠의 작동과는 무관한 불규칙한 운동을 하게 되고, 스프링 일부에 큰 압축힘이나 변형이 생겨 스프링이 절손되기도 한다. 또한, 밸브 타이밍이 틀려지고, 기관 회전의 부조를 가져온다. 서징을 방지하려면 첫째, 부동피치의 스프링을 사용하고, 둘째 고유진동수가 다른 스프링을 안쪽과 바깥쪽으로 된 이중스프링을 사용한다. 셋째, 부등피치의 원뿔형 스프링을 사용한다.

02. 디젤기관의 노크를 방지하는 방법으로 틀린 것은?
① 냉각수의 온도를 내려서 연소실 온도를 낮춘다.
② 연료입자를 가능한 작게 한다.
③ 세탄가가 높은 연료를 사용한다.
④ 착화지연 기간 중에 분사량을 적게 한다.

해설 디젤의 연료는 경유로 냉각수의 온도가 높을수록 실린더내 온도가 높아 자기착화를 잘 일으키게 되므로 노킹을 방지할 수 있다.

03. 디젤 기관에서 연소실의 종류에 해당되지 않는 것은?
① 예연소실식 ② 와류실식
③ 공기실식   ④ 축압실식

해설 디젤 기관의 연소실에는 직접분사실식, 예연소실식, 와류실식, 공기실식 등 4가지가 있다.

04. LPI(Liquified Petroleum Injection)연료장치에서 인젝터에 장착된 아이싱 팁의 역할로 옳은 것은?
① 연료분사 후 발생되는 기화잠열을 없애기 위해
② 연료분사 후 역화에 의한 인젝터를 보호하기 위해
③ 연료분사 후 인젝터 후적을 방지하기 위해
④ 연료분사 후 발생되는 인젝터 과열을 방지하기 위해

해설 LPI는 액화석유분사를 뜻하며, LPG를 액화하여 분사함을 말한다. 아이싱이란 결빙(어는 것)을 말하며, 아이싱 팁은 인젝터의 연료분사로 인한 결빙을 방지하기 위해서 만든 팁(노즐)을 말한다.

05. 4행정 자동차용 기관의 윤활방식으로 틀린 것은?
① 혼합식   ② 비산식
③ 비산 압력식 ④ 전 압력식

해설 윤활방식에는 비산식, 전압력식, 비산압력식 등이 있고, 윤활유 여과방식에는 전류식, 분류식, 샨트식이 있다.

06. 연소실 체적이 45cm³, 압축비가 7.3일 때 이 기관의 행정체적은 약 몇 cm³인가?
① 283.5   ② 293.5
③ 328.5   ④ 373.5

해설
$$압축비(\epsilon) = \frac{행정체적 + 연소실체적}{연소실체적} = \frac{x+45}{45} = 7.3$$
$x = 7.3 \times 45 - 45 = 283.5 \mathrm{cm}^3$이다.

ANSWER 01.① 02.① 03.④ 04.① 05.① 06.①

07. 실린더 지름이 80mm, 행정이 80mm, 기관의 회전수가 1500rpm인 기관의 피스톤 평균속도는?(단, 크랭크 암과 커넥팅로드의 비 λ=3.6이다.)

① 3.5m/s ② 4m/s
③ 4.5m/s ④ 5m/s

해설 피스톤속도 $(v) = \dfrac{2LN}{60(s)}$ 에서 구한다.
L은 행정, N은 rpm이다.
$v = \dfrac{2LN}{60(s)} = \dfrac{0.08(m) \times 1500}{30(s)} = 4m/s$

08. 디젤 기관에서 연료의 저위 발열량이 13000kcal/kg이고, 연료소비율이 135g/PS-h일 때 제동 열효율은?

① 약 30% ② 약 36%
③ 약 42% ④ 약 52%

해설 제동열효율(η_b)

$= \dfrac{1}{\text{저위발열량}(H_L) \times \text{제동연료소비율}}$

$\eta_b = \dfrac{1}{13000(kcal/kg) \times 135(g/PS-h)}$

$= \dfrac{1PS}{13000(kcal/kg) \times 0.135(kg/h)}$

$= \dfrac{632.3(kcal/h)}{13000 \times 0.135(kcal/h)} = 0.36028$

09. 기관의 제동연료 소비율이 400g/kWh, 기관의 제동마력이 70kW, 연료의 저위발열량이 46200kJ/kg, 기관의 냉각손실이 30%일 때 냉각손실 열량은?

① 388080kJ/h ② 488080kJ/h
③ 588080kJ/h ④ 688280kJ/h

해설 제동연료소비율 = $\dfrac{\text{제동연료소비량}(kg/h)}{\text{제동마력}(kW)}$

제동연료소비량(kg/h) = 제동마력 × 제동연료소비율
$= 70kW \times 0.4(kg/kW-h) = 28kg/h$
연료마력 = 저위발열량 × 연료소비량이므로,
$N_f = 46200(kJ/kg) \times 28(kg/h) = 1293600 kJ/h$ 이고,
냉각손실량 = 연료마력 × 냉각손실율이므로,
냉각손실량$(kJ/h) = 1293600 \times 0.3 = 388080 kJ/h$

10. 흡입 공기량의 계측방식에서 공기량을 직접 계측하는 센서의 형식으로 틀린 것은?

① 핫 필름식
② 칼만 와류식
③ 핫 와이어식
④ 맵 센서식

해설 직접 계측하는 센서로는 베인식, 칼만 와류식, 핫 필름(와이어)식 등이 있고, 간접 계측하는 센서로는 흡입부압을 검출하여 공기압을 예측하는 MAP타입이 있다.

11. 전자제어 가솔린 기관에서 흡기계통의 부품으로 틀린 것은?

① 공기유량센서 ② 스로틀보디
③ 서지탱크 ④ 산소센서

해설 산소센서는 배기다기관에 위치하여 배기가스의 산소농도를 측정하므로서 희박과 농후 연소를 검출한다.

12. 디젤 기관의 연소실 중 예연소실식과 비교하였을 때, 직접분사실식의 특징을 설명한 것으로 옳은 것은?

① 열손실이 비교적 적다.
② 압축압력이 낮다.
③ 연소실 구조가 복잡하다.
④ 열효율이 낮고 연료소비율이 크다.

해설 예연소실식은 직접분사실식에는 없는 예연소실을 가지고 있으므로, 그 만큼 폭발하는 가스가 접촉하는 면적이 넓게 되므로, 열손실이 많다.

13. 촉매 변환기의 정화율이 가장 높은 공기와 연료의 혼합비는?

① 최대출력 혼합비
② 최소출력 혼합비
③ 이론 공기연료 혼합비
④ 희박 공기연료 혼합비

해설 일산화탄소, 탄화수소, 질소산화물의 정화율이 가장 좋은 곳이 이론혼합비 부근이다. 따라서 산소센서를 부착하여 이론혼합비 여부를 파악하고 항상 이론혼합비가 되도록 제어한다.

14. 전자제어 가솔린 기관에 대한 설명으로 ( )안에 적합한 내용은?

> 감속 시는 스로틀 밸브가 ( ) 때문에 흡기관 내 압력은 ( )지고 흡기밸브 및 그 주위의 부착연료는 기화가 촉진되며 가속 시와는 반대로 공연비가 ( )해지므로 그 분량만큼 연료의 ( )이 필요하다.

① 열리기, 낮아, 농후, 감량
② 열리기, 높아, 희박, 증량
③ 닫히기, 낮아, 농후, 감량
④ 닫히기, 높아, 희박, 증량

해설 스로틀밸브 이후에 인젝터가 있으므로, 감속하면 스로틀밸브가 닫히게 되고 흡기다기관 내부의 압력은 피스톤의 왕복운동에 의해 낮아지게 되고 연료가 잘 분해(기화)된다.

15. 전자제어 가솔린 기관에서 인젝터 제어에 대한 내용으로 틀린 것은?

① 흡기온도, 냉각수 온도에 따라 기본분사량을 결정한다.
② 산소센서를 이용하여 연료 분사량을 피드백 제어한다.
③ ECU는 인젝터의 통전 시간을 결정한다.
④ 배터리 전압이 낮으면 인젝터 통전시간을 연장시킨다.

해설 인젝터의 통전시간을 제어하면 분사량이 제어된다. 기본분사량은 크랭크각센서에 의한 회전속도와 흡기유량센서에 의한 흡입공기량에 의해 결정된다.

16. 디젤 기관의 연소에 영향을 미치는 요소로 가장 거리가 먼 것은?

① 세탄가의 영향
② 옥탄가의 영향
③ 공기 유동의 영향
④ 분무의 영향(무화, 관통력)

해설 옥탄가는 가솔린 기관의 연료를 나타낼 때 사용한다.

17. 자동차용 가솔린 연료의 구비 조건으로 거리가 먼 것은?

① 공기와 혼합이 잘될 것
② 연료 계통의 부품에 부식을 주지 않을 것
③ 적당한 휘발성이 있을 것
④ 블로-바이(blow-by) 가스가 적을 것

해설 블로바이 가스란 연소실에서 폭발한 가스가 실린더와 피스톤(링) 사이를 지나 크랭크케이스로 흐르는 가스를 말한다. 이는 실린더의 마모나 피스톤링의 마모에 의해서 생긴다.

18. 터보차저 기관의 특징으로 틀린 것은?

① 배기가스의 동력을 이용한다.
② 충진 효율의 증가로 연료소비율이 낮아진다.
③ 기관의 압축비를 높일 수 있어서 유리하다.
④ 같은 배기량으로 높은 출력을 얻을 수 있다.

해설 압축비는 실린더체적을 연소실체적으로 나눈 값을 말하는데, 이는 가변압축비기관을 제외한 모든 기관에서 바뀌지 않는다. 즉 생산되면 그 값을 유지한다.

19. np관리도에서 시료군마다 시료수(n)는 100 이고, 시료군의 수(k)는 20, $\Sigma np=77$ 이다. 이때 np관리도의 관리상한선(UCL)을 구하면 약 얼마인가?

① 8.94   ② 3.85
③ 5.77   ④ 9.62

해설 $UCL = nP + 3\sqrt{nP(1-P)}$ 이므로, 여기서 P는 총제품의 수에 대한 총부적합품수의 비를 말하고, 문제에서 $\sum_{k=1}^{20} nP = 77$ 이라는 말을 정확하게 표현하면 (시료군 20개), 이 말은 시료군 20개의 nP를 모두 더한 것이 77이므로, 시료군 각각의 $nP = \frac{77}{20} = 3.85$,

n = 100이므로, nP = 100 × P = 3.85에서

$P = \frac{3.85}{100} = 0.0385$ 이다. 그대로 대입하면,

$UCL = 100 \times 0.0385 + 3\sqrt{100 \times 0.0385(1-0.0385)}$
= 9.62로 계산된다.

ANSWER 14.③ 15.① 16.② 17.④ 18.③ 19.④

20. 그림의 OC곡선을 보고 가장 올바른 내용을 나타낸 것은?

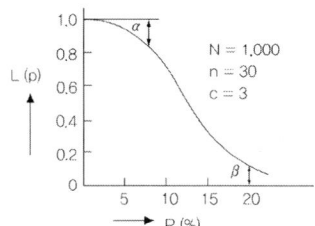

① α : 소비자 위험
② L(P) : 로트가 합격할 확률
③ β : 생산자 위험
④ 부적합품률 : 0.03

해설 OC곡선이란 로트의 불량률에 따른 로트의 합격확률을 구하여 불량률을 x축, 로트의 합격확률을 y축으로 하여 그래프로 나타낸 것을 말하는 것으로, 품질이 좋은 로트와 나쁜 로트를 구분하는 샘플링 검사방식이다. 여기서 생산자 위험을 α로, 소비자 위험을 β로, 로트의 합격률을 L(p)로, 로크의 불합격 확률 R(p)은 1-L(p)가 된다.

21. 미국의 마틴 마리에타사(Martin Marietta Corp.)에서 시작된 품질개선을 위한 동기부여 프로그램으로, 모든 작업자가 무결점을 목표로 설정하고, 처음부터 작업을 올바르게 수행함으로써 품질비용을 줄이기 위한 프로그램은 무엇인가?
① TPM 활동   ② 6시그마 운동
③ ZD 운동   ④ ISO 9001 인증

해설 TPM활동: 설비 본연의 모습을 추구해가면서 업무와 관련된 모든 손실(loss)를 제로로 만들어가는 활동, 6시그마 운동: 인간과 조직에 대한 심오한 이해를 바탕으로 한 변화운동으로 질(質) 경영 운동을 말함, ISO 9001인증: 품질경영시스템을 말함

22. 다음 중 단속생산 시스템과 비교한 연속생산 시스템의 특징으로 옳은 것은?
① 단위당 생산원가 낮다.
② 다품종 소량생산에 적합하다.
③ 생산방식은 주문생산방식이다.
④ 생산설비는 범용설비를 사용한다.

해설 생산을 연속여부에 따라 단속과 연속시스템으로 나눈다. 단속생산은 보통 주문생산, 다품종소량생산, 생산속도 느림, 단위당 생산원가가 높으며, 연속생산은 예측생산, 소품종대향생산, 생산속도 빠름, 단위당 생산원가가 낮은 특성이 있다.

23. 일정 통제를 할 때 1일당 그 작업을 단축하는데 소요되는 비용의 증가를 의미하는 것은?
① 정상소요시간(Normal duration time)
② 비용견적(Cost estimation)
③ 비용구배(Cost slope)
④ 총비용(Total cost)

해설 정상소요시간이란 작업을 수행하는 시간을 말하며, 비용구배는 작업을 1일 단축하는데 추가되는 직접비용으로 식으로 표현하면,
비용구배 = $\frac{특급비용 - 표준비용}{표준시간 - 특급시간}$ 이다.

24. MTM(Method Time Measurement)법에서 사용되는 1TMU(Time Measurement Unit)는 몇 시간인가?
① $\frac{1}{100000}$ 시간   ② $\frac{1}{10000}$ 시간
③ $\frac{6}{10000}$ 시간   ④ $\frac{36}{1000}$ 시간

해설 1TMU(Time Measurement Unit)=0.00001시간=0.0006분=0.036초 이다.

25. ABS장치에서 모듈레이터의 구성 요소로 틀린 것은?
① 컨트롤 피스톤   ② 어큐뮬레이터
③ 휠 속도 센서   ④ 솔레노이드 밸브

해설 휠속도센서는 휠의 속도는 측정하는 것으로 바퀴쪽에 설치되어 있다. 하이드롤릭 유닛(모듈레이터)에는 프로포셔닝밸브, 체크밸브, 솔레노이드밸브, 리저브펌프, 어큐뮬레이터 등이 있다.

26. 구동 바퀴의 반경이 0.4m인 자동차가 48km/h로 주행 시 바퀴의 회전력이 12kgf·m라면 구동력은 몇 kgf인가?(단, 마찰계수는 무시함)
① 4.8   ② 10
③ 30   ④ 33

해설 회전력(토크, T)는 접선력(구동력)과 반경의 곱이

다. $T = F \times r$로 표시한다. 따라서 구동력은 다음과 같이 구해진다. $F = \dfrac{T}{r} = \dfrac{12(\text{kgf}-\text{m})}{0.4(\text{m})} = 30 \text{kgf}$

27. 진공식 분리형 제동 배력 장치(하이드로 마스터)의 릴레이 밸브 및 릴레이 밸브 피스톤에 대한 설명으로 틀린 것은?
① 릴레이 밸브 피스톤의 움직임에 의해 파워 피스톤의 좌우 챔버에 대기압을 도입하거나 차단하는 일을 한다.
② 에어 밸브와 진공 밸브는 1개의 축으로 연결되어 있다.
③ 릴레이 밸브 피스톤은 마스터 실린더에서 보내오는 유압을 받아 릴레이 밸브를 작동시킨다.
④ 릴레이 밸브 피스톤의 일단에는 통기구멍이 있는 다이어프램이 있으며 그 중앙부에는 진공밸브와 밀접하여 밸브 시트가 설치되어 있다.

해설 파워 피스톤은 실제 제동 유압을 만들어내는 피스톤을 말한다. 릴레이밸브 피스톤은 마스터 실린더의 유압에 의해 작동하여 그 끝에 있는 진공밸브와 에어밸브를 작동하게 한다. 브레이크 페달을 밟으면, 마스터 실린더 유압에 의해 진공밸브가 닫히고 에어밸브가 열려 동력피스톤에 대기압이 작동하게 된다.

28. 전자제어 조향장치의 구성요소가 아닌 것은?
① 유량 제어 밸브 ② 조향 각 센서
③ 차속 센서 ④ G 센서

해설 G센서는 가속도센서로, 전자현가장치나 에어백장치에 사용된다.

29. 전자제어 자동변속기에서 컨트롤 유닛의 입력요소로 틀린 것은?
① 스로틀 포지션 센서
② 유온 센서
③ 입·출력속도 센서
④ 록 업 솔레노이드

해설 컨트롤 유닛의 입력으로는 스위치, 센서 등이 사용되고, 출력으로는 밸브, 릴레이, TR 등이 사용된다. 록 업 솔레노이드 밸브는 출력이다.

30. 리어 차축의 액슬 하우징 형식으로 틀린 것은?
① 벤조형 ② 빌드업형
③ 전부동형 ④ 스플릿형

해설 리어 차축 하우징의 종류에는 벤조형, 분할(split)형, 빌드업(build-up)형 등이 있다. 액슬축 지지형식에는 반부동식, 3/4부동식, 전부동식 등으로 구분된다.

31. 변속기 입력축의 토크가 4.6kgf·m이고 변속비(감속)가 1.5일 때 출력축의 토크는?
① 약 3.0kgf·m
② 약 4.5kgf·m
③ 약 6.9kgf·m
④ 약 7.9kgf·m

해설 변속비(T_t)는 회전수(N)와 비례하고, 지름(D)과 반비례한다. 지름과 토크(T)는 비례하므로, 토크(T)는 변속비와 반비례한다. 이를 식으로 표현하면

$T_t = \dfrac{N_a(원동)}{N_b(피동)} = \dfrac{D_b}{D_a} = \dfrac{T_b}{T_a}$ 이므로, 이에 대입하자.

$1.5 = \dfrac{T_b}{T_a} = \dfrac{T_b}{4.6(kgf-m)}, \quad T_b = 1.5 \times 4.6$
$= 6.9 \text{kgf}-\text{m}$

32. 그림과 같은 단순유성기어 장치를 이용할 때 어느 경우든 증속되는 경우는?

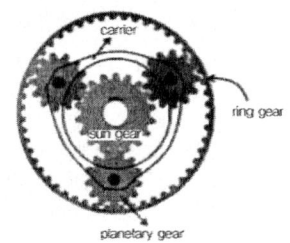

① 유성 캐리어를 구동시킨다.
② 선기어를 구동시킨다.
③ 유성 캐리어를 고정시킨다.
④ 선기어를 고정하고 링기어를 구동시킨다.

해설 증속을 위해서는 구동을 유성 캐리어로 하고, 링기어나 선기어 중에서 하나를 고정하고 나머지 하나를 피동하면 된다. 감속을 위해서는 반대로 행하면 된다(링거어나 선기어 중에서 구동과 고정, 유성캐리어로 피동), 유성캐리어를 고정하면 역전현상이 생긴다.

33. 자동차용 타이어를 안전하게 사용하는 방법으로 틀린 것은?
① 정기적으로 앞·뒤, 좌·우 타이어를 서로 교환하여 사용한다.
② 하이드로플레이닝을 방지하기위해 공기압을 낮추고 가능한 한 러그 패턴을 사용한다.
③ 타이어의 온도가 임계온도보다 높게 상승되지 않도록 하기 위해 급가속 운전을 하지 않는다.
④ 타이어의 마모를 방지하기 위하여 정기적으로 타이어 공기압을 점검하여 부족 시 보충한다.

해설 하이드로플레이닝 현상은 수막현상을 말하며, 이를 방지하기 위해서는 트레드의 마멸이 적은 타이어를 사용하고, 타이어의 공기압을 높이며, 리브 패턴형 타이어를 사용해야 한다.

34. 공기식 브레이크 장치에서 브레이크 드럼을 탈거할 때 에어 압력이 저하되어 주차 브레이크가 채워지지 않도록 하는 조치 방법은?
① 스프링 브레이크 실린더의 릴리즈 실린더 볼트를 풀어 놓고 작업한다.
② 철사 또는 고정 와이어를 이용하여 슈가 벌어지지 않게 고정한 후 작업한다.
③ 스프링 브레이크 실린더에 공급된 압축공기 파이프를 분리한다.
④ 로드 센싱 밸브의 입구와 출구의 압력 차이가 발생하지 않도록 압력을 유지한다.

해설 릴리즈 밸브는 브레이크 밸브와 앞 브레이크 챔버 사이에 설치되어 있으며, 브레이크 페달을 놓으면 압축공기를 신속히 배출시켜 브레이크를 푸는 작용을 한다.

35. 제동 시 브레이크 페달이 점점 딱딱해지는 원인으로 옳은 것은?
① 마스터 실린더 1차 피스톤 컵의 누유
② 브레이크액의 부족
③ 휠 실린더의 누유
④ 마스터 실린더 체크 밸브의 고착

해설 릴리즈 밸브는 브레이크 밸브와 앞 브레이크 챔버 사이에 설치되어 있으며, 브레이크 페달을 놓으면 압축공기를 신속히 배출시켜 브레이크를 푸는 작용을 한다.

36. 공기 현가장치에서 공기 저장탱크와 서지탱크를 연결하는 배관 도중에 설치되어 자동차의 높이를 일정하게 유지시키는 밸브는 어느 것인가?
① 레벨링 밸브   ② 서브 밸브
③ 메인 밸브   ④ 섭동 밸브

해설 레벨링밸브는 공기 저장탱크와 밸로즈를 연결하는 배관 도중에 설치되어 차량에 무게에 의한 높이를 일정하게 유지시켜준다.

37. 디젤 차량의 매연측정 시 무부하 급가속 측정법으로 실시하는 이유에 대한 설명으로 틀린 것은?
① 무부하 공회전에서 급가속하여 일정시간을 지속하면 많은 흑연을 배출하기 때문이다.
② 연료 공급량이 증가될 때 공기 과잉률이 적게 되면 흑연의 발생이 많아지기 때문이다.
③ 급가속 때 분사펌프의 연료의 증량에 비해 엔진의 회전이 늦게 상승하기 때문에 연료의 연소반응이 나빠지기 때문이다.
④ 급가속 때 분사펌프의 콘트롤 랙(control rack)이 일정시간 경과 후 이동함으로 인해 다량의 연료를 분사하기 때문이다.

해설 급가속을 하면 분사펌프의 랙은 미세한 작동지연이 생기고 이 지연은 연료의 공급량을 증가시키지 못하게 하므로, 엔진 회전이 약간 늦게 상승한다.

38. 자동차 차륜 정렬에서 한쪽 바퀴가 차축 반대편 바퀴에 비해 뒤쪽에 있는 상태를 무엇이라 하는가?
① 협각   ② 셋 백
③ 스러스트 각   ④ 스크러브 레디우스

해설 협각이란 캠버각과 킹핀경사각을 합한 각, 셋백이란 차륜 정렬에서 한쪽 바퀴가 차축 반대편 바퀴에 비해 뒤쪽에 있는 상태, 스러스트각이란 차체 중심선과 차가 나아가려고 하는 라인과 이루는 각, 스크러브 레디우스(킹 핀 옵셋)이란 앞바퀴를 앞에서 보았을 때 타이어 중심선과 킹 핀 중심선이 지면에서 만나는 거리를 말한다.

ANSWER 33.② 34.① 35.④ 36.① 37.④ 38.②

39. 조향각을 일정하게 하고 차의 속도를 증가시켰을 때 선회 반경이 커지는 현상은?
① 뉴트럴 스티어링
② 오버 스티어링
③ 언더 스티어링
④ 리버스 스티어링

해설 언더스티어링은 원하는 조향각 보다 작게 조향되는 상태로 회전 반경이 커지게 된다.

40. 토크 컨버터에서 토크 변환율이 최대가 될 때는?
① 터빈이 정지 상태에서 회전하려고 할 때
② 터빈이 펌프의 1/3 회전할 때
③ 터빈이 펌프의 1/2 회전할 때
④ 펌프와 터빈이 회전 속도가 거의 같아졌을 때

해설 토크 컨버터의 토크변환율이 가장 큰 곳은 막 출발하려는 상태 즉 펌프임펠러가 변속기유를 터빈에 공급하는 순간이다. 토크의 변화가 없는 점을 클러치점이라 한다.

41. 전자제어 현가장치(ECS)의 설명으로 틀린 것은?
① 스텝 모터가 고장이 나면 감쇠력 제어를 할 수 없다.
② 액셀 포지션 센서 신호는 급가속 시 앤티 스쿼트 제어에 주로 사용된다.
③ 인히비터 스위치 신호는 N→D, N→R 변환 시 진동을 억제하기 위한 차고 제어에 사용된다.
④ 에어 탱크는 압축 공기를 저장하는 장치이다.

해설 인히비터 스위치는 금지하는 스위치이다. 즉, 중립이나 파킹 외에서는 시동이 걸리지 않게 하는 스위치이다.

42. 주행 중 급브레이크 또는 코너링 시에 발생되는 타이어 트레드 고무와 노면상의 미끄럼에 의한 소음은?
① 펌핑(pumping) 소음
② 트레드(tread) 충돌 소음
③ 카커스(carcase) 진동 소음
④ 스퀼(squeal) 소음

해설 스퀼 소음이란 가속, 제동, 선회시 타이어와 노면 사이의 미끄럼에 의해서 발생하는 소음을 말함

43. 자동차의 주행저항에 해당되지 않은 것은?
① 구름 저항   ② 공기 저항
③ 등판 저항   ④ 구동 저항

해설 주행저항에는 구름 저항, 공기 저항, 구배(등판) 저항, 가속 저항 등으로 구분된다.

44. 기동전동기에서 계자 철심의 역할은?
① 관성을 크게 하는 것이다.
② 전기자 코일을 절연한다.
③ 계자 코일이 감겨 있으며 자계를 형성한다.
④ 전기자 코일에 전류를 유출입 시킨다.

해설 계자철심에는 계자 코일이 감겨 전기가 흐를 시에 자계를 형성한다.

45. 보기의 자동차용 계기장치에서 작동원리가 유사하게 짝지어진 것은?

[보기]
(1) 기관 회전계   (2) 유압계
(3) 충전경고등   (4) 연료계
(5) 수온계   (6) 차량 속도계

① (3)-(5)   ② (1)-(2)-(4)
③ (1)-(6)   ④ (2)-(4)-(6)

해설 기관회전계와 차량속도계의 경우 속도가 빠르면 전기생산량을 많이 해서 지침을 당겨서 큰 값에 위치하게 한다.

46. 에어백 시스템의 클럭 스프링에 관한 설명으로 틀린 것은?
① 정면 충돌을 감지하는 센서이다.
② 운전석 에어백 모듈과 에어백 컨트롤 유닛 회로를 연결시켜 주는 일종의 배선이다.
③ 클럭 스프링을 취급함에 있어 감김이 멈출 때 과도한 힘을 가하지 않도록 한다.
④ 스티어링 휠과 스티어링 컬럼 사이에 장착된다.

해설 정면 충돌을 감지하는 센서는 전면 에어백 센서이다.

ANSWER 39.③ 40.① 41.③ 42.④ 43.④ 44.③ 45.③ 46.①

47. 가솔린기관에서 점화플러그의 자기청정 온도로 옳은 것은?

① 약 100~150℃ ② 약 200~350℃
③ 약 450~600℃ ④ 약 900~1000℃

해설 자기청정이란 스스로 깨끗하게 하는 것으로 450~600℃를 자기청정온도라 한다. 이 온도보다 높으면 조기점화, 이 온도보다 낮으면 실화가 생길 가능성이 높다.

48. 자동차용 교류 발전기에서 Y 결선 스테이터 코일에 대한 내용으로 틀린 것은?

① 각 코일의 한 끝은 공통점으로 접속하고 다른 쪽 끝을 각각 결선한 것이다.
② 선간전압은 각 상전압의 배가 된다.
③ 전류를 이용하기 위한 결선 방법이다.
④ 저속에서 발생 전압이 높다.

해설 Y결선은 스타결선이라고 하며, 선간전압이 상전압의 √3 배이며 저속회전에서 충전이 가능하게 한다. 전압을 이용한 결선방법이라 할 수 있다.

49. 축전기의 정전 용량을 설명한 내용으로 틀린 것은?

① 금속판의 면적에 비례한다.
② 가해지는 전압에 비례한다.
③ 금속판 사이 절연체의 절연도에 비례한다.
④ 금속판 사이의 거리에 비례한다.

해설 정전용량(C)은 금속판 사이의 거리(t)에 반비례한다. 식으로 표현하면
$C = \dfrac{Q}{V} = \epsilon \times \dfrac{A}{t}$로, ϵ는 극판간 물질의 비유전율, A는 극판면적을 뜻한다.

50. 50m 떨어진 거리에서 자동차 전조등의 조도를 측정하였더니 8룩스(lux)가 나왔으면 광도는?

① 12500cd ② 15000cd
③ 20000cd ④ 22000cd

해설 조도는 광도를 거리의 제곱으로 나눈값이다. 이를 식으로 표현하면,
조도(lux) = $\dfrac{cd}{r^2}$, cd = 조도(lux) $\times r^2$
$= 8 \times 50^2 = 20000 cd$로 계산된다.

51. PNP형 트랜지스터의 작동 시점으로 옳은 것은?

① 베이스에 (+)전원이 인가될 때
② 베이스에 (-)전원이 인가될 때
③ 베이스가 개회로일 때
④ 베이스 (+)전원이 폐회로일 때

해설 PNP형 TR이 작동하기 위해서는 중간에 있는 N에 (-)전원이 가해져야 한다.

52. 냉방장치에서 냉매 중의 수분이나 이물질을 제거하는 기능을 가진 부품은?

① 팽창 밸브(expansion valve)
② 콘덴서(condenser)
③ 리시버 드라이어(receiver drier)
④ 압축기(compressor)

해설 리시버 드라이어는 냉매를 받아 건조시키는 부품이다. 즉, 응축기로부터 냉매를 받아 냉매 속의 수분이나 이물질을 제거한 후 팽창밸브로 냉매를 보낸다.

53. 스포트 용접의 3대 요소는?

① 용접 전류, 전극의 가압력, 통전 시간
② 전극의 가압력, 통전 시간, 전극봉 직경
③ 통전 시간, 통전 전압, 통전 전류
④ 용접 전류, 전극봉 직경, 통전 시간

해설 스폿용접의 3대 요소는 용접전류, 통전시간, 가압력이다. 용접은 가압 → 통전 → 냉각 고착순서로 행해진다.

54. 일체형 차체인 모노코크 바디의 특징이 아닌 것은?

① 일체형 구조이므로 중량이 가볍다.
② 단독 프레임이 없기 때문에 차고가 높다.
③ 차량 충돌 시 충격 흡수율이 좋고 안전성이 높다.
④ 충돌 사고 시 손상형태가 복잡하여 복원수리가 비교적 어렵다.

해설 **모노코크 보디의 장단점**
① 장점
– 차체의 중량이 가볍고 강성이 크다. 얇은 강판을 여러 가지 형상으로 프레스 성형하여 전기저항 점용접에 의해 일체화시키면 차체를 경량화 하면서 큰 강성을 얻을 수 있다.

ANSWER 47.③ 48.③ 49.④ 50.③ 51.② 52.③ 53.① 54.②

- 생산성이 좋다. 후판의 프레스 가공이 필요없고, 박판으로 열변형이 없는 점용접으로 바디 조립의 자동화가 가능하다.
- 차고를 낮게 하고 차량의 무게중심을 낮출 수 있다. 따라서 객실 공간이 넓고 주행 안전성이 있다.
- 충돌 시 충격에너지 흡수효율이 좋고 안전성이 높다. 박판으로 조립되어 있기 때문에 충돌시와 같이 큰 외력이 가해진 경우에는 국부적으로 변형이 크고 객실 부분에는 영향이 적다.

② 단점
- 소음이나 진동의 영향을 받기 쉽다. 엔진이나 섀시가 직접적으로 차체에 부착되므로 이들을 고정하기 위한 마운팅 지지법 등에 고도의 기술을 필요로 한다.
- 일체구조이기 때문에 충돌에 의한 손상이 복잡하여 복원 수리가 비교적 어렵다.

55. 강판이 외력을 받았을 때 응력이 집중되는 부분으로 틀린 것은?
① 2중 강판 부분
② 구멍이 있는 부분
③ 단면적이 적은 부분
④ 곡면이 있는 부분

해설 외력을 받아 응력이 집중되는 곳은 구멍이 있는 부분, 단면적이 작아지는 부분, 곡면이 있는 부분 등이다.

56. 모노코크 바디의 손상된 차체수정을 위한 기본고정시 가장 적합한 위치는?
① 센터 필러 전후면
② 카울라인 상하면
③ 사이드 실 아래 플랜지면
④ 손상부위에 따라 다르다.

해설 모노코크 바디에서 손상된 차체수정을 위해 기본적으로 고정하는 위치는 사이드 실 아래 플랜지면이다.

57. 자동차 생산라인 도장에서 엔진 룸, 후드 내부, 트렁크 내부, 트렁크 룸 등 내부도장으로 가장 적합 한 것은?
① 하이 솔리드 타입(상도)의 도료 사용
② 외부용 중도제(프라이머) 사용
③ 폴리에스테르 퍼티 사용
④ 엘포 도료로 하도용 사용

해설 하이(high) 솔리드형 도료란 도장할 때의 고형 성분이 용제형 도료 또는 로(low) 솔리드형 도료에 비하여 15~25% 정도 높은 도료를 말한다.

58. 바탕처리(탈지, 탈청, 오염물 제거 등)를 소홀히함으로써 발생되는 결과로 틀린 것은?
① 크레터링(cratering)
② 부풀음(blistering)
③ 부착불량(peeling)
④ 오렌지 필(orange peel)

해설 블리스터(blister)란 하절기에 오랫동안 비를 맞았을 때 도면에 부풀음에 의한 물집이 생기는 상태를 말한다. 필링(peeling)이란 상도막 또는 하도 칠이 벗겨지는 상태이거나 칠이 철판 또는 밑바탕에서 벗겨지는 상태를 말한다. 오렌지 필은 도막의 편평성이 불량하여 귤껍질처럼 요철의 모양으로 되어 있는 현상으로 피도물의 온도가 고온일 경우, 스프레이건의 운행 속도가 빠를 경우, 스프레이건의 거리가 먼 경우, 패턴이 불량한 경우, 도료의 점도가 높을 경우, 시너의 증발이 빠른 경우에 발생한다.

59. 도장 장비 중 공기 압력조절 및 부분적으로 오염물, 수분을 제거할 수 있어 스프레이건과 가까이 둔 것은?
① 에어 컴프레서
② 에어 드라이어
③ 에어 샌더
④ 에어 트랜스포머

해설 에어 트랜스포머란 압축 공기로부터 나오는 공기의 압력을 감쇄하거나 제어하는 데 사용하는 장치로, 통과하는 공기를 정화하는 필터가 있다.

60. 메탈식 색상의 조색에서 차체 색상보다 도료 색상이 어두워 원색 도료를 투입하고자 할 때 적당한 조색제는?
① 백색(화이트)
② 투명 백색(화이트)
③ 회색(그레이)
④ 알루미늄(실버)

해설 도료색상이 어둡기 때문에 밝게 하기 위해서 가장 적당한 조색제는 알루미늄(은분)이다. 동일 은분보다 소량 은분으로 조색하면 밝게 할 수 있다.

ANSWER 55.① 56.③ 57.① 58.④ 59.④ 60.④

2015년 1회 기출문제

자동차정비기능장

01. 증발가스 제어장치의 퍼지 컨트롤 솔레노이드 밸브(PCSV)의 작동을 설명한 것으로 틀린 것은?
① 일정시간 작동하다가 캐니스터에 포집된 증발가스가 없다고 ECU에서 판단되면 작동 중지됨
② 퍼지 컨트롤 솔레노이드 밸브는 평상시 열려있는 방식(NORMAL OPEN)의 밸브임
③ 공회전 상태에서도 연료 탱크 및 증발가스 라인의 압력을 줄이기 위해 작동은 되나 주로 공회전 이외의 영역에서 작동함
④ 엔진이 워밍업된 상태에서 작동함

해설 PCSV는 평상시에 닫혀있다. ECU에 의해 밸브가 개폐된다. 즉 엔진의 상태에 따라 닫혀있던 PCSV를 ECU가 접지함으로서 개방된다.

02. 자동차 센서 중에 부특성(NTC) 서미스터를 이용한 것은? ★ 97년 전반
① 대기압 센서(BPS)
② 수온 센서(WTS)
③ 공기유량 센서(AFS)
④ 노크 센서(Knock Sensor)

해설 부특성이란 온도가 올라가면 저항이 내려가는 성질을 말한다. 온도센서에 많이 이용된다.

03. 자동차용 라디에이터 구비조건으로 틀린 것은?
① 단위 면적당 방열량이 작아야 한다.
② 소형 경량으로 튼튼한 구조이어야 한다.
③ 공기의 흐름저항이 적어야 한다.
④ 냉각수의 흐름이 원활해야 한다.

해설 라디에이터란 열을 방출하는 방열기이다. 따라서 냉각을 잘 시키기 위해서는 방열을 잘 해야 한다. 이를 표현하면 단위 면적당 방열량이 커야한다.

04. 동일한 배기량의 가솔린 기관에 대한 디젤 기관의 장점이 아닌 것은?
① 열효율이 높다.
② CO와 HC 배출물이 적다.
③ 출력당 중량이 작다.
④ 압축비가 높다.

해설 디젤기관은 압축착화기관으로 출력당 무게가 무겁다. 즉 튼튼하게 만들어야 압축에 의한 실린더 내 온도상승을 향상시켜 경우의 착화를 잘 되도록 한다.

05. 밸브 스프링의 서징 현상을 방지하는 대책이 아닌 것은?
★ 99후반 / 2006후반 / 2007후반
① 부등피치의 원추형 코일 스프링 사용
② 피치가 적은 스프링 사용
③ 이중 스프링 사용
④ 부등 피치 스프링 사용

해설 밸브 스프링의 서징을 방지하기 위해서는 부등 피치 스프링을 사용해야 한다. 부등 피치 스프링이란 스프링의 감김 간극이 일정하지 않은 스프링을 말한다. 이렇게 되면 스프링의 고유진동수가 정해지지 않게 되어 서징을 방지할 수 있게 된다.

06. 선택식 환원 촉매(SCR)에 대한 설명 중 틀린 것은?
① 요소수를 이용하여 촉매반응 시킨다.
② 암모니아 슬립현상이 일부 발생한다.
③ 배기가스 중 HC를 다량 제거한다.
④ 디젤 차량에 장착되어 있다.

해설 SCR(Selective Catalytic Reduction, 선택적 촉매 감소)은 Urea(우레아)라는 암모니아 요소수를 이용하여 질소산화물(NOx)을 질소(N_2)나 수증기(H_2O)로 변환시켜 주는 촉매이다.

ANSWER 01.② 02.② 03.① 04.③ 05.② 06.③

07. 자동차 기관에서 오일에 의한 윤활작용에 대한 설명 중 틀린 것은?
① 구동 부위의 소착 및 마모 방지
② 마찰열의 냉각 및 고온부분의 냉각
③ 부식의 발생방지 및 엔진의 신뢰성, 내구성 유지
④ 응력을 집중시켜 엔진 효율 증대

[해설] 오일은 응력을 분산시켜준다. 특히 크랭크축의 저널에 있는 오일은 피스톤에서 발생하는 응력(충격)을 분산시켜 그 충격을 감소시킨다.

08. 기관의 기계효율을 높이기 위한 방법이 아닌 것은?
① 각 부의 윤활을 잘 시켜 저항을 적게 한다.
② 엔진의 평형을 위해 플라이휠의 질량을 크게 한다.
③ 연료펌프, 순환펌프 등 각종 보조장치의 구동 저항을 줄인다.
④ 배기가스의 배출을 방해하는 저항을 줄인다.

[해설] 플라이휠의 무게(질량)는 기통수나 회전속도에 따라 다르다. 기통수가 많을수록, 회전속도가 빠를수록 플라이휠의 무게(질량)는 가볍게 해도 된다.

09. LPG 연료의 특성으로 틀린 것은?
★2003후반
① 발열량은 약 12000 kcal/kg 이다.
② 기화된 상태에서는 공기보다 비중이 작다.
③ 옥탄가가 높아 노킹을 잘 일으키지 않는다.
④ 노멀 부탄과 프로판을 중심으로 한 탄화수소의 혼합물이다.

[해설] LPG가 액체로 존재할 때는 비중이 0.507~0.584로 물(비중 1)보다 가볍지만, 기체가 될 경우 비중이 1.52~2.01로 공기(비중 1)보다 무겁다.

10. 자동차의 배기장치에 대한 설명으로 틀린 것은?
① 기통수가 1개인 기관에서는 실린더에 배기 매니폴드 없이 직접 배기 파이프를 부착한다.
② 배기 파이프는 배기가스를 외부로 방출하는 강관이며, 배기가스 열의 일부를 발산하는 역할도 한다.
③ 소음기를 부착하면 기관의 배압이 감소하고 출력이 높아진다.
④ 배기관은 배기가스의 흐름에 저항을 주지 않아야 한다.

[해설] 소음기란 음을 줄이는 장치이다. 음을 줄이기 위해서는 관 통로를 좁히거나 늘리게 된다. 즉 유체(배기가스)의 흐름을 방해해서 배압을 높이게 되어 출력을 떨어지게 한다.

11. S/B비율(Stroke/Bore ratio)에 관한 내용으로 옳지 않은 것은?
① 스퀘어 엔진은 S/B의 비율이 1인 형식이다.
② 일반적으로 같은 배기량에서는 단행정 기관이 장행정 기관보다 더 큰 출력을 얻을 수 있다.
③ 실용성 측면에서는 장행정 기관이 단행정 기관보다 우수하다.
④ 장행정 기관을 오버 스퀘어 엔진이라고도 한다.

[해설] 행정이 실린더 직경보다 큰 엔진을 장행정기관이라 하고, 언더스퀘어 엔진이라고 한다.

12. 가솔린 기관에서 가솔린 130cm³을 완전 연소시키기 위하여 필요한 공기의 무게는 몇 kgf인가?(단, 가솔린 비중은 0.74, 혼합비는 15이다)
① 1.023
② 1.443
③ 1.525
④ 1.334

[해설] 가솔린 130cm³를 무게로 표시하려면, 비중량 = $\frac{무게}{체적}$ 에서 가솔린의 무게는 다음과 같이 구해진다. 무게=비중량×체적 = 0.74×0.13=0.0962. 따라서, 공기의 무게는 혼합비의 관계에서 가솔린 : 공기 = 1 : 15 = 0.096 : x 이므로, 공기(x)=15×0.096=1.443kgf 으로 구해진다.

ANSWER 07.④ 08.② 09.② 10.③ 11.④ 12.②

13. 자동차 기관의 회전속도가 4500rpm이다. 연소지연 시간이 1/300초라고 하면 연소 지연 시간 동안에 크랭크축의 회전각도는 몇 도인가?
① 70° ② 80°
③ 90° ④ 100°

해설 크랭크축의 회전각
$(\theta) = 360° \times 바퀴수(rpm) \times t(지연시간)$
$= 360° \times \dfrac{바퀴수}{60(s)} \times t(s)$ 이므로 그대로 대입하자.
$\theta = 360° \times \dfrac{4500}{60(s)} \times \dfrac{1}{300}(s) = 90°$ 로 계산된다.

14. 4행정 사이클 기관에서 실린더의 직경×행정이 60mm×80mm인 6기통 기관의 총배기량은?
① 약 1,357cc ② 약 13,570cc
③ 약 4,800cc ④ 약 48,000cc

해설 총배기량 $(V_t) = \dfrac{\pi D^2}{4} \times L(행정) \times Z(기통수)$
$= \dfrac{\pi \times (6cm)^2}{4} \times 8cm \times 6 = 1356.48 cm^3 (cc)$

15. 오버 헤드 캠축 형식에서 실린더 헤드에 캠축이 두 개가 설치된 형식은?
① DOHC ② COHC
③ SOHC ④ TOHC

해설 오버 헤드 캠축이란 Over Head Cam-shaft를 말한다. 캠축이 2개이면 Double을 붙여서 DOHC라고 한다.

16. 가솔린 기관에서 노킹이 일어날 때 연소 상태의 설명으로 틀린 것은?
① 연소 속도와 노킹은 무관하다.
② 화염진행 중 말단부에서 순간적으로 급격히 연소한다.
③ 연소 중 압력파가 일어난다.
④ 평균유효압력이 감소한다.

해설 가솔린 기관에서 노킹은 화염전파 도중에 국부적 압력상승(폭발)이 일어나는 현상으로 연소진행을 방해한다.

17. 디젤 기관의 연소과정 중 정압 연소기간으로 압력의 변화를 분사량의 가감으로 제어할 수 있는 기간은?
① 착화 지연기간 ② 화염 전파기간
③ 직접 연소기간 ④ 후기 연소기간

해설 직접 연소기간은 연료를 분사함과 동시에 연소되는 구간을 말한다. 따라서 분사량의 증감에 의해 압력의 증감을 변화할 수 있다.

18. 디젤 기관의 연료 분사펌프에 장착된 조속기의 기능은?
★ 94년도 / 2003전반·후반 / 2010후반
① 분사시기를 조정한다.
② 분사량을 조정한다.
③ 분사 압력을 조정한다.
④ 착화성을 조정한다.

해설 조속기는 엔진의 회전속도나 부하변동에 따라 자동적으로 연료분사량을 가감한다.

19. 관리도에서 측정한 값을 차례로 타점했을 때 점이 순차적으로 상승하거나 하강하는 것을 무엇이라 하는가?
① 연(run)
② 주기(cycle)
③ 경향(trend)
④ 산포(dispersion)

해설 점이 중심선의 한쪽에 연속해서 나타나는 경우를 연(連, run)이라고 하며, 측정한 값을 차례로 타점했을 때 점이 순차적으로 상승하거나 하강하는 것을 경향(trend, 트렌드)라 한다.

20. 어떤 공장에서 작업을 하는데 있어서 소요되는 기간과 비용이 다음 표와 같을 때 비용구배는?(단, 활동시간의 단위는 일(日)로 계산한다.)
★ 2008후반

정상작업		특급작업	
기간	비용	기간	비용
15일	150만원	10일	200만원

① 50,000원 ② 100,000원
③ 200,000원 ④ 500,000원

해설 비용구배 = $\frac{특급비용 - 정상비용}{정상시간 - 특급시간}$

비용구배 = $\frac{2,000,000 - 1,500,000}{15 - 10}$ = 100,000

(원/일)로 계산된다.

21. 생산보전(PM : productive maintenance)의 내용에 속하지 않는 것은? ★ 05후반
① 보전 예방 ② 안전 보전
③ 예방 보전 ④ 개량 보전

해설 생산보전(PM : productive maintenance)은 설비의 생산성을 높이고 생산의 경제성을 강조하는 보전방식으로, 생산보전을 위한 수단으로 보전예방, 개량보전, 예방보전 등이 있다.

22. 200개 들이 상자가 15개 있을 때 각 상자로부터 제품을 랜덤하게 10개씩 샘플링 할 경우 이러한 샘플링 방법을 무엇이라 하는가?
① 층별 샘플링
② 계통 샘플링
③ 취락 샘플링
④ 2단계 샘플링

해설 층별샘플링이란 모집단을 층별로 구분한 후 각층에서 각각 랜덤 샘플링하는 방법이다. 계통샘플링은 시간 혹은 공간적으로 일정 간격에 따라 샘플링하는 방법이다. 취락샘플링은 모집단을 몇 개의 부분으로 나누고, 그 나누어진 부분 가운데서 몇 개의 집단을 선택하고 선택된 집단을 모두 샘플로 취하는 방식을 말한다.

23. 모든 동작을 기본동작으로 분해하고 각 기본동작에 대하여 성질과 조건에 따라 미리 정해 놓은 시간치를 적용하여 정미시간을 산정하는 방법은? ★02후반/08전반
① PTS법
② Work Sampling법
③ 스톱 위치법
④ 실적 자료법

해설 PST는 인간이 행하는 작업 중 작업소요시간이 공정이나 기계의 성능에 의하지 않고 작업자의 노력 여하에 달려있는 작업에 대하여 각각의 기본동작시간을 합성하여 전체 작업시간을 구하는 방식이다.

24. 품질 특성을 나타내는 데이터 중 계수치 데이터에 속하는 것은? ★08후반
① 무게 ② 길이
③ 인장강도 ④ 부적합률

해설 계수치란 개수로 셀 수 있는 이산형 품질특성으로 불량품의 수, 결점의 수, 안전사고의 수, 결근 수 등이 있고, 계량치란 연속량으로 측정할 수 있는 연속형 품질특성으로 길이, 중량, 인장강도, 온도 등이 있다.

25. VDC(vehicle dynamic control) 시스템의 제어 항목으로 가장 거리가 먼 것은?
① 엔진 토크 제어
② 파워 스티어링 제어
③ 제동 제어
④ 변속단 제어

해설 VDC(Vehicle Dynamic Control)은 ESP 또는 DSC 라고 한다. 차륜들을 개별적으로 제동하여 차체의 길이방향 및 옆(횡)방향 안정성을 확보할 수 있다. 따라서 이를 통해 자동차를 수직(z)축을 중심으로 회전하게 하는 요-토크의 발생을 방지할 수 있다.

26. 자동차 길이, 너비, 높이에 대한 측정 조건이 아닌 것은?
① 공차 상태
② 타이어 공기압력은 표준공기압 상태
③ 외개식의 창, 환기장치는 열린 상태
④ 직진 상태에서 수평면에 있는 상태

해설 외 개시 창, 환기장치 등은 닫은 상태, 휨식 안테나, 후사경은 제거한 상태, 폴 안테나는 최저의 상태에서 측정하여야 한다.

27. 타이어 트레드 패턴 중 러그 패턴(lug pattern)에 대한 설명 중 가장 거리가 먼 것은? ★05후반/07후반
① 제동성과 구동성이 좋다.
② 주행 특성이 원활하다.
③ 타이어 숄더(shoulder)부의 방열이 어렵다.
④ 고속 주행 시 편 마모가 발생될 수 있다.

해설 러그 패턴은 타이어 숄더 부의 방열이 잘 되기 때문에 트럭, 버스 등에 사용한다.

ANSWER 21.② 22.① 23.① 24.④ 25.② 26.③ 27.③

28. 전자제어 동력 조향장치에서 갑자기 핸들의 조작력이 증가되는 원인 중 가장 거리가 먼 것은? ★ 07후반
① 클러치 스위치 신호 불량
② 차속 신호 불량
③ 컨트롤 유닛 불량
④ 전원측 전압 불량

해설 클러치 스위치는 수동변속기 차량의 시동회로를 단속시키는데 사용된다. 즉 조향장치와는 상관이 없다.

29. 스테이빌라이저에 관한 설명으로 가장 거리가 먼 것은? ★ 93년도/98년도/07후반
① 차체의 롤링 현상을 억제시킨다.
② 독립 현가장치에 주로 사용한다.
③ 차체의 피칭 현상을 방지한다.
④ 일종의 토션 바 역할을 한다.

해설 스테이빌라이저는 독립현가장치에서 차체의 롤링 현상을 방지한다. 피칭이란 차가 앞뒤로 진동하는 것을 말한다.

30. 자동변속기에서 기계적으로 직결시켜 미끄럼에 의한 손실을 없게 하고 연비 향상을 도모하는 장치는?
① 킥 다운 장치
② 히스테리시스 장치
③ 펄스 제너레이터
④ 록업 장치

해설 록업장치란 댐퍼클러치(록업클러치)가 작동하여 프런트 커버와 펌프를 직결함으로서 터빈, 펌프, 댐퍼클러치가 일체로 고정/회전하는 것을 말한다.

31. 휠 얼라인먼트에 관한 설명으로 가장 거리가 먼 것은?
① 캐스터는 앞바퀴의 직진성, 복원력과 관련이 있다.
② 킹핀 경사각과 캠버 각을 합한 각도를 캠버라 하고 타이로드로 조정한다.
③ 토인은 캠버로 인해 타이어가 바깥쪽으로 향하는 성질을 교정해 주기 때문에 바퀴의 직진 성능을 향상시킨다.
④ 킹핀 경사각과 캠버 각을 합한 각도를 인크루드 각(협각)이라 한다.

해설 캠버란 차량을 앞에서 보았을 때, 앞 타이어의 중심선이 수직선과 이루는 각을 말한다.

32. 클러치 커버에서 릴리스 포크가 릴리스 베어링을 미는 힘이 150kgf일 때 포크를 밟는 힘은?(단, 포크 지지 점에서 밟는 점과 지지점에서 릴리스 베어링까지 레버비가 3:1)
① 28kgf ② 50kgf
③ 75kgf ④ 200kgf

해설 지지점을 기준으로 거리×힘 즉 토크(회전력)은 같으므로, 다음 식으로 풀면 된다.
$1 \times 150 = 3 \times x$, $x = 50 kgf$

33. 자동변속기에서 출력축에 설치되어 출력축의 회전 속도에 따른 유압을 형성시키는 밸브는?
① 시프트 밸브
② 거버너 밸브
③ 스로틀 밸브
④ 매뉴얼 밸브

해설 출력축에 설치되어 출력축의 회전 속도에 따른 유압을 형성시키는 밸브를 거버너밸브, 운전자의 의도를 반영한 유압을 형성시키는 밸브는 스로틀밸브라 한다.

34. 동력 전달장치를 통하여 바퀴를 돌릴 경우 구동축이 그 반대 방향으로 돌아가려는 힘은?
① 코너링 포스
② 휠 트램프
③ 윈드 업
④ 리어 앤드 토크

해설 동력 전달장치를 통하여 바퀴를 돌릴 경우 구동축이 그 반대 방향으로 돌아가려는 힘을 리어 앤드 토크라 하며, 판스프링의 현가장치의 경우 판스프링이 이 힘을 만든다.

ANSWER 28.① 29.③ 30.④ 31.② 32.② 33.② 34.④

35. 진공식 분리형 제동 배력장치에서 파워 피스톤을 미는 힘이 12kgf 이고 하이드로릭 피스톤의 지름이 3cm라고 한다면 발생 유압은?
★ 2010전반
① 약 0.7kgf/cm²
② 약 1.7kgf/cm²
③ 약 17kgf/cm²
④ 약 2.7kgf/cm²

해설 압력은 면적당 누르는 힘으로 나타낸다.
$$P = \frac{F}{A} = \frac{12kgf}{\frac{\pi \times 3^2(cm^2)}{4}} = 1.6985 kgf/cm^2$$

36. 자동차 검사 항목 중 정기 검사 항목이 아닌 것은?
★ 2004전반
① 조종 장치
② 주행 장치
③ 동일성 확인
④ 차체 및 차대

해설 제원측정, 조종장치, 경보장치의 검사는 신규검사에서 행한다.

37. 브레이크 페달의 답력이 40kgf일 때 브레이크 페달의 지렛대비가 5 : 1 이면 마스터 실린더에 작용하는 힘은 몇 kgf 인가?
① 100
② 200
③ 300
④ 400

해설 지지점을 기준으로 거리×힘 즉 토크(회전력)는 같으므로, 다음 식으로 풀면 된다.
$5 \times 40 = 1 \times x$, $x = 200 kgf$

38. 자동차 긴급제동 신호장치의 작동 및 해제기준에 대한 설명 중 틀린 것은?
① 긴급제동 신호 발생 신호주기(5±1Hz)에 따라 제동등 또는 방향지시등이 점멸되어야 한다.
② 긴급제동 신호장치를 갖춘 자동차는 급제동시 모든 제동등 또는 방향지시등이 기준에 적합하도록 작동되어야 한다.
③ 승용자동차는 주 제동장치 작동시 제동감속도 6.0m/s²이상에서 작동하고 2.5m/s² 미만으로 감속도기 이전에 해제되어야 한다.
④ 승합자동차는 주 제동장치 작동시 제동감속도 4.0m/s²이상에서 작동하고 2.5m/s² 미만으로 감속도기 이전에 해제되어야 한다.

해설 긴급제동 신호 발생 신호주기(4.0±1.0Hz)에 따라 제동등 또는 방향지시등이 점멸되어야 한다.

39. 공기 브레이크의 특징으로 옳지 않은 것은?
① 공기 압축기 구동에 따른 엔진의 출력 소모는 없다.
② 베이퍼록 발생 열려가 없다.
③ 페달을 밟는 양에 따라 제동력이 제어된다.
④ 자동차의 중량에 제한을 받지 않는다.

해설 공기브레이크는 공기 압축기를 구동하여 생성된 압축공기로 제동을 얻는다. 따라서 압축기를 구동하기 위해서는 구동에 따른 엔진의 출력 소모는 생긴다.

40. 전자제어 현가장치에서 제어 항목이 아닌 것은?
★ 09후반
① 안티 롤 제어
② 안티 다이브 제어
③ 안티 피칭, 바운싱 제어
④ 안티 토크 제어

해설 안티 토크 제어라는 말은 없다.

41. 빈번한 브레이크 작동으로 마찰열이 축척되어 마찰계수가 떨어져 제동력이 감소되는 현상은?
① 베이퍼 록 현상
② 페이드 현상
③ 스펀지 현상
④ 스틱 현상

해설 긴 내리막길에서 빈번한 브레이크 작동으로 마찰열이 축척되어 마찰계수가 떨어져 제동력이 감소되는 현상을 페이드 현상이라 한다.

ANSWER 35.② 36.① 37.② 38.① 39.① 40.④ 41.②

42. 4바퀴 조향장치(4 wheel steering)의 제어 목적 중 가장 거리가 먼 것은?

① 미끄러운 도로를 주행할 때 안정성이 향상된다.
② 차체의 사이드슬립 각도를 "0"으로 하여 선회 안정성을 증대한다.
③ 저속 운전영역에서 우수한 조향성능을 유지한다.
④ 가로방향 가속도와 요레이트의 위상 지연을 최대화 한다.

해설 4바퀴 조향장치(4 wheel steering)는 가로방향 가속도(횡가속도센서로 감지)와 요레이트(요센서로 감지)의 지연을 최소화한다.

43. EBD(electronic brake–force distribution) 제어의 장점을 설명한 것 중 가장 거리가 먼 것은?

① 기계식 장치보다 빠른 응답성 제공
② P 밸브(프로포셔닝 밸브) 삭제 가능
③ 차량 제동 조건 변화에 따른 이상적인 제동력 제공
④ 휠 스피드 센서의 전 차종 공용화

해설 EBD(electronic brake-force distribution)는 말 그대로, 승차인원이나 적재하중에 맞추어 앞뒤 바퀴에 적절한 제동력을 자동으로 배분함으로써 안정된 브레이크 성능을 발휘할 수 있게 하는 전자식 제동력 분배 시스템을 뜻한다.

44. 자동차 충전장치인 AC 발전기의 다이오드가 하는 일은?

① 전류를 조정하고 교류를 정류한다.
② 교류를 정류하고 역류를 방지한다.
③ 전압을 조정하고 교류를 정류한다.
④ 여자 전류를 조정하고 역류를 방지한다.

해설 AC발전기에서 다이오드는 교류를 직류로 변환(정류)시켜줌과 동시에 역류를 방지한다.

45. 자동차 냉방장치 구성 중 컴프레서 구동 특성에 관한 설명 중 옳지 않은 것은?

① 크랭크식 : 크랭크축으로 상하 운동시키는 것으로 구조가 간단하며, 효율이 높다.
② 사판식 : 축이 사판의 각도 변화에 따라 피스톤이 축방향 작동하며, 토크 변동이 작다.
③ 스크롤식 : 부품 수가 적고 소형 경량이나 효율이 낮고 스크롤 가공이 어렵다.
④ 위블 플레이트식 : 로터축의 회전을 피스톤 왕복 운동으로 바꾼 것으로 중량이 가볍다.

해설 스크롤식은 체적효율이 가장 좋고, 소형 경량화에 적합하다. 그러나 스크롤 가공식 가공비용이 높아 고급차량에 사용된다.

46. 12V용 기동전동기가 전류 180A를 소비할 때 출력은 1.2kW이다. 효율(η)과 출력손실(P_L)을 구하면?

① 효율(η) = 55.6%, 출력손실(P_L) = 960W
② 효율(η) = 40.6%, 출력손실(P_L) = 740W
③ 효율(η) = 45.6%, 출력손실(P_L) = 820W
④ 효율(η) = 48.6%, 출력손실(P_L) = 850W

해설 소비전력 = 전류 × 전압
$= 180(A) \times 12(V) = 2160W = 2.16kW$
효율 $= \dfrac{출력}{소비전력} = \dfrac{1.2}{2.16} = 0.5555$로 계산된다.
출력손실 = 소비전력 - 출력 = 2160-1200 = 960W

47. 에어백 시스템에서 충돌 감지 센서의 출력 신호가 전개일 때 전기적인 노이즈에 의한 오판 방지 목적으로 기계적 충돌 유무를 감지하는 센서의 명칭은?

① 가속도 센서
② 세이핑 센서
③ 버클 센서
④ 승객유무 감지센서

해설 세이핑 센서란 에어백 시스템에서 충돌 감지 센서의 출력 신호가 전개일 때 전기적인 노이즈에 의한 오판 방지 목적으로 기계적 충돌 유무를 감지하는 센서

ANSWER 42.④ 43.④ 44.② 45.③ 46.① 47.②

제6편 과년도기출문제

48. 전기식 경음기는 전류의 어떠한 작용에 의해 진동판을 진동시키는가?
   ① 분류작용
   ② 발열작용
   ③ 자기작용
   ④ 화학작용

   해설 전기식 경음기는 전류의 3대 작용 중 자기작용으로 진동판을 진동시켜 음파를 얻는다.

49. CAN(controller area network) 시스템에 대한 내용 중 거리가 먼 것은?
   ① 표준 프로토콜이므로 시장성이 뛰어나다.
   ② 메시지에는 우선 순위가 있다.
   ③ single master 통신을 한다.
   ④ 실시간 메시지 통신을 할 수 있다.

   해설 CAN 통신(Controller Area Network)은 차량 내에서 호스트 컴퓨터 없이 마이크로 컨트롤러나 장치들이 서로 통신하기 위해 설계된 표준 통신 규격이다. CAN 통신은 메시지 기반 프로토콜이며 최근에는 차량 뿐만 아니라 산업용 자동화 기기나 의료용 장비에서도 종종 사용되고 있다.

50. 방전 종지 전압에 대한 설명 중 틀린 것은?
   ① 방전 중의 방전 시간과 단자 전압과의 관계를 나타낸 것이다.
   ② 방전 중 단자 전압이 급격하게 강하하는 시점의 전압이다.
   ③ 방전 능력이 없어지는 전압이다.
   ④ 방전 종지 전압은 한 셀당 1.7~1.8V 이다.

   해설 방전 중 단자전압이 급격하게 강하하여 방전을 중지하는 전압을 방전 종지 전압이라 한다.

51. 압력을 감지하는 센서에 해당하지 않는 것은?
   ① MAP 센서
   ② 에어컨 컴프레서 오일 센서
   ③ 연료 탱크 압력 센서
   ④ 연료 압력 센서

   해설 MAP센서는 매니폴드 절대압력 센서로 압력센서이다.

52. 점화 플러그 간극이 규정보다 클 때 2차 전압 출력 파형은?
   ① 피크 전압이 낮아진다.
   ② 점화시간이 길어진다.
   ③ 캠각(드웰) 시간이 짧아진다.
   ④ 점화 전압이 높아진다.

   해설 점화플러그 간극이 규정보다 크면 2차 점화 전압이 높아진다.

53. 에어 트랜스포머에 대한 설명 중 가장 거리가 먼 것은?
   ① 압축 공기를 저장하여 에어 압력이 급속히 떨어지는 것을 정지한다.
   ② 압축 공기 중의 불순물을 여과하여 도장 결함을 예방한다.
   ③ 에어 압력을 항상 일정하게 유지해 주는 역할을 한다.
   ④ 에어 트랜스포머의 다이어프램의 시트가 파손되면 공기 압력 조절이 곤란하다.

   해설 에어 트랜스포머는 공기 압축으로부터 나오는 공기의 압력을 감쇠하거나 제어하는 데 사용하는 장치로 내부에 공기를 정화하는 필터를 가지고 있다.

54. 조색 작업 시 주의사항이 아닌 것은?
   ① 조색용 원색의 수를 최소화하여 선명한 색상을 만든다.
   ② 조색 작업 시 많이 소요되는 색과 밝은 색부터 혼합한다.
   ③ 계통이 다른 도료와의 혼용을 한다.
   ④ 적절한 양의 조색으로 낭비 요소를 제거한다.

   해설 혼합되는 색의 종류가 많을수록 명도와 채도가 낮아진다.

55. 솔리드 색상 도료에 포함되지 않는 것은?
   ★ 2005후반
   ① 안료   ② 메탈릭
   ③ 수지   ④ 용제

   해설 도료를 구성하는 3요소는 수지, 안료, 용제 등이다. 메탈릭이란 '금속의'라는 뜻이고, 메탈릭 컬러란 금속과 같은 느낌이 나는 색을 말한다.

ANSWER 48.③ 49.③ 50.② 51.② 52.④ 53.① 54.③ 55.②

56. 자동차 강판의 탄소 함유량은 약 몇 % 정도인가?
① 0.1~0.4%   ② 0.5~0.8%
③ 1~4%   ④ 5~8%

> **해설** 강판이란 강을 뜻하는 것으로, 강은 0.025~2.1%으로 탄소함유량을 가진다. 2.1%이상은 주철이라 한다.

57. 전면부가 손상된 바디(body)의 점검 항목과 가장 거리가 먼 것은?
① 프런트 휠 하우스의 변형
② 엔진 후드의 정렬 상태
③ 도어의 정렬 상태
④ 웨더스트립의 외형 상태

> **해설** 웨더 스트립(Weather Strip)은 도어를 닫았을 때 비와 물, 먼지 등이 실내로 들어오지 못하도록 도어와 차체 사이에 꼭 맞게 마련된 탄성 고무나 스펀지를 이른다.

58. 가스(산소-아세틸렌) 절단기를 사용하여 절단이 불가능한 금속은?
① 합금강   ② 구리
③ 순철   ④ 주강

> **해설** 가스절단기의 분사구에서 나오는 가스 불꽃으로 금속(철과 강)을 예열하여 온도가 800~900℃가 되었을 때 절단기 중심에서 고속으로 산소를 공급하여 금속을 산화철로 변형하여 절단한다. 산화가 잘되지 않는 스테인레스 강은 분말절단을 행한다.

59. 도장 공정에서 오렌지 필(orange peel)의 발생 원인이 아닌 것은?
① 시너의 증발이 너무 느릴 때
② 건의 거리가 멀 때
③ 건의 운행속도가 빠를 때
④ 도료의 점도가 높을 때

> **해설** 오렌지 필이란 도막의 편평성이 불량하여 귤껍질처럼 요철의 모양으로 되어 있는 현상을 말한다. 이 밖에 피도물의 온도가 고온일 때, 패턴이 불량할 때, 시너의 증발이 빠를 때 발생한다.

60. 엔진 룸과 차 실내의 경계로서 승객실의 전면부 강성 유지를 위해 설치하는 차체 구성 부위는?
① 대시 패널   ② 쿼터 패널
③ 센터 패널   ④ 사이드 패널

> **해설** 대시패널은 엔진 룸과 차 실내의 경계로서 승객실의 전면부 강성 유지를 위해 설치하는 차체 구성 부위이다.

ANSWER 56.① 57.④ 58.② 59.① 60.①

2015년 2회 기출문제

자동차정비기능장

01. 직렬형 6실린더 기관의 점화순서가 1-5-3-6-2-4에서 1번 실린더가 폭발행정 ATDC 30°에 위치할 때 2번 실린더의 행정과 피스톤의 위치는?
① 배기행정, BTDC 30°
② 배기행정, BTDC 60°
③ 배기행정, BTDC 90°
④ 배기행정, BTDC 180°

해설

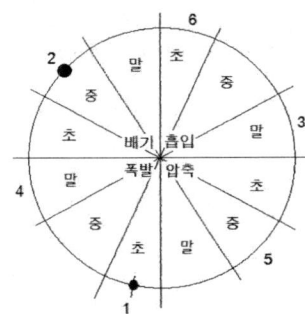

그림에서 4행정 모두를 수행할 경우 720도 이므로, 1/4분면의 각이 180도 임을 알 수 있고, 각 분면의 3조각은 각각 60도임을 알 수 있다. 따라서 상사점후 30도는 폭발행정의 3조각 중 첫째 조각의 중앙임을 알아야 한다. 2번행정은 배기의 꼭 중앙으로 90도임을 알 수 있다.

02. 가솔린 기관의 이론열효율에 대한 압축비와 비열비의 관계로 옳은 것은?
① 압축비가 낮아지면 효율은 좋아진다.
② 비열비가 낮아지면 효율은 좋아진다.
③ 압축비와 비열비를 작게 하면 열효율이 좋아진다.
④ 압축비와 비열비를 크게 하면 열효율이 좋아진다.

03. 밸브의 지름이 100mm인 경우 밸브간극은 얼마로 하는 것이 좋은가?
① 2.5mm
② 25mm
③ 1.5mm
④ 15mm

해설 보통 밸브간극은 약 밸브지름의 1/4이다.
즉 식으로 표현하면 $h ≒ \dfrac{d}{4} = \dfrac{100}{4} = 25mm$로 계산된다.

04. 3kW의 발전기를 가동하려면 최소한 몇 PS의 출력을 내는 기관이 필요한가?(단, 기관의 효율은 100%로 한다.)
① 3.20PS
② 4.08PS
③ 5.22PS
④ 6.22PS

해설 효율이 100%이므로, 단위환산과 같은 말이다.
$3kW = 3000(N-m/s) = \dfrac{3000}{9.8}(kgf-m/s)$
$= \dfrac{3000}{9.8 \times 75}(ps) = 4.08ps$

05. 코일을 기계적인 브러쉬 대신에 트랜지스터를 이용한 것으로 스파크가 발생되지 않아 가스 폭발 위험이 적은 형식으로 LPG 차량의 연료펌프에 사용되는 모터형식은?
① 코어리스(Coreless) 모터
② BLDC(Brushless direct current) 모터
③ 초음파 모터
④ 인덕션(Induction) 모터

해설 BLDC(Brushless direct current) 모터를 그대로 해석하면, 브러쉬가 없는 직류 모터이다. 따라서 스파크 발생이 적다.

ANSWER 01.③ 02.④ 03.② 04.② 05.②

06. 다음 그림은 아이들(idle) 상태에서 급가속 후 나타난 MAP센서 출력파형이다. 각 구간별 설명으로 틀린 것은?

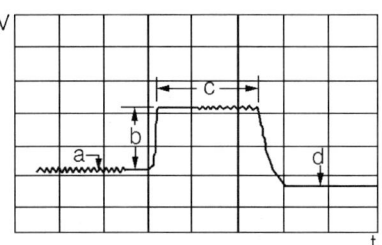

① a: 아이들(idle) 상태의 출력을 보여준다.
② b: 급가속시 스로틀 밸브가 빠르게 열리고 있다.
③ c: 스로틀 밸브가 전개(WOT) 부근에 있다.
④ d: 급가속에 의한 흡입공기량 변화로 진공도가 높아지기 때문에 전압이 낮아짐을 보여준다.

해설 c의 경우는 전개되어서 유지되고 있음을 나타내고, d의 경우는 스로틀이 급격히 닫혀서 진공도가 높아져서 전압이 낮아지고 있음을 나타낸다.

07. 자동차에 사용되는 각종 전기전자 소자 구성품에 대한 내용으로 틀린 것은?
① 인젝터는 솔레노이드밸브가 사용되며, 통전되는 시간에 따라 분사량이 결정된다.
② 릴레이는 기본 전원을 연결했을 경우 주회로에 연결되기 때문에 스위치 기능이 있는 에어컨 등에 주로 사용된다.
③ 트랜지스터는 NPN형과 PNP형이 있으며, 베이스에 전압이 인가된 경우에만 전류가 흐른다.
④ 다이오드에는 여러 종류가 있는데 어느 것이나 순방향으로 전원을 연결했을 경우에만 전류가 흐른다.

해설 다이오드는 보통 순방향으로 전원을 연결했을 시 전류가 흐르지만, 제너 다이오드의 경우 역방향 제너전압이 걸리면 전류가 흐른다.

08. 공연비 피드백 제어에 대한 내용으로 틀린 것은?
① 삼원 촉매장치의 정화율을 높여 준다.
② 입력센서의 정보가 연료분사에 영향을 주지 못한다.
③ 인젝터의 분사시간을 제어한다.
④ 산소센서 고장 시에는 피드백 제어를 하지 않는다.

해설 피드백제어의 입력센서로는 산소센서가 사용된다. 산소센서의 출력값에 의거 ECU는 인젝터를 조절해서 연료분사량을 조절한다.

09. 고체표면에서 상대운동을 할 때 충분한 유막이 형성되는 이상적인 마찰은?
① 혼성마찰 ② 경계마찰
③ 유체마찰 ④ 고체마찰

해설 고체마찰은 유막형성이 불량한 것을 말하고, 경계마찰은 고체마찰과 유체마찰의 경계에 있는 마찰이다. 유체마찰은 유막이 충분히 형성되어 유체간의 마찰이 일어날 경우를 말한다.

10. 흡배기 밸브의 헤드 형상 중 고출력 엔진이나 경주용차에 사용되는 것으로 열을 받는 면적이 넓은 결점을 가지고 있는 것은?
① 플랫형(flat head type)
② 튤립형(tulip head type)
③ 서브형(serve head type)
④ 버섯형(mushroom type)

해설 튤립형은 흡배기 밸브의 헤드 형상이 튤립모양으로, 고출력엔진이나 경주용차에 사용되며, 밸브면이 넓어 열을 잘 받는 결점이 있다.

11. 유압식 밸브 리프터의 특징이 아닌 것은?
① 밸브 간극의 조정이 필요하지 않다.
② 충격을 흡수하지 못하기 때문에 밸브기구의 내구성이 저하된다.
③ 기계식에 비해 작동 소음이 적다.
④ 오일펌프나 오일회로에 고장이 생기면 작동이 불량하다.

해설 유압식 밸브 리프터의 내부에는 오일이 들어있어 밸브간극 조정이 필요 없을 뿐 아니라 충격을 잘 흡수한다.

A<small>NSWER</small> 06.④ 07.④ 08.② 09.③ 10.② 11.②

12. 라디에이터 압력식 캡의 진공밸브가 열리는 시점으로 맞는 것은?
① 라디에이터 내의 압력이 대기압보다 높을 때
② 라디에이터 내의 압력이 대기압보다 낮을 때
③ 라디에이터 내의 압력이 규정치보다 높을 때
④ 보조탱크 내의 압력이 규정치보다 낮을 때

해설 압력식 캡의 진공밸브가 작동한다는 말은 실린더 내부가 진공이 되었다는 말과 같으므로, 라디에이터 내부의 압력이 진공이 되었다는 뜻이다.

13. 디젤기관의 연소과정 중에서 디젤노크에 직접적인 영향을 미치는 시간은?
① 착화 지연기간
② 폭발 연소기간
③ 제어 연소기간
④ 후기 연소기간

해설 디젤기관의 노킹 원인은 분사된 연료의 착화지연시간이 길어졌기 때문이다. 착화지연시간이 짧게 한다면 노킹을 방지할 수 있다. 예를 들어 흡입공기의 압력이나 온도를 올리면 된다.

14. 가솔린 기관의 제원이 실린더 내경 d=55mm, 행정 S=70mm, 연소실체적 Vc=21cm³인 기관이 이론 공기 표준 사이클인 오토사이클로서 운전될 경우 열효율은 약 몇 %인가?(단, 비열비 k=1.2이다.)
① 35.4
② 31.2
③ 42.7
④ 43.2

해설 행정실 체적
$(V_s) = \dfrac{\pi d^2}{4} \times L = \dfrac{\pi \times (5.5cm)^2}{4} \times 7cm = 166.2 cm^3$

압축비 $(\epsilon) = \dfrac{V_c + V_s}{V_c} = \dfrac{21 + 166.2}{21} = \dfrac{187.2}{21} = 8.91$

오토사이클의 열효율
$(\eta) = 1 - \dfrac{1}{(\epsilon)^{k-1}} = 1 - \dfrac{1}{8.91^{(1.2-1)}} = 0.3543$

즉 35.43%이다.

15. 자동차용 LPG연료가 갖추어야 할 조건으로 틀린 것은?
① 적당한 증기압을 가져야 한다.
② 불포화(올레핀 계) 탄화수소를 함유하지 말아야 한다.
③ 가급적 불순물이 함유되지 말아야 한다.
④ 프로필렌, 부틸렌 등이 함유가 충분히 많아야 한다.

해설 LPG중에서 자동차 연료로는 여름철은 부탄 100%의 것, 겨울철은 부탄에 프로판을 30~40% 혼합한 것이 많이 쓰인다.

16. 다음 연료 중에서 착화온도가 가장 높은 것은?
① 가솔린
② 경유
③ 중유
④ 등유

해설 착화온도가 높다는 말은 착화가 잘 되지 않는다는 뜻이므로, 인화성이 좋은 가솔린이 착화온도가 가장 높다.

17. 배기밸브가 열리는 순간 실린더 내의 고온고압상태의 연소가스가 순간적으로 외부로 방출되어 연소실 내의 압력과 대기압이 거의 같아지는 현상을 무엇이라고 하는가?
① 링 플러터(ring flutter)현상
② 밸브 오버랩(valve over lap)현상
③ 블로바이(blow by)현상
④ 블로다운(blow down) 현상

해설 블로다운 현상이란 배기밸브가 열리는 순간 실린더 내의 고온고압상태의 연소가스가 순간적으로 외부로 방출되어 연소실 내의 압력과 감소하는 것을 말한다.

18. 저압 EGR(LP-EGR)시스템의 특징으로 거리가 가장 먼 것은?
① 비교적 깨끗한 배기가스를 이용하는 것이다.
② emergency filter는 터보차저를 보호하는 역할을 한다.
③ DPF(diesel particulate filter)전단의 배기가스 일부를 분리하여 터보차처 전단에 공급한다.
④ 터보차저의 효율이 개선된다.

ANSWER 12.② 13.① 14.① 15.④ 16.① 17.④ 18.③

해설 DPF(diesel particulate filter)전단의 배기가스는 고압을 형성하고 있으며, 오염물을 많이 내포하고 있다.

19. 도수분포표에서 알 수 있는 정보로 가장 거리가 먼 것은?
① 로트 분포의 모양
② 100 단위당 부적합 수
③ 로트의 평균 및 표준편차
④ 규격과의 비교를 통한 부적합품률의 추정

해설 도수분포표란 몇 개의 계급으로 나누고 각 계급의 도수를 조사하여 만든 표를 말한다. 따라서 로트 분포의 모양, 평균, 표준편차 등을 알 수 있다. 단위당 결점(부적합) 수는 U-관리도이다.

20. 로트에서 랜덤하게 시료를 추출하여 검사한 후 그 결과에 따라 로트의 합격, 불합격을 판정하는 검사방법을 무엇이라 하는가?
① 자주 검사
② 간접 검사
③ 전수 검사
④ 샘플링 검사

해설 샘플링 검사란 로트에서 랜덤하게 시료를 추출하여 검사한 후 그 결과에 따라 로트의 합격, 불합격을 판정하는 검사방법이다. 전수 검사는 모두 검사하는 방법이다.

21. 자전거를 셀 방식으로 생산하는 공장에서, 자전거 1대당 소요공수가 14.5H이며, 1일 8H, 월 25일 작업한다면 작업자 1명 당 월 생산 가능 대수는 몇 대인가?(단, 작업자의 생산종합효율은 80%이다.)
① 10대　　② 11대
③ 13대　　④ 14대

해설 한사람이 한 달 동안에 작업시간
$(H_h) = 8 \times 25 \times \eta = 200 \times 0.8 = 160h$
한사람이 월당 160h 일을 하므로, 1대당 14.5시간으로 나누면, 월당 대수가 계산된다.
월당대수$(Z) = \dfrac{1인 월총시간}{대당소요공수} = \dfrac{160}{14.5} = 11.03$ 대

22. TPM활동 체제 구축을 위한 5가지 기둥과 가장 거리가 먼 것은?
① 설비초기 관리체제 구축 활동
② 설비효율화의 개별개선 활동
③ 운전과 보전의 스킬 업 훈련 활동
④ 설비경제성검토를 위한 설비투자분석 활동

해설 TPM은 Total Productive Maintenance(전체 생산 보전)의 약자로, 보전을 보전 부문뿐 아니라 소수 집단의 자주적 활동을 중심으로 전원이 참여하는 가운데 추진되어야 한다고 생각하는 사고방식이며, 또 설비의 수명에 대한 비용의 경제성을 겨냥한 설비 관리법으로, 설비투자분석은 아니다

23. ASME(American Society of Mechanical Engineers)에서 정의하고 있는 제품 공정 분석표에 사용되는 기호 중 "저장(Storage)"을 표현한 것은?
① ○　　　　② □
③ ▽　　　　④ ⇨

해설 ○는 가공, □는 검사, ▽는 저장을 나타낸다.

24. 미리 정해진 일정단위 중에 포함된 부적합수에 의거하여 공정을 관리할 때 사용되는 관리도는?
① c 관리도
② P 관리도
③ X 관리도
④ nP 관리도

해설 c 관리도는 미리 정해진 일정단위 중에 포함된 부적합수에 의거하여 공정을 관리할 때 사용된다. p관리도는 불량률이 p인 생산 공정으로부터 크기 n의 샘플을 취해 그 중에서 발견되는 불량개수를 X라 하면, X는 이항분포 b(n, p)를 따르고 그 평균과 분산은 각각 np, np(1-p) 이다. np관리도는 불량률 관리도에서 부분군 크기 n이 일정한 경우에는 부분군 불량률 대신 부분군내 불량개수 X를 관리하는 np 관리도를 사용한다.

ANSWER　19.②　20.④　21.②　22.④　23.③　24.①

25. 튜브리스 타이어(tubeless tire)의 특징으로 거리가 가장 먼 것은?
① 고속 주행하여도 발열이 적다.
② 펑크 수리가 간단하다.
③ 림이 변형되어도 공기가 새지 않는다.
④ 못 등에 찔려도 공기가 급격히 새지 않는다.

해설 튜브리스는 튜브가 없다는 뜻으로, 림이 압력공간을 형성하고 있다. 따라서 림이 변형이 되면 압력이 샐 수 있다.

26. 자동변속기의 유성기어장치에서 선기어 잇수가 30, 링기어 잇수 60일 때, 링기어의 회전수는?(단, 선기어 고정, 캐리어구동 50회전)
① 18rpm 증속 ② 33rpm 감속
③ 50rpm 감속 ④ 75rpm 증속

해설 속도비의 계산식을 세우면,
$\frac{N_r}{N_c} = \frac{Z_c}{Z_r} = \frac{Z_s + Z_r}{Z_r} = \frac{30+60}{60} = \frac{9}{6} = \frac{3}{2}$ 에서
$N_c = 50rpm$을 대입하면
$\frac{N_r}{50} = \frac{3}{2}$, $N_r = 50 \times \frac{3}{2} = 75rpm$으로 계산된다.

27. 마찰계수가 0.5인 포장도로에서 주행속도가 80km/h로 달리는 자동차에 브레이크를 작용했을 때 제동거리는 약 얼마인가?
① 25m ② 50m
③ 75m ④ 100m

해설 제동거리
$(S_1) = \frac{v^2}{2\mu g} = \frac{\left[\frac{80}{3.6}(m/s)\right]^2}{2 \times 0.5 \times 9.8 (m/s^2)} = 50.09m$

28. 자동변속기의 스톨테스트 결과 엔진 회전수가 규정보다 낮을 때의 결함 원인으로 가장 적절한 것은?
① 변속기 내의 유압라인 압력이 너무 낮다.
② 엔진 출력이 부족하다.
③ 클러치 및 브레이크가 미끄러진다.
④ 댐퍼클러치가 미끄러진다.

해설 스톨테스트 결과 엔진 회전수가 규정보다 낮다는 말은 엔진 자체의 출력이 떨어진다는 뜻이다. 엔진 자체의 출력을 높여야 한다.

29. 차량의 여유 구동력을 크게 하기 위한 방법 중 거리가 먼 것은?
① 주행 저항을 적게 한다.
② 총 감속비를 작게 한다.
③ 엔진 회전력을 크게 한다.
④ 구동 바퀴의 유효 반지름을 작게 한다.

해설 여유 구동력이란 말 그대로 남는 구동력으로, 총 감속비를 크게 해야 한다. 따라서 속도는 느릴 수 있지만 구동력은 크게 된다.

30. 자동차의 전면 투영면적이 20% 증가될 때 공기저항의 증가비율은?(단, 투영면적을 제외한 모든 조건은 동일하다.)
① 20% ② 40%
③ 60% ④ 80%

해설 공기저항은 $R_a = \mu_a \times A \times V^2$ (kg)와 같이 표시된다.(여기서 속도의 단위는 km/h이다. 공기저항(R_a)는 투영면적(A)에 비례한다. 즉 공기저항의 비율은 20% 증가한다.

31. 유체 클러치에서 와류에 의한 유체 충돌을 감소시키는 장치는?
① 클러치 ② 베인
③ 가이드 링 ④ 터빈 런너

해설 유체클러치에서 와류에 의한 유체 충돌을 감소시키는 것은 가이드 링이다. 토크컨버터에서 저속에서 토크증가, 고속에서는 속도증가를 가능하게 하는 것은 스테이터이다.

32. 공차 상태의 승용자동차(차량 총중량이 차량 중량의 1.2배 이상)는 최대 안전 경사각도가 좌우 각각 몇도 기울인 상태에서 전복되지 않아야 하는가?
① 좌 25도, 우 35도
② 좌우 각각 35도
③ 좌우 각각 25도
④ 좌 35도, 우 25도

ANSWER 25.③ 26.④ 27.② 28.② 29.② 30.① 31.③ 32.②

해설 차량관리법규 문제로, 공차상태의 승용자동차에서 최대 안전 경사각도인 좌우 각각 35도 기울인 상태에서 전복되지 않아야 한다.

33. FR방식의 차량에서 추진축의 설명으로 틀린 것은?
① 비틀림을 받으면서 고속 회전하므로 크롬, 니켈, 크롬-몰리브덴강을 사용하고 있다.
② 뒤차축의 중심이 변화하여 추진축의 각도가 변화하면 축의 길이도 이에 대응하여 변화된다.
③ 두 개의 축이 어느 각도를 이룰 때 자재이음으로 십자형, 트러니언, 플렉시블, 등속 조인트 등이 있다.
④ 대형차에서는 축의 비틀림에 의한 진동이나 소음을 방지하기 위해 토션댐퍼를 같이 둔다.
해설 FR방식이란 앞엔진 뒷구동을 뜻한다. 등속조인트는 FF방식(앞엔진 앞구동 방식)에 사용된다. 플렉시블은 차량속도계 케이블에 사용된다.

34. 동력조향장치에서 세이프티 체크 밸브(safety check valve)의 설명으로 틀린 것은?
① 세이프티 체크 밸브는 컨트롤 밸브에 설치되어 있다.
② 엔진의 정지, 오일펌프의 고장 등 유압이 발생할 수 없는 경우 조향 휠의 조작을 기계적으로 작동이 가능하게 해준다.
③ 세이프티 체크 밸브는 압력차에 의해 자동으로 열린다.
④ 세이프티 체크 밸브는 유압 계통이 정상일 경우 밸브 시트에서 열려 오일이 잘 통과하도록 되어 있다.
해설 동력 조향장치가 고장이 났을 경우 조향핸들을 조작하면, 동력실린더가 작용하여 실린더 한쪽 챔버의 오일에 압력을 가하게 되어 반대쪽 챔버는 진공상태가 되므로 이때 세이프티 체크 밸브가 열려 압력이 가해진 챔버 오일을 진공쪽의 챔버로 유입시켜 수동 조작이 가능하도록 한다.

35. 쇽업소버의 감쇠력 제어 작동 설명이 틀린 것은?
① 노면의 충격을 스프링이 흡수하고 쇽업소버는 스프링 진동을 감쇠시킨다.
② 쇽업소버에는 작동유를 봉입한 실린더 피스톤 및 오리피스로 구성되어 있다.
③ 쇽업소버 내부의 오리피스를 통과하는 오일이 에너지를 흡수함으로 감쇠력이 생긴다.
④ 쇽업소버 내부의 오리피스의 지름을 작게 하면 감쇠력이 작게 된다.
해설 쇽업소버 내부의 오리피스의 지름을 작게 하면 오일의 복귀속도가 대단히 느려지게 되므로 감쇠력이 증가하게 된다.

36. 앞바퀴 정렬 중 캐스터에 대한 설명으로 틀린 것은?
① 킹핀 중심선의 연장이 노면과 교차하는 지점을 캐스터 점이라 한다.
② 캐스터 점과 타이어 접지면 중심과의 거리를 트레일이라 한다.
③ 캐스터는 주행 중 바퀴에 복원성을 준다.
④ 캐스터 점은 일반적으로 차륜 후방에 있다.
해설 캐스터 점은 대부분 정의 캐스터로 방향성을 준다. 즉, 차륜의 전방에 위치한다.

37. 전자제어 현가장치에서 뒤 압력센서의 설명 중 틀린 것은?
① 뒤 쇽업소버 내의 공기압력을 감지하는 센서이다.
② 압력센서의 신호는 쇽업소버의 압력 변화에 따라 전압값으로 나타난다.
③ 화물 적재량이 많을 경우 공기 압력이 규정값 이상이 되어 센서는 작동되지 않는다.
④ 뒤 압력센서에는 급기밸브와 솔레노이드 밸브 어셈블리가 같이 설치되어 있다.
해설 뒤 압력센서는 화물의 적재량에 의한 리어 스프링내의 공기압력을 알기 위해 장착하며, 자세제어 시 압력이 높으면 ECU는 급기시간을 길게 하고 배기시간을 짧게 한다.

ANSWER 33.③ 34.④ 35.④ 36.④ 37.③

제6편 과년도기출문제 **547**

38. ABS에서 슬립 상태를 판단하며 각종 솔레노이드 밸브에 대한 증압 및 감압 형태를 결정하는 부품은?
① 모터 및 펌프
② ABS ECU
③ 하이드로릭 밸브
④ EBD

해설 ABS는 휠 스피드 센서에 의해 ECU가 슬립율을 계산하고, 슬립율이 20%이상이 되면 브레이크의 잠김을 해제한다.

39. 자동변속기 차량을 밀거나 끌어서 시동을 할 수 없는 이유로 가장 거리가 먼 것은?
① 토크 컨버터가 마찰열에 의한 파손을 가져오기 때문이다.
② 구동 바퀴로부터의 동력이 회전부분의 마찰을 가져오기 때문이다.
③ 충분한 윤활이 안되어 구동부품의 소결을 가져오기 때문이다.
④ 중량이 무겁고 또한 밀어서 시동을 걸 경우 배터리의 손상을 가져오기 때문이다.

해설 자동변속기 차량을 밀거나 끌어서 시동하는 경우와 배터리의 손상은 관계가 전혀 없다.

40. 차속 감응형 동력 조향시스템(EPS)에서 고속 주행시 조향력 제어 방법으로 맞는 것은?
① 조향력을 가볍게 한다.
② 조향력을 무겁게 한다.
③ 고속 제어는 하지 않는다.
④ 조향력 제어를 순간적으로 정지한다.

해설 차속 감응형이란 차속이 빠르면 핸들을 작게 움직여도 차체가 잘 조향 되어 핸들을 많이 움직일 수 있으므로, 이를 고려해서 조향력을 무겁게 되도록 설계하였다.

41. 압축공기식 브레이크에서 공기탱크의 압력을 일정하게 유지하고 공기탱크 내의 압력에 의해 압축기를 다시 가동시키는 역할의 밸브장치는?
① 드레인 밸브(drain valve)
② 언로드 밸브(unload valve)
③ 체크밸브(check valve)
④ 로드 센싱 밸브(load sensing valve)

해설 드레인 밸브는 배출밸브, 언로드 밸브는 무부하 밸브, 체크 밸브는 한쪽 방향 흐름 제어 밸브, 로드 센싱 밸브는 부하(무게)를 감지하는 밸브라 할 수 있다. 언로드 밸브는 공기탱크의 압력이 한도 이상이 되었을 경우 압축기의 가동을 멈추고 한도 이하가 되었을 경우 가동을 시키게 하여 일정 압력을 유지시키는 밸브이다.

42. 유압식 브레이크 회로에 잔압을 유지하게 하는 목적이 아닌 것은?
① 브레이크 작동 지연 방지
② 회로 내의 공기 침입 방지
③ 베이퍼록 발생 방지
④ 제동압력 과다 방지

해설 유압식 브레이크회로에서 잔압의 유지는 작동지연 방지, 공기침입 방지, 베이퍼록 현상 발생 방지 등의 목적이 있다.

43. 자동차의 안전기준에 관한 규칙으로 틀린 것은?
① 자동차의 높이는 3m를 초과할 수 없다.
② 최저 지상고는 공차상태에서 접지부분외의 부분은 지면과의 사이에 12cm이상의 간격이 있어야 한다.
③ 자동변속장치의 중립위치는 전진 위치와 후진 위치 사이에 있어야 한다.
④ 앞 방향으로 개폐되는 후드 걸쇠장치는 2차 잠금 또는 2개소 잠금이 가능한 구조이어야 한다.

해설 자동차의 높이는 4m를 초과할 수 없고, 최저 지상고는 공차상태에서 12cm이상의 간격이 있어야 한다.

44. 절연저항이 2MΩ인 고압케이블에 12kV의 고전압이 인가될 때 누설 전류는?
① 0.6mA
② 6mA
③ 12mA
④ 24mA

해설 옴의 법칙을 적용하자.
$I = \dfrac{V}{R} = \dfrac{12000}{2 \times 10^6} = 0.006A = 6mA$로 계산된다.

ANSWER 38.② 39.④ 40.② 41.② 42.④ 43.① 44.②

45. 배터리의 외형표기에서 "55 D 26 R"의 의미로 옳은 것은?

① 55=성능랭크, D=배터리의 길이, 26=높이×폭, R=배터리의 극성위치
② 55=성능랭크, D=배터리의 길이, 26=높이×폭, R=배터리의 저항크기
③ 55=성능랭크, D=높이×폭, 26=배터리의 길이, R=배터리의 극성위치
④ 55=성능랭크, D=높이×폭, 26=배터리의 길이, R=배터리의 저항위치

해설 55는 성능랭크로 높을수록 파워가 강함, D는 크기(폭×높이)를 나타내는 기호, 26은 배터리의 길이로 단위가 cm임, R은 배터리의 (+)단자가 오른쪽에 있음(운전석에서 봐서)

46. 에어백 장치의 각 기능을 설명한 것으로 틀린 것은?

① 프리텐셔너는 에어백 전개 시 안전벨트를 순간적으로 잡아 당겨서 운전자를 시트에 단단히 고정시킨다.
② 로드 리미트는 안전벨트에 일정 하중 이상이 가해질 경우 승객의 가슴부위 상해를 최소화해주는 기능이다.
③ 클럭 스프링은 조향 휠의 에어백과 조향칼럼 사이에 설치되어 있다.
④ 안전센서는 승객의 안전벨트 착용 여부를 감지하는 센서이다.

해설 충돌하였을 때 안전센서가 ON되지 않았다면 실제 충돌은 크지 않았음을 나타낸다. 센서 한쪽은 전원과 연결되어 있고 다른 한쪽은 에어백 모듈과 연결되어 있어 주행 중에 충돌이 발생하면, 센서 내부에 장착된 메스(질량체)가 관성에 의하여 스프링의 힘을 이기고 차량 진행방향으로 움직여 리드스위치를 ON시켜 에어백 전개에 필요한 전원이 안전센서를 통과하여 에어백 모듈로 전달한다.

47. 발전기의 기전력에 대한 설명으로 틀린 것은?

① 로터 코일에 흐르는 전류가 클수록 기전력은 커진다.
② 로터 코일의 회전속도가 빠를수록 기전력은 작아진다.
③ 자극수가 적을수록 기전력은 작아진다.
④ 코일의 권수가 많을수록 기전력은 커진다.

해설 발전기의 기전력은 로터코일의 회전속도, 코일의 권수, 코일에 흐르는 전류에 비례한다.

48. 스파크 플러그의 절연저항에 대한 설명으로 옳은 것은?

① 절연 저항 측정은 절연 저항계를 사용한다.
② 절연저항이 10MΩ 이상이면 불량으로 판단한다.
③ 절연저항 측정은 중심전극과 고전압 커넥터(단자너트)에서 측정한다.
④ 절연체 균열이 발생되어도 엔진 부조와 무관하다.

해설 절연저항이 10MΩ 이상이면 정상, 절연저항 측정은 중심전극과 몸체에서 측정, 절연체 균열이 발생되면 전기가 새게 되므로 엔진에 부조가 생길 수 있다.

49. 자동차 네트워크 통신에서 게이트웨이 모듈의 설치 목적으로 틀린 것은?

① 네트워크 간 서로 다른 통신 속도 해결
② 서로 다른 프로토콜 중계
③ 시스템 요구에 맞는 네트워크 구성 후 필요한 정보 제공
④ 아날로그 신호를 디지털 신호로 변환

해설 아날로그 신호를 디지털 신호로 변환시키는 장치가 A/D컨버터라 한다.

50. 할로겐 전조등에 관한 특징 중 틀린 것은?

① 색온도가 높아 밝은 적색광을 얻을 수 있다.
② 전구의 효율이 높아 밝기가 크다.
③ 교행용의 필라멘트 아래에 차광판이 있어서 눈부심이 적다.
④ 할로겐 사이클로 흑화 현상이 없어 수명을 다할 때까지 밝기가 변하지 않는다.

해설 할로겐 램프는 온도분포가 일정하며, 일반 백열램프처럼 필라멘트의 가열에 의한 백열 빛을 발산한다.

ANSWER 45.③ 46.④ 47.② 48.① 49.④ 50.①

51. 그로울러 시험기로 시험할 수 없는 것은?
① 전기자의 저항시험
② 전기자의 단선시험
③ 전기자의 단락시험
④ 전기자의 접지시험

해설 그로울러 시험기로 할 수 있는 시험은 단선, 단락, 접지 시험이다.

52. 자동차 에어컨 냉동사이클 방식 중 TXV (thermal expansion valve)방식에서는 팽창밸브에서 교축작용이 이루어진다. 이 팽창밸브에 해당하는 CCOT (clutch cycling orifice)방식의 구성품은?
① 어큐뮬레이터(accumulator)
② 에버포레이터(evaporator)
③ 컨덴서(condenser)
④ 오리피스 튜브(orifice tube)

해설 어큐뮬레이터(accumulator)는 축압기, 에버포레이터(evaporator)는 증발기, 컨덴서(condenser)는 응축기를 나타낸다.

53. 다음 중 차체에 작용하는 응력의 종류에서 거리가 가장 먼 것은?
① 전단응력
② 중력응력
③ 비틀림응력
④ 압축응력

해설 응력에는 작용면적과 수직력에 의한 압축응력과 인장응력이 있고, 작용면적과 평행한 작용력에 의한 전단응력이 있다. 축에는 비틀림에 의한 비틀림 응력이, 굽힘에 의한 굽힘응력이 발생한다.

54. 상도 도료 도장시 보수용 도료의 칼라와 실차 칼라가 잘 맞지 않는 이유가 아닌 것은?
① 신차 라인과 보수 도장 작업장의 작업환경 및 도장 작업 시스템이 다르기 때문이다.
② 신차 라인에서 사용하는 도료 타입과 보수용 도료에서 사용하는 도료 타입이 다르기 때문이다.
③ 신차 라인에서 사용하는 도료도 생산 로트별로 칼라가 약간씩 다르게 나온다.
④ 신차 라인에서 나오는 자동차의 칼라는 동일한 칼라의 경우 자동차를 생산하는 공장에서 관계없이 일정하다.

해설 신차 라인에서 나오는 자동차의 칼라는 동일한 칼라의 경우 자동차를 생산하는 공장에서 관계없이 일정하다는 말은 생산될 시의 실차는 동일한 칼라를 가질 수 있는 의미로, 문제의 의도와는 관계가 없다.

55. 차체 패널 조립시의 설명으로 틀린 것은?
① 외장 패널을 부착할 때 간격과 단 차이를 맞춘다.
② 부착 조정을 위해 패널을 임의로 가공한다.
③ 패널을 부착할 때 흠집이 나지 않도록 한다.
④ 패널을 부착할 때 기준선을 중심으로 설치한다.

해설 패널을 임의로 가공하면 부착위치가 달라지거나 패널이 충격에 의해 파손되거나 변형이 일어날 수 있다.

56. 건조유형과 그에 맞는 도료를 연결한 것으로 옳지 않은 것은?
① 공기 건조형 - 에나멜 락카
② 소부 건조형 - 신차용 도료(아크릭 멜라민)
③ 용제 증발형 - NC락카
④ 습기 경화형 - 칼라 코크

해설 습기 경화란 도막내의 수지 성분이 공기 중의 수분을 흡수하여 화학반응에 의거 굳게 되는 것을 말한다. 무기질 아연말 도료, 습기경화형 우레탄 도료가 여기에 속한다.

57. 용접 패널에서 전단 가공의 종류가 아닌 것은?
① 스프링 백(spring back)
② 블랭킹(blanking)
③ 펀칭(punching)
④ 트리밍(trimming)

해설 스프링 백은 재료에 힘을 가했을 경우 소성에 의해 그 상태를 유지해야 하는데도 불구하고 약간 돌아오는 것을 말한다. 예를 들어 90도로 재료를 꺾었는데 프레셔를 제거하고 났더니 86도 정도 꺾이고 4도는 회복하는 것을 말한다.

ANSWER 51.① 52.④ 53.② 54.④ 55.② 56.④ 57.①

58. 도어나 트렁크 리드가 닫혔을 때 본체와 닿는 면을 부드럽게 하기 위한 고무로서, 개스킷 식으로 된 부품의 명칭은?

① 웨더 스트립(weather strip)
② 그릴(grille)
③ 몰딩(molding)
④ 트림(trim)

해설 웨더 스트립이란 도어를 닫았을 때 비와 물, 먼지 등이 실내로 들어오지 못하도록 도어와 차체 사이에 꼭 맞게 마련된 탄성 고무나 스펀지를 말하는 것으로, 도어가 닫힐 시 충격흡수도 행한다.

59. 도장 후 건조 도막을 얻기 위하여 급격히 가열시키면 어떤 현상이 발생하는가?

① 균열(cracking)
② 핀홀(pinhole)
③ 오렌지 필(orange peel)
④ 흐름(sagging)

해설 핀홀은 도막에 바늘로 콕콕 찌른 듯한 조그만 구멍이 생기는 현상으로 용제의 증발이 빠르거나 급격한 가열이 되었을 때 생성된다.

60. 스프레이 부스에 대한 설명으로 가장 거리가 먼 것은?

① 부스의 급기장치는 필요한 바람을 소정의 온습도를 조정하고 먼지를 제거하는데 있다.
② 부스의 배기장치는 도료의 미스트를 배출하여 환경을 해치는 일이 없도록 한다.
③ 부스의 출입문은 바람이 약간 빨려들어 오는 것이 좋다.
④ 부스의 조도는 가능하면 100 lux이상 되어야 한다.

해설 스프레이 부스의 출입문에 바람이 있으면 스프레이 되는 도막 입자의 흩어짐을 방해하여 한쪽으로 몰려 눈물처럼 흘러내릴 수 있다.

ANSWER 58.① 59.② 60.③

2016년 1회 기출문제

01. 디젤 자동차의 배기가스 후처리 장치인 DPF를 설명한 것 중 틀린 것은?
① 포집된 매연(PM)을 재생(연소)하기 위해 사후 분사를 실시함
② 포집된 매연(PM)을 재생(연소)할 때의 온도는 대략 100℃ 정도임
③ 포집된 매연(PM)의 재생(연소)여부를 판단하기 위해 DPF의 앞, 뒤 압력센서의 신호를 받음
④ 배기관의 매연(PM)을 포집하고 재생(연소)하는 장치임

해설 포집된 매연(PM)의 경우 재생하기 위해서 설정된 온도가 600℃이상이 되어야 한다. 보통 이 온도로 상승하기 위해서 포스트분사 1, 2를 행한다.

02. LPG연료 차량의 장점에 대한 설명으로 틀린 것은?
① 연소실에 카본 퇴적이 적어 점화플러그의 수명이 연장된다.
② 유황분이 많아 배기관이나 머플러의 손상이 적다.
③ 엔진오일의 수명이 길다.
④ 퍼콜레이션(percolation)이나 베어퍼록(vapor lock)현상이 많다.

해설 가솔린의 경우에 저공해를 위해서 황성분을 200ppm이하로 규제하고 있다. LPG도 크게 보면 가솔린이라 할 수 있으므로, 200ppm이하의 황성분을 가지고 있다. 따라서 촉매에 영향을 미치지 않는다.

03. 자동차 흡입 밸브의 지름을 32mm라고 할 때, 밸브의 양정은 몇 mm정도가 적합한가?(단, 밸브 직경과 밸브 시트의 직경은 거의 같다.)
① 4   ② 8
③ 16 ④ 32

해설 보통 밸브의 양정(h)은 흡입밸브의 지름(d)의 1/4로 한다. 따라서 $h ≒ \dfrac{d}{4} = \dfrac{32}{4} = 8mm$로 계산된다.

04. LPG기관 장치에서 베이퍼라이저에 대한 설명으로 틀린 것은?
① 연료가 1차실로 들어가면 1차압 조절 기구에 의해 가압된다.
② 시동성을 좋게 하려고 슬로우 컷 솔레노이드가 있다.
③ 동결 방지를 위해 냉각수 통로가 있다.
④ 2차실 압력을 대기압에 가깝게 감압하는 작용을 한다.

해설 LPG기관의 연료장치에서 연료는 봄베에서 베이퍼라이저로 공급된다. 이때 1차실에서는 1차압 조절 기구에 의거 감압된다.

05. 기관의 회전속도가 3000rpm이고 연소지연시간이 1/900초일 때, 연소지연시간 동안 크랭크축의 회전각도는?
① 30°   ② 28°
③ 25°   ④ 20°

해설 각속도(w) = (θ/s) = 360°×rpm
= 360°×[$n/60(s)$]으로 계산된다.
따라서 각속도에 시간을 곱하면 각도가 된다.
$w × t = [\theta/s] × s = \theta$이므로,
$\theta = w × t = 360° × [n/60(s)] × t$에 대입하자.
$\theta = 360° × \dfrac{3000}{60(s)} × \dfrac{1}{900}(s)$
$= 6 × \dfrac{10}{3} = 20°$

ANSWER 01.② 02.② 03.② 04.① 05.④

06. 오버스퀘어 엔진의 장점이 아닌 것은?
① 피스톤 평균속도를 올리지 않고 회전속도를 높일 수 있다.
② 흡배기밸브의 지름을 크게 할 수 있어 단위 실린더 체적당 흡입 효율을 높일 수 있다.
③ 직렬형인 경우 엔진의 높이를 낮게 할 수 있다.
④ 엔진의 길이가 짧고 진동이 작다.

해설 오버스퀘어 엔진이란 하나의 실린더 내에서 피스톤의 직경(실린더의 내경)의 길이가 행정(상사점과 하사점 사이)의 길이보다 큰 엔진을 말한다. 따라서 엔진의 높이가 낮아지고 엔진의 길이가 길어지며, 행정이 짧아 고속회전이 가능하여 진동이 큰 경향이 있다.

07. 가솔린기관의 배기가스 중 HC를 감소시키는 요인으로 틀린 것은?
① 점화전압 증가
② 이론 혼합비 연소
③ 실린더 벽면의 온도 상승
④ 압축비의 감소

해설 배기가스 중에 HC(탄화수소)는 혼합비가 희박으로 진행할수록 감소하였다가 17:1정도 이상의 희박혼합기에서는 다시 증가하는 경향이 있다. 이는 실화 때문이다. HC는 미연소가스를 말하는데, 증발가스, 블로바이가스에 많이 포함되어 있다. 압축비를 증가시키면 가솔린 기관은 효율이 상승한다. 즉 미연가스의 량도 줄어든다.

08. 기관의 과열원인으로 틀린 것은?
① 라디에이터 압력 캡의 스프링 장력 부족
② 라디에이터 코어 막힘
③ 팬벨트 장력 부족이나 끊어짐
④ 수온조절기가 열린 상태로 고장

해설 수온조절기가 열린 상태로 고장이 나면 평상시에 냉각수가 라디에이터를 통해 계속 냉각되므로 엔진의 온도가 내려간다.

09. 가솔린 기관에서 노킹을 억제하기 위한 방법으로 틀린 것은?
① 높은 옥탄가의 연료를 사용한다.
② 압축비를 내린다.
③ 화염 전파거리를 단축한다.
④ 와류를 증가시켜 연소시간을 늘린다.

해설 와류란 실린더 내의 공기가 소용돌이를 일으키며 흐르는 것을 말한다. 즉, 와류가 증가할수록 연소시간이 짧게 되어 연소가 잘 일어나 노킹을 방지할 수 있다.

10. 연료소비율이 250g/PS-h인 가솔린 기관의 열효율은?(단, 가솔린의 저위발열량은 10500kcal/kg이다.)
① 약 12% ② 약 24%
③ 약 30% ④ 약 34%

해설 열효율$(\eta) = \dfrac{출력(일률)}{입력(연료마력)}$

$= \dfrac{1}{연료소비율 \times H_L(저위발열량)}$

$\eta = \dfrac{1}{10500(\text{kcal/kgf}) \times 0.25(\text{kgf/PS}-\text{h})}$

$= \dfrac{1(\text{PS}-\text{h})}{10500 \times 0.25(\text{kcal})}$

$= \dfrac{632.3(\text{kcal/h}) \times 1\text{h}}{10500 \times 0.25(\text{kcal})} = 0.2408$로 계산된다.

따라서 24.08%의 열효율을 가져온다.

11. 가솔린 기관용 윤활유의 구비조건으로 틀린 것은?
① 알맞은 점성을 가질 것
② 카본 생성이 적을 것
③ 열에 대한 저항력이 없을 것
④ 부식성이 없을 것

해설 윤활유는 온도에 따른 점도의 변화가 작을수록 좋다. 온도에 따른 점도변화를 점도지수라 하는데, 점도지수가 클수록 온도에 따라 점도변화가 적은 것을 말한다.

12. 흡입하는 공기가 통과할 때 생기는 압력차에 의하여 미터링 플레이트가 밀려서 열리는 원리를 이용한 것은?
① 베인식 에어플로우미터
② 칼만 와류식 에어플로우미터
③ 핫 와이어식 에어플로우미터
④ 핫 필름식 에어플로우미터

해설 흡기다기관의 흡입압력이 낮아 흡기유량이 많아지면 플레이트가 크게 열리고, 흡입압력이 높아 흡기유량이 작아지면 플레이트가 작게 열린다. 이 원리를 적용한 것이 베인식이다.

ANSWER 06.④ 07.④ 08.④ 09.④ 10.② 11.③ 12.①

13. 가솔린 기관의 전자제어 연료분사장치에서 인젝터의 연료분사량은 무엇에 의해 결정되는가?
① 인젝터의 솔레노이드 밸브에 가해지는 전압
② 인젝터의 솔레노이드 코일에 흐르는 통전 시간
③ 인젝터에 작용하는 연료압력
④ 인젝터의 니들 밸브 행정

해설 인젝터의 연료분사량은 내부의 솔레노이드 코일이 통전되어(자화되어) 밸브를 개폐하는 시간조절로 결정된다. 즉, 통전시간이 길면 연료가 많이 분사된다.

14. 실린더 내 압력파형으로부터 얻어지는 정보가 아닌 것은?
① 최고압력
② 착화지연
③ 압축압력 및 온도
④ 배출가스 성분

해설 실린더 내 압력파형 선도는 세로축을 압력, 가로축을 시간(크랭크축의 회전각)으로 나타낸다. 배출가스 성분은 배출가스 테스터로 조사한다.

15. 디젤 기관의 인젝터에서 고압의 연료가 노즐에서 분사될 때의 3대 구비요건 중 거리가 먼 것은?
① 관통력   ② 희석도
③ 미립화   ④ 분포

해설 희석이란 용질의 농도를 옅게 하는 성질을 말한다. 디젤 연료(경유)가 희석되어 농도가 옅어지면 자기착화가 일어나지 않는다. 즉, 희석되면 안 된다.

16. 로터리 기관을 왕복형 기관과 비교했을 때 특징이 아닌 것은?
① 부품 수가 적다.
② 출력이 같은 왕복형 기관에 비해 대형이고 무겁다.
③ 왕복운동 부분과 밸브기구가 없으므로 진동과 소음이 적다.
④ 캠에 의한 밸브기구가 없으므로 고속 시 출력이 저하되는 일이 적다.

해설 1사이클(흡압폭배)당 로터리기관의 크랭크축은 3회전을 행한다. 가솔린기관(왕복형기관)이 1사이클당 크랭크축이 2회전하는데 비해, 로터리기관의 회전이 더 빠르다. 또한 피스톤이 회전축 자체이므로 가볍다.

17. 디젤 기관에서 과급기를 사용하는 이유로 틀린 것은?
① 체적효율 증대   ② 출력 증대
③ 냉각효율 증대   ④ 회전력 증대

해설 과급이란 말 그대로 흡입공기의 량을 증가시키는 것을 말한다. 따라서 체적효율이 증대하고 출력이 증가하는 결과를 가져온다.

18. 가변 밸브 타이밍 제어장치의 장점이 아닌 것은?
① 밸브 오버랩을 변화시켜 충진 효율이 향상
② 흡기관 부압과 펌핑 로스를 줄여서 연비향상
③ 밸브 오버랩을 크게 하여 EGR이 증가되어 배기가스 저감
④ 고속회전 시에 흡기밸브를 지각시켜 엔진의 안정성 확보

해설 가변 밸브 타이밍 제어장치는 밸브의 개폐시기를 조절해서 흡입되는 공기의 량을 최적으로 만들어주는 장치이다. 고속회전 시에 흡기밸브를 진각시켜 열고, 지각시켜 닫아서 밸브 열림 구간을 크게 해야 한다.(현 VVT는 밸브 열림을 진각시키면 닫힘이 빨리 됨)

19. 어떤 작업을 수행하는데 작업소요시간이 빠른 경우 5시간, 보통이면 8시간, 늦으면 12시간 걸린다고 예측 되었다면 3점 견적법에 의한 기대치와 분산을 계산하면 약 얼마인가?
① $te = 8.0$, $\sigma^2 = 1.17$
② $te = 8.2$, $\sigma^2 = 1.36$
③ $te = 8.3$, $\sigma^2 = 1.17$
④ $te = 8.3$, $\sigma^2 = 1.36$

해설 기대치(t_e)
$$= \frac{t_o(낙관치시간) + 4t_m(정상치시간) + t_p(비관치시간)}{6}$$
$$= \frac{5 + 4 \times 8 + 12}{6} = \frac{49}{6} = 8.167$$
분산(σ^2) $= \left(\frac{t_p - t_o}{6}\right)^2 = \left(\frac{12-5}{6}\right)^2$
$= \left(\frac{7}{6}\right)^2 = 1.361$로 계산된다.

ANSWER 13.② 14.④ 15.② 16.② 17.③ 18.④ 19.②

20. 작업측정의 목적 중 틀린 것은?
① 작업개선 ② 표준시간 설정
③ 과업관리 ④ 요소작업 분할

해설 작업측정의 목적은 작업자의 성과를 평가하여 필요한 노동력, 생산량, 일정을 계획하고, 제품의 원가나 가격을 결정하며, 작업방법을 비교하여 더 나은 작업방법을 선택하는데 그 목적이 있다.

21. 지수 규준형 샘플링 검사의 OC곡선에서 좋은 로트를 합격시키는 확률을 뜻하는 것은?(단, α는 제1종과오, β는 제2종과오이다.)
① α ② β
③ $1-\alpha$ ④ $1-\beta$

해설 α는 합격되어야 할 로트(lot)를 불합격이라고 판정하는 확률(생산자 위험)이고, β는 불합격이 되어야 할 로트를 합격이라고 판정하는 확률(소비자 위험)이다. 따라서 좋은 로트를 합격시킬 확률은 $1-\alpha$ 이다.

22. 일반적으로 품질코스트 가운데 가장 큰 비율을 차지하는 것은?
① 평가코스트 ② 실패코스트
③ 예방 코스트 ④ 검사 코스트

해설 예방코스트와 평가코스트의 실패로 인해 부수적으로 들어가게 되는 손실비용을 실패코스트이다. 이 비용은 상당한 비용을 수반한다.

23. 계량값 관리도에 해당되는 것은?
① c관리도 ② u관리도
③ R관리도 ④ np관리도

해설 계량값 관리도로는 $\bar{x}$(평균값)-R 관리도, x(개개의 측정값) 관리도, 계수값 관리도로는 p(불량률) 관리도, pn(불량 개수) 관리도, u(단위당 결점수) 관리도, c(결점수) 관리도 등이 있다.

24. 정규분포에 관한 설명 중 틀린 것은?
① 일반적으로 평균치가 중앙값보다 크다.
② 평균을 중심으로 좌우대칭의 분포이다.
③ 대체로 표준편차가 클수록 산포가 나쁘다고 본다.
④ 평균치가 0이고 표준편차가 1인 정규분포를 표준정규분포라 한다.

해설 정규분포는 좌우대칭의 분포로 평균치=중앙값=최빈값으로, 평균과 표준편차에 따라 모양이 달라진다.

25. 타이어에 발생되는 힘의 성분 그림에서 코너링 포스에 해당하는 것은?

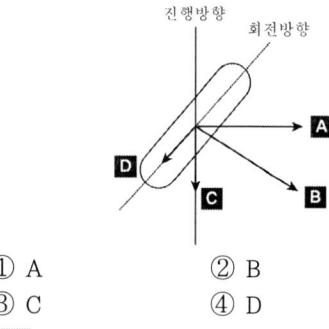

① A ② B
③ C ④ D

해설 회전하는 타이어의 직각방향의 힘(B)를 사이드 포스(횡력)이라고, 이 횡력을 진행반향에 직각방향으로 나눈 분력(A)를 코너링 포스, 진행방향의 분력(C)을 코너링 시 구름저항이라 한다.

26. 제동장치에서 탠덤마스터 실린더의 사용목적은?
① 브레이크 라이닝의 마모를 적게 한다.
② 브레이크 오일의 소모를 줄일 수 있다.
③ 브레이크 드럼의 마모를 적게 한다.
④ 앞뒤 브레이크 제동을 분산시켜 안정을 얻게 한다.

해설 탠덤마스터 실린더는 실린더를 2개 두어 브레이크 페달이 눌려지면, 앞과 뒤에 있는 피스톤이 작용하여 제동이 동시에 이루어진다.

27. 유압식 브레이크에 비해 풀 에어 브레이크(full air brake)의 장점이 아닌 것은?
① 차량의 중량이 아무리 커도 사용이 가능하다.
② 공기가 조금 누설되어도 브레이크 성능이 현저하게 저하되지 않는다.
③ 브레이크 페달을 밟는 양이 커져도 제동력이 일정하므로 조작이 쉽다.
④ 트레일러를 견인하는 경우 그 연결이 간편하다.

ANSWER 20.④ 21.③ 22.② 23.③ 24.① 25.① 26.④ 27.③

해설 공기브레이크는 브레이크 페달을 밟는 량에 따라 브레이크 공기량이 달라진다. 즉 브레이크 되는 힘(제동력)이 달라진다.

28. 유압식 전자제어 현가장치에서 감쇠력 제어 설명 중 거리가 가장 먼 것은?
① 감쇠력 제어는 주행 조건과 노면의 상태에 따라서 다단계로 제어된다.
② 감쇠력 제어는 쇽 업소버 내부의 컨트롤로드 스텝 모터가 회전시킴으로서 제어된다.
③ 감쇠력 제어는 low, normal, high, extra-high로 제어된다.
④ 감쇠력 제어는 모드 선택 스위치 선택에 따라서 오토모드, 스포츠모드 등으로 달라진다.

해설 감쇠력 제어는 soft, hard 2단계로 제어되며, 높이 제어는 high, normal, low 3단계로 제어된다.

29. 에커먼 장토식 조향원리에 대한 설명으로 틀린 것은?
① 조향방향과 조향각이 변화하여도 하중이 분포하는 면적은 거의 변화가 없다.
② 킹핀과 타이로드의 양단을 잇는 그 연장선이 후차축의 중심과 일치하여야 한다.
③ 좌우 전륜의 회전축 연장선이 후차축의 연장선에서 만나서 모든 차륜이 동일점을 중심으로 선회하여야 한다.
④ 외측륜의 조향각이 내측륜의 조향각 보다 커야 한다.

해설 에커먼 장토식은 외측륜의 조향각이 내측륜의 조향각 보다 작다.

30. 코일 스프링이 6개이고, 클러치 스프링장력이 450N인 클러치의 페이싱 한 면에 작용하는 마찰력은?(단, 정지마찰계수는 0.3이다.)
① 135N ② 810N
③ 1080N ④ 2700N

해설 코일스프링 6개에 작용하는 힘 $F = 450N \times 6$, 마찰력$(f) = \mu \times F$으로 구한다.
$f = 0.3 \times 450 \times 6 = 810N$으로 계산된다.

31. 타이어의 구조 중 카커스와 트레드 사이에서 두 층이 분리되는 현상을 방지하고 카커스의 손상을 방지하는 것은?
① 비드 ② 브레이커
③ 숄더 ④ 캡플라이

해설 타이의의 골격이라고 하는 것이 카커스, 직접 노면에 접촉하는 트레드, 이 2가지 사이에 있는 것이 브레이커이다.

32. 유압식 파워 스티어링 장착 차량의 점검에 대한 설명으로 틀린 것은?
① 파워스티어링의 자유 유격은 스티어링 휠을 가볍게 움직여 휠이 이동하기 전의 유격을 점검한다.
② 타이로드 엔드의 회전 기동 토크는 타이로드와 너클이 연결된 상태에서 토크렌치를 너트에 걸어 측정한다.
③ 파워스티어링 펌프의 누유 및 소음 상태를 점검한다.
④ 벨트 장력 점검은 규정된 지점에 일정한 힘으로 벨트를 누르면서 휨이 규정값 내에 있는지 측정한다.

해설 타이로드 엔드의 회전 기동 토크(프리로드)는 타이로드 엔드 볼의 볼트와 너클이 연결되지 않고 분리된 상태에서 토크렌치를 너트에 걸어 측정한다.

33. 승용차가 100km/h로 주행하기 위해 필요한 기관 소요 출력(PS)은?(단, 전 주행저항 80kgf, 동력 전달효율은 75%이다.)
① 약 30 ② 약 40
③ 약 80 ④ 약 106

해설 주행저항마력
$(H_b) = F \times v = 80(\text{kgf}) \times 100(\text{km/h})$
$= 80(kgf) \times \dfrac{100 \times 1000(m)}{3600(s)}$
$= \dfrac{80 \times 1000}{36}(\text{kgf}-\text{m/s})$
$= \dfrac{80 \times 1000}{36 \times 75}(\text{ps}) = 29.63\text{ps}$

기관소요출력$(H_i) = \dfrac{H_b}{\eta}$ 이므로 대입하자.
$H_i = \dfrac{29.63}{0.75} = 39.5ps$로 계산된다.

ANSWER 28.③ 29.④ 30.② 31.② 32.② 33.②

34. ( )안에 들어갈 내용으로 옳은 것은?

> 동기 치합식(키식) 수동변속기에서 동기화란 주축상에 회전하는 단기어(shift gear)의 콘부와 (A)의 접촉마찰에 의해 (B)와(과) 단기어의 원주 속도가 같아져 (C)가(이) 쉽게 치합되는 것을 말한다.

① A: 싱크로나이저 링, B: 클러치 허브, C: 클러치 슬리브
② A: 클러치 허브, B: 클러치 슬리브, C: 싱크로나이저 링
③ A: 클러치 허브, B: 싱크로나이저 링, C: 클러치 슬리브
④ A: 싱크로나이저 링, B: 클러치 슬리브, C: 클러치 허브

해설 콘(원뿔) 부분과 싱크로나이저 링이 접촉하여 허브기어와 단기어의 원주속도가 같아지면 허브기어 위에 있던 슬리브가 단기어로 넘어가 치합이 된다.

35. 변속비가 3 : 1, 종 감속비가 5 : 1인 자동차의 기관 회전 속도가 1500rpm일 때 차량의 속도는?(단 구동 바퀴의 지름은 0.8m이다.)

① 약 10km/h
② 약 15km/h
③ 약 20km/h
④ 약 25km/h

해설 총감속비(f_{all})는 변속기(변속기에 의한 f_t) × 종감속비(종감속비에 의한 f_f)이다.
또한, 총감속비=엔진의 회전수(Ne)/바퀴의 회전수로 나타낸다.

따라서 바퀴의 회전수(N_w) = $\frac{N_e}{f_{all}}$ = $\frac{1500}{3\times 5}$ = $100 rpm$

차량의 속도(v) = πDN = $\frac{\pi \times 0.8(m) \times 100}{1(\min)}$

$= \pi \times \frac{0.8}{1000}(km) \times \frac{100}{\frac{1}{60}(h)}$

$= \frac{\pi \times 0.8 \times 100 \times 60}{1000}(km/h)$

$= \pi \times 0.8 \times 6 = 15.08 km/h$

36. 동력 전달장치에서 안전을 위한 점검 사항으로 볼 수 없는 것은?

① 변속기의 오일 누유
② 추진축 및 자재이음의 진동 여부
③ 변속 링키지의 이탈 여부
④ 변속기의 각인

해설 각인이란 새김을 말한다. 첫째 자리는 자동과 수동, 둘째자리는 기어단수, 셋째자리는 톱기어의 변속비, 넷째에서 여섯째자리에는 토크를 나타낸다.

37. 조향 휠의 회전 조작력을 측정하는 방법의 설명으로 틀린 것은?

① 좌우로 선회하면서 조향력을 측정할 것
② 평탄한 노면에서 반경 12m 원주를 선회할 것
③ 선회속도는 10km/h로 할 것
④ 공차상태에서 표준 공기압으로 할 것

해설 조향핸들을 평탄한 포장노면에서 적차 상태의 반경 12m의 원을 회전할 때 소요되는 회전 조작력은 25kgf이하이어야 한다.

38. 에어 서스펜션 차량에서 하중의 변화에 따라 에어 스프링에 압축공기를 자동적으로 공급 또는 배출하는 밸브는?

① 레벨링 밸브
② 4-회로 프로텍션 밸브
③ 리프 스크링 밸브
④ 퀵 릴리스 밸브

해설 차체의 높이를 항상 일정하게 유지할 수 있도록 압축 공기를 자동적으로 공기 스프링에 공급하거나 배출하는 밸브를 레벨링 밸브라 한다.

39. 자동차 차륜 정렬에서 기하학적 중심선과 뒷바퀴가 정렬에서 벗어난 상태의 각도를 무엇이라고 하는가?

① 협각
② 셋 백
③ 스러스트 각
④ 스크러브 레디우스

해설 인클루디드각(협각)은 킹핀경사각 + 캠버각을 말한다. 셋백은 앞뒤 차축의 평행도를 말한다.

ANSWER 34.① 35.② 36.④ 37.④ 38.① 39.③

40. ABS 시스템에서 유압 계통의 교환 또는 수리 작업 후 회로내의 공기빼기 작업과 관련된 내용 중 거리가 먼 것은?
① 공기빼기 작업을 할 때 모터의 과부하 방지를 위해 모터 작동 후 일정시간 대기 후 재 실시한다.
② 브레이크 오일이 부족하지 않도록 보충하며 실시한다.
③ 진단 장비를 연결하여 주행 중 공기 빼기를 실시한다.
④ 공기빼기 작업 순서는 마스터 실린더에서 가장 먼 곳부터 가까운 곳으로 한다.

해설 공기빼기는 주행 중에 할 수가 없다. 주차된 상태에서 행해야 한다.

41. 진공식 분리형 제동 배력장치와 관련된 부품의 설명으로 틀린 것은?
① 파워 실린더는 강판 프레스제로 한쪽 끝에는 엔드 플레이트가 설치된다.
② 파워 피스톤은 2장의 강판을 겹친 것으로 그 사이에 가죽 패킹을 끼워 실린더와의 기밀을 유지하도록 되어 있다.
③ 파워 피스톤과 릴레이밸브는 한쪽 챔버의 압력 차에 의해 움직인다.
④ 릴레이 밸브는 에어밸브와 진공밸브로 이루어져 있다.

해설 브레이크 페달에 의한 입력이 릴레이밸브에 도달하면, 압력에 의거 다이어프램이 움직이고, 이 다이어프램에 의거 에어밸브와 진공밸브가 개폐를 시작한다.

42. 전자제어 자동변속기에서 변속 패턴 제어를 위한 주요 입력 신호는?
① 유온센서, 브레이크 스위치, 차속센서
② 스로틀 포지션 센서, 차속센서, 입력축 속도센서
③ 입력축 속도 센서, 인히비터 스위치, TDC 센서
④ 인히비터 스위치, 수온센서, 크랭크각센서

해설 자동 변속기는 엔진 성능 및 운전 상황에 맞추어 가장 적절한 변속이 이루어지도록 변속 패턴을 설정하고 있다. 그 기초가 되는 신호는 스로틀포지션센서, 차속센서, 입출력센서를 통한 신호이다.

43. 유체 토크컨버터에 관한 두 정비사의 의견 중 옳은 것은?

> KIM: 전부하 상태로 발진 시 최대토크가 발생하기 어렵다.
> LEE: 기관의 토크 충격과 회전 진동은 동작 유체에 의해 흡수된다.

① 정비사 KIM이 옳다.
② 정비사 LEE가 옳다.
③ 둘 다 옳다.
④ 둘 다 틀리다.

해설 전부하 상태란 엑셀러레이터를 끝까지 밟았을 때이므로, 최대의 토크가 발생한다. 따라서 KIM은 틀렸다. LEE는 맞는 말이다.

44. 기동 모터 구동조건은 배터리 전원과 마그네틱 스위치 ST전원인데, 구동되기 위한 조건을 어떤 논리회로로 표시할 수 있는가?
① OR회로
② NOT회로
③ AND회로
④ NAND회로

해설 기동모터는 배터리 전원과 마그네틱스위치(ST) 전원이 직렬로 연결되어, 동시에 연결될 때만 작동한다. 즉 AND회로라 할 수 있다.

45. 코일 저항값이 20℃일 때 5Ω이었다. 작동 시(80℃)의 저항은 몇 Ω인가?(단, 구리선의 저항 온도 계수는 0.004이다.)
① 6.20
② 5.32
③ 5.24
④ 3.80

해설 저항은 온도에 비례한다.
$R = R_0[1 + a(t - t_0)]$
$= 5 \times [1 + 0.004(80 - 20)]$
$= 5 \times 1.24 = 6.2Ω$ 으로 계산된다.

ANSWER 40.③ 41.③ 42.② 43.② 44.③ 45.①

46. 배터리의 기전력과 전해액 비중, 전해액 온도와의 관계로 틀린 것은?

① 전해액의 온도가 상승하면 전해액 비중은 커진다.
② 전해액의 비중이 커질수록 기전력은 커진다.
③ 전해액의 온도가 상승하면 기전력은 커진다.
④ 전해액의 온도가 저하하면 전해액의 저항이 증가해 기전력은 작아진다.

해설 전해액의 온도가 상승하면 전해액의 비중은 낮아진다.

47. 미등을 점등시킨 상태로 장시간 주차를 하면 배터리 방전이 된다. 이를 방지하기 위한 기능은?

① 발전 방전 베어 ② 발전 전류 제어
③ 배터리 리저버 ④ 배터리 세이브

해설 미등이나 전조등이 점등된 상태에서 장시간 주차하면 배터리가 방전되어 시동이 어려워 정비서비스를 불러야 한다. 이를 방지하기 위해서 ECU가 자동으로 배터리 세이브(save) 기능을 행한다.

48. 자동차 에어컨 냉매의 구비조건 중 거리가 먼 것은?

① 비등점이 적당히 낮을 것
② 응축 압력이 적당히 낮을 것
③ 증기의 비체적이 작을 것
④ 임계 온도가 충분히 높을 것

해설 비체적이란 질량당 체적을 뜻하므로, 에어컨 냉매의 경우 질량당 체적이 커야(비체적이 커야) 지나가는 공기의 열을 증발기 내부의 냉매가 열을 잘 흡수한다.

49. 에어백 시스템에서 저항 측정 시 에어백모듈의 전개를 방지하기 위한 것은?

① 버스바 ② 전압바
③ 전류바 ④ 단락바

해설 단락바는 원하지 않는 정전기나 저항측정 등에 의해 에어백이 점화되는 걸 방지하기 위한 장치로, 단락바를 밀었다 빼면 커넥터 꽂히는 부분의 핀이 떨어졌다 붙었다 한다.

50. 자동차 충전장치에서 AC발전기 레귤레이터의 제너 다이오드는 어떤 상태에서 전류가 흐르게 되는가?

① 낮은 온도에서
② 낮은 전압에서
③ 브레이크 다운 전압에서
④ 브레이크 다운 전류에서

해설 역방향으로 전류가 흐르기 시작할 때의 역방향 전압을 브레이크 다운 전압이라 한다. 따라서 제너 다이오드는 브레이크 다운 전압보다 크면 전류가 흐른다.

51. 서로 다른 저항이 병렬 접속되어 구성된 회로에 대한 내용 중 옳은 것은?

① 합성 저항은 각 저항의 합과 같다.
② 회로 내의 어느 저항에서나 똑같은 전류가 가해진다.
③ 회로 내의 어느 저항에서나 똑같은 전압이 가해진다.
④ 각 저항에 걸리는 전압의 합은 전원 전압과 같다.

해설 저항이 병렬로 연결되면 어느 저항이든 똑같은 전압이 가해지고, 각 저항에 흐르는 전류를 모두 더하면 전체 전류가 된다.

52. 그림의 회로에서 퓨즈의 용량으로 가장 적합한 것은?(단, 안전율은 1.7이다.)

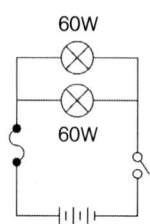

① 5A ② 10A
③ 15A ④ 30A

해설 전구가 병렬로 설치되어 있으므로, 한 전구에 흐르는 전압은 동일하다. 따라서 하나의 전구에 흐르는 전류는 $60W = I \times V = I \times 12V$, $= \frac{60}{12} = 5A$로 계산된다.

전구가 2개이므로, 10A가 전체회로에 흐른다. 따라서 안전율을 고려하면 $1.7 \times 10 = 17A$가 적당하다. 즉 10A보다 크고 17A보다 작은 것을 택하면 15A된다.(10A를 선택하면 켜자마자 끊어진다. 최소 10A보다 커야 함)

ANSWER 46.① 47.④ 48.③ 49.④ 50.③ 51.③ 52.③

53. 판금 작업 후 차체에 남은 큰 요철부위를 메우기 위해 사용하는 도료는?
① 위시 프라이머
② 퍼티
③ 프라이머-서페이서
④ 메이스코트

해설 판금 작업 후 차체에 남은 요철 부위를 메우기 위해 사용하는 도료를 퍼티라고 한다.

54. 차체변형 교정 작업시 주의할 사항이 아닌 것은?
① 고정 장치를 확실하게 고정한다.
② 인장 체인에 안전 고리를 걸고 작업한다.
③ 한 번에 수정이 가능하도록 고압으로 인장한다.
④ 차체 인장 방향과 일직선에 서지 않는다.

해설 고정은 4점고정이 기본이다. 수정은 낮은 압력부터 점점 높여서 가해야 한다. 한 번에 고압으로 인장(당길)의 경우 재료 내부에 무리를 가져와 변형을 일으킬 수 있다.

55. 칼라 조색 시 보색 관계를 이용하지 않는 이유로 가장 적절한 것은?
① 조색제 숫자가 많아지기 때문에
② 도료 사용량이 많아지기 때문에
③ 칼라가 탁해지기 때문에
④ 칼라가 맑아지기 때문에

해설 보색이란 2색을 섞어 흰색이나 검은색이 되는 관계를 말한다. 조색시 보색관계를 이용하지 않는 이유는 탁해지기 때문이다.

56. 연마를 할 때 사용하는 보호구로 가장 거리가 먼 것은?
① 장갑 ② 보안경
③ 방독 마스크 ④ 방진 마스크

해설 연마를 할 때 먼지가 날 수 있어 보안경이나 방진 마스크를 사용해야 한다. 방독이란 독을 방지한다는 말로서, 착용하는데 필요한 돈이 들고 행동의 불편함을 줄 것이다.

57. 도장 작업 후 세팅타임을 주지 않고 급격히 열처리를 하였을 때 나타날 수 있는 결함은?
① 물자국 ② 흐름
③ 핀홀 ④ 크레이터링

해설 도장부분이 바늘로 찌른 것 가스 자리가 있는 것을 핀홀이라 하는데, 도장 작업 후 세팅타임을 주지 않고 급격히 열처리를 하였을 때 나타난다.

58. 강을 변태점 이상의 적당한 온도로 가열한 후 급냉시켜 경도 또는 강도를 증가시키기 위한 열처리 방법은?
① 풀림 ② 불림
③ 뜨임 ④ 담금질

해설 변태점 이상의 적당한 온도로 강을 가열한 후 급냉시켜 경도 또는 강도를 증가시키는 열처리가 담금질이다.

59. 스폿(점) 용접의 3단계로 옳은 것은?
① 가압 → 냉각고착 → 통전
② 냉각고착 → 가압 → 통전
③ 가압 → 통전 → 냉각고착
④ 통전 → 가압 → 냉각고착

해설 spot(점)용접은 전기저항용접 중에서 겹치기 용접의 일종으로, 가압력이 클수록 접촉저항이 작아진다. 가압하여 유지하면서 통전하게 되면, 모재가 녹으며 서로 융합되고 냉각되어 고착된다.

60. 도장 작업 시 연마를 하는 가장 중요한 이유는?
① 도료의 화학적 결합을 위하여
② 도료의 소모량을 줄이기 위하여
③ 도장 작업 공정을 단축하기 위하여
④ 도막을 평활하게 하고 도료의 부착 증진을 위하여

해설 도장 작업 시 연마를 하는 이유로는 도료의 소모량을 줄일 수 있고, 부착을 증진하기도 하지만, 무엇보다 도장 작업 공정을 단축시켜 효율적이고 경제적이다는 점이다.

ANSWER 53.② 54.③ 55.③ 56.③ 57.③ 58.④ 59.③ 60.③

2016년 2회 기출문제
자동차정비기능장

01. 실린더의 건식 라이너에 관한 설명과 사용 시 나타나는 특징으로 가장 거리가 먼 것은?
① 실린더 블록의 강성이 저하한다.
② 일체형의 실린더가 마모된 경우에 사용한다.
③ 가솔린엔진에 많이 사용한다.
④ 실린더 블록의 구조가 복잡하다.

해설 건식라이너는 피스톤이 지나가는 블록에 끼우는 것으로 냉각수와 접촉하지 않는다. 따라서 실린더 블록의 강성을 저하하지 않는다.

02. 핫 필름타입(Hot Film Type)의 에어플로센서의 설명으로 옳은 것은?
① 세라믹 기판을 총 저항으로 집적시켰다.
② 자기 청정기능의 열선이 있다.
③ 백금선을 사용한다.
④ 와류에 의한 주파수를 검출하여 공기량을 산출한다.

해설 선은 wire를 뜻한다. 핫 필름타입은 핫 와이어, 콜드 와이어, 정밀 저항 등을 세라믹 기판에 집적시켜 제작하였다.

03. LPG(액화석유가스)의 특징이 아닌 것은?
① 순수한 LPG는 무색, 무취, 무미이다.
② 액체 LPG는 물보다 가벼우나 기체LPG는 공기보다 무겁다.
③ 액체 LPG는 기화할 때 약 250배 팽창한다.
④ 가솔린의 옥탄가가 LPG보다 높다.

해설 LPG의 옥탄가는 100을 넘는다. 가솔린은 100이 되지 않는다. LPG(부탄 94, 프로판 114), 가솔린(일반 91~94, 이고 95이상)

04. 실린더 안지름이 80mm, 피스톤 행정이 80mm인 4실린더 기관에서 총배기량(CC)은?
① 1408   ② 1508
③ 1608   ④ 1708

해설 배기량 $(V) = \dfrac{\pi d^2}{4} \times L \times Z$,

$V = \dfrac{\pi \times 8^2 (cm^2)}{4} \times 8(cm) \times 4$

$4 = 1608.49 cm^3 ≒ 1608cc$ 로 계산된다.

05. 전자제어 가솔린 기관에서 OBD(On Board Diagnose) 감시기능 중 틀린 것은?
① 촉매 고장 감시기능
② 실화 감시기능
③ 증발가스 누설 감시기능
④ 외기온도 감시기능

해설 이 외에 OBD는 EGR장치 감시기능, 공연비/2차공기시스템 기능, 연료제어시스템 기능 등이 있다.

06. 피스톤의 작동과는 관계없이 기관이 요구하는 연료량을 1/2로 나누어서 1사이클 당 2회씩 분사하는 것으로서 인젝터 구동회로가 간단하며 분사량 조정이 쉬운 것은?
① 그룹분사
② 비동기분사
③ 순차 분사
④ 독립분사

해설 비동기분사는 피스톤의 위치과는 관계없다. 기관이 요구하는 연료량을 1/2로 나누어서 1사이클 당 2회씩 분사하는 것으로 인젝터 구동회로가 간단하다.

ANSWER 01.① 02.① 03.④ 04.③ 05.④ 06.②

07. 전자제어 가솔린 기관의 연료 압력조절기는 무엇과 연계하여 연료압력을 조절하는가?
① 압축압력 ② 흡기다기관 압력
③ 점화시기 ④ 냉각수 온도

해설 연료압력조절기는 딜리버리 파이프에 설치되어있으며, 흡기다기관의 압력에 의해 작동한다.

08. LPG기관에서 피드백 믹서방식의 출력제어 장치와 거리가 먼 것은?
① 가스압력 측정 솔레노이드 밸브
② 시동 솔레노이드 밸브
③ 메인 듀티 솔레노이드 밸브
④ 슬로 듀티 솔레노이드 밸브

해설 가스압력 측정 솔레노이드 밸브는 없다. 압력의 경우 베이퍼라이저에서 1차감압, 2차감압이 이루어진다. 여기서도 솔레노이드 밸브에 의해 조정이 되는 것이 아니다.

09. 가솔린 엔진의 피스톤과 피스톤 링에 대한 설명으로 틀린 것은?
① 피스톤의 위쪽에 설치되는 2개의 피스톤 링은 연소가스의 누설을 방지하는 압축링 이다.
② 피스톤의 톱 랜드(top land)는 가스의 누설을 방지하기 위해 세컨드 랜드 보다 지름이 크다.
③ 윤활을 하는 오일링을 피스톤의 가장 아래쪽에 설치한다.
④ 피스톤의 스커트부는 피스톤 자세를 안정시키는 역할을 한다.

해설 피스톤의 톱 랜드는 폭발연소가스를 직접적으로 마주하고 있는 피스톤의 헤드로 엔진의 종류에 따라서 그 두께가 결정된다. 지름이 세컨드 랜드와 같거나 작아야 한다.

10. 디젤기관에서 촉매의 변환율이 약 50%가 될 때의 온도이며, 촉매 활성화온도를 뜻하는 것은?
① Light-on ② Light-off
③ Light-up ④ Light-down

해설 촉매의 변환율이 약 50%가 될 때의 온도를 Light off Temperature(활성화 온도)라고 한다.

11. LPI(Liquid Petroleum Injection)기관에서 인젝터가 연료분사 후 기화잠열에 의한 수분 빙결 현상을 방지하기 위한 것은?
① 아이싱 팁
② 가스온도 센서
③ 릴리프밸브
④ 과류방지 밸브

해설 아이싱(icing) 방지팁은 아이싱 형상을 방지하는 장치이다. 아이싱이란 연료의 기화 잠열에 의한 주위 온도 강하로 인젝터 팁 부분이 냉각되고 공기 중의 수증기가 응결되는 현상을 말한다

12. 냉각장치에서 물의 끓는 온도를 높여 냉각효과 및 엔진의 효율을 증대하기 위한 부품은?
① 워터펌프
② 냉각수온센서
③ 압력식 캡
④ 오일쿨러

해설 압력식 캡에는 압력밸브가 장착되어 있어 냉각수의 끓는 점을 높여 엔진의 효율을 증대시킨다.

13. 실린더 지름이 50mm, 피스톤의 평균속도가 20m/s인 기관에서 흡입가스의 평균속도가 50m/s일 때, 흡입밸브의 유로 면적(cm^2)은?
① 약 7.9 ② 약 8.6
③ 약 15.3 ④ 약 21.6

해설 흐르는 유량(Q) $= C$ 이므로,
$Q_1 = Q_2$, $A_1 v_1 = A_2 v_2$ 이다. 여기에 대입하자.
$\dfrac{\pi d^2 (cm^2)}{4} \times 20(m/s) = A_2(cm^2) \times 5(m/s)$ 이므로,
$A_2 = \pi d^2 = \pi \times 5^2 = 78.54 cm^2$ 로 계산된다.

14. 윤활유의 성질 중에서 가장 중요한 것은?
① 점도 ② 비중
③ 밀도 ④ 응고점

해설 윤활유는 마찰부를 잘 미끄러지게 하는 오일이다. 따라서 끈끈한 정도를 나타내는 점도가 중요한 성질이 된다. 점도지수는 높을수록 온도에 따라 점도가 잘 바뀌지 않음을 나타낸다.

ANSWER 07.② 08.① 09.② 10.② 11.① 12.③ 13.① 14.①

15. 카르노 사이클(Carnot Cycle)에 대한 설명으로 틀린 것은?
① 비가역 사이클이다.
② 실제의 열기관이 이루는 사이클을 고려할 때 그 기본이 되는 이상적인 사이클이다.
③ 2개의 등온변화와 2개의 단열변화로 성립한다.
④ T-S선도에서는 직사각형의 사이클이 된다.

해설 카르노 사이클은 가역 사이클로 일기관의 기본이 되는 이상 사이클이다. 2개의 등온변화에서 열교환이 일어나고 2개의 단열변화 중에서 단열 팽창 시 동력을 얻는다.

16. 기관에서 배기장치의 기능으로 틀린 것은?
① 배출가스의 강한 충격음을 완화시킨다.
② 배가가스가 유출되는 데 큰 저항을 주지 않도록 한다.
③ 배기가스가 차실내로 유입되지 않게 한다.
④ 소음기가 설치되어 배기가스의 유해물질을 저감시킨다.

해설 소음기는 글자그대로 음의 크기를 감소시키는 장치이다. 배기가스의 유해물질을 저감시키는 것은 배기장치에는 촉매변환기가 대표적이다.

17. 압축비가 8.5이고, 비열비가 1.4인 가솔린 기관의 열효율은?
① 58% ② 46%
③ 42% ④ 32%

해설 $\eta_o = 1 - \dfrac{1}{\varepsilon^{k-1}} = 1 - \dfrac{1}{8.5^{1.4-1}} = 1 - \dfrac{1}{8.5^{0.4}} = 0.575$ 이므로, 약 57.5%이다.

18. 자동차 배출가스는 그 배출원에 따라 3가지로 구분하는데 여기에 해당되지 않는 것은?
① 불활성 가스 ② 배기 가스
③ 블로바이 가스 ④ 연료증발 가스

해설 불활성 가스란 자연상에 그대로 두어도 안정되어 있어 활성화되지 않는 가스를 말한다. 보통 아르곤, 헬륨 등이 대표적이다.

19. 표준시간 설계 시 미리 정해진 표를 활용하여 작업자의 동작에 대해 시간을 산정하는 시간연구법에 해당되는 것은?
① PTS법 ② 스톱위치법
③ 워크샘플링법 ④ 실적자료법

해설 PTS법은 표준시간 설계 시 미리 정해진 표(Predetermined Time Standards)를 활용하여 작업자의 동작에 대해 시간을 산정한다.

20. 다음은 관리도의 사용 절차를 나타낸 것이다. 관리도의 사용 절차를 순서대로 나열한 것은?

> ㄱ. 관리하여야 할 항목의 선정
> ㄴ. 관리도의 선정
> ㄷ. 관리하려는 제품이나 종류선정
> ㄹ. 시료를 채취하고 측정하여 관리도를 작성

① ㄱ→ㄴ→ㄷ→ㄹ ② ㄱ→ㄷ→ㄹ→ㄴ
③ ㄷ→ㄱ→ㄴ→ㄹ ④ ㄷ→ㄹ→ㄱ→ㄴ

해설 관리도의 사용절차는 관리해야하는 제품(종류)을 선정하고 그에 따른 항목을 선정한 후 관리도를 선정한다. 다음으로 관리도에 필요한 시료를 채취하고 측정하여 관리도를 작성한다.

21. 이항분포(binominal distribution)에서 매회 A가 일어나는 확률이 일정한 값 P일 때, n회의 독립시행 중 사상 A가 x회 일어날 확률P(x)를 구하는 식은?(단, N은 로트의 크기, n은 시료의 크기, P는 로트의 모부적합품률이다.)

① $P(x) = \dfrac{n!}{x!(n-x)!}$

② $P(x) = e^{-x} \times \dfrac{(nP)^x}{x!}$

③ $P(x) = \dfrac{\binom{NP}{x}\binom{N-NP}{n-x}}{\binom{N}{x}}$

④ $P(x) = \binom{n}{x} P^x (1-P)^{n-x}$

해설 이항(二項)분포를 말하므로, 이항정리에 의거 $P(x) = \binom{n}{x} P^x (1-P)^{n-x}$ 이 나온다.

ANSWER 15.① 16.④ 17.① 18.① 19.① 20.③ 21.④

22. 다음 내용은 설비보전조직에 대한 설명이다. 어떤 조직의 형태에 대한 설명인가?

> 보전작업자는 조직상 각 제조부문의 감독자 밑에 둔다.
> 단점: 생산우선에 의한 보전작업 경시, 보전기술 향상의 곤란성
> 장점: 운전자와 일체감 및 현장감독의 용의성

① 집중보전　② 지역보전
③ 부분보전　④ 절충보전

해설 보전작업자를 제조부분의 감독자 아래에 두는 보전을 부분보전이라 한다.

23. 다음 표는 자동차 영업소의 월별 판매실적을 나타낸 것이다. 5개월 단순이동 평균법으로 6월의 수요를 예측하면?

월	1월	2월	3월	4월	5월
판매량	100대	110대	120대	130대	140대

① 120대　② 130대
③ 140대　④ 150대

해설 단순이동 평균법
$$= \frac{\sum 각각}{갯수} = \frac{100+110+120+130+140}{5}$$
$$= \frac{600}{5} = 120대 \text{ 로 계산된다.}$$

24. 샘플링에 대한 설명으로 틀린 것은?
① 집락 샘플링에서는 집락 간의 차는 작게, 집락 내의 차는 크게 한다.
② 제조공정의 품질특성에 주기적인 변동이 있는 경우 계통 샘플링을 적용하는 것이 좋다.
③ 시간적 또는 공간적으로 일정 간격을 두고 샘플링하는 방법을 계통 샘플링이라고 한다.
④ 모집단을 몇 개의 층으로 나누어 각 층마다 랜덤하게 시료를 추출하는 것을 층별 샘플링이라고 한다.

해설 제조공정의 품질특성에 주기적인 변동이 있는 경우는 계통 샘플링을 적용하지 않는 것이 좋다. 계통샘플링을 할 경우 시료가 선택되지 않을 수도 있다.

25. 수동 변속기에 싱크로 메시 기구가 작용하는 시기는?
① 변속기어를 뺄 때
② 변속기어를 넣을 때
③ 클러치 페달을 놓을 때
④ 클러치 페달을 밟을 때

해설 싱크로 메시 기구는 회전속도를 같게 하는 기구를 말한다. 회전속도가 같지 않으면 소리가 나든지 기어가 물리지 않는다.

26. 자동변속기 오일의 색깔이 흑색일 경우 예측되는 고장은?
① 클러치 디스크의 마모
② 불완전 연소에 의한 카본 흡입
③ 연료 및 냉각수의 혼입
④ 농후한 혼합기 공급

해설 자동변속기에는 3개 정도의 클러치와 2개 정도의 브레이크가 존재한다. 이 클러치나 브레이크의 디스크가 마모하면 자동변속기 오일의 색이 검게 된다.

27. 공기식 브레이크 장치 구성 부품 중 로드센싱 밸브의 작동에 영향을 미치는 요소가 아닌 것은?
① 로드 센싱 밸브의 장력스프링을 추가하여 장력이 증가한 경우
② 적재함 또는 특장 장치를 신규로 장착한 경우
③ 로드 센싱 밸브의 장력 스프링 사이 접촉면에 녹이 발생한 경우
④ 브레이크 챔버의 고착이 있는 경우

해설 브레이크 챔버는 브레이킹을 위해 공기가 제일 마지막으로 닿는 방(챔버)으로서 챔버의 피스톤은 공기의 힘에 의해 슈를 확장시키도록 캠을 회전시킨다.

28. 자동차가 54km/h로 달리다가 급가속하여 10초 후에 90km/h가 되었을 경우 차의 가속도(m/sec²)는?

① 0.5　　② 1
③ 3　　　④ 4

해설 가속도는 시간당 속도의 변화량이다. 이를 식으로 표현하면,
$$\alpha = \frac{v_2 - v_1}{t} = \frac{90 - 54(km/h)}{10s} = \frac{36km/h}{10s}$$
$$= \frac{36}{10s} \times \frac{1000m}{3600s} = 1m/s^2$$ 으로 계산된다.

29. 전자제어 유압식 파워 스티어링 장치에 대한 설명으로 틀린 것은?

① 유압 반력 제어방식에서 조향력의 변화량은 반력 압력의 제어에 의해 유압반력기구의 용량범위에서 임의의 크기가 주어진다.
② 고속에서는 스티어링 휠의 조작을 가볍게 하여 운전자의 과로를 줄인다.
③ 차속 감응식은 차속에 따라 조향력을 변화시킨다.
④ 파워 스티어링의 조향력은 파워 실린더에 걸리는 압력에 의하여 결정된다.

해설 고속에서 조향휠의 조작력을 가볍게 했을 경우 휠의 감각을 느끼지 못해 급회전을 가능하게 하여 사고를 일으키기 쉽다. 따라서 이와 반대가 되게 제작하여야 한다.

30. 전자제어제동장치(ABS)의 기능 설명 중 틀린 것은?

① 방향 안정성 확보
② 조향 안정성 확보
③ 제동거리 단축 기능
④ 부드러운 변속감 실현

해설 부드러운 변속감을 실현하기 위해서는 감속비를 크도록 조향축 기어들의 물림을 만들면 된다.

31. 슬립각의 크기에 따른 조향특성을 설명한 것으로 옳은 것은?

① 후륜과 전륜의 슬립각이 같으면 언더스티어링의 특성을 나타낸다.
② 후륜의 슬립각이 전륜의 슬립각보다 크면 언더 스티어링의 특성을 나타낸다.
③ 후륜의 슬립각이 전륜의 슬립각보다 크면 오버 스티어링의 특성을 나타낸다.
④ 후륜의 슬립각이 전륜의 슬립각보다 크면 중립 스티어링의 특성을 나타낸다.

해설 후륜과 전륜의 슬립각이 같으면 중립 스티어링, 후륜의 슬립각이 크면 오버스티어링, 전륜의 슬립각이 크면 언더 스티어링이 발생한다.

32. 풀 타임(full time) 4륜 구동방식에서 타이트 코너 브레이크 현상을 제거하는 방법은?

① 바퀴를 작게 한다.
② 타이어 공기압을 높여준다.
③ 앞뒤 바퀴에 구동력을 전달하는 부분에 중앙 차동 장치를 설치한다.
④ 프로펠러 샤프트에 유니버셜 조인트를 2개 연속으로 장착한다.

해설 중앙차동장치(센터 디퍼렌셜)가 없는 4WD 자동차가 4륜 구동 상태로 주행하면서 작은 반경의 선회를 할 경우, 앞뒤 바퀴의 회전 반지름이 달라서 브레이크가 걸린 상태처럼 주행하기 힘들어지는 현상이 생기는데 이를 타이트 코너 브레이킹(tight corner braking) 현상이라 한다.

33. 기관의 회전력이 15.5kgf-m이고 3200rpm으로 회전하고 있다면 클러치에 전달되는 마력(PS)은?

① 56.3　　② 61.3
③ 66.3　　④ 69.3

해설 $H_p = T \times w$ 로 계로 환산된다.
$$= 15.5(kgf-m) \times \frac{2\pi \times 3200}{60(s)}$$ 산식을 세울 수 있다.

34. 엔진룸의 유효면적을 넓게 확보할 수 있으며, 부품수가 적고 정비성이 좋은 독립현가 방식은?

① 위시본형　　② 크레일 링크형
③ 맥퍼슨형　　④ 스윙 차축형

해설 맥퍼슨형은 쇼크업소버와 코일스프링을 한 축으로 조립한 스트럿바를 사용하였다. 따라서, 엔진룸의 유효면적을 넓게 확보할 수 있고, 부품수가 줄어 정비성을 좋게 하였다.

ANSWER 28.② 29.② 30.④ 31.③ 32.③ 33.④ 34.③

35. 주행 중 자동차 안정성 제어 장치가 작동하지 않아도 되는 항목으로 가장 거리가 먼 것은?
① 자동차를 후진하는 경우
② 시동 시 자가 진단하는 경우
③ 운전자가 자동차안전성제어장치의 기능을 정지시킨 경우
④ 자동차의 속도가 시속 60킬로미터 미만인 경우

> 해설 차량 주행 안전성 제어 장치[ESC혹은 ESP]는 곡선·눈길·빗길에서 운전자의 부주의로 급핸들, 급제동을 하는 상황에서 차량이 전복되거나 미끄러질 때 엔진과 브레이크를 스스로 제어해 차선 이탈이나 전복을 막는 기술이다. 따라서, 60km/h미만으로 주행을 하므로 안정성제어장치가 작동하게 된다.

36. 자동변속기에서 변속진행 중 토크를 회전속도의 변화를 매끄럽게 하기 위한 변속품질 제어가 아닌 것은?
① 록 업 클러치 제어
② 라인 압력 제어
③ 변속 중 점화시기 제어
④ 피드백 학습 제어

> 해설 록 업 클러치 제어는 엔진의 속도와 변속기의 입력속도를 같게 만들어 주는 장치이다.

37. 내경이 50mm인 마스터 실린더에 30N의 힘이 작용하였을 때 내경이 80mm인 휠 실린더에 작용하는 작동력은?
① 약 15.2N ② 약 34.6N
③ 약 76.8N ④ 약 168.6N

> 해설 마스터실린더와 휠실린더 사이에 누설이 없고 마찰손실이 없다고 가정하면, 이 장치는 파스칼의 원리가 작용한다고 할 수 있다.
> 파스칼의 원리=$P_1 = P_2$, $\dfrac{F_1}{A_1} = \dfrac{F_2}{A_2}$ 에 대입하자.
> $\dfrac{30N}{\dfrac{\pi \times (5cm)^2}{4}} = \dfrac{F_2}{\dfrac{\pi \times (8cm)^2}{4}}$,
> $\dfrac{30}{5^2} = \dfrac{F_2}{8^2}$, $F_2 = 30 \times \dfrac{8^2}{5^2} = 76.8N$ 으로 계산된다.

38. 스노우 타이어(snow tire)의 장점에 속하지 않는 것은?
① 눈길에서 제동성이 우수하다.
② 눈길에서 구동력이 크다.
③ 체인을 부착하여야 하는 번거로움이 없다.
④ 눈이 없는 포장노면에서도 주행 소음이 적다.

> 해설 스노우 타이어는 눈이 온 노면에 적합하도록 트레드의 깊이를 깊게 한 타이어이다. 따라서 눈이 없는 포장노면에서는 주행 중에 소음이 크므로, 가급적 사용하지 않는 것이 좋다.

39. 자동차가 선회운동을 할 때 구심력의 역할을 하는 것은?
① 코너링 포스   ② 점착력
③ 복원력   ④ 원심력

> 해설 자동차가 선회운동을 행하면, 타이어의 선회방향의 직각방향으로 횡력(사이드포스)가 작용하고, 타이어의 진행방향의 직각방향으로 코너링포스가 작용하는데, 이 코너링포스가 구심력(원의 중심으로 향하는 힘)으로 작용한다.

40. 자동차의 점검 및 정비 또는 검사에 사용하는 기계 및 기구를 제작하는 사람은 정밀도 검사를 받아야한다. 해당 기계 및 기구가 아닌 것은?
① 제동시험기   ② 전조등시험기
③ 자동차용 리프터 ④ 가스 누출 탐지기

> 해설 정밀도검사를 받아야 하는 기계 및 기구는 제동시험기, 전조등시험기, 사이드슬립측정기, 속도계시험기, 택시미터주행검사기, 가스누출 감지기 등이다.

41. 전자제어 현가장치의 제어와 관련된 구성품이 아닌 것은?
① 인히비터 스위치
② 엑셀 포지션 센서
③ ECS 모드 선택 스위치
④ 클러치 스위치

> 해설 수동변속기 차량의 경우에만 클러치 스위치가 클러치 페달 위에 있는데, 시동시 기동모터로 들어가는 배선을 연결시켜주는 역할을 한다. 즉, 클러치페달을 밟지 않으면 클러치 스위치가 배선을 연결시켜주지 않아 기동모터가 돌지 않는다.

ANSWER 35.④ 36.① 37.③ 38.④ 39.① 40.③ 41.④

42. 공기 배력식 제동장치의 설명으로 틀린 것은?

① 파워 피스톤을 에어 컴프레셔의 압축된 공기 압력과 대기압의 차이에 따라서 작동하여 유압을 발생시켜 휠 실린더에 전달하는 역할을 하는 것은 브레이크 부스터이다.
② 하이드로 에어백은 공기탱크 등을 설치하여야 하므로 하이드로 백 장치에 비해 약간 복잡하다.
③ 하이드로 에어백은 동력 실린더부, 릴레이 밸브부, 하이드로릭 실린더부로 구성되어 있다.
④ 하이드로 에어백으로 작동되는 제동계통은 베이퍼록이 일어나지 않아 공기빼기가 필요없다.

해설 하이드로 에어백은 보기 ①과 같이 작동하므로, 동력실린더, 릴레이밸브, 하이드로릭 실린더가 없다. 이를 갖춘 브레이크는 하이드로백(배력장치)이다.

43. 최고 속도 제한장치를 부착하지 않아도 되는 자동차는?

① 승합자동차
② 비상 구급 자동차
③ 차량총중량이 3.5톤을 초과하는 화물자동차
④ 저속전기자동차

해설 차량총중량 10톤 이상의 승합차량(제한속도 110km/h)과 차량총중량 16톤 이상 또는 최대적재량 8톤 이상 화물차량(제한속도 90km/h) 등에 적용된다. 생명과 관련된 비상구급자동차에 속도제한장치 부착은 제외이다.

44. 점화장치에서 점화방식의 종류가 아닌 것은?

① 전자유도 방식   ② 자석식
③ 반도체식   ④ 콘덴서 방전식

해설 점화방식에는 접점식 코일 점화장치, 트랜지스터식 코일 점화장치(반도체식), 전자식 점화장치, 무배전기식 점화장치, 축전기(콘덴서) 방전식 점화장치, 고전압 자석식 점화장치 등이 있다.

45. 시동모터 마그네틱 스위치를 시험하는 방법 중 옳은 것은?

① 풀인, 홀드인 시험 시 마그네틱 스위치의 M 터미널에서 커넥터를 분리시킨다.
② 풀인 시험 시 S 터미널과 바디 사이에 12V 배터리를 연결한다.
③ 홀드인 시험 시 S터미널과 M터미널 사이에 12V배터리를 연결한다.
④ 정확한 시험을 위해 30초 이상 시험을 진행하여야 한다.

해설 풀인코일은 M단자와 연결되어 모터로 전기가 들어간다. 따라서 풀인 시험 시에는 M단자를 분리시켜 저항을 측정해야 한다.

46. AC발전기와 DC발전기에서 기능이 동일한 부품으로 짝지어진 것 중 틀린 것은?

① 로터와 계자
② 스테이터와 전기자
③ 다이오드와 정류자
④ 슬립링과 계철

해설 로터와 계자는 자석이 되는 부분, 스테이터와 전기자는 자기력선을 변화시켜 전기를 만드는 부분, 다이오드와 정류자는 전기를 정류하는 부분이다.

47. 전조등의 광도가 2000cd인 경우, 전방 10m에서 조도는?

① 200Lux   ② 20Lux
③ 30Lux   ④ 2000Lux

해설 $Lux = \dfrac{cd}{r^2} = \dfrac{2000cd}{10^2(m^2)} = 20lux$ 로 계산된다.

48. 이모빌라이저 시스템의 구성품으로 틀린 것은?

① 트랜스폰더
② 터치 센서
③ 안테나 코일
④ 이모빌라이저 유닛

해설 트랜스폰더는 열쇠에 설치되어 있고, 이모빌라이저 유닛은 차량에 설치되어 있으며, 안테나 모듈은 키박스에 설치되어 있다.

ANSWER 42.③ 43.② 44.① 45.① 46.④ 47.② 48.②

49. 와이퍼 모터 중 직권코일과 분권코일 2개의 계자코일을 이용하여 고속과 저속 회전을 하는 와이퍼 모터는?
① 분권식 와이퍼 모터
② 복권식 와이퍼 모터
③ 페라이트 전자식 와이퍼 모터
④ 제3브러시식 와이퍼 모터

해설 복권시 와이퍼 모터는 직권코일(L_1)과 분권코일(L_2) 즉, 2개의 계자코일을 이용하여 고속과 저속 회전을 하는 모터이다.

50. 배터리에 대한 설명 중 틀린 것은?
① 발전전류 제어 시스템에서 배터리의 상태를 실시간으로 모니터링한다.
② 기동장치에 전기를 공급한다.
③ 주행 상태에 따르는 발전기의 출력과 부하와의 불균형을 조절한다.
④ 발전기 대신 전원을 소비하면 배터리의 비중이 올라간다.

해설 발전기에서 생산되는 전기를 소비하지 않고, 배터리의 전기를 소비하면 비중이 내려간다. 즉 묽은 황산이 방전에 의해 물과 황산으로 변한다.

51. 내기센서, 외기센서, 일사센서, 온도조절스위치, 송풍기스위치 등은 어떤 시스템에 사용되는 것인가?
① 전자제어 서스펜션
② 자동변속기
③ 엔진 제어
④ 공조장치

해설 내기센서는 실내온도, 외기센서는 실외온도, 일사센서는 일사량을 측정한다. 즉 실내의 온도를 조절하는 공조장치에 사용되는 센서와 스위치들이다.

52. DLI점화장치의 특징에 해당되지 않는 것은?
① 고전압이 감소되어도 유효 에너지의 감소가 없기 때문에 실화가 적다.
② 정전압 제어 방식으로 엔진의 회전 속도에 관계없이 2차 전압이 안정된다.
③ 범위 제한이 없이 진각이 이루어지고 내구성이 크다.
④ 고압 배전부가 없기 때문에 누전의 염려가 없다.

해설 접점식 코일점화장치나 트랜지스터 점화장치에서는 기관의 회전속도가 빨라지면(점화횟수가 증가하면) 점화전압이 급격히 강하한다. 그러나 축전기 방전 점화장치(CDI)에서는 점화횟수에 상관없이 거의 일정한 점화전압을 유지한다.

53. 사고 차량의 인장작업을 위한 차체고정에 대한 설명으로 옳은 것은?
① 차체 공정은 단일 방식만 있다.
② 고정용 클램프는 십자(+) 형태로 연결한다.
③ 기본 고정은 사이드실 아래의 플랜지 부위 네 곳에서 한다.
④ 사이드 실 하단의 플랜지가 없는 차체는 고정을 할 수 없다.

해설 기본고정은 사이드 실(side seal) 혹은 로커 패널(loker panel) 아래의 플랜지 부위 네 곳에서 한다.

54. 퍼티의 사용 목적으로 가장 적합한 것은?
① 요철 부위를 평활하게 만들기 위해
② 부착력을 향상하기 위해
③ 광택도를 높이기 위해
④ 녹 방지를 하기 위해

해설 퍼티의 주목적이 패인 부분이나 굴곡 부분을 원형으로 재생시키는 것이고, 부수적으로 녹 발생을 방지한다.

55. 색상과 관련된 설명으로 틀린 것은?
① 보라색은 빨강색과 파랑색의 혼합색이다.
② 색광의 3원색은 빨강색, 파랑색, 노랑색이다.
③ 흰색은 빛을 모두 반사하여 생긴 색상이다.
④ 보색끼리 섞으면 백색이 된다.

해설 두색을 혼합하면 검정색이 되는 것이 보색이다.

ANSWER 49.② 50.④ 51.④ 52.② 53.③ 54.① 55.④

56. 도장 하자 중 하나인 메탈릭 얼룩의 방지를 위해 조절해야 하는 것이 아닌 것은?
① 플래시 오프 타임
② 토출량
③ 도료량
④ 점도

해설 메탈릭 얼룩이란 메탈릭 도료를 칠했을 때 금속 가루가 균일하게 배열되지 않고 반점 혹은 물결 모양을 만드는 것을 말한다. 방지책으로 규정 신나, 적정 신나 배합으로 알맞은 점도, 적정한 도막의 두께 등이 실현되어야 한다. 플래시 오프 타임이란 도료를 여러 번 겹쳐 칠할 때, 그 도료와 도료사이에 분사된 용제가 증발하는데 소요되는 시간을 말한다.

57. CO_2 아크 용접에 대한 설명으로 틀린 것은?
① 용접 전류는 용입에 영향을 주는 요인이다.
② 아크 전압은 비드형상에 영향을 주는 요인이다.
③ 용접전류는 와이어의 용융 속도에 영향을 주는 요인이다.
④ 와이어의 돌출길이가 길수록 가스의 보호 효과가 크고 노즐에 스패터가 부착되기 쉽다.

해설 와이어의 돌출길이란 팁에서 와이어가 돌출된 길이를 말하며, 전류가 높을수록 길게 한다. 돌출길이가 길면 가스의 보호효과가 적고 노즐이나 모재에 스패터가 부착되기 쉽다.

58. 탄소강에서 적열취성의 성질을 가지게 하는 원소는?
① Mn
② P
③ S
④ Si

해설 탄소강에서 적열취성의 원인은 황(S), 청열취성의 원인은 인(P)이다. 특히 황으로 인한 취성을 막기 위해서는 망간(Mn)이 필요하다.

59. 자동차 보수도장용 우레탄 도료의 건조 방식은?
① 소부형
② 산화 중합형
③ 자기 반응형
④ 용제 증발형

해설 자기반응형이란 주제와 경화제가 혼합되어 망상구조가 되는 것을 말하며, 상온에서 진행된다. 온도를 40~80℃로 강제 상승시키면 건조시간이 빨라진다.

60. 자동차 바디 구성품이 아닌 것은?
① 팬더 에이프런
② 대쉬 패널
③ 사이드 맴버
④ 쇼크 업소버

해설 쇼크업소버는 현가장치의 구성품이다. 스프링에 의한 진폭을 쇼크업소버의 감쇠작용에 의해서 빨리 줄여주는 작용을 한다.

ANSWER 56.③ 57.④ 58.③ 59.③ 60.④

2017년 1회 기출문제 - 자동차정비기능장

01. GDI 기관에서 고압펌프 고장 시 시동과 관련하여 나타날 수 있는 현상은?
① 시동 불량
② 시동 직후 엔진 정지
③ 시동 및 공회전 정상 유지
④ 시동이 걸리나 엔진 부조가 발생

해설 정답이 애매하다. 왜냐하면 고압펌프의 고장정도에 따라 현상이 달라질 수 있다. 인젝터로 가는 고압라인을 막아버리면 연료가 분사되지 않아 시동 및 공회전이 되지 않을 수도 있기 때문이다.

02. 가솔린기관의 점화장치에서 독립점화방식과 비교한 동시점화방식의 특징에 대한 설명으로 틀린 것은?
① 시스템 구성이 간단하다.
② 점화에너지의 손실이 감소된다.
③ 점화플러그의 전극소모가 빠르다.
④ 배기행정에서도 점화 불꽃이 발생한다.

해설 동시점화방식은 각 실린더의 점화플러그에서 동시에 점화가 일어나므로 점화에너지의 손실을 가져온다. 즉, 어떤 실린더는 정확한 타이밍에 점화가 생기지만, 어떤 실린더는 배기행정일 수도 있다.

03. 디젤기관의 연소 과정 중 급격히 화염이 전파되는 초기연소 기간은?
① 착화지연 기간
② 직접연소 기간
③ 폭발연소 기간
④ 후기연소 기간

해설 디젤의 연소과정은 착화지연기간, 화염전파기간, 직접연소기간, 후기연소기간으로 나눌 수 있다. 화염이 전파되는 과저에서는 급격한 압력상승이 일어나는데 그 구간을 화염전파기간(=폭발연소기간)이라 한다.

04. 4행정 사이클 기관의 구조가 스퀘어 스트로크 엔진(square stroke engine)이며, 실제 흡입 공기량이 1117.5cc일 때 체적효율은 약 몇 %인가?(단, 실린더의 수는 4개이며, 행정은 78mm 이다.)
① 65
② 70
③ 75
④ 80

해설 총배기량을 먼저 계산한다.

$$총배기량 = \frac{\pi \times D^2}{4} \times L \times Z$$

$$= \frac{\pi \times (7.8cm)^2}{4} \times 7.8cm \times 4 = 1490.84cc$$

체적효율
$$\eta = \frac{실제\ 흡입유량}{이론\ 흡입유량} \times 100(\%) = \frac{1117.5}{1490.84} \times 100 = 75\%$$

05. 기관의 밸브간극 조정에 사용되는 측정 기구는?
① 딥스 게이지
② 다이얼 게이지
③ 시크니스 게이지
④ 버니어 캘리퍼스

해설 밸브간극이란 밸브 스템과 로커암과의 사이 간극을 말한다. 이 사이 간극은 틈새게이지(thickness gauge:시크니스게이지)로 측정한다.

06. 4기통 기관에서 실린더 배열 순서로 점화하지 않는 이유 중 틀린 것은?
① 기관의 발생 동력을 크게 한다.
② 인접 실린더의 진동을 억제한다.
③ 기관의 발생 동력을 균등하게 한다.
④ 크랭크축 회전에 무리가 없도록 한다.

해설 실린더 배열순서로 점화하지 않는 이유로는 열(응력) 분산, 크랭크축의 비틀림과 진동 억제, 인접실린더의 흡배기 간섭으로 부조감소 등이다. 동력발생을 원활하면서 균등하게 하는 것은 플라이휠이라 할 수 있다.

ANSWER 1.③ 2.② 3.③ 4.③ 5.③ 6.③

07. 디젤기관에서 연료 분사펌프의 분류로 틀린 것은?

① 분배식　　② 플런저식
③ 독립 펌프식　④ 축압 분배식

해설 분배식은 중소형 디젤기관에, 독립식은 대형 디젤기관에 사용되었다. 현재는 커먼레일을 사용하는 축압분배식이 대부분을 차지하고 있다.

08. 가솔린엔진의 전부하 성능곡선도에서 탄성영역에 대한 설명으로 옳은 것은?

① 토크가 증가하는 회전속도에서 최대출력을 발생시키는 회전속도까지의 영역
② 연료소비율이 최저가 되는 회전속도에서 최대출력을 발생시키는 회전속도까지의 영역
③ 최대토크를 발생시키는 회전속도에서 최대출력을 발생시키는 회전속도까지의 영역
④ 최대토크를 발생시키는 회전속도에서 연료소비율이 최저가 되는 회전속도까지의 영역

해설 전부하 성능곡선이란 스로틀밸브를 완전 전개한 후에 엔진의 회전수에 따른 성능요소(출력, 회전력, 연료소비율)들의 결과를 그린 그래프를 말한다. 여기서 탄성영역이란 최대토크를 발생시키는 회전속도에서 최대추력을 발생시키는 회전속도까지의 영역을 말한다.

09. 인젝터 출력 파형의 설명으로 틀린 것은?

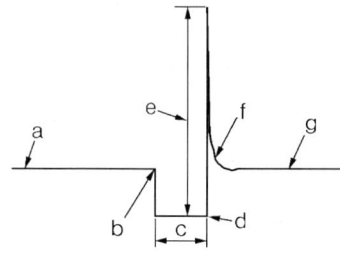

① a : 전원전압
② b : TR on
③ c : 연료분사 시간
④ d : 코일감쇄 구간

해설 d의 경우는 인젝터 내부의 코일전원을 off하기 위해 TR이 off되는 순간을 나타낸 것이다.

10. 삼원 촉매 변환기에 대한 설명으로 틀린 것은?

① 산화 및 환원작용을 한다.
② 약 400~800℃에서 최적의 효율을 보인다.
③ 촉매는 엔진에서 가급적 멀리 설치되어야 한다.
④ 담체에 백금(Pt), 파라듐(Pd), 로듐(Rh)이 도포 되어 있다.

해설 촉매가 자신의 역할을 행하기 위해서는 기본적인 온도가 필요하다. 즉 빨리 온도상승을 가져올 수 있도록 배기다기관과 가까이 설치하는 것이 바람직하다.

11. 윤활 장치에서 유압이 낮아지는 원인은?

① 윤활유의 온도가 낮을 때
② 윤활유의 점도가 높을 때
③ 윤활 부분의 마멸량이 과대할 때
④ 유압 조절 밸브 스프링 장력이 클 때

해설 윤활유의 온도가 낮아지면 점도가 높아져 유압이 상승한다. 윤활부분의 마멸이 과대하면 그 틈새로 윤활유의 이동이 쉬워 압력이 낮아진다.

12. 전자제어 가솔린기관의 연료계통에서 기관 정지 시 연료압력을 유지시키는 밸브는?

① 체크 밸브
② 니들 밸브
③ 릴리프 밸브
④ 딜리버리 밸브

해설 기관이 정지하면 연료펌프 내부의 체크밸브가 작동하여 잔압을 유지한다. 이 잔압은 재시동성을 좋게 하고, 연료라인 내부의 베이퍼록 현상을 방지한다.

13. 기관의 연소에서 공연비란 무엇인가?

① 흡입공기량과 연료체적의 비
② 배기가스 중에 포함된 산소의 비
③ 배기가스 체적과 연료량의 비
④ 흡입공기량과 연료량의 중량비

해설 공연비란 공기량과 연료량의 비율을 말하는데, 이때 체적이 아니라 중량임을 기억해야 한다.

ANSWER 7.② 8.③ 9.④ 10.③ 11.③ 12.① 13.④

14. 실린더 내경 7cm, 크랭크 축 회전반경 4.2cm, 실린더 수가 4개인 가솔린엔진의 총 배기량은 약 몇 cc인가?
① 약 646.5
② 약 1092.4
③ 약 1293.1
④ 약 1346.5

해설 크랭크축 회전반경이 4.2cm라는 말은 행정이 8.4cm라는 말과 같다.
따라서 총배기량=
$$\frac{\pi \times D^2}{4} \times L \times Z = \frac{\pi \times (7cm)^2}{4} \times 8.4cm \times 4 = 1293cc$$

15. 가솔린엔진의 가변흡기장치(variable induction control system)에 대한 설명으로 옳은 것은?
① 엔진 회전수와 엔진 부하에 따라 밸브 오버랩을 변화시킨다.
② 엔진 회전수와 엔진 부하에 따라 흡기다기관의 길이를 변화시킨다.
③ 엔진 고속회전 시 흡기다기관의 길이를 길게 하여 흡입저항을 줄인다.
④ 엔진 중속회전 시 흡기다기관의 길이를 짧게 하여 관성 과급효과를 얻는다.

해설 가변흡기장치란 엔진회전수와 엔진부하에 따라 흡기다기관의 길이를 변화시켜 최대의 동력(효율)을 얻는 것이 목적이다.

16. 산화 질코니아 산소센서 점검에 관한 내용으로 틀린 것은?
① 엔진을 충분히 웜업 시킨 후 점검한다.
② 디지털 회로시험기를 사용하여 점검한다.
③ 엔진 회전수에 따른 저항값의 변화를 측정한다.
④ 히티드(heated) 산소센서의 경우 히터 전원 공급도 점검한다.

해설 질코니아 산소센서는 배기다기관 내부와 외부의 산소농도 차에 의거 전위차가 발생하는 원리를 활용하였다. 즉 전압의 변화를 측정할 수 있다.

17. 내연기관에서의 열손실이 냉각손실은 30%, 배기 및 복사에 의한 손실은 26%이다. 기계효율이 80%라면 정미효율은?
① 30.7% ② 35.2%
③ 40.8% ④ 45.7%

해설 도시열효율 = 100 − 30 − 26 = 44%,
기계효율 = $\frac{정미효율}{도시효율}$ 이므로,
정미효율 = 기계효율 × 도시효율 = 0.8 × 0.44
= 0.352 = 35.2%으로 계산된다.

18. LPI(Liquified Petroleum Injection) 연료 장치의 구성품이 아닌 것은?
① 가스 온도 센서
② 과류 방지 밸브
③ 펌프 구동 드라이브
④ 메인 듀티 솔레노이드 밸브

해설 메인듀티 솔레노이드 밸브는 LPG기관의 믹서에 장착되어 있는 밸브이다.

19. 설비배치 및 개선의 목적을 설명한 내용으로 가장 관계가 먼 것은?
① 재공품의 증가
② 설비투자 최소화
③ 이동거리의 감소
④ 작업자 부하 평준화

해설 설비의 배치와 개선은 투자비를 아끼고 최대의 능률을 가져오기 위해서이다. 여기서는 가장 먼 것이라고 했기 때문에 1번이 답이 되었다.

20. 워크 샘플링에 관한 설명 중 틀린 것은?
① 워크 샘플링은 일명 스냅리딩(Snap Reading)이라 불린다.
② 워크 샘플링은 스톱워치를 사용하여 관측대상을 순간적으로 관측하는 것이다.
③ 워크 샘플링은 영국의 통계학자 L. H. C. Tippet가 가동율 조사를 위해 창안한 것이다.
④ 워크 샘플링은 사람의 상태나 기계의 가동 상태 및 작업의 종류 등을 순간적으로 관측하는 것이다.

ANSWER 14.③ 15.② 16.③ 17.② 18.④ 19.① 20.②

해설 스톱워치관측법에는 계속법, 반복법, 누적법, 순환법 등 4가지가 있다.

21. 검사의 종류 중 검사공정에 의한 분류에 해당되지 않는 것은? ★2009전반
① 수입검사 ② 출하검사
③ 출장검사 ④ 공정검사

해설 검사공정에 따른 분류에는 수입검사, 공정검사, 최종검사, 출하검사, 기타검사로 나뉜다.

22. 부적합품률이 20%인 공정에서 생산되는 제품을 매 시간 10개씩 샘플링 검사하여 공정을 관리하려고 한다. 이 때 측정되는 시료의 부적합품 수에 대한 기댓값과 분산은 약 얼마인가?
① 기대값 : 1.6, 분산 : 1.3
② 기대값 : 1.6, 분산 : 1.6
③ 기대값 : 2.0, 분산 : 1.3
④ 기대값 : 2.0, 분산 : 1.6

해설 기대치=$E(x) = 100 \times p = 100 \times 0.2(20\%) = 20$
으로 구해지며,
분산=$\sigma = n \times p \times (1-p) = 10 \times 0.2 \times 0.8 = 1.6$
으로 계산된다. 여기서 n은 표본수이다.

23. 3σ법의 $\overline{X}$ 관리도에서 공정이 관리상태에 있는 데도 불구하고 관리상태가 아니라고 판정하는 제1종 과오는 약 몇 %인가?
① 0.27 ② 0.54
③ 1.0   ④ 1.2

해설 3σ법은 평균치의 상하에 표준 편차의 3배 폭을 잡은 한계에서 관리 상태를 판단하는 방법이다. 정규분포에서 99.73%가 들어가고, 벗어나는 것은 0.27%이다.

24. 설비보전조직 중 지역보전(area maintenance)의 장·단점에 해당하지 않는 것은?
① 현장 왕복 시간이 증가한다.
② 조업요원과 지역보전요원과의 관계가 밀접해진다.
③ 보전요원이 현장에 있으므로 생산, 본위가 되며 생산의욕을 가진다.
④ 같은 사람이 같은 설비를 담당하므로 설비를 잘 알며 충분한 서비스를 할 수 있다.

해설 보전요원이 용이하게 제조부의 작업자에게 접근할 수 있고, 작업지시에서 완성까지 시간적인 지체를 최소로 할 수 있는 장점이 있다.

25. 하이드로 플레이닝(hydro planing) 현상의 예방책으로 옳은 것은?
① 타이어 패턴은 가능한 한 러그형을 채택한다.
② 앞보다 뒤를 더 무겁게 적재하고 고속 주행한다.
③ 공기압을 규정값으로 하고, 주행 속도를 감소시킨다.
④ 타이어 접지면적을 넓히기 위해 압력을 규정값보다 낮춘다.

해설 하이드로 플레이닝(수막)현상을 방지하기 위해서는 공기압을 정상으로 하고, 주행속도를 감소시켜야 수막에 의한 미끄럼을 줄일 수 있다.

26. 사이드슬립 시험기로 측정한 결과 왼쪽바퀴가 바깥쪽으로 6mm/m이고, 오른쪽바퀴는 안쪽으로 8mm/m이었을 때 슬립량은?
① 안쪽으로 1mm/m
② 안쪽으로 2mm/m
③ 바깥쪽으로 1mm/m
④ 바깥쪽으로 2mm/m

해설 안쪽을 (+)로, 바깥쪽을 (−)로 하면,
슬립량=$\frac{안쪽 + 바깥쪽}{2} = \frac{+8-6}{2} = +1$ 이므로,
안쪽으로 1mm 슬립한다라고 할 수 있다.

27. 질량 1200kg의 자동차가 주행속도 60km/h에서 제동 정차 하였다. 제동감속도가 $6m/s^2$일 때 브레이크 일과 브레이크 출력은?
① 약 166665Nm, 약 60kW
② 약 196000Nm, 약 25kW
③ 약 333300Nm, 약 75kW
④ 약 369630Nm, 약 100kW

ANSWER 21.③ 22.④ 23.① 24.① 25.③ 26.① 27.①

해설 운동에너지 = 위치에너지 = 브레이크일
$$= \frac{1}{2} \times 1200 kg \times \left(\frac{60}{3.6} m/s\right)^2 = 166667 Nm$$

제동감속도 $= \frac{\text{초속도} - 0}{\text{제동시간}}$ 이므로,

제동시간 $= \frac{\text{초속도}}{\text{감속도}} = \frac{\left(\frac{60}{3.6} m/s\right)}{6 m/s^2} = 2.78$초

브레이크출력 $= \frac{\text{브레이크일}}{\text{제동시간}}$
$= \frac{166667}{2.78} = 59995 W ≒ 60 kW$

28. 조향각을 일정하게 유지하고 차의 주행 속도를 증가시켰을 때 선회 반경이 커지는 현상은?
① 오버 스티어링
② 언더 스티어링
③ 뉴트럴 스티어링
④ 리버스 스티어링

해설 조향각을 일정하게 유지하고 차의 주행 속도를 증가시켰을 때 선회 반경이 커지는 현상을 언더 스티어링이라 한다.

29. 전자제어 제동장치(ABS)에서 제동력이 최대가 되는 슬립률은 일반적으로 약 몇 %인가?
① 15~20%   ② 35~40%
③ 55~60%   ④ 75~80%

해설 ABS에서 슬립률은 20%이하이다.

30. 자동차의 주행저항에 해당되지 않는 것은?
① 구름저항   ② 등판저항
③ 공기저항   ④ 구동저항

해설 구동저항이 아니라 굴름저항이다.

31. 공기식 제동장치 차량에서 총 제동력 4900N, 자동차 질량 1800kg, 브레이크 공기압력 7.0bar, 블로킹 한계압력 4.5bar, 초기압력 0.4bar인 경우의 제동률은?
① 약 23.6%   ② 약 44.7%
③ 약 53.9%   ④ 약 60.4%

해설 브레이크공기압=p_1, 한계압력=p_2, 초기압=p_s, 총제동력=F, 무게=G라 하면,

공기식 제동장치의 제동률 $= \frac{(p_1 - p_s) \times F}{(p_2 - p_s) \times G} \times 100(\%)$

$= \frac{(7 - 0.4) \times 4900(N)}{(4.5 - 0.4) \times 1800 kg \times 9.8 m/s^2} \times 100$

$= \frac{6.6 \times 4900 \times 100}{4.1 \times 1800 \times 9.8} = 44.7\%$

32. 앞 현가장치에서 차축식과 비교한 독립 현가식의 특징으로 틀린 것은?
① 승차감이 좋다.
② 타이어와 노면의 접지성이 좋다.
③ 유연한 섀시 스프링을 사용할 수 있다.
④ 차륜의 상하 운동에 의한 휠얼라인먼트의 변화가 적다.

해설 독립 현가장치는 차륜의 상하 운동에 대한 변화가 발생하여 휠얼라인먼트의 변화가 크다.

33. 자동차 및 자동차부품의 성능과 기준에 관한 규칙에 따른 주제동장치의 급제동정지거리 및 조작력 기준에서 최고속도 80km/h 이상의 자동차 제동속도는?
① 25km/h
② 35km/h
③ 50km/h
④ 당해 자동차의 최소속도

해설 최고속도 80km/h 이상의 자동차 제동속도는 50km/h이고, 최고속도가 35km/h이상 최고속도 80km/h 미만의 자동차 제동속도 는 35km/h이다. 최고속도가 35km/h미만일 경우 최고속도는 당해 자동차의 최고속도를 말한다.

34. 거버너 방식의 자동변속기 차량에서 거버너 압력은?
① 자동차의 주행 속도에 비례한다.
② 자동차의 주행 속도에 반비례한다.
③ 스로틀 밸브 열림 각도에 비례한다.
④ 스로틀 밸브 열림 각도에 반비례한다.

해설 거버너 방식의 자동변속기에서 거버너 압력은 차량의 주행 속도에 비례한다.

35. 자동변속기와 비교 시 무단변속기(CVT)의 장점으로 옳은 것은?

① 변속 충격이 전혀 없어 승차감이 향상된다.
② 변속 시 엔진 토크를 감소시켜 연비가 향상된다.
③ 자동차 주행속도와 상관없이 엔진을 최저 연비상태로 제어할 수 있다.
④ 엔진을 최대 출력 상태로 지속적으로 제어할 수 있어 가속성이 우수하다.

해설 무단변속기는 말 그대로 단이 없기 때문에 변속 충격이 없어 승차감이 좋다.

36. 전자제어 제동장치(ABS)에 대한 설명으로 틀린 것은?

① 고장 발생 시 전자제어 진단기기를 이용하여 고장 내용을 알 수 있다.
② 경고등 점등 시 ABS 시스템은 정상 작동하지 않지만, 통상적인 브레이크 작동은 유지된다.
③ 미끄러운 노면에서 급제동 시 페달의 진동이 느껴진다면 ABS 시스템을 반드시 점검토록 한다.
④ 주행 중 ABS 제어모듈은 항상 각 부를 모니터링하고 있으며, 고장 발생 시 경고등을 점등시킨다.

해설 ABS에서 미끄러운 노면일 경우 제동 시 미끄러움을 감지해서 차체속도 관성력을 떨어뜨린다. 즉 진동이 느껴지는 것은 정상이다.

37. 전동식 동력조향장치의 제어방법 및 특성에 대한 설명으로 틀린 것은?

① 주차 또는 저속주행 시에는 조향력이 가볍게 제어된다.
② 전동모터의 구동력은 조향 휠을 조작하는 토크에 비례한다.
③ 전동모터에 가해지는 전류의 세기는 엔진 회전수에 비례한다.
④ 시스템 고장 시 계기판에 경고등이 켜지도록 경고등 제어를 한다.

해설 전동식 동력조향장치에서 전동모터의 전류세기는 엔진회전수가 아니라 자동차의 주행속도에 반비례하도록 제어한다. 즉, 차속도가 느리면 전류를 크게 해서 조향력이 가볍도록 제어한다.

38. 자동변속기에서 토크 컨버터의 토크 변환율이 최대가 될 때는?

① 터빈이 펌프의 1/3 회전할 때
② 터빈이 펌프의 1/2 회전할 때
③ 터빈이 정지 상태에서 회전하려고 할 때
④ 펌프와 터빈의 회전속도가 거의 같아졌을 때

해설 자동변속기의 토크 변환율은 입력토크(펌프토크)/출력토크(펌프토크)이므로, 터빈이 정지일 때, 즉 분모가 0에 가까울 때 최대값을 나타낸다.

39. 입력축, 부축, 출력축으로 구성된 수동변속기에서 변속비에 대한 설명으로 옳은 것은?

① 부축기어 잇수 / 입력축기어 잇수
② 출력축 회전속도 / 엔진 회전속도
③ 변속비가 1보다 작을 때는 감속이 된다.
④ 변속비가 1일 때 구동축과 피동축의 회전속도는 같다.

해설 변속비는 입력회전수/출력회전수를 말한다. 변속비가 1이라는 뜻은 입력(구동)축 회전수와 출력(피동)축 회전수가 같다는 말이다.

40. 휠 얼라인먼트 요소 중 캠버에 대한 설명으로 틀린 것은?

① 부(-)의 캠버는 선회 시 코너링 포스를 증가시킨다.
② 캠버는 핸들의 복원력을 좋게 하고 차축의 휨을 방지한다.
③ 정(+)의 캠버란 차륜 중심선의 위쪽이 안으로 기울어진 상태를 말한다.
④ 정면에서 보았을 때 차륜 중심선이 수직선에 대해 경사되어 있는 상태를 말한다.

해설 정(+)의 캠버는 차륜 중심선이 수직선을 기준으로 위쪽이 바깥으로 기울어진 상태를 말한다.

ANSWER 35.① 36.③ 37.③ 38.③ 39.④ 40.③

41. 자동차 드라이브 라인 중 동속 조인트의 종류가 아닌 것은?
① 트렉터형(tractor type)
② 파르빌레형(parville type)
③ 벤딕스 와이스형(bendix weiss type)
④ 훅 조인트형(hooks joint type)

해설 훅 조인트는 유니버설조인트를 말한다.

42. 공기식 전자제어 현가장치(ECS)에서 사용되는 센서 종류와 관계가 없는 것은?
① 차고센서
② 차속센서
③ 오일 압력센서
④ 조향 휠 각도센서

해설 오일 압력센서가 아니라 공기 압력센서가 공기식 전자제어 현가장치에 사용된다.

43. 에어백 시스템에서 제어 모듈의 주요 기능이 아닌 것은?
① 고장 발생 시 자기 진단 기능
② 고장 발생 시 경고등 점등 기능
③ 충돌 시 긴급 제동 시스템 작동 기능
④ 축전지 파손에 대비한 비상전원 확보 기능

해설 에어백 제어모듈은 충돌 시 충돌의 세기를 감지하여 에어백의 펼쳐지는 속도를 정확히 제어한다. 급정거는 더 큰 사고를 유발할 수 있으며, 긴급제동시스템은 충돌회피 즉 안전 시스템이라 할 수 있다.

44. 무보수(MF) 축전지의 특징이 아닌 것은?
① 자기 방전이 적다.
② 장시간 보존할 수 있다.
③ 증류수를 보충할 필요가 없다.
④ 격자의 재질을 납과 고안티몬 합금으로 개선하였다.

해설 MF배터리는 묽은 황산 대신 젤 상태의 물질을 사용하고, 내부 전극의 합금 성분에 칼슘 성분을 첨가해 배터리액이 증발하지 않는다. 따라서 증류수를 보충해 줄 필요가 없다.

45. 전기회로에서 접촉 저항을 감소시키는 방법 중 틀린 것은?
① 단자에 도금을 한다.
② 접촉 압력을 증가시킨다.
③ 접촉 면적을 감소시킨다.
④ 접촉 부위의 이물질을 제거한다.

해설 전기회로에서 서로 접촉하는 면의 크기를 감소시키면 접촉저항이 커지게 된다.

46. 기동전동기의 정류자에 대한 설명으로 틀린 것은?
① 정류자편은 각각 절연하여 원형으로 결합한 것이다.
② 정류자편 사이에는 1mm 정도의 두꺼운 운모판이 삽입되어 있다.
③ 원심력에 의해 튀어나오지 않도록 V형 운모와 V형 클램프 링으로 고정되어 있다.
④ 운모판은 브러시와의 접촉 불량을 방지하기 위해 정류자편의 표면보다 높게 설치되어 있다.

해설 운모는 정류자편을 절연하기 위해 1mm두께로 감싸고 있으며, 정류자편보다 0.5~0.8mm 낮게 파져있다. 이를 언더컷이라고 하기도 한다.

47. 차량 충돌 시 피해 경감기술 및 장치를 나열한 것이다. 거리가 먼 것은?
① 탑승자 보호 기술
② 보행자 피해 경감 장치
③ 충돌 시 충격 흡수 차체 구조
④ 충돌 시 도어 록(door lock) 해제 장치

해설 충돌감지 자동 도어 잠금 해제 장치로 해야 정확한 표현이다. 이 장치는 충돌 사고시 점화스위치 on & 도어 lock에서 충돌감지 센서의 신호를 받아 도어를 잠금 해제하게 설계되어 있다. 안전기술인데 이 또한 피해 경감 기술이라 할 수 있다. 문제가 좋지는 않다.

48. 차내 통신 시스템 중 플렉스 레이(Flex Ray) 배선에서의 전압수준으로 틀린 것은?

① BP(Bus Plus)라인 데이터 미전송 시 전압은 2.5V이다.
② BM(Bus Minus)라인 데이터 미전송 시 전압은 2.5V이다.
③ BP(Bus Plus)라인에서 값이 1인 비트(Bit)가 전송 시 전압은 3.0V~3.5V로 상승하고, 0인 비트(Bit)가 전송되면 2.5V~1.5V로 하강한다.
④ BM(Bus Minus)라인에서 값이 1인 비트(Bit)가 전송되면 전압은 3.5V~5.0V로 상승하고, 0인 비트(Bit)가 전송되면 2.5V~1.5V로 하강한다.

해설 값이 1인 비트(bit)가 BP배선으로 전송되면, 전압은 약 1.5V~2.0V로 하강하고, 0인 비트(bit)가 전송되면, 전압은 약 3.0V~3.5V로 상승한다.

49. 기전력이 2V이고 내부저항이 1Ω인 축전지 15개를 직렬로 연결하고, 끝단에 5Ω의 외부저항을 접속했을 때 회로에 흐르는 전류는?

① 1A ② 1.5A
③ 2A ④ 2.5A

해설 내부저항은 직렬로 연결되었으므로,
$15 \times 1\Omega = 15\Omega$으로 계산된다.
외부저항과 내부저항은 직렬로 연결되었으므로,
전체저항(R)= $15\Omega + 5\Omega = 20\Omega$,
전체전압은 30V,
옴법칙에 의거 $I = \frac{V}{R} = \frac{30V}{20\Omega} = 1.5A$으로 계산된다.

50. 계기장치에서 미터(meter)의 고장현상별 점검 내용으로 틀린 것은?

① 지침 고정 - 미터부의 공급전원 점검
② 지시값 상이 - 입력신호선의 접촉 불량 점검
③ 지침 떨림 - 센더(sender)부의 전원전압 점검
④ 지침 고정 - 센더(sender)부의 입력신호선 단선 점검

해설 지침이 떨린다는 뜻은 값이 변한다는 말로 신호가 정상일 수도 아닐 수도 있다고 추정할 수 있다. 정상값과 비교를 하고 정상여부 판단 후에 접촉부의 불량이나 센더 자체의 고장을 의심해야 한다.

51. 냉동사이클 중에서 냉매의 압력이 가장 낮을 때는?

① 응축기를 지난 후
② 압축기를 지난 후
③ 팽창밸브를 지난 후
④ 리시버 드라이어를 지난 후

해설 팽창밸브를 지나면 증발기라는 큰 공간을 만나면 냉매는 압력이 낮아짐과 동시에 기화하고 싶은 상태가 되므로, 주위에 증발기 주위로 지나가는 공기의 온도를 뺏게 된다.

52. 교류발전기 조정기에 대한 설명으로 맞는 것은?

① 트랜지스터만 제어하면 된다.
② 전류 조정기만 제어하면 된다.
③ 전압 조정기만 제어하면 된다.
④ 컷 아웃 릴레이만 제어하면 된다.

해설 교류발전기 조정기에는 TR, 다이오드, 제너다이오드, 저항 등이 사용되며, 전류는 자동으로 제한되며, 전압 조정기만을 제어하면 된다.

53. 저항 용접의 종류가 아닌 것은?

① 스폿 용접
② 프로젝션 용접
③ 미그 용접
④ 심 용접

해설 전기저항용접에는 크게 2가지로 나눌 수 있다. 겹치기 용접으로 스폿(점)용접, 심용접, 프로젝션용접이 있고, 맞대기 용접으로 업셋용접, 플래시용접, 퍼커션용접이 있다.

ANSWER 48.④ 49.② 50.③ 51.③ 52.③ 53.③

54. 자동차 보수용 상도 도료에 대한 설명으로 틀린 것은?
① 자동차 보수도장에는 일반적으로 저온 건조형 또는 자연 건조형 도료가 사용된다.
② 자동차 보수용 도료의 품질은 모든 면에서 신차도료보다 못하다.
③ 자동차 보수도장용으로 우레탄 도료가 있다.
④ 자동차 보수도장용으로 수용성 도료가 있다.

해설 현재 자동차 보수용 도료는 양적으로 벌써 신차용 도료 사용량 만큼 수요가 늘어났으며, 품질면에서도 신차 도막이 고급화됨에 따라 이와 동등 이상의 품질과 현장작업 용이성을 동시에 갖춘 제품이 공급되고 있다.

55. 퍼티와 경화제에 대한 설명으로 틀린 것은?
① 경화제의 양에 관계없이 건조속도가 일정하다.
② 경화제는 인체에 해롭기 때문에 취급에 주의한다.
③ 주제와 경화제의 혼합이 충분하지 않을 때는 결함이 발생한다.
④ 주제와 경화제는 100 :1~3 정도의 무게비로 혼합하는 것이 바람직하다.

해설 열경화성수지에 첨가하여 다리결합을 일으켜 경화시키는 약제가 경화제이다. 즉 이 경화제의 양과 온도에 따라 건조속도가 달라진다는 의미이다.

56. 조색의 기본원칙으로 틀린 것은?
① 도료를 혼합하면 명도 또는 채도가 낮아진다.
② 보색 관계에 있는 색을 혼합하면 회색이 된다.
③ 색상환에서 주변 색을 혼합하면 채도가 낮아진다.
④ 혼합하는 색이 많으면 많을수록 회색에 접근하게 된다.

해설 회색을 띠고 있는 정도 즉, 색의 순수와 탁함의 정도를 나타낸다. 무채색을 0으로 하여 채도의 시감에 따른 등간격의 증가에 따라 채도값이 증가하며, 그 색상에서 가장 순수한 색의 채도값이 최대가 된다.

57. 도막 결함 중 흐름현상의 원인이 아닌 것은?
① 하절기에 동절기 경화제를 사용했을 때
② 지건성 희석재를 과량 사용했을 때
③ 한번에 너무 두껍게 도장했을 때
④ 프레쉬 타임을 적게 주었을 때

해설 흐름(sagging)현상이란 도막이 부분적으로 두꺼워져 건조가 늦고 유동성이 오래 유지되어 흐르거나 처지는 상태를 말한다. 하절기용을 동절기에 경화제로 사용하면 더욱 경화가 잘되어 흐름현상이 줄어든다.

58. 바디 패널의 프레스 라인 부위를 수정할 때 사용하는 수공구로 가장 적절한 것은?
① 해머, 스크레퍼
② 해머, 판금 정
③ 돌리, 주걱
④ 돌리, 정반

해설 바디 패널의 프레스 라인 부위를 수정할 때 사용하는 수공구로 해머, 판금정가 적당하다. 스크레퍼는 긁는 용도, 주걱은 찌그러진 판을 올리거나 펴는 용도로, 정반은 수평기구를 올려놓는 곳으로 사용된다.

59. 자동차 차체의 구성품 중 알루미늄 합금을 사용하지 않는 것은?
① 후드 　② 도어, 트림
③ 휀더 　④ 트렁크

해설 차체에 알루미늄합금을 전체적으로 사용하지 않는 이유는 가격(경제성)에서 철이 싸고, 용접성면에서 철이 훨씬 쉽기 때문이다. 아마 도어나 트림의 경우 용접부분이 많아서 철을 사용하지 않을까 사료된다.

60. 자동차의 차체 제작 성형은 철금속의 어떤 성질을 이용한 것인가?
① 가공 경화　② 소성
③ 가단성　　④ 탄성

해설 소성이란 탄성의 반대말로, 한번 변형시키면 그 변형상태로 유지되는 성질을 말한다. 차체제작은 이 소성을 이용하였다. 가공경화란 가공을 가할수록 딱딱해지는 성질, 가단성은 단조가 가능해지는 성질을 말한다.

ANSWER 54.② 55.① 56.③ 57.① 58.② 59.② 60.②

2017년 2회 기출문제
자동차정비기능장

01. 엔진의 냉각수 내에 기포가 발생되어 워터 펌프를 손상시킬 수 있는 현상은?
① 베이퍼록(vaper lock)
② 헤지테이션(hesitation)
③ 캐비테이션(cavitation)
④ 퍼컬레이션(percolation)

해설 워터 펌프 축의 회전이 빨라지면 펌프 내부에 압력이 낮아져 물에 기포가 생기는 현상을 캐비테이션(공동)현상이라고 한다.

02. 일반적으로 윤활에서 마찰계수 μ, 점성계수 η, 축의 회전수 n, 베어링의 하중 W라고 할 때 마찰계수 f와 관계로 옳은 것은?
① 마찰계수 μ는 하중 W와 회전수 n에 비례하고, 점성계수 η에 반비례한다.
② 마찰계수 μ는 점성계수 η에 비례하고, 하중 W와 회전수 n에 반비례한다.
③ 마찰계수 μ는 점성계수 η와 회전수 n에 비례하고, 하중 W에 반비례한다.
④ 마찰계수 μ는 점성계수 η와 하중 W에 비례하고, 회전수 n에 반비례한다.

해설 전단응력$(\tau) = \dfrac{F}{A} = \eta\dfrac{du}{dy}$ 이고,
마찰력$(F) = \mu W$이므로, 대입하면
$\dfrac{\mu W}{A} = \eta\dfrac{du}{dy}$, $\mu = \dfrac{A}{W} \times \eta \times \dfrac{du}{dy}$ 로 유도 된다.
여기서 u는 속도로 속도$(u) = \pi D n$ 으로 회전수에 비례한다.

03. 크랭크축이 정적 및 동적 평형을 이루어야 하는 이유는?
① 고속회전을 하기 때문이다.
② 고속 관성을 줄이기 위해서이다.
③ 평면 베어링을 사용하기 때문이다.
④ 열전도성을 향상시키기 위해서이다.

해설 정적 평형은 축 중심의 좌우에 대한 평형이 맞으면 된다. 그러나 좌우의 평형이 맞을지라도 좌의 한 점, 우의 한 점이 같은 무게로 특히 무거울 경우 회전하면 축은 진동을 하게 된다. 즉 동적 평형이 맞지 않기 때문이다.

04. 디젤 엔진의 압축비를 높일 경우에 나타날 수 있는 것은?
① 열효율이 높아진다.
② 출력이 떨어질 수 있다.
③ 최고 연소 압력이 낮아진다.
④ 착화지연 기간이 길어진다.

해설 디젤 기관은 압축비가 높을 경우 실린더 내부에 온도가 더 올라가서 착화가 더 잘 된다. 즉, 효율이 높아진다.

05. 전자제어 가솔린 연료분사 엔진의 특성으로 틀린 것은?
① 유해 배기가스가 감소한다.
② 압축압력이 상승하여 토크가 증가한다.
③ 기화기식 엔진에 비해 연비를 향상시킬 수 있다.
④ 급격한 부하 변동에도 연료 공급이 신속히 이루어진다.

해설 전자제어 가솔린 연료분사는 압축압력의 상승이 크면 노크를 일으킬 수 있다. 가솔린 엔진은 폭발 압력의 상승으로 토크와 회전수를 증가시킨다.

ANSWER 01.③ 02.③ 03.① 04.① 05.②

06. 가솔린 엔진의 차콜 캐니스터에서 흡착하는 유해가스 성분은?
① HC ② CO
③ SOx ④ NOx

해설 캐니스터는 연료 탱크 속의 연료가 기화된 가스를 포집하였다가 솔레노이드 밸브에 의해 순환(연소)시키는 역할을 수행한다. 즉 연료 탱크 속의 가스는 대부분 HC(탄화수소)이다.

07. 가솔린 엔진에서 옥탄가가 85이면 퍼포먼스 수는?
① 약 45 ② 약 55
③ 약 65 ④ 약 75

해설 퍼포먼스 수 $= \dfrac{2800}{128-옥탄가} = \dfrac{2800}{128-85} = 65.11$

08. 4행정 사이클 V6 엔진의 지름이 75mm, 행정이 93mm, 실제로 엔진에 흡입된 공기량이 1805cc라면 체적효율은?
① 약 53% ② 약 63%
③ 약 73% ④ 약 83%

해설 체적효율 $\eta_v = \dfrac{실제흡입체적}{이론체적}$
$= \dfrac{1805 cm^3}{\dfrac{\pi \times (7.5cm)^2}{4} \times 9.3cm \times 6} = 0.7322$

09. 디젤엔진에서 분사펌프의 주요 기능 중 틀린 것은?
① 분사량 제어 ② 분사율 제어
③ 분포도 제어 ④ 분사시기 제어

해설 분사펌프의 주요 기능은 분사량 제어, 분사율 제어, 분사시기 제어 등이 있다. 그래서 실제 점검 사항도 이 3가지를 행할 수 있다.

10. 가솔린 엔진의 노크 발생 원인이 아닌 것은?
① 압축비가 높을 때
② 점화시기가 늦을 때
③ 실린더의 온도가 높을 때
④ 엔진에 과부하가 걸릴 때

해설 가솔린 엔진의 노킹은 실린더 및 흡기의 온도가 압력이 높을 경우, 과부하 등이다.

11. 싱글 CVVT 엔진에서 오일 압력 컨트롤 밸브 제어선이 단선되었을 때 나타날 수 있는 현상은?
① 시동 및 공회전 유지 기능
② 시동 직후 엔진 정지
③ 공회전 부조 발생
④ 시동 안됨

해설 연속적인 밸브 타이밍을 조절하는 시스템으로 OCV가 액추에이터이다. 이 액추에이터의 제어선이 단선되면, 타이밍의 조절이 되지 않지만 시동 및 공회전은 유지된다.

12. 비중 0.85인 가솔린 0.5kg을 완전 연소시키는데 필요한 공기량은?(단, 공연비는 14.5 : 1이다.)
① 4.15kg ② 5.17kg
③ 6.16kg ④ 7.25kg

해설 공연비는 연료 1kg에 대해 14.5kg의 공기량이 필요하다는 말과 같으므로 연료 0.5kg에는 7.25kg의 공기가 필요하다.

13. 게이지 압력이 15kg/cm², 대기압이 710 mmHg일 때, 절대압력은 몇 kg/cm²인가?
① 약 13.634 ② 약 14.935
③ 약 15.965 ④ 약 16.634

해설 절대압 = 게이지압 + 대기압이므로,
절대압 $= 15 kg/cm^2 + \dfrac{710}{760} \times 1.0332 kg/cm^2$
$= 15 + 0.965 = 15.965 kg/cm^2$

14. LPI(Liquefied Petroleum Injection) 연료 장치에서 펌프 구동 드라이버의 역할로 옳은 것은?
① 연료 압력을 일정하게 유지한다.
② 연료 온도를 상승시켜 증기압을 향상한다.
③ 연료 펌프 속도를 항상 일정하게 유지한다.
④ 제어 모듈의 신호를 받아 연료 펌프의 회전수를 제어한다.

해설 LPI(Liquefied Petroleum Injection) 연료 장치에서 펌프 구동 드라이버는 각 센서의 정보에 의거 연료 펌프의 회전수를 조절한다.

ANSWER 06.① 07.③ 08.③ 09.③ 10.② 11.① 12.④ 13.③ 14.④

15. 여과기로 흡입되는 공기가 회전운동을 하면서 입자가 큰 먼지나 이물질을 분리시키는 형식은?
① 건식 여과기 ② 습식 여과기
③ 원심식 여과기 ④ 유조식 여과기

해설 원심식 여과기는 원심력에 의해서 분리한다. 즉 여과기로 흡입되는 공기가 회전운동을 하면서 입자가 큰 먼지나 이물질을 분리한다.

16. 전자제어 가솔린 연료 분사장치의 인젝터를 실차에서 점검 시 점검 요소가 아닌 것은?
① 저항 점검 ② 작동음 점검
③ 연료누설 점검 ④ 분사시기 점검

해설 인젝터를 자기진단하면 연료 분사 시간 즉 연료가 분사되는 구간을 파악할 수 있다. 분사시기를 점검하려면 또 다른 장비가 있어야 한다.(점화시기의 경우 타이밍 라이트처럼)

17. 엔진의 행정 및 내경의 비에 따른 엔진의 분류 중 피스톤 평균속도를 높이지 않고 고속을 얻을 수 있으며 행정이 내경보다 작은 엔진은?
① 스퀘어 엔진
② 언더 스퀘어 엔진
③ 오버 스퀘어 엔진
④ 클로즈 스퀘어 엔진

해설 행정이 내경보다 작은 엔진을 오버 스퀘어 엔진이라 한다. 특징은 피스톤 평균속도를 높이지 않고 고속회전을 한다.

18. MAP 센서 방식 엔진에서 공회전 중 흡기다기관의 공기 누설이 소량으로 발생될 때 나타날 수 있는 현상은?
① 냉각수 온도 하강
② 엔진 회전수 하강
③ 엔진 회전수 상승
④ 엔진 회전수 고정

해설 흡기다기관에서 공기의 누설이 있으면 실린더로 흡입되는 공기의 량이 많아진다. 따라서 MAP에서 계산된 량보다 많이 흡입되므로, 엔진의 rpm이 상승한다.

19. 검사 특성 곡선(OC curve)에 관한 설명으로 틀린 것은?(단, N은 로트의 크기, n은 제품의 크기, e는 합격 판정 개수이다.)
① N, n이 일정할 때, e가 커지면 나쁜 로트의 합격률이 높아진다.
② N, e가 일정할 때, n이 커지면 좋은 로트의 합격률은 낮아진다.
③ N/n/e의 비율이 일정하게 증가한다.
④ 일반적으로 로트의 크기 N의 시료 n에 비해 10배 이상 크다면 로트의 크기를 증가시켜도 나쁜 로트의 합격률은 크게 변화하지 않는다.

해설 로트의 크기(N)과 합격 판정 개수(e)의 방향은 같고, 제품의 샘플링 수(제품의 크기, n)은 N과 e의 방향과 반대이다.

20. 다음 그림의 AOA(Activity On Arrow) 네트워크에서 E작업을 시작하려면 어떤 작업들이 완료되어야 하는가?

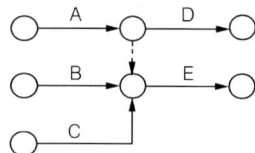

① B ② A, B
③ B, C ④ A, B, C

해설 AOA는 마디(○)로 단계(선후 관계)를 나타내고, 화살표로 활동을 나타낸다. 따라서 E작업을 위해서는 A, B, C의 작업이 모두 완료되어야 된다.

21. 표준시간을 내경법으로 구하는 수식으로 맞는 것은?
① 표준시간 = 정미시간 + 여유시간
② 표준시간 = 정미시간 × (1 + 여유율)
③ 표준시간 = 정미시간 × ($\frac{1}{1-여유율}$)
④ 표준시간 = 정미시간 × ($\frac{1}{1+여유율}$)

해설 외경법에 의한 표준시간은 ②번이고, 내경법에 의한 표준시간은 ③번으로 나타낸다.

ANSWER 15.③ 16.④ 17.③ 18.③ 19.③ 20.④ 21.③

22. 품질 특성에서 X관리도로 관리하기에 가장 거리가 먼 것은?
① 볼펜의 길이
② 알코올의 농도
③ 1일 전력 소비량
④ 나사 길이의 부적합률

해설 x관리도는 공정 평균을 각각의 측정값 x에 의해서 관리하기 위한 관리도를 말하며, 1점 관리도라 한다.

23. 다음 데이터로부터 통계량을 계산한 것 중 틀린 것은? ★2005년 후반

| 21.5 23.7 24.3 27.2 29.1 |

① 범위(R) = 7.6
② 제곱합(S) = 7.59
③ 중앙값(Me) = 24.3
④ 시료분산(s3) = 8.988

해설
$$M(평균값) = \frac{21.5+23.7+24.3+27.2+29.1}{5} = 25.16$$
$$S = (25.16-21.5)^2 + (25.16-23.7)^2 + (25.16-24.3)^2 + (25.16-27.2)^2 + (25.16-29.1)^2 = 35.952$$
$$S^2 = \frac{S}{n} = \frac{35.952}{5} = 7.19,$$
$$R = x_{max} - x_{min} = 29.1 - 21.5 = 7.6으로 계산된다.$$

24. 브레인스토밍(Brainstorming)과 가장 관계가 깊은 것은? ★2010년 후반
① 특성 요인도
② 파레토도
③ 히스토그램
④ 회귀 분석

해설 브레인스토밍이란 팀별로 사용되는 아이디어 창출 기법으로 집단의 효과를 살리고 아이디어의 연쇄 반응을 불러 일으켜 자유분방하게 질과 관계없이 가능한 많은 아이디어를 생성함으로써 문제의 개선이나 문제에 대한 해결을 위한 기회를 찾기 위해 이용한다.

25. 토크 컨버터의 클러치 포인트에서 속도비로 옳은 것은?
① 터빈 속도가 펌프 속도의 약 5/10에 도달했을 때
② 펌프 속도가 터빈 속도의 약 5/10에 도달했을 때
③ 터빈 속도가 펌프 속도의 약 8/10에 도달했을 때
④ 펌프 속도가 터빈 속도의 약 8/10에 도달했을 때

해설 토크 컨버터의 펌프 속도에 대한 터빈 속도가 80%에 도달했을 때를 클러치 포인트라 한다.

26. 자동차동제한장치(Limited Slip Differential)의 특성에 대해 잘못 설명한 것은?
① 거친 노면에서 가속성 및 직진성이 향상된다.
② 미끄러지기 쉬운 노면에서 발진 및 주행이 용이하다.
③ 구동륜의 슬립이 적으므로 타이어의 수명이 연장된다.
④ 노면의 마찰계수에 따라 슬립되는 바퀴의 구동력을 크게 한다.

해설 자동 차동 제한 장치(Limited Slip Differential)는 노면의 마찰계수에 따라 슬립(미끄러짐)이 발생하면 구동력을 제한한다. 따라서 그 반대쪽의 바퀴가 구동력이 커지게 된다.

27. 휠 얼라인먼트를 통해 얻을 수 있는 효과가 아닌 것은?
① 조향 휠을 저속에서는 가볍게, 고속에서는 무겁게 한다.
② 조향 휠의 조작을 작은 힘으로 쉽게 할 수 있게 한다.
③ 자동차 바퀴의 직진성 및 복원성을 준다.
④ 자동차 타이어의 마모를 최소로 한다.

해설 보기 ①의 작용을 하는 것은 전자제어 동력 조향장치이다. 그래서 고속에서의 조향 핸들의 놓침을 방지할 수 있다.

ANSWER 22.④ 23.② 24.① 25.③ 26.④ 27.①

28. 가변 풀리 방식의 CVT 벨트 중 금속벨트와 비교 시 고무벨트의 특징으로 옳은 것은?

① 작동 소음이 크다.
② 동력 전달시 진동을 차단한다.
③ 동력 전달시 회전속도의 제한이 없다.
④ 내구성이 우수하여 큰 토크를 전달할 수 있다.

해설 고무벨트의 신축성에 의거 동력전달 시 이루어지는 충격과 진동을 흡수할 수 있다.

29. 요 레이트 센서 취급 시 주의해야 할 사항이 아닌 것은?

① 충격에 민감하므로 취급 시 주의한다.
② 조립 시 센서의 방향성에 주의한다.
③ 센서 교환 후 센서 보정(옵셋)을 실시한다.
④ 센서 교환 시 제어 모듈도 같이 교환한다.

해설 요 레이트 센서는 가속도 센서로 충격에 민감하므로 취급에 주의해야 한다. 요 레이트 센서는 제어 모듈과 일체화되어 있지 않다.

30. 선 기어 잇수가 20개, 링 기어 잇수가 40개의 유성 기어에서 선 기어를 고정하고 링 기어가 75회전하였다면 캐리어의 회전수는?

① 30회전 ② 50회전
③ 90회전 ④ 120회전

해설 변속비 = 입력 회전수/출력 회전수 = 출력 잇수/입력 잇수이다.
링 기어가 구동(입력)이므로, 입력 회전수 = 75, 캐리어(출력) 회전수 = x, 입력 잇수 = 40개, 출력 잇수 = 20 + 40 = 60개, 이를 대입하면
$\frac{75}{x} = \frac{60}{40}$, $x = 75 \times \frac{40}{60} = 50 rpm$으로 계산된다.

31. 타이어 공기 압력의 변화에 의한 이상 마모 종류가 아닌 것은?

① 중앙 마모
② 궤도 마모
③ 편심 마모
④ 숄더(shoulder) 마모

해설 편심 마모의 경우 바퀴의 정렬(얼라인먼트)이 맞지 않을 경우 발생한다.

32. 다음 중 VDC(Vehicle Dynamic Control) 또는 ESP(Electronic Stability Program)의 제어에 해당하는 것은?

① 안티 스쿼트(Anti squat) 제어
② 안티 다이브(Anti dive) 제어
③ 요 모멘트(Yaw Moment) 제어
④ 노즈 다운(Nose down) 제어

해설 안티 스쿼트(Anti squat): 앞쪽 들림 현상을 방지, 안티 다이브(Anti dive): 앞쪽 숙여짐 현상을 방지(노즈 다운 제어와 같음)

33. 공기 현가장치에서 공기 저장 탱크와 서지 탱크를 연결하는 배관 사이에 설치되어 자동차의 높이를 일정하게 유지시키는 밸브는?

① 서브 밸브 ② 메인 밸브
③ 체크 밸브 ④ 레벨링 밸브

해설 공기 저장 탱크와 서지 탱크를 연결하는 배관 사이에 설치되어 자동차를 일정 높이로 유지시키는 공기 현가장치의 밸브가 레벨링 밸브이다.

34. 자동차 경음기 소음 측정 방법에 대한 설명 중 틀린 것은?

① 암소음 크기의 측정 시 순간적인 충격음 등은 암소음으로 취급하지 않는다.
② 경음기 소음 측정시 2개의 경음기가 연동하여 음을 발하는 경우 연동 상태에서 측정한다.
③ 엔진을 가동시키지 않은 정차 상태에서 경음기를 5초 동안 작동시켜 소음 크기의 최대치를 측정한다.
④ 소음 측정은 2회 이상 실시하여 측정값의 차이가 5dB을 초과할 때에는 각각의 측정값은 무효로 한다.

해설 소음 측정은 2회 이상 실시하여 측정값의 차이가 2dB을 초과할 때에는 측정값을 무효로 하고 다시 측정한다.

ANSWER 28.② 29.④ 30.② 31.③ 32.③ 33.④ 34.④

35. 구동바퀴가 차체를 전진시키는 힘(구동력)을 구하는 공식으로 옳은 것은?(단, F는 구동력, T는 축의 회전력, r은 바퀴의 반지름이다)
① $F = T \times r$
② $F = T \times r \times 2$
③ $F = \dfrac{T}{r}$
④ $F = \dfrac{T}{2r}$

해설 토크(T)는 접선력(F)과 반지름(r)의 곱이다. 식으로 표현하면 $T = F \times r \rightarrow F = \dfrac{T}{r}$으로 나타내어진다.

36. 자동차의 무게 중심 높이가 0.9m, 오른쪽 안전 폭이 1.0m, 왼쪽 안전 폭이 1.2m의 자동차에서 좌우 최대 안전 경사각도는 각각 얼마인가?
① 오른쪽: 약 48°, 왼쪽: 약 53°
② 오른쪽: 약 53°, 왼쪽: 약 48°
③ 오른쪽: 약 42°, 왼쪽: 약 37°
④ 오른쪽: 약 37°, 왼쪽: 약 42°

해설 우측 안전 경사각(α)라 하면,
$\tan\alpha = \dfrac{BR(우안전폭)}{H(중심고)}$,
$\alpha = \tan^{-1}\left(\dfrac{1}{0.9}\right) = 48.01°$
좌측 안전 경사각(β)라 하면,
$\tan\beta = \dfrac{BL(좌안전폭)}{H(중심고)}$,
$\beta = \tan^{-1}\left(\dfrac{1.2}{0.9}\right) = 53.13°$

37. 전동식 동력 조향장치의 특징이 아닌 것은?
① 모듈화가 용이하다.
② 엔진 정지 시에도 조향 조작력 증대가 가능하다.
③ 유압식 조향장치에 비해 조향 휠의 복원력이 우수하다.
④ 오일 및 유압 관련 장치가 없어 다운사이징의 시스템 구현이 가능하다.

해설 전동식과 유압식 중에서 복원력 즉 힘의 우수성은 유압식이 더 우수하다.

38. 자동차가 선회 시 일정한 조향각도로 회전하려 해도 선회 반지름이 작아지는 현상은?
① 언더 스티어링
② 오버 스티어링
③ 카운터 스티어링
④ 뉴트럴 스티어링

해설 조향 시 선회 반지름이 작아지는 현상을 오버 스티어링(많이 꺾여서 반경이 작아짐), 선회 반지름이 커지는 현상을 언더 스티어링(조금 꺾여서 반경이 커짐)이다.

39. 드럼 브레이크에서 전후진시 2개의 슈가 모두 리딩 슈로 작동하는 브레이크는?
① 심플렉스(simplex) 브레이크
② 듀플렉스(duplex) 브레이크
③ 유니 서보(uni servo) 브레이크
④ 듀오 서보(due servo) 브레이크

해설 리딩슈는 자기작동을 하는 슈를 말하며, 전후진시 2개 모두 리딩슈가 되는 것은 듀오 서보 브레이크이다.

40. 제동장치에서 에어 마스터(air master)의 배력 작용에 활용되는 압력차는?
① 압축 공기와 흡기다기관의 압력차
② 압축 공기와 대기압의 압력차
③ 압축 공기와 유압의 압력차
④ 대기압과 유압의 압력차

해설 진공 마스터의 경우 진공압과 대기압의 압력차를 이용, 에어 마스터의 경우 대기압과 압축 공기압의 차를 이용한다.

41. 전자제어 현가장치에서 안티 스쿼트(Anti squat) 제어 개시 시 전후륜 공기 스프링의 급기 및 배기의 상태로 옳은 것은?
① 전륜-배기, 후륜-배기
② 전륜-급기, 후륜-배기
③ 전륜-배기, 후륜-급기
④ 전륜-급기, 후륜-급기

해설 안티 스쿼트는 출발 시 앞쪽이 들어 올려지는 것을 방지하는 장치이다. 따라서 전륜은 공기를 빼서 차체의 높이를 낮추어주고 후륜은 공기를 넣어 높여 주어야 한다.

ANSWER 35.③ 36.① 37.③ 38.② 39.④ 40.② 41.③

42. 구동력 조절 장치(Traction Control System)에서 엔진의 출력을 저하시키는 방법으로 틀린 것은?

① 연료 분사 제어
② 점화시기 제어
③ 구동륜 제동 제어
④ 스로틀 밸브 제어

해설 보기 ①, ②, ④의 경우 엔진의 구동력을 제어하는 방법이고, ③의 경우에는 바퀴의 구동력을 제어하는 방법이다.

43. 수동변속기 내의 록킹 볼이 하는 역할이 아닌 것은?

① 기어가 빠지는 것을 방지한다.
② 시프트 포크를 알맞은 위치에 고정한다.
③ 시프트 레일을 알맞은 위치에 고정한다.
④ 기어가 2중으로 치합되는 것을 방지한다.

해설 기어가 2중으로 치합되는 것을 방지하는 것은 인터록 핀의 역할이다.

44. 점화장치에서 자기인덕턴스가 0.5H인 점화코일의 전류가 0.01초 동안에 4A로 변화하였을 때 코일에 유도되는 기전력[V]은?

① 80   ② 120
③ 200   ④ 300

해설 유도 기전력(E)= 자기인덕턴스 × $\frac{\Delta I}{\Delta t}$ =
$0.5(H) \times \frac{4(A)}{0.01(s)} = 200\,V$

45. CAN(Controller Area Network) 통신장치에 관한 설명으로 틀린 것은?

① 모듈 양 끝단에 약 60Ω의 종단저항이 설치되어 있다.
② 고속 CAN은 주행 안전에 관련된 제어용으로 주로 사용된다.
③ 트위스트 패어 와이어를 이용하여 데이터를 전송한다.
④ 저속 CAN은 각종 실내 편의 장치 등의 제어용으로 사용된다.

해설 CAN(Controller Area Network) 통신장치는 모듈 양 끝단에 약 120Ω의 종단 저항이 설치되어 있다.

46. 전조등 회로에서 단선식과 비교한 복선식에 대한 설명으로 틀린 것은?

① 접속 불량이 잘 발생하지 않는다.
② 점검 및 정비가 비교적 간편하다.
③ 큰 전류가 흐르는 회로에 주로 사용한다.
④ 접지 쪽에도 전선을 사용하여 차체에 접지한다.

해설 단선식의 경우 (−)가 차체이므로 점검하기가 쉽다. 복선의 경우 (+)쪽, (−)쪽 배선을 잘 구분해서 점검해야 한다.

47. 에어컨의 구성 부품 중 응축기에서 보내온 냉매를 일시 저장하고 항상 액체 상태의 냉매를 팽창 밸브로 보내는 역할을 하는 것은?

① 컴프레서(compressor)
② 이배퍼레이터(evaporator)
③ 익스텐션 밸브(expansion valve)
④ 리시버 드라이어(receiver dryer)

해설 리서버 드라이어는 그대로 해석하면 받는 것 & 건조기 이다. 즉 응축기(콘덴서)에서 나온 냉매를 저장하면서 냉매 속의 기포를 없앤 후 팽창 밸브로 보내는 역할을 한다.

48. 배터리 센서에 대한 설명으로 틀린 것은?

① 배터리 센서는 배터리 (−)쪽에 주로 장착된다.
② 배터리의 충전상태를 감지하여 시동 모터를 직접 제어한다.
③ 배터리 센서의 신호는 주로 LIN 통신을 사용한다.
④ 배터리액 온도 전압, 전류를 내부 소자와 맵핑 값을 이용해 검출한다.

해설 배터리 센서는 (−)쪽에 설치되어, 배터리의 충전 상태와 노후 상태를 계측(예측)하여 발전제어 및 ISG를 행한다.(시동 모터 제어하지 않음)

49. 기동 전동기에 대한 설명으로 옳은 것은?
① 플레밍의 오른손 법칙을 이용한다.
② 교류 직권 전동기를 주로 사용한다.
③ 전기자 코일 결선은 중권식을 많이 사용한다.
④ 회전속도가 빨라질수록 흐르는 전류가 감소한다.

해설 회전속도가 빨라지면 부하가 감소하므로 전류가 감소한다.

50. OBDII 진단에서 DTC가 보기와 같이 나타날 때 P가 의미하는 것은?

[보기] P0437

① PWM   ② PROM
③ Protocol   ④ Power train

해설 $\frac{P}{①} \frac{0}{②} \frac{4}{③} \frac{37}{④}$

①은 구역으로 P : Power train/ B : Body, C : Chassis
②는 근원(source)으로 0은 SAE, 1은 제작자.
③은 시스템으로, 0은 전체, 1은 공기, 연료, 흡기, 2는 연료 분사, 3은 점화, 4는 보조 배출가스.
④는 회로를 뜻한다.

51. 차량의 BCM(Body Control Module)에 입력되는 요소로 거리가 먼 것은?
① 도어 스위치 열림 상태
② 시트 벨트 미착용 상태
③ 후드 및 트렁크 열림 상태
④ 파워 오일 압력 스위치 작동상태

해설 BCM(Body Control Module)은 MPS(메모리 파워 시트 시스템), STS(스티어링 틸트 시스템), BWS(벨 워닝 시스템)을 통합제어 하여 효율성을 높인다.

52. 사이리스터(SCR)에서 전류의 순방향 흐름으로 맞는 것은?
① 캐소드에서 애노드로
② 애노드에서 캐소드로
③ 캐소드에서 게이트로
④ 게이트에서 캐소드로

해설 애노드가 캐소드에 대하여 플러스인 경우, 게이트에 적당한 전류를 흘리면 도통하고, 일단 도통하면 애노드 전압을 0으로 하지 않으면 OFF로 되지 않는다.

53. 일반적인 CO_2가스 아크 용접의 특징으로 가장 거리가 먼 것은?
① 전류 밀도가 높아 용입이 깊다.
② 용착금속의 기계적 성질이 우수하다.
③ 용접속도가 느리며, 비철금속 등의 박판 용접에 적합하다.
④ 가시 아크 용접이므로 용융지의 상태를 확인하면서 용접할 수 있다.

해설 CO_2가스 아크 용접은 용접 전류의 밀도가 크므로 용입이 깊고, 용접속도를 매우 빠르게 할 수 있다.

54. 차량의 도막에 광택을 내기 위한 공구로 옳은 것은?
① 앵글 그라인더
② 오비탈 샌더
③ 벨트 샌더
④ 폴리셔

해설 폴리시(polish)를 해석하면 광, 윤, 닦기 등이다. 폴리셔는 광을 내는 기기다.

55. 자동차 차체의 인장작업에 필요한 공구나 장비가 아닌 것은?
① 체인   ② 클램프
③ 에어 톱   ④ 유압 바디 잭

해설 에어 톱은 공기의 압력을 이용하여 절단하는 공구(장비)를 말한다.

56. 2액형 우레탄 도료에 대한 설명으로 틀린 것은?
① 주제와 경화제가 분리되어 있다.
② 래커 도료에 비하여 내구성이 우수하다.
③ 주제와 경화제를 혼합하면 도료가 경화된다.
④ 주제와 경화제를 혼합한 후 즉시 밀봉하면 추후 재사용이 가능하다.

해설 주제와 경화제를 혼합하여 도료가 경화되면 추후 재사용이 불가능하다.

ANSWER 49.④ 50.④ 51.④ 52.② 53.③ 54.④ 55.③ 56.④

57. 여러 장의 패널이 서로 겹쳐서 용접된 형태로 프레임과 차체가 하나로 되어 있는 자동차 구조는?
 ① 플랫 폼 바디
 ② 모노코크 바디
 ③ 스페이스 프레임 바디
 ④ 페리미터 프레임 바디

 해설 모노코크 바디의 개념이 여러 장의 패널이 서로 겹쳐서 용접된 형태로 프레임과 차체가 하나로 됨을 의미한다.

58. 솔리드 색상 조색에서 혼합하는 도료의 종류가 많아질수록 채도는 어떻게 변화하는가?
 ① 채도가 낮아진다.
 ② 채도가 높아진다.
 ③ 채도의 변함이 없다.
 ④ 채도는 혼합도료 수와 관계없다.

 해설 솔리드 색상 조색에서 혼합하는 도료의 종류가 많아질수록 채도가 낮아진다.

59. 광택 작업으로 수정할 수 없는 도장 결함은?
 ① 오렌지 필
 ② 광택 소실
 ③ 메탈릭 얼룩
 ④ 미세한 연마 자국

 해설 메탈릭 얼룩이란 메탈릭 도료(주로 알루미늄분 함유 도료)를 칠했을 때 금속분이 균일하게 배열되지 않고 반점상, 물결 모양 등을 만드는 현상이다. 이것은 발생 원인을 차단해서 방지를 할 수 있지만 한 번 칠해진 얼룩을 광택 작업으로 수정이 불가능하다.

60. 자동차의 사이드 부위에 외력으로 인한 손상이 발생하였을 때 점검이 필요한 부위가 아닌 것은?
 ① 센터 필러
 ② 사이드 실
 ③ 루프 사이드 레일
 ④ 라디에이터 서포트 패널

 해설 라디에이터 서포트 패널은 사이드 쪽이 아니라 앞쪽에 있다.

ANSWER 57.② 58.① 59.③ 60.④

2022년 1회 복원기출문제

자동차정비기능장

01. 경유를 사용하는 자동차에서 배출되는 오염물질과 가장 거리가 먼 것은?
① 매연 ② 알데히드
③ 입자상물질 ④ 질소산화물

해설 일산화탄소(CO), 탄화수소(HC), 질소산화물(NOx), 입자상 물질(PM), 황산화물(SO_2)

02. 믹서 방식의 LPG엔진과 비교한 LPI엔진의 장점으로 틀린 것은?
① 연료의 보관성 향상
② 역화 발생 문제 개선
③ 겨울철 냉간 시동성 향상
④ 정밀한 공연비 제어로 연비 향상

해설 LPI엔진의 장점
① 겨울철 시동성능이 향상된다.
② 정밀한 LPG 공급량의 제어로 이미션(emission)규제 대응에 유리하다.
③ 고압 액체 LPG상태 분사로 인해 타르 생성의 문제점을 개선할 수 있다.
④ 주기적인 타르 배출이 필요 없다.
⑤ 가솔린 기관과 같은 수준의 동력성능을 발휘한다.
⑥ 역화 발생이 현저히 감소된다.

03. 디젤기관에서 최대 분사량이 80cc, 최소 분사량이 65cc일 때 평균 분사량이 70cc라면 (−)불균율은 몇 %인가?
① 7.14 ② 8.14
③ 9.14 ④ 10.14

해설 $(-)불균율 = \dfrac{평균분사량 - 최소분사량}{평균분사량} \times 100$
$= \dfrac{70-65}{70} \times 100 = 7.14$

04. 행정 체적이 800cc, 크랭크축 회전수 1000rpm, 체적효율 80%, 2행정 사이클 기관의 흡기중량 유량은 몇 g/s인가? (단, 흡기의 비중량은 1.25kg/m^3이다.)
① 11.67 ② 13.33
③ 16.67 ④ 20.33

해설 단위시간당 이론(신기)합기량
$= (비중량) \times (체적) \times (회전수)$
$= 1.25 \times (800 \times 10^{-6}) \times \dfrac{1000}{60}$
$= 13.33$

05. 유체 커플링식 냉각 팬에 대한 설명으로 틀린 것은?
① 라디에이터 앞쪽에 설치
② 물 펌프축과 일체로 회전
③ 라디에이터 통풍을 도와줌
④ 기관의 과냉 및 소음방지를 위해 일정 회전수이상 시 슬립 발생

해설 유체 커플링식 : 유체 커플링식은 팬과 물펌프 사이에 실리콘 오일을 봉입한 유체 커플링을 설치한 것이며, 동력의 전달은 오일의 유체 저항을 이용한다. 저속에서는 팬이 물펌프 축과 같은 속도로 회전하나 고속이 되면 팬의 회전저항이 증가하므로 커플링이 미끄러져 팬의 회전속도는 펌프의 회전에 배해 미끄러진 만큼 떨어진다. 유체 커플링 케이스 안에 물펌프 축에 고정된 커플링 로터가 있다. 유체 커플링 케이스는 베어링 케이스에 부착되고, 베어링 케이스는 물펌프 축에 베어링으로 결합되어 있으므로 자유로이 회전할 수 있다. 로터가 고속으로 회전하면 실리콘 오일의 유동저항으로 커플링 케이스가 회전하여 여기에 부착된 팬도 회전한다.

ANSWER 01.② 02.① 03.① 04.② 05.①

06. 전자제어 가솔린 엔진에서 연료 분사량을 산출하기 위한 신호가 아닌 것은?
① 노크 센서 신호
② 클랭크각 센서 신호
③ 흡입 공기량 센서 신호
④ 냉각수 온도 센서 신호

07. 자동차용 윤활유에 물리적 또는 화학적 성질을 강화하여 윤활성을 향상시키기 위해 사용하는 첨가제가 갖추어야 할 조건이 아닌 것은?
① 휘발성이 낮을 것
② 물에 대한 안정성이 우수할 것
③ 첨가제 상호간 빠른 반응으로 침전될 것
④ 윤활유에 대한 첨가제의 용해도가 충분할 것

해설 윤활유에 첨가제를 넣을 경우 침전물이 생기면, 이 침전물이 오일 통로를 막는다든지, 마찰부분에 끼어들게 될 경우에 윤활부가 흠집이 생기거나 이상이 생길 수 있다.

08. 엔진의 실린더 내 압축압력에 대한 설명으로 틀린 것은?
① 엔진 공회전 상태에서 측정한다.
② 압축압력이 낮을 시 습식시험을 추가로 실시한다.
③ 가솔린엔진에 비해 디젤엔진의 압축압력이 높다.
④ 엔진 회전속도의 변화에 따라 압축압력은 변화한다.

09. 연소실의 구비조건으로 틀린 것은?
① 체적당 표면적을 크게 한다.
② 가열되기 쉬운 돌출부를 두지 않는다.
③ 밸브의 면적을 크게 하여 체적효율을 높인다.
④ 화염전파에 소요되는 시간을 가능한 짧게 한다.

해설 화염전파 거리와 화염전파 시간이 짧을 것, 연소실 표면적이 작을 것, 밸브 면적을 크게 할 수 있을 것, 가열되기 쉬운 돌출부가 없을 것, 강한 와류를 형성할 수 있을 것

10. 행정체적이나 회전속도에 변화를 주지 않고 엔진의 흡기효율을 높이기 위한 방법은?
① 과급기 설치
② EGR 밸브 설치
③ 공기여과기 설치
④ 흡기관의 진공도 이용

해설 공기 여과기 장치는 공기를 걸러주는 장치로 대부분의 기관에 쓰여지고 있으며, 흡기관의 진공도를 이용하는 장치는 여러 가지가 있어서 구체적이지 못하다. EGR밸브는 배기가스재순환장로 연소열을 낮추어주어 질소산화물을 감소시킨다.

11. 가솔린 엔진의 제원이 실린더 내경 D = 55mm, 행정 S = 70mm, 연소실체적 Vc = 21cm³인 엔진이 이론 공기 표준 사이클인 오토사이클로서 운전될 경우 열효율은 약 몇 %인가? (단 비열비 k =1.20다.)
① 31.2
② 35.4
③ 42.7
④ 43.2

12. 전자제어 가솔린엔진의 연료압력조절기 내의 압력이 일정 압력 이상일 경우에 대한 설명으로 맞는 것은?
① 인젝터의 분사압력을 낮추어 준다.
② 흡기 다기관의 압력을 낮추어 준다.
③ 연료펌프의 공급압력을 낮추어 공급시킨다.
④ 연료를 연료탱크로 되돌려 보내 압력을 조정한다.

해설 연료압력조절기는 일정압력 이상일 경우 연료탱크로 돌려보낸다.

ANSWER 06.① 07.③ 08.① 09.① 10.① 11.② 12.④

13. 증발가스제어장치의 퍼지 컨트롤 솔레노이드 밸브(PCSV)의 작동을 설명한 것으로 틀린 것은?

① 엔진이 워밍업(Warming up) 된 상태에서 작동함
② 퍼지 컨트롤 솔레노이드 밸브는 평상시 열려있는 방식(Normal Open)의 밸브임
③ 일정시간 작동하다가 캐니스터에 포집된 증발가스가 없다고 ECU에서 판단되면 작동 중지됨
④ 공회전 상태에서도 연료 탱크 및 증발가스 라인의 압력을 줄이기 위해 작동은 되나 주로 공회전 이외의 영역에서 작동함

해설 PCSV는 캐니스터(Canister)에 저장되어 있던 연료 증발가스(대부분 HC)를 흡기 매니폴드(Intake Manifold)로 환원시키는 역할을 한다. 휘발유는 디젤과는 달리 휘발성이 강한 연료다. 연료탱크 내 휘발유 증발gas가 대기로 방출되지 않도록 캐니스터에 포집하게 된다. 적절한 조건이 되면 ECU신호에 의해 PCSV가 열리고 증발가스는 흡기매니폴드로 유입된다.

14. 디젤 연료의 특성 중 세탄가에 대한 설명으로 틀린 것은?

① 세탄가가 높을수록 시동성이 개선된다.
② 세탄가가 낮을 경우 착화지연이 짧아진다.
③ 세탄가가 높을수록 연소 소음이 개선된다.
④ 세탄가가 낮을 경우 연료소비량이 늘어난다.

해설 세탄가란 디젤의 점화가 지연되는(점화가 늦게 일어나는)정도를 나타내는 수치로서 일반적으로 센탄가가 크면 점화지연 시간이 짧아서(점화가 빨리 잉어나) 연소시 엔진 출역 및 효율을 증가시키고 소음 또한 감소되는 장점이 있다.

15. 평균유효압력을 높이는 방법으로 틀린 것은?

① 압축비를 높인다.
② 충진 효율을 높인다.
③ 실린더 수를 늘린다.
④ 열량이 높은 연료를 사용한다.

16. 자동차엔진의 흡·배기 밸브 장치에서 밸브 오버랩에 대한 설명으로 틀린 것은?

① 밸브 개폐를 돕기 위해
② 내부 EGR을 이용하기 위해
③ 흡입효율을 증대시키기 위해
④ 배기효율을 증대시키기 위해

해설 밸브 오버랩이란 흡기 밸브와 배기 밸브가 동시에 열린구간을 말하며, 이를 두는 이유는 체적효율을 증가시키기 위해서이다.

17. 전자제어 엔진에서 워밍업 후 공회전 상태에서 지르코니아 산소센서의 정상적인 파형의 설명으로 맞는 것은?

① 전압이 약 0mV로 고정된다.
② 전압이 약 500mV로 고정된다.
③ 전압이 약 450mV~650mV 사이에서 반복적으로 표출된다.
④ 전압이 약 100mV~900mV 사이에서 반복적으로 표출된다.

18. 피스톤의 구비조건이 아닌 것은?

① 내열성이 양호한 재질일 것
② 열적부하가 작고 방열이 잘될 것
③ 열전도가 잘되고 열팽창이 클 것
④ 내마멸성이 좋고 마찰계수가 작을 것

해설 피스톤은 헤드부가 1500~2000℃의 폭발연소 가스에 접하고, 폭발시 높은 압력을 받으면서 실린더 내를 원활하게 왕복 운동하여야 하므로 다음과 같은 조건을 구비해야 한다.
- 고온 고압에 견딜 수 있는 충분한 강도를 가지고 있어야 하며
- 피스톤과 실린더의 열팽창 특성에 알맞게 설계되어 항상 알맞은 틈새를 유지해야 하며
- 윤활유의 유막 형성과 내마멸성이 양호해야 하고,
- 마찰 손실이 적고 무게가 가벼워야 한다.
- 또한, 열전도가 잘되고 열팽창이 적어야 한다.

ANSWER 13.② 14.② 15.③ 16.① 17.④ 18.③

19. 전수검사와 샘플링검사에 관한 설명으로 맞는 것은?
① 파괴검사의 경우에는 전수검사를 적용한다.
② 검사항목이 많을 경우 전수검사보다 샘플링검사가 유리하다.
③ 샘플링검사는 부적합품이 섞여 들어가서는 안되는 경우에 적용한다.
④ 생산자에게 품질향상의 자극을 주고 싶을 경우 전수검사가 샘플링 검사보다 더 효과적이다.

해설 샘플링검사는 많은 상품(제품·화물 등)의 품질을 검사할 경우, 몇 개만을 뽑아내어 검사하고, 그것으로 전체의 품질을 추정하는 방법이다. 원래 전수검사는 조금이라도 불량품이 있으면 결과적으로 중대한 영향을 받게 되는 경우라든지, 검사비용에 비하여 효과가 큰 경우에 행해지며, 전수검사가 불가능한 경우라든지, 파괴검사나 석유·전선과 같은 연속체의 경우에는 샘플링검사를 실시한다. 또 다소 불량이 용인될 경우에는 검사비용이 덜 들기 때문에 이 샘플링검사를 택한다.

20. 직물, 금속, 유리 등의 일정 단위 중 나타나는 흠의 수, 핀홀 수 등 부적합수에 관한 관리도를 작성하려면 가장 적합한 관리도는?
① c관리도　② np관리도
③ p관리도　④ $\bar{x}-R$ 관리도

해설 계수치 관리도 종류
- P 관리도 : 불량율
- Pn 관리도 : 불량 개수
- C 관리도 : 결점 수
- U 관리도 : 단위당 결점 수
- Defective(불량) : 단위 수량에 사용
- Defect(결점) : 단일부품에 여러 개의 결점

21. 국제표준화의 의의를 지적한 설명 중 직접적인 효과로 보기 어려운 것은?
① 국제간 규격통일로 상호 이익도모
② KS 표시품 수출 시 상대국에서 품질인증
③ 개발도상국에 대한 기술개방의 촉진을 유도
④ 국가 간의 규격상이로 인한 무역방벽의 제거

22. Ralph M. Barnes 교수가 제시한 동작경제의 원칙 중 작업장 배치에 관한 원칙(Arrangement of the workplace)에 해당되지 않는 것은?
① 가급적이면 낙하식 운반방법을 이용한다.
② 모든 공구나 재료는 지정된 위치에 있도록 한다.
③ 적절한 조명을 하여 작업자가 잘 보면서 작업할 수 있도록 한다.
④ 가급적 용이하고 자연스런 리듬을 타고 일할 수 있도록 작업을 구성하여야 한다.

해설 작업장 경제 원칙
① 모든 공구 및 재료는 정위치에 배치해야 한다.
② 공구, 재료 및 조정기는 사용하기 편리한 곳. 즉, 작업자의 주변에 가까이 두어야 한다.
③ 중력 공급 상자 및 용기는 재료를 사용 장소에 가깝게 보내기 위해 사용되어야 한다.
④ 낙하 투입 송출 장치는 어느 곳에서나 이용될 수 있어야 한다.
⑤ 재료와 공구들은 최선의 동작이 연속될 수 있도록 배치되어야 한다.
⑥ 준비는 관측하는데 적합한 조건이 되도록 해야 한다. 양호한 조명은 목시적 지각을 만족시켜주는 첫번째 요건이다.
⑦ 작업대와 의자 높이는 작업중 앉거나 서기에 모두 용이해야 한다.
⑧ 좋은 자세를 갖도록 해 주는 형태와 높이의 의자를 모든 작업자에게 제공해야 한다.

23. 어떤 회사의 매출액이 80,000원, 고정비가 15,000원, 변동비가 40,000일 때 손익분기점 매출액은 얼마인가?
① 25,000원　② 30,000원
③ 40,000원　④ 55,000원

24. 다음 데이터의 제곱합(sum of squares)은 약 얼마인가?

데이터				
18.8	19.1	18.8	18.2	18.4
18.3	19.0	18.6	19.2	

① 0.129　② 0.338
③ 0.359　④ 1.029

Answer 19.② 20.① 21.② 22.④ 23.② 24.④

해설 여기에서 데이터의 총합
= 18.8+19.1+18.8+18.2+18.4+18.3+19.0+18.6+19.2
= 168.4, 평균은 168.4/9 = 18.711이다.
편차제곱합=
$(18.8-18.711)^2+(19.1-18.711)^2+(18.8-18.711)^2$
$+(18.2-18.711)^2+(18.4-18.711)^2+(18.3-18.711)^2$
$+(19.0-18.711)^2+(18.6-18.711)^2+(19.2-18.711)^2$
= 1.02888

25. VDC 장착 차량에서 우 회전 중 오버스티어 발생 시 제어방법으로 옳은 것은?
① 전륜 왼측 차륜에 제동을 가해 반시계 방향의 요 모멘트를 발생시킨다.
② 전륜 내측 차륜에 제동을 가해 반시계 방향의 요 모멘트를 발생시킨다.
③ 후륜 외측 차륜에 제동을 가해 반시계 방향의 요 모멘트를 발생시킨다.
④ 후륜 내측 차륜에 제동을 가해 반시계 방향의 요 모멘트를 발생시킨다.

26. 자동차가 선회 시 전상 선회 반경보다 선회 반경이 커지는 현상은?
① 뉴트럴 스티어링
② 토 아웃
③ 언더 스티어링
④ 오버 스티어링

해설 앞바퀴의 코너링포스가 뒷바퀴보다 크게 되면 앞바퀴를 안쪽으로 밀어내는 힘이 강해져 오버스티어링(선회 반경이 줄어듬)이 생긴다.

27. 타이어 트래드 패턴 중 러그 패턴에 대한 설명으로 틀린 것은?
① 제동성과 구동성이 좋다.
② 타이어 숄더부의 방열이 잘된다.
③ 회전저항이 적어 고속 주행에 적합하다.
④ 전·후진 방향에 대한 견인력이 우수하다.

해설 러그 패턴은 타이어 숄더 부의 방열이 잘 되기 때문에 트럭, 버스 등에 사용한다.

28. 위시본식 평행 사변형 현가장치에서 장애물에 의해 바퀴가 들어 올려 지면 바퀴 정렬의 변화는?
① 캠버는 변화가 없다.
② 더욱 부의 캠버가 된다.
③ 더욱 정의 캠버가 된다.
④ 더욱 정의 캐스터가 된다.

해설 평행사변형의 현가장치는 장애물에 의해 위/아래 컨트롤 암의 길이가 같아서 캠버가 변화하지 않고, 윤거가 변한다. SLA형의 경우 위/아래 컨트롤 암의 길이가 달라서 윤거는 변하지 않으나, 캠버는 변하게 된다.

29. 브레이크 페달의 행정이 크게 되는 원인으로 가장 거리가 먼 것은?
① 브레이크 액 베이퍼록 발생
② 디스크 브레이크 패드 마모
③ 브레이크 라인 공기 혼입
④ 브레이크 드럼, 라이닝 마멸

30. 친환경자동차의 회생제동 시스템에 대한 설명으로 틀린 것은?
① 회생제동 시스템 고장 시 제동력에는 문제가 없다.
② 감속 제동 시 소멸되는 운동에너지를 전기에너지로 변환시킨다.
③ 회생 제동량은 차량의 속도, 배터리의 충전량 등에 의해서 결정된다.
④ 가속 및 감속이 반복되는 시가지 주행 시 연비 저하를 가져온다.

해설 회생제동모드란 주행 중 감속할 때 바퀴에 의하여 전동기가발전기의 역할을 하여 운동에너지를 전기에너지로 전환하여 축전지를 충전시키는 것을 말한다.

31. 가변 직경 풀리 방식의 무단변속기에 대한 설명으로 옳은 것은?
① 롤러, 전·후진 전환기구, 벨트 풀리부 및 변속기구 등으로 구성된다.
② 각각의 풀리는 안쪽지름이 크고, 바깥쪽 지름이 작다.
③ 가속 또는 고부하 시 입력축 풀리의 홈 폭을 넓게 하여 유효반지름을 작게 한다.
④ 후륜 구동용 변속기에 주로 사용된다.

ANSWER 25.① 26.③ 27.③ 28.① 29.② 30.④ 31.②

32. 공기식 브레이크 장치 구성 부품 중 운전자가 브레이크 페달을 밟는 정도에 따라 공급되는 공기량이 조절되는 것은?
① 브레이크 밸브
② 브레이크 드럼
③ 로드 센싱 밸브
④ 퀵 릴리스 밸브

해설 공기식 제동장치의 브레이크 밸브는 브레이크 페달을 밟을 때 공기탱크의 압축공기를 브레이크 체임버(앞 브레이크 체임버와 릴레이 밸브)에 공급하는 역할을 한다.

33. 자동차 뒤 액슬축의 회전수가 1200rpm일 때 바퀴의 반경이 350mm이면 차의 속도는?
① 약 128 km/h
② 약 138km/h
③ 약 148 km/h
④ 약 158km/h

34. 유압식 전자제어 조향장치에 대한 설명으로 틀린 것은?
① 차속에 따라 유량을 제어한다.
② 스로틀 위치 센서는 차속센서의 고장판단을 위해 필요하다.
③ 조향 어시스트력은 저속에서는 강하게, 고속에서는 약하게 작용한다.
④ 유량은 솔레노이드 밸브의 ON 또는 OFF 제어로 한다.

해설 전자제어 파워스티어링 제어방식
① **유량제어방식(속도감응 제어방식)** : 차속센서 및 조향핸들 각속도 센서의 입력에 대응하여 컴퓨터가 유량조절 솔레노이드 밸브의 전류를 제어하여 조향 기어 박스에 유압(유량)을 조절함에 따라 주행속도에 따른 최적의 조향조작력을 실현한다.
② **실린더 바이패스 제어방식** : 조향기어박스에 실린더 양쪽을 연결하는 바이패스 밸브와 통로를 두고 주행속도의 상승에 따라 바이패스 밸브의 면적을 확대하여 실린더 작용압력을 감소시켜 조향조작력을 제어한다.
③ **유압반력 제어방식(밸브특성 제어방식)** : 동력조향장치의 밸브부분에 유압반력 제어장치를 두고 유압반력 제어밸브에 의해 주행속도의 상승에 따라 유압 반력실에 도입하는 반력압력을 증가시켜 반력기구의 강성을 가변제어 하여 직접 조향조작력을 제어한다.

35. TCS (Traction Control System)에서 슬립율 (Slip Rate)이란?
① 슬립율(S) = $\dfrac{차체속도}{차륜속도} \times 100$
② 슬립율(S) = $\dfrac{차체속도}{차륜속도 + 차체속도} \times 100$
③ 슬립율(S) = $\dfrac{차체속도}{차륜속도 - 차체속도} \times 100$
④ 슬립율 = 차륜속도 − 차체속도 × 100

36. 공기식 전자제어 현가장치의 구성에서 입력 요소가 아닌 것은?
① 차고센서
② G 센서
③ 도어 스위치
④ 에어 컴프레서 릴레이

해설 차속센서, 차고센서, 조향핸들 각속도 센서, 스로틀 위치 센서, G센서, 도어스위치, 공기탱크

37. 유체 클러치의 3요소가 아닌 것은?
① 펌프 임펠러
② 가이드 링
③ 터빈 러너
④ 스테이터
   유체 클러치

해설 엔진 크랭크축에 펌프(또는 임펠러)를, 변속기 입력축에 터빈(또는 러너)을 설치하고, 오일의 맴돌이 흐름(와류)을 방지하기 위하여 가이드 링(guide ring)을 두고 있다.

38. 엔진의 회전수가 3500rpm일 때 3단의 변속비가 2.0이라면 자동차의 변속기 출력축회전수는?
① 580rpm
② 1166rpm
③ 1750rpm
④ 2333rpm

ANSWER 32.① 33.④ 34.④ 35.③ 36.④ 37.④ 38.③

39. 자동차 검사에서 제동력 시험 방법의 내용으로 틀린 것은?
① 자동차는 공차 상태로 1인이 승차하여 측정한다.
② 자동차의 바퀴에 이물질이 묻었는지 오염 여부를 점검한다.
③ 자동차의 브레이크 마스터 백 보호를 위하여 시동을 끄고 측정한다.
④ 자동차는 검차기와 수직방향의 직진상태로 진입하여야 한다.

해설 주 제동능력 측정조건
① 자동차는 공차상태의 자동차에 운전자 1인이 승차한 상태로 한다.
② 자동차는 바퀴의 흙, 먼지, 물 등의 이물질을 제거한 상태로 한다.
③ 자동차는 적절히 예비운전이 되어 있는 상태로 한다.
④ 타이어의 공기압력은 표준 공기압력으로 한다.

40. 자동차의 안전기준에서 속도계 및 주행 거리계에 속하지 않는 것은?
① 속도계 ② 기관 회전계
③ 구간 거리계 ④ 적산 거리계

41. 휠 얼라이먼트의 역할이 아닌 것은?
① 조향방향의 안전성을 준다.
② 조향핸들의 복원성을 준다.
③ 조향바퀴의 직진성을 준다.
④ 조향바퀴의 마모를 최대한 한다.

해설 휠 얼라이먼트의 역할
① 조향핸들에 복원성을 준다.
② 타이어의 마멸을 최소화한다.
③ 조향핸들의 조작을 확실하게 하고 안정성을 준다.
④ 조향핸들의 조작력을 작게 하여 준다.

42. 전자제어 자동변속기에서 변속레버의 위치를 판정하기 위한 입력신호는?
① 공회전 스위치
② 인히비터 스위치
③ 스로틀 포지션센서
④ 오버드라이브 스위치

해설 인히비터 스위치(Inhibitor S/W) : 인히비터 스위치는 변속레버를 P(주차) 또는 N(중립) 레인지 위치에서만 엔진 시동이 가능하도록 하고, 그 외의 위치에서는 시동이 불가능하게 하며 R(후진)레인지에서는 후퇴등(back up lamp)이 점등되게 한다.

43. 하이브리드(Hybrid) 자동차의 모터가 40 kW일 때 이것은 마력(PS)으로 약 얼마인가?
① 32 ② 36
③ 41 ④ 54

44. 방향지시등 회로에서 점멸이 느린 경우의 고장원인이 아닌 것은?
① 전구의 접지가 불량하다.
② 축전지 용량이 저하되었다.
③ 플래셔 유닛에 결함이 있다.
④ 전구의 용량이 규정보다 크다.

해설 방향지시등 회로에서 점멸이 느린 고장원인
1. 전구의 용량이 규정보다 크다.
2. 배터리 전압이 낮다
3. 릴레이의 불량
4. 회로배선 단락

45. 엔진 회전계의 종류가 아닌 것은?
① 자석식
② 발전기식
③ 펄스(pulse)식
④ 부르돈 튜브(bourdon tube)식

46. 자동온도 조절장치(FATC)의 센서 중에서 포토다이오드를 이용하여 전류로 컨트롤 하는 센서는?
① 수온 센서
② 일사 센서
③ 핀써모 센서
④ 내·외기온도 센서

ANSWER 39.③ 40.② 41.④ 42.② 43.④ 44.④ 45.④ 46.②

47. 하이브리드 자동차의 저전압 직류 변환장치(LDC)에 대한 설명으로 맞는 것은?

① 하이브리드 구동 모터를 제어한다.
② 일반 자동차의 발전기와 같은 역할을 한다.
③ 시동 OFF시 고전압 배터리의 출력을 보조한다.
④ 시동 모터 제어를 위해 안정적인 전원을 공급한다.

해설 연료전지 차량에는 엔진과 같은 상시 회전구동부가 없기 때문에 엔진자동차에 서와 같은 12V 배터리 충전용 발전기를 설치할 수 없다. 그 대신 연료전지의 고전압 출력을 이용하여 12V 출력을 내는 저전압 전력변환기(Low Voltage DC/DC Converter ; LDC)를 사용한다.

48. 스마트키 시스템의 구성부품으로 틀린 것은?

① 시트 위치 기억 장치
② PIC(personal IC card) ECU
③ PIC(personal IC card) 안테나
④ 메카트로닉스 스티어링 록(MSL ; mechatronics steering lock) 장치

해설 스마트키 시스템 구성품
1. 내부 및 외부 안테나
2. PIC ECU
3. MSL(Mechatroic Steering Lock) 스티어링 휠 블로킹

49. 55W 전구 2개가 병렬로 연결된 전조등 회로에 흐르는 총 전류는? (단, 12 V 60Ah인 축전기가 설치되어 있다.)

① 약 3.75A ② 약 4.55A
③ 약 7.56A ④ 약 9.16A

해설 전력은 전류와 전압의 곱이다. 하나의 전구에 흐르는 전류는

전류 = $\frac{전력}{전압}$ 전류 = $\frac{55}{12} = 9.16A$

50. 교류발전기에 대한 설명으로 틀린 것은?

① 컷아웃 릴레이를 필요로 하지 않는다.
② 브러시는 출력전류를 직류로 정류하는데 사용된다.
③ 스테이터 코일은 발전기의 출력 전류를 발생시킨다.
④ 로터는 스테이터 내에서 회전하며 기전력을 유기시킨다.

해설 교류발전기는 로터로 전기를 보내 자계를 형성하는데, 이 로터를 회전시키므로 자계가 스테이터에 의해 잘려지므로 전기가 생성된다.

51. 자동차의 CAN통신 중에서 저속CAN(B-CAN)의 설명으로 틀린 것은?

① 차체의 전장 부품에 주로 허용한다.
② 통신 라인에 약 60Ω의 저항 2개가 설치된다.
③ 최대(CAN-H)와 최저(CAN-L)의 꼬인 2선으로 구성된다.
④ 최대(CAN-H)와 최저(CAN-L)의 전압 차이가 5V일 때 '1'로 인식한다.

52. 기동 전동기의 전기자 철심에 발생하는 맴돌이 전류에 관한 설명으로 틀린 것은?

① 맴돌이 전류 손실을 줄이기 위하여 전기자 철심을 성층철심으로 만든다.
② 맴돌이 전류가 발생하면 열이 발생하여 기동 전동기의 효율이 떨어진다.
③ 맴돌이 전류에 따른 손실을 방지하기 위하여 철심을 얇은 규소강판으로 만든다.
④ 전기자가 회전하면 전기자 철심에는 플레밍의 왼손 법칙에 의해 기전력이 유기되고 맴돌이 전류가 발생한다.

해설 맴돌이 전류는 도체의 저항에 의하여 전력 손실이 발생되고 열이 발생되어 도체의 온도를 상승시킨다. 이와 같은 전력 손실을 맴돌이 전류 손실이라 한다. 기동전동기의 전기자 철심이나 발전기의 스테이터 철심, 점화코일의 내부 중심철심 및 옆 철심은 맴돌이 전력 손실을 방지하기 위해 절연된 규소 강판을 겹쳐 성층 철심으로 사용하고 있다.

53. 승용차에서 엔진소음을 객실로 전달되는 것을 막아주는 패널은?

① 플로어 패널   ② 대쉬 패널
③ 프런트 서포터 ④ 사이드 패널

ANSWER 47.② 48.① 49.④ 50.② 51.② 52.④ 53.②

54. 자동차 보수도장작업 후 하도와 상도 도막 사이에 이물질이나 수분이 남아서 생긴 틈으로 인해 도막이 부풀어 오르는 결함은?
① 핀홀　② 블리스터
③ 흐름　④ 오렌지 필

해설 블리스터(blister)란 하절기에 오랫동안 비를 맞았을 때 도면에 부풀음에 의한 물집이 생기는 상태를 말한다. 필링(peeling)이란 상도막 또는 하도 칠이 벗겨지는 상태이거나 칠이 철판 또는 밑바탕에서 벗겨지는 상태를 말한다.

55. 특수 안료에 속하지 않는 것은?
① 아산화 동　② 산화 안티몬
③ 크레이　④ 산화 수은

해설 크레이(clay : 점토)는 무기안료 중에서 체질안료이다. 체질안료란 투명성 백색안료에 전색제를 섞어 투명하면서 은폐력이 적은 안료를 말하며, 다른 안료의 증량제로 쓰이며, 하도도료에 특히 많이 사용된다. 특수안료에는 발광안료, 시온안료, 내열안료가 있다

56. 자동차 차체수리에서 효과적인 차체 프레임 수정 작업을 위한 3가지 기본 요소로 옳은 것은?
① 인장, 전단, 타출
② 압축, 전단, 인장
③ 고정, 계측, 인장
④ 교환, 인출, 압축

57. 스포트 용접의 전극 재질은 무엇을 많이 사용하는가?
① 텅스텐
② 마그네슘
③ 구리합금, 순구리
④ 알루미늄

해설 전극은 구리 혹은 구리합금(구리카드뮴합금, 구리텅스텐합금 등)제로, 그 재질은 전기와 열전도가 좋고 연속 사용하더라도 내구성이 있으며 고온에서도 기계적인 성질이 유지되는 것이어야 한다.

58. 도료 중 요철부위의 메꿈역할과 맨 철판에 대한 부착기능 및 연마에 의한 표면조정을 위해 도장하는 도료는?
① 퍼티　② 프라이머
③ 서페이서　④ 우레탄

해설 도장도료
① 퍼티 : 판금 작업 후 요철(흠집)을 메꾸는 데 사용하는 반죽 상태의 도로로서 메탈퍼티, 폴리에스테르 퍼티, 래커 퍼티의 3가지 종류가 있으며, 일반적으로 주걱으로 흠집을 두껍게 도포하고 건조시킨 다음 연마하여 표면을 조정한다.
② 프라이머 : 녹 발생을 억제하는 방청력과 후속 도장과 밀착력을 갖는 하지도료이며, 연마가 필요 없다.
③ 서페이서 : 프라이머와 상도 사이에 도장되는 도료이며, 도막의 두께에 대한 안정성을 갖게 하고 충진성을 갖는 중도 도료이다. 또한 상도에 평활성 제공과 상도 용제의 차단 및 중간 부착성을 제공한다.
④ 우레탄 : 2액형 상도도료이다. 아름다운 외관을 나타내지만 건조가 늦어 래커보다 작업성이 좋지 못하다.

59. 자동차 보수도장 후 색상이 틀린 요인이 아닌 것은?
① 도료의 점도, 도막 두께의 차이
② 전기, 유류 등 사용 부스의 차이
③ 스프레이건의 토출량, 패턴의 차이
④ 래커, 우레탄 등 사용 도료의 차이

60. 모노코크 보디 차량의 데이텀 라인을 중심으로 상방향으로 변형된 자동차의 파손형태는?

① 새그(sag)
② 사이드 스웨이(side sway)
③ 쇼트 레일(short rail)
④ 트위스트(twist)

해설 쇼트레일이란 프레임 구조 또는 하체의 한부분이 충돌에 의해서 짧아진 상태를 말하고, 트위스트는 차체의 하체면이 데이텀 라인에 평행하지 않는 비틀림 상태를 말한다. 사이드 스웨이는 센터라인을 중심선으로 좌우로 변형된 것을 말한다.

ANSWER　54.②　55.③　56.③　57.③　58.①　59.②　60.①

자동차정비기능장

2022년 2회 복원기출문제

01. 어떤 동력계에 디젤기관을 직결하여 제동을 걸었다. 이때 비틀림 모멘트가 100kgf-m이며 회전수가 500rpm이었다. 이때 디젤기관의 발생동력(ps)은?
① 57.7 ② 64.7
③ 69.8 ④ 75.4

해설 동력은 회전력(토크)과 각속도의 곱이다.
$$N_b = T \times \omega = T \times \frac{2N\pi}{75 \times 60}$$
$$= 100 \times \frac{2 \times 500 \times \pi}{75 \times 60} = 69.8 Ps$$

02. 지압 선도(P-V선도)에 나타난 사이클 내부의 면적은 무엇인가?
① 열량 ② 압력
③ 일   ④ 체적

해설 P-V선도의 면적(넓이)은 P×V를 뜻하므로, $P \times V$를 단위로 표현하면
$P(kgf/m^2) \times V(m^3) = (kgf-m)$이다.
즉 이 결과의 단위를 보면 일이 나왔음을 알 수 있다.

03. 공기 1kg의 압력 1bar하에서 체적이 0.85m³이면 공기의 온도는 몇 ℃인가?
① 25 ② 17
③ 31 ④ 23

해설 이상기체의 상태방정식은 $PV = mRT$ 이고,
$1bar = 10^5 P_a = 10^5 N/m^2$ 이고,
공기의 기체상수
$R = 29.27(kgf-m/kg°K) = 287(J/kg°K)$이므로
$10^5 N/m^2 \times 0.85m^3$
$= 1kg \times 287(N-m)/(kg°K) \times \Delta T$
$\Delta T = \frac{10^5 \times 0.85}{1 \times 287} = 296°K$
1℃ = 273°K 이므로 296°K = 23℃

04. 실린더 간극 체적이 행정체적의 20%인 오토 사이클 기관의 열효율은?(단, 비열비 k=1.4이다.)
① 42% ② 45%
③ 51% ④ 59%

해설 간극체적(연소실체적)이 20%이므로 실린더의 체적은 행정체적+연소실체적이므로 120% 이다. 그러므로
압축비$(\epsilon) = \frac{실린더체적}{연소실체적} = \frac{행정체적 + 연소실체적}{연소실체적}$
$= \frac{120}{20} = 6$
$n_{tho} = 1 - \frac{1}{\epsilon^{k-1}} = 1 - \frac{1}{6^{k-1}} = 0.5115$
∴ 51.16%

05. 1기통의 배기량이 416cc, 연소실 체적은 52cc인 기관의 압축비는?
① 7   ② 8
③ 9   ④ 10

해설 여기서 행정체적은 배기량이라 할 수 있다.
압축비$(\epsilon) = \frac{실린더체적}{연소실체적} = \frac{행정체적 + 연소실체적}{연소실체적}$
$= \frac{416 + 52}{52} = 9$

06. 연료소비율이 250g / PS-h이고, 저위 발열량이 10,500kcal / kg일 때 이 엔진의 열효율은?
① 20% ② 22%
③ 24% ④ 26%

해설 제동열효율 =
$\frac{632.3(kcal/h)}{저위발열량(kcal/kg) \times 제동연료소비율(kg/Ps-h)}$
제동열효율 = $\frac{632.3(kcal/h)}{10500(kcal/kg) \times 0.25(kg/Ps-h)} = 0.2408$
그러므로 24.08%이다.

ANSWER 01.③ 02.③ 03.④ 04.③ 05.③ 06.③

07. 내연기관의 출력을 증가시키기 위한 방법으로 옳지 않은 것은?
① 회전수를 높인다.
② 플라이휠을 크게 한다.
③ 평균유효압력을 높인다.
④ 실린더 안지름을 크게 한다.

해설 내연기관의 출력은 $N_b = \frac{W_b}{75} = \frac{P_{mb} V s R Z}{75 \times 60 \times 100}$ 에서 볼 수 있듯이 평균유효압력, 행정체적, 회전수, 기통수에 비례함을 볼 수 있다. 또한 행정체적은 실린더직경과 행정의 함수임으로 이에 따라 비례한다.

08. 다음 각 기관의 노크 현상을 설명한 것 중 틀린 것은?
① 디젤노크는 혼합기가 일시에 폭발적으로 연소하여 압력이 급상승하는 현상이다.
② 가솔린 노크는 말단가스가 국부적으로 급격히 연소하여 발생하는 현상이다.
③ 디젤노크 및 가솔린 노크는 모두 착화지연이 짧기 때문에 발생하는 현상이다.
④ 디젤노크는 국부적인 압력상승보다는 광범위한 폭발현상이다.

해설 가솔린 기관의 노킹은 화염전파 후기에 모여진 미연가스의 자연착화로 발생하며, 연소가 폭발적으로 진행하는 현상을 말하지만, 디젤 노킹은 연소과정의 초기에 착화지연기간 길어진 연료가 다음 과정에서 일시적으로 폭발연소를 이룩하여 압력이 급격히 상승하는 현상을 말한다. 두 기간 모두 자연발화에 의해 노킹이 일어나지만, 가솔린 기관은 압축시 자연발화가 전혀 없어야 하며 디젤기관은 압축시 자연발화가 있으면 있을수록 좋다. 다음은 노킹을 경감시키는 방법을 비교하였는데 공통적인 사항은 와류가 있어야 한다는 점이다.

09. 자동차용 기관오일의 기본적인 역할을 설명한 것 중 틀린 것은?
① 마찰을 감소시켜 동력손실을 줄인다.
② 연소가스의 blow-down 현상을 방지한다.
③ 마찰 운동부의 냉각작용을 한다.
④ 접촉부의 녹이나 부식을 방지한다.

해설 위 문제의 해설을 참조하고, 블루다운 현상은 폭발압력을 이용한 배기가스의 배출을 말한다.

10. 윤활유의 특징을 열거한 것 중 옳은 것은?
① 윤활유는 온도가 오르면 점도가 높아진다.
② 윤활유 점도가 크면 동력 손실이 증대된다.
③ 윤활유의 점도가 높을수록 유막은 약하다.
④ 그리스 윤활은 오일 윤활에 비하여 마찰 저항이 적다.

해설 윤활유의 온도가 낮을수록 점도가 높아지고, 점도가 높아지면 유막이 강하게 되어 동력손실을 초래한다.

11. 가솔린기관의 희박연소 시스템 중 흡기에 강한 와류를 형성시켜 압축말에 연소실내에 난류현상이 계속되도록 하여 점화와 연소의 도모를 촉진하는 시스템은?
① 스월(SCV) 시스템
② 연료분사시기 선택방식
③ 가변밸브타이밍 및 리프트방식(VTEC_E)
④ 2연 텀블 층상 흡기방식

해설 스월(swirl)이란 소용돌이(와류)로 실린더의 원주방향으로 회전하는 흐름을 말한다. SCV는 Swirl Control Valve로 스월을 조절하는 밸브이다.

12. 커먼레일 기관에 장착된 가변용량 터보차저(VGT : variable geometry turbocharge) 장치의 터보제어 솔레노이드 점검 요령과 거리가 먼 것은?
① 터보제어 솔레노이드 듀티 변화를 관찰한다.
② 엔진 회전수와 부스터 압력센서의 변화를 관찰한다.
③ 연료분사량과 부스터 압력센서 변화를 관찰한다.
④ 가속시 부스터 압력센서 출력변화는 없어야한다.

해설 VGT는 부하가 가해질 경우(짐을 실었을 경우) 즉, 차량의 속도가 느려졌지만 액셀러레이터를 열었을 경우에 작동하여 저속 토크를 증가시키는 장치이다. 그러므로 부스터 압력센서는 압력에 따라(속도에 따라) 출력은 변화되어야 한다.

ANSWER 07.② 08.③ 09.② 10.② 11.① 12.④

13. 연료의 휘발성을 표시하는 방법으로 틀린 것은?

① ASTM 증류법 ② 리드 증기압
③ 기체/액체 비율 ④ 퍼포먼스 수

해설 연료의 휘발성을 표시하는 3가지 방법
① **ASTM증류방법**: 증류 플라스크(flask), 응축장치, 계량 비이커 등을 사용하여 증류온도와 증류량의 관계를 알아내는 방법.
② **리드 증기압**(Reid vapor pressure : RVP): 밀폐된 용기 안에 들어있는 액체의 증기가 된 부분에 의해서 밀폐된 용기의 벽면단위면적에 작용하는 힘으로 표시.
③ **기체/액비율**(vapor/liquid ratio ; V/L): 연료의 기포발생 경향을 나타내는 척도

14. 비중이 0.73인 가솔린 100cc를 완전연소 시키는데 몇 cm³의 공기가 필요한가?(단, 혼합비 14.8 : 1 공기 비중량은 1.206kg/cm³)

① 895.5 ② 8.96
③ 1.12 ④ 0.89

해설 비중량이 0.73kgf/l 이고, $100cc = 0.1l$ 이므로,
가솔린은 0.73×0.1=0.073kgf이 소비된다.
혼합비가 14.8 : 1이므로
공기량은 0.073×14.8=1.0804kgf을 소비한다.
그러므로 공기량(체적) = $\frac{공기무게}{공기비중량}$ 이므로
공기량(체적) = $\frac{1.0804}{1.206}$ = $0.8958(cm^3 = cc)$

15. LPG의 설명 중 틀린 것은?

① 발열량은 약 12000kcal/kg이다.
② 기화된 상태에서는 공기보다 비중이 작다.
③ 옥탄가가 높아 노킹을 잘 일으키지 않는다.
④ 노말부탄과 프로판을 주성분으로 한 탄화수소의 혼합물이다.

해설 LPG 중에서 자동차 연료로는 여름철은 부탄 100%의 것, 겨울철은 부탄에 프로판을 30~40% 혼합한 것이 많이 쓰인다. 다음은 LPG의 주성분인 프로판과 부탄의 혼합물을 가솔린과 비교한 특징을 기술한 것이다.
1) 장점
① 기관의 내부의 오염이 적다. 특히 연소실의 오염이 적다.
② 기관윤활유가 가솔린에 의한 희석이 없다. 그러므로 실린더의 마모도 적고 윤활유를 오래 동안 사용이 가능하다.
③ 옥탄가가 가솔린 보다 높으므로 압축비를 높게 할 수 있다.
④ 배기가스의 유독 성분이 적다. 가솔린에 비하여 CO나 HC가 훨씬 적다. 특히, 무부하와 경부하의 경우에는 현저한 차이가 난다.
⑤ 가솔린에 비해 가격이 싸다
2) 단점
① 혼합기의 단위질량당 발열량이 가솔린 보다 낮기 때문에 가솔린에 비하여 출력이 떨어진다. 그러나 압축비를 높여서 보완을 어느 정도 할 수 있다.
② 연료의 보급 장소가 제한되어 있으므로 차의 운행범위가 제한된다.
③ 배기가스의 냄새가 특이하다.
④ 연료저장용의 고압탱크를 필요로 한다. 즉 봄베라고 하는데 이것이 차의 중량을 무겁게 한다.
⑤ 가스가 누출되어 폭발할 위험성이 있다.

16. 다음은 LPG 자동차의 엔진이 시동되지 <u>않는</u> 원인이다. 해당되지 않는 것은?

① LPG 배출밸브가 닫혀 있다.
② 솔레노이드 밸브(Solenoid Valve)의 작동이 불량하다.
③ 연료 필터가 막혀있다.
④ 봄베(Bombe)의 액면표시장치가 불량하다.

해설 봄베의 액면 표시장치가 불량하여 연료의 량이 잘 표시되지 않더라도 잔량의 연료가 남아있으면 시동은 된다.

17. 디젤기관 직접 분사실식의 장점이 <u>아닌</u> 것은?

① 구조가 간단하다.
② 연소실 체적에 대한 표면적의 비가 작기 때문에 냉각 손실이 적다.
③ 사용연료의 착화성에 민감하다.
④ 기동이 비교적 쉽고 예열플러그가 필요 없다.

해설 ③는 단점을 말한 것이다.

ANSWER 13.④ 14.④ 15.② 16.④ 17.③

18. 예열플러그 저항기를 반드시 부착하여야 하는 예열플러그의 형식은?
① 코일형 예열 플러그
② 실드형 예열 플러그
③ 냉형 스파크 플러그
④ 열형 스파크 플러그

해설 예열플러그 저항기는 코일형 예열플러그를 사용하는 경우 예열플러그의 전류를 정격값으로 규제하기 위해 예열회로 내에 삽입하는 저항기다. 즉 코일형 예열플러그에 필요한 전압은 0.9~1.4V인데 배터리의 12V를 직접 가할 수 없으므로 이를 가능하게 한 것이다.

19. 조속기를 설치한 기관에서 회전수 2,000 rpm으로 유지하려한다. 무부하시 2,100rpm이고, 전 부하시 1,900rpm이면, 조속기의 속도 처짐(속도 변화율)은 몇 %인가?
① 10.5　② 11.5
③ 12.5　④ 13.5

해설 조속기의 속도처짐율(%)
$= \dfrac{\text{무부하속도} - \text{전부하시속도}}{\text{전부하시속도}} \times 100$ 이므로
$= \dfrac{2100 - 1900}{1900} \times 100 = 10.52\%$

20. 디젤기관의 분사량 부족 원인이 아닌 것은?
① 기관의 회전속도가 낮다.
② 분사펌프의 플런저가 마모되었다.
③ 딜리버리 밸브 시트가 손상되었다.
④ 딜리버리 밸브가 헐겁게 설치되었다.

해설 기관의 회전속도가 낮으면 당연히 분사량이 작다. 즉, 디젤기관은 분사량의 증감에 따라 속도가 달라지기 때문이다.

21. 커먼레일 디젤기관에서 디젤링 현상을 억제하기 위해 설치된 장치는?
① EGR 밸브
② 공기질량센서
③ 부스트압력센서
④ 스로틀 액추에이터

해설 디젤링은 점화스위치를 off한 후에도 과열된 점화플러그나 연소실 내에 부착된 카본과 같은 발화원에 의해 자연적으로 발화되는 현상이며, 디젤 엔진처럼 점화없이 스스로 회전한다는 뜻이다. 즉 디젤기관의 시동을 off하는 방법은 연료공급을 중지하든지 흡입공기를 막으면 된다.

22. 자동차의 배출가스 중에서 공해 방지를 위한 감소대상 물질이 아닌 것은?
① N_2　② HC
③ CO　④ NOx

해설 N_2는 질소이다. 공기중에는 질소가 4/5정도로 존재하며 인체에는 아무런 영향을 주지 않는다.

23. 자동차 배출가스는 그 배출원에 따라 3가지로 구분하는데 여기에 해당되지 않는 것은?
① 불활성 가스　② 배기가스
③ 블로바이가스　④ 연료증발가스

해설 불활성가스는 말 그대로 활성화되지 않는 가스로 네온, 아르곤 등이 있는데 스스로 안정된 상태를 유지하는 가스다.

24. 배기가스의 유해가스 저감장치 중 EGR방식이란?
① 배기가스 정화방식
② 배기가스 재순환방식
③ 촉매 재연소방식
④ 배기가스 조절방식

25. 흡입공기량 직접 검출방식이 아닌 장치는?
① L-제트로닉
② LU-제트로닉
③ D-제트로닉
④ LH-제트로닉

해설 기계식 연료분사장치를 K-제트로닉이라 하고, 전자식 연료분사장치에는 L-Jetronic과 D-Jetronic이 있다. L-Jetronic는 흡입 공기량을 직접 검출하는 형식으로 메이저플래닝식, 칼만와류식, 핫필름식이나 핫와이어식 등이 있고, D-Jetronic은 흡입부압을 검출함으로서 간접적으로 흡입공기량을 측정하는 것으로 MAP센서 타입이 있다.

ANSWER 18.① 19.① 20.① 21.④ 22.① 23.① 24.② 25.③

26. 전자제어 연료분사 장치의 장점이 아닌 것은?
① 시동 분사량을 제어하여 시동할 때 매연 발생이 없다.
② 에어컨 및 조향장치 등의 동력손실에 관계없이 안정된 공전속도를 유지한다.
③ ECU에 의해 분사량이 보정되어 동력전달 시 헌팅 현상을 일으킬 수 있다.
④ 가속 위치와 회전력의 특성이 ECU에 입력되어 주행상태에 따라 제어된다.
해설 ECU에 의한 분사량 보정으로 동력전달시에도 원활한 회전력과 주행을 행할 수 있다.

27. GDI 방식의 장점이 아닌 것은?
① 내부 냉각효과를 이용할 수 있다.
② 부분 부하영역에서는 혼합기의 질을 제어할 수 있어 평균유효압력을 높일 수 있다.
③ 간접분사방식에 비해 기관이 냉각된 상태에서 또는 가속할 때 혼합기를 더 농후하게 해야 된다.
④ 층상급기를 통해 EGR 비율을 높일 수 있다.
해설 GDI란 Gasoline Direct Injection의 약자로 실린더에 직접 인젝터를 설치하여 분사하는 장치이다. 그러므로 연료를 아낄 수 있다.

28. 자동차 연속좌석의 너비가 7165mm가 측정되었다. 연속좌석의 승차인원은 몇 명으로 산정할 수 있나?
① 16   ② 17
③ 18   ④ 20
해설 연속좌석의 승차인원은 1인 40cm이므로, 716.5cm/50cm =17.91명으로 사람을 0.91로는 만들지 못하므로, 소수점이하는 절삭한다. 즉, 17명이다.

29. 흡입 공기통로에 발열 저항체를 설치하여 공기량에 따라 발열 저항체의 온도를 일정하게 유지하도록 공급 전류를 변화시켜 그 전류값으로 공기량을 계측하는 방식은?
① 칼만 맴돌이식 에어플로미터
② 베인 플레이트 에어플로미터
③ 핫 와이어 에어플로미터
④ 흡입 부압 에어플로미터
해설 열선식은 발열체로 백금선 와이어를 사용하여 이 와이어를 전기적으로 가열한다. 즉, 흡입유량이 많으면 열선을 가열하는 전류를 크게 필요로 한다. 핫필름식의 원리도 열선식과 같으며 공기유량의 증가에 따른 세라믹 기판의 층저항 변화를 가져온다.

30. 전자제어 가솔린 분사장치에서 연료펌프에 대한 내용으로 틀린 것은?
① 시동 시에는 축전지 전원으로 구동되고, 시동 후에는 컨트롤유닛(ECU)에 의해 제어된다.
② 일반적으로 베이퍼록 방지 및 정비성 향상을 위해 연료탱크 내부에 설치한다.
③ 비교적 큰 전류가 흐르므로 컨트롤 릴레이 등에서 전원을 제어한다.
④ 엔진 회전신호가 검출되어야 정상적으로 작동한다.
해설 베이퍼록 방지를 하는 것은 첵밸브이고, 연료에 의해 냉각이 되므로 정비성은 향상이 된다고 생각할 수 있다.

31. 인탱크형(intank type) 연료펌프에서 연료의 압력이 규정 이상 되면 밸브가 열려 회로내의 압력상승을 제한하는 가장 대표적인 압력제어 밸브는?
① 니들 밸브   ② 첵 밸브
③ 셔틀 밸브   ④ 릴리프 밸브
해설 릴리프 밸브는 연료라인이나 펌프의 토출 부분에 막힘이 있어 압력이 비정상적으로 높아지면 펌프의 고장이나 연료라인의 파손 등이 발생하므로 이것을 방지하기 위해서 설치되었다.

32. MPI 방식의 연료 분사장치에서 인젝터가 설치되는 곳은?
① 각 실린더 흡입밸브 앞
② 서지탱크
③ 스로틀 보디
④ 연소실 중앙
해설 인젝터는 각 실린더의 흡기밸브 앞인 흡기다기관에 장착되어 있다.

ANSWER 26.③ 27.③ 28.② 29.③ 30.② 31.④ 32.①

33. MPI(Multipoint Injection)계통의 차량에서 ECU(컴퓨터)로의 입력센서가 아닌 것은?
① 공기흐름센서
② 산소센서
③ 스로틀포지션센서
④ 퍼지 컨트롤 센서

해설 퍼지컨트롤센서라는 말은 없다. 퍼지컨트롤솔레노이드 밸브란 크랭크케이스 내부의 가스(블로바이가스)를 순화시키는 밸브이다.

34. 주파수가 20Hz이고 가동시간이 15ms 일 때, Duty(%)는?
① 15%   ② 30%
③ 50%   ④ 35%

해설 20Hz라는 말은 초당 20개의 주기가 있는 것이므로, 한 주기는 $T = \dfrac{1}{20}$(초)이다.

듀티율 $= \dfrac{on 되는 구간}{한주기} = \dfrac{15 \times 10^{-3}}{\dfrac{1}{20}}$

$= \dfrac{15 \times 20}{10^3} = 0.3$

즉 30%가 된다.

35. 산소센서를 설치하는 목적은?
① 연료펌프의 작동을 위해서
② 정확한 공연비 제어를 위해서
③ 불완전 연소를 해소하기 위해서
④ 인젝터의 작동을 정확히 하기 위해서

해설 산소센서를 설치하는 목적은 이론공연비를 제어하기 위해서다. 이론 공연비로 제어하면 삼원촉매가 최고의 정화율로 배기가스를 정화시킨다.

36. 공차시 차량중량이 1400kgf(후축중 600 kgf)인 자동차에서 축거가 2.4m로 측정되었다. 공차상태에서 이 자동차 조향륜에 걸리는 하중 비율은?
① 35.7%   ② 42.8%
③ 50.0%   ④ 57.1%

해설 공차시 조향륜 하중분포(%)
$= \dfrac{공차시\ 조향축\ 윤중의\ 합}{차량중량} \times 100$

$= \dfrac{1400 - 600}{1400} \times 100 = 57.14\%$로 계산된다.

37. 기어 변속시 기어 크래시(crash)를 방지하는 변속기 내의 특수장치 명칭은?
① 헬리컬 기어
② 카운터 기어
③ 싱크로나이저
④ 시프트 포크

해설 싱크로메시 기구는 기어가 물릴 때 기어의 속도를 일정하게 하는 역할을 한다. 작동 순서는 변속기어를 넣으면 허브 위의 슬리브가 작동하여 싱크로나이저 키를 누르면서 밀고, 이에 따라 싱크로나이저 링이 구동기어의 콘 부분에 압착되어 동기화(구동기어와 전달기어의 속도가 같음)속도로 만든다. 속도가 같아지면 슬리브가 구동기어와 일체가 된다.

38. 유체 클러치의 펌프와 터빈 사이의 관계로 틀린 것은?
① 펌프는 크랭크축에 연결되고 터빈은 변속기 입력축에 연결된다.
② 전달효율은 최대 98% 정도이다.
③ 미끄럼 값은 약 2~3% 정도이다.
④ 회전력 변화율은 3 : 1 정도이다.

해설 유체클러치는 회전력 변화가 거의 없고 유체클러치 효율이 거의 3 : 1이다. 토크 컨버터에서 회전력의 비는 최초에 2.4 : 1 정도이다. 클러치점에서는 1 : 1이 된다.

39. 자동변속기에서 댐퍼 클러치(록업클러치)의 기능이 아닌 것은?
① 저속시나 급속 출발시 작용한다.
② 펌프와 터빈을 기계적으로 직결시킨다.
③ 동력전달시 미끄럼 손실을 최소화한다.
④ 연료소비율 향상과 정숙성을 도모한다.

해설 댐퍼(로크 업) 클러치는 터빈과 프런트 커버 사이에 설치되어 있으며, 슬립을 감소시켜 연비를 향상시키는 역할을 하는 클러치로 댐퍼 클러치가 작동할 때는 유압에 의해 로크 링 폴과 댐퍼 클러치가 결합되어 프런트 커버와 터빈을 직결시킴으로서 펌프, 터빈, 댐퍼 클러치가 일체로 고정이 되어 미끄럼이 없이 엔진의 회전력을 변속기의 입력축에 직접 전달시킨다. 그리고 댐퍼 클러치가 작동되지 않는 경우는 다음과 같다.

ANSWER 33.④ 34.② 35.② 36.④ 37.③ 38.③ 39.①

40. 자동변속기의 거버너압력을 가장 잘 설명한 것은?
① 자동차의 주행속도에 비례한다.
② 자동차의 주행속도에 반비례한다.
③ 스로틀밸브 열림각도에 비례한다.
④ 스로틀밸브 열림각도에 반비례한다.

> **해설** 거버너 압력이란 차량의 속도에 맞는 압력을 말하며, 차속이 빠를수록 거버너압이 증가하여 변속단을 점점 증가시킨다.

41. 주행 중 노면의 상태에 따라 추진축의 길이를 조절해주는 것은?
① 자재이음 ② 평형추
③ 슬립이음 ④ 토션댐퍼

> **해설** 추진축의 길이는 노면의 상태에 따라 변하므로, 스플라인으로 슬립이음을 만들어 이에 대응하게 만들었다.

42. 저속 시미현상이 발생하는 원인으로 틀린 것은?
① 바퀴의 평형이 잡혀 있지 않다.
② 앞스프링이 쇠약 또는 절손되었다.
③ 앞바퀴 얼라인먼트의 조정이 불량하다.
④ 조향 링키지의 마멸 및 접속부가 헐겁다.

> **해설** 동적 평형은 저속이 아닌 중고속에서 회전하는 중심축을 옆에서 보았을 때 회전하고 있는 평형 상태를 뜻한다. 평형이 잡혀 있지 않으면 바퀴가 좌우의 진동, 즉 시미(Shimmy) 현상이 발생한다. 이 현상이 저속에서 발생한다면 앞바퀴 정렬, 조향링키지의 헐거움, 현가장치의 불량, 타이어의 변형 등을 확인해야 한다.

43. 전자제어 현가장치에서 차량 높이를 높이는 방법으로 옳은 것은?
① 배기 솔레노이드 밸브를 작동시킨다.
② 앞뒤 솔레노이드 공기 밸브의 배기구를 개방시킨다.
③ 공기 챔버의 체적과 쇽업소버의 길이를 증가시킨다.
④ 공기 챔버의 체적과 쇽업소버의 길이를 감소시킨다.

> **해설** 흡입구를 개방하여 압축공기를 공기챔버에 넣어 쇽업소버를 길게 하면 차고가 상승된다. 배기구를 개방하면 높이가 낮아진다.

44. 전자제어 현가장치에서 자세 제어기능으로 틀린 것은?
① 안티 롤 제어
② 안티 다이브 제어
③ 안티 스쿼트 제어
④ 안티 트레이스 제어

> **해설** 안티 트레이스 제어란 말은 없다. 스쿼트란 차를 출발시 차량의 앞쪽이 위로 들리는 현상(노즈업)을 말한다.

45. 어떤 자동차의 축거가 2.4m 조향각이 안쪽 35도, 바깥쪽 30도이다. 이 자동차의 최소 회전반경은 얼마인가? (단, 바퀴의 접지면 중심과 킹핀과의 거리는 20cm)
① 4.1m ② 4.3m
③ 4.8m ④ 5.0m

> **해설** 최소회전반경은 바깥쪽 각도를 대입하므로,
> $R = \dfrac{L}{\sin \alpha} + \gamma$ 에 그대로 대입하면
> $R = \dfrac{2.4}{\sin 30} + 0.2 = 5.0 m$ 이다.

46. 전자제어 조향장치(EPS)에 대한 설명으로 적합하지 않은 것은?
① 전자제어 조향장치(EPS)에는 차속센서 솔레노이드가 사용된다.
② 전자제어식 EPS는 차속센서의 고장시 조향력을 유지하기 위한 신호로 스로틀위치센서(TPS)가 이용되기도 한다.
③ 차속 감응식의 경우 저속에서는 가볍게 고속에서는 무겁게 조향할 수 있는 특성이 있다.
④ 전동 전자제어식에서는 속도에 따라 솔레노이드 밸브에 흐르는 전압을 듀티비로 제어한다.

> **해설** 전동 전자제어식에서는 속도에 따라 전동기에 흐르는 전류를 제어한다.

ANSWER 40.① 41.③ 42.① 43.③ 44.④ 45.④ 46.④

47. 토우의 필요성이 아닌 것은?
① 핸들을 돌렸을 때 복원력을 주는 역할을 한다.
② 앞바퀴를 평행하게 회전시킨다.
③ 앞바퀴가 옆방향으로 미끄러지는 것과 타이어의 마모를 방지한다.
④ 조향링키지의 마모에 의해 토인 또는 토아웃이 되는 것을 방지한다.

48. 공기브레이크식 제동장치에서 공기탱크 내의 공기압력은 일반적으로 몇 kgf/cm² 정도인가?
① 1~4   ② 5~7
③ 10~13 ④ 14~17

해설 공기탱크의 공기압은 압력조정기에 의해서 5~7kg/cm²로 유지된다. 이 이하가 되면 공기 압축기를 구동한다.

49. 자동차의 전조등에서 45W의 전구 2개를 병렬연결 하였다. 축전지는 12V 60AH 일 때 회로에 흐르는 총 전류는?
① 3.75 A   ② 5 A
③ 7.5 A   ④ 9 A

해설 전류는 $i = \dfrac{전력}{전압} = \dfrac{45}{12} A$
그러므로 전체전류는 두 전류의 합이므로
$\dfrac{45}{12} \times 2 = 7.5 A$가 된다.

50. 반도체 소자 중 파형 정류회로나 정전압 회로에 주로 사용되는 것은?
① 서미스터   ② 사이리스터
③ 제너 다이오드 ④ 포토 다이오드

해설 발전기에서 일정한 정압을 조정하기 위해서 제너다이오드를 사용한다.

51. 기관의 회전속도가 3000 rpm 이고, 연소지연시간이 1/900초 라고 하면, 이 연소지연시간 동안 에 크랭크축의 회전각도는 얼마인가?
① 30°   ② 28°
③ 26°   ④ 20°

해설 $(\theta) = \dfrac{3000}{60} \times 360° \times \dfrac{1}{900} = 20°$

52. 하이브리드 자동차의 장점에 속하지 않은 것은?
① 연료소비율을 50% 정도 감소시킬 수 있고 환경 친화적이다.
② 탄화수소, 일산화소, 질소산화물의 배출량이 90% 정도 감소된다.
③ 이산화탄소 배출량이 50% 정도 감소된다.
④ 값이 싸고 정비작업이 용이하다.

해설 하이브리드 자동차의 장점
① 연료 소비율을 50%정도 감소시킬 수 있고 환경 친화적이다.
② 탄화수소, 일산화소, 질소산화물의 배출량이 90% 정도 감소된다.
③ 이산화탄소 배출량이 50% 정도 감소된다.
④ 엔진의 효율을 증대시킬 수 있다.

53. 다음 검사의 종류 중 검사공정에 의한 분류에 해당되지 않는 것은?
① 수입검사   ② 출하검사
③ 출장검사   ④ 공정검사

해설 검사공정에 따른 분류에는 수입검사, 공정검사, 최종검사, 출하검사, 기타검사로 나누어진다.

54. 하이브리드 자동차의 리튬이온 폴리머 배터리에서 셀의 균형이 깨지고 셀 충전 및 용량 불일치로 인한 사항을 방지하기 위한 제어는?
① 셀 서지 제어   ② 셀 그립 제어
③ 셀 펑션 제어   ④ 셀 밸런싱 제어

해설 셀 밸런싱 제어란 고전압 배터리의 충방전 과정에서 전압 편차가 생긴 셀을 동일한 전압으로 매칭하여 배터리 수명과 에너지 용량 및 효율증대를 이루는 것이다.

55. 전기 자동차에서 자동차의 전구 및 각종 전기장치의 구동 전기 에너지를 공급하는 기능을 하는 것은?
① 보조 배터리   ② 변속기 제어기
③ 모터 제어기   ④ 엔진 제어기

ANSWER 47.① 48.② 49.③ 50.③ 51.④ 52.④ 53.③ 54.④ 55.①

해설 보조 배터리는 저전압(12V) 배터리로 자동차의 오디오, 등화장치, 내비게이션 등 저전압을 이용하여 작동하는 부품에 전원을 공급하기 위해 설치되어 있다.

56. 전기 자동차 고전압 배터리의 사용가능 에너지를 표시하는 것은?
① SOC(State Of Charge)
② PRA(Power Relay Assemble)
③ LDC(Low DC-DC Converter)
④ BMU(Battery Management Unit)

해설 ① SOC(State Of Charge) : SOC(배터리 충전율)는 배터리의 사용 가능한 에너지를 표시한다.
② PRA(Power Relay Assemble) : BMU의 제어 신호에 의해 고전압 배터리 팩과 고전압 조인트 박스 사이의 DC 360V 고전압을 ON, OFF 및 제어 하는 역할을 한다.
③ LDC(Low DC-DC Converter) : 고전압 배터리의 DC 전원을 차량의 전장용에 적합한 낮은 전압의 DC 전원(저전압)으로 변환하는 시스템이다.
④ BMU(Battery Management Unit) : 고전압 배터리의 SOC(State Of Charge), 출력, 고장 진단, 배터리 셀 밸런싱(Cell Balancing), 시스템 냉각, 전원 공급 및 차단을 제어한다.

57. 하이브리드 차량의 정비 시 전원을 차단하는 과정에서 안전플러그를 제거 후 고전압 부품을 취급하기 전에 5~10분 이상 대기시간을 갖는 이유 중 가장 알맞은 것은?
① 고전압 배터리 내의 셀의 안정화를 위해서
② 제어모듈 내부의 메모리 공간의 확보를 위해서
③ 저전압(12V) 배터리에 서지전압이 인가되지 않기 위해서
④ 인버터 내의 콘덴서에 충전되어 있는 고전압을 방전시키기 위해서

58. 전기 자동차에서 모터의 회전자와 고정자의 위치를 감지하는 것은?
① 모터 위치 센서
② 인버터
③ 경사각 센서
④ 저전압 직류 변환장치

해설 모터 위치 센서는 모터를 제어하기 위해 모터의 회전자와 고정자의 절대 위치를 검출한다. 리졸버를 이용한 회전자의 위치 및 속도 정보를 통하여 MCU는 최적으로 모터를 제어할 수 있게 된다. 리졸버는 리어 플레이트에 장착되며, 모터의 회전자와 연결된 리졸버 회전자와 고정자로 구성되어 엔진의 CMP 센서처럼 모터 내부의 회전자 위치를 파악한다.

59. 친환경 자동차에 적용되는 브레이크 밀림방지(어시스트 시스템)장치에 대한 설명으로 맞는 것은?
① 경사로에서 정차 후 출발 시 차량 밀림 현상을 방지하기 위해 밀림방지용 밸브를 이용 브레이크를 한시적으로 작동하는 장치이다.
② 경사로에서 출발 전 한시적으로 구동 모터를 작동시켜 차량 밀림현상을 방지하는 장치이다.
③ 차량 출발이나 가속 시 무단변속기에서 크립 토크(creep torque)를 이용하여 차량이 밀리는 현상으로 방지하는 장치이다.
④ 브레이크 작동 시 브레이크 작동유압을 감지하여 높은 경우 유압을 감압시켜 브레이크 밀림을 방지하는 장치이다.

해설 브레이크 밀림방지(어시스트 시스템) 장치는 경사로에서 정차 후 출발할 때 차량의 밀림 현상을 방지하기 위해 밀림 방지용 밸브를 이용 브레이크를 한시적으로 작동하는 장치이다.

60. 예방보전(Preventive Maintenance)의 효과로 보기에 가장 거리가 먼 것은?
① 기계의 수리비용이 감소한다.
② 생산시스템의 신뢰도가 향상된다.
③ 고장으로 인한 중단시간이 감소한다.
④ 예비기계를 보유해야 할 필요성이 증가한다.

해설 예방보전이란 제조 공정설계의 OUTPUT으로서 설비고장 및 예정 외의 생산정지의 원인을 제거하기 위한 계획된 보전활동을 말한다. 따라서 예비기계를 보유해야 할 필요성이 감소한다.

ANSWER 56.① 57.④ 58.① 59.① 60.④

서영달　〔現〕 수원공업고등학교
김명준　〔現〕 한국폴리텍 Ⅶ대학 창원캠퍼스
김형진　〔現〕 상계직업전문학교
유도정　〔現〕 한국폴리텍 Ⅶ대학 부산캠퍼스

자동차정비기능장 필기

초 판 발 행 | 2012년 1월 15일
제2판3쇄발행 | 2025년 4월 1일

지 은 이 | 서영달, 김명준, 김형진, 유도정
발 행 인 | 김 길 현
발 행 처 | ㈜골든벨
등　　록 | 제 1987-000018호　　ⓒ 2012 Golden Bell
I S B N | 978-89-7971-978-9
가　　격 | 23,000원

이 책을 만든 사람들

교 정 및 교 열 | 이상호	본 문 디 자 인 | 조경미, 박은경, 권정숙
제 작 진 행 | 최병석	웹 매 니 지 먼 트 | 안재명, 양대모, 김경희
오 프 마 케 팅 | 우병춘, 오민석, 이강연	공 급 관 리 | 정복순, 김봉식
회 계 관 리 | 김경아	

⍟ 04316 서울특별시 용산구 원효로 245〔원효로1가 53-1〕 골든벨빌딩 ~6F
• TEL : 도서 주문 및 발송 02-713-4135 / 회계 경리 02-713-4137
　　　내용 관련 문의 02-713-7452 / 해외 오퍼 및 광고 02-713-7453
• FAX_　02-718-5510　　• 홈페이지_　www.gbbook.co.kr　　• E-mail_　7134135@naver.com

이 책에서 내용의 일부 또는 도해를 다음과 같은 행위자들이 사전 승인없이 인용할 경우에는
저작권법 제93조 「손해배상청구권」에 적용 받습니다.
　① 단순히 공부할 목적으로 부분 또는 전체를 복제하여 사용하는 학생 또는 복사업자
　② 공공기관 및 사설교육기관(학원, 인정직업학교), 단체 등에서 영리를 목적으로 복제·배포하는 대표, 또는 당해 교육자
　③ 디스크 복사 및 기타 정보 재생 시스템을 이용하여 사용하는 자

※ 파본은 구입하신 서점에서 교환해 드립니다.